O. Roloff.

Gustav Feichtinger · Richard F. Hartl
Optimale Kontrolle ökonomischer Prozesse

Gustav Feichtinger · Richard F. Hartl

Optimale Kontrolle ökonomischer Prozesse

Anwendungen des Maximumprinzips
in den Wirtschaftswissenschaften

Walter de Gruyter · Berlin · New York 1986

Prof. Dr. Gustav Feichtinger
Dr. Richard F. Hartl
Institut für Ökonometrie und Operations Research
Technische Universität Wien
Argentinierstraße 8
A-1040 Wien

CIP-Kurztitelaufnahme der Deutschen Bibliothek

> **Feichtinger, Gustav:**
> Optimale Kontrolle ökonomischer Prozesse :
> Anwendungen d. Maximumprinzips in d. Wirtschaftswiss. / Gustav
> Feichtinger ; Richard F. Hartl. –
> Berlin ; New York : de Gruyter, 1986.
>   ISBN 3-11-010432-6
> NE: Hartl, Richard F.:

© Copyright 1986 by Walter de Gruyter & Co., Berlin 30. Alle Rechte, insbesondere das Recht der Vervielfältigung und Verbreitung sowie der Übersetzung, vorbehalten. Kein Teil des Werkes darf in irgendeiner Form (durch Photokopie, Mikrofilm oder ein anderes Verfahren) ohne schriftliche Genehmigung des Verlages reproduziert oder unter Verwendung elektronischer Systeme verarbeitet, vervielfältigt oder verbreitet werden. Printed in Germany.
Satz und Druck: Tutte Druckerei GmbH, Salzweg-Passau. – Bindung: Dieter Mikolai, Berlin.
Einbandentwurf: Hans-Bernd Lindemann, Berlin

> It's astounding
> *Time* is fleeting.
> Madness takes its toll.
> But listen closely.
> (Not for very much longer.)
> I've got to keep *control*.
>
> *Riff Raff in „Doing the Time warp"*
> **The Rocky Horror Picture Show**

Vorwort

Nach einem Ausspruch des großen österreichischen Ökonomen *Joseph Schumpeter* ist eine Vernachlässigung des dynamischen Elements bei wirtschaftlichen Planungsaufgaben vergleichbar mit einer Aufführung von Shakespeares Hamlet ohne den Prinzen von Dänemark. Das geeignete Instrumentarium zur Behandlung dynamischer, d. h. sich im Zeitablauf verändernder Systeme ist die *optimale Kontrolltheorie* bzw. ihr Vorläufer, die Variationsrechnung. Sie beschäftigt sich mit der Optimierung eines Leistungsmaßes in einem Zeitintervall, wobei die Systemdynamik durch eine Differentialgleichung beschrieben wird und gewisse Nebenbedingungen einzuhalten sind.

Die Übersetzung des englischen Begriffes *optimal control theory* mit *(optimaler) Kontrolltheorie* ist allerdings als eher unglücklich anzusehen. Das deutsche Wort „Kontrolle" bedeutet meist ein Überwachen, während im vorliegenden Fall mit ‚control' ein aktives Eingreifen in den dynamischen Prozeß gemeint ist. In diesem Sinne wäre „Theorie der optimalen Steuerung" bzw. „Optimalsteuerung" eine zutreffendere Bezeichnung. Da sich aber in den Wirtschaftswissenschaften die Bezeichnung „Kontrolltheorie" weitgehend durchgesetzt hat, schließen wir uns diesem Gebrauch an.

Die notwendigen – und unter gewissen Zusatzvoraussetzungen auch hinreichenden – Optimalitätsbedingungen für Kontrollprobleme bilden das sogenannte *Pontrjaginsche Maximumprinzip*. Sie bilden ein dynamisches Analogon zu den Kuhn-Tucker-Bedingungen der (statischen) nichtlinearen Programmierung. Ziel des Buches ist eine Einführung in die vielfältigen Anwendungen des Maximumprinzips in den Wirtschaftswissenschaften. Wir sind davon überzeugt, daß das Verständnis für intertemporale Entscheidungsprobleme und deren Lösungsmöglichkeiten in Wirtschaft, Technik und Verwaltung von zunehmender Bedeutung ist. Die aktuellen Thematiken der Umwelterhaltung und der Ausbeutung erschöpfbarer Ressourcen sind ebenso wie klassische Probleme der Unternehmensplanung typische Kontrollprobleme.

Um den Rahmen nicht zu sprengen, haben wir uns auf deterministische Modelle und einen Entscheidungsträger beschränkt, wobei die stetige Betrachtungsweise gewählt wurde. Unser Bestreben war es dabei, eine für den Anwender nützliche Theorie geschlossen darzustellen. Erweiterungen und Varianten (stochastische sowie diskrete Kontrollprobleme, Spielsituationen u.a.) werden in den Anhängen behandelt.

Das vorliegende Buch richtet sich primär an Betriebs- und Volkswirte, angewandte Mathematiker und Operations Researcher. Ferner ist es für Vertreter von Disziplinen von Interesse, in denen mit dynamischen Modellen gearbeitet wird, wie Ingenieure, Biologen etc. Der Leser sollte über Grundkenntnisse der Analysis, insbesondere über gewöhnliche Differentialgleichungen[1], und lineare Algebra verfügen.

Das Buch ist sowohl als Lehrbuch gedacht als auch als Nachschlagewerk für ökonomische Anwendungen der Kontrolltheorie, in dem wesentliche Teile der existierenden Literatur einheitlich dargestellt sind. Diese Zielsetzung erklärt auch den Umfang des Buches. Dem heterogenen Leserkreis und dem Anwendungscharakter des Buches entsprechend sind die verwendeten mathematischen Methoden so einfach wie möglich gehalten. Allerdings waren wir stets um mathematische Exaktheit bemüht; die Resultate werden entweder bewiesen oder es wird Literatur angegeben, in welcher man Beweise findet.

Im Unterschied zu den existierenden Lehrbüchern über ökonomische Anwendungen der optimalen Kontrolltheorie werden hier *Pfadrestriktionen* umfassend behandelt. Zur Analyse von Modellen mit reinen Zustandsnebenbedingungen verwenden wir einheitlich die „direkte Methode", da sie uns am handlichsten und ökonomisch am besten interpretierbar erscheint. Ferner wählen wir stets die einfachste Modellformulierung und Lösungsmethode ohne Rücksicht darauf, ob in der Originalarbeit Variationsmethoden, das Maximumprinzip oder der Greensche Integralsatz, die Lagrange-, Mayer- oder Bolza-Form, die present- oder current-value-Formulierung verwendet wurde. Ein weiteres Charakteristikum besteht in der systematischen Behandlung nichtlinearer Kontrollmodelle im Phasenraum mit Erweiterungen auf den höherdimensionalen Fall in § 5. Ferner widmen wir uns einer Reihe von Fragestellungen, die in der Literatur bisher eher stiefmütterlich behandelt wurden. Dazu gehören die dynamische Sensitivitätsanalyse (§ 4.4), die globale Existenz von Sattelpunktspfaden und die Bestimmung optimaler Lösungen bei mehrfachen Gleichgewichten (§ 4.5). Schließlich geben wir eine Übersicht über numerische Verfahren zur Lösung von Kontrollproblemen. Mehrere Fallstudien werden numerisch gelöst, wobei die Resultate graphisch aufbereitet sind.

Das Buch enthält eine Reihe durchgerechneter Beispiele und Modelle, nach deren Bearbeitung der Leser in der Lage sein sollte, dynamische Entscheidungsprobleme eigenständig zu formulieren und zu lösen. Durch Variieren von Modellannahmen

---

[1] Mehr als ausreichend sind Kenntnisse im Umfang des Buches von *Knobloch* und *Kappel* (1974).

werden Einblicke in den Modellmechanismus und die Lösungsstruktur gewonnen. Bei der vorhandenen Literatur haben wir großzügig Anleihen gemacht. Andererseits enthält das Buch auch eine Reihe neuer, eigener Modelle und Resultate. Um den Leser zur weiteren Beschäftigung anzuregen, wurde jedes Kapitel mit vielen Übungsbeispielen ausgestattet und in weiterführenden Bemerkungen auf ergänzende Literatur hingewiesen.

Der vorliegende Text ist die letzte von mehreren Versionen, die wir im Laufe des letzten halben Jahrzehnts verfaßt haben. Das Manuskript wurde in einer Reihe von Lehrveranstaltungen erprobt und verbessert. Schließlich hat sich folgender Aufbau als zweckmäßig ergeben:

Nachdem in Teil I das Pontrjaginsche Maximumprinzip für ein Standardproblem vorgestellt wird, enthält Teil II Bausteine zu einer formal orientierten Strukturanalyse von linearen und nichtlinearen Modellen. In Teil III werden Erweiterungen des Standardmodells (Pfadrestriktionen und Endbedingungen) untersucht. Nach diesen formal orientierten Kapiteln bringt Teil IV Fallstudien aus diversen Bereichen des Operations Research und der Wirtschaftswissenschaften. Schließlich enthält der Anhang eine Reihe von Ergänzungen und Ausblicken (numerische Methoden, diskretes Maximumprinzip, Systeme mit verteilten Parametern, Differentialspiele, stochastische Kontrolltheorie, hierarchische Systeme u. a.).

Dem Anfänger, der das Gebiet der Kontrolltheorie mit kleinem mathematischen Marschgepäck erkunden will, sei als Einstieg die Lektüre der ersten vier Kapitel des Buches empfohlen. Der fortgeschrittene „Wanderer" wird sich nach Überschreitung dieser Vorgipfel in die dahinterliegende „Bergwelt" wagen, deren Wege allerdings oft mühsam sind. Der vorliegende „Wanderführer" stellt in Teil III das dazu benötigte Rüstzeug zusammen und zeigt in Teil IV verschiedene Richtungen auf, in denen es für Fortgeschrittene auch Neuland zu erforschen gibt.

Um die Verständlichkeit zu steigern, haben wir mit Abbildungen nicht gespart, für deren sorgfältige Anfertigung wir Wilhelm Nowak zu Dank verpflichtet sind.

Für die Durchsicht des gesamten Manuskriptes danken wir Gerhard Sorger. Von seinen Verbesserungsvorschlägen haben wir sehr profitiert. Die numerischen Berechnungen zur Lösung nichtlinearer Randwertprobleme hat Alois Steindl durchgeführt. Ihm verdanken wir auch die Anfertigung der Computerabbildungen.

Für intensive Diskussionen über die verwendeten Methoden und ihre Anwendungen sind wir Alfred Luhmer, Philippe Michel, Atle Seierstad und Knut Sydsaeter zu Dank verpflichtet. Ihre kritischen Hinweise wurden an vielen Stellen des Buches berücksichtigt.

Die folgenden Kollegen haben Teile des Manuskriptes durchgesehen und uns bei der Ausmerzung von Unstimmigkeiten unterstützt: Horst Albach, Roland Bulirsch, Klaus Conrad, Engelbert Dockner, Werner Jammernegg, Steffen Jørgensen, Hans Knobloch, Johannes Krauth, Paul van Loon, Reinhard Neck, Jürgen Ringbeck, Geert van Schijndel, Reinhard Selten, Hermann Simon und Richard Weiß.

Für weitere Hinweise und Diskussionen danken wir: Peter Brandner, Felix Breitenecker, Chaim Fershtman, Frank Lempio, George Leitmann, Mikulas Luptacik, Alexander Mehlmann, Hans Oberle, Werner Oettli, Hans Ravn, Suresh Sethi, Inge Troch, Hans-Jörg Wacker und Joachim Warschat.

Aus Quantität und Qualität der hier angeführten Personen wird deutlich, daß unser Buch keine Fehler mehr enthalten kann. Sollten dennoch solche entdeckt werden, macht jeder der beiden Autoren seinen Koautor sowie die genannten Kollegen kollektiv dafür verantwortlich.

An dieser Stelle sei auch dem Fonds zur Förderung der wissenschaftlichen Forschung Österreichs für teilweise Unterstützung im Rahmen des Projektes S 3204 (*Dynamische Unternehmensmodelle*) gedankt. Last but not least ist es uns ein Bedürfnis, Maria Toda für die sorgfältige Anfertigung mehrerer Manuskriptversionen zu danken.

Wien, im September 1986   Die Verfasser

Die folgende Tabelle gibt an, welche Abschnitte für das Verständnis der einzelnen Kapitel notwendig sind bzw. empfohlen werden.

Kapitel	notwendige Voraussetzungen	empfohlene Abschnitte
1	–	–
2	–	1
3	2	–
4	2	3
5	2, 4	–
6	2	–
7	6	–
8	4, 6, 7	3
9	6, 7.1, 8	3, 4, 5.4
10	2, 3, 4	–
11	2, 3.3, 4	–
12	3.3, 4, 6, 7	8
13	3, 4, 6, 7, 8	14, 15
14	3, 4, 6	7, 8, 13.2
15	2, 3.3, 4, 5	6, 13.2
16	–	–

Inhaltsverzeichnis

Teil I. Das Maximumprinzip:
Notwendige und hinreichende Optimalitätsbedingungen 1

Kapitel 1: Dynamische Entscheidungsprozesse 3

1.1. Das Kontrollproblem. 3
1.2. Motivierende Beispiele. 5
1.3. Lösungskonzepte und historische Bemerkungen. 11
Übungsbeispiele zu Kapitel 1 12
Weiterführende Bemerkungen und Literatur zu Kapitel 1 14

Kapitel 2: Heuristische Herleitung und ökonomische Interpretation des Maximumprinzips 16

2.1. Notwendige Optimalitätsbedingungen für ein Standardmodell. 16
2.2. Ein „Beweis" über die dynamische Programmierung 24
2.3. Ökonomische Deutung des Maximumprinzips 28
2.4. Zusammenhang mit der Variationsrechnung 32
2.5. Hinreichende Bedingungen. 34
2.6. Unendlicher Zeithorizont und Gleichgewichtslösung 39
2.7. Optimale Wahl des Endzeitpunktes 44
2.8. Optimaler Endzeitpunkt bei Investitionsketten. 47
Übungsbeispiele zu Kapitel 2 49
Weiterführende Bemerkungen und Literatur zu Kapitel 2 50

Teil II: Strukturanalyse von Kontrollmodellen 53

Kapitel 3: Lineare optimale Kontrollmodelle 55

3.1. Ein lineares Instandhaltungsmodell 56
3.2. Optimale Ausbildung im Lebenszyklus. 59
3.3. Raschestmögliche Annäherung an eine singuläre Lösung:
    Eine Anwendung des Integralsatzes von Green 66
3.4. Zeitoptimale Probleme 74
3.5. Modelle mit konvexer Hamiltonfunktion:
    „chattering control". 78
Übungsbeispiele zu Kapitel 3 81
Weiterführende Bemerkungen und Literatur zu Kapitel 3 83

Kapitel 4: Konkave Modelle mit einer Zustandsvariablen. 84

4.1. Ein quadratisches Instandhaltungsmodell 85
4.2. Phasendiagrammanalyse bei einer Steuerung. 88
    4.2.1. Zustands-Kozustands-Phasenporträt 90
    4.2.2. Zustands-Kontroll-Phasenporträt 94
    4.2.3. Existenz, Eindeutigkeit, Sensitivität und ökonomische Interpretation des Gleichgewichtes 96
4.3. Phasendiagrammanalyse bei zwei gegenläufigen Steuerungen 100
    4.3.1. Zustands-Kozustands-Phasenporträt 101

4.3.2. Zustands-Kontroll-Phasenporträts 105
4.3.3. Sensitivitätsanalyse des Gleichgewichtes 106
4.4. Mehrere Kontrollen und komparativ dynamische Analyse 108
    4.4.1. Dynamische Sensitivitätsanalyse bezüglich der Diskontrate 110
    4.4.2. Dynamische Sensitivitätsanalyse bezüglich des Planungshorizontes 112
4.5. Bestimmung der optimalen Lösung im Phasenporträt 115
    4.5.1. Globale Existenz des Sattelpunktspfades 115
    4.5.2. Optimale Lösung bei Strudelpunkten 116
    4.5.3. Monotonie des Zustandspfades in autonomen Steuerungsproblemen 119
Übungsbeispiele zu Kapitel 4 120
Weiterführende Bemerkungen und Literatur zu Kapitel 4 121

Kapitel 5: Nichtlineare Modelle mit mehr als einem Zustand 122

5.1. Isoperimetrische Beschränkungen: Budgetmodelle 122
5.2. Zustandsseparable Modelle 126
5.3. Linearisierung des kanonischen Differentialgleichungssystems 133
    5.3.1. Lokale Stabilitätsanalyse 133
    5.3.2. Analyse in der stabilen Mannigfaltigkeit 135
    5.3.3. Beispiel: Optimale Inflation und Arbeitslosenrate 136
5.4. Linear-quadratische Modelle 140
5.5. Global asymptotische Stabilität und Ljapunov-Methode 146
    5.5.1. Der Ansatz über die Wertfunktion 148
    5.5.2. Der Ansatz von Cass und Shell 150
    5.5.3. Der Ansatz von Brock und Scheinkman 152
    5.5.4. Abschließende Bemerkungen zur asymptotischen Stabilität 153
Übungsbeispiele zu Kapitel 5 154
Weiterführende Bemerkungen und Literatur zu Kapitel 5 155

Teil III: Erweiterungen des Standardmodells 157

Kapitel 6: Dynamische Systeme mit Pfadrestriktionen und Endbedingungen 159

6.1. Endbedingungen und zustandsabhängige Nebenbedingungen für die Kontrollvariablen 160
6.2. Reine Zustandsnebenbedingungen 164
    6.2.1. Direkte Methode 165
    6.2.2. Indirekte Methode 169
    6.2.3. Zusammenhang zwischen direkter und indirekter Methode 171
    6.2.4. Eine Variante des indirekten Ansatzes:
        Die Methode von Hestenes und Russak 174
    6.2.5. Ökonomische Interpretation und Beschränkungen höherer Ordnung 175
Übungsbeispiele zu Kapitel 6 177
Weiterführende Bemerkungen und Literatur zu Kapitel 6 178

Kapitel 7: Verschiedene Erweiterungen 180

7.1. Erweiterung der hinreichenden Bedingungen 180
7.2. Unendlicher Zeithorizont 186
7.3. Probleme mit freiem Endzeitpunkt 188
7.4. Freier Anfangszustand 189
7.5. Existenz einer optimalen Lösung 191
Übungsbeispiele zu Kapitel 7 192
Weiterführende Bemerkungen und Literatur zu Kapitel 7 193

Kapitel 8: Beispiele ... 195
8.1. Anwendung der Kuhn-Tucker-Bedingungen ... 195
8.2. Endbedingungen ... 197
8.3. Zustandsabhängige Pfadrestriktionen für die Steuerung ... 201
8.4. Reine Zustandsnebenbedingungen ... 212
8.5. Freier Anfangszustand ... 231
Übungsbeispiele zu Kapitel 8 ... 234
Weiterführende Bemerkungen und Literatur zu Kapitel 8 ... 236

Teil IV: Fallstudien ... 237

Kapitel 9: Produktion und Lagerhaltung ... 239
9.1. Minimierung von Produktions- und Lagerkosten bei gegebener Nachfrage ... 239
    9.1.1. Das HMMS-Modell ... 240
    9.1.2. Lineare Produktions- und Lagerkosten ... 241
    9.1.3. Lineare Lager- und konvexe Produktionskosten:
        Das Arrow-Karlin-Modell ... 242
    9.1.4. Ein „Vorwärtsalgorithmus" für das Arrow-Karlin-Modell ... 247
    9.1.5. Entscheidungs- und Prognosehorizont ... 253
    9.1.6. Produktionsglättung bei Lagerobergrenze ... 255
    9.1.7. Lineare Produktions- und konvexe Lager- bzw. Fehlmengenkosten ... 258
9.2. Simultane Preis- und Produktionsentscheidungen ... 261
    9.2.1. Das Modell von Pekelman ... 261
    9.2.2. Ein „Vorwärtsalgorithmus" für das Pekelman-Modell ... 266
    9.2.3. Eine autonome Version mit konvexen Lager- und Produktionskosten ... 269
9.3. Weitere Ansätze ... 274
    9.3.1. Ein Spekulationsmodell: „Wheat Trading" ... 274
    9.3.2. Produktionsglättung bei fluktuierendem Preis ... 277
Übungsbeispiele zu Kapitel 9 ... 279
Weiterführende Bemerkungen und Literatur zu Kapitel 9 ... 281

Kapitel 10: Instandhaltung und Ersatz ... 283
10.1. Das Modell von Kamien und Schwartz ... 287
10.2. Das Modell von Thompson ... 291
    10.2.1. Die lineare Version ... 291
    10.2.2. Eine nichtlineare Version ... 294
10.3. Optimale Instandhaltung und Inanspruchnahme einer Produktionsanlage ... 295
    10.3.1. Das Modell von Hartl ... 295
    10.3.2. Eine linear-konkave Version ... 298
    10.3.3. Eine nichtzustandsseparable Variante ... 306
Übungsbeispiele zu Kapitel 10 ... 308
Weiterführende Bemerkungen und Literatur zu Kapitel 10 ... 310

Kapitel 11: Marketing Mix: Preis, Werbung und Produktqualität ... 313
11.1. Optimale Werbestrategien ... 313
    Das Dorfman-Steiner-Modell ... 313
    11.1.1. Werbekapitalmodelle ... 314
        Das Nerlove-Arrow-Modell ... 314
        Die Erweiterung von Gould ... 318
        Das Modell von Jacquemin ... 320
        Das Modell von Schmalensee ... 321
    11.1.2. Diffusionsmodelle ... 322

Das Vidale-Wolfe-Modell 323
Erstes Diffusionsmodell von Gould 324
Zweites Diffusionsmodell von Gould 325
Werbung für langlebige Gebrauchsgüter (Horsky und Simon) 331
11.2. Strategisches Preismanagement.. 334
    11.2.1. Optimale Preispolitik bei dynamischer Nachfrage und Kostenfunktion (Kalish) 335
        Separable Nachfrage 339
        Preisabhängiges Marktpotential 341
    11.2.2. Preispolitik bei drohendem Markteintritt von Konkurrenten (Gaskins).. 342
11.3. Interaktion von Preis und Werbung 346
    11.3.1. Optimales Marketing-Mix bei atomistischer Marktstruktur (Phelps und Winter, Luptacik, Feichtinger) 346
    11.3.2. Optimale Preis- und Werbestrategien für langlebige Konsumgüter 350
11.4. Produktqualität... 353
    Das Modell von Kotowitz und Mathewson 354
Übungsbeispiele zu Kapitel 11 358
Weiterführende Bemerkungen und Literatur zu Kapitel 11 361

Kapitel 12: Unternehmenswachstum: Investition, Finanzierung und Beschäftigung 365

12.1. Das Modell von Jorgenson 365
12.2. Das Modell von Lesourne und Leban 368
    12.2.1. Lösung mittels des Greenschen Theorems 369
        Substitution zwischen Kapital und Arbeit im Laufe des Firmenwachstums 375
    12.2.2. Lösung mittels Pfadverknüpfung 379
        Ermittlung der zulässigen Pfade 380
        Lösung des Syntheseproblems: Verknüpfung der zulässigen Pfade zu optimalen Strategien 386
    12.2.3. Eine nichtlineare Version... 393
12.3. Profitbeschränkung einer monopolistischen Firma: Der Averch-Johnson-Effekt. 394
    12.3.1. Der statische AJ-Effekt 395
    12.3.2. Ein dynamisches Modell bei Gewinnrestriktion 397
    12.3.3. Verschiedene Modellvarianten 402
        Lineare Investitionskosten 402
        Der Fall nicht voll ausgenützter Produktionsfaktoren 403
        Konvex-konkave Produktionsfunktion 404
Übungsbeispiele zu Kapitel 12 404
Weiterführende Bemerkungen und Literatur zu Kapitel 12 407

Kapitel 13: Kapitalakkumulation 409

13.1. Das Ramsey-Modell 409
    13.1.1. Das neoklassische Wachstumsmodell 409
    13.1.2. Konkave Nutzen- und Produktionsfunktion 411
    13.1.3. Linearer Konsumnutzen 413
    13.1.4. Konvexe und konvex-konkave Nutzenfunktion 414
    13.1.5. Konvex-konkave Produktionsfunktion 418
13.2. Erweiterungen des Ramsey-Modells 420
    13.2.1. Kapitalakkumulation und Umweltverschmutzung 420
    13.2.2. Kapitalakkumulation und Ressourcenabbau 422
13.3. Humankapital 425
Übungsbeispiele zu Kapitel 13 427
Weiterführende Bemerkungen und Literatur zu Kapitel 13 429

Kapitel 14: Ressourcenmanagement 431

14.1. Nicht erneuerbare Ressourcen. 432
    14.1.1. Verschiedene Marktformen bei vernachlässigbaren Extraktionskosten... 432
        Gegebene Preistrajektorie 432
        Vollständige Konkurrenz. 434
        Der Monopolfall 435
        Soziales Optimum. 437
    14.1.2. Monopolistische Ressourcenextraktion bei bestandsabhängigen Abbaukosten. 439
14.2. Erneuerbare Ressourcen 441
    14.2.1. Bioökonomische Grundbegriffe und das Gordon-Schaefer-Modell 442
        Der Fall freien Zuganges (open-access fishery) 444
    14.2.2. Optimale Fangpolitiken bei verschiedenen Marktformen. 446
        Gegebene Preistrajektorie 446
        Der Monopolfall. 449
        Soziales Optimum 450
    14.2.3. Das Beverton-Holt-Modell 452
Übungsbeispiele zu Kapitel 14. 454
Weiterführende Bemerkungen und Literatur zu Kapitel 14 456

Kapitel 15: Umweltschutz 459

15.1. Das Modell von Forster. 459
15.2. Das Modell von Luptacik und Schubert 462
15.3. Das Modell von Hartl und Luptacik 466
    15.3.1. Statische Aktivitätsanalyse 468
    15.3.2. Dynamische Aktivitätsanalyse 472
    15.3.3. Modellvarianten 474
Übungsbeispiele zu Kapitel 15. 475
Weiterführende Bemerkungen und Literatur zu Kapitel 15 475

Kapitel 16: Sonstige Kontrollmodelle 477

16.1. Forschung und Entwicklung. 478
16.2. Bedienungstheorie. 478
16.3. Anwendungen in der Raumplanung 479
16.4. Biomedizinische Anwendungen. 480
16.5. Militärische Anwendungen. 481
16.6. Verschiedene weitere Anwendungen des Maximumprinzips 482

Teil V: Anhänge

A.1. Numerische Methoden. 487
    A.1.1. Nullstellenverfahren und statische Optimierung (Einfache Fixpunktiteration, Bisektion, Sekantenverfahren, Newtonverfahren, Gradientenverfahren, Methode der konjugierten Gradienten, Homotopieverfahren). 487
    A.1.2. Dynamische Fixpunktiteration (Sukzessive Approximation) 492
    A.1.3. Einfaches Schießverfahren 493
    A.1.4. Mehrzielmethode. 495
    A.1.5. Quasilinearisierung 496
    A.1.6. Methode der konjugierten Gradienten 497
    A.1.7. Kollokationsverfahren 499
    A.1.8. Variationen zweiter Ordnung. 501
    A.1.9. Abschließende Bemerkungen zur Verwendung existierender Software ... 502

A.2. Das diskrete Maximumprinzip.................................... 504
A.3. Nichtdifferenzierbare Erweiterungen............................. 510
A.4. Systeme mit Verzögerungen...................................... 517
A.5. Systeme mit verteilten Parametern............................... 522
A.6. Impulskontrollen und Sprünge in den Zustandsvariablen 528
A.7. Differentialspiele.. 533
    A.7.1. Nash-Gleichgewicht 535
    A.7.2. Stackelberg-Gleichgewicht 537
    A.7.3. Nullsummenspiele.. 540
    A.7.4. Kooperative Lösungen.................................... 541
        Pareto Gleichgewicht..................................... 541
        Drohstrategien... 542
    A.7.5. Kapitalismusspiel... 544
    A.7.6. Verhandlungsspiel.. 551
    A.7.7. Ergänzende Bemerkungen................................. 553
A.8. Stochastische Kontrolltheorie..................................... 555
A.9. Dezentrale hierarchische Kontrolle 561
    Interaktions-Schätzung... 564
    Interaktions-Ausgleich... 565

Literatur 573

Personenverzeichnis 613

Sachverzeichnis 619

Teil I Das Maximumprinzip: Notwendige und hinreichende Optimalitätsbedingungen

Der I. Teil des Buches enthält eine elementare Darstellung des Pontrjaginschen Maximumprinzips. Nach Präsentation einiger motivierender Beispiele für intertemporale Entscheidungsprozesse aus verschiedenen Bereichen der Ökonomie (Kap. 1) werden in Kap. 2 die Optimalitätsbedingungen für ein Standardmodell formuliert und heuristisch (über die dynamische Programmierung) bewiesen. Von der Einbeziehung der für viele ökonomische Problemstellungen wichtigen Pfadnebenbedingungen wird dabei zunächst abgesehen, um den Zugang zu vereinfachen. Eine Behandlung dieser Erweiterungen bleibt Teil III vorbehalten. Zentrales Interesse beansprucht hingegen die ökonomische Interpretation der Optimalitätsbedingungen. Eine Reihe von durchgerechneten Beispielen und Übungsbeispielen rundet den ersten Teil ab.

Kapitel 1: Dynamische Entscheidungsprozesse

Hauptanliegen des Operations Research ist es, aus einer Palette von Handlungsmöglichkeiten jene herauszufinden, mit denen ein oder mehrere gewünschte Ziele erreicht werden. Typisch ist dabei das Vorliegen von Restriktionen, denen sich der Entscheidungsträger bei der Auswahl seiner Aktionen gegenübersieht. Viele Entscheidungsprobleme haben *dynamischen Charakter*, d. h. der Zeitablauf spielt bei ihrer Behandlung eine Rolle. In solchen Situationen ist für den Erfolg von Entscheidungen deren richtiges Timing von wesentlicher Bedeutung.

Wir beschäftigen uns hier mit kontinuierlichen dynamischen Systemen – ökonomischer, technischer, biologischer oder anderer Art – die sich im Zeitablauf unter dem Einfluß von Aktionen eines Entscheidungsträgers entwickeln. Die Steuerung des Systems soll dabei in gewünschtem Sinn erfolgen, d. h. es ist unter Einhaltung bestimmter Nebenbedingungen eine gegebene Zielfunktion zu maximieren. Die *optimale Kontrolltheorie* (Theorie der optimalen Steuerung) beschäftigt sich mit der Steuerung dynamischer Systeme im Hinblick auf die Erreichung gewünschter Ziele. Im folgenden wird diese Theorie dargestellt und dabei besonderer Wert auf die Erläuterung von Anwendungen des *deterministischen Maximumprinzips* auf sequentielle Entscheidungsprobleme gelegt, welche im Operations Research und in der Ökonomie auftreten. Das Maximumprinzip bietet im Vergleich zur dynamischen Programmierung den Vorteil, oft ohne größeren Rechenaufwand *qualitative* Einsichten in die Struktur der Lösungspfade zu ermöglichen. Dadurch ist man häufig schon ohne numerische Auswertungen in der Lage, wertvolle Aufschlüsse für ökonomische Analysen zu gewinnen, während analytische Lösungen realitätsbezogener dynamischer Entscheidungsprobleme eher Ausnahmefälle darstellen.

In Abschnitt 1.1 wird zunächst erläutert, worin ein Kontrollproblem besteht. Die Begriffsbildungen Zustands-, Kontrollvariable, Zielfunktional, Bewegungsgleichung, Nebenbedingungen werden in 1.2. anhand von fünf typischen intertemporalen Entscheidungsprozessen illustriert. Daran anschließend wird ein historischer Überblick über Lösungsverfahren für Kontrollprobleme gegeben.

1.1. Das Kontrollproblem

Ein System kann im Zeitablauf verschiedene Zustände annehmen. In der *Zustandsvariablen* des Systems werden jene Variablen zusammengefaßt, welche das Verhalten des Systems beschreiben. Der Zustand des Systems zu einem Zeitpunkt enthält jene Informationen über die bisherige Entwicklung des Systems, welche nötig sind, um sich von diesem Zeitpunkt an optimal zu verhalten.

Nehmen wir der Einfachheit halber zunächst an, daß sich das Systemverhalten mittels einer einzigen Zustandsvariablen $x(t)$ charakterisieren lasse, welche den Zustand des Systems zum Zeitpunkt t angeben soll.

In jedem Zeitpunkt kann der Entscheidungsträger den Wert einer *Kontrollvariablen* $u(t)$ wählen, mit welcher es möglich ist, die Entwicklung des Systems zu *steuern*.

Der Eingriff in das Systemgeschehen beeinflußt die Zustandsentwicklung durch die *Bewegungsgleichung*

$$\dot{x}(t) = f(x(t), u(t), t). \tag{1.1}$$

Dabei bezeichnet $\dot{x}(t) = \dfrac{dx(t)}{dt}$ die Ableitung von x nach t.

Der Zustand in t bestimmt also gemeinsam mit der Steuerung in diesem Zeitpunkt die zeitliche Änderungsrate der Zustandsvariablen mittels der gegebenen Funktion f. Gemeinsam mit einer Anfangsbedingung

$$x(0) = x_0 \tag{1.2}$$

bestimmt die Wahl einer Kontrolltrajektorie u in einem Zeitintervall $0 \leq t \leq T$ den zugehörigen Zustandspfad x im selben Zeitintervall als Lösung der (gewöhnlichen) Differentialgleichung (1.1). Da es sinnvoll ist, $u(t)$ aus der Klasse der stückweise stetigen Funktionen zu wählen, genügt $x(t)$ der Bewegungsgleichung (1.1) nur an den Stetigkeitsstellen von $u(t)$. An den Unstetigkeitsstellen von $u(t)$ werden die differenzierbaren Teile der Zustandstrajektorie in stetiger Weise aneinandergestückelt.

Nicht alle Pfade $(x(t), u(t))$ sind gleich wünschenswert. Es sei $F(x(t), u(t), t)$ die im Zeitpunkt t erzielte Nutzenrate in Abhängigkeit von $x(t)$ und $u(t)$. Der mit einer konstanten Rate r auf den Zeitpunkt Null diskontierte aggregierte Nutzenstrom ist dann gegeben durch

$$J = \int_0^T e^{-rt} F(x(t), u(t), t) dt + e^{-rT} S(x(T), T). \tag{1.3}$$

Bei der Interpretation von F als Nutzenfunktion bezeichnet r die subjektive Zeitpräferenzrate des Entscheidungsträgers. Vielfach wird F in Geldeinheiten gemessen (z. B. Gewinn); in diesem Fall repräsentiert r den interenen Verrechnungszinssatz. Der Diskontfaktor $\exp(-rt)$ stellt das stetige Analogon von $(1+r)^{-t}$ dar (vgl. Übungsbeispiel 1.1). In (1.3) bezeichnet $S(x(T), T)$ den Restwert des Prozesses, der dem Zustand $x(T)$ am Ende des Planungszeitraumes zugeordnet ist.

Das *optimale Kontrollproblem* lautet dann: man wähle einen stückweise stetigen Zeitpfad der Kontrollvariablen $u(t)$ in $0 \leq t \leq T$, welcher gemeinsam mit der aus (1.1), (1.2) resultierenden Zustandstrajektorie den Wert des Zielfunktionals aus (1.3) maximiert. Es kann sinnvoll sein, die Kontrollvariable auf eine Menge zulässiger Werte einzuschränken, welche zunächst in der Form

$$u(t) \in \Omega \tag{1.4}$$

vorliegen soll. Dabei ist Ω eine Teilmenge der reellen Zahlen. Die Lösungsmethode zu diesem Standardmodell wird in Abschnitt 2.1 dargestellt. Häufig unterliegt die Kontrollvariable auch einer Beschränkung, welche vom Zustand abhängt, d.h.

$$g(x(t), u(t), t) \geq 0. \tag{1.5}$$

Probleme mit Nebenbedingungen der Gestalt (1.5) werden in Abschnitt 6.1 behandelt. Reine Zustandsnebenbedingungen, bei denen (1.5) die Kontrolle $u(t)$ nicht enthält, erweisen sich als schwieriger zu behandeln; vergleiche dazu Abschnitt 6.2. In manchen Fällen ist es sinnvoll, einen unendlichen Planungshorizont $T = \infty$ anzunehmen. In diesem Fall besteht (1.3) aus einem uneigentlichen Integral und der Restwertterm verschwindet; vergleiche dazu Abschnitt 2.6.

1.2. Motivierende Beispiele

Die konstituierenden Begriffe dynamischer Systeme werden nun anhand von fünf Modellbeispielen erläutert. An dieser Stelle kommt es dabei nur auf die Interpretation der Funktionen und Parameter an; eine Lösung der beschriebenen optimalen Entscheidungsprobleme erfolgt später.

Beispiel 1.1. Instandhaltungs-Produktionsplanung

Ein typisches Problem des Operations Research besteht in der simultanen Ermittlung der optimalen Produktions- und Instandhaltungspolitik sowie der wirtschaftlichen Nutzungsdauer maschineller Produktionsanlagen. Es sei t das Alter einer Anlage und T ihr Verkaufsdatum. Führt man keine vorbeugenden Instandhaltungsaktionen durch, so soll sich der Zustand der Maschine, gemessen etwa an ihrem Verkaufswert $x(t)$, infolge technischer Obsoleszenz $\gamma(t)$ und der Verschleißrate $\delta(t)$ vermindern. Dieser Zustandsverschlechterung kann durch vorbeugende Instandhaltung entgegengewirkt werden. Der Einfluß der Instandhaltungsausgaben $u(t)$ auf die Zustandsänderung der Maschine werde durch eine gegebene *Effizienzfunktion* $g(u(t), t)$ gemessen, welche neben $u(t)$ auch explizit vom Alter der Maschine abhängt. Legt man die Produktionsrate exogen fest, so verändert sich der Maschinenverkaufswert gemäß folgender Differentialgleichung:

$$\dot{x}(t) = -\gamma(t) - \delta(t) x(t) + g(u(t), t). \tag{1.6}$$

Als Beurteilungskriterium der Instandhaltungsmaßnahmen dient der Barwert der Maschine. Dieser besteht aus den aufaddierten diskontierten Einnahmeüberschüssen (Produktionserlöse minus Produktionskosten) abzüglich der laufenden Instandhaltungsausgaben. Am Ende der Betriebsperiode fällt noch der diskontierte Verkaufswert der Anlage an. Dies liefert das Zielfunktional

$$J = \int_0^T e^{-rt}[q(t)\Phi(x(t)) - u(t)]dt + e^{-rT}x(T). \tag{1.7}$$

In (1.7) ist unterstellt, daß eine Maschine im Zustand $x(t)$, welche mit der Rate $q=1$ produziert, pro Zeiteinheit $\Phi(x(t))$ Geldeinheiten Produktionsgewinn abwirft. $q(t)$ ist dabei etwa die von einer Maschine im Alter t pro Zeiteinheit produzierte Stückzahl; der Produktionsgewinn pro Stück wird sinnvollerweise als geeignete Funktion Φ des Wiederverkaufswertes x der Maschine angesetzt.

Der Verkaufswert der Maschine, ihr „Zustand", bildet die Zustandsvariable $x(t)$; $x(0) = x_0$ ist der gegebene Neuwert der Anlage, die Instandhaltungsrate $u(t)$ die Steuervariable. Die Maximierung der Zielfunktion (1.7) stellt ein optimales Kontrollproblem mit der dynamischen Nebenbedingung (1.6) dar. γ, δ und q sind vorgegebene Funktionen des Alters t, g hängt neben t auch noch von u ab. Es ist plausibel, γ und δ als mit t nicht abnehmend, q hingegen als nicht zunehmend vorauszusetzen. Die Instandhaltungseffizienz $g(u, t)$ wird üblicherweise konkav in der Steuervariablen u und monoton abnehmend in t angenommen.

Im Falle $g(u, t) = g(t) u(t)$ liegt ein in u *lineares* Kontrollproblem vor. Oft ist es realistisch, die Instandhaltungsausgaben in t auf ein Intervall zu beschränken, das der Einfachheit halber als zeitunabhängig angenommen wird:

$$u(t) \in \Omega = [0, u] \quad \text{für alle} \quad t \in [0, t]. \tag{1.8}$$

Im allgemeinen Fall ist das Verkaufsdatum der Maschine nicht fest vorgegeben, sondern seinerseits optimal zu bestimmen. Siehe Kap. 2.7 für eine Lösung derartiger Modelle.

In einer anderen Interpretation des Instandhaltungsmodells bezeichnet $x(t)$ die Produktionskapazität; $\Phi(x)$ ist die Nettoproduktion; der Restwert in (1.7) ist dabei durch den Ausdruck $\exp(-rt) S(x(T), T)$ zu ersetzen.

Eine interessante Erweiterung des skizzierten Instandhaltungsmodells erhält man, wenn die Produktionsrate q der Maschine als Kontrollinstrument v eingesetzt werden kann. Je höher die Produktionsrate $v(t)$, desto höher ist der Verschleiß der Maschine, d.h. die Bewegungsgleichung (1.6) erweitert sich zu

$$\dot{x}(t) = -\gamma(t) - \delta(t) x(t) + g(u(t), t) - k(v(t), t). \tag{1.9}$$

$k(v, t)$ mißt dabei die altersspezifische Auswirkung von $v(t)$ auf die Zustandsänderung. Naturgemäß ist $v(t) \geq 0$. Es ist plausibel, die „Diseffizienz" k als konvex in v und monoton wachsend in t anzusetzen.

Es liegt nun ein optimales Kontrollproblem mit zwei Steuerinstrumenten, nämlich $u(t)$ und $v(t)$, und einer Zustandsvariablen, $x(t)$, vor. Das heißt, es stellt sich die Frage, wie Instandhaltungs- und Produktionspolitik intertemporal festzulegen sind, damit der Gegenwartswert des Nettoerlösstromes (1.7) möglichst groß wird. Dem momentanen Gewinnzuwachs, welchen man sich durch erhöhte Betriebsgeschwindigkeit verschafft, stehen künftige Profiteinbußen aufgrund der Abnützung der Maschine gegenüber. Andererseits verursachen Instandhaltungsinvestitionen zwar heute Kosten, bewirken jedoch eine Verringerung des Verschleißes und damit Aussicht auf künftige Erträge aus dem Betrieb der Produktionsanlage.

In Kapitel 10 werden verschiedene Varianten dieses Instandhaltungsmodelles gelöst.

Beispiel 1.2. Optimale Produktion und Lagerhaltung

Angenommen, eine Firma habe eine gegebene Nachfrage eines Gutes zu erfüllen. Um dieser Verpflichtung zu genügen, kann sie das Gut produzieren bzw. bestellen. Überschußproduktion wird dabei auf Lager gelegt. Es bezeichne $d(t)$ die Nachfragerate, $v(t)$ die Produktions- (bzw. Bestell-)rate und $z(t)$ den Lagerbestand zum Zeitpunkt t. Die Änderung des Lagerstocks als Differenz zwischen produzierter Menge und Nachfrage zur Zeit t ergibt sich als:

$$\dot{z}(t) = v(t) - d(t). \qquad (1.10)$$

$z(t)$ ist die Zustandsvariable, $v(t)$ die Steuervariable; (1.10) stellt die Bewegungsgleichung dar, wobei das Ausgangslager $z(0) = z_0$ vorgegeben sein soll. Will die Firma stets lieferfähig sein, d. h. will sie die Nachfrage aus der Produktion oder dem Lager decken, so hat sie die Zustandspfadnebenbedingung

$$z(t) \geqq 0 \qquad (1.11)$$

für alle $t \in [0, T]$ zu stellen.

Weiters wird man die (nichtnegative) Produktionsrate v infolge von Kapazitätsbegrenzungen auch als nach oben beschränkt annehmen ($\bar{v}$ ... maximale Produktionsrate):

$$0 \leqq v(t) \leqq \bar{v} \qquad (1.12)$$

An Kosten fallen die Produktions-(Bestell-)Kosten $c(v, t)$ an, sowie die Lagerhaltungskosten $h(z, t)$. Ziel des Unternehmens ist es, die in einem gegebenen Planungsintervall $[0, T]$ insgesamt anfallenden Kosten zu minimieren, d. h. das Zielfunktional

$$J = -\int_0^T [c(v(t), t) + h(z(t), t)] dt \qquad (1.13)$$

zu maximieren, wobei (1.10) als Bewegungsgleichung fungiert und die Beschränkungen (1.11, 12) erfüllt sein sollen. $d(t)$ ist eine exogen vorgegebene Entwicklung der Nachfrage.

An den Endzustand $z(T)$ können zusätzlich Bedingungen gestellt werden. Nimmt man etwa $d(t) = 0$ an und verlangt $z(T) = B$, so hat man den optimalen Produktionsplan einer Firma zu ermitteln, welche B Einheiten eines Produktes nach T Zeiteinheiten zu liefern hat.

In Kap. 9 werden verschiedene Varianten dieses Lagerhaltungsmodelles präsentiert.

Beispiel 1.3. Optimale Kapitalakkumulation

In einer Volkswirtschaft sei der Kapitalstock $K(t)$ der einzige Produktionsfaktor; der daraus resultierende Output sei $F(K)$. Der produzierte Output wird entweder konsumiert oder investiert; $C(t)$ sei der Konsum, $I(t)$ die Investition. K verändere sich aufgrund der Abschreibungsrate δ und durch die Bruttoinvestitionsrate I. Ferner sei $U(C)$ der Nutzen, welcher der Gesellschaft durch den Konsum C erwächst. Schließlich bezeichne r die Rate, mit welcher zukünftiger Nutzen im Vergleich zur Gegenwart diskontiert wird. Ziel einer zentralen Planungsbehörde sei die Maximierung des totalen, auf den Zeitnullpunkt bezogenen Nutzenstromes. Kontrollinstrument der Behörde ist dabei der Konsumpfad $C(t)$ innerhalb eines gegebenen Planungszeitraumes $[0, T]$.

Als Zustandsvariable fungiert der Kapitalstock $K(t)$, dessen Änderung durch folgende Zustandstransformationsgleichung beschrieben wird:

$$\dot{K}(t) = F(K(t)) - C(t) - \delta K(t). \tag{1.14}$$

Die ursprüngliche Kapitalausstattung, $K(0) = K_0$, sei gegeben.

Aufgabe der für T Jahre im Amt befindlichen Planungsinstanz ist die Maximierung von

$$J = \int_0^T e^{-rt} U(C(t)) dt + e^{-rT} S(K(T)). \tag{1.15}$$

Dabei bewertet die Restwertfunktion S den am Planungsende verfügbaren Kapitalstock $K(T)$. Im vorliegenden Modell soll zu jedem Zeitpunkt höchstens der produzierte Output konsumiert werden, d.h., die Steuervariable $C(t)$ ist durch folgende vom Zustand abhängige Nebenbedingung beschränkt (vgl. (1.5)):

$$0 \leq C(t) \leq F(K(t)). \tag{1.16}$$

Über die gegebene Produktions-, Nutzen- und Restwertfunktion sind geeignete Voraussetzungen zu treffen (Konkavität).

Dieses Kapitalakkumulationsmodell wird in Kapitel 13 behandelt.

Beispiel 1.4. Optimale Investition

Wir betrachten eine Unternehmung, welche ein Gut produziert und auf einem Produktmarkt unter vollständiger Konkurrenz zu konstantem Preis p verkauft. Bei Herstellung des Gutes werden zwei Produktionsfaktoren benützt, nämlich Kapital K und Arbeit L. Die produzierte (abgesetzte) Menge wird durch die Produktionsfunktion $F(K, L)$ beschrieben. Das Kapital wird entwertet mit einer als konstant unterstellten Abschreibungsrate δ. Als Steuergröße dient die Bruttoinvestitionsrate $I(t)$; deren Auswirkung auf die Nettoinvestitionen bildet die Systemdynamik

$$\dot{K}(t) = I(t) - \delta K(t) \tag{1.17}$$

Wegen $F = C + I$ ist (1.17) im wesentlichen identisch mit (1.14).

Während aber der Kapitalstock über die (Brutto-)Investitionen gesteuert wird, ist die Unternehmung in der Lage, den zweiten Produktionsfaktor, nämlich den Beschäftigtenstand $L(t)$, direkt zu wählen. In einer realitätsnäheren Modellvariante, welche dann allerdings neben K eine weitere Zustandsvariable L enthält, wird L über die Einstellungs- bzw. Entlassungsrate gesteuert (siehe Übungsbeispiel 1.4).

Unterstellt man eine konstante Lohnrate w und Investitionskosten $c(I)$, so beträgt die laufende Profitrate

$$pF(K(t), L(t)) - c(I(t)) - wL(t).$$

Nimmt man an, daß die Firma künftige Gewinne um die Zinsrate r diskontiert, so stellt sich ihr – ausgehend von einer Anfangskapitalausstattung $K(0) = K_0$ – das Problem, jenes Investitionsprogramm und Beschäftigungsniveau zu wählen, welches den Barwert des totalen Profits maximiert:

$$\max_{I,L} \int_0^\infty e^{-rt} [pF(K(t), L(t)) - c(I(t)) - wL(t)] \, dt. \qquad (1.18)$$

Die Unternehmung sieht sich somit einem Kontrollproblem mit einer Zustandsvariablen, $K(t)$, und zwei Kontrollen, $I(t)$ und $L(t)$, gegenüber.

Man beachte, daß hier kein Endzeitpunkt ausgezeichnet wurde, sondern ein Planungsintervall unendlicher Dauer, $T = \infty$, angenommen wurde (vgl. Abschnitt 2.6). In einem solchen Fall ist es sinnlos, eine Restwertfunktion heranzuziehen. Die Bruttoinvestitionsrate ist als nicht negativ anzunehmen (Desinvestitionen seien nicht zugelassen); häufig ist auch eine Investitionsobergrenze $\bar{I}$ sinnvoll:

$$0 \leq I(t) \leq \bar{I} \qquad (1.19)$$

Falls L als konstant vorgegeben ist, erhält man ein einfaches dynamisches Investitionsmodell, welches in verschiedenen Gebieten angewendet wurde, so im Marketing (vgl. Übungsbeispiel 1.5 und Kap. 11), im Umweltschutz (vgl. Übungsbeispiel 1.7 und Kap. 15) u.a.m. Als Fazit erkennen wir, daß ein und dasselbe formale Modell bzw. Spezialfälle davon für inhaltlich verschiedene dynamische Entscheidungsprobleme verwendbar sind.

Beispiel 1.5. Der risikoscheue Dieb

Angenommen, ein Dieb stiehlt solange, bis ihm die Polizei das Handwerk legt. Es sei $F(t)$ die Verteilungsfunktion der Dauer der Diebeskarriere. $\dfrac{\dot{F}(t)}{1 - F(t)} = \phi(t)$ gibt die Rate an, mit welcher der Dieb festgenommen wird. Je intensiver sich der Dieb seinem Geschäft widmet, desto höher ist sein Festnahmerisiko. Wir nehmen an, daß die „Stehlintensität" $u_1(t)$ des Diebes die Festnahmerate (linear) beeinflusse, $\phi(t) = h(t) u_1(t)$, wobei $h(t)$ eine gegebene nichtnegative Funktion sei. Dann gilt für die Änderung der als Zustandsvariable fungierenden Verteilungsfunktion

$$\dot{F}(t) = h(t) u_1(t) [1 - F(t)]; \quad F(0) = 0. \qquad (1.20)$$

Zur Festsetzung des Zielfunktionals unterscheiden wir drei Fälle für einen beliebigen Zeitraum t der Planungsperiode $[0, T]$ des Diebes:

- Falls der Dieb bis zum Zeitpunkt t noch nicht dingfest gemacht ist – dies ist mit Wahrscheinlichkeit $1 - F(t)$ der Fall – entspricht seiner Wahl von $u_1(t)$ ein Nutzen von $U(u_1)$. Nehmen wir an, daß der Dieb risikoscheu ist, d.h. der marginale Nutzen nimmt mit einer Ausweitung seiner Tätigkeit ab.
- Falls der Dieb zur Zeit t gerade ergriffen wird (mit der Wahrscheinlichkeitsdichte $\dot F(t)$), erleide er einen Schaden in der Höhe von σ_1 (gemessen in derselben Einheit wie der Nutzen $U(u_1)$).
- Der mit Wahrscheinlichkeit $F(t)$ bereits arretierte Dieb bedauert seine Bestrafung mit der Rate π_1 (ebenfalls ausgedrückt in Nutzeneinheiten).

Mit der Diskontrate r_1 liefert dies das Nutzenfunktional

$$J_1 = \int_0^T e^{-r_1 t} [U(u_1(t))(1 - F(t)) - \sigma_1 \dot F(t) - \pi_1 F(t)] dt, \qquad (1.21)$$

welches der Dieb unter der dynamischen Nebenbedingung (1.20) maximieren möchte. $u_1(t)$ ist sein Kontrollinstrument, welches gegebenenfalls durch eine Restriktion der Form (1.8) eingeschränkt ist. Falls T das Lebensende des Diebes bezeichnet, verschwindet der Restwert des Prozesses.

Angenommen, die Polizei tritt als Kontrahent des Diebes auf. Das heißt sie ist mit der Rate $u_2(t)$ bestrebt, die Karrieredauer des Diebes zu verkürzen. Charakteristisch für die Situation ist die Tatsache, daß der Zustand (hier: die Verteilungsfunktion) von den beiden Gegnern beeinflußt wird:

$$\dot F(t) = h u_1(t) u_2(t)(1 - F(t)); \quad F(0) = 0. \qquad (1.22)$$

Die Stehlrate u_1 bringt dem Dieb Nutzen; die Nachforschungsrate u_2 der Polizei verursacht Kosten $C(u_2)$. Den bei der Arretierung des Diebes erzielten Nutzen der Polizei bezeichnen wir mit σ_2, während π_2 die Nutzenrate sei, mit welcher die Polizei den dingfest gemachten Dieb bewertet (π_2 könnte infolge der laufenden Gefängniskosten auch negativ sein). Mit der Diskontrate r_2 stellt somit

$$J_2 = \int_0^T e^{-r_2 t} [-C(u_2(t))(1 - F(t)) + \sigma_2 \dot F(t) + \pi_2 F(t)] dt \qquad (1.23)$$

das Zielfunktional der Polizei dar. Beide Kontrahenten wollen ihr Nutzenfunktional maximieren, wobei sie aber gemäß (1.22) durch ihre Entscheidungen die Situation ihres Gegenspielers beeinflussen. Dieses Beispiel wurde gewählt, um in das Gebiet *dynamischer Spiele (Differentialspiele)* einzuführen.

Im Unterschied zu Kontrollmodellen, wo ein Entscheidungsträger unter Berücksichtigung der Zustandsgleichung trachtet, sein Zielfunktional zu maximieren, treten bei Differentialspielen mehrere (hier: zwei) Gegenspieler auf, welche durch ihre Entscheidungen das eigene Zielfunktional, i.a. aber auch jenes des Kontrahenten sowie die Systemdynamik beeinflussen.

Dies bewirkt, daß bei Differentialspielen – ebenso wie bei statischen Spielen – verschiedene Lösungskonzepte eine Rolle spielen (Pareto-, Nash-, Stackelberg-Gleichgewichte); vergleiche dazu Anhang A.7.

In all diesen Beispielen manifestiert sich die typische Problematik bei dynamischen Entscheidungsprozessen, die in der Abwägung des heute möglichen Nutzens gegenüber künftigen Profiten besteht. So erhebt sich etwa in Beispiel 1.3 die Frage, in welchem Ausmaß der momentane Konsumnutzen im Hinblick auf künftige Gewinne, welche aus dem nichtkonsumierten Output (den Investitionen) resultieren, geopfert werden soll. In Beispiel 1.4: In welchem Ausmaß sollen in einem bestimmten Moment Investitionen getätigt werden, welche zwar Kosten verursachen, danach aber über Kapitalstock und Produktion Gewinne zu erwirtschaften helfen.

Die optimale Ausbalancierung zwischen heutigen Investitionen und künftigen Profiten (trade-off Problem) erfolgt mittels der Bewertung des Kapitalstocks bezogen auf seinen künftigen optimalen Einsatz. Das im nächsten Kapitel behandelte Maximumprinzip stellt diese Bewertung in Form des *Schattenpreises* zur Verfügung, welcher angibt, um wieviel der Nutzen bei Besitz einer zusätzlichen Kapitaleinheit ansteigt.

1.3. Lösungskonzepte und historische Bemerkungen

Die optimale Kontrolltheorie hat ihre Wurzeln in der *Variationsrechnung* (siehe Abschnitt 2.4). Diese reicht ihrerseits auf die isoperimetrischen Problemstellungen der alten Griechen zurück. Nach der Herleitung des Brechungsgesetzes durch *Fermat* als Minimalzeitproblem (1662) löste *Issac Newton* 1685 das Problem der optimalen Gestalt eines Körpers, der bei Bewegung in einem Medium einen möglichst geringen Widerstand bieten soll (vgl. auch *Goldstine*, 1980). Berühmtheit hat das Brachistochronen-Problem von *Johann I. Bernoulli* erlangt, welcher 1696/7 die „scharfsinnigsten Mathematiker des ganzen Erdkreises" aufforderte, den zeitminimalen Pfad eines Massenpunktes zwischen zwei gegebenen Punkten unter Einfluß der Schwerkraft und unter Vernachlässigung der Reibungskräfte zu bestimmen. Die *Bernoulli*-Dynastie, *Euler* und *Lagrange* haben wesentlich zur Entwicklung der Variationsrechnung beigetragen. Im 19. Jahrhundert wurde sie von *Hamilton*, *Weierstrass* und *Jacobi* weiterentwickelt. Die daraus resultierenden Methoden der analytischen Mechanik (z. B. Hamiltonsche Systeme) haben mehr als hundert Jahre später bei der „Dynamisierung der Wirtschaftswissenschaften" eine Rolle gespielt (eine Übersicht über diese Entwicklung gibt *Magill*, 1970, § I).

Die erste Anwendung der Variationsrechnung auf ein intertemporales ökonomisches Entscheidungsproblem geht auf *Evans* (1924) zurück, der die dynamische Preispolitik eines Monopolisten untersucht hat. *Ramsey* (1928) hat ein neoklassisches Kapitalakkumulationsmodell behandelt, während *Hotelling* (1931) die optimale Ausbeutung einer erschöpfbaren Ressource analysiert.

Eine Überleitung zur Kontrolltheorie haben die amerikanischen Mathematiker *Valentine*, *McShane* und *Hestenes* geleistet, indem sie Ungleichungsbeschränkungen miteinbezogen.

In den Fünfzigerjahren hat die Schule um *L. S. Pontrjagin* (*Boltjanskij, Gamkrelidze* und *Mischenko*) die moderne Kontrolltheorie begründet. Sie führten explizit den Begriff der Steuervariablen ein und lieferten einen ersten Beweis des Maximumprinzips. Vorläufer waren *Fel'dbaum* und *Bushaw*.

Parallel dazu wurde in den Vereinigten Staaten die *dynamische Programmierung* durch *R. Bellman* entwickelt (siehe Abschnitt 2.2).

Daß die Zeit für die Lösung dynamischer Entscheidungsprobleme reif war, zeigt die parallel zur dynamischen Programmierung erfolgte Behandlung von Zweipersonen-Nullsummen-Differentialspielen durch *R. Isaacs*.

Aufbauend auf *Goldstine* (1938) wurde in den Sechzigerjahren auch begonnen, Kontrollprobleme als abstrakte Probleme der nichtlinearen Optimierung zu formulieren (vgl. *Dubovitskii* und *Milyutin* (1963), *Girsanov* (1972), *Hestens* (1965, 1966), *Neustadt* (1966, 1967, 1976). Einen detaillierten Überblick über historische Entwicklungslinien der Kontrolltheorie findet man bei *Neustadt* (1976).

Sowohl die Entwicklung des Maximumprinzips als auch jene der Dynamischen Programmierung wurde durch Probleme der Luft- und Raumfahrt motiviert und durch das Aufkommen elektronischer Rechenanlagen beschleunigt.

Während – ähnlich wie in der Variationsrechnung – bei der Entstehung und beim Aufschwung der optimalen Kontrolltheorie naturwissenschaftliche und technische Probleme im Vordergrund standen, wurde etwa seit Mitte der Sechzigerjahre das Maximumprinzip auf ökonomische Problemstellungen angewendet. Zu den ersten Anwendungen des Maximumprinzips auf ökonomische Fragestellungen aus der zweiten Hälfte der Sechzigerjahre zählen: *Kurz* (1965) über optimale Kapitalakkumulation, *Shell* (1967) über allgemeine qualitative Eigenschaften deterministischer Wachstumsmodelle, *Dobell* und *Ho* (1967) über optimale Investitionspolitiken, von *Weizsäcker* (1967) über optimale Ausbildungspolitiken, *Näslund* (1966) und *Thompson* (1968) über Instandhaltung und Ersatz von Maschinen. Einen geschichtlichen Einblick in die Verbindung von Steuerungstheorie und Ökonomie liefern *Athans* und *Kendrick* (1974). *Connors* und *Teichroew* (1967) stellt das erste Buch über Anwendungen des Maximumprinzips im Operations Research dar. Mit dem Buch von *Arrow* und *Kurz* (1970) setzte eine stürmische Entwicklung bei der Behandlung intertemporaler ökonomischer Entscheidungsprozesse ein. Folgende Bücher geben davon Zeugnis:

Burmeister und *Dobell* (1970), *Intriligator* (1971), *Hadley* und *Kemp* (1971), *Bensoussan, Hurst* und *Näslund* (1974), *Takayama* (1974), *Stöppler* (1975), *Cass* und *Shell* (1976a), *Clark* (1976), *Tapiero* (1977), *Pitchford* und *Turnovsky* (1977), *Stepan* (1977), *Ekman* (1978), *Ludwig* (1978), *Miller* (1979), *Sethi* und *Thompson* (1981a), *Kamien* und *Schwartz* (1981), *Van Loon* (1983), *Tu* (1984), *Seierstad* und *Sydsaeter* (1986).

Vorwiegend makroökonomisch bzw. ökonometrisch orientiert sind die Bücher von *Pindyck* (1973), *Chow* (1975), *Kendrick* (1981a), *Aoki* (1981) und *Preston* und *Pagan* (1982).

Abschließend wollen wir noch einige Bemerkungen über den Zusammenhang zwischen Variationsrechnung, optimaler Kontrolltheorie und Dynamischer Programmierung machen. Das Maximumprinzip ist insoferne allgemeiner als die Variationsrechnung, als es die Behandlung von Nebenbedingungen in Ungleichungsform gestattet (siehe Abschnitt 2.4). Das Verhältnis der Kontrolltheorie zur Variationsrechnung kann verglichen werden mit jenem der nichtlinearen Programmierung (Kuhn-Tucker-Theorie) zur Methode der Lagrange-Multiplikatoren der Analysis.

Die Bedingungen der Dynamischen Programmierung (Hamilton-Jacobi-Bellmann-Gleichung) implizieren das Maximumprinzip (2.2), während die Umkehrung nur unter bestimmten Voraussetzungen gilt (vgl. *Cesari*, 1983, § 2.11 G). Ein Vorteil des Maximumprinzips besteht darin, daß man als notwendige Optimalitätsbedingungen ein System gewöhnlicher Differentialgleichungen erhält, während die dynamische Programmierung eine partielle Differentialgleichung liefert. Dadurch können oft schon wertvolle *qualitative* Einsichten in die Struktur der optimalen Lösungspfade gewonnen werden, ohne das entstehende Randwertproblem komplett zu lösen.

Übungsbeispiele zu Kapitel 1

1.1. Man erkläre das Zustandekommen des Diskontfaktors $\exp(-rt)$.

   Hinweis: Angenommen, pro Zeiteinheit (z. B. ein Jahr) fallen $100\,r\%$ Zinsen an. Wir modifizieren diese Auszahlungsregel, indem wir die Zeiteinheit in n gleichlange Perioden aufteilen, in denen jeweils $100\, r/n\,\%$ an Zinsen bezahlt werden. Der sich pro Zeiteinheit ergebende Zinsfaktor ist dann $(1 - r/n)^n$. Man lasse n gegen unendlich streben und benütze die bekannte Formel $\lim\limits_{n \to \infty} \left(1 + \dfrac{x}{n}\right)^n = e^x$.

1.2. Betrachte folgende Variante des Produktions/Lagerhaltungsproblems in Beispiel 1.2. Eine Firma erhält den Auftrag, nach T Zeiteinheiten B Einheiten eines Produktes zu liefern. Angenommen, es treten quadratische Produktionskosten $c(v) = cv^2$ und lineare Lagerhaltungskosten $h(z) = hz$ auf. Formuliere das Kontrollmodell und diskutiere die Modellannahmen. Welche qualitative Beschaffenheit wird die optimale Produktionspolitik besitzen?

1.3. Angenommen, der Produzent in Beispiel 1.2 ist eine monopolistische Firma, welche ihre Nachfrage über den Preis bestimmen kann, $d = d(p)$. Falls die gesamte Nachfrage abgesetzt werden kann, so beträgt die Profitrate $pd(p) - c(v) - h(z)$.

(a) Man formuliere das entstehende Kontrollmodell.

(b) Angenommen, Fehlmengen werden zugelassen, d. h. die Bedingung (1.11) wird nicht auferlegt. Auftretende Fehlbestände im Lager werden zwar vorgemerkt, aber mit Fehlmengenkosten bestraft. Diskutiere das neue Modell.

1.4. Angenommen, in Beispiel 1.4 kann der Beschäftigtenstand der Firma durch Rekrutierung und Entlassung explizit beeinflußt werden, wobei Anpassungskosten auftreten. Es bezeichne $u(t)$ die Einstellungsrate, falls $u > 0$, bzw. die Entlassungsrate, falls $u < 0$; die Anpassungskosten seien $k(u)$. Formuliere dieses Kontrollmodell mit zwei Zustandsvariablen. Diskutiere die ökonomische Bedeutung der Kostenfunktion $k(u)$.

1.5. Man betrachte folgenden Spezialfall von Beispiel 1.4: $L(t) = $ const, $p = 1$; $I(t) = $ Werbeausgaben in der Periode t, $K(t) = $ akkumulierter Bestand an „Goodwill", der den Bekanntheitsgrad des Produktes mißt, $F(t) = $ Profitrate. Man formuliere das entstehende Werbemodell.

1.6. Optimale Allokation zwischen Berufsausübung und Ausbildung: Man betrachte folgendes intertemporale Entscheidungsproblem der Ausbildungsplanung. Ein Individuum hat in jedem Zeitpunkt (Arbeitstag) seines Lebenszyklus' die Möglichkeit, diesen Arbeitstag zwischen Ausbildungsaktivität und Berufsausübung aufzuteilen. Lernen vergrößert den Wissensstand der Person, welcher im Laufe der Zeit (mit konstanter Rate) vergessen wird. Der (bei Ausübung des Berufs) erzielte Lohn hängt vom Ausbildungsstand ab. Aufgabe des Individuums ist es, den Zeitanteil für die Wissensakkumulation, $u(t)$, so zu wählen, daß das Arbeitseinkommen über einen gegebenen Planungszeitraum möglichst groß wird. Es gilt $0 \leq u \leq 1$; $1 - u$ ist der für die Lohnarbeit aufgewendete Anteil eines Arbeitstages. Man identifiziere die Zustandsvariable und formuliere das optimale Kontrollmodell.

1.7. Eine weitere Interpretation eines Spezialfalles von Beispiel 1.4 ist folgendes Umweltmodell: $K = $ Umweltzustand, $I = $ Maßnahmen zur Verbesserung der Umwelt, $\delta = $ natürliche Verschmutzungsrate, $F(K) = $ Nutzen der Umweltqualität K. Neben (1.19) ist es sinnvoll, etwa auch eine gemischte Nebenbedingung der Form

$$I \leq bF(K)$$

mit $0 < b \leq 1$ ins Kalkül zu bringen. Man diskutiere das entstehende Kontrollmodell.

1.8. Der Absatz eines Produktes hängt – neben dem Verkaufspreis p – von der erreichten Stufe im Produktlebenszyklus und damit vom vergangenen (kumulierten) Absatz X ab. Während bei gegebenem Preis der Verkauf anfänglich mit dem bisherigen Absatz wächst, sinkt er infolge der Marktsättigung in den späteren Phasen des Produktlebenszyklus. Der Absatz zum Zeitpunkt t betrage $\eta(p(t))\,\xi(X(t))$, wobei $\eta'(p) < 0$ und

$\zeta'(X) \gtreqless 0$ für $X \lesseqgtr \bar{X}$ gelten soll. Eine der gesichertsten betriebswirtschaftlichen Relationen ist die Abnahme der Produktionseinheitskosten $c(X)$ mit steigendem bisherigen Absatz X, d. h. $c'(X) < 0$, da mit steigender Erfahrung billiger produziert werden kann („learning by doing"). Man formuliere das intertemporale Entscheidungsproblem unter der Annahme einer profitmaximierenden Firma. (Hinweis: $p(t)$ dient als Steuervariable.)

1.9. Raketenwagen: Die Bewegung eines Wagens entlang einer horizontalen geradlinigen Gleisstrecke wird unter Vernachlässigung der Reibung durch das zweite Newtonsche Gesetz

$$\ddot{x}_1 = u$$

beschrieben: Dabei bezeichnet $x_1(t)$ die Ortskoordinate und $x_2 = \dot{x}_1$ die Geschwindigkeit des Wagens. Die Bewegung des Wagens wird durch zwei an der Vorder- bzw. Rückseite des Wagens angebrachte Raketen gesteuert. Der Raketenschub u sei durch $|u| \leq 1$ beschränkt.

(a) Gegeben sei eine Ausgangslage und -geschwindigkeit x_{10} bzw. x_{20}. Der Wagen soll in minimaler Zeit im Ort $x_1 = 0$ zur Ruhe kommen.

(b) Ausgehend von der Ruhelage $x_1 = x_2 = 0$ soll der Raketenwagen so beschleunigt werden, daß er sich innerhalb eines gegebenen Zeitintervalls $[0, T]$ bei „vernünftigem" Treibstoffaufwand möglichst weit entfernt. Der Treibstoffverbrauch zu jedem Zeitpunkt sei als Funktion $c(u(t))$ gegeben.

Man formuliere die beiden Kontrollprobleme.

1.10. Gesucht ist das intertemporale Entnahmeprofil eines monopolistischen Minenbesitzers. Dabei bezeichne R_0 den zu Beginn verfügbaren Ressourcenstock, $q(t)$ die Abbaurate zur Zeit t; es gilt $R_0 = \int_0^\infty q(t)\,dt$. Der Verkaufspreis des Monopolisten sei durch die angebotene Menge bestimmt, $p = p(q)$. Die Abbaueinheitskosten werden mit c bezeichnet. Realistischerweise wird c von q oder/und vom noch vorhandenen Ressourcenstock $R(t)$ abhängen. Man formuliere das Ressourcenabbauproblem als optimales Kontrollmodell, falls der Mineneigner seinen diskontierten Profitstrom zu maximieren trachtet. (Welche Größe wird sinnvollerweise als Zustandsvariable fungieren?)

1.11. Schließlich betrachten wir noch das folgende, etwas makabre Beispiel: In einem von der Außenwelt isolierten transsylvanischen Tal leben zwei Species, nämlich Menschen und Vampire, deren Anzahlen mit h bzw. v bezeichnet werden. Die Menschen vermehren sich (exponentiell) mit der Rate n, während pro Zeiteinheit $100\,a\,\%$ der Vampire durch Kontakt mit Sonnenlicht, Knoblauch, Kruzifixen oder durch die Tätigkeit von Vampirjägern den Status des „Untoten" (= Vampir) verlassen und sterben. Die Vampirgemeinschaft muß nun zu jedem Zeitpunkt entscheiden, wie viele Menschen jeder Vampir pro Nacht überfallen und aussaugen darf, wobei zu beachten ist, daß jeder von einem Vampir ums Leben gebrachte Mensch selbst zum Vampir wird. Ziel der Vampire ist die Maximierung des aggregierten, mit der Rate r diskontierten Nutzenstromes (aus dem Blutkonsum) pro Vampir. Man formuliere das Kontrollmodell.

Weiterführende Bemerkungen und Literatur zu Kapitel 1

Das fundamentale Buch über optimale Steuerungstheorie ist *Pontryagin* et al. (1962). Das russische Original ist 1959 erschienen, eine deutsche Übersetzung 1964.

Instandhaltungsprobleme zählen seit den bahnbrechenden Arbeiten von *Näslund* (1966) und *Thompson* (1968) zu den ersten ökonomischen Anwendungsgebieten der Kontrolltheorie; vgl.

Kap. 10 und Abschnitt 3.1, sowie 4.1. Die Verbindung zur Produktionsplanung wurde von *Hartl* (1983b) untersucht.

Holt et al. (1960) haben die Variationsrechnung zur Lösung dynamischer Produktions- und Lagerhaltungsprobleme herangezogen. Eine Übersicht über Anwendungen des Maximumprinzips auf die Lagerhaltungstheorie liefern *Bensoussan* et al. (1974, Chap. 3). Eine genauere Behandlung dieser Modelle findet man in Kap. 9.

Beispiel 1.3 geht auf *Ramsey* (1928) zurück, der das neoklassische Wachstumsmodell für unendlichen Zeithorizont in Prokopf-Größen formuliert hat; vgl. dazu auch *Hadley* und *Kemp* (1971) sowie Abschnitt 13.1.

Das in Beispiel 1.4 beschriebene Kapitalakkumulationsmodell stellt eines der ersten dynamischen Investmodelle dar und kann als Ausgangspunkt intertemporaler Unternehmensmodelle („Dynamics of the Firm") angesehen werden. Das Modell geht auf *D. W. Jorgenson* (1963, 1967) zurück; vgl. Abschnitt 12.1.

Der unter (1.20) bzw. (1.21) verwendete Ansatz stammt von *Kamien* und *Schwartz*. Diese Autoren haben ihn auf eine Reihe verschiedener Problemstellungen angewandt, so etwa in der Instandhaltungsplanung und in der Forschungsplanung (*Kamien* und *Schwartz*, 1971a, 1982). Das Problem des „dynamischen Diebes" wurde von *Sethi* (1979b) gelöst. Für das Dieb-Polizeispiel vgl. man *Feichtinger* (1983b). Es läßt sich auch als Markteintrittsspiel interpretieren (*Feichtinger*, 1982g).

Eine ausführliche Darstellung der Geschichte der Variationsrechnung bietet *Goldstine* (1980). Das Problem des Geschosses mit minimalem Luftwiderstand wird bei *Bryson* und *Ho* (1975) mit Hilfe des Maximumprinzips gelöst. Die Vorläufer der Steuerungstheorie sind in *Valentine* (1937), *McShane* (1939) und *Hestenes* (1966) zusammengefaßt. Die fundamentale Referenz über dynamische Programmierung ist *Bellman* (1957); jene über Differentialspiele *Isaacs* (1965). Empfehlenswerte Lektüre über optimale Kontrolltheorie sind *Athans* und *Falb* (1966), *Lee* und *Markus* (1967), *Bryson* und *Ho* (1975), *Fleming* und *Rishel* (1975), *Sage* und *White* (1977), *Whittle* (1982/83), *Seierstad* und *Sydsaeter* (1986).

Die folgenden Sammelbände beschäftigen sich mit ökonomischen Anwendungen der Kontrolltheorie: *Cass* und *Shell* (1976a), *Pitchford* und *Turnovsky* (1977), *Bensoussan* et al. (1978, 1980), *Kemp* und *Long* (1980), *Tzafestas* (1982), *Feichtinger* (1982a, 1985a), *Mirman* und *Spulber* (1982). Schließlich existieren eine Reihe von Übersichtsaufsätzen zu diversen Anwendungsgebieten der Kontrolltheorie: *Sethi* (1977d, 1978a), *Wickwire* (1977), *Bookbinder* und *Sethi* (1980). Zum Abschluß sei auf die folgenden beiden ökonomisch orientierten Lehrbücher der Kontrolltheorie hingewiesen: *Sethi* und *Thompson* (1981a), *Kamien* und *Schwartz* (1981).

Die folgende Übersicht enthält Literaturhinweise zu den Übungsbeispielen:

Übungsbeispiel	Literatur	Behandelt in Kapitel
1.2	*Sethi* und *Thompson* (1981a)	9
1.3	*Feichtinger* und *Hartl* (1985a)	9
1.4	*Feichtinger* und *Steindl* (1984)	–
1.5	*Nerlove* und *Arrow* (1962), *Gould* (1970)	11.1, 4.2
1.6	von *Weizsäcker* (1967), *Ben-Porath* (1967)	3.2
1.7	*Bensoussan* et al. (1974)	–
1.8	*Robinson* und *Lakhani* (1975), *Kamien* und *Schwartz* (1981), *Kalish* (1983)	11.2
1.9	*Pontryagin* et al. (1962)	3.4
1.10	*Hotelling* (1931), *Dasgupta* und *Heal* (1978), *Marshalla* (1979)	14
1.11	*Hartl* und *Mehlmann* (1982)	13

Kapitel 2: Heuristische Herleitung und ökonomische Interpretation des Maximumprinzips

Im folgenden betreiben wir *angewandte* optimale Kontrolltheorie, d. h. es geht nicht um die Analyse von Problemen unter möglichst allgemeinen Voraussetzungen, sondern um die Lösung konkreter intertemporaler Entscheidungsprobleme, welche im Operations Research und in der Ökonomie auftauchen. Dabei stellen wir uns auf den Standpunkt des Anwenders, der Existenz und benötigte Eigenschaften der auftretenden Funktionen unterstellt.

Im vorliegenden Kapitel werden zunächst die Bedingungen des Maximumprinzips für ein einfaches Standardkontrollmodell (ohne Nebenbedingungen) formuliert. Abschnitt 2.2 bringt einen über die Bellmansche Funktionalgleichung verlaufenden heuristischen Beweis des Maximumprinzips. Die abgeleiteten notwendigen Optimalitätsbedingungen werden im Abschnitt 2.3 ökonomisch interpretiert. Im darauffolgenden Abschnitt wird ein „Beweis" des Maximumprinzips über die Variationsrechnung skizziert. Schließlich wird in Abschnitt 2.5 gezeigt, daß das Maximumprinzip unter geeigneten Konkavitätsbedingungen auch hinreichend für die Optimalität einer Lösung ist. Die Abschnitte 2.6–2.8 behandeln dann die Erweiterungen, wo der Endzeitpunkt unendlich bzw. frei wählbar ist. Weitere Verallgemeinerungen, wie etwa Pfadrestriktionen und allgemeinere Anfangs- und/oder Endbedingungen, sowie Existenzfragen, werden später in den Kapiteln 6 und 7 vorgestellt.

2.1. Notwendige Optimalitätsbedingungen für ein Standardmodell

Das im vorliegenden Kapitel behandelte optimale Kontrollmodell ist einerseits allgemein genug, um eine Reihe relevanter dynamischer Entscheidungssituationen zu umfassen. Andererseits kann es als Fundament verschiedener Verallgemeinerungen aufgefaßt werden, welche auf dem Standardmodell aufbauen.

Um ein konkretes Vokabular vor Augen zu haben, betrachten wir eine Firma, welche ihren Gesamtprofit über eine vorgegebene Planungsperiode $[0, T]$ maximieren möchte. Der jeweilige „Zustand" der Firma werde durch ein Bündel von Kapitalbeständen $x(t) = (x_1(t), \ldots x_n(t))'$ beschrieben[1], deren Niveau von den vergangenen Investitionen abhängt. Zu jedem Zeitpunkt t kann die Firma Ent-

---

[1] Der Strich bedeutet die Transponierung des Vektors, d.h. der Zustandsvektor $x(t)$ ist ein Spaltenvektor. Im folgenden werden Spaltenvektoren mit fetten *lateinischen* Kleinbuchstaben bezeichnet, während Zeilenvektoren durch fette *griechische* Kleinbuchstaben gekennzeichnet sind.

scheidungen $u(t) = (u_1(t), \ldots, u_m(t))'$ treffen; z. B. verfügt sie über die Höhe der produzierten Menge, über deren Verkaufspreis und über den Betrag der getätigten Investitionen. Gemeinsam mit dem Zustand $x(t)$ bestimmt die Entscheidungsvariable $u(t)$ die Nettoprofitrate in der Periode t, nämlich $F(x(t), u(t), t)$. Der Barwert des Profitstromes in $[0, T]$ ist durch folgendes Zielfunktional

$$J = \int_0^T e^{-rt} F(x(t), u(t), t) dt + e^{-rT} S(x(T), T) \tag{2.1}$$

gegeben, wobei $S(x(T), T)$ den Wert des Kapitals am Ende des Planungszeitraumes T angibt und r die nichtnegative Diskontrate ist.

Das unter (2.1) formulierte Zielfunktional wird als *Bolza-Form* bezeichnet. Falls $S(x, T) = 0$ gilt, so handelt es sich um ein sogenanntes *Lagrange-Problem*. Wenn $F(x, u, t) = 0$ ist, so liegt ein *Mayer-Problem* vor. Man könnte vermuten, daß die Bolza-Form allgemeiner ist als die beiden anderen. Durch geeignete Transformationen kann jedoch gezeigt werden, daß alle drei Problemformulierungen äquivalent sind (siehe Übungsbeispiel 2.1).

Aufgabe der Unternehmensleitung ist es, einen Zeitpfad $u(t)$ des Vektors der Entscheidungsvariablen für $0 \leq t \leq T$ so zu wählen, daß der Gesamtgewinn J maximal wird. Charakteristisch für die Problemstellung ist dabei die Tatsache, daß die Firma den Kapitalstock $x(t)$ zur Zeit t nicht frei bestimmen kann, sondern daß dieser das Resultat vergangener Entscheidungen (z. B. der vor dem Zeitpunkt t verfolgten Investitionspolitik) und der Höhe der Anfangskapitalausstattung $x(0)$ darstellt. Durch die Entscheidung $u(t)$ ist in Verbindung mit den in $x(t)$ zusammengefaßten Kapitalgütern zur Zeit t die Änderung des Zustandes festgelegt:

$$\dot{x}(t) = f(x(t), u(t), t), \tag{2.2}$$

wobei $f = (f_1, \ldots, f_n)'$ eine vektorwertige Funktion sein soll, d. h. es gelte komponentenweise

$$\dot{x}_j(t) = f_j(x(t), u(t), t), \qquad j = 1, \ldots, n.$$

Den Kontrolltrajektorien können Beschränkungen auferlegt sein. Wir fordern zunächst nur, daß ihre Werte in einer nichtleeren Menge Ω liegen sollen.

Das dynamische Entscheidungsdilemma besteht darin, daß die Wahl von $u(t)$ in der Periode t nicht nur den Profit in dieser Periode beeinflußt, sondern auch den künftigen Kapitalstock mitbestimmt. Was vom heutigen Output konsumiert wird, erhöht zwar den momentanen Nutzen, geht aber von den Investitionen ab, die zur Erhöhung des künftigen Kapitalstocks dienen.

Wir fassen das optimale Kontrollproblem in *Standardform* folgenderweise zusammen [1]:

---

[1] Im folgenden wird das Zeitargument t zumeist unterdrückt, sofern dadurch keine Verwirrung gestiftet werden kann.

$$J = \int_0^T e^{-rt} F(x, u, t) dt + e^{-rT} S(x(T), T) \to \max \qquad (2.3\,\text{a})$$

$$\dot{x} = f(x, u, t), \qquad (2.3\,\text{b})$$

$$x(0) = x_0 \qquad (2.3\,\text{c})$$

$$u(t) \in \Omega \subseteq \mathbb{R}^m \qquad (2.3\,\text{d})$$

Dabei ist der Planungshorizont T fix vorgegeben. Ferner werden F und f (komponentenweise) nach x als stetig differenzierbar, und bezüglich u und t als stetig angenommen. Von S[1] verlangen wir die stetige Differenzierbarkeit nach x und T. Als *zulässige* Kontrolltrajektorien betrachten wir alle auf $[0, T]$ stückweise stetigen Funktionen $u(t)$ mit Werten $u(t) \in \Omega$. Setzt man eine derartige zulässige Steuertrajektorie ausgehend von Anfangsbedingung (2.3c) ins Differentialgleichungssystem (2.3b) ein, so erhält man einen stetigen und stückweise stetig differenzierbaren Zustandspfad $x(t)$ auf $[0, T]$. Ein wichtiger Spezialfall des Kontrollproblems (2.3) ist jener, wo F und f nicht explizit von der Zeit t abhängen. Derartige Probleme werden als *autonom* bezeichnet.

Obwohl hier mehrdimensionale Kontrollprobleme betrachtet werden und demgemäß Vektornotation verwendet wird, kann sich ein weniger versierter Leser auf den eindimensionalen Fall nur einer Kontroll- und Zustandsvariablen beschränken ($m = n = 1$), d.h. sämtliche auftretende Funktionen als Skalargrößen auffassen.

Unter Verwendung der Hamilton-Funktion

$$H(x, u, \lambda, t) = F(x, u, t) + \lambda f(x, u, t), \qquad (2.4)$$

wobei $\lambda \in \mathbb{R}^n$ den Kozustand bezeichnet, läßt sich das zentrale Resultat der optimalen Kontrolltheorie wie folgt formulieren:

Satz 2.1 (Maximumprinzip für das Standardproblem)
Es sei $u^*(t)$ eine optimale Steuerung für das Kontrollproblem (2.3) und $x^*(t)$ die zugehörige Zustandstrajektorie. Dann existiert eine stetige und stückweise stetig differenzierbare vektorwertige Funktion $\lambda(t) = (\lambda_1(t), \ldots, \lambda_n(t)) \in \mathbb{R}^n$, welche als adjungierte Variable oder Kozustandstrajektorie bezeichnet wird, so daß folgende Aussagen gelten:

An allen Stellen $t \in [0, T]$, wo $u^*(t)$ stetig ist, gilt die Maximumbedingung:

$$H(x^*(t), u^*(t), \lambda(t), t) = \max_{u \in \Omega} H(x^*(t), u, \lambda(t), t) \qquad (2.5)$$

und die adjungierte (Kozustands-) Gleichung:

$$\dot{\lambda}(t) = r\lambda(t) - H_x(x^*(t), u^*(t), \lambda(t), t). \qquad (2.6)$$

---

[1] Die explizite Abhängigkeit der Schrottwertfunktion S von T ist dann von Bedeutung, wenn auch der Endzeitpunkt optimal gewählt werden kann; vgl. dazu Abschnitt 2.7.

Am Endzeitpunkt gilt die Transversalitätsbedingung:

$$\lambda(T) = S_x(x^*(T), T). \tag{2.7}$$

Bemerkung 2.1.

a) Aus Gründen der bequemeren Schreibweise vereinbaren wir, daß die Ableitung (Gradient) einer skalaren Funktion nach einem *Spalten*vektor einen *Zeilen*vektor ergeben soll. Verabredet man ferner, daß die Differentiation einer Skalarfunktion nach einem *Zeilen*vektor einen *Spalten*vektor liefert, so läßt sich die Bewegungsgleichung (2.2) nach Definition der Hamilton-Funktion in der Form

$$\dot{x}^*(t) = H_\lambda(x^*(t), u^*(t), \lambda(t), t) \tag{2.2a}$$

schreiben. Subindizes bezeichnen dabei partiellen Ableitungen.

b) Zusammen werden (2.2), (2.6) als *kanonisches Differentialgleichungssystem* bezeichnet, für welches mit (2.3c) und (2.7) $2n$ Randbedingungen zur Verfügung stehen.

Da für jedes t ein Wert $u^*(t)$ durch (2.5) gegeben ist, ist das kanonische System gerade bestimmt. Zur Lösung des optimalen Kontrollproblems gilt es, $2n + m$ unbekannte Funktionen zu ermitteln, nämlich $u^*(t)$, $x^*(t)$ und $\lambda(t)$. Dafür stehen $m + 2n$ Bedingungen zur Verfügung, nämlich die Maximumbedingung (2.5) und das System der kanonischen Differentialgleichngen. Im Prinzip geht man zur Lösung der notwendigen Optimalitätsbedingungen folgendermaßen vor: Man ermittelt aus der Maximumbedingung u^* in Abhängigkeit von x^*, λ und t (analytisch oder numerisch), setzt dieses u^* für jedes t in das kanonische Differentialgleichungssystem ein und erhält somit ein *Randwertproblem* für $2n$ gewöhnliche Differentialgleichungen. Eine typische Schwierigkeit, welche sich bei der Behandlung des Standardmodells ergibt, besteht in der Tatsache, daß für den Zustandsvektor die *Anfangswerte*, für die Kozustandsvariablen hingegen *Endbedingungen* festgelegt sind. In der überwiegenden Zahl ökonomisch interessanter Fälle ist eine analytische Lösung des Randwertproblems *nicht* möglich.

c) Die optimale Lösung u^* ist in der Klasse der stückweise stetigen Funktionen nicht eindeutig bestimmt.

Ändert man die optimale Lösung u^* an endlich vielen Stellen ab, so ändert dies nichts an der Zulässigkeit bzw. Optimalität der Lösung. Um diese Mehrdeutigkeit auszuschalten, kann an den Unstetigkeitsstellen von u^* der Wert der Steuervariablen gleich deren (z. B.) linksseitigen Grenzwert gesetzt werden. Mit dieser Vereinbarung gilt die Maximumbedingung (2.5) *für alle* $t \in [0, T]$.

Bemerkung 2.2. Die in (2.4) definierte Funktion H wird genauer auch als *Momentanwert Hamilton-Funktion* (current-value Hamiltonian, Hamiltonfunktion in laufender Bewertung) bezeichnet. In der Literatur wird meist die *Hamilton-Funktion in Gegenwartswert-Schreibweise* (present-value) definiert als

20 Heuristische Herleitung und ökonomische Interpretation des Maximumprinzips

$$\tilde{H} = e^{-rt} F(x, u, t) + \tilde{\lambda} f(x, u, t). \tag{2.8}$$

Die notwendigen Optimalitätsbedingungen lassen sich dann wie folgt formulieren:

$u^*(t)$ maximiert $\tilde{H}$ (2.9)

$$\dot{\tilde{\lambda}} = -\tilde{H}_x \tag{2.10}$$

$$\tilde{\lambda}(T) = e^{-rT} S_x(x^*(T), T). \tag{2.11}$$

In Übungsbeispiel 2.3 wird gezeigt, daß mit den Transformationen

$$\tilde{H} = H \exp(-rt), \quad \tilde{\lambda} = \lambda \exp(-rt) \tag{2.12}$$

die Optimalitätsbedingungen (2.5–7) und (2.9–11) äquivalent sind.

Ein Grund, weshalb wir die Momentanwert-Schreibweise gewählt haben, besteht darin, daß der Faktor $\exp(-rt)$ nicht aufscheint. Für autonome Kontrollprobleme – das sind solche, für welche f und F nicht explizite von t abhängen – hat dies zur Folge, daß das kanonische Gleichungssystem autonom ist.

Um den Gebrauch des Maximumprinzips zu illustrieren, betrachten wir zwei einfache Beispiele: Während Beispiel 2.1 nichtlinear in der Steuerung ist, was zu einer stetigen optimalen Kontrolle führt, erweist sich in Beispiel 2.2 eine Bang-Bang-Lösung als optimal.

Beispiel 2.1. Man maximiere

$$J = \int_0^T \left(x - \frac{u^2}{2} \right) dt$$

unter den Nebenbedingungen

$$\dot{x} = u, \quad x(0) = x_0. \tag{2.13}$$

Um dieses Problem zu lösen, wenden wir Satz 2.1 an. Die Hamiltonfunktion (2.4) lautet

$$H = x - \frac{u^2}{2} + \lambda u. \tag{2.14}$$

Da H konkav in u ist und gemäß (2.5) durch $u \in \mathbb{R}$ maximiert werden soll, erhalten wir

$$H_u = -u + \lambda = 0, \quad \text{d.h.} \quad u = \lambda. \tag{2.15}$$

Die Kozustandsvariable λ genügt der adjungierten Gleichung (2.6), welche hier die folgende einfache Gestalt besitzt:

$$\dot{\lambda} = -H_x = -1. \tag{2.16}$$

Mit Hilfe der Transversalitätsbedingung (2.7), d.h.

$$\lambda(T) = 0, \tag{2.17}$$

läßt sich (2.16) explizit lösen. Das Ergebnis ist

$$\lambda(t) = T - t. \tag{2.18}$$

Aus (2.15) und (2.13) erhält man daher die folgenden optimalen Zeitpfade für Kontrolle und Zustand (vgl. Abb. 2.1):

$$u^*(t) = T - t, \quad x^*(t) = x_0 + Tt - \frac{t^2}{2}. \tag{2.19}$$

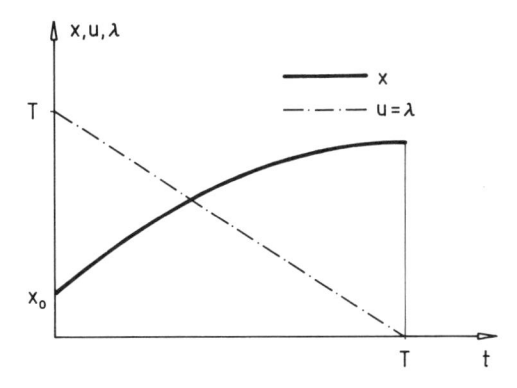

Abb. 2.1 Optimale Trajektorien des nichtlinearen Kontrollproblems von Beispiel 2.1

Streng genommen stellt (2.19) nur einen Kandidaten für eine optimale Lösung dar; aus den notwendigen Optimalitätsbedingungen von Satz 2.1 haben wir abgeleitet: „Wenn eine optimale Lösung des gestellten Problems existiert, so ist sie (2.19)". Für den Nachweis der tatsächlichen Optimalität von (2.19) siehe Abschnitt 2.5, Beispiel 2.4.

Beispiel 2.1a. Wir überlegen uns nun noch, was passiert, wenn zusätzlich zu den Annahmen von Beispiel 2.1 die Kontrollbeschränkung

$$u(t) \in \Omega = [0, 1].$$

eingeführt wird. Die Hamiltonfunktion ist weiterhin durch (2.14) gegeben. An den notwendigen Bedingungen (2.16, 17) und daher auch an (2.18) ändert sich nichts. Die Maximumbedingung (2.15) wird durch Einbeziehung von Randlösungen erweitert. (2.15) gibt das unbeschränkte Maximum von H bezüglich u an. Liegt dieses links (rechts) außerhalb des zulässigen Steuerbereichs $[0, 1]$, so ist $u = 0$ (bzw. 1) zu wählen (siehe Abb. 2.2):

$$u = \begin{cases} 0 & \text{für} \quad \lambda \leq 0 \\ \lambda & \text{für} \quad 0 < \lambda < 1 \\ 1 & \text{für} \quad \lambda \geq 1. \end{cases}$$

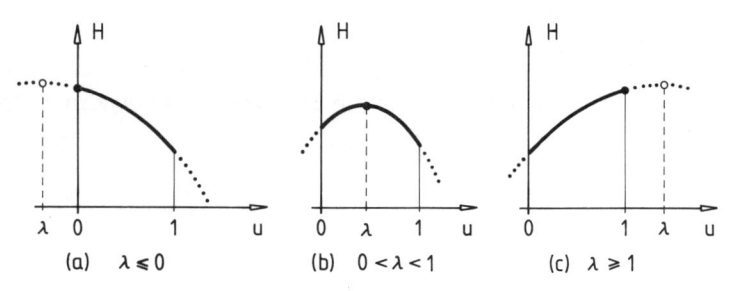

Abb. 2.2 Maximierung der konkaven Hamiltonfunktion auf dem Intervall [0,1]

Aus (2.18) erhält man daher anstelle von (2.19)

$$u^*(t) = \begin{cases} 1 \\ T-t \end{cases}, \quad x^*(t) = \begin{cases} x_0 + t & \text{für} \quad 0 \leq t \leq T-1 \\ x_0 - \dfrac{(T-1)^2}{2} + Tt - \dfrac{t^2}{2} & \text{für} \quad T-1 < t \leq T. \end{cases}$$

Vgl. Abb. 2.3.

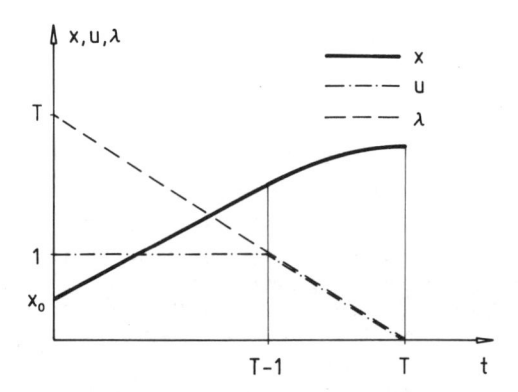

Abb. 2.3 Optimale Trajektorien des beschränkten nichtlinearen Kontrollproblems von Beispiel 2.1a

Beispiel 2.2. Man löse

$$\max \left\{ J = \int_0^T (x - u)\, dt \right\}$$

unter den Nebenbedingungen (2.13) und

$$u \in \Omega = [0, 1].$$

2.1. Notwendige Optimalitätsbedingungen für ein Standardmodell

Gegenüber Beispiel 2.1 wurde also der quadratische Term in u durch einen linearen ersetzt und ein kompakter Kontrollbereich vorgegeben. Die Hamiltonfunktion lautet nun

$$H = x - u + \lambda u.$$

Infolge der Linearität von H in den Kontrollvariablen, d. h.

$$H_u = -1 + \lambda, \quad H_{uu} = 0$$

hat die Maximierungsbedingung (2.5) nun die Gestalt

$$u = \begin{cases} 0 \\ \text{unbestimmt,} \\ 1 \end{cases} \text{wenn} \quad \lambda \begin{cases} < \\ = \\ > \end{cases} 1 \tag{2.20}$$

Die Funktion H_u bestimmt also durch ihr Vorzeichen, ob u an der oberen oder an der unteren Intervallgrenze liegt bzw. bewirkt bei einem Wechsel des Vorzeichens ein „Umschalten" von u von 0 auf 1 oder umgekehrt. H_u wird daher auch als *Schaltfunktion* bezeichnet (vgl. Kapitel 3).

Adjungierte Gleichung und Transversalitätsbedingung sind wiederum durch (2.16) und (2.17) gegeben. Daher ist die Gleichung (2.18) für λ weiterhin gültig.

Durch Kombination von (2.18) und (2.20) erhalten wir schließlich die folgende optimale Lösung (vgl. Abb. 2.2):

$$u^*(t) = \begin{cases} 1 \\ 0 \end{cases} \text{und} \quad x^*(t) = \begin{cases} x_0 + t \\ x_0 + T - 1 \end{cases} \text{für} \quad t \in \begin{cases} [0, T-1) \\ [T-1, T], \end{cases} \tag{2.21}$$

wobei sich die x-Trajektorie natürlich aus (2.13) ergibt. Allerdings ist (2.21) nur im Falle von $T \geq 1$ gültig. Anderenfalls ist $u(t) = 0$, $x(t) = x_0$ für alle $t \in [0, T]$ optimal.

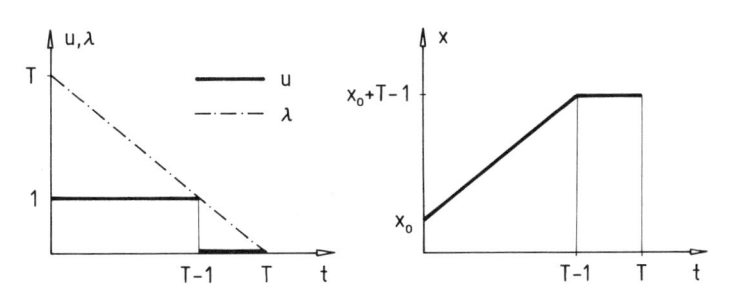

Abb. 2.4 Optimale Trajektorien des linearen Kontrollproblems von Beispiel 2.2

Weitere einfache Beispiele findet man in den Abschnitten 3.1 und 4.1.

Zum Abschluß dieses Abschnittes betrachten wir noch folgende Variante des

Standardmodells, die in den praktischen Anwendungen häufig vorkommt. Gegeben sei das Problem (2.3) mit der zusätzlichen Endbedingung $(0 \leq n' \leq n'' \leq n)$:

$$x_j(T) \quad \text{frei für} \quad j = 1, \ldots, n' \qquad (2.22\text{a})$$

$$x_j(T) = x_j^T \quad \text{für} \quad j = n' + 1, \ldots, n'' \qquad (2.22\text{b})$$

$$x_j(T) \geq x_j^T \quad \text{für} \quad j = n'' + 1, \ldots, n. \qquad (2.22\text{c})$$

Um die notwendigen Optimalitätsbedingungen für dieses Kontrollproblem zu formulieren, definieren wir die Hamiltonfunktion in Erweiterung von (2.4) wie folgt

$$H(x, u, \lambda_0, t) = \lambda_0 F(x, u, t) + \lambda f(x, u, t),$$

wobei λ_0 eine nichtnegative Konstante ist. Im Standardproblem von Satz 2.1 konnte $\lambda_0 = 1$ gesetzt werden (*normaler Fall*; vgl. dazu auch Bemerkung 6.1 sowie Korollar 6.1). Bei Vorliegen von Endbedingungen kann der *abnormale* Fall $\lambda_0 = 0$ a priori nicht ausgeschlossen werden.

Korollar 2.1 (Maximumprinzip für das Standardproblem mit Endbedingungen)

Es sei u^*, x^* eine optimale Lösung für das Kontrollproblem (2.3), (2.22). Dann existiert eine Konstante $\lambda_0 \geq 0$ und eine stetige Kozustandsfunktion $\lambda(t) \in \mathbb{R}^n$, so daß der Vektor $(\lambda_0, \lambda(t))$ für kein $t \in [0, T]$ verschwindet, und daß an allen Stetigkeitsstellen von u^* folgende Aussagen gelten:

$$H(x^*(t), u^*(t), \lambda_0, \lambda(t), t) = \max_{u \in \Omega} H(x^*(t), u, \lambda_0, \lambda(t), t)$$

$$\dot{\lambda}(t) = r\lambda(t) - H_x(x^*(t), u^*(t), \lambda_0, \lambda(t), t).$$

In Abänderung von (2.7) gelten folgende Transversalitätsbedingungen

$$\lambda_j(T) = \lambda_0 S_{x_j}(x^*(T), T) \quad \text{für} \quad j = 1, \ldots, n' \qquad (2.23\text{a})$$

$$\lambda_j(T) \, \text{frei} \qquad\qquad\quad \text{für} \quad j = n' + 1, \ldots, n'' \qquad (2.23\text{b})$$

$$\lambda_j(T) \geq \lambda_0 S_{x_j}(x^*(T), T) \quad \text{mit}$$
$$[\lambda_j(T) - \lambda_0 S_{x_j}(x^*(T), T)] \, [x_j^*(T) - x_j^T] = 0 \quad \text{für} \quad j = n'' + 1, \ldots, n.$$
$$(2.23\text{c})$$

Für einen Beweis vergleiche man die Literaturhinweise am Kapitelende.

Eine einfache Anwendung von Korollar 2.1 bietet Beispiel 8.3. Allgemeinere Endzustandsbeschränkungen werden in Abschnitt 6.1 behandelt.

2.2. Ein „Beweis" über die dynamische Programmierung

Der folgende, über einen dynamischen Programmierungsansatz verlaufende „Beweis" von Satz 2.1 trägt zwar heuristischen Charakter, vermittelt jedoch interessan-

2.2. Ein „Beweis" über die dynamische Programmierung

te Einsichten in die ökonomische Fundierung des Maximumprinzips. Es sei $V(x, t)$ die *Wertfunktion*, welche den optimalen Wert des Zielfunktionals, bezogen auf den laufenden Zeitpunkt t, mißt. $V(x, t)$ ist *der auf t bezogene* Wert des Prozesses im Zeitintervall $[t, T]$, falls die zulässigen Instrumente $u(s)$ auf $t \leq s \leq T$ optimal eingesetzt werden und im Zeitpunkt t im Zustand $x = x(t)$ gestartet wird:

$$V(x, t) = \max_{\substack{u(s) \in \Omega \\ t \leq s \leq T}} \left\{ \int_t^T e^{-r(s-t)} F(x(s), u(s), s) \, ds + e^{-r(T-t)} S(x(T), T) \right\}.$$

Es wird angenommen, daß die Funktion $V(x, t): \mathbb{R}^n \times \mathbb{R} \to \mathbb{R}$ für alle möglichen x und t existiert und zweimal stetig differenzierbar ist.

Die Existenz einer derartigen Funktion $V(x, t)$ hängt an einer Art Markoffeigenschaft der Bewegungsgleichung, gemäß der alle Informationen, welche man im Zeitpunkt t zur Wahl der optimalen Entscheidung $u^*(t)$ besitzen muß, im Zustandsvektor $x(t)$ enthalten sind. Die Entwicklung des Systems vor t, d.h. $\{x(\tau), u(\tau)\}$ für $\tau < t$, beeinflußt das Optimierungsproblem nur über $x(t)$.

Das *Bellmansche Optimalitätsprinzip* besagt, daß jede Teilpolitik einer optimalen Politik optimal sein muß. Genauer formuliert: Eine optimale Politik hat die Eigenschaft, daß – unabhängig vom jeweiligen Anfangszustand und der Anfangsentscheidung – die folgenden Entscheidungen wieder eine optimale Politik bilden. Diese Politik ist optimal bezüglich eines Anfangszustandes, welcher sich aus dem vorhergehenden Anfangszustand und der Anfangsentwicklung ergeben hat (*Bellman*, 1957).

Betrachten wir also für ein kleines $h > 0$ das Zeitintervall $[t, t + h]$. Für gegebenes $x = x(t)$ und $u(s)$ für $t \leq s \leq t + h$ ist $x(t + h)$ als Lösung der Bewegungsgleichung gegeben. Ausgehend vom neuen Zustand $x(t + h)$ im Zeitpunkt $t + h$ wird der Entscheidungsträger auch für den Rest seines Planungszeitraumes die optimale Kontrolltrajektorie wählen. Der optimale Wert des Zielfunktionals läßt sich demgemäß in zwei Summanden aufspalten, nämlich in den im Anfangsintervall $(t, t + h)$ erzielten Profit sowie in die Wertfunktion des Restprozesses, die sich auf den optimalen Zustand $x(t + h)$ bezieht:

$$V(x, t) = \max_{\substack{u(s) \in \Omega \\ t \leq s \leq t+h}} \left\{ \int_t^{t+h} e^{-r(s-t)} F(x(s), u(s), s) \, ds + e^{-rh} V(x(t+h), t+h) \right\}.$$

(2.24)

Man beachte, daß sich die Wertfunktion $V(x, t)$ auf den laufenden Zeitpunkt t bezieht, d.h. der Nutzenstrom wird auf den Zeitpunkt t (und nicht $t = 0$) rückdiskontiert.

(2.24) ist die sich aus dem Optimalitätsprinzip ergebende *Bellmansche Rekursionsgleichung* des dynamischen Programmierens. Der Maximumoperator erstreckt sich dabei über alle zulässigen Trajektorienstücke $u(\cdot)$ auf dem Intervall $[t, t + h]$. Man beachte, daß der Nachfolgezustand $x(t + h)$ von $u(s)$ für $t \leq s < t + h$ abhängt.

Aufgrund der Stetigkeitsannahmen über F und V läßt sich die über Steuerungen auf $[t, t + h]$ zu erstreckende Maximierung in (2.24) näherungsweise auf die Maximierung bezüglich $u(t)$ zum Zeitpunkt t zurückführen:

$$V(x, t) = \max_{u(t) \in \Omega} \{F(x, u, t)h + e^{-rh} V(x(t+h), t+h)\} + o(h). \quad (2.25)$$

Wegen der unterstellten Differenzierbarkeitsannahme läßt sich für $V(x(t), t)$ folgende Taylor-Reihenentwicklung um t ansetzen:

$$V(x(t+h), t+h) = V(x, t) + V_x(x, t)\dot{x}h + V_t(x, t)h + o(h). \quad (2.26)$$

Setzt man (2.26) in (2.25) ein, beachtet $\exp\{-rh\} = 1 - rh + o(h)$, dividiert anschließend durch h und läßt h gegen 0 gehen, so erhält man die Beziehung

$$0 = \max_{u(t) \in \Omega} \{F(x, u, t) + V_x(x, t)f(x, u, t) - rV(x, t) + V_t(x, t)\}. \quad (2.27)$$

Als Randbedingung fungiert

$$V(x, T) = S(x, T). \quad (2.28)$$

Wir definieren nun den adjungierten (Zeilen-)Vektor $\lambda(t) \in \mathbb{R}^n$ durch

$$\lambda(t) = V_x(x^*(t), t). \quad (2.29)$$

Die j-te Komponente von $\lambda(t)$, $\lambda_j(t)$, gibt also an, wie sich der optimale Wert des Zielfunktionals ändert, falls der Kapitalstock $x_j(t)$ exogen infinitesimal erhöht wird. (Der optimale Wert des Zielfunktionals bedeutet, daß man vom optimalen Zustand $x^*(t)$ in t ausgeht und auf $[t, T]$ die optimale Entscheidung trifft.)

Wir zeigen nun, daß für eine optimale Lösung $u^*(t), x^*(t)$ des Kontrollproblems (2.3) der durch (2.29) definierte Zeilenvektor $\lambda(t)$ alle in Satz 2.1 aufgestellten Behauptungen erfüllt.

Mittels $\lambda(t)$ aus (2.29) und der Hamilton-Funktion

$$H(x, u, \lambda, t) = F(x, u, t) + \lambda f(x, u, t) \quad (2.30)$$

läßt sich (2.27) schreiben als

$$0 = \max_{u \in \Omega} \{H(x, u, \lambda, t) - rV(x, t) + V_t(x, t)\} \quad (2.31)$$

bzw., da $V(x, t)$ und $V_t(x, t)$ nicht von $u(t)$ abhängen, in der Form

$$rV(x, t) - V_t(x, t) = \max_{u \in \Omega} H(x, u, V_x, t). \quad (2.32)$$

Dies ist die sogenannte *Hamilton-Jacobi-Bellman-Gleichung*, eine nichtlineare partielle Differentialgleichung erster Ordnung für $V(x, t)$, welche in der kontinuierlichen dynamischen Programmierung zentrale Bedeutung besitzt.

Aus (2.32) erkennt man zunächst, daß die Hamiltonfunktion für $u^*(t)$ ihr globales Maximum erreicht:

$$H(x^*(t), u^*(t), \lambda(t), t) \geq H(x^*(t), u(t), \lambda(t), t)$$

für alle $u(t) \in \Omega$ und alle $t \in [0, T]$, d.h. (2.5) ist erfüllt.

2.2. Ein „Beweis" über die dynamische Programmierung

Zur „Herleitung" der adjungierten Gleichung setzten wir in (2.31) die optimale Steuerung $u^*(t)$ samt dem zugehörigen Zustand $x^*(t)$ ein und erhalten den Wert Null. Für jede von $x^*(t)$ verschiedene Trajektorie $x(t)$ ist i.a. $u^*(t)$ nicht eine dazupassende optimale Kontrolle, so daß der Klammerausdruck in (2.31) kleiner (höchstens gleich) 0 ist. Der Ausdruck

$$H(x, u^*, V_x(x, t), t) - rV(x, t) + V_t(x, t) \tag{2.33}$$

erreicht also sein Maximum (Wert 0) für $x(t) = x^*(t)$, welches im unbeschränkten Fall durch Differentiation von (2.33) nach x zu gewinnen ist. Das heißt, für $x(t) = x^*(t)$ gilt notwendigerweise

$$H_x(x^*, u^*, V_x(x^*, t), t) - rV_x(x^*, t) + V_{tx}(x^*, t) = 0. \tag{2.34}$$

Wir differenzieren nun die Hamiltonfunktion (2.30) nach x, wobei zu berücksichtigen ist, daß $\lambda = V_x$ gemäß (2.29) von x abhängt. Dies ergibt in Kombination mit (2.34)

$$F_x + (V_{xx}f)' + V_x f_x - rV_x + V_{tx} = 0 \, .$$

Dabei bedeutet $V_{xx} = \left(\dfrac{\partial^2 V}{\partial x_i \partial x_j}\right)$ die Hessesche Matrix der partiellen Ableitungen zweiter Ordnung von V nach x. Gemeinsam mit der Relation

$$\frac{dV_x}{dt} = (V_{xx}\dot{x})' + V_{xt}$$

und $V_{xt} = V_{tx}$ liefert das

$$\frac{dV_x}{dt} = rV_x - F_x - V_x f_x$$

bzw.

$$\dot{\lambda} = r\lambda - F_x - \lambda f_x \, .$$

Faßt man nun λ als eine von x unabhängige Zeitfunktion auf, so erhält man unter Verwendung von (2.30) die adjungierte Gleichung (2.6).
Die Randbedingung (2.28) liefert wegen (2.29) die Transversalitätsbedingung (2.7). □

Damit ist gezeigt, daß die Bedingungen der dynamischen Programmierung, nämlich die Hamilton-Jacobi-Bellman-Gleichung (2.32) und die Endbedingung (2.28), die Bedingungen des Maximumprinzips implizieren. Die Umkehrung gilt nicht, da beim Maximumprinzip nicht die stetige Differenzierbarkeit der Wertfunktion erforderlich ist, wie dies in der dynamischen Programmierung der Fall ist.

Bemerkung 2.3. Die im vorhergehenden Beweis auftretenden Schlußweisen können für Unstetigkeitsstellen von $u^*(t)$ ihre Gültigkeit verlieren. Da sich der Wert eines Integrals durch Abänderung des Integranden auf abzählbar vielen Stellen nicht ändert, bleibt die Aussage des

Maximumprinzips gewahrt, wenn man seine Gültigkeit auf alle $t \in [0, T]$ mit Ausnahme von höchstens abzählbar vielen Punkten erstreckt.

Der gegebene Beweis des Maximumprinzips ist insoferne heuristisch, als er Voraussetzungen verwendet, deren Erfülltsein entweder extra gezeigt werden müßte oder welche gar nicht sichergestellt sind. Ein exakter Beweis des Pontrjaginschen Maximumprinzips übersteigt den Rahmen dieses Buches, da er entweder tiefe Hilfsmittel verwenden würde oder relativ langwierig wäre. Für eine Anwendung der Maximumprinzip-Bedingungen auf praktische sequentielle Entscheidungsprobleme ist sein Verständnis in allen technischen Einzelheiten aber auch gar nicht nötig. Der hier anstelle eines exakten Beweises geführte heuristische „Beweis" weist den Vorteil auf, daß sich mit ihm eine ökonomische Interpretation der Variablen und Relationen des Maximumprinzips unmittelbar verknüpfen läßt (siehe Abschnitt 2.3).

Zusammenfassend läßt sich die Technik des Maximumprinzips zur Lösung eines optimalen Kontrollproblems in Standardform (2.3) folgenderweise formulieren. Man definiere die Hamiltonfunktion mittels (2.5) und suche jene Trajektorien $u(t)$, $x(t)$, $\lambda(t)$ welche folgende Beziehungen erfüllen

$$\dot{x} = f(x, u, t), \quad x(0) = x_0$$
$$\dot{\lambda} = r\lambda - H_x(x, u, \lambda, t), \quad \lambda(T) = S_x(x(T), T) \tag{2.35}$$
$$H(x, u, \lambda, t) \to \max \quad \text{für} \quad u \in \Omega, \, t \in [0, T]$$

Wenn das Maximum der Hamiltonfunktion bezüglich u im Inneren von Ω angenommen wird, dann läßt sich

$$H_u = 0 \tag{2.36}$$

als notwendige Bedingung erster Ordnung für ein lokales Maximum verwenden.

Falls H_{uu} negativ semidefinit ist für $u \in \Omega$ ($H_{uu} \leq 0$ im Falle $m = 1$), so ist (2.36) auch hinreichend für das Erfülltsein der Maximumbedingung (2.5).

Die Existenz optimaler Steuerungen kann unter bestimmten Voraussetzungen nachgeprüft werden; vgl. dazu Abschnitt 7.5.

Existiert in einem Anwendungsproblem keine Lösung der notwendigen Bedingungen (2.35), so stellt dies häufig ein Indiz für ein falsch spezifiziertes Modell dar. In diesem Falle sollte die Formulierung des Modells nochmals überprüft werden.

2.3. Ökonomische Deutung des Maximumprinzips

Kern der ökonomischen Deutung der im Maximumprinzip von Satz 2.1 zusammengefaßten notwendigen Optimalitätsbedingungen ist die Interpretation (2.29) der Kozustandsvariablen als *Schattenpreis*. Gemäß (2.29) mißt $\lambda_j(t)$ näherungsweise die Änderung des optimalen Prozeßwertes $V(x, t)$, welche aus einer Änderung von $x_j(t)$ um eine Einheit resultiert. In der kapitaltheoretischen Interpretation stellt $\lambda_j(t)$ den marginalen Wert einer Einheit des j-ten Kapitalgutes zum Zeitpunkt t dar (gemessen am diskontierten künftigen Profit).

2.3. Ökonomische Deutung des Maximumprinzips

$\lambda_j(t)$ gibt also an, wieviel es dem Entscheidungsträger wert ist, eine „kleine" Einheit der Zustandsvariablen $x_j(t)$ mehr zu besitzen unter der Annahme, daß er sich für den Rest des Planungshorizonts optimal verhält. $\lambda(t)$ heißt „Schattenpreis", weil der Kapitalwert nicht den am Kapitalmarkt herrschenden Marktpreis darstellt, sondern einen (firmen-)internen Verrechnungspreis, mit dem eine zusätzliche Kapitaleinheit bewertet wird. Mit anderen Worten mißt der Schattenpreis nicht den direkten Verkaufswert, der am Markt für eine Kapitaleinheit erzielt werden kann, sondern den Preis, den ein sich rational verhaltender Entscheidungsträger bereit wäre, für eine zusätzliche Kapitaleinheit zu bezahlen.

Somit mißt

$$\lambda f(x, u, t) = \sum_{j=1}^{n} \lambda_j f_j(x, u, t) \tag{2.37}$$

die Wertänderung des gesamten Kapitalstocks, falls sich dieser aufgrund der Investitionstätigkeit u um $\dot{x} = f$ ändert.

Die Hamilton-Funktion (2.4) beschreibt die totale Auswirkung der Entscheidung u zum Zeitpunkt t, die in einen *direkten und indirekten Effekt* zerlegt werden kann:

- der unmittelbare Effekt der Entscheidung u besteht in Verbindung mit dem herrschenden Zustand x darin, daß die Profitrate $F(x, u, t)$ erzielt wird,
- die indirekte Wirkung von u manifestiert sich im Wert der Änderung der Kapitalbestände. Die in t getroffene Entscheidung u transformiert den Kapitalstock um $\dot{x} = f(x, u, t)$, was – mit dem Schattenpreis λ bewertet – den Summanden (2.37) der Hamiltonfunktion liefert.

Somit mißt H die Profitrate ergänzt um den indirekten Gewinn, der aus der Wertänderung des Kapitalstocks resultiert.

Das Zielfunktional besitzt die Dimension eines ökonomischen Wertes (also Nutzen, Gewinn, Erlös bzw. Kosten), d.h. Preis mal Menge. Die Zustandsvariable hat die Dimension einer Menge, während die Kozustandsvariable $\lambda_j = \dfrac{\partial V}{\partial x_j}$ die Dimension [Preis] = $\dfrac{[\text{Wert}]}{[\text{Menge}]}$ aufweist. Die Nutzenrate F ist ein Wert pro Zeiteinheit, f eine Menge(nänderung) pro Zeiteinheit. Somit besitzt $H = F + \lambda f$ die Dimension einer Nutzenrate.

Die Maximumbedingung sagt aus, daß die Instrumente *zu jedem Zeitpunkt* so eingesetzt werden sollen, daß die Hamiltonfunktion, als die totale Profitrate (als Summe des unmittelbaren Gewinns plus Wert der Änderung des Kapitalstocks), maximal wird.

Es ist einsichtig, daß es nicht optimal sein wird, in kurzsichtiger Weise die unmittelbare Profitrate zu maximieren, sozusagen nach der Vorgangsweise „Nach mir die Sintflut", da bei einer solchen Vorgangsweise die Nachwirkungen der Wahl der Entscheidung auf die Entwicklung des Kapitalstocks unberücksichtigt blieben. Charakteristisch für dynamische Entscheidungssituationen ist das Phänomen, daß momentane Entscheidungen Auswirkungen auf den weiteren Prozeßverlauf besitzen. Das andere Extrem besteht beispielsweise in der Vorgangsweise, laufend möglichst wenig zu konsumieren, um möglichst viel in die Kapitalakkumulation investieren zu können mit dem Ziel, das Potential für künftigen Nutzen zu schaffen. Weder die kurzsichtige Politik der Maximierung des augenblicklichen Nutzens, noch die ständige „Vertröstung auf später", erweist sich i.a. als optimal.

Aus (2.32) wird deutlich: max H gibt die Verzinsung des optimalen Kapitalwertes der Investition an (falls nicht investiert, sondern am Kapitalmarkt angelegt wird) *plus* die exogen bedingte zeitabhängige Einbuße am optimalen Kapitalwert (Verschlechterung der „Betriebsbedingungen").

Die ökonomische Kernidee des Pontrjaginschen Maximumprinzips besteht in der Konstruktion eines Systems von Schattenpreisen $\lambda(t)$, welches die indirekte Auswirkung der Entscheidung auf die Zustandsänderung in dem Sinne berücksichtigt, daß die *totale* Nutzenrate (nämlich H) maximal wird. Durch diese (scheinbar künstliche) Aufblähung des Problems – neben $u(t)$ und $x(t)$ ist eine zusätzliche Trajektorie $\lambda(t)$ zu ermitteln – läßt sich das *dynamische* Entscheidungsproblem auf $[0, T]$ in eine Schar *statischer* Probleme aufspalten; für jedes $t \in [0, T]$ ergibt sich eines. Diese bestehen jeweils in der Maximierung der Hamiltonfunktion zu jedem Zeitpunkt t, wobei $\lambda(t)$ der zugehörigen adjungierten Gleichung genügt.

Zur kapitaltheoretischen Interpretation der adjungierten Gleichung (2.6) schreiben wir sie in der Form

$$-\dot\lambda + r\lambda = \frac{\partial H}{\partial x} = \frac{\partial F}{\partial x} + \lambda \frac{\partial f}{\partial x}. \qquad (2.6')$$

$-\dot\lambda$ ist die Entwertungsrate des Kapitals, welche Bewertungsänderungen (Änderungen des Schattenpreissystems) des Kapitalstocks mißt. $r\lambda$ ist der Zinsgewinn einer mit dem Schattenpreissystem λ bewerteten Kapitaleinheit. Auf der linken Seite von (2.6') steht somit der Nettoertrag, der erzielt wird, wenn man eine Kapitaleinheit zur Bank trägt und dort mit der Diskontrate verzinst. Er setzt sich zusammen aus Bewertungsänderungen (Kapitalverlusten) sowie dem Zinsertrag. Auf der rechten Seite in (2.6') scheint der marginale Beitrag einer in den Prozeß investierten Kapitaleinheit auf, der sich als Summe aus dem direkten Grenzertrag und den künftig zu erwartenden (indirekten) marginalen Kapitalerträgen zusammensetzt.

Die Kozustandsgleichung besagt, daß es entlang des optimalen Pfades egal ist, ob man eine zusätzliche infinitestimale Kapitaleinheit in den Prozeß investiert oder auf der Bank verzinst. Ökonomisch kann diese Gleichgewichtsbedingung folgenderweise gerechtfertigt werden: jede Ungleichheit würde Änderungen im optimalen Kapitalstock hervorrufen. Bei der adjungierten Gleichung handelt es sich somit – wie bei der Maximumbedingung – um eine aus der Kapitaltheorie geläufige Gleichgewichtsbedingung. Für $r = 0$ besagt sie, daß im Optimum die Bewertung des Zustandes mit der gleichen Rate abnimmt, wie der Zustand Grenzgewinne hervorruft.

(2.6) läßt sich für $r = 0$ unter Verwendung von (2.7) aufintegrieren zu

$$\lambda(t) = \int_t^T H_x \, dt + S_x(x^*(T), T), \qquad (2.38)$$

d. h. der Schattenpreis einer Kapitaleinheit ist gleich der Summe aller künftigen marginalen Beiträge der Zustandsvariablen zum Gesamtprofit (einschließlich des marginalen Restwertes).

Die Transversalitätsbedingung (2.7) besagt schließlich, daß der Preis einer zusätzlichen Kapitaleinheit am Ende des Planungshorizontes gleich dem marginalen Restwert ist, da ein weiterer indirekter Effekt hier nicht mehr berücksichtigt werden muß.

Während in der bisherigen Interpretation H und λ die (den) auf den laufenden Zeitpunkt t bezogene(n) Profitrate bzw. Schattenpreis bedeuteten, beziehen sich die entsprechenden Funktionen $\tilde{H}, \tilde{\lambda}$ in der Gegenwartswertnotation (2.8) auf den Zeitursprung $t = 0$.

Beispiel 2.3. Um die Schattenpreisinterpretation (2.29) der Kozustandsvariablen zu illustrieren, verwenden wir Beispiel 2.1 bzw. 2.2. Zunächst wollen wir die Wertfunktion V ermitteln:

Wenn im Beispiel 2.1 zum Zeitpunkt t im Punkt $x(t) = \xi_0$ gestartet wird, so ist die optimale Lösung gemäß (2.19)

$$u(s) = T - s, \quad x(s) = \xi_0 + T(s - t) - \frac{s^2 - t^2}{2}$$

für $s \geq t$. Durch Auswertung der Zielfunktion erhält man dann

$$V(\xi_0, t) = \int_t^T \left[x(s) - \frac{u(s)^2}{2} \right] ds = \xi_0(T - t) + \frac{(T - t)^3}{6}.$$

Im Beispiel 2.2 ist die optimale Lösung ausgehend von $x(t) = \xi_0$ zum Zeitpunkt t (gemäß (2.23))

$$u(s) = \begin{cases} 1 \\ 0 \end{cases} \text{ und } \quad x(s) = \begin{cases} \xi_0 + s - t \\ \xi_0 + T - t - 1 \end{cases} \text{ für } t \begin{cases} \leq \\ > \end{cases} T - 1.$$

Auswertung der Zielfunktion von Beispiel 2.2 liefert dann

$$V(\xi_0, t) = \int_t^T [x(s) - u(s)] ds = \xi_0(T - t) + \begin{cases} 0 \\ (T - 1 - t)^2/2 \end{cases},$$

$$\text{wenn } t \begin{cases} \geq \\ < \end{cases} T - 1.$$

In beiden Fällen ist also die Änderung der Wertfunktion V bei einer marginalen Änderung von $x(t) = \xi_0$ gegeben durch

$$\frac{\partial V(\xi_0, t)}{\partial \xi_0} = T - t.$$

Dieser Ausdruck stimmt mit $\lambda(t)$ aus (2.18) überein.

Falls Beschränkungen (2.22) für den Endzustand $x(T)$ vorliegen, so gilt die obige Interpretation nur für den Fall, daß die Wertfunktion $V(x, t)$ in einer ganzen Umgebung von $x^*(t)$ definiert ist. Dies ist gesichert, soferne die Kozustandstrajektorie für das auf das Intervall $[t, T]$ beschränkte Problem mit Anfangszustand $x^*(t)$ eindeutig bestimmt ist (vgl. *Seierstad*, 1982). Diese Eigenschaft ist aber unter Umständen nicht erfüllt, so daß die Schattenpreisinterpretation für die adjungierte Variable versagt; vgl. Beispiel 8.3, Intervall [2,4].

2.4. Zusammenhang mit der Variationsrechnung

Das einfachste Problem der Variationsrechnung besteht in der Maximierung des Funktionals

$$\int_0^T F(x(t), \dot{x}(t), t)\,dt$$

unter der Anfangsbedingung $x(0) = x_0$. Die notwendigen Optimalitätsbedingungen der „klassischen" Variationsrechnung können aus dem Maximumprinzip gefolgert werden. Setzt man $\dot{x} = u$, so erhält man ein Kontrollproblem. In Übungsbeispiel 2.5 soll die *Eulersche Gleichung*

$$F_x(x, \dot{x}, t) - \frac{d}{dt} F_{\dot{x}}(x, \dot{x}, t) = 0 \tag{2.39}$$

sowie die Transversalitätsbedingung

$$F_{\dot{x}}(x(T), \dot{x}(T), T) = 0 \tag{2.40}$$

aus den Bedingungen des Maximumprinzips (Satz 2.1) abgeleitet werden. Weitere Bedingungen der Variationsrechnung, nämlich die Weierstraß-Erdmann Bedingungen,

$$F_{\dot{x}} \quad \text{und} \quad F - F_{\dot{x}}\dot{x} \quad \text{sind stetig in} \quad [0, T], \tag{2.41}$$

folgen aus der Stetigkeit von Kozustand und Hamilton-Funktion.

Die folgende Überlegung illustriert, daß die Bedingungen des Maximumprinzips mittels Variationstechniken abgeleitet werden können, falls $\Omega = \mathbb{R}^m$ ist.

Die übliche Vorgangsweise bei der Lösung von Optimalitätsproblemen mit Nebenbedingungen besteht in deren Berücksichtigung mittels Lagrange-Multiplikatoren. Da sich die dynamische Nebenbedingung (2.2) auf das ganze Intervall $[0, T]$ bezieht, ist es plausibel, daß der Lagrangesche Multiplikator $\lambda(t)$ ebenfalls eine Zeitfunktion sein wird; (2.2) stellt sozusagen eine unendliche Familie von durch t indizierten Restriktionen dar, die zu (2.1) zu adjungieren sind.

Wir bilden also die Lagrange-Funktion

$$\Lambda = \int_0^T \{e^{-rt}F(x, u, t) + \tilde{\lambda}(t)[f(x, u, t) - \dot{x}]\}\,dt + e^{-rT}S(x(T), T). \tag{2.42}$$

Um die Multiplikatoren in der (Momentanwert)-Schreibweise von Satz 2.1 zu erhalten, transformieren wir $\tilde{\lambda}$ gemäß (2.12) durch $\tilde{\lambda} = \lambda \exp(-rt)$.

Partielle Integration des Terms $-\int e^{-rt}\lambda\dot{x}\,dt$ ergibt

$$\Lambda = \int_0^T e^{-rt}(F + \lambda f - r\lambda x + \dot{\lambda}x)\,dt + e^{-rT}S(x(T), T)$$
$$- [e^{-rT}\lambda(T)x(T) - \lambda(0)x(0)]. \tag{2.43}$$

2.4. Zusammenhang mit der Variationsrechnung

Unter Benützung der Hamilton-Funktion $H = F + \lambda f$ läßt sich (2.43) schreiben als

$$\Lambda = \int_0^T e^{-rt}(H - r\lambda x + \dot{\lambda}x)\,dt + e^{-rT}S - [e^{-rT}\lambda(T)x(T) - \lambda(0)x(0)]. \tag{2.44}$$

Um Λ nach $u(t)$ zu maximieren, interessieren wir uns für die Konsequenzen der Änderungen der Kontrolltrajektorie von $u(t)$ auf $u(t) + \delta u(t)$ und der entsprechenden Änderung der Systemantwort von $x(t)$ auf $x(t) + \delta x(t)$ in bezug auf Λ. Die Lagrange-Funktion ändert sich von Λ auf $\Lambda + \delta\Lambda$ mit

$$\delta\Lambda = \int_0^T e^{-rt}[(H_x - r\lambda + \dot{\lambda})\delta x + H_u \delta u]\,dt$$
$$+ e^{-rT}[S_x(x(T), T) - \lambda(T)]\delta x(T) + \lambda(0)\delta x(0). \tag{2.45}$$

(2.45) läßt sich durch die Kettenregel begründen; eine exakte Herleitung erfolgt im Rahmen der Variationsrechnung. Um die für die Maximierung von Λ nach u notwendige Bedingung $\delta\Lambda = 0$ zu gewährleisten, müssen die Koeffizienten von $\delta x(t)$, $\delta u(t)$ im Integranden und der Koeffizient von $\delta x(T)$ verschwinden (man beachte, daß $\delta x(0) = 0$). Dabei wird angenommen, daß $u(t) + \delta u(t)$ in einer Umgebung von $u(t)$ frei variieren kann und daß die resultierenden Pfade $x(t) + \delta x(t)$ „genügend reichhaltig" sind.

Dies liefert

$$\dot{\lambda} = r\lambda - H_x, \quad H_u = 0, \quad \lambda(T) = S_x(x(T), T). \tag{2.46}$$

Die aus der „klassischen" Variationsrechnung folgende Bedingung $H_u = 0$ in (2.46) ist weniger allgemein als die Maximumbedingung (2.5), da sie nur lokale Extrema (auch Minima) liefert und Randsteuerungen ausschließt.

Aus (2.45) folgt

$$\frac{\partial V}{\partial x(0)} = \frac{\partial \Lambda}{\partial x(0)} = \frac{\delta\Lambda}{\delta x(0)} = \lambda(0), \tag{2.47}$$

d.h. die Kozustandsvariable ist gleich der Änderung des optimalen Wertes des Zielfunktionals bei einer kleinen Änderung der Zustandsvariablen.

Im Übungsbeispiel 2.6 ist unter Benützung von (2.46) zu zeigen, daß

$$\frac{dH}{dt} = \frac{\partial H}{\partial t} + r\lambda f \tag{2.48}$$

gilt.

2.5. Hinreichende Bedingungen

Die Aussagen von Satz 2.1 stellen notwendige Optimalitätsbedingungen dar, d. h. sie konnten nur Kandidaten für optimale Lösungen bestimmen[1]. Um sicherzustellen, daß ein solcher Kandidat wirklich optimal ist, gibt es drei Möglichkeiten:

1. Man zeigt die Existenz einer optimalen Lösung und daß nur die vorliegende Lösung den notwendigen Bedingungen genügt (vgl. *Cesari*, 1983, sowie Abschnitt 7.5).

2. Zu einer gegebenen zulässigen Lösung sucht man die Wertfunktion $V(x, t)$, welche der Hamilton-Jacobi-Bellman Gleichung (2.32) genügt. Wenn eine solche Wertfunktion existiert, so ist die zulässige Lösung optimal (vgl. *Boltyanskii*, 1966, *Leitmann*, 1968).

3. Man zeigt, daß das Pontrjaginsche Maximumprinzip unter gewissen zusätzlichen Annahmen auch eine hinreichende Optimalitätsbedingung ist.

Im folgenden wollen wir den dritten Weg beschreiben, da er in den ökonomischen Anwendungen die größte Rolle spielt. Eine zentrale Rolle in der Analyse spielt dabei die Konkavität der Nutzenfunktion F und der Effizienzfunktion f bzw. der Hamiltonfunktion oder auch nur die Konkavität der maximierten Hamiltonfunktion.

Definition 2.1. *Eine Funktion $\phi: \mathbb{R}^d \to \mathbb{R}$ heißt* <u>konkav</u>, *wenn für alle z_1, z_2 aus ihrem konvexen Definitionsbereich D und für alle $\zeta \in [0, 1]$ gilt*

$$\zeta \phi(z_1) + (1 - \zeta) \phi(z_2) \leq \phi(\zeta z_1 + (1 - \zeta) z_2).$$

Falls ϕ differenzierbar ist, so ist ihre Konkavität äquivalent mit

$$\phi(z_2) - \phi(z_1) \leq \phi_z(z_1)(z_2 - z_1).$$

Gilt in diesen Ungleichungen anstelle von $\leq$ das $\geq$ Zeichen, so ist die Funktion ϕ <u>konvex</u>.

Weiteres benötigen wir noch folgenden Hilfssatz:

Lemma 2.1 (Enveloppentheorem)

Eine Funktion $\phi: \mathbb{R}^n \times \mathbb{R}^m \to \mathbb{R}$ sei definiert für $(x, u) \in D \times \Omega$, wobei D offen sei, und $\phi^\circ: \mathbb{R}^n \to \mathbb{R}$ sowie $u^*: \mathbb{R}^n \to \mathbb{R}^m$ seien gegeben durch:

$$\phi^\circ(x) = \max_{u \in \Omega} \phi(x, u); \quad u^*(x) = \arg\max_{u \in \Omega} \phi(x, u).$$

Sind ϕ und ϕ° stetig differenzierbar in x, so gilt:

$$\phi_x(x, u)|_{u = u^*(x)} = \phi_x^\circ(x). \tag{2.49}$$

---

[1] Ein derartiger Kandidat wird in der Literatur häufig als Extremale bezeichnet.

2.5. Hinreichende Bedingungen

Beweis. Das Enveloppentheorem wird unter den angeführten Voraussetzungen bei *Derzko* et al. (1984, Lemma 2.1) bewiesen. Wir führen im folgenden einen kürzeren, instruktiveren Beweis unter folgenden *Zusatzvoraussetzungen*:

Rechteckiger Steuerbereich: $\Omega = \underset{i=1}{\overset{m}{\times}} \Omega_i$

$u^*(x)$ ist eindeutig und stetig differenzierbar in x.

$\phi(x, u)$ ist auf Umgebung von $D \times \Omega$ stetig nach x und u differenzierbar.

Es gilt dann:

$$\phi_x^\circ(x) = \phi_x(x, u^*(x)) + \phi_u(x, u^*(x)) \frac{\partial u^*(x)}{\partial x}. \qquad (2.50)$$

Liegt $u_i^*(x)$ im Inneren von Ω_i, so gilt $\phi_{u_i}(x, u^*(x)) = 0$. Liegt hingegen $u_i^*(x)$ am Rande von Ω_i, so hat u_i^* an der Stelle x ein Extremum. Dann folgt aus der stetigen Differenzierbarkeit von $u^*(x)$, daß $\frac{\partial u_i^*}{\partial x} = 0$ ist. In jedem Fall verschwindet also der letzte Summand in (2.50), woraus (2.49) folgt. □

Die Bezeichnung dieses Hilfssatzes stammt von der Tatsache, daß im eindimensionalen Fall die Funktion $\phi^\circ(x)$ die Einhüllende (Enveloppe) der Kurvenschar $\{\phi(x, u), u \in \Omega\}$ ist; vgl. Abb. 2.5.

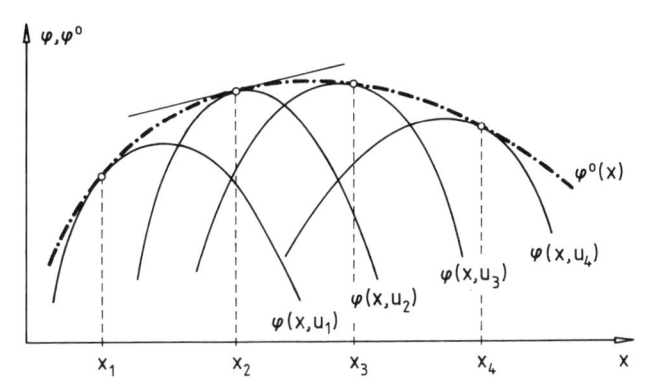

Abb. 2.5 Illustration des Enveloppentheorems: Die maximierte Funktion $\phi^\circ(x)$ ist die Einhüllende (Enveloppe) der Kurvenschar $\{\phi(x,u) | u \in \Omega\}$. Aus $u^*(x_i) = u_i$ folgt somit, daß $\phi^\circ(x)$ und $\phi(x,u_i)$ im Punkt x_i die gleiche Tangente besitzen

Diese Überlegungen wenden wir nun auf die maximierte Hamiltonfunktion

$$H^\circ(x, \lambda, t) = \max_{u \in \Omega} H(x, u, \lambda, t) \qquad (2.51)$$

an. Lemma 2.1 besagt, daß für

$$u^*(x, \lambda, t) = \arg\max_{u \in \Omega} H(x, u, \lambda, t)$$

folgende Beziehungen gelten:

$$H°(x, \lambda, t) = H(x, u^*, \lambda, t), \quad H_x°(x, \lambda, t) = H_x(x, u^*, \lambda, t). \quad (2.52)$$

Dieses Resultat wird zum Beweis des folgenden Satzes benutzt.

Satz 2.2 (Hinreichende Optimalitätsbedingungen für das Standardproblem)
Es sei $u^*(t)$ eine zulässige Steuertrajektorie und $x^*(t)$ der zugehörige Zustandspfad des Kontrollproblems (2.3). Ferner existiere eine Kozustandstrajektorie $\lambda(t)$, für welche die Bedingungen des Maximumprinzips (Satz 2.1) erfüllt sind, d.h. es gelte

$$\dot{x}^* = f(x^*, u^*, t), \, x(0) = x_0$$
$$\dot{\lambda} = r\lambda - H_x(x^*, u^*, \lambda, t), \quad \lambda(T) = S_x(x^*(T), T)$$
$$H(x^*, u^*, \lambda, t) = H°(x^*, \lambda, t).$$

Falls zusätzlich $H°(x, \lambda, t)$ für alle $(t, \lambda(t))$ konkav und stetig differenzierbar in x und $S(x, T)$ konkav in x ist, dann ist $u^*(t)$ eine optimale Steuerung.

Ist $H°$ streng konkav, so ist die optimale Lösung x^* eindeutig bestimmt.

Beweis. Es sei $u(t)$ eine beliebige Steuertrajektorie auf $[0, T]$ und $x(t)$ die Systemantwort, wobei $x(0) = x_0$. Mit $J(u)$ bezeichnen wir den Wert des Zielfunktionals (2.1). Die Behauptung des Satzes ist bewiesen, falls gezeigt werden kann, daß die Differenz $J(u) - J(u^*)$ nicht positiv ist.

Mittels der Hamiltonfunktion läßt sich diese Differenz folgenderweise schreiben

$$\begin{aligned}J(u) - J(u^*) &= \int_0^T e^{-rt}[F(x, u, t) - F(x^*, u^*, t)]\,dt \\ &\quad + e^{-rT}[S(x(T), T) - S(x^*(T), T)] \\ &= \int_0^T e^{-rt}\{[H(x, u, \lambda, t) - H(x^*, u^*, \lambda, t)] \\ &\quad - \lambda(t)[f(x, u, t) - f(x^*, u^*, t)]\}\,dt \\ &\quad + e^{-rT}[S(x(T), T) - S(x^*(T), T)].\end{aligned} \quad (2.53)$$

Aus der Konkavitätsannahme von $H°$ bezüglich x folgt aufgrund von (2.51, 52)

$$H(x, u, \lambda, t) - H(x^*, u^*, \lambda, t) \leq H°(x, \lambda, t) - H°(x^*, \lambda, t)$$
$$\leq H_x°(x^*, \lambda, t)(x - x^*) = H_x(x^*, u^*, \lambda, t)(x - x^*). \quad (2.54)$$

Setzt man (2.54) in (2.53) ein und berücksichtigt ferner die Systemdynamik (2.2) sowie die Konkavität der Restwertfunktion S bezüglich x, so erhält man die Abschätzung

$$\begin{aligned}J(u) - J(u^*) &\leq \int_0^T e^{-rt}[H_x(x^*, u^*, \lambda, t)(x - x^*) - \lambda(\dot{x} - \dot{x}^*)]\,dt \\ &\quad + e^{-rT} S_x(x^*(T), T)[x(T) - x^*(T)].\end{aligned}$$

2.5. Hinreichende Bedingungen

Daraus, aus der Transversalitätsbedingung (2.7), sowie der Tatsache, daß $x^*(0) = x(0)$ gilt, erhält man unter Beachtung der adjungierten Gleichung das gewünschte Resultat:

$$J(u) - J(u^*) \leq \int_0^T e^{-rt}[(r\lambda - \dot\lambda)(x - x^*) - \lambda(\dot x - \dot x^*)]dt$$
$$+ e^{-rT} S_x(x^*(T), T)[x(T) - x^*(T)]$$
$$= -\int_0^T \frac{d}{dt}[e^{-rt}\lambda(x - x^*)]dt + e^{-rT} S_x(x^*(T), T)[x(T) - x^*(T)]$$
$$= -e^{-rt}\lambda(t)[x(t) - x^*(t)]\big|_0^T + e^{-rT} S_x(x^*(T), T)[x(T) - x^*(T)]$$
$$= 0.$$

Ist H° streng konkav, so gilt in (2.54) das Kleinerzeichen strikt für $x \neq x^*$. Unterscheiden sich $x(t)$ und $x^*(t)$ auf einem Intervall positiver Länge, so ist $J(u) < J(u^*)$. □

Bemerkung 2.4. Die Konkavität der maximierten Hamiltonfunktion H° folgt aus der negativen Semidefinitheit von

$$D^2 H = \frac{\partial^2 H}{\partial(x, u)^2} = \begin{pmatrix} H_{xx} & H_{xu} \\ H_{ux} & H_{uu} \end{pmatrix}$$

für alle (x, u, λ) mit $H_u = 0$. Dies erkennt man wie folgt:

$$H_x^\circ = H_x + H_u \frac{\partial u}{\partial x}$$

$$H_{xx}^\circ = H_{xx} + H_{xu}\frac{\partial u}{\partial x} + \left(\frac{\partial u}{\partial x}\right)' H_{ux} + \left(\frac{\partial u}{\partial x}\right)' H_{uu}\left(\frac{\partial u}{\partial x}\right) + \sum_{i=1}^m H_{u_i} \frac{\partial^2 u_i}{\partial x^2}$$

$$= \left(I, \left(\frac{\partial u}{\partial x}\right)'\right) D^2 H \begin{pmatrix} I \\ \partial u/\partial x \end{pmatrix}$$

wegen $H_u = 0$. Dabei ist I die n-dimensionale Einheitsmatrix. Aus der negativen Semidefinitheit von $D^2 H$ folgt also jene von H_{xx}°.

Bemerkung 2.5. Wenn $D^2 H$ global negativ semidefinit ist, so ist dies äquivalent mit der *Konkavität von* H in (x, u). Für $\lambda \geq 0$ folgt die Konkavität von H in (x, u) aus jener von F und f. Aus diesen Bedingungen folgt also die Konkavität von H° und somit das Erfülltsein der hinreichenden Bedingungen von Satz 2.2. Die negative Semidefinitheit einer Matrix kann z.B. mit Hilfe des Hauptminorenkriteriums nachgeprüft werden (vgl. *Gantmacher*, 1958).

Bemerkung 2.6. Der hier geführte Beweis von Satz 2.2 über das Enveloppentheorem (Lemma 2.1) benützt die Differenzierbarkeit der maximierten Hamiltonfunktion in x, die unter Umständen nicht gegeben ist, so etwa bei linearen Problemen. Ein exakter Beweis für allgemeinere Kontrollprobleme, der die Differenzierbarkeit von $H°$ nicht voraussetzt, wird im Beweis von Satz 7.1 geliefert.

Beispiel 2.4. Wir zeigen nun, daß die in den Beispielen 2.1 und 2.2 gestellten Probleme die hinreichenden Optimalitätsbedingungen erfüllen.
Von (2.14) und (2.15) ergibt sich

$$H° = x + \lambda^2/2$$

für Beispiel 2.1. Für Beispiel 2.1a erhält man

$$H° = \begin{Bmatrix} x \\ x + \lambda^2/2 \\ x + \lambda - 1/2 \end{Bmatrix} \quad \text{für} \quad \begin{Bmatrix} \lambda \leq 0 \\ 0 < \lambda < 1 \\ \lambda \geq 1 \end{Bmatrix}$$

Aus (2.20) und (2.22) folgt

$$H° = \begin{cases} x & \text{für} \quad \lambda < 1 \\ x + \lambda - 1 & \text{für} \quad \lambda \geq 1 \end{cases}$$

für Beispiel 2.2. Da somit in allen Fällen die maximierte Hamiltonfunktion $H°$ für jedes feste t und λ linear und somit konkav in x ist, sind die hinreichenden Bedingungen von Satz 2.2 erfüllt.

Das folgende Beispiel zeigt, daß die Konkavität von $H°$ in x erfüllt sein kann, ohne daß H konkav in (x, u) ist (vgl. Bemerkung 2.4).

Beispiel 2.5. Man maximiere

$$J = \int_0^T (u^2 - x) dt$$
$$\dot{x} = u, x(0) = x_0$$
$$0 \leq u \leq 1.$$

Die Hamiltonfunktion

$$H = u^2 - x + \lambda u$$

ist nicht konkav in u und deshalb auch nicht in (x, u), während die maximierte Hamiltonfunktion $H° = -x + \max_u \{u^2 + \lambda u\}$ linear und daher konkav in x ist.

In Übungsbeispiel 2.9 ist zu zeigen, daß

$$u = \begin{cases} 0 & \text{für} \quad [0, T-1) \\ 1 & \text{für} \quad [T-1, T] \end{cases}$$

die optimale Lösung ist.

Falls H° nicht konkav ist, kann in manchen Fällen eine Zustandstransformation gefunden werden, so daß H° für das transformierte Problem konkav ist; vgl. dazu Übungsbeispiel 2.15.

2.6. Unendlicher Zeithorizont und Gleichgewichtslösung

Viele ökonomische Problemstellungen verlangen die Bestimmung einer optimalen Kontrolle auf einem unendlichen Zeitintervall. Gegeben sei etwa das Problem

$$\max \{J = \int_0^\infty e^{-rt} F(x(t), u(t), t) \, dt\} \tag{2.55a}$$

$$\dot{x} = f(x, u, t), \quad x(0) = x_0 \tag{2.55b}$$

$$u(t) \in \Omega. \tag{2.55c}$$

Dabei werden die vor Satz 2.1 angeführten Regularitätsbedingungen vorausgesetzt. Weiters setzen wir voraus, daß das uneigentliche Integral in (2.55a) für jede zulässige Lösung konvergiert. (Andernfalls muß der Begriff der Optimalität überdacht werden; siehe Abschnitt 7.2).

In vielen Fällen zeigt sich, daß die optimale Lösung eines autonomen Kontrollproblems $(x^*(t), u^*(t))$ für $t \to \infty$ gegen ein stationäres Niveau $(\hat{x}, \hat{u})$ konvergiert. Bei endlichem, „hinreichend großem" Zeithorizont beobachtet man häufig, daß sich die Lösung einen Großteil des Zeitintervalls „in der Nähe" des Gleichgewichtspunktes $(\hat{x}, \hat{u})$ aufhält.

Dieses Gleichgewicht ist definiert durch die notwendigen Optimalitätsbedingungen (2.2, 5, 6), wobei $\dot{x} = \dot{\lambda} = 0$ gesetzt wird. $(\hat{x}, \hat{u}, \hat{\lambda})$ genügt daher den Bedingungen:

$$f(\hat{x}, \hat{u}) = 0 \tag{2.56}$$

$$r\hat{\lambda} - H_x(\hat{x}, \hat{u}, \hat{\lambda}) = 0 \tag{2.57}$$

$$H(\hat{x}, \hat{u}, \hat{\lambda}) \geqq H(\hat{x}, u, \hat{\lambda}) \quad \text{für alle} \quad u \in \Omega. \tag{2.58}$$

Wir wenden uns nun wieder dem allgemeinen optimalen Kontrollproblem mit unendlichem Zeithorizont zu und formulieren zunächst notwendige Optimalitätsbedingungen. Dazu definieren wir die Hamiltonfunktion wie folgt

$$H = \lambda_0 F(x, u, t) + \lambda f(x, u, t). \tag{2.59}$$

Im Unterschied zu (2.4) ist also der Integrand F mit einer nichtnegativen Konstanten λ_0 zu multiplizieren.

Satz 2.3 (Maximumprinzip für unendlichen Zeithorizont)
Notwendig für die Optimalität eines zulässigen Paares (x^*, u^*) ist die Existenz einer

Konstanten $\lambda_0 \geq 0$ und einer stetigen Kozustandsfunktion $\lambda(t)$, so daß für kein $t \in [0, \infty)$ der Vektor $(\lambda_0, \lambda(t))$ verschwindet, und daß mit H aus (2.59) die Bedingungen (2.5) und (2.6) von Satz 2.1 erfüllt sind.

Beweisskizze. Sei (x^*, u^*) ein optimales Paar für das Problem (2.55). Wir betrachten für jedes endliche $T \in [0, \infty)$ folgendes Kontrollproblem

$$\max_{u \in \Omega} \int_0^T e^{-rt} F(x, u, t) \, dt \tag{2.60}$$

$$\dot{x} = f(x, u, t), \quad x(0) = x_0, \quad x(T) = x^*(T). \tag{2.61}$$

Dabei handelt es sich hier um kein Problem in Standardform, sondern um eines mit festem Endzustand (vgl. (2.22b)). Aus Korollar 2.1 erhält man die notwendigen Optimalitätsbedingungen, wobei gemäß (2.23b) keine Endbedingung für $\lambda(T)$ existiert.

Wendet man auf jedes dieser Probleme Satz 2.1 an, so erhält man eine Schar von Kozustandstrajektorien $\lambda(t, T)$ definiert auf $t \in [0, T]$ und eine Schar von Konstanten $\lambda_0(T) \geq 0$. Normiert man λ so, daß $\|(\lambda_0(T), \lambda(0, T))\| = 1$ ist, so kann man gemäß dem Satz von Bolzano-Weierstraß eine Folge $\{T_n\}$ auswählen mit $\lim_{n \to \infty} T_n = \infty$, so daß $\lim_{n \to \infty} (\lambda_0(T_n), \lambda(0, T_n))$ existiert.

Bezeichnet man diesen Grenzwert mit $(\lambda_0, \lambda(0))$ und löst die adjungierte Gleichung (2.6) auf dem Intervall $[0, \infty)$, so erhält man eine Funktion $\lambda(t)$, so daß

$$\lim_{n \to \infty} \lambda(t, T_n) = \lambda(t). \tag{2.62}$$

Mittels einer ε-Überlegung kann nun leicht gezeigt werden, daß für das mittels (2.62) bestimmte λ die Maximumbedingung (2.5) gilt (vgl. *Lee* und *Markus* (1967, p. 317)). □

Bemerkung 2.7. Da der Beweis durch Rückführung auf Probleme mit endlichem Zeithorizont und festem Endzustand geführt wurde und bei solchen keine Transversalitätsbedingung (2.7) existiert, ist es plausibel, daß dies auch für das Kontrollproblem mit unendlichem Zeithorizont der Fall ist.

Das folgende Beispiel zeigt, daß die zu (2.7) analoge Grenztransversalitätsbedingung

$$\lim_{t \to \infty} e^{-rt} \lambda(t) = 0 \tag{2.63}$$

keine notwendige Optimalitätsbedingung darstellt.

Beispiel 2.6. Man maximiere

$$J = \int_0^\infty (1-x) u \, dt$$

2.6. Unendlicher Zeithorizont und Gleichgewichtslösung

unter den Nebenbedingungen

$$\dot{x} = (1-x)u, \quad x(0) = 0$$
$$0 \leq u \leq 1.$$

Da in diesem Beispiel $F = f$ ist, gilt

$$J = \int_0^\infty \dot{x}\,dt = \lim_{t\to\infty} x(t) - x(0) = x(\infty).$$

Daher ist jede zulässige Lösung, welche $x(\infty)$ maximiert (d.h. für die $x(\infty) = 1$ gilt), optimal. Somit ist beispielsweise

$$u^* = 1/2 \quad \text{für} \quad t \in [0, \infty) \tag{2.64}$$

eine optimale Lösung, für die $0 < x^*(t) < 1$ für $t \in (0, \infty)$ und $x^*(\infty) = 1$ gilt. Die Hamiltonfunktion (2.59) lautet

$$H = (\lambda_0 + \lambda)(1-x)u.$$

Es gilt

$$H_u = (\lambda_0 + \lambda)(1-x)$$

und

$$u = \begin{Bmatrix} 0 \\ \text{unbestimmt} \\ 1 \end{Bmatrix} \quad \text{für} \quad H_u \begin{Bmatrix} < \\ = \\ > \end{Bmatrix} 0.$$

Für u^* aus (2.64) gilt daher $H_u = 0$ für alle t und somit

$$\lambda(t) = -\lambda_0 \quad \text{für} \quad t \in [0, \infty). \tag{2.65}$$

Wegen der Nichtdegeneriertheitsannahme $(\lambda_0, \lambda) \neq \mathbf{0}$ ist daher $\lambda(t)$ eine negative Konstante und die „Transversalitätsbedingung" (2.63) ist verletzt (wegen $r = 0$).

Bemerkung 2.8. Die Konstante λ_0 in der Hamiltonfunktion (2.59) kann im Unterschied zu (2.4) für das Standardproblem (2.3) i.a. nicht gleich eins gesetzt werden. Dies wird in folgendem Gegenbeispiel illustriert.

Beispiel 2.7.

$$J = \max_u \int_0^\infty (u-x)\,dt$$
$$\dot{x} = u^2 + x, \quad x(0) = 0$$
$$0 \leq u \leq 1.$$

Falls $u \neq 0$ auf einem Intervall von nicht verschwindender Länge, so divergiert $x(t)$ exponentiell gegen $+\infty$ und es gilt $J = -\infty$, da $u \leq 1$. Die optimale Lösung ist also offensichtlich

$$u^*(t) = 0 \quad \text{für} \quad t \in [0, \infty).$$

Die notwendigen Optimalitätsbedingungen von Satz 2.3 lauten

$$H = \lambda_0(u - x) + \lambda(u^2 + x)$$

$$u = \begin{Bmatrix} 0 \\ \text{unbestimmt} \\ 1 \end{Bmatrix} \text{ für } H_u = \lambda_0 + 2\lambda u \begin{Bmatrix} \leq \\ = \\ > \end{Bmatrix} 0 \tag{2.66}$$

$$\dot{\lambda} = \lambda_0 - \lambda.$$

Wäre $\lambda_0 > 0$, so würde aus $u^* = 0$ und (2.66) der Widerspruch $u^* = 1$ folgen. Somit tritt der abnormale Fall $\lambda_0 = 0$ auf.

Für eine eingeschränkte Modellklasse kann gezeigt werden, daß die Grenztransversalitätsbedingung (2.63) doch eine notwendige Optimalitätsbedingung darstellt.

Satz 2.3a (*Michel, 1982*). *Gegeben sei das Kontrollproblem (2.55) in autonomer Form, d.h. $F_t = 0, f_t = 0$. Ist (x^*, u^*) ein optimales Paar, dann existiert eine Konstante $\lambda_0 \geq 0$ und eine stetige Kozustandstrajektorie $\lambda(t)$, so daß die Bedingungen (2.5) und (2.6) erfüllt sind. Ferner gilt*

$$\lim_{t \to \infty} e^{-rt} H(x^*(t), u^*(t), \lambda_0, \lambda(t)) = 0 \tag{2.67a}$$

$$e^{-rt} H(x^*(t), u^*(t), \lambda_0, \lambda(t)) = r\lambda_0 \int_0^\infty e^{-rs} F(x^*(s), u^*(s)) ds. \tag{2.67b}$$

Ist zusätzlich $F \geq 0$ für alle zulässigen (x, u) (oder der Kontrollbereich Ω beschränkt) und liegt 0 im Inneren der Menge „der möglichen Geschwindigkeiten"

$$E(x^*(t)) = \{f(x^*(t), u) | u \in \Omega\}$$

für alle hinreichend großen Werte von t, dann erfüllt $\lambda(t)$ die Grenztransversalitätsbedingung (2.63).

Falls eine der in Abschnitt 2.5 benutzten Konkavitätsbedingungen erfüllt ist, so gibt es hinreichende Optimalitätsbedingungen mit $\lambda_0 = 1$, welche auch eine Transversalitätsbedingung enthalten.

Satz 2.4 (Hinreichende Optimalitätsbedingungen für unendlichen Zeithorizont) *Sei $u^*(t)$ mit zugehöriger Zustandstrajektorie $x^*(t)$ eine zulässige Lösung für das optimale Kontrollproblem (2.55). Weiters sollen Funktionen $\lambda(t) \in \mathbb{R}^n$ existieren, so daß zusätzlich zu den Bedingungen (2.5) und (2.6) mit der Hamiltonfunktion H aus (2.4) die Grenztransversalitätsbedingung*

$$\lim_{t \to \infty} e^{-rt} \lambda(t) [x(t) - x^*(t)] \geq 0 \tag{2.68}$$

2.6. Unendlicher Zeithorizont und Gleichgewichtslösung

für jede zulässige Trajektorie $x(t)$ gilt. Dann ist $u^*(t)$ eine optimale Lösung, wenn $H°(x, \lambda, t)$ für alle Paare t, $\lambda = \lambda(t)$ konkav in x ist.

Beweis. Dieser verläuft analog zu dem von Satz 2.2. An der Ableitung der grundlegenden Ungleichungen (2.54) ändert sich nichts. Für eine beliebige zulässige Lösung (x, u) ergibt sich dann für die Differenz der Zielfunktionale:

$$J(u) - J(u^*) = \int_0^\infty e^{-rt}\{F(x, u, t) - F(x^*, u^*, t)\}dt$$

$$\leq -\int_0^\infty \frac{d}{dt}[e^{-rt}\lambda(x - x^*)]dt = \lambda(0)[x(0) - x^*(0)]$$

$$- \lim_{t \to \infty} e^{-rt}\lambda(t)[x(t) - x^*(t)] \leq 0.$$

Dabei wurde von $x(0) = x^*(0) = x_0$ und (2.68) Gebrauch gemacht. □

Bemerkung 2.9. Es ist offensichtlich, daß die Transversalitätsbedingung (2.68) erfüllt ist, wenn gilt:

$$\left.\begin{array}{l}\text{Jede zulässige Trajektorie } x(t) \text{ ist beschränkt oder nichtnegativ,}\\ x^*(t) \text{ ist beschränkt und}\\ \lambda(t) \text{ ist nichtnegativ und erfüllt (2.63).}\end{array}\right\} \quad (2.69)$$

Man beachte, daß die Forderung (2.63) in (2.69) auch durch die Beschränktheit von λ ersetzt werden kann. Unter der Voraussetzung der Beschränktheit oder Nichtnegativität jeder zulässigen Zustandstrajektorie ist die Transversalitätsbedingung (2.68) für jede gegen einen Gleichgewichtspunkt konvergierende Lösung erfüllt. Diese Tatsache wird u. a. in Kap. 3 und 4 ausgenützt.

Bemerkung 2.10. Verlangt man analog zu (2.22), daß Endbedingungen der Gestalt

$$\lim_{t \to \infty} x_j(t) \quad \text{frei für} \quad j = 1, \ldots, n'$$

$$\lim_{t \to \infty} x_j(t) = x_j^\infty \quad \text{für} \quad j = n'+1, \ldots, n''$$

$$\lim_{t \to \infty} x_j(t) \geq x_j^\infty \quad \text{für} \quad j = n''+1, \ldots, n$$

erfüllt sind, so bleiben die notwendigen und hinreichenden Optimalitätsbedingungen der Sätze 2.3 und 2.4 erhalten.

Beispiele für Probleme mit unendlichem Zeithorizont findet man z. B. in Kap. 3 und 4. Die singuläre Lösung des in Abschnitt 3.2 präsentierten Modells stellt ein Gleichgewicht $(\hat{x}, \hat{u})$ im Sinne von (2.56–58) dar. Gleichgewichte im nichtlinearen Fall werden in Kapitel 4 behandelt. (Die Linearität bezieht sich dabei auf die Steuerung.) Im linearen Fall wird das Gleichgewicht in der Regel *raschestmöglich* (in endlicher Zeit) erreicht (siehe Abschnitt 3.3), im nichtlinearen Fall nähert man sich dem Gleichgewicht hingegen asymptotisch; vgl. Abb. 2.6.

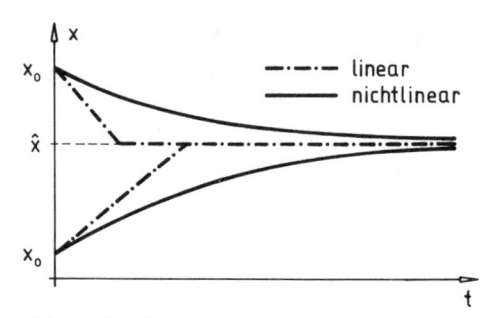

Abb. 2.6 Vergleich der Annäherung an ein Gleichgewicht $\hat{x}$ in den Fällen, daß die Hamiltonfunktionen linear bzw. nichtlinear in der Steuerung ist

2.7. Optimale Wahl des Endzeitpunktes

Bei einer Reihe ökonomischer Problemstellungen besteht das Ziel nicht nur darin, innerhalb eines gewissen Planungszeitraumes eine optimale Politik zu finden, sondern es ist auch das Ende dieses Planungsintervalles so zu wählen, daß die Zielfunktion den optimalen Wert annimmt. Ein typisches Beispiel hierfür ist der Betrieb einer maschinellen Produktionsanlage, deren Zustand x – gemessen etwa an Produktqualität bzw. Wiederverkaufswert – durch Maßnahmen wie vorbeugende Instandhaltung und/oder die Wahl der Produktionsrate (Kontrolle u) beeinflußt werden kann. Es soll dabei der akkumulierte und diskontierte Profitstrom maximiert werden, wobei auch noch simultan die Entscheidung über den günstigsten Verkaufszeitpunkt zu treffen ist.

Derartige Probleme lassen sich mit Hilfe des folgenden Satzes lösen:

Satz 2.5. *Gegeben sei das Kontrollproblem (2.3), wobei zusätzlich der Endzeitpunkt T^* optimal zu bestimmen ist. Ist $u^*(t)$ mit zugehöriger Zustandstrajektorie $x^*(t)$ eine optimale Lösung dieses Problems auf dem optimalen Intervall $[0, T^*]$, dann gelten alle Aussagen von Satz 2.1 und zusätzlich*

$$H(x^*(T^*), u^*(T^*), \lambda(T^*), T^*) = rS(x^*(T^*), T^*) - S_T(x^*(T^*), T^*).$$
(2.70)

Beweis. Dieser wird in der Literatur üblicherweise gemeinsam mit den übrigen Bedingungen des Maximumprinzips geführt. Wir wollen hier einen anderen Weg beschreiten und zeigen, daß sich (2.70) völlig unabhängig von den übrigen Optimalitätsbedingungen (Satz 2.1) durch Anwendung der Differential-Integralrechnung sehr einfach und doch exakt ableiten läßt.

Es sei T^* ein optimaler Endzeitpunkt, und $u^*(t)$ bezeichne eine optimale Lösung des Kontrollproblems (2.3) für den fixen Endpunkt T^*. Wir setzen nun $u^*(t)$ für $t > T^*$ in geeigneter Weise stetig fort, also z. B. durch $u^*(t) = u^*(T^*)$, $t \geq T^*$. Die Kontrolle $u^*(t)$ ist dann auch für Endzeitpunkte $T \in (T^* - \varepsilon, T^* + \varepsilon)$, $\varepsilon > 0$ zulässig, und die zugehörige Zustandstrajektorie werde mit $x^*(t)$, $0 \leq t < T^* + \varepsilon$ bezeichnet. Damit können wir folgende Zielfunktion definieren

$$J(T) = \int_0^T e^{-rt} F(x^*(t), u^*(t), t) dt + e^{-rT} S(x^*(T), T), \qquad (2.71)$$

die den Wert des Zielfunktionals (2.1) repräsentiert, wenn für den Endzeitpunkt T die auf $[0, T^*]$ optimale Kontrolle gewählt wird. Laut Konstruktion ist $J(T)$ für $0 < T < T^* + \varepsilon$ definiert. Da $u^*(t)$ an der Stelle T^* stetig ist, ist $x^*(t)$ dort stetig differenzierbar und daher auch $J(T)$. Für diese Ableitung muß gelten

$$\frac{dJ(T^*)}{dT} = 0, \qquad (2.72)$$

da T^* optimal ist. Wäre etwa $dJ(T^*)/dT > 0$, so gäbe es ein $T \in (T^*, T^* + \varepsilon)$, so daß $J(T) > J(T^*)$, und T^* könnte nicht optimal sein, da die Wahl von $u^*(t)$ auf $[0, T]$ die Zielfunktion verbessern würde. Unter Verwendung von (2.71) liefert (2.72) die Gleichung

$$e^{-rT}\{F + S_x \dot{x} + S_T - rS\} = 0$$

wobei T^* für t und T einzusetzen ist. Unter Verwendung der Hamiltonfunktion H und der Transversalitätsbedingung (2.7) erhalten wir daher

$$H = F + \lambda f = F + S_x \dot{x} = rS - S_T. \qquad \square$$

Im Falle, daß der Endzeitpunkt T nicht beliebig, sondern nur aus einem bestimmten Bereich gewählt werden kann, gilt folgendes Resultat:

Korollar 2.2. *Sei $u^*(t)$, $x^*(t)$ optimal für das Problem von Satz 2.5, wobei T^* optimal unter allen Endzeitpunkten $T \in [\underline{T}, \overline{T}]$ ist, dann gelten alle Aussagen von Satz 2.5 (bzw. Satz 2.1), wobei statt (2.70) nun allgemeiner gilt:*

$$H(x^*(T^*), u^*(T^*), \lambda(T^*), T^*) \left\{ \begin{matrix} \leq \\ = \\ \geq \end{matrix} \right\} rS(x^*(T^*), T^*)$$

$$- S_T(x^*(T^*), T^*) \quad \text{für} \quad \begin{cases} T^* = \underline{T} \\ \underline{T} < T^* < \overline{T} \\ T^* = \overline{T} \end{cases} \qquad (2.73)$$

Der Beweis erfolgt analog zur obigen Ableitung von Beziehung (2.70) und bleibt dem Leser überlassen (siehe Übungsbeispiel 2.11).

Um die Optimalitätsbedingung der Gleichung (2.70) zu interpretieren, betrachten wir die einzelnen Terme in dieser Gleichung separat:

$H = F + \lambda f$ gibt den direkten Gewinn im Verlauf der nächsten Zeiteinheit plus die (laufende) Bewertung der Zustandsänderung an.

S_T bezeichnet die Änderung des Restwertes durch Verschiebung des Endzeitpunktes um eine Einheit.

rS sind die mit der Diskontarte r ermittelten Zinsen auf den Restwert des Prozesses (der Maschine) bei Beendigung des Prozesses zum Zeitpunkt T. Man könnte rS daher als *Opportunitätskosten* für das Weiterlaufen des Prozesses bezeichnen.

Man hat also abzuwägen, ob man zum gegenwärtigen Zeitpunkt T die Maschine verkauft, $S(x,T)$ Geldeinheiten erhält und in der nächsten Zeiteinheit die Zinsen rS abschöpft, oder ob man den Verkaufszeitpunkt um eine Einheit hinausschieben soll, wobei in diesem Fall Profite F anfallen und sich der Verkaufspreis um $S_x f + S_T$ verändert. Wenn T der optimale Verkaufszeitpunkt ist, so bringen beide Entscheidungen in der nächsten Zeiteinheit den gleichen Gewinn. Dies ist intuitiv klar: wäre der interne Grenzertrag größer (bzw. kleiner) als die Zinsen auf den Verkaufswert, so wäre es sicher besser, die Maschine länger zu behalten (bzw. schon früher zu verkaufen), weshalb dann T nicht der optimale Verkaufszeitpunkt sein könnte.

Falls dem Endzustand zusätzlich Bedingungen (2.22) auferlegt werden, so ändert sich (2.70) wie folgt.

Korollar 2.3. *Gegeben sei das Kontrollproblem* (2.3), (2.22) *bei freiem Endzeitpunkt. Seien* T^*, u^*, x^* *optimal, dann gelten alle Aussagen von Korollar 2.1 sowie*

$$H(x^*(T^*), u^*(T^*), \lambda_0, \lambda(T^*), T^*) = r\lambda_0 S(x^*(T^*), T^*) \\ - \lambda_0 S_T(x^*(T^*), T^*) \quad (2.70\,\text{a})$$

Der Beweis verläuft völlig analog zu jenem von Satz 2.5.

Hinreichende Optimalitätsbedingungen für freien Zeithorizont findet man in Satz 7.7.

Beispiel 2.8. Wir betrachten folgendes Ressourcenausbeutungsproblem (vgl. *Seierstad* und *Sydsaeter* 1986; Example 2.9.1):

$$\max_{u,T} \int_0^T e^{-rt}[p(t)u(t) - C(u(t),t)]\,dt$$
$$\dot{x}(t) = -u(t),\ x(0) = x_0,\ x(T) \geqq 0,\ u \geqq 0.$$

Dabei bezeichnet $x(t)$ den Ressourcenstock im Zeitpunkt t, $u(t)$ die Extraktionsrate, $p(t)$ den (vorgegebenen) Marktpreis und $C(u,t)$ die Extraktionskosten. Betrachtet man einen konstanten Marktpreis $p = \bar{p}$ und spezifiziert die Kosten quadratisch, $C = au^2/2$, so erhält man folgende optimale Abbaupolitik

$$u^*(t) = \frac{\bar{p} - \lambda(0)e^{rt}}{a},$$

sowie den optimalen Abbauzeitraum T^* als Lösung von

$$\bar{p}(rT^* - 1 + e^{-rT^*}) = arx_0.$$

Aus dieser Beziehung und

$$\int_0^T u^*(t)\,dt = x_0$$

lassen sich die beiden Parameter $\lambda(0)$ und T^* bestimmen (Übungsbeispiel 2.12).

2.8. Optimaler Endzeitpunkt bei Investitionsketten

Bedingung (2.70) für den optimalen Endzeitpunkt ist unter Umständen von keinem endlichen T^* erfüllt (vgl. die Abschnitte 3.1 und 4.1). Ein möglicher Grund hierfür ist, daß die Zielfunktion (2.1) die Situation nicht adäquat widerspiegelt. Wird nämlich eine Maschine zum Zeitpunkt T verkauft, wobei sie den Schrottwert S einbringt, so wird danach oft eine neue Anlage angeschafft. Es ist plausibel, daß man in diesem Fall die Maschine eher früher verkaufen und eine neue anschaffen wird, als wenn nach dem Verkauf der Produktionsanlage kein Ertrag mehr anfallen kann.

In diesem Abschnitt wollen wir notwendige Optimalitätsbedingungen für Kontrollprobleme mit freiem Endzeitpunkt angeben, deren Zielfunktion die Gestalt

$$\tilde{J}(T) = \frac{\int_0^T e^{-rt} F(\boldsymbol{x}(t), \boldsymbol{u}(t), t)\,dt + e^{-rT} S(\boldsymbol{x}(T), T) - I}{1 - e^{-rT}} \qquad (2.74)$$

besitzt. Ein typisches Beispiel dafür wäre eine Folge von Maschinen, die gekauft, betrieben und wieder verkauft werden, wobei eine neue Maschine I Geldeinheiten kostet und eine t Zeiteinheiten alte Produktionsanlage im Erhaltungszustand $\boldsymbol{x}$ um $S(\boldsymbol{x}, t)$ Geldeinheiten verkauft werden kann. Eine solche Maschine wirft bei Kontrolleinsatz $\boldsymbol{u}$ (Produktionsrate, Instandhaltungsintensität usw.) $F(\boldsymbol{x}, \boldsymbol{u}, t)$ Geldeinheiten Gewinn ab und verändert ihre Leistungsfähigkeit $\boldsymbol{x}$ gemäß $\dot{\boldsymbol{x}} = \boldsymbol{f}(\boldsymbol{x}, \boldsymbol{u}, t)$. Wenn die i-te Anlage ($i = 1, 2, \ldots$) T_i Zeiteinheiten betrieben wird und sofort danach durch eine neue ersetzt wird, ist der Gegenwartswert des Nettoprofitstromes unter Berücksichtigung von Kauf- und Verkaufspreis der Anlagen gegeben durch

$$\sum_{i=1}^{\infty} \left\{ -I + \int_0^{T_i} e^{-rt} F(\boldsymbol{x}(t), \boldsymbol{u}(t), t)\,dt + e^{-rT_i} S(\boldsymbol{x}(T_i), T_i) \right\} \exp\left(-r \sum_{j=1}^{i-1} T_j\right). \qquad (2.75)$$

Der Ausdruck in der geschlungenen Klammer, also $J(T_i) - I$, ist der auf den Kaufzeitpunkt der i-ten Anlage $\sum_{j=1}^{i-1} T_j$ bezogene Wert des Kosten- und Erlösstromes, den die i-te Maschine generiert. Falls die Funktionen F, f und S von i unabhängig sind (alle Maschinen identisch), so läßt sich zeigen, daß bei optimaler Wahl alle T_i gleich sind.

Da dann klarerweise auch die Politik u für jede Maschine gleich ist, ist der Klammerausdruck $J(T_i) - I$ in (2.75) von i unabhängig und die Summe wird zu

$$(J(T) - I) \sum_{i=1}^{\infty} e^{-rT(i-1)} = \frac{J(T) - I}{1 - e^{-rT}} = \tilde{J}(T).$$

Die Zielfunktionale (2.75) und (2.74) sind damit äquivalent.

Satz 2.6. *Gegeben sei das Kontrollproblem* (2.3), *wobei nun die Zielfunktion* $\tilde{J}(T)$ *durch* (2.74) *gegeben ist und auch T optimal zu bestimmen ist. Ist* u^* *mit zugehörigem*

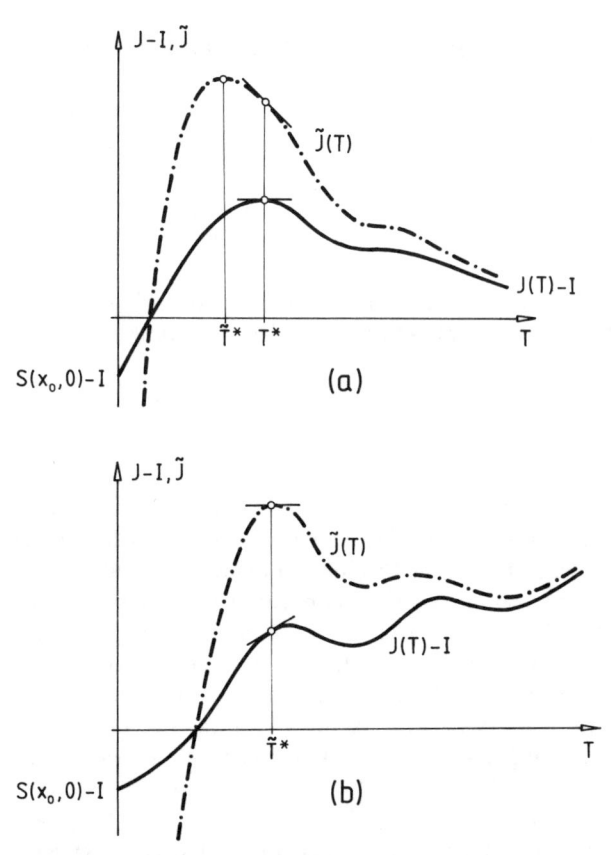

Abb. 2.7 Wert des Zielfunktionals in Abhängigkeit vom Endzeitpunkt bei einer Maschine (———) bzw. bei einer Kette von Maschinen (—·—·—); $\tilde{J}(T) = (J(T) - I)/(1 - e^{-rT})$

x^* *eine optimale Lösung auf dem optimalen Intervall* $[0, T^*]$, *so gelten alle Aussagen von Satz 2.1 weiter und zusätzlich:*

$$H(x^*(T^*), u^*(T^*), \lambda(T^*), T^*) + S_T(x^*(T^*), T^*) = r\{S(x^*(T^*), T^*) + \tilde{J}(T^*)\} \tag{2.76}$$

Beweis. Die optimale Endbedingung (2.76) läßt sich durch Differenzieren der Zielfunktion wie bei (2.70) bzw. Korollar 2.2 ableiten (siehe Übungsbeispiel 2.13 und 2.14). □

Die Interpretation der Endbedingung (2.76) ist analog zu der von (2.70). Der einzige Unterschied ist, daß die aggregierte Profitrate H plus Restwertänderung S_T nun nicht nur die Zinsen auf den Wiederverkaufswert (Restwert) S zu tragen haben, sondern auch die Zinsen auf den Barwert des Nettoprofitstromes aus Kauf, Betrieb und Verkauf aller folgenden Maschinen.

Zum Abschluß wollen wir noch illustrieren, daß im Falle einer Kette von Maschinen die Maschine früher verkauft wird als bei einer einzelnen Anlage. Abb. 2.7a beschreibt den Fall, daß ein endlicher optimaler Verkaufszeitpunkt T^* einer Einzelmaschine existiert. In diesem Fall ist die Nutzungsdauer $\tilde{T}^*$ jeder Maschine in einer Kette kürzer als T^*. In Abb. 2.7b ist der Fall illustriert, wo eine Einzelmaschine unendlich lang in Betrieb wäre, während in einer Kette jede Anlage nach endlicher Zeit $\tilde{T}^*$ ersetzt werden würde.

Übungsbeispiele zu Kapitel 2

2.1. Man beweise, daß alle drei Formulierungen eines Kontrollproblems (Bolza-, Lagrange- und Mayersche-Form) äquivalent sind. Hinweis: Man beachte, daß sich der Restwert S folgendermaßen in Integralform darstellen läßt:

$$S(x(T), T) = S(x_0, 0) + \int_0^T [S_x(x(t), t)\dot{x}(t) + S_t(x(t), t)] dt$$

sowie, daß sich der Integralterm $\int_0^T F dt$ durch Hinzufügen einer zusätzlichen Zustandsvariablen $x^\circ(t)$ als Restwert schreiben läßt:

$$\int_0^T F(x, u, t) dt = x^\circ(T),$$

wobei $x^\circ(0) = 0$, $\dot{x}^\circ(t) = F(x, u, t)$ gilt.

2.2. Man löse das Problem

$$\max\left\{J = \int_0^1 (-x) dt\right\}$$

unter den Nebenbedingungen $\dot{x} = u$, $x(0) = 1$, $u \in [-1, 1]$.

2.3. Man zeige unter Verwendung von (2.12) den Zusammenhang der Optimalitätsbedingungen (2.5–7) in laufender Bewertung mit jenen in Gegenwartswertnotation (2.9–11).

2.4. Man formuliere die notwendigen Bedingungen für die Beispiele 1.1–1.5 und interpretiere sie. Man überprüfe, ob bzw. unter welchen Voraussetzungen die hinreichenden Bedingungen von Satz 2.2 erfüllt sind.

2.5. Man leite die Eulersche Gleichung (2.39) und die Transversalitätsbedingung (2.40) aus dem Maximumprinzip her.

2.6. Man zeige, daß entlang eines optimalen Pfades (2.48) gilt. (Hinweis: Man bilde die totale Ableitung und verwende die Optimalitätsbedingungen.) Was passiert für $r = 0$ im autonomen Fall?

2.7. Im Zusammenhang mit Bemerkung 2.4 zeige man, daß aus der Konkavität einer Funktion $\phi(x, u)$ auf einem konvexem Definitionsbereich die Konkavität der maximierten Funktion $\phi°(x) = \max_u \phi(x, u)$ folgt. Man führe den Beweis, ohne die Differenzierbarkeit von ϕ vorauszusetzen.

2.8. Man zeige, daß für das Problem in Übungsbeispiel 2.2 die hinreichenden Bedingungen von Satz 2.2 erfüllt sind.

2.9. Man ermittle die optimale Lösung von Beispiel 2.5 und verifiziere, daß $D^2 H$ nicht negativ semidefinit, $H°$ aber trotzdem konkav ist (vgl. Bemerkung 2.4).

2.10. Man betrachte das Standardproblem (2.3) unter der zusätzlichen Endbedingung $x(T) = x_T$. Man zeige, daß die Bedingungen von Satz 2.2 hinreichend für die Optimalität einer Lösung sind, falls die Transversalitätsbedingung (2.7) weggelassen wird (vgl. auch Korollar 2.1 für notwendige Optimalitätsbedingungen).

2.11. Man führe den Beweis von Korollar 2.2 aus.

2.12. Man bestimme die optimale Extraktionspolitik und den optimalen Endzeitpunkt T^* für das Ressourcenproblem in Beispiel 2.8. Insbesondere zeige man, daß der abnormale Fall $\lambda_0 = 0$ nicht auftritt und daß $x(T^*) = 0$ ist.

2.13. Man beweise die Transversalitätsbedingung (2.76) von Satz 2.6.

2.14. Man formuliere und beweise Satz 2.6 für das Problem, wenn T aus dem fixen Intervall $[\underline{T}, \bar{T}]$ optimal zu bestimmen ist (vgl. Korollar 2.1).

2.15. Man zeige, daß für das Vampirproblem (Übungsbeispiel 1.11)

$$\max_c \int_0^\infty e^{-rt} U(c) dt$$
$$\dot{x} = (n + a - c)x - c,$$
$$x(0) = x_0, \quad \lim_{t \to \infty} x(t) \geqq 0$$

die maximierte Hamiltonfunktion $H°$ bei konkaver Nutzenfunktion U *nicht* konkav in x ist. Durch die Zustandstransformation

$$y = \ln(1 + x)$$

wird die maximierte Hamiltonfunktion im neuen Zustand y konkav.

Weiterführende Bemerkungen und Literatur zu Kapitel 2

Das hier zugrundegelegte Standardproblem scheint für viele ökonomische Problemstellungen adäquat zu sein. In der Literatur werden allerdings auch andere „Standardformen" betrachtet, so etwa bei *Leitmann* (1981), wo der Endzustand in einer Zielmannigfaltigkeit liegen soll. Ein Vorteil des hier benutzten Standardproblems ist die Tatsache, daß in der Hamiltonfunktion der Multiplikator $\lambda_0 \neq 0$ ist, d. h. gleich eins gesetzt werden kann, während bei beschränktem Endzustand $\lambda_0 = 0$ sein kann (vgl. Korollar 2.1).

Weiterführende Bemerkungen und Literatur zu Kapitel 2

Die Wahl des Anfangszeitpunktes erfolgt o. B. d. A. mit $t = 0$, da dies stets durch eine geeignete Transformation erreichbar ist. Man beachte, daß der hier benutzte Autonomiebegriff wegen des Diskontfaktors in der Zielfunktion sich von der z. B. in der Physik benutzten Definition der Autonomie unterscheidet. Die Erweiterung wurde vorgenommen, da das kanonische Differentialgleichungssystem in laufender Bewertung genau in dem hier als autonom bezeichneten Fall nicht explizit von t abhängt. Die Standardreferenz von Satz 2.1 ist *Pontryagin* et al. (1962). Weitere Beweise findet man bei *Fel'dbaum* (1965), *Leitmann* (1966, 1981), *Luenberger* (1969), *Girsanov* (1972), *Knobloch* und *Kappel* (1974), *Neustadt* (1976), *Michel* (1977), *Ioffe* und *Tihomirov* (1979). Die in Abschnitt 2.3 gegebene kapitaltheoretische Interpretation der notwendigen Optimalitätsbedingungen geht auf *Dorfman* (1969) zurück; vgl. auch *Peterson* (1973), *Clark* (1976), *Stepan* (1977b), *Ludwig* (1978), *Sethi* und *Thompson* (1981a) und *Kamien* und *Schwartz* (1981). Den „Beweis" über die Variationsrechnung findet man bei *Intriligator* (1971) und *Bryson* und *Ho* (1975); in exakterer Form bei *Sage* und *White* (1977).

Hinreichende Optimalitätsbedingungen, welche auf Konkavitätsannahmen von H basieren, gehen auf *Mangasarian* (1966) zurück. Die Konkavität der maximierten Hamiltonfunktion wurde erstmals von *Arrow* (1968) und *Arrow* und *Kurz* (1970) benützt. Satz 2.2 wurde dort mittels des Enveloppentheorems Lemma 2.1 bewiesen. Einen allgemeinen Beweis des Enveloppentheorems findet man z. B. bei *Derzko* et al. (1984). Die Annahme der stetigen Differenzierbarkeit von ϕ° im Enveloppentheorem kann durch deren Konkavität ersetzt werden. Außerdem kann der Bereich $\Omega(x) = \{u \mid \psi(x, u) \geq 0\}$ von x abhängen, soferne eine entsprechende „constraint qualification" für ψ erfüllt ist (vgl. dazu *Seierstad* und *Sydsaeter*, 1977, bzw. den Beweis zu Satz 7.1). Eine andere Klasse hinreichender Bedingungen („direkte hinreichende Bedingungen" ohne Konkavitätsannahmen) stammt von *Leitmann* und *Stalford* (1971); vgl. Satz 7.2.

Andere diesbezügliche Literaturhinweise sind *Kamien* und *Schwartz* (1971d) *Sethi* (1974a), *Long* und *Vousden* (1977). Die bisher weitreichendste Darstellung hinreichender Optimalitätsbedingungen zum Maximumprinzip haben *Seierstad* und *Sydsaeter* (1977) gegeben; vgl. auch Kap. 7.

Satz 2.3 für das Kontrollproblem (2.55) mit unendlichem Zeithorizont wurde von *Pontryagin* et al. (1962), *Lee* und *Markus* (1967) und *Halkin* (1974) bewiesen. Die Beispiele 2.6 und 2.7 gehen auf *Halkin* (1974) zurück; vgl. auch *Arrow* und *Kurz* (1970, p. 46). Zu Satz 2.4 über die hinreichenden Optimalitätsbedingungen vergleiche man *Seierstad* und *Sydsaeter* (1977) sowie *Long* und *Vousden* (1977, p. 28). Letztere weisen darauf hin, daß die von *Arrow* und *Kurz* (1970, p. 49) angegebenen Bedingungen i. a, nicht für die Optimalität ausreichen.

Die Transversalitätsbedingung (2.70) für den optimalen Endzeitpunkt T^* ist ein Standardresultat, das schon von *Pontryagin* et al. (1962) gemeinsam mit den anderen Bedingungen des Maximumprinzips bewiesen wurde. Die oben gegebene Herleitung von (2.70) ist unabhängig von den restlichen Optimalitätsbedingungen des Maximumprinzips; siehe *Hartl* (1980), *Hartl* und *Sethi* (1983). Eine scheinbar naheliegendere Vorgangsweise wäre, anstelle von (2.71) das Zielfunktional

$$J^*(T) = \int_0^T e^{-rt} F(x(t, T), u(t, T), t) \, dt + e^{-rT} S(x(T, T), T)$$

anzusetzen, wobei $x(t, T)$, $u(t, T)$ die optimale Lösung für das Standardproblem auf dem Intervall $[0, T]$ bezeichnet. Dieser Ansatz wurde von *Näslund* (1966), *Thompson* (1968), *Kamien* und *Schwartz* (1971a), *Sethi* (1973a) und *Tapiero* und *Venezia* (1979) gewählt. Aus der zu (2.72) analogen Beziehung $\dfrac{dJ^*(T^*)}{dT} = 0$ läßt sich die Bedingung (2.70) allerdings *nicht* direkt folgern, da über die Ausdrücke $\dfrac{\partial u(t, T)}{\partial T}$ und $\dfrac{\partial x(t, T)}{\partial T}$ keine Informationen vorliegen bzw. $\dfrac{\partial u}{\partial T}$ gar nicht existieren muß.

Rekurrente Maschinenersatzprobleme (vgl. Abschnitt 2.8) gehen auf *Preinreich* (1940) zurück; vgl. auch *Bensoussan* et al. (1974, §5).

Die Annahme einer zeitlich konstanten Diskontrate kann durch Einbeziehung einer Zeitfunktion $r(t)$ gelockert werden. Anstelle von $\exp(-rt)$ tritt dabei der Ausdruck $\exp\{-\int_0^t r(\tau)d\tau\}$ auf. Die Optimalitätsbedingungen bleiben erhalten, wobei in der Kozustandsgleichung (2.6) $r(t)$ anstelle von r zu setzen ist (vgl. *Arrow* und *Kurz*, 1970).

Teil II
Strukturanalyse von Kontrollmodellen

Nachdem in Teil I das notwendige Rüstzeug für eine Analyse von ökonomischen Modellen bereitgestellt wurde, könnte man an und für sich mit dem Studium diverser einschlägiger Modelle beginnen. Es zeigt sich jedoch, daß viele Modelle für inhaltlich verschiedene dynamische Entscheidungssituationen formale Verwandtschaft aufweisen bzw. sogar mehr oder weniger ähnliche Varianten derselben formalen Struktur sind. So kann etwa das in Beispiel 1.4 beschriebene Kapitalakkumulationsmodell als Werbemodell, als Instandhaltungsproblem oder auch als Modell zur Umweltreinigung interpretiert werden. Um unnötige Doppelarbeit zu vermeiden, aber auch um über ein Arsenal an *Modelltypen* zu verfügen, werden in Teil II Familien von Kontrollmodellen untersucht. Unter speziellen Voraussetzungen über die Modellfunktionen (Linearität, Konkavität etc.) erweist es sich als möglich, generell gültige Resultate zu erzielen. Einer derartigen Strukturanalyse von Kontrollmodellen sind allerdings Grenzen gesetzt. Es ist nicht möglich, alle vorkommenden ökonomischen Kontrollmodelle unter einige formale Typen zu subsumieren. Was wir im folgenden bieten können, ist für *einige spezielle* Modellstrukturen Aussagen über die optimalen Steuerungen zu erzielen. In unserer Darstellung haben wir folgende Vorgangsweise eingeschlagen: Wir führen (in Teil II) eine Strukturanalyse durch, soweit dies (sinnvollerweise) möglich ist. Nach dem Ausbau des Instrumentariums in Teil III werden dann in Teil IV unter teilweiser Benutzung der Resultate von Teil II eine Reihe intertemporaler Entscheidungsprobleme nach inhaltlichen Gesichtspunkten gelöst.

In Kap. 3 wird die wichtige Klasse (in den Kontrollvariablen) linearer Modelle präsentiert. Die Struktur der auftretenden Bang-Bang Politiken wird anhand zweier Beispiele (mit bzw. ohne singulärer Lösung) illustriert. Abschnitt 3.3 enthält eine Begründung der häufig beobachteten Eigenschaft optimaler Pfade, sich möglichst rasch an ein stationäres Niveau anzunähern. Ferner wird das klassische lineare zeitoptimale Problem behandelt (Abschnitt 3.4). In Abschnitt 3.5 wird dann erläutert, daß Modelle mit konvexer Hamiltonfunktion große Ähnlichkeit mit linearen Modellen aufweisen, wobei allerdings chattering-Kontrollen auftreten können.

Kap. 4 bringt nach analytischer Lösung eines einfachen nichtlinearen Instandhaltungsmodells eine allgemeine Phasendiagrammanalyse autonomer konkaver Modelle mit einer Zustandsvariablen und mehreren Kontrollen. Da sich die Linearitätsannahme bei vielen in der Ökonomie und im O.R. auftretenden Entscheidungsprozessen als zu einschränkend erweist, gestattet gerade diese Modellklasse eine

Reihe vielfältiger Anwendungen. Das Kapitel wird abgerundet durch einige Abschnitte über verschiedene Erweiterungen, wie etwa dynamische Sensitivitätsanalyse und globale Sattelpunktaussagen.

Kap. 5 beschäftigt sich mit verschiedenen Möglichkeiten der Analyse nichtlinearer Modelle mit mehr als einer Zustandsvariablen. Nach einer Behandlung von (isoperimetrischen) Nebenbedingungen in Integralform werden zustandsseparable Kontrollmodelle analysiert. Für das allgemeine Kontrollproblem mit zwei Zuständen werden anschließend Stabilitätsuntersuchungen mittels Linearisierung des kanonischen Differentialgleichungssystems durchgeführt. Das Kapitel schließt mit der Behandlung der wichtigen Klasse linear-quadratischer Modelle sowie einem Abschnitt über global asymptotische Stabilität.

Kapitel 3: Lineare optimale Kontrollmodelle

Ein lineares Kontrollmodell liegt vor, wenn die Hamiltonfunktion H linear in der Kontrollvariablen u ist. Nach dem Maximumprinzip (2.5) wird H durch die optimale Kontrolle u maximiert. Mit der *Umschaltfunktion*

$$\sigma(t) = H_u, \tag{3.1}$$

die wegen der Linearität nicht mehr von u abhängt, gilt daher:

$$u(t) = \begin{cases} \text{minimal} \\ \text{unbestimmt} \\ \text{maximal} \end{cases} \text{wenn} \quad \sigma(t) \begin{cases} < 0 \\ = 0 \\ > 0 \end{cases} ist. \tag{3.2}$$

Um unbeschränkte Werte der Steuerung auszuschließen, ist es im linearen Fall nötig, Beschränkungen für die Kontrollvariable in die Modellannahmen aufzunehmen[1]. Im eindimensionalen Fall, auf den wir uns zunächst beschränken, setzen wir $u(t) \in [u_1, u_2]$ für alle $t \in [0, T]$ voraus.

Eine Kontrolle, die von einer Intervallgrenze zur anderen springt, heißt „Bang-Bang"-Lösung.

Verschwindet hingegen die Umschaltfunktion σ auf einem Zeitintervall $[\tau_1, \tau_2]$ von positiver Länge, so kann u auch Werte aus dem Inneren des Kontrollintervalls annehmen. Ein solches Lösungsstück heißt *singulärer Pfad*. In diesem Fall kann der Wert von u in der Regel durch Differentiation der Umschaltfunktion nach der Zeit bestimmt werden:

$$\sigma(t) = \dot{\sigma}(t) = 0 \quad \text{für} \quad t \in [\tau_1, \tau_2]. \tag{3.3}$$

Die Begriffe singulär und Bang-Bang können natürlich auch auf den Fall eines mehrdimensionalen Steuerbereiches übertragen werden, und zwar komponentenweise.

Für eine spezielle Klasse von Kontrollmodellen kann das Auftreten einer singulären Lösung ausgeschlossen werden:

Lemma 3.1. *Gegeben sei die Klasse linearer autonomer separabler Kontrollmodelle*

$$f(x, u, t) = Ax + Bu + c$$
$$F(x, u, t) = ax + bu + C$$
$$S(x, T) = sx,$$

---

[1] Andernfalls treten Impulskontrollen auf (siehe Anhang A.6).

wobei *A*, *B* konstante Matrizen passender Dimension, **c**, **a**, **b** und **s** konstante Vektoren sind und C eine skalare Konstante ist. Falls gilt

$$a \neq s(rI - A) \quad (a) \qquad \text{oder} \qquad b + sB \neq 0 \quad (b) \tag{3.4}$$

*(I ... Einheitsmatrix) und **B** vollen Zeilenrang besitzt, dann können singuläre Lösungsstücke ausgeschlossen werden.*

Beweis. Die Hamiltonfunktion lautet

$$H = ax + bu + C + \lambda(Ax + Bu + c).$$

In Erweiterung von (3.1) ist die Umschaltfunktion gegeben durch

$$\sigma(t) = H_u = b + \lambda B.$$

Angenommen, es existiere ein singuläres Lösungsstück. Aus (3.3) erhält man dann

$$\dot{\sigma} = \dot{\lambda}B = 0.$$

Wegen des vollen Zeilenranges von **B** folgt daraus $\dot{\lambda} = 0$. Die adjungierte Gleichung ist eine lineare Differentialgleichung mit konstanten Koeffizienten:

$$\dot{\lambda} = r\lambda - H_x = \lambda(rI - A) - a. \tag{3.5}$$

Die Lösung von (3.5) mit der Transversalitätsbedingung $\lambda(T) = s$ ist wegen (3.4a) nicht konstant, im Widerspruch zu oben.

Andererseits ergibt sich für (3.4b) sofort ein Widerspruch aus $\sigma = 0$, $\dot{\lambda} = 0$ und $\lambda(T) = s$. □

Ein Beispiel für diese Modellklasse bildet das in Abschnitt 3.1 untersuchte Instandhaltungsmodell.

Wenn *x* nichtlinear in *f* und/oder *F* eingeht, so können singuläre Lösungen auftreten. Dieser Fall wird in Abschnitt 3.2 illustriert. Im autonomen eindimensionalen Fall hängen singuläre Lösungen nicht von der Zeit ab. Sie stellen somit ein Gleichgewicht im Sinne von (2.56–58) dar. In Übungsbeispiel 3.5 ist für ein nichtautonomes Kontrollproblem die *zeitabhängige* singuläre Lösung zu ermitteln.

3.1. Ein lineares Instandhaltungsmodell

Wir betrachten folgenden Spezialfall von Beispiel 1.1. Der Zustand einer Maschine sei charakterisiert durch ihren Verkaufswert $x(t)$. Der Zeitverlauf dieser Zustandsvariablen wird durch folgende Differentialgleichung beschrieben:

$$\dot{x} = -\delta x + u; \quad x(0) = x_0 > 0, \tag{3.6}$$

wobei die Instandhaltungsausgaben *u* als Kontrollvariable fungieren. Wenn keine

Instandhaltung betrieben wird, sinkt der Zustand exponentiell mit der konstanten Verschleißrate δ.

Wir nehmen an, daß der durch den Betrieb der Produktionsanlage erzielte Bruttoprofit πx (ohne Instandhaltungsausgaben) proportional zum Wert x der Maschine sei. Der mit der konstanten Rate r diskontierte und aggregierte Gegenwartswert des Gewinnstromes bis zum Verkaufszeitpunkt T, in dem der Verkaufspreis (Schrottwert) der Maschine, Sx, anfällt, ist dann gegeben durch

$$J = \int_0^T [\pi x(t) - u(t)] e^{-rt} dt + Sx(T) e^{-rT}. \tag{3.7}$$

Es ist, sinnvoll, eine obere Grenze $\bar{u}$ für die Instandhaltungsausgaben anzunehmen, sodaß das Kontrollproblem lautet:

Maximiere (3.7) unter der Bewegungsgleichung (3.6) und der Nebenbedingung

$$0 \leqq u \leqq \bar{u}.$$

Für die Modellparameter treffen wir folgende Annahme:

$$S < 1 < \pi/(r+\delta). \tag{3.8}$$

Aus (3.6) erkennt man, daß eine Geldeinheit für Instandhaltung direkt in eine Einheit des Zustandes (Verkaufswertes) übergeht. $S < 1$ bedeutet, daß man (bei sofortigem Verkauf) über den Verkaufspreis nicht die gesamten Investitionskosten der Instandhaltung zurückerhält. Die zweite Ungleichung in (3.8) besagt, daß der laufende Bruttoertrag π pro Zeit- und Zustandseinheit die Summe aus Wertverlust einer Zustandseinheit durch Abnutzung δ und Abzinsung r übersteigt. Man vgl. dazu auch Übungsbeispiel 3.1.

Optimale Instandhaltungspolitik

Da das Standardmodell von Kapitel 2 vorliegt, lauten die notwendigen Optimalitätsbedingungen: Die Hamiltonfunktion

$$H = \pi x - u + \lambda(-\delta x + u) \tag{3.9}$$

wird gemäß (2.5) durch u maximiert, d.h.

$$u(t) = \begin{Bmatrix} 0 \\ \text{unbestimmt} \\ \bar{u} \end{Bmatrix} \text{ wenn } \lambda(t) \begin{Bmatrix} < \\ = \\ > \end{Bmatrix} 1 \tag{3.10}$$

Man beachte, daß die Umschaltfunktion $\sigma = H_u = \lambda - 1$ ist.

Der Schattenpreis λ des Zustandes genügt gemäß (2.6) der adjungierten Gleichung

$$\dot{\lambda} = r\lambda - H_x = (r+\delta)\lambda - \pi \tag{3.11}$$

mit der Transversalitätsbedingung

$$\lambda(T) = S. \tag{3.12}$$

Da die Hamiltonfunktion konkav in (x, u) ist, sind die notwendigen Optimalitätsbedingungen gemäß Satz 2.2 auch hinreichend.

Die Lösung der linearen inhomogenen Differentialgleichung (3.11), die von x und u unabhängig ist, lautet:

$$\lambda(t) = \left(S - \frac{\pi}{r+\delta}\right)e^{(t-T)(r+\delta)} + \frac{\pi}{r+\delta}. \tag{3.13}$$

Wie schon in Lemma 3.1 gezeigt, können singuläre Lösungsstücke nicht auftreten. Dies erkennt man auch direkt, da gemäß (3.13) und Annahme (3.8) $\dot{\lambda} < 0$ gilt, d.h. $\lambda = 1$ höchstens zu einem einzigen Zeitpunkt auftreten kann, wobei die Umschaltung gemäß (3.10) von $\bar{u}$ zu 0 erfolgen muß. Dieser Umschaltzeitpunkt τ ist wegen (3.10) durch $\lambda(\tau) = 1$ bestimmt, und aus (3.13) erhält man

$$\pi - (r+\delta) = [\pi - S(r+\delta)]e^{(\tau-T)(r+\delta)}.$$

Definiert man die Zeitspanne $\theta = T - \tau$, so erkennt man, daß θ von T und vom Anfangszustand x_0 unabhängig ist und durch

$$\theta = \frac{1}{r+\delta} \ln \frac{\pi - S(r+\delta)}{\pi - (r+\delta)} \tag{3.14}$$

gegeben ist. Wegen (3.8) ist $\theta > 0$.

Für $T > \theta$ gilt wegen $\dot{\lambda} < 0$

$$\lambda(t) \begin{cases} > 1 \\ < 1 \end{cases} \text{ für } \begin{cases} 0 \leq t < T - \theta \\ T - \theta < t \leq T. \end{cases}$$

Mit (3.10) und der Zustandsgleichung (3.6) erhält man folgende optimale Lösung

Zeitintervall	$u(t)$	$x(t)$
$[0, T-\theta)$	$\bar{u}$	$\left(x_0 - \dfrac{\bar{u}}{\delta}\right)e^{-\delta t} + \dfrac{\bar{u}}{\delta}$
$[T-\theta, T]$	0	$\left[x_0 + \dfrac{\bar{u}}{\delta}(e^{\delta(T-\theta)} - 1)\right]e^{-\delta t}$

Innerhalb der letzten θ Zeiteinheiten vor dem Verkauf der Maschine wird also bei einer optimalen Politik keine Instandhaltung betrieben, da sich diese Investitionen nicht mehr amortisieren könnten. Wenn die Betriebsperiode T hinreichend groß ist, wird bis zum Zeitpunkt $\tau = T - \theta$ versucht, mit maximalen Instandhaltungsausgaben $u = \bar{u}$ die Maschine in gutem Zustand zu erhalten.

Ist hingegen der Planungshorizont T nicht lang genug, d. h. $T \leq \theta$, so ist $\lambda(t) < 1$ für alle $t \in [0, T]$ und es ist optimal, nie instandzuhalten:

Zeitintervall	$u(t)$	$x(t)$
$[0, T]$	0	$x_0 e^{-\delta t}$

Optimale Nutzungsdauer

Zur Ermittlung des optimalen Verschrottungszeitpunktes der Maschine benutzen wir Abschnitt 2.7. Dazu ermitteln wir

$$H - rSx(T) = \pi x(T) - u(T) + \lambda(T)[u(T) - \delta x(T)] - rSx(T) =$$
$$= [\pi - (r + \delta)S]x(T) > 0. \qquad (3.15)$$

Dabei wurden $u(T) = 0$, (3.12) und (3.8) benutzt. Die „Transversalitätsbedingung" (2.70) kann daher für kein endliches $T^* > 0$ erfüllt sein. Da wegen (2.73) und (3.15) auch $T^* = 0$ als wirtschaftliche Nutzungsdauer ausscheidet, ist $T^* = \infty$ optimal.

Dieses Resultat ist unmittelbar einsichtig. (3.8) besagt nämlich, daß der Betriebsertrag der Produktionsanlage den durch den Verkauf der Maschine erzielten Erlös übersteigt (vgl. Übungsbeispiel 3.1).

In Übungsbeispiel 3.2 ist zu verifizieren, daß der Wert der Zielfunktion $J(T)$ als Funktion des Endzeitpunktes T monoton in T steigt.

Falls nach dem Verkauf einer Maschine stets eine neuwertige des gleichen Typs angeschafft wird (Kette von Maschine; vgl. Abschnitt 2.8), existiert i. a. eine endliche optimale Nutzungsdauer der Maschine (siehe Übungsbeispiel 3.3).

In Abschnitt 4.1 wird eine nichtlineare Version dieses Instandhaltungsmodells betrachtet. Dort wird auch auf prinzipielle Unterschiede zwischen linearen und nichtlinearen Kontrollmodellen hingewiesen (siehe auch Abb. 4.1).

3.2. Optimale Ausbildung im Lebenszyklus

Modellformulierung

Der Wissensstand x einer Person nehme pro Zeiteinheit um $100\delta\%$ durch Vergessen ab. Allerdings kann er durch Ausbildung erhöht werden. Wenn u bzw. $1 - u$ den Anteil der Einheit der Arbeitszeit bezeichnet, der für Ausbildung bzw. Berufsausübung verwendet wird, so ergibt sich für die Änderung des Wissensstandes die Beziehung

$$\dot{x} = -\delta x + u. \qquad (3.16)$$

Wir nehmen an, daß ursprünglich kein Wissen angesammelt ist:

Lineare optimale Kontrollmodelle

$$x(0) = 0 \tag{3.17}$$

Das Arbeitseinkommen pro Zeiteinheit, die zur Berufsausübung verwendet wird, kann als $e^{kt}\omega(x)$ angesetzt werden. Die exponentielle Wachstumsrate k bezeichne den technischen Fortschritt; die Leistungsfähigkeit $\omega(x)$ nimmt mit steigendem Ausbildungsstand zu. Zusätzlich nehmen wir an, daß der Anstieg von ω weniger stark steigt als die Funktion ω (es sind damit sowohl fallende als auch nicht zu stark steigende Grenzerträge zugelassen):

$$\omega > 0, \, \omega' > 0, \, \omega'' < \omega'^2/\omega. \tag{3.18a}$$

Ferner setzen wir

$$\omega'(0) > (\varrho + \delta - k)\omega(0) \tag{3.18b}$$

voraus. Diese Annahme ist z. B. dann erfüllt, wenn $\omega(0) = 0$ oder $\omega'(0) = \infty$ gilt (ϱ ist die Diskontrate).

Der Gegenwartswert des durchschnittlichen Arbeitseinkommens ist daher gegeben durch

$$J = \int_0^T e^{(k-\varrho)t} \omega(x(t))(1 - u(t))\,dt, \tag{3.19}$$

wobei das Arbeitseinkommen $e^{kt}\omega(x)$ nur für jenen Teil $1 - u$ der Arbeitszeit anfällt, der zur Berufsausübung verwendet wird. In (3.19) werden zukünftige Erträge mit der Diskontrate ϱ abgezinst. Das optimale Entscheidungsproblem lautet daher: Maximiere (3.19) unter den Nebenbedingungen (3.16, 17) und $0 \leq u \leq 1$.

Wir nehmen an, daß die Rate technischen Fortschrittes kleiner ist als die Summe aus Diskont- und Vergessensrate:

$$\varrho + \delta > k. \tag{3.20}$$

Bestimmung der optimalen Ausbildungspolitik

Im folgenden wird

$$r = \varrho - k$$

als neue Diskontrate behandelt, um das kanonische Differentialgleichungssystem autonom zu erhalten. (Man beachte, daß r auch negativ sein kann.)

Die notwendigen Optimalitätsbedingungen für dieses Kontrollproblem lauten gemäß Satz 2.1: Es existiert eine stetige Funktion $\lambda(t)$, die die Interpretation eines Schattenpreises des Ausbildungsgrades besitzt, sodaß die Hamiltonfunktion

$$H = \omega(x)(1 - u) + \lambda(-\delta x + u)$$

zu jedem Zeitpunkt t von u maximiert wird. Dabei genügt λ der Gleichung

$$\dot\lambda = r\lambda - H_x = (r + \delta)\lambda - \omega'(x)(1 - u) \tag{3.21}$$

mit der Transversalitätsbedingung

$$\lambda(T) = 0. \tag{3.22}$$

Die Umschaltfunktion lautet gemäß (3.1)

$$\sigma(t) = H_u = \lambda(t) - \omega(x(t)). \tag{3.23}$$

Die Maximierung von H ist äquivalent mit

$$u(t) = \begin{Bmatrix} 0 \\ \text{unbestimmt} \\ 1 \end{Bmatrix} \text{ wenn } \sigma(t) \begin{Bmatrix} < \\ = \\ > \end{Bmatrix} 0 \text{ bzw. } \lambda(t) \begin{Bmatrix} < \\ = \\ > \end{Bmatrix} \omega(x(t)). \tag{3.24}$$

(3.24) ist leicht ökonomisch interpretierbar: Wenn der Schattenpreis des Ausbildungsstandes höher ist als der Arbeitslohn, so wird voll in die Ausbildung investiert, im umgekehrten Fall überhaupt nicht.

Zunächst überlegen wir uns, daß hier im Gegensatz zum Modell von Abschnitt 3.1 das Auftreten eines singulären Lösungsstückes nicht ausgeschlossen ist. (Man beachte, daß Lemma 3.1 hier nicht angewendet werden kann, da das Zielfunktional nichtlinear in x ist.)

Lemma 3.2. *Es existiert ein eindeutiges singuläres Ausbildungsniveau $\hat{x}$, das durch die Gleichung*

$$\frac{r + \delta}{1 - \delta\hat{x}} = \frac{\omega'(\hat{x})}{\omega(\hat{x})} \tag{3.25}$$

bestimmt ist. Dabei gilt

$$0 < \hat{x} < 1/\delta, \ 0 < \hat{u} = \delta\hat{x} < 1, \ \hat\lambda = \omega(\hat{x}) \tag{3.26}$$

$$\frac{r + \delta}{1 - \delta x} \gtreqless \frac{\omega'(x)}{\omega(x)}, \text{ falls } x \gtreqless \hat{x}. \tag{3.27}$$

Beweis. Ein singuläres Lösungsstück $u = \hat{u}$ ist gemäß (3.2) und (3.3) durch $\sigma = \dot\sigma = 0$ gekennzeichnet, d. h.

$$\sigma = \lambda - \omega(x) = 0, \ \dot\sigma = \dot\lambda - \omega'(x)\dot x = 0.$$

Durch Einsetzen von (3.16) und (3.21) für $\dot x$ und $\dot\lambda$ erhält man

$$\dot\sigma = (r + \delta)\lambda - \omega'(x)(1 - \delta x) = 0. \tag{3.28}$$

Daraus folgt (3.25).

62 Lineare optimale Kontrollmodelle

Um zu sehen, daß $\hat{x}$ eindeutig bestimmt ist bzw. (3.27) gilt, bemerken wir, daß die linke Seite von (3.27) monoton in x wächst und für $x \to 1/\delta$ unendlich wird. Weiters ist die rechte Seite von (3.27) monoton fallend in x. Gemäß (3.18b) ist die linke Seite von (3.27) für $x = 0$ kleiner als die rechte Seite. (3.26) folgt dann aus (3.16, 23) und $\sigma = 0$. □

Es gilt nun das *Syntheseproblem* zu lösen, d. h. es muß ermittelt werden, welche Lösungsstücke $u = 0$, $u = \hat{u}$, $u = 1$ bei einer optimalen Politik auftreten, in welcher Reihenfolge und wo die Sprungstellen sind. Während dies im Beispiel von Abschnitt 3.1 trivial war, da die Schattenpreistrajektorie $\lambda(t)$ unabhängig von x und u analytisch ermittelt werden konnte, erweist sich das Syntheseproblem im allgemeinen (wie auch schon in diesem relativ einfachen Beispiel) als aufwendig.

Lemma 3.3. *Für eine optimale Lösung gilt:*

a) *Ein Umschalten von $u = 0$ auf $u = 1$ kann nur für $x \geq \hat{x}$ auftreten.*
b) *Ein Umschalten von $u = 1$ auf $u = 0$ kann nur für $x \leq \hat{x}$ auftreten.*
c) *Ein Umschalten von oder auf $u = \hat{u}$ kann nur für $x = \hat{x}$ auftreten.*
d) *In einem Endintervall $(T - \varepsilon, T]$, $\varepsilon > 0$, ist $u(t) = 0$.*
e) *$x(t) \leq \hat{x}$ für $t \in [0, T]$.*

Beweis.

a) Sei τ eine Sprungstelle von u mit

$$u(t) = \begin{cases} 0 & \text{für } \tau - \varepsilon < t < \tau \\ 1 & \text{für } \tau < t < \tau + \varepsilon, \end{cases}$$

wobei $\varepsilon > 0$. Aus Stetigkeitsgründen folgt aus (3.24)

$$\sigma(\tau) = 0, \ \dot{\sigma}(\tau) \geq 0.$$

Wegen (3.28) gilt

$$\frac{r + \delta}{1 - \delta x(\tau)} \geq \frac{\omega'(x(\tau))}{\omega(x(\tau))}$$

und somit $x(\tau) \geq \hat{x}$ gemäß (3.27).

b) analog zu Teil a.

c) Wenn in einem Zeitintervall vor oder nach τ die Steuerung $u = \hat{u}$ optimal ist, so liegt dort die singuläre Lösung vor und es gilt somit $x(\tau) = \hat{x}$.

d) Wäre $u > 0$ für $t \in (T - \varepsilon, T]$, so würde $x(T) > 0$ sein. Aus (3.22) und (3.23) würde $\sigma(T) < 0$ folgen und somit aus Stetigkeitsgründen $\sigma(t) < 0$ für $t \in (T - \varepsilon_1, T]$, $\varepsilon_1 > 0$. Wegen (3.24) folgt daraus $u = 0$ im Widerspruch zur Annahme.

e) Um ausgehend von $x(0) = 0$ ein $x(t) > \hat{x}$ zu erreichen, müßte man irgendwann davor zu einem Zeitpunkt, wo $x > \hat{x}$ war, $u = 1$ gewählt haben. Dies würde aber gemäß Teil b und c bedeuten, daß $u = 1$ bis zum Endzeitpunkt zu wählen ist, im Widerspruch zu Teil d. □

Aufgrund von Lemma 3.3 und der Anfangsbedingung (3.17) kommen nur folgende drei Politiken als Kandidaten für die optimale Lösung in Frage:

(i) $u = 0$, (ii) $u = 1 \to 0$, (iii) $u = 1 \to \hat{u} \to 0$.

Im Fall (i) wird überhaupt keine Zeit zur Ausbildung verwendet. Im Fall (ii) wird zunächst voll Wissen akkumuliert, während man sich in einer anschließenden Phase ganz dem Gelderwerb widmet. Im Fall (iii) wird die erste Phase ebenfalls zur Gänze der Berufsausbildung gewidmet, während in einer zweiten Phase die Arbeitszeit zu einem fixen Prozentsatz $\hat{u}$ zwischen Ausbildung und Beruf aufgeteilt wird; die dritte Phase dient ausschließlich dem Gelderwerb. Der Fall (i), der einem extrem kurzen Planungszeitraum entspricht, scheint eher unrealistisch.

Der folgende Satz zeigt, daß Politik (iii) optimal ist, wenn der Planungshorizont T hinreichend lang ist. Politik (ii) kann nur für kürzere Werte von T auftreten.

Dazu definieren wir die Zeitspannen τ_1, θ, $\bar{T}$ wie folgt:

$$\tau_1 = -\frac{1}{\delta}\ln(1 - \delta\hat{x}) \tag{3.29}$$

$$\omega(\hat{x}) = \int_0^\theta \omega'(e^{-\delta t}\hat{x})e^{-(r+\delta)t}dt \tag{3.30}$$

$$\bar{T} = \frac{1}{r+\delta}\ln\frac{\omega'(0)}{\omega'(0) - \omega(0)(r+\delta)}. \tag{3.31}$$

Satz 3.1. *Die Gestalt der optimalen Politik ist abhängig von der Länge T des Zeitintervalls und hat folgende Gestalt:*

(i) Für $T \leq \bar{T}$ ist $u = 0$, $x = 0$ für $0 \leq t \leq T$ optimal. Ist $\omega(0) = 0$, so kann diese Politik wegen $\bar{T} = 0$ nicht auftreten (siehe Abb. 3.1 (i)).

(ii) Für $\bar{T} < T \leq \tau_1 + \theta$ ist

$$u = \begin{cases} 1 & \text{für } 0 \leq t < \tau \\ 0 & \text{für } \tau \leq t \leq T \end{cases}$$

optimal, wobei τ durch

$$\omega\left(\frac{1 - e^{-\delta\tau}}{\delta}\right) = \int_0^{T-\tau} \omega'\left(e^{-\delta t}\frac{1 - e^{-\delta\tau}}{\delta}\right)e^{-(r+\delta)t}dt \tag{3.32}$$

bestimmt ist. Dabei ist $x < \hat{x}$ (siehe Abb. 3.1 (ii)).

(iii) Für $T > \tau_1 + \theta$ ist

$$u = \begin{cases} 1 & \text{für} \quad 0 \leq t < \tau_1 \\ \hat{u} & \text{für} \quad \tau_1 \leq t \leq \tau_2 \\ 0 & \text{für} \quad \tau_2 < t \leq T \end{cases}$$

optimal, wobei $\tau_2 = T - \theta$. In $[\tau_1, \tau_2]$ ist $x = \hat{x}$, sonst $x < \hat{x}$ (siehe Abb. 3.1 (iii)).

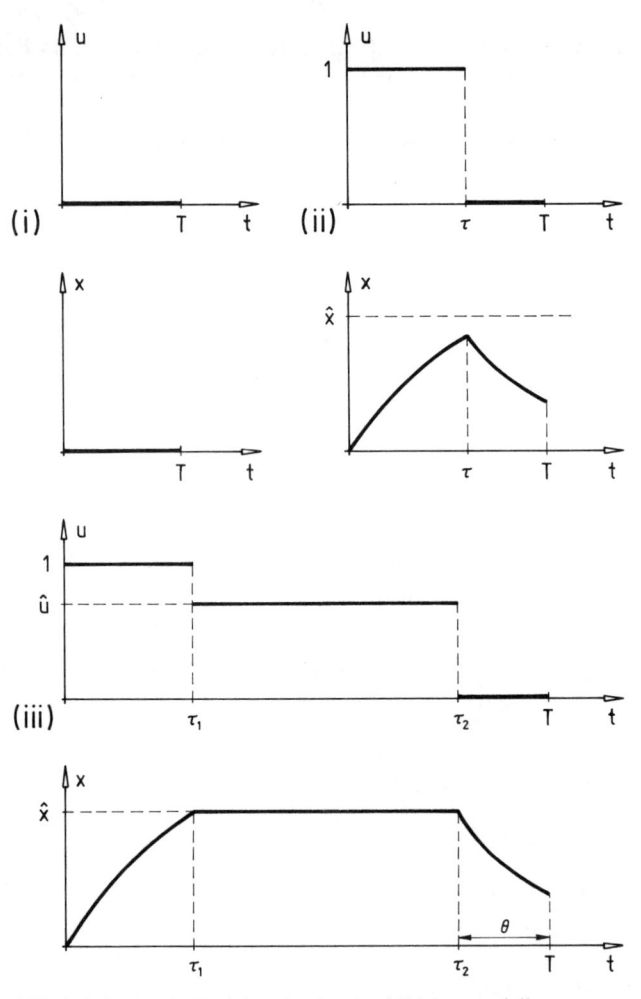

Abb. 3.1 Optimale Trajektorien im Ausbildungsmodell

Beweis. Wir überprüfen, wann *Politik (i)* auftreten kann. Für diese Politik hat (3.21) wegen $u = x = 0$ die Gestalt

$$\dot{\lambda} = (r + \delta)\lambda - \omega'(0).$$

3.2. Optimale Ausbildung im Lebenszyklus

Die Lösung dieser inhomogenen linearen Differentialgleichung mit konstanten Koeffizienten mit der Endbedingung $\lambda(T) = 0$ ist gegeben durch

$$\lambda(t) = (1 - e^{-(r+\delta)(T-t)})\frac{\omega'(0)}{r+\delta}.$$

Solange also $\max\limits_{0 \le t \le T} \lambda(t) = \lambda(0) = (1 - e^{-(r+\delta)T})\frac{\omega'(0)}{r+\delta}$ kleiner als $\omega(0)$ ist, steht $u = 0$ im Einklang mit (3.24). Je größer T ist, desto größer wird auch $\lambda(0)$. Für $T \to \infty$ geht $\lambda(0)$ in $\omega'(0)/(r+\delta)$ über und ist daher größer als $\omega(0)$ (vgl. (3.18b)). Die Politik (i) ist daher nur für $T \le \bar{T}$ optimal, wobei $\bar{T}$ durch

$$\omega(0)(r+\delta) = \omega'(0)(1 - e^{-(r+\delta)T}).$$

bestimmt ist, woraus (3.31) folgt.

Wann ist *Politik (iii)* optimal? Durch den Ansatz $u(t) = 1$ für $0 \le t < \tau_1$ erhält man aus (3.16) und (3.17)

$$x(t) = \frac{1}{\delta}(1 - e^{-\delta t}).$$

Zum Umschaltzeitpunkt τ_1 muß gemäß Lemma 3.3c $x(\tau_1) = \hat{x}$ gelten, woraus Formel (3.29) für τ_1 folgt. Wir wollen nun zeigen, daß die Schaltfunktion σ in $[0, \tau_1)$ positiv ist, sodaß $u = 1$ im Einklang mit (3.24) steht. In τ_1 verschwindet die Schaltfunktion: $\sigma(\tau_1) = 0$. Wie in (3.28) erhält man aus (3.16) und (3.21)

$$\dot{\sigma} = (r+\delta)\lambda - \omega'(x)(1 - \delta x). \tag{3.33}$$

Wegen $x < \hat{x}$ und (3.27) gilt

$$\omega'(x)(1 - \delta x) > \omega(x)(r+\delta). \tag{3.34}$$

Aus (3.33), (3.34) und (3.23) folgt

$$\dot{\sigma} < (r+\delta)\sigma.$$

Wäre also $\sigma \le 0$ für ein $t \in (0, \tau_1)$, so wäre auch $\sigma(\tau_1) < 0$, was im Widerspruch zu $\sigma(\tau_1) = 0$ stünde. Daher ist $\sigma > 0$ auf $[0, \tau_1)$ und (3.24) ist hier erfüllt. Im Intervall $[\tau_1, \tau_2]$ mit $x = \hat{x}$, $u = \hat{u} = \delta\hat{x}$, $\lambda = \hat{\lambda} = \omega(\hat{x})$, $\sigma = 0$ gilt (3.24) trivialerweise.

Wir müssen nun nur noch eine Beziehung für τ_2 herleiten und zeigen, daß $u = 0$ auf $(\tau_2, T]$ mit (3.24) verträglich ist:

Für $u = 0$ liefert (3.16) mit der Anfangsbedingung $x(\tau_2) = \hat{x}$

$$x(t) = \hat{x} e^{\delta(\tau_2 - t)},$$

während (3.21) die Gestalt

$$\dot{\lambda} = (r+\delta)\lambda - \omega'(x) \tag{3.35}$$

besitzt. Die allgemeine Lösung der Differentialgleichung (3.35) lautet

$$\lambda(t) = c e^{(r+\delta)t} - \int_{\tau_2}^{t} \omega'(x(s)) e^{(r+\delta)(t-s)} ds.$$

Mittels der Anfangsbedingung $\lambda(\tau_2) = \omega(\hat{x})$ bestimmen wir die Konstante c als

$$c = \omega(\hat{x}) e^{-(r+\delta)\tau_2}.$$

Die Endbedingung (3.22) liefert

$$\lambda(T) = \omega(\hat{x}) e^{(r+\delta)(T-\tau_2)} - \int_{\tau_2}^{T} \omega'(e^{\delta(\tau_2 - s)} \hat{x}) e^{(r+\delta)(T-s)} ds = 0.$$

Daher genügt die Zeitspanne $\theta = T - \tau_2$, in der keine Berufsausbildung mehr betrieben wird, der Gleichung (3.30).

Offensichtlich besitzt (3.30) höchstens eine Lösung. Es ist leicht einzusehen, daß $u = 0$ für $t \in (\tau_2, T]$ im Einklang mit (3.24) steht: Aus $x(t) < \hat{x}$ für $t > \tau_2$ folgt wie vorhin $\dot{\sigma} < (r + \delta)\sigma$ und daher $\sigma(t) < 0$ für $t > \tau_2$ wegen $\sigma(\tau_2) = 0$. Damit ist die Behandlung von Politik (iii) abgeschlossen.

Wegen $\bar{T} < \theta$ (vgl. Übungsaufgabe 3.4a) ist außer den Fällen $T \leq \bar{T}$ (wo Politik (i) optimal ist) und $T \geq \tau_1 + \theta$ (wo Politik (iii) optimal ist) noch der Fall $\bar{T} < T < \tau_1 + \theta$ möglich, für den nur mehr *Politik (ii)* übrig bleibt. Durch analoge Überlegungen zu den oben angestellten läßt sich dann zeigen, daß der Umschaltzeitpunkt τ durch die Gleichung (3.32) bestimmt ist und daß diese Politik genau für $\bar{T} \leq T \leq \tau_1 + \theta$ den Optimalitätsbedingungen genügt. Der Leser ist eingeladen, diese Überlegungen in Übungsbeispiel 3.4b nachzuvollziehen. □

Einschränkend ist zu bemerken, daß die maximierte Hamiltonfunktion H° nicht konkav in x ist, sodaß die hinreichenden Bedingungen von Satz 2.2 nicht erfüllt sind. Anderseits folgt aus dem Existenztheorem (Satz 7.9), daß eine optimale Lösung existiert, deren Gestalt oben ermittelt wurde.

3.3. Raschestmögliche Annäherung an eine singuläre Lösung: Eine Anwendung des Integralsatzes von Green

Die optimale Politik (iii) des im vorigen Abschnitt behandelten Beispiels besitzt die Eigenschaft, daß ein singuläres Niveau raschestmöglich angestrebt wird, um dort so lange wie möglich zu verweilen. Ein derartiges Verhalten ist für viele Modelle typisch, die linear in der Kontrolle, aber nichtlinear im Zustand sind. (Hingegen sind gemäß Lemma 3.1 singuläre Lösungsstücke ausgeschlossen, wenn das Modell linear in Kontrolle und Zustand ist.) In diesem Abschnitt wollen wir für eine spezielle Klasse von Kontrollproblemen zeigen, daß die raschestmögliche Annäherung (most rapid approach) an ein Gleichgewicht optimal ist.

3.3. Raschestmögliche Annäherung an eine singuläre Lösung

Wir betrachten folgende Klasse *eindimensionaler autonomer* Kontrollmodelle:

$$\max_u \int_0^\infty e^{-rt} F(x,u)\,dt \tag{3.36a}$$

$$\dot{x} = f(x,u), \; x(0) = x_0 \tag{3.36b}$$

$$u \in [u_1(x), u_2(x)] \tag{3.36c}$$

$$x \in [\underline{x}, \bar{x}] \tag{3.36d}$$

mit

$$F(x,u) = A(x) + B(x)\Phi(x,u) \tag{3.37a}$$

$$f(x,u) = a(x) + b(x)\Phi(x,u), \tag{3.37b}$$

wobei alle in (3.37) auftretenden Funktionen stetig differenzierbar sind und $b(x) \neq 0$ sein soll. Offensichtlich gehört das Beispiel von Abschnitt 3.2 für $T = \infty$ zu dieser Klasse. Der Zustandsbereich (3.36d) kann auch unendlich sein, d.h. $\underline{x} = -\infty$ und/oder $\bar{x} = +\infty$.

Für diese Modellklasse läßt sich die Optimalität der raschestmöglichen Anpassung mittels des Greenschen Theorems ableiten. Um das Zielfunktional als Kurvenintegral darstellen zu können, transformieren wir das Problem mit Hilfe des folgenden Hilfssatzes.

Lemma 3.4. *Die durch* (3.36), (3.37) *definierte Modellklasse läßt sich in äquivalenter Form schreiben als*

$$\max_u \int_0^\infty e^{-rt} [M(x) + N(x)\dot{x}]\,dt \tag{3.38a}$$

$$x(0) = x_0, \; \dot{x} \in \Omega(x), \; x \in [\underline{x}, \bar{x}]. \tag{3.38b}$$

Dabei sind $M(x)$ und $N(x)$ stetig differenzierbar und der Bereich Ω hängt in stetiger Weise von x ab.

Beweis. Aus (3.36b) und (3.37b) folgt

$$\Phi(x,u) = \frac{1}{b(x)}[\dot{x} - a(x)].$$

Setzt man dies in (3.37a) ein, so erhält man (3.38a) mit

$$M(x) = A(x) - a(x)B(x)/b(x)$$
$$N(x) = B(x)/b(x).$$

Ferner ist

$$\Omega(x) = \{a(x) + b(x)\Phi(x,u) \mid u \in [u_1(x), u_2(x)]\}. \qquad \square$$

Lineare optimale Kontrollmodelle

Definiert man im Variationsproblem (3.38)

$$\dot{x} = v$$

als neue Kontrollvariable, so kann man gemäß (3.3) eine singuläre Lösung wie folgt bestimmen:

$$H = M(x) + N(x)v + \lambda v$$
$$\sigma = H_v = N(x) + \lambda = 0$$
$$\dot{\sigma} = N'(x)v + \dot{\lambda} = 0$$
$$\dot{\lambda} = r\lambda - H_x = r\lambda - M'(x) - N'(x)v.$$

Die letzten drei Gleichungen liefern zur Bestimmung der singulären Lösung $x = \hat{x}$ die Beziehung

$$rN(\hat{x}) + M'(\hat{x}) = 0. \tag{3.39}$$

Definition 3.1. *Ein raschestmöglicher Annäherungspfad (RMAP) $x^*(t)$ an einen gegebenen Pfad $\tilde{x}(t)$ besitzt die Eigenschaft*

$$|x^*(t) - \tilde{x}(t)| \leq |x(t) - \tilde{x}(t)| \quad \text{für} \quad t \in [0, \infty)$$

für alle zulässigen Zustandstrajektorien $x(t)$.

Das folgende Theorem zeigt für die betrachtete Modellklasse die Optimalität des RMAP an die singuläre Lösung $\hat{x}$ bzw. die Intervallgrenzen $\underline{x}$ oder $\bar{x}$.

Satz 3.2. *Sei $\hat{x}$ die eindeutige Lösung von (3.39), und dieses singuläre Niveau sei zulässig, d.h. $0 \in \Omega(\hat{x})$ und $\underline{x} < \hat{x} < \bar{x}$. Ferner sei*

$$rN(x) + M'(x) \begin{Bmatrix} > \\ < \end{Bmatrix} 0 \quad \text{für} \quad \begin{cases} \underline{x} \leq x < \hat{x} \\ \hat{x} < x \leq \bar{x}. \end{cases} \tag{3.40}$$

Schließlich nehmen wir noch an, daß für jede zulässige Trajektorie $x(t)$

$$\lim_{t \to \infty} e^{-rt} \int_{x(t)}^{\hat{x}} N(\xi) d\xi \geq 0 \tag{3.41}$$

gilt.

Falls ausgehend von x_0 ein RMAP nach $\hat{x}$ existiert, so handelt es sich um die optimale Lösung.

Existiert keine zulässige Lösung $\hat{x}$ von (3.39) und ist $rN(x) + M'(x) < 0$ für alle $x \in [\underline{x}, \bar{x}]$, so ist der RMAP nach $\underline{x}$ optimal.

Im Falle, daß $rN(x) + M'(x) > 0$ für alle $x \in [\underline{x}, \bar{x}]$, ist der RMAP nach $\bar{x}$ optimal.

Bemerkung 3.1. Die Bedingung (3.41) ist z. B. erfüllt, wenn N eine negative Konstante ist, und wenn jede zulässige Lösung $x(t) \geq 0$ ist. Ist der Zustandsbereich $[\underline{x}, \bar{x}]$ beschränkt, so genügt die Beschränktheit der Funktion $N(x)$ auf diesem Bereich. In der Literatur wurde die

3.3. Raschestmögliche Annäherung an eine singuläre Lösung   69

Voraussetzung (3.41) bisher nicht berücksichtigt. Die Unerläßlichkeit von (3.41) kann jedoch durch Beispiele belegt werden.

Zum Beweis von Satz 3.2 benötigen wir das Greensche Theorem aus der Analysis, das die Auswertung eines Kurvenintegrals mittels eines Bereichsintegrals ermöglicht.

Lemma 3.5 (Greenscher Integralsatz)
Es sei G ein kompaktes Gebiet in der (t, x)-Ebene, dessen Rand K aus endlich vielen glatten Kurvenstücken besteht. Die Randkurven seien dabei so orientiert, daß das Gebiet zur Linken liegt. Seien $C(t, x)$ und $D(t, x)$ auf G stetig differenzierbare Funktionen. Dann gilt

$$\oint_K [C(t,x)dt + D(t,x)dx] = \iint_G \left[\frac{\partial D(t,x)}{\partial t} - \frac{\partial C(t,x)}{\partial x}\right] dt\,dx. \quad (3.42)$$

In (3.42) steht auf der rechten Seite das zweidimensionale Riemannsche Bereichsintegral. Das Kurvenintegral auf der linken Seite kann wie folgt ausgewertet werden. Sei

$$t = t(\tau), \quad x = x(\tau), \quad \tau \in [\tau_1, \tau_2]$$

eine Parameterdarstellung eines Kurvenstückes $\bar{K}$, dann gilt z. B.

$$\int_{\bar{K}} D(t,x)dx = \int_{\tau_1}^{\tau_2} D(t(\tau), x(\tau))\dot{x}(\tau)d\tau. \quad (3.43)$$

Einen Beweis des Greenschen Integralsatzes findet man in Standardlehrbüchern der Analysis.

Beweis von Satz 3.2. O. B. d. A. setzen wir $x_0 < \hat{x}$ voraus. Um zu zeigen, daß der RMAP $x^*(t)$ optimal ist, vergleichen wir diesen Pfad zunächst mit einer anderen zulässigen Trajektorie $x(t)$, welche das singuläre Niveau $\hat{x}$ erst später (zum Zeitpunkt $t = t_1$) erreicht; siehe Abb. 3.2.

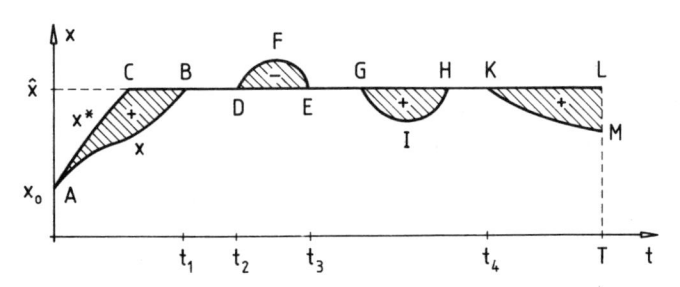

Abb. 3.2 Beweis der Optimalität des RMAP

Wir bilden die Differenz der Zielfunktionale dieser beiden Lösungen bis zum Zeitpunkt t_1:

Lineare optimale Kontrollmodelle

$$\Delta_1 = \int_0^{t_1} e^{-rt}[M(x^*) + N(x^*)\dot{x}^*]\,dt - \int_0^{t_1} e^{-rt}[M(x) + N(x)\dot{x}]\,dt. \quad (3.44)$$

Um zu zeigen, daß $\Delta_1 \geq 0$ ist, schreiben wir (3.44) gemäß (3.43) als Kurvenintegral:

$$\Delta_1 = \int_{ACB}[e^{-rt}M(x)\,dt + e^{-rt}N(x)\,dx] - \int_{AB}[e^{-rt}M(x)\,dt + e^{-rt}N(x)\,dx]$$
$$= -\oint_{ABCA}[e^{-rt}M(x)\,dt + e^{-rt}N(x)\,dx].$$

Unter Verwendung des Greenschen Satzes (Lemma 3.5) erhalten wir somit

$$\Delta_1 = \iint e^{-rt}[rN(x) + M'(x)]\,dt\,dx, \quad (3.45)$$

wobei das Doppelintegral über den Bereich zu nehmen ist, der durch die Kurve $ABCA$ eingeschlossen ist (siehe Abb. 3.2). Da sich dieses Gebiet im Bereich $x \leq \hat{x}$ befindet, ist der Integrand von (3.45) gemäß (3.40) im Inneren des Gebietes positiv, d.h. $\Delta_1 > 0$.

Wenn man also die singuläre Lösung $\hat{x}$ überhaupt je erreicht, so ist es optimal, sie möglichst rasch zu erreichen.

In einem zweiten Schritt zeigen wir, daß es suboptimal ist, $\hat{x}$ zeitweise wieder zu verlassen. Dazu vergleichen wir die beiden Stücke DE und DFE der zulässigen Lösungen x^* und x. Für die entsprechenden Zielfunktionalswerte gilt

$$\Delta_2 = \int_{t_2}^{t_3} e^{-rt}[M(x^*) + N(x^*)\dot{x}^*]\,dt - \int_{t_2}^{t_3} e^{-rt}[M(x) + N(x)\dot{x}]\,dt.$$

Analog zu oben läßt sich dies als Kurvenintegral über die orientierte Kurve $DEFD$ schreiben:

$$\Delta_2 = \oint_{DEFD}[e^{-rt}M(x)\,dt + e^{-rt}N(x)\,dx].$$

Aus dem Greenschen Theorem folgt

$$\Delta_2 = -\iint e^{-rt}[rN(x) + M'(x)]\,dt\,dx.$$

Da das Integral im Inneren des durch die Kurve $DEFD$ eingeschlossenen Gebietes gemäß (3.40) negativ ist, gilt $\Delta_2 > 0$.

Analog zeigt man, daß ein temporäres Verlassen des singulären Niveaus nach unten nicht optimal ist (siehe Abb. 3.2).

Zur Komplettierung des Beweises zeigen wir noch, daß auch ein dauerndes Verlassen des singulären Pfades suboptimal ist. Dazu vergleichen wir $x^*(t)$ mit der Lösung, welche $\hat{x}$ zur Zeit $t = t_4$ für immer (nach unten) verläßt. Die bereits geläufige Schlußweise liefert für die Differenz der Zielfunktionale bis zum Zeitpunkt T

3.3. Raschestmögliche Annäherung an eine singuläre Lösung

$$\int_{t_4}^{T} e^{-rt}[M(x^*) + N(x^*)\dot{x}^*]dt - \int_{t_4}^{T} e^{-rt}[M(x) + N(x)\dot{x}]dt$$
$$= - \oint_{K\hat{M}LK} [e^{-rt}M(x)dt + e^{-rt}N(x)dx] + \int_{\hat{M}L} e^{-rT}N(x)dx. \quad (3.46)$$

Das erste Integral in (3.46) kann wieder gemäß Green als Doppelintegral geschrieben werden, welches wegen (3.40) positiv ist und in T offensichtlich monoton wächst. Der Grenzwert des zweiten Summanden ist wegen (3.41) für $T \to \infty$ nichtnegativ.

In Übungsbeispiel 3.6a sind die Fälle $x_0 > \hat{x}$ bzw. eine dauernde Abweichung von $\hat{x}$ nach oben zu behandeln.

Die Optimalität des RMAP nach $\underline{x}$ bzw. $\bar{x}$, falls $rN + M'$ global negativ bzw. positiv ist, zeigt man völlig analog zu den obigen Überlegungen (siehe Übungsbeispiel 3.6b). □

Zur Illustration von Satz 3.2 betrachten wir das von Weizsäckersche Ausbildungsmodell von Abschnitt 3.2 für unendlichen Zeithorizont:

Beispiel 3.1.

$$\max_u \int_0^\infty e^{-rt}\omega(x)(1-u)dt$$
$$\dot{x} = u - \delta x, \; x(0) = 0,$$
$$0 \leq u \leq 1, \; x \geq 0,$$

wobei die um den technischen Fortschritt korrigierte Diskontrate r nichtnegativ sei. Aus der Zustandsgleichung erhalten wir $u = \dot{x} + \delta x$. Einsetzen ins Zielfunktional liefert dann

$$\int_0^\infty e^{-rt}(1 - \dot{x} - \delta x)\omega(x)dt.$$

Gemäß (3.38) gilt also

$$M(x) = \omega(x)(1 - \delta x)$$
$$N(x) = -\omega(x)$$
$$\Omega(x) = [-\delta x, 1 - \delta x].$$

Die singuläre Lösung $\hat{x}$ ist durch

$$0 = M' + rN = \omega'(\hat{x})(1 - \delta\hat{x}) - \omega(\hat{x})(r + \delta)$$

bestimmt, d.h. durch (3.25). Gemäß (3.27) ist (3.40) erfüllt. Wegen $0 \leq u \leq 1$ ist $0 \leq x \leq 1/\delta$, sodaß das Integral in (3.41) beschränkt ist. Somit ist die raschest mögliche Annäherung an das stationäre Niveau optimal.

Wir betrachten nun noch (eindimensionale) Steuerungsprobleme (3.36), (3.37) mit *endlichem Zeithorizont T* und *vorgegebenem Endzustand* $x(T) = x_T$. Transformiert man das Problem in analoger Weise zu Lemma 3.4, so erhält man

$$\max_u \int_0^T e^{-rt}[M(x) + N(x)\dot{x}]\,dt \tag{3.47a}$$

$$x(0) = x_0,\ x(T) = x_T,\ \dot{x} \in \Omega(x). \tag{3.47b}$$

Das folgende Resultat läßt sich analog zu Satz 3.2 beweisen.

Korollar 3.1. *Sei $\hat{x}$ die eindeutige zulässige Lösung von* (3.39) *und* $0 \in \Omega(\hat{x})$. *Weiters sei* (3.40) *erfüllt. Dann ist der RMAP an $\hat{x}$ optimal für das Problem* (3.47) *mit endlichem Zeithorizont.*

Falls T hinreichend groß ist, wird $\hat{x}$, ausgehend von x_0, möglichst rasch erreicht. Zur Erfüllung der Endbedingung wird $\hat{x}$ so spät wie möglich verlassen. (Dies läßt sich durch ein symmetrisches Argument etablieren; siehe Übungsbeispiel 3.7.) Falls der Planungshorizont zu kurz ist, um $\hat{x}$ zu erreichen, so hat der optimale Pfad die Eigenschaft, daß er zu jedem Zeitpunkt mindestens so nahe bei $\hat{x}$ liegt, wie jede andere zulässige Trajektorie.

Bemerkung 3.2 *(Mehrfache Gleichgewichte):*

Falls die Gleichung (3.39) keine eindeutige Lösung besitzt, dann ist die Aussage von Satz 3.2 wie folgt zu modifizieren. Seien $\hat{x}_1 < \tilde{x}_1 < \hat{x}_2 < \tilde{x}_2 < \ldots < \hat{x}_n$ Lösungen von (3.39) mit

$$rN(x) + M'(x) \begin{Bmatrix} > \\ < \end{Bmatrix} 0 \quad \text{für} \quad x \in \begin{cases}(\tilde{x}_{i-1}, \hat{x}_i) & \text{oder} \quad x < \hat{x}_1 \\ (\hat{x}_i, \tilde{x}_i) & \text{oder} \quad x > \hat{x}_n, \end{cases} \tag{3.48}$$

(vgl. Abb. 3.3), dann ist die optimale Lösung ein RMAP an eines der Gleichgewichte $\hat{x}_1, \hat{x}_2, \ldots, \hat{x}_n$.

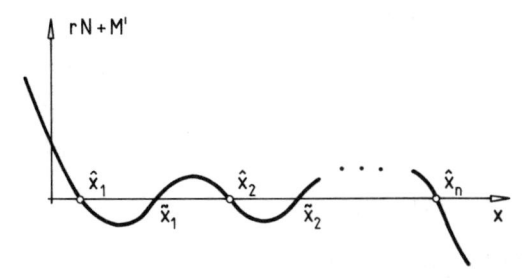

Abb. 3.3 Die Funktion $rN + M'$ im Falle mehrfacher Gleichgewichte

Falls der Zustandsraum durch $x \geq \underline{x}$ bzw. $x \leq \bar{x}$ beschränkt ist,

$$rN(\underline{x}) + M'(\underline{x}) < 0 \quad \text{bzw.} \quad rN(\bar{x}) + M'(\bar{x}) > 0$$

gilt und die Gleichgewichte $\tilde{x}_0 < \hat{x}_1 < \ldots < \hat{x}_n < \tilde{x}_n$ in $(\underline{x}, \bar{x})$ liegen, sodaß (3.48)

3.3. Raschestmögliche Annäherung an eine singuläre Lösung   73

(sinngemäß) gilt (vgl. Abb. 3.4), so ist die optimale Lösung ein RMAP an eines der Gleichgewichte $\hat{x}_1, \ldots, \hat{x}_n$ oder $\underline{x}$ bzw. $\bar{x}$.

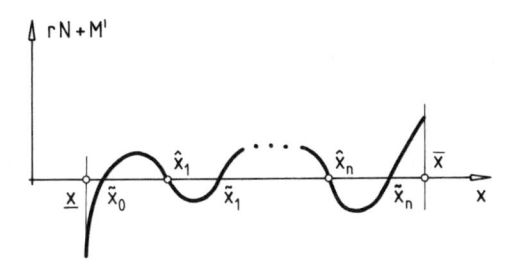

Abb. 3.4 Die Möglichkeit eines Randgleichgewichtes

Das folgende Beispiel illustriert den Fall mehrfacher (zweier) Gleichgewichte.

Beispiel 3.2. Es sei $x(t)$ der Bestand einer Fischpopulation zum Zeitpunkt t. Die natürliche Zuwachsrate der Population sei $G(x)$. Bezeichnet $u(t)$ die Ausbeutungsrate, so ist die Systemdynamik durch

$$\dot{x} = G(x) - u$$

gegeben. Ziel ist es, bei gegebenem Ausgangsstock $x(0) = x_0$ den Gegenwartswert des Ernteertrages, nämlich

$$J = \int_0^\infty e^{-rt} u \, dt$$

zu maximieren, wobei die Steuerbeschränkung

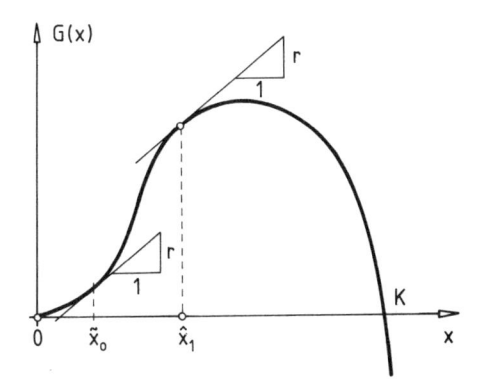

$$0 \leq u \leq \bar{u}$$

Abb. 3.5 Ableitung mehrfacher Gleichgewichte anhand der Wachstumsfunktion $G(x)$

und die Zustandsrestriktion

$$x \geqq 0$$

gelten sollen. Die Wachstumsfunktion $G(x)$ besitze die in Abb. 3.5 skizzierte konvex-konkave Gestalt.

Falls $G'(0) < r$ ist, so existieren zwei singuläre Lösungen mit $G'(x) = r$, nämlich $\tilde{x}_0$ und $\hat{x}_1$ (siehe Abb. 3.5). Unter Benutzung von Bemerkung 3.2 läßt sich leicht verifizieren, daß die optimale Lösung einen Pfad der raschest möglichen Annäherung zum Gleichgewicht $\hat{x}_1$ bzw. zu $x = 0$ darstellt. Der Leser ist aufgefordert, dies in Übungsbeispiel 3.10 durchzuführen.

Bemerkung 3.3. Im nichtautonomen Fall, d.h. wenn M und N explizit von der Zeit abhängen, bleiben die Aussagen von Satz 3.2 erhalten. Die Funktion $rN + M'$ in (3.39) und (3.40) ist durch

$$rN(x, t) - N_t(x, t) + M_x(x, t)$$

zu ersetzen. In diesem Fall ist die singuläre Lösung $\hat{x} = \hat{x}(t)$ zeitabhängig. Die Zulässigkeit von $\hat{x}$ ist dann durch $\bar{x} \in \Omega(\hat{x}, t)$ definiert. Dabei kann es auch passieren, daß die zu $\hat{x}(t)$ korrespondierende Steuerung den zulässigen Steuerbereich (auf Teilintervallen) verläßt („blockierte Intervalle", siehe Abschnitt 9.1.7).

3.4. Zeitoptimale Probleme

In diesem Abschnitt wollen wir uns mit einem „klassischen" Thema der Kontrolltheorie befassen, dessen praktische Bedeutung (Raumfahrt) motivierend auf die Entwicklung der Kontrolltheorie gewirkt hat. Wir beschränken uns auf folgende Klasse *zeitoptimaler autonomer linearer* Kontrollmodelle mit rechteckigem Steuerbereich:

$$\min_u \{T = \int_0^T dt\} \tag{3.49a}$$

$$\dot{x} = Ax + Bu \tag{3.49b}$$

$$x(0) = x_0, \quad x(T) = 0 \tag{3.49c}$$

$$u \in \Omega = \underset{i=1}{\overset{m}{\times}} [\alpha_i, \beta_i]. \tag{3.49d}$$

Der folgende Hilfssatz gibt Auskunft über Existenz, Eindeutigkeit und Struktur der zeitoptimalen Steuerung für die Modellklasse (3.49). Dazu setzen wir voraus, daß folgende *Bedingung der allgemeinen Lage* erfüllt ist:
Die Matrizen

$$G_i = (b_i, Ab_i, A^2 b_i, \ldots, A^{n-1} b_i) \tag{3.50}$$

sind für $i = 1, \ldots, m$ nichtsingulär, wobei b_i die i-te Spalte von B bezeichnet und n die Dimension des Zustandsraumes ist.

Lemma 3.6. *Das Problem* (3.49) *genüge der Bedingung der allgemeinen Lage und alle Eigenwerte der Matrix A seien reell und nichtpositiv. Dann existiert eine optimale Lösung und diese ist eindeutig. Singuläre Lösungsstücke können nicht auftreten, d.h. jede Steuerung u_i ist stückweise konstant und kann nur die Werte α_i bzw. β_i annehmen. Außerdem kann jedes u_i höchstens $n - 1$ Sprungstellen aufweisen.*

Bemerkung 3.4. Obwohl der Beweis dieses Resultates nicht schwierig ist, wird er aus Platzgründen hier nicht angeführt. Man beachte dazu die Literaturhinweise am Kapitelende. Einige der in Lemma 3.6 angeführten Ergebnisse können unter schwächeren Bedingungen hergeleitet werden:

1) Hat anstelle von (3.50) nur die Matrix $(G_1, \ldots, G_m)$ bzw. $(B, AB, \ldots, A^{n-1}B)$ den vollen Zeilenrang n, so ist das System (3.49) *kontrollierbar*, d.h. ausgehend von jedem beliebigen Anfangszustand $x(0)$ kann der Ursprung $x(T) = 0$ durch eine geeignete Wahl der Steuerung $u(t) \in \mathbb{R}^m$ in endlicher Zeit erreicht werden.

2) Die Eindeutigkeit sowie das Nichtauftreten singulärer Lösungen folgen allein aus der Bedingung der allgemeinen Lage.

3) Für die Aussagen bezüglich der Anzahl der Umschaltungen genügt, daß die Eigenwerte von A reell sind.

4) Für die Existenz der zeitoptimalen Kontrolle genügt die Nichtpositivität der Realteile der Eigenwerte von A.

Als Anwendung betrachten wir einen Spezialfall von Modell (3.49):

Beispiel 3.3. Man löse das folgende klassische zeitoptimale Kontrollproblem (vgl. auch Übungsbeispiel 1.9)

$$\min_u \{T = \int_0^T dt\} \tag{3.51a}$$

$$(\dot{x}_1, \dot{x}_2) = (x_2, u) \tag{3.51b}$$

$$(x_1(0), x_2(0)) = (x_{10}, x_{20}), \quad (x_1(T), x_2(T)) = (0, 0) \tag{3.51c}$$

$$-1 \leq u \leq 1. \tag{3.51d}$$

Das Problem beschreibt die zeitminimale Bewegung eines Massenpunktes der Masse 1 entlang einer horizontalen Geraden bei vernachlässigbarer Reibung. Die Position x_1 des Massenpunktes zur Zeit t wird dabei durch das zweite Newtonsche Gesetz beschrieben.

Die Matrizen A, B und G_i haben folgende Gestalt:

$$A = \begin{pmatrix} 0 & 1 \\ 0 & 0 \end{pmatrix}, \quad B = b_1 = \begin{pmatrix} 0 \\ 1 \end{pmatrix}, \quad G_1 = \begin{pmatrix} 0 & 1 \\ 1 & 0 \end{pmatrix}.$$

Die Eigenwerte von A sind reell und nichtpositiv (nämlich beide gleich Null). Da ferner G_1 nichtsingulär ist, so existiert gemäß Lemma 3.6 eine eindeutig bestimmte optimale Lösung, die nur die Werte -1 bzw. $+1$ annehmen kann. Außerdem kann u höchstens eine Sprungstelle besitzen.

Wir betrachten nun ein *Lösungsstück* mit $u = 1$. Löst man (3.51b) für $u = 1$, so erhält man

$$x_2(t) = c_2 + t, \quad x_1(t) = c_1 + c_2 t + t^2/2.$$

Um die Beziehung zwischen x_1 und x_2 zu untersuchen, eliminiert man t und erhält

$$x_1 = c + x_2^2/2 \quad \text{mit} \quad c = c_1 - c_2^2/2. \tag{3.52a}$$

Für $u = -1$ erhält man analog

$$x_1 = c' - x_2^2/2. \tag{3.52b}$$

Abb. 3.6 enthält das (x_1, x_2)-Phasendiagramm der durch (3.52) bestimmten Lösungsstücke.

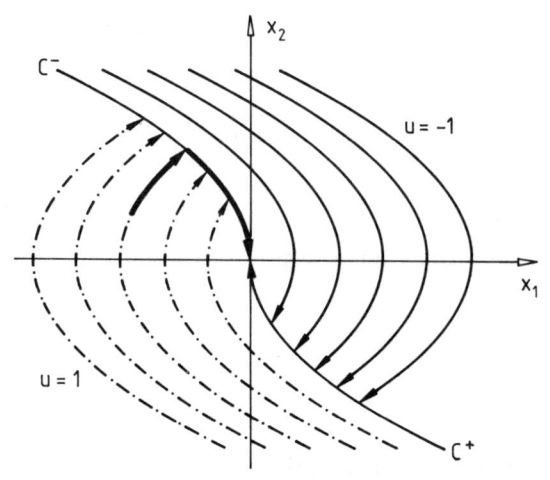

Abb. 3.6 Umschaltkurve und zeitoptimale Trajektorien im Phasenraum

Die Trajektorien sind Parabeln, deren Achse mit der Abszisse übereinstimmt.

Da es das Ziel ist, den Ursprung in minimaler Zeit zu erreichen, wählt man am Ende des Planungsintervalls eines der beiden in den Ursprung mündenden Kurvenstücke C^+ bzw. C^- (siehe Abb. 3.6).

Da gemäß Lemma 3.6 höchstens ein Umschalten möglich ist, wählt man (soferne man sich nicht schon auf C^+ bzw. C^- befindet) $u = 1$ bzw. $u = -1$ solange, bis man auf C^+ oder C^- auftrifft. Befindet man sich unterhalb dieser Kurven, so ist $u = 1$ zu setzen, andernfalls $u = -1$. Da man auf C^+ bzw. C^- bzwischen den Randlösungen umschaltet, wird diese auch als *Umschaltkurve* bezeichnet.

Während die optimale Lösung des Problems (3.51) unter Verwendung der allgemeinen

3.4. Zeitoptimale Probleme

Aussage von Lemma 3.6 ohne Anwendung des Maximumprinzips ermittelt wurde, leiten wir jene nun direkt aus den Optimalitätsbedingungen ab.

Dazu verwenden wir Korollar 2.3 und erhalten mit der Hamiltonfunktion

$$H = -\lambda_0 + \lambda_1 x_2 + \lambda_2 u$$

folgende notwendigen Bedingungen:

$$u = \begin{cases} -1 & \text{für } \lambda_2 < 0 \\ +1 & \text{für } \lambda_2 > 0 \end{cases} \tag{3.53}$$

$$\dot\lambda_1 = -H_{x_1} = 0, \quad \dot\lambda_2 = -H_{x_2} = -\lambda_1. \tag{3.54}$$

Da der Endzustand gemäß (3.51c) fixiert ist, erhält man wegen (2.23b) keine Endbedingungen für die adjungierten Variablen.

Die Transversalitätsbedingung (2.70a) lautet im vorliegenden Fall

$$H = -\lambda_0 + \lambda_2(T) u(T) = 0. \tag{3.55}$$

Integration von (3.54) liefert

$$\lambda_1(t) = \gamma_1, \quad \lambda_2(t) = \gamma_2 + \gamma_1(T-t). \tag{3.56}$$

Wir verifizieren nun direkt, daß singuläre Lösungsstücke nicht auftreten können. Würde λ_2 identisch verschwinden, so wäre gemäß (3.56) $\gamma_1 = \gamma_2 = 0$, und wegen (3.55) auch $\lambda_0 = 0$. Somit würde $\lambda_0 = \lambda_1 = \lambda_2 = 0$ gelten im Widerspruch zur Nichtdegeneriertheitsannahme (siehe Korollar 2.1). Daher kann $\lambda_2(t)$ höchstens eine Nullstelle besitzen, und gemäß (3.53) kann höchstens eine Sprungstelle von u vorkommen.

Damit sind wir in derselben Ausgangssituation, wie sie durch Anwendung von Lemma 3.6 geschaffen wurde (s.o.). Die weiteren Überlegungen, betreffend das Umschalten zwischen $+1$ und -1, sind identisch mit den oben durchgeführten.

Der Vollständigkeit halber berechnen wir nun noch die *Werte der Konstanten* γ_i. Betrachten wir zunächst den *normalen Fall* $\lambda_0 = 1$. Falls zu einem Zeitpunkt $\tau \in (0, T)$ *eine Umschaltung* auftritt, so folgt aus (3.55) und (3.53) bzw. (3.56) sofort

$$\gamma_2 = u(T), \quad \gamma_1 = -\gamma_2/(T-\tau).$$

Falls es im normalen Fall zu *keiner Umschaltung* kommt, so folgt aus (3.55) wie oben $\gamma_2 = u(T)$. Die Konstante γ_1 ist nun nicht eindeutig bestimmt. Für $u = 1$ ist gemäß (3.56) die Positivität von λ_2 für jedes $\gamma_1 > -1/(T-t)$ gewährleistet, während für $u = -1$ die Relation $\gamma_1 < 1/(T-t)$ gelten muß.

Im abnormalen Fall, $\lambda_0 = 0$, folgt aus (3.55) unter Beachtung von (3.53), daß $\gamma_2 = \lambda_2(T) = 0$. Gemäß (3.56) kann somit $\lambda_2(t)$ das Vorzeichen nicht wechseln, also *keine Umschaltung* stattfinden; man beachte, daß $\gamma_1 = 0$ wegen $(\lambda_0, \lambda_1, \lambda_2) \neq \mathbf{0}$ ausgeschlossen ist. γ_1 ist in diesem Fall wieder unbestimmt, wobei gilt $\operatorname{sgn} \gamma_1 = u$.

3.5. Modelle mit konvexer Hamiltonfunktion: „chattering control"

Eine Modellklasse, die – obwohl nichtlinear – eine ähnliche Struktur der optimalen Steuerungen wie im linearen Fall besitzt, sind Modelle mit streng konvexer Hamiltonfunktion. Betrachten wir etwa folgende Modellklasse mit einer Steuervariablen:

$$F(x, u, t) \quad \text{streng konvex in } u \tag{3.57a}$$

$$f(x, u, t) = f_1(x, t) + f_2(x, t)u \tag{3.57b}$$

$$u \in \Omega = [\alpha, \beta]. \tag{3.57c}$$

Korrespondierend dazu betrachten wir das lineare Modell, bei dem (3.57a) ersetzt wird durch

$$\tilde{F}(x, u, t) = F_1(x, t) + F_2(x, t)u \tag{3.58a}$$

mit

$$F_1(x, t) = \frac{F(x, \alpha, t)\beta - F(x, \beta, t)\alpha}{\beta - \alpha}, \quad F_2(x, t) = \frac{F(x, \beta, t) - F(x, \alpha, t)}{\beta - \alpha}. \tag{3.58b}$$

Man beachte, daß F und $\tilde{F}$ für $u = \alpha$ und $u = \beta$ übereinstimmen. Außerdem gilt

$$F(x, u, t) < \tilde{F}(x, u, t) \quad \text{für} \quad u \in (\alpha, \beta). \tag{3.59}$$

Im folgenden wollen wir das Lösungsverhalten des konvexen Problems (3.57) auf jenes von (3.58) zurückführen. Im Falle, daß im linearen Problem keine singuläre Lösung auftritt, ist diese Reduktion recht einfach.

Satz 3.3. *Besitzt die optimale Lösung des durch* (3.58) *modifizierten linearen Kontrollproblems kein singuläres Teilstück, so stimmt dessen Lösung mit jener des konvexen Problems* (3.57) *überein.*

Beweis. Beide Problemklassen besitzen dieselbe zulässige Lösungsmenge, und für jede zulässige Trajektorie gilt wegen (3.59)

$$\int_0^T e^{-rt} F(x, u, t)\,dt + e^{-rT} S(x(T)) \leq \int_0^T e^{-rt} \tilde{F}(x, u, t)\,dt + e^{-rT} S(x(T)), \tag{3.60}$$

wobei T auch unendlich sein kann. D. h., der optimale Wert des Zielfunktionals des linearen Problems bildet eine obere Schranke für das Zielfunktional des konvexen Problems. Da die optimale Lösung des linearen Problems laut Voraussetzung nur die Werte α und β annehmen kann, und dort F und $\tilde{F}$ übereinstimmen, so wird die obere Schranke für diese Lösung auch erreicht. □

3.5. Modelle mit konvexer Hamiltonfunktion 79

Tritt im linearen Problem (3.58) ein singuläres Lösungsstück auf, so kommt es zum Phänomen der „chattering control" („Rattersteuerung").

Satz 3.4. *Ist die optimale Steuerung von (3.58) eindeutig bestimmt und besitzt sie ein singuläres Lösungsstück, so hat das konvexe Problem (3.57) keine optimale Lösung. Der optimale Wert des Zielfunktionals $\tilde{J}^*$ des linearen Problems bildet eine obere Schranke, die zwar nicht erreicht wird, der man sich durch eine „chattering" Kontrolle jedoch beliebig nähern kann.*

Beweisskizze. Gemäß (3.60) bildet der optimale Wert des Zielfunktionals des linearen Problems eine obere Schranke für das Zielfunktional des konvexen Steuerproblems. Im vorliegenden Fall kann diese obere Schranke $\tilde{J}^*$ aber nicht erreicht werden, da die optimale Lösung des linearen Problems $(\tilde{u}^*, \tilde{x}^*)$ ein singuläres Lösungsstück besitzt, auf dem gemäß (3.59) das Zielfunktional des konvexen Problems einen kleineren Wert als im linearen Fall annimmt. Da die optimale Lösung des linearen Problems eindeutig bestimmt war, liefert jede andere Lösung einen kleineren Wert des linearen und damit auch des konvexen Zielfunktionals.

Der Beweis, daß man sich durch eine chattering Kontrolle dem Zielfunktionalswert $\tilde{J}^*$ der optimalen Lösung des linearen Problems beliebig nähern kann, würde den Rahmen dieses Buches sprengen. Er läßt sich am einfachsten mit Hilfe des chattering-Lemmas (*Berkovitz*, 1974, p. 129) führen. Statt auf Details dieses Beweises einzugehen, illustrieren wir die Konstruktion einer chattering-Kontrolle im eindimensionalen Fall:

Ausgehend von $(\tilde{u}^*, \tilde{x}^*)$ betrachten wir ein singuläres Lösungsstück $x = \hat{x}$, $u = \hat{u}$ für $t \in [\tau_1, \tau_2]$. Da die innere Lösung $\hat{u} \in (\alpha, \beta)$ wegen der konvexen Zielfunktion eine „ineffiziente" Lösung darstellt, versuchen wir diese Lösung durch eine Lösung zu approximieren, die nur die Werte α und β annimmt. Teilt man das Intervall $[\tau_1, \tau_2]$ in k gleiche Teile, und wählt man auf jedem Teilintervall zunächst $u = \beta$ und danach $u = \alpha$, sodaß am Anfangs- und am Endpunkt $x(t)$ jeweils den Wert $\hat{x}$ annimmt, so erhält man einen *sägezahnartigen* Verlauf der Zustandstrajektorie x_k im Intervall $[\tau_1, \tau_2]$ (siehe Abb. 3.7). Die entsprechende Steuerung nennt man

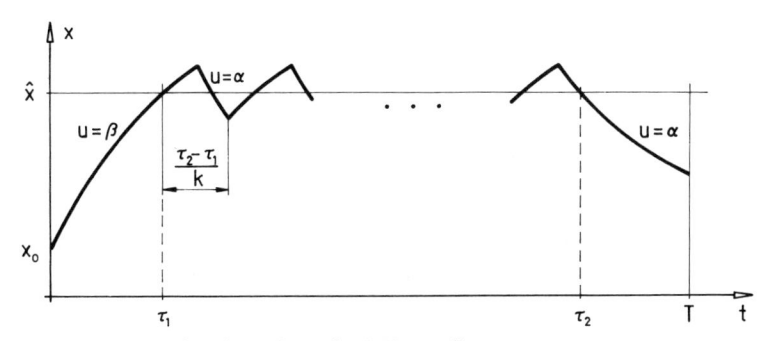

Abb. 3.7 Illustration der „chattering"-Kontrolle

„chattering" Kontrolle, da sie für große Werte von k „rasch" zwischen den Randwerten hin- und herschaltet.

Da diese Steuerung u_k nur aus Randsteuerungen $u = \alpha$ bzw. β besteht, stimmen die Zielfunktionale des linearen und des konvexen Problems überein. Für $k \to \infty$ konvergiert x_k gegen die optimale Trajektorie $\tilde{x}^*$ des linearen Problems. Es kann gezeigt werden, daß auch die entsprechenden Zielfunktionale gegen $\tilde{J}^*$ konvergieren. □

Um diese Überlegungen mit Fleisch und Blut auszufüllen, betrachten wir konvexe Versionen der Modelle aus den Abschnitten 3.1 und 3.2.

Beispiel 3.4.

$$\max_u \{J = \int_0^T e^{-rt}[\pi x - c(u)]\,dt + e^{-rT} S x(T)\} \tag{3.61a}$$

$$\dot{x} = u - \delta x, \quad x(0) = x_0 > 0 \tag{3.61b}$$

$$0 \leq u \leq \bar{u} \tag{3.61c}$$

wobei nun anders als in (3.7) *abnehmende* Grenzkosten der Instandhaltung angenommen werden:

$$c(0) = 0, \quad c'(u) > 0, \quad c''(u) < 0. \tag{3.62}$$

Der Einfachheit halber setzen wir noch o. B. d. A. voraus, daß $c(\bar{u}) = \bar{u}$ gelten soll.

Anwendung von Satz 3.3 ergibt, daß die Lösung des linearen Modells aus Abschnitt 3.1, die ja kein singuläres Lösungsstück aufweist, auch für die vorliegende konvexe Modellvariante optimal ist. Man beachte, daß die gemäß (3.58) konstruierte lineare Zielfunktion $\tilde{F} = \pi x - u$ identisch mit jener in (3.7) ist.

Beispiel 3.5.

$$\max_u \{J = \int_0^T e^{-rt} \omega(x) \phi(1-u)\,dt\} \tag{3.63a}$$

$$\dot{x} = u - \delta x, \quad x(0) = 0 \tag{3.63b}$$

$$0 \leq u \leq 1. \tag{3.63c}$$

Dabei ist ϕ eine konvexe (Effizienz-) Funktion:

$$\phi(0) = 0, \quad \phi(1) = 1, \quad \phi' > 0, \quad \phi'' > 0. \tag{3.64}$$

In der vorliegenden Variante des von Weizsäckerschen Ausbildungsmodells wird also eine wachsende Grenzeffizienz der für die Berufsausübung aufgewendeten Zeitspanne unterstellt (wer nur halbtags arbeitet, verdient weniger als die Hälfte).

Die restlichen Modellannahmen (3.18) und (3.20) werden übernommen.

Die Anwendung von Satz 3.3 ergibt zunächst, daß „für kurzen Zeithorizont" die optimalen Lösungen (i) bzw. (ii) aus Satz 3.1 weiterhin optimal sind. Bei „langem" Zeithorizont, bei dem im linearen Fall die Politik (iii) mit einem singulären Lösungsstück optimal war, existiert hingegen im konvexen Fall *keine* optimale Lösung. Praktisch sollte im Intervall $[\tau_1, \tau_2]$ „chattering" Kontrolle gewählt werden (vgl. Abb. 3.7), welche zwischen ausschließlichem Lernen und totaler Berufsausübung nach Maßgabe technischer bzw. institutioneller Restriktionen möglichst rasch hin- und herschaltet.

Ein weiteres Beispiel für das Auftreten von „chattering"-Kontrollen bei streng konvexer Hamiltonfunktion wird in Abschnitt 13.1.4 analysiert; dort ist die Obergrenze des Kontrollbereiches vom Zustand abhängig, was die Analyse erschwert.

Übungsbeispiele zu Kapitel 3

3.1. Man zeige, daß im Instandhaltungsmodell von Abschnitt 3.1 $\pi/(r+\delta)$ der erwartete Gegenwartswert des Profitstromes pro Zustandseinheit ist. (Hinweis: Man bilde den Erwartungswert von $\int_0^T e^{-rt}\pi dt$, wobei die „Lebensdauer" T der Zustandseinheit exponentialverteilt mit der Rate δ ist; vgl. (3.6) für $u = 0$).

3.2. Man zeige, daß der Wert des Zielfunktionals für das Beispiel in Abschnitt 3.1 als Funktion des Endzeitpunktes T gegeben ist durch

$$J(T) = \frac{\pi x_0}{r+\delta} + \frac{\bar{u}}{r}\left(\frac{\pi}{r+\delta} - 1\right)(1 - e^{-rt}) - e^{-(r+\delta)T}\left(\frac{\pi}{r+\delta} - S\right)\left[x_0 + \frac{u}{\delta}(e^{\delta\tau} - 1)\right]$$

(wobei $\tau = T - \theta$ mit θ aus (3.14)) und daß $J(T)$ monoton steigt.

3.3. Man bestimme die optimale Nutzungsdauer bei einer „Kette von Maschinen", indem gemäß (2.74) die Zielfunktion

$$\tilde{J}(T) = \frac{J(T) - I}{1 - e^{-rT}}$$

maximiert wird. Dabei ist $J(T)$ aus Übungsbeispiel 3.2 und I der Anschaffungspreis einer neuen Anlage.

3.4. (a) Man zeige, daß für die durch (3.30) und (3.31) definierten Zeitspannen die Beziehung $\bar{T} < \theta$ gilt.

   (b) Man beweise Teil (ii) von Satz 3.1.

   (c) Man zeige für das in Abschnitt 3.2 ausgearbeitete Beispiel, daß keine singuläre Lösung $\hat{x}$ existiert, wenn die Bedingung (3.20) nicht erfüllt ist. Wie sieht in diesem Fall die optimale Ausbildungspolitik aus?

3.5. Gegeben sei das Lagerhaltungsproblem

$$\min \int_0^T [(x(t) - \tilde{x}(t))^2 + u(t)]dt$$
$$\dot{x}(t) = u(t) - d(t), \; x(0) = x_0.$$

Dabei ist $x(t)$ der tatsächliche Lagerbestand, $\tilde{x}(t)$ eine vorgegebene (gewünschte) Entwicklung des Lagers, $u(t)$ die Produktionsrate und $d(t)$ eine bekannte Nachfrage-Trajektorie.

Man zeige, daß $u(t) = d(t) + \tilde{x}(t)$ eine zeitabhängige singuläre Lösung darstellt. Wie sieht die optimale Politik aus? (siehe dazu auch Abschnitt 3.3 und Kap. 9).

3.6. Zur Ergänzung des Beweises von Satz 3.2 zeige man
(a) die Suboptimalität der in Abb. 3.8 eingezeichneten Pfade ACD bzw. AE;
(b) die Optimalität des RMAP nach $\underline{x}$ bzw. $\bar{x}$, wenn $rN + M'$ immer negativ bzw. positiv ist.

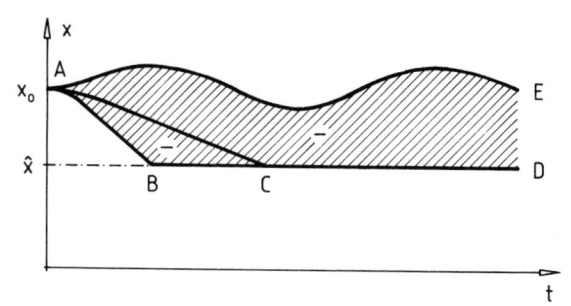

Abb. 3.8 Suboptimalität der Pfade ACD und AE

3.7. Man führe den Beweis von Korollar 3.1.

3.8. Man ermittle unter Benutzung der Resultate von Abschnitt 3.3 die optimale Lösung des Nerlove-Arrow Modells (vgl. Abschnitt 11.1 für eine Interpretation der Variablen):

$$\max_a \int_0^\infty e^{-rt}[\pi(A) - a]dt$$
$$\dot{A} = a - \delta A, \quad A(0) = A_0 \geqq 0$$
$$0 \leqq a \leqq \bar{a}.$$

Dabei wird $\pi'' < 0$, $\pi'(0) = \infty$, $\pi'(\infty) = 0$ angenommen.

3.9. Man ermittle den RMAP für das Vidale-Wolfe Werbemodell (siehe Abschnitt 11.1):

$$\max \int_0^T e^{-rt}(\pi x - a)dt$$
$$\dot{x} = \alpha a(1-x) - \delta x$$
$$x(0) = x_0, \quad x(T) = x_T; \quad x_0, x_T \in (0,1)$$
$$0 \leqq a \leqq \bar{a}.$$

3.10. Man löse das Erntemodell von Beispiel 3.2.

3.11. Man betrachte ein erdölexportierendes Land, dessen Ölreserven mit x_1 bezeichnet werden. Ferner bezeichne x_2 das investierte Kapital, also etwa die Anzahl der Bohrtürme. Jeder Bohrturm fördert pro Zeiteinheit γ Barrels Rohöl. Kapital kann mit der maximalen Rate $\beta > 0$ gekauft bzw. mit der Maximalrate $\alpha > 0$ verkauft werden. Ziel des Landes ist es, das Erdöllager möglichst rasch auszubeuten, wobei am Ende kein Produktivkapital mehr vorhanden sein soll. Das Modell lautet also:

$$\min_u T$$
$$\dot{x}_1 = -\gamma x_2, \quad \dot{x}_2 = u,$$
$$-\alpha \leqq u \leqq \beta,$$
$$x_1(0) = x_{10}, \quad x_2(0) = x_{20}, \quad x_1(T) = x_2(T) = 0.$$

Man ermittle die optimale Förderpolitik. (Hinweis: Man vgl. Beispiel 3.3.)

3.12. Man betrachte Übungsbeispiel 3.8 mit konkaven Werbekosten $w(a)$; d.h. das Zielfunktional lautet

$$\int_0^\infty e^{-rt}[\pi(A) - w(a)]dt.$$

Man ermittle die optimale (chattering) Politik. (Hinweis: Man verwende Satz 3.4).

Weiterführende Bemerkungen und Literatur zu Kapitel 3

Eine Standardreferenz für singuläre Steuerungen ist *Bell* und *Jacobson* (1975).

Das in Abschnitt 3.1 behandelte einfache Instandhaltungsmodell ist ein Spezialfall eines Modells von *Thompson* (1968); man vgl. auch *Bensoussan* et al. (1974, § 5), wo insbesondere auf p. 102/3 die Bedingung (3.8) zur Sprache kommt. Dort wird auch eine Verallgemeinerung des Modells mit technischem Fortschritt betrachtet.

Das in Abschnitt 3.2 analysierte Modell stammt von von *Weizsäcker* (1967). Andere Lebenszyklusmodelle (Akkumulation von Humankapital, Allokation von Erziehung, Lohnarbeit und Freizeit im Lebenszyklus) sind: *Ben-Porath* (1967), *Sheshinski* (1968), *Ryder*, *Stalford* und *Stephan* (1976), *Blinder* und *Weiss* (1976), *Heckman* (1976) und *Feichtinger* (1981). Die auf von *Weizsäcker* aufbauende Darstellung von *Frank* (1969) leitet nur die möglichen Formen (i), (ii), (iii) der optimalen Politik ab, nicht aber deren Zusammenhang mit der Länge des Planungshorizontes. Auf andere Humankapital-Modelle wird in Abschnitt 13.3 hingewiesen.

Der Beweis der raschest möglichen Annäherung einer optimalen Lösung an den singulären Pfad mittels des Greenschen Theorems geht auf *Miele* (1962) zurück; vgl. auch *Spence* und *Starrett* (1975) sowie *Sethi* (1977a). In letzterem wird auch der Fall mehrfacher Gleichgewichte behandelt. Das Greensche Theorem findet man in allen Standardwerken der Analysis. Das Fischereimodell von Beispiel 3.2 stammt von *Clark* (1976). Das RMAP-Theorem (Satz 3.2) spielt in den Anwendungen eine große Rolle; man vergleiche dazu die Kapitel 11 bis 15.

Die Hilfssätze 3.6 und 3.7 finden sich z.B. bei *Pontryagin* et al. (1962, § 17) und *Athans* und *Falb* (1966, §§ 6.3, 6.5). Das Beispiel 3.3 wird in praktisch allen Lehrbüchern der Kontrolltheorie gelöst.

Ökonomische Kontrollmodelle mit konvexer Hamiltonfunktion (chattering control) findet sich beispielsweise bei *Rao* (1970), *Clark* (1976), *Lewis* und *Schmalensee* (1977, 1982), *Hartl* und *Mehlmann* (1982, 1983).

Die originelle Interpretation des zeitoptimalen Problems in Übungsbeispiel 3.11 geht auf *Seierstad* und *Sydsaeter* (1986) zurück.

Kapitel 4: Konkave Modelle mit einer Zustandsvariablen

Während die im vorigen Kapitel untersuchten Kontrollmodelle linear in der Steuerung waren, betrachten wir in diesem und im nächsten Kapitel *nichtlineare* Modelle. Wie oft in der Mathematik erfordert der nichtlineare Fall eine andere Art der Analyse als der lineare. Bei nichtlinearen Kontrollmodellen ist es häufig sinnvoll anzunehmen, daß die Hamiltonfunktion (streng) konkav in der Kontrolle ist. Weiters nehmen wir im folgenden an, daß die Modellfunktionen F und f und damit auch die Hamiltonfunktion H zweimal stetig differenzierbar in x und u sowie stetig differenzierbar in t sind. Für diese Klasse von Modellen gilt folgender Hilfssatz.

Lemma 4.1. *Ist die Hamiltonfunktion (2.4) auf dem konvexem Steuerbereich Ω streng konkav in u, d. h. ist die Matrix H_{uu} negativ definit, dann ist der aus der Maximumbedingung (2.5) erhaltene Wert $u^*(t)$ zu jedem Zeitpunkt t eindeutig bestimmt. Ferner ist $u^*(t)$ stetig in t.*

Beweis. Aus der Analysis ist bekannt, daß die strenge Konkavität von H in u äquivalent mit der negativen Definitheit der Hesseschen Matrix H_{uu} ist. Ferner ist das Maximum einer streng konkaven Funktion H auf einem konvexen Bereich Ω eindeutig bestimmt, soferne es existiert.

Aus Stetigkeitsgründen müssen sowohl der linksseitige als auch der rechtsseitige Grenzwert, $u^*(t^-)$ bzw. $u^*(t^+)$ für jedes t die Hamiltonfunktion $H(x^*(t), u, \lambda(t), t)$ maximieren. Wegen der Eindeutigkeit der maximierenden Kontrolle gilt daher $u^*(t^-) = u^*(t^+)$. □

Wegen der Konkavitätsannahme sind Randsteuerungen in der Regel suboptimal, und Lösungsstücke, für die $u(t)$ im Inneren von Ω liegt[1] spielen hier eine zentrale Rolle. Auf solchen kann die Maximierung von H bezüglich u durch $H_u = 0$ bestimmt werden. Diese Gleichung bestimmt nun eine stetig differenzierbare implizite Funktion $u = u(x, \lambda, t)$, da die Matrix H_{uu} laut Annahme negativ definit und somit nichtsingulär ist. Da u stetig ist, sind $x^*(t)$ und $\lambda(t)$ stetig differenzierbar. Daraus ergibt sich die *stetige Differenzierbarkeit* von $u^*(t) = u(x^*(t), \lambda(t), t)$ im Inneren von Ω.

Im vorliegenden Kapitel betrachten wir autonome nichtlineare Kontrollprobleme mit nur *einer* Zustandsvariablen. Für diese Modellklasse ist es möglich, Einsichten in das qualitative Verhalten der optimalen Lösungen durch Analyse im (x, λ)-

---

[1] Oft ist es gar nicht nötig, Steuerbeschränkungen explizit zu fordern, da diese durch passende Wahl nichtlinearer (Straf-)Kostenfunktionen ersetzt werden können. So kann anstelle von $u \leqq \bar{u}$ die Kostenfunktion $c(u)$ mit $\lim_{u \to \bar{u}} c(u) = \infty$ treten.

Phasenraum zu erhalten. Aufgrund der stetigen Differenzierbarkeit von **u** kann auch für jede Steuerung u_i das (x, u_i)-Phasenporträt untersucht werden.

Zunächst wird in Abschnitt 4.1 ein einfaches Instandhaltungsproblem betrachtet, für welches eine komplette analytische Lösung ermittelt werden kann. Anhand dieses Beispiels erfolgt eine Motivation der Phasendiagrammanalyse, welche dann in Abschnitt 4.2 für eine Steuerung allgemein durchgeführt wird. In Abschnitt 4.3 wird diese Analyse auf zwei Kontrollen erweitert. Abschnitt 4.4 enthält eine dynamische Sensitivitätsanalyse. Das Kapitel schließt mit Abschnitt 4.5 über globale Sattelpunktsaussagen und der Behandlung von Strudelpunkten im Phasenporträt.

4.1. Ein quadratisches Instandhaltungsmodell

Wir wollen nun eine Modifikation des einfachen Instandhaltungsmodells von Kapitel 3.1 betrachten, indem wir quadratische statt linearer Kosten der Instandhaltung annehmen. Sei x der Maschinenzustand, u die Instandhaltung (gemessen in Effizienzeinheiten) und δ die konstante Verschleißrate, dann ergibt sich wie in (3.6) folgende Zustandsgleichung:

$$\dot{x} = -\delta x + u, \quad x(0) = x_0. \tag{4.1}$$

Statt der linearen Instandhaltungskosten im Zielfunktional (3.7) werden vom Bruttoprofit πx nun die quadratischen Kosten $u^2/2$ in Abzug gebracht. Mit der Diskontrate r und dem marginalen Schrottwert S erhalten wir daher den Gegenwartswert des Nettoprofitstromes als

$$J = \int_0^T e^{-rT}(\pi x - u^2/2)\,dt + e^{-rT} Sx(T). \tag{4.2}$$

Der Einfachheit halber wollen wir für die Instandhaltung keine obere Schranke annehmen. Damit lautet das optimale Kontrollproblem: Man maximiere (4.2) unter der dynamischen Nebenbedingung (4.1) und der Kontrollbeschränkung $u \geq 0$.

Ermittlung der optimalen Politik

Es liegt wiederum das Standardmodell von Kapitel 2 vor, und die notwendigen Optimalitätsbedingungen lauten:

$$H = \pi x - u^2/2 + \lambda(-\delta x + u) \to \max \tag{4.3}$$

$$\dot{\lambda} = r\lambda - H_x = (r + \delta)\lambda - \pi \tag{4.4}$$

$$\lambda(T) = S. \tag{4.5}$$

Da die Bedingungen (4.4) und (4.5) für den Schattenpreis λ mit (3.11) und (3.12) identisch sind, ist der Zeitpfad von λ durch (3.13) gegeben.

Da die Hamiltonfunktion konkav in u ist, wird die Maximierung von H gemäß (2.5) durch die Bedingung

$$H_u = 0, \quad \text{d.h.} \quad u = \lambda \tag{4.6}$$

gewährleistet. Die Instandhaltungsrate ist in diesem Fall also gleich dem Schattenpreis des Maschinenzustandes.

Wegen der Konkavität von H in (x, u) sind die Bedingungen (4.4) bis (4.6) gemäß Satz 2.2 auch hinreichend für die Optimalität von u.

Kombination von (4.6) und (3.13) ergibt also die optimale Instandhaltungspolitik:

$$u(t) = \left(S - \frac{\pi}{r+\delta}\right) e^{(t-T)(r+\delta)} + \frac{\pi}{r+\delta}. \tag{4.7}$$

Die im linearen Modell optimale Politik „Umschalten von $u = $ *maximal* zu $u = 0$" wird also bei der nichtlinearen Version durch „Die Instandhaltung beginnt bei einem relativ hohen Niveau und sinkt monoton" ersetzt. Dabei wurde wieder die Annahme (3.8) getroffen.

In Abb. 4.1 wird die Lösung des konkaven Modells mit jener des linearen verglichen. Man beachte, daß die Lösung des nichtlinearen Falls eine „geglättete" Version der Lösung des linearen Modells darstellt.

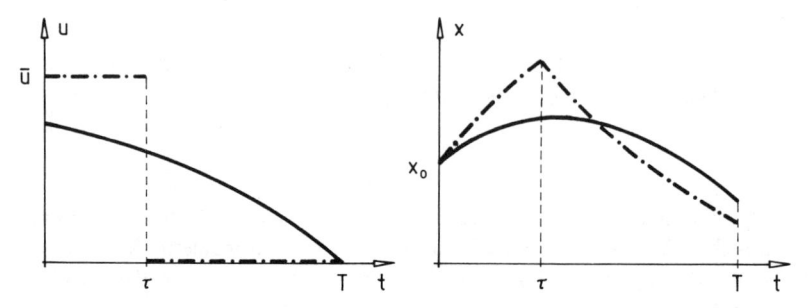

Abb. 4.1 Vergleich der Zeitpfade für Steuerung und Zustand für quadratische bzw. lineare Kostenfunktionen:
------ lineare Kosten (Abschnitt 3.1)
─── quadratische Kosten (Abschnitt 4.1)

Die lineare inhomogene Differentialgleichung (4.1) für x kann unter Verwendung von (4.7) analytisch gelöst werden (vgl. Übungsbeispiel 4.1):

$$x(t) = \left[x_0 - \frac{\pi}{(r+\delta)\delta} + \frac{S - \pi/(r+\delta)}{r+2\delta} e^{-T(r+\delta)}(e^{t(r+2\delta)} - 1)\right] e^{-\delta t} + \frac{\pi}{(r+\delta)\delta}.$$

Zur Ermittlung der wirtschaftlichen Nutzungsdauer der Maschine verwenden wir Korollar 2.2.

Wegen $u(T) = \lambda(T) = S$ gilt

$$H - rSx = \pi x - u^2/2 + S(u - \delta x) - rSx = [\pi - (r+\delta)S]x + S^2/2 > 0,$$

wobei alle Funktionen jeweils am optimalen Endzeitpunkt auszuwerten sind und Annahme (3.8) benutzt wurde.

Aufgrund von Bedingung (2.73) kann daher nur $T^* = \infty$ optimal sein. Dieses Resultat ist identisch mit der optimalen Nutzungsdauer im linearen Fall (vgl. Abschnitt 3.1).

Analyse in der Phasenebene

Das vorliegende Problem ist so einfach, daß die optimale Lösung *analytisch* ermittelt werden konnte. Da dies i. a. jedoch nicht möglich ist, wollen wir anhand dieses einfachen Modells die vielfach anwendbare Methode der *Phasendiagrammanalyse* erläutern.

Unter Beachtung der Maximumbedingung (4.6) können die Gleichungen (4.1) und (4.4) als autonomes Differentialgleichungssystem in (x, λ) aufgefaßt werden:

$$\dot{x} = \lambda - \delta x, \quad \dot{\lambda} = (r + \delta)\lambda - \pi$$

Die Gesamtheit aller Lösungen dieses Systems kann in der (x, λ)-Ebene skizziert werden. Offensichtlich ist

$$\hat{x} = \frac{\pi}{\delta(r+\delta)}, \quad \hat{\lambda} = \frac{\pi}{r+\delta}$$

ein stationärer Punkt (Gleichgewicht). Die Jacobimatrix des linearen Systems (4.1), (4.4)

$$\mathbf{J} = \begin{pmatrix} \partial \dot{x}/\partial x & \partial \dot{x}/\partial \lambda \\ \partial \dot{\lambda}/\partial x & \partial \dot{\lambda}/\partial \lambda \end{pmatrix} = \begin{pmatrix} -\delta & 1 \\ 0 & r+\delta \end{pmatrix}$$

hat die negative Determinante $\Delta = \det \mathbf{J} = -\delta(r+\delta)$, also einen negativen und einen positiven Eigenwert, nämlich $-\delta$ und $r+\delta$. Die zugehörigen Eigenvektoren sind $(1, 0)$ und $(1, r+2\delta)$, sodaß die Lösungen von (4.1) und (4.4) die allgemeine Gestalt:

$$\begin{pmatrix} x \\ \lambda \end{pmatrix} = c_1 \begin{pmatrix} 1 \\ 0 \end{pmatrix} e^{-\delta t} + c_2 \begin{pmatrix} 1 \\ r+2\delta \end{pmatrix} e^{(r+\delta)t} + \begin{pmatrix} \hat{x} \\ \hat{\lambda} \end{pmatrix} \qquad (4.8)$$

besitzen. Die Konstanten c_i dieser zweiparametrigen Lösungsschar sind durch die Randbedingungen $x(0) = x_0$, $\lambda(T) = S$ gemäß (4.1) und (4.5) bestimmt.

Setzt man in (4.8) den Koeffizienten c_2 des positiven Eigenwertes gleich Null, so erhält man die Schar aller zum Gleichgewichtspunkt $(\hat{x}, \hat{\lambda})$ konvergierenden Lösungen. Diese Lösungen liegen alle auf der stabilen Mannigfaltigkeit (Gleichgewichtspfad). Dabei handelt es sich um eine Gerade durch $(\hat{x}, \hat{\lambda})$, deren Richtungsvektor der zum negativen Eigenwert gehörige Eigenvektor ist. Der Eigenvektor zum positiven Eigenwert bestimmt die instabile Mannigfaltigkeit; diese enthält alle Lösungen, welche für $t \to -\infty$ gegen $(\hat{x}, \hat{\lambda})$ streben. Alle anderen Lösungen zeigen den in Abb. 4.2 skizzierten hyperbelartigen Verlauf.

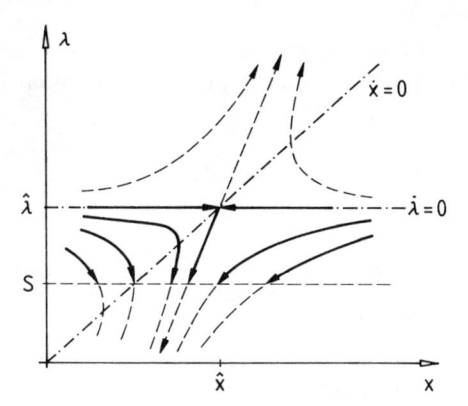

Abb. 4.2 Die optimale Lösung des quadratischen Instandhaltungsmodells im Phasenporträt

Ein Gleichgewicht, bei dem die Jacobideterminante negativ ist, heißt *Sattelpunkt*. Diese Namensgebung ist einleuchtend, wenn man die hyperbelartigen Lösungspfade als Höhenlinien eines Sattels deutet. In Abb. 4.2 sind auch die Isoklinen $\dot{x} = 0$ und $\dot{\lambda} = 0$ eingezeichnet. Sie geben an, wo die Lösungstrajektorien senkrechte bzw. waagrechte Tangenten besitzen.

Jedem Tripel (x_0, S, T) entspricht ein Lösungspfad im Sattelpunktsdiagramm 4.2. Er entspringt auf der Vertikalen $x(0) = x_0$ und endet auf der horizontalen Geraden $\lambda(T) = S$, welche aufgrund von Annahme (3.8) unterhalb des stationären Niveaus $\lambda = \hat{\lambda}$ liegt. Generell gilt: je größer der Zeithorizont T, desto mehr nähert sich die Lösung dem Gleichgewichtspunkt (vgl. Abschnitt 4.4). Aus dem Diagramm in Abb. 4.2 kann man auch die Monotonieaussage $\dot{\lambda} < 0$ für alle $t \in [0, T]$ ablesen. Wegen der Beziehung $u = \lambda$ kann bei all diesen Überlegungen λ durch u ersetzt werden.

4.2. Phasendiagrammanalyse bei einer Steuerung

Gegeben sei das folgende autonome Kontrollmodell: Maximiere

$$J = \int_0^T e^{-rt} F(x, u) \, dt + e^{-rT} S(x(T)) \tag{4.9}$$

unter der Nebenbedingung

$$\dot{x} = f(x, u), \quad x(0) = x_0. \tag{4.10}$$

4.2. Phasendiagrammanalyse bei einer Steuerung

Die Variablen x und u sind hier also eindimensional. Eventuell vorliegende Nebenbedingungen für die Kontrolle und/oder den Zustand seien nicht aktiv. (Später wird diese Einschränkung aufgehoben; vgl. etwa Beispiel 8.5).

Für unendlichen Zeithorizont ist das Zielfunktional

$$J = \int_0^\infty e^{-rt} F(x,u)\, dt \tag{4.9a}$$

zu maximieren. Dabei wird angenommen, daß das uneigentliche Integral für jede zulässige Lösung konvergiert.

Zur Veranschaulichung der folgenden formalen Analyse kann man die Zustandsvariable als Goodwillstock interpretieren und die Steuerung als Werbeaufwand (vgl. auch Übungsbeispiel 1.5). Mit dieser Deutung vor Augen erscheinen folgende Annahmen sinnvoll:

$$F_x > 0,\ F_{xx} \leq 0,\ F_u < 0,\ F_{uu} \leq 0,\ F_{xu} \leq 0 \tag{4.11}$$

$$f_x < 0,\ f_{xx} \leq 0,\ f_u > 0,\ f_{uu} \leq 0,\ f_{xu} \leq 0. \tag{4.12}$$

Je größer der Goodwillstock x, desto größer die Profitrate F mit abnehmenden Grenzerträgen F_x. Die Werbeeffektivität f nehme mit wachsendem x ab, während sie mit steigendem Werbeaufwand u zunimmt. Die Grenzeffizienz der Werbung ist nicht steigend; die Grenzkosten sind nicht abnehmend. Schließlich ist es schwieriger, einen hohen Goodwillstock zu erhöhen als einen niedrigen.

Um die Nichtlinearität des Modells sicherzustellen, verlangen wir, daß

$$F_{uu} + f_{uu} < 0 \tag{4.13}$$

ist.

Mit der Hamiltonfunktion

$$H = F(x,u) + \lambda f(x,u)$$

lauten die notwendigen Optimalitätsbedingungen gemäß Satz 2.1

$$H_u = F_u + \lambda f_u = 0 \tag{4.14}$$

$$\dot{\lambda} = r\lambda - H_x = (r - f_x)\lambda - F_x \tag{4.15}$$

$$\lambda(T) = S_x(x(T)). \tag{4.16}$$

Die adjungierte Variable $\lambda(t)$ mißt den Schattenpreis (in laufender Bewertung) einer zusätzlichen Einheit an Goodwill.

Aus (4.14) folgt

$$\lambda = -F_u/f_u > 0, \tag{4.17}$$

wobei die Vorzeichenaussage aus (4.11) und (4.12) folgt. Die Positivität von λ ist ökonomisch einleuchtend.

Weiters ergibt sich wegen (4.11–13) und (4.17)

$$H_{uu} = F_{uu} + \lambda f_{uu} < 0. \tag{4.18}$$

Somit liefert (4.14) tatsächlich ein eindeutiges Maximum von H.

Im folgenden nehmen wir an, daß ein Gleichgewichtspunkt $(\hat{x}, \hat{u}, \hat{\lambda})$ existiert, der durch die Bedingungen (2.56–58) bestimmt ist. Um die Existenz eines solchen stationären Punktes zu gewährleisten, sind zusätzliche Informationen über die Funktionen F und f nötig; vgl. Lemma 4.2 in Abschnitt 4.2.3.

In den nächsten beiden Unterabschnitten wird das Stabilitätsverhalten des kanonischen Differentialgleichungssystems in einer Umgebung des Gleichgewichtes in den Diagrammen (x, λ) bzw. (x, u) untersucht.

4.2.1. Zustands-Kozustands-Phasenporträt

Wir wenden nun den Satz über implizite Funktionen an. Wegen (4.18) läßt sich (4.14) lokal eindeutig nach u auflösen, und für die implizit bestimmte Funktion $u = u(x, \lambda)$ gilt

$$\frac{\partial u}{\partial x} = -\frac{H_{ux}}{H_{uu}} \leq 0, \quad \frac{\partial u}{\partial \lambda} = -\frac{f_u}{H_{uu}} > 0. \tag{4.19}$$

Je höher der Goodwill schon ist, desto geringer sind cet. par. die Werbeausgaben anzusetzen. Je höher der Schattenpreis des Goodwills ist, desto intensiver soll Werbung betrieben werden.
Unter Beachtung von $u = u(x, \lambda)$ betrachten wir das Differentialgleichungssystem

$$\begin{aligned}\dot{x} &= \dot{x}(x, \lambda) = f(x, u(x, \lambda)) \\ \dot{\lambda} &= \dot{\lambda}(x, \lambda) = [r - f_x(x, u(x, \lambda))]\lambda - F_x(x, u(x, \lambda)).\end{aligned} \tag{4.20}$$

Zur Feststellung des Stabilitätsverhaltens des Systems (4.20) bestimmen wir die Elemente der Jacobimatrix J

$$\begin{pmatrix} \dfrac{\partial \dot{x}}{\partial x} & \dfrac{\partial \dot{x}}{\partial \lambda} \\ \dfrac{\partial \dot{\lambda}}{\partial x} & \dfrac{\partial \dot{\lambda}}{\partial \lambda} \end{pmatrix} = \begin{pmatrix} f_x + f_u \dfrac{\partial u}{\partial x} & f_u \dfrac{\partial u}{\partial \lambda} \\ -H_{xx} - H_{xu} \dfrac{\partial u}{\partial x} & r - f_x - H_{xu} \dfrac{\partial u}{\partial \lambda} \end{pmatrix} = \begin{pmatrix} - & + \\ ? & + \end{pmatrix} \tag{4.21}$$

Die Vorzeichen in (4.21) ergeben sich aus (4.11, 12) und (4.19). Das Vorzeichen von $\partial \dot{\lambda}/\partial x$ läßt sich ohne Zusatzannahmen nicht bestimmen. Dennoch kann das Vorzeichen der Jacobideterminante ermittelt werden:

$$\begin{aligned}\Delta = \det J &= \frac{\partial \dot{x}}{\partial x}\frac{\partial \dot{\lambda}}{\partial \lambda} - \frac{\partial \dot{x}}{\partial \lambda}\frac{\partial \dot{\lambda}}{\partial x} \\ &= f_x\left(r - f_x - H_{xu}\frac{\partial u}{\partial \lambda}\right) + f_u\frac{\partial u}{\partial x}(r - f_x) \\ &\quad - f_u\frac{\partial u}{\partial x}H_{xu}\frac{\partial u}{\partial \lambda} + f_u\frac{\partial u}{\partial \lambda}H_{xx} + f_u\frac{\partial u}{\partial \lambda}H_{xu}\frac{\partial u}{\partial x} < 0.\end{aligned} \tag{4.22}$$

Das Vorzeichen von Δ folgt aus den Modellannahmen; man beachte, daß sich der Term $f_u H_{xu}(\partial u/\partial x)(\partial u/\partial \lambda)$ weghebt.

Das Gleichgewicht $(\hat{x}, \hat{\lambda})$ ist somit ein Sattelpunkt. Die Sattelpunkteigenschaft von $(\hat{x}, \hat{\lambda})$ sichert die Existenz eines *stabilen (Sattelpunkts-) Pfades*, der aus allen jenen Punkten im Phasenraum besteht, von denen aus das Gleichgewicht erreichbar ist (vgl. dazu etwa *Coddington* und *Levinson*, 1955).

Betrachtet man das im stationären Punkt linearisierte System

$$\begin{pmatrix}\dot{x}\\ \dot{\lambda}\end{pmatrix} = J\begin{pmatrix}x-\hat{x}\\ \lambda-\hat{\lambda}\end{pmatrix}$$

wobei J an der Stelle $(\hat{x}, \hat{\lambda})$ auszuwerten ist, so besitzt dieses wegen (4.22) einen positiven und einen negativen Eigenwert. Der Eigenvektor zum negativen Eigenwert ist Tangentialvektor an den Sattelpunktspfad.

Um Aussagen über die Gestalt der optimalen Pfade zu erhalten, betrachten wir die Isoklinen $\dot{x}=0$ und $\dot{\lambda}=0$. Die Isokline $\dot{x}=0$ steigt monoton:

$$\left.\frac{d\lambda}{dx}\right|_{\dot{x}=0} = -\frac{\partial\dot{x}/\partial x}{\partial\dot{x}/\partial \lambda} > 0.$$

Sie ist steiler als die $\dot{\lambda}=0$ Isokline:

$$\left.\frac{d\lambda}{dx}\right|_{\dot{x}=0} - \left.\frac{d\lambda}{dx}\right|_{\dot{\lambda}=0} = -\frac{\Delta}{(\partial\dot{x}/\partial \lambda)(\partial\dot{\lambda}/\partial \lambda)} > 0.$$

Die Steigung der Isokline $\dot{\lambda}=0$ ist ohne zusätzliche Annahmen nicht festgelegt. Die $\dot{\lambda}=0$ Kurve ist genau dann monoton fallend, wenn

$$\begin{vmatrix} H_{uu} & H_{xu} \\ H_{xu} & H_{xx} \end{vmatrix} \geqq 0 \tag{4.23}$$

gilt.

Mit diesen Resultaten ist es leicht, folgenden Satz zu beweisen.

Satz 4.1. *Der stationäre Punkt $(\hat{x}, \hat{\lambda})$ im Zustands-Kozustandsraum ist ein Sattelpunkt. Falls (4.23) für alle Tripel (x, u, λ) mit $H_u = 0$ gilt, so ist der Sattelpunktspfad monoton fallend und der stabile Pfad zum Sattelpunkt repräsentiert die optimale Lösung für das Problem (4.9a, 10). Genau dann wenn in (4.23) das Gleichheitszeichen gilt, ist der Gleichgewichtspfad waagrecht.*

Beweis. (4.23) ist gemeinsam mit $H_{uu} < 0$ und $H_{xx} \leqq 0$ nach dem Hauptminoren-Kriterium äquivalent mit der negativen Semidefinitheit der Matrix

$$D^2 H = \begin{pmatrix} H_{uu} & H_{xu} \\ H_{xu} & H_{xx} \end{pmatrix}.$$

Gemäß Bemerkung 2.4 folgt aus der negativen Semidefinitheit der Hesseschen Matrix D^2H für $H_u = 0$ die Konkavität von H^0. Somit sind die hinreichenden Bedingungen von Satz 2.4 erfüllt.

Der Gleichgewichtspfad repräsentiert daher die optimale Lösung, da er die Grenztransversalitätsbedingung (2.68) erfüllt. Dabei wurde angenommen, daß jeder zulässige Zustandspfad nichtnegativ bleibt, was für den Goodwillstock sicher erfüllt ist; vgl. dazu Bemerkung 2.9.

Aus (4.23) folgt, daß die $\dot\lambda = 0$ Isokline monoton fällt (siehe Abb. 4.3).

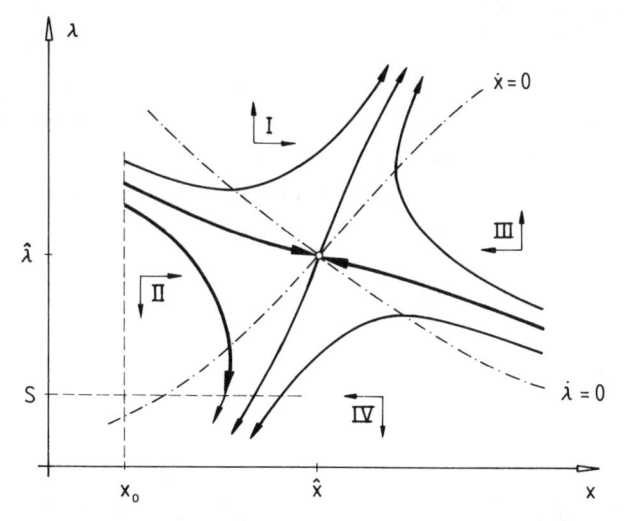

Abb. 4.3 Phasendiagramm (x, λ) mit fallendem Gleichgewichtspfad

Die beiden Isoklinen teilen die (x, λ)-Ebene in vier Regionen. Die Orientierung der Lösungstrajektorien in den einzelnen Regionen folgt aus (4.21) und ist durch je ein Pfeilpaar gekennzeichnet. Ein einmal in die Region *I* bzw. *IV* eingetretener Pfad verläßt diese Gebiete nicht mehr und entfernt sich immer weiter vom Gleichgewicht. Da der stabile Pfad somit nur in den Regionen *II* und *III* liegen kann, ist er *monoton fallend*. □

Bemerkung 4.1. *Wegen* $D^2H = D^2F + \lambda D^2f$ *ist die Konkavität von F und f in (x, u) hinreichend für (4.23).*

Für unendlichen Zeithorizont $T = \infty$ und gegebenen Anfangszustand x_0 ist der Schattenpreis $\lambda(0)$ so zu bestimmen, daß der Punkt $(x_0, \lambda(0))$ am stabilen Pfad zum Gleichgewicht liegt (vgl. Abb. 4.3). Ausgehend von $x_0 < \hat{x}$ ist der Schattenpreis ursprünglich am höchsten, um bei Annäherung von x an $\hat{x}$ monoton gegen $\hat\lambda$ abzusinken, d.h. je niedriger der Goodwill, desto höher ist sein Wert. Ist $x_0 > \hat{x}$, so besitzt eine zusätzliche Goodwilleinheit einen geringeren Wert als im Gleichgewicht, der bei Annäherung an dasselbe monoton ansteigt.

Die nicht mit dem Gleichgewichtspfad zusammenfallenden Trajektorien im Phasendiagramm repräsentieren die Lösungen von Problemen mit endlichem Zeithorizont. In Abb. 4.3 ist für

4.2. Phasendiagrammanalyse bei einer Steuerung 93

endlichen Zeithorizont ausgehend von einem niedrigen Anfangs-Goodwill eine optimale Trajektorie eingezeichnet. Die Ordinate ihres Endpunktes bestimmt sich aus der Transversalitätsbedingung (4.16) für $S(x) = Sx$. Je länger der Planungshorizont T ist, desto mehr nähert sich die Trajektorie dem Gleichgewichtspunkt (siehe auch Abschnitt 4.4).

Es bleibt noch der Fall zu behandeln, daß das Element $\partial \dot{\lambda}/\partial x$ der Jacobimatrix (4.21) negatives Vorzeichen aufweist.

Satz 4.2. *Ist (4.23) nicht erfüllt, d.h. gilt* $\det D^2 H < 0$, *so ist der Sattelpunktspfad monoton steigend.*

Beweis. Aus $\det D^2 H < 0$ folgt, daß die $\dot{\lambda} = 0$ Isokline monoton steigt. Dies ergibt die in Abb. 4.4 skizzierte Orientierung der Trajektorien.

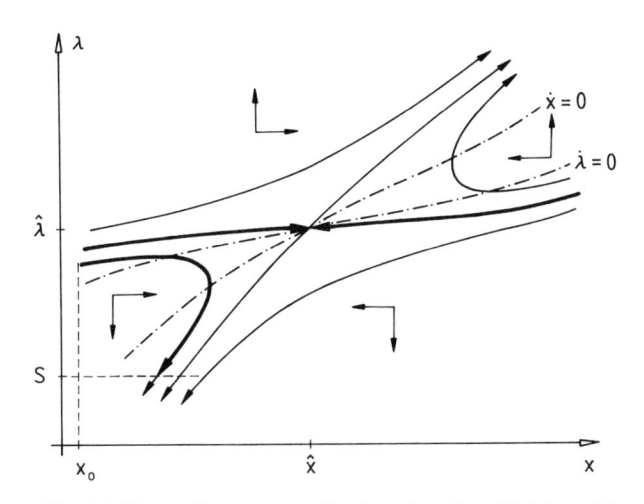

Abb. 4.4 Phasendiagramm (x, λ) mit steigendem Gleichgewichtspfad

Wie im Beweis von Satz 4.1 überlegt man sich, daß der Gleichgewichtspfad *monoton steigend* ist. □

Im Gegensatz zu Satz 4.1 ist nun allerdings die hinreichende Optimalitätsbedingung (Konkavität von H) *nicht* erfüllt. Da somit nur die notwendigen Bedingungen verfügbar sind, kann die Grenztransversalitätsbedingung (2.68) nicht verwendet werden. Um unter allen möglichen Lösungstrajektorien den Gleichgewichtspfad als optimal zu identifizieren, ist jeweils zu zeigen, daß die anderen Pfade entweder in unzulässige Bereiche führen oder suboptimal sind.

Falls $\det D^2 H = 0$ ist, ist die Isokline $\dot{\lambda} = 0$ und somit der Gleichgewichtspfad waagrecht. Es liegt also der Grenzfall zwischen Abb. 4.3 und 4.4 vor.

Das folgende Korollar leitet zur Analyse im (x, u)-Diagramm über.

Korollar 4.1. *Monoton fallenden Lösungskurvenstücken im (x, λ)-Diagramm entsprechen fallende Kurven im (x, u)-Phasenporträt.*

94 Konkave Modelle mit einer Zustandsvariablen

Beweis. Totale Differentiation von (4.14) nach der Zeit liefert

$$H_{xu}\dot{x} + H_{uu}\dot{u} + f_u\dot{\lambda} = 0. \tag{4.24}$$

Betrachtet man nun ein Lösungskurvensegment K, so gilt für dessen Anstieg im (x, λ)-Diagramm bzw. im (x, u)-Porträt

$$\left.\frac{d\lambda}{dx}\right|_K = \frac{\dot{\lambda}}{\dot{x}} \quad \text{bzw.} \quad \left.\frac{du}{dx}\right|_K = \frac{\dot{u}}{\dot{x}}.$$

Unter Verwendung von (4.24) erhalten wir daher

$$\left.\frac{du}{dx}\right|_K = -\frac{H_{xu}}{H_{uu}} - \frac{f_u}{H_{uu}}\left.\frac{d\lambda}{dx}\right|_K.$$

Falls der Anstieg der Kurve K im (x, λ)-Diagramm negativ ist, d. h. falls $\left.\dfrac{d\lambda}{dx}\right|_K < 0$ ist, so fällt die Kurve K auch im (x, u)-Diagramm. □

Unter Annahme von (4.23) fällt also auch der stabile Pfad im (x, u)-Phasendiagramm. Das heißt für unendlichen Zeithorizont hat die optimale Lösung folgende Form: je kleiner der Goodwillstock ist, desto intensiver wird geworben.

Da auf diesem Wege nicht über alle Lösungskurven Aussagen gewonnen werden können, betrachten wir nun der Vollständigkeit halber auch das (x, u)-Diagramm.

4.2.2. Zustands-Kontroll-Phasenporträt

Aus (4.24) erhält man die folgende Differentialgleichung für u

$$\dot{u} = -(H_{xu}\dot{x} + f_u\dot{\lambda})/H_{uu} \tag{4.25}$$

mit $\dot{x}$ aus (4.10) und $\dot{\lambda}$ aus (4.15). Eliminiert man die adjungierte Variable λ mittels (4.17), so erhält man gemeinsam mit der Systemdynamik (4.10) ein Differentialgleichungssystem für x und u. Die Elemente der Jacobideterminante dieses Systems sind gegeben durch

$$\frac{\partial \dot{x}}{\partial x} = f_x < 0 \tag{4.26a}$$

$$\frac{\partial \dot{x}}{\partial u} = f_u > 0. \tag{4.26b}$$

Die Ausdrücke $\partial \dot{u}/\partial x$ und $\partial \dot{u}/\partial u$ enthalten partielle Ableitungen dritter Ordnung von F bzw. f, für welche kaum ökonomisch sinnvolle Vorzeichenannahmen getroffen werden können. Im Gleichgewichtspunkt $(\hat{x}, \hat{u})$ erhält man jedoch nach einigen Umformungen (siehe Übungsbeispiel 4.2)

4.2. Phasendiagrammanalyse bei einer Steuerung

$$\left.\frac{\partial \dot{u}}{\partial x}\right|_{(\hat{x},\hat{u})} = \frac{(r-2f_x)H_{xu}+f_u H_{xx}}{H_{uu}} \gtreqless 0 \qquad (4.26c)$$

$$\left.\frac{\partial \dot{u}}{\partial u}\right|_{(\hat{x},\hat{u})} = r-f_x > 0. \qquad (4.26d)$$

Durch Ausmultiplizieren erkennt man, daß die Jacobideterminante $(\partial \dot{x}/\partial x)(\partial \dot{u}/\partial u) - (\partial \dot{u}/\partial x)(\partial \dot{x}/\partial u)$ ausgewertet im Gleichgewicht $(\hat{x}, \hat{u})$ identisch mit Δ aus (4.22) ist (Übungsbeispiel 4.2).
Dies liefert folgendes Resultat.

Satz 4.3. *Das Gleichgewicht $(\hat{x}, \hat{u})$ ist auch im (x, u)-Diagramm ein Sattelpunkt. Der stabile Pfad fällt monoton zumindest in einer Umgebung von $(\hat{x}, \hat{u})$ unabhängig davon, ob (4.23) gilt. Genau dann, wenn*

$$H_{xu} = 0 \quad \text{(zumindest für } H_u = 0\text{)} \quad \text{und} \quad H_{xx} = 0 \qquad (4.27)$$

gilt, ist der Gleichgewichtspfad waagrecht.

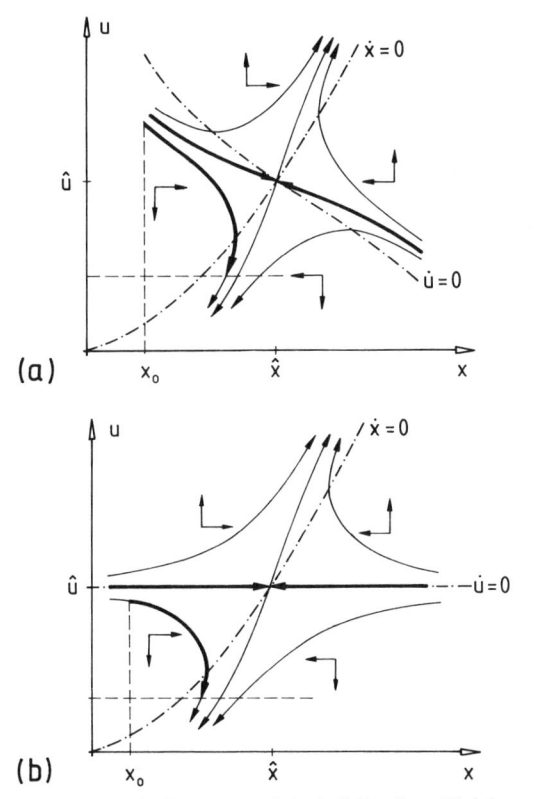

Abb. 4.5 (x, u)-Phasenporträt mit fallendem Gleichgewichtspfad (a) und waagrechtem Gleichgewichtspfad (b)

Beweis. Aus (4.26) folgt, daß $\dot{x} = 0$ monoton steigt bzw. $\dot{u} = 0$ in einer Umgebung von $(\hat{x}, \hat{u})$ fällt. Somit fällt der Sattelpunktspfad zumindest in einer Umgebung von $(\hat{x}, \hat{u})$; siehe Abb. 4.5a.

Die $\dot{x} = 0$ Isokline ist eine konvexe Kurve; setzt man zusätzlich $f(0, 0) = 0$ voraus, so geht sie durch den Ursprung (Übungsbeispiel 4.3).

Gilt $H_{xu} = 0$ für alle (x, u, λ) mit $H_u = 0$, so besteht zwischen der Steuerung u und dem Schattenpreis λ eine monotone, von x unabhängige Transformation $u = u(\lambda)$. Denn die durch (4.14) implizit gegebene Funktion $u = u(x, \lambda)$ hängt in diesem Fall wegen (4.19) nicht von x ab. Wegen (4.19) handelt es sich um eine monoton steigende Beziehung; das (x, u)-Phasenporträt „sieht also so aus" wie das (x, λ)-Diagramm. Gilt zusätzlich $H_{xx} = 0$, so ist die $\dot{u} = 0$ Isokline und somit auch der Sattelpunktspfad eine waagrechte Gerade; siehe Abb. 4.5b. □

Für endliche Planungsperioden, kleinen Anfangs-Goodwill und relativ geringe Endbewertung ist die optimale Werbepolitik stets monoton fallend. Denn aus (4.16) und (4.19) folgt, daß $u(T)$ mit $\lambda(T) = S_x$ monoton wächst. Der Goodwillstock steigt zunächst bis zu einem maximalen Wert, um gegen Ende des Planungsintervalls monoton abzufallen. Dieses Verhalten ist ökonomisch sinnvoll.

4.2.3. Existenz, Eindeutigkeit, Sensitivität und ökonomische Interpretation des Gleichgewichtes

In der bisherigen Analyse wurde die Existenz eines stationären Punktes vorausgesetzt. Der folgende Hilfssatz gibt hinreichende Bedingungen dafür an, daß die beiden Isoklinen $\dot{x} = 0$, $\dot{\lambda} = 0$ einen Schnittpunkt im ersten Quadranten besitzen, d. h. daß ein Gleichgewicht $(\hat{x}, \hat{\lambda})$ mit $\hat{x} > 0$, $\hat{\lambda} > 0$ existiert.

Lemma 4.2. *Hinreichend für die Existenz eines Gleichgewichtes $(\hat{x}, \hat{u}, \hat{\lambda})$ mit $\hat{x} > 0$, $\hat{\lambda} > 0$ sind die folgenden Bedingungen*

$$f(0, u) = 0 \quad \text{genau dann, wenn} \quad u = 0 \tag{4.28}$$

$$F_u(0, 0) = 0 \quad \text{oder} \quad \lim_{u \to 0} f_u(0, u) = \infty \tag{4.29}$$

$$\lim_{x \to 0} F_x(x, u) = \infty, \quad \lim_{x \to \infty} F_x(x, u) = 0. \tag{4.30}$$

Beweis. Bedingung (4.28) hat zur Folge, daß die $\dot{x} = 0$ Isokline für $x = 0$ den Wert $u = 0$ liefert. Gemeinsam mit (4.29) ergibt dies wegen (4.17) auch $\lambda = 0$.

Die in (4.30) angeführten Bedingungen beinhalten, daß die $\dot{\lambda} = 0$ Isokline die beiden Koordinatenachsen des (x, λ)-Diagramms als Asymptoten besitzt oder diese für endliche Werte von x bzw. λ schneidet. Dies erkennt man aus der aus (4.15) folgenden Gleichung $(r - f_x)\lambda = F_x$ für die $\dot{\lambda} = 0$ Kurve.

4.2. Phasendiagrammanalyse bei einer Steuerung

Daher hat $\hat{\lambda} = 0$ mit der durch den Ursprung gehenden $\dot{x} = 0$ Isokline mindestens einen Schnittpunkt. □

Als nächstes behandeln wir die Frage der *Eindeutigkeit* des stationären Punktes.

Lemma 4.3. *Das Gleichgewicht* $(\hat{x}, \hat{u}, \hat{\lambda})$ *ist eindeutig.*

Beweis. Da die $\dot{x} = 0$ Isokline monoton steigt und die $\dot{\lambda} = 0$ Kurve monoton fällt oder zumindest flacher ist als $\dot{x} = 0$ (vgl. Abb. 4.3 und 4.4), existiert höchstens ein Schnittpunkt der Isoklinen. Die Eindeutigkeit des Gleichgewichts folgt auch aus einem Resultat von *Gale* und *Nikaido* (1965, Theorem 7). Dort wird gezeigt, daß ein zweidimensionales System höchstens einen stationären Punkt besitzt, wenn sowohl die Determinante als auch die Hauptdiagonalelemente der Jacobimatrix im gesamten (rechteckigen) Definitionsbereich nicht verschwinden. Wegen (4.21) und (4.22) sind diese Voraussetzungen hier erfüllt. □

Schließlich ist es ökonomisch interessant zu ermitteln, wie sensitiv der stationäre Punkt $(\hat{x}, \hat{u}, \hat{\lambda})$ in Bezug auf Modellparameter ist. Der folgende Satz enthält das Ergebnis einer derartigen statischen *Sensitivitätsanalyse*.

Satz 4.4. *Für die Reaktion der Gleichgewichtswerte* $(\hat{x}, \hat{u}, \hat{\lambda})$ *auf Änderungen der Diskontrate r gilt*

$$\frac{\partial \hat{x}}{\partial r} < 0, \quad \frac{\partial \hat{u}}{\partial r} < 0, \quad \frac{\partial \hat{\lambda}}{\partial r} < 0.$$

Beweis. Der stationäre Punkt $(\hat{x}, \hat{u}, \hat{\lambda})$ ist definiert durch

$$f(\hat{x}, \hat{u}) = 0 \tag{4.31a}$$
$$[r - f_x(\hat{x}, \hat{u})]\hat{\lambda} = F_x(\hat{x}, \hat{u}) \tag{4.31b}$$
$$F_u(\hat{x}, \hat{u}) + \hat{\lambda} f_u(\hat{x}, \hat{u}) = 0. \tag{4.31c}$$

Nach dem Satz über implizite Funktionen sind durch die Gleichungen (4.31) die drei Funktionen $\hat{x} = \hat{x}(r)$, $\hat{u} = \hat{u}(r)$, $\hat{\lambda} = \hat{\lambda}(r)$ implizit definiert und es gilt

$$\begin{pmatrix} 0 & f_x & f_u \\ f_x - r & H_{xx} & H_{xu} \\ f_u & H_{xu} & H_{uu} \end{pmatrix} \begin{pmatrix} \partial \hat{\lambda}/\partial r \\ \partial \hat{x}/\partial r \\ \partial \hat{u}/\partial r \end{pmatrix} = \begin{pmatrix} 0 \\ \hat{\lambda} \\ 0 \end{pmatrix}. \tag{4.32}$$

Durch Auswerten der Determinante Δ_1 der Koeffizientenmatrix des Gleichungssystems (4.32) erkennt man, daß

$$\Delta_1 = H_{uu}\Delta > 0$$

ist. Dabei ist Δ die im stationären Punkt $(\hat{x}, \hat{\lambda})$ ausgewertete Jacobideterminante, welche gemäß (4.22) kleiner als Null ist.

Konkave Modelle mit einer Zustandsvariablen

Wegen $\Delta_1 \neq 0$ besitzt das Gleichungssystem (4.32) eine eindeutige Lösung, welche nach der Cramerschen Regel wie folgt ermittelt werden kann:

$$\frac{\partial \hat{\lambda}}{\partial r} = \frac{1}{\Delta_1} \begin{vmatrix} 0 & f_x & f_u \\ \hat{\lambda} & H_{xx} & H_{xu} \\ 0 & H_{xu} & H_{uu} \end{vmatrix} = -\frac{\hat{\lambda}}{H_{uu}\Delta} \begin{vmatrix} f_x & f_u \\ H_{xu} & H_{uu} \end{vmatrix} = -\frac{\hat{\lambda}}{\Delta} \frac{\partial \dot{x}}{\partial x} < 0 \quad (4.33)$$

$$\frac{\partial \hat{x}}{\partial r} = \frac{1}{\Delta_1} \begin{vmatrix} 0 & 0 & f_u \\ f_x - r & \hat{\lambda} & H_{xu} \\ f_u & 0 & H_{uu} \end{vmatrix} = \frac{\hat{\lambda}}{H_{uu}\Delta} \begin{vmatrix} 0 & f_u \\ f_u & H_{uu} \end{vmatrix} = \frac{\hat{\lambda}}{\Delta} \frac{\partial \dot{x}}{\partial \lambda} < 0. \quad (4.34)$$

Das Vorzeichen von $\partial \hat{u}/\partial r$ erhält man einfacher durch totale Ableitung von $f(\hat{x}(r), \hat{u}(r)) = 0$ nach r. Dies liefert

$$\frac{\partial \hat{u}}{\partial r} = -\frac{f_x}{f_u} \frac{\partial \hat{x}}{\partial r} < 0. \qquad \square$$

In vielen praktischen Anwendungen besitzt die rechte Seite der Systemdynamik die Gestalt

$$f(x, u) = -\delta x + g(x, u). \quad (4.35)$$

Das folgende Resultat liefert eine Sensitivitätsanalyse des Gleichgewichtes im Hinblick auf den Parameter δ (hier als Vergessensrate des Goodwills zu interpretieren).

Korollar 4.2. *Das Gleichgewicht hängt von δ folgendermaßen ab:*

$$\frac{\partial \hat{x}}{\partial \delta} < 0.$$

Zum Beweis vergleiche man Übungsbeispiel 4.4.

Man beachte, daß die Resultate von Satz 4.4 und Korollar 4.2 ökonomisch plausibel sind. Je „unwichtiger" zukünftige Erträge sind, d. h. je größer die Diskontrate r ist, desto geringer ist der Schattenpreis des Goodwills, d. h. desto weniger wird geworben und desto geringer ist das stationäre Goodwill-Niveau $\hat{x}$. Je größer die Entwertungsrate δ, desto niedriger $\hat{x}$.

Zum Abschluß dieses Abschnitts wollen wir uns noch mit der *ökonomischen Interpretation der Gleichgewichtsbeziehungen* beschäftigen. Während die erste Gleichgewichtsbedingung in der Form (4.31a) eine triviale Interpretation besitzt, kann sie für Systemdynamiken (4.35) folgenderweise gedeutet werden:

$$\hat{x} = g(\hat{x}, \hat{u})(1/\delta).$$

Der stationäre Goodwillstock $\hat{x}$ ist somit gleich der Zuwachsrate g an Goodwill multipliziert mit der durchschnittlichen Lebenserwartung $1/\delta$ einer Goodwilleinheit (Exponentialverteilung) – eine Relation, welche etwa aus der deskriptiven Statistik und Demographie wohlbekannt ist.

4.2. Phasendiagrammanalyse bei einer Steuerung

Um die zweite Gleichgewichtsbedingung zu interpretieren, transformiert man (4.31b) mittels (4.31c) zu

$$-F_u = f_u F_x / (r - f_x). \tag{4.36}$$

Geht man von der Gleichgewichtslösung $(\hat{x}, \hat{u})$ aus und erhöht die Werbeausgaben um eine (marginale) Einheit (eine Zeiteinheit lang) so fallen unmittelbare Kosten in der Höhe von $-F_u(\hat{x}, \hat{u})$ an. Andererseits wird der Goodwill um $f_u(\hat{x}, \hat{u})$ Einheiten verbessert. Die im Zeitpunkt $t = 0$ gestörte Trajektorie $\hat{x} + \delta x$ genügt der Differentialgleichung $(\hat{x} + \delta x)^{\cdot} = f(\hat{x} + \delta x, \hat{u})$. Subtrahiert man davon $0 = \dot{\hat{x}} = f(\hat{x}, \hat{u})$, so erhält man, daß die Störung δx des Gleichgewichts-Goodwills (in erster Näherung) gemäß

$$(\delta x)^{\cdot} = f_x(\hat{x}, \hat{u}) \delta x, \quad \delta x(0) = f_u(\hat{x}, \hat{u})$$

abklingt. Die Lösung dieser linearen homogenen Differentialgleichung lautet

$$\delta x(t) = f_u(\hat{x}, \hat{u}) \exp(f_x(\hat{x}, \hat{u}) t).$$

Die im Intervall $[0, \infty)$ verursachte Verbesserung der Zielfunktion ist somit (in erster Näherung) gegeben durch

$$\int_0^\infty e^{-rt} [F(\hat{x} + \delta x, \hat{u}) - F(\hat{x}, \hat{u})] dt = \int_0^\infty e^{-rt} F_x(\hat{x}, \hat{u}) \delta x(t) dt$$
$$= \frac{F_x(\hat{x}, \hat{u}) f_u(\hat{x}, \hat{u})}{r - f_x(\hat{x}, \hat{u})}.$$

Die zweite Gleichgewichtsbedingung besagt also, daß bei einer geringfügigen Abweichung von der stationären Lösung die unmittelbar anfallenden marginalen Kosten gleich dem Barwert des marginalen Ertragsstromes sind.

Bemerkung 4.2. Die Modellannahmen (4.11), (4.12) und (4.13) haben sich als hinreichend für die Sattelpunkteigenschaft erwiesen. Diese ist aber auch unter *anderen* Voraussetzungen an F und f gültig. Ersetzt man z.B. $F_{xu} \leq 0$ und $f_{xu} \leq 0$ durch die schwächere Annahme

$$H_{xu} \leq 0 \quad \text{für} \quad H_u = 0, \tag{4.37}$$

so bleiben die Resultate von Abschnitt 4.2 erhalten. Die Annahmen (4.11) und (4.12) beschreiben den Fall, daß ein hohes Zustandsniveau wünschenswert ist, daß die Steuerung den Zustand erhöht und Kosten verursacht. Betrachtet man andererseits den Fall, daß die Kontrolle den Zustand „ausbeutet" (Erntemodell), dafür aber einen Ertrag abwirft (d.h. die entsprechenden Annahmen in (4.11) und (4.12) werden ersetzt durch $F_u > 0, f_u < 0, F_{xu} \geq 0$, $f_{xu} \geq 0$), so ist wieder die Sattelpunktseigenschaft gewährleistet.

Im nächsten Abschnitt betrachten wir den Fall zweier Steuerungen, von denen die eine den Zustand „aufbaut", die andere hingegen denselben verringert.

4.3. Phasendiagrammanalyse bei zwei gegenläufigen Steuerungen

Gegeben sei das folgende autonome Kontrollproblem mit einem Zustand und *zwei* Steuerungen: Maximiere

$$J = \int_0^T e^{-rt} F(x, u, v) \, dt + e^{-rT} S(x(T)) \tag{4.38}$$

unter der Systemdynamik

$$\dot{x} = f(x, u, v), \quad x(0) = x_0. \tag{4.39}$$

Wenn der Planungshorizont T unendlich ist, so lautet das Zielfunktional

$$J = \int_0^\infty e^{-rt} F(x, u, v) \, dt. \tag{4.38a}$$

Wie im vorigen Abschnitt nehmen wir wieder an, daß eventuell vorliegende Nebenbedingungen nicht aktiv sind.

Das Modell läßt sich folgendermaßen als Maschineninstandhaltungsproblem interpretieren: x ist der Erhaltungszustand einer Maschine, u bezeichnet die Instandhaltungsaktivitäten und v die Inanspruchnahmeintensität der Produktionsanlage. Für die partiellen Ableitungen der beiden Funktionen F und f treffen wir folgende Annahmen:

$$F_x > 0, F_u < 0, F_v > 0 \tag{4.40a}$$

$$F_{xx} \leq 0, F_{uu} \leq 0, F_{vv} \leq 0, F_{xu} \leq 0, F_{xv} \geq 0, F_{uv} \leq 0 \tag{4.40b}$$

$$f_x < 0, f_u > 0, f_v < 0 \tag{4.41a}$$

$$f_{xx} \leq 0, f_{uu} \leq 0, f_{vv} \leq 0, f_{xu} \leq 0, f_{xv} \geq 0, f_{uv} \leq 0. \tag{4.41b}$$

Die partiellen Ableitungen bezüglich x und u können analog zum (Werbe-)Modell von Abschnitt 4.2 interpretiert werden (Übungsbeispiel 4.5). Der Grenzertrag bezüglich der Produktionsrate v ist positiv und nicht zunehmend. Eine Erhöhung der Produktionsrate führt zu einer überproportionalen Verschlechterung des Maschinenzustandes. Je besser der Maschinenzustand ist, desto höher ist der Grenzertrag der Produktion. Eine Erhöhung der Inanspruchnahme der Maschine wirkt sich ferner umso weniger auf den Zustand der Anlage aus, je besser dieselbe erhalten ist. Schließlich führt eine Erhöhung der Produktion zu einer Zunahme der Grenzkosten der Instandhaltung bzw. zu einer Reduktion ihrer marginalen Effizienz.

Die Hamiltonfunktion lautet

$$H = F(x, u, v) + \lambda f(x, u, v).$$

Die notwendigen Optimalitätsbedingungen sind gemäß Satz 2.1

$$H_u = F_u + \lambda f_u = 0, \quad H_v = F_v + \lambda f_v = 0. \tag{4.42}$$

$$\dot{\lambda} = r\lambda - H_x = (r - f_x)\lambda - F_x \tag{4.43}$$

$$\lambda(T) = S_x(x(T)). \tag{4.44}$$

Um sicherzustellen, daß (4.42) wirklich ein Maximum der Hamiltonfunktion bestimmt, nehmen wir an, daß H streng konkav in (u, v) ist, d. h. es sollen folgende Bedingungen zweiter Ordnung gelten:

$$H_{uu} < 0, \quad H_{vv} < 0, \quad H_{uu}H_{vv} > H_{uv}^2. \tag{4.45}$$

Dies ist erfüllt, wenn sowohl F als auch f in (u, v) konkav sind, mindestens eine davon im strengen Sinne. Dabei benutzt man die Positivität des Schattenpreises λ, welche gemäß (4.40a), (4.41a) und (4.42) gegeben ist:

$$\lambda = -F_u/f_u = -F_v/f_v > 0. \tag{4.46}$$

Wie im vorigen Abschnitt unterstellen wir wieder die Existenz eines Gleichgewichtspunktes $(\hat{x}, \hat{u}, \hat{v}, \hat{\lambda})$.

In den nächsten beiden Unterabschnitten wird das Stabilitätsverhalten des kanonischen Differentialgleichungssystems in einer Umgebung des stationären Punktes in den Diagrammen (x, λ), (x, u) bzw. (x, v) untersucht.

4.3.1. Zustands-Kozustands-Phasenporträt

Die Maximumbedingungen (4.42) erlauben es, zwei der vier Variablen x, u, v, λ als implizite Funktionen der beiden anderen darzustellen. Lösen wir das System (4.42) nach $(u, v) = (u(x, \lambda), v(x, \lambda))$ auf, so gilt nach dem Satz über implizite Funktionen

$$\begin{pmatrix} H_{xu} & f_u \\ H_{xv} & f_v \end{pmatrix} + M \begin{pmatrix} \partial u/\partial x & \partial u/\partial \lambda \\ \partial v/\partial x & \partial v/\partial \lambda \end{pmatrix} = 0 \quad \text{mit} \quad M = \begin{pmatrix} H_{uu} & H_{uv} \\ H_{uv} & H_{vv} \end{pmatrix}. \tag{4.47}$$

Löst man (4.47) nach der Cramerschen Regel, so erhält man

$$\frac{\partial u}{\partial x} = -\frac{1}{\Lambda}\begin{vmatrix} H_{xu} & H_{uv} \\ H_{xv} & H_{vv} \end{vmatrix} \leq 0, \quad \frac{\partial u}{\partial \lambda} = -\frac{1}{\Lambda}\begin{vmatrix} f_u & H_{uv} \\ f_v & H_{vv} \end{vmatrix} > 0 \tag{4.48a}$$

$$\frac{\partial v}{\partial x} = -\frac{1}{\Lambda}\begin{vmatrix} H_{uu} & H_{xu} \\ H_{uv} & H_{xv} \end{vmatrix} \geq 0, \quad \frac{\partial v}{\partial \lambda} = -\frac{1}{\Lambda}\begin{vmatrix} H_{uu} & f_u \\ H_{uv} & f_v \end{vmatrix} < 0, \tag{4.48b}$$

wobei (vgl. (4.45))

$$\Lambda = \det M = H_{uu}H_{vv} - H_{uv}^2 > 0. \tag{4.48c}$$

(4.48) gestattet folgende plausible Interpretation: Wenn die Maschine in gutem Zustand ist, dann kann die Instandhaltung niedrig und die Produktionsrate hoch gewählt werden; ein hoher Schattenpreis bewirkt intensive Instandhaltungsmaßnahmen, jedoch eine geringe Inanspruchnahme der Maschine.

Wir betrachten nun das kanonische Differentialgleichungssystem (4.39) und (4.43) mit $u = u(x, \lambda)$ und $v = v(x, \lambda)$. Die Elemente der Jacobimatrix sind:

$$\frac{\partial \dot{x}}{\partial x} = f_x + f_u \frac{\partial u}{\partial x} + f_v \frac{\partial v}{\partial x} < 0 \tag{4.49a}$$

$$\frac{\partial \dot{x}}{\partial \lambda} = f_u \frac{\partial u}{\partial \lambda} + f_v \frac{\partial v}{\partial \lambda} > 0 \tag{4.49b}$$

$$\frac{\partial \dot{\lambda}}{\partial x} = -H_{xx} - H_{xu} \frac{\partial u}{\partial x} - H_{xv} \frac{\partial v}{\partial x} \gtreqless 0 \tag{4.49c}$$

$$\frac{\partial \dot{\lambda}}{\partial \lambda} = (r - f_x) - H_{xu} \frac{\partial u}{\partial \lambda} - H_{xv} \frac{\partial v}{\partial \lambda} > 0. \tag{4.49d}$$

Das Vorzeichen von $\partial \dot{\lambda}/\partial x$ ist ohne zusätzlichen Annahmen unbestimmt. Unter Verwendung von (4.48) läßt sich der Ausdruck auch schreiben als

$$\frac{\partial \dot{\lambda}}{\partial x} = -\frac{1}{\Lambda} \det D^2 H, \tag{4.50}$$

mit

$$D^2 H = \begin{pmatrix} H_{xx} & H_{xu} & H_{xv} \\ H_{xu} & H_{uu} & H_{uv} \\ H_{xv} & H_{uv} & H_{vv} \end{pmatrix}.$$

Nach diesen Vorbereitungen sind wir in der Lage, folgendes Theorem zu beweisen:

Satz 4.5. *Falls* $\det D^2 H \leq 0$ *für* $H_u = H_v = 0$ *gilt, so besitzt das kanonische System* (4.39) *und* (4.43) *höchstens einen stationären Punkt. Wenn ein solcher existiert, dann handelt es sich um einen Sattelpunkt. Der Sattelpunktpfad ist monoton fallend im* (x, λ)-*Diagramm und repräsentiert die optimale Lösung für das Problem mit unendlichen Planungshorizont* (4.38a).

Falls $\det D^2 H = 0$, *so fällt die* $\dot{\lambda} = 0$ *Isokline mit dem stabilen Sattelpunktspfad zusammen und ist eine horizontale Gerade.*

Beweis. Zunächst folgt aus (4.50) und $\det D^2 H \leq 0$, daß $\partial \dot{\lambda}/\partial x \geq 0$ gilt. Gemeinsam mit (4.49) liefert dies das Vorzeichen der Jacobideterminante

$$\Delta = \frac{\partial \dot{x}}{\partial x} \frac{\partial \dot{\lambda}}{\partial \lambda} - \frac{\partial \dot{x}}{\partial \lambda} \frac{\partial \dot{\lambda}}{\partial x} < 0. \tag{4.51}$$

Somit ist jeder stationäre Punkt des kanonischen Systems ein Sattelpunkt. Aus dem Theorem von Gale und Nikaido (vgl. Beweis von Lemma 4.3) folgt seine Eindeutigkeit. Der Anstieg der beiden Isoklinen kann mittels des Satzes über implizite Funktionen berechnet werden:

4.3. Phasendiagrammanalyse bei zwei gegenläufigen Steuerungen

$$\left.\frac{d\lambda}{dx}\right|_{\dot{x}=0} = -\frac{\partial \dot{x}/\partial x}{\partial \dot{x}/\partial \lambda} > 0 \tag{4.52}$$

$$\left.\frac{d\lambda}{dx}\right|_{\dot{\lambda}=0} = -\frac{\partial \dot{\lambda}/\partial x}{\partial \dot{\lambda}/\partial \lambda} \leqq 0. \tag{4.53}$$

Dies liefert das in Abb. 4.6 illustrierte Verhalten der Lösungstrajektorien (fallender stabiler Pfad). Genau für $D^2 H = 0$ ist $\dot{\lambda} = 0$ und somit auch der Sattelpunktspfad horizontal.

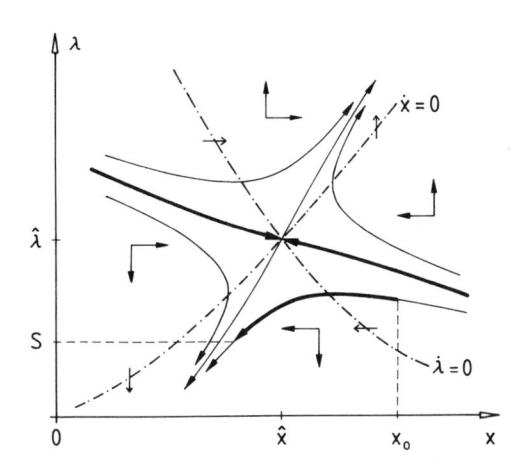

Abb. 4.6 (x, λ)-Phasenporträt mit fallendem Gleichgewichtspfad

Aus (4.45), $H_{xx} \leqq 0$ und aus det $D^2 H \leqq 0$ folgt die negative Semidefinitheit von $D^2 H$ für $H_u = H_v = 0$. Aus der Bemerkung 2.4 und Satz 2.2 bzw. Satz 2.4 folgt die Optimalität der Lösungspfade für $T = \infty$. Die Grenztransversalitätsbedingung (2.68) ist für den Sattelpunktspfad erfüllt, soferne jede zulässige Lösung $x(t)$ nichtnegativ ist (vgl. Bemerkung 2.9). In den meisten Anwendungen, so z. B. in der vorliegenden Instandhaltungsinterpretation, ist dies gewährleistet. □

Die vom stabilen Gleichgewichtspfad verschiedenen Trajektorien repräsentieren die optimalen Lösungen für endlichen Zeithorizont. Jede Lösung startet auf einer Anfangsvertikalen $x = x_0$ und endet auf der Kurve $S_x(x) = \lambda$ (Transversalitätsbedingung), welche im Fall $S(x) = Sx$ eine horizontale Gerade ist. Je länger der Zeithorizont T, desto mehr nähert sich die Lösung dem Gleichgewichtspunkt (vgl. Abschnitt 4.4.2). Die in Abb. 4.6 fett eingezeichnete Lösung entspricht einem relativ großen Anfangszustand und einem „kleinen" Restwert S. Da die Maschine ursprünglich in sehr gutem Zustand ist, besitzt eine zusätzliche „Qualitätseinheit" anfänglich einen geringeren Wert. Während der Verkaufswert x monoton sinkt, steigt der Schattenpreis zunächst, um später – wegen des geringen Schrottwertes – wieder abzunehmen.

Konkave Modelle mit einer Zustandsvariablen

In diesem Unterabschnitt wurde bisher gezeigt, daß unter der Annahme det $D^2 H \leq 0$ jedes Gleichgewicht im (x, λ)-Diagramm ein Sattelpunkt ist. Im Gegensatz zu dem in Abschnitt 4.2 behandelten eindimensionalen Fall, wo jedes Gleichgewicht ein Sattelpunkt war, können bei zwei Kontrollvariablen auch andere Typen stationärer Punkte auftreten. Rechnet man nämlich die Jacobideterminante Δ aus (4.51) und (4.49) aus, so erhält man

$$\Delta = D_1 + D_2,$$

wobei D_1 analog zu (4.22) gebaut und negativ ist (vgl. *Hartl*, 1983b); im Unterschied zum eindimensionalen Fall tritt noch ein nichtnegativer Term D_2 auf:

$$D_2 = (H_{xu}f_v - H_{xv}f_u)^2 / \Lambda \geq 0. \tag{4.54}$$

Ohne Zusatzannahme ist somit das Vorzeichen der Jacobideterminante Δ unbestimmt.

Der folgende Satz beschreibt, welche Fälle von Gleichgewichtspunkten (mit Ausnahme der Grenzfälle) auftreten können.

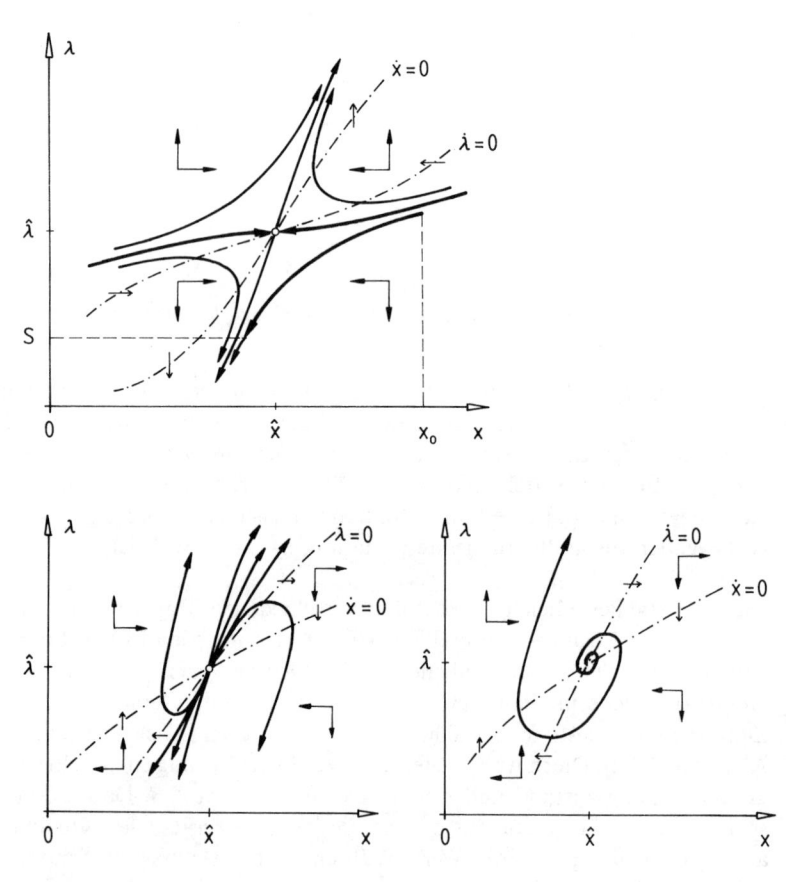

Abb. 4.7 Sattelpunkt mit steigendem Gleichgewichtspfad, instabiler Knoten bzw. instabiler Strudelpunkt im (x, λ)-Diagramm

4.3. Phasendiagrammanalyse bei zwei gegenläufigen Steuerungen

Satz 4.6. *Die Eigenwerte $\xi_{1,2}$ der Jacobimatrix **J** genügen der charakteristischen Gleichung*

$$\xi^2 - r\xi + \Delta = 0. \tag{4.55}$$

Ferner gilt

A) *Wenn $\Delta < 0$, dann liegt ein Sattelpunkt vor ($\xi_1 > 0, \xi_2 < 0$).*
B) *Wenn $\Delta > 0$, dann ist das Gleichgewicht total instabil und zwar,*
   a) *falls $r^2 > 4\Delta$, so liegt ein instabiler Knoten vor ($\xi_1 > 0, \xi_2 > 0$),*
   b) *falls $r^2 < 4\Delta$, so handelt es sich um einen instabilen Strudelpunkt ($\xi_{1,2}$ konjungiert komplex mit $Re(\xi) = r/2 > 0$).*

Beweis. Wenn man (4.48) in (4.49) einsetzt, erkennt man leicht, daß

$$\partial \dot{x}/\partial x + \partial \dot{\lambda}/\partial \lambda = r \tag{4.56}$$

gilt. Daher hat die charakteristische Gleichung von **J** die Gestalt (4.55). Es gilt also

$$\xi_{1,2} = \frac{r \pm \sqrt{r^2 - 4\Delta}}{2}. \tag{4.57}$$

□

Außer einem Sattelpunkt mit fallendem (s. Satz 4.5 bzw. Abb. 4.6) oder steigendem Gleichgewichtspfad kann also ein instabiler Knoten oder Strudelpunkt auftreten (vgl. Abb. 4.7); in diesen Fällen existiert keine gegen das Gleichgewicht konvergierende Lösung des kanonischen Systems.

4.3.2. Zustands-Kontroll-Phasenporträts

Im vorhergehenden Unterabschnitt wurden Eigenschaften der optimalen Lösung im Zustand-Kozustands-Phasenraum hergeleitet. Das Hauptinteresse gilt jedoch der Ermittlung der Gestalt der optimalen Zeitpfade $u(t)$ und $v(t)$.

Differenziert man das System (4.42) total nach der Zeit, so ergibt sich das folgende System linearer Gleichungen in $(\dot{u}, \dot{v})$

$$H_{uu}\dot{u} + H_{uv}\dot{v} + H_{xu}\dot{x} + f_u\dot{\lambda} = 0 \tag{4.58}$$

$$H_{uv}\dot{u} + H_{vv}\dot{v} + H_{xv}\dot{x} + f_v\dot{\lambda} = 0. \tag{4.59}$$

Unter Benutzung der Cramerschen Regel erhält man folgende Lösung

$$\dot{u} = -\frac{1}{\Lambda}\{(H_{xu}H_{vv} - H_{xv}H_{uv})\dot{x} + (f_u H_{vv} - f_v H_{uv})\dot{\lambda}\} \tag{4.60}$$

$$\dot{v} = -\frac{1}{\Lambda}\{(H_{xv}H_{uu} - H_{xu}H_{uv})\dot{x} + (f_v H_{uu} - f_u H_{uv})\dot{\lambda}\} \tag{4.61}$$

wobei Λ, $\dot{x}$, $\dot{\lambda}$ und λ durch (4.48c), (4.39), (4.43) und (4.46) gegeben sind.
Die Beziehung (4.60) und (4.61) liefern folgendes Theorem

Satz 4.7. *Jedem optimalen Lösungsstück, das im (x, λ)-Diagramm fällt, entspricht im (x, u)-Diagramm eine fallende, im (x, v)-Diagramm hingegen eine steigende Lösungskurve. Falls $\det D^2 H \leqq 0$ ist, so ist der Sattelpunktpfad in der (x, u)-Ebene monoton fallend, in der (x, v)-Ebene hingegen monoton steigend.*

Beweis. Aus (4.40) und (4.41) folgt

$$H_{xu}H_{vv} - H_{xv}H_{uv} \geqq 0, \quad f_u H_{vv} - f_v H_{uv} < 0$$
$$H_{xv}H_{uu} - H_{xu}H_{uv} \leqq 0, \quad f_v H_{uu} - f_u H_{uv} > 0.$$

Gemeinsam mit (4.60) und (4.61) ergibt dies, daß eine im (x, λ)-Diagramm fallende Kurve, für die also $\operatorname{sgn}\dot{\lambda} = -\operatorname{sgn}\dot{x}$ gilt, im (x, u)-Diagramm ebenfalls fällt (bzw. in (x, v)-Diagramm steigt), da $\operatorname{sgn}\dot{u} = -\operatorname{sgn}\dot{x}$ (bzw. $\operatorname{sgn}\dot{v} = \operatorname{sgn}\dot{x}$).
Aus Theorem 4.5 folgt die behauptete Eigenschaft des stabilen Gleichgewichtspfades im (x, u)- bzw. (x, v)-Diagramm. □

Andererseits besteht die Möglichkeit, eine (x, u)- bzw. (x, v)-Phasenporträtanalyse durchzuführen. Um eine Stabilitätsanalyse in der (x, u)-Ebene vorzunehmen, bemerken wir, daß (4.42) die beiden impliziten Funktionen $\lambda = \lambda(x, u), v = v(x, u)$ bestimmt. Dies liefert folgendes Theorem.

Satz 4.8. *In jedem Gleichgewichtspunkt besitzen sowohl das System (4.39), (4.60) in (x, u) als auch das System (4.39), (4.61) in (x, v) dieselbe Jacobideterminante wie das kanonische System (4.39), (4.43) in (x, λ). Wenn $\det D^2 H \leq 0$, dann liegt also in allen drei Diagrammen ein Sattelpunkt vor.*

Zum Beweis vergleiche man *Hartl* (1983b).

4.3.3. Sensitivitätsanalyse des Gleichgewichtes

Die Sensitivitätsanalyse des stationären Punktes $(\hat{x}, \hat{u}, \hat{v}, \hat{\lambda})$ bezüglich des Modellparameters r (komparativ *statische* Analyse) verläuft analog zu Abschnitt 4.2.

Satz 4.9. *Falls $\det D^2 H \leq 0$ ist, so hängt der Gleichgewichtspunkt $(\hat{x}, \hat{u}, \hat{v}, \hat{\lambda})$ in folgender Weise von der Diskontrate r ab:*

$$\frac{\partial \hat{x}}{\partial r} < 0, \quad \frac{\partial \hat{\lambda}}{\partial r} < 0, \tag{4.62a}$$

$$\frac{\partial \hat{u}}{\partial r} < 0 \quad \text{und/oder} \quad \frac{\partial \hat{v}}{\partial r} > 0. \tag{4.62b}$$

4.3. Phasendiagrammanalyse bei zwei gegenläufigen Steuerungen   107

Falls $H_{xu} = 0$ gilt, so ist $\partial \hat{u}/\partial r < 0$. \hfill (4.62c)

Falls $H_{xv} = 0$ gilt, so ist $\partial \hat{v}/\partial r > 0$. \hfill (4.62d)

Beweis. Aus $\dot{x} = 0$, $\dot{\lambda} = 0$, $H_u = 0$, $H_v = 0$ folgt nach dem Satz über implizite Funktionen

$$\begin{pmatrix} 0 & f_x & f_u & f_v \\ f_x - r & H_{xx} & H_{xu} & H_{xv} \\ f_u & H_{xu} & H_{uu} & H_{uv} \\ f_v & H_{xv} & H_{uv} & H_{vv} \end{pmatrix} \begin{pmatrix} \partial\hat{\lambda}/\partial r \\ \partial\hat{x}/\partial r \\ \partial\hat{u}/\partial r \\ \partial\hat{v}/\partial r \end{pmatrix} = \begin{pmatrix} 0 \\ \hat{\lambda} \\ 0 \\ 0 \end{pmatrix}. \hfill (4.63)$$

Es kann gezeigt werden, daß die Determinante Δ_1 der Koeffizientenmatrix des Gleichungssystems (4.63) durch

$$\Delta_1 = \Lambda \Delta < 0$$

gegeben ist, wobei Λ in (4.48c) definiert wurde und Δ die im Gleichgewicht ausgewertete Jacobideterminante ist. Das Vorzeichen von Δ_1 ergibt sich aus (4.48c) und (4.51) aufgrund der Annahme $\det D^2 H \leq 0$.

Löst man (4.63) nach der Cramerschen Regel, so erhält man durch Entwicklung der Determinante nach der ersten Spalte

$$\frac{\partial \hat{\lambda}}{\partial r} = \frac{1}{\Lambda \Delta} \begin{vmatrix} 0 & f_x & f_u & f_v \\ \hat{\lambda} & H_{xx} & H_{xu} & H_{xv} \\ 0 & H_{xu} & H_{uu} & H_{uv} \\ 0 & H_{xv} & H_{uv} & H_{vv} \end{vmatrix} = -\frac{\hat{\lambda}}{\Lambda \Delta} \begin{vmatrix} f_x & f_u & f_v \\ H_{xu} & H_{uu} & H_{uv} \\ H_{xv} & H_{uv} & H_{vv} \end{vmatrix}.$$

Durch Vergleich mit (4.49a) und (4.48) ist leicht zu verifizieren, daß

$$\frac{\partial \hat{\lambda}}{\partial r} = -\frac{\hat{\lambda}}{\Delta} \frac{\partial \dot{x}}{\partial x} < 0 \hfill (4.64)$$

gilt (Übungsbeispiel 4.6). Analog zeigt man, daß

$$\frac{\partial \hat{x}}{\partial r} = \frac{\hat{\lambda}}{\Delta} \frac{\partial \dot{x}}{\partial \lambda} < 0 \hfill (4.65)$$

gilt.

Differenziert man $f(\hat{x}(r), \hat{u}(r), \hat{v}(r)) = 0$ nach r, so erhält man

$$f_u \frac{\partial \hat{u}}{\partial r} + f_v \frac{\partial \hat{v}}{\partial r} = -f_x \frac{\partial \hat{x}}{\partial r} < 0. \hfill (4.66)$$

Daraus folgt unmittelbar (4.62b).

Berechnet man analog zu oben $\partial \hat{u}/\partial r$ und $\partial \hat{v}/\partial r$ nach der Cramerschen Regel und entwickelt die resultierende Determinante nach der dritten und vierten Spalte, so erhält man (4.62cd). □

Die Resultate (4.62) lassen sich anhand des Instandhaltungsmodells sinnvoll ökonomisch interpretieren.

Besitzt die Systemdynamik die Form

$$\dot{x} = f = -\delta x + g(x, u, v), \tag{4.67}$$

dann kann wieder gezeigt werden, daß $\partial \hat{x}/\partial \delta < 0$ ist (vgl. Korollar 4.2). Dazu benützt man, daß $(\partial \hat{\lambda}/\partial \delta, \partial \hat{x}/\partial \delta, \partial \hat{u}/\partial \delta, \partial \hat{v}/\partial \delta)'$ das System (4.63) erfüllt, wobei die rechte Seite durch den Vektor $(\hat{x}, \hat{\lambda}, 0, 0)'$ anstelle von $(0, \hat{\lambda}, 0, 0)'$ zu ersetzen ist. Falls det $D^2 H \leq 0$ ist, so gilt dann

$$\frac{\partial \hat{x}}{\partial \delta} = \frac{1}{\Delta} \left\{ \hat{x} \frac{\partial \hat{\lambda}}{\partial \lambda} + \hat{\lambda} \frac{\partial \hat{x}}{\partial \lambda} \right\} < 0 \tag{4.68}$$

(Übungsbeispiel 4.7).

4.4. Mehrere Kontrollen und komparativ dynamische Analyse

Die Erweiterung der Analyse von zwei auf $m > 2$ Kontrollvariablen bereitet im Prinzip keine Schwierigkeiten. Analoge Überlegungen wie in Abschnitt 4.3 können für jede beliebige Anzahl von Steuervariablen durchgeführt werden. Die entsprechenden Formeln werden allerdings komplizierter. Insbesondere ist $H_{uv} \leq 0$ im Falle $m > 2$ durch unhandlichere Bedingungen zu ersetzen. Diese stellen gemeinsam mit der Annahme $(-1)^m \det D^2 H \leq 0$ die Sattelpunktseigenschaft des Gleichgewichts sicher. Man beachte, daß der wesentliche Schnitt von $m = 1$ auf $m = 2$ erfolgte: während im ersten Fall stets die Sattelpunktseigenschaft gilt, ist dies für $m \geq 2$ ohne die Annahme über det $D^2 H$ nicht gewährleistet.

Ein Beispiel für ein Kontrollmodell mit drei Steuervariablen ist das in Abschnitt 11.4 behandelte Marketing-Mix-Modell.

Eine einfache Modellklasse sind zustandsseparable Kontrollmodelle, für die (4.27) für alle Steuerungen erfüllt ist (vgl. auch Definition 5.1). In diesem Fall verlaufen Kozustandspfad und Steuertrajektorie monoton (Übungsbeispiele 4.8, 4.9).

In Erweiterung der Sensitivitätsanalyse des Gleichgewichtes interessieren wir uns nun für die Abhängigkeit der *Lösungstrajektorien* von Modellparametern. In Verallgemeinerung zu der in den Abschnitten 4.2 und 4.3 durchgeführten komparativ statischen Analyse wenden wir uns nun also der *komparativ dynamischen Analyse* zu. Dazu benötigen wir folgenden Hilfssatz:

Lemma 4.4. *Es bezeichne* $z(t, \alpha)$ *für* $t \in [0, T]$ *die Lösung des folgenden Randwertproblems:*

$$\dot{z} = G(z, \alpha) \tag{4.69}$$

mit den Randbedingungen

$$Az(0) + Bz(T) + \phi(\alpha) = 0. \tag{4.70}$$

Dabei seien G und ϕ in allen Argumenten stetig differenzierbare Funktionen derselben Dimension wie z; A und B seien quadratische Matrizen, sodaß die zusammengesetzte Matrix (A, B) vollen Zeilenrang besitzt. Die Lösung z existiere für ein $\alpha_0 \in \mathbb{R}$. Das linearisierte homogene Randwertproblem

$$\dot{y}(t) = \frac{\partial G(z(t,\alpha_0),\alpha_0)}{\partial z} y(t), \quad Ay(0) + By(T) = 0$$

besitze nur die triviale Lösung $y(t) = 0$. Dann existiert ein $\varepsilon > 0$, sodaß das Randwertproblem (4.69, 70) für alle $\alpha \in (\alpha_0 - \varepsilon, \alpha_0 + \varepsilon)$ eine lokal eindeutige Lösung $z(t, \alpha)$ besitzt. Diese hängt in differenzierbarer Weise von α ab, und die Ableitung

$$y(t) = \partial z(t,\alpha)/\partial \alpha$$

genügt für $\alpha \in (\alpha_0 - \varepsilon, \alpha_0 + \varepsilon)$ der Variationsgleichung:

$$\dot{y}(t) = \frac{\partial G(z(t,\alpha),\alpha)}{\partial z} y(t) + \frac{\partial G(z(t,\alpha),\alpha)}{\partial \alpha} \tag{4.71}$$

und den Randbedingungen

$$Ay(0) + By(T) + \partial\phi(\alpha)/\partial\alpha = 0 \tag{4.72}$$

Beweis. Zunächst zeigen wir mit Hilfe des Satzes über implizite Funktionen, daß $z(t, \alpha)$ stetig differenzierbar von α abhängt. Es sei $z(t, z_0, \alpha)$ die Lösung des Anfangswertproblems $\dot{z} = G(z, \alpha)$, $z(0) = z_0$. Die Bedingung (4.70) stellt dann ein System von n Gleichungen in den $n + 1$ Variablen z_0, α dar:

$$F(z_0, \alpha) = Az_0 + Bz(T, z, \alpha) + \phi(\alpha) = 0.$$

Die obige Voraussetzung über das linearisierte homogene Randwertproblem besagt nun gerade, daß die Funktionalmatrix $\partial F/\partial z_0$ für $\alpha = \alpha_0$, $z_0 = z(0, \alpha_0)$ maximalen Rang besitzt. Daher ist das System $F(z_0, \alpha) = 0$ in einer Umgebung von $(\alpha_0, z_0(0, \alpha_0))$ eindeutig und stetig differenzierbar nach z_0 auflösbar.

Die Formeln (4.71) bzw. (4.72) können durch totale Differentiation von (4.69) bzw. (4.70) nach α hergeleitet werden. Dies sieht man z. B. im ersten Fall wie folgt:

$$\dot{y} = \frac{\partial}{\partial t}\frac{\partial z}{\partial \alpha} = \frac{\partial}{\partial \alpha}\frac{\partial z}{\partial t} = \frac{\partial}{\partial \alpha} G(z(t,\alpha),\alpha) = \frac{\partial G}{\partial z}\frac{\partial z}{\partial \alpha} + \frac{\partial G}{\partial \alpha}.$$

Da $\partial z/\partial \alpha = y$ ist, haben wir (4.71) erhalten. □

In den nächsten beiden Unterabschnitten wird dieses Resultat auf das kanonische Differentialgleichungssystem mit den Parametern r und λ_0 angewendet[1]).

4.4.1. Dynamische Sensitivitätsanalyse bezüglich der Diskontrate

Spezifiziert man das Randwertproblem (4.69, 70) für $z = (x, \lambda)'$ und $\alpha = r$, so erhält man

$$\dot{x} = \dot{x}(x, \lambda, r) = f(x, \mathbf{u}(x, \lambda))$$
$$\dot{\lambda} = \dot{\lambda}(x, \lambda, r) = [r - f_x(x, \mathbf{u}(x, \lambda))]\lambda - F_x(x, \mathbf{u}(x, \lambda))$$
$$\begin{pmatrix} 1 & 0 \\ 0 & 0 \end{pmatrix} \begin{pmatrix} x(0) \\ \lambda(0) \end{pmatrix} + \begin{pmatrix} 0 & 0 \\ 0 & 1 \end{pmatrix} \begin{pmatrix} x(T) \\ \lambda(T) \end{pmatrix} - \begin{pmatrix} x_0 \\ S \end{pmatrix} = \begin{pmatrix} 0 \\ 0 \end{pmatrix}.$$

Dabei werde eine lineare Restwertfunktion $S(x(T)) = Sx(T)$ angenommen. Aus Lemma 4.4 erhält man

$$\frac{\partial}{\partial t} \begin{pmatrix} \dfrac{\partial x(t, r)}{\partial r} \\ \dfrac{\partial \lambda(t, r)}{\partial r} \end{pmatrix} = \begin{pmatrix} \dfrac{\partial \dot{x}}{\partial x} & \dfrac{\partial \dot{x}}{\partial \lambda} \\ \dfrac{\partial \dot{\lambda}}{\partial x} & \dfrac{\partial \dot{\lambda}}{\partial \lambda} \end{pmatrix} \begin{pmatrix} \dfrac{\partial x(t, r)}{\partial r} \\ \dfrac{\partial \lambda(t, r)}{\partial r} \end{pmatrix} + \begin{pmatrix} 0 \\ \lambda(t, r) \end{pmatrix}. \tag{4.73}$$

Dabei ist die in (4.73) auftretende Matrix die im Punkt $(x(t, r), \lambda(t, r), r)$ ausgewertete Jacobimatrix; vgl. (4.21) bzw. (4.49).

(4.72) lautet nun

$$\frac{\partial x(0, r)}{\partial r} = 0, \quad \frac{\partial \lambda(T, r)}{\partial r} = 0. \tag{4.74}$$

Ausgestattet mit diesen Hilfsmitteln sind wir nun in der Lage, die Sensitivität der Zustandstrajektorien bezüglich der Diskontrate zu ermitteln. Dazu gehen wir von der in (4.21) bzw. (4.49) ermittelten Gestalt der Jacobimatrix aus. Wir beschränken uns auf den Fall eines fallenden Sattelpunktpfades, d.h. es wird $(-1)^m \det D^2 H \leq 0$ vorausgesetzt.

Satz 4.10. *Falls die Jacobimatrix entlang des optimalen Pfades die Gestalt*

$$J = \begin{pmatrix} <0 & >0 \\ \geq 0 & >0 \end{pmatrix} \tag{4.75}$$

besitzt, so gilt

$$\frac{\partial x(t, r)}{\partial r} < 0 \tag{4.76}$$

$$\frac{\partial \lambda(t, r)}{\partial r} < 0 \quad \text{für} \quad t \in [0, t_1) \quad \text{mit} \quad t_1 > 0. \tag{4.77}$$

---

[1] Man beachte, daß $\lambda(0) = \lambda_0$ mit der Konstanten λ_0 aus Korollar 2.1 und Satz 2.3 nichts zu tun hat.

4.4. Mehrere Kontrollen und komparativ dynamische Analyse 111

Beweis. Um das Vorzeichen in (4.76) bzw. (4.77) zu ermitteln, analysieren wir $\partial x/\partial r$ und $\partial \lambda/\partial r$ im Phasendiagramm; vgl. Abb. 4.8.

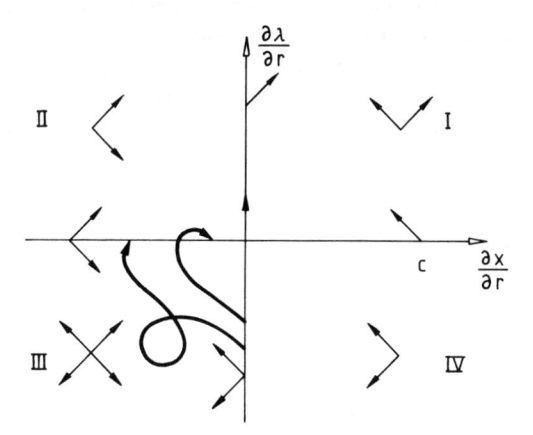

Abb. 4.8 Phasenporträt $(\partial x/\partial r, \partial \lambda/\partial r)$

Die Pfeile beschreiben die Richtungen der Kurven und resultieren aus (4.73) in Verbindung mit (4.75). Für den Punkt $(c, 0)$ auf der Abszisse gilt $(\partial x/\partial r)^{\cdot} < 0$, $(\partial \lambda/\partial r)^{\cdot} > 0$. Für einen Punkt im Inneren des ersten Quadranten erhält man $(\partial \lambda/\partial r)^{\cdot} > 0$, während $\operatorname{sgn}(\partial x/\partial r)^{\cdot}$ unbestimmt ist. Auf diese Weise kommt es zu der in Abb. 4.8 angedeuteten Orientierung der Trajektorien $(\partial x/\partial r, \partial \lambda/\partial r)$.

Aus den Randbedingungen (4.74) folgt, daß die Trajektorie auf der Ordinate beginnt und auf der Abszisse endet. Startet man auf der nichtnegativen Ordinatenachse, so kann die Abszisse nicht erreicht werden. Ein Start auf der negativen Ordinatenachse führt in den dritten (und möglicherweise auch in den zweiten) Quadranten. Dabei ist ein Überkreuzen des Lösungspfades möglich, da das System (4.73) nicht autonom ist. Außerdem kann nicht ausgeschlossen werden, daß die Trajektorie mehrmals zwischen dritten und zweiten Quadranten hin- und herpendelt. Würde sie in den ersten Quadranten einmünden, so könnte sie nicht auf der Abszisse enden. Dies etabliert (4.76) und (4.77). □

Dies läßt sich ökonomisch wie folgt interpretieren: Eine höhere Diskontierung bedeutet, daß die Zukunft weniger wert ist. Es ist deswegen plausibel, weniger in die Zukunft zu investieren, was *in jedem Zeitpunkt t* einen niedrigeren Goodwillstock (Abschnitt 4.2) bzw. Maschinenzustand (Abschnitt 4.3) zur Folge hat. Man beachte, daß dies eine echte Erweiterung der statischen Sensitivitätsanalyse (4.34) bzw. (4.65) darstellt.

Korollar 4.3. *Ist $\partial \dot{\lambda}/\partial x$ in (4.75) gleich Null, d.h. liegt im (x, λ)-Diagramm ein waagrechter Gleichgewichtspfad vor, so gilt (4.77) für alle $t \in [0, T]$.*

Beweis. Dies erkennt man aus Abb. 4.8 unter Beachtung, daß in diesem Fall auf der negativen Abszisse $(\partial \lambda/\partial r)^{\cdot} > 0$ gilt. □

4.4.2. Dynamische Sensitivitätsanalyse bezüglich des Planungshorizontes

Im Laufe der Phasendiagrammbetrachtungen von Kap. 4 wurde bereits mehrmals auf die Eigenschaft hingewiesen, daß sich ein Lösungspfad cet. par. umso mehr dem Gleichgewicht annähert, je größer der zur Verfügung stehende Zeithorizont T ist. Um dies zu verifizieren, führen wir zunächst für fixes T eine dynamische Sensitivitätsanalyse bezüglich des Anfangswertes der adjungierten Variablen $\lambda(0)$ durch. In diesem Fall geht das Randwertproblem (4.69, 70) in das folgende Anfangswertproblem über:

$$\dot{x} = \dot{x}(x, \lambda), \quad \dot{\lambda} = \dot{\lambda}(x, \lambda) \tag{4.78}$$

$$\begin{pmatrix} 1 & 0 \\ 0 & 1 \end{pmatrix} \begin{pmatrix} x(0) \\ \lambda(0) \end{pmatrix} - \begin{pmatrix} x_0 \\ \lambda_0 \end{pmatrix} = \begin{pmatrix} 0 \\ 0 \end{pmatrix}. \tag{4.79}$$

Gemäß (4.71), (4.72) genügen die Ableitungen $\partial x/\partial \lambda_0$, $\partial \lambda/\partial \lambda_0$ folgendem Anfangswertproblem:

$$\frac{\partial}{\partial t}\begin{pmatrix} \partial x/\partial \lambda_0 \\ \partial \lambda/\partial \lambda_0 \end{pmatrix} = \begin{pmatrix} \partial \dot{x}/\partial x & \partial \dot{x}/\partial \lambda \\ \partial \dot{\lambda}/\partial x & \partial \dot{\lambda}/\partial \lambda \end{pmatrix} \begin{pmatrix} \partial x/\partial \lambda_0 \\ \partial \lambda/\partial \lambda_0 \end{pmatrix} \tag{4.80}$$

$$\frac{\partial x(0, \lambda_0)}{\partial \lambda_0} = 0, \quad \frac{\partial \lambda(0, \lambda_0)}{\partial \lambda_0} = 1. \tag{4.81}$$

Dies führt zu folgendem Hilfssatz.

Lemma 4.5. *Falls die Jacobimatrix entlang des optimalen Pfades die Gestalt* (4.75) *besitzt, so gilt*

$$\frac{\partial x(t, \lambda_0)}{\partial \lambda_0} > 0, \quad \frac{\partial \lambda(t, \lambda_0)}{\partial \lambda_0} > 0. \tag{4.82}$$

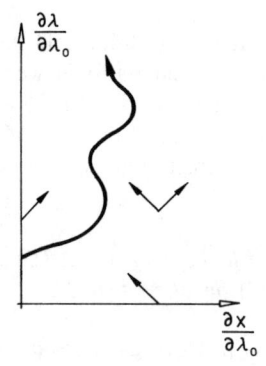

Abb. 4.9 Phasenporträt $(\partial x/\partial \lambda_0, \partial \lambda/\partial \lambda_0)$

4.4. Mehrere Kontrollen und komparativ dynamische Analyse 113

Beweis. Analog zum Beweis von Satz 4.10 führen wir die Analyse im $(\partial x/\partial \lambda_0, \partial \lambda/\partial \lambda_0)$-Phasenporträt durch. Die Orientierung der Trajektorien besitzt die in Abb. 4.9 durch Pfeile charakterisierte Gestalt. Gemäß (4.81) startet die Trajektorie auf der positiven Ordinatenachse und aufgrund von (4.80) und (4.75) kann sie den ersten Quadranten nicht verlassen. □

Dieses Ergebnis läßt sich benutzen, um die Sensitivität von λ_0 bezüglich T zu ermitteln.

Satz 4.11. *Angenommen, die Jacobimatrix besitze entlang des optimalen Pfades die Gestalt (4.75). Es sei $\bar{x}$ jener x-Wert, bei dem die (fallende) $\dot{\lambda} = 0$ Isokline die Gerade $\lambda = S$ schneidet (falls dieser Schnittpunkt überhaupt existiert). Dann ändert sich λ_0 mit T wie folgt:*

A) Wenn $\hat{\lambda} > S$, $x_0 \leq \bar{x}$, dann gilt $d\lambda_0/dT > 0$
B) Wenn $\hat{\lambda} > S$, $x_0 > \bar{x}$, dann existiert $\bar{T} > 0$, sodaß gilt:
$d\lambda_0/dT < 0$ für $T < \bar{T}$, $d\lambda_0/dT > 0$ für $T > \bar{T}$
C) Wenn $\hat{\lambda} < S$, $x_0 \geq \bar{x}$, dann gilt $d\lambda_0/dT < 0$
D) Wenn $\hat{\lambda} < S$, $x_0 < \bar{x}$, dann existiert ein $\bar{T} > 0$, sodaß gilt:
$d\lambda_0/dT > 0$ für $T < \bar{T}$, $d\lambda_0/dT < 0$ für $T > \bar{T}$.

Beweis. Aufgrund der Transversalitätsbedingung (2.7) muß für jedes T das zugehörige λ_0 der Gleichung $\lambda(T, \lambda_0) = S$ genügen. Nach dem Satz über implizite Funktionen gilt

$$\frac{d\lambda_0}{dT} = -\frac{\partial \lambda(T, \lambda_0)/\partial T}{\partial \lambda(T, \lambda_0)/\partial \lambda_0}. \quad (4.83)$$

Gemäß (4.82) ist der Nenner von (4.83) stets positiv. Um das Vorzeichen des Zählers, der auch als $\dot{\lambda}$ aufgefaßt werden kann, zu ermitteln, unterscheiden wir die Fälle $A-D$.

Wir führen hier den Beweis für die Fälle A und B.

In Abb. 4.10 ist Fall A skizziert. Wegen $\hat{\lambda} > S$ und $x_0 \leq \bar{x}$ gilt stets $\dot{\lambda}(T) < 0$. Gemäß (4.83) folgt somit $d\lambda_0/dT > 0$.

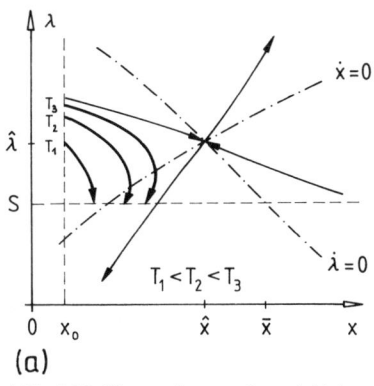

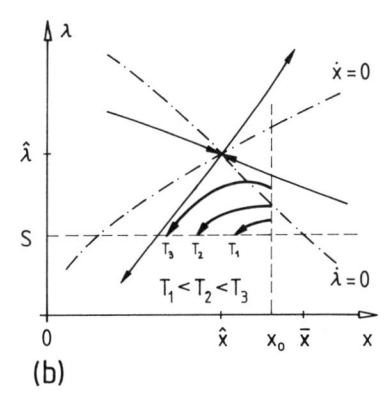

Abb. 4.10 Illustration zu Satz 4.11A

In Abb. 4.11 ist Fall B illustriert. Bei kurzem Zeithorizont – dieser Fall ist in Abb. 4.11a dargestellt – nähern sich die Lösungen der Geraden $\lambda = S$ von unten kommend, d. h. $\dot{\lambda} > 0$. Somit ist gemäß (4.83) $d\lambda_0/dT < 0$. Ist der Zeithorizont länger (als $T = \bar{T}$) – siehe Abb. 4.11b – so gilt $\dot{\lambda} < 0$ und somit $d\lambda_0/dT > 0$.

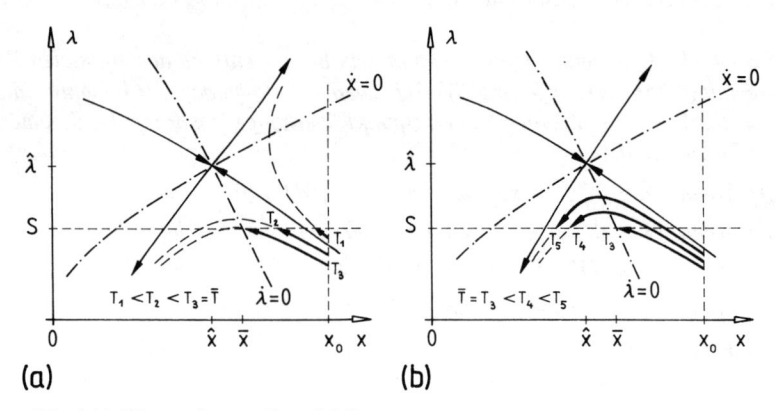

Abb. 4.11 Illustration zu Satz 4.11B

Die Fälle C und D sind in Übungsbeispiel 4.11 zu behandeln. □

Korollar 4.4. *Unter Annahme von* (4.75) *gilt*

$$\operatorname{sgn} \frac{\partial x(t, T)}{\partial T} = \operatorname{sgn} \frac{\partial \lambda_0}{\partial T}$$

$$\operatorname{sgn} \frac{\partial \lambda(t, T)}{\partial T} = \operatorname{sgn} \frac{\partial \lambda_0}{\partial T},$$

d. h. die Vorzeichen von $\partial x/\partial T$ *und* $\partial \lambda/\partial T$ *sind durch Satz* 4.11 *bestimmt.*

Beweis. Es gilt

$$\frac{\partial x(t, T)}{\partial T} = \frac{\partial x(t, \lambda_0)}{\partial \lambda_0} \frac{\partial \lambda_0}{\partial T}$$

$$\frac{\partial \lambda(t, T)}{\partial T} = \frac{\partial \lambda(t, \lambda_0)}{\partial \lambda_0} \frac{\partial \lambda_0}{\partial T}.$$

Unter Benutzung der Vorzeichenresultate (4.82) folgt die Behauptung. □

Damit ist auch gezeigt, daß sich ein Lösungspfad umso mehr dem Gleichgewicht nähert, je größer T ist (vgl. Abb. 4.10 und 11).

In Übungsbeispiel 4.12 ist der Leser aufgefordert, die Sensitivitätsanalyse bezüglich λ_0 für festen Endzustand $x(T) = x_T$ durchzuführen.

4.5. Bestimmung der optimalen Lösung im Phasenporträt

4.5.1. Globale Existenz des Sattelpunktspfades

Bei vielen Anwendungen des Maximumprinzips auf ökonomische Problemstellungen wird nur die lokale Sattelpunktseigenschaft des Gleichgewichtes gezeigt und dann stillschweigend angenommen, daß man von jedem Anfangszustand aus auf die optimale Sattelpunktstrajektorie „aufspringen" kann. A priori ist diese Vorgangsweise nicht gerechtfertigt, da der stabile Pfad unter Umständen nicht für alle Werte von x existiert. Die folgenden Resultate aus der Theorie ebener autonomer Differentialgleichungssyteme geben hinreichende Bedingungen für die globale Existenz von Sattelpunktspfaden an.

Lemma 4.6. *Gegeben sei das Differentialgleichungssystem*

$$\dot{z} = \phi(z) \tag{4.84}$$

für $z \in D \subseteq \mathbb{R}^2$, wobei $\phi: \mathbb{R}^2 \to \mathbb{R}^2$ lokal Lipschitz-stetig auf dem offenen Definitionsbereich D sei, d.h. die Lösung von (4.84) sei durch den Anfangswert $z(0) = z_0 \in D$ lokal eindeutig bestimmt. Es sei $\hat{z} \in D$ der einzige stationäre Punkt von (4.84), d.h. $\phi(z) = 0$ genau dann, wenn $z = \hat{z}$.
Ferner sei ein beschränktes Gebiet $D_0 \subset D$ definiert, dessen Rand die Vereinigung der drei diskunkten Mengen R, L und $\{\hat{z}\}$ ist, wobei R kompakt sei. L bestehe nur aus Austrittspunkten, während R mit Ausnahme jener Punkte, die an L grenzen, nur Eintrittspunkte enthalten soll. Dann existiert eine Trajektorie $z(t)$, $t \geq 0$, als Lösung von (4.84), so daß

$$z(0) \in R \quad \text{und} \quad \lim_{t \to \infty} z(t) = \hat{z}.$$

Zum Beweis vergleiche man *Hartmann* (1982, § VIII, insbesondere Theorem 1.2 und Korollar 1.1 bzw. 1.2). Die Situation ist in Abb. 4.12a veranschaulicht.

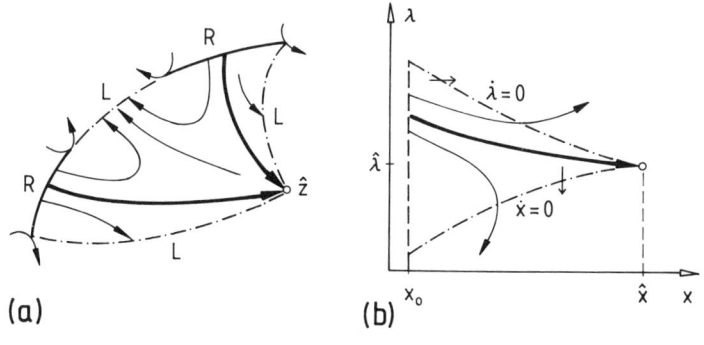

Abb. 4.12 Illustration zum globalen Sattelpunktstheorem

116 Konkave Modelle mit einer Zustandsvariablen

Unter einem Eintrittspunkt [bzw. Austrittspunkt] versteht man dabei in diesem Zusammenhang einen Punkt z_0 aus dem Rand von D_0, so daß für die Lösung $z(t)$ von (4.84) zur Anfangsbedingung $z(0) = z_0$ ein $\varepsilon > 0$ existiert, so daß gilt $z(t) \in D_0$ für $t \in (0, \varepsilon)$ [bzw. $z(t) \in D_0$ für $t \in (-\varepsilon, 0)$].

Um dieses Resultat auf die Phasendiagrammanalyse in der Zustands-Kozustands-Ebene anzuwenden, identifiziert man z mit (x, λ) und L mit den (offenen) Segmenten der Isoklinen $\dot{x} = 0$ und $\dot{\lambda} = 0$ zwischen x_0 und $\hat{x}$, während R der Strecke auf der Geraden $x = x_0$ zwischen diesen Isoklinen entspricht (siehe Abb. 4.12b). Damit erhält man folgende Existenzaussage.

Satz 4.12 (Globales Sattelpunktstheorem)
Es sei $(\hat{x}, \hat{\lambda})$ ein Sattelpunkt des kanonischen Differentialgleichungssystems und x_0 ein vorgegebener Anfangswert, so daß die Gerade $x = x_0$ beide Isoklinen $\dot{x} = 0$ und $\dot{\lambda} = 0$ schneidet. Der durch $(\hat{x}, \hat{\lambda})$, $x = x_0$ und die Isoklinen begrenzte Bereich besitze die in Abb. 4.12b skizzierte „dreiecksförmige" Gestalt (d.h. die Isoklinen schneiden sich in $(x_0, \hat{x})$ bzw. $(\hat{x}, x_0)$ nicht. Dann existiert ein eindeutig bestimmter stabiler Pfad, der von $x = x_0$ nach $(\hat{x}, \hat{\lambda})$ führt.

Der Beweis folgt aus Lemma 4.6 und der Tatsache, daß der Sattelpunktspfad in einer Umgebung von $(\hat{x}, \hat{\lambda})$ eindeutig bestimmt ist (vgl. Satz 5.3).

Bemerkung 4.3. Falls mindestens eine der beiden Isoklinen keinen Schnittpunkt mit $x = x_0$ aufweist, ist es *nicht* gesichert, daß der Sattelpunktspfad bis zu $x = x_0$ zurückverfolgt werden kann. Erfüllt die Systemdynamik gewisse Wachstumsbeschränkungen, so ist die globale Existenz aber auch in diesem Fall gewährleistet (vgl. *Seierstad* und *Sydsaeter*, 1986, Theorem 3.10.2).

4.5.2. Optimale Lösung bei Strudelpunkten

Wie schon in Satz 4.6Bb bzw. Abb. 4.7 erwähnt, kann es sich beim Gleichgewicht um einen instabilen Strudelpunkt handeln („explodierende Spiralen"). Bei ökonomischen Anwendungen treten sie (zumeist) in Kombination mit einem (oder mehreren) Sattelpunkt(en) auf; vgl. etwa das zweite Gouldsche Diffusionsmodell von Abschnitt 11.1.2 sowie das Wachstumsmodell von Abschnitt 13.1.5.

Im Fall explodierender Spiralen sind die hinreichenden Optimalitätsbedingungen nicht erfüllt, d. h. gemäß Bemerkung 2.4 ist die Matrix $\partial^2 H/\partial(x, \mathbf{u})^2$ *nicht* negativ semidefinit. Ansonsten würde nämlich das Gleichgewicht ein Sattelpunkt sein (vgl. Satz 4.5). Aus diesem Grund muß man im vorliegenden Fall mit den *notwendigen* Bedingungen auskommen, bei denen für unendlichen Zeithorizont die Grenztransversalitätsbedingung (2.63) bzw. (2.68) i.a. fehlt. Laut Abschnitt 2.6 ist allerdings unter gewissen Zusatzvoraussetzungen die Gültigkeit von (2.63) gesichert. Aufgrund dieser notwendigen Bedingungen wird man im Zustands-Kozustands-Phasendiagramm zwei Trajektorien erhalten, welche sich spiralenförmig aus dem instabilen Gleichgewicht $(\tilde{x}, \tilde{\lambda})$ herauswinden und jeweils in eines der beiden Gleichgewichte $(\hat{x}_i, \hat{\lambda}_i)$, $i = A, B$, münden (vgl. Abb. 4.13). Aufgrund von Satz 2.3a kommen nur diese beiden Pfade A und B als Kandidaten für die optimale Lösung in Frage. Während für $x(0) < \bar{x}_A$ nur Pfad A wählbar ist, und für $x(0) > \bar{x}_B$ Trajektorie B, ist im Intervall $[\bar{x}_A, \bar{x}_B]$ zunächst nicht klar, welcher der beiden Pfade A oder B die optimale Lösung darstellt.

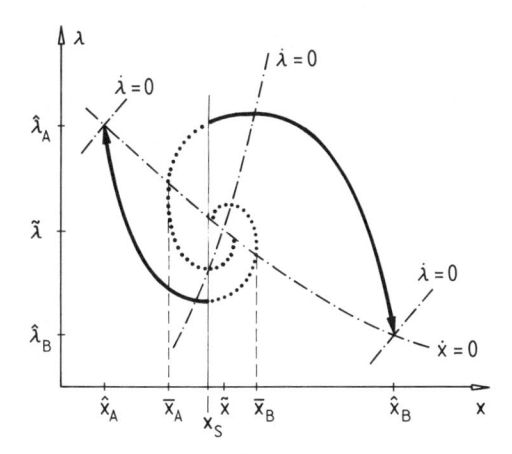

Abb. 4.13 Die beiden Äste der optimalen Lösung bei einem instabilen Strudelpunkt

Wären die hinreichenden Bedingungen erfüllt, so wären beide Pfade optimal und man wäre indifferent, auf welchen man, ausgehend von $x(0) \in [\bar{x}_A, \bar{x}_B]$ „aufspringen" würde. Tatsächlich stellt sich jedoch heraus, daß ein Schwellwert $x_S \in (\bar{x}_A, \bar{x}_B)$ existiert, so daß man „links" (bzw. „rechts") von x_S gegen $\hat{x}_A$ (bzw. $\hat{x}_B$) strebt. Da diese Überlegungen auf *Skiba* (1978) zurückgehen, wird x_S auch als Skiba-Punkt bezeichnet (vgl. *Dechert*, 1984).

Um die Existenz eines solchen Wertes x_S zu establieren, leiten wir zunächst einen Zusammenhang zwischen Zielfunktional und Hamiltonfunktion H her, der nicht auf den eindimensionalen Fall beschränkt ist.

Satz 4.13. *Gegeben sei das Kontrollproblem der Gestalt* (2.55), *wobei F und f als autonom angenommen werden:* $F_t = 0, f_t = 0$. *Für jede Trajektorie, die den notwendigen Optimalitätsbedingungen von Satz 2.3 mit* $\lambda_0 = 1$ *genügt und für welche*

$$\lim_{t \to \infty} e^{-rt} H^0(x(t), \lambda(t)) = 0 \tag{4.85}$$

gilt, ist der Zielfunktionalwert gegeben durch

$$\int_0^\infty e^{-rt} F(x(t), u(t)) dt = \frac{1}{r} H(x(0), u(0), \lambda(0)) = \frac{1}{r} H^0(x(0), \lambda(0)). \tag{4.86}$$

Beweis. Obwohl das Resultat dieses Satzes aus Satz 2.3a folgt, wird es hier unabhängig davon bewiesen, da der Beweis instruktiv ist. Gemäß (2.48) gilt für jedes autonome Problem die Beziehung $dH/dt = r\lambda f$. Daraus folgt

$$\frac{d}{dt}(e^{-rt}H) = e^{-rt}\left(\frac{dH}{dt} - rH\right) = -e^{-rt}rF. \qquad (4.87)$$

Durch Integration von (4.87) auf $[0, \infty)$ ergibt sich

$$\lim_{t \to \infty} e^{-rt}H(x(t), u(t), \lambda(t)) - H(x(0), u(0), \lambda(0)) = -r\int_0^\infty e^{-rt}F(x(t), u(t))dt.$$

Unter Benutzung von (4.85) folgt daraus (4.86). Man beachte, daß entlang jeder Trajektorie, die den Optimalitätsbedingungen genügt, die Werte von H und H^0 übereinstimmen. □

Bemerkung 4.4. Das Resultat von Satz 4.13 bleibt auch für allgemeine Kontrollprobleme mit Pfadnebenbedingungen (Abschnitt 6.2) erhalten, wobei nur H durch die Lagrangefunktion L zu ersetzen ist. Anstelle von (2.48) wird dabei (6.26) verwendet.

Ferner benötigen wir noch folgende Aussage, welche die Gestalt der maximierten Hamiltonfunktion in Abhängigkeit von x und λ beschreibt.

Satz 4.14. *Angenommen, die Hamiltonfunktion H sei streng konkav in u, und f_u besitze für alle zulässigen (x, u) vollen Zeilenrang. Dann ist die maximierte Hamiltonfunktion $H^0(x, \lambda)$ für fixes x streng konvex*[1] *in λ und nimmt ihr Minimum für $\dot{x} = 0$ an.*

Beweis. Leitet man $H^0(x, \lambda) = F(x, u(x, \lambda)) + \lambda f(x, u(x, \lambda))$ für festes x total nach λ ab, so erhält man

$$H^0_\lambda = f + H_u \frac{\partial u}{\partial \lambda} = f, \qquad (4.88)$$

da für $u = u(x, \lambda)$ immer $H_u = 0$ ist.

Aus $H_u = 0$ erhält man nach dem Satz über implizite Funktionen

$$\frac{\partial u}{\partial \lambda} = -H_{uu}^{-1}f'_u. \qquad (4.89)$$

Differentiation von (4.88) nach λ und Einsetzen von (4.89) liefert

$$H^0_{\lambda\lambda} = f_u \frac{\partial u}{\partial \lambda} = -f_u H_{uu}^{-1}f'_u.$$

---

[1] Die Konvexität von H^0 in λ folgt schon daraus, daß H^0 das Maximum einer Familie von in λ linearen Funktionen H ist.

Wegen der strengen Konkavität von H bezüglich u ist H_{uu} negativ definit, woraus die positive Semidefinitheit von $H^0_{\lambda\lambda}$ folgt. Aufgrund des vollen Zeilenranges von f_u ist $H^0_{\lambda\lambda}$ sogar positiv definit, d.h. H^0 ist streng konvex in λ.
Wählt man daher für festes x jenes λ, so daß $\dot{x} = f(x, u(x, \lambda)) = 0$ ist, so wird gemäß (4.88) das Minimum von H^0 erreicht. □

Wendet man diese beiden Sätze auf den in Abb. 4.13 skizzierten Fall *eines* Zustandes an, so erhält man die eindeutige Existenz eines kritischen Zustandes x_S. Für $x < x_S$ liefert die Trajektorie A gemäß Satz 4.14 einen höheren Wert von H^0 als Pfad B. Für $x > x_S$ ist das Gegenteil der Fall. Aufgrund von Satz 4.13 ist somit die Optimalität der in Abb. 4.13 fett hervorgehobenen Äste gesichert. Man beachte, daß (4.85) erfüllt ist, da $x(t)$ und $\lambda(t)$ entlang von Pfad A und B beschränkt bleiben.

Bemerkung 4.5. Äquivalent dazu nimmt im Zustands-Kontrollraum (x, u_i) die maximierte Hamiltonfunktion H^0 ihr Minimum entlang der $\dot{x} = 0$ Isokline an, wobei $\lambda = \lambda(x, u_i)$ durch $H_u = 0$ bestimmt ist. Diese Tatsache ermöglicht wieder das Auffinden des kritischen Wertes x_S und der optimalen Lösung.

Im zweiten Gouldschen Diffusionsmodell von Abschnitt 11.1.2 wird diese Vorgangsweise illustriert; vgl. insbesondere Abb. 11.4c, wo H^0 in Abhängigkeit von Zustand und Kontrolle dargestellt ist.

4.5.3. Monotonie des Zustandspfades in autonomen Steuerungsproblemen

In letzter Zeit hat die Frage verstärktes Interesse beansprucht, unter welchen Bedingungen *zyklisches* Verhalten in Steuerungsmodellen optimal ist. Lösungen optimaler Kontrollprobleme können in diskreten Modellen, bei Systemen mit Verzögerungen, sowie in nichtautonomen Modellen (z.B. bei zyklisch schwankender Nachfrage) auftreten. Im autonomen kontinuierlichen Modellen ist ein fluktuierendes Verhalten hingegen nur im höherdimensionalen Fall möglich. Diese Eigenschaft ist in folgendem Satz beschrieben.

Satz 4.15. *Es sei $u^*(t)$ und $x^*(t)$ die eindeutige optimale Lösung eines autonomen Steuerungsproblems mit einer Zustandsvariablen und unendlichem Zeithorizont. Dann ist der Zustandspfad $x^*(t)$ monoton für $t \in [0, \infty)$.*

Der Beweis erfolgt indirekt durch Abschätzung der Zielfunktionale. Er ist auch für Pfadnebenbedingungen (vgl. Kap. 6) und nichtdifferenzierbare Probleme (vgl. Anhang A.3) gültig (siehe *Hartl*, 1985c); die Eindeutigkeit der optimalen Lösung ist dabei wesentlich. Vgl. auch *Kamien* und *Schwartz* (1981, p. 163/4), wo dieses Resultat unter Differenzierbarkeitsannahmen über die Wertfunktion abgeleitet wird.

In den weiterführenden Bemerkungen von Kap. 5 wird auf Literatur zum höherdimensionalen Fall, wo zyklische Lösungen optimal sein können, verwiesen.

Übungsbeispiele zu Kapitel 4

4.1. Man ermittle den Zeitpfad der Zustandstrajektorie für das Beispiel von Abschnitt 4.1.

4.2. Man leite (4.26cd) her und beweise, daß die Jacobideterminante $(\partial \dot{x}/\partial x)(\partial \dot{u}/\partial u) - (\partial \dot{u}/\partial x)(\partial \dot{x}/\partial u)$ ausgewertet im Gleichgewicht $(\hat{x}, \hat{u})$ identisch mit der Jacobideterminante (4.22) des kanonischen Differentialgleichungssystems (4.20) ist.

4.3. Man diskutiere die Gestalt der Isokline $\dot{x} = 0$ im (x, u)-Phasendiagramm (siehe Beweis von Satz 4.3).

4.4. Man beweise Korollar 4.2 (Hinweis: Der Vektor $(\partial \hat{\lambda}/\partial \delta, \partial \hat{x}/\partial \delta, \partial \hat{u}/\partial \delta)$ genügt dem Gleichungssystem (4.32), falls die rechte Seite durch $(\hat{x}, \hat{\lambda}, 0)$ ersetzt wird). Das Vorzeichen sgn $\partial \hat{u}/\partial \delta$ ist i.a. unbestimmt; man zeige, daß jedoch unter der Separabilitätsannahme $H_{xu} = H_{xx} = 0$ gilt: $\partial \hat{u}/\partial \delta < 0$.

4.5. Man interpretiere die Vorzeichenannahmen (4.40) und (4.41) für das Maschineninstandhaltungsproblem.

4.6. Man führe den Beweis der in Satz 4.9 benutzten Formeln (4.64) und (4.65).

4.7. Man führe für die Systemdynamik (4.67) die Sensitivitätsanalyse für den Parameter δ durch, d.h. man beweise (4.68).

4.8. Man betrachte ein Modell mit einem Zustand und m Kontrollen, wobei $H_{u_i u_i} < 0$ für alle i und $H_{u_i u_j} = 0$ für alle $i \neq j$ gelten soll. Weiters gelte $F_x > 0, f_x < 0$ und $f_{u_i} > 0, F_{u_i} < 0$ oder $f_{u_i} < 0, F_{u_i} > 0$ für alle i. Schließlich sei noch Zustandsseparabilität angenommen (vgl. (4.27) bzw. Definition 5.1), d.h. $H_{xx} = 0, H_{u_i x} = 0$ für $H_{u_i} = 0$. Man zeige, daß in diesem Fall jedes Gleichgewicht ein Sattelpunkt mit waagrechtem Gleichgewichtspfad ist, und daß die adjungierte Variable $\lambda(t)$ und alle Kontrollen $u_i(t)$ monoton sind.

4.9. Man löse folgendes Instandhaltungsmodell:
$$\max_{0 \leq u \leq 1} \int_0^T e^{-rt}[R - C(u)]x\,dt + e^{-rT} Sx(T)$$
$$\dot{x} = -(1-u)x, \quad x(0) = 1,$$
wobei $C' > 0, C'' > 0$ ist.

Man verifiziere, daß es in die Modellklasse von Übungsbeispiel 4.8 fällt. Zur Interpretation dieses Modells vergleiche man Abschnitt 10.1.

4.10. Man führe eine komparativ dynamische Analyse für ein Kontrollmodell mit der Systemdynamik (4.35) bezüglich der Verfallsrate δ durch.

4.11. Man beweise die Fälle C und D von Satz 4.11.

4.12. Man ermittle sgn $d\lambda_0/dT$ für festen Endzustand $x(T) = x_T$ (Hinweis: Man gehe analog zum Beweis von Satz 4.11 vor).

4.13. Man wende das globale Sattelpunktstheorem (Satz 4.12) auf das Instandhaltungsbeispiel von Abschnitt 4.1 an.

4.14. Man überlege sich die Eindeutigkeit des Skiba-Punktes in Abb. 4.13.

Weiterführende Bemerkungen und Literatur zu Kapitel 4

Das Instandhaltungsmodell von Abschnitt 4.1 ist eine Verallgemeinerung des bei *Bensoussan* et al. (1974) analysierten Modells; vgl. *Hartl* (1980).

Die Phasenporträtanalyse bei einer Kontrolle spielt in vielen ökonomischen Modellen eine Rolle und findet sich in dieser Form bei *Feichtinger* und *Hartl* (1981). Die Sattelpunktseigenschaft gilt auch unter *anderen* Annahmen als (4.11) und (4.12). Als Beispiel hierfür seien das Preismodell von *Gaskins* (1971) (siehe Abschnitt 11.2.2) und das Umweltmodell von *Forster* (1977) (vgl. Abschnitt 15.1) erwähnt, in welchem der Zustand (Umweltverschmutzung) etwas nicht Wünschenswertes ist.

Viele inhaltlich verschiedene dynamische Entscheidungssituationen können formal mittels identischer oder zumindest ähnlicher Modelle abgebildet werden. Eine Übersicht über mögliche Gestalten von Sattelpunktsdiagrammen findet man bei *Kamien* und *Schwartz* (1981, § 9).

Die in Abschnitt 4.3 weggelassenen Details bei der Behandlung mehrerer Steuerungen findet man bei *Hartl* (1980, 1983b). Eine gute Einführung in die Analyse ebener autonomer Systeme liefern *Knobloch* und *Kappel* (1974); vgl. auch *Hartman* (1982).

Referenzen für die dynamische Sensitivitätsanalyse in Abschnitt 4.4 sind *Oniki* (1973), *Ekman* (1978); vgl. auch *Tomovic* (1963).

Zur Bestimmung der optimalen Lösung bei Strudelpunkten vergleiche man *Brock* und *Dechert* (1983) sowie *Dechert* (1984).

Kapitel 5: Nichtlineare Modelle mit mehr als einem Zustand

Kontrollmodelle mit mehr als einer Zustandsvariablen sind generell schwieriger zu behandeln als solche mit nur einem Zustand. Im nichtlinearen Fall, wo sich bei einem Zustand die Methode der Phasenporträtanalyse als effizient erwiesen hat, führt ihre Erweiterung auf zwei Zustände auf ein vierdimensionales kanonisches Differentialgleichungssystem. In diesem Fall sind qualitative Aussagen über die Lösungsstruktur nur in Spezialfällen möglich.

In diesem Kapitel werden folgende Klassen von Modellen mit $n \geq 2$ Zustandsvariablen behandelt: Isoperimetrische Nebenbedingungen, bei denen eine Zustandsvariable als Budget (Ressource) interpretiert wird (Abschnitt 5.1), zustandsseparable Modelle, bei denen die Lösung für $n = 2$ im zweidimensionalen Unterraum der Kozustandsvariablen analysiert werden kann (Abschnitt 5.2). Für $n = 2$ können Bedingungen für das Vorliegen einer verallgemeinerten Sattelpunktsstabilität angegeben werden (Abschnitt 5.3). Weiters werden in Abschnitt 5.4 linear-quadratische Kontrollmodelle behandelt. Für diese erhält man zwar keine qualitativen Ergebnisse; hingegen kann die optimale Steuerung durch die Lösung von Anfangswertproblemen für lineare und Matrix-Riccati-Differentialgleichungen ermittelt werden. Abschnitt 5.5 enthält einige Resultate über global asymptotische Stabilität, die auf der klassischen Ljapunov-Theorie basieren.

Der Einfachheit halber nehmen wir in diesem Kapitel – wie auch schon im vorigen – an, daß $\Omega = \mathbb{R}^m$ ist (bzw. daß eventuell vorliegende Nebenbedingungen für die Steuerung nicht aktiv sind).

5.1. Isoperimetrische Beschränkungen: Budgetmodelle

Die folgende Modellklasse gestattet eine Reihe ökonomischer Anwendungsmöglichkeiten (Werbung, Ressourcenabbau etc.)

$$\max_{u \in \Omega} \{ J = \int_0^T e^{-rt} F(x, u, t) \, dt + e^{-rT} S(x(T), y(T)) \} \tag{5.1a}$$

$$\dot{x} = f(x, u, t), \qquad x(0) = x_0 \tag{5.1b}$$

$$\dot{y} = ry - g(x, u, t), \qquad y(0) = y_0 \tag{5.1c}$$

$$y_i(T) = 0 \text{ für } i = 1, \ldots, p'; \quad y_i(T) \geqq 0 \text{ für } i = p' + 1, \ldots, p. \tag{5.1d}$$

Dabei bezeichnen $y_1(t), \ldots, y_p(t)$ verschiedene Budget- (bzw. Ressourcen-) Bestände, die zum Zeitpunkt t verfügbar sind. In x sind die restlichen („normalen") Zustandsvariablen zusammengefaßt. Man beachte, daß y in F und f nicht

5.1. Isoperimetrische Beschränkungen: Budgetmodelle

eingeht und die „Verzinsung" von y in (5.1c) mit der Diskontrate r erfolgt. Das Budget muß gemäß (5.1d) nur am Endzeitpunkt Null bzw. nichtnegativ sein. Zwischen 0 und T kann es auch negativ werden (Verschuldung); in diesem Fall kann r als Sollzinsrate interpretiert werden.

Transformiert man das Budget $y(t)$ in laufender Bewertung auf Gegenwartswertnotation $z(t) = e^{-rt} y(t)$, so kann (5.1cd) ersetzt werden durch

$$\dot{z} = -e^{-rt} g(x, u, t), \quad z(0) = y_0$$
$$z_i(T) = 0 \quad \text{für} \quad i = 1, \ldots, p'; \quad z_i(T) \geqq 0 \quad \text{für} \quad i = p'+1, \ldots, p. \quad (5.2)$$

Dies läßt sich in äquivalenter Form als Integralnebenbedingung (isoperimetrische Beschränkung) schreiben:

$$\int_0^T e^{-rt} g_i(x, u, t) dt \begin{Bmatrix} = \\ \leqq \end{Bmatrix} y_{i0} \quad \text{für} \quad \begin{cases} i = 1, \ldots, p' \\ i = p'+1, \ldots, p. \end{cases} \quad (5.3)$$

Diese Modellklasse besitzt folgende Eigenschaft, welche die Dimension des Zustands-Kozustandsraumes reduziert.

Lemma 5.1. *Für das Kontrollproblem* (5.1) *sind die zu den Budgetvariablen* y_i *gehörigen Kozustandsvariablen* μ_i *konstant.*

Beweis. Gemäß Korollar 2.1 lauten die notwendigen Optimalitätsbedingungen

$$H = \lambda_0 F(x, u, t) + \lambda f(x, u, t) + \mu [ry - g(x, u, t)] \quad (5.4)$$

$$u = \arg\max_u H \quad (5.5)$$

$$\dot{\lambda} = r\lambda - H_x = \lambda(r - f_x) - \lambda_0 F_x + \mu g_x \quad (5.6)$$

$$\dot{\mu} = r\mu - H_y = 0. \quad (5.7)$$

$$\lambda(T) = \lambda_0 S_x(x(T), y(T)) \quad (5.8)$$

$\mu_i(T)$ frei für $i = 1, \ldots, p'$
$\mu_i(T) \geqq \lambda_0 S_{y_i}(x(T), y(T)), \quad [\mu_i(T) - \lambda_0 S_{y_i}(x(T), y(T))] y_i(T) = 0$
für $i = p'+1, \ldots, p.$ (5.9)

Die Behauptung von Lemma 5.1 folgt aus (5.7). □

Bemerkung 5.1. Die Lösung des Kontrollproblems (5.1) zerfällt somit in zwei Teile: Zunächst löst man für jedes konstante μ das Zweipunkt-Randwertproblem (5.1bc), (5.5, 6) und (5.8) für x, y und λ. Sodann ist jenes μ zu wählen, sodaß die Endbedingung (5.1d) und die Transversalitätsbedingung (5.9) erfüllt ist.

Für eindimensionalen Zustand x kann im autonomen Fall eine Phasendiagrammanalyse im (x, λ) bzw. (x, u_i)-Raum im Stile der Abschnitte 4.2 bzw. 4.3 durchgeführt werden. Dabei sind über F und f wieder Annahmen (4.11, 12) bzw. (4.40, 41) zu treffen. An alle Funktionen $-g_i$ sind dieselben Voraussetzungen wie an f zu stellen.

Satz 5.1. *Gegeben sei das Modell (4.9, 10) mit der zusätzlichen Budgetbedingung*

$$\dot{y} = ry - g(x, u); \quad y(0) = y_0, \quad y(T) \geq 0. \tag{5.10}$$

Neben den Annahmen (4.11–13) werden für g folgende Voraussetzungen getroffen

$$g_x \leq 0, \; g_{xx} \geq 0, \; g_u \geq 0, \; g_{uu} \geq 0, \; g_{ux} \geq 0. \tag{5.11}$$

Dann haben die Aussagen der Sätze 4.1–4.3 weiterhin Gültigkeit.

Der Beweis verläuft analog zu den Beweisen der Sätze 4.1–4.3, wobei zu beachten ist, daß die notwendigen Optimalitätsbedingungen (5.5, 6) und (5.8) sich nur um die Terme μg_u bzw. μg_x von jenen in Abschnitt 4.2 unterscheiden. Der Leser ist aufgefordert, diese Überlegung in Übungsbeispiel 5.1 nachzuvollziehen.

Dieses Resultat kann auf naheliegende Weise auf mehrere Budgetnebenbedingungen bzw. mehrere Kontrollen verallgemeinert werden (vgl. Abschnitt 4.3).

Bemerkung 5.2. Der zur Budgetvariablen y_i gehörige Kozustand μ_i mißt die *Knappheit des Budgetbestandes* y_i. Man beachte, daß im Sinne von (2.29) gilt:

$$\boldsymbol{\mu} = \partial V(\boldsymbol{x}(t), \boldsymbol{y}(t), t)/\partial \boldsymbol{y}.$$

Gemäß Lemma 5.1 ist der Wert einer zusätzlichen Budgeteinheit zu jedem Zeitpunkt $t \in [0, T]$ gleich groß. Ist das Budget knapp, so ist eine zusätzliche Budgeteinheit mehr wert als wenn das Budget im Überfluß vorhanden ist.

Eine statische Sensitivitätsanalyse des Gleichgewichtes im Modell von Satz 5.1 (vgl. Abschnitt 4.2) liefert für den Parameter μ

$$\frac{\partial \hat{x}}{\partial \mu_i} < 0, \quad \frac{\partial \hat{u}}{\partial \mu_i} < 0. \tag{5.12}$$

Dabei bezeichnet $(\hat{x}, \hat{u})$ das Gleichgewicht.

Satz 5.1 gilt auch für unendlichen Zeithorizont (da dies auch die Sätze 4.1–4.3 tun). Für solche Probleme tritt an Stelle von (5.1d) die Bedingung[1]

$$\lim_{t \to \infty} e^{-rt} y(t) \geq 0. \tag{5.13}$$

Die folgende Überlegung zeigt, daß für unendlichen Zeithorizont ein kleines x_0 ebenso wie ein geringes Anfangsbudget y_0 zu einer Budgetknappheit führt.

Satz 5.2. *Gegeben sei das Modell von Satz 5.1 mit der Zusatzvoraussetzung (4.23) (fallender Gleichgewichtspfad). Dann existiert im (x_0, y_0)-Diagramm eine stetige, monoton abnehmende Kurve unter der das Budget knapp ist, d.h. $z(t)$*

---

[1] Die entsprechende Grenztransversalitätsbedingung für μ lautet $\mu \geq 0$, $\mu \lim_{t \to \infty} e^{-rt} y(t) = 0$. Aus dieser Bedingung und (5.13) folgt nämlich (7.27), so daß die hinreichenden Bedingungen von Satz 7.5 erfüllt sind.

5.1. Isoperimetrische Beschränkungen: Budgetmodelle

$= e^{-rt}y(t) \to 0$, *während ober ihr das Budget größer als erforderlich ist; vgl. Abb. 5.1.*

Beweis. Wir betrachten das Kontrollproblem (4.9, 10) ohne Budgetbeschränkung (5.10) und bezeichnen mit

$$Z(x_0) = \int_0^\infty e^{-rt}g(x,u)dt = y_0 - \lim_{t \to \infty} e^{-rt}y(t) \qquad (5.14)$$

das im unendlichen Planungsintervall $[0, \infty)$ insgesamt verbrauchte Budget (diskontiert auf den Zeitpunkt 0; vgl. (5.3)). Man beachte, daß gemäß (5.13) und (5.14) das Budget dann und nur dann nicht knapp ist, wenn $y_0 \geqq Z(x_0)$ ist.

Seien $x_0^{(1)} < x_0^{(2)}$ zwei verschiedene Ausgangszustände und $(x^{(1)}, u^{(1)})$ bzw. $(x^{(2)}, u^{(2)})$ die entsprechenden optimalen Lösungen des unbeschränkten Problems mit unendlichem Zeithorizont (Segmente auf dem Sattelpunktspfad). Aufgrund des fallenden Gleichgewichtspfades gilt dann für alle $t \in [0, \infty)$

$$x^{(1)}(t) < x^{(2)}(t) \quad \text{und} \quad u^{(1)}(t) \geqq u^{(2)}(t).$$

Wegen $g_x \leqq 0$ und $g_u \geqq 0$ folgt somit $Z(x_0^{(1)}) \geqq Z(x_0^{(2)})$. □

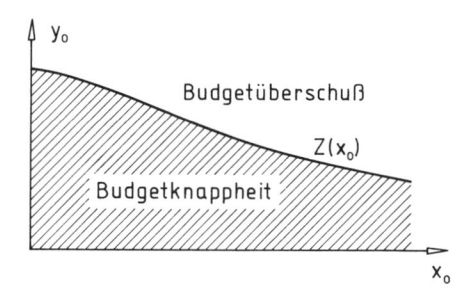

Abb. 5.1 Charakterisierung der Budgetknappheit in Abhängigkeit von den Anfangszuständen x_0 und y_0

Um die bisherigen Resultate zu interpretieren, deuten wir das Kontrollmodell (4.9, 10), (5.10) als Werbemodell (siehe Abschnitt 4.2) mit Budgetnebenbedingung.

Die Abbaurate g des Budgets y setzt sich aus dem Saldo der Werbeausgaben und der Ergänzungsrate des Budgets (welche etwa durch einen Teil des erzielten Gewinns bestritten werden kann) zusammen. Die Vorzeichenannahmen (5.11) lassen sich wie folgt interpretieren: Je höher die Werbeanstrengungen u, desto rascher wird das Budget abgebaut, und zwar mit steigendem Grenzverbrauch. Bei einem hohen Goodwillstock x wird das Budget rascher ergänzt, wobei die marginale Ergänzungsrate abnimmt.

Mit dieser Deutung ausgestattet, läßt sich (5.12) wie folgt interpretieren: Je knapper das Budget, desto geringer die stationären Werbeaufwendungen, was einen geringeren Goodwill zur Folge hat. Satz 5.2 (Abb. 5.1) bedeutet, daß man bei einem größeren Anfangs-Goodwillstock mit einem geringeren Budget das Auslangen findet als bei einem niedrigeren (wo im unbeschränkten Fall hohe Werbeausgaben optimal sind).

In Überleitung zum nächsten Abschnitt betrachten wir folgenden wichtigen Spezialfall.

Beispiel 5.1. Das Kontrollmodell (5.1) wird wie folgt spezifiziert:

$$F = \pi x - c(u) \tag{5.15a}$$

$$f = u - \delta x \tag{5.15b}$$

$$g = c(u) - \alpha[\pi x - c(u)].$$

D.h. 100 α % des Gewinnes fließt in das Werbebudget zurück. Dies liefert

$$g = -ax + bc(u). \tag{5.15c}$$

Dabei ist $\pi > 0, \delta > 0, 0 \leq \alpha \leq 1, a = \alpha\pi, b = 1 + \alpha$; c ist eine konvexe Kostenfunktion mit:

$$c(0) = 0, \ c' > 0, \ c'' > 0. \tag{5.15d}$$

Da die Voraussetzungen von Satz 5.1 erfüllt sind, so ist gemäß Satz 4.1 bzw. Satz 4.3 der stationäre Punkt sowohl im (x, λ)- als auch im (x, u)-Diagramm ein Sattelpunkt mit waagrechtem Gleichgewichtspfad. Für „nicht zu großen" Restwert erhält man monoton fallende Zeitpfade von λ und u. Man überlegt sich leicht, daß ein Gleichgewicht existiert (Übungsbeispiel 5.3).

5.2. Zustandsseparable Modelle

Das in Beispiel 5.1 behandelte Werbemodell ist Repräsentant einer Klasse von Kontrollmodellen, in welcher sich das Randwertproblem für das kanonische Differentialgleichungssystem in zwei Anfangswertprobleme (für λ bzw. x) aufspalten läßt.

Angenommen, die Modellfunktionen erfüllen folgende Voraussetzungen:

$$F_{xx} = 0, \quad F_{xu} = 0 \tag{5.16a}$$

$$(f_j)_{xx} = 0, \quad (f_j)_{xu} = 0 \quad \text{für} \quad j = 1, \ldots, n \tag{5.16b}$$

$$S_{xx} = 0. \tag{5.16c}$$

Dann ist die Kozustandsgleichung (2.6)

$$\dot{\lambda} = \lambda(rI - f_x) - F_x \tag{5.17}$$

ein System linearer Differentialgleichungen mit Koeffizienten, welche wegen (5.16ab) nicht von x, u abhängen. Da auch die Transversalitätsbedingung (2.7) gemäß (5.16c) nicht von x abhängt, kann das System (5.17) unabhängig von der Zustands- und Kontrolltrajektorie gelöst werden.

Die Maximierungsbedingung (2.5) liefert

$$H_u = F_u + \lambda f_u = 0. \tag{5.18}$$

Wenn H_{uu} nichtsingulär ist, dann läßt sich (5.18) auflösen als $u = u(\lambda)$. Man beachte, daß diese Funktion nicht von x abhängt.

Diese Modellklasse besitzt also folgende Eigenschaft: Die Kozustandstrajektorie und die Steuerung sind vom Anfangszustand x_0 (und daher auch von der Zustandstrajektorie $x(t)$) unabhängig.

Diese Überlegung gibt Anlaß zu folgender Definition (vgl. (4.27)):

Definition 5.1. *Ein Kontrollproblem* (2.3) *heißt zustandsseparabel, wenn für die zugehörige Hamiltonfunktion* (2.4) *gilt*

$$H_{xx} = 0 \tag{5.19a}$$

$$H_{xu} = 0 \quad \text{für} \quad H_u = 0 \tag{5.19b}$$

$$S_{xx} = 0 \tag{5.19c}$$

Für zustandsseparable Kontrollmodelle gilt: In der adjungierten Gleichung kommen weder x noch u vor, die Transversalitätsbedingung ist unabhängig von $x(T)$, und $u = u(\lambda)$ hängt nicht von x ab (Beweis: Übungsbeispiel 5.4).

Klarerweise ist jedes Modell (5.16) zustandsseparabel. Das folgende Beispiel zeigt, daß die Umkehrung nicht gilt.

Beispiel 5.2.

$$\max_{u,v} \int_0^T e^{-rt}(\pi x - u + vy)\,dt$$
$$\dot{x} = h_1(u) + k_1(v)y, \quad x(0) = x_0$$
$$\dot{y} = -h_2(u) - k_2(v)y, \quad y(0) = y_0.$$

Das Modell ließe sich wie folgt interpretieren. Eine Firma vertreibt zwei substituierbare Produkte, deren Marktanteile x und y seien. Das erste Produkt wird mit konstanter Gewinnspanne π verkauft, wobei für den Absatz geworben wird (Werbeausgaben u). Der Preis des anderen Produktes ist die zweite Steuervariable v. Die durch Werbemaßnahmen bewirkte Vergrößerung des Marktanteiles des ersten Produktes geht zu Lasten des zweiten Gutes. Je höher der Preis v des zweiten Produktes, desto geringer dessen Absatz – desto größer ist aber auch der Verkauf des ersten Gutes.

In Übungsbeispiel 5.5 ist zu verifizieren, daß das Modell – obwohl zustandsseparabel im Sinne von Definition 5.1 – *nicht* die Voraussetzungen (5.16ab) erfüllt.

Im Rest dieses Abschnittes wird die Stabilität des adjungierten Differentialgleichungssystems für *autonome* Kontrollprobleme untersucht (d. h. $F_t = 0, f_t = 0$). Bei einem Zustand impliziert die Zustandsseparabilität einen waagrechten Gleichgewichtspfad; vgl. (5.19) und (4.23). Aus Satz 4.1 kann folgendes Verhalten der optimalen Lösung gefolgert werden: Die Lösung im (x, λ)-Diagramm startet „in der Nähe" des stationären Wertes $\hat{\lambda}$ und entfernt sich zunehmend, um den Endwert $\lambda(T) = S$ zu erreichen. Für $T = \infty$ ist die Lösung $\lambda(t) = \hat{\lambda}$ die einzige, welche die Grenztransversalitätsbedingung (2.68) erfüllt.

Ein ähnliches Verhalten für mehrere Zustandsvariablen liegt vor, wenn alle Eigenwerte der Jacobimatrix des adjungierten Differentialgleichungssystems positiv sind (das Gleichgewicht ist ein instabiler Knoten). Für $n = 2$ wird dieses Verhalten der optimalen Lösung in Abb. 5.2 illustriert. Hat die Restwertfunktion die Gestalt $S(x, y) = S_1 x + S_2 y$, dann endet die Trajektorie im Punkt (S_1, S_2). Daraus erkennt man, daß der Pfad umso näher beim Gleichgewichtspunkt $(\hat{\lambda}, \hat{\mu})$ startet, je länger der Planungshorizont T ist. Außerdem ist die stationäre Gleichgewichtslösung die einzige beschränkte Lösung für $T \to \infty$.

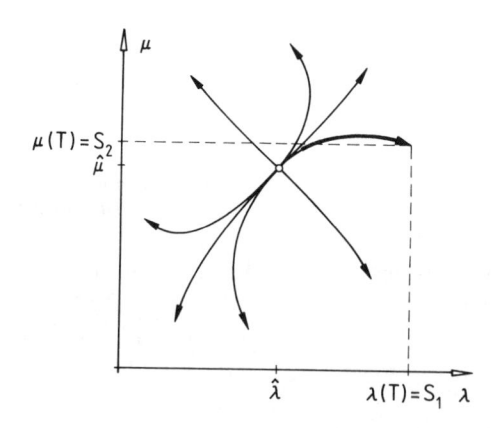

Abb. 5.2 Stabilitätsverhalten des adjungierten Differentialgleichungssystems für zwei Zustände (instabiler Knoten; die optimale Lösung wird in Abhängigkeit von den Transversalitätsbedingungen $\lambda(T) = S_1, \mu(T) = S_2$ bestimmt; sie entfernt sich vom Gleichgewicht $(\hat{\lambda}, \hat{\mu})$)

Im folgenden wird für den Fall von $n = 2$ Zustandsvariablen das Stabilitätsverhalten des adjungierten Differentialgleichungssystems charakterisiert.

Für $x = (x, y)'$, $\lambda = (\lambda, \mu)$, $f = (f, g)'$ lautet die adjungierte Gleichung (5.17)

$$\dot{\lambda} = \lambda(r - f_x) - \mu g_x - F_x \tag{5.20a}$$

$$\dot{\mu} = -\lambda f_y + \mu(r - g_y) - F_y. \tag{5.20b}$$

5.2. Zustandsseparable Modelle

Die Jacobimatrix des linearen Differentialgleichungssystem (5.20) lautet

$$J_a = \begin{pmatrix} \partial \dot{\lambda}/\partial \lambda & \partial \dot{\lambda}/\partial \mu \\ \partial \dot{\mu}/\partial \lambda & \partial \dot{\mu}/\partial \mu \end{pmatrix} = \begin{pmatrix} r - f_x & -g_x \\ -f_y & r - g_y \end{pmatrix}. \quad (5.21)$$

Unter der Voraussetzung $\det J_a \neq 0$ besitzt das adjungierte System (5.20) einen eindeutig bestimmten Gleichgewichtspunkt $(\hat{\lambda}, \hat{\mu})$. (Die Isoklinen sind nichtparallele Geraden.)

Die folgende Tabelle charakterisiert die Art des stationären Punktes in Abhängigkeit von Spur sp J_a (Summe der Hauptdiagonalelemente von J_a) und Determinante $\det J_a$ von J_a.

Tabelle 5.1: Stabilitätsverhalten des adjungierten Gleichungssystems

Annahmen über spJ_a und detJ_a		Art des Gleichgewichtes
sp$J_a > 0$	$0 < \det J_a \leq (\text{sp}J_a)^2/4$	instabiler Knoten ($\xi_1 > 0, \xi_2 > 0$)
	$\det J_a > (\text{sp}J_a)^2/4$	explodierende Spirale ($\text{Re}(\xi) = \text{sp}J_a/2 > 0$) (instabiler Strudelpunkt)
	$\det J_a < 0$	Sattelpunkt ($\xi_1 > 0, \xi_2 < 0$)
sp$J_a < 0$	$0 < \det J_a \leq (\text{sp}J_a)^2/4$	stabiler Knoten ($\xi_1 < 0, \xi_2 < 0$)
	$\det J_a > (\text{sp}J_a)^2/4$	implodierende Spirale ($\text{Re}(\xi) = \text{sp}J_a/2 < 0$) (stabiler Strudelpunkt)

Die Eigenwerte $\xi_{1,2}$ von (5.21) müssen nämlich der charakteristischen Gleichung

$$\xi^2 - \xi(\text{sp } J_a) + \det J_a = 0$$

genügen, woraus

$$\xi_{1,2} = \frac{\text{sp } J_a \pm \sqrt{(\text{sp } J_a)^2 - 4\det J_a}}{2}$$

folgt. Daraus läßt sich sofort Tabelle 5.1 ableiten. Dabei wurde von der Behandlung der Grenzfälle sp $J_a = 0$, det $J_a = 0$ abgesehen.

Um das Phasenporträt von (5.20) zeichnen zu können, ist die Richtung des zu ξ_i gehörigen Eigenvektors $(g_x, r - f_x - \xi_i)'$, $i = 1, 2$, von Bedeutung. Der zum betragsmäßig kleineren Eigenwert gehörige Eigenvektor ist im Falle des Knotens Tangentialvektor an alle Trajektorien mit Ausnahme einer Trajektorie, deren Tangentialvektor der Eigenvektor zum anderen Eigenwert ist.

Das folgende Beispiel illustriert den Fall eines instabilen (explodierenden) Knotens und eines Sattelpunktes.

Beispiel 5.3.

$$\max_{u \geq 0} \int_0^T e^{-rt}[\pi x - c(u)]\,dt + e^{-rT}[S_1 x(T) + S_2 y(T)] \tag{5.22a}$$

$$\dot{x} = u - \delta x; \quad x(0) = x_0 \tag{5.22b}$$

$$\dot{y} = \varrho y + ax - bu; \quad y(0) = y_0, \ y(T) \geq 0. \tag{5.22c}$$

Es handelt sich dabei wieder um das Werbemodell von Beispiel 5.1, wobei sich nun allerdings das Budget mit einer Rate ϱ verzinst, die von der Diskontrate r verschieden sein kann. Offensichtlich ist das Modell zustandsseparabel.

Mit der Hamiltonfunktion

$$H = \pi x - c(u) + \lambda(u - \delta x) + \mu(\varrho y + ax - bu)$$

lauten die notwendigen Optimalitätsbedingungen von Korollar 2.1

$$H_u = -c'(u) + \lambda - b\mu = 0 \tag{5.23}$$

$$\dot{\lambda} = \lambda(r + \delta) - \mu a - \pi \tag{5.24}$$

$$\dot{\mu} = \mu(r - \varrho) \tag{5.25}$$

$$\lambda(T) = S_1 \tag{5.26}$$

$$\mu(T) \geq S_2, \quad (\mu(T) - S_2) y(T) = 0. \tag{5.27}$$

In (5.23) wurde dabei angenommen, daß das optimale u positiv ist.

Die Jacobimatrix des adjungierten Systems (5.24, 25) lautet

$$\mathbf{J}_a = \begin{pmatrix} r + \delta & -a \\ 0 & r - \varrho \end{pmatrix}.$$

Die Eigenwerte sind also $\xi_1 = r + \delta$, $\xi_2 = r - \varrho$, und die zugehörigen Eigenvektoren lauten

$$(1, 0)', \quad (a, \varrho + \delta)'.$$

Das adjungierte System (5.24, 25) besitzt einen eindeutigen Gleichgewichtspunkt $(\hat{\lambda}, \hat{\mu}) = (\pi/(r - \delta), 0)$. Dieser Punkt ist ein instabiler Knoten, wenn $r > \varrho$ gilt, hingegen ein Sattelpunkt, wenn $r < \varrho$ ist. In beiden Fällen sind die Isoklinen Geraden: $\dot{\lambda} = 0$ besitzt die Steigung $(r + \delta)/a$ und schneidet die Abszisse bei $\lambda = \pi/(r + \delta)$, während $\dot{\mu} = 0$ mit der Abszisse zusammenfällt.

Abb. 5.3 zeigt den *ersten Fall* ($r > \varrho$), welcher ökonomisch plausibler sein dürfte (die Verzinsung des Budgets ist geringer als die Diskontierung des Profits).

In diesem Fall ist der Anstieg der $\dot{\lambda} = 0$ Isokline steiler als jener des Eigenvektors $(a, \varrho + \delta)'$, welcher tangential an alle Lösungskurven im stationären Punkt ist (mit Ausnahme jener Trajektorien, die in Richtung des anderen Eigenvektors $(1, 0)'$ gehen).

5.2. Zustandsseparable Modelle 131

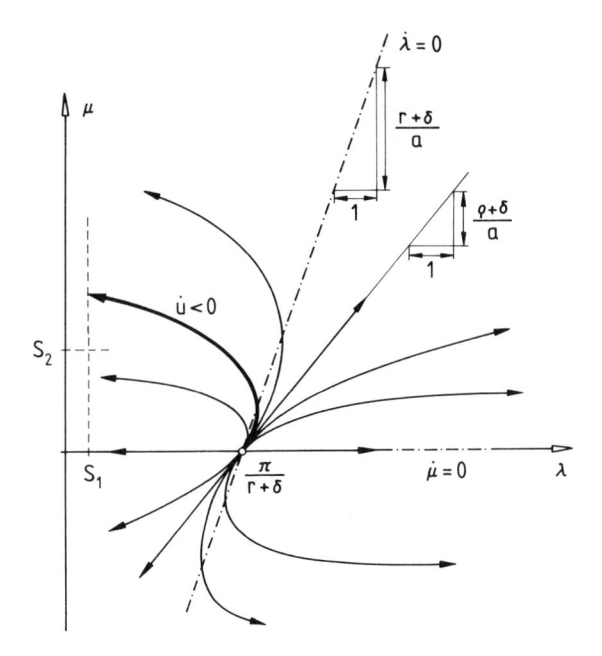

Abb. 5.3 Phasendiagramm des Kozustandsraumes von Beispiel 5.3 für $r > \varrho$

Unterstellt man einen Restwert S_1 des Goodwills, welcher kleiner ist als der stationäre Wert $\hat{\lambda}$, so erhält man aus den Transversalitätsbedingungen (5.26, 27) bei hinreichend langem Zeithorizont folgende nichtmonotone optimale Kozustandstrajektorien: λ steigt zunächst, um (nach Kreuzen der Isokline $\dot{\lambda} = 0$) zu fallen; μ hingegen steigt ständig an. Um Monotonieaussagen für die optimale Werbepolitik u zu erhalten, differenzieren wir (5.23) nach der Zeit und erhalten

$$\dot{u} = (\dot{\lambda} - b\dot{\mu})/c''(u). \tag{5.28}$$

In den Bereichen, wo die Lösungskurve im (λ, μ)-Diagramm einen negativen Anstieg besitzt, hat $\dot{u}$ gemäß (5.28) das *umgekehrte* Vorzeichen von $\dot{\mu}$. Diese Aussage bleibt auch dann erhalten, wenn die Lösungskurve im (λ, μ)-Raum einen positiven Anstieg besitzt, der steiler als $1/b$ ist. Ist der Anstieg positiv und flacher als $1/b$, so hat $\dot{u}$ *dasselbe* Vorzeichen wie $\dot{\mu}$.

Für den bereits oben erwähnten Fall eines kleinen Restwertes des Goodwills besitzen die Lösungskurven im (λ, μ)-Diagramm negativen Anstieg oder eine positive Steigung, die allerdings mindestens $(\varrho + \delta)/a$ beträgt. Ist $a < b(\varrho + \delta)$, so ist also der Werbeaufwand u stets monoton fallend. Andernfalls kann u anfänglich monoton steigen (falls T genügend groß ist).

Abb. 5.4 zeigt den *zweiten Fall* ($r < \varrho$), in welchem das Gleichgewicht ein Sattelpunkt ist. Der zum nun negativen Eigenwert $r - \varrho$ gehörige Eigenvektor $(a, \varrho + \delta)'$ ist steiler als die Gerade $\dot{\lambda} = 0$.

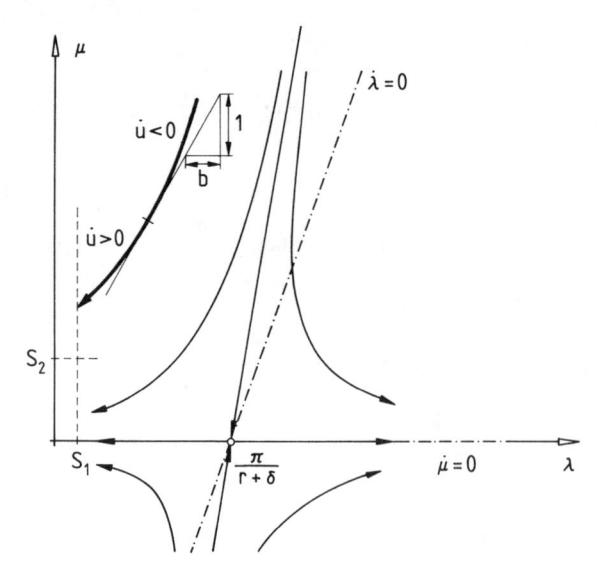

Abb. 5.4 Phasendiagramm des Kozustandsraumes von Beispiel 5.3 für $r < \varrho$

Bei kleinem S_1 ergibt sich nun eine Lösungskurve mit $\dot\lambda < 0$, $\dot\mu < 0$, welche in Abb. 5.4 fett eingezeichnet ist. Aus (5.28) erkennt man wiederum, daß für diese Lösung $\dot u$ genau dann monoton steigt bzw. fällt, wenn die Lösungskurve im (λ, μ)-Diagramm flacher bzw. steiler als $1/b$ ist. Daraus resultiert die Möglichkeit zunächst fallender, dann aber steigender Werbeausgaben u.

Zum Abschluß vergleichen wir (für kleines S_1) die beiden Fälle $r > \varrho$, $r < \varrho$ bzw. den auch schon in Beispiel 5.1 behandelten Grenzfall $r = \varrho$.

Im Grenzfall $r = \varrho$ ist μ konstant und u fällt. Verzinst sich das Kapitel mit einer geringeren Rate ϱ als der Diskontrate r (Abb. 5.3), so steigt der Schattenpreis μ des Budgets und die Werbeausgaben können am Anfang steigen um danach zu fallen. Für $\varrho > r$ (Abb. 5.4) fällt hingegen μ stets, während u zu Beginn fallen und am Ende steigen kann.

Bemerkung 5.3. Weist das zustandsseparable Kontrollmodell (mit zwei Zuständen) nur eine Steuervariable auf, so kann auch eine Analyse im (u, λ) bzw. (u, μ)-Diagramm durchgeführt werden. Für zwei Kontrollvariablen kann eine Stabilitätsanalyse in der (u, v)-Phasenebene erfolgen. Das Stabilitätsverhalten ist dabei dasselbe wie im (λ, μ)-Diagramm. Für $m > 2$ Steuerungen können je zwei ausgewählt werden, und das entsprechende (u_i, u_j)-Phasenporträt kann untersucht werden. All dies gilt unter der Annahme, daß (5.18) nach den jeweiligen Variablen aufgelöst werden kann.

Bemerkung 5.4. Anhand von Beispiel 5.3 wurde deutlich, daß bei zustandsseparablen Modellen mit mehr als einem Zustand sowohl Schattenpreis als auch die Steuervariablen eine Trendumkehr aufweisen können. Die Monotonieeigenschaft zustandsseparabler Kontrollmodelle mit nur einer Zustandsvariablen (vgl. Übungsbeispiel 4.8) überträgt sich also *nicht* auf den Fall höherer Dimensionen.

5.3. Linearisierung des kanonischen Differentialgleichungssystems

Im vorigen Abschnitt wurden Kontrollmodelle mit einer speziellen Struktur untersucht, die gewährleistet, daß die adjungierte Gleichung unabhängig von der Zustandsgleichung gelöst werden kann. Nun wollen wir den allgemeinen Fall behandeln, wo dies nicht mehr möglich ist. Dabei beschränken wir uns der Einfachheit halber auf zwei Zustandsvariablen $x = (x, y)'$ mit den entsprechenden Kozuständen $\lambda = (\lambda, \mu)$.

5.3.1. Lokale Stabilitätsanalyse

Das kanonische Gleichungssystem des autonomen Kontrollproblems (2.2, 4) lautet

$$\dot{x} = f(x, u), \quad \dot{\lambda} = r\lambda - H_x. \tag{5.29}$$

In der Folge nehmen wir wieder an, daß (5.29) genau einen Gleichgewichtspunkt $(\hat{x}, \hat{\lambda})$ besitzt. Linearisiert man (5.29) in diesem stationären Punkt, so erhält man

$$\begin{pmatrix} \dot{x} \\ \dot{y} \\ \dot{\lambda} \\ \dot{\mu} \end{pmatrix} = \begin{pmatrix} \partial\dot{x}/\partial x & \partial\dot{x}/\partial y & \partial\dot{x}/\partial\lambda & \partial\dot{x}/\partial\mu \\ \partial\dot{y}/\partial x & \partial\dot{y}/\partial y & \partial\dot{y}/\partial\lambda & \partial\dot{y}/\partial\mu \\ \partial\dot{\lambda}/\partial x & \partial\dot{\lambda}/\partial y & \partial\dot{\lambda}/\partial\lambda & \partial\dot{\lambda}/\partial\mu \\ \partial\dot{\mu}/\partial x & \partial\dot{\mu}/\partial y & \partial\dot{\mu}/\partial\lambda & \partial\dot{\mu}/\partial\mu \end{pmatrix} \begin{pmatrix} x - \hat{x} \\ y - \hat{y} \\ \lambda - \hat{\lambda} \\ \mu - \hat{\mu} \end{pmatrix} + o(\|\begin{pmatrix} x - \hat{x} \\ y - \hat{y} \\ \lambda - \hat{\lambda} \\ \mu - \hat{\mu} \end{pmatrix}\|). \tag{5.30}$$

Mit J bezeichnen wir die in (5.30) auftretende Jacobimatrix des Systems (5.29), ausgewertet im Gleichgewicht $(\hat{x}, \hat{y}, \hat{\lambda}, \hat{\mu})$.

Grundlage der lokalen Stabilitätsanalyse des Systems (5.29) ist folgender, aus der Analysis bekannte Satz.

Satz 5.3. *Gegeben sei das Differentialgleichungssystem*

$$\dot{z} = Jz + o(\|z\|) \tag{5.31}$$

mit $z \in \mathbb{R}^k$ und stationärem Punkt $z = 0$. Besitzt die Matrix J l Eigenwerte mit negativen Realteilen und $k - l$ Eigenwerte mit positiven Realteilen, dann existiert in einer Umgebung des Ursprunges eine l-dimensionale stabile Mannigfaltigkeit, so daß genau jene Lösungen, welche in dieser Mannigfaltigkeit starten, gegen den Ursprung konvergieren. Die Tangentialebene an die stabile Mannigfaltigkeit wird durch die zu den Eigenwerten mit den negativen Realteilen gehörigen Eigenvektoren aufgespannt.

Da das linearisierte System $\dot{z} = Jz$ und das System (5.31) in einer Umgebung des stationären Punktes dasselbe Stabilitätsverhalten aufweisen, findet man in der Folge mit dem linearen System das Auslangen. Die allgemeine Lösung besitzt die Gestalt

134　Nichtlineare Modelle mit mehr als einem Zustand

$$z(t) = \sum_{i=1}^{k} c_i e^{\xi_i t} z_i, \tag{5.32}$$

wobei ξ_i die Eigenwerte von J und z_i die zugehörigen Eigenvektoren bezeichnen, sofern alle ξ_i die Vielfachheit 1 haben.

Im Falle des kanonischen Systems (5.30) ist es wünschenswert, daß zwei Eigenvektoren von J negative Realteile besitzen und die restlichen beiden positive. Denn unter diesen Umständen ist die stabile Mannigfaltigkeit zweidimensional, und mit den beiden Anfangsbedingungen $x(0) = x_0$, $y(0) = y_0$ ist i.a. der Anfangspunkt der Trajektorie auf der stabilen Mannigfaltigkeit genau bestimmt. Für eine Zustandsvariable (Kap. 4) entspricht dies dem Fall eines positiven und eines negativen Eigenwertes (Sattelpunkt).

Die Eigenwerte der Jacobimatrix J aus (5.30) genügen der charakteristischen Gleichung

$$\xi^4 - (\text{sp}\,J)\xi^3 + M_2\xi^2 - M_3\xi + \det J = 0. \tag{5.33}$$

Dabei sind M_2 bzw. M_3 die Summe der Hauptminoren der Ordnung 2 bzw. 3. Es kann gezeigt werden, daß für die Elemente von J folgende Beziehungen gelten (Übungsbeispiel 5.8a)

$$\frac{\partial \dot{x}}{\partial x} + \frac{\partial \dot{\lambda}}{\partial \lambda} = \frac{\partial \dot{y}}{\partial y} + \frac{\partial \dot{\mu}}{\partial \mu} = r \tag{5.34a}$$

$$\frac{\partial \dot{y}}{\partial x} + \frac{\partial \dot{\lambda}}{\partial \mu} = \frac{\partial \dot{x}}{\partial y} + \frac{\partial \dot{\mu}}{\partial \lambda} = 0 \tag{5.34b}$$

$$\frac{\partial \dot{\lambda}}{\partial y} = \frac{\partial \dot{\mu}}{\partial x}, \quad \frac{\partial \dot{x}}{\partial \mu} = \frac{\partial \dot{y}}{\partial \lambda}. \tag{5.34c}$$

Daher besitzt die Spur von J folgende einfache Gestalt: $\text{sp}\,J = 2r$.

Um den kubischen Term in (5.33) zu eliminieren, schreiben wir die charakteristische Gleichung in der Form

$$\left(\xi - \frac{r}{2}\right)^4 + \left(M_2 - \frac{3r^2}{2}\right)\left(\xi - \frac{r}{2}\right)^2 + (-M_3 + rM_2 - r^3)\left(\xi - \frac{r}{2}\right)$$

$$- \frac{3r^4}{16} + \frac{M_2 r^2}{4} - \frac{M_2 r}{2} + \det J = 0. \tag{5.35}$$

Es kann gezeigt werden, daß der Ausdruck $-M_3 + rM_2 - r^3$ immer verschwindet (Übungsbeispiel 5.8b), so daß (5.35) eine quadratische Gleichung in $(\xi - r/2)^2$ darstellt. Setzt man

$$K = M_2 - r^2,$$

so lautet deren Lösung

$$\xi_{1,2,3,4} = \frac{r}{2} \pm \sqrt{\left(\frac{r}{2}\right)^2 - \frac{K}{2} \pm \frac{1}{2}\sqrt{K^2 - 4\det J}}. \tag{5.36}$$

5.3. Linearisierung des kanonischen Differentialgleichungssystems

Man erkennt daraus, daß die Eigenwerte symmetrisch um den Wert $r/2$ liegen. Ferner können höchstens zwei Eigenwerte mit negativen Realteilen auftreten. Dies hat – wie im Fall einer Zustandsvariablen – zur Folge, daß das kanonische Differentialgleichungssystem entweder total instabil ist oder eine höchstens zweidimensionale stabile Mannigfaltigkeit besitzt.

Zur Ermittlung der Eigenwerte benützt man folgende einfachere Darstellung von K, die sich unter Verwendung von (5.34) ergibt

$$K = \begin{vmatrix} \frac{\partial \dot{x}}{\partial x} & \frac{\partial \dot{x}}{\partial \lambda} \\ \frac{\partial \dot{\lambda}}{\partial x} & \frac{\partial \dot{\lambda}}{\partial \lambda} \end{vmatrix} + \begin{vmatrix} \frac{\partial \dot{y}}{\partial y} & \frac{\partial \dot{y}}{\partial \mu} \\ \frac{\partial \dot{\mu}}{\partial y} & \frac{\partial \dot{\mu}}{\partial \mu} \end{vmatrix} + 2 \begin{vmatrix} \frac{\partial \dot{x}}{\partial y} & \frac{\partial \dot{x}}{\partial \mu} \\ \frac{\partial \dot{\lambda}}{\partial y} & \frac{\partial \dot{\lambda}}{\partial \mu} \end{vmatrix} \qquad (5.37)$$

Der „gewünschte" Fall einer zweidimensionalen stabilen Mannigfaltigkeit (Sattelpunktsfläche) ohne zyklisches Verhalten der Lösungskurven wird durch folgendes Resultat charakterisiert.

Satz 5.4. *Die Bedingungen*

$$K < 0 \quad (a), \qquad 0 < \det J \leq K^2/4 \quad (b) \qquad (5.38)$$

sind notwendig und hinreichend dafür, daß alle Eigenwerte von J reell sind mit $\xi_{1,2} < 0$ und $\xi_{3,4} > 0$.

Der Beweis folgt aus (5.36) (Übungsbeispiel 5.9).

Die anderen „weniger wünschenswerten" Fälle können analog charakterisiert werden. Im Falle konjugiert komplexer Eigenwerte mit zwei positiven und zwei negativen Realteilen tritt ebenfalls eine zweidimensionale stabile Mannigfaltigkeit auf, bei der die Konvergenz zum Gleichgewicht allerdings spiralenförmig verläuft. Sind mindestens drei Realteile positiv, so existiert eine eindimensionale stabile Mannigfaltigkeit oder das System ist total instabil. I. a. kann dann also, ausgehend von einem Anfangszustand (x_0, y_0), das Gleichgewicht nicht erreicht werden.

5.3.2. Analyse in der stabilen Mannigfaltigkeit

Kehrt man zum Fall von Satz 5.4 zurück, so liefert eine Phasenporträtanalyse in der stabilen Mannigfaltigkeit Informationen über das Monotonieverhalten der optimalen Lösung. Dazu betrachten wir wieder das zu (5.30) korrespondierende lineare System. Setzt man in (5.32) $k = 4$ und $z' = (x, y, \lambda, \mu) - (\hat{x}, \hat{y}, \hat{\lambda}, \hat{\mu})$, so gilt für alle Lösungen (des linearisierten Systems) in der Tangentialebene der stabilen Mannigfaltigkeit $c_3 = c_4 = 0$. Wegen $\xi_{3,4} > 0$ würde ansonsten die Lösung explodieren. Betrachtet man also nur die ersten beiden Koordinaten dieses Systems, so erhält man

$$\begin{pmatrix} x \\ y \end{pmatrix} = c_1 e^{\xi_1 t} \begin{pmatrix} z_{11} \\ 1 \end{pmatrix} + c_2 e^{\xi_2 t} \begin{pmatrix} z_{21} \\ 1 \end{pmatrix} + \begin{pmatrix} \hat{x} \\ \hat{y} \end{pmatrix}. \qquad (5.39)$$

Dabei wurden die Eigenvektoren z_1, z_2 o. B. d. A. so normiert, daß die zweite Koordinate gleich 1 ist.

Differenziert man (5.39) nach der Zeit, so erhält man

$$\begin{pmatrix} \dot{x} \\ \dot{y} \end{pmatrix} = \xi_1 c_1 e^{\xi_1 t} \begin{pmatrix} z_{11} \\ 1 \end{pmatrix} + \xi_2 c_2 e^{\xi_2 t} \begin{pmatrix} z_{21} \\ 1 \end{pmatrix}. \tag{5.40}$$

(5.39) stellt ein lineares inhomogenes Gleichungssystem in $c_i e^{\xi_i t}$ dar. Unter der Voraussetzung, daß $z_{11} \neq z_{21}$ ist, kann das System gelöst werden:

$$c_1 e^{\xi_1 t} = \frac{x - \hat{x} - z_{21}(y - \hat{y})}{z_{11} - z_{21}}, \quad c_2 e^{\xi_2 t} = \frac{z_{11}(y - \hat{y}) - (x - \hat{x})}{z_{11} - z_{21}}. \tag{5.41}$$

Setzt man dies in (5.40) ein, so ergibt sich

$$\begin{pmatrix} \dot{x} \\ \dot{y} \end{pmatrix} = \frac{1}{z_{11} - z_{21}} \begin{pmatrix} \xi_1 z_{11} - \xi_2 z_{21} & z_{11} z_{21}(\xi_2 - \xi_1) \\ \xi_1 - \xi_2 & \xi_2 z_{11} - \xi_1 z_{21} \end{pmatrix} \begin{pmatrix} x - \hat{x} \\ y - \hat{y} \end{pmatrix}. \tag{5.42}$$

Das Gleichgewicht des Systems (5.42) ist klarerweise ein stabiler Knoten, da nun nur Lösungen in der stabilen Mannigfaltigkeit betrachtet werden. Dies kann auch direkt verifiziert werden, da die Determinante der Matrix in (5.42) unter Berücksichtigung der multiplikativen Konstanten positiv, nämlich $\xi_1 \xi_2$ ist, die Spur hingegen negativ, nämlich $\xi_1 + \xi_2$, ist.

Um ein Phasendiagramm zeichnen zu können, interessieren wir uns für den Anstieg der Isoklinen $\dot{x} = 0$ bzw. $\dot{y} = 0$

$$\left.\frac{dy}{dx}\right|_{\dot{x}=0} = -\frac{\partial \dot{x}/\partial x}{\partial \dot{x}/\partial y} = \frac{\xi_2 z_{21} - \xi_1 z_{11}}{z_{11} z_{21}(\xi_2 - \xi_1)} \tag{5.43a}$$

$$\left.\frac{dy}{dx}\right|_{\dot{y}=0} = -\frac{\partial \dot{y}/\partial x}{\partial \dot{y}/\partial y} = \frac{\xi_2 - \xi_1}{\xi_2 z_{11} - \xi_1 z_{21}}. \tag{5.43b}$$

Anhand des folgenden Beispiels sei illustriert, wie man qualitative Aussagen über die Gestalt der optimalen Lösungstrajektorien erhalten kann.

5.3.3. Beispiel: Optimale Inflation und Arbeitslosenrate

Beispiel 5.4. Basierend auf einem „neoklassischen-Keynesianischen" Makromodell hat *Turnovsky* (1981) das Problem der optimalen Wahl von Inflation und Arbeitslosigkeit in Form eines Kontrollmodells behandelt:

Wir bezeichnen zunächst mit N das Beschäftigungsniveau und mit Q den Output der Volkswirtschaft, wobei eine Cobb-Douglas-Produktionsfunktion $Q = \alpha N^\beta$ an-

5.3. Linearisierung des kanonischen Differentialgleichungssystems

genommen wird mit $\alpha > 0$, $0 < \beta < 1$. Ferner seien W die Lohnrate und P das Preisniveau. Jeder Arbeiter wird gemäß dem Wert seines Grenzproduktes entlohnt:

$$W = P(\partial Q / \partial N), \quad \text{d.h.} \quad W/P = \alpha \beta N^{\beta-1}. \tag{5.44a}$$

Bezeichnet man mit $\bar{N}$ das Vollbeschäftigungsniveau, mit X die Arbeitslosenrate, mit w die Lohninflationsrate und mit u die tatsächliche Inflationsrate, so gilt definitionsgemäß:

$$X = (\bar{N} - N)/\bar{N} \tag{5.44b}$$
$$w = \dot{W}/W \tag{5.44c}$$
$$u = \dot{P}/P. \tag{5.44d}$$

Schließlich seien $\bar{X}$ die natürliche Arbeitslosenrate und y die erwartete Preisinflationsrate. Die Lohninflation folgt der erwarteten Preisinflation, ist aber umso geringer (höher), je mehr die (tatsächliche) Arbeitslosenrate die natürliche übersteigt (unterschreitet) (Phillipskurve):

$$w = -\gamma(X - \bar{X}) + y, \quad \gamma > 0. \tag{5.44e}$$

Die Inflationserwartung wird durch folgenden Anpassungsprozeß generiert:

$$\dot{y} = \delta(u - y), \quad \delta > 0. \tag{5.44f}$$

Eliminiert man die absoluten Größen N, W und P, so erhält man folgende Differentialgleichung

$$\dot{X} = \frac{1-X}{1-\beta}[-\gamma(X-\bar{X}) - u + y], \quad X(0) = X_0. \tag{5.45}$$

Unterstellt man wirtschaftspolitischen Entscheidungsträgern, daß sie möglichst geringe Inflations- und Arbeitslosenraten als optimal ansehen, so erhält man folgendes Zielfunktional:

$$-\tfrac{1}{2}\int_0^\infty e^{-rt}(X^2 + \omega u^2)dt. \tag{5.46}$$

Dabei drückt $\omega > 0$ den relativen Schaden aus, den die Inflation im Vergleich zur Arbeitslosigkeit verursacht.

Um den quadratischen Term X^2 und die multiplikativen Terme $X(u-y)$, welche die Analyse verkomplizieren würden, auszuschalten, führen wir folgende monotone Transformation der Zustandsvariablen X durch:

$$x = -(1-\beta)\ln(1-X) \quad \text{bzw.} \quad 1 - X = \exp\left(-\frac{x}{1-\beta}\right) = E(x). \tag{5.47}$$

Dies liefert folgendes *Kontrollproblem in zwei Zustandsvariablen x, y und einer Steuerung u*:

138 Nichtlineare Modelle mit mehr als einem Zustand

$$\max_{u}\left\{-\tfrac{1}{2}\int_0^\infty e^{-rt}[(1-E(x))^2+\omega u^2]\,dt\right\} \tag{5.48a}$$

unter den Nebenbedingungen

$$\dot{x}=-\gamma[1-\bar{X}-E(x)]-u+y, \quad x(0)=x_0 \tag{5.48b}$$
$$\dot{y}=\delta(u-y), \qquad\qquad\qquad y(0)=y_0. \tag{5.48c}$$

Die Hamiltonfunktion

$$H=-\tfrac{1}{2}[(1-E(x))^2+\omega u^2]+\lambda[-\gamma(1-\bar{X}-E(x))-u+y]\\+\mu\delta(u-y)$$

wird durch

$$u=(\delta\mu-\lambda)/\omega \tag{5.49}$$

maximiert. Die adjungierten Gleichungen lauten:

$$\dot{\lambda}=r\lambda+\frac{E(x)}{1-\beta}[\gamma\lambda+1-E(x)] \tag{5.50a}$$

$$\dot{\mu}=(r+\delta)\mu-\lambda. \tag{5.50b}$$

Setzt man die Maximierungsbedingung (5.49) in die Systemdynamik (5.48) ein, so erhält man ein Differentialgleichungssystem in (x, y, λ, μ), dessen Gleichgewicht $(\hat{x}, \hat{y}, \hat{\lambda}, \hat{\mu})$ wie folgt eindeutig bestimmt ist:

$$\hat{\lambda}=-\bar{X}\frac{1-\bar{X}}{1-\beta}\bigg/\left(r+\gamma\frac{1-\bar{X}}{1-\beta}\right)<0 \tag{5.51a}$$

$$\hat{\mu}=\hat{\lambda}/(r+\delta)<0 \tag{5.51b}$$

$$1-E(\hat{x})=\bar{X} \quad \text{bzw.} \quad \hat{x}=-(1-\beta)\ln(1-\bar{X})>0 \tag{5.51c}$$

$$\hat{u}=\hat{y}=(\delta\hat{\mu}-\hat{\lambda})/\omega=-\frac{r\hat{\lambda}}{\omega(r+\delta)}>0. \tag{5.51d}$$

Die Jacobimatrix des Systems (5.48) und (5.50), ausgewertet in diesem Gleichgewicht, lautet:

5.3. Linearisierung des kanonischen Differentialgleichungssystems

$$J = \begin{pmatrix} \gamma E' & 1 & \dfrac{1}{\omega} & -\dfrac{\delta}{\omega} \\ 0 & -\delta & -\dfrac{\delta}{\omega} & \dfrac{\delta^2}{\omega} \\ \dfrac{E'}{1-\beta}(\gamma\hat{\lambda}+1-2E) & 0 & r+\dfrac{\gamma E}{1-\beta} & 0 \\ 0 & 0 & -1 & r+\delta \end{pmatrix} \quad (5.52)$$

wobei $E = E(\hat{x})$, $E' = E'(\hat{x}) = -E(\hat{x})/(1-\beta) < 0$.

Man verifiziert leicht, etwa durch Entwickeln nach der ersten Spalte, daß

$$\det J = -\gamma E'\delta(r - \gamma E')(r + \delta) > 0. \quad (5.53)$$

Die Konstante K aus (5.37) ist gegeben durch

$$K = \gamma E'(r - \gamma E') - E'(\gamma\hat{\lambda} + 1 - 2E)/\omega(1-\beta) - \delta(r+\delta) < 0. \quad (5.54)$$

Denn wenn man annimmt, daß die natürliche Arbeitslosenrate nicht mehr als 50 Prozent beträgt, also $\bar{X} \leq 1/2$ bzw. $E \geq 1/2$, so ist $K < 0$. Darüberhinaus gilt

$$K^2/4 - \det J > [\gamma E'(r - \gamma E') + \delta(r+\delta)]^2/4 > 0. \quad (5.55)$$

Wegen (5.53–55) ist Satz 5.4 anwendbar, und das Gleichgewicht (5.51) ist ein „Sattelpunkt", d. h. das kanonische System besitzt zwei positive und zwei negative Eigenwerte.

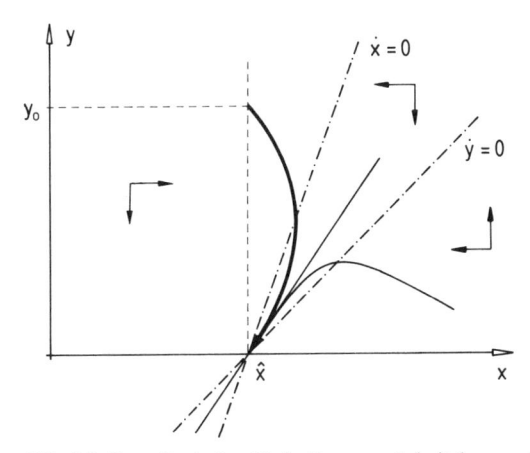

Abb. 5.5 Transitorisches Verhalten von Arbeitslosenrate und erwarteter Inflation

Damit ist das Stabilitätsverhalten des kanonischen Systems im Gleichgewicht festgelegt. Um qualitative Aussagen über das transitorische Verhalten der Zustandstrajektorien zu erhalten, beschränken wir uns auf den Fall $r = 0$. Die im Anschluß an Satz 5.4 skizzierte Vorgangsweise zur Ermittlung eines Phasenporträts liefert nach langwierigen Berechnungen, die bei Turnovsky (1981) eingesehen werden können, das in Abb. 5.5 skizzierte Zustandsdiagramm.

Da die Zustandstransformation (5.47) monoton ist, so kann (zur Feststellung der qualitativen Beschaffenheit der optimalen Zustandstrajektorie) als Abszisse auch die Arbeitslosenrate X gewählt werden. In diesem Fall ist der stationäre Wert $\hat{x}$ durch die natürliche Arbeitslosenrate $\bar{X}$ zu ersetzen.

Der in Abb. 5.5 fett eingezeichnete Zustandspfad kann wie folgt interpretiert werden. Startet die Volkswirtschaft im Niveau der natürlichen Arbeitslosenrate $X_0 = \bar{X}$, so nimmt die erwartete Inflationsrate y ständig ab, um langfristig gegen Null zu konvergieren, während die Arbeitslosigkeit anfänglich steigt, später aber wieder gegen ihr natürliches Niveau hin absinkt. In diesem Modell wird daher eine vorausschauende Wirtschaftspolitik, ein kurzfristiges Ansteigen der Arbeitslosenrate in Kauf nehmen, um langfristig die erwartete Inflation zu reduzieren.

5.4. Linear-quadratische Modelle

Probleme mit linearer Systemdynamik und quadratischem Zielfunktional stellen eine wichtige Klasse von Kontrollproblemen dar. Dies liegt einerseits an der Tatsache, daß die optimale Steuerung in linearer Feedback-Form ausgedrückt werden kann, andererseits aber auch daran, daß viele Anwendungsprobleme sich in linear-quadratischer (LQ) Gestalt formulieren lassen.

Gegeben sei folgendes Kontrollproblem mit quadratischem Zielfunktional

$$\min_{u} \tfrac{1}{2} \int_0^T e^{-rt} \{ [x(t) - \tilde{x}(t)]' Q(t) [x(t) - \tilde{x}(t)]$$
$$+ [u(t) - \tilde{u}(t)]' R(t) [u(t) - \tilde{u}(t)] \} \, dt$$
$$+ \tfrac{1}{2} e^{-rT} [x(T) - x_T]' S [x(T) - x_T], \quad (5.56)$$

linearer Zustandsgleichung

$$\dot{x}(t) = A(t) x(t) + B(t) u(t) + c(t), \quad (5.57)$$

Anfangsbedingung $x(0) = x_0$ und freiem Endzustand $x(T)$. Die Zustands- bzw. Steuervariablen $x(t) \in \mathbb{R}^n$, $u(t) \in \mathbb{R}^m$ sollen gemäß (5.56) „möglichst nahe" bei den gewünschten Trajektorien $\tilde{x}(t)$ bzw. $\tilde{u}(t)$ liegen, die als stetige Funktionen vorgegeben sind. Die Matrizen $Q(t)$, S und $A(t)$ besitzen die Dimension $n \times n$, die Matrix $R(t)$ hat die Dimension $m \times m$ und $B(t)$ die Dimension $n \times m$. Alle Matrizen (mit Ausnahme der konstanten Matrix S) seien stetig in t, ebenso wie der Vektor $c(t) \in \mathbb{R}^n$. Die Matrizen $Q(t)$ und S seien symmetrisch und positiv semidefinit, während $R(t)$ symmetrisch und positiv definit sein soll. Der gewünschte Endwert x_T kann, aber muß nicht mit $\tilde{x}(T)$ zusammenfallen.

5.4. Linear-quadratische Modelle

Die Lösung des LQ-Problems erfolgt gemäß Satz 2.1. Die Hamiltonfunktion lautet

$$H = -\tfrac{1}{2}[(x - \tilde{x})'Q(x - \tilde{x}) + (u - \tilde{u})'R(u - \tilde{u})] + \lambda[Ax + Bu + c]. \tag{5.58}$$

Da u unbeschränkt ist und R positiv definit, d. h. H streng konkav in u ist, so liefert die Maximierungsbedingung

$$H_u = -(u - \tilde{u})'R + \lambda B = 0, \quad \text{d. h.} \quad u' = \tilde{u}' + \lambda B R^{-1}. \tag{5.59}$$

Die adjungierte Gleichung ist gegeben durch

$$\dot{\lambda} = r\lambda - H_x = \lambda(rI - A) + (x - \tilde{x})'Q \tag{5.60}$$

mit der Transversalitätsbedingung

$$\lambda(T) = -[x(T) - x_T]'S. \tag{5.61}$$

Wegen der positiven Semidefinitheit von Q ist die Hamiltonfunktion in (x, u) konkav und gemäß Satz 2.2 und Bemerkung 2.4 sind die Optimalitätsbedingungen (5.57–61) auch hinreichend.

Da das kanonische Differentialgleichungssystem (5.57, 5.60) linear in x und λ ist, kann gezeigt werden, daß λ in linearer Weise von x abhängt (vgl. Bemerkung 5.6). Dies motiviert folgenden Ansatz:

$$\lambda(t) = \gamma(t) - x'(t)K(t). \tag{5.62}$$

Dabei ist $K(t)$ eine stetig differenzierbare $n \times n$ Matrix und $\gamma(t) \in \mathbb{R}^n$ ein stetig differenzierbarer Zeilenvektor. Bemerkenswerterweise hängt dabei weder γ noch K von x_0 ab.

Um Differentialgleichungen zur Bestimmung von K und γ zu erhalten, differenzieren wir (5.62) nach t. Eliminiert man $\dot{\lambda}$ mittels (5.60), u durch (5.59) und schließlich λ mittels (5.62), so erhält man (Übungsbeispiel 5.11)

$$x'(rK - \dot{K} - KA - A'K + KBR^{-1}B'K - Q)$$
$$+ \dot{\gamma} + \gamma(A - rI - BR^{-1}B'K) + \tilde{x}'Q - \tilde{u}'B'K - c'K = 0. \tag{5.63}$$

Da gemäß (5.62) γ und K unabhängig vom Anfangswert x_0 sind, muß (5.63) für beliebige Werte von $x(t)$ gelten. D. h., K erfüllt die Matrixdifferentialgleichung vom Riccati-Typ

$$\dot{K} = rK - KA - A'K + KBR^{-1}B'K - Q. \tag{5.64}$$

Ferner ist γ die Lösung der linearen Differentialgleichung

$$\dot{\gamma} = \gamma(rI - A + BR^{-1}B'K) - \tilde{x}'Q + \tilde{u}'B'K + c'K. \tag{5.65}$$

Kombiniert man (5.61) mit (5.62) und berücksichtigt, daß die resultierende Gleichung für alle $x(T)$ gelten muß, so erhält man folgende Endbedingungen

$$K(T) = S, \tag{5.66}$$

$$\gamma(T) = x_T' S. \tag{5.67}$$

Durch Transponieren von (5.64) folgt sofort, daß neben K auch K' die Riccati-Gleichung (5.64) erfüllt. Da ferner $K(T) = K'(T) = S$ gilt, fällt K mit K' zusammen, ist also symmetrisch.

Somit haben wir folgendes Resultat erhalten:

Satz 5.5. *Für das LQ-Problem* (5.56, 57) *existiert eine eindeutige optimale Lösung in linearer Feedback-Form*

$$u = \tilde{u} + R^{-1} B'(\gamma - Kx). \tag{5.68}$$

Dabei ist K bzw. γ Lösung von (5.64) *bzw.* (5.65) *mit der Endbedingung* (5.66) *bzw.* (5.67). *Die optimale Zustandstrajektorie genügt der linearen Differentialgleichung*

$$\dot{x} = (A - BR^{-1}B'K)x + B\tilde{u} + BR^{-1}B'\gamma' + c. \tag{5.69}$$

Bemerkung 5.5. Da (5.64–67) nicht von x_0 abhängen, so bleiben $K(t)$ und $\gamma(t)$ bei einer Veränderung des Anfangswertes x_0 unverändert. Da ferner (5.64) und (5.66) von $\tilde{x}, \tilde{u}$ und c unabhängig sind, muß bei Änderung dieser exogenen Vektoren nur γ gemäß (5.65) neu berechnet werden, während K unverändert bleibt.

Bemerkung 5.6. Um den Ansatz (5.62) zu motivieren, gibt es zwei Möglichkeiten.

Erstens erhält man durch Einsetzen von (5.59) in die Zustandsgleichung (5.57) in Kombination mit der Kozustandsgleichung (5.60) ein lineares Differentialgleichungssystem in x, λ. Unter Benutzung von dessen fundamentaler Lösungsmatrix erhält man gemeinsam mit (5.61) den Ansatz (5.62). Dies wird in Bemerkung 5.7 in einem Spezialfall durchgeführt.

Zweitens – und dieser Weg wird hier beschritten – kann die Hamilton-Jacobi-Bellman-Gleichung (2.32) verwendet werden. Sie lautet im vorliegenden Fall

$$\max_{u}\left\{ -\tfrac{1}{2}(x - \tilde{x})'Q(x - \tilde{x}) - \tfrac{1}{2}(u - \tilde{u})'R(u - \tilde{u}) + V_x(Ax + Bu + c)\right\}$$
$$= rV - V_t. \tag{5.70}$$

Dabei bezeichnet die Wertfunktion $V(x, t)$ den optimalen Wert des Zielfunktionals (5.56) auf dem Intervall $[t, T]$, falls im Zeitpunkt t mit dem Zustand x gestartet wird. Die Maximierung in (5.70) bezüglich u liefert (5.59), wobei λ durch V_x zu ersetzen ist. Setzt man (5.59) in (5.70) ein, so erhält man nach Umformungen

$$V_t - rV - \tfrac{1}{2} x' Q x + \tilde{x}' Q x - \tfrac{1}{2} \tilde{x}' Q \tilde{x} + V_x (Ax + B\tilde{u} + c)$$
$$+ \tfrac{1}{2} V_x B R^{-1} B' V_x' = 0. \tag{5.71}$$

Aus der Theorie nichtlinearer partieller Differentialgleichungen ist bekannt, daß (5.71) eine Lösung der Form

$$V(x, t) = -\tfrac{1}{2} x' K(t) x + \gamma(t) x - \psi(t) \tag{5.72}$$

besitzt. $\lambda = V_x$ hat daher die Gestalt (5.62).

Aus (5.72) ergibt sich auch folgendes Resultat.

Korollar 5.1. *Die optimale Wertfunktion des Kontrollproblems* (5.56, 57) *hat die Gestalt* (5.72), *wobei* **K** *und* γ *wie in Satz* 5.5 *gegeben sind. Dabei ist* ψ *die stetig differenzierbare Lösung der linearen Differentialgleichung*

$$\dot{\psi} = r\psi + \gamma B R^{-1} B' \gamma' + \gamma (B\tilde{u} + c) - \tfrac{1}{2} \tilde{x}' Q \tilde{x}, \tag{5.73}$$

und die Transversalitätsbedingung lautet

$$\psi(T) = \tfrac{1}{2} x_T' S x_T. \tag{5.74}$$

Der Beweis wird geführt, indem man (5.72) in (5.71) einsetzt und beachtet, daß das Resultat für alle $x(t)$ gilt. Auf diese Weise leitet man die Differentialgleichungen (5.64, 65) bzw. (5.73) für **K**, γ bzw. ψ ab. Die Transversalitätsbedingungen erhält man aus

$$V(x, T) = -\tfrac{1}{2} (x - x_T)' S (x - x_T) \tag{5.75}$$

(vgl. Übungsbeispiel 5.12).

Bemerkung 5.7. Das Problem (5.56, 57) ist ein diskontiertes *„Tracking-Problem"*. Das aus der Literatur geläufige LQ-Kontrollproblem in Standardform geht daraus hervor, indem man $r = 0$, $x_T = 0$, $\tilde{x}(t) = 0$, $\tilde{u}(t) = 0$ und $c(t) = 0$ setzt. In diesem Fall folgt aus Satz 5.5, daß $\gamma(t) = 0$ für $t \in [0, T]$, d. h. λ und u hängen affin von x ab:

$$\lambda = -x' K, \quad u = -R^{-1} B' K x. \tag{5.76}$$

Wegen Korollar 5.1 und $\psi = 0$ hat in diesem Fall die Wertfunktion die einfache Gestalt

$$V(x, t) = -\tfrac{1}{2} x' K(t) x. \tag{5.77}$$

Um den Ansatz (5.62) in diesem Fall direkt zu etablieren, schreiben wir das lineare Differentialgleichungssystem (5.57, 60) nach Elimination von **u** mittels (5.59) in der Form

144 Nichtlineare Modelle mit mehr als einem Zustand

$$\begin{pmatrix} \dot{x} \\ \dot{\lambda}' \end{pmatrix} = \begin{pmatrix} A & BR^{-1}B' \\ Q & -A' \end{pmatrix} \begin{pmatrix} x \\ \lambda' \end{pmatrix} \tag{5.78}$$

Dieses lineare homogene Differentialgleichungssystem könnte als Lösungsansatz verwendet werden. Gemeinsam mit $x(0) = x_0$ und (5.61) handelt es sich dabei um ein Randwertproblem. Diese Vorgangsweise wird in Abschnitt 9.1.1 illustriert. Hier wollen wir allerdings die Feedback-Gestalt (5.62) herleiten.

Mittels der Fundamentalmatrix[1] Φ des linearen Systems (5.78) läßt sich die Lösung in der Form

$$\begin{pmatrix} x(T) \\ \lambda'(T) \end{pmatrix} = \Phi(T, t) \begin{pmatrix} x(t) \\ \lambda'(t) \end{pmatrix} = \begin{pmatrix} \Phi_{11} & \Phi_{12} \\ \Phi_{21} & \Phi_{22} \end{pmatrix} \begin{pmatrix} x(t) \\ \lambda'(t) \end{pmatrix}$$

schreiben. Berücksichtigt man nun die Transversalitätsbedingung $\lambda'(T) = -Sx(T)$, so erhält man

$$(S\Phi_{11} + \Phi_{21})x(t) + (S\Phi_{12} + \Phi_{22})\lambda'(t) = 0,$$

wobei bei Φ_{ij} stets die Argumente (T, t) einzusetzen sind. Setzt man voraus, daß die Matrix $S\Phi_{12} + \Phi_{22}$ invertierbar ist, so gilt (5.62) mit $\gamma = 0$ und

$$K = (S\Phi_{12} + \Phi_{22})^{-1}(S\Phi_{11} + \Phi_{21}). \tag{5.79}$$

Eine weitere Möglichkeit, den Feedback-Ansatz (5.62) zu etablieren, besteht darin, das kanonische Differentialgleichungssystem (5.78) als charakteristisches Differentialgleichungssystem einer partiellen Differentialgleichung für $x(t, \lambda)$ bzw. $\lambda(t, x)$ anzusetzen (Einbettung des Problems). Aus der Theorie der partiellen Differentialgleichungen folgt dann sofort ein Trennungsansatz der Form $\lambda(t, x) = -x'K(t)$ mit K aus (5.79); vgl. dazu etwa *Bellman* und *Wing* (1975, §3).

Bemerkung 5.8. Die Matrix $K(t)$ ist für alle $t \in [0, T]$ positiv definit. Wäre etwa $y'K(t)y \leq 0$ für $y \neq 0$ und $t \in [0, T]$, dann wäre gemäß (5.77) für das Standardproblem die Wertfunktion $V(y, t) \geq 0$. Dies steht im Widerspruch zur Tatsache, daß das Zielfunktional (5.56) für $\tilde{x} = 0$, $\tilde{u} = 0$ stets negativ ist, soferne $x_0 \neq 0$ ist.

Bemerkung 5.9. Für das autonome Tracking-Problem kann man im Falle $r = 0$, $S = 0$ folgendes asymptotische Resultat zeigen: Falls das System (5.56, 57) kontrollierbar ist (vgl. Bemerkung 3.4), so gilt

$$\lim_{T \to \infty} K(t) = \hat{K}, \tag{5.80}$$

---

[1] Bekanntlich besitzt ein linear-homogenes Differentialgleichungssystem $\dot{z}(t) = M(t)z(t)$ die Lösung $z(t) = \Phi(t, t_0)z(t_0)$, wobei für die Fundamentalmatrix $\Phi(t, t_0) = \exp\{\int_{t_0}^{t} M(t)dt\}$ gilt; die exp-Funktion einer Matrix ist dabei durch die entsprechende Taylorreihe erklärt. Vgl. etwa *Knobloch* und *Kappel* (1974).

5.4. Linear-quadratische Modelle

wobei die symmetrische, positiv definite Matrix $\hat{K}$ als Lösung der algebraischen Matrixgleichung

$$\hat{K}\hat{A} + A'\hat{K} - KBR^{-1}B'K + Q = 0 \qquad (5.81)$$

gegeben ist. Ferner ist für hinreichend große Werte von T der Vektor $\gamma(t)$ näherungsweise gegeben durch

$$\hat{\gamma} = (\tilde{x}'Q - \tilde{u}'B'K - c'K)(BR^{-1}B'K - A)^{-1}; \qquad (5.82)$$

(vgl. dazu *Kalman*, 1960ab, *Athans* und *Falb*, 1966, p. 772, 803).

Die Riccatigleichung (5.64) läßt sich i.a. nur numerisch lösen. Im eindimensionalen Fall gestattet sie für $r = 0$, $A = 0$ eine analytische Lösung. Im folgenden Beispiel wird ein einfaches Lagerhaltungsproblem ohne Beschränkungen mit quadratischen Bestell- und Lagerhaltungskosten betrachtet.

Beispiel 5.5. Es bezeichne $z(t)$ den Lagerbestand, $v(t)$ die Bestell-(Produktions-) rate, $d(t)$ die Nachfrage und $h(z - \tilde{z})^2/2$ die quadratischen Lagerhaltungs- bzw. Fehlmengenkosten. Die Produktionskosten seien ebenfalls quadratisch und gleich $(v - \tilde{v})^2/2$. Mit $\tilde{z}(t)$ bzw. $\tilde{v}(t)$ bezeichnen wir dabei das gewünschte Lager- bzw. Produktionsniveau der Firma. Das Endlager werde ebenfalls mit quadratischen Kosten $S(z - z_T)^2/2$ belegt. Das Problem lautet somit:

$$\min_v \tfrac{1}{2}\left\{\int_0^T [h(z - \tilde{z})^2 + (v - \tilde{v})^2]dt + S[z(T) - z_T]^2\right\} \qquad (5.83)$$

$$\dot{z} = v - d, \quad z(0) = z_0. \qquad (5.84)$$

Setzt man $n = m = 1$, $r = 0$, $Q = h$, $R = 1$, $S = S$, $A = 0$, $B = 1$, $c = -d$, so läßt sich das Kontrollproblem (5.83, 5.84) als Spezialfall des LQ-Problems (5.56, 5.57) auffassen.

Die Riccatigleichung (5.64) lautet nun

$$\dot{K} = K^2 - h. \qquad (5.85)$$

Ihre Lösung ist gegeben durch

$$K = \sqrt{h}\tanh(C - \sqrt{h}t). \qquad (5.86)$$

Aus der Endbedingung (5.66), also $K(T) = S$, erhält man

$$C = \sqrt{h}T + \operatorname{artanh}(S/\sqrt{h}).$$

Die lineare Differentialgleichung für γ lautet nun

$$\dot{\gamma} = \gamma K + K(\tilde{v} - d) - \tilde{z}h \qquad (5.87)$$

mit der Endbedingung (5.67), also $\gamma(T) = z_T S$. Gemäß (5.68) gilt somit

$$v(t) = \tilde{v}(t) - z(t)\sqrt{h}\tanh(C - \sqrt{h}t) + \gamma(t). \tag{5.88}$$

Die optimale Produktionsrate ist also gleich der gewünschten Bestellrate $\tilde{v}$, korrigiert um zwei Summanden. Der erste, vom Lagerstock abhängige Korrekturterm, bewirkt eine Verringerung der Produktionsrate proportional zum aktuellen Lagerbestand. Diese Verminderung fällt umso stärker aus, je größer h ist, je weiter man noch vom Endzeitpunkt T entfernt und je größer die Endbewertung S ist. Der zweite Korrekturterm in (5.88) hängt gemäß (5.87) von allen Modellparametern ab. Für den plausiblen Fall $\tilde{v} \leq d$ für alle $t \in [0, T]$, $S \geq 0$ ist $\gamma(t) > 0$; eine globale Steigerung der Nachfrage bewirkt ein Zunehmen von γ, d.h. eine Erhöhung der optimalen Produktionsrate.

Im Spezialfall $\tilde{v} = d$ für $t \in [0, T]$, $\tilde{z} = $ const. und $S = 0$ läßt sich γ, v und z in geschlossener Form angeben (Übungsbeispiel 5.14):

$$\gamma(t) = \sqrt{h}\tilde{z}\tanh[\sqrt{h}(T - t)] \tag{5.89}$$

$$v(t) = d(t) + [\tilde{z} - z(t)]\sqrt{h}\tanh[\sqrt{h}(T - t)] \tag{5.90}$$

$$z(t) = \tilde{x} + (z_0 - \tilde{z})\cosh[\sqrt{h}(T - t)]/\cosh(\sqrt{h}T). \tag{5.91}$$

5.5. Globale asymptotische Stabilität und Ljapunov-Methode

Im letzten Abschnitt dieses Kapitels wollen wir einige auf der Ljapunov Theorie basierende Resultate über die (asymptotische) Stabilität des kanonischen Differentialgleichungssystems zusammenstellen. Grob gesprochen heißt das Gleichgewicht eines Systems stabil, wenn man sich – ausgehend von einem Zustand nahe dieses Gleichgewichtes – nicht „zu weit" von diesem Gleichgewicht wegbewegt.

Um den Stabilitätsbegriff zu präzisieren, betrachten wir ein Differentialgleichungssystem

$$\dot{z}(t) = \phi(z(t)), \tag{5.92}$$

wobei ϕ den Bedingungen des Existenz- und Eindeutigkeitssatzes für Differentialgleichungen genügt.

Definition 5.2. *Ein stationärer Punkt $\hat{z}$ von (5.92) heißt*

(i) stabil, wenn für jedes $\varepsilon > 0$ ein $\delta > 0$ existiert, so daß gilt

$$\|z(t) - \hat{z}\| < \varepsilon \quad \text{für alle} \quad t \geq 0, \quad \text{falls} \quad \|z(0) - \hat{z}\| < \delta \tag{5.93}$$

(ii) asymptotisch stabil, wenn er stabil ist und ein $\eta > 0$ existiert, so daß

$$\lim_{t \to \infty} \|z(t) - \hat{z}\| = 0, \tag{5.94}$$

5.5. Globale asymptotische Stabilität und Ljapunov-Methode

falls $\|z(0) - \hat{z}\| < \eta$

(iii) global asymptotisch stabil, wenn für jede Lösung $z(t)$ die Beziehung (5.94) gilt.

Im folgenden sei $\hat{z}$ der einzige stationäre Punkt des auf der offenen Menge D definierten Differentialgleichungssystems (5.92). Somit gilt

$$\phi(z) = 0 \quad \text{genau dann, wenn} \quad z = \hat{z}. \tag{5.95}$$

Um hinreichende Bedingungen für die (asymptotische) Stabilität anzugeben, ist – motiviert durch die Potentialfunktion der Mechanik – folgende Definition sinnvoll.

Definition 5.3. *Eine auf D stetig differenzierbare skalare Funktion $V(z)$ heißt Ljapunov-Funktion, wenn sie auf jeder kompakten Teilmenge beschränkt ist und wenn gilt*

(i) $\quad V(\hat{z}) = 0,$ \hfill (5.96a)

(ii) $\quad \dot{V}(z) \leq 0 \quad \text{für alle} \quad z \in D.$ \hfill (5.96b)

Dabei ist $\dot{V}(z(t))$ definiert als

$$\dot{V}(z) = \frac{d}{dt} V(z) = \frac{\partial V(z)}{\partial z} \dot{z} = \frac{\partial V(z)}{\partial z} \phi(z). \tag{5.97}$$

Satz 5.6 (Ljapunov-Theorem)
Falls auf D eine Ljapunov-Funktion $V(z)$ des Systems (5.92) existiert, so ist das Gleichgewicht $\hat{z}$ stabil. Falls darüberhinaus

$$V(z) > 0 \quad \text{für} \quad z \neq \hat{z} \tag{5.98a}$$

$$\dot{V}(z) < 0 \quad \text{für} \quad z \neq \hat{z}, \tag{5.98b}$$

so ist $\hat{z}$ asymptotisch stabil.

Einen Beweis dieses auf Ljapunov zurückgehenden Theorems findet man etwa bei *Hahn* (1967), *LaSalle* und *Lefschetz* (1967), *Hartman* (1982, p. 38) oder *Luenberger* (1979, p. 335–339).

Um die Konvergenz der Zustandstrajektorie eines Kontrollproblems gegen ein Gleichgewichtsniveau nachzuweisen, können Ljapunov-Funktionen auf verschiedene Weisen angewendet werden. Im Rest dieses Abschnittes werden drei Ljapunov-Funktionen in Betracht gezogen.

5.5.1. Der Ansatz über die Wert-Funktion[1]

Ausgangspunkt ist das Kontrollproblem (2.55) in autonomer Form, d.h.

$$F_t = 0, \quad f_t = 0.$$

Die in Abschnitt 2.2 definierte Wertfunktion, die wir hier (in Unterscheidung zur Ljapunov-Funktion) mit W bezeichnen wollen; ist gegeben durch

$$W(x_0) = \max_{\substack{u \\ x(0) = x_0}} \int_0^\infty e^{-rt} F(x(t), u(t)) dt. \tag{5.99}$$

Dabei verwenden wir die Tatsache, daß im *autonomen* Fall, auf den wir uns hier beschränken, die Wertfunktion nicht explizit von t abhängt, d.h. es gilt auch (Übungsbeispiel 5.17)

$$W(x_0) = \max_{\substack{u \\ x(t) = x_0}} \int_t^\infty e^{-r(s-t)} F(x(s), u(s)) ds \tag{5.100}$$

Unter der Annahme, daß W zweimal stetig differenzierbar ist, gilt gemäß (2.29) für die Kozustandstrajektorie λ zu einer optimalen Lösung x^*:

$$\lambda(t) = W_x(x^*(t)). \tag{5.101}$$

Differenziert man nun (5.101) nach der Zeit, so ergibt sich $\dot{\lambda} = (W_{xx}(x^*)\dot{x}^*)'$ also

$$\dot{\lambda}\dot{x}^* = (\dot{x}^*)' W_{xx}(x^*)\dot{x}^* < 0 \tag{5.102}$$

für $\dot{x}^* \neq 0$, soferne die Wertfunktion konkav in x ist. Löst man die Maximumbedingung (2.5) als $u^* = u^*(x, \lambda)$ auf, so kann u^* in Rückkoppelungsgestalt angegeben werden:

$$u^* = u^*(x, W_x(x)). \tag{5.103}$$

Die optimale Zustandstrajektorie x^* genügt also der Differentialgleichung

$$\dot{x} = f(x, u^*(x, W_x(x))). \tag{5.104}$$

Wir zeigen nun folgendes Resultat:

Satz 5.7. *Angenommen, die Wertfunktion* (5.99) *des autonomen Problems* (2.55) *sei zweimal stetig differenzierbar und konkav, die maximierte Hamiltonfunktion H^0 aus* (2.51) *sei streng konvex*[2] *in λ, und die Matrix*

---

[1] Man vgl. dazu *Brock* und *Scheinkman* (1977).
[2] Hinreichend dafür ist gemäß Satz 4.14, daß H streng konkav in u ist und daß f_u vollen Zeilenrang hat.

5.5. Globale asymptotische Stabilität und Ljapunov-Methode

$$M = (H_{\lambda\lambda}^0)^{-1} H_{x\lambda}^0 + [(H_{\lambda\lambda}^0)^{-1} H_{x\lambda}^0]' + \frac{d}{dt}[(H_{\lambda\lambda}^0)^{-1}] \qquad (5.105)$$

ist negativ definit. Dann konvergiert jede optimale Trajektorie x^* gegen ein Gleichgewicht des Systems (5.104).

Beweis. Man definiert die Ljapunov-Funktion

$$V(x) = (H_\lambda^0)'(H_{\lambda\lambda}^0)^{-1} H_\lambda^0 \qquad (5.106)$$

wobei gemäß (5.101) die Beziehung $\lambda = W_x(x)$ einzusetzen ist.

Wegen[1] $\dot{x} = H_\lambda^0$ gilt $V(x) = 0$ für einen Gleichgewichtspunkt $\hat{x}$ des Systems (5.104).

Um nachzuweisen, daß $V(x)$ tatsächlich eine Ljapunov-Funktion ist, die Satz 5.6 genügt, müssen wir gemäß (5.98a) zeigen, daß zunächst

$$V(x) > 0 \quad \text{falls} \quad x \neq \hat{x}, \quad \text{d.h.} \quad \dot{x} \neq 0.$$

Da H^0 laut Annahme streng konvex in λ ist, so ist $H_{\lambda\lambda}^0$ und damit auch $(H_{\lambda\lambda}^0)^{-1}$ positiv definit. Dies liefert $V(x) = \dot{x}'(H_{\lambda\lambda}^0)^{-1}\dot{x} > 0$ für $\dot{x} \neq 0$.

Um (5.96b) bzw. (5.98b) zu verifizieren, bilden wir gemäß (5.97) die Zeitableitung von V:

$$\dot{V}(x) = (\dot{x}' H_{\lambda x}^0 + \dot{\lambda} H_{\lambda\lambda}^0)(H_{\lambda\lambda}^0)^{-1} H_\lambda^0 + (H_\lambda^0)'(H_{\lambda\lambda}^0)^{-1}(H_{\lambda x}^0 \dot{x} + H_{\lambda\lambda}^0 \dot{\lambda}')$$

$$+ (H_\lambda^0)' \frac{d}{dt}[(H_{\lambda\lambda}^0)^{-1}] H_\lambda^0. \qquad (5.107)$$

Mittels (5.105) läßt sich (5.107) schreiben als

$$\dot{V}(x) = \dot{x}'M\dot{x} + 2\dot{\lambda}\dot{x} < 0 \quad \text{für} \quad x \neq \hat{x}.$$

Dabei wurde von der negativen Definitheit von M und (5.102) Gebrauch gemacht. Die asymptotische Stabilität folgt dann aus dem Ljapunov-Theorem (Satz 5.6). □

Bemerkung 5.10. Der Summand $\dfrac{d}{dt}[(H_{\lambda\lambda}^0)^{-1}]$ in der Matrix M ist schwierig zu behandeln. Für die Modellklasse

$$F(x, u) = G(x) + \tfrac{1}{2} u' Ru \qquad (5.108a)$$

$$f(x, u) = f(x) + Bu \qquad (5.108b)$$

mit negativ definitem R ist $H_{\lambda\lambda}^0$ konstant, und der betreffende Summand verschwindet.

---

[1] Man vgl. das Enveloppentheorem Lemma 2.1.

5.5.2. Der Ansatz von Cass und Shell

Im vorigen Abschnitt haben wir die Ljapunov-Theorie auf die Zustandsgleichung in reduzierter Form (5.104) angewendet. Im Anschluß an *Cass* und *Shell* (1976b) und *Magill* (1977) betrachten wir nun das kanonische Differentialgleichungssystem, das wir mittels der maximierten Hamiltonfunktion formulieren als

$$\dot{x} = H_\lambda^0(x, \lambda), \quad \dot{\lambda} = r\lambda - H_x^0(x, \lambda) \tag{5.109}$$

(vgl. dazu das Enveloppentheorem Lemma 2.1).

Wie wir aus den Sattelpunktsuntersuchungen von Kapitel 4 wissen, ist das Gleichgewicht des Systems (5.109) prinzipiell nicht Ljapunov-stabil. Allerdings kann für beschränkte Trajektorien bzw. für solche, die der Grenztransversalitätsbedingung genügen, die Konvergenz gegen das Gleichgewicht nachgewiesen werden.

Da sich in diesem Fall aber keine Ljapunov-Funktion findet, die gemäß (5.98a) überall nichtnegativ ist, benötigen wir folgende Variante des Ljapunoff-Theorems 5.6:

Satz 5.8. *Auf der offenen Menge D sei eine stetig differenzierbare Funktion $V(z)$ definiert, welche (5.96b) erfüllt. Dann liegen alle (eventuell existierenden) Häufungspunkte einer Trajektorie $z(\cdot)$ in der Menge $D_0 = \{z | \dot{V}(z) = 0\}$.*

Einen Beweis dieses Resultates findet man bei *LaSalle* und *Lefschetz* (1967) bzw. *Hartman* (1982, p. 539).

Der folgende Satz gibt eine hinreichende Bedingung für globale asymptotische Stabilität an.

Satz 5.9. *Angenommen, das modifizierte Hamiltonsche System (5.109) besitzt einen eindeutigen Gleichgewichtspunkt $(\hat{x}, \hat{\lambda})$. Die maximierte Hamiltonfunktion H^0 sei konkav in x und konvex in λ und es gelte:*

$$(\lambda - \hat{\lambda})H_\lambda^0(x, \lambda) - [H_x^0(x, \lambda) - r\hat{\lambda}](x - \hat{x}) > -r(\lambda - \hat{\lambda})(x - \hat{x})$$
für $(x, \lambda) \neq (\hat{x}, \hat{\lambda})$. \hfill (5.110)

Dann gilt für jede beschränkte Lösung (x, λ) von (5.109)

$$\lim_{t \to \infty} x(t) = \hat{x}, \quad \lim_{t \to \infty} \lambda(t) = \hat{\lambda}. \tag{5.111}$$

Beweis. Wir betrachten die Ljapunov-Funktion

$$V(x, \lambda) = -(\lambda - \hat{\lambda})(x - \hat{x}). \tag{5.112}$$

Für die Ableitung $\dot{V}$ in Richtung der Trajektorie $z = (x', \lambda)'$ gilt

$$\dot{V}(x, \lambda) = -(\lambda - \hat{\lambda})H_\lambda^0(x, \lambda) + [H_x^0(x, \lambda) - r\lambda](x - \hat{x}) \tag{5.113}$$
$$\dot{V}(x, \lambda) = [H^0(x, \lambda) + (\hat{\lambda} - \lambda)H_\lambda^0(x, \lambda)]$$
$$\quad - [H^0(x, \lambda) + H_x^0(x, \lambda)(\hat{x} - x)] - r\lambda(x - \hat{x}).$$

5.5. Globale asymptotische Stabilität und Ljapunov-Methode

Da $H^0(x, \lambda)$ konkav in x und konvex in λ ist, so gilt weiters

$$\dot{V}(x, \lambda) \leq H^0(x, \hat{\lambda}) - H^0(\hat{x}, \lambda) - r\lambda(x - \hat{x})$$
$$= [H^0(x, \hat{\lambda}) - H^0(\hat{x}, \hat{\lambda})] - [H^0(\hat{x}, \lambda) - H^0(\hat{x}, \hat{\lambda})] - r\lambda(x - \hat{x})$$
$$\leq H^0_x(\hat{x}, \hat{\lambda})(x - \hat{x}) - (\lambda - \hat{\lambda})H^0_\lambda(\hat{x}, \hat{\lambda}) - r\lambda(x - \hat{x})$$
$$= r\hat{\lambda}(x - \hat{x}) - r\lambda(x - \hat{x}) = rV(x, \lambda).$$

Dabei wurde die Tatsache verwendet, daß $(\hat{x}, \hat{\lambda})$ ein Gleichgewicht des kanonischen Systems (5.109) ist.

Somit gilt

$$\frac{d}{dt}[e^{-rt}V(x(t), \lambda(t))] = e^{-rt}[\dot{V}(x, \lambda) - rV(x, \lambda)] \leq 0. \tag{5.114}$$

Für jede beschränkte Lösung (x, λ) ist auch $V(x(t), \lambda(t))$ beschränkt, woraus folgt:

$$\lim_{t \to \infty} e^{-rt}V(x(t), \lambda(t)) = 0. \tag{5.115}$$

Aus (5.114) und (5.115) ergibt sich somit für jede beschränkte Trajektorie (x, λ)

$$V(x(t), \lambda(t)) \geq 0. \tag{5.116}$$

Addiert man die Beziehung (5.113) zu (5.110), so erhält man

$$\dot{V} < 0 \quad \text{für} \quad (x, \lambda) \neq (\hat{x}, \hat{\lambda}). \tag{5.117}$$

Gemäß Satz 5.8 liegen alle Häufungspunkte der beschränkten Lösung (x, λ) in der Menge $D_0 = \{z \mid \dot{V}(z) = 0\}$. Da wegen (5.117) die Menge D_0 nur aus dem stationären Punkt $(\hat{x}, \hat{\lambda})$ besteht, muß $(x(t), \lambda(t))$ gegen das Gleichgewicht streben. □

Bemerkung 5.11. Bei *Cass* und *Shell* (1976ab, p. 57) wird gezeigt, daß bei einer Verschärfung der Annahme (5.110), nämlich

Für jedes $\varepsilon > 0$ existiert $\delta > 0$, so daß für (x, λ) mit $\|x - \hat{x}\| > \varepsilon$ gilt
$$(\lambda - \hat{\lambda})H^0_\lambda(x, \lambda) - [H^0_x(x, \lambda) - r\hat{\lambda}](x - \hat{x}) > \delta - r(\lambda - \hat{\lambda})(x - \hat{x}) \tag{5.110a}$$

die Konvergenz $x(t) \to \hat{x}$ gilt. Dabei kann die Annahme der Beschränktheit von $(x(t), \lambda(t))$ durch die Grenztransversalitätsbedingung

$$\lim_{t \to \infty} e^{-rt}\lambda(t)x(t) = 0$$

ersetzt werden, soferne x und λ nichtnegativ sind.

Die Voraussetzungen (5.110) bzw. (5.110a) werden in der Literatur als „*Steilheitsannahme*" bezeichnet; sie besagen, daß die in (x, λ) linearisierte maximierte Hamiltonfunktion „steiler" als die quadratische Form auf der rechten Seite der Ungleichung ist.

5.5.3. Der Ansatz von Brock und Scheinkman

Der Zugang von *Brock* und *Scheinkman* (1977) ist ähnlich dem im vorigen Unterabschnitt behandelten Ansatz von Cass und Shell, wobei allerdings die hinreichenden Stabilitätsbedingungen Ableitungen *zweiter* Ordnung von H^0 enthalten.

Satz 5.10. *Es sei* $(\hat{x}, \hat{\lambda})$ *der eindeutige Gleichgewichtspunkt des modifizierten Hamiltonschen Systems* (5.109). *Die Matrix*

$$C(x, \lambda) = \begin{pmatrix} H^0_{xx} & -\frac{1}{2}rI \\ -\frac{1}{2}rI & -H^0_{\lambda\lambda} \end{pmatrix} \tag{5.118}$$

existiere und sei in $(\hat{x}, \hat{\lambda})$ *negativ definit. Für* $(x, \lambda) \neq (\hat{x}, \hat{\lambda})$ *mit*

$$(\lambda - \hat{\lambda}) H^0_\lambda(x, \lambda) + [r\lambda - H^0_x(x, \lambda)](x - \hat{x}) = 0 \tag{5.119a}$$

gelte

$$((x - \hat{x})', \lambda - \hat{\lambda}) C(x, \lambda)((x - \hat{x})', \lambda - \hat{\lambda})' < 0. \tag{5.119b}$$

Dann streben für $t \to \infty$ *alle beschränkten Lösungen von* (5.109) *gegen den stationären Punkt* $(\hat{x}, \hat{\lambda})$.

Beweis. Aus Platzgründen beschränken wir uns auf eine Beweisskizze. Man setzt wieder die Ljapunov-Funktion (5.112) an. Um zu zeigen, daß $\dot{V}(x, \lambda) \leq 0$ ist, setzt man zunächst $z = ((x - \hat{x})', \lambda - \hat{\lambda})'$. Dadurch kann (5.112) geschrieben werden als

$$V(z) = -z'Az \quad \text{mit} \quad A = \frac{1}{2}\begin{pmatrix} 0 & I \\ I & 0 \end{pmatrix}.$$

Nun definiert man $g : \mathbb{R} \to \mathbb{R}$ als

$$g(\xi) = \dot{V}(\xi z), \quad \xi \geq 0. \tag{5.120}$$

Um Satz 5.8 anwenden zu können, müssen wir $\dot{V}(z) = g(1) < 0$ für $z \neq \hat{z}$ beweisen. Zu diesem Zweck zeigt man

$$g(0) = 0, \quad g'(0) = 0, \quad g''(0) < 0, \tag{5.121}$$

aus $\quad g(\bar{\xi}) = 0 \quad \text{für} \quad \bar{\xi} > 0 \quad \text{folgt} \quad g'(\bar{\xi}) < 0. \tag{5.122}$

Nach einigen Umformungen ergibt sich $g''(0) < 0$ aus der negativen Definitheit der Matrix $C(\hat{x}, \hat{\lambda})$, während (5.122) aus (5.119) folgt. Die Berechnungen können bei *Carlson* und *Haurie* (1987, § 5.3) eingesehen werden. □

Bemerkung 5.12. Die Matrix $C(x, \lambda)$ wird als Krümmungsmatrix (curvature matrix) bezeichnet. Ihre negative Definitheit ist eine stärkere Annahme als die Konkavität der Funktion H^0 in x und ihre Konvexität in λ.

Wenn der kleinste Eigenwert der Matrizen $H^0_{\lambda\lambda}$, $-H^0_{xx}$ größer als $r/2$ ist, so ist $C(x, \lambda)$ negativ definit (vgl. *Brock* und *Scheinkman*, 1977, p. 184).

Eine andere hinreichende Bedingung wurde von *Rockafellar* (1976) angegeben. Sie benützt den Begriff der α-Konvexität sowie der β-Konkavität. Eine Funktion $\psi(y)$ heißt α-konvex mit $\alpha > 0$, falls

$$\psi(y) - \tfrac{1}{2}\alpha\|y\|^2$$

konvex ist. Sie ist β-konkav ($\beta > 0$), wenn $-\psi$ β-konvex ist. Wenn H^0 α-konvex in λ und β-konkav in x ist, so ist die Krümmungsmatrix $C(x, \lambda)$ negativ definit, falls

$$4\alpha\beta > r^2$$

ist.

5.5.4. Abschließende Bemerkungen zur asymptotischen Stabilität

Neben den bisher betrachteten globalen Resultaten kann auch die *lokale asymptotische Stabilität* untersucht werden. *Magill* (1970, 1977) betrachtet das linear-quadratische Steuerungsproblem (A.1.32) mit $T = \infty$, $S = 0$, welches das autonome Problem (2.55) im Gleichgewicht $(\hat{x}, \hat{u}, \hat{\lambda})$ approximiert. Unter Verwendung der Ljapunov-Funktion $V(\delta x) = \tfrac{1}{2}\delta x' \hat{K} \delta x$, wobei $\hat{K}$ eine stationäre positiv definite Lösung der auftretenden Riccatigleichung ist, wird dort folgende hinreichende Bedingung für die globale asymptotische Stabilität der Lösungen des Zusatzproblems (A.1.32) mit $T = \infty$ angegeben:

$$C = \begin{pmatrix} Q - MR^{-1}M' & -\tfrac{1}{2}rI \\ -\tfrac{1}{2}rI & BR^{-1}B' \end{pmatrix} \text{ ist negativ definit.} \quad (5.123)$$

Die Matrizen Q, R, M und A sind dabei in (A.1.33) definiert.

Bedingung (5.123) stellt dann auch eine hinreichende Bedingung für die lokale asymptotische Stabilität des modifizierten Hamiltonschen Systems (5.109) dar. Man überzeugt sich leicht (Übungsbeispiel 5.18), daß C mit der im Gleichgewicht $(\hat{x}, \hat{\lambda})$ ausgewerteten Krümmungsmatrix (5.118) übereinstimmt.

Neben den bereits oben angeführten Literaturzitaten verweisen wir generell auf *Carlson* und *Haurie* (1987), der eine übersichtliche Darstellung der verschiedenen Stabilitätsansätze liefert. Dort findet man auch die entsprechenden Resultate für $r = 0$, wobei ein verallgemeinerter Optimalitätsbegriff unterstellt wird (vgl. Kriterium 2 und 3 von Definition 7.2). Eine wesentliche Konsequenz besteht darin, daß für $r = 0$ die strenge Konkavität der Funktion H^0 in x und ihre strenge Konvexität in λ hinreichend für die globale asymptotische Stabilität ist. Für positive Diskontraten müssen hingegen stärkere Annahmen getroffen werden, etwa die negative Definitheit von (5.118).

Obwohl die oben skizzierten Resultate über asymptotische Stabilität schon seit mehr als einem Jahrzehnt in der ökonomischen Literatur bekannt sind[1], sind konkrete Anwendungen in den Wirtschaftswissenschaften eher spärlich. Dies dürfte an den unhandlichen Stabilitätsbedingungen liegen.

---

[1] Auf Problemstellungen der Mechanik wurden Stabilitätsuntersuchungen bereits von Lagrange, Poincaré und Ljapunov angewendet.

Übungsbeispiele zu Kapitel 5

5.1. Man führe die Phasendiagrammanalyse für einen Zustand und eine Kontrolle (analog zu Abschnitt 4.2) unter der Budgetnebenbedingung (5.10) durch, d. h. man beweise Satz 5.1.

5.2. Man führe eine statische Sensitivitätsanalyse des Gleichgewichtes $(\hat{x}, \hat{u}, \hat{\lambda})$ bezüglich des Parameters μ_i für das Modell von Satz 5.1 bzw. Übungsbeispiel 5.1 durch und beweise (5.12).

5.3. Man zeige, daß für Beispiel 5.1 ein Gleichgewichtspunkt existiert, falls die Kostenfunktion zusätzlich zu (5.15d) die Voraussetzung $c'(0) = 0$, $c'(\infty) = \infty$ erfüllt.

5.4. Man zeige, daß für zustandsseparable Kontrollmodelle (Def. 5.1) in der adjungierten Gleichung weder x noch u vorkommen, die Transversalitätsbedingung unabhängig von $x(T)$ ist und die Maximumbedingung eine von x unabhängige Beziehung $u = u(\lambda)$ liefert.

5.5. Man verifiziere, daß das Modell von Beispiel 5.2 zustandsseparabel ist, aber nicht die Gestalt (5.16) besitzt.

5.6. Man analysiere das Beispiel 5.3 im (u, λ) bzw. (u, μ)-Diagramm; vgl. Bemerkung 5.3.

5.7. Für ein zustandsseparables Kontrollmodell mit zwei Zuständen und zwei Kontrollen zeige man, daß das Stabilitätsverhalten in der (λ, μ)- und in der (u, v)-Phasenebene dasselbe ist. (Hinweis: man zeige, daß für beide Systeme die Jacobimatrix die gleiche Spur und Determinante besitzt.)

5.8. (a) Man zeige die Beziehungen (5.34) für die Elemente der Jacobimatrix J.
(b) Man beweise unter Benutzung von (a), daß $M_3 + rM_2 - r^3 = 0$ gilt.

5.9. Man führe den Beweis von Satz 5.4.

5.10. Man verifiziere die Beziehungen (5.34) für die Matrix J in (5.52). Ferner überprüfe man die Gültigkeit von (5.53–55).

5.11. Man leite die für den Beweis von Satz 5.5 benötigte Beziehung (5.63) her.

5.12. Man führe den Beweis von Korollar 5.1.

5.13. Man leite die Beziehung (5.62) für das diskontierte Tracking-Problem mittels der Fundamentalmatrix Φ für das kanonische Gleichungssystem her. (Hinweis: Man gehe wie in Bemerkung 5.7 vor, beachte allerdings, daß das (5.78) entsprechende System nun inhomogen ist.

5.14. Man zeige, daß für $\tilde{v}(t) = d(t)$, $\tilde{z} = $ const. und $S = 0$ die Funktionen $y(t)$, $v(t)$ und $z(t)$ von Beispiel 5.5 in der Gestalt (5.89–91) darstellbar sind. Man überlege sich zusätzlich den Fall $S \neq 0$.

5.15. Man ermittle die Wertfunktion für das Lagerhaltungsbeispiel 5.5 gemäß Korollar 5.1.

5.16. Gegeben sei folgendes Umweltmodell:

$$\max \int_0^T e^{-rt}[pF(L) - wL - e - \psi(W) - k(u)]dt + e^{-rT}[S_1 L(T) - S_2 W(T)]$$
$$\dot{L} = u - \sigma L, \quad L(0) = L_0$$
$$\dot{W} = \varepsilon F(L) - g(e) - \delta W, \quad W(0) = W_0.$$

Dabei bezeichnet L den Arbeitskräftestand einer Firma, u die Einstell- bzw. Entlassungsrate mit Anpassungskosten $k(u)$, $F(L)$ die Produktionsfunktion, p den konstanten

Marktpreis des produzierten Gutes, σ die freiwillige Abgangsrate und w die konstante Lohnrate. Die Produktion verursacht mit der Rate ε Emissionen, die sich in einer Stockgröße W (Umweltverschmutzung) akkumulieren, Kosten $\psi(W)$ verursachen und mit der Rate δ von der Natur abgebaut werden (Selbstreinigungskraft). Sie können aber auch durch Säuberungsmaßnahmen e mit Wirksamkeit $g(e)$ beseitigt werden.

Man zeige, daß das Modell zustandsseparabel ist und analysiere es im (u, e)-Phasenraum.

5.17. Man zeige, daß die Wertfunktion (5.100) nicht von t abhängt.

5.18. Man zeige, daß die Matrix C aus (5.123) mit der Krümmungsmatrix $C(\hat{x}, \hat{\lambda})$ aus (5.118) übereinstimmt (Hinweis: Man verwende H_{xx}^0 aus Bemerkung 2.4 mit $\partial u/\partial x = -H_{uu}^{-1}H_{ux}$ bzw. die analoge Argumentation für $H_{\lambda\lambda}^0$).

Weiterführende Bemerkungen und Literatur zu Kapitel 5

Die Behandlung von Kontrollproblemen mit Integralnebenbedingungen findet sich z. B. bei *Hestenes* (1966). Als Budgetnebenbedingung wurden sie in einem linearen Werbemodell von *Sethi* und *Lee* (1981) betrachtet; die in Beispiel 5.1 erwähnte nichtlineare Version stammt von *Hartl* (1982c). In manchen Fällen ermöglicht erst die Einführung einer Budgetnebenbedingung die Lösung eines Steuerungsproblemes, welches sonst unbeschränkt wäre.

Der Begriff der Zustandsseparabilität findet sich erstmals in *Dockner, Feichtinger* und *Jørgensen* (1985), vgl. auch *Dockner* (1984a).

Die in Abschnitt 5.3 vorgenommene Linearisierung des kanonischen Differentialgleichungssystems für mehr als eine Zustandsvariable taucht in mehreren Aufsätzen bei *Kemp* und *Long* (1980) auf. Das Resultat, daß die Eigenwerte symmetrisch zur halben Diskontrate sind (vgl. (5.36)), geht auf *Kurz* (1968) zurück; vgl. auch *Treadway* (1971), *Levhari* und *Liviatan* (1972). Beispiel 5.4 wurde von *Turnovsky* (1981) analysiert. Die Feststellung einer funktionalen Beziehung zwischen Arbeitslosigkeit und Lohnänderungsrate stammt von Phillips, der in einer Reihe empirischer Studien eine negative Korrelation der beiden Größen nachgewiesen hat. Daran anschließend haben Samuelson und Solow den Zusammenhang von Arbeitslosigkeit und Inflation untersucht (Phillipskurve; vgl. etwa *Frisch*, 1983). Auf Turnovsky aufbauend hat *Dockner* (1984a) das allgemeine Modell von Abschnitt 5.3 behandelt. Ein Beweis von Satz 5.3 findet sich z. B. bei *Coddington* und *Levinson* (1955, p. 330). Eine numerische Illustration der Linearisierung des kanonischen Differentialgleichungssystems erfolgt in Abschnitt 15.2.

Wie in Abschnitt 4.5.3 bereits erwähnt, spielt die Frage nach der *Optimalität zyklischer Lösungen* von Kontrollproblemen mit mehr als einer Zustandsvariablen eine wichtige Rolle. *Magill* (1979) gibt Bedingungen an, unter denen ein Gleichgewicht ein stabiler Strudelpunkt ist. Dabei wird gezeigt, wie gedämpfte zyklische Trajektorien im Zusammenhang mit rationalen Erwartungen auftreten können. *Sorger* (1985b) untersucht ein Marketing-Mix-Interaktionsmodell, in welchem unter bestimmten Bedingungen Zyklen auftreten. Bei autonomen Problemen mit unendlichem Zeithorizont können *Grenzzyklen* auftreten. Literaturhinweise hierzu sind *Ryder* und *Heal* (1973), *Benhabib* und *Nishimura* (1979), *Lobry* (1980), *Steindl* et al. (1985), *Luhmer* et al. (1986), *Medio* (1986), *Feichtinger* und *Sorger* (1986).

In manchen Fällen kann die Dimension des Zustandsraumes von Modellen mit mehr als einer Zustandsvariablen durch Quotientenbildung reduziert werden. In Abschnitt 13.1.1 wird dies anhand eines Kapitalakkumulationsmodells illustriert. Quotientenbildung ist dann erfolgversprechend, wenn die auftretenden Modellfunktionen linear oder von Cobb-Douglas-Gestalt sind (vgl. dazu *Kemp* und *Long*, 1980, *Hartl* und *Mehlmann*, 1982).

Die Standardreferenz für linear-quadratische Kontrollprobleme ist *Kalman* (1960ab, 1963). Übersichtliche Darstellungen findet man bei *Athans* und *Falb* (1966, § 9) sowie bei *Bryson* und *Ho* (1975, § 5) und bei *Burghes* und *Graham* (1980). Die erste in Bemerkung 5.6 erwähnte Methode, um den Ansatz (5.62) zu erhalten, findet sich bei *Kwakernaak* und *Sivan* (1972). Der zweite Weg wurde bei *Knobloch* und *Kwakernaak* (1985) angeführt. *Breitenecker* (1983) hat gezeigt, daß ähnliche Lösungsansätze mit einer Riccatigleichung, die unabhängig von Anfangs-, Endwert und Endzeit ist, auch für das LQ-Problem mit festem Endwert $x(T) = x_T$ existieren.

Das einfache deterministische Lagerhaltungsmodell ohne Beschränkungen geht zurück auf *Holt* et al. (1960); vgl. auch *Bensoussan* et al. (1974, § 3) und Kap. 9.

Zur Thematik der global asymptotischen Stabilität wurde schon im Text auf die einschlägige Literatur verwiesen. Hier sei noch auf folgende Überblicksarbeiten hingewiesen: *Cass* und *Shell* (1976ab), *Brock* (1977), *Brock* und *Scheinkman* (1977), *Magill* (1977) sowie *Carlson* und *Haurie* (1987).

Teil III Erweiterungen des Standardmodells

Nachdem in Teil I ein einfaches Standardproblem der Steuerungstheorie behandelt wurde und in Teil II allgemeine Eigenschaften linearer und nichtlinearer Kontrollmodelle hergeleitet wurden, werden nun verschiedene Erweiterungen des Standardmodells untersucht. In Kap. 6 werden allgemeinere Endbedingungen, gemischte Zustands- und Kontrollrestriktionen sowie reine Zustandspfadnebenbedingungen behandelt. Kap. 7 enthält allgemeine hinreichende Optimalitätsbedingungen, Erweiterungen auf den Fall von unendlichem bzw. freiem Zeithorizont sowie Existenzsätze. Die in beiden Kapiteln ausgearbeiteten Beispiele sind in Kap. 8 gesammelt.

Kapitel 6: Dynamische Systeme mit Pfadrestriktionen und Endbedingungen

Im Standard-Kontrollmodell war die Steuervariable lediglich durch $u \in \Omega \subset \mathbb{R}^m$ beschränkt. Im vorliegenden Kapitel werden zunächst Ungleichungsnebenbedingungen für die Kontrollvariablen einbezogen, welche darüberhinaus auch vom Zustand abhängen können.

Da durch das Maximumprinzip das dynamische Optimierungsproblem in eine Schar statischer Maximierungsprobleme aufgebrochen wird, spielen bei Vorliegen derartiger Ungleichungsnebenbedingungen die aus der nichtlinearen Programmierung wohlbekannten Kuhn-Tucker-Bedingungen eine wichtige Rolle. Zum besseren Verständnis formulieren wir diese für folgendes statische Optimierungsproblem:

$$\max_{\phi(z) \geq 0} \psi(z).$$

Dabei seien $\psi: \mathbb{R}^d \to \mathbb{R}$ und $\phi: \mathbb{R}^d \to \mathbb{R}^e$ stetig differenzierbare Funktionen. In einem Punkt $z \in \mathbb{R}^d$ ist die *Regularitätsbedingung* (*constraint qualification*) erfüllt, wenn die Gradienten $\partial \phi_i(z)/\partial z$ aller aktiven Nebenbedingungen, d.h. jene mit $\phi_i(z) = 0$, linear unabhängig sind. Diese Aussage ist äquivalent damit, daß die Matrix

$$M = \begin{pmatrix} \partial \phi_1(z)/\partial z & \phi_1(z) & \cdots & 0 \\ \vdots & \vdots & \ddots & \vdots \\ \partial \phi_e(z)/\partial z & 0 & \cdots & \phi_e(z) \end{pmatrix}$$

den vollen Zeilenrang e besitzt. Die Optimalitätsbedingungen für das nichtlineare Maximierungsproblem lassen sich nun im folgenden Satz angeben.

Kuhn-Tucker-Theorem: *Es sei $z^* \in \mathbb{R}^d$ eine optimale Lösung des statischen Maximierungsproblems, für die die „constraint qualification" gilt. Dann existiert ein eindeutig bestimmter Zeilenvektor $\mu \in \mathbb{R}^e$, so daß mit der Lagrangefunktion*

$$L(z, \mu) = \psi(z) + \mu \phi(z)$$

die Kuhn-Tucker-Bedingungen (KT) *gelten:*

$$L_z = \psi_z(z^*) + \mu \phi_z(z^*) = 0, \qquad \text{(KT 1)}$$

$$L_\mu = \phi(z^*) \geq 0, \qquad \text{(KT 2)}$$

$$\mu \geq 0, \quad \mu \phi(z^*) = 0. \qquad \text{(KT 3)}$$

Wenn ψ konkav und alle ϕ_i konkav sind, dann sind (KT 1–3) *auch hinreichend für die Optimalität von* z^*.

Dieses Standardresultat der nichtlinearen Programmierung samt Erweiterungen wird z. B. bei *Mangasarian* (1969) und *Luenberger* (1973) bewiesen; vgl. auch *Blum* und *Oettli* (1975) und *Luptacik* (1981). Die Kuhn-Tucker-Bedingungen gelten auch unter schwächeren Regularitätsvoraussetzungen. Aus der hier benutzten constraint qualification folgt aber auch die Eindeutigkeit des Multiplikators μ. Denn aus (KT 1–3) erhält man das Gleichungssystem

$$\mu M = (-\partial \psi(z^*)/\partial z, 0),$$

welches wegen der linearen Unabhängigkeit der Zeilen von M höchstens eine Lösung besitzt.

Der Lagrange-Multiplikator μ besitzt folgende Interpretation: Lockert man die Nebenbedingung $\phi_i \geq 0$ marginal, so mißt μ_i die Vergrößerung des optimalen Wertes der Zielfunktion. Wenn also $z^*(\varepsilon)$ die optimale Lösung des Problems „max $\psi(z)$ unter der Nebenbedingung $\phi(z) \geq -\varepsilon$" bedeutet, dann gilt

$$\mu = \left. \frac{\partial \psi(z^*(\varepsilon))}{\partial \varepsilon} \right|_{\varepsilon = 0}$$

Im Lichte dieser Deutung können alle KT-Bedingungen interpretiert werden. Die komplementäre Schlupfbedingung (KT 3) besagt, daß eine Lockerung einer Nebenbedingung die Zielfunktion nicht verschlechtern kann und ohne Auswirkungen bleibt, falls die Restriktion inaktiv ist. Man beachte, daß $\mu\phi = 0$ mit $\mu_i \phi_i = 0$, $i = 1, \ldots, e$, äquivalent ist.

Der Gebrauch der KT-Bedingungen wird in Beispiel 8.1 illustriert. Beispiel 8.2 zeigt, daß die KT-Bedingungen nicht mehr notwendig für ein Optimum sind, wenn die constraint qualification nicht erfüllt ist. (Alle ausgearbeiteten Beispiele von Kap. 6 sind in Kap. 8 gesammelt.)

6.1. Endbedingungen und zustandsabhängige Nebenbedingungen für die Kontrollvariablen

Vorgelegt sei die folgende Verallgemeinerung des Standardmodells (2.3)

$$\max_{u} \int_0^T e^{-rt} F(x, u, t) dt + e^{-rT} S(x(T), T) \tag{6.1a}$$

$$\dot{x} = f(x, u, t), \quad x(0) = x_0 \tag{6.1b}$$

$$g(x, u, t) \geq 0 \tag{6.1c}$$

$$a(x(T), T) \geq 0 \tag{6.1d}$$

$$b(x(T), T) = 0. \tag{6.1e}$$

Die Funktionen F: $\mathbb{R}^n \times \mathbb{R}^m \times \mathbb{R} \to \mathbb{R}$, f: $\mathbb{R}^n \times \mathbb{R}^m \times \mathbb{R} \to \mathbb{R}^n$, g:

6.1. Endbedingungen und zustandsabhängige Nebenbedingungen

$\mathbb{R}^n \times \mathbb{R}^m \times \mathbb{R} \to \mathbb{R}^s$, $a: \mathbb{R}^n \times \mathbb{R} \to \mathbb{R}^l$ und $b: \mathbb{R}^n \times \mathbb{R} \to \mathbb{R}^{l'}$ werden als stetig differenzierbar in allen ihren Argumenten angenommen. Dabei sind die Vektorungleichungen (6.1cd) komponentenweise zu verstehen.

Man beachte, daß bei dieser Formulierung u nicht zusätzlich durch $u \in \Omega$ eingeschränkt werden darf, d. h. alle Beschränkungen für u müssen in Gestalt (6.1c) vorliegen.

Ein Paar $(x(t), u(t))$ für $t \in [0, T]$ heißt *zulässige* Lösung des Problems (6.1), wenn $u(t)$ in $[0, T]$ stückweise stetig ist und die Bedingungen (6.1b–e) erfüllt sind.

Um sicherzustellen, daß es sich bei (6.1c) um eine (zustandsabhängige) Kontrollrestriktion und nicht um eine *reine* Zustandsbeschränkung (siehe Abschnitt 6.2) handelt, benötigen wir folgende *Regularitätsbedingung* (*constraint qualification*): Die Matrix

$$\begin{pmatrix} \partial g_1/\partial u & g_1 & \cdots & 0 \\ \vdots & \vdots & \ddots & \vdots \\ \partial g_s/\partial u & 0 & \cdots & g_s \end{pmatrix} \text{ besitzt den vollen Zeilenrang } s, \qquad (6.2)$$

d. h. die Gradienten $\partial g_i / \partial u$ aller aktiven Ungleichungen $g_i \geq 0$ ($i = 1, \ldots, s$) müssen linear unabhängig sein.

Um das Maximumprinzip für das Kontrollproblem (6.1) zu formulieren, definieren wir Hamiltonfunktion H, Lagrangefunktion L und Steuerbereich Ω wie folgt:

$$H(x, u, \lambda_0, \lambda, t) = \lambda_0 F(x, u, t) + \lambda f(x, u, t), \qquad (6.3)$$

$$L(x, u, \lambda_0, \lambda, \mu, t) = H(x, u, \lambda_0, \lambda, t) + \mu g(x, u, t) \qquad (6.4)$$

$$\Omega(x, t) = \{u \mid g(x, u, t) \geq 0\} \qquad (6.5)$$

Satz 6.1. *Sei $u^*(t)$ mit zugehöriger Zustandstrajektorie $x^*(t)$ eine optimale Lösung für das Problem (6.1), wobei (6.2) für alle $t \in [0, T]$, $x = x^*(t)$, $u \in \Omega(x^*(t), t)$ gelte. Dann existieren eine Konstante $\lambda_0 \geq 0$, eine stetige Kozustandstrajektorie $\lambda(t) \in \mathbb{R}^n$, stückweise stetige Multiplikatorfunktionen $\mu(t) \in \mathbb{R}^s$, sowie konstante Multiplikatoren $\alpha \in \mathbb{R}^l$, $\beta \in \mathbb{R}^{l'}$, wobei die Multiplikatoren $(\lambda_0, \lambda, \mu, \alpha, \beta)$ nicht gleichzeitig verschwinden.*

Dabei gelten an jeder Stetigkeitsstelle von $u^*(t)$ die Beziehungen

$$H(x^*(t), u^*(t), \lambda_0, \lambda(t), t) = \max_{u \in \Omega(x^*(t), t)} H(x^*(t), u, \lambda_0, \lambda(t), t), \qquad (6.6)$$

$$L_u(x^*(t), u^*(t), \lambda_0, \lambda(t), \mu(t), t) = 0, \qquad (6.7)$$

$$\dot{\lambda}(t) = r\lambda(t) - L_x(x^*(t), u^*(t), \lambda_0, \lambda(t), \mu(t), t), \qquad (6.8)$$

sowie die komplementären Schlupfbedingungen

$$\mu(t) \geq 0, \quad \mu(t) g(x^*(t), u^*(t), t) = 0. \qquad (6.9)$$

Am Endzeitpunkt gilt die Transversalitätsbedingung

$$\lambda(T) = \lambda_0 S_x(x^*(T), T) + \alpha a_x(x^*(T), T) + \beta b_x(x^*(T), T) \qquad (6.10)$$

mit den komplementären Schlupfbedingungen

$$\alpha \geq 0, \quad \alpha a(x^*(T), T) = 0. \qquad (6.11)$$

Die Komponenten von β können beiderlei Vorzeichen annehmen. Der Zeitpfad $L(x^*(t), u^*(t), \lambda_0, \lambda(t), \mu(t), t) = H(x^*(t), u^*(t), \lambda_0, \lambda(t), t)$ ist stetig und an jeder Stetigkeitsstelle von $u^*(t)$ gilt

$$\frac{dL}{dt} = \frac{\partial L}{\partial t} + r\lambda f. \qquad (6.12)$$

$\lambda(t)$, $\mu(t)$, α und β sind Zeilenvektoren. Ein Beweis von Satz 6.1 würde den Rahmen dieses Buches übersteigen; vgl. dazu die Literaturhinweise am Ende dieses Kapitels.

Bemerkung 6.1. Offensichtlich bleiben die Aussagen (6.6) bis (6.12) unverändert, wenn man alle Multiplikatoren λ_0, λ, μ, α und β mit der gleichen positiven Konstanten multipliziert. Es ist daher üblich, soferne nicht der pathologische Fall $\lambda_0 = 0$ vorliegt, die Multiplikatoren mit $\lambda_0 = 1$ zu normieren. Um den abnormalen Fall auszuschließen, muß man für jedes Kontrollproblem den Ansatz $\lambda_0 = 0$ auf einen Widerspruch führen. Für eine wichtige Modellklasse kann dies generell durchgeführt werden

Korollar 6.1. *Gegeben sei eine optimale Lösung des Kontrollproblems* (6.1a–d), *wobei die Endbedingung* (6.1d) *nicht aktiv sei (freier Endzustand). Dann kann bei den Aussagen von Satz 6.1 der Multiplikator $\lambda_0 = 1$ gesetzt werden. (Da (6.1e) nicht verlangt wird, ist $\beta = 0$.)*

Zum Beweis vergleiche man Übungsbeispiel 6.1. In Übungsbeispiel 6.2 wird illustriert, daß der abnormale Fall $\lambda_0 = 0$ auftreten kann, wenn Endpunktbeschränkungen auferlegt sind. Generell kann in der Nichttrivialitätsbedingung $(\lambda_0, \lambda, \mu, \alpha, \beta) \neq 0$ der Multiplikator μ weggelassen werden, falls die constraint qualification (6.2) vorausgesetzt wird. In diesem Fall würde nämlich aus $\lambda_0 = 0$ und $\lambda = 0$ aufgrund von (6.7) und (6.9) sofort $\mu = 0$ folgen. Falls constraint qualifications auch für die Endbedingungen a und b verlangt werden (vgl. *Seierstad* und *Sydsaeter*, 1986, Note 6.7.4), so kann auch α und β weggelassen werden, und die Nichttrivialitätsbedingung lautet einfach $(\lambda_0, \lambda) \neq 0$.

Bemerkung 6.2. Die Bedingungen (6.7) und (6.9) sind die Kuhn-Tucker-Bedingungen (KT1) und (KT3) für das statische Maximierungsproblem (6.6). Der Lagrange-Multiplikator μ_i besitzt daher die übliche Interpretation als Schattenpreis in folgendem Sinn: er mißt die marginale Verbesserung der Gesamtprofitrate H bei einer infinitesimalen Lockerung der Nebenbedingung $g_i \geq 0$. Da eine solche den Wert von H nicht verkleinert, ist μ_i nichtnegativ. Der zweite Teil von (6.9), also die komplementäre Schlupfbedingung $\mu_i g_i = 0$, ergibt sich aus der Tatsache, daß eine

6.1. Endbedingungen und zustandsabhängige Nebenbedingungen 163

nicht aktive Restriktion keinen Einfluß auf die Zielfunktion H ausübt. Zur Interpretation der adjungierten Gleichung schreiben wir (6.8) ausführlich als

$$r\lambda_j - \dot{\lambda}_j = H_{x_j} + \mu g_{x_j}, \quad j = 1, \ldots, n. \tag{6.13}$$

Diese Beziehung läßt sich analog (2.6′) interpretieren, nämlich als Gleichheit zwischen Zinsertrag und Änderung der Bewertung einer Einheit von x_j einerseits und dem marginalen Gesamtprofit auf der anderen Seite. Dieser beinhaltet nun allerdings den zusätzlichen Term μg_{x_j}, in welchem sich die Bewertung der Änderung des Steuerbereiches in Abhängigkeit von der Zustandsänderung niederschlägt. Die Interpretation von λ_j als Schattenpreis ist bei Vorliegen von Beschränkungen (6.1d) des Endzustandes allerdings nur dann zutreffend, wenn die Wertfunktion in einer Umgebung der Zustandstrajektorie definiert ist; vgl. dazu das Ende von Abschnitt 2.3.

Bemerkung 6.3. Falls die Kuhn-Tucker-Bedingungen hinreichend sind, ist (6.6) äquivalent mit (6.7) und (6.9), so daß (6.6) zur Lösung des Kontrollproblems nicht benötigt wird. In der Regel findet man also mit den Beziehungen (6.7) bis (6.11) das Auslangen, da auch die Bedingung (6.12) redundant ist. Dies erkennt man dadurch, daß sie auf Differenzierbarkeitsintervallen von $u^*(t)$ aus den übrigen Beziehungen hergeleitet werden kann. Aus (6.1b), (6.7–9) folgt nämlich

$$\frac{dL}{dt} = \frac{\partial L}{\partial x}\dot{x} + \frac{\partial L}{\partial u}\dot{u} + \dot{\lambda}\frac{\partial L}{\partial \lambda} + \dot{\mu}\frac{\partial L}{\partial \mu} + \frac{\partial L}{\partial t} = \frac{\partial L}{\partial t} + r\lambda f.$$

Bemerkung 6.4a. Wenn für den Endpunkt nur Beschränkungen der Gestalt $x_i(T) = x_i^T$ oder $x_i(T) \geq x_i^T$ vorliegen, so kann die Transversalitätsbedingung wie folgt aufgespalten werden:

Beschränkung	Zugehörige Transversalitätsbedingung
$x_i(T) = x_i^T$	keine Bedingung für $\lambda_i(T)$
$x_i(T)$ frei	$\lambda_i(T) = \lambda_0 S_{x_i}(x^*(T), T)$
$x_i(T) \geq x_i^T$	$\lambda_i(T) \geq \lambda_0 S_{x_i}(x^*(T), T)$
	$[\lambda_i(T) - \lambda_0 S_{x_i}(x^*(T), T)][x_i^*(T) - x_i^T] = 0$

Bemerkung 6.4b. Öfters findet sich in der Literatur statt der expliziten Beschränkung (6.1de) für den Endpunkt die Restriktion $x(T) \in Y \subset \mathbb{R}^n$, wobei Y eine konvexe Teilmenge des $\mathbb{R}^n$ ist. Statt der Transversalitätsbedingung (6.10, 11) erhält man dann

$$[\lambda(T) - S_x(x^*(T), T)][y - x^*(T)] \geq 0 \quad \text{für alle} \quad y \in Y. \tag{6.14}$$

Diese Bedingung ist zwar etwas allgemeiner als (6.10, 11). Bei ökonomischen Problemstellungen kann die Menge Y aber in der Regel in der Gestalt (6.1de) spezifiziert werden. (6.10, 11) bietet dann gegenüber (6.14) den Vorteil größerer Handlichkeit. Die Äquivalenz von (6.10, 11) und (6.14) für

$$Y = \{x \in \mathbb{R}^n \,|\, a(x, T) \geq 0,\, b(x, T) = 0\}$$

wird in Übungsbeispiel 6.3 gezeigt.

Falls statt einer konvexen Zielmenge Y eine glatte Endfläche vorgegeben ist, so lautet die zur Transversalitätsbedingung (6.14) analoge Bedingung: $\lambda(T)$ ist ein Normalvektor an die Zielfläche im Punkt $x^*(T)$.

Bemerkung 6.5. Im Problem (6.1) wurden Gleichheitsnebenbedingungen der Form

$$\tilde{g}(x, u, t) = 0 \tag{6.1c'}$$

nicht in Betracht gezogen. Diese können zwar durch zwei Ungleichungsbeschränkungen $\tilde{g} \geq 0$, $-\tilde{g} \geq 0$ dargestellt werden, die constraint qualification (6.2) ist dabei aber verletzt. Wenn aber die Gradienten $\partial \tilde{g}_i / \partial u$ der aktiven Ungleichungen (6.1c) und alle $\partial g_i / \partial u$ linear unabhängig sind, so gilt für das um (6.1c') erweiterte Problem Satz 6.1 weiter, wobei allerdings für die zu (6.1c') gehörigen Multiplikatoren $\tilde{\mu}_i$ *keine* Vorzeichenaussage im Sinne von (6.9) möglich ist.

Die Anwendung der Optimalitätsbedingungen von Satz 6.1 wird in Kap. 8 anhand der Beispiele 8.3–8.6 illustriert.

6.2. Reine Zustandsnebenbedingungen

Wir betrachten das Kontrollproblem (6.1) mit der zusätzlichen Zustandsbeschränkung

$$h(x, t) \geq 0. \tag{6.15}$$

Dabei wurden die auftretenden Funktionen am Beginn von Abschnitt 6.1 erklärt; h: $\mathbb{R}^n \times \mathbb{R} \to \mathbb{R}^q$ sei zweimal stetig differenzierbar. (6.15) enthält keine Kontrollvariable. Derartige *reine Zustandsnebenbedingungen* sind schwieriger zu behandeln als Steuerrestriktionen, da $x(t)$ nur indirekt über die Kontrolle $u(t)$ beeinflußbar ist.

Eine wichtige Rolle bei der Behandlung von (6.15) spielt die Ordnung dieser reinen Zustandsbeschränkung. Sie heißt von p-ter Ordnung, wenn $h(x, t)$ p-mal stetig differenzierbar ist, die ersten $p - 1$ totalen Ableitungen nach der Zeit keine Kontrolle enthalten und in der p-ten Ableitung erstmals eine Steuerung explizite auftritt: Im folgenden betrachten wir ausschließlich Beschränkungen erster Ordnung[1], d. h. wo in der ersten totalen Ableitung von h nach der Zeit

$$k(x, u, t) = h_x(x, t) f(x, u, t) + h_t(x, t) \tag{6.16}$$

---

[1] Beschränkungen höherer Ordnung werden in Abschnitt 6.2.5 betrachtet.

die Kontrolle u explizit eingeht. In Erweiterung zu (6.2) definieren wir die *Regularitätsannahme* (constraint qualification):

$$\begin{pmatrix} \partial g_1/\partial u & g_1 & \ldots & 0 & 0 & \ldots & 0 \\ \vdots & & \ddots & & \vdots & & \vdots \\ \partial g_s/\partial u & 0 & \ldots & g_s & 0 & \ldots & 0 \\ \partial k_1/\partial u & 0 & \ldots & 0 & h_1 & \ldots & 0 \\ \vdots & \vdots & & \vdots & \vdots & \ddots & \vdots \\ \partial k_q/\partial u & 0 & \ldots & 0 & 0 & \ldots & h_q \end{pmatrix} \quad \text{besitzt den vollen Zeilenrang } q+s. \quad (6.17)$$

Während die schwächere constraint qualification (6.2) in der Folge generell vorausgesetzt wird, wird die Regularitätsannahme (6.17) nur für manche der folgenden Resultate benötigt. Aus diesem Grund werden wir stets angeben, welche constraint qualification angenommen wird.

Ferner benötigen wir noch folgende Definitionen: Ein Zeitpunkt $\tau \in [0, T]$ heißt

Berühr(zeit)punkt (contact time), wenn $h_i(x(\tau), \tau) = 0$, $h_i(x(\tau - \varepsilon), \tau - \varepsilon) > 0$, $h_i(x(\tau + \varepsilon), \tau + \varepsilon) > 0$;

Eintritts(zeit)punkt (entry time), wenn $h_i(x(\tau - \varepsilon), \tau - \varepsilon) > 0$ und $h_i(x(\tau + \varepsilon), \tau + \varepsilon) = 0$;

Austritts(zeit)punkt (exit time), wenn $h_i(x(\tau - \varepsilon), \tau - \varepsilon) = 0$ und $h_i(x(\tau + \varepsilon), \tau + \varepsilon) > 0$

für mindestens ein $i = 1, 2, \ldots, q$ und jedes genügend kleine $\varepsilon > 0$. Andere Bezeichnungen hierfür sind Kontakt-, Auftreff- und Absprungpunkt.

Alle drei werden unter dem gemeinsamen Begriff *Verbindungsstelle* bzw. Verbindungs(zeit)punkt zusammengefaßt (junction point).

Zur Behandlung reiner Zustandsbeschränkungen existieren mehrere verschiedene Methoden, von denen die wichtigsten im folgenden vorgestellt werden. Dem Leser, der sich zum ersten Mal mit Zustandsnebenbedingungen beschäftigt, sei geraten, sich auf die direkte Methode (Abschnitt 6.2.1) zu beschränken und sich danach gleich den Beispielen 8.7–8.10 in Kap. 8 zuzuwenden.

Die beiden anderen Methoden, die in der Handhabung in der Regel etwas umständlicher sind, werden in der Folge (Abschnitte 6.2.2–6.2.4) hauptsächlich aus Gründen der Vollständigkeit vorgestellt bzw. um Lesern, die schon gewisse Kenntnisse dieser indirekten Methoden besitzen, den Zusammenhang zur hier favorisierten direkten Methode zu verdeutlichen. In allen Fallstudien in Teil IV wird immer die *direkte Methode* verwendet, auch wenn das entsprechende Modell in der Originalarbeit mit einem anderen Ansatz gelöst wurde.

6.2.1. Direkte Methode

Bei dieser Methode wird die Funktion h aus (6.15) mit einem Multiplikator versehen und *direkt* zur Hamiltonfunktion adjungiert („direct adjoining approach').

Wir definieren also die Hamilton- und Lagrangefunktion

$$H = \lambda_0 F + \lambda f, \tag{6.18}$$

$$L = H + \mu g + vh \tag{6.19}$$

sowie den Steuerbereich

$$\Omega(x, t) = \{u \in \mathbb{R}^m \mid g(x, u, t) \geq 0\}. \tag{6.20}$$

Ohne Beweis formulieren wir die notwendigen Optimalitätsbedingungen der *direkten Methode* wie folgt:

Satz 6.2. *Sei* $(x^*(t), u^*(t))$ *ein optimales Paar für das Kontrollproblem* (6.1), (6.15). *Die Regularitätsbedingung* (6.2) *gelte für alle* $t \in [0, T]$, $x = x^*(t)$, $u \in \Omega(x^*(t), t)$. *Dann existieren eine Konstante* $\lambda_0 \geq 0$, *eine stückweise stetig differenzierbare adjungierte Funktion* $\lambda(t) \in \mathbb{R}^n$, *stückweise stetige Multiplikatorfunktionen* $\mu(t) \in \mathbb{R}^s$ *und* $v(t) \in \mathbb{R}^q$, *an jeder Unstetigkeitsstelle* $\tau_j \in (0, T)$ *von* $\lambda(t)$ *ein Vektor* $\eta(\tau_j) \in \mathbb{R}^q$ *von Sprunghöhenparametern, sowie konstante Multiplikatoren* $\alpha \in \mathbb{R}^l$, $\beta \in \mathbb{R}^{l'}$, $\gamma \in \mathbb{R}^q$, *wobei* $(\lambda_0, \lambda, \mu, v, \alpha, \beta, \gamma, \eta(\tau_1), \eta(\tau_2), \ldots) \neq 0$ *für jedes t ist, so daß an allen Stellen mit Ausnahme möglicher Unstetigkeitsstellen von* u^* *und Verbindungsstellen gilt*

$$u^*(t) = \arg\max_{u \in \Omega(x^*(t), t)} H(x^*(t), u, \lambda_0, \lambda(t), t) \tag{6.21}$$

$$L_u = 0 \tag{6.22}$$

$$\dot{\lambda} = r\lambda - L_x \tag{6.23}$$

$$\mu \geq 0, \quad \mu g = 0 \tag{6.24}$$

$$v \geq 0, \quad vh = 0 \tag{6.25}$$

$$dL/dt = \partial L/\partial t + r\lambda f \tag{6.26}$$

$$\lambda(T) = \lambda_0 S_x(x^*(T), T) + \gamma h_x(x^*(T), T) + \alpha a_x(x^*(T), T)$$
$$+ \beta b_x(x^*(T), T) \tag{6.27}$$

$$\gamma \geq 0, \quad \gamma h(x^*(T), T) = 0 \tag{6.28}$$

$$\alpha \geq 0, \quad \alpha a(x^*(T), T) = 0 \tag{6.29}$$

Dabei sind in (6.22–26) jeweils die Argumente $x^*(t)$, $u^*(t)$, λ_0, $\lambda(t)$, $\mu(t)$, $v(t)$ und t einzusetzen.

λ *und H sind stückweise stetige Funktionen der Zeit. An Stellen* τ, *wo* (6.15) *aktiv ist*[1], *können Unstetigkeiten (Sprünge) folgender Gestalt auftreten:*

---

[1] In den meisten praktischen Beispielen werden λ und H nur an Verbindungsstellen springen; Sprünge im Inneren von Randlösungsintervallen können aber nicht generell ausgeschlossen werden.

$$\lambda(\tau^-) = \lambda(\tau^+) + \eta(\tau)h_x(x^*(\tau), \tau) \tag{6.30}$$

$$H[\tau^-] = H[\tau^+] - \eta(\tau)h_t(x^*(\tau), \tau) \tag{6.31}$$

$$\text{mit} \quad \eta(\tau) \geqq 0 \quad \text{und} \quad \eta(\tau)h(x^*(\tau), \tau) = 0. \tag{6.32}$$

Durch das Argument τ^- bzw. τ^+ wird der links- bzw. rechtsseitiger Grenzwert bezeichnet; $H[\tau]$ ist definiert als $H(x^*(\tau), u^*(\tau), \lambda_0, \lambda(\tau), \tau)$. Die Vektoren v, γ und η sind als Zeilenvektoren aufzufassen. Soferne dies nicht mißverständlich ist, wird im folgenden $\eta(\tau)$ kurz als η geschrieben.

Bemerkung 6.6. In der Transversalitätsbedingung (6.27) ist berücksichtigt, daß die Pfadnebenbedingung (6.15) auch am Endzeitpunkt erfüllt sein muß und dort auch eine Endbedingung der Gestalt (6.1d) erzeugt. Den Parameter γ erhält man auch, wenn man bei Formulierung der Transversalitätsbedingung (6.27) die Endbedingung $h(x(T), T) \geqq 0$ nicht explizit berücksichtigt, dafür aber den Endzeitpunkt T als Austrittszeitpunkt auffaßt. In diesem Fall ist die Sprungbedingung (6.30) für $\tau = T$ erfüllt, und die Sprunghöhe $\eta(T)$ ist mit γ identisch. (Siehe Übungsbeispiel 6.5.)

Bemerkung 6.7. Üblicherweise wird das sogenannte *normale* Problem betrachtet, für welches $\lambda_0 \neq 0$ (o. B. d. A. $\lambda_0 = 1$). So kann oft $\lambda_0 \neq 0$ aus der Nichttrivialitätsbedingung $(\lambda_0, \lambda, \mu, \nu, \alpha, \beta, \gamma, \eta(\tau_1), \ldots) \neq 0$ gefolgert werden, so etwa falls im Endzeitpunkt keine Gleichheitsnebenbedingung der Gestalt (6.1e) vorliegt und ebenso wie (6.15) für $t = T$ nicht aktiv ist; vgl. Korollar 6.1. Allgemein kann unter der Voraussetzung (6.2) der Multiplikator μ in der Nichttrivialitätsbedingung weggelassen werden. Falls auch die Funktionen $a, b, h(\cdot, T)$ constraint qualifications erfüllen, so gilt die etwas stärkere Aussage $(\lambda_0, \lambda) \neq 0$.

Bemerkung 6.8. Die Bedingungen (6.21, 26) werden zur Ermittlung der Kandidaten für die optimalen Lösungen üblicherweise nicht benötigt (vgl. Bemerkung 6.3).

Die folgenden Resultate beschäftigen sich mit Aussagen über die Stetigkeit von Kontroll- und Kozustandsvariablen. Dazu definieren wir die Hamiltonfunktion als *regulär*, wenn ihre Maximierung bezüglich u gemäß (6.21) eindeutig ist. Hinreichend für die Regularität von H ist die negative Definitheit von H_{uu}. Das folgende Korollar erweitert Lemma 4.1.

Korollar 6.2. *Falls H regulär ist, so ist die Steuerung $u^*(t)$ an allen Stellen stetig, insbesondere auch an den Verbindungsstellen.*

Beweis. Da dieser einfach und instruktiv ist, wird er hier vorgeführt. Aufgrund der Sprungbedingung (6.30) gilt an jeder Verbindungsstelle τ

$$\begin{aligned} H[\tau^-] = {} & H(x^*(\tau), u(\tau^-), \lambda_0, \lambda(\tau^+), \tau) \\ & + \eta h_x(x^*(\tau), \tau)f(x^*(\tau), u^*(\tau^-), \tau). \end{aligned} \tag{6.33}$$

Da $u^*(\tau^+)$ die Hamiltonfunktion $H(x^*(\tau), u, \lambda_0, \lambda(\tau^+), \tau)$ maximiert, so folgt aus (6.21) unter anschließender Anwendung von (6.31)

$$H(x^*(\tau), u^*(\tau^-), \lambda_0, \lambda(\tau^+), \tau) \leqq H(x^*(\tau), u^*(\tau^+), \lambda_0, \lambda(\tau^+), \tau)$$
$$= H[\tau^-] + \eta h_t(x^*(\tau), \tau). \tag{6.34}$$

(6.33) liefert gemeinsam mit (6.34)

$$H[\tau^-] \leqq H[\tau^-] + \eta k(x^*(\tau), u^*(\tau^-), \tau). \tag{6.35}$$

Da in einem Eintritts- oder Berührungszeitpunkt $k(x^*(\tau), u^*(\tau^-), \tau) \leqq 0$ gilt und in einem Austrittszeitpunkt $k(x^*(\tau), u^*(\tau^-), \tau) = 0$ gilt, so ist der Term $\eta k[\tau^-]$ in (6.35) nicht positiv und in (6.33–6.35) gilt überall das Gleichheitszeichen. Aus (6.34) erkennt man daher, daß sowohl $u^*(\tau^-)$ als auch $u^*(\tau^+)$ die Hamiltonfunktion $H(x^*(\tau), u, \lambda_0, \lambda(\tau^+), \tau)$ maximieren. Aufgrund der Regularität ergibt sich daraus $u(\tau^-) = u(\tau^+)$. □

Korollar 6.3. *Bei Zustandsnebenbedingungen erster Ordnung verschwindet der Sprunghöhenparameter: $\eta = 0$, wenn*

(a) *die Steuervariable u stetig ist (dies ist erfüllt, wenn die Hamiltonfunktion regulär ist) und die constraint qualification (6.17) gültig ist oder wenn*

(b) *der Ein- und Austritt der Trajektorie in die bzw. aus der Zustandsbeschränkung in nicht-tangentialer Weise erfolgt.*

Die Kozustandstrajektorie λ ist dann also stetig.

Beweis. Im Falle (a) setzen wir voraus, daß u an der betrachteten Verbindungsstelle τ stetig ist. Somit folgt aus (6.22), ausgewertet für τ^- und τ^+, daß

$$L_u(x(\tau), u(\tau), \lambda_0, \lambda(\tau^-), \mu(\tau^-), \tau)$$
$$= L_u(x(\tau), u(\tau), \lambda_0, \lambda(\tau^+), \mu(\tau^+), \tau) = 0,$$

wobei zu berücksichtigen ist, daß L_u nicht von v abhängt. Dabei ist hier und im folgenden $x = x^*$ und $u = u^*$ zu setzen. Andererseits gilt definitionsgemäß

$$L_u(x(\tau), u(\tau), \lambda_0, \lambda(\tau^-), \mu(\tau^-), \tau) = L_u(x(\tau), u(\tau), \lambda_0, \lambda(\tau^+), \mu(\tau^+), \tau)$$
$$+ [\lambda(\tau^-) - \lambda(\tau^+)] f_u(x(\tau), u(\tau), \tau)$$
$$+ [\mu(\tau^-) - \mu(\tau^+)] g_u(x(\tau), u(\tau), \tau).$$

Beachtet man schließlich, daß aus (6.30) und (6.16) die Beziehung

$$[\lambda(\tau^-) - \lambda(\tau^+)] f_u(x(\tau), u(\tau), \tau) = \eta(\tau) h_x(x(\tau), \tau) f_u(x(\tau), u(\tau), \tau)$$
$$= \eta(\tau) k_u(x(\tau), u(\tau), \tau)$$

folgt, so erhalten wir insgesamt

$$\eta(\tau) k_u(x(\tau), u(\tau), \tau) + [\mu(\tau^-) - \mu(\tau^+)] g_u(x(\tau), u(\tau), \tau) = 0.$$

Aufgrund der Nichtdegeneriertheitsannahme (6.17) folgt daraus $\eta(\tau) = 0$ und $\mu(\tau^-) = \mu(\tau^+)$.

Wir führen nun den Beweis für den Fall (b). Offensichtlich gilt das Gleichheitszeichen in (6.35) und damit $\eta k[\tau^-] = 0$ auch ohne Regularitätsannahme für H. Analog gilt $\eta k[\tau^+] = 0$. Falls der Ein- oder Austritt in nicht-tangentialer Weise erfolgt, so muß dann, wenn $h_i[\tau] = 0$ für ein $i = 1, \ldots, q$ ist, das entsprechende $k_i[\tau^-] < 0$ oder $k_i[\tau^+] > 0$ sein. Aus $\eta_i k_i[\tau^-] = \eta_i k_i[\tau^+] = 0$ folgt daher $\eta_i = 0$. Wenn $h_i[\tau] > 0$, so ist wegen (6.32) $\eta_i = 0$. □

Man beachte, daß die Aussagen von Satz 6.2, Korollar 6.2 und Korollar 6.3b unter der schwächeren Regularitätsannahme (6.2) gelten, während (6.17) nur für Korollar 6.3a benötigt wird. Man beachte ferner, daß auch bei Beschränkungen erster Ordnung die constraint qualification (6.17) verletzt sein kann, z. B. wenn Steuer- und Zustandsbeschränkungen gleichzeitig aktiv werden; man vgl. dazu Beispiel 8.7 und 8.9.

6.2.2. Indirekte Methode

Historisch älter als der zuvor behandelte Ansatz ist die Methode, (6.15) durch die Bedingung

$$k_i(x, u, t) \geq 0, \quad \text{für jedes} \quad i = 1, \ldots, q, \quad \text{für das} \quad h_i(x, t) = 0 \quad (6.36)$$

zu ersetzen und diese Restriktion formal zur Hamiltonfunktion zu adjungieren. Dabei ist k die in (6.16) definierte totale Ableitung von h nach t. Wenn etwa im eindimensionalen Fall die Zustandsnebenbedingung $x \geq 0$ lautet, so muß $\dot{x} \geq 0$ sein, falls $x = 0$ ist, da sonst x negativ werden würde.

Wir definieren die entsprechende Hamilton- und Lagrangefunktion

$$\bar{H} = \lambda_0 F + \bar{\lambda} f, \tag{6.37}$$

$$\bar{L} = \bar{H} + \mu g + \bar{\nu} k \tag{6.38}$$

sowie den Steuerbereich

$$\bar{\Omega}(x, t) = \{u \in \mathbb{R}^m | g(x, u, t) \geq 0, \quad k_i(x, u, t) = 0 \text{ wenn}$$
$$h_i(x, t) = 0; \quad i = 1, \ldots, q\}. \tag{6.39}$$

Dabei weist der Querstrich auf die indirekte Methode hin. Man beachte, daß der Multiplikator μ der gleiche ist wie bei der direkten Methode.

Die notwendigen Optimalitätsbedingungen der indirekten Methode lauten dann wie folgt:

Satz 6.3. *Wenn* $(x^*(t), u^*(t))$ *optimal für das Problem* (6.1), (6.15) *ist, und die Bedingung* (6.2) *für* $t \in [0, T]$, $x = x^*(t)$, $u \in \Omega(x^*(t), t)$ *gilt, dann existieren eine Konstante* $\lambda_0 \geq 0$, *eine stückweise stetig differenzierbare adjungierte Variable*

$\bar{\lambda}(t) \in \mathbb{R}^n$, *stückweise stetige Multiplikatoren* $\mu(t) \in \mathbb{R}^s$ *und stückweise stetig differenzierbare Multiplikatoren* $\bar{v}(t) \in \mathbb{R}^q$, *sowie konstante Multiplikatoren* $\alpha \in \mathbb{R}^l$, $\beta \in \mathbb{R}^{l'}$, $\gamma \in \mathbb{R}^q$, *wobei*[1] $(\lambda_0, \bar{\lambda}, \alpha, \beta) \neq 0$ *für alle* t, *so daß an allen Stellen mit Ausnahme möglicher Unstetigkeiten von* u^* *und Verbindungsstellen gilt*

$$u^*(t) = \arg\max_{u \in \Omega(x^*(t), t)} \bar{H}(x^*(t), u, \lambda_0, \bar{\lambda}(t), t) \tag{6.40}$$

$$\bar{L}_u = 0 \tag{6.41}$$

$$\dot{\bar{\lambda}} = r\bar{\lambda} - \bar{L}_x \tag{6.42}$$

$$\mu \geq 0, \quad \mu g = 0 \tag{6.43}$$

$$\bar{v} \geq 0, \quad \dot{\bar{v}} \leq r\bar{v}, \quad \bar{v}h = 0 \tag{6.44}$$

$$d\bar{L}/dt = \partial \bar{L}/\partial t + r\bar{\lambda}f \tag{6.45}$$

$$\bar{\lambda}(T) = \lambda_0 S_x(x^*(T), T) + \gamma h_x(x^*(T), T) + \alpha a_x(x^*(T), T)$$
$$+ \beta b_x(x^*(T), T) \tag{6.46}$$

$$\gamma \geq 0, \quad \cdot \gamma h(x^*(T), T) = 0 \tag{6.47}$$

$$\alpha \geq 0, \quad \alpha a(x^*(T), T) = 0. \tag{6.48}$$

An Eintritts- und Berührpunkten τ *kann* $\bar{\lambda}(t)$ *unstetig sein:*

$$\bar{\lambda}(\tau^-) = \bar{\lambda}(\tau^+) + \bar{\eta}(\tau) h_x(x^*(\tau), \tau) \tag{6.49}$$

$$\bar{H}[\tau^-] = \bar{H}[\tau^+] - \bar{\eta}(\tau) h_t(x^*(\tau), \tau) \tag{6.50}$$

mit

$$\bar{\eta}(\tau) \geq 0 \quad \text{und} \quad \bar{\eta}(\tau) h(x^*(\tau), \tau) = 0. \tag{6.51}$$

In Austrittszeitpunkten ist $\bar{\lambda}(t)$ *stetig.*

Die Bemerkungen 6.6.–6.8. gelten in analoger Weise.

Bemerkung 6.9. In der Literatur findet man auch die Formulierung, daß Sprünge der Gestalt (6.49, 50) auch an Austrittspunkten auftreten können. Wenn Sprünge sowohl an Eintritts- als auch an Austrittszeitpunkten auftreten können, so sind $\bar{\lambda}$ und $\bar{v}$ auf Randlösungsintervallen nicht eindeutig bestimmt. Gegenüber Transformationen der Gestalt

$$\bar{\lambda}(t) \to \bar{\lambda}(t) + \kappa h_x, \quad \bar{v}(t) \to \bar{v}(t) - \kappa \tag{6.52}$$

---

[1] Diese Nichttrivialitätsbedingung gilt streng genommen nur unter Zusatzannahmen, wie eine constraint qualification für die Endpunktbeschränkung (6.1de) (vgl. auch Bemerkung 6.7). Bei einer exakten Vorgangsweise müßte man die Nichttrivialitätsbedingung von Satz 6.2 gemäß der in Abschnitt 6.2.3 angegebenen Beziehungen transformieren, was zu unhandlichen Bedingungen führen würde. Da die indirekte Methode nur illustrativ behandelt wird, wird von dieser Transformation abgesehen. In den Originalarbeiten wurde übrigens (6.17) anstelle von (6.2) verlangt, aufgrund von Satz 6.4 kann aber die schwächere constraint qualification vorausgesetzt werden.

mit $\kappa \in \mathbb{R}^q$ bleiben die Aussagen (6.40–43), (6.45) invariant. Dabei kann κ nur aus einem bestimmten Bereich gewählt werden, ohne die Bedingung $\bar{\eta} \geq 0$ in (6.51) an den Verbindungsstellen oder die Bedingung $\bar{v} \geq 0$ aus (6.44) zu verletzen. Es ist üblich, den Sprung entweder am Eintritts- oder am Austrittspunkt zu konzentrieren und $\bar{\lambda}(t)$ am jeweils anderen Verbindungspunkt stetig zu wählen. Wir haben uns hier für die Stetigkeit am Austrittspunkt entschieden. Die Stetigkeit von $\bar{\lambda}(t)$ im Austrittspunkt ist dabei in dem Sinne zu verstehen, daß für alle Komponenten h_i, für die τ ein Austrittszeitpunkt ist, $\eta_i = 0$ gilt. Man beachte hierbei, daß ein und derselbe Zeitpunkt τ für verschiedene Komponenten von h Berührungs-, Eintritts- und Austrittszeitpunkt sein kann.

Bemerkung 6.10. In der Literatur tritt oft auch zusätzlich die Bedingung

$$\bar{v}k = 0$$

auf. Da sie unmittelbar aus (6.44) folgt, wurde sie im Satz 6.3 nicht extra erwähnt.

6.2.3. Zusammenhang zwischen direkter und indirekter Methode

Um die beiden Methoden zur Behandlung reiner Zustandsnebenbedingungen zueinander in Beziehung zu setzen, beweisen wir zunächst folgendes Resultat:

Satz 6.4. *Aus den Bedingungen* (6.18–32) *der direkten Methode folgen alle Aussagen* (6.37–51) *der indirekten Methode.*

Beweis. Dazu definieren wir zunächst ein *Randlösungsintervall* $[\tau_1, \tau_2]$ bezüglich der i-ten Zustandsbeschränkung $h_i \geq 0$ vermöge

$$h_i(x(t), t) \begin{cases} = 0 & \text{für } t \in [\tau_1, \tau_2] \\ > 0 & \text{für } t = \tau_1 - \varepsilon, \text{ wenn } \tau_1 > 0, \text{ und für } t = \tau_2 + \varepsilon, \text{ wenn} \\ & \tau_2 < T; \varepsilon > 0 \text{ genügend klein.} \end{cases}$$

Ausgehend von Satz 6.2 definieren wir für jedes Randlösungsintervall $[\tau_1, \tau_2]$ bezüglich der i-ten Komponente von h

$$\bar{v}_i(t) = \int_t^{\tau_2} v_i(s) e^{r(t-s)} ds + e^{r(t-\tau_2)} \eta_i(\tau_2). \tag{6.53}$$

Für $\tau_2 = T$ fällt in (6.53) der Sprungparameter η_i weg. Ferner sei

$$\bar{v}_i(t) = 0, \quad \text{wenn} \quad h_i(x(t), t) > 0. \tag{6.54}$$

Daraus folgt sofort $\bar{v} \geq 0$, $\dot{\bar{v}} = -v + r\bar{v} \leq r\bar{v}$, d.h. (6.44). Um die adjungierte Variable der indirekten Methode von Satz 6.3 zu erhalten, setzen wir

$$\bar{\lambda}(t) = \lambda(t) - \bar{v}(t) h_x(x^*(t), t). \tag{6.55}$$

Für $h > 0$ ist $\bar{\lambda} = \lambda$, so daß in diesem Fall die Aussagen von Satz 6.3 aus Satz 6.2

folgen. Auf Randlösungsintervallen $[\tau_1, \tau_2]$ folgt durch Ableitung von (6.55) nach der Zeit

$$\dot{\bar{\lambda}} = \dot{\lambda} - \dot{\bar{v}}h_x - \bar{v}h_{xx}f - \bar{v}h_{xt}. \tag{6.56}$$

Dabei ist $\bar{v}h_{xx}f$ im Sinne von $\sum_{i=1}^{q} \bar{v}_i[h_i]_{xx}f$ zu verstehen. Unter Verwendung von (6.23) und $\dot{\bar{v}} = -v + r\bar{v}$ erhalten wir ferner

$$\dot{\bar{\lambda}} = r\lambda - F_x - \lambda f_x - \mu g_x - vh_x + vh_x - r\bar{v}h_x - \bar{v}h_{xx}f - \bar{v}h_{xt}. \tag{6.57}$$

Dies liefert unter Benutzung von (6.55)

$$\begin{aligned}\dot{\bar{\lambda}} &= r(\lambda - \bar{v}h_x) - F_x - \bar{\lambda}f_x - \bar{v}h_xf_x - \bar{v}h_{xx}f - \bar{v}h_{xt} - \mu g_x \\ &= r\bar{\lambda} - \bar{H}_x - \mu g_x - \bar{v}k_x = r\bar{\lambda} - \bar{L}_x.\end{aligned} \tag{6.58}$$

Auf ähnliche Weise zeigt man die Äquivalenz von (6.22) und (6.41) (Übungsbeispiel 6.6). Die Herleitung der Sprungbedingung (6.49) erfolgt getrennt nach Art der Verbindungsstelle:

Für einen Eintrittszeitpunkt τ_1, einen Austrittszeitpunkt τ_2 bzw. einen Berührungszeitpunkt τ folgt aus (6.55)

$$\bar{\lambda}(\tau_1^-) = \lambda(\tau_1^-), \qquad \bar{\lambda}(\tau_1^+) = \lambda(\tau_1^+) - \bar{v}(\tau_1^+)h_x \tag{6.59a}$$

$$\bar{\lambda}(\tau_2^-) = \lambda(\tau_2^-) - \bar{v}(\tau_2^-)h_x, \quad \bar{\lambda}(\tau_2^+) = \lambda(\tau_2^+) \tag{6.59b}$$

$$\bar{\lambda}(\tau^-) = \lambda(\tau^-), \qquad \bar{\lambda}(\tau^+) = \lambda(\tau^+). \tag{6.59c}$$

Aus (6.30) und (6.59) folgt

$$\bar{\lambda}(\tau_1^-) = \bar{\lambda}(\tau_1^+) + [\eta(\tau_1) + \bar{v}(\tau_1^+)]h_x \tag{6.60}$$

für einen Eintrittszeitpunkt τ_1. Analog zeigt man für einen Austrittszeitpunkt τ_2

$$\bar{\lambda}(\tau_2^-) = \bar{\lambda}(\tau_2^+) + [\eta(\tau_2) - \bar{v}(\tau_2^-)]h_x = \bar{\lambda}(\tau_2^+)$$

(unter Benutzung von $\eta(\tau_2) = \bar{v}(\tau_2^-)$ gemäß (6.53)). Schließlich gilt für einen Berührungszeitpunkt τ

$$\bar{\lambda}(\tau^-) = \bar{\lambda}(\tau^+) + \eta(\tau)h_x.$$

Somit ist die Stetigkeit von $\bar{\lambda}$ an Austrittszeitpunkten gezeigt; ferner gelten die Sprungbedingungen (6.49–51).

Die restlichen Aussagen ergeben sich unmittelbar. □

Die Querverbindung in der umgekehrten Richtung wird in folgendem Satz beschrieben.

Satz 6.5. *Alle Aussagen der direkten Methode (Satz 6.2) folgen aus den Bedingungen* der indirekten Methode (Satz 6.3) mit Ausnahme von $\eta(\tau_1) \geqq 0$ an Eintrittszeitpunkten τ_1. Diese Nichtnegativitätsbedingung ist äquivalent zu

$$\bar{\eta}(\tau_1) \geqq \bar{v}(\tau_1^+). \tag{6.61}$$

Beweis. Der Beweis ist im wesentlichen die Umkehrung der Argumentation von Satz 6.4. Differentiation von (6.53) liefert

$$v = r\bar{v} - \dot{\bar{v}}. \tag{6.62a}$$

Aus (6.55) folgt

$$\lambda = \bar{\lambda} + \bar{v} h_x. \tag{6.62b}$$

Die Schlußkette (6.56–6.58) läßt sich ohne Schwierigkeit umkehren. Somit folgt aus (6.42) die adjungierte Gleichung (6.23).

Es bleibt nun noch die Sprungbedingung (6.30) abzuleiten. Aus (6.62b) folgt wiederum (6.59), und unter Benutzung von (6.49) erhalten wir daher für einen Eintrittszeitpunkt τ_1, einen Austrittszeitpunkt τ_2 bzw. Berührungszeitpunkt τ

$$\lambda(\tau_1^-) = \lambda(\tau_1^+) + [\bar{\eta}(\tau_1) - \bar{v}(\tau_1^+)] h_x \tag{6.63a}$$

$$\lambda(\tau_2^-) = \lambda(\tau_2^+) + \bar{v}(\tau_2^-) h_x \tag{6.63b}$$

$$\lambda(\tau^-) = \lambda(\tau^+) + \bar{\eta}(\tau) h_x. \tag{6.63c}$$

Damit haben wir die Sprungbedingung (6.30) erhalten; aber im Falle eines Eintrittszeitpunktes τ_1 ist die in (6.32) verlangte Nichtnegativität von $\eta(\tau_1) = \bar{\eta}(\tau_1) - \bar{v}(\tau_1^+)$ nicht gewährleistet. Um $\eta(\tau_1) \geqq 0$ zu sichern, muß daher (6.61) verlangt werden. Die restlichen Aussagen von Satz 6.2 folgen wiederum unmittelbar[1]. □

Bemerkung 6.11. Aus (6.63a) erkennt man unmittelbar, daß im Falle eines stetigen Kozustandes λ der direkten Methode (vgl. Korollar 6.3) die Gleichung

$$\bar{\eta}(\tau_1) = \bar{v}(\tau_1^+)$$

gilt. $\bar{\lambda}$ ist daher i.a. unstetig in Eintrittszeitpunkten.

---

[1] Streng genommen folgt die Maximierungsbedingung (6.21) aus (6.40) nur im Falle, daß die KT-Bedingungen (6.22), (6.24) auch hinreichend für ein Maximum von (6.21) sind. Andernfalls sind die Aussagen der indirekten Methode auch noch nach Hinzunahme von (6.61) schwächer als jene von Satz 6.2.

6.2.4. Eine Variante des indirekten Ansatzes: Die Methode von Hestenes und Russak

Schließlich existiert noch eine Variante der indirekten Methode, in welcher die Gültigkeit der komplementären Schlupfbedingungen zugunsten der Stetigkeit der adjungierten Variablen aufgegeben wird.

Definiert man

$$\tilde{H} = \lambda_0 F + \tilde{\lambda} f$$
$$\tilde{L} = \tilde{H} + \mu g + \tilde{v} k \tag{6.64}$$

$$\tilde{\Omega}(x, t) = \{u \in \mathbb{R}^m | g(x, u, t) \geq 0, \quad k_i(x, u, t) \geq 0 \quad \text{wenn}$$
$$h_i(x, t) = 0; \quad i = 1, \ldots, q\} \tag{6.65}$$

so gilt folgender Satz.

Satz 6.6. *Notwendig für die Optimalität eines Paares* $(x^*(t), u^*(t))$*, das der Regularitätsbedingung* (6.2) *für alle* $t \in [0, T]$*,* $x = x^*(t)$*,* $u \in \Omega(x^*(t), t)$ *genügt, ist die Existenz von* $\lambda_0 \geq 0$*, einer stetigen, stückweise stetig differenzierbaren Funktion* $\tilde{\lambda}(t) \in \mathbb{R}^n$*, stückweise stetiger Multiplikatoren* $\mu(t) \in \mathbb{R}^s$*, stückweise stetig differenzierbarer Multiplikatoren* $\tilde{v}(t) \in \mathbb{R}^q$ *und konstanter Multiplikatoren* $\alpha \in \mathbb{R}^l$*,* $\beta \in \mathbb{R}^{l'}$*,* $\gamma \in \mathbb{R}^q$*, wobei* $(\lambda_0, \tilde{\lambda}, \mu, \tilde{v}, \alpha, \beta, \gamma) \neq 0$ *für alle t, so daß an allen Stetigkeitsstellen von* u^* *mit Ausnahme der Verbindungsstellen gilt*

$$u^*(t) = \arg\max_{u \in \tilde{\Omega}(x^*(t), t)} \tilde{L}(x^*(t), u, \lambda_0, \tilde{\lambda}, \mu, \tilde{v}, t) \tag{6.66}$$

$$\tilde{L}_u = 0 \tag{6.67}$$

$$\dot{\tilde{\lambda}} = r\tilde{\lambda} - \tilde{L}_x \tag{6.68}$$

$$\mu \geq 0, \quad \mu g = 0 \tag{6.69}$$

$$\tilde{v} \geq 0. \tag{6.70}$$

Die Lagrangefunktion $\tilde{L}$ *ist stetig und genügt*

$$d\tilde{L}/dt = \partial \tilde{L}/\partial t + r\tilde{\lambda} f. \tag{6.71}$$

Ferner ist $e^{-rt} \tilde{v}_i(t)$ *eine monoton fallende Funktion, die konstant ist auf Intervallen, wo* $h_i(x^*(t), t) > 0$ *ist.* $\tilde{v}_i(t)$ *ist stetig für alle t, wo* $k_i(x^*(t), u^*(t), t)$ *unstetig ist. Ferner ist* $\tilde{v}(t)$ *an allen Stetigkeitsstellen von* $u^*(t)$ *stetig, soferne dort die constraint qualification* (6.17) *erfüllt ist. Schließlich gelten wieder die Transversalitätsbedingungen* (6.46–48) *mit* $\tilde{\lambda}(T) = \bar{\lambda}(T)$. *Zur Normierung kann* $\tilde{v}(T) = 0$ *gesetzt werden.*

Man beachte, daß die komplementäre Schlupfbedingung $\tilde{v}h = 0$ nicht mehr erfüllt sein muß, sondern nur $\dot{\tilde{v}}h = 0$ gilt.

Der Zusammenhang zwischen der direkten Methode und jener von Hestenes-Russak wird durch folgenden Satz beschrieben.

Satz 6.7. *Die Bedingungen der Sätze 6.2 und 6.6 sind zueinander äquivalent.*

Beweis. Ausgehend von den Optimalitätsbedingungen von Satz 6.2 definieren wir $n(t)$ als Summe aller Sprungparameter $e^{-r\tau}\eta(\tau)$ für Verbindungsstellen τ im Intervall $[t, T)$. Definiert man ferner

$$\tilde{v}(t) = \int_t^T e^{r(t-s)}v(s)\,ds + e^{rt}n(t) \tag{6.72}$$

$$\tilde{\lambda}(t) = \lambda(t) - \tilde{v}(t)h_x(x^*(t), t), \tag{6.73}$$

so kann ähnlich wie in Satz 6.4 gezeigt werden, daß $\tilde{v}$, $\tilde{\lambda}$ die Optimalitätsbedingungen von Satz 6.6 erfüllen (Übungsbeispiel 6.7). Man beachte, daß $\tilde{v}(t)$ gemäß (6.72) dann und nur dann stetig ist, wenn $\lambda(t)$ stetig ist.

Gemäß Konstruktion von n und $\tilde{v}$ gilt an allen Verbindungsstellen

$$\eta(\tau) = \tilde{v}(\tau^-) - \tilde{v}(\tau^+). \tag{6.74}$$

Daher ist $\tilde{\lambda}$ aus (6.73) stetig.

Geht man umgekehrt von Satz 6.6 aus und setzt

$$v(t) = r\tilde{v}(t) - \dot{\tilde{v}}(t), \quad \lambda(t) = \tilde{\lambda}(t) + \tilde{v}(t)h_x(x^*(t), t), \tag{6.75}$$

sowie (6.74) an den Verbindungsstellen, so folgen die Bedingungen von Satz 6.2 (die Details sind analog zu Satz 6.4 bzw. 6.5; siehe Übungsbeispiel 6.8). □

Bemerkung 6.12. In Verallgemeinerung zu (2.23) läßt sich die adjungierte Variable $\lambda(t)$ der direkten Methode unter Benutzung von (6.23) und (6.30) schreiben als

$$\lambda(t) = \int_t^T e^{-r(s-t)}[(H_x + \mu g_x)\,ds + rh_x\,\tilde{v}\,ds - h_x\,d\tilde{v}(s)] + e^{-r(T-t)}\lambda(T), \tag{6.76}$$

wobei $\tilde{v}$ der Multiplikator der Hestenes-Russak-Methode (Abschnitt 6.2.4) ist. Dabei wurde von (6.74) und (6.75) Gebrauch gemacht (siehe Übungsbeispiel 6.8).

Bemerkung 6.13. *Neustadt* (1976) hat eine noch etwas andere Formulierung, die im wesentlichen die Maximierungsbedingung (6.21) der direkten Methode mit der adjungierten Gleichung (6.68) kombiniert; vgl. auch *Seierstad* und *Sydsaeter* (1986), die diese Formulierung gewählt haben. Allerdings treten dann beide Kozustandsfunktionen λ und $\tilde{\lambda}$ auf. Diese Resultate gelten auch für Beschränkungen höherer Ordnung.

6.2.5. Ökonomische Interpretation und Beschränkungen höherer Ordnung

Ökonomische Interpretation

Im Anschluß an die Präsentation der drei Methoden zur Einbeziehung der Zustandsrestriktion (6.15) stellt sich die Frage, ob eine bzw. welche der adjungierten Variablen λ, $\bar{\lambda}$, $\tilde{\lambda}$ die Interpretation als Schattenpreis im Sinne von (2.29) besitzt. Es kann gezeigt werden, daß die Kozustandsvariable der direkten Methode, $\lambda(t)$, eine Deutung in dem Sinn gestattet, daß $\lambda(t)$ ein *Supergradient* der Wertfunktion ist (vgl. *Maurer*, 1979 a b). Gemäß (6.55) hat deshalb $\bar{\lambda}$ auf Randlösungsintervallen nicht mehr die Interpretation als marginaler Wert der Zustandsvariablen, während $\tilde{\lambda}$ gemäß (6.73) i. a. nicht einmal dann ökonomisch interpretierbar ist, wenn die Zustandsnebenbedingung nicht aktiv ist. Nach wie vor bedeutet H die Gesamtprofitrate, und μ mißt den marginalen Einfluß der Nebenbedingung $g \geq 0$ auf H (vgl. dazu Abschnitt 6.1).

Beschränkungen höherer Ordnung

Wir wenden uns nun kurz reinen Zustandsbeschränkungen höherer Ordnung zu, wobei wir der Einfachheit halber nur eine einzige Nebenbedingung in Betracht ziehen. Dazu definieren wir h^i, die i-te totale Ableitung von $h(x, t)$ nach der Zeit, wie folgt

$$h^0 = h, \quad h^{i+1} = h_x^i f + h_t^i, \quad i = 0, 1, \ldots, p - 1. \tag{6.77}$$

Die Beschränkung $h \geq 0$ ist von p-ter Ordnung, wenn h p-mal stetig differenzierbar ist, und wenn gilt

$$h_u^i = 0, \quad i = 0, 1, \ldots, p - 1; \quad h_u^p \neq 0. \tag{6.78}$$

Die Aussagen der direkten Methode (Satz 6.2, Korollar 6.2) bleiben erhalten; Korollar 6.3 gilt hingegen nicht mehr.

Bei der indirekten Methode sind gegenüber Abschnitt 6.2.2 folgende Abänderungen zu beachten: Analog zu (6.36) wird nun formal (6.15) durch

$$h^p(x, u, t) \geq 0, \quad \text{wenn} \quad h(x, t) = 0 \tag{6.79}$$

ersetzt. Definiert man

$$H^p = F + \lambda^p f, \quad L^p = H^p + \mu g + v^p h^p, \tag{6.80}$$

so gelten die Aussagen von Satz 6.3 weiterhin, wenn $\bar{H}, \bar{L}, \bar{\Omega}, \bar{\lambda}$ und $\bar{v}$ durch $H^p, L^p, \Omega^p, \lambda^p$ und v^p ersetzt und (6.39), (6.44), (6.49) und (6.50) wie folgt modifiziert werden:

$$\Omega^p(x, t) = \{u \in \mathbb{R}^m | g(x, u, t) \geq 0, \ h^p(x, u, t) = 0 \ \text{wenn}$$
$$h(x, t) = 0\} \tag{6.81}$$

$$v^p \geq 0, \ \dot{v}^p \leq rv^p, \ldots, (-1)^p d^p/dt^p(e^{-rt} v^p) \geq 0 \tag{6.82}$$
$$v^p h = 0$$

$$\lambda^p(\tau^-) = \lambda^p(\tau^+) + \sum_{i=1}^{p} \eta^i(\tau) h_x^{i-1}(x^*(\tau), \tau); \quad \eta^i(\tau) \geq 0 \tag{6.83}$$

$$H^p[\tau^-] = H^p[\tau^+] - \sum_{i=1}^{p} \eta^i(\tau) h_t^{i-1}(x^*(\tau), \tau). \tag{6.84}$$

Bezüglich des Zusammenhanges zwischen direkter und indirekter Methode gilt Satz 6.4 unverändert, während in Satz 6.5 die Beziehung (6.61) durch

$$\eta^i(\tau_1) - (-1)^{p-i} \frac{d^{p-i} v^p(\tau_1^+)}{dt^{p-i}} \begin{cases} \geq 0, & i=1 \\ = 0, & i=2,\ldots,p \end{cases} \tag{6.85a}$$

$$\frac{d^i}{dt^i} v^p(\tau_2^-) = 0, \quad i = 0, \ldots, p-2 \tag{6.85b}$$

zu ersetzen ist.

Für $q > 1$ Zustandsnebenbedingungen gelten die bisher in Abschnitt 6.2.5 durchgeführten Überlegungen im Prinzip (komponentenweise) weiter; der technische Aufwand wird allerdings größer, insbesondere wenn die Komponenten von h verschiedene Ordnung besitzen.

In diesem Zusammenhang sei darauf hingewiesen, daß die gemischte Nebenbedingung (6.1c) formal als Zustandsrestriktion nullter Ordnung aufgefaßt werden kann (vgl. (6.78)). Gemäß (6.83) verursacht eine Nebenbedingung 0-ter Ordnung keine Sprünge der Kozustandsvariablen.

In Kap. 8 wird der Gebrauch der Methoden zur Berücksichtigung reiner Zustandsnebenbedingungen anhand der Beispiele 8.7–8.11 illustriert.

Übungsbeispiele zu Kapitel 6

6.1. Man beweise die in Korollar 6.1 aufgestellte Behauptung, daß der abnormale Fall $\lambda_0 = 0$ nicht auftreten kann, wenn keine Gleichheitsbeschränkungen (6.1e) für den Endpunkt vorliegen und die Ungleichungsnebenbedingungen (6.1d) nicht aktiv sind. (Hinweis: Man verwende (6.11), (6.10) sowie (6.9), (6.7) und (6.2)).

6.2. Vorgelegt sei das Kontrollproblem

$$\max_u \int_0^T u \, dt$$
$$\dot{x} = u^2; \quad x(0) = x(T) = 0.$$

Man zeige, daß der abnormale Fall vorliegt (siehe Bemerkung 6.1; Hinweis: $u = 0$ ist die einzige zulässige Lösung, und für $\lambda_0 = 1$ sind die Optimalitätsbedingungen von Satz 6.1 nicht erfüllt.)

6.3. Man zeige die in Bemerkung 6.5 erwähnte Äquivalenz der Transversalitätsbedingung (6.14) mit (6.10) und (6.11).

6.4. Man zeige, daß aus (6.30) und der Stetigkeit der Hamiltonfunktion H im autonomen Fall die Sprungbedingung (6.31) folgt. (Hinweis: Man transformiere das Problem auf autonome Gestalt durch Behandlung der Zeit als zusätzliche Zustandsvariable.)

6.5. Für eine optimale Lösung (x^*, u^*) des Kontrollproblems (6.1), (6.14) sei die Zustandsnebenbedingung am Endzeitpunkt aktiv, d. h. $h(x^*(T), T) = 0$. Ausgehend von der Transversalitätsbedingung

$$\lambda(T^+) = \lambda_0 S_x + \alpha a_x + \beta b_x$$

und der Sprungbedingung (6.30) für die Verbindungsstelle $\tau = T$ leite man die Transversalitätsbedingung (6.27) her, indem man $\gamma = \eta(T)$ und $\lambda(T) = \lambda(T^-)$ setzt.

6.6. Man zeige die Äquivalenz von $L_u = 0$ in (6.22) und $\bar{L}_u = 0$ in (6.41) im Beweis von Satz 6.4.

6.7. Man führe die Details des Beweises von Satz 6.7 aus, in dem die Äquivalenz der Aussagen von Satz 6.2 (direkte Methode) und Satz 6.6 (Hestenes-Russak-Methode) behauptet wird.

6.8. Man zeige die Äquivalenz von (6.23), (6.30) und (6.76) unter Benutzung von (6.74) und (6.75). (Hinweis: Falls $\tilde{v}(t)$ differenzierbar ist, so gilt $\int h_x d\tilde{v}(t) = \int h_x \dot{\tilde{v}} dt = -\int h_x v dt$).

Weiterführende Bemerkungen und Literatur zu Kapitel 6

Gemischte Kontroll-Zustands-Pfadnebenbedingungen (Satz 6.1, Korollar 6.1 und Bemerkung 6.5) wurden z. B. von *Hestenes* (1965) mit Variationsmethoden behandelt, wobei auf die Arbeiten von *Valentine* (1937) und *McShane* (1939) zurückgegriffen wurde; vgl. auch *Pontryagin* et al. (1962, 1964, § VI). Das Resultat (6.14) ergibt sich aus *Hestenes* (1965) als Spezialfall der Transversalitätsbedingung für den dort betrachteten Parameter.

Bei der Behandlung von Zustandsnebenbedingungen ist die *indirekte* Methode historisch die älteste (*Gamkrelidze*, 1959; siehe auch *Pontryagin* et al., 1962); als Vorläufer sei *Valentine* (1937) erwähnt. *Berkovitz* (1962) und *Dreyfus* (1962) haben unter Benutzung der Variationsrechnung bzw. dynamischen Programmierung im wesentlichen die gleichen Resultate erhalten. Weitere wichtige Literaturhinweise sind *Bryson* et al. (1963), *Guinn* (1965), *Leitmann* (1966) und *Maurer* (1979ab). In der ökonomischen Literatur wurde die indirekte Methode von *Arrow* (1968) bzw. *Arrow* und *Kurz* (1970) propagiert, allerdings ohne Erwähnung der Sprungbedingung (6.49). Da wir dem Leser die Anwendung der direkten Methode empfehlen, wurde die indirekte Methode so formuliert, wie sie ursprünglich in der Literatur erschienen ist (*Pontryagin* et al., 1962, *Bryson* et al., 1963), also ohne die vervollständigende Beziehung (6.61).

Die *direkte* Methode dürfte auf *Chang* (1962) zurückgehen, wird aber häufig mit den Autoren *Jacobson* et al. (1971) identifiziert; siehe auch *McIntyre* und *Paiewonsky* (1967), *Girsanov* (1972), *Norris* (1973) und *Ioffe* und *Tihomirov* (1979). Eine rezente exakte Darstellung findet man bei *Maurer* (1977, 1979ab). In diesen Aufsätzen wird auch der Zusammenhang zwischen beiden Methoden hergestellt (vgl. auch *Litt*, 1973, *Hartl*, 1984ab). *Kreindler* (1982) hat gezeigt, durch welche Bedingungen die in Satz 6.5 erwähnte Lücke zwischen den beiden Verfahren geschlossen werden kann. In all diesen Arbeiten über die direkte Methode wurden *gemischte* Nebenbedingungen (6.1c) nicht berücksichtigt. Satz 6.2 folgt aber aus den allgemeinen Resultaten von *Neustadt* (1976). In diesem Zusammenhang sei noch erwähnt, daß Satz 6.2 in der oben zitierten Form nur für stückweise stetig differenzierbare Kontrollen gültig ist, was aber bei ökonomischen Problemen i. a. keine wirkliche Einschränkung sein dürfte. Ist u nur stückweise stetig, so ist nur unter gewissen Zustandsvoraussetzungen (*Maurer*, 1979ab) gesichert, daß $\tilde{v}$ hinreichend glatt ist, so daß v gemäß (6.75) existiert. Die adjungierte Gleichung (6.23) müßte dann durch die Integralgleichung (6.76) ersetzt werden (vgl. etwa *Girsanov*, 1972 oder *Maurer*, 1979ab). Im Text wurde auf diese für den Anwender eher verwirrende Tatsache absichtlich nicht eingegangen. Der theoretisch interessierte Leser sollte diesen Sachverhalt aber nicht übersehen.

Die in Abschnitt 6.2.4 behandelte Methode stammt von *Hestenes* (1966) und *Russak* (1970); vgl. auch *Neustadt* (1966/7, 1969, 1976), sowie *Bensoussan* et al. (1974). Die Anwendung dieser Methode wird z. B. bei *van Loon* (1983) vorgeführt.

An theoretisch weiterführender Literatur seien folgende Publikationen empfohlen: *Girsanov* (1972), *Neustadt* (1976), *Maurer* (1979ab), *Seierstad* und *Sydsaeter* (1986).

Eine *komplette* ökonomische Deutung der Kozustandsvariablen, Multiplikatorfunktionen und Optimalitätsbedingungen (insbesondere der Sprungbedingung für die adjungierte Variable) für Probleme mit reinen Zustandsnebenbedingungen ist unseres Wissens noch *ausständig*.

Für wertvolle Hinweise bzw. Klarstellungen zur Behandlung reiner Zustandsrestriktionen danken wir A. Seierstad und K. Sydsaeter.

Kapitel 7: Verschiedene Erweiterungen

7.1. Erweiterung der hinreichenden Bedingungen

In Abschnitt 2.5 wurde bewiesen, daß im Falle *konkaver* maximierter Hamilton- und Restwertfunktion die notwendigen Optimalitätsbedingungen auch hinreichend sind. Im folgenden zeigen wir, daß dieser Sachverhalt auch bei Vorliegen von Pfad- und Endbedingungen, also für das Steuerungsproblem (6.1), (6.15), erhalten bleibt.

Dazu benötigen wir folgende Erweiterung des Konkavitätsbegriffs:

Definition 7.1. *Eine Funktion $\phi: \mathbb{R}^d \to \mathbb{R}$ heißt quasi-konkav auf dem konvexen Definitionsbereich $D(\phi) \subseteq \mathbb{R}^d$, wenn für alle $z, z^* \in D(\phi)$ und für alle $\zeta \in [0, 1]$ gilt.*

$$\phi(\zeta z + (1 - \zeta)z^*) \geq \min\{\phi(z), \phi(z^*)\}. \tag{7.1}$$

Falls anstelle von (7.1)

$$\phi(\zeta z + (1 - \zeta)z^*) \geq \zeta \phi(z) + (1 - \zeta)\phi(z^*) \tag{7.2}$$

gilt, heißt ϕ konkav. Falls in (7.2) für $z \neq z^*$ und $\zeta \in (0, 1)$ die Gleichheit ausgeschlossen ist, heißt ϕ streng konkav.

Gilt in (7.1) bzw. (7.2) das $\leq$ Zeichen, so heißt ϕ quasi-konvex bzw. konvex.

Bei Vektorfunktionen sind die Begriffe Quasi-Konkavität, Konkavität und strenge Konkavität komponentenweise erklärt.

Jede konkave Funktion ist klarerweise auch quasi-konkav. Darüber hinaus sind z. B. monotone Funktionen $\phi: \mathbb{R} \to \mathbb{R}$ ebenfalls quasi-konkav (vgl. Übungsbeispiel 7.1).

Ferner definieren wir die Hamilton- und die Lagrangefunktion gemäß (6.18) bzw. (6.19), und die maximierte Hamiltonfunktion als

$$H^0(x, \lambda, t) = \max_{u \in \Omega(x,t)} H(x, u, \lambda, t) \tag{7.3}$$

mit $\Omega(x, t)$ aus (6.20).

Mit diesen Begriffen formulieren wir die hinreichenden Optimalitätsbedingungen für Steuerungsprobleme mit Beschränkungen wie folgt.

Satz 7.1. *Sei $(x^*(t), u^*(t))$ ein zulässiges Paar für das Kontrollproblem (6.1), (6.15), das der Regularitätsbedingung (6.2) genügt. Angenommen, es existieren eine stückweise stetig differenzierbare Vektorfunktion $\lambda(t)$, stückweise stetige Vektorfunktionen $\mu(t)$, $v(t)$, so daß mit $\lambda_0 = 1$ die Bedingungen (6.21–25) gelten. Weiter existieren*

7.1. Erweiterung der hinreichenden Bedingungen 181

Vektoren α, β, γ, *so daß* (6.27–29) *gilt. An allen Unstetigkeitsstellen* τ *von* λ *existiert ein* $\eta(\tau)$, *so daß* (6.30–32) *gilt. Schließlich sei* $H^0(x, \lambda, t)$ *konkav in* x *für jedes* $(\lambda(t), t)$, $S(x, T)$ *konkav in* x, $g(x, u, t)$ *quasi-konkav in* (x, u), $h(x, t)$ *und* $a(x, T)$ *quasi-konkav in* x *und* $b(x, T)$ *linear in* x. *Dann ist* (x^*, u^*) *eine optimale Lösung.*

Man beachte, daß Satz 7.1 auch für Bedingungen höherer Ordnung gilt. Vor dem Beweis dieses Satzes formulieren wir einige Bemerkungen und Hilfssätze.

Bemerkung 7.1. Die Konkavität von H^0 in x kann durch die stärkere Voraussetzung der Konkavität von H in (x, u) ersetzt werden. Dies wird in Übunsbeispiel 7.2 gezeigt.

Bemerkung 7.2. Satz 7.1 sagt im wesentlichen aus, daß die notwendigen Bedingungen von Satz 6.2 unter gewissen Konkavitätsannahmen auch hinreichend für die Optimalität einer zulässigen Lösung des Kontrollproblems sind. Allerdings werden die Aussagen (6.26) und (6.31) von Satz 6.2 nicht benötigt.

Beispiel 8.6 zeigt, daß die Regularitätsbedingung (6.2) unerläßlich für das Hinreichen der Optimalitätsbedingungen von Satz 7.1 ist.

Bemerkung 7.3. Wegen der Äquivalenz der in Abschnitt 6.2 behandelten drei Methoden sind die in Satz 6.3 bzw. 6.6 angegebenen Bedingungen unter entsprechenden Konkavitätsvoraussetzungen ebenfalls hinreichend (Satz 6.3 ist nur dann hinreichend, falls (6.61) erfüllt ist).

Bevor wir uns dem Beweis von Satz 7.1 zuwenden, beweisen wir zunächst ein Resultat, das die hinreichenden Bedingungen von *Leitmann* und *Stalford* (1971) verallgemeinert.

Satz 7.2. *Sei* $(x^*(t), u^*(t))$ *ein zulässiges Paar für das Problem* (6.1), (6.15). *Es existiere eine stückweise stetig differenzierbare Funktion* $\lambda(t)$, *so daß mit H aus* (6.18) *und* $\lambda_0 = 1$ *für jede andere zulässige Trajektorie* $(x(t), u(t))$ *folgende Aussagen gelten:*

$$H(x^*(t), u^*(t), \lambda(t), t) - H(x(t), u(t), \lambda(t), t)$$
$$\geq [\dot{\lambda}(t) - r\lambda(t)][x(t) - x^*(t)] \tag{7.4}$$

für fast alle $t \in [0, T]$, *die Sprungbedingung*

$$[\lambda(\tau^-) - \lambda(\tau^+)][x(\tau) - x^*(\tau)] \geq 0 \tag{7.5}$$

an allen Unstetigkeitsstellen τ *von* λ, *sowie die Transversalitätsbedingung*

$$\lambda(T)[x(T) - x^*(T)] - S(x(T), T) + S(x^*(T), T) \geq 0. \tag{7.6}$$

Dann ist (x^*, u^*) *optimal.*

Beweis. Um die Optimalität des Paares (x^*, u^*) zu beweisen, zeigt man, daß die Differenz

$$\Delta = \int_0^T e^{-rt} F(x^*, u^*, t) dt + e^{-rT} S(x^*(T), T)$$

$$- \int_0^T e^{-rt} F(x, u, t) dt - e^{-rT} S(x, (T), T)$$

für jede beliebige zulässige Lösung (x, u) nichtnegativ ist.
Mit (6.18) gilt

$$\Delta = \int_0^T e^{-rt} [H(x^*, u^*, \lambda, t) - H(x, u, \lambda, t)] dt$$

$$+ e^{-rT} [S(x^*(T), T) - S(x(T), T)] - \int_0^T e^{-rt} \lambda (\dot{x}^* - \dot{x}) dt.$$

Unter Verwendung von (7.4) folgt daraus

$$\Delta \geq \int_0^T \frac{d}{dt} [e^{-rt} \lambda (x - x^*)] dt + e^{-rT} [S(x^*(T), T) - S(x(T), T)]. \quad (7.7)$$

Unter Beachtung möglicher Unstetigkeiten von $\lambda(t)$ an den Stellen τ_i erhalten wir für das Integral in (7.7)

$$\int_0^T \frac{d}{dt} [\ ] dt = e^{-rT} \lambda(T) [x(T) - x^*(T)]$$

$$+ \sum_i e^{-r\tau_i} [\lambda(\tau_i^-) - \lambda(\tau_i^+)] [x(\tau_i) - x^*(\tau_i)] - \lambda(0) [x(0) - x^*(0)].$$

Aus (7.5) und (7.6) folgt $\Delta \geq 0$. □

Um im Beweis von Satz 7.1 die Resultate von Satz 7.2 zu verwenden, benötigen wir noch einige Hilfssätze.

Lemma 7.1. *$\phi(z)$ ist genau dann quasi-konkav, wenn die Menge*

$$A_\xi = \{z | \phi(z) \geq \xi\}$$

für jedes $\xi \in \mathbb{R}$ konvex ist.

Zum Beweis siehe Übungsbeispiel 7.3.

Lemma 7.2. *Sei $\phi(z)$ quasi-konkav und differenzierbar auf der konvexen Menge $D(\phi)$. Dann gilt*

$$\phi_z(z^*)(z - z^*) \geq 0 \quad (7.8)$$

für alle $z, z^* \in D(\phi)$ mit $\phi(z) \geq \phi(z^*)$.

7.1. Erweiterung der hinreichenden Bedingungen

Beweis. Angenommen (7.8) würde nicht gelten, d.h.

$$\left.\frac{d}{d\varepsilon}\phi(z^* + \varepsilon(z - z^*))\right|_{\varepsilon=0} = \phi_z(z^*)(z - z^*) < 0.$$

Es existiert also ein $\varepsilon > 0$ mit $\phi(z^* + \varepsilon(z^* - z)) < \phi(z^*)$. Wegen $\phi(z) \geq \phi(z^*)$ ergibt sich ein Widerspruch zu (7.1). □

Lemma 7.3. *Sei ϕ quasi-konkav und differenzierbar auf $D(\phi)$. Ferner existiere ein Vektor z^* und ein Skalar ϱ mit*

$$\phi(z^*) \geq 0, \quad \varrho \geq 0, \quad \varrho\phi(z^*) = 0. \tag{7.9}$$

Dann gilt für alle $z \in D(\phi)$ mit $\phi(z) \geq 0$

$$\varrho\phi_z(z^*)(z - z^*) \geq 0. \tag{7.10}$$

Beweis. Ist $\phi(z^*) > 0$, dann ist wegen (7.9) $\varrho = 0$, d.h. (7.10) ist erfüllt. Ist hingegen $\phi(z^*) = 0$, so ist $\phi(z) \geq \phi(z^*)$, und (7.10) folgt gemäß Lemma 7.2 und $\varrho \geq 0$. □

Weiters verwenden wir noch folgendes Resultat aus der nichtlinearen Programmierung (vgl. etwa *Rockafellar*, 1970).

Lemma 7.4. *Sei $\phi(z)$ eine konkave Funktion auf einem konvexen Definitionsbereich $D(\phi)$. Dann existiert für jedes z^* aus $D(\phi)$ ein Zeilenvektor $a = a(z^*)$, so daß für alle $z \in D(\phi)$ gilt*

$$\phi(z) - \phi(z^*) \leq a(z - z^*). \tag{7.11}$$

a heißt Supergradient *von ϕ. Ist ϕ differenzierbar in z^*, dann ist a eindeutig bestimmt und gleich dem Gradienten, d.h. $a = \phi_z(z^*)$.*
Ist ϕ konvex, so gilt in (7.11) das $\geq$ Zeichen, und a heißt Subgradient.

Dies setzt uns nun in die Lage, das zentrale Resultat über hinreichende Optimalitätsbedingungen zu beweisen.

Beweis zu Satz 7.1. Zunächst folgt aus der Quasi-Konkavität von g gemäß Lemma 7.1, daß die Menge

$$A(t) = \{x \mid \exists u \text{ mit } g(x, u, t) \geq 0\}$$

für jedes $t \in [0, T]$ konvex ist. Da H^0 konkav auf $A(t)$ ist, existiert nach Lemma 7.4 ein Supergradient $a(t)$ mit

$$H^0(x, \lambda(t), t) - H^0(x^*(t), \lambda(t), t) \leq a(t)[x - x^*(t)]. \tag{7.12}$$

für alle $x \in \mathbb{R}^n$. Wegen (7.3) und (6.21) gilt daher

$$H(x, u, \lambda(t), t) - H(x^*(t), u^*(t), \lambda(t), t) \leq a(t)[x - x^*(t)] \tag{7.13}$$

für alle (x, u), so daß $g(x, u, t) \geq 0$ ist. Daher ist zu jedem Zeitpunkt t das Paar $(x^*(t), u^*(t))$ eine optimale Lösung für das statische Optimierungsproblem

$$\max_{g(x,u,t) \geq 0} \{H(x, u, \lambda(t), t) - a(t)x\}.$$

Wegen der Gültigkeit der Regularitätsbedingung (6.2) erhält man aufgrund des am Beginn dieses Kapitels angeführten Kuhn-Tucker-Theorems für jedes $t \in [0, T]$ die Existenz eines Multiplikators, der nun mit $\hat{\mu}(t)$ bezeichnet werde. Mit der Lagrangefunktion

$$\hat{L} = H(x, u, \lambda(t), t) - a(t)x + \hat{\mu}(t)g(x, u, t)$$

gelten die KT-Bedingungen:

$$\hat{L}_x = H_x(x^*(t), u^*(t), \lambda(t), t) - a(t) + \hat{\mu}(t)g_x(x^*(t), u^*(t), t) = 0 \tag{7.14}$$

$$\hat{L}_u = H_u(x^*(t), u^*(t), \lambda(t), t) \qquad + \hat{\mu}(t)g_u(x^*(t), u^*(t), t) = 0 \tag{7.15}$$

$$\hat{\mu}(t) \geq 0, \quad \hat{\mu}(t)g(x^*(t), u^*(t), t) = 0. \tag{7.16}$$

Aufgrund der constraint qualification (6.2) ist die Multiplikatiorfunktion $\hat{\mu}(t)$ eindeutig bestimmt.

Aus (6.22), (7.15) folgt daher $\mu(t) = \hat{\mu}(t)$. Kombiniert man (7.14) mit der adjungierten Gleichung (6.23), so erhält man

$$a(t) = r\lambda(t) - \dot{\lambda}(t) - v(t)h_x(x^*(t), t). \tag{7.17}$$

Einsetzen von (7.17) in (7.13) liefert

$$H(x, u, \lambda(t), t) - H(x^*(t), u^*(t), \lambda(t), t)$$
$$\leq [r\lambda(t) - \dot{\lambda}(t)][x - x^*(t)] - v(t)h_x(x^*(t), t)[x - x^*(t)] \tag{7.18}$$

Wegen Lemma 7.3 und (6.25) ist der Summand $vh_x(x - x^*)$ in (7.18) nichtnegativ. Somit gilt (7.4).

Gemäß Satz 7.2 bleiben (7.5) und (7.6) zu zeigen: Aus (6.30) folgt für jede Sprungstelle

$$[\lambda(\tau^-) - \lambda(\tau^+)][x(\tau) - x^*(\tau)] = \eta(\tau)h_x(x^*(\tau), \tau)[x(\tau) - x^*(\tau)]. \tag{7.19}$$

Wegen Lemma 7.3 und (6.32) ist (7.19) nichtnegativ und damit (7.5) erfüllt.

Wegen der Konkavität von S, der Quasi-Konkavität von h und a und der Linearität von b folgen unter Verwendung von Lemma 7.3 die Abschätzungen

$$S_x(x^*(T), T)[x(T) - x^*(T)] \geq S(x(T), T) - S(x^*(T), T)$$

$$\gamma h_x(x^*(T),T)\,[x(T)-x^*(T)] \geqq 0$$
$$\alpha a_x(x^*(T),T)\,[x(T)-x^*(T)] \geqq 0$$
$$\beta b_x(x^*(T),T)\,[x(T)-x^*(T)] = \beta[b(x(T),T)-b(x^*(T),T)] = 0.$$

Unter Verwendung dieser Abschätzungen und von $\lambda(T)$ aus der Transversalitätsbedingung (6.27) ergibt sich (7.6). Damit sind die Voraussetzungen von Satz 7.2 sichergestellt. (x^*, u^*) ist also optimal. □

Um die *Eindeutigkeit* der optimalen Lösung eines Kontrollproblems zu untersuchen, benötigen wir folgende Verschärfung von Lemma 7.4.

Lemma 7.5. *Sei $\phi(z)$ streng konkav auf der konvexen Menge $D(\phi)$. Dann ist unter den Voraussetzungen von Lemma 7.4 die Ungleichung (7.11) strikt erfüllt, soferne $z \neq z^*$ ist.*

Beweis. Angenommen, Lemma 7.5 gelte nicht, d. h. für ein $z^* \in D(\phi)$ mit dem Supergradienten a existiere ein $z \in D(\phi)$, so daß

$$\phi(z) - \phi(z^*) = a(z-z^*). \tag{7.20}$$

Betrachten wir nun einen beliebigen Punkt der Verbindungsstrecke zwischen z und z^*, also etwa $(z+z^*)/2$. Wegen der strengen Konkavität ist

$$\frac{\phi(z)+\phi(z^*)}{2} < \phi\left(\frac{z+z^*}{2}\right). \tag{7.21}$$

Eliminiert man $\phi(z)$ in (7.21) mittels (7.20), so erhält man

$$\phi\left(\frac{z+z^*}{2}\right) - \phi(z^*) > a\left[\frac{z+z^*}{2} - z^*\right], \tag{7.22}$$

was einen Widerspruch zu (7.11) darstellt. □

Satz 7.3. *Es sei $(x^*(t), u^*(t))$ eine zulässige Lösung, die allen Bedingungen von Satz 7.1 genügt. Wenn H^0 streng konkav ist, dann liefert jede optimale Steuerung dieselbe Zustandstrajektorie $x^*(t)$.*

Beweis. Es sei $(x(t), u(t))$ eine andere zulässige Lösung, so daß $x(t) \neq x^*(t)$ auf einem Intervall $[t_1, t_2]$ von nicht verschwindender Länge. Wegen der strengen Konkavität von H^0 und Lemma 7.5 ist die Ungleichung (7.12) und damit auch (7.18) bzw. (7.4) auf $[t_1, t_2]$ strikt erfüllt. Im Beweis von Satz 7.2 gilt daher (7.7) im strengen Sinne, und somit ist $\Delta > 0$. Da also x suboptimal ist, ist x^* die einzige optimale Lösung. □

Man beachte, daß Satz 7.3 zwar die Eindeutigkeit von x, nicht aber von u sicherstellt.

7.2. Unendlicher Zeithorizont

In Kapitel 6 und 7 haben wir uns bisher mit Kontrollproblemen mit endlichem Zeithorizont beschäftigt. Viele ökonomische Modelle unterstellen jedoch fiktiv einen unendlichen Planungszeitraum. Wir betrachten das optimale Steuerungsproblem

$$\max_{u} \int_0^\infty e^{-rt} F(x, u, t)\, dt \tag{7.23}$$

unter den Nebenbedingungen

$$\dot{x} = f(x, u, t), \quad x(0) = x_0 \tag{7.24a}$$

$$g(x, u, t) \geq 0, \quad h(x, t) \geq 0 \tag{7.24b}$$

$$\varliminf_{t \to \infty} a(x(t)) \geq 0 \tag{7.24c}$$

$$\lim_{t \to \infty} b(x(t)) = 0. \tag{7.24d}$$

Während in Abschnitt 2.6 angenommen wurde, daß das uneigentliche Integral in (7.23) konvergiert, lassen wir nun auch den Fall zu, daß dieses Integral nicht existiert. In diesem Fall muß eine allgemeinere Optimalitätsdefinition benützt werden:

Definition 7.2. *Sei* $(x^*(t), u^*(t))$ *eine zulässige Lösung. Für jede beliebige zulässige Lösung* $(x(t), u(t))$ *sei* $\Delta(T)$ *für* $T \geq 0$ *wie folgt definiert:*

$$\Delta(T) = \int_0^T e^{-rt} F(x^*, u^*, t)\, dt - \int_0^T e^{-rt} F(x, u, t)\, dt. \tag{7.25}$$

Dann heißt (x^*, u^*) *optimal bezüglich*

Kriterium 1, wenn es für jedes zulässige Paar (x, u) *ein* τ *gibt, so daß* $\Delta(T) \geq 0$ *für alle* $T \geq \tau$ *gilt (overtaking criterion von von Weizsäcker (1965));*

Kriterium 2, wenn für jedes zulässige Paar (x, u) *gilt* $\varliminf_{t \to \infty} \Delta(t) \geq 0$, *d.h. wenn für jedes* $\varepsilon > 0$ *ein* τ *existiert, so daß* $\Delta(T) + \varepsilon \geq 0$ *für alle* $T \geq \tau$ *(catching up criterion von Gale (1967)); bzw.*

Kriterium 3, wenn für jedes zulässige Paar (x, u) *gilt* $\varlimsup_{t \to \infty} \Delta(t) \geq 0$, *d.h. wenn für jedes* $\varepsilon > 0$ *und jedes* τ *ein* $T \geq \tau$ *existiert, so daß* $\Delta(T) + \varepsilon \geq 0$ *gilt (sporadically catching up criterion von Halkin (1974)).*

Bemerkung 7.4. Kriterium 1 besagt, daß der Zielfunktionalswert jeder anderen zulässigen Trajektorie in endlicher Zeit von der Lösung (x^*, u^*) eingeholt wird. Jede bezüglich Kriterium i optimale Lösung ist auch optimal bezüglich Kriterium j für $j > i$. Existiert das uneigentliche Integral in (7.23) für jedes zulässige Paar (x, u),

7.2. Unendlicher Zeithorizont

dann ist das ‚normale' Optimalitätskriterium (7.23) äquivalent mit Kriterium 2 bzw. Kriterium 3, während Kriterium 1 aus (7.23) nicht folgt.

In Erweiterung zu Abschnitt 2.6 gelten folgende notwendigen Bedingungen für das Kontrollproblem mit unendlichem Zeithorizont.

Satz 7.4. *Sei* (x^*, u^*) *eine optimale Lösung für das Problem* (7.23, 24). *Dann gelten die notwendigen Optimalitätsbedingungen von Satz 6.1, 6.2, 6.3 bzw. 6.6, allerdings ohne die entsprechenden Transversalitätsbedingungen* (6.10), (6.27) *bzw.* (6.46).

Bemerkung 7.5. Im Falle, daß das Integral (7.23) für jede zulässige Lösung konvergiert und daß nur gemischte Nebenbedingungen (d. h. keine Zustandsrestriktionen) vorliegen, kann gezeigt werden, daß Satz 2.3a gültig bleibt; vgl. *Michel* (1982). Für ein allgemeines Problem zeigen *Seierstad* (1977) und *Seierstad* und *Sydsaeter* (1986), daß bei Erfülltsein gewisser Wachstumsbeschränkungen die Grenztransversalitätsbedingung (2.63) ebenfalls eine notwendige Optimalitätsbedingung darstellt.

Bei den hinreichenden Optimalitätsbedingungen benötigt man allerdings Transversalitätsbedingungen. Diese besitzen aber modifizierte Formen, da bei unendlichem Zeithorizont weder eine Restwertfunktion S noch Endwertbedingungen der Form (6.1de) vorliegen.

Satz 7.5. *Sei* (x^*, u^*) *eine zulässige Lösung des Problems* (7.23, 24), *die der Regularitätsbedingung* (6.2) *genügt. Es existieren die Funktionen* λ, μ, ν *von Satz 6.2, so daß die Bedingungen* (6.21–25) *gelten. Weiters sei* H^0 *konkav in* x *und* g *bzw.* h *quasikonkav in* (x, u) *bzw.* x. *Wenn für jedes zulässige* $x(\cdot)$
1. *ein* τ *existiert, so daß*

$$\lambda(t)[x(t) - x^*(t)] \geq 0 \quad \text{für} \quad t \geq \tau \tag{7.26a}$$

2. $$\lim_{t \to \infty} e^{-rt} \lambda(t)[x(t) - x^*(t)] \geq 0 \tag{7.26b}$$

bzw.

3. $$\overline{\lim_{t \to \infty}} \, e^{-rt} \lambda(t)[x(t) - x^*(t)] \geq 0 \tag{7.26c}$$

gilt, dann ist (x^*, u^*) *optimal bezüglich Kriterium 1, 2 bzw. 3.*

Konvergiert das Integral in (7.23), dann ist die Grenztransversalitätsbedingung

$$\lim_{t \to \infty} e^{-rt} \lambda(t)[x(t) - x^*(t)] \geq 0 \tag{7.27}$$

hinreichend für die Optimalität im üblichen Sinne. (Tatsächlich würde schon (7.26c) dafür ausreichen.)

Beweis von Satz 7.5. Im Beweis von Satz 7.2 wurde für endliches T die Differenz der Zielfunktionale, Δ, nach unten durch den Ausdruck (7.6) abgeschätzt. Definiert man nun $\Delta(T)$ gemäß (7.25), so erhält man analog

$$\Delta(T) \geqq e^{-rT} \lambda(T)[x(T) - x^*(T)].$$

Um die Optimalität i.S. von Kriterium 1, 2 bzw. 3 sicherzustellen, genügt es daher, die entsprechende Transversalitätsbedingung (7.26a), (7.26b) bzw. (7.26c) zu verlangen. Satz 7.2 bleibt somit auch für $T = \infty$ gültig, falls (7.6) durch eine der Bedingungen (7.26) ersetzt wird. Da in Satz 7.1 die Transversalitätsbedingung (6.27) nur zum Beweis von (7.6) benützt wurde, ist Satz 7.5 gezeigt. □

7.3. Probleme mit freiem Endzeitpunkt

Das in Abschnitt 2.7 behandelte Kontrollproblem mit freiem Endzeitpunkt wird nun durch Einbeziehung von Pfad- und Endbedingung auf das Problem (6.1), (6.15) erweitert. Wir betrachten folgende Problemklasse

$$\max_{u,T}\left\{ J = \int_0^T e^{-rt} F(x, u, t)\,dt + e^{-rT} S(x(T), T)\right. \quad (7.28\text{a})$$

$$\dot{x} = f(x, u, t), \quad x(0) = x_0 \quad (7.28\text{b})$$

$$g(x, u, t) \geqq 0 \quad (7.28\text{c})$$

$$h(x, t) \geqq 0 \quad (7.28\text{d})$$

$$a(x(T), T) \geqq 0, \quad b(x(T), T) = 0 \quad (7.28\text{e})$$

$$T \in [\underline{T}, \bar{T}]. \quad (7.28\text{f})$$

Falls der Endzeitpunkt T nicht eingeschränkt sein soll, so ist $\underline{T} = 0$, $\bar{T} = \infty$ zu setzen.

Die notwendigen Bedingungen zur Bestimmung des optimalen Endzeitpunktes sind in folgendem Satz zusammengefaßt:

Satz 7.6. *Sei* $(u^*(t), x^*(t))$ *auf dem optimalen Intervall* $[0, T^*]$ *eine optimale Lösung des Problems* (7.28). *Dann gelten alle Aussagen von Satz 6.2. Zusätzlich gilt die Transversalitätsbedingung für den optimalen Endzeitpunkt* T^*

$$H[T^*] \begin{Bmatrix} \leqq \\ = \\ \geqq \end{Bmatrix} r\lambda_0 S(x^*(T^*), T^*) - \lambda_0 S_T(x^*(T^*), T) - \alpha a_T(x^*(T), T^*)$$

$$- \beta b_T(x^*(T^*), T^*) - \gamma h_t(x^*(T^*), T^*) \text{ für } \begin{cases} T^* = \underline{T} \\ \underline{T} < T^* < \bar{T} \\ T^* = \bar{T} \end{cases} \quad (7.29)$$

Bemerkung 7.6. (7.29) reduziert sich zu (2.73), falls keine Pfad- und Endbedingungen vorliegen. Falls nur gemischte Nebenbedingungen vorliegen (Abschnitt 6.1), so ist in (7.29) $\gamma = 0$ zu setzen.

Man beachte, daß wegen $H[T] = \bar{H}[T] = \tilde{L}[T]$ die Beziehung (7.29) gleichermaßen auch für $\bar{H}$ bzw. $\tilde{L}$ gültig ist, siehe Übungsbeispiel 7.4.

In Satz 7.6 wurden *notwendige Bedingungen* für Kontrollprobleme mit freiem Endzeitpunkt formuliert. Satz 7.7 gibt *hinreichende* Optimalitätsbedingungen an: Zur Formulierung der hinreichenden Bedingungen definieren wir

$$d(T) = H^0(x(T,T), \lambda(T,T), T) - rS(x(T,T),T) + S_T(x(T,T),T)$$
$$+ \alpha a_T(x(T,T),T) + \beta b_T(x(T,T),T) + \gamma h_t(x(T,T),T) \quad (7.30)$$

Dabei bezeichnet $x(t,T)$ die optimale Trajektorie für das Problem (7.28) bei fixiertem Zeitintervall $[0,T]$.

Satz 7.7. *Angenommen, für jedes $T \in [\underline{T}, \overline{T}]$ existiere ein zulässiges Paar $(x(t,T)$, $u(t,T))$ auf $[0,T]$ mit zugehörigen Multiplikatoren $\lambda(t,T)$, $\nu(t,T)$, $\alpha(T)$, $\beta(T)$, $\gamma(T)$, so daß die hinreichenden Bedingungen von Satz 7.1 mit $\lambda_0 = 1$ erfüllt sind. Ferner sollen $u(t,T)$ und die durch (6.72) definierte Funktion $\tilde{v}(t,T)$ für alle $T \in [\underline{T}, \overline{T}]$ in festen beschränkten Mengen liegen. Weiteres sei $x(t,T)$ Lipschitz-stetig in T, $\alpha(T)$, $\beta(T)$ und $\gamma(T)$ stückweise stetig in T und $u(t,T)$ gehöre für alle $T \in [\underline{T}, \overline{T}]$ zur abgeschlossenen Hülle der Menge $\{u \mid g(x(T,T), u, T) > 0\}$. Schließlich existiere ein $T^* \in [\underline{T}, \overline{T}]$, so daß*

$$d(T) \begin{Bmatrix} \geq \\ \leq \end{Bmatrix} 0 \quad \text{für} \quad \begin{cases} \underline{T} \leq T < T^* \\ T^* < T \leq \overline{T} \end{cases} \quad (7.31)$$

gilt. Dann ist T^* ein optimaler Endzeitpunkt und

$$x^*(t) = x(t, T^*), \quad u^*(t) = u(t, T^*)$$

eine optimale Lösung auf $[0, T^*]$.

Bedingung (7.31) besitzt im Falle eines freien Endzustandes (also für $\alpha = 0$, $\beta = 0$, $\gamma = 0$) eine einleuchtende ökonomische Interpretation, da $d(T)$ den Überschuß der (totalen) internen Profitrate H^0 über die Zinsen auf den Restwert (Opportunitätskosten) mißt.

Im Falle $\underline{T} = 0$ genügt es, Beziehung (7.31) für $T \in (0, \overline{T}]$ zu überprüfen, soferne die Grenzwerte $\alpha(T)$, $\beta(T)$ und $\gamma(T)$ für $T \to 0$ existieren.

7.4. Freier Anfangszustand

Da bei den meisten Anwendungen der Anfangszustand $x(0)$ gegeben ist, haben wir uns bisher ausschließlich mit diesem Fall beschäftigt. Manchmal ist es jedoch sinnvoll, einen freien bzw. teilweise beschränkten Anfangszustand zu betrachten.

Vorgelegt sei also folgendes Kontrollproblem

$$\max_u \left\{ \int_0^T e^{-rt} F(x,u,t) dt + e^{-rT} S(x(T),T) + R(x(0)) \right\} \quad (7.32\text{a})$$

$$\dot{x} = f(x,u,t) \quad (7.32\text{b})$$

$$g(x, u, t) \geqq 0, \quad h(x, t) \geqq 0 \tag{7.32c}$$

$$a(x(0), x(T), T) \geqq 0 \tag{7.32d}$$

$$b(x(0), x(T), T) = 0, \tag{7.32e}$$

wobei die üblichen Regularitätsvoraussetzungen von Kap. 6 gelten. Dabei sind a: $\mathbb{R}^n \times \mathbb{R}^n \times \mathbb{R} \to \mathbb{R}^l$ und b: $\mathbb{R}^n \times \mathbb{R}^n \times \mathbb{R} \to \mathbb{R}^{l'}$ stetig differenzierbare Funktionen. Ferner ist $R(x)$ eine stetig differenzierbare Anfangsbewertung. Dann gilt folgendes Resultat.

Korollar 7.1. *Sei* (x^*, u^*) *ein optimales Paar für* (7.32), *wobei für alle* $(x^*(t), u^*(t))$, $t \in [0, T]$ *die Regularitätsbedingung* (6.2) *erfüllt sei. Dann gelten alle Aussagen von Satz 6.2, wobei* (6.27–29) *durch folgende Bedingungen zu ersetzen sind:*

$$\begin{aligned} -\lambda(0) &= \lambda_0 R_x(x^*(0)) + \alpha a_{x_0}(x^*(0), x^*(T), T) \\ &\quad + \beta b_{x_0}(x^*(0), x^*(T), T) + \gamma_0 h_x(x^*(0), 0) \end{aligned} \tag{7.33}$$

$$\begin{aligned} \lambda(T) &= \lambda_0 S_x(x^*(T), T) + \alpha a_{x_T}(x^*(0), x^*(T), T) \\ &\quad + \beta b_{x_T}(x^*(0), x^*(T), T) + \gamma_T h_x(x^*(T), T) \end{aligned} \tag{7.34}$$

$$\alpha \geqq 0, \quad \alpha a(x^*(0), x^*(T), T) = 0 \tag{7.35}$$

$$\gamma_0 \geqq 0, \quad \gamma_0 h(x^*(0), 0) = 0 \tag{7.36}$$

$$\gamma_T \geqq 0, \quad \gamma_T h(x^*(T), T) = 0. \tag{7.37}$$

Dabei bezeichnet z. B. a_{x_0} die Ableitung von a nach dem Vektor $x(0)$. Im Unterschied zu Satz 6.2 existieren nun zwei Multiplikatorvektoren $\gamma_0, \gamma_T \in \mathbb{R}^q$.

Korollar 7.2. *Die Aussagen von Korollar 7.1 gelten auch für den Fall, daß der Endzeitpunkt T optimal zu bestimmen ist. Der optimale Endzeitpunkt* T^* *erfüllt dabei (sinngemäß)* (7.29).

Bemerkung 7.7. Korollar 7.1 impliziert folgende wichtige Spezialfälle:

Gegebener Anfangszustand: Falls der Anfangszustand $x(0) = x_0$ gegeben ist, erhält man die Aussage von Satz 6.2 (Übungsbeispiel 7.5).

Separierte Randbedingungen:
Sind die Randbedingungen (7.32de) in folgender Weise separiert:

$$a^0(x(0)) \geqq 0, \quad a^T(x(T), T) \geqq 0 \tag{7.38}$$

$$b^0(x(0)) = 0, \quad b^T(x(T), T) = 0, \tag{7.39}$$

dann haben (7.33) bzw. (7.34) folgende einfache Gestalt:

$$\begin{aligned} -\lambda(0) &= \lambda_0 R_x(x^*(0)) + \alpha_0 a_x^0(x^*(0)) + \beta_0 b_x^0(x^*(T), T) \\ &\quad + \gamma_0 h_x(x^*(0), 0) \end{aligned} \tag{7.40}$$

$$\lambda(T) = \lambda_0 S_x(x^*(T), T) + \alpha_T a_x^T(x^*(T), T) + \beta_T b_x^T(x^*(T), T)$$
$$+ \gamma_T h_x(x^*(T), T). \tag{7.41}$$

Für die Vektoren α_0, α_T gelten die komplementären Schlupfbedingungen

$$\alpha_0 \geqq 0, \alpha_0 a^0 = 0 \tag{7.42}$$
$$\alpha_T \geqq 0, \alpha_T a^T = 0. \tag{7.43}$$

Im Unterschied zu den Beziehungen (7.33) und (7.34), die durch die gemeinsamen Vektoren α und β gekoppelt waren, sind die entsprechenden Relationen (7.40) und (7.41) voneinander unabhängig.

Zyklische Lösungen:
Falls nur die Randbedingungen

$$x(0) = x(T) \tag{7.44}$$

vorliegen und eventuell vorhandene Zustandsnebenbedingungen nicht aktiv sind, reduzieren sich (7.33) und (7.34) zu

$$\lambda(T) = \lambda(0) + S_x(x^*(T), T) + R_x(x^*(0)) \tag{7.45}$$

(Übungsbeispiel 7.6).

Die hinreichenden Optimalitätsbedingungen bei nicht fixiertem Anfangszustand sind in folgendem Satz zusammengefaßt:

Satz 7.8. *Die hinreichenden Bedingungen von Satz 7.1 bleiben für das Problem* (7.32) *mit allgemeinen Randbedingungen erhalten, wobei die Transversalitätsbedingungen* (6.27–29) *durch* (7.33–37) *zu ersetzen sind. Dabei ist* $b(x_0, x_T, T)$ *linear in* (x_0, x_T) *und* $a(x_0, x_T, T)$ *quasi-konkav in* (x_0, x_T) *und* $R(x)$ *konkav in* x *vorauszusetzen.*

Der Beweis ist analog zu jenem von Satz 7.1; vgl. auch *Hartl* (1984d).
Ein Beispiel mit freiem Anfangszustand findet man in Abschnitt 8.5.

7.5. Existenz einer optimalen Lösung

Zum Abschluß dieses Kapitels wenden wir und noch der bisher vernachlässigten Frage nach der Existenz einer optimalen Steuerung zu. Der manchmal eingenommene Standpunkt, daß ökonomisch sinnvolle Probleme eine optimale Lösung besitzen, läßt sich nämlich durch einfache Gegenbeispiele entkräften; vgl. dazu etwa Abschnitt 3.5 über chattering-Kontrolle bzw. das lineare Ramsey-Modell, Beispiel 8.4 (wo für $T = \infty$ keine optimale Lösung existiert).

Das folgende Resultat liefert eine Existenzaussage für die Problemklasse (7.28). Dazu definieren wir den Kontrollbereich wie in (6.20),

$$\Omega(x, t) = \{u \in \mathbb{R}^m | g(x, u, t) \geq 0\},$$

und die Menge

$$N(x, t) = \{(F(x, u, t) + \gamma, f(x, u, t)) | \gamma \leq 0, u \in \Omega(x, t)\} \subset \mathbb{R}^{n+1}. \quad (7.46)$$

Satz 7.9 (Filippov-Cesari-Theorem)
Vorgelegt sei das Kontrollproblem (7.28), wobei die auftretenden Funktionen in allen Argumenten stetig seien. Angenommen es existiere eine zulässige Lösung (x, u) von (7.28 b–f) und die Menge $N(x, t)$ aus (7.46) sei konvex für alle $(x, t) \in \mathbb{R}^n \times [0, \bar{T}]$. Ferner existiere ein $\varrho > 0$, so daß $\|x(t)\| < \varrho$ für alle zulässigen Paare $(x(t), u(t))$, $t \in [0, T]$ gilt. Schließlich existiere ein $\varrho_1 > 0$, so daß für alle $u \in \Omega(x, t)$ mit $\|x\| < \varrho$ gilt: $\|u\| < \varrho_1$.
Dann existiert ein optimales Tripel $(T^*, x^*(t), u^*(t))$, wobei $u^*(t)$ eine meßbare Funktion ist.

Bemerkung 7.8. Satz 7.9 sichert nicht die Existenz einer stückweise stetigen optimalen Kontrolle, sondern nur jene einer *meßbaren* Steuerung. Meßbare Funktionen verhalten sich bekanntlich weniger „brav" als stückweise stetige. Bei sinnvoll gestellten ökonomischen Problemen ist aber die Gefahr gering, daß die Steuerung, deren Existenz gemäß Satz 7.9 gewährleistet ist, nicht stückweise stetig ist.

Bemerkung 7.9. Für festen Endzeitpunkt T hat man in Satz 7.9 $\underline{T} = \bar{T} = T$ zu setzen. Die für die Anwendungen einschränkendste Annahme von Satz 7.9 ist die Beschränktheit des Steuerbereiches $\Omega(x, t)$. Verschiedene Erweiterungen findet man bei *Cesari* (1983) und *Seierstad* und *Sydsaeter* (1986, Chap. 6.8). *Baum* (1976) hat Existenztheoreme für unendlichen Zeithorizont abgeleitet.

Übungsbeispiele zu Kapitel 7

7.1. Welche der in Abb. 7.1 skizzierten Funktionen sind quasikonkav?

7.2. Es seien $\phi: \mathbb{R}^n \times \mathbb{R}^m \to \mathbb{R}$ konkav und $\psi: \mathbb{R}^n \times \mathbb{R}^m \to \mathbb{R}^s$ quasi-konkav. Man zeige, daß die Funktion

$$\phi^0(x) = \max_{\psi(x, u) \geq 0} \phi(x, u)$$

konkav ist. Setzt man $\phi(x, u) = H(x, u, \lambda(t), t)$, so folgt daraus die Behauptung in Bemerkung 7.1.

7.3. Man führe den Beweis von Lemma 7.1.

7.4. Man zeige, daß $H[T] = \bar{H}[T] = \tilde{L}[T]$
(Hinweis: $\bar{H} = \bar{L} = H + \mu g + \bar{v} h_t$; $\tilde{L} = H + \mu g + \bar{v} h_t$).

7.5. Man zeige, daß sich die Aussagen von Korollar 7.1 auf jene von Satz 6.2 reduzieren, wenn der Anfangszustand $x(0) = x_0$ gegeben ist. (Hinweis: Die Nebenbedingungen (7.32 de) haben die Gestalt

$$a(x(T), T) \geq 0, \quad b(x(T), T) = 0, \quad b'(x(T), x(0), T) = x(0) - x_0 = 0).$$

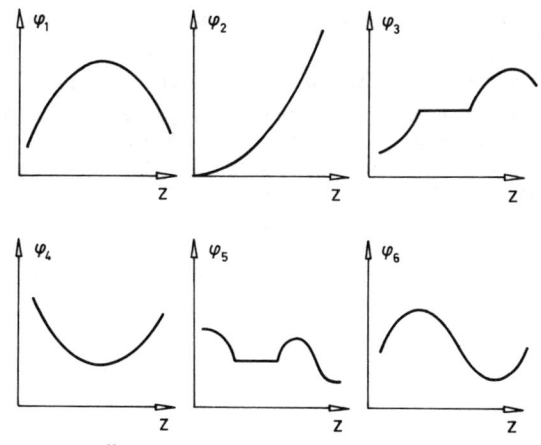

Abb. 7.1 Überprüfung auf Quasikonkavität

7.6. Man zeige die Transversalitätsbedingung (7.45) für zyklische Lösungen der Form (7.44). (Hinweis: man eliminiere β).

Weiterführende Bemerkungen und Literatur zu Kapitel 7

Die hinreichenden Bedingungen von Satz 7.1 wurden von *Seierstad* und *Sydsaeter* (1977) in exakter und verständlicher Form bewiesen. Satz 7.2 ist mit den Namen von *Leitmann* und *Stalford* (1971) verknüpft. Dort findet sich auch ein Beispiel dafür, daß eine Trajektorie optimal sein kann, ohne daß die hinreichenden Bedingungen erfüllt sind. *Peterson* und *Zalkin* (1978) geben einen Überblick über die Literatur über „direkte" hinreichende Bedingungen wie Satz 7.2. Die hinreichenden Optimalitätsbedingungen von Satz 7.1 wurden von *Sethi* (1974a) mit Hilfe des Enveloppentheorems gewonnen. Allerdings verzichtet er auf die Voraussetzung der constraint qualification, so daß Beispiel 8.6 auch hier ein Gegenbeispiel bildet. Die hinreichenden Bedingungen für die Hestenes-Russak-Methode findet man bei *Funk* und *Gilbert* (1970).

Neben den drei in Abschnitt 7.2 behandelten Optimalitätskriterien finden sich in der Literatur einige weitere; vgl. *von Weizsäcker* (1965), *Gale* (1967), *Haurie* (1976), *Haurie* und *Sethi* (1984), *Stern* (1984). Die Bezeichnung der einzelnen Kriterien ist in der Literatur nicht einheitlich. Satz 7.4 geht auf *Halkin* (1974) zurück.

Der Beweis der Endbedingung (7.28) für optimales T^* wird von *Russak* (1970) und *Guinn* (1965) geführt. Diese Bedingung läßt sich auch durch Ansatz von t als neue Zustandsvariable ableiten. Die hinreichenden Optimalitätsbedingungen für optimales T^* (Satz 7.7) stammen von *Seierstad* und *Sydsaeter* (1986, Theorem 6.7.5); vgl. auch *Seierstad* (1984), der die unvollständigen Bedingungen von *Robson* (1981) korrigiert hat.

Die notwendigen Bedingungen von Korollar 7.1 für das Problem mit allgemeinen Randbedingungen findet man z. B. bei *Guinn* (1965), *Russak* (1970) bzw. im allgemeinen Fall (mit constraint qualification (6.2)) bei Neustadt (1976, § V. 3). Dort findet man auch Resultate über die optimale Wahl des Anfangszeitpunktes, falls dieser frei gewählt werden kann. Da dieser Fall in der ökonomischen Literatur bisher aber nicht auftritt, wurde er hier auch nicht weiter behandelt. Ebenso könnten (Un-)Gleichungsbeschränkungen für $x(t_i)$ an endlich vielen Stellen $t_i \in (0, T)$ behandelt werden.

Satz 7.9 findet sich – ebenso wie andere Existenztheoreme – bei *Cesari* (1983, §9).

Liegen zusätzlich zu gemischten Ungleichungsnebenbedingungen $g_1(x, u, t) \geq 0$ noch Beschränkungen in Gleichungsform $g_2(x, u, t) = 0$ vor, so gelten alle Aussagen von Kap. 6 und 7 weiterhin, soferne die constraint qualification (6.2) von (g_1, g_2) erfüllt wird. Über den zu g_2 gehörigen Multiplikator μ_2 kann allerdings keine Vorzeichenaussage getroffen werden, und $\mu_2 g_2 = 0$ gilt trivialerweise (vgl. auch Bemerkung 6.5).

Michel (1981) hat das Pontrjaginsche Maximumprinzip auf den Fall erweitert, daß auf verschiedenen Zeitintervallen zwischen verschiedenen Systemdynamiken gewählt werden kann.

Kapitel 8: Beispiele

In diesem Kapitel wollen wir anhand einiger Beispiele die Anwendung der in den vorhergehenden beiden Kapiteln vorgestellten Theorie zur Behandlung von Pfad- und Endbedingungen demonstrieren.

8.1. Anwendung der Kuhn-Tucker-Bedingungen

Die ersten beiden Beispiele illustrieren den Gebrauch der Kuhn-Tucker-Bedingungen bzw. die Notwendigkeit der constraint qualification:

Beispiel 8.1. Man bestimme den kürzesten Abstand des Punktes (2, 0) vom Bereich $z_2 \geq z_1$.

Das Problem lautet somit

$$\max_{z_2 - z_1 \geq 0} \{-(z_1 - 2)^2 - z_2^2\}.$$

Die Lagrangefunktion ist

$$L = -(z_1 - 2)^2 - z_2^2 + \mu(z_2 - z_1).$$

Die KT-Bedingungen liefern

$$L_{z_1} = -2(z_1 - 2) - \mu = 0 \tag{8.1}$$

$$L_{z_2} = -2z_2 + \mu = 0 \tag{8.2}$$

$$L_\mu = z_2 - z_1 \geq 0 \tag{8.3}$$

$$\mu \geq 0, \quad \mu(z_2 - z_1) = 0. \tag{8.4}$$

Eliminiert man μ aus (8.1) und (8.2) so erhält man

$$z_1 + z_2 = 2. \tag{8.5}$$

Für $\mu = 0$ würde aus (8.1) folgen, daß $z_1 = 2, z_2 = 0$ wäre, im Widerspruch zu (8.3). Somit ist $\mu > 0$, und wegen (8.4) gilt daher $z_1 = z_2$. In Kombination mit (8.5) erhält man $z_1^* = z_2^* = 1$. Vgl. Abb. 8.1.

Setzt man diese optimale Lösung in (8.1) bzw. (8.2) ein, ergibt sich der Lagrangemultiplikator $\mu = 2$. Der Leser ist aufgefordert, die Marginalwertinterpretation von μ nachzuprüfen. D. h.,

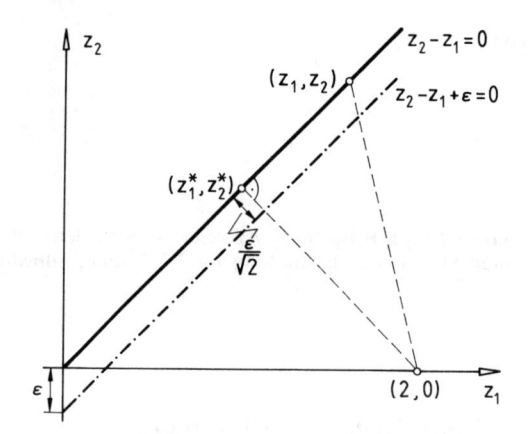

Abb. 8.1 Kürzester Abstand vom Punkt $(2,0)$ zur Geraden $z_1 = z_2$

wenn (8.3) zu $z_1 - z_2 + \varepsilon \geq 0$ abgeschwächt wird, so verbessert sich der optimale Wert der Zielfunktion (das negative Abstandsquadrat) um $2\varepsilon + o(\varepsilon)$; vgl. dazu Abb. 8.1.

Beispiel 8.2. Wir demonstrieren nun, daß die KT-Bedingungen ohne constraint qualification keine notwendigen Optimalitätsbedingungen mehr darstellen. Dazu betrachten wir folgendes Beispiel:

$$\max(-z_1)$$

unter den Nebenbedingungen

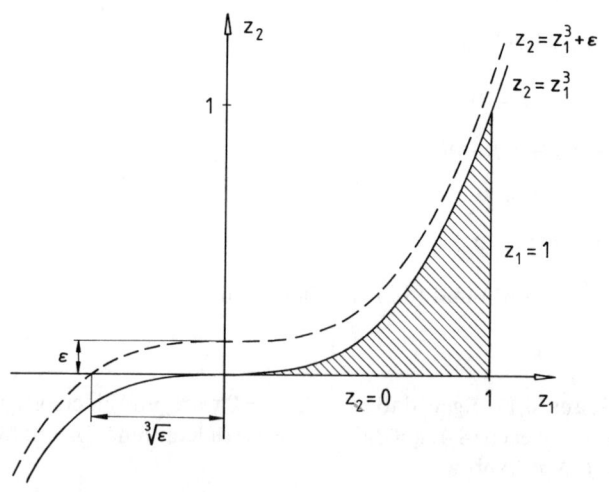

$$1 - z_1 \geq 0, \quad z_2 \geq 0, \quad z_1^3 - z_2 \geq 0.$$

Abb. 8.2 Illustration einer Spitze: in $(0,0)$ sind die Regularitätsbedingungen nicht erfüllt

In Abbildung 8.2 ist das Problem illustriert. $z_1^* = z_2^* = 0$ ist klarerweise die optimale Lösung.

Mit der Lagrangefunktion

$$L = -z_1 + \mu_1(1 - z_1) + \mu_2 z_2 + \mu_3(z_1^3 - z_2)$$

liefert (KT 1)

$$L_{z_1} = -1 - \mu_1 + 3\mu_3 z_1^2 = 0, \tag{8.6}$$

$$L_{z_2} = \mu_2 - \mu_3 = 0.$$

Setzt man den optimalen Wert $z_1^* = 0$ in (8.6) ein, so erhält man $\mu_1 = -1$ im Widerspruch zu $\mu_1 \geq 0$ aus (KT 3).

Formal könnte (8.6) für $z_1^* = 0$ mit $\mu_1 \geq 0$ nur dann erfüllt sein, wenn μ_3 „unendlich groß" wäre. Dies ergibt sich auch aus der Marginalwertinterpretation von μ_3: Für $z_1^3 - z_2 \geq -\varepsilon$ wäre nämlich $z_1^* = -\varepsilon^{1/3}$ und somit $\partial(-z_1^*)/\partial \varepsilon = \varepsilon^{-2/3}/3$. Daher gilt $\mu_3 = \lim_{\varepsilon \to 0} \partial(-z_1^*)/\partial \varepsilon = \infty$. Da laut KT-Theorem die Existenz endlicher Lagrangemultiplikatoren gesichert ist, wenn die constraint qualification gilt, muß diese Regularitätsbedingung verletzt sein.

Dies soll nun auch direkt überprüft werden: Die Gradienten der beiden im Punkt $(0, 0)$ aktiven Nebenbedingungen $\phi_2 = z_2 = 0$, $\phi_3 = z_1^3 - z_2 = 0$ sind linear abhängig. Im Ursprung gilt nämlich

$$\frac{\partial \phi_2}{\partial z} + \frac{\partial \phi_3}{\partial z} = (0, 1) + (0, -1) = \mathbf{0}.$$

Natürlich kann dies auch anhand der Matrix $\mathbf{M}$ verifiziert werden:

$$\mathbf{M} = \begin{pmatrix} -1 & 0 & 1 - z_1 & 0 & 0 \\ 0 & 1 & 0 & z_2 & 0 \\ 3z_1^2 & -1 & 0 & 0 & z_1^3 - z_2 \end{pmatrix}$$

Für $z_1^* = z_2^* = 0$ sind die zweite und dritte Zeile von $\mathbf{M}$ linear abhängig.

8.2. Endbedingungen

In den nächsten beiden Beispielen werden einfache Kontrollmodelle unter verschiedenen Endbedingungen gelöst.

Beispiel 8.3. Man löse folgendes Kontrollproblem

$$\max_u \int_0^4 (-x)\,dt$$
$$\dot{x} = u, \quad x(0) = 1 \tag{8.7}$$
$$g_1 = 1 + u \geq 0$$
$$g_2 = 1 - u \geq 0$$

für folgende alternative Endbedingungen:

(a) $x(4) = 1$, (b) $x(4) \geq 1$, (c) $x(4) \leq 1$, (d) $x(4)$ frei. (8.8)

Wir lösen zunächst den Fall (a) und verwenden dazu Satz 6.1. Die Hamilton- bzw. Lagrangefunktion lautet

$$H = -x + \lambda u, \quad L = -x + \lambda u + \mu_1(1+u) + \mu_2(1-u).$$

Die notwendigen Optimalitätsbedingungen sind:

$$L_u = \lambda + \mu_1 - \mu_2 = 0 \tag{8.9}$$

$$\dot{\lambda} = -L_x = 1 \tag{8.10}$$

$$\mu_1 \geq 0, \quad \mu_1(1+u) = 0; \quad \mu_2 \geq 0, \quad \mu_2(1-u) = 0. \tag{8.11}$$

Da die Endbedingung $b(x(4), 4) = x(4) - 1 = 0$ lautet, liefert (6.10) die Transversalitätsbedingung

$$\lambda(4) = \beta b_x = \beta. \tag{8.12}$$

Da β eine beliebige reelle Zahl sein kann, erhalten wir daraus keine Aussage für $\lambda(4)$. Die allgemeine Lösung von (8.10) ist

$$\lambda(t) = t + c. \tag{8.13}$$

$c \in \mathbb{R}$ ist eine noch zu bestimmende Konstante.

Aus (8.9) und (8.11) folgt

$$u = \begin{Bmatrix} -1 \\ \text{unbestimmt} \\ +1 \end{Bmatrix} \text{ für } \lambda \begin{Bmatrix} < \\ = \\ > \end{Bmatrix} 0 \tag{8.14}$$

(Man beachte, daß man (8.14) gemäß (6.6) auch durch Maximierung der Hamiltonfunktion erhält.)

Für $c \leq -4$ ist $\lambda(t) < 0$ für $t \in [0,4)$, d. h. $u^* = -1$. Aus (8.7) folgt dann $x(4) = -3$, im Widerspruch zur Endbedingung (8.8a). Analog erhält man für $c \geq 0$ einen Widerspruch in der Form $x(4) = 5$. Für die verbleibenden Werte von $c \in (-4, 0)$

liefern (8.13) und (8.14)

$$u = \begin{cases} -1 \\ +1 \end{cases} \text{für} \quad \begin{matrix} 0 \leq t < |c| \\ |c| \leq t \leq 4. \end{matrix}$$

Daraus folgt $x(4) = 5 + 2c$. Aus (8.8a) erhält man daher $c = -2$. Somit sind λ und u gemäß (8.13) und (8.14) bestimmt. Aus (8.7) ergibt sich der Zustandspfad, und aus (8.9) und (8.11) erhält man die Multiplikatorfunktionen μ_1 und μ_2. Die optimale Lösung ist in folgender Tabelle zusammengefaßt:

Zeitintervall	u	x	λ	μ_1	μ_2
[0,2]	-1	$1-t$	$t-2$	$2-t$	0
[2,4]	1	$t-3$	$t-2$	0	$t-2$

In Abb. 8.3 sind diese Zeitpfade skizziert.

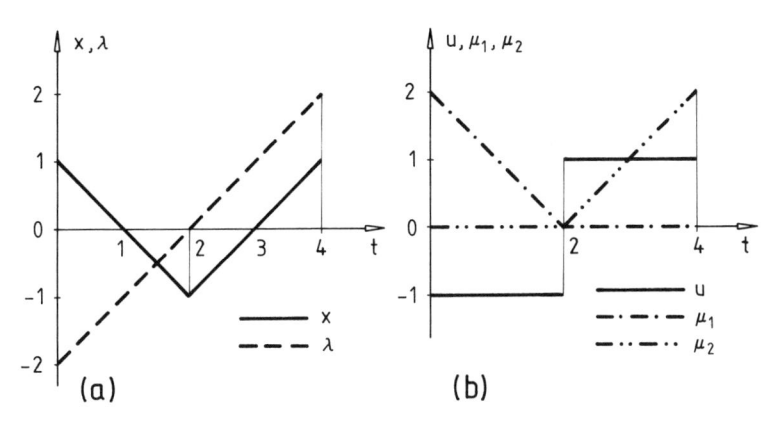

Abb. 8.3 Optimale Trajektorien und Multiplikatoren des Kontrollproblems von Beispiel 8.3

Bevor wir uns dem Fall (8.8b) zuwenden, wollen wir nun kurz auf die *Schattenpreisinterpretation* der Kozustandsvariablen eingehen. Dazu ermitteln wir die Wertfunktion $V(x, t)$, d.h. den optimalen Wert des Zielfunktionals, wenn man zum Zeitpunkt t mit x startet. Die Lösung des Problems (8.7) eingeschränkt auf das Intervall $[t, 4]$ mit Anfangswert $x(t) = x$ lautet für $x \geq t - 3$

$$x(\tau) = \begin{cases} x + t - \tau & \text{für} \quad t \leq \tau \leq \bar{t} \\ \tau - 3 & \text{für} \quad \bar{t} \leq \tau \leq 4 \end{cases}$$

mit

$$\bar{t} = (x + t + 3)/2.$$

Während V für $x < t - 3$ nicht definiert ist, da keine zulässige Lösung existiert, gilt für $x \geq t - 3$

$$V(x, t) = -\int_t^{\bar{t}} (x + t - \tau) d\tau - \int_{\bar{t}}^4 (\tau - 3) d\tau.$$

Durch Auswertung dieser Integrale erhält man

$$V(x, t) = \begin{cases} -\infty & x < t - 3 \\ \frac{1}{4}[7 - x^2 + t^2 + 2xt - 6(x + t)] & \text{für } x \geq t - 3. \end{cases}$$

Im Bereich $x \geq t - 3$ gilt somit für die partielle Ableitung von V nach x

$$V_x(x, t) = \tfrac{1}{2}(-x + t - 3).$$

Setzt man nun im Intervall [0,2) die optimale Lösung $x(t) = 1 - t$ ein, so ergibt sich

$$V_x(1 - t, t) = t - 2 = \lambda(t),$$

so daß die Marginalwertinterpretation von λ gültig ist. Man beachte, daß die Wertfunktion V in einer Umgebung von $x(t)$ definiert ist.

Im Gegensatz dazu ist im Intervall (2,4] die Wertfunktion nur oberhalb von $x(t) = t - 3$ definiert. Die rechtsseitige Ableitung der Wertfunktion, $V_x(t - 3, t) = 0$, ist daher ungleich der Kozustandsvariablen $\lambda(t) = t - 2 > 0$. Allerdings liegt $\lambda(t)$ im entsprechenden Superdifferential [0, ∞); das ist die Menge der Supergradienten der Wertfunktion an der Stelle $x(t)$.

Im Fall (8.8b) bleibt die Analyse bis auf die Transversalitätsbedingung (8.12) erhalten, die jetzt aufgrund der Endbedingung $a(x(4), 4) = x(4) - 1 \geq 0$ die folgende Gestalt annimmt:

$$\lambda(4) = \alpha a_x = \alpha. \tag{8.15}$$

Gemäß (6.11) gilt weiters

$$\alpha \geq 0, \quad \alpha[x(4) - 1] = 0. \tag{8.16}$$

Angenommen $x(4) > 1$, dann wäre gemäß (8.16) $\alpha = 0$, wegen (8.15) $\lambda(4) = 0$ und aufgrund von (8.10) $\lambda(t) < 0$ für $t \in [0,4)$. Wegen (8.14) ist also $u = -1$ und aus (8.7) folgt $x(4) = -3$ im Widerspruch zur Annahme. Somit ist $x(4) = 1$, und die in Abb. 8.3 ausgewiesene Lösung ist auch hier optimal.

Im Fall (8.8c) ist $a(x(4), 4) = 1 - x(4) \geq 0$ und

$$\lambda(4) = \alpha a_x = -\alpha, \quad \alpha \geq 0, \quad \alpha[1 - x(4)] = 0. \tag{8.17}$$

Somit ist $\lambda(4) \leq 0$. Wegen (8.10), (8.14) und (8.7) folgt daher

$$\lambda < 0, \quad u = -1, \quad x = 1 - t \quad \text{für } t \in [0,4).$$

Aus $x(4) = -3$ und (8.17) erhält man also $\lambda(4) = 0$.

Die resultierende optimale Lösung läßt sich wie folgt zusammenfassen:

Zeitintervall	u	x	λ	μ_1	μ_2
[0,4]	-1	$1-t$	$t-4$	$4-t$	0

Im Fall (8.8d) ergibt sich dieselbe optimale Lösung wie im Fall (c). $\lambda(4) = 0$ erhält man dann unmittelbar aus der Transversalitätsbedingung (6.10).

Zum Abschluß sei bemerkt, daß die erzielten Lösungen tatsächlich optimal sind, da infolge der Linearität von H und g in (x, u) die hinreichenden Optimalitätsbedingungen (Satz 7.1) erfüllt sind. Dies bildet im nachhinein eine Rechtfertigung für die Wahl von $\lambda_0 = 1$ („normaler" Fall, vgl. Bemerkung 6.1). Der „abnormale" Fall $\lambda_0 = 0$ führt unter allen drei Annahmen (8.8abc) auf einen Widerspruch. Im Fall (a) sieht man dies folgendermaßen ein: Aus $\lambda_0 = 0$ folgt gemäß (8.10) $\dot\lambda = 0$, d.h. $\lambda = $ const. Für $\lambda > 0$ ist wegen (8.14) $u = 1$ für alle t. Daraus folgt $x(4) = 5$ im Widerspruch zur Endbedingung (8.8a). Für $\lambda < 0$ erhält man $x(4) = -3$, im Widerspruch zu Annahme (8.8a). Aus $\lambda = 0$ würde wegen (8.9), (8.11) und (8.12) $(\lambda_0, \lambda, \mu_1, \mu_2, \beta) = \mathbf{0}$ folgen, im Widerspruch zur diesbezüglichen Nichtdegeneriertheitsannahme in Satz 6.1. Der Leser ist aufgefordert, im Falle der Endbedingungen (8.8bc) zu verifizieren, daß der abnormale Fall nicht auftreten kann (Übungsbeispiel 8.2).

Ferner sei darauf hingewiesen, daß in diesem Beispiel die Nebenbedingungen keine Zustandsvariable enthalten. In solchen Fällen findet man mit der Hamiltonfunktion das Auslangen, d.h. anstelle von (8.9–11) hätte man die entsprechenden notwendigen Optimalitätsbedingungen von Korollar 2.1 verwenden können, nämlich

$$u = \arg\max_{u \in [-1, 1]} H(x, u, \lambda)$$
$$\dot\lambda = -H_x.$$

Man beachte, daß diese Vereinfachung bei Vorliegen gemischter Nebenbedingungen nicht mehr möglich ist, wie in nachfolgendem Beispiel illustriert wird.

8.3. Zustandsabhängige Pfadrestriktionen für die Steuerung

Beispiel 8.4. Wir betrachten folgende lineare Version des Ramsey-Modells (vgl. Beispiel 1.3, sowie Abschnitt 13.1): $U(u) = u$, $f(x) = \pi x$, d.h.

$$\max_u \int_0^T e^{-rt} u \, dt$$

$$\dot{x} = (\pi - \delta)x - u, \quad x(0) = x_0 \tag{8.18}$$

$$0 \leqq u \leqq \pi x, \tag{8.19}$$

wobei
$$\pi > \delta + r \tag{8.20}$$
sein soll.

Die Hamilton- bzw. Lagrangefunktion ist
$$H = u + \lambda[(\pi - \delta)x - u]$$
$$L = H + \mu_1 u + \mu_2(\pi x - u).$$

Man beachte, daß ein Problem mit freiem Endzustand vorliegt, so daß nur der normale Fall auftreten kann (vgl. Bemerkung 6.1).

Die Optimalitätsbedingungen von Satz 6.1 sind

$$u = \begin{Bmatrix} 0 \\ \text{unbestimmt} \\ \pi x \end{Bmatrix} \text{ wenn } \lambda \begin{Bmatrix} > \\ = \\ < \end{Bmatrix} 1, \tag{8.21}$$

$$L_u = 1 - \lambda + \mu_1 - \mu_2 = 0 \tag{8.22}$$

$$\dot{\lambda} = r\lambda - L_x = (r + \delta - \pi)\lambda - \pi\mu_2 \tag{8.23}$$

$$\mu_1 \geq 0, \quad \mu_1 u = 0 \tag{8.24}$$

$$\mu_2 \geq 0, \quad \mu_2(\pi x - u) = 0 \tag{8.25}$$

$$\lambda(T) = 0. \tag{8.26}$$

Aus (8.26) bzw. (8.21) folgt $\lambda(t) < 1$ und $u = \pi x$ für $t \in (T - \theta, T]$. Wegen (8.24) ist dort $\mu_1 = 0$, so daß aus (8.22) $\mu_2 = 1 - \lambda$ folgt. Setzt man dies in (8.23) ein, so erhält man die lineare Differentialgleichung

$$\dot{\lambda} = (r + \delta)\lambda - \pi.$$

Zusammen mit der Endbedingung (8.26) liefert dies

$$\lambda(t) = \frac{\pi}{r + \delta}(1 - e^{-(r+\delta)(T-t)}). \tag{8.27}$$

Das Regime $u = \pi x$ ist nur solange gültig, als $\lambda < 1$ ist, d.h. in einem Endintervall der Länge θ mit $\lambda(T - \theta) = 1$. Aus (8.27) folgt

$$\theta = \frac{1}{r + \delta} \ln \frac{\pi}{\pi - (r + \delta)}. \tag{8.28}$$

Wegen (8.20) existiert der Logarithmus in (8.28), und es gilt $\theta > 0$. Falls $\theta > T$ ist, so ist $u = \pi x$ auf dem ganzen Intervall $[0, T]$ optimal. (Man beachte die Unabhängigkeit der Zeitspanne θ von T und x_0; vgl. auch (3.14).)

8.3. Zustandsabhängige Pfadrestriktionen für die Steuerung

Im folgenden setzen wir

$$\tau = T - \theta.$$

Da λ aus (8.27) monoton fallend ist, so würde eine Fortsetzung des Regimes $u = \pi x$ auf $t < \tau$ Werte $\lambda > 1$ liefern, im Widerspruch zu (8.21). Somit ist $u < \pi x$ für $t \in (\tau - \varepsilon, \tau]$. Gemäß (8.25) ist also $\mu_2 = 0$, und daher hat (8.23) die Gestalt $\dot\lambda = (r + \delta - \pi)\lambda$. Gemeinsam mit (8.20) liefert dies $\dot\lambda < 0$, und wegen $\lambda(\tau) = 1$ ist $\lambda(t) > 1$ für $t < \tau$. Aus (8.21) folgt nun $u = 0$ für $t < \tau$. Somit ist die Optimalität der Konsumpolitik

$$u^*(t) = \begin{cases} 0 & \text{für } t \in [0, \tau) \\ \pi x & \text{für } t \in [\tau, T] \end{cases}$$

gezeigt, da die hinreichenden Bedingungen erfüllt sind. Dies sieht man wie folgt ein: Durch Einsetzen von (8.21) in H erhält man für die maximierte Hamiltonfunktion

$$H^0 = \begin{Bmatrix} (\pi - \delta)\lambda x \\ (\pi - \delta) x \\ (\pi - \lambda\delta) x \end{Bmatrix} \text{ für } \lambda \begin{Bmatrix} > \\ = \\ < \end{Bmatrix} 1.$$

Da H^0 für alle λ in x linear (und daher konkav) ist und $g_1 = u$, $g_2 = \pi x - u$ ebenfalls linear (und daher quasi-konkav) sind, sind gemäß Satz 7.1 die hinreichenden Optimalitätsbedingungen erfüllt. Wegen Bemerkung 7.1 würden diese schon aus der Konkavität von H in (x, u) folgen.

Die optimalen Pfade sind in folgender Tabelle zusammengefaßt

Zeitintervall	u	x	λ	μ_1	μ_2
$[0, \tau)$	0	$x_0 e^{(\pi - \delta)t}$	$e^{(r + \delta - \pi)(t - \tau)}$	$\lambda - 1$	0
$[\tau, T]$	$x_0 \pi e^{\pi\tau - \delta t}$	$x_0 e^{\pi\tau - \delta t}$	(8.27)	0	$1 - \lambda$

Der optimale Wert des Zielfunktionals ist

$$J = x_0 \frac{\pi}{r + \delta} e^{\pi\tau} [e^{-(r+\delta)\tau} - e^{-(r+\delta)T}]. \tag{8.29}$$

In Abb. 8.4 sind diese Trajektorien illustriert.

Wir überlegen uns nun, daß im Falle eines unendlichen Planungshorizontes $T = \infty$ keine optimale Steuerung existiert. Läßt man nämlich in der auf $[0, T]$ optimalen Konsumpolitik $T \to \infty$ streben, so erhält man $u(t) = 0$ für $t \in [0, \infty)$ und $J = 0$. Setzt man hingegen $T = \infty$ in (8.29), so erhält man als obere Schranke für den Zielfunktionalswert

$$\bar J = x_0 \frac{\pi}{r + \delta} e^{[\pi - (r + \delta)]\tau}.$$

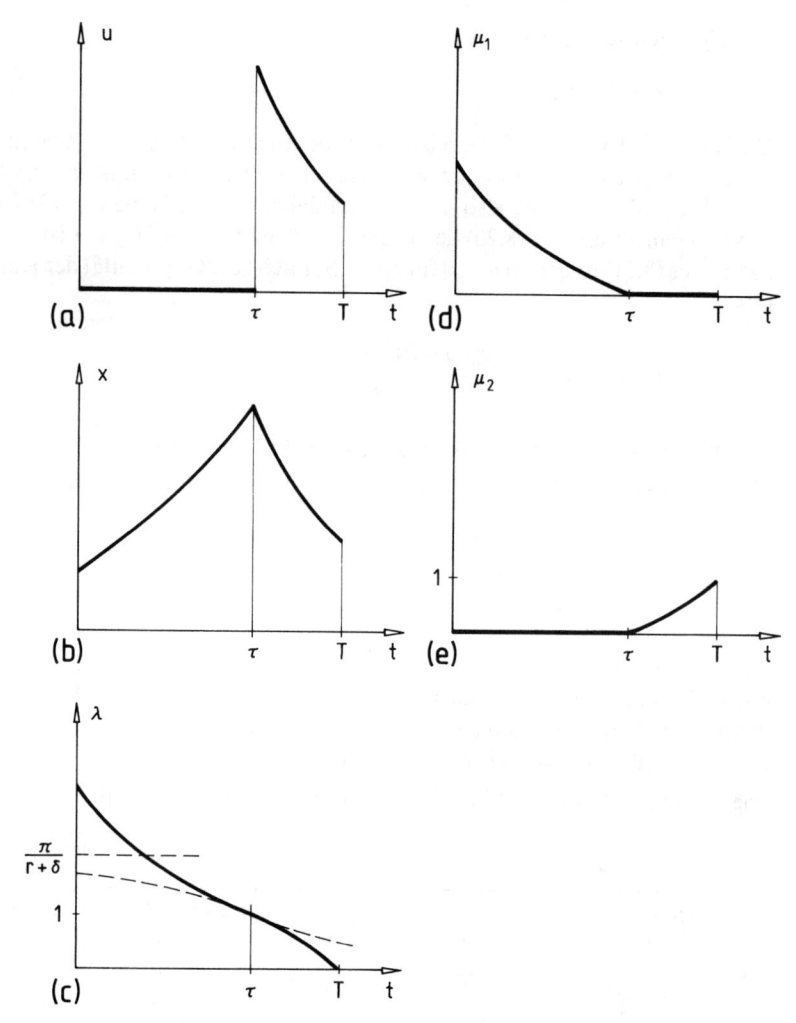

Abb. 8.4 Optimale Trajektorien und Multiplikatorfunktionen des linearen Ramseymodells von Beispiel 8.4

Dieser Wert kann zwar durch keine zulässige Lösung erreicht, allerdings durch

$$u = \begin{cases} 0 & \text{für} \quad t \in [0, T) \\ \pi x & \text{für} \quad t \in [T, \infty) \end{cases}$$

mit hinreichend großem T beliebig angenähert werden.

Wie bereits am Ende von Beispiel 8.3 erwähnt, findet man im vorliegenden Fall (einer gemischten Nebenbedingung) mit H nicht das Auslangen. Würde man anstelle von (8.22–25) die entsprechenden Bedingungen des Standardmodells verwenden, nämlich (8.21) und

$$\dot\lambda = r\lambda - H_x = (r + \delta - \pi)\lambda,$$

so würde aus der Transversalitätsbedingung (8.26) $\lambda = 0$ für alle $t \in [0, T]$ folgen. Gemäß (8.21) würde somit $u = \pi x$ für $t \in [0, T]$ gelten, d.h. $\dot x = -\delta x$. Dies liefert

$$x = x_0 e^{-\delta t}, \quad u = x_0 \pi e^{-\delta t}$$

sowie den entsprechenden Wert des Zielfunktionals

$$J' = x_0 \frac{\pi}{r + \delta} [1 - e^{-(r+\delta)T}]. \tag{8.30}$$

Wenn $\tau > 0$, d.h. $T > \theta$, dann ist der Wert (8.30) suboptimal im Vergleich zu (8.29). Allerdings besteht wohl die Möglichkeit, das vorliegende Problem als Standardproblem (mittels Satz 2.1) zu lösen, indem man anstelle von u die neue Steuervariable

$$v = u/\pi x$$

einführt, die den Anteil des Konsums am Output mißt. Das resultierende Kontrollproblem

$$\max_u \pi \int_0^t e^{-rt} v x \, dt$$
$$\dot x = (\pi - \delta - \pi v)x, \quad x(0) = x_0, \quad 0 \leq v \leq 1$$

besitzt dann die Standardgestalt (2.3).

Das folgende Kapitalakkumulationsmodell bildet eine nichtlineare Variante des eben behandelten Beispiels. Es stellt historisch eine der ersten Anwendungen der Kontrolltheorie bzw. der Variationsrechnung in den Wirtschaftswissenschaften dar (vgl. Kapitel 13). Anhand dieses Beispiels wird die Einbeziehung (gemischter) Kontrollnebenbedingungen in die Phasendiagrammanalyse demonstriert.

Beispiel 8.5: *Ramsey-Modell*

$$\max_c \int_0^\infty e^{-rt} U(c) \, dt, \tag{8.31}$$

$$\dot k = f(k) - \delta k - c, \quad k(0) = k_0 \tag{8.32}$$

$$0 \leq c \leq f(k). \tag{8.33}$$

Dabei bezeichnet $k(t)$ den Pro-Kopf-Kapitalstock, $c(t)$ den Konsum pro Kopf in einer zentral gesteuerten Volkswirtschaft (vgl. Abschnitt 13.1).

Für die Nutzenfunktion $U(c)$ soll gelten

$$U'(c) > 0, \quad U''(c) < 0 \quad \text{für} \quad c \geq 0. \tag{8.34}$$

Die Produktionsfunktion $f(k)$ erfülle

$$f'(k) > 0, \quad f''(k) < 0 \quad \text{für} \quad k > 0 \tag{8.35a}$$
$$f(0) = 0, \quad f'(0) > r + \delta, \quad f'(\infty) < \delta. \tag{8.35b}$$

Um Satz 7.4 anzuwenden, definieren wir Hamilton- und Lagrangefunktion

$$H = U(c) + \lambda[f(k) - \delta k - c]$$
$$L = H + \mu_1 c + \mu_2 [f(k) - c].$$

Die notwendigen Optimalitätsbedingungen sind:

$$L_c = U'(c) - \lambda + \mu_1 - \mu_2 = 0 \tag{8.36}$$
$$\dot\lambda = r\lambda - L_k = [r + \delta - f'(k)]\lambda - \mu_2 f'(k) \tag{8.37}$$
$$\mu_1 \geq 0, \quad \mu_1 c = 0 \tag{8.38}$$
$$\mu_2 \geq 0, \quad \mu_2 [f(k) - c] = 0. \tag{8.39}$$

Wir betrachten zunächst das Innere des Kontrollbereiches (8.33). Wegen der komplementären Schlupfbedingungen (8.38, 39) ist hier $\mu_1 = \mu_2 = 0$, und aus (8.36) folgt

$$\lambda = U'(c). \tag{8.40}$$

Durch Differentiation von (8.40) und Elimination von $\dot\lambda$ mittels (8.37) erhält man

$$\dot c = \frac{U'(c)}{U''(c)}[r + \delta - f'(k)]. \tag{8.41}$$

Für das nichtlineare Differentialgleichungssystem (8.32, 41) führen wir nun eine Phasendiagrammanalyse durch; vgl. Abschnitt 4.2.

Wegen (8.35b) existiert ein eindeutiger Gleichgewichtspunkt $(\hat k, \hat c)$, welcher durch

$$f'(\hat k) = r + \delta \tag{8.42a}$$
$$\hat c = f(\hat k) - \delta \hat k \tag{8.42b}$$

bestimmt ist und im Inneren des Bereiches (8.33) liegt.

Mit den Definitionen

$$f'(k_m) = \delta, \quad f(\tilde k) = \delta \tilde k$$

gilt $0 < \hat k < k_m < \tilde k < \infty$ (siehe Abb. 8.5a).

Dabei bezeichnet k_m jenen Kapitalstock, bei dem die langfristig maximal mögliche Konsumrate $c_m = \max\limits_{0 \leq k \leq \tilde k} \{f(k) - \delta k\}$ erzielt werden kann. Die Konsumrate c_m entspricht dem maximal aufrechterhaltbaren Ertrag (maximum sustainable yield) bei der Ausbeutung erneuerbarer Ressourcen (vgl. Abschnitt 14.2.1).

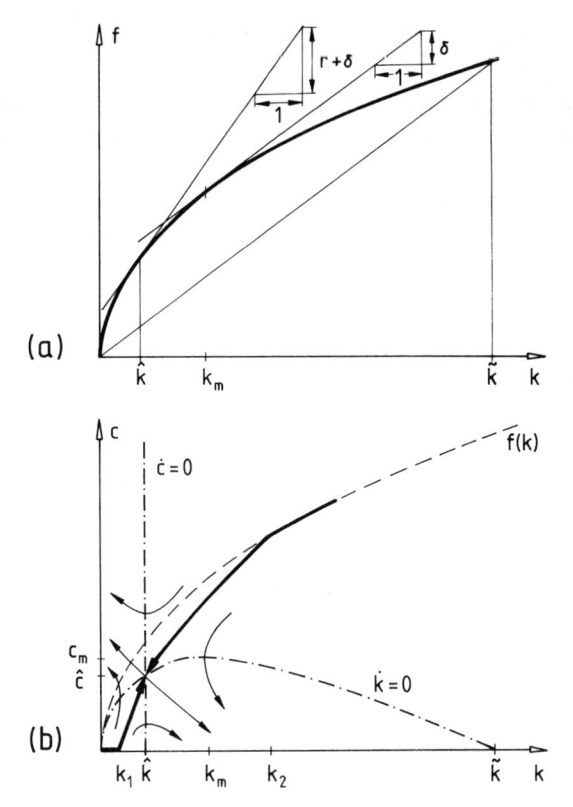

8.3. Zustandsabhängige Pfadrestriktionen für die Steuerung 207

Abb. 8.5 Phasendiagramm für Kapital und Konsum im Ramseymodell

Die Isokline $\dot{k} = 0$ ist eine konkave Kurve, die durch den Ursprung geht, für $k = k_m$ ihr Maximum erreicht und bei $k = \tilde{k}$ wieder die Abszisse trifft. Die $\dot{c} = 0$ Isokline ist die senkrechte Gerade $k = \hat{k}$ (siehe Abb. 8.5b).
Wegen

$$\frac{\partial \dot{k}}{\partial k} = f'(k) - \delta > 0 \quad \text{für} \quad k < k_m, \qquad \frac{\partial \dot{k}}{\partial c} = -1 < 0$$

$$\frac{\partial \dot{c}}{\partial k} = -\frac{U'}{U''} f'' < 0, \qquad \left.\frac{\partial \dot{c}}{\partial c}\right|_{\dot{c}=0} = 0$$

ist die Jacobi-Determinante negativ. Somit ist $(\hat{k}, \hat{c})$ ein Sattelpunkt. Der Sattelpunktspfad ist eine monoton steigende Kurve in der (k, c)-Phasenebene, welche im Intervall (k_1, k_2) im Inneren des Steuerbereiches (8.33) liegt (siehe Abb. 8.5b).

Wir behandeln nun noch die Möglichkeit, daß die optimale Trajektorie am *Rand* des zulässigen Steuerbereiches (8.33) liegt.

Es ist naheliegend, für $k \leq k_1$ die Kontrolle $c = 0$ zu wählen und für $k \geq k_2$ die Steuerung $c = f(k)$ zu setzen.

Wir gehen aus von einem Kapitalstock $k(0) < k_1$ und setzen $c(t) = 0$. Gemäß (8.32) ist $\dot{k} > 0$; zum Zeitpunkt τ_1 werde der Kapitalstock $k(\tau_1) = k_1$ erreicht. Ab diesem Zeitpunkt wird der Gleichgewichtspfad gewählt.

Um zu zeigen, daß die notwendigen Optimalitätsbedingungen auch vor dem Zeitpunkt τ_1 erfüllt sind, stellen wir zunächst fest, daß

$$\lambda(\tau_1) = U'(c(\tau_1)) = U'(0).$$

Wenn man davon ausgehend die adjungierte Gleichung

$$\dot{\lambda} = [r + \delta - f'(k)]\lambda < 0$$

löst ($\mu_2 = 0$ wegen (8.39)), so erhält man $\lambda(t) > \lambda(\tau_1)$ für $t \in [0, \tau_1)$. Gemäß (8.36) ist also $\mu_1 = \lambda - U'(0) > 0$. D.h., die Optimalitätsbedingungen (8.36–39) sind erfüllt. Man beachte, daß für $U'(0) = \infty$ das Randlösungsstück $c = 0$ nicht auftreten kann, d.h. $k_1 = 0$ ist.

Für $k(0) > k_2$ setzen wir $c = f(k)$, so daß $\dot{k} = -\delta k < 0$ ist. Zum Zeitpunkt τ_2 sei der Kapitalstock bis auf $k(\tau_2) = k_2$ gesunken. Ab diesem Zeitpunkt werde dann wieder der Gleichgewichtspfad gewählt.

Um zu zeigen, daß die notwendigen Optimalitätsbedingungen auch vor τ_2 erfüllt sind, bemerken wir zunächst, daß für $t > \tau_2$ die Differentialgleichung (8.41) gilt. Weiters ist für $k = k_2$ der Gleichgewichtspfad steiler als die Berandung $c = f(k)$, d.h.

$$\left.\frac{dc}{dk}\right|_{\text{Gleichgewichtspfad}} = \frac{\dot{c}}{\dot{k}} > f'(k) = \left.\frac{dc}{dk}\right|_{c = f(k)}.$$

Setzt man darin (8.41) ein, so ergibt sich für $t = \tau_2$

$$U'(c)[r + \delta - f'(k)] > U''(c)f'(k)\dot{k}. \tag{8.43}$$

Gemäß (8.36) gilt für $t \in [\tau_2 - \varepsilon, \tau_2]$

$$\mu_2 = U'(c) - \lambda. \tag{8.44}$$

Differentiation nach t liefert für den linksseitigen Grenzwert τ_2^-

$$\dot{\mu}_2(\tau_2^-) = U''(c(\tau_2))\dot{c}(\tau_2^-) - \dot{\lambda}(\tau_2).$$

Aus $c = f(k)$ für $t \leq \tau_2$ folgt $\dot{c} = f'(k)\dot{k}$. Berücksichtigt man dies, die adjungierte Gleichung (8.37) sowie (8.44), so erhält man

$$\begin{aligned}\dot{\mu}_2(\tau_2^-) &= U''f'\dot{k} - (r + \delta - f')\lambda + \mu_2 f' \\ &= U''f'\dot{k} - (r + \delta - f')U' + (r + \delta)\mu_2.\end{aligned} \tag{8.45}$$

8.3. Zustandsabhängige Pfadrestriktionen für die Steuerung

Aufgrund von (8.43) und $\mu_2(\tau_2) = 0$ ergibt sich deshalb $\dot\mu_2(\tau_2^-) < 0$.
Somit ist $\mu_2 > 0$ in $(\tau_2 - \varepsilon, \tau_2)$, d.h. die Optimalitätsbedingungen (8.36–39) sind erfüllt.

Unter den vorliegenden Informationen über die Produktions- und Nutzenfunktion kann allerdings nicht gezeigt werden, daß das Randlösungsstück $c = f(k)$ für alle $k \geqq k_2$ optimal ist. Es könnte nämlich sein, daß die „Rückwärtslösung" von (8.32) und (8.45) mit $c = f(k)$ für $t < \tau_2 - \varepsilon$ negative Werte von μ_2 liefert. In diesem Fall würde dort ein inneres Lösungsstück auftreten.

Da zumindest für $k_0 \leqq k_2$ gemäß (8.36) der Kozustand $\lambda \geqq 0$ ist, ist die Hamiltonfunktion konkav in (k, c). Da die Funktion $f(k) - c$ aus (8.33) ebenfalls konkav in (k, c) ist, kann Satz 7.5 angewendet werden. Die Grenztransversalitätsbedingung (7.27), d.h.

$$\lim_{t \to \infty} e^{-rt}\lambda(t)[k(t) - k^*(t)] \geqq 0,$$

ist für den Sattelpunktspfad $(k^*(t), \lambda(t)) \to (\hat{k}, \hat{\lambda})$ offensichtlich erfüllt, da neben $\lambda \geqq 0$ auch jede zulässige Lösung $k(t)$ wegen (8.32) und (8.33) nichtnegativ ist. Daher sind die *hinreichenden Bedingungen* erfüllt, und die gegen den Sattelpunkt konvergierende Lösung ist tatsächlich optimal.

Zum Abschluß wollen wir noch den Fall eines *endlichen Zeithorizontes* behandeln, d.h.

$$\max_u \int_0^T e^{-rt}U(c)dt + e^{-rT}Sk(T), \qquad (8.31')$$

wobei die Restwertfunktion der Einfachheit halber als linear angenommen wird. An den Nebenbedingungen (8.32) und (8.33) ändere sich nichts.

Wir betrachten folgende Endbedingungen:

$$k(T) \quad \text{frei} \qquad (8.46a)$$

$$k(T) = k_T \qquad (8.46b)$$

$$k(T) \geqq k_T. \qquad (8.46c)$$

Neben den Optimalitätsbedingungen (8.36–39) lauten die Transversalitätsbedingungen (siehe Satz 6.1 und 7.1):

$$\lambda(T) = S \qquad (8.47a)$$

$$\lambda(T) \quad \text{frei} \qquad (8.47b)$$

$$\lambda(T) = S + \alpha, \quad \alpha \geqq 0, \quad \alpha[k(T) - k_T] = 0. \qquad (8.47c)$$

Im *Fall (a)* liefert (8.40) und (8.47a) den Endkonsum $c(T) = c_T$ mit

$$U'(c_T) = S.$$

In Abb. 8.6a sind für verschiedene Zeitintervalle [0, T] einige optimale Lösungstrajektorien für $k_0 < \hat{k}$ und $S > U'(\hat{c})$, d.h. $c_T < \hat{c}$, skizziert. Die Lösungen gehen von der vertikalen Geraden $k = k_0$ aus und enden auf der Horizontalen $c = c_T$. Je größer der Zeithorizont T ist, desto mehr nähern sich die Trajektorien dem Gleichgewicht $(\hat{k}, \hat{c})$; vgl. dazu Abschnitt 4.4.

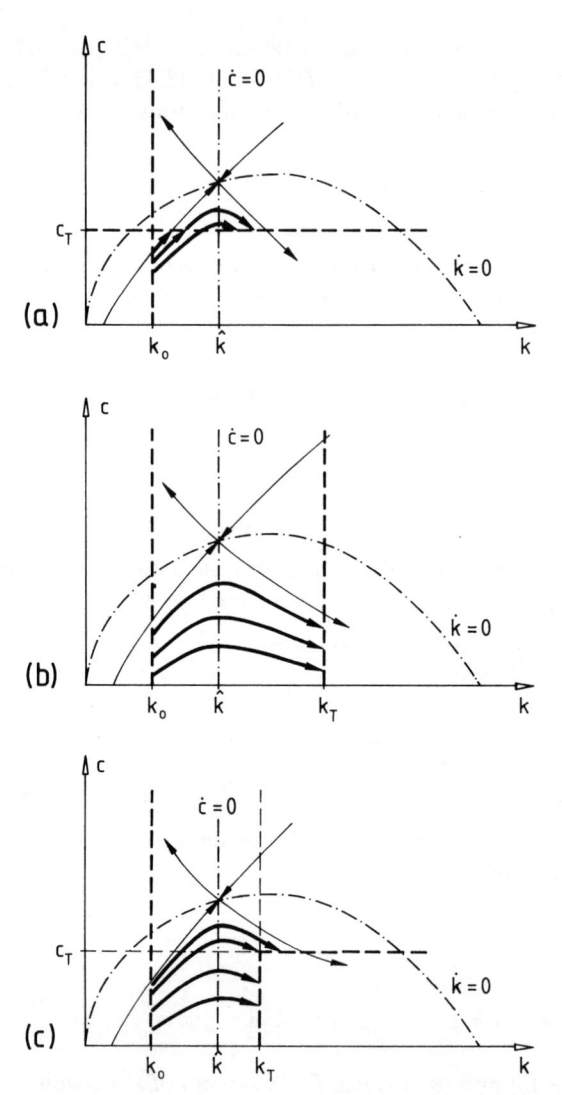

Abb. 8.6 Optimale Trajektorien für endlichen Zeithorizont im Ramseymodell: (a) $k(T)$ frei; (b) $k(T) = k_T$; (c) $k(T) \geq k_T$

8.3. Zustandsabhängige Pfadrestriktionen für die Steuerung

Im *Fall (b)* steuert man ausgehend von $k = k_0$ zur Vertikalen $k = k_T$ (siehe Abb. 8.6b). Wieder nähern sich dabei Lösungen umso mehr dem stationären Punkt, je größer T ist.

Der etwas kompliziertere *Fall (c)* ist in Abb. 8.6c wieder für $k_0 < \hat{k}$ und für $S > U'(\hat{c})$ illustriert. Für genügend großen Zeithorizont ist die Endbedingung (8.46c) automatisch erfüllt (vgl. auch Abb. 8.6a, aus der hervorgeht, daß $k(T)$ mit T monoton wächst). Für alle übrigen („kleineren") Werte von T wird (8.46c) aktiv. Gemäß (8.40) transformiert sich (8.47c) zu

$$c(T) \leq c_T, \quad [c(T) - c_T][k(T) - k_T] = 0.$$

Gemeinsam mit (8.47c) bedeutet dies, daß die Endpunkte der optimalen Pfade auf dem in Abb. 8.6 markierten „rechten Winkel" liegen.

Der Leser ist aufgefordert, in Übungsbeispiel 8.8 die Fälle $k_0 > \hat{k}$ bzw. $S < U'(\hat{c})$ zu diskutieren.

Das folgende Gegenbeispiel zeigt, daß die Regularitätsbedingung (6.2) unerläßlich für das Hinreichen der Optimalitätsbedingungen von Satz 7.1 ist.

Beispiel 8.6.

$$\max_u \left\{ J = \int_0^1 [(u-1)^2 + x] \, dt \right\}$$
$$\dot{x} = u, \quad x(0) = 0, \quad x(1) \text{ frei}$$
$$\boldsymbol{g} = (u - x/2, 2 - u, u) \geq \boldsymbol{0}.$$

Die Optimalitätsbedingungen von Satz 7.1 (bzw. Satz 6.1 oder 6.2) lauten:

$$H = (u-1)^2 + x + \lambda u \to \max_u \tag{8.48}$$

$$L = H + \mu_1(u - x/2) + \mu_2(2 - u) + \mu_3 u$$

$$L_u = 2u - 2 + \lambda + \mu_1 - \mu_2 + \mu_3 = 0 \tag{8.49}$$

$$\dot{\lambda} = -L_x = -1 + \mu_1/2 \tag{8.50}$$

$$\mu_i \geq 0, \quad \mu_1(u - x/2) = 0, \quad \mu_2(2 - u) = 0, \quad \mu_3 u = 0 \tag{8.51}$$

$$\lambda(1) = 0. \tag{8.52}$$

Aus der strikten Konvexität von H bezüglich u sieht man zunächst, daß der optimale Wert von u an den Intervallgrenzen des Steuerbereiches

$$\Omega(x) = [\max\{0, x/2\}, 2] \tag{8.53}$$

liegen muß. Eine naheliegende Wahl ist somit $u^* = 2$. Dies liefert $x^* = 2t$. Wegen (8.51) folgt $\mu_1 = \mu_3 = 0$. Gemeinsam mit (8.50) und (8.52) ergibt dies $\lambda = 1$

— t. Aus (8.49) folgt somit $\mu_2 = 3 - t > 0$. Klarerweise ist wegen $\lambda \geq 0$ auch (8.48) erfüllt.

Die maximierte Hamiltonfunktion $H^0 = x + 1 + 2(1 - t)$ ist linear und daher konkav in x. Da außerdem die Matrix

$$\begin{pmatrix} 1 & u - x/2 & 0 & 0 \\ -1 & 0 & 2 - u & 0 \\ 1 & 0 & 0 & u \end{pmatrix} \tag{8.54}$$

mit $u^* = 2, x^* = 2t$ für alle $t \in [0, 1]$ den vollen Zeilenrang 3 besitzt und somit (6.2) erfüllt ist, ist diese Lösung gemäß Satz 7.1 optimal.

Da H^0 nicht streng konkav ist, müßte die optimale Lösung nicht eindeutig sein (vgl. Satz 7.3). Deshalb probieren wir noch die untere Intervallgrenze von (8.53), d. h. $u = x = 0$. Verfährt man analog zu oben, so erweisen sich die Multiplikatoren μ_1 und μ_3 als nicht eindeutig. (Gemäß dem Kuhn-Tucker-Theorem folgt daraus, daß die constraint qualification verletzt sein muß.) Man überlegt sich leicht, daß die Wahl $\mu_1 = 2, \mu_2 = \mu_3 = 0, \lambda = 0$ die notwendigen Bedingungen (8.48–52) erfüllt. Weiters ist $H^0 = x + 1$ konkav. Von den hinreichenden Bedingungen ist nur die Regularitätsbedingung (6.2) verletzt, da die Zeilen 1 und 3 der Matrix (8.54) für $x = u = 0$ linear abhängig sind. Tatsächlich ist der Wert des Zielfunktionals für diese Lösung ($J = 1$) kleiner als der optimale Wert $J^* = 2$.

8.4. Reine Zustandsnebenbedingungen

In den folgenden Beispielen werden Ungleichungsnebenbedingungen behandelt, welche nur von den Zustandsvariablen abhängen.

Beispiel 8.7. Vorgelegt sei wieder das Kontrollproblem von Beispiel 8.3:

$$\max_u \int_0^4 (-x) dt,$$
$$\dot{x} = u, \quad x(0) = 1 \tag{8.55}$$
$$g = (1 + u, 1 - u) \geq \mathbf{0}$$
$$b = x(4) - 1 = 0,$$

unter der zusätzlichen Zustandsrestriktion

$$h = x \geq 0. \tag{8.56}$$

Infolge der einfachen Gestalt des Problems kann die optimale Lösung direkt angegeben werden (vgl. auch Abb. 8.7).

8.4. Reine Zustandsnebenbedingungen

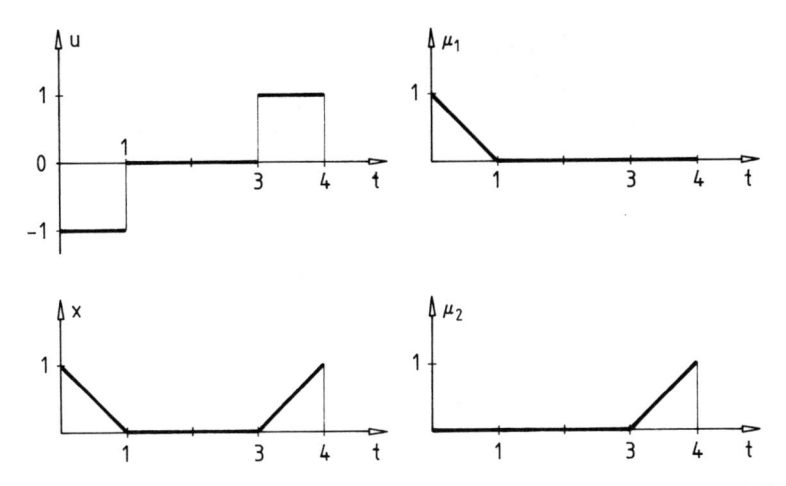

Abb. 8.7 Optimale Kontrolle, Zustandstrajektorie und Multiplikatoren von Beispiel 8.7

Zeitintervall	u	x	aktive Nebenbedingungen
$[0, 1)$	-1	$1 - t$	$g_1 = 0$
$[1, 3]$	0	0	$h = 0$
$(3, 4]$	1	$t - 3$	$g_2 = 0$

Dies kann wie folgt motiviert werden: Wegen der Gestalt der Zielfunktion ist man bemüht, x möglichst rasch absinken zu lassen, was durch $u = -1$ erreicht wird. Sobald man auf die Zustandsbeschränkung $x = 0$ auftrifft, wird die Randsteuerung $u = 0$ gewählt. Um die Endbedingung $x(4) = 1$ zu erfüllen, wird der Zustand so spät wie möglich, dann aber mit maximaler Rate (d.h. $u = 1$ ab $t = 3$) vergrößert. Man beachte, daß $\tau_1 = 1$ ein Eintrittszeitpunkt und $\tau_2 = 3$ ein Austrittszeitpunkt ist.

Da die totale Ableitung von h nach der Zeit, (6.16), durch

$$k = h_x \dot{x} = u \tag{8.57}$$

gegeben ist, und somit die Steuerung u enthält, handelt es sich bei (8.56) um eine Zustandsbeschränkung *erster Ordnung*.

Um die Optimalität dieser angegebenen Lösung zu verifizieren, verwenden wir zunächst die *direkte Methode* (Satz 6.2 und 7.1). Mit

$$H = -x + \lambda u, \quad L = -x + \lambda u + \mu_1(1 + u) + \mu_2(1 - u) + \nu x \tag{8.58}$$

lauten die notwendigen Bedingungen

214   Beispiele

$$L_u = \lambda + \mu_1 - \mu_2 = 0 \tag{8.59}$$

$$\dot\lambda = -L_x = 1 - v \tag{8.60}$$

$$\mu_i \geq 0, \quad \mu_1(1+u) = 0, \quad \mu_2(1-u) = 0 \tag{8.61}$$

$$v \geq 0, \quad vx = 0 \tag{8.62}$$

$$\lambda(4) = \beta b_x + \gamma h_x = \beta + \gamma; \quad \gamma \geq 0, \quad \gamma h = 0. \tag{8.63}$$

Für die angegebene Lösung ist die constraint qualification (6.17) zwar nicht erfüllt, da die Matrix

$$\begin{pmatrix} 1 & 1+u & 0 & 0 \\ -1 & 0 & 1-u & 0 \\ 1 & 0 & 0 & x \end{pmatrix}$$

in den Punkten $\tau_1 = 1^-$ und $\tau_2 = 3^+$ nur den Rang 2 besitzt. Da allerdings der Ein- bzw. Austritt in den bzw. aus dem Rand der Zustandsbeschränkung $x \geq 0$ in nichttangentialer Weise erfolgt, so ist gemäß Korollar 6.3b der Kozustand auch an diesen Verbindungsstellen stetig. (Für dieses Resultat wird nur die constraint qualification (6.2) verlangt.) Nichttangential bedeutet in diesem Zusammenhang, daß k aus (8.57) unstetig bezüglich t ist.

Wir betrachten zunächst das Randlösungsintervall $[1, 3]$. Dort folgt aus $u = 0$ und (8.61) $\mu_1 = \mu_2 = 0$. Somit ergibt sich aus (8.59) $\lambda = 0$ und aus (8.60) $v = 1$. Infolge der Stetigkeit von λ gilt daher

$$\lambda(1^-) = \lambda(3^+) = 0. \tag{8.64}$$

Für das Intervall $[0, 1)$ folgt $v = 0$ wegen $x > 0$ aus (8.62) und $\dot\lambda = 1$ wegen (8.60). Gemeinsam mit (8.64) liefert dies $\lambda = t - 1$. Wegen $u = -1$ gilt $\mu_2 = 0$ und gemäß (8.59) $\mu_1 = 1 - t$.

Durch eine völlig analoge Überlegung erhält man für $(3, 4]$ $\lambda = t - 3$, $\mu_1 = 0$, $\mu_2 = t - 3$, $v = 0$.

Da für $t = 4$ die Relation $h > 0$ gilt, folgt $\gamma = 0$ aus (8.63) und somit $\beta = \lambda(4) = 1$.

Die Multiplikatorfunktionen sind in folgender Tabelle zusammengefaßt (vgl. auch Abb. 8.7 und 8.8).

Zeitintervall	λ	v	μ_1	μ_2
$[0, 1)$	$t - 1$	0	$1 - t$	0
$[1, 3]$	0	1	0	0
$(3, 4]$	$t - 3$	0	0	$t - 3$

Infolge der Linearität von H^0 in x sind die hinreichenden Optimalitätsbedingungen von Satz 7.1 erfüllt und die angegebene Lösung ist tatsächlich optimal.

8.4. Reine Zustandsnebenbedingungen   215

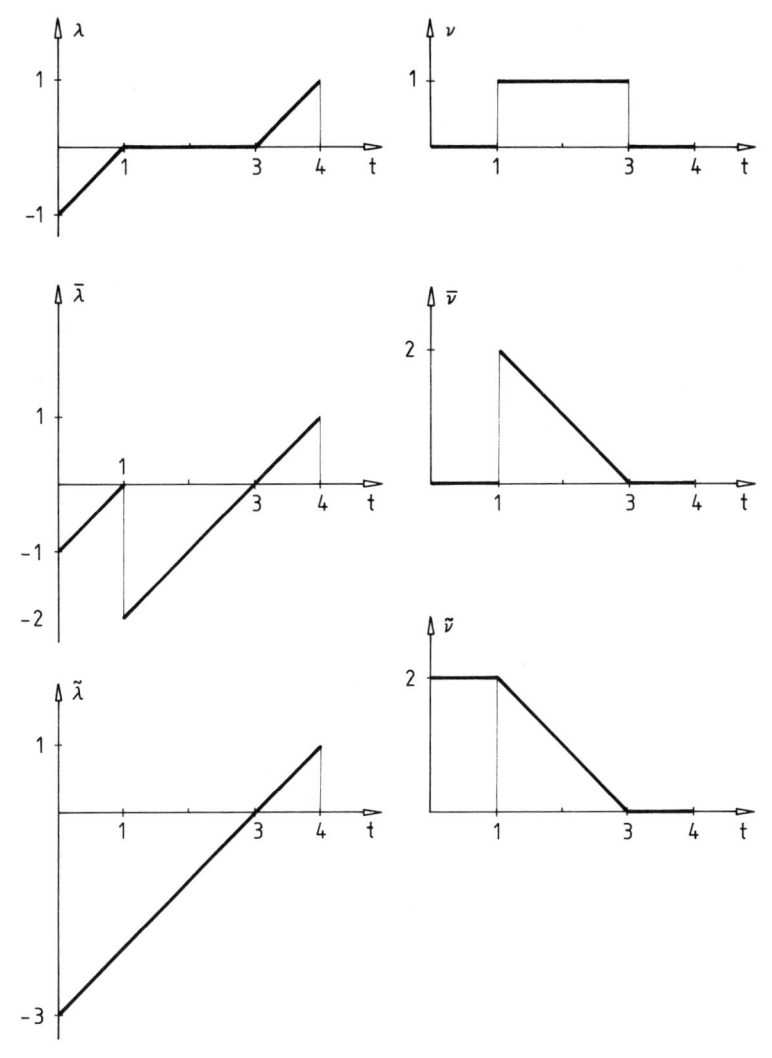

Abb. 8.8 Kozustandsvariablen und Multiplikatoren für die direkte, indirekte und Hestenes-Russak-Methode für Beispiel 8.7

Wir wollen anhand dieses Beispiels auch den Gebrauch der *indirekten Methode* (Satz 6.3) illustrieren. Die entsprechende Hamilton- bzw. Lagrangefunktion ist

$$\bar{H} = -x + \bar{\lambda}u, \quad \bar{L} = -x + \bar{\lambda}u + \mu_1(1+u) + \mu_2(1-u) + \bar{v}u.$$

Im Vergleich zu (8.58) ist der Term vh durch $\bar{v}k$ mit k aus (8.57) ersetzt worden. Die notwendigen Bedingungen lauten nun

$$\bar{L}_u = \bar{\lambda} + \mu_1 - \mu_2 + \bar{v} = 0 \tag{8.65}$$

$$\dot{\bar{\lambda}} = -\bar{L}_x = 1 \tag{8.66}$$

$$\bar{v} \geqq 0, \quad \bar{v}x = 0, \quad \dot{\bar{v}} \leqq 0 \tag{8.67}$$

$$\bar{\lambda}(4) = \beta + \gamma; \quad \gamma \geqq 0, \quad \gamma h = 0 \tag{8.68}$$

$$\bar{\lambda}(1^-) = \bar{\lambda}(1^+) + \bar{\eta}(1), \quad \bar{\eta}(1) \geqq 0 \tag{8.69}$$

sowie (8.61).

Im Intervall $(3, 4]$ ist $u = 1$, d. h. $\mu_1 = 0$ wegen (8.61). Wegen $x > 0$ gilt gemäß (8.67) $\bar{v} = 0$. Daher folgt $\bar{\lambda} = \mu_2 \geqq 0$ aus (8.65). In $[1, 3]$ ist $u = 0$ und daher $\mu_1 = \mu_2 = 0$. Aus (8.65) und (8.67) erhält man $\bar{\lambda} = -\bar{v} \leqq 0$. Da gemäß Satz 6.3 $\bar{\lambda}$ am Austrittszeitpunkt $\tau_2 = 3$ stetig sein muß, gilt $\bar{\lambda}(3) = 0$. Gemeinsam mit (8.66) liefert dies $\bar{\lambda} = t - 3$ in $[1, 4]$.

Im Intervall $[0, 1)$ ist $u = -1$ und somit $\mu_2 = 0$. Aus $\bar{v} = 0$ und (8.65) ergibt sich $\bar{\lambda} = -\mu_1 \leqq 0$. Gemeinsam mit (8.66) folgt daraus $\lambda = t - c$ mit $c \geqq 1$. Da $\lambda(1^+) = -2$ ist, so ist $\bar{\eta}(1) = 1 - c - (-2) \geqq 0$ gemäß (8.69), d. h. $c \leqq 3$.

Somit ist λ auf $[0, 1)$ nicht eindeutig, da jedes

$$\lambda = t - c \quad \text{mit} \quad c \in [1, 3]$$

die notwendigen Bedingungen von Satz 6.3 erfüllt. Erst durch die ergänzende Bedingung (6.61), nämlich $\bar{\eta}(1) \geqq \bar{v}(1^+) = 2$ folgt $c \leqq 1$ und somit eindeutig $\bar{\lambda} = t - 1$ in $[0, 1]$. (Man beachte, daß gemäß Bemerkung 6.11 $\bar{\eta}(1) = \bar{v}(1^+)$ gilt, da λ stetig ist.)

Die folgende Tabelle faßt die Multiplikatorfunktionen der indirekten Methode und (im Vorgriff) der Hestenes-Russak Methode zusammen:

Zeitintervall	$\bar{\lambda}$	$\bar{v}$	$\tilde{\lambda}$	$\tilde{v}$	μ_1	μ_2
$[0, 1)$	$t - 1$	0	$t - 3$	2	siehe	
$[1, 3]$	$t - 3$	$3 - t$	$t - 3$	$3 - t$	direkte	
$(3, 4]$	$t - 3$	0	$t - 3$	0	Methode	

Der Vollständigkeit halber rechnen wir das vorliegende Beispiel auch noch mit der *Hestenes-Russak-Methode* (Satz 6.6). Mit

$$\tilde{H} = -x + \tilde{\lambda}u, \quad \tilde{L} = \tilde{H} + \mu_1(1 + u) + \mu_2(1 - u) + \tilde{v}u$$

sind die notwendigen Bedingungen

$$\tilde{L}_u = \tilde{\lambda} + \mu_1 - \mu_2 + \tilde{v} = 0 \tag{8.70}$$

$$\dot{\tilde{\lambda}} = -\tilde{L}_x = 1 \tag{8.71}$$

$$\tilde{v} \geqq 0, \quad \tilde{v} \text{ fällt monoton} \tag{8.72}$$

sowie (8.61), (8.68). Ferner ist $\tilde{\lambda}$ stetig.

8.4. Reine Zustandsnebenbedingungen

Aus (8.71) folgt sofort $\tilde{\lambda} = t - c$. In $[1, 3]$ ist $\tilde{v} = -\tilde{\lambda} = c - t$ gemäß (8.70) und $\mu_1 = \mu_2 = 0$. An den Verbindungsstellen $t = 1$ und 3 ist gemäß Satz 6.6 der Multiplikator $\tilde{v}$ stetig, da k unstetig ist. Weiters ist $\tilde{v}$ konstant auf den Intervallen $[0, 1)$ und $(3, 4]$, wo die Zustandsnebenbedingung (8.56) inaktiv ist. Also gilt $\tilde{v}(t) = c - 1$ in $[0, 1)$ und $\tilde{v}(t) = c - 3$ in $(3, 4]$. Die Konstante c kann aufgrund der obigen notwendigen Bedingungen allein *nicht* bestimmt werden. Deshalb benutzen wir die Normierung

$$\tilde{v}(4) = 0 \tag{8.73}$$

um $c = 3$ zu erhalten, was die in der obigen Tabelle angeführten Multiplikatorfunktionen $\tilde{\lambda}$ und $\tilde{v}$ liefert. Man beachte, daß (8.73) in Übereinstimmung mit der Transformation (6.72) ist.

Zum Abschluß dieses Beispiels wollen wir noch die Gültigkeit der *Schattenpreisinterpretation* von λ, $\tilde{\lambda}$ und $\bar{\lambda}$ überprüfen.

Berechnet man die optimale Lösung für das auf $[t, 4]$ eingeschränkte Problem mit Anfangswert $x(t) = x$, so erkennt man zunächst, daß für $x < \min(0, t - 3)$ keine zulässige Lösung existiert. Für $x \geq |t - 3|$ ist die optimale Lösung wie in Beispiel 8.3 angegeben.

Für $0 \leq x \leq 3 - t$ ist die optimale Zustandstrajektorie

$$x(\tau) = \begin{cases} x + t - \tau \\ 0 \\ \tau - 3 \end{cases} \quad \text{für} \quad \tau \in \begin{cases} [t, t + x) \\ [t + x, 3) \\ [3, 4] \end{cases}.$$

Die Wertfunktion lautet somit

$$V(x, t) = \begin{cases} -\infty & \text{für } x < \min(0, t - 3) \\ \frac{1}{4}[7 - x^2 + t^2 + 2xt - 6(x + t)] & \text{für } x \geq |t - 3| \\ -\frac{1}{2}(x^2 + 1) & \text{für } 0 \leq x < 3 - t, \end{cases}$$

und für ihre partielle Ableitung nach x gilt

$$V_x(x, t) = \begin{cases} \frac{1}{2}(-x + t - 3) & \text{für } x \geq |t - 3| \\ -x & \text{für } 0 \leq x < 3 - t. \end{cases}$$

Man beachte, daß V an der Trennlinie $x = 3 - t$ stetig differenzierbar ist. Im Intervall $[0, 1)$ ist $x(t) = 1 - t$. Die optimale Lösung und V ist in einer Umgebung davon definiert. Daher gilt

$$V_x(1 - t, t) = t - 1 = \lambda(t) = \bar{\lambda}(t).$$

Die Multiplikatoren der direkten und indirekten Methode besitzen also in diesem Intervall die richtige Interpretation. Hingegen stimmt der Hestenes-Russak-Kozustand $\tilde{\lambda}(t) = t - 3$ *nicht* mit V_x überein. Die Multiplikatoren dieser Methode lassen sich also auch schon im Falle, daß keine Zustandsnebenbedingungen aktiv sind und daß die Wertfunktion in einer Umgebung von $x(t)$ definiert ist, *nicht* als Schattenpreis interpretieren.

Im Randlösungsintervall [1, 3] gilt $x = 0 \in [0{,}3 - t]$, und die rechtsseitige Ableitung der Wertfunktion ist

$$V_x(0, t) = 0 = \lambda(t).$$

Somit liefert λ auch in diesem Fall die Marginalwertinterpretation, während dies für $\bar{\lambda}(t) = \tilde{\lambda}(t) = t - 3$ *nicht* der Fall ist. Man beachte, daß $\bar{\lambda}$ und $\tilde{\lambda}$ auch nicht im entsprechenden Superdifferential $[0, \infty)$ von V im Punkt $x = 0$ liegen.

Im Intervall (3, 4] liegt wie im Intervall (2, 4] von Beispiel 8.3 der Sachverhalt vor, daß die rechtsseitige Ableitung der Wertfunktion $V_x(t - 3, t) = 0$ ist, während $\lambda(t) = \bar{\lambda}(t) = \tilde{\lambda}(t) = t - 3$ ist. Allerdings liegt der Wert $t - 3$ im Superdifferential $[0, \infty)$ von V im Punkt $x = t - 3$.

Die generelle Vorgangsweise zur Lösung von nichtlinearen Kontrollmodellen (mit einer Zustandsvariablen) und einer reinen Zustandsnebenbedingung läßt sich anhand des folgenden Beispiels verdeutlichen.

Beispiel 8.8: *Ramsey-Modell mit vorgeschriebenem Mindestkapitalstock*

Wir betrachten das Kapitalakkumulationsmodell von Beispiel 8.5 unter der Annahme, daß der Kapitalstock eine vorgegebene Untergrenze $\underline{k} > \hat{k}$ nicht unterschreiten soll. D.h., zusätzlich zu (8.31–33) werde die reine Zustandsnebenbedingung

$$k \geq \underline{k} \tag{8.74}$$

auferlegt. Natürlich muß $k_0 \geq \underline{k}$ angenommen werden.

Um zunächst die *direkte Methode* zur Lösung des Problems anzuwenden, definieren wir

$$\begin{aligned} H &= U(c) + \lambda[f(k) - \delta k - c] \\ L &= H + \mu_1 c + \mu_2 [f(k) - c] + \nu(k - \underline{k}). \end{aligned} \tag{8.75}$$

Die Optimalitätsbedingungen von Satz 6.2 lauten

$$L_c = U'(c) - \lambda + \mu_1 - \mu_2 = 0 \tag{8.76}$$

$$\dot{\lambda} = r\lambda - L_k = [r + \delta - f'(k)]\lambda - \mu_2 f'(k) - \nu \tag{8.77}$$

$$\mu_i \geq 0, \quad \mu_1 c = 0, \quad \mu_2 [f(k) - c] = 0 \tag{8.78}$$

$$\nu \geq 0, \quad \nu(k - \underline{k}) = 0. \tag{8.79}$$

Da die Hamiltonfunktion streng konkav in c ist, ist sie regulär, und gemäß Korollar 6.2 und 6.3a können keine Sprünge in c oder λ auftreten. Dabei ist wichtig, daß die

8.4. Reine Zustandsnebenbedingungen

constraint qualification überall, insbesondere auch im Auftreffpunkt, erfüllt ist. Man beachte, daß für die unten angegebene Lösung *nicht* gleichzeitig eine der (gemischten) Kontrollbeschränkungen $c \geqq 0$, $c \leqq f(k)$ und die Zustandsrestriktion $k \geqq \underline{k}$ aktiv wird. (Man vergleiche den gegensätzlichen Fall in Beispiel 8.7).

Für $k > \underline{k}$ bleiben gemäß (8.79) alle Überlegungen von Beispiel 8.5 erhalten ($v = 0$), insbesondere auch jener Teil des Phasenporträts (Abb. 8.5) mit $k > \underline{k}$.

Die (generelle) Vorgangsweise besteht nun darin, ausgehend von $k = k_0$ einen Pfad zu finden, welcher im zulässigen Bereich bleibt und die notwendigen Optimalitätsbedingungen erfüllt.

Dazu schneiden wir die Gerade $k = \underline{k}$ mit der $\dot{k} = 0$ Isokline und betrachten die in diesen Punkt $(\underline{k}, \underline{c})$ mündende Trajektorie (siehe Abb. 8.9).

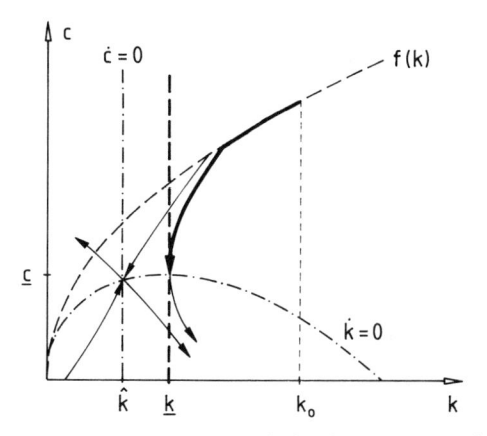

Abb. 8.9 Lösungstrajektorie für das Ramseymodell mit vorgeschriebenem Mindestkapitalstock $\underline{k}$

Wählt man für $k = k_0$ den zugehörigen Konsum auf dieser Trajektorie, so erreicht man in endlicher Zeit τ den Punkt $(\underline{k}, \underline{c})$. Es ist naheliegend, für $t \in [\tau, \infty)$ die konstante Steuerung $c = \underline{c}$ zu setzen.

Die notwendigen Optimalitätsbedingungen sind für $t < \tau$ trivialerweise erfüllt. Für $t \geqq \tau$ folgt aus (8.76) (wegen $\mu_1 = \mu_2 = 0$), daß $\lambda = U'(\underline{c})$. Setzt man also $\dot{\lambda} = 0$ in (8.77), so erhält man wegen $\underline{k} > \hat{k}$ und (8.42a)

$$v = [r + \delta - f'(\underline{k})] U'(\underline{c}) > 0.$$

Man beachte, daß die adjungierte Variable λ im Eintrittspunkt τ gemäß Konstruktion stetig ist. Somit sind auch für $t \geqq \tau$ die notwendigen Bedingungen erfüllt.

Da die hinreichenden Bedingungen von Satz 7.5 erfüllt sind (k und λ bleiben für die betreffende Trajektorie beschränkt), ist die konstruierte Lösung tatsächlich optimal. Man erkennt übrigens auch direkt, daß alle anderen Pfade, welche die notwendigen Bedingungen erfüllen, suboptimal oder unzulässig sind.

220 Beispiele

Ähnlich wie in Beispiel 8.5 behandeln wir nun noch den Fall (8.31′) *endlichen Zeithorizonts*, der mit einer Zustandsnebenbedingung (8.74) interessante Resultate für die optimale Trajektorien liefert. Angenommen, der Endzustand sei frei, d.h. (8.46a) gelte.

Sei zunächst $S > U'(\underline{c})$. Die optimalen Lösungstrajektorien müssen (wieder) die Vertikale $k = k_0$ mit der Horizontalen $c = c_T$ verbinden, wobei $U'(c_T) = S$ gilt (siehe Abb. 8.10a).

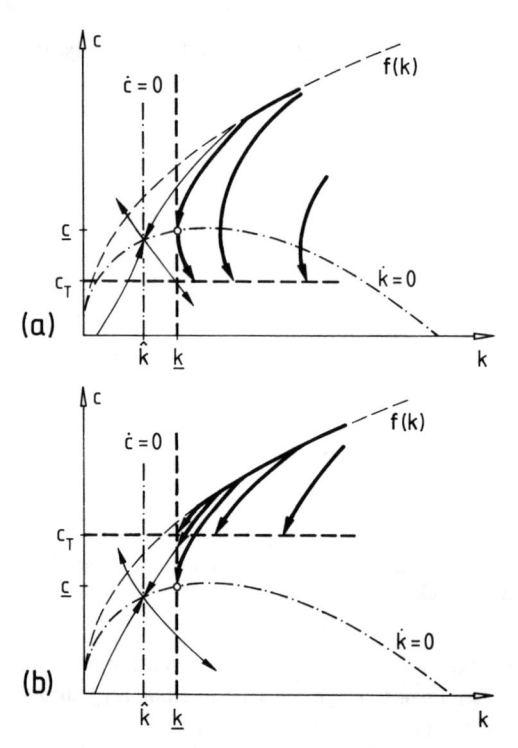

Abb. 8.10 Lösungstrajektorien für das Ramseymodell mit vorgeschriebenem Mindestkapitalstock und endlichem Zeithorizont: (a) $S > U'(\underline{c})$; (b) $S < U'(\underline{c})$

Für hinreichend kleine Zeithorizonte T verletzen die Trajektorien die Zustandsnebenbedingung (8.74) nicht, sind also optimal (vgl. auch Abb. 8.6a).

Um die Gestalt der Lösung für größere Werte von T zu erkennen, definieren wir mit θ die Zeitdauer, welche die im Punkte $(\underline{k}, \underline{c})$ entspringende Trajektorie benötigt, um den Endwert $c = c_T$ zu erreichen. Mit dem oben (für $T = \infty$) eingeführten τ läßt sich die optimale Politik wie folgt beschreiben. Ausgehend von $k = k_0$ trifft die Trajektorie (dieselbe wie bei $T = \infty$) die Beschränkung $k = \underline{k}$ im Punkt $(\underline{k}, \underline{c})$, *verweilt dort* $T - \tau - \theta$ Zeiteinheiten, um danach dem Endniveau $c = c_T$ zuzustreben (siehe Abb. 8.10a).

Für $S < U'(\underline{c})$ ist die Beschränkung (8.74) für „kleine" Werte von T inaktiv. Für alle „nicht zu kleinen" T ist (8.74) im Endzeitpunkt aktiv, und die Transversalitätsbedingung (6.27, 28), d. h.

$$\lambda(T) = S + \gamma, \quad \gamma \geqq 0$$

liefert

$$c(T) \leqq c_T.$$

Für „mittlere" Werte von T endet die optimale Lösung oberhalb von $\underline{c}$ auf der Geraden $k = \underline{k}$, während für genügend große Zeitdauern ($T > \tau$) die Lösung in $(\underline{k}, \underline{c})$ verweilt (siehe Abb. 8.10b).

Der Vollständigkeit halber wollen wir anhand dieses Modells auch noch die beiden anderen Lösungsmethoden für zustandsbeschränkte Probleme erläutern. Dazu kehren wir wieder zum Problem mit unendlichem Zeithorizont (8.31) zurück.

Um die Multiplikatorfunktionen der *indirekten Methode* zu ermitteln, definieren wir

$$\bar{H} = U(c) + \bar{\lambda}[f(k) - \delta k - c]$$
$$\bar{L} = \bar{H} + \mu_1 c + \mu_2[f(k) - c] + \bar{\nu}[f(k) - \delta k - c]$$

und formulieren die Optimalitätsbedingungen von Satz 6.3

$$\bar{L}_c = U'(c) - \bar{\lambda} + \mu_1 - \mu_2 - \bar{\nu} \tag{8.80}$$

$$\dot{\bar{\lambda}} = r\bar{\lambda} - \bar{L}_k = [r + \delta - f'(k)]\bar{\lambda} - \mu_2 f'(k) - [f'(k) - \delta]\bar{\nu} \tag{8.81}$$

$$\bar{\nu} \geqq 0, \quad \dot{\bar{\nu}} \leqq r\bar{\nu}, \quad \bar{\nu}(k - \underline{k}) = 0 \tag{8.82}$$

$$\bar{\lambda}(\tau^-) = \bar{\lambda}(\tau^+) + \bar{\eta}, \quad \bar{\eta} \geqq 0, \tag{8.83}$$

wobei τ der Zeitpunkt des Auftreffens auf die Berandung $k = \underline{k}$ im Punkt $(\underline{k}, \underline{c})$ ist. Weiterhin gilt (8.78).

In $[0, \tau)$ ist $k > \underline{k}$ und $\bar{\nu} = 0$, so daß hier $\bar{\lambda} = \lambda$ ist. Wegen (8.78), (8.80) und (8.82) gilt im Punkt des Auftreffens

$$\bar{\lambda}(\tau^-) = U'(\underline{c}). \tag{8.84}$$

Für $t \geqq \tau$ ist $\bar{\nu} \geqq 0$. Wir eliminieren $\bar{\nu}$ in (8.81) mittels (8.80) und erhalten so

$$\dot{\bar{\lambda}} = r\bar{\lambda} - [f'(\underline{k}) - \delta]U'(\underline{c}). \tag{8.85}$$

Um die Grenztransversalitätsbedingung (7.27) nicht zu verletzen, müssen wir die konstante Lösung von (8.85) wählen, nämlich

$$\bar{\lambda} = [f'(\underline{k}) - \delta]U'(\underline{c})/r. \tag{8.86}$$

Einsetzen von (8.86) in (8.80) bzw. Kombination mit (8.84) liefert dann, daß die Multiplikatorfunktion $\bar{v}$ konstant und gleich der Sprunghöhe $\bar{\eta}$ ist (siehe Bemerkung 6.11):

$$\bar{v} = \bar{\eta} = U'(\underline{c})[r + \delta - f'(\underline{k})]/r. \tag{8.87}$$

Wegen $\underline{k} > \hat{k}$ und (8.42a) ist $\bar{v} > 0$ gewährleistet. Weiters gilt $\dot{\bar{v}} = 0 < r\bar{v}$.

Schließlich wollen wir noch kurz die *Hestenes-Russak-Methode* (Satz 6.6) besprechen.

Die Bedingungen (8.80) und (8.81) bleiben für $(\tilde{L}, \tilde{\lambda}, \tilde{v})$ erhalten, $\tilde{v}e^{-rt}$ fällt monoton und ist konstant, wenn $k > \underline{k}$ ist. Die komplementäre Schlupfbedingung in (8.82) gilt nicht mehr; dafür ist $\tilde{\lambda}$ stetig.

Für $t \geq \tau$ setzen wir $\tilde{\lambda} = \bar{\lambda}$ und $\tilde{v} = \bar{v}$ mit $\bar{\lambda}$ und $\bar{v}$ aus (8.86) und (8.87). Nun ist aber $\tilde{\lambda}$ stetig, d.h. auch $\tilde{\lambda}(\tau^-)$ ist durch (8.86) gegeben. In $[0, \tau]$ ist $\tilde{v}e^{-rt}$ konstant, da $k > \underline{k}$. Man überzeugt sich leicht, daß

$$\tilde{v} = U'(\underline{c}) \frac{r + \delta - f'(\underline{k})}{r} e^{r(t-\tau)}$$

und

$$\tilde{\lambda} = \lambda - \tilde{v}$$

für $t \leq \tau$ den Bedingungen von Satz 6.6 genügt. Die Multiplikatorfunktion $\tilde{v}$ ist also auf dem gesamten Intervall $[0, \infty)$ stetig.

Das nachfolgende Beispiel illustriert das Auftreten von Sprüngen im Kozustand bei linearen Modellen mit tangentialem Austritt (d.h. Absprung von der Zustandsnebenbedingung, vgl. auch Korollar 6.3), wenn die Regularitätsannahme (6.17) verletzt ist.

Beispiel 8.9.

$$\min_u \int_0^3 e^{-rt} u \, dt \tag{8.88a}$$

$$\dot{x} = u \tag{8.88b}$$

$$0 \leq u \leq 3 \tag{8.88c}$$

$$h = x - 1 + (t-2)^2 \geq 0. \tag{8.88d}$$

Es ist einleuchtend, daß für $r \geq 0$ folgende Lösung optimal sein wird[1] (vgl. Abb. 8.11):

Zeitintervall	u	x
$[0, 1)$	0	0
$[1, 2]$	$2(2-t)$	$1 - (t-2)^2$
$(2, 3]$	0	1

---

[1] Für $r = 0$ ist jede zulässige Lösung, die $x(3) = 1$ erfüllt, optimal.

8.4. Reine Zustandsnebenbedingungen

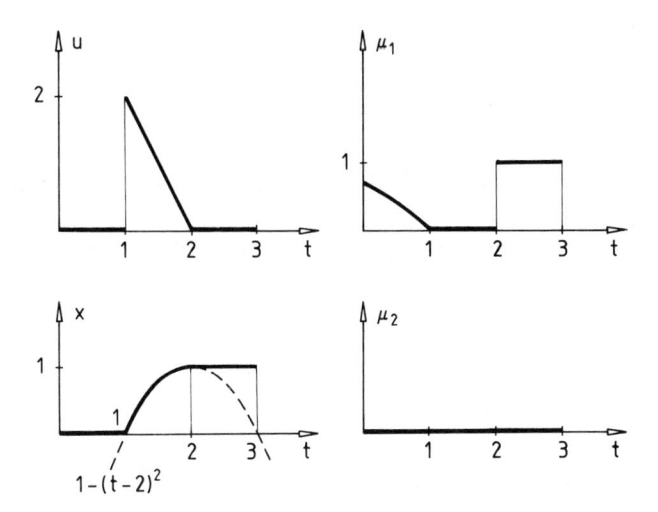

Abb. 8.11 Kontroll-, Zustands- und Multiplikatortrajektorien für das Kontrollproblem von Beispiel 8.9

Gemäß (6.16) gilt

$$k = u + 2(t-2). \tag{8.89}$$

Im Eintrittszeitpunkt $\tau_1 = 1$ ist u und somit auch k unstetig, d.h. dieser Eintritt erfolgt nichttangential. Hingegen ist u und somit auch k im Austrittszeitpunkt $\tau_2 = 2$ stetig, d.h. der Austritt geschieht *tangential* (siehe Abb. 8.11).

Man überzeugt sich leicht, daß die Regularitätsbedingung (6.17) verletzt ist. Denn mit $g_1 = u$, $g_2 = 3 - u$ gilt, daß die Matrix

$$\begin{pmatrix} \partial g_1/\partial u & g_1 & 0 & 0 \\ \partial g_2/\partial u & 0 & g_2 & 0 \\ \partial k/\partial u & 0 & 0 & h \end{pmatrix} = \begin{pmatrix} 1 & u & 0 & 0 \\ -1 & 0 & 3-u & 0 \\ 1 & 0 & 0 & x-1+(t-2)^2 \end{pmatrix}$$

an der Stelle $t = 2$ den Rang 2 besitzt (1. und 3. Zeile sind linear abhängig).

Um die *direkte Methode* (Satz 6.2) anzuwenden, betrachten wir die Lagrangefunktion

$$L = -u + \lambda u + \mu_1 u + \mu_2(3-u) + \nu[x - 1 + (t-2)^2].$$

Die notwendigen Optimalitätsbedingungen sind

$$L_u = -1 + \lambda + \mu_1 - \mu_2 = 0 \tag{8.90}$$

$$\dot{\lambda} = r\lambda - L_x = r\lambda - \nu \tag{8.91}$$

$$\mu_i \geq 0, \quad \mu_1 u = 0, \quad \mu_2(3-u) = 0 \tag{8.92}$$

224 Beispiele

$$v \geqq 0, \quad v[x - 1 + (t - 2)^2] = 0 \tag{8.93}$$

$$\lambda(3) = 0 \tag{8.94}$$

$$\lambda(2^-) = \lambda(2^+) + \eta, \quad \eta \geqq 0. \tag{8.95}$$

Man beachte, daß wegen Korollar 6.3b der Kozustand λ im Eintrittszeitpunkt $\tau = 1$ stetig ist. Hingegen kann im Punkt $\tau = 2$ wegen des tangentialen Austrittes die adjungierte Variable einen Sprung der Gestalt (8.95) aufweisen. Im Intervall (2, 3] folgt aus (8.93) $v = 0$ und somit $\lambda = 0$ aus (8.91) und (8.94). Wegen (8.92) ist dort auch $\mu_2 = 0$. Aus (8.90) folgt dann $\mu_1 = 1$.

Im Randlösungsintervall [1, 2] ist $0 < u < 3$ und $\mu_1 = \mu_2 = 0$, so daß $\lambda = 1$ aus (8.90) und aus (8.91) $v = r$ folgt. Im Zeitpunkt $t = 2$ des tangentialen Austrittes ist also $\eta = 1$, so daß (8.95) erfüllt ist.

Im Intervall [0, 1) ist wiederum $v = 0$ wegen (8.93), und die Rückwärts-Lösung von (8.91), ausgehend von $\lambda(1) = 1$, liefert $\lambda = e^{r(t-1)}$. Man beachte, daß λ im Punkt $t = 1$ stetig ist. Aus $\mu_2 = 0$ und (8.90) erhält man dann auch $\mu_1 = 1 - e^{r(t-1)} \geqq 0$.

Die folgende Tabelle faßt alle Multiplikatorfunktionen der direkten Methode zusammen und enthält (im Vorgriff) auch die entsprechenden Multiplikatoren der anderen beiden Methoden.

Zeitintervall	λ	v	μ_1	μ_2	$\bar{\lambda}$	$\bar{v}$	$\tilde{\lambda}$	$\tilde{v}$
[0, 1)	$e^{r(t-1)}$	0	$1 - e^{r(t-1)}$	0	$e^{r(t-1)}$	0	0	$e^{r(t-1)}$
[1, 2]	1	r	0	0	0	1	0	1
(2, 3]	0	0	1	0	0	0	0	0

Diese Trajektorien sind in Abb. 8.11 und 8.12 skizziert.

Um (zu Demonstrationszwecken) die in der obigen Tabelle angeführten Multiplikatoren der *indirekten* Methode zu ermitteln, formulieren wir gemäß Satz 6.3 die folgenden Optimalitätsbedingungen:

$$\bar{L} = -u + \bar{\lambda}u + \mu_1 u + \mu_2(3 - u) + \bar{v}[u + 2(t - 2)]$$

$$\bar{L}_u = -1 + \bar{\lambda} + \mu_1 - \mu_2 + \bar{v} = 0 \tag{8.96}$$

$$\dot{\bar{\lambda}} = r\bar{\lambda} \tag{8.97}$$

$$\bar{v} \geqq 0, \quad \dot{\bar{v}} \leqq r\bar{v}, \quad \bar{v}[x - 1 + (t - 2)^2] = 0 \tag{8.98}$$

$$\bar{\lambda}(3) = 0 \tag{8.99}$$

$$\bar{\lambda}(1^-) = \bar{\lambda}(1^+) + \bar{\eta}, \quad \bar{\eta} \geqq 0. \tag{8.100}$$

Weiterhin gilt (8.92).

In (2, 3] ist wegen (8.92) und (8.98) $\mu_2 = \bar{v} = 0$. (8.97) und (8.99) liefern $\bar{\lambda} = 0$, woraus mit (8.96) $\mu_1 = 1$ folgt.

8.4. Reine Zustandsnebenbedingungen

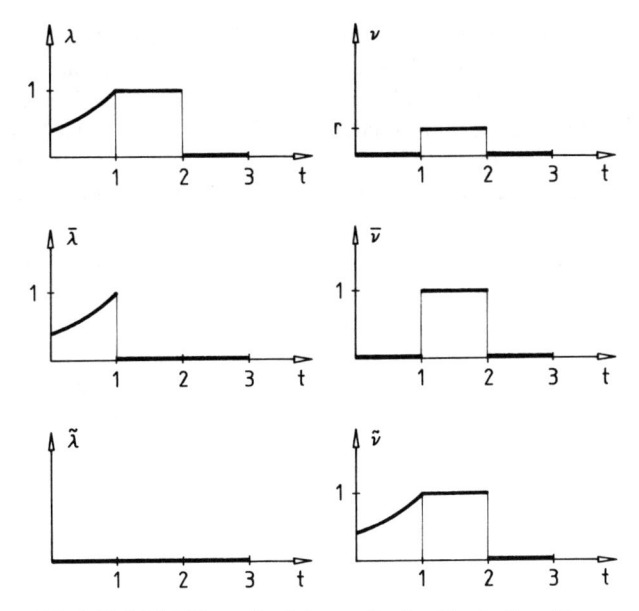

Abb. 8.12 Multiplikatorfunktionen für das Kontrollproblem von Beispiel 8.9

Da $\bar{\lambda}$ im Austrittszeitpunkt $t = 2$ stetig ist, gilt $\bar{\lambda} = 0$ auch in $[1, 2]$. Aus $\mu_1 = \mu_2 = 0$ und (8.96) folgt dann $\bar{v} = 1$.

Im Punkt $\tau = 1$ kann $\bar{\lambda}$ gemäß (8.100) um den Betrag $\bar{\eta} \geq 0$ nach unten springen. Im Intervall $[0, 1)$ läßt sich daher die Lösung von (8.97) als $\bar{\lambda} = \bar{\eta} e^{r(t-1)}$ schreiben. Aus $\bar{v} = \mu_2 = 0$ und (8.96) folgt dann $\mu_1 = 1 - \bar{\eta} e^{r(t-1)}$ und somit $\bar{\eta} \leq 1$, um $\mu_1 \geq 0$ nicht zu verletzen.

Die Konstante $\bar{\eta}$ kann daher gemäß Satz 6.3 beliebig aus den Intervall $[0, 1]$ gewählt werden. Erst aus der verschärfenden Bedingung (6.61) von Satz 6.5 erhält man $\bar{\eta} = 1$ und somit die in der obigen Tabelle angeführte Lösung.

Die Optimalitätsbedingungen der *Hestenes-Russak* Methode lauten wie (8.96–99) und (8.92), wobei die Sprungbedingung (8.100) wegfällt ($\tilde{\lambda}$ ist stetig) und dafür die komplementäre Schlupfbedingung (8.98) zu ersetzen ist durch:

$$\tilde{v} e^{-rt} \text{ fällt monoton und ist konstant,}$$
$$\text{falls } x > 1 - (t-2)^2. \tag{8.101}$$

Zunächst erhält man aus (8.97) und (8.99) für das gesamte Intervall $[0, 3]$, daß $\tilde{\lambda}(t) = 0$ ist. In $[1, 2]$ folgt dann mit $\mu_1 = \mu_2 = 0$, daß $\tilde{v} = 1$ ist.

Im Intervall $[0, 1)$ ist $\tilde{v} e^{-rt}$ konstant und an der Stelle $t = 1$ ist $\tilde{v}$ stetig, da k unstetig ist. Also ist $\tilde{v} = e^{r(t-1)}$ in $[0, 1)$ und $\mu_1 = 1 - e^{r(t-1)}$.

Im verbleibenden Intervall $(2, 3]$ ist wiederum $h > 0$ und somit $\tilde{v} e^{-rt}$ konstant, also

$\tilde{v} = ce^{rt}$ mit $c \geqq 0$. Aus (8.96) folgt dann $\mu_1 = 1 - ce^{rt} \geqq 0$, d. h. $c \leqq e^{-3r}$. Jedenfalls ist $\tilde{v}(2^+) \leqq e^{-r} < 1 = \tilde{v}(2^-)$. Die in Satz 6.6 enthaltene Aussage, daß $\tilde{v}$ stetig ist, wenn die Kontrolle u stetig ist, ist also im Austrittszeitpunkt $t = 2$ verletzt. (Dies liegt daran, daß die Regularitätsannahme (6.17) dort verletzt ist.) Durch die Normierung $\tilde{v}(3) = 0$ (vgl. (6.72)) wird die Mehrdeutigkeit beseitigt, und man erhält $c = 0$, was die in der obigen Tabelle angeführten Multiplikatorfunktionen liefert; siehe auch Abb. 8.12.

Die hinreichenden Bedingungen von Satz 7.1 sind offensichtlich erfüllt.

Der Leser überlege sich, daß bezüglich der Marginalwertinterpretation von λ folgendes gilt: In den Intervallen $[0, 1)$ und $(2, 3]$ ist die Wertfunktion $V(x, t)$ in einer Umgebung von $x(t)$ definiert und sowohl λ als auch $\bar{\lambda}$ besitzen die „richtige" Interpretation $\lambda = \bar{\lambda} = V_x$. Für $\tilde{\lambda}$ ist die Aussage im Intervall $(2, 3]$ ebenfalls gültig, hingegen für $[0, 1)$ verletzt.

Im Randlösungsintervall $[1, 2]$ ist $\lambda(t)$ gleich der rechtsseitigen Ableitung $V_x(x(t)^+, t)$, während $\bar{\lambda}$ und $\tilde{\lambda}$ keine Interpretationen als Schattenpreis zulassen.

Für nichtnegative Werte von r sind die Lösungstrajektorien u, x von r unabhängig. (Die Multiplikatorfunktionen hängen allerdings von r ab.) Falls r negativ wird, so ändert sich das Verhalten der Lösung hingegen schlagartig. Dies wird in folgendem Beispiel gezeigt.

Beispiel 8.10.

Vorgelegt sei das Problem (8.88), wobei nun der Parameter r *negativ* sein soll.

Man erkennt sofort, daß die in Beispiel 8.9 angeführte Lösung nicht optimal sein kann, da die Multiplikatorfunktion μ_1 im Intervall $[0, 1)$ negativ wird und somit (8.92) verletzt.

Aufgrund der negativen Diskontierung ist es einleuchtend, den Zustand raschest möglich auf das durch (8.88d) geforderte Niveau $x = 1$ anzuheben. Dies führt zu folgender Lösungstrajektorie (siehe Abb. 8.13):

Zeitintervall	u	x
$[0, 1/3)$	3	$3t$
$[1/3, 3]$	0	1

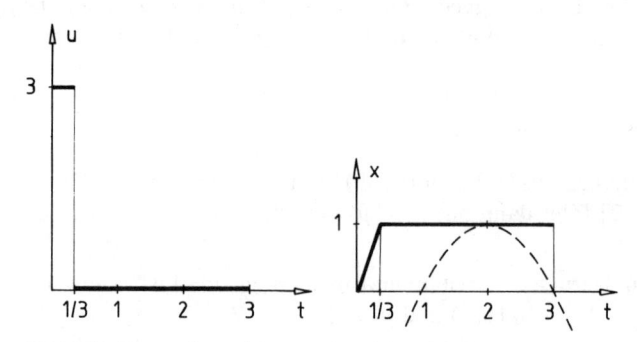

Abb. 8.13 Kontroll- und Zustandstrajektorien für das Beispiel 8.10

8.4. Reine Zustandsnebenbedingungen

Es gibt nun also kein Randlösungsintervall mehr, sondern einen *Berührungspunkt* $\tau = 2$.

Die zugehörigen Multiplikatorfunktionen sind in folgender Tabelle zusammengefaßt (siehe auch Abb. 8.14):

Zeitintervall	$\lambda = \bar{\lambda} = \tilde{v}$	$v = \bar{v} = \tilde{\lambda}$	μ_1	μ_2
$[0, 1/3)$	$e^{r(t-1/3)}$	0	0	$e^{r(t-1/3)} - 1$
$[1/3, 2]$	$e^{r(t-1/3)}$	0	$1 - e^{r(t-1/3)}$	0
$(2, 3]$	0	0	1	0

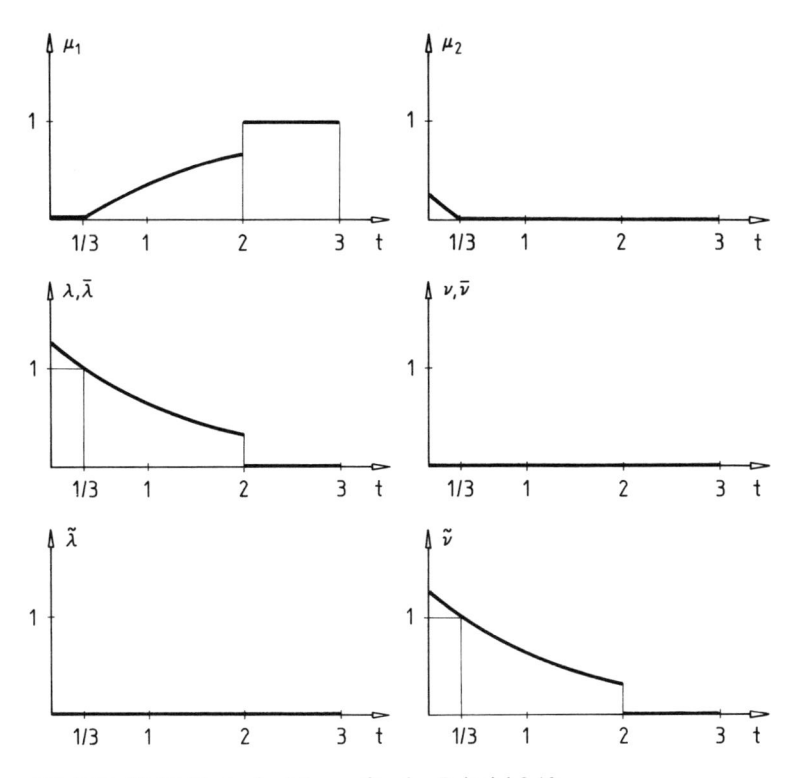

Abb. 8.14 Multiplikatorfunktionen für das Beispiel 8.10

Der Leser ist aufgefordert, die angegebene optimale Lösung in Übungsbeispiel 8.17 herzuleiten.

Zum Abschluß der Beispiele über reine Zustandsnebenbedingungen betrachten wir ein Problem mit Beschränkungen höherer Ordnung.

Beispiel 8.11. Man löse das Kontrollmodell

$$\min_u 2 \int_0^3 x_1 \, dt \tag{8.102a}$$

$$(\dot{x}_1, \dot{x}_2) = (x_2, u), \quad (x_1(0), x_2(0)) = (2, 0) \tag{8.102b}$$

$$-2 \leq u \leq 2 \tag{8.102c}$$

$$x_1 \geq 0. \tag{8.102d}$$

Interpretiert man x_1 als Ortskoordinate und x_2 als Geschwindigkeit, so läßt sich dieses Problem als einfachster Fall einer „weichen Landung" (ohne Berücksichtigung der Schwerkraft) deuten.

Der in der Lösung von Kontrollproblemen nun schon versierte Leser wird unschwer vermuten, daß die folgende Lösung optimal ist (vgl. Abb. 8.15):

Zeitintervall	u	x_1	x_2
$[0, 1)$	-2	$2 - t^2$	$-2t$
$[1, 2]$	2	$(t-2)^2$	$2t - 4$
$(2, 3]$	0	0	0

Vor Anwendung der Theorie stellen wir fest, daß die Regularitätsbedingung (6.17) verletzt ist, da aus $h = x_1$ und somit $k = x_2$ die Gleichung $\partial k / \partial u = 0$ folgt.

Es liegt also eine Beschränkung *höherer Ordnung* (siehe Abschnitt 6.2.5) vor. Gemäß (6.77) und (6.78) bilden wir

$$h^0 = x_1, \quad h^1 = x_2, \quad h^2 = u, \tag{8.103}$$

d. h. erst die *zweite* totale Ableitung von h nach der Zeit enthält die Kontrolle u; die Beschränkung (8.102d) ist deshalb von der *Ordnung zwei*.

Die Lagrangefunktion der direkten Methode ist gemäß Satz 6.2

$$L = -2x_1 + \lambda_1 x_2 + \lambda_2 u + \mu_1(2+u) + \mu_2(2-u) + vx_1.$$

Die notwendigen Bedingungen sind

$$L_u = \lambda_2 + \mu_1 - \mu_2 = 0 \tag{8.104}$$

$$\dot{\lambda}_1 = -L_{x_1} = 2 - v \tag{8.105}$$

$$\dot{\lambda}_2 = -L_{x_2} = -\lambda_1 \tag{8.106}$$

$$\mu_i \geq 0, \quad \mu_1(2+u) = 0, \quad \mu_2(2-u) = 0 \tag{8.107}$$

$$v \geq 0, \quad vx_1 = 0 \tag{8.108}$$

$$(\lambda_1(3), \lambda_2(3)) = \gamma(h_{x_1}, h_{x_2}) = (\gamma, 0), \quad \gamma \geq 0 \tag{8.109}$$

$$(\lambda_1(2^-), \lambda_2(2^-)) = (\lambda_1(2^+), \lambda_2(2^+)) + \eta(1, 0), \quad \eta \geq 0. \tag{8.110}$$

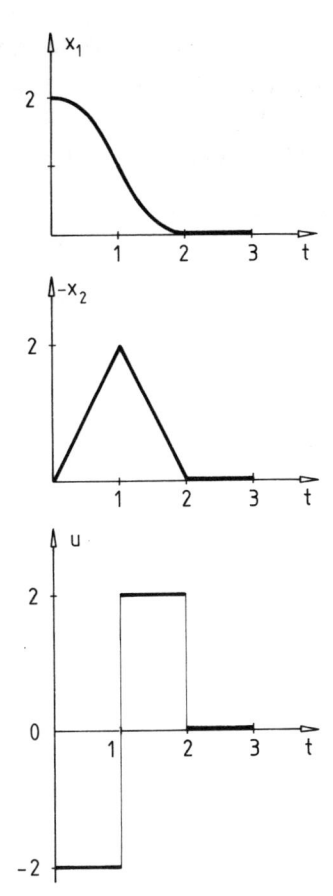

Abb. 8.15 Zustands- und Kontrolltrajektorien für das Problem mit Zustandsbeschränkung höherer Ordnung von Beispiel 8.11

Aus diesen Bedingungen lassen sich die Multiplikatorfunktionen zur in Abb. 8.15 angegebenen Lösung wie folgt ermitteln.

Intervall $(2, 3]$: $\mu_1 = \mu_2 = 0$ wegen (8.107), $\lambda_2 = 0$ wegen (8.104), $\lambda_1 = 0$ wegen (8.106), $\nu = 2$ wegen (8.105).

Intervall $[0, 2]$: $\nu = 0$ wegen (8.108), $\lambda_1 = c_1 + 2t$ wegen (8.105),

$$\lambda_2 = c_2 - c_1 t - t^2 \qquad (8.111)$$

wegen (8.106).

Wegen (8.110) ist λ_2 stetig für $t = 2$, so daß $\lambda_2(2) = 0$, was eine Bedingung zur Bestimmung der Konstanten c_1, c_2 in (8.111) liefert. Um eine weitere zu erhalten, teilen wir das Intervall $[0, 2]$ im Punkt $t = 1$:

Intervall $[0, 1)$: $\mu_2 = 0$ wegen (6.107), $\lambda_2 = -\mu_1 \leq 0$ wegen (6.104) und (6.107).

Intervall $[1, 2]$: $\mu_1 = 0$ wegen (6.107), $\lambda_2 = \mu_2 \geq 0$ wegen (6.104) und (6.107). Aufgrund der Stetigkeit von λ_2 in $t = 1$ ist somit $\lambda_2(1) = 0$, was die zweite Konstante von (8.111) liefert.

Zusammen ergibt dies $c_1 = -3$, $c_2 = -2$ und somit die folgende Lösungstabelle:

Intervall	λ_1	λ_2	μ_1	μ_2	ν
$[0, 1)$	$2t - 3$	$-t^2 + 3t - 2$	$t^2 - 3t + 2$	0	0
$[1, 2]$	$2t - 3$	$-t^2 + 3t - 2$	0	$-t^2 + 3t - 2$	0
$(2, 3]$	0	0	0	0	2

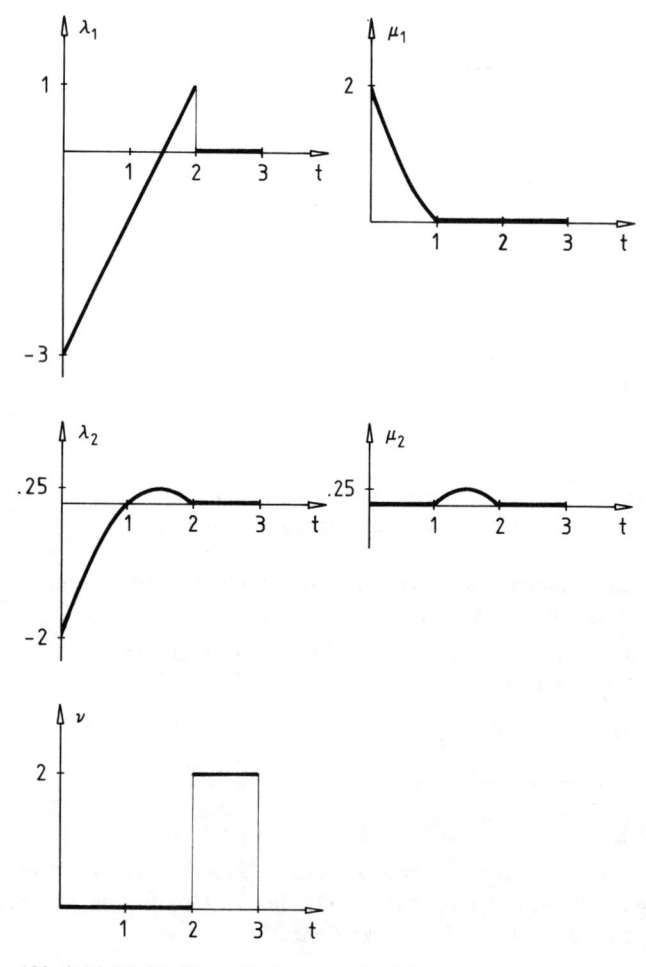

Abb. 8.16 Multiplikatorfunktionen für Beispiel 8.11

Diese Multiplikatorfunktionen sind in Abb. 8.16 illustriert.

Da die hinreichenden Bedingungen von Satz 7.1 erfüllt sind – sowohl die Hamiltonfunktion als auch die Beschränkungen sind linear und separabel – ist die erzielte Lösung tatsächlich optimal.

8.5. Freier Anfangszustand

Beispiel 8.12. Wir betrachten das *Ressourcenextraktionsproblem* eines monopolistischen Minenbesitzers, der einen gegebenen Zustand z_0 einer nichterneuerbaren Ressource (vgl. Abschnitt 14.1) optimal abbauen will. Die Förderkapazität $\bar{q}$ kann zu Beginn festgelegt werden und verursacht Rüstkosten $K(\bar{q})$. Das Modell lautet

$$\max_{q,\bar{q},T} \{\int_0^T e^{-rt}[p(q)q - C(q)]\,dt - K(\bar{q})\} \tag{8.112a}$$

$$\dot{z} = -q \tag{8.112b}$$

$$0 \leq q \leq \bar{q} \tag{8.112c}$$

$$z(0) = z_0, \quad z(T) \geq 0. \tag{8.112d}$$

Dabei ist q die abgebaute Menge und $p = p(q)$ der dafür erzielte Preis.

Da der Parameter $\bar{q}$ für das Planungsintervall $[0, T]$ festbleibt, können wir ihn als Zustandsvariable mit Bewegungsgleichung

$$\dot{\bar{q}} = 0 \tag{8.112e}$$

ohne Anfangs- bzw. Endbedingung modellieren.

Gemäß Korollar 7.1 bzw. 7.2 lauten die notwendigen Optimalitätsbedingungen für das Steuerungsproblem (8.112) wie folgt:

$$H = p(q)q - C(q) - \lambda_1 q + \lambda_2 0$$
$$L = H + \mu_1 q + \mu_2(\bar{q} - q)$$
$$q = \arg\max_{0 \leq q \leq \bar{q}} H \tag{8.113}$$

$$L_q = p(q) + qp'(q) - C'(q) - \lambda_1 + \mu_1 - \mu_2 = 0 \tag{8.114}$$

$$\dot{\lambda}_1 = r\lambda_1 - L_z = r\lambda_1 \tag{8.115}$$

$$\dot{\lambda}_2 = r\lambda_2 - L_{\bar{q}} = r\lambda_2 - \mu_2 \tag{8.116}$$

$$\mu_i \geq 0, \quad \mu_1 q = \mu_2(\bar{q} - q) = 0 \tag{8.117}$$

$$\lambda_1(T) \geq 0, \quad \lambda_1(T)z(T) = 0 \tag{8.118}$$

$$\lambda_2(0) = K'(\bar{q}(0)), \quad \lambda_2(T) = 0. \tag{8.119}$$

232 Beispiele

Um das Modell zu analysieren, unterstellen wir streng konvexe Extraktionskosten:

$$C(0) = 0; \quad C' > 0, \quad C'' > 0. \tag{8.120}$$

Die Set-up-Kosten K seien konvex:

$$K' > 0, \quad K'' \geq 0. \tag{8.121}$$

Ferner wird angenommen, daß der Erlös $p(q)q$ eine konkave Funktion in q ist, d. h. daß der Grenzerlös MR eine fallende Funktion in q ist:

$$MR(q) = p + qp', \quad MR'(q) < 0. \tag{8.122}$$

Unter diesen Annahmen sind die Voraussetzungen von Satz 7.8 erfüllt und (8.113–119) stellen auch hinreichende Bedingungen dar.

Es ist leicht einzusehen, daß für $t \in [0, T^*)$ die Extraktionsrate $q(t)$ stets positiv ist. Dabei ist T^* der optimale Erschöpfungszeitpunkt der Ressource. Somit ist wegen (8.117) der Multiplikator $\mu_1 = 0$.

Wir untersuchen nun zwei Regime.

Regime 1: Kapazitätsgrenze $\bar{q}$ ist nicht erreicht. Hier gilt $0 < q < \bar{q}$ und somit $\mu_1 = \mu_2 = 0$. Aus (8.114) folgt

$$p(q) + qp'(q) - C'(q) = \lambda_1. \tag{8.123}$$

Wegen (8.120) und (8.122) ist daher die optimale Extraktionsrate eine streng monoton fallende Funktion von λ_1:

$$q = (MR - C')^{-1}(\lambda_1).$$

Da λ_1 gemäß (8.115) und (8.118) exponentiell wächst, fällt q in diesem Regime mit t.

Regime 2: Kapazitätsgrenze aktiv, d. h. $q = \bar{q}$. Es gilt $\mu_1 = 0$, $\mu_2 \geq 0$ und gemäß (8.114)

$$p(\bar{q}) + \bar{q}p'(\bar{q}) - C(\bar{q}) = \lambda_1 + \mu_2.$$

Um zu sehen, daß sich die optimale Lösung aus der Regimefolge 2 → 1 zusammensetzt, bemerken wir, daß das Problem *regulär*, d. h. konkav in der Steuerung ist. Gemäß Korollar 6.2 ist somit q stetig. Da bei Regime 2 die Abbaurate q an der Obergrenze liegt und bei Regime 1 streng monoton fällt, ist nur die Pfadfolge 2 → 1 möglich.

Regime 1 endet mit dem optimalen Endzeitpunkt T^*, der gemäß Korollar 7.2 der Transversalitätsbedingung (7.29) genügt:

$$H(q(T)) = p(q(T))q(T) - C(q(T)) - \lambda_1 q(T) = 0. \tag{8.124}$$

Wegen $H(q(T)) = 0$ und $H_q(q(T)) = 0$ sieht man aus der Taylorentwicklung

8.5. Freier Anfangszustand

$$0 = H(0) = H(q(T)) - q(T)H_q(q(T)) + H_{qq}(\tilde{q})q(T)^2/2, \qquad (8.125)$$

daß $q(T^*) = 0$ sein muß. Dabei ist $\tilde{q} \in [0, q(T^*)]$ eine Zwischenstelle.
Zur vollständigen Charakterisierung der optimalen Lösung ist nun nur noch die Ermittlung des Umschaltzeitpunktes t_s zwischen den Regimen 2 und 1 und die Berechnung des Erschöpfungszeitpunktes T^* ausständig. Dafür steht zunächst die Bedingung zur Verfügung, daß die gesamte extrahierte Menge gleich dem Anfangsbestand z_0 sein muß:

$$\bar{q}t_s + \int_{t_s}^{T} (MR - C')^{-1}(\lambda_1(t))\,dt = z_0, \qquad (8.126)$$

wobei λ_1 gegeben ist durch

$$\lambda_1(t) = e^{r(t-t_s)}[MR(\bar{q}) - C'(\bar{q})]. \qquad (8.127)$$

Die zweite Bedingung erhält man aus (8.116) und (8.119). Zunächst erkennt man, daß $\lambda_2 = 0$ in $[t_s, T]$ und somit $\lambda_2(t_s) = 0$. Ferner ist $\lambda_2(0) = K'(\bar{q})$ und

$$\dot{\lambda}_2 = r\lambda_2 - MR(\bar{q}) + C'(\bar{q}) + \lambda_1 \qquad (8.128)$$

mit λ_1 aus (8.127). Dies liefert

$$\lambda_2(t_s) = K'(\bar{q})e^{rt_s} + \int_0^{t_s} e^{r(t_s-t)}\{\lambda_1 - MR(\bar{q}) + C'(\bar{q})\}\,dt = 0$$

bzw.

$$K'(\bar{q})e^{rt_s} + [MR(\bar{q}) - C'(\bar{q})][t_s - (e^{rt_s} - 1)/r] = 0. \qquad (8.129)$$

In Abb. 8.17 ist der Verlauf der optimalen Trajektorien skizziert.

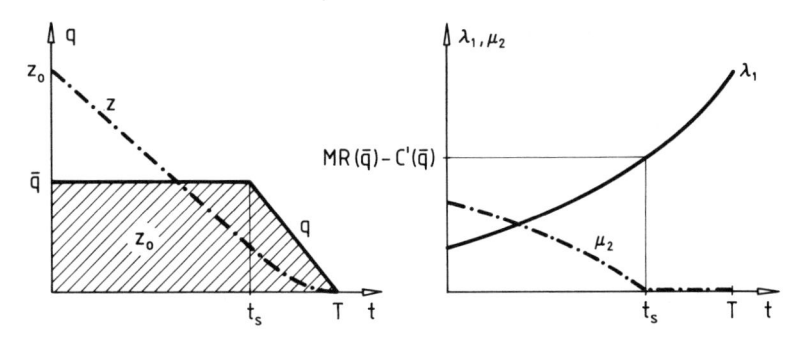

Abb. 8.17 Die optimalen Trajektorien des Ressourcenextraktionsproblems von Beispiel 8.12

Übungsbeispiele zu Kapitel 8

8.1. Man löse das nichtlineare Programmierungsproblem

$$\ln(z_1 + z_2) \to \max$$
$$z_1 + 2z_2 \leq 5$$
$$z_1 \geq 0, \quad z_2 \geq 0$$

und interpretiere die Lagrange-Multiplikatoren sowie die Kuhn-Tucker Bedingungen.

8.2. Man zeige, daß in den Fällen (8.8b) und (8.8c) das Kontrollproblem normal ist, d. h. daß die Wahl von $\lambda_0 = 0$ auf einen Widerspruch führt.

8.3. Man löse das einfache lineare Instandhaltungsproblem von Abschnitt 3.1 unter der zusätzlichen Endbedingung $x(T) = x_T$ bzw. $x(T) \geq x_T$.

8.4. Man löse das von Weizsäckersche Ausbildungsmodell von Abschnitt 3.2 unter der Zusatzannahme, daß die Person „nicht dümmer als mit einem gegebenem Wissensstand" ihre Karriere beendet.

8.5. Man löse das quadratische Instandhaltungsmodell (Abschnitt 4.1) unter der zusätzlichen Bedingung, daß die Anlage am Ende einen bestimmten Verkaufswert nicht unterschreiten darf.

8.6. Man löse das Werbemodell von Gould aus Abschnitt 11.1.1 für endlichen Zeithorizont mit Endbedingungen $x(T) = x_T$ bzw. $x(T) \geq x_T$. Wie sehen die optimalen Pfade im Phasendiagramm aus?

8.7. Man löse folgendes Kontrollproblem

$$\min_u \int_0^T [cu^2 + hx] \, dt$$
$$\dot{x} = u, \quad x(0) = 0$$
$$x(T) = B$$
$$u \geq 0.$$

Dabei bezeichnet $x(t)$ den bis zum Zeitpunkt t angehäuften Lagerbestand, u die Produktionsrate, cu^2 die quadratischen Produktionskosten, h die Lagerkosten pro Stück. Gesucht ist ein kostenminimaler Produktionsplan, der es dem Produzenten ermöglicht, B Einheiten eines Produktes nach einer Frist von T Zeiteinheit liefern zu können.

8.8. Man diskutiere den Verlauf der optimalen Lösungstrajektorien im (k, c)-Phasenporträt des Ramseymodells von Beispiel 8.5 für $k_0 \gtreqless \hat{k}$ bzw. $S \gtreqless U'(\hat{c})$ für die drei Fälle (8.46abc).

8.9. Man löse das Kontrollproblem:

$$\max_u \int_0^T e^{-rt} U(u) \, dt$$
$$\dot{x} = ax - u, \quad x(0) = x_0 > 0$$
$$0 \leq u \leq x$$

für (a) $U = u$, (b) $U = \ln u$.

8.10. Man löse das Instandhaltungsproblem von Abschnitt 4.1 unter der Pfadnebenbedingung $\dot{x} \leq 0$.

8.11. Man löse das Kontrollproblem von Beispiel 8.7 unter der Annahme, daß der Endzustand $x(4)$ frei ist.

8.12. Man löse folgendes Produktions-/Lagerhaltungsproblem:

$$\min_u \int_0^T (cu + hx)\,dt$$
$$\dot{x} = u - d, \quad x(0) = x_0 > 0$$
$$0 \leq u \leq \bar{u}$$
$$x \geq 0.$$

Dabei bedeutet x den Lagerbestand eines Gutes, u die Produktionsrate, d die als konstant unterstellte Nachfrage, c die Produktionseinheitskosten und h die Lagerhaltungskosten pro Stück. (Um die Lösbarkeit zu gewährleisten, wird vorausgesetzt, daß die maximale Produktionsrate $\bar{u}$ die Nachfrage d übertrifft.)

8.13. Man löse das Lagerhaltungsproblem vom Übungsbeispiel 8.12 für quadratische Produktionskosten cu^2.

8.14 Man löse das nichtlineare Instandhaltungsmodell von Abschnitt 4.2 unter der zusätzlichen Zustandsnebenbedingung $x \geq \underline{x} > 0$.

8.15. Man löse das Kontrollproblem

$$\min_u \int_0^5 u\,dt$$
$$\dot{x} = u - x, \quad x(0) = 1$$
$$0 \leq u \leq 1$$
$$x \geq 0.7 - 0.2\,t.$$

Man verifiziere, daß die in Abb. 8.18 skizzierte Lösung optimal ist.

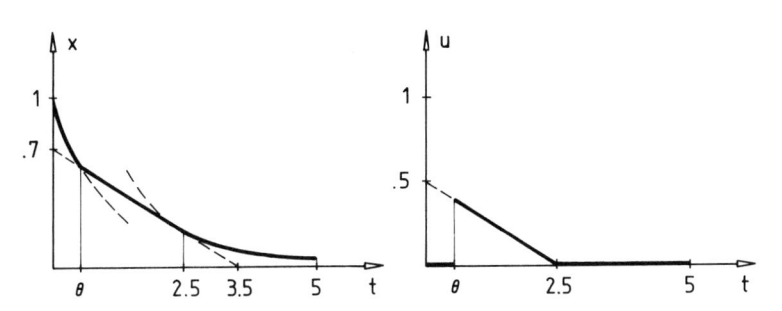

Abb. 8.18 Die optimale Lösung von Übungsbeispiel 8.15; $\theta \cong 0.51626$

8.16. Man löse das Kontrollproblem von Beispiel 8.9, wobei der Steuerbereich (8.88c) durch

$$0 \leq u \leq 1$$

ersetzt werde.

Man verifiziere, daß die in Abb. 8.19 gezeigte Lösung optimal ist. Man beachte, daß hier sowohl Ein- als auch Austritt in tangentialer Weise erfolgt.

8.17. Man ermittle optimale Lösungstrajektorien und Multiplikatorfunktionen von Beispiel 8.10.

8.18. Man löse das Kontrollproblem von Beispiel 8.11 („weiche Landung") unter Berücksichtigung der Schwerkraft, d.h. $\dot{x}_2 = u - g$. (Zeit und Raum seien dabei so skaliert, daß $g = 1$ ist.)

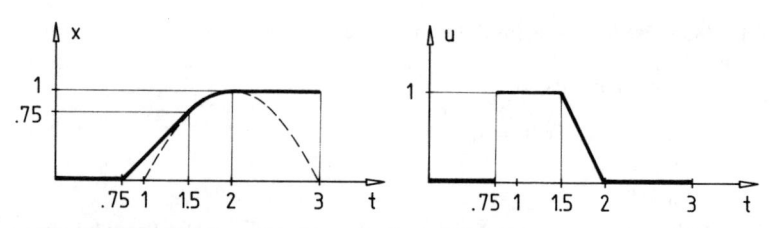

Abb. 8.19 Die optimale Lösung von Übungsbeispiel 8.16

Weiterführende Bemerkungen und Literatur zu Kapitel 8

Das in Beispiel 8.4, 8.5 und 8.8 behandelte Kapitalakkumulationsmodell geht auf *Ramsey* (1928) zurück und zählt zu den „Klassikern" der ökonomischen Anwendungen der Kontrolltheorie; vgl. auch *Cass* (1965), *Arrow* (1968), *Arrow* und *Kurz* (1970), sowie *Intriligator* (1971). Bei letzterem werden allerdings die gemischten Nebenbedingungen in (8.19) bzw. (8.33) fälschlicherweise mit der Hamiltonfunktion anstatt mit der Lagrangefunktion behandelt.

Beispiel 8.4 befindet sich bei *Hartl* (1979).

Beispiel 8.6 stammt von *Seierstad* und *Sydsaeter* (1977, p. 379).

Beispiel 8.12 wurde von *Siebert* (1982a) behandelt.

Übungsbeispiel 8.7 wurde von *Kamien* und *Schwartz* (1981) übernommen. Übungsbeispiel 8.9 findet sich bei *Sethi* und *Thompson* (1981a). Für das Lagerhaltungsmodell von Übungsbeispiel 8.12 vergleiche man *Arrow* und *Karlin* (1958), *Holt* et al. (1960), sowie Kap. 9. Übungsbeispiel 8.15 findet sich bei *Sethi* et al. (1982) sowie *Hartl* und *Sethi* (1985ab).

Teil IV: Fallstudien

Nachdem die ersten drei Teile nach formalen Gesichtspunkten aufgebaut waren, werden nun die erläuterten Methoden auf verschiedene ökonomische Problemstellungen angewendet.

Die ersten vier Kapitel befassen sich mit Anwendungen in der Betriebswirtschaftslehre bzw. im Operations-Research:

Kap. 9	Produktion und Lagerhaltung
Kap. 10	Instandhaltung und Ersatz
Kap. 11	Marketing Mix: Preis, Werbung und Produktqualität
Kap. 12	Unternehmenswachstum: Investition, Finanzierung und Beschäftigung

Die folgenden drei Kapitel sind eher volkswirtschaftlich orientiert:

Kap. 13	Kapitalakkumulation
Kap. 14	Ressourcenmanagement
Kap. 15	Umweltschutz

Schließlich ist in Kap. 16 eine Reihe weiterer Anwendungen der Kontrolltheorie erwähnt.

Kapitel 9: Produktion und Lagerhaltung

Produktions- und Lagerhaltungsprobleme zählen zum „klassischen" Bestand des Operations Research. Seit den Fünfzigerjahren hat die Lagerhaltungs-/Produktionstheorie eine bemerkenswerte Entwicklung genommen, die sich in einem reichen Spektrum von Modellen und Methoden dokumentiert. Der Zielsetzung des Buches entsprechend wollen wir uns hier mit dynamischen deterministischen Modellen in stetiger Zeit beschäftigen.

In Abschnitt 9.1 werden zunächst bei gegebener Nachfrage Produktions- und Lagerhaltungskosten minimiert, wobei Nichtnegativitätsbeschränkungen für Produktionsrate und Lagerbestand zu berücksichtigen sind. Dabei wird auch in das wichtige Konzept des Entscheidungs- und Prognosehorizonts eingeführt. Ferner wird die Produktionspolitik bei zyklischer Nachfrage angesichts einer zusätzlichen Lagerobergrenze ermittelt. Abschnitt 9.2 befaßt sich mit der simultanen Wahl optimaler Preis- und Produktionspolitiken. In Abschnitt 9.3 werden einige weitere aus der Literatur bekannte Lagerhaltungsmodelle diskutiert.

Der Einfachheit halber werden alle gegebenen Funktionen d, c, h, α, β etc. als stetig differenzierbar in ihren Argumenten angenommen.

9.1. Minimierung von Produktions- und Lagerkosten bei gegebener Nachfrage

Es sei $d(t)$ die gegebene Nachfrage nach einem Gut im Zeitintervall $[0, T]$. Die Funktion $d(t)$ wird dabei als positiv und stetig differenzierbar angenommen. Diese Nachfrage kann entweder durch Produktion mit der Rate $v(t)$ erfüllt werden oder durch Abbau des Lagers $z(t)$. Die Änderungsrate des Lagerbestandes ist die Differenz zwischen Produktions- bzw. Bestellrate und der Nachfrage:

$$\dot{z}(t) = v(t) - d(t), \quad z(0) = z_0, \tag{9.1}$$

wobei das Anfangslager z_0 vorgegeben sei.

Ferner bezeichnen wir mit $c(v, t)$ bzw. $h(z, t)$ die Produktions-(Bestell-)kosten bzw. Lagerkosten. Die Totalkosten im Planungszeitraum $[0, T]$ setzen sich aus Produktions- und Lagerkosten zusammen:

$$J = \int_0^T [c(v(t), t) + h(z(t), t)] dt + S(z(T), T). \tag{9.2}$$

Zusätzlich sollen das Produktionsniveau und der Lagerstock nichtnegativ sein:

$$v(t) \geq 0, \; z(t) \geq 0 \quad \text{für} \quad t \in [0, T]. \tag{9.3}$$

Im einführenden Unterabschnitt 9.1.1 wird das linear-quadratische Lagerhaltungsmodell ohne Pfadrestriktoren (9.3) betrachtet. In Abschnitt 9.1.2 wird das Modell mit linearen Kostenfunktionen analysiert, während im darauf folgenden Abschnitt lineare Lagerkosten aber konvexe Produktionskosten angenommen werden. Der Lösungsalgorithmus zu diesem Modell wird in Abschnitt 9.1.4 beschrieben. Abschnitt 9.1.5 bringt eine Einführung in das wichtige Konzept von Entscheidungs- und Prognosehorizont. Schließlich wird in Abschnitt 9.1.6 eine Lagerobergrenze eingeführt. In Abschnitt 9.1.7 wird dann der verbleibende Fall von linearen Produktions- und konvexen Lagerkosten analysiert, um das Auftreten von „blokkierten Intervallen" zu illustrieren.

9.1.1. Das HMMS-Modell

Das schon in Beispiel 5.5 behandelte linear-quadratische Lagerhaltungsproblem geht auf *Holt, Modigliani, Muth* und *Simon* (1960) zurück. Die Lagerkosten bewerten dabei die quadratische Abweichung von einem gewünschten Lagerstock $\tilde{z}(t)$, während die Produktionskosten die Abweichung von einem idealen Produktionsniveau $\tilde{v}(t)$ bestrafen. Setzt man in (9.2) also $h(z,t) = h(z - \tilde{z}(t))^2$, $c(v,t) = (v - \tilde{v}(t))^2$, $S = 0$, so erhält man das Modell von Beispiel 5.5 (mit $S = 0$). Man beachte, daß in diesem Modell die Nichtnegativität von Lagerbestand und Produktionsrate nicht verlangt wird. Allerdings werden quadratische Fehlmengen- und Vernichtungskosten verrechnet.

Die optimale Produktionsrate ist gegeben durch (5.88), also

$$v(t) = \tilde{v}(t) - z(t)\sqrt{h}\tanh(\sqrt{h}(T-t)) + \gamma(t) \tag{9.4}$$

wobei $\gamma(t)$ durch (5.87) gegeben ist und von den Modellparametern abhängt. Bezüglich der Interpretation dieser optimalen Bestellpolitik vgl. man Beispiel 5.5.

Eine andere Möglichkeit die optimale Lösung zu ermitteln, besteht darin, aus den notwendigen Optimalitätsbedingungen wie in Abschnitt 4.2.2 ein Differentialgleichungssystem in (z, v) herzuleiten. Im vorliegenden Fall ist dieses System linear:

$$\dot{z} = v - d, \quad \dot{v} = h(z - \tilde{z}) + \dot{\tilde{v}}. \tag{9.5}$$

Die allgemeine Lösung von (9.5) lautet

$$\begin{pmatrix} z(t) \\ v(t) \end{pmatrix} = C_1 \begin{pmatrix} 1 \\ \sqrt{h} \end{pmatrix} e^{t\sqrt{h}} + C_2 \begin{pmatrix} 1 \\ -\sqrt{h} \end{pmatrix} e^{-t\sqrt{h}} + \begin{pmatrix} \zeta(t) \\ \dot{\zeta}(t) + d(t) \end{pmatrix}. \tag{9.6}$$

Dabei bezeichnet $z = \zeta$ und $v = \dot{\zeta} + d$ eine partikuläre Lösung des Systems (9.5); z.B. ist für $\tilde{z}, \tilde{v}, d$ = const. die konstante Lösung $\zeta = \tilde{z}$, $v = d$ zu wählen. Die Konstanten C_1 und C_2 sind aus den Randbedingungen

$$z(0) = z_0 \quad \text{und} \quad v(T) = \tilde{v}(T) \tag{9.7}$$

zu bestimmen (Übungsbeispiel 9.1).

Die partikuläre Lösung $z(t) = \zeta(t)$, $v(t) = \dot\zeta(t) + d(t)$ kann als „zeitabhängiger Gleichgewichtsterm" interpretiert werden (*turnpike*). Für große Werte von t ist der zweite Summand der rechten Seite von (9.6) klein und kann somit als „Startkorrekturterm" aufgefaßt werden (der für kleine Werte von t relevant ist). Der erste Summand stellt dann die „Endkorrektur" für große Werte von t dar.

Ein unrealistischer Zug des linear-quadratischen Lagerhaltungsmodells war das Fehlen der Beschränkungen (9.3). Im nächsten Unterabschnitt werden sie für den einfachsten Fall (lineare Kostenfunktionen) berücksichtigt.

9.1.2. Lineare Produktions- und Lagerkosten

Wir nehmen an, daß die Einheitsbestell- und Lagerkosten weder von der Zeit noch von bestellter bzw. gelagerter Menge abhängen. Das heißt, wir betrachten folgendes Produktions/Lagerhaltungsproblem

$$\max_v \{ - \int_0^T (cv + hz) dt \}$$
$$\dot z = v - d, \quad z(0) = z_0$$
$$0 \leq v \leq \bar v, \quad z \geq 0.$$

Wegen der Linearität in der Steuerung wird die Produktion durch eine maximale Rate $\bar v$ eingeschränkt, wobei $d(t) \leq \bar v$ für $t \in [0,T]$ angenommen wird, d. h. daß die Nachfrage durch die Produktion stets befriedigt werden kann. Da das Endlager hier nicht bewertet wird, so wird $v \leq \bar v$ nicht bindend.

Aus ökonomischen Überlegungen ist es naheliegend, daß die optimale Produktionspolitik folgende Struktur aufweist: Man bestelle solange nichts, bis das Anfangslager total abgebaut ist und produziere dann genau die Nachfrage. Bezeichnet man die akkumulierte Nachfrage mit D und definiert den Zeitpunkt τ durch

$$D(\tau) = \int_0^\tau d(t) dt = z_0, \tag{9.8}$$

dann ist die optimale Lösung durch

$$v(t) = \begin{cases} 0 \\ d(t) \end{cases}, \quad z(t) = \begin{cases} z_0 - D(t) \\ 0 \end{cases} \quad \text{für} \quad \begin{cases} 0 \leq t < \tau \\ \tau \leq t \leq T \end{cases} \tag{9.9}$$

gegeben.

Der Leser beweise dies in Übungsbeispiel 9.5 unter Verwendung der in Abschnitt 6.2 angeführten Methode; vgl. Beispiel 8.7.

Die optimale Bestellpolitik (9.9) bleibt auch erhalten, wenn allgemeine Lagerhaltungskosten $h(z,t) > 0$ für $z > 0$ vorliegen (Übungsbeispiel 9.6).

Im Unterschied zum HMMS Modell tritt hier keine Produktionsglättung auf.

Sobald das Lager abgebaut ist, unterliegt die Produktionsrate genau denselben Schwankungen wie die Nachfrage. Diese Eigenschaft der optimalen Politik liegt an der Linearität der Produktionskosten. Für konvexe Bestellkosten, die im folgenden Unterabschnitt behandelt werden, ist die optimale Produktion im Vergleich zur Nachfrage geglättet.

9.1.3. Lineare Lager- und konvexe Produktionskosten: Das Arrow-Karlin-Modell

Das folgende, von *Arrow* und *Karlin* (1958) analysierte Problem ist der Ausgangspunkt einer Reihe weiterer Lagerhaltungs-/Produktionsmodelle. In diesem Modell werden zeitunabhängige zunehmende marginale Produktionskosten unterstellt. Ferner werden der Einfachheit halber lineare Lagerhaltungskosten vorausgesetzt:

$$c(v, t) = c(v) \text{ mit } c(0) = 0, \quad c' > 0 \text{ für } v > 0, \quad c'' > 0 \tag{9.10}$$

$$h(z, t) = hz. \tag{9.11}$$

Zu wählen sei nun eine Produktionsrate $v(t)$, die das Kostenfunktional

$$\int_0^T [c(v) + hz] \, dt \tag{9.12a}$$

minimiert, wobei die Bilanzgleichung

$$\dot{z} = v - d, \quad z(0) = z_0 \geq 0 \tag{9.12b}$$

erfüllt sei, keine Fehlmengen zugelassen sind und die Produktion nichtnegativ sein soll:

$$z \geq 0, \quad v \geq 0. \tag{9.12c}$$

Vor einer Analyse der optimalen Politik mittels des Maximumprinzips ist zunächst unmittelbar einleuchtend, daß am Ende das Lager leer ist, soferne die akkumulierte Nachfrage $D(T)$ $= \int_0^T d(t) \, dt$ das Ausgangslager $z(0)$ übersteigt.

Lemma 9.1. *Ist* $z_0 < \int_0^T d(t) \, dt$, *so gilt* $z(T) = 0$. *Andernfalls ist* $v(t) = 0$ *für* $t \in [0, T]$ *optimal, d.h. es wird nie produziert.*

Für den Beweis und die ökonomische Interpretation von Lemma 9.1 vgl. man Übungsbeispiel 9.8.

Die notwendigen Optimalitätsbedingungen des Problems (9.12) lauten gemäß Satz 6.2:

9.1. Minimierung von Produktions- und Lagerkosten

$$H = -c(v) - hz + \lambda(v - d)$$
$$L = H + \mu v + \nu z$$
$$v = \arg\max_{v \geq 0} H \tag{9.13}$$
$$L_v = -c'(v) + \lambda + \mu = 0 \tag{9.14}$$
$$\dot{\lambda} = -L_z = h - \nu \tag{9.15}$$
$$\mu \geq 0, \quad \mu v = 0 \tag{9.16}$$
$$\nu \geq 0, \quad \nu z = 0 \tag{9.17}$$
$$\lambda(T) = \gamma \geq 0, \quad \gamma z(T) = 0. \tag{9.18}$$

Da die Hamiltonfunktion H streng konkav in v ist, so gilt gemäß Korollar 6.2 und 6.3a, daß sowohl die Produktionsrate v als auch der Schattenpreis λ stetig ist. Die constraint qualification (6.17) ist nämlich erfüllt, da die Matrix

$$\begin{pmatrix} 1 & v & 0 \\ 1 & 0 & z \end{pmatrix} \tag{9.19}$$

den Rang 2 besitzt, soferne nicht v und z gleichzeitig verschwinden. Weiter unten (Lemma 9.4) wird gezeigt, daß dieser Fall nicht auftreten kann.

Gemäß Satz 7.1 und Bemerkung 7.1 sind die Optimalitätsbedingungen (9.13–18) auch hinreichend, da die Hamiltonfunktion H gemeinsam konkav in (x, v) ist.

Der Einfachheit halber gehen wir zunächst von einem leeren Anfangslager aus:

$$z(0) = 0. \tag{9.20}$$

Im folgenden wird der Begriff des Randlösungsintervalls (bzw. -stückes) – und des inneren Lösungsintervalls (bzw. -stückes) benötigt. Ein *Randlösungsintervall* $[\tau_1, \tau_2]$ ist definiert durch $z(t) = 0$ für alle $t \in [\tau_1, \tau_2]$, $\tau_1 = 0$ oder $z(\tau_1 - \varepsilon) > 0$ sowie $\tau_2 = T$ oder $z(\tau_2 + \varepsilon) > 0$ für kleines $\varepsilon > 0$. Für ein inneres *Lösungsstück* (t_1, t_2) gilt $z(t) > 0$ für $t \in (t_1, t_2)$, ferner $t_1 = 0$ oder $z(t_1) = 0$ und $t_2 = T$ oder $z(t_2) = 0$.

In den nächsten beiden Hilfssätzen werden innere und Randlösungsstücke untersucht.

Lemma 9.2. *Entlang von inneren Lösungsstücken ist die optimale Bestellrate v positiv und es gilt*

$$v(t) = (c')^{-1}(\lambda_0 + ht). \tag{9.21}$$

Dabei ist λ_0 eine später zu bestimmende Konstante, deren Wert für jedes innere Lösungsstück verschieden ist.

Beweis. Es sei (t_1, t_2) ein Zeitintervall, auf dem ein inneres Lösungsstück $z > 0$ optimal ist. Aufgrund der Annahme (9.20) gilt für ein solches inneres Lösungsintervall $z(t_1) = 0$. Damit zum Zeitpunkt $t = t_1 + \varepsilon$ hingegen $z(t) > 0$ gelten soll, muß $\dot{z}(t_1^+) \geqq 0$ sein, also

$$v(t_1 + 0) \geqq d(t_1) > 0. \tag{9.22}$$

Aus (9.13) bzw. (9.14) und (9.16) folgt, daß die optimale Bestellpolitik in folgender Weise vom Schattenpreis des Lagers abhängt:

$$v = 0 \quad \text{für} \quad \lambda \leqq c'(0) \tag{9.23a}$$

$$v > 0, \lambda = c'(v) \quad \text{für} \quad \lambda > c'(0). \tag{9.23b}$$

Aus $z > 0$ und (9.17) folgt $v = 0$, also wegen (9.15)

$$\dot{\lambda} = h \quad \text{bzw.} \quad \lambda = \lambda_0 + ht. \tag{9.24}$$

Wegen (9.22) und (9.23) gilt $\lambda(t_1) > c'(0)$, und aus (9.24) folgt $\lambda(t) > c'(0)$ für alle $t \in (t_1, t_2)$. Aus (9.23b) ergibt sich somit, daß $v > 0$ ist und (9.21) gilt. □

Lemma 9.3. *Auf Randlösungsintervallen wird genau die Nachfrage produziert:*

$$v(t) = d(t) > 0, \tag{9.25}$$

und es gilt

$$h \geqq \dot{d}(t) c''(d(t)). \tag{9.26}$$

Beweis. Auf einem Randlösungsintervall $[\tau_1, \tau_2]$ gilt $z(t) = 0$ und $\dot{z}(t) = 0$, d.h. (9.25). Zusammen mit (9.16) liefert dies $\mu = 0$ und wegen (9.14)

$$\lambda = c'(d). \tag{9.27}$$

Differentiation nach t ergibt $\dot{\lambda} = c''(d)\dot{d}$. Aus (9.15) hat man

$$v = h - \dot{\lambda} = h - c''(d)\dot{d}. \tag{9.28}$$

In Verbindung mit $v \geqq 0$ folgt daraus (9.26). □

Aus den Lemmata 9.2 und 9.3 erhält man folgendes Resultat.

Lemma 9.4. *Die optimale Produktionsrate ist stetig und zu jedem Zeitpunkt positiv. Wenn ein inneres Intervall (t_1, t_2) auf ein Randlösungsstück folgt, dann kann λ_0 in (9.21) spezifiziert werden und es gilt:*

$$v(t) = (c')^{-1}(c'(d(t_1)) + h(t - t_1)). \tag{9.29}$$

Beweis. Aus Lemma 9.2 und 9.3 folgt sofort $v > 0$ für alle $t \in [0, T]$. Damit ist die constraint qualification (6.17) erfüllt, da die Matrix (9.19) vollen Zeilenrang hat. Das heißt, die oben erwähnten Korollare 6.2 und 6.3a sind tatsächlich anwendbar, und v sowie λ sind stetig. Ist $t_1 > 0$ der Beginn eines inneren Intervalls, so folgt aus Stetigkeitsgründen

$$c'(d(t_1)) = \lambda(t_1). \tag{9.30}$$

Man beachte dabei, daß für $t_1 - \varepsilon$ ein Randlösungsintervall vorliegt, wo (9.27) gilt. Berücksichtigt man (9.30) in (9.24), so ergibt sich $\lambda_0 = c'(d(t_1)) - ht_1$, woraus (9.29) folgt. □

In einem Spezialfall können wir nun die optimale Lösung angeben.

Satz 9.1. *Falls (9.26) für alle $t \in [0, T]$ gilt, so wird immer gerade die Nachfrage produziert, d.h.*

$$v(t) = d(t), \quad z(t) = 0 \quad \text{für} \quad t \in [0, T]. \tag{9.31}$$

Beweis. Setzt man die Politik (9.31) an, so folgt zunächst aus (9.16) und (9.14), daß (9.27) gilt. Aus der adjungierten Gleichung erhält man (9.28). D.h. falls (9.26) für $t \in [0, T]$ gilt, sind die notwendigen und hinreichenden Optimalitätsbedingungen (9.13–18) erfüllt. Man beachte daß die Transversalitätsbedingung (9.18) wegen (9.27) und $z(T) = 0$ ebenfalls erfüllt ist. □

Der interessantere Fall, in welchem (9.26) nicht global gilt, wird im folgenden Theorem behandelt.

Satz 9.2. *Existiert ein Intervall (σ_1, σ_2) in dem (9.26) nicht gilt, d.h.*

$$h < \dot{d}(t) c''(d(t)) \quad \text{für alle} \quad t \in (\sigma_1, \sigma_2), \tag{9.32}$$

so existiert ein Intervall (t_1, t_2) mit innerer Lösung, das (σ_1, σ_2) umfaßt. Die Randpunkte t_1, t_2 sind dabei bestimmt durch

$$\int_{t_1}^{t_2} d(t) \, dt = \int_{t_1}^{t_2} (c')^{-1} (\lambda_0 + ht) \, dt, \tag{9.33}$$

$$\lambda_0 = c'(d(t_1)) - ht_1 \quad \text{falls} \quad t_1 > 0, \tag{9.34}$$

$$\lambda_0 = c'(d(t_2)) - ht_2 \quad \text{falls} \quad t_2 < T. \tag{9.35}$$

Beweis. Gemäß Lemma 9.3 kann in (σ_1, σ_2) wegen (9.32) eine Randlösung nicht optimal sein. Folglich existiert ein Intervall (t_1, t_2) mit innerer Lösung und $(\sigma_1, \sigma_2) \subseteq (t_1, t_2)$; vgl. Abb. 9.1.

Aus $z(t_1) = z(t_2) = 0$ und (9.21) folgt sofort (9.33). Ist $t_1 > 0$ bzw. $t_2 < T$, so muß aufgrund der Stetigkeit von v (Lemma 9.4) gelten

$$v(t_i) = (c')^{-1}(\lambda_0 + ht_i) = d(t_i)$$

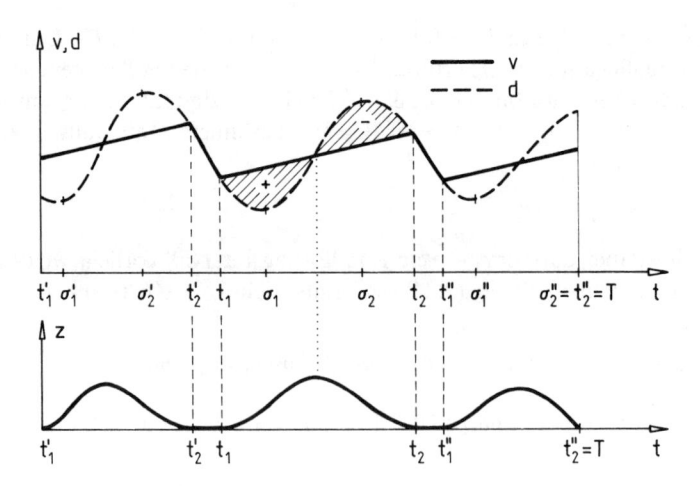

Abb. 9.1 Produktionsglättung im Arrow-Karlin Modell

für $i = 1$ bzw. 2. Damit sind (9.34) und (9.35) etabliert. Für jedes innere Lösungsintervall stehen also drei Beziehungen zur Bestimmung der drei Unbekannten t_1, t_2, λ_0 zur Verfügung. □

Bemerkung 9.1. Gleichung (9.33) besagt, daß im Intervall (t_1, t_2) die Flächen unter den Kurven d bzw. v gleich sein müssen, d.h. daß die Summe der in Abb. 9.1 schraffierten Flächen (unter Beachtung der Orientierung) gleich Null sein muß.

Die Beziehungen (9.34) und (9.35) besagen, daß zu Beginn bzw. am Ende eines inneren Lösungsstückes die Produktionsrate mit der Nachfrage übereinstimmt, soferne davor bzw. danach ein Randlösungsstück liegt. Das heißt, der Austritt aus dem bzw. der Eintritt in den Zustand des leeren Lagers erfolgt in tangentialer Weise (vgl. Abb. 9.1).

Man beachte, daß die optimale Produktionspolitik eine *„geglättete"* Version des Zeitpfades der Nachfrage darstellt: Nachfragespitzen werden „abgetragen", die Täler hingegen „aufgefüllt". Eine optimale Produktions/Lagerhaltungspolitik hat nämlich zwischen den beiden Extremen „gleichmäßige Produktion" bei starken Lagerschwankungen und (zur Nachfrage) synchroner Produktion ohne Lagerhaltung abzuwägen. In welcher Weise die Kosten die Produktionsrate beeinflussen, erkennt man durch Differentiation von (9.21) nach t:

$$\dot{v} = h[(c')^{-1}]' = \frac{h}{c''} > 0.$$

Die optimale Produktionsrate steigt also im Laufe der Zeit (entlang innerer Lösungsstücke). Je höher die Lagerkosten, desto mehr wird die Produktion der Nachfrage folgen, während sich andererseits die Progression der Produktionskosten „glättend" auf die Produktionsrate auswirkt.

Bemerkung 9.2. In Abbildung 9.1 haben wir den Fall quadratischer Produktionskosten $c(v) = av^2/2$ illustriert. In diesem Fall hat (9.21) die einfache Gestalt

9.1. Minimierung von Produktions- und Lagerkosten

$$v(t) = v_0 + \frac{ht}{a} \tag{9.36}$$

mit $v_0 = \lambda_0/a$, d.h. die Produktionsrate steigt linear auf Intervallen mit inneren Lösungsstücken. Die Beziehungen (9.33–35) zur Bestimmung der Intervallgrenzen t_1, t_2 für ein inneres Lösungsstück lauten dann:

$$\int_{t_1}^{t_2} d(t)\,dt = v_0(t_2 - t_1) + \frac{h}{2a}(t_2^2 - t_1^2) \tag{9.37}$$

$$v_0 = d(t_i) - \frac{ht_i}{a} \tag{9.38}$$

für $i = 1$ bzw. 2 falls $t_1 > 0$ bzw. $t_2 < T$. Man beachte, daß für $t_1 > 0$ der Lagerbestand im Intervall (t_1, t_2) durch

$$z(t) = d(t_1)(t - t_1) + \frac{h}{2a}(t - t_1)^2 - \int_{t_1}^{t} d(\tau)\,d\tau > 0 \tag{9.39}$$

gegeben ist.

Die Kostensenkung mittels Produktionsglättung läßt sich explizit ermitteln. Im folgenden Beispiel wird dies für das innere Lösungsintervall (t_1, t_2) von Abb. 9.1 durchgeführt.

Beispiel 9.1. Die Produktionskosten seien $c(v) = av^2/2$. Vergleicht man die akkumulierten Produktions- und Lagerkosten in (t_1, t_2) für die in Abb. 9.1 eingezeichnete Lösung $v(t)$ mit der ungeglätteten Produktionsrate $\tilde{v}(t) = d(t)$ für $t \in (t_1, t_2)$, so ist die Kostensenkung gegeben durch

$$\int_{t_1}^{t_2} (ad^2/2 - av^2/2 - hz)\,dt = \frac{a}{2}\int_{t_1}^{t_2} (d^2 - v^2 - 2\dot{v}z)\,dt$$

$$= \frac{a}{2}\int_{t_1}^{t_2} (d^2 - v^2 + 2v\dot{z})\,dt - avz\bigg|_{t_1}^{t_2} = \frac{a}{2}\int_{t_1}^{t_2} (v - d)^2\,dt > 0.$$

Dabei wurden sukzessive (9.36), partielle Integration für $\int \dot{v}z\,dt$, $z(t_1) = z(t_2) = 0$ und $\dot{z} = v - d$ verwendet.

9.1.4. Ein „Vorwärtsalgorithmus" für das Arrow-Karlin-Modell

Nachdem in den Hilfssätzen 9.1–9.4 und in den Sätzen 9.1–9.2 Eigenschaften der optimalen Lösung angegeben wurden, welche ihre Gestalt beschreiben, wollen wir nun ein konstruktives Verfahren angeben, welches ihre Berechnung erlaubt. Während man beim dynamischen Programmierungsansatz bzw. bei Lösung der adjungierten Gleichung in T beginnend rückwärts schreitet, startet der folgende Algorithmus bei $t = 0$ und berechnet die Lösung „vorwärts" im Zeitablauf.

Wir bezeichnen zunächst mit $Z(\tau, t)$ den Lagerbestand zum Zeitpunkt t, falls im Zeitpunkt τ von einem leeren Lager ausgegangen wird, $z(\tau) = 0$, und im Intervall (τ, t) eine innere Lösung (9.21) mit Anfangswert $v(\tau) = d(\tau)$ gewählt wird:

$$Z(\tau, t) = \int_\tau^t (c')^{-1}(c'(d(\tau)) + h(s - \tau))\,ds - \int_\tau^t d(s)\,ds. \qquad (9.40)$$

Der Algorithmus basiert auf Satz 9.2. Die Grundidee ist dabei, so lange die Randlösung zu wählen, als die Wahl einer inneren Lösung in τ zu einem positiven Lagerbestand $Z(\tau, t)$ für alle $t \in (\tau, T]$ führen würde. Diese innere Lösung würde dabei mit $v(\tau) = d(\tau)$ starten, d.h. durch (9.29) gegeben sein. Falls hingegen (für ein $t = \tau_2$) diese Wahl einer inneren Lösung für ein $\tau^* > \tau_2$ einen Lagerbestand $Z(\tau_2, \tau^*) = 0$ ergibt, so wird in (τ_2, τ^*) diese innere Lösung gewählt und danach erst wieder ein Randlösungsstück. In Abb. 9.2a ist dieser Sachverhalt illustriert. In Abb. 9.2b wird veranschaulicht, daß zu Beginn ein inneres Lösungsstück mit $\lambda_0 > c'(d(0))$ zu wählen ist, falls $Z(0, t) < 0$ wird für manche $t > 0$. Der Algorithmus wird anhand eines Flußdiagramms (Abb. 9.3) beschrieben.

Übungsbeispiel 9.9 dient zur Illustration des Algorithmus.

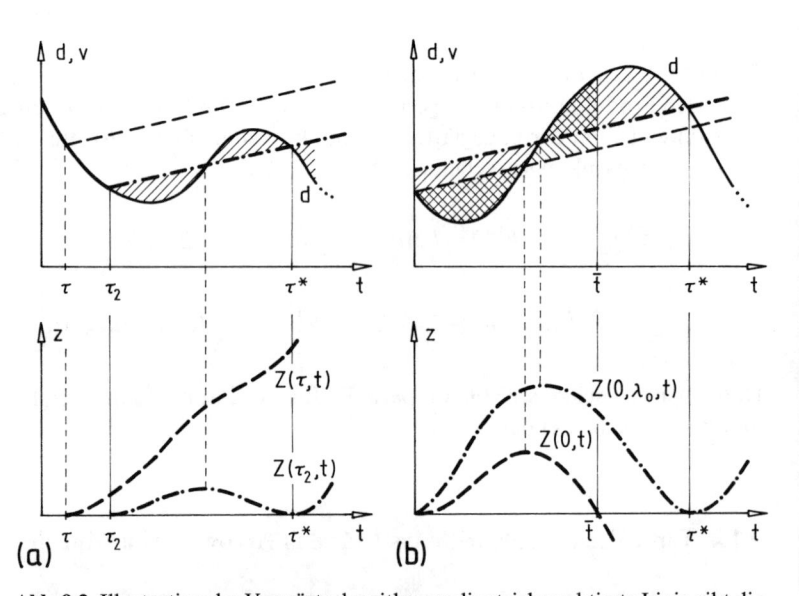

Abb. 9.2 Illustration des Vorwärtsalgorithmus: die strichpunktierte Linie gibt die optimale Produktionsrate für das jeweilige innere Lösungsstück an
(a) Bestimmung eines inneren Lösungsstückes (τ_2, τ^*) mit $\tau_2 > 0$,
(b) Bestimmung des ersten inneren Lösungsstückes $(0, \tau^*)$ falls $Z(0, \bar{t} + \varepsilon) < 0$: wähle das kleinste λ_0, so daß $Z(0, \lambda_0, t) = \int_0^t [(c')^{-1}(\lambda_0 + hs) - d(s)]\,ds \geqq 0$ für alle t ist

9.1. Minimierung von Produktions- und Lagerkosten

```
            ┌─────────┐
            │  Start  │
            └────┬────┘
                 ▼
         ╱ Ist        ╲        nein
        ╱  Z(0,t) ≧ 0  ╲──────────────┐
        ╲  für alle    ╱              │
         ╲  t ∈ [0,T]?╱               │
              │ ja                    ▼
              ▼
      ┌──────────────┐   Sei λ₀ > c'(d(0)) der kleinste Wert, so daß
      │ Setze τ₁ = 0 │
      └──────┬───────┘
             │
```

Sei $\lambda_0 > c'(d(0))$ der kleinste Wert, so daß

$$\int_0^t (c')^{-1}(\lambda_0 + hs)\,ds \geq \int_0^t d(s)\,ds \qquad (**)$$

für alle $t \geq 0$. Sei τ_1 der späteste Zeitpunkt t, für den (**) mit dem Gleichheitszeichen gilt. Wähle die *innere Lösung*

$$v(t) = (c')^{-1}(\lambda_0 + ht)$$

auf dem Intervall $(0, \tau_1)$.

Wähle die *Randlösung* $v(t) = d(t)$, $z(t) = 0$ im Intervall $[\tau_1, \tau_2]$, wobei $\tau_2 (\geq \tau_1)$ der früheste Zeitpunkt ist, für den

$$Z(\tau_2, t) = 0 \qquad (*)$$

eine Lösung $t > \tau_2$ besitzt.

╱ Existiert ╲ nein   → Die *Randlösung* $v(t) = d(t)$, $z(t) = 0$ ist optimal im Intervall $[\tau_1, T]$
╲ ein $\tau_2 < T$?╱
        │ ja
        ▼

Sei τ^* das größte t, für das (*) gilt. Wähle die *innere Lösung*

$$v(t) = (c')^{-1}(c'(d(\tau_2)) - h(t - \tau_2))$$

auf dem Intervall (τ_2, τ^*).

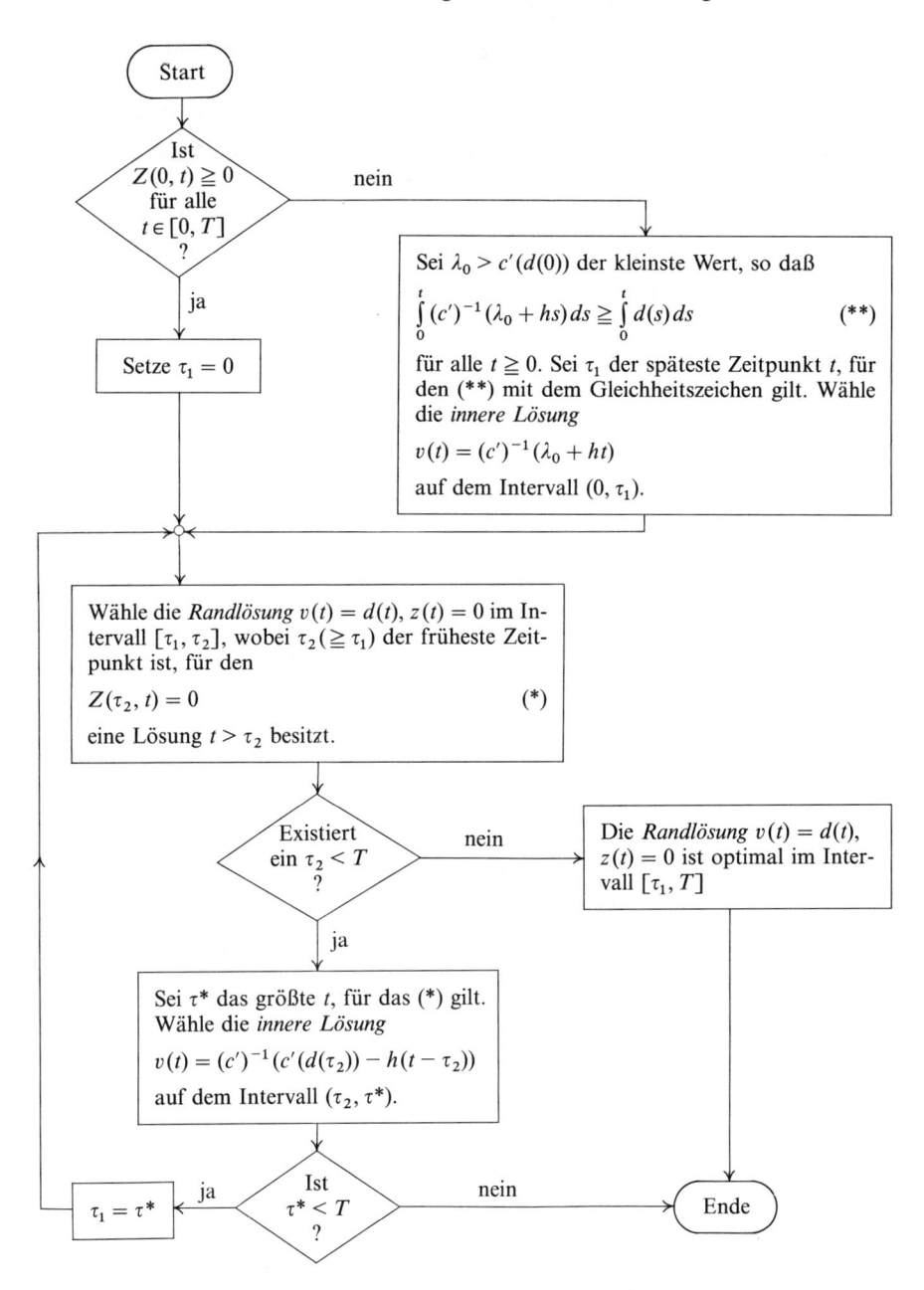

$\tau_1 = \tau^*$ ← ja ← ╱ Ist $\tau^* < T$? ╲ → nein → Ende

Abb. 9.3. Flußdiagramm des „Vorwärtsalgorithmus" für das Arrow-Karlin-Lagerhaltungsmodell.

250 Produktion und Lagerhaltung

Bemerkung 9.3. Die bisherigen Überlegungen, die im Lösungsalgorithmus zusammengefaßt sind, zeigen folgende interessante Tatsachen:

Es sei $t^* \in [0, T]$ ein Zeitpunkt, für den ein *Randlösungsstück* $z = 0, v = d$ optimal ist. Dann ist die optimale Lösung in $[0, t^*]$ unabhängig von Änderungen des Planungszeitraumes T bzw. von Nachfrageänderungen im Restintervall $(t^*, T]$, soferne die akkumulierte Nachfrage folgende zeitabhängige Obergrenze nicht überschreitet:

$$\int_{t^*}^{t} d(s)\,ds \leq \int_{t^*}^{t} (c')^{-1}(c'(d(t^*)) + h(s - t^*))\,ds,$$

d.h. $Z(t^*, t) \geq 0$ für alle $t \in (t^*, T]$. (9.41)

Man beachte, daß $d(t)$ zwar die hypothetische Produktionsrate $(c')^{-1}(c'(d(t^*)) + h(t - t^*))$ überschreiten darf; für die akkumulierten Größen darf dies hingegen gemäß (9.41) nicht passieren. In Abb. 9.4a ist dieser Sachverhalt illustriert, in Abb. 9.4b ist (9.41) für $t > \bar{t}$ verletzt, so daß sich die optimale Lösung auch für $t < t^*$ ändert.

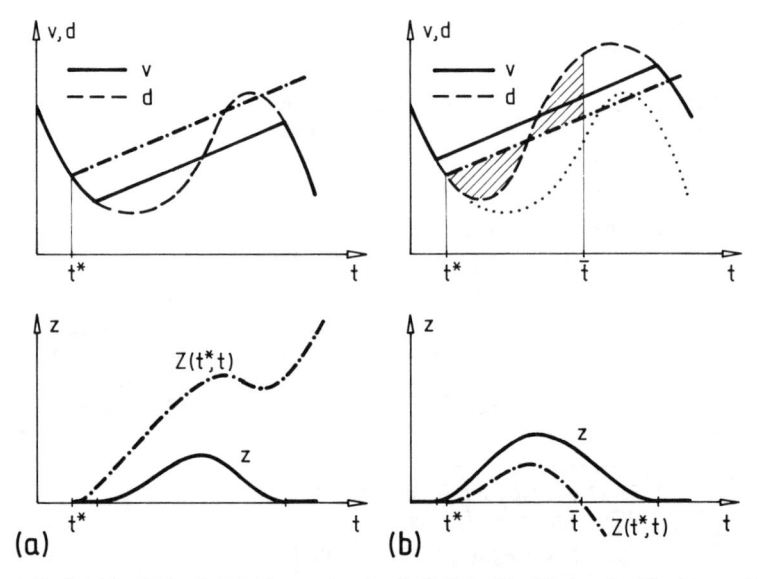

Abb. 9.4 Unabhängigkeit der optimalen Politik in $[0, t^*]$ von der Nachfrage in $(t^*, T]$: (a) $Z(t^*, t) > 0$ ist für alle $t > t^*$ erfüllt; (b) Da für die gestörte Nachfrage $Z(t^*, \bar{t} + \varepsilon) < 0$ ist, ändert sich die optimale Lösung auch für $t < t^*$

Für ein *inneres Lösungsstück* ist die Situation etwas komplizierter. Sei also in t_1^* ein positives Lager $z(t_1^*) > 0$ optimal, so bleibt die optimale Lösung in $[0, t_1^*]$ unbeeinflußt von Änderungen der Nachfrage und des Endzeitpunktes jenseits von t_2^*, wobei t_2^* der nächste Zeitpunkt ist, bei dem ein leeres Lager erreicht wird, d.h. $z(t_2^*) = 0$. Dieses Resultat gilt wieder unter der Annahme, daß die akkumulierte Nachfrage „nicht zu groß" ist, d.h. daß (9.41) für $t^* = t_2^*$ erfüllt bleibt.

9.1. Minimierung von Produktions- und Lagerkosten

Diese Beobachtung gibt Anlaß zur Einführung des Begriffspaares Entscheidungs- und Prognosehorizont. Bevor wir uns dieser Thematik im nächsten Unterabschnitt zuwenden, erweitern wir das Problem noch auf den Fall eines positiven Anfangslagers.

Bemerkung 9.4. Die bisherigen Überlegungen zum Arrow-Karlin-Modell bezogen sich auf ein leeres Anfangslager (9.20). Für $z(0) > 0$ modifiziert sich der angegebene Algorithmus. Zunächst ändert sich Lemma 9.2 dahingehend, daß für ein bei $t = 0$ beginnendes inneres Lösungsintervall anfänglich $v = 0$ auftreten kann (falls z_0 „groß" ist). In diesem Fall gilt anstelle von (9.21)

$$v(t) = \max\{0, (c')^{-1}(\lambda_0 + ht)\}. \tag{9.21a}$$

Stetig anschließend an $v = 0$ steigt v dann monoton und kann gemäß (9.23) bzw. (9.24) nie mehr auf Nullniveau fallen.

Während Lemma 9.3 unverändert bleibt, gilt Lemma 9.4 nur mit der Einschränkung, daß v zu Beginn gleich Null sein kann[1].

Die Sätze 9.1 und 9.2 sind ebenfalls entsprechend abzuändern. Im Fall von Satz 9.1 ist zunächst entlang eines inneren Lösungsstückes solange die Produktionsrate (9.21a) zu wählen, bis das Anfangslager abgebaut ist. Der Auftreffzeitpunkt τ und der Parameter λ_0 sind dabei durch die Bedingungen

$$v(\tau) = d(\tau), \quad \int_0^\tau [d(t) - v(t)]\,dt = z_0 \tag{9.31a}$$

mit v aus (9.21a) bestimmt. Satz 9.2 bleibt unverändert bis auf Fomel (9.33), die für $t_1 = 0$ nun folgende Gestalt besitzt

$$\int_0^{t_2} d(t)\,dt = \int_0^{t_2} \max\{0, (c')^{-1}(\lambda_0 + ht)\}\,dt + z_0. \tag{9.33a}$$

Der Vorwärtsalgorithmus ändert sich für $z_0 > 0$ in folgender Weise: Man startet in Abb. 9.3 mit der Box rechts oben, wobei die Formel (**) durch

$$z_0 + \int_0^t \max\{0, (c')^{-1}(\lambda_0 + hs)\}\,ds \geqq \int_0^t d(s)\,ds \tag{***}$$

zu ersetzen ist (λ_0 kann nun auch kleiner oder gleich $c'(d(0))$ sein).

---

[1] Um die Stetigkeit der optimalen Produktionsrate auch in diesem Fall zu beweisen, ist noch zu zeigen, daß sich an das anfängliche innere Lösungsstück ($z_0 > 0$) das folgende Randlösungsintervall (falls vorhanden) so anschließt, daß λ und v im Verknüpfungspunkt τ stetig sind. Ist $v(\tau^-) > 0$, so ist in τ die constraint qualification (6.17) erfüllt und λ bzw. v sind stetig (vgl. Beweis von Lemma 9.4). Ist hingegen $v(\tau^-) = 0$, so folgt aus (9.23), daß $\lambda(\tau^-) \leqq c'(0)$ gilt. Andererseits impliziert (9.27), daß $\lambda(\tau^+) = c'(d(\tau)) > c'(0)$. Die adjungierte Variable λ wäre also im Punkt τ unstetig, was gemäß Korollar 6.3b einen Widerspruch darstellt. Wegen $\dot z(\tau^-) = -d(\tau) < 0$ trifft man nämlich in τ in nichttangentialer Weise auf die Zustandsbeschränkung $z = 0$ auf. Man beachte, daß in τ die constraint qualification (9.19) linksseitig verletzt ist, was allerdings die Gültigkeit von Korollar 6.3b nicht beeinträchtigt.

Beispiel 9.2. Zur Illustration von Bemerkung 9.4 betrachten wir folgendes Lagerhaltungsproblem

$$\min_v \int_0^T (av^2/2 + hz)\,dt$$

$$\dot z = v - d, \quad z(0) = z_0 > 0, \quad v \geq 0, \quad z \geq 0$$

für *konstante* Nachfrage d.

Die optimale Produktions- und Lagerhaltungspolitik hat für große Werte von T und z_0 die in Abb. 9.5 skizzierte Gestalt, wobei v und z gegeben sind durch:

$$v(t) = \begin{cases} 0 \\ h(t-\tilde t)/a \\ d \end{cases}, \quad z(t) = \begin{cases} z_0 - dt \\ z_0 - dt + h(t-\tilde t)^2/(2a) \\ 0 \end{cases} \quad \text{für} \quad \begin{cases} t \in [0, \tilde t\,] \\ t \in (\tilde t, \tau) \\ t \in [\tau, T] \end{cases} \quad (9.42)$$

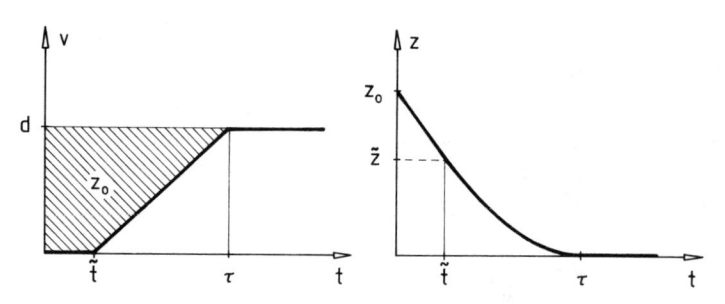

Abb. 9.5 Optimale Lösung für das Lagerhaltungsproblem von Beispiel 9.2

Der Produktionsbeginn $\tilde t$ bzw. der Zeitpunkt τ, ab dem das Lager erschöpft ist, ist gegeben durch

$$\tilde t = z_0/d - ad/(2h) \tag{9.43}$$

$$\tau = z_0/d + ad/(2h). \tag{9.44}$$

Für $z_0 > \tilde z = ad^2/(2h)$ und $T > \tau$ ist es optimal, zunächst eine Zeit lang nichts zu produzieren und das Anfangslager abzubauen. Sobald das Lager auf den Wert $\tilde z$ gesunken ist, beginnt man zu produzieren und steigert die Rate mit sinkendem Lager linear. Sobald das Lager erschöpft ist, wird natürlich genau die Nachfrage produziert. Es zeigt sich also, daß es *nicht* optimal ist, solange nichts zu bestellen, als ein positives Lager vorhanden ist. Wegen der konvexen (quadratischen) Produktionskosten zahlt es sich aus, schon auf Vorrat zu produzieren und dabei Lagerhaltungskosten in Kauf zu nehmen.

In Übungsbeispiel 9.11 ist der Leser aufgefordert, die optimale Bestell- und Lagerpolitik für *alle* möglichen Werte von T und $z_0 \geq 0$ zu ermitteln.

Die oben beschriebene Struktur der optimalen Bestellpolitik bleibt für allgemeine konvexe Produktionskosten erhalten, wobei anstelle der linear ansteigenden Produktionsrate ein monoton steigender Verlauf tritt.

Bemerkung 9.5. Erweitert man das Zielfunktional (9.12a) um eine Endbewertung S des Lagers, d.h.

$$\max_{v \geq 0} \left\{ - \int_0^T [c(v) + hz] \, dt + Sz(T) \right\}$$

unter den Nebenbedingungen (9.12bc), so modifiziert sich die Transversalitätsbedingung (9.18) zu

$$\lambda(T) = S + \gamma, \quad \gamma \geq 0, \quad \gamma z(T) = 0. \tag{9.18a}$$

Wendet man nun den Algorithmus (Abb. 9.3) unverändert an (für $S = 0$) und vergleicht das erhaltene $\lambda(T) = c'(v(T))$ mit S, so sind zwei Fälle möglich. Im Fall $\lambda(T) \geq S$ ist (9.18a) erfüllt (weil $z(T) = 0$ gilt), und an der optimalen Lösung ändert sich nichts. Ist andererseits $\lambda(T) < S$, so ist in einem Intervall $(\tau, T]$ entsprechend der Transversalitätsbedingung (9.18a) eine Lösung

$$\lambda_S(t) = S + h(t - T), \quad v_S(t) = (c')^{-1}(\lambda_S(t)) \quad \text{für} \quad t \in (\tau, T]$$

zu wählen. Der Zeitpunkt τ ist der größte Wert von t, für den $v_s(t)$ mit der zuvor im Algorithmus (Abb. 9.3) ermittelten Produktionsrate $v(t)$ übereinstimmt. Man beachte, daß in diesem Fall das Endlager $z_S(T)$ positiv ist.

9.1.5. Entscheidungs- und Prognosehorizont

Bei einem dynamischen Entscheidungsproblem der Praxis ist es i. a. nicht nötig, sofort die optimale Politik auf dem gesamten Planungsintervall zu ermitteln. Wichtiger ist es, mit möglichst wenig Information über die zukünftige Entwicklung der Nachfrage, der Kosten bzw. der Preise eine optimale Entscheidung für die ersten paar Zeiteinheiten zu finden.

Es zeigt sich in manchen dynamischen Problemen, daß die optimale Entscheidung in einem bestimmten Zeitintervall mehr oder weniger unabhängig von zukünftigen Daten (ab einem bestimmten Zeitpunkt) ist. Um diese (angenehme) Eigenschaft mathematisch formulieren zu können, definieren wir:

Definition 9.1. *Gegeben sei ein allgemeines Kontrollproblem der Gestalt* (6.1) *mit eventuell vorliegenden Pfadnebenbedingungen* (6.15), *wobei der Planungshorizont T auch unendlich sein kann. Existieren zwei Zeitpunkte t_1^*, t_2^* mit $0 < t_1^* \leq t_2^* < T$, so daß die optimale Lösung im Intervall $[0, t_1^*]$ unabhängig ist von der Gestalt der Modellfunktionen F, f und g für $t \geq t_2^*$ (bzw. auch vom Endzeitpunkt T), dann heißt t_1^* ein Entscheidungshorizont (EH) und t_2^* ein Prognosehorizont (PH).*

Um also die optimale Entscheidung im Intervall $[0, t_1^*]$ treffen zu können, genügt es in diesem Fall, die zukünftige Entwicklung der exogenen Größen, die F, f und g beeinflussen, bis zum Zeitpunkt t_2^* zu prognostizieren.

Das folgende Theorem gibt hinreichende Bedingungen für die Existenz von EH/PH an, die speziell bei Lagerhaltungsproblemen von großer Bedeutung sind:

Satz 9.3. *Gegeben sei das Kontrollproblem* (6.1), (6.15) *mit eindimensionalem Zustand* ($n = 1$), *wobei unter den Zustandsbeschränkungen* (6.15) *die folgenden Beschränkungen enthalten seien:*

$$x \geq \underline{x}, \quad x \leq \bar{x}.$$

Existieren nun zwei Zeitpunkte $\tau_1, \tau_2 \in [0, T]$, *so daß für die optimale Lösung gilt:* $x(\tau_1) = \underline{x}$ *und* $x(\tau_2) = \bar{x}$, *so ist* $t_1^* = \min(\tau_1, \tau_2)$ *ein EH und* $t_2^* = \max(\tau_1, \tau_2)$ *ein PH.*

Beweis. Wir nehmen o. B. d. A. an, daß die Lösung zuerst auf die Beschränkung $x = \underline{x}$ und dann auf $x = \bar{x}$ auftritt; vgl. Abb. 9.6.

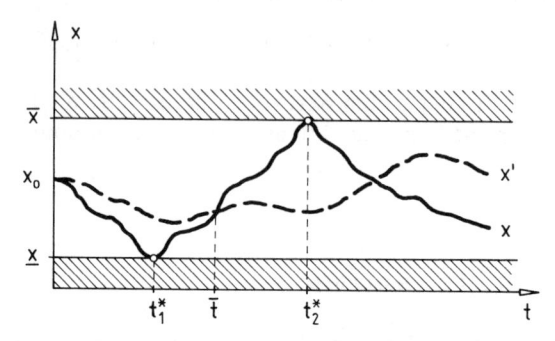

Abb. 9.6 Illustration von EH/PH bei Vorliegen von zwei Zustandsbeschränkungen

Werden nun die Modellfunktionen für $t \geq t_2^*$ gestört bzw. auch der Endzeitpunkt T geändert, so ergibt sich eine optimale Zustandstrajektorie x', die wegen $x(t_1^*) = \underline{x}$ und $x(t_2^*) = \bar{x}$ im Intervall $[t_1^*, t_2^*]$ einen Schnittpunkt mit x besitzen muß: $x(\bar{t}) = x'(\bar{t})$. Da aber für $t \leq t_2^*$ und somit für $t \leq \bar{t}$ die Modellparameter unverändert sind, muß gelten:

$$\int_0^{\bar{t}} e^{-rt} F(x', u', t) \, dt = \int_0^{\bar{t}} e^{-rt} F(x, u, t) \, dt. \tag{9.45}$$

Würde in (9.45) das Größenzeichen gelten, dann wäre x nicht optimal für das ursprüngliche Problem, da die Lösung

$$x''(t) = \begin{cases} x'(t) \\ x(t) \end{cases} \quad u''(t) = \begin{cases} u'(t) \\ u(t) \end{cases} \quad \text{für} \quad \begin{cases} t < \bar{t} \\ t \geq \bar{t} \end{cases}$$

einen besseren Zielfunktionalswert liefert. Würde hingegen in (9.45) das Kleinerzeichen gelten, so könnte x' nicht optimal sein für das gestörte Problem.

Damit ist $x(t) = x'(t)$ für $t \in [0, \bar{t}]$ gezeigt, falls die optimale Lösung eindeutig ist. In jedem Fall gilt aber, daß $x(t)$ für $t \in [0, \bar{t}]$ und somit für $t \in [0, t_1^*]$ das Anfangsstück einer optimalen Lösung darstellt, auch wenn die Modellparameter in $[t_2^*, T]$ gestört werden. □

Die in Satz 9.3 diskutierten Zeitpunkte t_1^*, t_2^* werden auch als *starke Entscheidungs-* bzw. *Planungshorizonte* bezeichnet. Die Lösung in $[0, t_1^*]$ ist nämlich gänzlich unabhängig von Änderungen der Modellfunktionen F, f und g im Intervall $[t_2^*, T]$. Während derartige starke EH und PH im nächsten Unterabschnitt auftreten, gibt Bemerkung 9.3 Anlaß zur Definition des *schwachen* EH bzw. PH. Darunter versteht man Zeitpunkte t_1^*, t_2^*, so daß die optimale Lösung in $[0, t_1^*]$ von Änderungen der Modellfunktionen F, f und g für $t \geq t_2^*$ (bzw. auch vom Endzeitpunkt T) unabhängig sind, wobei diesen Änderungen gewisse Beschränkungen auferlegt sind. Gemäß Bemerkung 9.3 ist somit jeder Zeitpunkt $t^* \in [0, T]$ aus einem Randlösungsintervall gleichzeitig ein schwacher EH und ein schwacher PH, wobei sich die Nachfrage nur soweit ändern darf, als (9.41) erfüllt bleibt. Andererseits ist für ein inneres Lösungsstück (t_1^*, t_2^*) der Anfangspunkt t_1^* ein schwacher EH und der Endpunkt t_2^* ein schwacher PH. „Schwach" deshalb, da wiederum (9.41) verlangt werden muß.

9.1.6. Produktionsglättung bei Lagerobergrenze

In Abschnitt 9.1.3 hatten wir gesehen, daß progressiv zunehmende Produktionskosten in Zeiten geringeren Absatzes zum Aufbau eines Lagers führen, welches dann zur Erfüllung von Nachfragespitzen verwendet wird.

Im vorliegenden Unterabschnitt wollen wir nun untersuchen, wie sich die Einführung einer Lagerobergrenze, d.h. $z \leq \bar{z}$, auf die optimale Produktionspolitik auswirkt. Wir betrachten also folgende Modifikation des Arrow-Karlin-Modells (9.12):

$$\max_{v \geq 0} \left\{ -\int_0^T [c(v) + hz]\,dt + Sz(T) \right\} \qquad (9.46a)$$

$$\dot{z} = v - d, \quad z(0) = z_0 \geq 0 \qquad (9.46b)$$

$$v \geq 0, \quad 0 \leq z \leq \bar{z}. \qquad (9.46c)$$

Dabei bedeutet S die Bewertung des Endlagers pro Stück. Für die Produktionskosten gelten wieder die Konvexitätsannahmen (9.10), während die Lagerkosten linear sind.

Mit der Hamilton- bzw. Lagrangefunktion

$$H = -c(v) - hz + \lambda(v - d), \quad L = H + \mu v + v_1 z + v_2(\bar{z} - z)$$

lauten die notwendigen Optimalitätsbedingungen gemäß Satz 6.2

$$L_v = -c' + \lambda + \mu = 0 \qquad (9.47)$$

$$\dot{\lambda} = -L_z = h - v_1 + v_2 \qquad (9.48)$$

$$\mu \geq 0, \quad \mu v = 0 \qquad (9.49)$$

$$v_1 \geq 0, \; v_1 z = 0; \quad v_2 \geq 0, \; v_2(\bar{z} - z) = 0 \tag{9.50}$$

$$\lambda(T) = S + \gamma_1 - \gamma_2; \quad \gamma_i \geq 0, \quad \gamma_1 z(T) = 0, \quad \gamma_2[\bar{z} - z(T)] = 0. \tag{9.51}$$

Die Kozustandsvariable λ ist wieder stetig, da die constraint qualification (6.17) erfüllt ist. Die Matrix

$$\begin{pmatrix} 1 & v & 0 & 0 \\ 1 & 0 & z & 0 \\ -1 & 0 & 0 & \bar{z} - z \end{pmatrix}$$

besitzt nämlich den Rang 3, soferne nicht gleichzeitig die Steuerbeschränkung $v \geq 0$ und eine der Zustandspfadrestriktionen aktiv werden.

Gemäß Satz 7.1 sind diese Optimalitätsbedingungen wiederum auch hinreichend. Dabei bedeutet λ den Schattenpreis des Lagers, während μ, v_1 und v_2 die Opportunitätskosten der entsprechenden Beschränkungen sind (vgl. Abschnitt 6.2.5).
Wie in den Unterabschnitten 9.1.3 bzw. 9.1.4 ersichtlich, ist für nicht zu großes Anfangslager z_0 die optimale Produktionsrate v stets positiv (da auch die Nachfrage $d > 0$ ist). Somit kann o.B.d.A. $\mu = 0$ gesetzt werden. Aus (9.47) und (9.49) erhält man somit folgendes *grundlegende Theorem der Produktions-Lagerhaltungstheorie*:

$$c'(v(t_2)) - c'(v(t_1)) = \int_{t_1}^{t_2} \dot{\lambda}(t) dt = h(t_2 - t_1) + \int_{t_1}^{t_2} [-v_1(t) + v_2(t)] dt. \tag{9.52}$$

Formel (9.52) besagt: Die Differenz der marginalen Produktionskosten zu den Zeitpunkten $t_2 > t_1$ ist gleich den im Zeitraum (t_1, t_2) anfallenden Lagerstückkosten vermindert um die kumulierten Opportunitätskosten für leeres Lager und vermehrt um jene für volles Lager.

Analog zu den Hilfssätzen 9.1–9.4 bzw. Bemerkung 9.4 kann man sich leicht folgende Aussagen über die optimale Lösung überlegen:

a) Die optimale Produktionsrate v ist stetig.

b) Für „großes" $z_0 > 0$ kann zu Beginn ein Intervall mit $v = 0$ auftreten. Schon bevor das Anfangslager erschöpft ist, beginnt man zu produzieren, und v geht nie wieder auf das Nullniveau zurück.

c) Auf inneren Lösungsstücken, d.h. für $0 < z < \bar{z}$ gilt (9.21), falls man von dem unter b) erwähnten Anfangsintervall $v = 0$ absieht. Dort steigt also v.

d) Für $z = 0$ gilt (9.25) und (9.26). Ein leeres Lager kann somit nur dann auftreten, wenn die Nachfrage nicht stärker steigt als mit der Rate $h/c''(d)$. Steigt also die Nachfrage hinreichend rasch an, dann baut eine optimale Politik schon zuvor ein Lager auf.

e) Für $z = \bar{z}$ gilt wieder (9.25) und

$$h \leq \dot{d}(t) c''(d(t)). \tag{9.53}$$

Ein volles Lager kommt also nur zustande, wenn Nachfrage mindestens mit der Rate $h/c''(d)$ zunimmt.

Aus Platzgründen wird hier für das Problem mit Lagerobergrenze kein vollständiger Algorithmus (wie in Abschnitt 9.1.4) angegeben. Im Prinzip kann man aber zur Ermittlung der

9.1. Minimierung von Produktions- und Lagerkosten

optimalen Produktionsrate so vorgehen, daß man zunächst den Vorwärtsalgorithmus von Abschnitt 9.1.4 ohne Berücksichtigung der Obergrenze anwendet. Wird sie nie aktiv, so ist die erzielte Lösung optimal. Wird die Lagerobergrenze überschritten – in Abb. 9.7 ist dies im Teilintervall (t_3, t_4) des Intervalls (t_1, t_2) mit innerer Lösung der Fall – dann adaptiere man die optimale Lösung entsprechend Abb. 9.7.

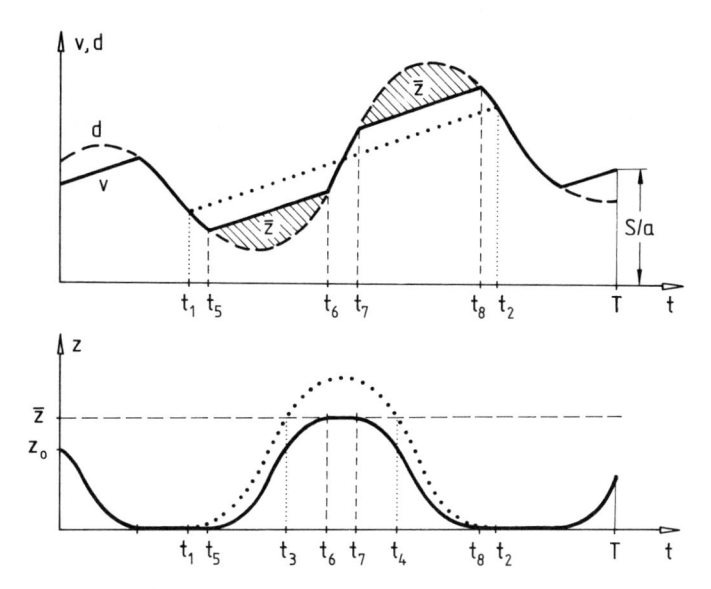

Abb. 9.7 Einführung einer Lagerobergrenze im Arrow-Karlin Modell (‐‐‐Nachfrage d, ····· Produktion v ohne Lagerobergrenze, ——— Produktion v bei Lagerbeschränkung $z \leq \bar{z}$)

Statt schon in t_1 auf Lager zu produzieren, wählt man erst in t_5 die innere Lösung (9.21) solange bis in t_6 erstmals wieder $v = d$ gilt. Die drei Parameter λ_0, t_5, t_6 sind dabei durch die Beziehungen

$$v(t_5) = d(t_5), \quad v(t_6) = d(t_6), \quad \int_{t_5}^{t_6}(v-d)dt = \bar{z} \tag{9.54}$$

bestimmt. In $[t_6, t_7]$ ist das Lager voll, während es danach in (t_7, t_8) abgebaut wird. In letzterem Intervall gilt wieder (9.21) und

$$v(t_7) = d(t_7), \quad v(t_8) = d(t_8), \quad \int_{t_7}^{t_8}(v-d)dt = -\bar{z}. \tag{9.55}$$

Am Anfang bzw. Ende des Planungsintervalls läßt sich dieses Verfahren sinngemäß ebenfalls anwenden, wobei z_0 und die Transversalitätsbedingung (9.51) zu berücksichtigen sind. Bei stark fluktuierender Nachfrage kann die Gestalt der optimalen Lösung komplizierter sein als in Abb. 9.7 skizziert; insbesondere können in (t_1, t_2) mehrere Intervalle mit leerem bzw. vollem Lager auftreten.

Wendet man Satz 9.3 auf das vorliegende Modell, insbesondere auf die in Abb. 9.7 illustrierte Situation an, so erkennt man unmittelbar, daß t_5 ein starker EH und t_6

ein starker PH ist. Ebenso stellt t_7 einen starken EH mit zugehörigem PH t_8 dar. Zur Interpretation vgl. man Abschnitt 9.1.5.

Zum Abschluß dieses Unterabschnittes bringen wir noch kurz ein numerisches Beispiel, das der Arbeit von *Stöppler* (1985) entnommen wurde. Die Parameter werden dabei wie folgt spezifiziert:

$$T = 12, \quad S = 1.5, \quad \bar{z} = 6, \quad z_0 = 5, \quad h = 0.1.$$

Die Nachfrage sei zyklisch und die Produktionskosten quadratisch:

$$d(t) = 10 + 5 \sin t, \quad c(v) = av^2/2 \quad \text{mit} \quad a = 0.2.$$

Die optimale Lösung ist in Abb. 9.8 illustriert.

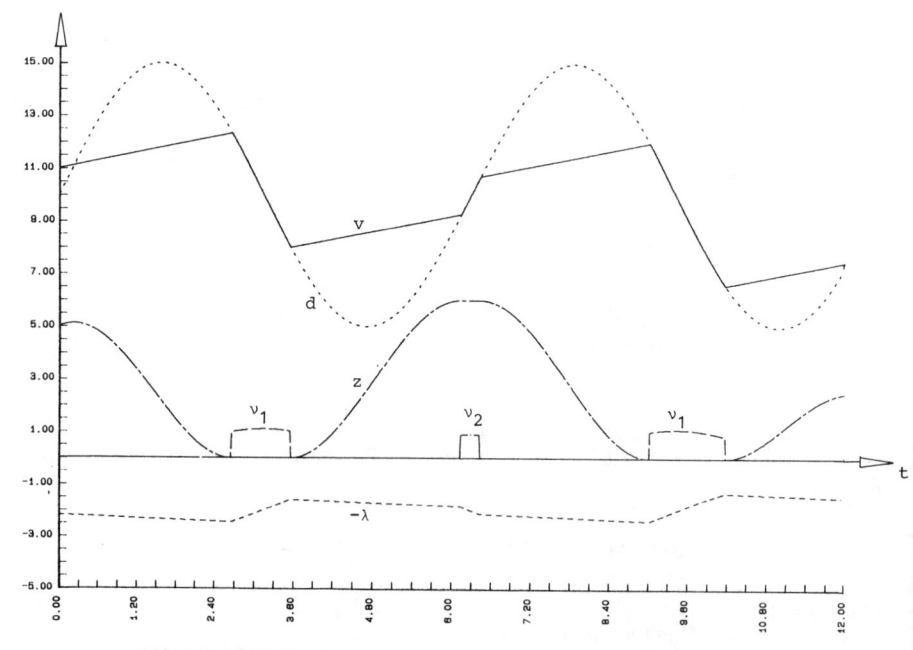

Abb. 9.8 Pfade für Produktion, Absatz, Kozustand, Multiplikatoren und Lager für $h = 0.1$. Quelle: *Stöppler* (1985)

9.1.7. Lineare Produktions- und konvexe Lager- bzw. Fehlmengenkosten

Kombiniert man lineare bzw. konvexe Lagerkosten mit linearen bzw. konvexen Produktionskosten, so ist noch die Behandlung des Falles linearer Bestell- und konvexer Lagerhaltungskosten ausständig. Ebenso wie im HMMS-Modell (Abschnitt 9.1.1) verlangen wir nun nicht, daß die Nachfrage vom Produzenten stets

9.1. Minimierung von Produktions- und Lagerkosten

erfüllt werden kann. Falls dieser nicht lieferfähig ist, so werden die auftretenden Fehlmengen vorgemerkt, und es treten *Fehlmengenkosten* auf. Wir betrachten also folgendes Produktions-/Lagerhaltungsmodell:

$$\max_{v \geq 0} \{ - \int_0^T [cv + kz^2/2] dt + Sz(T) \} \tag{9.56}$$

$$\dot{z} = v - d, \quad z(0) = z_0 \geq 0$$

$$0 \leq v \leq \bar{v}.$$

Mittels Hamilton- und Schaltfunktion

$$H = -cv - kz^2/2 + \lambda(v - d), \quad \sigma = H_v = -c + \lambda$$

lauten die notwendigen (und hinreichenden) Optimalitätsbedingungen:

$$v = \begin{Bmatrix} 0 \\ \text{unbestimmt} \\ \bar{v} \end{Bmatrix} \text{ für } \lambda \begin{Bmatrix} < \\ = \\ > \end{Bmatrix} c \tag{9.57}$$

$$\dot{\lambda} = -H_z = kz, \tag{9.58}$$

$$\lambda(T) = S. \tag{9.59}$$

Zunächst stellen wir fest, unter welchen Bedingungen eine singuläre Lösung auftreten kann. Für diese gilt wegen (9.57) und (9.58)

$$\hat{\lambda} = c, \quad \hat{z} = 0, \quad \hat{v}(t) = d(t). \tag{9.60}$$

In Erweiterung zu Abschnitt 3.3 tritt hier eine *zeitabhängige* singuläre Lösung auf. Wie aus Abschnitt 3.3 plausibel, ist es optimal, möglichst rasch (mit $v = 0$), ein positives Anfangslager abzubauen, um das singuläre Niveau $\hat{z} = 0$ zu erreichen. Diese singuläre Lösung behält man dann bei, indem man jeweils genau die Nachfrage $d(t)$ produziert, soferne dies möglich ist. Gegen Ende des Planungszeitraumes muß die singuläre Lösung wieder verlassen werden, um die Transversalitätsbedingung (9.59) zu erfüllen. Ist etwa $S > c$, so wird in einem Endintervall $v = \bar{v} \geq d$ gewählt, so daß $z(t) > 0$ ist.

Nimmt man hingegen an, daß die Nachfrage auf gewissen Intervallen die maximale Produktionsrate übersteigt, $d(t) > \bar{v}$, so kann die singuläre Lösung in diesen Intervallen nicht gewählt werden. In Abb. 9.9 liegt diese Situation im Intervall (t_1, t_2) vor.

Würde man die singuläre Lösung bis zum Zeitpunkt t_1 wählen und danach $v = \bar{v}$, so würde im Intervall (t_1, t_3) eine „große" Fehlmenge entstehen ($z < 0$), welche erst in t_3 beseitigt wäre (dort wird die singuläre Lösung wieder erreicht; vgl. die punktierte Lösung in Abb. 9.9). In t_3 kann aber die singuläre Lösung nicht angeschlossen werden. Denn aus $\lambda(t_1) = c$ und $\dot{\lambda} = kz < 0$ in (t_1, t_3) folgt $\lambda(t_3) < c$. Würde danach

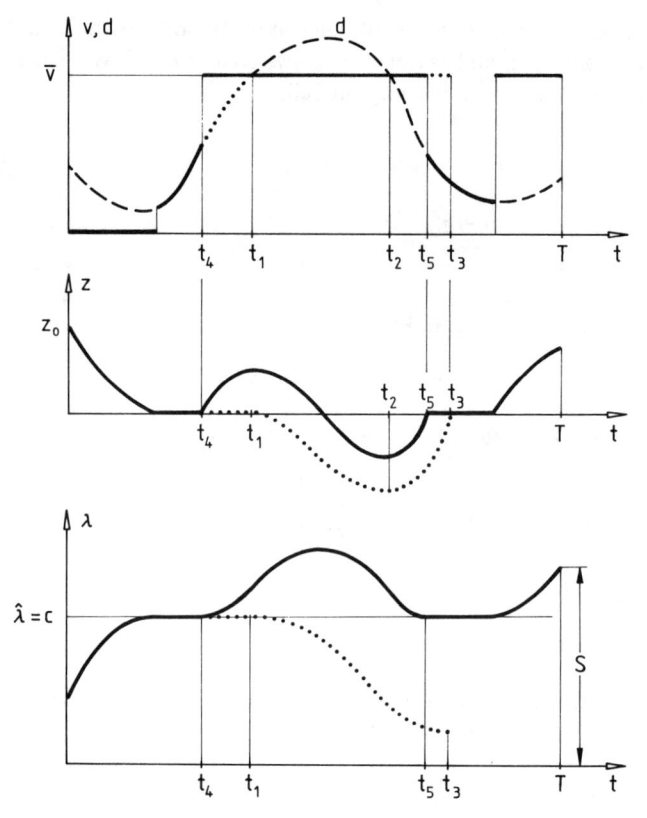

Abb. 9.9 Blockiertes Intervall im Lagerhaltungsmodell von Abschnitt 9.1.7

ein singuläres Lösungsstück (9.60) folgen, so wäre der Schattenpreis λ unstetig, was im Standardproblem (ohne Zustandsnebenbedingungen) nicht auftreten kann.

Da es also nicht optimal ist, bis zum Zeitpunkt t_1 die singuläre Lösung zu wählen, wird man in Erwartung der Nachfragespitze $d(t) > \bar{v}$ im Intervall (t_1, t_2) schon ab einem Zeitpunkt $t_4 < t_1$ vorbereitend auf Lager produzieren. Ab t_1 sinkt das Lager, wird danach negativ und erreicht in t_2 die maximale Fehlmenge. Um diese vorgemerkte Bestellung zu erfüllen, ist es optimal, noch eine Zeitlang (bis $t_5 > t_2$) mit der maximalen Rate $\bar{v}$ zu produzieren.

Ein solches Intervall (t_4, t_5), in dem man gezwungen ist, die singuläre Lösung zu verlassen, wird *blockiertes Intervall* bezeichnet. Die beiden Zeitpunkte t_4, t_5 bestimmen sich aufgrund der Tatsache, daß sich akkumulierte Produktion und akkumulierte Nachfrage in (t_4, t_5) die Waage halten müssen:

$$\int_{t_4}^{t_5} d(t)\,dt = \bar{v}(t_5 - t_4).$$

Ferner muß wegen $\lambda(t_4) = \lambda(t_5) = c$ folgende Beziehung gelten:

$$\int_{t_4}^{t_5} \dot{\lambda} dt = k \int_{t_4}^{t_5} z \, dt = 0, \quad \text{d.h.} \quad \int_{t_4}^{t_5} \int_{t_4}^{t} d(s) \, ds \, dt = \bar{v}(t_5 - t_4)^2/2.$$

Die skizzierte optimale Lösung verursacht in (t_4, t_5) geringere Lagerhaltungs- und Fehlmengenkosten als die in Abb. 9.9 eingezeichnete punktierte Lösung.

9.2. Simultane Preis- und Produktionsentscheidungen

In dem in Abschnitt 9.1 in verschiedenen Varianten behandelten Lagerhaltungs-/Produktionsmodell war die Nachfrage als Zeitpfad exogen vorgegeben. Bei gegebener Preisentwicklung $p(t)$ war die Ertragsrate $p(t)d(t)$ durch den Entscheidungsträger nicht beeinflußbar, weshalb man als Leistungsmaß die totalen Kosten zu minimieren hatte.

Im Modelltyp des vorliegenden Abschnittes wird die Nachfrage $d(p(t), t)$ hingegen über den Preis, der als Entscheidungsvariable fungiert, bestimmt. In diesem Fall kann der Ertrag $p(t)d(p(t), t)$ über den Preis gesteuert werden. Als Zielfunktional dient daher nun der Barwert des Profitstroms unter Berücksichtigung des Restwertes:

$$J = \int_0^T [p(t)d(p(t), t) - c(v(t), t) - h(z(t), t)] dt + S(z(T), T). \quad (9.61\text{a})$$

Die Nebenbedingungen sind

$$\dot{z}(t) = v(t) - d(p(t), t), \quad z(0) = z_0 \quad (9.61\text{b})$$

$$v(t) \geqq 0, \quad p(t) \geqq 0, \quad d(p(t), t) \geqq 0. \quad (9.61\text{c})$$

Die einzelnen Varianten des Modelltyps (9.61) unterscheiden sich durch die Form der Nachfrage d, der Kostenfunktionen c und h sowie durch eventuell vorliegende Lagerbeschränkungen $z \geqq 0$ bzw. $z \leqq \bar{z}$.

In Übungsbeispiel 9.13 überlege man sich, daß die notwendigen Optimalitätsbedingungen des Maximumprinzips für diese Modellklasse auch hinreichend sind, soferne die Lagerkosten konvex in z (im schwachen Sinne) sind.

9.2.1. Das Modell von Pekelman

Angenommen, die Nachfrage d hänge in linearer, nichtautonomer Weise vom Preis $p(t)$ ab, d.h.

$$d(p(t), t) = \alpha(t) - \beta(t) p(t), \quad (9.62\text{a})$$

wobei $\alpha(t), \beta(t) > 0$ vorgegebene Zeitfunktionen sind, durch welche saisonale

Schwankungen beschrieben werden können. Ferner werden wie im Arrow-Karlin-Modell konvexe Produktionskosten (9.10) und lineare Lagerkosten (9.11) vorausgesetzt. Sinnvollerweise verlangt man

$$c'(0) < \alpha(t)/\beta(t) \quad \text{für} \quad t \in [0,T]. \tag{9.62b}$$

Wenn nämlich die Grenzkosten der ersten produzierten Einheit größer oder gleich jenem Preis α/β wären, für den die Nachfrage gleich Null ist, so würde man überhaupt nichts produzieren.

Ziel des Monopolisten ist also die Lösung des folgenden Kontrollproblems

$$\max_{v,p} \{J = \int_0^T [p(\alpha - \beta p) - c(v) - hz]\,dt + Sz(T) \tag{9.63a}$$

$$\dot{z} = v - (\alpha - \beta p), \quad z(0) = z_0 \tag{9.63b}$$

$$v \geq 0; \quad p \geq 0, \quad p \leq \alpha/\beta; \quad z \geq 0. \tag{9.63c}$$

Mit der Hamilton- bzw. Lagrangefunktion

$$H = p\alpha - \beta p^2 - c(v) - hz + \lambda(v - \alpha + \beta p)$$
$$L = H + \mu_1 v + \mu_2 p + \mu_3 (\alpha/\beta - p) + vz$$

lauten die notwendigen (und hinreichenden) Optimalitätsbedingungen (Satz 6.2 und 7.1):

$$v = \arg\max_{v \geq 0} H, \quad \text{d.h.} \quad v = \begin{cases} 0 \\ (c')^{-1}(\lambda) \end{cases} \quad \text{für} \quad \lambda \begin{cases} \leq \\ > \end{cases} c'(0) \tag{9.64}$$

$$p = \arg\max_{0 \leq p \leq \alpha/\beta} H, \quad \text{d.h.} \quad p = \begin{cases} 0 & \text{für} \quad \lambda \leq -\alpha/\beta \\ \tfrac{1}{2}(\alpha/\beta + \lambda) & \text{für} \quad -\alpha/\beta < \lambda < \alpha/\beta \\ \alpha/\beta & \text{für} \quad \lambda \geq \alpha/\beta \end{cases} \tag{9.65}$$

$$L_v = -c'(v) + \lambda + \mu_1 = 0 \tag{9.66}$$

$$L_p = \alpha - 2\beta p + \lambda\beta + \mu_2 - \mu_3 = 0 \tag{9.67}$$

$$\dot{\lambda} = -L_z = h - v \tag{9.68}$$

$$\mu_i \geq 0, \quad \mu_1 v = \mu_2 p = \mu_3 [\alpha/\beta - p] = 0 \tag{9.69}$$

$$v \geq 0, \quad vz = 0 \tag{9.70}$$

$$\lambda(T) = S + \gamma \geq 0, \quad \gamma z(T) = 0. \tag{9.71}$$

Weil H regulär (d.h. streng konkav in (v,p)) ist, sind die optimalen Kontrollen v und p stetig (Korollar 6.2). Da die constraint qualification (6.17) erfüllt ist, ist auch der Kozustand λ stetig (Korollar 6.3a).

Um die optimale Produktions-/Lagerhaltungspolitik zu bestimmen, kann man ähnlich zur Analyse des Arrow-Karlin-Modells (Abschnitt 9.1.3) vorgehen. Im Arrow-Karlin-Modell konnte man das Auftreten innerer Lösungsstücke aus der Bedingung (9.32) erkennen. Sie besagt, daß die Nachfrage mit einer Mindestrate steigt, welche proportional zu den Lagerhalt-

9.2. Simultane Preis- und Produktionsentscheidungen

ungskosten und verkehrt proportional zu c'' ist. Während im vorliegenden Pekelman-Modell die Nachfrage d von der Entscheidungsvariablen p abhängt, zeigt es sich, daß eine exogen bestimmte Funktion $\psi(t)$ die Rolle von $d(t)$ übernimmt.

Lemma 9.5. *Die Gleichung*

$$(c')^{-1}(\psi) = \tfrac{1}{2}[\alpha(t) - \beta(t)\psi] \tag{9.72}$$

besitzt für jedes $t \in [0, T]$ eine eindeutig bestimmte Lösung $\psi = \psi(t)$. Diese ist stetig differenzierbar und es gilt

$$c'(0) < \psi(t) < \alpha(t)/\beta(t). \tag{9.73}$$

Beweis. Die rechte Seite von (9.72) fällt monoton in ψ, während die linke Seite wegen $((c')^{-1})' = 1/c'' > 0$ monoton steigt. Wegen (9.62) ist die Nullstelle α/β der rechten Seite von (9.72) größer als jene der linken Seite, nämlich $c'(0)$. Daraus folgt auch (9.73). Die stetige Differenzierbarkeit von ψ folgt aus dem Satz über implizite Funktionen falls $c \in C^2$ ist. □

Die Größe ψ besitzt die Interpretation als optimaler Grenzerlös für das statische Problem ohne Lager:

$$\max_v [pv - c(v)]$$

mit $v = \alpha - \beta p$. Eliminiert man daraus p, so ergibt sich die notwendige Optimalitätsbedingung

$$c'(v) = \frac{d}{dv}[p(v)v] = \frac{\alpha}{\beta} - \frac{2v}{\beta}.$$

Setzt man $\alpha/\beta - 2v/\beta = \psi$, so ist (9.72) erfüllt.

Die Bedeutung der Funktion $\psi(t)$ wird auch aus dem nächsten Hilfssatz offenbar.

Lemma 9.6. *Entlang eines Randlösungsstückes $z(t) = 0$ gilt*

$$\lambda(t) = \psi(t), \quad v(t) = (c')^{-1}(\psi(t)) > 0$$
$$0 < p(t) = \frac{1}{2}\left[\frac{\alpha(t)}{\beta(t)} + \psi(t)\right] < \frac{\alpha(t)}{\beta(t)}. \tag{9.74}$$

Ferner muß

$$h \geqq \dot\psi(t) \tag{9.75}$$

gelten.

Beweis. Wir zeigen zunächst, daß die Kontrollbeschränkungen in (9.63c) inaktiv sind. Wäre nämlich $v = 0$, so würde aus (9.64) und (9.62) folgen: $\lambda \leqq c'(0) < \alpha/\beta$, woraus sich wegen (9.65) die Beziehung $p < \alpha/\beta$ ergibt. Dies ist ein Widerspruch zu $\dot z = -\alpha + \beta p = 0$ für $z = 0$.

Aus $v > 0$ und $\dot{z} = 0$ folgt $p = (\alpha - v)/\beta < \alpha/\beta$. Die verbleibende Aussage $p > 0$ ergibt sich aus $v > 0$, (9.64) und (9.65) gemäß $\lambda \geqq c'(0) > -\alpha/\beta$.

Setzt man also gemäß (9.64) und (9.65) die innere Steuerung für v bzw. p in $\dot{z} = 0$ ein, so erhält man

$$v - \alpha + \beta p = (c')^{-1}(\lambda) - \alpha + \frac{\beta}{2}\left(\frac{\alpha}{\beta} + \lambda\right) = 0.$$

Der Schattenpreis λ erfüllt somit (9.72) und fällt gemäß Lemma 9.5 mit ψ zusammen.

Die restlichen beiden Beziehungen in (9.74) haben wir schon oben bewiesen. Schließlich folgt (9.75) aus (9.68) und $v \geqq 0$. □

Falls die Lagerkosten h „genügend groß" sind (für $h \geqq \max \dot{\psi}(t)$ gilt $z = 0$ gemäß Lemma 9.6), so ist gemäß (9.74) $\psi = \lambda$, d.h. $\psi(t)$ gibt zu jedem Zeitpunkt den Wert der ersten gelagerten Einheit an.

Der folgende Satz charakterisiert das Auftreten innerer Lösungsstücke.

Satz 9.4. A) *Falls $z_0 = 0$, $S < \psi(T)$ und (9.75) für $t \in [0, T]$ gilt, so ist die Randlösung (9.74) für den gesamten Planungszeitraum $[0, T]$ optimal.*

B) *Existiert hingegen ein Intervall (σ_1, σ_2), in dem (9.75) nicht gilt, d.h.*

$$h < \dot{\psi}(t) \quad \text{für alle} \quad t \in (\sigma_1, \sigma_2), \tag{9.76}$$

so gibt es ein Intervall $(t_1, t_2) \supset (\sigma_1, \sigma_2)$ mit innerer Lösung. Dort gilt

$$\lambda(t) = \lambda_0 + ht \tag{9.77}$$

$$\dot{z}(t) \left\{\begin{matrix}\geqq\\\leqq\end{matrix}\right\} 0 \quad falls \quad \lambda(t) \left\{\begin{matrix}\geqq\\\leqq\end{matrix}\right\} \psi(t). \tag{9.78}$$

Für $t_1 > 0$, $t_2 < T$ sind die Parameter λ_0, t_1 und t_2 dabei bestimmt durch

$$\int_{t_1}^{t_2} [v(\lambda) - \alpha + \beta p(\lambda)] dt = 0 \tag{9.79}$$

$$\lambda(t_1) = \psi(t_1) \quad (a), \qquad \lambda(t_2) = \psi(t_2) \quad (b). \tag{9.80}$$

Dabei sind $v(\lambda)$ und $p(\lambda)$ die gemäß den Maximierungsbedingungen (9.64) und (9.65) bestimmten optimalen Steuerungen.

Für $t_1 = 0$ muß anstelle von (9.79)

$$z_0 + \int_0^{t_2} [v(\lambda) - \alpha + \beta p(\lambda)] dt = 0 \tag{9.81}$$

gelten und (9.80a) entfällt.

Für $t_2 = T$ fällt (9.80b) weg. Ist das so erhaltene $\lambda(T) < S$, so ist (9.79) durch $\lambda(T) = S$ zu ersetzen und es ist $z(T) > 0$. Andernfalls bleibt (9.79) als Bestimmungsgleichung gültig, so daß $z(T) = 0$ gilt.

9.2. Simultane Preis- und Produktionsentscheidungen 265

Unabhängig von (9.76) *ist am Beginn bzw. Ende von* $[0, T]$ *ein inneres Lösungsstück zu wählen, soferne* $z_0 > 0$ *bzw.* $S > \psi(T)$ *ist.*

Beweis. Teil A des Satzes läßt sich analog zu Satz 9.1 beweisen. Zu Teil B vergleiche man den Beweis von Satz 9.2. Da für $z > 0$ der Multiplikator $v = 0$ ist, so folgt (9.77) aus der adjungierten Gleichung (9.68). Analoge Überlegungen zu Lemma 9.5 und 9.6 führen zur Beziehung (9.78).

Liegt das innere Lösungsintervall (t_1, t_2) im Inneren von $[0, T]$, so muß $z(t_1) = z(t_2) = 0$ sein, woraus (9.79) folgt. Da gemäß Lemma 9.6 vor t_1 und nach t_2 (auf Randlösungsintervallen) $\lambda = \psi$ gilt, und die adjungierte Variable λ stetig ist, so erhält man (9.80).

Die (9.79) entsprechende Beziehung für $t_1 = 0$ und $z_0 \geqq 0$ ergibt sich analog zu (9.33a) in Bemerkung 9.4.

Falls $t_2 = T$ und $\lambda(T) \geqq S$, so ist die Transversalitätsbedingung (9.71) für die gemäß (9.79) bestimmte Lösung mit Endlager $z(T) = 0$ erfüllt. Anderenfalls, d. h. für $\lambda(T) < S$, muß die Lösung dahingehend abgeändert werden, daß $\lambda(T) = S$ anstelle von (9.79) gesetzt wird, was $z(T) > 0$ liefert. □

Daß nun verglichen zum Arrow-Karlin-Modell ψ die Rolle von d und λ die Rolle von v übernimmt, erkennt man unter anderem aus (9.78). In Abschnitt 9.1.3 war $\dot{z} \gtreqless 0$ für $v \gtreqless d$, nun lautet die entsprechende Bedingung $\lambda \gtreqless \psi$.

In Satz 9.4 wurde (stillschweigend) angenommen, daß z_0 klein genug ist, daß es vor Erreichen des Planungsendes T durch eine optimale Produktions- und Preispolitik abgebaut werden kann. Das folgende Ergebnis behandelt den Fall eines so großen Anfangslagers z_0, daß das Lager für alle $t \in [0, T]$ positiv ist, d. h. es ist nie optimal zu produzieren (vgl. auch Lemma 9.1).

Korollar 9.1. *Ist* $S = 0$ *und*

$$z(0) > \int_0^T \min\{\alpha(t), \tfrac{1}{2}[\alpha(t) - h\beta(t)(t - T)]\}\, dt, \tag{9.82}$$

dann wird das Anfangslager bis T nicht aufgezehrt, $z(t) > 0$ *für* $t \in [0, T]$. *Ferner gilt*

$$\lambda(t) = h(t - T) \tag{9.83}$$

$$v(t) = 0, \quad p(t) = \max\left\{0, \frac{1}{2}\left[\frac{\alpha(t)}{\beta(t)} + h(t - T)\right]\right\}. \tag{9.84}$$

Beweis. Untersucht man den Fall, wo $z(t) > 0$ für $t \in [0, T]$, so erhält man aus (9.68) und (9.71) den Kozustand (9.83). Aus (9.64) und (9.65) folgt (9.84). Die Ungleichung (9.82) ergibt sich dann sofort aus (9.63b) und der Forderung $z(T) > 0$. □

Aus (9.84) erhält man folgenden Aufschluß über den typischen Verlauf der optimalen Preispolitik für „großes" z_0: Am Anfang ist es optimal, das Gut zu verschenken, während am Ende stets ein positiver Preis gefordert wird. Die Produktionsrate ist ständig Null. Im Fall

$S > 0$ kann am Ende ein Intervall positiver Produktion (falls $S > c'(0)$) auftreten. Für „noch größere" Werte von S lohnt es sich sogar, am Ende den Maximalpreis ($p = \alpha/\beta$) zu verlangen.

Im nächsten Unterabschnitt wollen wir einen Algorithmus zur Bestimmung der optimalen Produktions- und Preispolitik konstruieren.

9.2.2. Ein „Vorwärtsalgorithmus" für das Pekelman-Modell

Bevor wir aufbauend auf die Resultate von Unterabschnitt 9.2.1 ein Verfahren zur Ermittlung der optimalen Lösung des Pekelman-Modells beschreiben, veranschaulichen wir die Struktur der optimalen Politik anhand von Abb. 9.10. In ihr ist die Konstruktion der optimalen Bestell- und Preispolitik in Abhängigkeit von den exogenen Größen α, β sowie ψ und vom Kozustand λ illustriert. Dabei werden der Einfachheit halber quadratische Produktionskosten

$$c(v) = v^2/2 \tag{9.85}$$

unterstellt. Verglichen zu Bemerkung 9.2 wurde dabei o.B.d.A. $a = 1$ gesetzt.

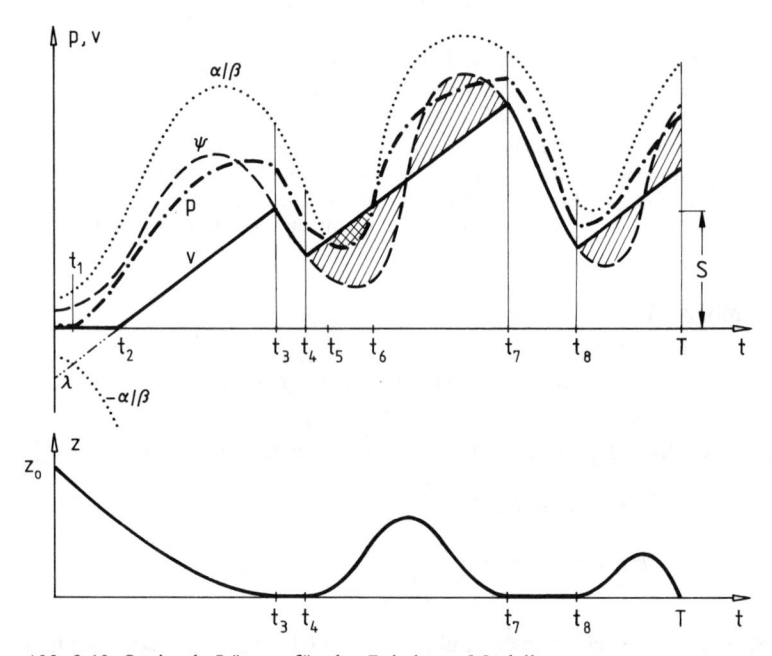

Abb. 9.10 Optimale Lösung für das Pekelman-Modell

Ausgehend von α und β wird zunächst gemäß (9.72) die Funktion $\psi(t)$ ermittelt. Im Fall (9.85) gilt $\psi = \alpha/(\beta + 2)$. Werden die Fluktuationen von α/β hauptsächlich durch saisonale Schwankungen von α erzeugt, d.h. ist β näherungsweise konstant, so hat ψ eine ähnliche Gestalt wie α/β.

Gemäß (9.74) gilt auf Randlösungsintervallen $\lambda = \psi$, während auf inneren Lösungsstücken $\dot\lambda = h$ gilt.

Ähnlich wie beim Arrow-Karlin-Modell die optimale Produktionsrate v eine geglättete (d. h. weniger flukturierende) Version der Nachfrage d war, geht nun λ durch „Glättung" aus ψ hervor. Gemäß Satz 9.4 treten nämlich innere Lösungsstücke auf, da zeitweise (in Abb. 9.10 in drei Intervallen) $h < \dot\psi(t)$ gilt.

Graphisch kann man sich die Lage der λ-Geraden wie folgt überlegen. Betrachten wir ein inneres Lösungsintervall $(\bar t_1, \bar t_2)$ mit

$$z(\bar t_1) = z(\bar t_2) = 0, \tag{9.86}$$

in welchem auch die Steuerbeschränkungen nicht aktiv sind, d. h. wo $v > 0$, $0 < p < \alpha/\beta$ gilt. Gemäß (9.64) und (9.65) erhält man aus (9.63) daß $\dot z = \lambda - (\alpha - \beta\lambda)/2$ und somit wegen (9.86)

$$\int_{\bar t_1}^{\bar t_2} \left[\lambda\left(1 + \frac{\beta}{2}\right) - \frac{\alpha}{2}\right]dt = 0 = \int_{\bar t_1}^{\bar t_2} \left[\psi\left(1 + \frac{\beta}{2}\right) - \frac{\alpha}{2}\right]dt,$$

wobei die zweite Gleichung aus (9.72) folgt. Ist etwa β konstant, so sind die Flächen unter den Kurven $\lambda(t)$ und $\psi(t)$ im Intervall $(\bar t_1, \bar t_2)$ gleich. Diese Flächengleichheit ist in Abb. 9.10 für (t_8, T) illustriert. Im Intervall (t_4, t_7) ist die Gleichheit der Flächen nur bis auf einen additiven Korrekturterm gegeben, der für $\beta = $ const. das $\beta/(\beta + 2)$-fache der doppelt schraffierten Fläche (Abb. 9.10) ist. Dies liegt daran, daß in (t_5, t_6) $\alpha/\beta < \lambda$ ist, der Preis also gemäß (9.65) an der oberen Grenze α/β liegt. Im ersten inneren Lösungsintervall gilt anstelle der Flächengleichheit die Beziehung (9.81).

Wegen (9.64) und (9.85) ist $v = \max(0, \lambda)$, während gemäß (9.65) der optimale Preis das arithmetische Mittel zwischen λ und α/β ist: $p = \frac{1}{2}(\lambda + \alpha/\beta)$, soferne $0 < p < \alpha/\beta$ ist. In $(0, t_1)$ ist $p = 0$, da $\lambda < -\alpha/\beta$, während – wie erwähnt – in (t_5, t_6) die Obergrenze $p = \alpha/\beta$ aktiv wird, da dort $\lambda > \alpha/\beta$ ist.

Man beachte, daß sowohl die optimale Produktionsrate als auch der Preispfad überall dort Knicke aufweisen, wo der Kozustand $\lambda(t)$ nichtdifferenzierbar ist.

Nun sind wir in der Lage, den „*Vorwärtsalgorithmus*" im Stile von Abschnitt 9.1.4 anzugeben. Die Grundidee ist die gleiche wie dort, wobei d durch ψ und v durch λ ersetzt wird. Dabei werden wieder allgemeine konvexe Produktionskosten (9.10) anstelle (9.85) unterstellt.

Analog zu (9.40) bezeichnen wir mir $Z(\tau, t)$ den Lagerstock in t, falls zur Zeit τ das Lager leer war, und in (τ, t) eine innere Lösung (9.77) mit $\lambda(\tau) = \psi(\tau)$ gewählt wird:

$$Z(\tau, t) = \int_{\tau}^{t} [v(\psi(\tau) + h(s - \tau)) - \alpha + \beta p(\psi(\tau) + h(s - \tau))]ds. \tag{9.87}$$

Dabei bezeichnen $v(\lambda)$ und $p(\lambda)$ wieder die gemäß (9.64) und (9.65) bestimmten Funktionen. Der Algorithmus ist in Abb. 9.11 anhand eines Flußdiagramms beschrieben.

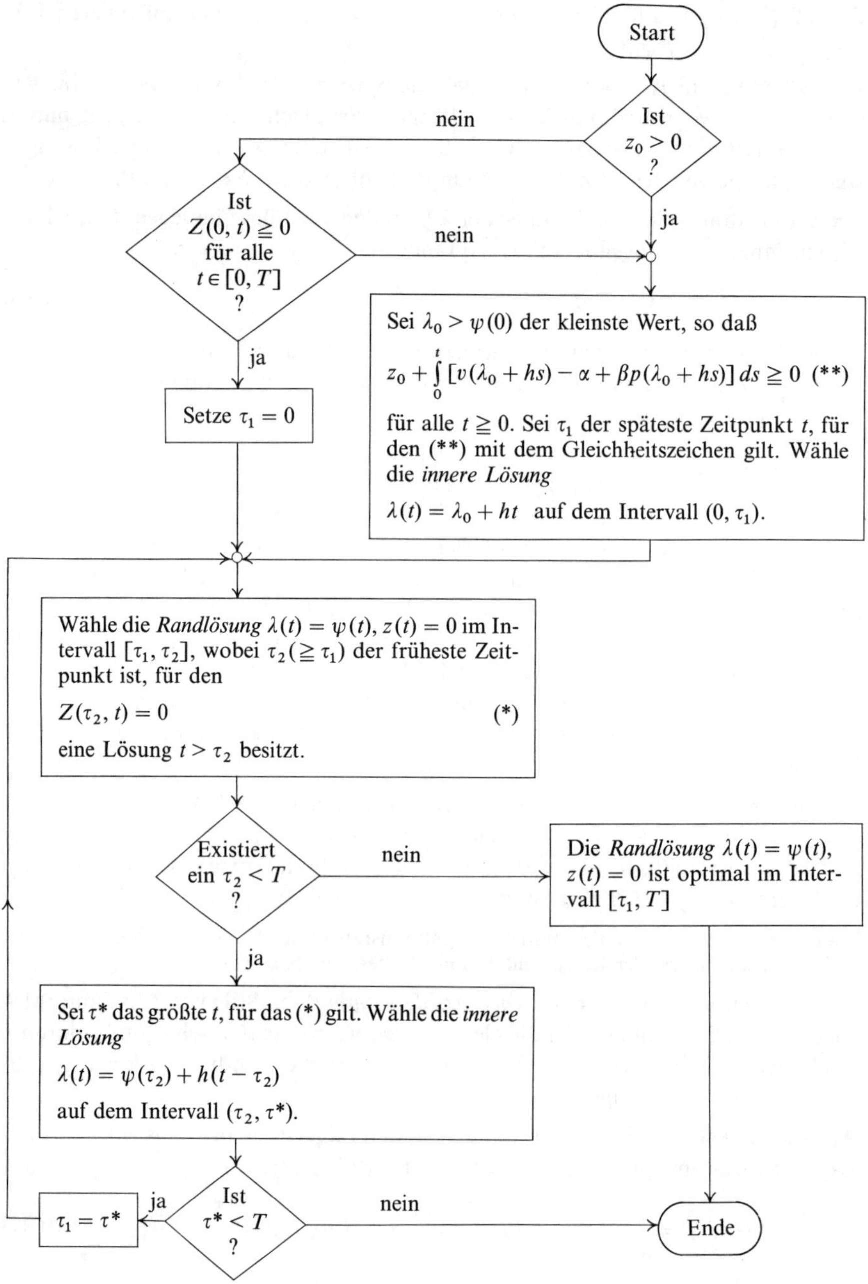
Start
Ist
$z_0 > 0$
?
nein
ja
Ist
$Z(0, t) \geqq 0$
für alle
$t \in [0, T]$
?
nein
ja
Setze $\tau_1 = 0$
Sei $\lambda_0 > \psi(0)$ der kleinste Wert, so daß
$z_0 + \int_0^t [v(\lambda_0 + hs) - \alpha + \beta p(\lambda_0 + hs)]\, ds \geqq 0$ (**)
für alle $t \geqq 0$. Sei τ_1 der späteste Zeitpunkt t, für den (**) mit dem Gleichheitszeichen gilt. Wähle die *innere Lösung*
$\lambda(t) = \lambda_0 + ht$ auf dem Intervall $(0, \tau_1)$.
Wähle die *Randlösung* $\lambda(t) = \psi(t)$, $z(t) = 0$ im Intervall $[\tau_1, \tau_2]$, wobei $\tau_2 (\geqq \tau_1)$ der früheste Zeitpunkt ist, für den
$Z(\tau_2, t) = 0$ (*)
eine Lösung $t > \tau_2$ besitzt.
Existiert
ein $\tau_2 < T$
?
nein
Die *Randlösung* $\lambda(t) = \psi(t)$, $z(t) = 0$ ist optimal im Intervall $[\tau_1, T]$
ja
Sei τ^* das größte t, für das (*) gilt. Wähle die *innere Lösung*
$\lambda(t) = \psi(\tau_2) + h(t - \tau_2)$
auf dem Intervall (τ_2, τ^*).
$\tau_1 = \tau^*$
ja
Ist
$\tau^* < T$
?
nein
Ende

Abb. 9.11. Flußdiagramm des „Vorwärtsalgorithmus" für das Pekelman-Lagerhaltungsmodell.

Die so erhaltene Lösung erfüllt die Optimalitätsbedingungen (9.64–70). Ist auch die Transversalitätsbedingung (9.71) erfüllt, also $\lambda(T) \geq S$, so ist man fertig. Andernfalls ersetze man $\lambda(t)$ (wie in Bemerkung 9.5) auf dem Intervall $(\tau, T]$ durch $\lambda_S(t) = S + h(t - T)$. Dabei ist τ der späteste Zeitpunkt, für den $\lambda_S(t)$ mit der mittels des Algorithmus bestimmten Lösung $\lambda(t)$ übereinstimmt.

Analog zu Bemerkung 9.3 gilt auch hier, daß jeder Zeitpunkt t^* eines Randlösungsintervalls gleichzeitig ein schwacher EH und PH ist. Denn die optimale Lösung in $[0, t^*]$ ist unabhängig von Änderungen von $\alpha(t)$, $\beta(t)$ für $t \in (t^*, T]$ sowie T und S, soferne

$$Z(t^*, t) \geq 0 \quad \text{für alle} \quad t \in [t^*, T], \quad S \leq \psi(t^*) + h(T - t^*) \tag{9.88}$$

gilt. Ebenso ist jeder Zeitpunkt t_1^* eines inneren Lösungsstückes ein schwacher EH, dessen zugehöriger PH der Endpunkt t_2^* dieses inneren Lösungsintervalls ist. Dabei ist wieder die Beschränkung (9.88) für $t^* = t_2^*$ auferlegt.

9.2.3. Eine autonome Version mit konvexen Lager- und Produktionskosten

Für zeitunabhängige Nachfragekurven und konvexe, ebenfalls zeitunabhängige Kostenfunktionen kann die optimale Lösung mittels Phasendiagrammanalyse ermittelt werden. Wir betrachten folgendes autonome Kontrollproblem mit Diskontrate r:

$$\max_{v, p} \int_0^T e^{-rt}[pd(p) - c(v) - h(z)]dt + e^{-rT}Sz(T) \tag{9.89a}$$

$$\dot{z} = v - d(p), \quad z(0) = z_0 \tag{9.89b}$$

$$v \geq 0, \quad p \geq 0, \quad d(p) \geq 0. \tag{9.89c}$$

Die Nachfragefunktion des Monopolisten erfülle die Forderungen[1]

$$d' < 0 \quad \text{(a)} \qquad d'' < 2(d')^2/d \quad \text{(b)}. \tag{9.90}$$

Der Prohibitiv-Preis, für den $d = 0$ wird, sei so groß, daß die Beschränkung $d(p) \geq 0$ nie aktiv wird. Ferner gelte

$$c(0) = 0, \quad c'(v) > 0, \quad c''(v) > 0 \tag{9.91}$$

sowie

$$h(0) = h'(0) = 0, \quad h''(z) > 0. \tag{9.92}$$

Im Gegensatz zum Modell von Pekelman werden hier zunächst auch Fehlmengen ($z < 0$) zugelassen. Wenn das Lager erschöpft ist und die Nachfrage die Produktion übersteigt,

---

[1] Für lineare Nachfragefunktion ist (9.90) erfüllt, ebenso wie für isoelastische Funktionen $d = \gamma p^{-\eta}$, falls $\eta > 1$ ist. Die ökonomische Bedeutung von (9.90b) wird in Abschnitt 11.1.1 erläutert; vgl. insbesondere auch Übungsbeispiel 11.1.

werden die fehlenden Mengen vorgemerkt, die allerdings Fehlmengenkosten verursachen (Verlust an Goodwill und dgl.). Man beachte, daß (9.92) impliziert, daß $h(z) > 0$ für $z \neq 0$ und $h'(z) \gtreqless 0$ für $z \gtreqless 0$.

Die notwendigen Optimalitätsbedingungen lauten

$$H = pd(p) - c(v) - h(z) + \lambda[v - d(p)]$$

$$v = \arg\max_{v \geq 0} H, \quad \text{d.h.} \quad \begin{Bmatrix} v = 0 \\ \lambda = c'(v) \end{Bmatrix} \text{ falls } \lambda \begin{Bmatrix} \leq \\ > \end{Bmatrix} c'(0) \qquad \begin{matrix} (9.93\,\text{a}) \\ (9.93\,\text{b}) \end{matrix}$$

$$p = \arg\max_{p \geq 0} H, \quad \text{d.h.} \quad \begin{Bmatrix} p = 0 \\ \lambda = p + d/d' \end{Bmatrix} \text{ falls } \lambda \begin{Bmatrix} \leq \\ > \end{Bmatrix} d(0)/d'(0) \qquad \begin{matrix} (9.94\,\text{a}) \\ (9.94\,\text{b}) \end{matrix}$$

$$\dot\lambda = r\lambda + h'(z) \qquad (9.95)$$

$$\lambda(T) = S. \qquad (9.96)$$

Wegen $H_{zz}^0 = H_{zz} = -h''(z) < 0$ sind die Optimalitätsbedingungen (9.93–96) gemäß Satz 7.1 auch hinreichend.

Für unendlichen Zeithorizont $T = \infty$ ist (9.96) bei den hinreichenden Bedingungen durch die Grenztransversalitätsbedingung

$$\lim_{t \to \infty} e^{-rt}\lambda(t)[z(t) - z^*(t)] \geq 0. \qquad (9.97)$$

zu ersetzen. Dabei sind λ und z^* die optimale Lösung, während z jeden beliebigen zulässigen Zustandspfad bezeichnet.

Aus (9.93b) und (9.94b) folgt ein impliziter Zusammenhang, $v = v(p)$, zwischen Preis und Bestellrate soferne $v, p > 0$ sind. Dabei gilt

$$\frac{dv}{dp} = \frac{2 - dd''/(d')^2}{c''(v)} > 0. \qquad (9.98)$$

Entlang des optimalen Pfades beeinflussen die beiden Instrumente v und p den Lagerstock in dieselbe Richtung. Falls die Firma die Produktionsrate steigert (weil etwa das Lager nahezu erschöpft ist), ist es angebracht, dies durch eine die Nachfrage drosselnde Preissteigerung zu unterstützen.

Wir führen nun eine Phasendiagrammanalyse im (z, λ)-Raum durch (vgl. Kap. 4).

Unter milden Einschränkungen existiert ein Gleichgewicht, das durch die Beziehungen

$$\hat{v} = d(\hat{p}), \quad \hat{\lambda} = d(\hat{p})/d'(\hat{p}) + \hat{p} \qquad (9.99\,\text{a})$$

$$\hat{\lambda} = c'(\hat{v}), \quad \hat{\lambda} = -h'(\hat{z})/r \qquad (9.99\,\text{b})$$

eindeutig bestimmt ist (Übungsbeispiel 9.15). Man erkennt, daß langfristig kein Lager, sondern eine Fehlmenge $\hat{z} < 0$ auftritt. Dies ist infolge $h'(0) = 0$ ökonomisch einleuchtend, da eine kleine Fehlmenge „fast nichts kostet", aber andererseits Produktionskosten erspart.

9.2. Simultane Preis- und Produktionsentscheidungen

Zur Analyse des Phasenporträts des kanonischen Gleichungssystems (9.89b), (9.95) löst man in der Region $\lambda > 0$ das System (9.93b), (9.94b) auf und erhält $v = v(\lambda)$, $p = p(\lambda)$. Implizite Differentiation liefert

$$\frac{dv}{d\lambda} = \frac{1}{c''(v)} > 0, \quad \frac{dp}{d\lambda} = \frac{1}{2 - dd''/(d')^2} > 0 \qquad (9.100)$$

Aus (9.95) und (9.100) folgt

$$\frac{\partial \dot{z}}{\partial z} = 0, \qquad \frac{\partial \dot{z}}{\partial \lambda} = \frac{dv}{d\lambda} - d'\frac{dp}{d\lambda} > 0$$

$$\frac{\partial \dot{\lambda}}{\partial z} = h''(z) > 0, \quad \frac{\partial \dot{\lambda}}{\partial \lambda} = r > 0. \qquad (9.101)$$

Die Jacobideterminante des Systems (9.89b, 95) ist somit negativ, d.h. das Gleichgewicht $(\hat{z}, \hat{\lambda})$ ist ein Sattelpunkt (vgl. Satz 4.5 und Abb. 9.12).

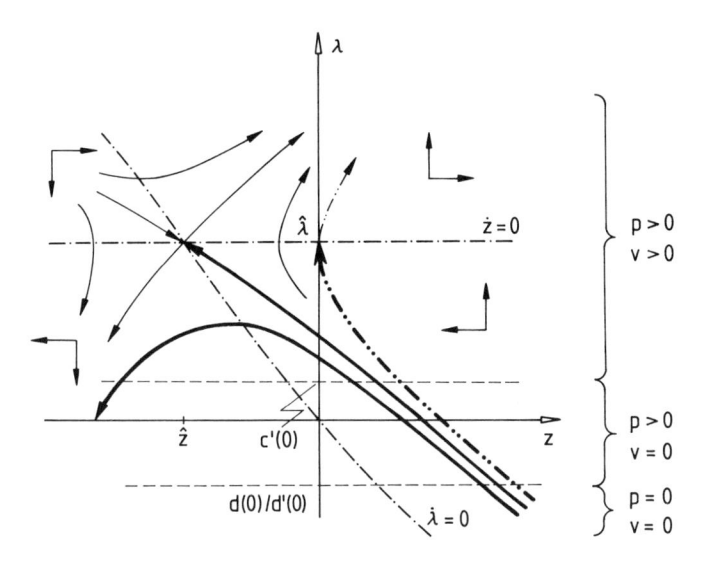

Abb. 9.12 Das (z, λ)-Phasendiagramm für das Modell von Abschnitt 9.2.3 (optimale Lösung — falls Fehlmengen zugelassen, ------- falls $z \geq 0$)

Aus (9.101) erkennt man, daß die $\dot{z} = 0$ Isokline horizontal und $\dot{\lambda} = 0$ eine fallende Kurve ist.

Aus (9.93) und (9.94) folgt, daß für $\lambda \leq d(0)/d'(0)$ gilt, daß $v = p = 0$. Im Bereich $d(0)/d'(0) < \lambda \leq c'(0)$ gilt für die Kontrollen $v = 0$ und $p > 0$, wobei p durch (9.94b) gegeben ist. Man erkennt ferner, daß die Lösungskurven glatt sind, d.h. beim Überqueren der Geraden $\lambda = d(0)/d'(0)$ bzw. $\lambda = c'(0)$ treten keine Knicke auf. Der Grund hierfür ist, daß die Stetigkeit von λ jene von v, p und somit von $\dot{z}$ und $\dot{\lambda}$ impliziert.

Die in Abb. 9.12 fett eingezeichneten Lösungen beziehen sich auf den Fall $z(0) > \hat{z}$, $S = 0$, so daß $\lambda(T) = 0$ für $T < \infty$. Für unendlichen Zeithorizont ist auch der gegen $(\hat{x}, \hat{\lambda})$ konvergierende Sattelpunktspfad hervorgehoben. Die Transversalitätsbedingung (9.97) ist offensichtlich erfüllt, und man erkennt, daß der Lagerbestand monoton fällt (vgl. das globale Sattelpunktstheorem, Satz 4.12).

Um aus dem (z, λ)-Porträt die beiden Zustands-Kontrolldiagramme zu gewinnen, verwendet man (9.93) und (9.94). Gemäß (9.100) sieht in der Region $v > 0, p > 0$ sowohl das (z, v)- als auch das (z, p)-Diagramm „genauso" aus, wie das (z, λ)-Diagramm. Die graphische Ableitung der optimalen Produktions- und Preispolitik ist in Abb. 9.13 illustriert.

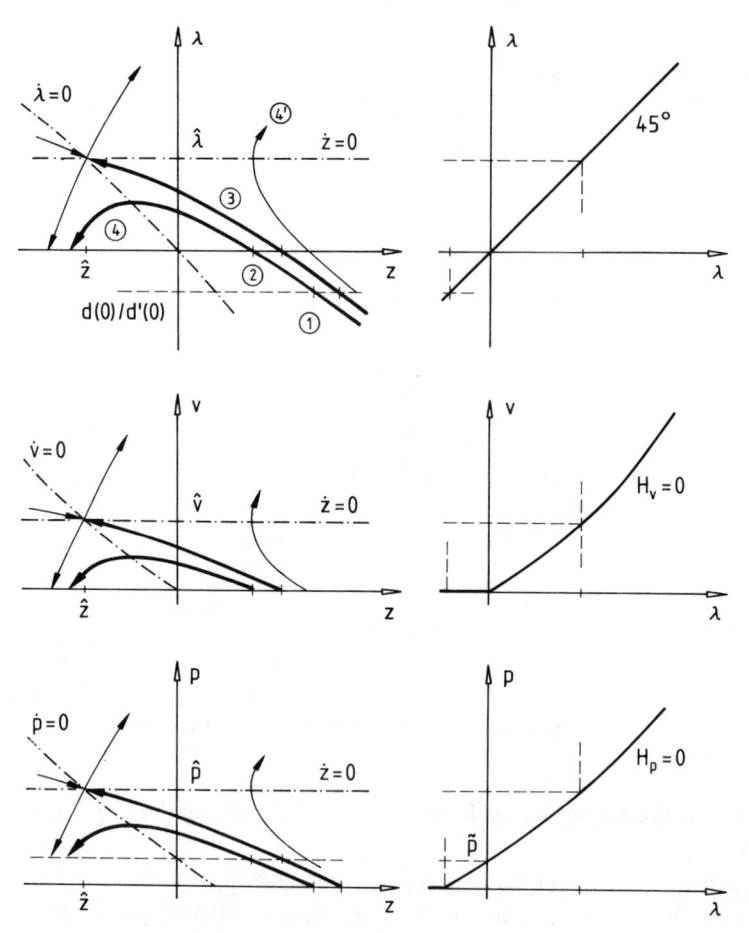

Abb. 9.13 Graphische Ableitung der optimalen Produktions- und Preispolitik aus dem (z, λ)-Diagramm

In dieser Abbildung wurde der Fall $c'(0) = 0$ gezeichnet, so daß aus $\lambda(T) = 0$ auch $v(T) = 0$ folgt. Ferner gilt $p(T) = \tilde{p}$, wobei $\tilde{p}$ den Umsatz $pd(p)$ maximiert. Denn aus $\lambda(T) = 0$ und (9.94b) folgt $p(T) + d(p(T))/d'(p(T)) = 0$.

Das Verhalten der optimalen Bestell- und Preispolitik kann folgendermaßen in Phasen (Regime) unterteilt werden, wobei ein „großes" Anfangslager z_0 angenommen wird.

Phase 1. Am Beginn, wenn das Lager „viel größer" als nötig ist, verursachen die konvexen Lagerkosten einen „stark negativen" Schattenpreis $\lambda < d(0)/d'(0)$. Es ist somit optimal, das Lager raschestmöglich abzubauen, indem nichts produziert und das Gut verschenkt wird: $v = p = 0$ [1].

Phase 2. Ist der Lagerstand auf ein „vernünftiges" Niveau gefallen, dann ist der Schattenpreis zwar noch negativ, aber $d(0)/d'(0) \leq \lambda < 0$. In diesem Fall wird ein niedriger Preis verrechnet, aber noch nicht produziert.

Phase 3. Sobald z hinreichend klein ist, wird auch λ positiv, die Produktion setzt ein und steigt – ebenso wie der Preis – monoton. Für $T = \infty$ dauert dieses Regime bis zum Ende, während für endlichen Planungshorizont noch eine Phase hinzukommt:

Phase 4. Bewertet man das Endlager bzw. die Fehlmengen nicht, d. h. $S = 0$, so sinken λ, v und p in der Endphase. Ist S hingegen „groß", so steigen v und p bis zum Schluß, und auch z kann wieder zunehmen. (In Abb. 9.13 mit Phase 4' bezeichnet.)

Modellversion ohne Fehlmengen

Wir nehmen nun an, daß der Produzent stets lieferfähig sein soll, d. h. daß die Zustandsnebenbedingung

$$z(t) \geq 0 \tag{9.102}$$

gelten soll. Die Funktion $h(z)$ mißt dann nur noch die Lagerkosten, da keine Fehlmengen auftreten können.

Anwendung der direkten Methode von Satz 6.2 ergibt, daß (9.95) und (9.96) zu ersetzen sind durch

$$\dot{\lambda} = r\lambda + h'(z) - v \tag{9.103}$$

$$v \geq 0, \quad vz = 0 \tag{9.104}$$

$$\lambda(T) = S + \gamma, \quad \gamma \geq 0, \quad \gamma z(T) = 0. \tag{9.105}$$

---

[1] Würde man anstelle des fixen Anfangslagers $z(0) = z_0$ die Anfangsbedingung $z(0) \leq z_0$ in Betracht ziehen, also kostenlose Vernichtung eines Teiles des Anfangslagers, so könnte Phase 1 nicht auftreten, da dann stets $p(t) > 0$ gelten würde.

Zunächst erkennt man, daß die zuvor ermittelten Lösungen nicht mehr optimal sind, da der Lagerbestand z negativ würde.

Wir gehen nun wie in Beispiel 8.8 erläutert vor und schneiden die $\dot{z} = 0$ Isokline mit dem Rand $z = 0$ des Zustandsbereiches. Die im Punkt $(0, \hat{\lambda})$ endende – in Abb. 9.12 strich-doppelpunktiert eingezeichnete – Trajektorie ist die optimale Lösung. Sobald $(0, \hat{\lambda})$ erreicht wird, bleibt $\lambda = \hat{\lambda}$ konstant und ebenso $v = \hat{v}$, $p = \hat{p}$. Man beachte, daß das Kontrollproblem regulär ist, so daß λ, v und p stetig sind (vgl. Korollar 6.2 und 6.3a). Aus der adjungierten Gleichung (9.103) folgt $v = r\hat{\lambda} + h'(0) = -h'(\hat{z}) > 0$ wegen (9.99b, 92) und $\hat{z} < 0$.

Aus Abb. 9.12 erkennt man, daß der Schattenpreis λ des Lagers und somit auch Produktionsrate v und Preis p zu jedem Zeitpunkt durch die Einführung der Lieferfähigkeitsbeschränkung (9.102) gestiegen ist, was auch inhaltlich plausibel ist.

Den Fall $T < \infty$ kann man sich analog zu Beispiel 8.8 und insbesondere Abb. 8.10 überlegen (Übungsbeispiel 9.16).

9.3. Weitere Ansätze

Im Rest dieses Kapitels werden noch zwei weitere wichtige Modelle der Lagerhaltungs- bzw. Produktionstheorie vorgestellt.

9.3.1. Ein Spekulationsmodell: „Wheat Trading"

In den Abschnitten 9.1 und 9.2 wollte der Entscheidungsträger eine vorgegebene Nachfrage, die er unter Umständen mit Hilfe der Preispolitik steuern konnte, möglichst kostengünstig befriedigen. Im nun zu behandelnden Modell ist zu versuchen, angesichts einer im voraus bekannten Preisentwicklung, einen möglichst großen „Spekulationsgewinn" zu erzielen.

Es bezeichne $z(t)$ wieder den Lagerbestand eines bestimmten Gutes – etwa Weizen, weshalb dieses Modell sinnigerweise als „wheat trading model" in der Literatur bekannt wurde. Dieser Bestand verursacht Lagerkosten, die der Einfachheit halber als linear angenommen werden, $h(z) = hz$. Zu jedem Zeitpunkt t kann Weizen mit der Rate $v(t)$ ge- bzw. verkauft werden, wobei in beiden Fällen der (exogen vorgegebene) Preis $p(t)$ verrechnet wird. Dabei bezeichnet $v > 0$ einen An- und $v < 0$ einen Verkauf. Auf dem (fixen) Planungsintervall $[0, T]$ ist also folgendes Kontrollproblem zu lösen:

$$\max_v \left\{ -\int_0^T [pv + hz]\,dt + p(T)z(T) \right\} \tag{9.106a}$$

$$\dot{z} = v, \quad z(0) = z_0 \tag{9.106b}$$

$$-1 \leqq v \leqq 1, \quad z \geqq 0. \tag{9.106c}$$

In (9.106c) wurde neben der Nichtnegativität des Lagers, $z \geqq 0$, noch eine Obergrenze für die An- und Verkaufsrate angenommen (und mit 1 normiert), um Impulskontrollen auszuschließen.

9.3. Weitere Ansätze

Die notwendigen (Satz 6.2) und hinreichenden (Satz 7.1) Optimalitätsbedingungen lauten:

$$H = -pv - hz + \lambda v, \quad L = H + \mu_1(v+1) + \mu_2(1-v) + vz$$

$$v = \begin{Bmatrix} -1 \\ \text{unbestimmt} \\ 1 \end{Bmatrix} \text{ für } \lambda \begin{Bmatrix} < \\ = \\ > \end{Bmatrix} p \tag{9.107}$$

$$L_v = 0 = -p + \lambda + \mu_1 - \mu_2 \tag{9.108}$$

$$\dot{\lambda} = -L_z = h - v \tag{9.109}$$

$$\mu_i \geq 0, \quad \mu_1(v+1) = \mu_2(1-v) = 0 \tag{9.110}$$

$$v \geq 0, \quad vz = 0 \tag{9.111}$$

$$\lambda(T) = p(T) + \gamma, \quad \gamma \geq 0, \quad \gamma z(T) = 0. \tag{9.112}$$

Zunächst erkennt man, daß für $z > 0$ keine singuläre Lösung $\lambda = p$ auftreten kann, da sonst gemäß (9.109) der Widerspruch $\dot{p} = \dot{\lambda} = h$ folgt, was i. a. nie auf einem ganzen Intervall gelten wird. Das Auftreffen auf die bzw. das Verlassen der Zustandsbeschränkung $z \geq 0$ erfolgt somit mit $v = -1$ bzw. $v = 1$, also in nichttangentialer Weise, so daß gemäß Lemma 6.3b der Kozustand λ immer stetig ist.

Da die weitere Analyse ähnlich zum Arrow-Karlin-Modell (Abschnitt 9.1.3) ist (nur etwas einfacher), können wir uns hier kurz fassen. Die folgenden Aussagen sind unmittelbar einleuchtend und sind in Abb. 9.14 anhand eines typischen Verlaufs von $p(t)$ illustriert.

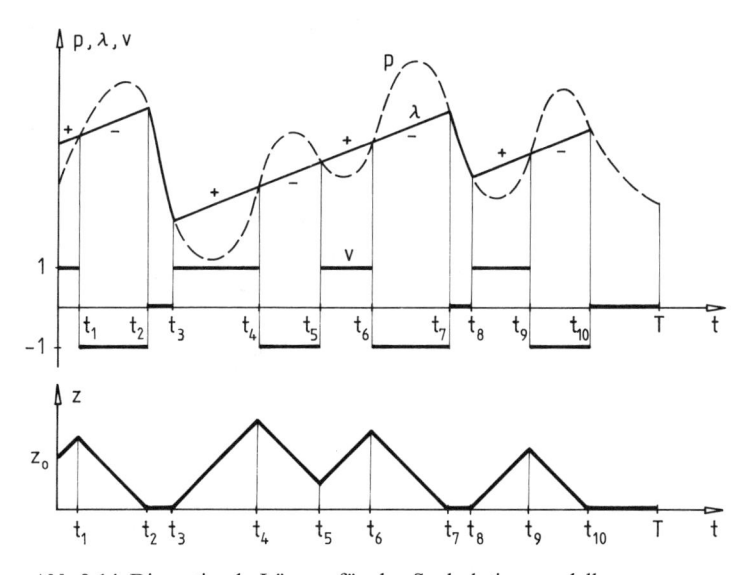

Abb. 9.14 Die optimale Lösung für das Spekulationsmodell

a) Gemäß (9.109) und (9.111) gilt auf *inneren Lösungsstücken* $v = 0$ und $\dot{\lambda} = h$, also $\lambda = \lambda_0 + ht$. Ist zu Beginn und am Ende eines inneren Lösungsstückes $(\bar{t}_1, \bar{t}_2)$ das Lager leer, $z(\bar{t}_1) = z(\bar{t}_2) = 0$, so muß in dem betreffenden Intervall

$$\int_{\bar{t}_1}^{\bar{t}_2} \operatorname{sgn}(\lambda(t) - p(t))\, dt = 0$$

$$z(t) = \int_{\bar{t}_1}^{t} \operatorname{sgn}(\lambda(s) - p(s))\, ds \geq 0 \quad \text{für} \quad t \in (\bar{t}_1, \bar{t}_2) \tag{9.113}$$

gelten. Dabei ist berücksichtigt, daß $v(\lambda, t) = \operatorname{sgn}(\lambda(t) - p(t))$ die gemäß (9.107) bestimmte Stufenfunktion $v(\lambda, t) = \{\pm\}1$ für $\lambda\{\gtreqless\}p(t)$ ist. Die Summe der Längen der Teilintervalle von $(\bar{t}_1, \bar{t}_2)$, wo $\lambda > p$ ist, muß also gleich sein der entsprechenden Intervallängensumme für $\lambda < p$. In Abb. 9.14 gilt also etwa

$$t_9 - t_8 = t_{10} - t_9.$$

Für die etwa kompliziertere Situation im inneren Intervall (t_3, t_7) bedeutet (9.113), daß

$$(t_4 - t_3) + (t_6 - t_5) = (t_5 - t_4) + (t_7 - t_6); \quad (t_4 - t_3) \geq (t_5 - t_4).$$

b) Auf *Randlösungsstücken*, $z = 0$, ist $\lambda = p$ und $v = 0$. Wegen (9.109) gilt $v = h - \dot{\lambda} = h - \dot{p}$, so daß gemäß (9.111) eine Randlösung nur für

$$\dot{p}(t) \leq h \tag{9.114}$$

auftreten kann (vgl. (9.26) und (9.75)). Falls der Preispfad hinreichend stark steigt, ist es somit nie optimal, ein leeres Lager zu haben; vielmehr wird man trachten, das Lager schon vorbereitend aufzubauen.

Diese Beobachtungen lassen sich zu einem Algorithmus kombinieren, der im wesentlichen mit jenem für das Arrow-Karlin-Modell (Abb. 9.3) bzw. für das Pekelman-Modell (Abb. 9.11) identisch ist. Im folgenden wird der in Abb. 9.11 beschriebene Algorithmus des Pekelman-Modells für das vorliegende Weizenhandels-Modell adaptiert. $Z(\tau, t)$ bedeutet nun die Summe der Längen aller Teilintervalle von $[\tau, t]$, wo der (hypothetische) Schattenpreis $\bar{\lambda}(s) = p(\tau) + h(s - \tau)$ größer als $p(s)$ ist, abzüglich der entsprechenden Intervallängensumme für $\bar{\lambda}(s) < p(s)$, also

$$Z(\tau, t) = \int_{\tau}^{t} \operatorname{sgn}(p(\tau) + h(s - \tau) - p(s))\, ds. \tag{9.115}$$

Auf Randlösungsintervallen $[\tau_1, \tau_2]$ gilt nun

$$v(t) = 0, \quad z(t) = 0, \quad \lambda(t) = p(t)$$

anstelle von $\lambda(t) = \psi(t)$ in Abb. 9.11. Auf inneren Lösungsstücken wählt man

$$\lambda(t) = p(\tau_2) + h(t - \tau_2)$$

anstelle von $\lambda(t) = \psi(\tau_2) + h(t - \tau_2)$. Für das erste innere Lösungsstück ist (**) in Abb. 9.11 durch

$$z_0 + \int_0^t \mathrm{sgn}\,(\lambda_0 + hs - p(s))\,ds \geqq 0$$

zu ersetzen.

Wie man sich leicht überlegt, sind für die so erhaltene Trajektorie $(v(t), z(t), \lambda(t))$ die Optimalitätsbedingungen (9.107–111) erfüllt. Ist die Transversalitätsbedingung (9.112) verletzt, so ist $\lambda(t)$ auf einem Endintervall $(\tau, T]$ durch $\lambda_S(t) = p(T) + h(t - T)$ zu ersetzen, wobei τ durch $\lambda_S(\tau) = \lambda(\tau)$ bestimmt ist. Somit ist die neue Schattenpreistrajektorie durch max $\{\lambda(t), \lambda_S(t)\}$ gegeben.

Wie beim Arrow-Karlin- bzw. Pekelman-Modell ist auch hier jeder Zeitpunkt t^* auf einem Randlösungsintervall gleichzeitig ein *schwacher EH* und ein *schwacher PH* (vgl. Abschnitte 9.1.5 und 9.2.2). Die Lösung in $[0, t^*]$ ist also unabhängig von etwaigen Störungen der Preistrajektorie in $[t^*, T]$, soferne nur $Z(t^*, t) \geqq 0$ bleibt für alle $t \in [t^*, T]$. Inhaltlich bedeutet dies z. B., daß zwar der gestörte Preis $p(t)$ den „Preisschild"

$$p(t^*) + h(t - t^*) \tag{9.116}$$

kurzfristig überschreiten darf, die Länge des Intervalls, wo das passiert, aber kürzer als die Distanz dieses Intervalls von t^* sein muß.

Man beachte, daß der Preisschild linear mit der Rate h wächst, so daß es mit zunehmender Zeitdauer immer unwahrscheinlicher wird, daß der Weizenpreis den Preisschild durchbricht und dadurch unter Umständen die Optimalität der Lösng vor t^* zerstört.

Führt man nun eine *Lagerobergrenze* in das Modell (9.106) ein, also

$$z \leqq \bar{z}, \tag{9.117}$$

so können sich gemäß Satz 9.3 *starke EH/PH* ergeben, soferne sowohl $z = 0$ als auch die Lagerobergrenze (9.117) aktiv werden.

9.3.2. Produktionsglättung bei fluktuierendem Preis

Im folgenden Modell stellt sich einer Firma bei gegebener Preistrajektorie $p(\cdot)$ das Problem, die Produktion gewinnmaximierend zu gestalten, falls Kosten für die Anpassung der Produktionsrate auferlegt werden. Der totale Gewinn einer Periode ist somit gleich dem Erlös abzüglich Produktionskosten und Produktionsanpassungskosten. Im Gegensatz zu allen bisher in diesem Kapitel behandelten Modellen tritt nun anstelle des Lagers die Produktionsrate v als Zustand auf.

Es bezeichne $u_1(t)$ die Zuwachsrate der Produktionsrate zum Zeitpunkt t und u_2 die Abnahmerate von v. Die Produktionskosten $c(v)$ seien wieder konvex von der Form (9.10). Die Anpassungskosten pro Produktionseinheit seien $k_1 > 0$ für $u_1 > 0$ bzw. $k_2 > 0$ für $u_2 > 0$. Die Produktionsrate sei nach unten durch $\underline{v}$ beschränkt. Das Problem lautet also

278 Produktion und Lagerhaltung

$$\max_{v} \int_0^T [pv - c(v) - k_1 u_1 - k_2 u_2] dt \tag{9.118a}$$

$$\dot{v} = u_1 - u_2 \tag{9.118b}$$

$$0 \leq u_1 \leq \bar{u}, \quad 0 \leq u_2 \leq \bar{u}; \quad v \geq \underline{v}. \tag{9.118c}$$

Man beachte, daß der Anfangszustand $v(0)$ ebenso wie $v(T)$ frei wählbar ist. Offensichtlich können bei der optimalen Lösung u_1 und u_2 nicht gleichzeitig positiv sein.

Die notwendigen (und hinreichenden) Optimalitätsbedingungen lauten

$$H = pv - c(v) - k_1 u_1 - k_2 u_2 + \lambda(u_1 - u_2)$$

$$L = H + \mu_1 u_1 + \mu_2(\bar{u} - u_1) + \mu_3 u_2 + \mu_4(\bar{u} - u_2) + v(v - \underline{v})$$

$$u_1 = \arg\max H, \quad \text{d.h.} \quad u_1 = \begin{Bmatrix} 0 \\ \text{unbestimmt} \\ \bar{u} \end{Bmatrix} \text{ falls } \lambda \begin{Bmatrix} < \\ = \\ > \end{Bmatrix} k_1 \tag{9.119}$$

$$u_2 = \arg\max H, \quad \text{d.h.} \quad u_2 = \begin{Bmatrix} 0 \\ \text{unbestimmt} \\ \bar{u} \end{Bmatrix} \text{ falls } \lambda \begin{Bmatrix} > \\ = \\ < \end{Bmatrix} -k_2 \tag{9.120}$$

$$L_{u_1} = -k_1 + \lambda + \mu_1 - \mu_2 = 0 \tag{9.121}$$

$$L_{u_2} = -k_2 - \lambda + \mu_3 - \mu_4 = 0 \tag{9.122}$$

$$\dot{\lambda} = -H_v = -p + c'(v) - v \tag{9.123}$$

$$\mu_i \geq 0, \quad \mu_1 u_1 = \mu_2(\bar{u} - u_1) = \mu_3 u_2 = \mu_4(\bar{u} - u_2) = 0 \tag{9.124}$$

$$v \geq 0, \quad v(v - \underline{v}) = 0 \tag{9.125}$$

$$\lambda(0) = -\gamma_0, \quad \gamma_0 \geq 0, \quad \gamma_0(v(0) - \underline{v}) = 0 \tag{9.126a}$$

$$\lambda(T) = \gamma_T, \quad \gamma_T \geq 0, \quad \gamma_T(v(T) - \underline{v}) = 0. \tag{9.126b}$$

Man vergleiche dazu Satz 6.2 und Korollar 7.1 für die Transversalitätsbedingungen (9.126). Man beachte, daß gemäß Korollar 6.3b der Kozustand λ stetig ist, soferne man in nichttangentialer Weise auf die Beschränkung auftrifft bzw. diese verläßt.

Der folgende Hilfssatz sagt aus, daß die Obergrenze $\bar{u}$ für die Kontrollen u_1, u_2 nie aktiv wird, was gemäß (9.119, 120) äquivalent damit ist, daß der Kozustand im Intervall $[-k_2, k_1]$ liegt.

Lemma 9.7. *Falls die Obergrenze $\bar{u}$ hinreichend groß ist, d.h. falls*

$$\bar{u} > \dot{p}(t)/c''(v) \quad \text{für alle} \quad t \in [0, T], v \geq \underline{v}$$

gilt, so können für die Produktionsanpassungsraten und den Kozustand nur folgende Fälle auftreten

$$0 \leq u_1 < \bar{u}, \quad u_2 = 0; \quad \lambda = k_1 \tag{9.127a}$$

$$u_1 = u_2 = 0; \quad -k_2 < \lambda < k_1 \tag{9.127b}$$

$$u_1 = 0, \quad 0 \leq u_2 < \bar{u}; \quad \lambda = -k_2. \tag{9.127c}$$

Beweis. Aus Platzgründen kann die Analyse nicht im Detail durchgeführt werden (vgl. *Pekelman*, 1975). Die Idee des Beweises besteht darin, daß man den Ansatz $u_1 = \bar{u}$ oder $u_2 = \bar{u}$ auf einen Widerspruch zur Transversalitätsbedingung (9.126) führt. □

Eine Trajektorie (v, u_1, u_2, λ) wird als *akzeptabel* bzw. als *Extrapolation* bezeichnet, falls sie die Optimalitätsbedingungen (9.119–126a) erfüllt, wobei die Endtransversalitätsbedingung (9.126b) verletzt sein darf.

Ein Hauptresultat des Modells besteht in folgendem EH/PH-Theorem.

Satz 9.5. *Es sei (v, u_1, u_2, λ) eine akzeptable Trajektorie, so daß zu zwei Zeitpunkten τ_1 und τ_2 gilt $\lambda(\tau_1) = k_1, \lambda(\tau_2) = -k_2$. Dann ist $t_1^* = \min\{\tau_1, \tau_2\}$ ein starker EH, $t_2^* = \max\{\tau_1, \tau_2\}$ ein starker PH, und (v, u_1, u_2, λ) ist die eindeutig bestimmte optimale Lösung auf dem Intervall $[0, t_1^*]$.*

Die oben zitierten Resultate gelten zunächst nur, falls die Zustandsbeschränkung $v \geq \underline{v}$ nicht berücksichtigt wird. Die optimale Produktionsrate v^* für das beschränkte Problem ergibt sich dann einfach (infolge der linearen Produktionskosten) als $v^*(t) = \max\{\underline{v}, v(t)\}$. Zum Beweis vergleiche man *Pekelman* (1975), wo auch ein „Vorwärts-Branch and Bound" Algorithmus angegeben ist.

Übungsbeispiele zu Kapitel 9

9.1. Man leite das Randwertproblem (9.5, 7) aus den Optimalitätsbedingungen des Kontrollproblems (9.1, 2) mit quadratischen Kosten ab und ermittle dessen Lösung.

9.2. Man verifiziere, daß für sinusförmige Nachfragefunktionen $d(t) = \alpha \sin \pi t + \beta$ und $\tilde{v}$, $\tilde{z} = $ const. das System (9.6) folgende partikuläre Lösung besitzt:

$$\zeta(t) = \tilde{z} + \frac{\pi\alpha}{h + \pi^2} \cos \pi t$$

9.3. Man löse das linear-quadratische (HMMS)-Modell mit Diskontierung. Insbesondere leite man die zu (9.6) analoge Formel her.

9.4. Anschließend an Übungsbeispiel 9.3 löse man das HMMS-Modell mit positver Diskontrate r für unendlichen Zeithorizont und konstante Werte von d, $\tilde{v}$ und $\tilde{z}$. Man verifiziere, daß in diesem Fall folgendes gilt:

$$\lim_{t \to \infty} z(t) = \tilde{z} - r(d - \tilde{v})/h = \hat{z}, \quad \lim_{t \to \infty} v(t) = d = \hat{v}.$$

Man interpretiere das langfristig optimale Lager $\hat{z}$ in Abhängigkeit von den Parametern r, d und h.

Man zeige, daß im Falle einer Steuerbeschränkung $v \geq 0$ die optimale Lösung den in Abb. 9.15 angegebenen Verlauf besitzt. Man beweise, daß anfänglich ein Randlösungsstück $v = 0$ auftritt, sobald

$$z(0) > \bar{z} = \hat{z} - 2d/(r - \sqrt{r^2 + 4h})$$

ist. In diesem Fall wird erst ab dem Zeitpunkt

$$\bar{t} = (z_0 - \hat{z})/d + 2/(r - \sqrt{r^2 + 4h}) \qquad \text{produziert.}$$

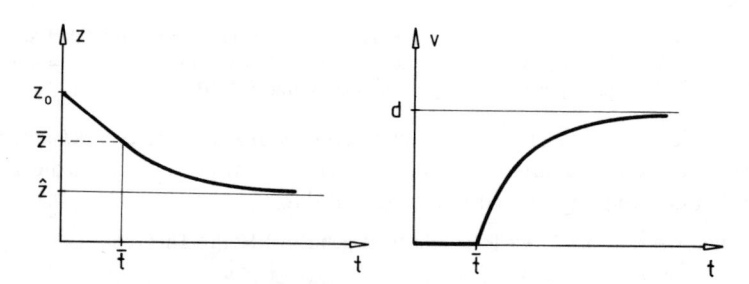

Abb. 9.15 Optimaler Lagerbestand z und Produktionsrate v im diskontierten, autonomen HMMS-Modell bei unendlichem Planungshorizont und $v \geq 0$. Da v stetig ist, ist z auch im Zeitpunkt $t = \bar{t}$ stetig differenzierbar, also nicht geknickt

9.5. Man leite für lineare Kostenfunktionen die Optimalität der Bestellpolitik (9.8, 9) her (Hinweis: Man benutze die Sätze 6.2 und 7.2)

Wie ändert sich die optimale Lösung, falls das Endlager pro Stück den Wert S besitzt?

9.6. Man führe Übungsbeispiel 9.5 für allgemeine Lagerhaltungskosten $h(z, t) > 0$ für $z > 0$ und $h(0, t) = 0$ durch.

9.7. Eine Firma hat den Auftrag, B Einheiten eines Produktes nach T Zeiteinheiten zu liefern. Angenommen, die marginalen Produktionskosten nehmen linear mit der Produktionsrate v zu, d. h. sie betragen cv, während die Lagerkosten pro Stück und pro Zeiteinheit gleich h seien. Gesucht ist der kostenminimale Produktionsplan $v \geq 0$, welcher die Lieferfähigkeit zum Zeitpunkt T garantiert.

9.8. Man beweise Lemma 9.1 und interpretiere die Eigenschaft der optimalen Lösung (Hinweis: Man zeige, daß für $z(T) > 0$ die Bestellpolitik suboptimal ist).

9.9. Man zeige, daß die mittels des Vorwärtsalgorithmus von Abschnitt 9.1.4 erhaltene Lösung alle notwendigen Optimalitätsbedingungen erfüllt.

9.10. Abb. 9.16 zeigt den Verlauf einer Nachfragefunktion $d(t)$ sowie des Verhältnisses h/a. Man ermittle die optimale Produktionsrate und skizziere den zugehörigen Lagerverlauf mittels des Vorwärtsalgorithmus für das Arrow-Karlin-Modell mit quadratischen Produktionskosten $c = av^2/2$ und Anfangslager $z_0 = 0$.

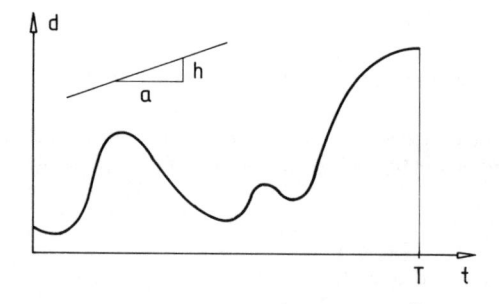

Abb. 9.16 Zeitverlauf der Nachfrage in Übungsbeispiel 9.10

9.11. Man ermittle die optimale Produktions- und Lagerhaltungspolitik für das Modell von Beispiel 9.2 für alle möglichen Werte von T und $z_0 \geqq 0$:
a) Man verwende den Vorwärtsalgorithmus von Abschnitt 9.1.4.
b) Mittels der „Methode der Pfadverknüpfung" von Abschnitt 12.2.2.

9.12. Man löse folgendes Lagerhaltungsmodell mittels Phasendiagrammanalyse

$$\max_{v} \{-\int_0^T e^{-rt}[c(v)+h(z)]\,dt + e^{-rT}Sz(T)\}$$
$$\dot{z} = v - d, \quad z(0) = z_0$$
$$v \geqq 0, \quad z \geqq 0$$

für streng konkave Kostenfunktionen c und h (Hinweis: Man gehe wie in Beispiel 8.8 vor; vgl. auch Abschnitt 9.2.3).

9.13. Man überlege sich für die Modellklasse (9.61) mit oder ohne Lagerbeschränkungen $z \geqq 0$ bzw. $z \leqq \bar{z}$, daß die hinreichenden Optimalitätsbedingungen von Satz 7.1 erfüllt sind (Hinweis: Man zeige, daß für die maximierte Hamiltonfunktion $H_{zz}^0 = -h_{zz}(z,t) \leqq 0$ gilt).

9.14. Man ändere Korollar 9.1 für $S > 0$ ab.

9.15. Man gebe Bedingungen für die Nachfrage- und Lagerkostenfunktionen an, welche Existenz und Eindeutigkeit eines Gleichgewichtes als Lösung des Systems (9.99) garantieren.

9.16. Man löse das Lagerhaltungsproblem von Abschnitt 9.2.3 mit der Lieferfähigkeitsbeschränkung $z \geqq 0$ für endlichen Zeithorizont (Hinweis: Man gehe wie in Beispiel 8.8 vor).

Weiterführende Bemerkungen und Literatur zu Kapitel 9

Das in Unterabschnitt 9.1.1 behandelte linear-quadratische Produktions-/Lagerhaltungsmodell wurde von *Simon* (1956) bzw. von *Holt* et al. (1960, Chap. 19) mit Methoden der Variationsrechnung gelöst. Für die Darstellung (9.4) vgl. man *Bensoussan* et al. (1974, Chap. 3). Die Darstellung (9.6) stammt von *Hwang* et al. (1967). *Thompson* und *Sethi* (1980) haben sie auf den diskontierten Fall erweitert und die Turnpike-Interpretation geliefert. Dort sind auch die Übungsbeispiele 9.2 bis 9.4 ausgearbeitet. Das lineare Lagerhaltungsmodell von Abschnitt 9.1.2 findet man auch bei *Bensoussan* et al. (1974, p. 45–47).

Das Modell mit steigenden marginalen Produktionskosten von Abschnitt 9.1.3 nimmt eine zentrale Stelle in der Lagerhaltungstheorie ein; es wurde erstmals von *Arrow* und *Karlin* (1958) untersucht. Dort findet man auch schon den in Abschnitt 9.1.4 beschriebenen Lösungsalgorithmus zur Ermittlung der optimalen Produktions-/Lagerhaltungspolitik. Die kontrolltheoretische Formulierung des Arrow-Karlin-Modells geht auf *Adiri* und *Ben Israel* (1966) zurück, wo nichtlineare Lagerkosten betrachtet werden. *Sprzeuzkouski* (1967) hat die Eindeutigkeit der optimalen Lösung gezeigt. Weitere Literaturhinweise finden sich bei *Sethi* (1978a). Eine interessante Verallgemeinerung des Arrow-Karlin-Modells auf den Fall mehrerer zu produzierender Güter wird von *Rempala* (1980, 1982) untersucht.

Als Vorläufer aller dieser Untersuchungen sollte noch die Arbeit von *Modigliani* und *Hohn* (1955) erwähnt werden, welche das Modell von Abschnitt 9.1.3 in diskreter Form gelöst haben. Diese Autoren haben die diskrete Version des Vorwärtsalgorithmus von Abschnitt 9.1.4 geliefert. Von ihnen stammt ferner das Begriffspaar „Entscheidungs- und Prognosehorizont", dort sowie in der frühen Literatur als ‚planning and expectation horizon' bezeichnet; in der neueren Literatur hat sich die Bezeichnung 'decision and forecast horizon' eingebürgert.

Stöppler (1985) hat das Arrow-Karlin-Modell mit Lagerobergrenze (Abschnitt 9.1.6) analysiert; von ihm stammt auch die Interpretation von (9.52) als fundamentales Theorem der Lagerhaltungstheorie, sowie Abb. 9.8.

Zu Abschnitt 9.1.7 vergleiche man *Hartl* und *Sethi* (1984b), wo statt konvexer Lagerkosten linear-geknickte Lagerhaltungs- und Fehlmengenkosten betrachtet werden.

Der Begriff des blockierten Intervalls wurde von *Arrow* (1964) eingeführt; vgl. auch *Clark* (1976).

Die Modelle von Abschnitt 9.2, in denen neben der Bestellrate auch der Preis als Entscheidungsvariable betrachtet wird, gehen auf *Pekelman* (1974) zurück. Das Modell von Abschnitt 9.2.3 mit allgemeiner Nachfragefunktion stammt von *Feichtinger* und *Hartl* (1985a). Dort findet man auch die Erweiterung auf linear geknickte Lagerhaltungs/Fehlmengenkosten sowie eine nichtautonome Modellversion (saisonale Nachfrageschwankungen). Dieses Modell wurde durch Einbeziehung des Produktionsfaktors Arbeit als zusätzliche Zustandsvariable verallgemeinert (*Feichtinger* und *Steindl*, 1984). Das Pekelman-Modell wurde für lineare Produktionskosten durch Einbeziehung einer Lagerobergrenze von *Thompson* et al. (1984) erweitert und durch einen Vorwärts(Branch and Bound)algorithmus gelöst. Für den Fall nichtlinearer Produktionskosten vergleiche man *Teng* et al. (1984).

Das Spekulationsmodell von Abschnitt 9.3.1 stammt von *Ijiri* und *Thompson* (1970) bzw. *Norström* (1978). *Sethi* und *Thompson* (1982) haben dafür schwache EH/PH nachgewiesen, allerdings unter der einschränkenden Annahme, daß der gestörte Preis den Preisschild (9.116) nicht überschreiten darf. Dort wird auch der Fall einer Lagerobergrenze anhand eines Beispiels behandelt. Bei *Hartl* (1985b) findet sich eine andere Version des Vorwärtsalgorithmus für das Weizenhandelsmodell. *Bhaskaran* und *Sethi* (1981) zeigen für linear-geknickte Lager/Fehlmengenkosten, daß in manchen Fällen starke EH-PH weiterhin auftreten, soferne nur eine der beiden Beschränkungen $0 \leq z \leq \bar{z}$ gelockert wird.

Das in Abschnitt 9.3.2 behandelte Produktionsglättungsmodell wird bei *Pekelman* (1975) detailliert behandelt. Dort wird auch der Begriff der akzeptablen Trajektorien eingeführt, der von *Lieber* (1973) u.a. als Extrapolation bezeichnet wird.

Neben den Lagerhaltungsmodellen von Arrow-Karlin-Typ (konvexe Produktionskosten, keine Rüstkosten), spielt in der Literatur auch eine andere Modellklasse eine wichtige Rolle, welche konkave Bestellkosten und Rüstkosten annimmt. Sie geht auf *Wagner* und *Whitin* (1958) zurück; vgl. dazu *Kunreuther* und *Morton* (1973). Bei diesen Modellen ergeben sich dynamische Gegenstücke der bekannten Losgrößenformel der statischen Lagerhaltungstheorie; vgl. auch *Bensoussan* et al. (1974, § 3.4). Eine lesenswerte Gegenüberstellung konvexer und konkaver Produktionskosten liefert *Bensoussan* et al. (1983, § 3).

Eine Übersicht über Vorwärtsalgorithmen und EH-PH-Phänomene (auch für lineare Programmierung und Netzwerke) findet man bei *Aronson* und *Thompson* (1984).

Abschließend sollte zu den in Kapitel 9 behandelten Modellen gesagt werden, daß sie in den oben zitierten Originalarbeiten zumeist mit anderen Methoden (Variationsrechnung, indirekte Methode bei Zustandsbeschränkungen etc.) gelöst wurden bzw. auch einige Resultate bzw. Abbildungen nicht ganz korrekt sind. Hier wurde versucht, diese Modelle organisch aufzubauen und in einheitlicher Notation darzustellen. Obwohl wir der Einfachheit halber die stetige Differenzierbarkeit der vorgegebenen Funktionen angenommen haben, lassen sich die Resultate auf den Fall stückweise stetiger Differenzierbarkeit übertragen. Springt z.B. die Nachfrage $d(t)$ im Zeitpunkt σ nach oben, dann hat das denselben Effekt wie (9.32), d.h. in einer Umgebung (t_1, t_2) von σ ist eine innere Lösung optimal, wobei (9.33–35) gilt. Analoges gilt für die Sprünge von ψ bzw. p. Man beachte, daß die angegebenen Algorithmen unverändert gültig bleiben.

Kapitel 10: Instandhaltung und Ersatz

In der Produktions- und Kostentheorie spielt die Ermittlung des optimalen Einsatzes maschineller Produktionsanlagen eine wichtige Rolle. Investitionen in Wartungsaktivitäten bewirken Einsparungen beim Ersatz von Anlagen, da sich vorbeugende Instandhaltung positiv auf Lebensdauer und Funktionsweise auswirkt. Thema des vorliegenden Kapitels ist die optimale Festsetzung verschleißhemmender und regenerativer Aktivitäten. Mit anderen Worten beschäftigen wir uns mit der simultanen Ermittlung der optimalen Instandhaltungsintensität einer Maschine und ihres wirtschaftlichen Ersatzzeitpunktes.

Produktionsanlagen nützen sich im Laufe der Zeit je nach Inanspruchnahme ab und/oder können jäh ausfallen. Neben (deterministischem) *sukzessivem Verschleiß*, durch welchen die Maschine (ebenso wie durch technischen Fortschritt) ständig an Wert verliert, kann eine Anlage auch dem Risiko eines *jähen* (stochastischen) *Momentanausfalls* unterliegen. Im vorliegenden Kapitel werden einige grundlegende kontrolltheoretische Instandhaltungsmodelle untersucht. Die Modelle enthalten nur eine Zustandsvariable, nämlich die Zuverlässigkeit bzw. den Wiederverkaufswert der Maschine, und die vorbeugenden Instandhaltungsinvestitionen bzw. auch die Betriebsintensität der Anlage als Steuerung(en). Charakteristisch sind der freie Endzeitpunkt (optimaler Ersatztermin) und (meist) auch die Zeitabhängigkeit der Modellparameter (nichtautonome Modelle).

Abschnitt 10.1 enthält die Darstellung eines Modells von *Kamien* und *Schwartz* (1971a), bei welchem eine Maschine gemäß einer Wahrscheinlichkeitsverteilung momentan ausfallen kann. Die von den Autoren vorgeschlagene Betrachtungsweise, bei welcher die Verteilungsfunktion der Lebensdauer der Anlage als (von der Instandhaltung beeinflußte) Zustandsvariable auftritt, ermöglicht eine deterministische Analyse des an sich stochastischen Modells.

Anknüpfend an ein schon in den Abschnitten 3.1 und 4.1 behandeltes Instandhaltungsmodell (vgl. auch Beispiel 1.1) wird in Abschnitt 10.2 eine lineare und eine nichtlineare Version des (nichtautonomen) Modells von *Thompson* (1968) behandelt, in welchem die Auswirkungen von Instandhaltungsaktivitäten auf den Wiederverkaufswert einer Anlage untersucht werden.

Abschnitt 10.3 zieht zusätzlich die Inanspruchnahmeintensität einer Maschine als Steuervariable in Betracht. Instandhaltungsaufwendungen verursachen laufende Kosten, wirken sich jedoch über eine Verzögerung der Verschlechterung des Maschinenzustandes positiv auf künftige Produktionserträge sowie eine Verlängerung der Lebensdauer aus. Andererseits wirkt sich der Betrieb einer Anlage mit einer gewissen Produktionsgeschwindigkeit zwar profitsteigernd jedoch verschleißfördernd aus.

Bevor wir uns der Analyse der angedeuteten Modelle zuwenden, beweisen wir noch ein Resultat über das Monotonieverhalten der Steuervariablen in einer Klasse nichtautonomer Kontrollmodelle. Das erzielte Ergebnis läßt sich dann direkt auf die Instandhaltungsmodelle des vorliegenden Kapitels anwenden.

Gegeben sei ein nichtautonomes Kontrollproblem mit einem Zustand x und zwei

Steuervariablen $u = (u, v)$:

$$\max_{u} \{\int_0^T e^{-rt} F(x, u, t) dt + e^{-rT} S(x(T), T)\} \quad (10.1a)$$

$$\dot{x} = f(x, u, t), \quad x(0) = x_0. \quad (10.1b)$$

Folgende Annahmen seien erfüllt:

$$f_x < r \quad (a), \quad F_x > 0 \quad (b); \quad f_{xx} = F_{xx} = 0 \quad (c); \quad S_x \geq 0 \quad (d) \quad (10.2)$$

$$f_u > 0, \quad F_u < 0; \quad f_{xu} \geq 0 \quad (10.3a)$$

$$f_v < 0, \quad F_v > 0; \quad f_{xv} \leq 0 \quad (10.3b)$$

$$f_{xt} \leq 0, \quad F_{xt} \leq 0. \quad (10.4)$$

Ferner gilt für die Hamiltonfunktion (2.4)

$$H_{uu} < 0, \quad H_{vv} < 0; \quad H_{uv} = 0 \quad (10.5)$$

$$H_{ut} = 0 \text{ für } H_u = 0, \quad H_{vt} = 0 \text{ für } H_v = 0. \quad (10.6)$$

Dabei beschreibt x generell den „Maschinenzustand", u die Instandhaltungsrate und v die Inanspruchnahmeintensität. Die Investition u verursacht Kosten ($F_u < 0$), verbessert aber den Zustand bzw. verringert die Abnutzung ($f_u > 0$), während die Produktionsrate v Erlöse abwirft ($F_v > 0$), sich hingegen negativ auf den Zustand auswirkt ($f_v < 0$). Man vergleiche dazu die Annahmen (4.40, 41) und die anschließende Interpretation. Ferner sei das Modell nichtlinear in beiden Steuerungen, und diese sollen unabhängig voneinander agieren (vgl. (10.5)).

In Definition 5.1 hatten wir (für den autonomen Fall) den Begriff der Zustandsseparabilität eines Kontrollmodells eingeführt. Für zustandsseparable Modelle mit nur einer Zustandsvariablen zeigt sich, daß der Kozustandspfad stets monoton verläuft und daß auch sämtliche Kontrollvariablen diese Eigenschaft besitzen (siehe Übungsbeispiel 4.8). Ähnliche Monotonieaussagen gelten auch im nichtautonomen Fall. Ein Kontrollmodell (10.1) heißt *zustandsseparabel*, falls gilt

$$H_{xx} = 0 \quad (a), \quad H_{xu} = 0 \text{ für } H_u = 0 \quad (b), \quad S_{xx} = 0 \quad (c) \quad (10.7)$$

Zur Erzielung von Monotonieaussagen definieren wir eine Funktion

$$\hat{\lambda}(t) = F_x(x, u, t) / [r - f_x(x, u)]. \quad (10.8)$$

Für den autonomen Fall erkennt man aus (2.6), daß $\hat{\lambda}(t)$ gleich dem Gleichgewichtswert $\hat{\lambda}$ der adjungierten Variablen ist. Für nichtautonome Modelle übernimmt $\hat{\lambda}(t)$ sozusagen die Rolle des Gleichgewichtswertes $\hat{\lambda}$ aus Abschnitt 2.6 in dem Sinne, daß aus dem Verhalten von $\hat{\lambda}(t)$ Schlüsse auf jenes der Zeitpfade des Kozustandes $\lambda(t)$ und der Steuerungen $u(t)$ und $v(t)$ gezogen werden können.

Ein generelles Resultat, das für die meisten der unten behandelten Instandhaltungsprobleme Gültigkeit hat, ist die Eigenschaft, daß der Schattenpreis λ des Maschinenzustandes mit der

10. Instandhaltung und Ersatz   285

Zeit monoton abnimmt, was auch fallende Instandhaltungsaufwendungen u und eine wachsende Inanspruchnahmeintensität v zur Folge hat. Diese Eigenschaft läßt sich auch für das allgemeine, durch (10.1–7) beschriebene Modell ableiten:

Lemma 10.1. *Unter den Voraussetzungen* (10.1–7) *gilt* $\hat{\lambda}(t) > 0$ *sowie*

$$\dot{\lambda}(t) \gtreqless 0 \Leftrightarrow \lambda(t) \gtreqless \hat{\lambda}(t). \tag{10.9}$$

Ferner folgt aus $\dot{\lambda}(\bar{t}) \geq 0$ *für ein* $\bar{t} \in [0, T]$

$$\hat{\lambda}^{\cdot}(t) \leq 0, \quad \dot{\lambda}(t) \geq 0, \quad \dot{u}(t) \geq 0, \quad \dot{v}(t) \leq 0$$
für alle $t \in [\bar{t}, T]$. \tag{10.10}

Beweis. Anwendung des Maximumprinzips (Satz 2.1) liefert:

$$H_u = F_u + \lambda f_u = 0; \quad (10.3) \Rightarrow \lambda > 0.$$
$$\dot{\lambda} = r\lambda - H_x = (r - f_x)\lambda - F_x.$$

Mit (10.8) folgt daher

$$\dot{\lambda}(t) = [r - f_x(x(t), u(t), t)][\lambda(t) - \hat{\lambda}(t)]. \tag{10.11}$$

Gemeinsam mit Annahme (10.2a) liefert dies (10.9).
Es sei $\dot{\lambda}(\bar{t}) \geq 0$, d.h. wegen (10.9) $\lambda(\bar{t}) \geq \hat{\lambda}(\bar{t})$. Differentiation von (10.8) liefert

$$\hat{\lambda}^{\cdot}(t) = \frac{F_{xx}\dot{x} + F_{xu}\dot{u} + F_{xt}}{r - f_x} + \frac{F_x(f_{xx}\dot{x} + f_{xu}\dot{u} + f_{xt})}{(r - f_x)^2}$$
$$= \frac{1}{r - f_x}[(F_{xx} + \hat{\lambda}f_{xx})\dot{x} + (F_{xu} + \hat{\lambda}f_{xu})\dot{u} + F_{xt} + \hat{\lambda}f_{xt}], \tag{10.12}$$

wobei überall $t = \bar{t}$ zu setzen ist.
Wegen (10.2), (10.4) und (10.8) folgt aus (10.12)

$$\hat{\lambda}^{\cdot}(\bar{t}) \leq (F_{xu} + \hat{\lambda}f_{xu})\dot{u}/(r - f_x) = -[\lambda(\bar{t}) - \hat{\lambda}(\bar{t})]f_{xu}\dot{u}/(r - f_x). \tag{10.13}$$

Dabei wurde insbesondere von (10.7b), also $F_{xu} = -\lambda f_{xu}$, Gebrauch gemacht. Wir zeigen nun, daß

$$f_{xu}\dot{u} \geq 0 \tag{10.14}$$

ist. Totale Differentiation von $H_u = 0$ nach t liefert $H_{xu}\dot{x} + H_{uu}\dot{u} + f_u\dot{\lambda} = 0$. Wegen (10.7b) folgt daraus

$$\dot{u} = -(f_u/H_{uu})\dot{\lambda}. \tag{10.15}$$

Genügt u den Voraussetzungen (10.3a), (10.5) so ergibt sich gemäß der Annahme $\dot{\lambda}(\bar{t}) \geq 0$ aus (10.15) $\dot{u}(\bar{t}) \geq 0$. Somit hat man auch $f_{xu}\dot{u} \geq 0$. Genügt andererseits v den Voraussetzungen (10.3b), so gilt analog $\dot{v}(\bar{t}) \leq 0$ und man hat auch in diesem Fall $f_{xv}\dot{v} \geq 0$. Dies liefert (10.14).
Gemäß (10.14), (10.13) und $\lambda(\bar{t}) \geq \hat{\lambda}(\bar{t})$ gilt $\hat{\lambda}^{\cdot}(\bar{t}) \leq 0$.
Somit haben wir folgende Implikation gezeigt

$$\dot{\lambda}(\bar{t}) \geq 0 \Rightarrow \hat{\lambda}^{\cdot}(\bar{t}) \leq 0. \tag{10.16}$$

Dies liefert in Verbindung mit der adjungierten Gleichung (10.11), daß $\lambda \geq 0$ *im ganzen Intervall* $[\bar{t}, T]$ gilt. Daß unter den Annahmen (10.3) bzw. (10.5) aus $\lambda \geq 0$ auch $\dot{u} \geq 0$ bzw. $\dot{v} \leq 0$ folgt, erkennt man aus (10.15) bzw.

$$\dot{v} = -(f_v/H_{vv})\lambda. \tag{10.17} \quad \square$$

Korollar 10.1. *Unter den Annahmen von Lemma 10.1 gilt:*

$$\text{Aus } \lambda(T) < 0 \text{ folgt } \lambda(t) < 0, \ \dot{u}(t) < 0, \ \dot{v}(t) > 0 \text{ für } t \in [0, T]. \tag{10.18}$$

Beweis. (10.18) folgt sofort aus Lemma 10.1 sowie aus (10.15) und (10.17). $\quad \square$

Der folgende Hilfssatz liefert eine Aussage über die Ableitung des Kozustandes im optimalen Endzeitpunkt. Dabei sind an die Funktionen F_x, f_x und S_x im Endzeitpunkt bestimmte Voraussetzungen zu stellen, die sich bequem über Elastizitäten formulieren lassen.

Lemma 10.2. *Es sei $T^* > 0$ der für $T \in [0, \infty)$ oder $[0, \bar{T}]$ optimale Zeithorizont für das Kontrollproblem* (10.1), *für welches wieder die Annahmen von Lemma 10.1 erfüllt sein sollen. Gilt für die Elastizitäten*

$$\sigma_{f,x} = f_x(x, \mathbf{u}, T)x/f(x, \mathbf{u}, T) \geq 1 \tag{10.19a}$$

$$\sigma_{F,x} = F_x(x, \mathbf{u}, T)x/F(x, \mathbf{u}, T) \geq 1 \tag{10.19b}$$

$$\sigma_{S,x} = S_x(x, T)x/S(x, T) \leq 1 \tag{10.19c}$$

sowie

$$S_T(x, T) \leq 0, \tag{10.20}$$

für jedes x, $\mathbf{u}$ und für $T = T^*$, dann ist

$$\lambda(T^*) \leq 0. \tag{10.21}$$

Die Ungleichung in (10.21) *gilt dabei streng, wenn mindestens eine der Ungleichungen* (10.19) *und* (10.20) *echt erfüllt ist.*

Beweis. Gemäß (2.70) bzw. (2.73) lautet die Endbedingung für optimales T^*

$$rS \leq F + S_x f + S_T. \tag{10.22}$$

wobei stets $x(T^*)$, $\mathbf{u}(T^*)$, T^* einzusetzen ist. Durch Umformen mittels (10.19c) und (10.20) erhält man aus (10.22)

$$F/x - S_x[r - f/x] \geq r(S/x - S_x) - S_T/x \geq 0. \tag{10.23}$$

Aus (10.19ab) und (10.2d) folgt

$$F_x - S_x(r - f_x) \geq F/x - S_x(r - f/x). \tag{10.24}$$

Kombination von (10.23) und (10.24) und Division durch $r - f_x$ liefert

$$S_x(x(T), T) \leqq F_x(x(T), \mathbf{u}(T), T)/[r - f_x(x(T), \mathbf{u}(T), T)]. \tag{10.25}$$

Mit Definition (10.8) und der Transversalitätsbedingung $\lambda(T) = S_x$ gilt daher $\lambda(T) \leqq \hat{\lambda}(T)$ und somit wegen (10.9) $\dot{\lambda}(T) \leqq 0$ für $T = T^*$.

Aus (10.23) und (10.24) erkennt man, daß in (10.25) das Kleinerzeichen gilt, sobald mindestens eine der Ungleichungen (10.19abc) oder (10.20) strikt gilt. In diesem Falle gilt dann $\dot{\lambda}(T^*) < 0$. □

Dies liefert schließlich

Lemma 10.3. *Unter den Voraussetzungen* (10.2–7), (10.19) *und* (10.20) *gilt*

$$\dot{\lambda}(t) < 0, \ \dot{u}(t) < 0, \ \dot{v}(t) > 0 \quad \text{für alle} \quad t \in [0, T^*]. \tag{10.26}$$

Beweis. Zunächst gilt wegen Lemma 10.2 die Relation (10.21) für $T = T^*$. Aus Korollar 10.1 folgt dann sofort das Resultat (10.26). □

Die Lemmata 10.2 und 10.3 setzen uns in die Lage, Monotonieaussagen über optimale Instandhaltungsstrategien zu erhalten.

Bemerkung 10.1. Die Aussagen von Lemma 10.2 und damit auch 10.3 bleiben erhalten, wenn man nicht nur eine Maschine, sondern eine Investitionskette von Anlagen betrachtet (Übungsbeispiel 10.1).

10.1. Das Modell von Kamien und Schwartz

In diesem Modell kann eine Maschine stochastisch ausfallen. Eine Reparaturmöglichkeit einer einmal ausgefallenen Anlage sei ausgeschlossen; hingegen sei es möglich, die Lebensdauer der Maschine durch vorbeugende Instandhaltungsmaßnahmen zu verlängern.

Es sei Ξ die Lebensdauer einer Maschine und $F(t) = P\{\Xi \leq t\}$ die Verteilungsfunktion der Zufallsgröße Ξ. Für die natürliche Ausfallsrate (ohne Instandhaltung) $h(t)$ gilt dann

$$h(t) = \lim_{\Delta \to 0} \frac{1}{\Delta} P\{t < \Xi \leq t + \Delta \mid \Xi > t\} = \frac{\dot{F}(t)}{1 - F(t)}. \tag{10.27}$$

Als Steuerung stehen die Instandhaltungsausgaben u zur Verfügung, wobei $100u$ der Prozentsatz ist, um den die Ausfallsrate gesenkt wird. Aus (10.27) wird daher

$$\dot{F}(t) = [1 - u(t)] h(t) [1 - F(t)]. \tag{10.28}$$

Für $u = 0$ stimmen modifizierte und natürliche Ausfallsraten überein, während für $u = 1$ die Ausfallsrate bzw. -dichte $\dot{F}$ verschwindet. Für die natürliche Ausfallsrate nehmen wir an, daß sie (schwach) monoton steigend sei:

288 Instandhaltung und Ersatz

$$h(t) \geq 0, \quad \dot{h}(t) \geq 0. \tag{10.29}$$

Klarerweise muß die Beschränkung

$$0 \leq u(t) \leq 1 \quad \text{für} \quad t \in [0, T] \tag{10.30}$$

erfüllt sein.

Die Anlage soll nicht gleich bei Inbetriebnahme ausfallen, d.h. $F(0) = 0$.
Wählt man nicht F, sondern die Zuverlässigkeit (Intaktwahrscheinlichkeit) $x = 1 - F$ als Zustand, so erhält man die Zustandsgleichung

$$\dot{x}(t) = -[1 - u(t)]h(t)x(t), \quad x(0) = 1. \tag{10.31}$$

Um eine Zielfunktion zu definieren, wollen wir noch folgende Annahmen treffen:

R = Erlös pro Zeiteinheit aus dem Betrieb einer intakten Maschine
W = Schrottwert einer kaputten Maschine
$V(t)$ = Wiederverkaufswert einer intakten Maschine im Alter t
$hC(u)$ = Kosten der Reduzierung der Ausfallrate um $100\,u\%$, falls die natürliche Ausfallrate h ist.

R und W seien positive Konstanten, $V(t)$ sei monoton fallend mit

$$\dot{V}(t) \leq 0, \quad 0 \leq W \leq V(t) \leq R/r. \tag{10.32}$$

Die in (10.32) gemachten Annahmen sind ökonomisch sinnvoll: Der Wiederverkaufswert einer intakten Anlage kann niemals zunehmen und ist stets größer als der Schrottwert. Andererseits ist er aber auch kleiner als der Barwert des Bruttobetriebsertrages der Maschine.

Die Instandhaltungskosten zur Reduzierung der Ausfallrate mögen überproportional mit der prozentmäßigen Reduktion steigen, d.h.

$$C(0) = 0, \quad C'(u) > 0, \quad C''(u) > 0 \quad \text{für} \quad u \in (0, 1). \tag{10.33a}$$

Ferner nehmen wir der Einfachheit halber an, daß eine geringe Reduzierung der Ausfallrate fast nichts kostet bzw. das völlige Ausschalten der Ausfallrate unendlich hohe Grenzkosten verursachen würde:

$$C'(0) = 0, \quad C'(1) = \infty. \tag{10.33b}$$

Durch die Annahme (10.33b) scheiden die Randlösungen $u = 0$ und $u = 1$ als suboptimal aus; die qualitative Struktur der optimalen Lösung wird durch sie hingegen nicht berührt.

Da sowohl laufende Erträge als auch Instandhaltungskosten nur bei intakter Maschine anfallen, so ist der erwartete diskontierte Nettoertrag aus dem *Betrieb und dem Verkauf* der *intakten* Maschine gegeben durch

$$\int_0^T e^{-rt}[R - C(u(t))h(t)]x(t)dt + e^{-rT}V(T)x(T).$$

10.1. Das Modell von Kamien und Schwartz

Der erwartete Erlös aus dem *Verschrotten* einer *kaputten* Maschine, der im Falle $\Xi \leq T$ anfällt, beträgt

$$\int_0^T e^{-rt} W\dot{F}(t)\,dt = Wx_0 - e^{-rT} Wx(T) - rW \int_0^T e^{-rt} x(t)\,dt.$$

Dabei wurde von $\dot{F} = -\dot{x}$ und partieller Integration Gebrauch gemacht. Da Wx_0 konstant ist, erhalten wir zusammenfassend das Zielfunktional

$$J = \int_0^T e^{-rt} [R - rW - C(u(t))h(t)] x(t)\,dt$$
$$+ e^{-rT}[V(T) - W]x(T). \tag{10.34}$$

Die Zielfunktion (10.34) bildet gemeinsam mit der dynamischen Nebenbedingung (10.31) und (10.30) ein Kontrollproblem. In der Notation von Modell (10.1) gilt

$f = -(1-u)hx$	$F = [R - rW - C(u)h]x$	(10.35a)
$f_x = -(1-u)h < 0$	$F_x = R - rW - C(u)h$	(10.35b)
$f_{xx} = 0$	$F_{xx} = 0$	(10.35c)
$f_u = hx > 0$	$F_u = -C'(u)hx < 0$	(10.35d)
$f_{uu} = 0$	$F_{uu} = -C''(u)hx < 0$	(10.35e)
$f_{xu} = h > 0$	$F_{xu} = -C'(u)h < 0$	(10.35f)
$f_{xt} = -\dot{h}(1-u) \leq 0$	$F_{xt} = -C(u)\dot{h} \leq 0$	(10.35g)
$f_{ut} = \dot{h}x \geq 0$	$F_{ut} = -C'(u)\dot{h}x \leq 0.$	(10.35h)

Dabei wurde von den Annahmen (10.29), (10.33a) Gebrauch gemacht, sowie von $x > 0$ (wegen $x_0 = 1$ und (10.31)) und (10.30).

Mit $H = x[R - rW - C(u)h - \lambda(1-u)h]$ lauten die notwendigen Optimalitätsbedingungen

$$H_u = x[-C'(u)h + \lambda h] = 0 \Rightarrow \lambda = C'(u) > 0 \tag{10.36}$$

$$\dot{\lambda} = r\lambda - H_x = [r + (1-u)h]\lambda - [R - rW - C(u)h] \tag{10.37}$$

$$\lambda(T) = V(T) - W. \tag{10.38}$$

Wegen (10.36) gilt für $H_u = 0$

$$H_{xu} = -C'(u)h + \lambda h = 0 \tag{10.39}$$

$$H_{ut} = -C'(u)\dot{h}x + \lambda \dot{h}x = 0. \tag{10.40}$$

Gemäß Annahme (10.35c), (10.39) und da die Schrottwertfunktion $(V - W)x$ linear in x ist, ist das Kamien-Schwartz Modell zustandsseparabel (im Sinne von

290 Instandhaltung und Ersatz

(10.7)). Ferner sind aufgrund der Annahmen (10.35) sämtliche Voraussetzungen von Lemma 10.1 erfüllt, wobei die Terme mit v wegzulassen sind. Nach Lemma 10.1 gilt somit

$$\text{wenn} \quad \dot{\lambda}(\bar{t}) \geq 0, \quad \text{dann} \quad \dot{\lambda}(t) \geq 0, \; \dot{u}(t) \geq 0 \quad \text{für} \quad t \geq \bar{t}. \tag{10.41}$$

Aus (10.36) folgt $\dot{\lambda} = C''(u)\dot{u}$, d.h. wegen $C'' > 0$

$$\operatorname{sgn} \dot{u} = \operatorname{sgn} \dot{\lambda}. \tag{10.42}$$

Um Lemma 10.2 anwenden zu können, bemerken wir, daß gemäß (10.35) bzw. (10.32)

$$\sigma_{f,x} = \sigma_{F,x} = \sigma_{S,x} = 1; \quad S_T = x(T)\dot{V}(T) \leq 0 \tag{10.43}$$

gilt. Wegen (10.43) sind somit die Voraussetzungen (10.19, 20) von Lemma 10.2 erfüllt und es gilt (10.21), falls $T^* > 0$ der für $T \in [0, \infty)$ oder $[0, \bar{T}]$ optimale Endzeitpunkt ist. Da die Beziehungen (10.19) mit dem Gleichheitszeichen erfüllt sind, so ist $\dot{\lambda}(T^*) < 0$, falls $\dot{V}(T^*) < 0$ gilt (vgl. Annahme (10.32)). Dies liefert folgende Monotonieaussagen für optimale Instandhaltungsraten $u(t)$ bei optimaler Einsatzdauer T^* der Maschine:

$$\dot{u}(t) \begin{Bmatrix} < \\ \leq \end{Bmatrix} 0 \quad \text{für} \quad t \in [0, T^*], \quad \text{falls} \quad \dot{V}(T^*) \begin{Bmatrix} < \\ = \end{Bmatrix} 0. \tag{10.44}$$

Bei optimaler Wahl des Endzeitpunktes *sinkt* daher die prozentuelle Reduktion u der Ausfallsrate monoton (im schwachen Sinn). Da die natürliche Ausfallsrate $h(t)$ zunimmt, *steigt* auch die tatsächliche Ausfallsrate $h(t)[1 - u(t)]$. Ob die Kosten der präventiven Instandhaltung $C(u(t))h(t)$ steigen oder fallen, hängt vom jeweiligen Fall ab.

Die notwendige Optimalitätsbedingung für den optimalen Ersatzzeitpunkt der Anlage lautet:

$$H(T) \geq r[V(T) - W]x(T) - \dot{V}(T)x(T) \tag{10.45}$$

falls $T^* > 0$ optimal ist unter allen $T \in [0, \bar{T}]$. Setzt man für $H(T)$ ein, so erhält man unter Benutzung von (10.38) die Bedingung

$$[R - C(u(T^*))h(T^*)] - [V(T^*) - W][1 - u(T^*)]h(T^*) \\ + \dot{V}(T^*) \geq rV(T^*), \tag{10.46}$$

die wie folgt interpretiert werden kann:

Der Erlös $R - C(u)h$ aus dem Betrieb einer intakten Maschine in der letzten Zeiteinheit der Betriebsdauer vermindert um den erwarteten Verlust $(V - W)(1 - u)h$ durch Ausfall der Anlage in dieser Zeitspanne plus Verkaufswertänderungen $\dot{V}$ muß zumindestens so groß sein wie die Zinsen auf den Restwert V der funktionsfähigen Maschine zu Beginn der letzten Zeiteinheit. Dabei kann $>$ nur gelten für $T^* = \bar{T}$, während für $T^* < \bar{T}$ immer das Gleichheitszeichen in (10.46) gilt. Würde die letzte Ungleichung in Annahme (10.32) nicht gelten, so könnte (10.46) nie erfüllt sein, und es wäre optimal, die Maschine sofort zu verkaufen, d.h. $T^* = 0$.

Die autonome Version des Kamien-Schwartz-Modells wurde in Übungsbeispiel 4.9 behandelt. Wesentliches Ergebnis war eine konstante optimale Instandhaltungsrate bei unendlichem Planungshorizont, d.h. $u(t) = \hat{u}$ für $t \in [0, \infty)$.
Das Modell von Kamien und Schwartz kann auch durch die Produktionsrate als zweites Kontrollinstrument v erweitert werden:

$$\max_{u,v} \{\int_0^T e^{-rt}[R(v) - rW - C(u)]x(t)dt + e^{-rT}[V(T) - W]x(T)\} \quad (10.47)$$

$$\dot{x} = -g(u,v)x, \quad x(0) = 1. \quad (10.48)$$

Dabei bedeutet x wieder die Zuverlässigkeit einer Produktionsanlage, u die Instandhaltungs- und v die Produktionsrate. Die Ertragsrate $R(v)$ sei konkav in der Betriebsgeschwindigkeit v mit

$$R(0) = 0, R'(0) = \infty; \quad R'(v) > 0, R''(v) < 0 \quad \text{für} \quad v > 0. \quad (10.49)$$

In der Systemdynamik (10.31) wird der Term $(1-u)h$ durch eine Effizienzfunktion $g(u,v)$ ersetzt, für welche folgende Annahmen erfüllt seien:

$$g \geq 0, \quad g_u < 0, g_{uu} \geq 0, \quad g_v > 0, g_{vv} \geq 0, \quad g_{uv} = 0. \quad (10.50)$$

Für $C(u)$, $V(t)$ und W seien wieder die Voraussetzungen (10.32) und (10.33) gültig.
In Übungsbeispiel 10.3 ist unter Benutzung der Lemmata 10.1–3 die optimale Lösung des Modells (10.47–50) zu ermitteln.
Zweck der vorbeugenden Instandhaltungsmaßnahmen im Kamien-Schwartz-Modell war es, die altersabhängige Ausfallrate der Maschinen zu beeinflussen (zu verkleinern). Im folgenden Modell dient die Wartung einer Verminderung des deterministischen Sukzessivverschleißes.

10.2. Das Modell von Thompson

10.2.1. Die lineare Version

Im folgenden betrachten wir eine leichte Modifikation des Thompson-Modells (*Arora* und *Lele*, 1970). In Erweiterung von Abschnitt 3.1 definieren wir T als Ersatzzeitpunkt der Maschine, t als deren Alter. Ferner sei $x(t)$ = Wiederverkaufswert einer Anlage des Alters t, $x(0) = x_0$ der Wert einer neuen Maschine, $u(t)$ = Ausgaben für vorbeugende Instandhaltung in der Periode t, $g(t)$ = Wirksamkeit des Instandhaltungsaufwandes (gibt an, um wieviel die Abnahme des Wiederverkaufswertes verringert wird, falls eine Geldeinheit in die Instandhaltung investiert wird). Der Wertverlust der Anlage setze sich aus zwei Komponenten zusammen. Die technische Obsoleszenz $\gamma(t)$ bezieht sich auf den technischen Fortschritt: Am Markt werden inzwischen modernere, leistungsfähigere Anlagen angeboten, und durch Veraltern sinken Produktivität und Marktwert der Anlage. Die Verschleißrate $\delta(t)$ beschreibt die durch deterministischen Sukzessivverschleiß bedingte Minderung des Wiederverkaufswertes. Die Änderung des Verkaufswertes hängt in folgender Weise von Obsoleszenz, Verschleißrate und vorbeugender Instandhaltung ab:

$$\dot{x}(t) = -\gamma(t) - \delta(t)x(t) + g(t)u(t). \tag{10.51}$$

Sinnvollerweise wird man die Effektivität der Instandhaltung $g(t)$ als monoton abnehmend (im schwächeren Sinn) mit dem Alter der Maschine ansetzen, während $\gamma(t)$ und $\delta(t)$ mit t monoton zunehmen sollen: $\dot{g} \leq 0$, $\dot{\gamma} \geq 0$, $\dot{\delta} \leq 0$.

Die Instandhaltungsrate sei durch die Bedingung

$$u(t) \in [0, \bar{u}] \tag{10.52}$$

eingeschränkt. Ferner scheint die Forderung realistisch, daß sich der Zustand der Anlage durch vorbeugende Instandhaltung niemals verbessern kann. D. h. selbst dann, wenn die maximal möglichen Instandhaltungsinvestitionen getätigt werden, soll sich der Verkaufswert nicht erhöhen:

$$-\gamma(t) + g(t)\bar{u} \leq 0 \quad \text{für} \quad t \in [0, T]. \tag{10.53}$$

Angenommen, die Maschine im Zustand $x(t)$ werfe pro Zeiteinheit $\pi(t)x(t)$ Geldeinheiten Erlös ab. Davon sind noch die Instandhaltungskosten $u(t)$ abzuziehen, um den Profit in der Periode t zu erhalten. Diskontiert man den Gewinn und verkauft die Anlage am Ende der Periode T um $x(T)$ Geldeinheiten, dann ist der Gegenwartswert des Profitstromes zu maximieren:

$$\max_{u(t) \in [0, \bar{u}]} \left\{ J = \int_0^T e^{-rt} [\pi(t)x(t) - u(t)] dt + e^{-rT} x(T) \right\}. \tag{10.54}$$

Das vorliegende Instandhaltungsproblem ist also ein optimales Kontrollproblem mit freiem Endzeitpunkt T. Der Wiederverkaufswert $x(t)$ fungiert als Zustandsvariable und die Instandhaltungsinvestition als Steuerung.

Die Hamiltonfunktion lautet

$$H = \pi x - u + \lambda(-\gamma - \delta x + gu),$$

wobei der Schattenpreis des Verkaufswertes der Kozustandsgleichung

$$\dot{\lambda} - \beta\lambda + \pi = 0 \tag{10.55}$$

genügt. Dabei ist β definiert als $\beta(t) = r + \delta(t)$. Für den Endzeitpunkt T gilt die Transversalitätsbedingung

$$\lambda(T) = 1. \tag{10.56}$$

Da (10.55) weder x noch u enthält, kann die adjungierte Variable direkt, d. h. losgelöst von Steuerung und Zustand ermittelt werden:

$$\lambda(t) = \exp\{-\int_t^T \beta(s)ds\} + \int_t^T \pi(s)\exp\{-\int_t^s \beta(\tau)d\tau\} ds. \tag{10.57}$$

10.2. Das Modell von Thompson

$\lambda(t)$ gibt an, wie eine zusätzliche Einheit des Verkaufswertes der Anlage im Zeitpunkt t monetär zu bewerten ist. Gemäß (10.57) zerfällt der auf t bezogene Schattenpreis in zwei Summanden. Der erste Term mißt die Erhöhung des Restwertes zum Zeitpunkt T, wenn der Wiederverkaufswert zum Zeitpunkt t um eine Geldeinheit steigt. Der zweite Term gibt an, welchen Wert eine Steigerung des Wiederverkaufswertes um eine Geldeinheit in t für die Produktion in der Zeitspanne von t bis T besitzt (beidemal bezogen auf den laufenden Zeitpunkt t).

In Erweiterung von Annahme (3.8) ist es sinnvoll zu fordern, daß folgendes gilt:

$$\pi(t) > \beta(t) = r + \delta(t) \text{ für } t \in [0, T] \text{ bzw. } \pi(T) > \beta(T). \tag{10.58}$$

(10.58) besagt, daß man zu jedem Zeitpunkt mit einer Einheit an „Maschinenwert" mehr produzieren kann, als pro Zeiteinheit durch Diskontierung und Verschleiß an Wertverlust erlitten wird, d. h. daß sich der Betrieb der Anlage stets auszahlt. Im gegenteiligen Fall würde sich der Maschinenbetrieb nicht auszahlen und man würde – anstatt die Anlage zu warten und mit der Rate π zu produzieren – das Geld besser zur Bank tragen, um dort den Zinsgewinn zur Rate r zu kassieren.

Unter der Annahme (10.58) läßt sich das Monotonieverhalten des Schattenpreises bestimmen: Aus (10.55, 56) und (10.58) folgt, daß $\dot{\lambda}(T) < 0$ ist. Beachtet man, daß die Funktion $\hat{\lambda}(t) = \pi(t)/\beta(t)$ monoton fällt und daß $\dot{\lambda} = \beta(\lambda - \hat{\lambda})$ gilt, so folgt

$$\dot{\lambda}(t) < 0 \quad \text{für} \quad t \in [0, T] \tag{10.59}$$

(vgl. (10.8) bzw. Lemma 10.1 für eine analoge Argumentation).

H ist linear in der Steuerung u, so daß sich für jedes vorgegebene T die folgende Bang-Bang-Politik als optimal erweist:

$$u(t) = \begin{cases} 0 \\ \text{unbestimmt} \\ \bar{u} \end{cases} \text{ falls } \lambda(t) g(t) \begin{cases} < \\ = \\ > \end{cases} 1. \tag{10.60}$$

λg ist der laufende Wert des Grenzertrages einer zusätzlich für die Maschinenwartung aufgewendeten Geldeinheit. Vorschrift (10.60) läßt sich dann leicht interpretieren: Falls der marginale Ertrag einer Geldeinheit an zusätzlichen Instandhaltungsausgaben weniger bringt als diese eine Geldeinheit, so wird nicht instandgehalten. Falls hingegen dieser Grenzerlös größer als 1 ist, so wird instandgehalten und zwar wegen der Linearität mit voller Intensität.

Da $g(t)$ laut Voraussetzung monoton abnimmt (im schwächeren Sinne) und $\lambda(t)$ gemäß (10.59) sogar streng monoton fällt, so besitzt auch die Funktion $\lambda(t)g(t)$ diese Eigenschaft. Daraus folgt, daß eine singuläre Lösung nicht auftreten kann, und es ergibt sich folgende optimale Instandhaltungspolitik (die notwendigen Optimalitätsbedingungen sind auch hinreichend; vgl. Satz 2.2):

$$u(t) = \begin{cases} \bar{u} & \text{für } 0 \leq t \leq \tau \\ 0 & \text{für } \tau < t \leq T. \end{cases} \tag{10.61}$$

Dabei kann der Umschaltzeitpunkt τ auch mit 0 oder T zusammenfallen, je nachdem ob $\lambda(0)g(0) < 1$ ist oder ob $\lambda(T)g(T) > 1$. τ ergibt sich als eindeutige

Lösung der Gleichung $\lambda(T)g(t) - 1 = 0$ mit $\lambda(t)$ aus (10.57). Falls die Lösung negativ ist, so setzt man $\tau = 0$; im Falle, daß sie größer als T ist, sei $\tau = T$.

Die resultierende optimale Politik (10.61) ist intuitiv plausibel: Man investiert in die Instandhaltung solange sich die Aufwendungen dafür aufgrund späterer Erlöse (aus Produktion bzw. Verkaufswert) auszahlen; vergleiche auch Abschnitt 3.1.

Bisher hatten wir einen vorgegebenen Planungshorizont T unterstellt. Zur optimalen Festlegung des Endzeitpunktes $T = T^*$ dient die Endbedingung (2.70). Sie liefert im vorliegenden Fall unter Benutzung von (10.56)

$$\pi(T)x(T) - u(T) - \gamma(T) - \delta(T)x(T) + g(T)u(T) = rx(T). \quad (10.62)$$

Ist etwa $g(T) < 1$, so ist $u(T) = 0$ gemäß (10.60), und (10.62) kann geschrieben werden als

$$x(T) = \frac{\gamma(T)}{\pi(T) - r - \delta(T)}. \quad (10.63)$$

Da der durch die Politik (10.61) generierte Endzustand $x(T)$ in monoton fallender Weise von T abhängt (Übungsbeispiel 10.6)) und die rechte Seite von (10.63) in T steigt, ist somit der optimale Ersatzzeitpunkt eindeutig bestimmt.

10.2.2. Eine nichtlineare Version

Die Linearität der Instandhaltungseffizienz in der Zustandsgleichung (10.51) kann durch die unter Umständen realistischere Annahme einer konkaven Wirksamkeitsfunktion ersetzt werden:

$$\dot{x}(t) = -\gamma(t) - \delta(t)x(t) + g(u(t), t). \quad (10.64)$$

Über die Funktionen $\gamma(t)$, $\delta(t)$ und $\pi(t)$ werden dabei wieder dieselben Annahmen wie bisher getroffen; insbesondere soll (10.58) gelten. Für g gelte

$$g \geq 0, \quad g(0, t) = 0, \quad g_u > 0, \quad g_{uu} \leq 0, \quad g_t \leq 0, \quad g_{ut} \leq 0. \quad (10.65)$$

Die Hamiltonfunktion ist

$$H = \pi x - u + \lambda[-\gamma - \delta x + g(u, t)].$$

Die adjungierte Gleichung ist wieder (10.55) mit der Endbedingung (10.56). Ihre Lösung ist also durch (10.57) gegeben. Aufgrund von Annahme (10.58) gilt wieder (10.59). Beschränkt man sich auf innere Lösungen des Maximumprinzips[1], so liefert $H_u = 0$ die Aussage

---

[1] Beispielsweise schaltet die Annahme unendlich hoher Grenzeffizienz der ersten in die Instandhaltung investierten Geldeinheit, d.h. $g_u(0, t) = \infty$, die Randlösung $u = 0$ als suboptimal aus.

$$g_u(u(t), t) = 1/\lambda(t). \tag{10.66}$$

Durch Differentiation von (10.66) nach t erhält man

$$g_{uu}(u, t)\dot{u} = -\dot{\lambda}/\lambda^2 - g_{ut}(u, t). \tag{10.67}$$

Daraus ergibt sich wegen (10.65) und $\dot{\lambda} < 0$ die Monotonieaussage

$$\dot{u}(t) < 0 \quad \text{für alle} \quad t \in [0, T]. \tag{10.68}$$

Daher folgt in Verbindung mit (10.65), daß auch die Gesamtwirkung der Instandhaltung sinkt: $\dot{g} = g_u \dot{u} + g_t < 0$.

Falls die Steuervariable wieder einer Intervallbeschränkung (10.52) unterworfen ist, so schwächt sich (10.68) ab zu

$$u(t_1) \geqq u(t_2) \quad \text{für alle} \quad 0 \leqq t_1 < t_2 \leqq T, \tag{10.69}$$

d. h. die optimale Instandhaltungspolitik ist stets monoton fallend im schwächeren Sinne.

Eine autonome Version des nichtlinearen Thompson-Modells wurde für eine quadratische Instandhaltungskostenfunktion bereits in Abschnitt 4.1 analytisch gelöst.

10.3. Optimale Instandhaltung und Inanspruchnahme einer Produktionsanlage

Der Betrieb einer Produktionsanlage führt zu deren Verschleiß, der umso rascher abläuft, je intensiver die Anlage genutzt wird. In Erweiterung der bisher in diesem Kapitel betrachteten Ansätze scheint es sinnvoll, die *Produktionsrate*, welche bisher als Zeitfunktion vorgegeben war, als *zusätzliche Steuervariable* aufzufassen.

10.3.1. Das Modell von Hartl

Es sei $v(t)$ die Produktionsrate (Nutzungsintensität) der Maschine. Angenommen, durch den Betrieb der Anlage mit der Intensität v werde der Maschinenzustand (sprich: Wiederverkaufswert) mit der Rate $h(v)$ verschlechtert. In Erweiterung zur Systemdynamik (10.64) führt dies zur Zustandsgleichung

$$\dot{x}(t) = -\gamma(t) - [\delta(t) + h(v(t))]x(t) + g(u(t)). \tag{10.70}$$

Man beachte, daß in (10.70) zwar die technische Fortschrittsrate $\gamma(t)$ und die Abnutzungsrate $\delta(t)$ vom Alter der Anlage abhängen; die Effizienz g sowie die Inanspruchnahmefunktion h sollen jedoch nicht explizit von t abhängen. Wie in

296 Instandhaltung und Ersatz

Abschnitt 10.2 wird vorausgesetzt, daß die Funktionen $\gamma(t)$ und $\delta(t)$ stetig seien und schwach monoton zunehmen.

Die Funktionen g und h werden als konkav bzw. konvex angenommen:

$$g(0) = 0; \quad g > 0, g' > 0, g'' < 0 \quad \text{für} \quad u > 0 \tag{10.71a}$$

$$h(0) = 0; \quad h > 0, h' > 0, h'' > 0 \quad \text{für} \quad v > 0. \tag{10.71b}$$

Die Grenzeffizienz der Instandhaltung ist zwar positiv aber fallend; bei Steigerung der Betriebsgeschwindigkeit nimmt hingegen der Verschleiß überproportional zu.

Mit den Bedingungen

$$g'(0) = \infty, \quad h'(0) = 0 \tag{10.71c}$$

können die Randlösungen $u = 0$ bzw. $v = 0$ wie üblich ausgeschlossen werden.

Als Leistungsmaß dient in Analogie zu (10.54) wieder der diskontierte Profitstrom

$$J = \int_0^T e^{-rt}[v(t)x(t) - u(t)]dt + e^{-rT}x(T). \tag{10.72}$$

Eine *autonome Version* des vorliegenden Maschineninstandhaltungsproblems wurde bereits in Abschnitt 4.3 vorgestellt. Man zeigt leicht, daß folgendes gilt: $\det D^2 H = 0$. Gemäß Satz 4.5 ist also die $\dot{\lambda} = 0$ Isokline eine horizontale Gerade, welche mit dem Sattelpunktspfad zusammenfällt. Darüberhinaus erhält man das (x, u)- bzw. (x, v)-Phasendiagramm aus dem (x, λ)-Porträt unter Benutzung der monotonen Transformationen

$$\lambda g'(u) = 1 \quad \text{bzw.} \quad \lambda h'(v) = 1. \tag{10.73}$$

Während das (x, u) und das (x, λ)-Diagramm (qualitativ) „gleich aussehen", entsteht das (x, v)-Porträt durch Spiegelung der Ordinate am Gleichgewichtspfad.

Da die maximierte Hamiltonfunktion konkav ist, ist jede Lösung, die dem Maximumprinzip genügt, optimal. Für unendlichen Zeithorizont sind der Schattenpreis des Maschinenzustandes, die Instandhaltungsausgaben, sowie die Inanspruchnahmeintensität konstant und gleich dem jeweiligen Gleichgewichtswert $\hat{\lambda}, \hat{u}$ bzw. $\hat{v}$. Für endlichen Planungshorizont und nicht zu großen marginalen Wert des Endzustandes (sprich: Wiederverkaufswertes) der Maschine, d. h. für $\lambda(T) = 1 < \hat{\lambda}$, und vergleichsweise „großen" Anfangszustand $(x_0 > \hat{x})$ ist die Situation in Abb. 10.1 skizziert.

Man erkennt daraus folgende Eigenschaften einer optimalen Politik: Die Instandhaltungsausgaben (und der Schattenpreis) *sinken monoton*, während die Betriebsgeschwindigkeit *monoton steigt*. Erstere sind dabei stets *unterhalb* ihres Gleichgewichtsniveaus, während sich die Produktionsrate *oberhalb* ihres stationären Niveaus befindet. Die „hohe Anfangsqualität" der Anlage sinkt aufgrund des hohen Verschleißes zunächst rasch ab, obwohl beide Instrumente u und v „qualitätsfördernd" eingesetzt werden, um dieses Absinken zu verlangsamen.

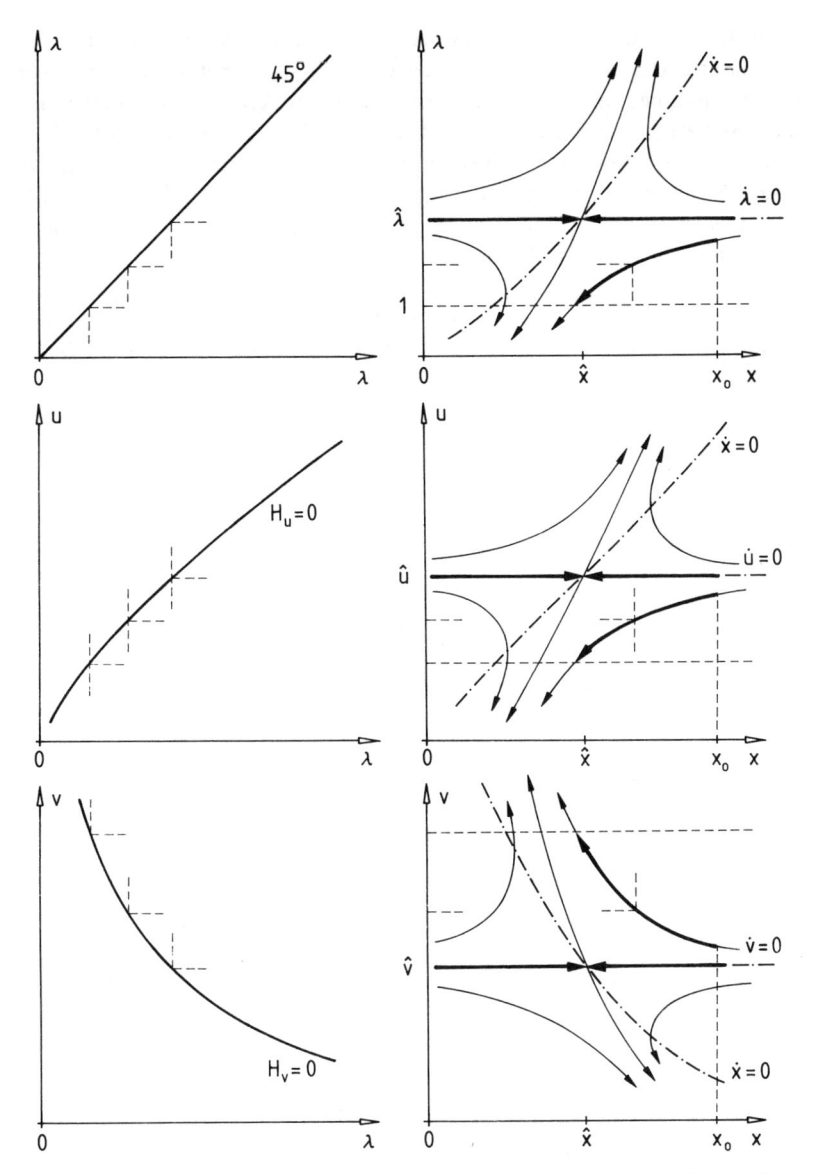

10.3. Optimale Instandhaltung und Inanspruchnahme einer Produktionsanlage 297

Abb. 10.1 Graphische Ableitung der (x, u)- und (x, v)-Diagramme aus dem (x, λ)-Phasenporträt

Die spezielle Modellstruktur (Zustandsseparabilität) hat zur Folge, daß die beiden Steuerungen entlang des optimalen Pfades durch eine Beziehung, nämlich

$$g'(u) = h'(v), \tag{10.74}$$

verbunden sind, die unabhängig vom Zustand und Kozustand ist. Wegen (10.71) besagt sie, daß hoher vorbeugender Instandhaltungsaufwand von niedriger Inanspruchnahmeintensität zu begleiten ist und umgekehrt. Bei optimalem Einsatz sind die Steuerinstrumente u und v also so zu wählen, daß sie den Zustand x *in dieselbe Richtung* beeinflussen (ihn also entweder erhöhen oder erniedrigen). Mit anderen Worten ist es *nicht* optimal, die Anlage mit hoher Produktionsintensität zu fahren und gleichzeitig einen großen Betrag in die Instandhaltung zu investieren, um die Verschlechterung des Maschinenzustandes zu verlangsamen.

Die oben skizzierte Eigenschaft $\dot{\lambda} < 0$, $\dot{u} < 0$, $\dot{v} > 0$ bleibt auch bei dem im folgenden diskutierten *nichtautonomen* Fall erhalten. Zunächst erkennt man, daß für das nichtautonome Modell (10.70–72) sämtliche Voraussetzungen von Lemma 10.1 erfüllt sind. Somit gilt (10.9) und (10.10) mit

$$\hat{\lambda}(t) = v(t)/[r + \delta(t) + h(v(t))]. \qquad (10.75)$$

Wenn die Beziehung

$$1 = \lambda(T) < \hat{\lambda}(T) \qquad (10.76)$$

gilt, so wäre gemäß (10.9) $\dot{\lambda}(T) < 0$ und wegen (10.18) fallen Schattenpreis λ und Instandhaltung u monoton, während die Inanspruchnahmeintensität v steigt.

Allerdings ist nun Annahme (10.19a) von Lemma 10.2 nicht mehr erfüllt, so daß (10.76) bzw. $\dot{\lambda}(T) < 0$ für $T = T^*$ nicht immer erfüllt sein muß.

Eine notwendige Bedingung für ein optimales $T^* > 0$ ist (vgl. Satz 2.5)

$$v(T)x(T) - u(T) - \gamma(T) - [\delta(T) + h(v(T))]x(T)$$
$$+ g(u(T)) = rx(T). \qquad (10.77)$$

(10.77) läßt sich auch schreiben in der Form

$$\frac{v(T)}{r + \delta(T) + h(v(T))} - 1 = \frac{u(T) + \gamma(T) - g(u(T))}{[r + \delta(T) + h(v(T))]x(T)}. \qquad (10.78)$$

Wenn die Instandhaltung u die Wertminderung durch technischen Fortschritt γ nur abschwächen, aber nicht aufheben kann, d.h. wenn analog zu (10.53)

$$\gamma(t) > g(u) \qquad (10.79)$$

gilt, so ist die rechte Seite von (10.78) positiv. Gemäß (10.75) ist also (10.76) erfüllt und (10.18) bzw. die Monotonieaussagen von Lemma 10.3 gelten.

10.3.2. Eine linear-konkave Version

Ziel des vorliegenden Abschnittes ist es, die Modelle von Thompson und Hartl zu verbinden. Dazu werde angenommen, daß der Instandhaltungsaufwand *konstante* Skalenerträge hervorruft, während der Verschleiß des Maschinenzustandes eine *konvexe* Funktion der Inanspruchnahmeintensität ist. Während es bei *linearen* Modellen gilt, Bang-Bang-Lösungen mit singulä-

10.3. Optimale Instandhaltung und Inanspruchnahme einer Produktionsanlage

ren Stücken zu verknüpfen, und im *nichtlinearen* Fall stetig differenzierbare Trajektorien in Phasenräumen analysiert werden, läuft die Lösung der vorliegenden *linear-konkaven* Modellversion auf die *Synthese* nichtlinearer Pfade hinaus.

Autonomer Fall

Wir betrachten zunächst eine *autonome*, linear-konkave Version des Modells von Abschnitt 10.3.1:

$$\max_{u,v} \int_0^T e^{-rt}[v(t)x(t) - u(t)]dt + e^{-rT}x(T) \tag{10.80}$$

$$\dot{x}(t) = -[\delta + h(v(t))]x(t) + gu(t) - \gamma, \ x(0) = x_0. \tag{10.81}$$

$$0 \leq u(t) \leq \bar{u}, \ v(t) \geq 0, \ x(t) \geq 0. \tag{10.82}$$

Anstelle von (10.71a) wird nun konstante marginale Wirksamkeit g der Instandhaltungsausgaben u unterstellt, während die Abnützungsrate $h(v)$ nach wie vor der Konvexitätsvoraussetzung (10.71b) genügen soll.

Analog zu (10.53) nehmen wir an, daß

$$g\bar{u} < \gamma \tag{10.83}$$

gelten soll. Mit anderen Worten kann der Zustand der Anlage durch Instandhaltung niemals verbessert werden; selbst bei maximaler vorbeugender Wartung verschlechtert er sich kontinuierlich.

Falls wir noch, wie in (10.71c), $h'(0) = 0$ annehmen, ist die optimale Produktionsrate positiv, $v > 0$.

Schließlich braucht die Zustandsbeschränkung $x(t) \geq 0$ nicht in Betracht gezogen werden, da die optimale Lösung des unbeschränkten Problems diese Restriktion automatisch erfüllt. Es gilt nämlich folgender Hilfssatz.

Lemma 10.4. *Es sei T^* der optimale Ersatzzeitpunkt der Anlage. Dann gilt für die optimale Zustandstrajektorie $x^*(t) > 0$ für $0 \leq t < T^*$.*

Beweis. Angenommen $x^*(\tau) = 0$ für ein $\tau < T^*$. Dann folgt aus (10.81) und (10.83) $x^*(t) < 0$ für $t > \tau$. Für die optimale Steuerung $(u^*(t), v^*(t))$ liefert dies

$$\int_\tau^{T^*} e^{-rt}[v^*(t)x^*(t) - u^*(t)]dt + e^{-rT^*}x^*(T^*) < 0,$$

was einen Widerspruch zur Optimalität von T^* darstellt, da es jedenfalls besser wäre, die Maschine schon im Zeitpunkt τ zu verkaufen, als erst in T^*. □

Aus Lemma 10.4 folgt die Existenz eines optimalen Verkaufszeitpunktes T^* (Übungsbeispiel 10.12).

Um nun das Kontrollproblem (10.80–82) zu lösen, betrachten wir den Schattenpreis λ und die Hamiltonfunktion

$$H = vx - u + \lambda\{-[\delta + h(v)]x + gu - \gamma\}.$$

Die adjungierte Gleichung ist

$$\dot\lambda = r\lambda - H_x = [r + \delta + h(v)]\lambda - v \qquad (10.84)$$

mit der Transversalitätsbedingung

$$\lambda(T) = 1. \qquad (10.85)$$

Da die Hamiltonfunktion linear in u ist, besitzt die optimale Instandhaltungspolitik Bang-Bang-Gestalt:

$$u = \begin{cases} 0 \\ \text{unbestimmt} \\ \bar u \end{cases} \text{falls} \quad \lambda \begin{cases} < \\ = \\ > \end{cases} 1/g. \qquad (10.86)$$

Andererseits ist H streng konkav in v und es gilt

$$H_v = x - \lambda h'(v)x = 0 \quad \text{d. h.} \quad \lambda = 1/h'(v). \qquad (10.87)$$

(10.84) und (10.87) zeigen, daß sowohl λ als auch v stetig differenzierbar für alle $t \in [0, T]$ sind. Um eine Differentialgleichung für v herzuleiten, differenzieren wir (10.87) nach der Zeit und erhalten $\dot\lambda h' + \lambda h''\dot v = 0$. Setzt man dies in die Kozustandsgleichung (10.84) ein und beachtet (10.87), so ergibt sich

$$\dot v = -[r + \delta + h(v) - vh'(v)]h'(v)/h''(v). \qquad (10.88)$$

Das stationäre Produktionsniveau $\hat v$ genügt der Gleichung

$$\hat v h'(\hat v) - h(\hat v) = r + \delta. \qquad (10.89)$$

Da die linke Seite von (10.89) monoton steigt, ist die Lösung von (10.89) eindeutig. (Für die Existenz vgl. man Übungsbeispiel 10.13).

Man beachte, daß wegen der Annahme $h'(0) = 0$ neben $v = \hat v$ auch $v = 0$ einen Gleichgewichtswert darstellt.

Nun erkennt man leicht, daß

$$\begin{matrix}\dot v > 0 \\ \dot v < 0\end{matrix}\bigg\} \text{ falls } \begin{cases} v > \hat v \\ 0 < v < \hat v. \end{cases} \qquad (10.90)$$

Für die Instandhaltungsintensität u kann keine singuläre Lösung auftreten. Denn aus (10.86), (10.84) und (10.87) würde für eine solche $\lambda g = 1$, $\dot\lambda = 0$ und $g = h'(\hat v)$ folgen. Diesen Grenzfall wollen wir aber ausschließen. Somit gilt gemäß (10.86) und (10.87)

10.3. Optimale Instandhaltung und Inanspruchnahme einer Produktionsanlage

$$u(t) = \begin{cases} 0 \\ \bar{u} \end{cases} \text{ falls } h'(v) \begin{cases} > \\ < \end{cases} g, \quad \text{d.h. für } v \begin{cases} > \\ < \end{cases} \hat{v}. \tag{10.91}$$

Der Schwellwert $\hat{v}$ ist dabei durch die Beziehung

$$h'(\hat{v}) = g \tag{10.92}$$

eindeutig festgelegt.

Die ökonomische Bedeutung von (10.91) liegt auf der Hand: Ist zu einem Zeitpunkt die marginale Effizienz g der Instandhaltung *kleiner* (*größer*) als die marginale „Diseffizienz" $h'(v)$ der Produktionsrate, so besteht die optimale Entscheidung in diesem Zeitpunkt in der Wahl des *minimalen* (*maximalen*) Wertes der Wartungsrate u. Um den Verschleiß der Anlage zu verlangsamen, kann man vorbeugend instandhalten oder die Inanspruchnahmeintensität reduzieren. Gewartet wird nur, wenn die Wirksamkeit der Instandhaltungsmaßnahme hinreichend groß ist; andernfalls reagiert die Firma durch Rücknahme der Produktionsgeschwindigkeit.

Die Bedingungen des Maximumprinzips sind hinreichend für die Optimalität der Lösung, da die maximierte Hamiltonfunktion $\max_{u,v} H = H^0$ konkav in x ist (vgl. Satz 2.2). Da gemäß (10.86) und (10.87) die Kontrollen u und v nur von λ, jedoch nicht von x abhängen, gilt nämlich $H_{xx}^0 = H_{xx} = 0$.

Die notwendige Transversalitätsbedingung für einen optimalen Verkaufszeitpunkt T^* lautet

$$H(x(T^*), u(T^*), v(T^*), \lambda(T^*), T^*) = rx(T^*).$$

Um die optimale Politik (u, v) zu ermitteln, benötigen wir einige vorbereitende Resultate. Zunächst ist u gemäß (10.86) bzw. (10.91) eine stückweise konstante Funktion. Man kann also das System der Differentialgleichungen (10.81, 88) für konstante u untersuchen. Die Isoklinen sind gegeben durch

$$\dot{x} = 0 \Leftrightarrow x = (gu - \gamma)/[\delta + h(v)]$$
$$\dot{v} = 0 \Leftrightarrow v = 0 \text{ oder } v = \hat{v}.$$

Die Elemente der Jacobi-Matrix J sind

$$\frac{\partial \dot{x}}{\partial x} = -\delta - h < 0, \quad \frac{\partial \dot{x}}{\partial v} = xh' < 0; \quad \frac{\partial \dot{v}}{\partial x} = 0, \quad \left.\frac{\partial \dot{v}}{\partial v}\right|_{v=\hat{v}} = vh'.$$

Der Punkt

$$x = (gu - \gamma)/[\delta + h(\hat{v})] = \hat{x} < 0, \quad v = \hat{v} > 0$$

ist somit ein Sattelpunkt (det $J < 0$) sowohl für $u = 0$ als auch für $u = \bar{u}$. Die Phasendiagramme des Systems (10.81), (10.88) sind in Abb. 10.2ab skizziert. In beiden Fällen ist der stationäre Punkt $x = (gu - \gamma)/\delta$, $v = 0$ ein stabiler Knoten. (Obwohl det $J = 0$ gilt, konvergieren alle Trajektorien zu diesem Gleichgewicht.)

302   Instandhaltung und Ersatz

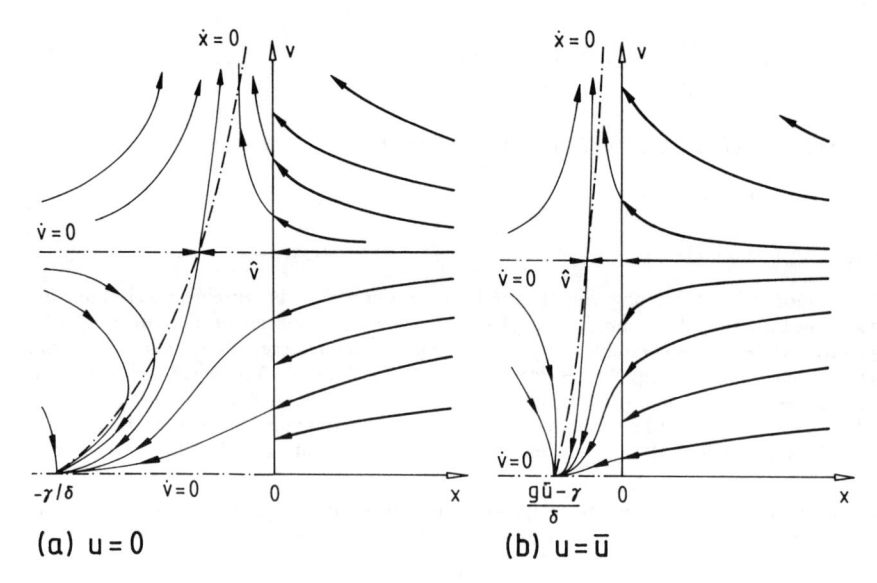

(a) $u = 0$ **(b)** $u = \bar{u}$

Abb. 10.2 (x, v)-Phasendiagramm für das linear-konkave Modell

Aus (10.92) erkennt man, daß im (x, v)-Phasenporträt eine waagrechte Gerade $v = \tilde{v}$ existiert, oberhalb (unterhalb) derer die optimale Lösung durch eine der Trajektorien der Abbildungen 10.2a (10.2b) repräsentiert wird.

Somit hat man zwischen folgenden drei möglichen Fällen zu unterscheiden:

Fall 1: $\tilde{v} > \hat{v} \Leftrightarrow h'(\hat{v}) < g$

Fall 2: $\tilde{v} < \hat{v} \Leftrightarrow h'(\hat{v}) > g$

Fall 3: $\tilde{v} = \hat{v} \Leftrightarrow h'(\hat{v}) = g$.

Fall 1: In diesem Fall, in dem die marginale Effizienz g der Instandhaltung vergleichsweise groß ist, liegt die Isokline $v = \hat{v}$ in der Region $u = \bar{u}$, d.h. unterhalb der Geraden $v = \tilde{v}$. Abb. 10.3 zeigt das Verhalten der optimalen Lösungspfade in der (x, v)-Phasenebene.

Man beachte, daß die Trajektorien beim Passieren der Geraden $v = \tilde{v}$ einen Knick aufweisen. Denn wegen (10.88) ist $\dot{v}$ stetig, während $\dot{x}$ beim Übergang von $u = \bar{u}$ zu $u = 0$ gemäß (10.81) einen Sprung nach unten aufweist.

Jedem Paar (x_0, T) entspricht eine Trajektorie aus Abb. 10.3. Kombiniert man die Transversalitätsbedingung (10.85) mit (10.87), so erhält man die Endbedingung

$$h'(v_T) = 1.$$ (10.93)

Eine optimale Lösung startet also auf der vertikalen Geraden $x = x_0$ und endet auf der Horizontalen $v = v_T$.

Je nach Größe der Grenzeffizienz der Instandhaltung liefert dies folgende Struktur der *optimalen Politik*:

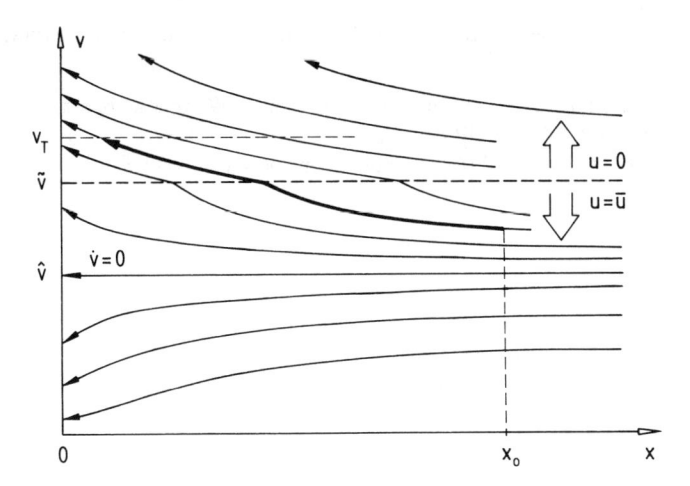

10.3. Optimale Instandhaltung und Inanspruchnahme einer Produktionsanlage

Abb. 10.3 Optimale Produktionsrate und Instandhaltungsausgaben im Falle hoher marginaler Effizienz der Instandhaltung

Für Werte von $g < 1$ existiert eine Zeitperiode $\tau > 0$, so daß gilt:

falls $T \leq \tau$, so ist $u(t) = 0$ für alle $t \in [0, T]$,

falls $T > \tau$, so ist $u(t) = \begin{cases} \bar{u} \text{ für } t \leq \theta = T - \tau \\ 0 \text{ für } t > \theta; \end{cases}$

ferner gilt:

$$\dot{v} > 0, \quad v > \hat{v}.$$

Für Werte von $g \geq 1$ gilt

$$u(t) = \bar{u} \quad \text{für alle} \quad t \in [0, T];$$

für das Monotonieverhalten von v und λ gibt es zwei Möglichkeiten:

g „mittel": $\quad \dot{v} > 0, v > \hat{v},$

g „sehr groß": $\dot{v} < 0, v < \hat{v}.$

Die Gültigkeit dieses optimalen Verhaltens ist aus Abb. 10.3 ersichtlich. Man beachte, daß gemäß (10.92) und (10.93) gilt:

$$g \lesseqgtr 1 \Leftrightarrow v_T \lesseqgtr \tilde{v}.$$

In Abb. 10.3 ist der Fall $v_T > \tilde{v} > \hat{v}$ hervorgehoben, in dem (zumindest) am Ende des Planungsintervalls *nicht instandgehalten* wird. Investitionen zugunsten einer Verlangsamung des Anlagenverschleiß zahlen sich dann nicht mehr aus. Ist T hinreichend groß, so startet die Lösung mit maximaler vorbeugender Wartung, $u = \bar{u}$, und passiert zum Zeitpunkt $t = \theta$ die Gerade $v = \tilde{v}$, wobei auf $u = 0$ umgeschaltet wird. Entlang der gesamten Trajektorie ist die Produktionsrate relativ hoch und monoton steigend.

Die Diskussion des Falls 2, in welchem für die marginale Wartungseffizienz $g < h'(\hat{v})$ gilt, verläuft analog (Übungsbeispiel 10.14).

Die Diskussion des Grenzfalls 3 ($\tilde{v} = \hat{v}$) bringt keine neuen Einsichten.

Nichtautonomer Fall

Die Zeitunabhängigkeit der Parameter des Modells (10.80–82) ist möglicherweise ein unrealistischer Zug des Modells, von dem wir uns nun befreien wollen. Vorgelegt sei also folgendes nichtautonome Kontrollproblem:

$$\max_{u,v} \{\int_0^T e^{-rt}[v(t)x(t) - c(t)u(t)]dt + e^{-rT}x(T)\} \tag{10.94}$$

$$\dot{x}(t) = -[\delta(t) + h(v(t))]x(t) + g(t)u(t) - \gamma(t). \tag{10.95}$$

Neben $x(0) = x_0$ seien noch die Nebenbedingungen (10.82) erfüllt.

In Erweiterung zu früher bedeute nun vx den Bruttoerlös und $c(t)$ die Einheitskosten der Instandhaltung. Die Effizienz g soll vom Alter t der Anlage abhängen. Für $h(v)$ gelte wieder (10.71bc). Ferner seien noch folgende Annahmen erfüllt:

$$g > 0, \dot{g} \leq 0; \quad c > 0, \dot{c} \geq 0; \quad \delta > 0, \dot{\delta} \geq 0. \tag{10.96}$$

Grob gesprochen bedeuten diese Annahmen, daß sich die Situation der Maschine mit wachsendem Alter zunehmend verschlechtert (genauer: nicht verbessert).

Schließlich gelte noch in Analogie zu (10.83)

$$g(t)\bar{u} < \gamma(t), \tag{10.97}$$

wobei $\gamma(t)$ eine beliebige stetige Funktion ist.

Zur Analyse dieses Modells formulieren wir zunächst folgenden Hilfssatz für den Schattenpreis $\lambda(t)$ und definieren die Funktion

$$\hat{\lambda}(t) = v/(r + \delta + h). \tag{10.98}$$

Lemma 10.5. a) *Falls* $\dot{\lambda}(\bar{t}) \geq 0$ *für ein* $\bar{t} \in [0, T]$, *so gilt* $\dot{\lambda}(t) \geq 0$ *für alle* $t \in [\bar{t}, T]$.
b) *Falls der Endzeitpunkt optimal gewählt wird,* $T = T^*$, *so gilt* $\dot{\lambda}(T^*) < 0$ *und daher* $\dot{\lambda}(t) < 0$ *für* $t \in [0, T^*]$.

Beweis. a) Der Beweis verläuft analog zu jenem von Lemma 10.1. Man beachte aber, daß die Annahmen (10.5) und (10.6) nicht mehr gelten. Die notwendigen Optimalitätsbedingungen lauten:

10.3. Optimale Instandhaltung und Inanspruchnahme einer Produktionsanlage

$$H = vx - cu + \lambda\{-[\delta + h(v)]x + gu - \gamma\},$$

$$u(t) = \begin{Bmatrix} 0 \\ \text{unbestimmt} \\ \bar{u} \end{Bmatrix} \quad \text{für} \quad \lambda(t) \begin{Bmatrix} < \\ = \\ > \end{Bmatrix} c(t)/g(t), \quad (10.99)$$

wobei (10.84, 85) und (10.87) formal unverändert bleiben.
Die adjungierte Gleichung läßt sich unter Verwendung von $\hat{\lambda}$ aus (10.98) schreiben als

$$\dot{\lambda} = (r + \delta + h)(\lambda - \hat{\lambda}). \tag{10.100}$$

Teil a) des Lemmas ist somit bewiesen, wenn wir zeigen können, daß gilt:

$$\text{Aus} \quad \dot{\lambda} \geq 0 \quad \text{folgt} \quad \hat{\lambda}^{\cdot} \leq 0. \tag{10.101}$$

Sei also $\dot{\lambda} \geq 0$. Differenziert man (10.87) nach t, so erhält man

$$\dot{v} = -\dot{\lambda} h'/\lambda h'' \leq 0. \tag{10.102}$$

Aus (10.98) folgt unter Verwendung von (10.87)

$$\hat{\lambda}^{\cdot} = \frac{\dot{v}}{r+\delta+h} - \frac{v(\dot{\delta} + h'\dot{v})}{(r+\delta+h)^2} = \frac{\dot{v} - \hat{\lambda}(\dot{\delta} + h'\dot{v})}{(r+\delta+h)}$$

$$= \frac{\dot{v}(\lambda - \hat{\lambda})h' - \dot{\delta}\hat{\lambda}}{r+\delta+h} \leq 0. \tag{10.103}$$

Das Vorzeichen in (10.103) folgt dabei aus der Annahme $\dot{\lambda} \geq 0$, (10.100) und (10.102). Damit ist (10.101) gezeigt.

b) Für den optimalen Ersatzzeitpunkt $T = T^*$ folgt gemäß (2.70) und $\lambda(T) = 1$

$$vx - cu - (\delta + h)x + gu - \gamma = rx. \tag{10.104}$$

Eliminiert man v in (10.104) mittels (10.84), so erhält man gemäß (10.97)

$$-\dot{\lambda}x = cu + \gamma - gu > 0. \tag{10.105}$$

D.h. $\dot{\lambda}(T^*) < 0$. Aus Teil a) folgt somit $\dot{\lambda}(t) < 0$ für alle $t \in [0, T]$. □

Aus $\dot{\lambda} < 0$ und (10.102) erhält man $\dot{v} > 0$. Da c/g in t steigt, λ hingegen fällt, so ist gemäß (10.99) die optimale Instandhaltungsrate u in folgender Weise monoton fallend:

$$u(t) = \begin{Bmatrix} \bar{u} \\ 0 \end{Bmatrix} \quad \text{für} \quad \begin{Bmatrix} t < \tau \\ t \geq \tau \end{Bmatrix} \quad \text{falls} \quad g(T) < c(T) \tag{10.106a}$$

$$u(t) = \bar{u} \quad \text{für} \quad t \in [0, T] \quad \text{falls} \quad g(T) > c(T). \tag{10.106b}$$

Wenn T „klein" ist, so kann es im Fall (10.106a) passieren, daß der Umschaltzeitpunkt $\tau = 0$ wird, d.h. $u(t) = 0$ für $t \in [0, T]$.

Man vergleiche dazu die optimale Instandhaltungspolitik im früher beschriebenen autonomen Fall. Bezüglich der optimalen Einsatzdauer der Maschine kann analog zu Lemma 10.4 gezeigt werden, daß sie endlich ist. Aus der Transversalitätsbedingung (10.104) bzw. (10.106) sieht man, daß $x(T^*) > 0$ gilt, d.h. es ist optimal die Anlage zu verkaufen bevor der Wiederverkaufswert auf Null abgesunken ist.

10.3.3. Eine nichtzustandsseparable Variante

Angenommen, eine Maschine produziere pro Zeiteinheit v Stücke, deren Qualität vom Zustand x der Maschine abhänge und die *pro Stück* $\Phi(x)$ Geldeinheiten Erlös bringen. Zieht man davon die Instandhaltungsausgaben u ab und diskontiert den Profit mit der Rate r, so erhält man das Zielfunktional

$$J = \int_0^T e^{-rt} [v\Phi(x) - u] \, dt + e^{-rT} S(x(T), T). \tag{10.107}$$

Für den Bruttoprofit $\Phi(x)$ eines Stückes, das von einer Anlage im Zustand x produziert wird, nehmen wir an:

$$\Phi(0) = 0, \quad \Phi' > 0, \quad \Phi'' \leq 0. \tag{10.108}$$

Als Systemdynamik diene nun die Differentialgleichung

$$\dot{x} = -\gamma - \delta x + g(u) - h(v). \tag{10.109}$$

Für die Effizienzfunktion der Instandhaltung $g(u)$ und die Abnutzungsfunktion $h(v)$ setzen wir wieder (10.71abc) voraus. Wie üblich werden dadurch Randlösungen $u = 0$, $v = 0$ als suboptimal ausgeschlossen.

Aufgrund der Annahmen (10.71ab), (10.108) und der Modellstruktur sind die Bedingungen (4.40, 41) erfüllt. Die gesamte Phasendiagrammanalyse bei zwei gegenläufigen Steuerungen des Abschnittes 4.3 kann also auf das vorliegende Instandhaltungs/Produktionsmodell angewendet werden.

Die Hamiltonfunktion

$$H = v\Phi(x) - u + \lambda[-\gamma - \delta x + g(u) - h(v)]$$

ist für $\lambda > 0$ aufgrund der Annahmen (10.71) strikt konkav in (u, v).

Die Maximumbedingung lautet

$$\lambda = 1/g'(u) = \Phi(x)/h'(v). \tag{10.110}$$

Der Schattenpreis ist also gleich dem reziproken Wert der Grenzeffizienz der Instandhaltung bzw. dem Quotienten aus Erlös für ein zusätzlich produziertes Stück und der dadurch bewirkten marginalen Zustandsverschlechterung.

Die zusätzlich zu (4.40, 41) geltende Beziehung $H_{uv} = 0$ vereinfacht die Analyse der Optimali-

10.3. Optimale Instandhaltung und Inanspruchnahme einer Produktionsanlage

tätsbedingungen. Allerdings kann über das Vorzeichenresultat (4.49) hinaus nichts ausgesagt werden; insbesondere wird i. a. $\partial \dot{\lambda}/\partial x$ gemäß (4.49c) unbestimmtes Vorzeichen besitzen. Falls ein Gleichgewichtspunkt existiert, so kann er also ein Sattelpunkt sein, dies muß aber nicht der Fall sein.

Da für das allgemeine Modell (10.107, 109) die Sattelpunktseigenschaft nicht gesichert ist, überprüfen wir für Φ und h aus der Klasse der Potenzfunktionen, ob bzw. wann $\partial \dot{\lambda}/\partial x > 0$ gilt, d. h. ein Sattelpunkt vorliegt. Es sei also

$$\Phi(x) = x^\alpha \quad \text{mit} \quad 0 < \alpha < 1, \quad h(v) = v^\beta \quad \text{mit} \quad \beta > 1. \tag{10.111}$$

Man zeigt leicht (Übungsbeispiel 10.17), daß

$$\partial \dot{\lambda}/\partial x \gtreqless 0 \Leftrightarrow (1-\alpha)(\beta-1) \gtreqless \alpha \Leftrightarrow \beta \gtreqless 1/(1-\alpha). \tag{10.112}$$

Gemäß (10.112) liegt für Erlös- bzw. Abnutzungsfunktion Φ bzw. h mit konstanten Elastizitäten α bzw. β ein *Sattelpunkt mit fallendem Gleichgewichtspfad* vor ($\partial \dot{\lambda}/\partial x > 0$), wenn *$\beta$ groß und α klein ist* (vgl. Satz 4.5). Sind hingegen die Funktionen Φ und h nahezu linear ($\alpha \cong 1, \beta \cong 1$), so *steigt* die Isokline $\dot{\lambda} = 0$ und damit der Gleichgewichtspfad oder es liegt überhaupt kein Sattelpunkt vor (vgl. Abb. 4.7). Ist $\beta(1-\alpha) = 1$, also etwa für $\alpha = \frac{1}{2}, \beta = 2$, so gilt global $\partial \dot{\lambda}/\partial x = 0$ und der stabile Pfad ist eine waagrechte Gerade.

Abb. 10.4 gibt den Verlauf optimaler Lösungen für $\beta(1-\alpha) > 1$ im (x, λ)-, (x, u)- und (x, v)-Diagramm wieder.

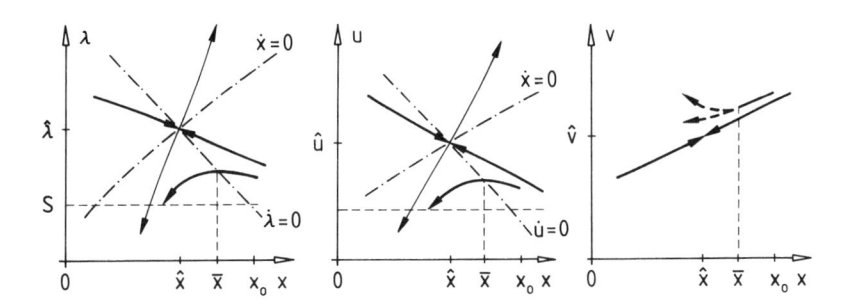

Abb. 10.4 Der Verlauf optimaler Lösungen im nicht-zustandsseparablen Instandhaltungsmodell

Im (x, λ)-Diagramm ist der Gleichgewichtspfad eine fallende Kurve. Das (x, u)-Phasenporträt geht gemäß (10.110) durch eine monotone Ordinatentransformation aus dem (x, λ)-Diagramm hervor. Wegen Satz 4.7 und 4.8 ist sichergestellt, daß auch im (x, v)-Diagramm ein Sattelpunkt mit steigendem Gleichgewichtspfad vorliegt. Über die Lage der Isoklinen kann nun allerdings nichts ausgesagt werden. In Abb. 10.4 ist für die Restwertfunktion $S(x, T) = Sx$ und den Fall $\hat{\lambda} > S, x_0 > \hat{x}$ der Verlauf einer optimalen Lösung skizziert. Der Zustand der Maschine verschlechtert sich dabei kontinuierlich. Die Instandhaltung u steigt zunächst, um den Verschleiß zu verlangsamen, und sinkt am Ende des Planungsintervalls wieder. Durch vollständige Differentiation der Maximumbedingung $H_v = 0$ nach der Zeit und Beachtung der Modellvoraussetzungen erkennt man sofort, daß die Inanspruchnahmeintensität v sinkt, wenn x sinkt und λ steigt; anderenfalls kann keine generelle Aussage über $\dot{v}$ getroffen werden. Auch zum Zeitpunkt $\bar{t}$, wo von steigender zu fallender Wartungsintensität übergegangen wird, sinkt die Betriebsgeschwindigkeit noch ($x(\bar{t}) = \bar{x}$, vgl. Abb. 10.4). Ob sie gegen Ende der Periode wieder steigt (da der Wiederverkaufswert relativ gering ist) oder global sinkt, kann nicht generell angegeben werden.

Gemäß (10.112) ist für $\beta(1-\alpha)\cdot \geqq 1$ die Matrix $\partial^2 H/\partial(x,u,v)^2$ negativ semidefinit für $H_u = H_v = 0$. Daher ist nach Satz 2.2 das Maximumprinzip in diesem Fall auch hinreichend für die Optimalität der Lösung.

Übungsbeispiele zu Kapitel 10

10.1. Man leite (10.21) in Lemma 10.2 für eine Kette von Maschinen ab (d.h. das Zielfunktional (10.1a) wird durch $\tilde{J}(T)$ aus (2.74) ersetzt). Dabei setzt man voraus, daß der Betrieb einer Anlage profitabel ist, d.h. $\tilde{J}(T) > 0$.

10.2. Man zeige für das Kamien-Schwartz-Modell, daß die optimale Instandhaltungspolitik für beliebigen (festen) Planungshorizont T folgende drei Formen aufweisen kann:

$\dot{u} < 0$ für $t \in [0, T]$ oder
$\dot{u} > 0$ für $t \in [0, T]$ oder
$\dot{u} < 0$ für $t \in [0, \tau)$, $\dot{u} > 0$ für $t \in (\tau, T]$.

Man verifiziere, daß gemäß Bemerkung 2.4 die hinreichenden Optimalitätsbedingungen erfüllt sind.

10.3. Man ermittle die Gestalt der optimalen Instandhaltungs- und Produktionspolitik des Modells (10.47–50). Welcher (qualitative) Zusammenhang besteht zwischen u und v entlang des optimalen Pfades?

10.4. Das folgende Beispiel erhebt keinerlei Anspruch auf Realitätsbezogenheit. Ein stetiger Liebhaber gehe mit der Intensität u seiner Neigung nach, Frauen zu verführen. Daraus zieht er einen Nutzen $U(u)$, der als konkav, linear bzw. konvex angenommen werden kann. Allerdings unterliegt er auch dem Risiko, von eifersüchtigen Rivalen getötet zu werden. Es sei $x(t)$ die Wahrscheinlichkeit, daß der Verführer zum Zeitpunkt t noch am Leben ist. Ferner sei W der Schmerz des Liebhabers, wenn er getötet wird, p der (laufende) Disnutzen, tot zu sein und $V(t)$ der Wert, mit dem das Überleben zum Zeitpunkt t bewertet wird. Man formuliere ein entsprechendes Kontrollmodell (Hinweis: Man verwende den Ansatz von Kamien und Schwartz).

10.5. Man zeige (10.59) direkt, d.h. durch Differentiation von (10.57) unter Verwendung von (10.58).

10.6. Man zeige für das Thompsonmodell, daß der Endpunkt der Trajektorie $x(T)$ in monoton fallender Weise vom (zunächst fixierten) Ersatzzeitpunkt T abhängt. (Hinweis: Aus $\lambda(\tau) = 1$ und (10.57) leite man zunächst

$$\frac{d\tau}{dT} = \exp(-\int_\tau^T \beta(s)\,ds)\,\frac{\pi(T)-\beta(T)}{\pi(\tau)-\beta(\tau)} < 1$$

für den Umschaltzeitpunkt τ ab.)

10.7. Man löse folgende autonome Variante des Thompson-Modells:

$$\max_{u\in[0,\bar{u}]} \int_0^T e^{-rt}[\Pi(x)-u]\,dt + e^{-rT}x(T)$$
$$\dot{x} = -\gamma - \delta x + gu,\quad x(0) = x_0,$$

wobei nun γ, δ und g Konstanten sind. Dabei wird unterstellt, daß der Bruttogewinn $\Pi(x)$, der mit einer Anlage vom Wiederverkaufswert x erwirtschaftet werden kann, in konkaver Weise von x abhängt.

10.8. Man löse das Thompson-Modell bei Vorliegen einer Budgetbeschränkung

$$\dot{y} = ry - u;\quad y(0) = y_0,\quad y(T) \geq 0.$$

Dabei ist $y(t)$ das zum Zeitpunkt t (noch) verfügbare Budget. Wie sieht nun die Bang-Bang-Politik (10.60) aus? Wie ändert sich der Umschaltzeitpunkt τ im Vergleich zu (10.61)? (Hinweis: Vgl. Abschnitt 5.1).

10.9. Als Variante des nichtlinearen Thompson-Modells betrachte man folgendes Instandhaltungsmodell: Maximiere (10.54) unter der Nebenbedingung $\dot{x} = f(x, u, t)$, wobei folgende Annahmen gelten sollen:

$$f_x \geq r, f_u > 0, f_{uu} < 0, f_{ux} = 0, f_{ut} \leq 0.$$

Man zeige, daß in diesem Fall immer $\dot{\lambda} < 0$ und $\dot{u} < 0$ gilt (vgl. *Rapp*, 1974).

10.10. Man führe eine statische Sensitivitätsanalyse des Modells von Abschnitt 10.3.1 durch und beweise folgende (ökonomisch plausiblen) Aussagen:

$$\frac{\partial \hat{x}}{\partial r} < 0,\ \frac{\partial \hat{u}}{\partial r} < 0,\ \frac{\partial \hat{v}}{\partial r} > 0;\quad \frac{\partial \hat{x}}{\partial \delta} < 0,\ \frac{\partial \hat{u}}{\partial \delta} < 0,\ \frac{\partial \hat{v}}{\partial \delta} > 0.$$

10.11. Man löse folgendes Maschinenbedienungsproblem:

$$\max_{\lambda,\mu}\{\int_0^T e^{-rt}[d(\lambda(t))p_0(t) - c(\mu(t))p_1(t)]\,dt + e^{-rT}Sp_0(T)\}$$
$$\dot{p}_0(t) = -\lambda(t)p_0(t) + \mu(t)p_1(t)$$
$$\dot{p}_1(t) = \lambda(t)p_0(t) - \mu(t)p_1(t) \qquad (10.113)$$
$$p_0(t) + p_1(t) = 1;\quad p_0(0) = 1.$$

Dabei kann die Maschine nur einen der beiden Zustände 0 („funktionsfähig") bzw. 1 („kaputt") annehmen. Es bezeichne $p_i(t)$ die Wahrscheinlichkeit, daß sich die Maschine im Zustand i ($i = 0, 1$) befindet, $\lambda(t)$ die Ausfallsrate und $\mu(t)$ die Reparaturintensität. Die Übergänge werden durch einen einfachen Markoffprozeß beschrieben, dessen Graph in Abb. 10.5 angegeben ist; die Systemdynamik ist gegeben durch die (Kolmogoroffschen) Differentialgleichungen (10.113).

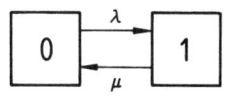

Abb. 10.5 Zustandsdiagramm (Markoffgraph) des einfachen Maschinenbedienungsproblems

λ und μ sind die Steuervariablen. Während der Betrieb der Anlage mit der Intensität λ einen Erlös von $d(\lambda)$ Geldeinheiten abwerfen soll, möge eine Reparaturintensität μ Kosten von $c(\mu)$ verursachen. Wie üblich unterstellen wir konkave Erlöse und eine konvexe Kostenfunktion: $d > 0$, $d' > 0$, $d'' < 0$; $c > 0$, $c' > 0$, $c'' > 0$. Da Erlöse nur bei intakter und Reparaturkosten nur bei kaputter Maschine anfallen, so beträgt der *erwartete* Gewinn, der pro Zeiteinheit aus dem Maschinenbetrieb erzielt wird, $d(\lambda)p_0 - c(\mu)p_1$.

Man ermittle die Betriebsgeschwindigkeit λ und die Reparaturrate μ so, daß der diskontierte Profitstrom möglichst groß wird. Falls man die Intaktwahrscheinlichkeit p_0 als Zustandsvariable auffaßt, so handelt es sich dabei um ein nichtlineares Kontrollproblem mit einer Zustands- und zwei Kontrollvariablen.

Man analysiere das (pseudo-)stochastische Maschinenbedienungsproblem (für eine Maschine). Wie schauen die Sattelpunktsdiagramme aus? Welcher Zusammenhang besteht zwischen λ und μ entlang des optimalen Pfades?

10.12. Man zeige für das linear-konkave Modell von Abschnitt 10.3.2, daß der optimale Ersatzzeitpunkt T^* existiert und folgende obere Schranke $\bar{T}$ besitzt:

$$T^* \leq \bar{T} = \frac{1}{\delta} \ln \frac{\delta x_0 + \gamma - g\bar{u}}{\gamma - g\bar{u}}.$$

(Hinweis: Man setze $u = \bar{u}$ und $v = 0$ und bestimme den Zeitpunkt des Auftreffens auf $x = 0$.)

10.13. Man zeige, daß die Existenz eines stationären Inanspruchnahmeniveaus $\hat{v}$ gemäß (10.89) gewährleistet ist, falls $h(v) = hv^\alpha$ mit $\alpha > 1$ bzw. (allgemein) falls vh'' für $v \to \infty$ nicht verschwindet.

10.14. Man ermittle die qualitative Struktur der optimalen Instandhaltungs- und Produktionspolitik für das linear-konkave Modell im Fall 2 ($\tilde{v} < \hat{v} \Leftrightarrow h'(\hat{v}) > g$). (Hinweis: Man zeichne ein Phasenporträt analog Abb. 10.3).

10.15. Man löse das Problem (10.80–82) mit $h(v) = hv$ und $0 \leq v \leq \bar{v}$.

10.16. Man untersuche für das Instandhaltungs/Produktionsmodell (10.107, 109) die Reaktion der Gleichgewichtswerte $\hat{x}$, $\hat{u}$, $\hat{v}$ auf Änderung der Parameter r (Diskontrate) und δ (Verschleißrate). Man zeige, daß im Falle eines Sattelpunktes folgende Aussagen gelten

$$\frac{\partial \hat{x}}{\partial r} < 0, \quad \frac{\partial \hat{x}}{\partial a} < 0, \quad \frac{\partial \hat{u}}{\partial r} < 0.$$

10.17. Man zeige für Potenzfunktionen (10.111) die Äquivalenz (10.112).

Weiterführende Bemerkungen und Literatur zu Kapitel 10

Probleme der Instandhaltung und des Ersatzes von Produktionsanlagen besitzen eine lange Tradition. Schon *Hotelling* (1925) hat sich mit der optimalen Einsatzdauer von Maschinen beschäftigt, wobei der Barwert des produzierten Nettoertrages zu maximieren war.

Terborgh (1949) hat in seiner MAPI-Studie[1] das Problem des wirtschaftlichen Ersatztermins

---

[1] Machines and Allied Products Institute.

von Maschinen untersucht. *Boiteux* (1955) hat das Modell durch Einbeziehung von Instandhaltungsaktionen vor Außerbetriebsetzung einer Anlage erweitert. *Massé* (1962) hat die simultane Optimierung von Reparatur und Einsatzdauer diskutiert.

Näslund (1966) hat in einer der frühesten ökonomischen Anwendungen des Maximumprinzips eine Erweiterung des Boiteux-Problems gelöst. Zur gleichen Zeit entstand eine erste, etwas später veröffentlichte Arbeit von *Thompson* (1968), welche einen großen Bekanntheitsgrad erlangte und den Start zu einer ganzen Reihe von Arbeiten abgab, die sich mit der simultanen optimalen Bestimmung vorbeugender Instandhaltungsaufwendungen und der Nutzungsdauer von Produktionsanlagen beschäftigten, vgl. dazu etwa Abschnitt 10.2 sowie *Arora* und *Lele* (1970), *Sethi* (1973a), *Bensoussan* et al. (1974, §5), *Rapp* (1974) u.a. Dabei handelt es sich um rein *deterministische* Modelle, in denen die Anlage aufgrund von sukzessivem Verschleiß und technischem Fortschritt an Wert verliert.

Kamien und *Schwartz* (1971a) haben in einem „klassischen" Aufsatz vorbeugende Instandhaltung bei *stochastischem* Momentanausfall untersucht; vgl. auch *Alam* und *Sarma* (1974), *Schichtel* (1980) und Abschnitt 10.1.

Rapp (1974) und *Luhmer* (1975) vermitteln lesenswerte Einstiege in die Entwicklung. Dabei betont Rapp den Investitionscharakter von Instandhaltungsaufwendungen. *Preinreich* (1940) hat im Zusammenhang mit seinen erneuerungstheoretischen Untersuchungen Ketten von Maschinen betrachtet. *Tapiero* und *Venezia* (1979) haben ein (pseudo-)stochastisches Instandhaltungsmodell analysiert, in dem neben dem Mittelwert auch die Varianz des Verkaufswertes einer Maschine in Betracht gezogen wird. Eine gute Einführung in die moderne Verschleißforschung (Tribologie) und ihre ökonomische Relevanz vermittelt *Stepan* (1981). Schließlich sei noch auf den Artikel von *Pierskalla* und *Voelker* (1976) hingewiesen, der einen allgemeinen Einblick in Instandhaltungsmodelle liefert.

Bei der Analyse des Modells von *Kamien* und *Schwartz* (1971a) in Abschnitt 10.1 haben wir uns einer etwas anderen, eleganteren Vorgangsweise bedient als die Autoren in ihrem bahnbrechenden Aufsatz. Für die in Übungsbeispiel 10.3 skizzierte Erweiterung vergleiche man *Feichtinger* (1985b). Der in Übungsbeispiel 10.4 erwähnte stetige Liebhaber geht bei *Hartl* und *Mehlmann* (1984) seinen Neigungen nach.

Das Modell von Abschnitt 10.3.1 wurde von *Hartl* (1980, 1983b) analysiert. Das hier beobachtete „*synergistische*" Verhalten der Steuerungen, nämlich daß sie bei optimalem Einsatz den Zustand in dieselbe Richtung beeinflussen, tritt auch bei anderen Modellen auf (vgl. Übungsbeispiel 10.11, Abschnitt 11.3.1 und *Feichtinger*, 1984b).

Die linear-konkave Modellversion stammt von *Hartl* (1982b). Lösungen derartiger „gemischter" Probleme sind in der Literatur eher selten. Die nichtzustandsseparable Variante (Abschnitt 10.3.3) findet sich auch in *Hartl* (1980).

Kapitel 11: Marketing Mix: Preis, Werbung und Produktqualität

Um den Verkauf ihrer Produkte zu stimulieren, stehen den Firmen diverse Marketinginstrumente zur Verfügung: Preis, Werbung, Vertriebssystem, Produktqualität, Sortimentgestaltung u. a. m. Neben augenblicklichen Effekten bewirkt die Werbung vor allem eine Erhöhung des *zukünftigen* Absatzes, d. h. der Verkauf eines Produktes zu einem bestimmten Zeitpunkt hängt von den Marketingmaßnahmen der Vergangenheit ab. Die Auswirkung einer Werbekampagne endet nicht mit deren Abschluß. Steigt heute der Absatz, z. B. infolge von Preisnachlässen, so beeinflußt dies i. a. künftige Verkäufe (entweder negativ oder positiv, je nach Art des Produktlebenszyklus). Die Berücksichtigungen derartiger Carryover-Effekte führt auf intertemporale Entscheidungsprobleme: Intensität und Timing des Einsatzes der Marketinginstrumente sind über einen Planungszeitraum hinweg strategisch zu planen.

Während in den Abschnitten 11.1 und 11.2 optimale Werbestrategien bzw. Preispolitiken untersucht werden, beschäftigt sich Abschnitt 11.3 mit der Interaktion dieser Instrumente. Abschnitt 11.4 enthält Überlegungen zur optimalen Gestaltung der Produktqualität.

11.1. Optimale Werbestrategien

Das Dorfman-Steiner-Modell

Ausgangspunkt unserer Betrachtungen ist eine klassische statische Entscheidungssituation, in der ein Monopolist die Preis- und die Werbeausgaben so bestimmen will, daß der Profit möglichst groß wird. Bezeichnet man mit p den Verkaufspreis und mit a die Werbeausgaben der Firma, so hängt der Absatz s von p und a ab: $s = s(p, a)$. Dabei gilt $s_p < 0$, $s_a > 0$. Die Produktionskosten seien durch $c(s)$ gegeben. Zu maximieren ist der Gewinn

$$\Pi = ps(p, a) - c(s(p, a)) - a.$$

Angenommen, der optimale Preis und die Werbeausgaben seien positiv. Dann erhält man durch partielle Differentiation von Π bezüglich p und a

$$\Pi_p = s + (p - c')s_p = 0, \quad \Pi_a = (p - c')s_a - 1 = 0. \quad (11.1)$$

Eliminiert man $p - c'$ in (11.1), so erhält man

314   Marketing Mix: Preis, Werbung und Produktqualität

$$s_a = -s_p/s. \qquad (11.1a)$$

Die letzte Geldeinheit, die man in die Werbung steckt, muß gerade so viel an zusätzlichem Absatz bringen, wie die letzte Geldeinheit, die man in Preissenkung steckt. (Eine Geldeinheit in Preissenkungen zu stecken bedeutet, den Preis der s verkauften Einheiten um je $1/s$ Geldeinheiten zu senken.)

Definiert man wie üblich die Preiselastizität der Nachfrage als $\eta = -s_p p/s$, so erhält man aus (11.1) die wohlbekannte *Amoroso-Robinson* Relation

$$p = c'\eta/(\eta - 1) \qquad (11.2)$$

und mit $\omega = s_a a/s$ als Elastizität der Nachfrage bezüglich der Werbung ergibt sich folgendes Resultat:

Satz 11.1 (Dorfman-Steiner-Theorem) *Eine profitmaximierende monopolistische Firma, die ihre Nachfrage durch Werbung beeinflussen kann, setzt Preis und Werbung so, daß eine zusätzliche Geldeinheit an Werbeausgaben zusätzlichen Umsatz in Höhe der Preiselastizität der Nachfrage auslöst.*

Beweis. Aus (11.1a) folgt $ps_a = \eta$. □

Dieses Ergebnis läßt sich instruktiv auch folgenderweise schreiben:

$$\frac{a}{ps} = \frac{\omega}{\eta}. \qquad (11.3)$$

Gleichung (11.3) besagt, daß der Monopolist die Werbung so bemessen sollte, daß das Verhältnis der Werbeausgaben zum Erlös gleich ist dem Quotienten aus Werbelastizität zu Preiselastizität. Sind diese beiden Elastizitäten konstant, so ist es also optimal, einen *festen* Anteil des Umsatzes in die Werbung zu stecken. Derartige Werbepolitiken sind in der Praxis häufig anzutreffen.

11.1.1. Werbekapitalmodelle

Das Nerlove-Arrow-Modell

Das folgende Modell von *Nerlove* und *Arrow* (1962) stellt eine dynamische Erweiterung des Dorfman-Steiner-Modells dar. Es wurde von den Autoren mit Mitteln der Variationsrechnung gelöst und hat viele dynamische Werbemodelle beeinflußt.

Zentral bei Nerlove und Arrow ist die Auffassung der Werbeausgaben als Investition zur Akkumulation eines (Werbe-)Kapitalstocks. Heutige Werbung beeinflußt nicht nur den Absatz in dieser Periode, sondern auch die Nachfrage in der Zukunft (und damit den zukünftigen Profit). Die Anhäufung des Werbekapitals bzw. *Goodwills* läßt sich durch das Gewinnen neuer Kunden (Vergrößerung des Marktanteils) oder auch durch Steigerung der Kaufneigung eines Kunden interpretieren. Wie

11.1. Optimale Werbestrategien

jedes Kapitalgut baut sich auch der Goodwillstock mit einer (hier als konstant angesetzten) Rate δ ab. Um dieser Abnahme des Goodwills – die Kunden wechseln die Marke bzw. die Firma – zu begegnen, wird die Firma werben. Es bezeichne $a(t)$ die laufenden Werbeausgaben und $A(t)$ den Goodwillstock zur Zeit t, in dem also der vergangene Werbeaufwand zusammengefaßt ist. Dann gilt

$$\dot{A} = a - \delta A, \quad A(0) = A_0 \tag{11.4}$$

mit A_0 als Ausgangsgoodwill. Dabei wurde unterstellt, daß eine Geldeinheit Werbeausgaben getätigt werden muß, um den Goodwill um eine Einheit zu erhöhen.

Der Absatz $s(t)$ eines Monopolisten zur Zeit t hänge neben dem Preis $p(t)$ auch vom akkumulierten Goodwill $A(t)$ ab: $s = s(p, A)$. Andere Variablen, welche nicht der Kontrolle der Firma unterliegen, wie Konsumenteneinkommen, Beschaffenheit des Marktes u. dgl., werden dabei nicht explizit in Betracht gezogen. Der Umsatz in der Periode t abzüglich der Produktionskosten $c(s)$ ist gegeben durch

$$R(p, A) = ps(p, A) - c(s(p, A)). \tag{11.5}$$

Ziel der monopolistischen Firma ist es, die Werbe- und Preispolitik so zu gestalten, daß der diskontierte Profitstrom

$$J = \int_0^\infty e^{-rt}[R(p, A) - a] dt \tag{11.6}$$

maximal wird. Da das Firmen- bzw. Produktende i. a. nicht geplant ist, so ist die Annahme eines unendlichen Planungshorizontes adäquat.

Da der Preis p nicht in der Systemdynamik (11.4) auftaucht, ist die optimale Preispolitik durch *statische* Maximierung, d. h. durch $\max_p R(p, A)$, zu ermitteln. Notwendig dafür ist das Erfülltsein der Bedingung 1. Ordnung

$$R_p = s + (p - c')s_p = 0. \tag{11.7}$$

(11.7) liefert den optimalen Preis $p(t)$ als Funktion von $A(t)$:

$$p = p(A). \tag{11.7a}$$

Hinreichend dafür, daß durch (11.7) ein Maximum bestimmt wird, ist folgende Bedingung zweiter Ordnung:

$$s_{pp} < 2s_p^2/s, \tag{11.8}$$

wenn zusätzlich noch die Kostenfunktion $c(s)$ als konvex angenommen wird.

Bedingung (11.8) für die zweite Ableitung der Nachfragefunktion gestattet mehrere äquivalente Interpretationen, wie etwa, daß der Grenzumsatz bezüglich der Menge mit dem Preis steigt. Die Bedingung (11.8) ist sicher dann erfüllt, wenn der Umsatz eine streng *konkave* Funktion des *Preises* ist, d. h. wenn

$$ps_{pp} + 2s_p < 0 \tag{11.8a}$$

global erfüllt ist. Denn dann gilt (11.8a) insbesondere auch für den umsatzmaximierenden Preis $p = -s/s_p$. Setzt man dies in (11.8a) ein, so erhält man die Bedingung (11.8). Man beachte daß die Umkehrung nicht gilt, d. h. (11.8a) ist eine stärkere Bedingung als (11.8). Der Leser ist in Übungsbeispiel 11.1 aufgefordert, diese Überlegungen durchzuführen[1].

(11.7) stimmt mit (11.1) überein und liefert wieder die *Amoroso-Robinson-Relation*. Für konstante Preiselastizität η und konstante marginale Produktionskosten c' liefert (11.2) einen *konstanten* Monopolpreis.

Um die optimale Werbestrategie zu ermitteln, betrachten wir die Hamiltonfunktion

$$H = ps(p, A) - c(s(p, A)) - a + \lambda(a - \delta A).$$

Die adjungierte Gleichung lautet

$$\dot{\lambda} = (r + \delta)\lambda - (p - c')s_A. \tag{11.9}$$

Sie besagt, daß die marginalen Opportunitätskosten $(r + \delta)\lambda$ einer Investition in den Goodwill gleich sind der Summe aus dem Grenzgewinn $(p - c')s_A$ infolge des erhöhten Goodwills vermehrt um die Kapitalgewinne $\dot{\lambda}$.

Zunächst interessieren wir uns für das singuläre Werbeniveau des in a linearen Kontrollmodells. Dazu folgern wir aus $H_a = 0$, daß $\lambda = 1$ ist. Darüber hinaus muß $\dot{\lambda} = 0$ gelten. Setzt man dies in (11.9) ein, definiert die Nachfrageelastizität im Hinblick auf den Goodwill mit $\beta = s_A A/s$ und berücksichtigt zusätzlich (11.7), so ergibt sich für das singuläre Niveau des Goodwills:

$$\hat{A} = \frac{\beta}{\eta(r + \delta)} ps. \tag{11.10}$$

Das zugehörige singuläre Werbeniveau erhält man aus $\dot{A} = 0$ mit $\hat{a} = \delta \hat{A}$.

Für isoelastische Nachfragefunktionen

$$s = \gamma p^{-\eta} A^{\beta}, \quad \gamma, \eta, \beta \text{ konstant} \tag{11.11}$$

liefert dies, daß entlang der optimalen stationären Lösung der Goodwill einen festen Prozentsatz des Umsatzes ausmacht. Dieses Resultat stellt in gewissem Sinn ein dynamisches Gegenstück zum Dorfman-Steiner Theorem (11.3) dar.

In Verbindung mit Theorem 3.2 über die raschest mögliche Annäherung an den singulären Pfad erhält man folgende Charakterisierung der optimalen Politik:

Satz 11.2. *Existiert für die Erlösfunktion*

$$\pi(A) = \max_p R(p, A) \tag{11.12}$$

---

[1] Annahme (11.8) spielt generell in kontrolltheoretischen ökonomischen Modellen, welche Nachfragefunktionen enthalten, eine wichtige Rolle. Sie wird benötigt, um sicherzustellen, daß die Hamiltonfunktion ein (lokales) Maximum annimmt. Beispiele für Nachfragefunktionen, welche (11.8) erfüllen, sind lineare und exponentielle Nachfragefunktionen, sowie isoelastische Funktionen mit einer Preiselastizität größer als eins.

ein Wert $\hat{A}$, so daß

$$\pi'(A) \begin{Bmatrix} > \\ = \\ < \end{Bmatrix} r + \delta \quad \text{für} \quad A \begin{Bmatrix} < \\ = \\ > \end{Bmatrix} \hat{A}, \tag{11.13}$$

so besteht die optimale Werbepolitik des Kontrollproblems (11.4–6) *darin, das singuläre Niveau des Goodwills $\hat{A}$ so rasch wie möglich zu erreichen. Unterstellt man – um Impulskontrollen auszuschließen – eine obere Schranke $\bar{a}$ der Werberate, d.h.*

$$0 \leqq a \leqq \bar{a} \quad \text{mit} \quad \bar{a} > \delta \hat{A},$$

so ist je nach Anfangszustand folgende Kombination von Bang-Bang und singulärem Lösungsstück optimal (vgl. Abb. 11.1):

Fall 1: $A_0 < \hat{A}$

$$a^*(t) = \begin{Bmatrix} \bar{a} \\ \hat{a} = \delta \hat{A} \end{Bmatrix} \quad \text{für} \quad A^*(t) \begin{cases} < \hat{A} \\ = \hat{A} \end{cases} \tag{11.14a}$$

Fall 2: $A_0 \geqq \hat{A}$

$$a^*(t) = \begin{Bmatrix} 0 \\ \hat{a} = \delta \hat{A} \end{Bmatrix} \quad \text{für} \quad A^*(t) \begin{cases} > \hat{A} \\ = \hat{A}. \end{cases} \tag{11.14b}$$

Beweis. Das Nerlove-Arrow-Modell stellt ein Beispiel für die Modellklasse (3.37) dar, wobei gilt:

$$M(A) = \pi(A) - \delta A, \quad N(A) = -1; \quad \Omega(A) = [-\delta A, \bar{a} - \delta A].$$

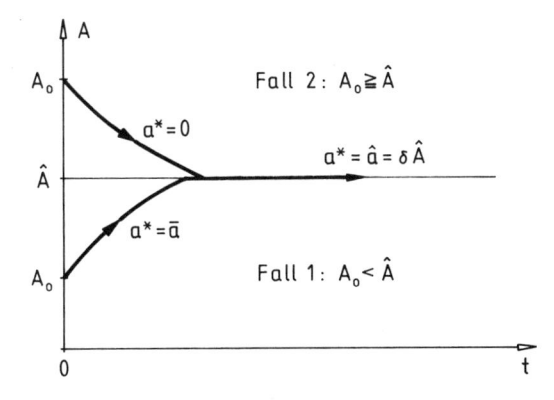

Abb. 11.1 Raschestmögliche Annäherung an das singuläre Niveau beim Nerlove-Arrow-Werbemodell

Wegen $rN + M' = \pi' - (r+\delta)$ ist das durch (11.13) definierte $\hat{A}$ die singuläre Lösung von (3.39). Da (11.13) äquivalent mit (3.40) ist und auch (3.41) gilt, ist gemäß Satz 3.2 die Politik (11.14) etabliert. □

Bemerkung 11.1. Die Funktion (11.12) erhält man durch Einsetzen des optimalen Preises $p = p(A)$ aus (11.7a) in die Erlösfunktion (11.5): $\pi(A) = R(p(A), A)$. Der Grenzerlös $\pi' = R_p p' + R_A = R_A$ ist sinnvollerweise positiv. Hinreichend für das Erfülltsein von (11.13) sind abnehmende Grenzerlöse:

$$\pi''(A) < 0. \tag{11.15}$$

(11.15) ist z. B. gesichert, wenn $R(p, A)$ gemeinsam konkav in p und A ist, denn dann gilt $\pi''(A) = R_{AA} - R_{pA}^2/R_{pp} < 0$.

Der Leser möge in Übungsbeispiel 11.2 den Umschaltzeitpunkt explizit ermitteln.

Die Erweiterung von Gould

Das Nerlove-Arrow-Modell wurde von *Gould* (1970) durch die Voraussetzung einer *nichtlinearen Werbekostenfunktion* erweitert. Er nimmt an, daß die Erhöhung des Goodwills um eine Einheit umso teurer wird, je höher der Werbeaufwand bereits ist. Dies gibt Anlaß, *konvexe* Werbekosten $w(a)$ anzusetzen[1], d.h. genauer:

$$w(0) = 0, \quad w'(a) > 0, \quad w''(a) > 0. \tag{11.16}$$

Eine derartige Annahme läßt sich dadurch begründen, daß sich die Firma zunehmend ineffizienterer Werbemedien bedienen muß, daß Überlappungseffekte der Streubereiche der Medien zunehmen, oder daß die Kaufbereitschaft der verbleibenden Marktsegmente immer geringer wird.

Das Zielfunktional lautet (vgl. (11.6) und Bemerkung 11.1)

$$J = \int_0^\infty e^{-rt} [\pi(A) - w(a)] dt. \tag{11.17}$$

Dabei unterstellen wir abnehmende Grenzerlöse (11.15). Sinnvollerweise wird $a \geq 0$ angenommen.

Der Grenzerlös der ersten Goodwilleinheit muß die Grenzkosten der ersten in die Werbung gesteckten Geldeinheit übertreffen, wobei die Diskontierung und der Verfall des Kapitalstocks zu berücksichtigen sind. D.h., wir nehmen an, daß

$$\pi'(0)/(r+\delta) > w'(0) \tag{11.18}$$

gelten soll; vgl. dazu die zweite Ungleichung in Annahme (3.8).

---

[1] In (11.17) wird die Werbung a in Effizienzeinheiten gemessen. Mißt man sie hingegen in Geldeinheiten u, so ist die Annahme konvexer Kosten $w(a)$ äquivalent mit jener einer konkaven Effizienzfunktion (hier: Werberesponsefunktion) $g(u)$; vgl. Übungsbeispiel 11.4.

11.1. Optimale Werbestrategien

Das durch Maximierung von (11.17) unter der Nebenbedingung (11.4) und den Annahmen (11.15, 16) definierte nichtlineare Kontrollproblem tritt bereits im Übungsbeispiel 1.5 auf; vgl. auch Abschnitt 4.2. Es ist ein konkaves Modell der Form (4.9a, 10).

Die notwendigen Optimalitätsbedingungen lauten:

$$H = \pi(A) - w(a) + \lambda(a - \delta A)$$
$$H_a = 0, \quad \text{d.h.} \quad \lambda = w'(a)$$
$$\dot{\lambda} = r\lambda - H_A = (r + \delta)\lambda - \pi'(A).$$

Um eine Phasendiagrammanalyse im Zustands-Kontrollraum durchzuführen, differenzieren wir die Maximierungsbedingung nach der Zeit und setzen dies in die adjungierte Gleichung ein. Dies liefert das Differentialgleichungssystem

$$\dot{A} = a - \delta A \tag{11.19a}$$

$$\dot{a} = \frac{1}{w''(a)} [(r + \delta) w'(a) - \pi'(A)]. \tag{11.19b}$$

Offensichtlich stellt Annahme (11.18) die Existenz und Eindeutigkeit eines stationären Punktes $(\hat{A}, \hat{a})$ im ersten Quadranten der (A, a)-Ebene sicher. Eine detaillierte Analyse liefert das in Abb. 11.2 gezeichnete Phasenporträt, in welchem der (eindeutig bestimmte) stationäre Punkt mit $(\hat{A}, \hat{a})$ bezeichnet ist.

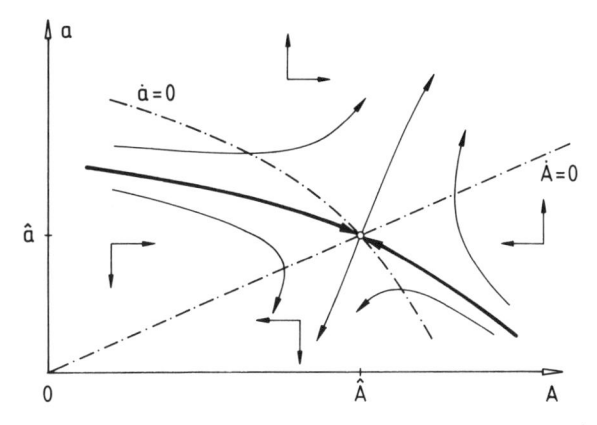

Abb. 11.2 Phasendiagramm im Zustands-Kontrollraum des nichtlinearen Nerlove-Arrow-Modells von Gould

Der *Sattelpunktspfad* (siehe Abb. 11.2) ist die optimale Lösungstrajektorie des Werbekapital-Akkumulationsmodells, da die hinreichenden Bedingungen des Satzes 2.4 erfüllt sind (Konkavität der Hamiltonfunktion, Grenztransversalitätsbedingungen (2.68)). (Man sieht auch direkt, daß alle anderen Pfade entweder unzulässig werden oder aber gegen unendlich hohe Wertekombinationen von (A, a) führen, die sicherlich nicht optimal sind.) Der *fallende* Sattelpunktspfad bedeutet, daß man bei einem geringen Ausgangsgoodwill $A_0 < \hat{A}$ anfänglich am stärksten werben wird, um die Werbeintensität dann sukzessive gegen den Gleichgewichtswert $\hat{a}$ abzusenken; der Goodwillstock wächst dabei monoton gegen das langfristig optimale Gleichgewicht $\hat{A}$ an (für $A_0 > \hat{A}$ ist die Situation umgekehrt). Dieses Resultat stellt qualitativ eine Erweiterung der optimalen Strategie (11.14) bei Nerlove-Arrow dar.

Das Modell von Jacquemin

Jacquemin (1973) hat das Nerlove-Arrow-Modell für eine Firma durch die naheliegende Annahme nichtlinearisiert, daß der Absatz nicht nur vom Preis und vom Goodwill, sondern auch von den laufenden Werbeausgaben a abhängen soll: $s = s(p, a, A)$. Mit konstanten Stückkosten $\bar{c}$ liefert dies folgendes Kontrollproblem:

$$\max_{p,a} \{J = \int_0^\infty e^{-rt}[(p - \bar{c})s(p, a, A) - a]dt\} \qquad (11.20)$$

unter der Neben- und Anfangsbedingung (11.4).

Ein Hauptresultat besteht in der Herleitung der Relation

$$\frac{a}{ps} = \frac{\omega}{\eta(1-\lambda)}, \qquad (11.21)$$

wobei η die Preiselastizität, ω die Elastizität der Nachfrage in bezug auf die laufende Werbung und λ der Schattenpreis des Goodwill ist. Faßt man $\omega/(1-\lambda)$ als *langfristige* Werbeelastizität auf, so stellt (11.21) ein dynamisches Analogon zum statischen Dorfman-Steiner-Theorem (11.3) dar: Entlang des optimalen Pfades ist der Prozentsatz des Erlöses, der für die Werbung aufzuwenden ist, gleich dem Quotienten aus langfristiger Werbeelastizität durch Preiselastizität der Nachfrage.

Daneben gilt wieder das Resultat (11.10), das in der Literatur gelegentlich auch als Nerlove-Arrow-Theorem bezeichnet wird. D. h. das Goodwill-Absatz-Verhältnis ist direkt proportional zur Goodwillelastizität, aber umgekehrt proportional zur Preiselastizität.

Angenommen, die Nachfragefunktion lasse sich schreiben als

$$s(p, a, A) = h(p)g(a, A), \qquad (11.22)$$

wobei für die beiden Faktoren folgende Annahmen gelten sollten (vgl. (11.8))

$$h > 0 \quad (a), \quad h' < 0 \quad (b), \quad h'' < 2h'^2/h \quad (c) \qquad (11.23)$$

$$g > 0, \quad g_{aa} < 0 \quad \text{und konstant}, \quad g_A > 0, \quad g_{AA} \leq 0, \quad g_{aA} = 0. \,(11.24)$$

Die parabolische Gestalt von g bezüglich a kann dabei folgenderweise fundiert werden: eine höhere Werbung der Firma regt die Konkurrenz zu ebenfalls verstärkten Werbemaßnahmen an. Solange die Werberate a der Firma nicht zu hoch ist, gilt $g_a > 0$. Sobald sie aber einen gewissen Wert überschreitet, wird sie durch die Konkurrenz mehr als wettgemacht, g sinkt wieder: $g_a < 0$. Die konkave Gestalt der Funktion g wird in Übungsbeispiel 11.8 aus einer Reaktionsfunktion abgeleitet, welche den Einfluß der Werbeanstrengungen der Konkurrenz auf den Absatz beschreibt.

In Übungsbeispiel 11.9 ist der Leser aufgerufen, für das Jacquemin-Modell unter den Annahmen (11.23, 24), eine Phasenporträtanalyse durchzuführen. Es zeigt sich, daß das Diagramm der (A, a)-Ebene ähnlich wie in Abb. 4.5a aussieht, also einen *fallenden* Sattelpunktspfad aufweist. Dieses Resultat stellt qualitativ eine Erweiterung der optimalen Strategie (11.14) bei Nerlove-Arrow dar. Für $A_0 < \hat{A}$ ist es somit optimal, anfänglich am stärksten zu werben, mit wachsendem Goodwill diese Ausgaben aber sukzessive zu senken.

Das Modell von Schmalensee

Schmalensee (1972) hat den Goodwill-Ansatz der Werbepotentialmodelle als empirisch kaum belegt kritisiert. Er hat ein anderes nichtlineares Werbemodell vorgeschlagen, als dessen Systemdynamik ein *Anpassungsmechanismus* des tatsächlichen Absatzes an die jeweilige Gleichgewichtsnachfrage dient. Es sei $s(t)$ die tatsächliche Nachfrage in der Periode t und $\bar{s} = \bar{s}(p, a)$ die dem Preis p und der Werberate a entsprechende gegebene Gleichgewichtsnachfrage. (Man beachte, daß die Bezeichnung „Gleichgewicht" hier im ökonomischen Sinn gemeint ist und nicht im Sinne der Analysis.)

Die Kontrollen sind die Marketinginstrumente p und a, während der tatsächliche Absatz s als Zustand fungiert, welcher sich gemäß der Differentialgleichung

$$\dot{s} = f(\bar{s}(p, a), s) \tag{11.25}$$

entwickeln soll. Dabei gelte

$$\bar{s}_a > 0, \bar{s}_p < 0 \quad \text{(a);} \qquad f_{\bar{s}} > 0, f_s < 0. \quad \text{(b).} \tag{11.26}$$

Im einfachsten Fall, $\dot{s} = f = k[\bar{s} - s]$, ist (11.26b) erfüllt. Ziel des Monopolisten ist es, den Barwert des Profitstromes zu maximieren:

$$\max_{p,a} \{J = \int_0^\infty e^{-rt}[ps - c(s) - a]\,dt\}, \tag{11.27}$$

wobei $c(s)$ die Produktionskosten bezeichne mit $c'(s) > 0$.

Mit der Hamiltonfunktion

$$H = ps - c(s) - a + \lambda f(\bar{s}(p, a), s)$$

lauten die notwendigen Optimalitätsbedingungen

$$H_p = s + \lambda f_{\bar{s}} \bar{s}_p = 0 \tag{11.28}$$

$$H_a = -1 + \lambda f_{\bar{s}} \bar{s}_a = 0 \tag{11.29}$$

$$\dot{\lambda} = (r - f_s)\lambda - [p - c']. \tag{11.30}$$

Definiert man die Preis- bzw. Werbeelastizität der Gleichgewichtsnachfrage $\bar{s}(p, a)$ wie üblich als

$$\bar{\eta} = -\bar{s}_p p / \bar{s}, \quad \bar{\omega} = \bar{s}_a a / \bar{s},$$

so erhält man durch Elimination von $\lambda f_{\bar{s}}$ aus (11.28) und (11.29) wieder die Dorfman-Steiner-Formel, diesmal jedoch für langfristige (Gleichgewichts-) Elastizitäten:

$$a/ps = \bar{\omega}/\bar{\eta}. \tag{11.31}$$

Dieses Resultat unterstützt abermals die in der Praxis nicht selten beobachtete Unternehmensstrategie eines konstanten ‚advertising-sales ratio', d. h. es ist langfristig optimal, einen festen, durch die (als konstant unterstellten) Elastizitäten der Nachfrage bestimmten Prozentsatz des Umsatzes für die Werbung zu verwenden.

Verlangt man zusätzlich

$$f_{ss} \leq 0, \quad f_{s\bar{s}} = 0, \quad c''(s) \geq 0, \quad f(\bar{s}(p, a), s) \text{ konkav in } (p, a), \tag{11.32}$$

so läßt sich zeigen (vgl. Abschnitt 4.3), daß der stationäre Punkt im (s, λ)-Diagramm ein *Sattelpunkt* mit *fallendem* stabilen Pfad ist. Je geringer also die tatsächliche Nachfrage s ist, desto größer ist ihr Schattenpreis λ. Für eine detailliertere Analyse sei auf Übungsbeispiel 11.10 verwiesen; vgl. auch Abb. 4.3 für eine Illustration der Situation.

11.1.2. Diffusionsmodelle

Der von Nerlove und Arrow stammende Begriff des *Werbekapitalstocks* (Goodwill) wirft die Frage nach seiner Interpretation auf. Wenn man ihn etwa als Anzahl der Kunden interpretiert, welche sich für das spezielle Produkt der Firma entschieden haben, dann existieren realistischere Ansätze, welche die Ausbreitung eines Produktes am Markt beschreiben. Es handelt sich dabei um sogenannte Diffusionsmodelle, in denen die Ausbreitung eines neuen Produktes auf einem potentiellen Markt in Analogie zur Ausbreitung einer Epidemie in einer gefährdeten Population beschrieben wird. Die Nichtkäufer werden dabei beim Kontakt mit Käufern „angesteckt".

Am Ausgangspunkt der Diffusionsmodelle im Marketing steht die Tatsache, daß die Werbung nicht alle Individuen sofort erfaßt, sondern daß die Verbreitung der Produktinformation Zeit beansprucht, während die potentiellen Käufer entweder direkt durch das Werbemedium oder mittels Mund-zu-Mund-Propaganda informiert werden.

Während sich in Abschnitt 11.1.1 der kumulierte Effekt der Werbung im Goodwill niederschlägt, dient bei Diffusionsmodellen die Anzahl der vom Produkt informierten Kunden bzw. der Käufer als Zustandsvariable.

Das Vidale-Wolfe-Modell

Es ist ein häufig festgestelltes empirisches Faktum, daß Werbeausgaben abnehmende Grenzerträge hervorrufen. Im Nerlove-Arrow-Modell äußert sich das in einer Erlösfunktion, welche im Goodwill, d. h. im akkumulierten Werbeaufwand konkav ist. *Vidale* und *Wolfe* (1957) haben die Tatsache abnehmender marginaler Erträge als Sättigungsphänomen modelliert. Sie unterstellen, daß die Änderung des Absatzes s erstens von der *Werbung a* abhängt, die über eine Response-Konstante α auf jenen Marktteil wirkt, der das Produkt (noch) nicht kauft. Im Unterschied zum Nerlove-Arrow-Modell existiere nun ein endliches, als konstant angenommenes Sättigungsniveau (Marktpotential) m.

Zweitens hängt die Absatzänderung vom *Vergessen* des Produktes (Markenwechsel) ab, welches mittels der Vergessensrate δ auf den bereits erfaßten Marktanteil wirkt. Für den Absatz s gelte also folgende Differentialgleichung:

$$\dot{s} = \alpha a(m-s) - \delta s. \tag{11.33}$$

Setzt man $x = s/m$, so bedeutet x den Marktanteil und (11.33) kann geschrieben werden als

$$\dot{x} = \alpha a(1-x) - \delta x. \tag{11.34}$$

Für unendlich großes Marktpotential m geht das Modell in ein Werbekapitalmodell mit der Systemdynamik (11.4) über.

Die maximal mögliche Werberate sei $\bar{a}$, d. h.

$$0 \leq a \leq \bar{a}. \tag{11.35}$$

Als Zielfunktional dient wieder der totale diskontierte Profitstrom:

$$J = \int_0^\infty e^{-rt}(\pi x - a)\,dt. \tag{11.36}$$

π ist dabei der Gewinn pro Zeiteinheit und pro Marktanteilseinheit vor Abzug des Werbeaufwandes.

Zur Ermittlung der optimalen Werbepolitik benützen wir Satz 3.2 (Lösung mittels des Greenschen Theorems). Das Vidale-Wolfe Modell besitzt die Gestalt (3.36, 37) und kann daher in der Form (3.38) geschrieben werden mit:

$$M(x) = \pi x - \frac{\delta x}{\alpha(1-x)}, \quad N(x) = -\frac{1}{\alpha(1-x)} \tag{11.37a}$$

$$\Omega(x) = [-\delta x, \alpha \bar{a}(1-x) - \delta x]. \tag{11.37b}$$

Die singuläre Lösung $\hat{x}$ genügt (3.39). Wegen

$$rN(x) + M'(x) = \pi - \frac{r}{\alpha(1-x)} - \frac{\delta}{\alpha(1-x)^2} \tag{11.38}$$

erhalten wir somit

$$\hat{x} = 1 - (r + \sqrt{r^2 + 4\alpha\pi\delta})/(2\alpha\pi) \tag{11.39}$$

als Lösung der quadratischen Gleichung (3.39). (Man beachte, daß die negative Wurzel einen unzulässigen Wert $\hat{x} > 1$ liefern würde.)
Man verifiziert leicht, daß die Funktion (11.38) in x streng monoton fällt, d.h. (3.40) von Satz 3.2 ist erfüllt. Da $N(x)$ für jede zulässige Lösung $x(t)$ beschränkt bleibt, ist Annahme (3.41) ebenfalls erfüllt.
Zur Formulierung der optimalen Politik definieren wir die singuläre Steuerung

$$\hat{a} = \frac{\delta \hat{x}}{\alpha(1 - \hat{x})} \tag{11.40}$$

und nehmen an, daß sie zulässig sei, d.h. $\hat{a} \leq \bar{a}$. Somit gilt $0 \in \Omega(\hat{x})$. Dies führt zu folgendem Resultat.

Satz 11.3. *Die optimale Werbepolitik im Vidale-Wolfe-Modell besitzt folgende Gestalt: Für $\pi\alpha \leq r + \delta$ (der Bruttoprofit pro Kunden ist „klein") zahlt es sich nicht aus, Werbung zu betreiben, d.h. $a = 0$ für $t \in [0, \infty)$.*

Für $\pi\alpha > r + \delta$ ist es optimal, den durch (11.39) gegebenen stationären Marktanteil $\hat{x}$ so schnell wie möglich zu erreichen und diesen dann durch Wahl der Werbung $\hat{a}$ beizubehalten, d.h.

$$a(t) = \begin{Bmatrix} \bar{a} \\ \hat{a} \\ 0 \end{Bmatrix} \text{ falls } x(t) \begin{Bmatrix} < \\ = \\ > \end{Bmatrix} \hat{x}. \tag{11.41}$$

Beweis. Für $\pi\alpha > r + \delta$ ist $\hat{x} > 0$ und somit ein zulässiger Marktanteil. Da alle Voraussetzungen von Satz 3.2 erfüllt sind, ist die Optimalität des RMAP etabliert. Denn aufgrund von $x_0 \in [0, 1]$ ist das Niveau $\hat{x}$ in endlicher Zeit durch geeignete Wahl von $a = 0$ bzw. $\bar{a}$ gemäß der Regel (11.41) erreichbar.
Ist hingegen $\pi\alpha \leq r + \delta$, so ist $\hat{x} < 0$ und es gilt $rN + M' < 0$ für alle $x \in [0, 1]$. Gemäß Satz 3.2 ist daher $a = 0$ für alle t optimal. □

Erstes Diffusionsmodell von Gould

Es bezeichne wieder $x(t)$ den Marktanteil einer Firma und a die Werberate. Die Systemdynamik des ersten Diffusionsmodells ist durch (11.34) gegeben, wobei o.B.d.A. $\alpha = 1$ gesetzt wird:

$$\dot{x} = a(1 - x) - \delta x; \quad 0 \leq x(0) = x_0 \leq 1. \tag{11.42}$$

Als Zielfunktional diene wieder der Nettoprofit (11.17), d.h.

$$\max_{a \geq 0} \int_0^\infty e^{-rt}[\pi(x) - w(a)]\,dt. \tag{11.43}$$

Wie in (11.15) sei der Erlös $\pi(x)$ wieder konkav in x, während die Werbekosten $w(a)$ wie in (11.16) konvex sein sollen. Der Einfachheit halber setzen wir $w'(0) = 0$.
Aufgrund der getroffenen Annahmen sind die Voraussetzungen (4.11–13) erfüllt. (11.18) impliziert die Existenz eines stationären Punktes. Gemäß Satz 4.3 ist dieses Gleichgewicht ein Sattelpunkt und der stabile Pfad ist monoton fallend in einer Umgebung des Gleichgewichtes. Um dieses Resultat global zu etablieren, kann man wie im Modell (11.4) und (11.17) eine Sattelpunktsanalyse direkt im (x, a)-Diagramm durchführen. Durch Differentiation der Maximumbedingung und Kombination mit der adjungierten Gleichung erhält man folgende Differentialgleichung für die Werberate:

$$\dot{a} = \frac{1}{w''(a)}\left\{\left(r + \frac{\delta}{1-x}\right)w'(a) - (1-x)\pi'(x)\right\}.$$

Es kann leicht verifiziert werden, daß das Phasendiagramm (x, a) eine analoge Gestalt wie in Abb. 11.2 besitzt, wobei die $\dot{a} = 0$ Isokline durch den Punkt $(1, 0)$ geht und die Gerade $x = 1$ eine Asymptote für die $\dot{x} = 0$ Isokline darstellt. Daraus ergibt sich wieder ein *monoton fallender Gleichgewichtspfad*; vgl. Übungsbeispiel 11.11.

Somit erhält man qualitativ die gleiche optimale Werbepolitik wie im nichtlinearen Nerlove-Arrow-Modell von Gould. Da allerdings die Hamiltonfunktion nicht konkav in (x, a) ist, sind die hinreichenden Optimalitätsbedingungen nicht erfüllt. Man kann sich aber überlegen, daß der Sattelpunktspfad der einzige Kandidat ist für die optimale Lösung, da alle anderen Trajektorien entweder unzulässig oder offensichtlich suboptimal sind; vgl. auch Satz 2.3a sowie (11.48).

Zweites Diffusionsmodell von Gould

Wie bereits eingangs von Abschnitt 11.1.2 erwähnt, erfolgt die Informationsausbreitung im zweiten Diffusionsmodell durch Mundwerbung. Es seien s, m, x, a und δ dieselben Größen wie im Vidale-Wolfe Modell. Als Kontaktkoeffizient $\kappa(t)$ bezeichnen wir die Anzahl der Personen, welche pro Zeiteinheit von jedem bereits mit dem Produkt vertrauten Individuum informiert werden. (Wie zuvor wird wieder unterstellt, daß jede informierte Person auch kauft.) Analog zum ersten Diffusionsmodell wird κ mit den Werbeausgaben steigen, und der Einfachheit halber identifizieren wir κ mit a. Jede über das betreffende Produkt informierte Person benachrichtigt also pro Zeiteinheit a Personen, von denen jedoch nur der Anteil $(m-s)/m$ neu informiert wird. Insgesamt verändert sich der Kundenstock pro Zeiteinheit um $as(1 - s/m)$ Kunden. Berücksichtigt man die Möglichkeit, daß die vermittelte Information wieder in Vergessenheit geraten kann, so erhält man folgende Systemdynamik für $x = s/m$:

$$\dot{x} = ax(1-x) - \delta x. \tag{11.44}$$

Klarerweise muß $0 < x(0) = x_0 < 1$ angenommen werden. Da wir nun den allgemeinen Fall $w'(0) \geq 0$ betrachten wollen, ist es nötig, die Nichtnegativitätsbedingung $a \geq 0$ für die Werberate explizit zu berücksichtigen.

Um das Kontrollproblem (11.43, 44) zu lösen, betrachten wir die Hamiltonfunktion

$$H = \pi(x) - w(a) + \lambda[x(a - \delta) - x^2 a].$$

Die Maximierungsbedingung und die adjungierte Gleichung lauten

$$\left.\begin{array}{l} w'(a) = \lambda x(1-x) \\ a = 0 \end{array}\right\} \text{ für } \lambda \left\{\begin{array}{l} > \\ \leq \end{array}\right\} \frac{w'(0)}{x(1-x)} \tag{11.45a}$$
$$\tag{11.45b}$$

$$\dot{\lambda} = [r + \delta - a(1 - 2x)]\lambda - \pi'(x). \tag{11.46}$$

Analysiert man zunächst den inneren Bereich $a > 0$, so liefert die totale Differentiation von (11.45a) nach der Zeit unter Berücksichtigung von (11.44–46) die Differentialgleichung

$$\dot{a} = \frac{1}{w''(a)} \{[r + \delta x/(1-x)]w'(a) - \pi'(x)x(1-x)\}. \tag{11.47}$$

Um eine Phasendiagrammanalyse des Systems (11.44, 47) durchzuführen, bemerken wir zunächst, daß es zwei $\dot{x} = 0$ Isoklinen gibt, nämlich $x = 0$ und

$$a = \delta/(1-x).$$

Dies ist eine konvexe Funktion, die im Punkt $(0, \delta)$ die Ordinate verläßt und für $x \to 1$ gegen unendlich geht.

Die $\dot{a} = 0$ Isokline besitzt die in Abb. 11.3 skizzierte glockenförmige Gestalt. Gemäß (11.47) ist sie gegeben durch

$$w'(a) = \frac{\pi'(x)x(1-x)}{r + \delta x/(1-x)} = \phi(x).$$

Die linke Seite dieser Gleichung ist eine monoton wachsende Funktion in a. Die rechte Seite ist eine eingipfelige Funktion $\phi(x)$ in x, die für $x = 0$ und $x = 1$ verschwindet; vgl. Abb. 11.3 rechts unten.

Im allgemeinen Fall haben die $\dot{x} = 0$ und $\dot{a} = 0$ Kurven zwei Schnittpunkte, nämlich $(\tilde{x}, \tilde{a})$ und $(\hat{x}, \hat{a})$. Dieser Fall ist in Abb. 11.4a illustriert[1].

---

[1] Die Computerausdrucke der Abbildungen 11.4acd wurden mittels des Programmpaketes COLSYS (vgl. Anhang A.1) und des Graphikpaketes PROPLOT für folgende Spezifikationen der Modellfunktionen und -parameter erstellt: $\pi(x) = 0.55x$, $w(a) = 0.2a + 1.2a^2$, $r = \delta = 0.1$. Für die Anfertigung dieser Abbildungen sind wir A. Steindl zu Dank verpflichtet.

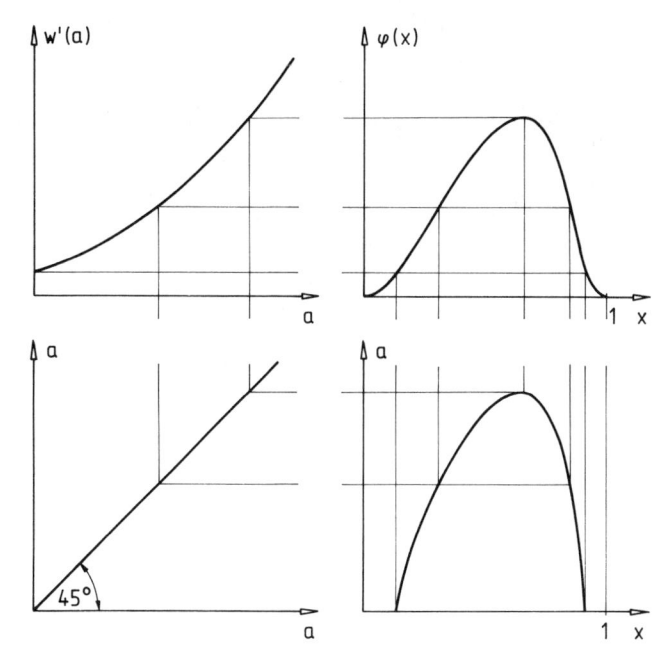

Abb. 11.3 Graphische Herleitung der $\dot a = 0$ Isokline im 2. Diffusionsmodell von Gould

In Übungsbeispiel 11.12 überlege man sich durch Berechnung der Jacobi-Matrix, daß das Gleichgewicht mit den größeren Koordinaten, $(\hat x, \hat a)$, ein *Sattelpunkt* ist, während $(\tilde x, \tilde a)$ ein instabiler Strudelpunkt ist. In der Umgebung von $(\hat x, \hat a)$ besitzen – mit Ausnahme des in Abb. 11.4a fett eingezeichneten Sattelpunktspfades – alle Trajektorien „hyperbelartigen" Verlauf, während sie in der Umgebung von $(\tilde x, \tilde a)$ „explodierende" Spiralen bilden.

Von den nach „rechts" führenden Pfaden ist die Sattelpunktstrajektorie die einzige, welche die Transversalitätsbedingung

$$\lim_{t \to \infty} e^{-rt}\lambda(t) = 0 \qquad (11.48)$$

erfüllt. Gemäß Satz 2.3a ist (11.48) eine notwendige Optimalitätsbedingung[1].

Das Aufspringen auf den sich aus $(\tilde x, \tilde a)$ herauswindenden und in $(\hat x, \hat a)$ mündenden Gleichgewichtspfad ist nur für „nicht zu kleine" Werte von x möglich (siehe Abb. 11.4a). Für kleines x müssen wir einen weiteren Optimalitätskandidaten

---

[1] Um die Voraussetzungen von Satz 2.3a zu erfüllen, müssen wir annehmen, daß der Steuerbereich durch eine (große) maximal mögliche Werberate $\bar a$ beschränkt ist. Dann ist $F = \pi(x) - w(a) + w(\bar a) \geqq 0$ und $0 \in E(x) = \{-\delta x, [\bar a(1-x) - \delta]x\}$.

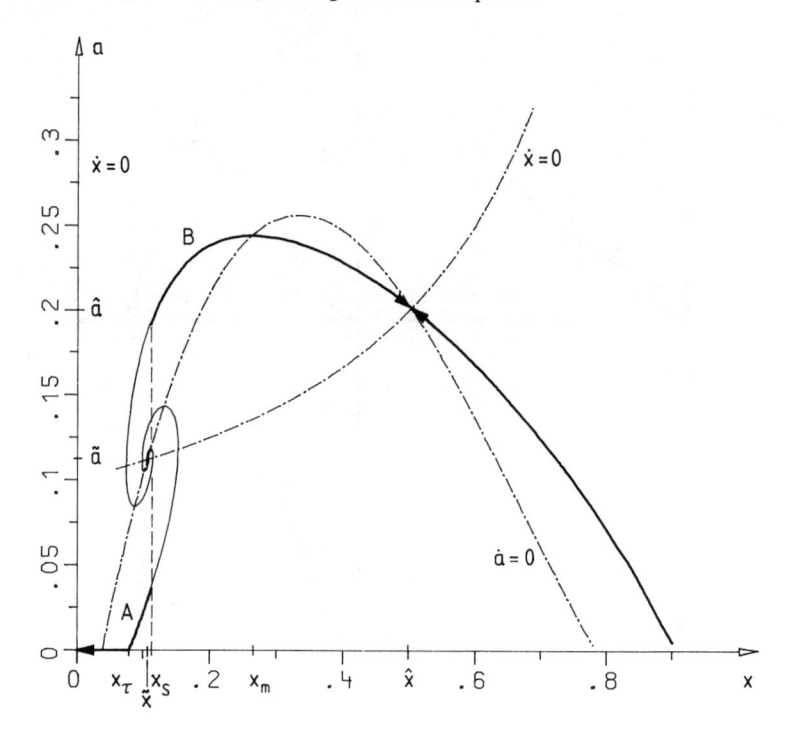

328 Marketing Mix: Preis, Werbung und Produktqualität

Abb. 11.4a Phasendiagramm des 2. Diffusionsmodells von Gould bei geringen Grenzkosten der Werbung

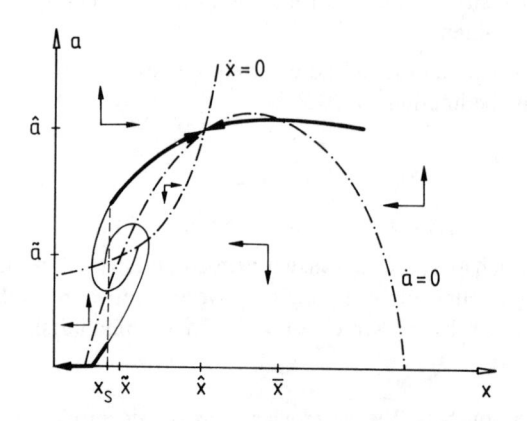

Abb. 11.4b Phasendiagramm für das 2. Diffusionsmodell von Gould im Falle von hohen Grenzkosten der Werbung

11.1. Optimale Werbestrategien

ausfindig machen. Unter jenen, die im zulässigen Bereich bleiben, kommt dafür nur ein sich aus $(\tilde{x}, \tilde{a})$ herauswindender und in einem Punkt x_τ auf die x-Achse auftreffender Pfad in Frage, der dann entlang der Beschränkung $a = 0$ gegen den Ursprung konvergiert. Der Auftreffpunkt x_τ ist dabei durch die Transversalitätsbedingung (11.48) bestimmt. Ab dem Zeitpunkt des Auftreffens gilt nämlich $a = 0$ und daher wegen (11.46)

$$\dot{\lambda} = (r + \delta)\lambda - \pi'(x). \tag{11.49}$$

Im Falle einer linearen Erlösfunktion $\pi(x) = \bar{\pi}x$ ist $\pi' = \bar{\pi}$ konstant, und die einzige Lösung von (11.49), die der Bedingung (11.48) genügt, ist die Konstante

$$\lambda_\tau = \bar{\pi}/(r + \delta).$$

Da knapp vor dem Auftreffen (11.45a) gilt, ist x_τ aus Stetigkeitsgründen bestimmt durch[1]

$$w'(0) = \lambda_\tau x_\tau (1 - x_\tau), \text{ d.h. } x_\tau = \tfrac{1}{2}(1 - \sqrt{1 - 4w'(0)/\lambda_\tau}).$$

(Die positive Wurzel würde einen Wert $x_\tau > \tfrac{1}{2}$ liefern, der nicht sinnvoll ist [vgl. Abb. 11.4a]). Ist $\pi(x)$ nichtlinear, so ist wegen $a = 0$ und (11.44) der Zustandspfad $x = x_\tau \exp\{-\delta(t - \tau)\}$ in (11.49) einzusetzen und jenes x_τ zu suchen, so daß die Lösung von (11.49) zur Anfangsbedingung $\lambda(\tau) = \pi'(x_\tau)/(r + \delta)$ beschränkt bleibt, und somit (11.48) erfüllt.

Somit haben wir zwei Pfade A und B als Optimalitätskandidaten identifiziert, von denen einer gegen $(0, 0)$ und der andere gegen $(\hat{x}, \hat{a})$ strebt. Im Überlappungsbereich dieser beiden Äste ist zunächst nicht klar, welcher optimal ist. Man beachte, daß aufgrund des Terms $ax(1 - x)$ in (11.44) die maximierte Hamiltonfunktion H^0 nicht konkav ist und somit die obigen Optimalitätsbedingungen zwar notwendig, jedoch nicht hinreichend sind. Allerdings sind wir in der glücklichen Lage, auf Abschnitt 4.5.2 verweisen zu können, aus dem Existenz und Eindeutigkeit eines Schwellwertes x_S folgt, so daß für $x_0 > x_S$ Pfad B optimal ist, während für $x_0 < x_S$ die optimale Lösung in den Ursprung führt (Pfad A).

Dieses Verhalten der optimalen Werbepolitik ist ökonomisch sinnvoll. Für kleinen Marktanteil ist die Grenzeffizienz $x(1 - x)$ der Werbung klein, so daß es sich nicht auszahlt, langfristig einen positiven Marktanteil anzustreben. Hingegen ist ab einem kritischen Zustand x_S die typische optimale Werbestrategie zunächst *monoton steigend*. Aufgrund der Diffusionsdynamik (11.44) ist nämlich eine in die Werbung gesteckte Geldeinheit für „mittlere" Marktanteile ($x \cong x_m$ in Abb. 11.4a) am effizientesten angelegt. In dem in Abb. 11.4a skizzierten Fall, wo $(\hat{x}, \hat{a})$ am fallenden Teil der $\dot{a} = 0$ Isokline liegt, fällt die optimale Werberate ab einem

---

[1] Aus der Darstellung für x_τ erkennt man, daß x_τ mit wachsenden Grenzkosten $w'(0)$ der ersten Werbeeinheit ansteigt und für $w'(0) = \lambda_\tau/4$ den Maximalwert $1/2$ erreicht. Für noch größere Werte von $w'(0)$ ist ein Auftreffen auf $a = 0$ nicht mehr möglich und die – ökonomisch einleuchtende – Trajektorie $a = 0$ für $t \in [0, \infty)$ ist der zweite Kandidat. Man beachte, daß in diesem Fall aus $\lambda < 4w'(0) \leqq w'(0)/[x(1 - x)]$ und (11.45b) $a = 0$ folgt.

gewissen Zeitpunkt. Dieses Verhalten unterscheidet sich von jenem der beiden oben behandelten Modelle von Gould.

Im anderen Fall, der durch hohe marginale Werbekosten charakterisiert ist, ist die Sachlage wie vorher; der einzige Unterschied besteht darin, daß Pfad B links von $(\hat{x}, \hat{a})$ stets monoton steigt und seine Trendumkehr erst rechts davon passiert. Dieser Fall ist in Abb. 11.4b illustriert. Man überlege sich, daß stets $a = 0$ optimal ist, wenn w' so groß wird, daß sich die $\dot{a} = 0$ und $\dot{x} = 0$ Kurven nicht mehr schneiden.

Die Anwendung von Satz 4.13 bzw. 4.14 zur Bestimmung des Schwellwertes x_S ist in Abb. 11.4c illustriert.

In Abb. 11.4c erkennt man, daß H^0 für festes x konvex in a (bzw. λ) ist und ihr Minimum entlang der $\dot{x} = 0$ Kurve annimmt. Die Projektion der Trajektorien von der H^0-Fläche auf die (x, a)-Ebene ergibt das Phasenporträt von Abb. 11.4a. Abb. 11.4d zeigt, daß H^0, also gemäß (4.86) der Wert des Zielfunktionales, rechts von x_S auf Pfad B den größeren Wert annimmt, während links davon das Gegenteil gilt. Man beachte, daß die in Abb. 11.4d dünn eingezeichneten Kurven die Verlän-

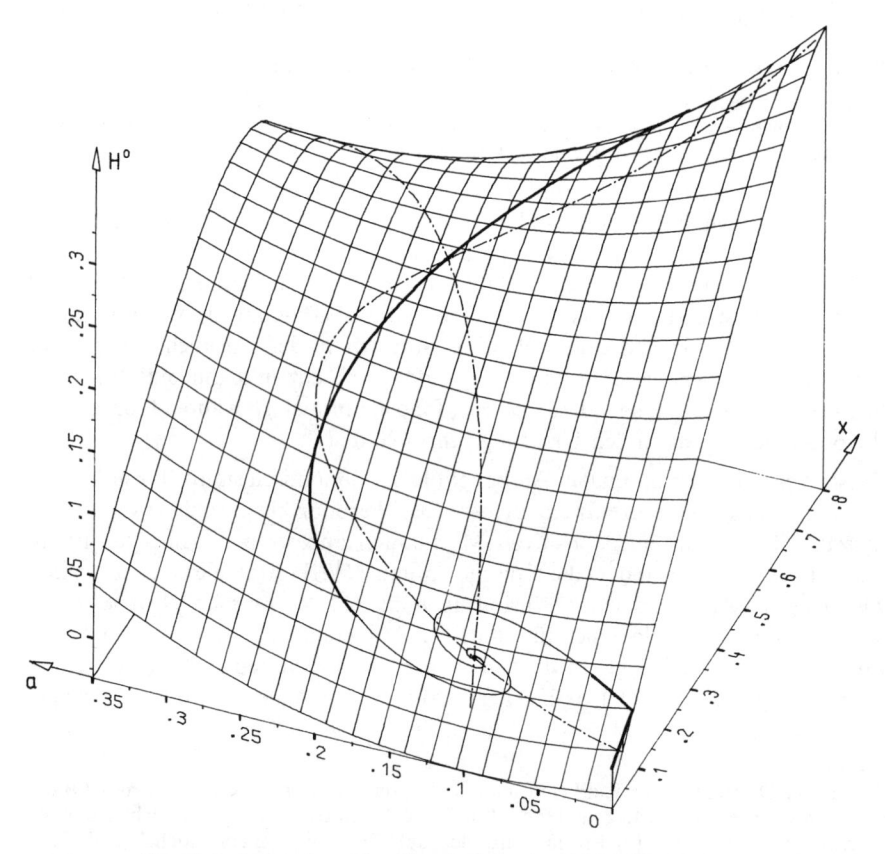

Abb. 11.4c Maximierte Hamiltonfunktion in Abhängigkeit von Zustand (Marktanteil) und Kontrolle (Werbung)

gerungen der Pfade A und B in Richtung Strudelpunkt $(\tilde{x}, \tilde{a})$ repräsentieren und kleinere Werte von H^0 liefern.

Bisher wurde der (kompliziertere) Fall $w'(0) > 0$ behandelt. Für $w'(0) = 0$ geht $\dot{a} = 0$ durch den Ursprung, der nun ebenfalls ein Sattelpunkt ist. Pfad A liegt nun zur Gänze im Bereich $a > 0$ und mündet mit horizontaler Tangente als Sattelpunktspfad in den Ursprung.

Beim Vergleich der beiden Diffusionsmodelle von Gould wird offenbar, daß die Natur des Diffusionsprozesses die Gestalt der optimalen Werbestrategie entscheidend beeinflußt.

In den bisher präsentierten Diffusionsmodellen fungierte der Marktanteil als Zustandsvariable x. Diese Modelle dienen vor allem zur Beschreibung der Verbreitung von *Verbrauchsgütern* am Markt. Im Gegensatz dazu bedeutet im folgenden Modell der Zustand x den kumulierten Absatz. Betrachtet man langlebige *Gebrauchsgüter*, so daß Wiederholungskäufe vernachlässigt werden können, so können kumulierter Output und Marktanteil identifiziert werden. Der Ansatz mit den kumulierten Verkäufen wird auch in Abschnitt 11.2 unter dem Gesichtspunkt des optimalen Preismanagements wieder aufgegriffen.

Werbung für langlebige Gebrauchsgüter (Horsky und Simon)

Empirische Einsicht in Innovationsprozesse zeigt, daß die Verbreitung neuer Ideen, Produkte oder Dienstleistungen im Zeitablauf bestimmten Gesetzmäßigkeiten gehorcht. Bei den Käufern eines neuen Produktes kann man zwei Gruppen unter-

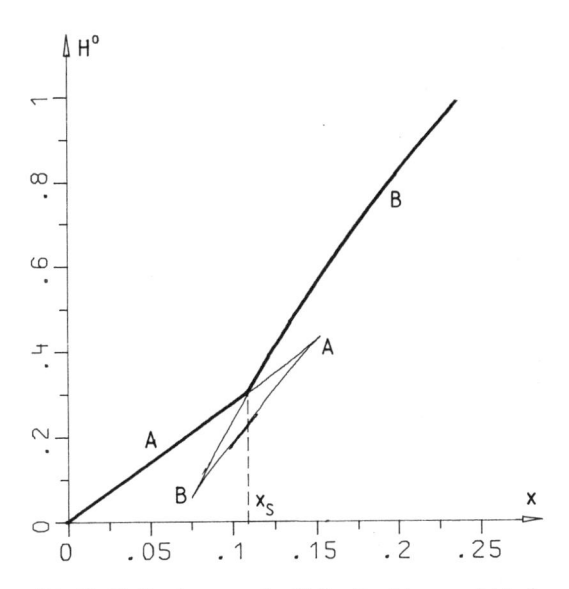

Abb. 11.4d Bestimmung des Skiba-Punktes x_S mittels der maximierten Hamiltonfunktion

scheiden: die *Innovatoren*, welche das Produkt kaufen, ohne von anderen Käufern beeinflußt zu werden, und die *Imitatoren*, deren Kaufverhalten von anderen Personen abhängt.

Bass (1969) hat die Verbreitung eines neuen, langlebigen Produktes mittels einer speziellen Diffusionsdynamik beschrieben, welche einen exponentiellen Ansatz mit einem logistischen additiv verknüpft. Bezeichnet man mit $x(t)$ den kumulierten Absatz, so soll sich der Verkauf $s(t) = \dot{x}(t)$ in der Periode t ergeben durch

$$\dot{x} = (\alpha + \beta x)(m - x). \tag{11.50}$$

Dabei bezeichnet m wieder die Sättigungsmenge, welche die im Rahmen von Erstkäufen insgesamt absetzbare Stückzahl angibt. Der erste Summand bezieht sich auf die Nachfrage der Innovatoren, die ohne sozialen Anstoß das neue Produkt übernehmen (dementsprechend heißt α Innovationskoeffizient). Der zweite Summand repräsentiert den Absatz der Imitatoren (β = Imitationskoeffizient), welcher aufgrund der Mundpropaganda durch Käufer entsteht. Man erkennt übrigens, daß die Bass-Dynamik bis auf den Vergessensterm $(-\delta x)$ durch Superposition der beiden Diffusionsdynamiken von Gould entsteht. Durch Kombination des exponentiellen und logistischen Modells wird die Flexibilität des Modells erhöht. Für $x = 0$ starten die Innovatoren den Prozeß und durch die Imitatoren, die ihn allein nicht in Gang setzen könnten, wird die Verbreitung des Produktes gesichert.

Das Bass-Modell beschreibt den zeitlichen Verlauf von Erstkäufen, d.h. bei dauerhaften Gebrauchsgütern. In diesem Fall entspricht der kumulierte Absatz dem Marktanteil des Produktes, d.h. x in der Systemdynamik (11.50) kann auch als Marktanteil interpretiert werden.

Die der Firma zur Verfügung stehenden Marketinginstrumente können die Diffusion des neuen Produktes am Markt beeinflussen. Das folgende Modell untersucht, wie man durch den Einsatz von Werbeausgaben den Produktlebenszyklus profitmaximal gestalten kann.

Der Produzent informiert durch seine Werbung die Innovatoren über die Existenz und Qualität des Produktes. Der Innovationskoeffizient ist also als Funktion der Werbeausgaben $a(t)$ anzusetzen, wobei im vorliegenden, auf *Horsky* und *Simon* (1983) zurückgehenden Modell folgende Funktion gewählt wurde: $\alpha_1 + \alpha_2 \ln a(t)$. Dies führt zu folgender Absatzdynamik:

$$\dot{x} = (\alpha_1 + \alpha_2 \ln a + \beta x)(m - x); \quad x(0) = x_0. \tag{11.51}$$

α_2 und β sind dabei positive Konstante, während α_1 auch negativ sein kann[1]. Um $\alpha_1 + \alpha_2 \ln a \geq 0$ zu gewährleisten, verlangen wir, daß

---

[1] *Simon* und *Sebastian* (1984) erhalten in einem Diffusionsmodell für die Verbreitung von Telefonanschlüssen in der Bundesrepublik einen negativen Wert des Innovationskoeffizienten α_1. Dieser Fall tritt für links-schiefe Produktlebenszyklen (langsames Wachstum, schneller Verfall) auf.

$$a \geq \underline{a} = \exp(-\alpha_1/\alpha_2) \tag{11.52}$$

gelten soll.

Die Differentialgleichung (11.51) beinhaltet zwei allgemein akzeptierte Eigenschaften der Werbung: Verzögerte Wirkung und abnehmende Erträge. Die Werbeausgaben in einer Periode beeinflussen nicht nur direkt die Innovatoren, welche in dieser Periode kaufen, sondern indirekt durch Mundwerbung dieser Informationsträger auch den künftigen Absatz an die Imitatoren. Abnehmende Erträge des Werbeaufwandes manifestieren sich zunächst in der Konkavität der Logarithmusfunktion, aber auch in der sukzessiven Verkleinerung des jeweiligen Käuferpotentials $m - x$.

Als Zielfunktional dient der Firma der Gegenwartswert des Profitstromes:

$$J = \int_0^\infty e^{-rt}[(p - \bar{c})s - a]\,dt. \tag{11.53}$$

Dabei ist $p - \bar{c}$ die als konstant angenommene Gewinnspanne.

Hauptergebnis dieses Modells ist die Optimalität *monoton abnehmender Werbeausgaben*, d.h. es erweist sich als optimal, bei Einführung des Produktes am intensivsten zu werben, im Verlauf des Produktlebenszyklus die Werbung aber sukzessive zu reduzieren.

Um dies nachzuweisen, formulieren wir zunächst die Hamiltonfunktion

$$H = (p - \bar{c} + \lambda)(\alpha_1 + \alpha_2 \ln a + \beta x)(m - x) - a \tag{11.54}$$

und erhalten die adjungierte Gleichung als

$$\dot{\lambda} = r\lambda - H_x = r\lambda + (p - \bar{c} + \lambda)(\alpha_1 + \alpha_2 \ln a + 2\beta x - \beta m). \tag{11.55}$$

Daraus erkennt man sofort, daß der Gleichgewichtswert $\hat{\lambda}$ negativ ist: setzt man nämlich $\dot{\lambda} = 0$ in (11.55) und benützt $\dot{x} = 0$, d.h. $\hat{x} = m$, so erhält man

$$\hat{\lambda} = -\frac{(p - \bar{c})(\alpha_1 + \alpha_2 \ln a + \beta m)}{r + \alpha_1 + \alpha_2 \ln a + \beta m} < 0. \tag{11.56}$$

Falls die Hamiltonfunktion (11.54) für innere Werte von a maximiert wird (d.h. $\alpha_1 + \alpha_2 \ln a > 0$), so gilt $H_a = 0$, also

$$a = \alpha_2(p - \bar{c} + \lambda)(m - x) \quad \text{bzw.} \quad \lambda = \frac{a}{\alpha_2(m - x)} - (p - \bar{c}). \tag{11.57}$$

Ist $\alpha_1 + \alpha_2 \ln[\alpha_2(p - \bar{c} + \lambda)(m - x)] \leq 0$, so ist $a = \underline{a}$ optimal, d.h. $\alpha_1 + \alpha_2 \ln a = 0$. Im Falle des Gleichgewichtes gilt also $a = \underline{a}$ wegen $x = m$. In (11.56) ist somit $a = \underline{a}$ einzusetzen.

Differenziert man (11.57) nach der Zeit und eliminiert λ mit Hilfe der adjungierten Gleichung (11.55), so ergibt sich die folgende Differentialgleichung für die optimale Werberate:

$$\dot{a} = -a(m-x)\beta + r\alpha_2(m-x)\lambda. \tag{11.58a}$$

Eliminiert man nun λ mittels (11.57) so erhält man weiters

$$\dot{a} = -a[(m-x)\beta - r] - (p-\bar{c})r\alpha_2(m-x). \tag{11.58b}$$

Für $\lambda \leq 0$ erhält man aus (11.58a) sofort $\dot{a} < 0$.

Um den anderen Fall, $\lambda > 0$, zu behandeln, differenzieren wir (11.58b) total nach der Zeit und erhalten

$$\ddot{a} = -\dot{a}[(m-x)\beta - r] + [a\beta + (p-\bar{c})r\alpha_2]\dot{x}. \tag{11.59}$$

Somit gilt $\ddot{a} = [a\beta + (p-\bar{c})r\alpha_2]\dot{x} > 0$ falls $\dot{a} = 0$ ist. Wäre also $\dot{a}(\tau) \geq 0$ für ein $\tau \geq 0$, so würde $\dot{a}(t) > 0$ für alle $t > \tau$ gelten und weiters $\lambda(t) > 0$ für alle $t > \tau$ (vgl. (11.58a)). Der Schattenpreis λ würde dann gemäß (11.55) exponentiell (stärker als mit der Rate r) gegen $+\infty$ divergieren und könnte somit nie mehr den Gleichgewichtswert (11.56) erreichen. Aus diesem Widerspruch folgt $\dot{a} < 0$.

Wir haben also gezeigt, daß $\dot{a} < 0$ ist, wenn $\alpha_1 + \alpha_2 \ln a > 0$ ist. Falls nun $\alpha_1 + \alpha_2 \ln a(\tau) = 0$ ist, d. h. die Werberate am unteren Rand liegt, so gilt $\dot{a} = 0$ für alle $t > \tau$ (andernfalls würde ein $\bar{\tau} > \tau$ existieren mit $\alpha_1 + \alpha_2 \ln a(\bar{\tau}) > 0$ und $\dot{a} > 0$, was ein Widerspruch wäre). Dies liefert folgendes intuitiv einleuchtende Resultat

Satz 11.4. *Die optimale Werbepolitik im Horsky-Simon-Modell ist monoton fallend:*

$$\dot{a}(t) \begin{Bmatrix} < \\ = \end{Bmatrix} 0, \quad \alpha_1 + \alpha_2 \ln a(t) \begin{Bmatrix} > \\ = \end{Bmatrix} 0 \quad \text{für} \quad t \begin{Bmatrix} < \\ \geq \end{Bmatrix} \tau < \infty.$$

Beweis. Wäre nämlich $\tau = \infty$, so würde aus (11.51) die Konvergenz $x \to m$ folgen und somit aus (11.57) $\lambda \to \infty$, so daß das Gleichgewicht (11.56) nicht erreicht werden könnte. □

Man beachte allerdings, daß die hinreichenden Optimalitätsbedingungen nicht erfüllt sind, da die maximierte Hamiltonfunktion nicht konkav in x ist.

11.2. Strategisches Preismanagement

Nach *Simon* (1982b) dürfte die Akzeptanz der klassischen Preistheorie in der betrieblichen Praxis u. a. auch deshalb so gering geblieben sein, weil dynamische Zusammenhänge weitgehend vernachlässigt wurden. Diffusions-, Sättigungs- und Veränderungsprozesse verändern die Absatzmöglichkeiten eines Produktes im Laufe seines Lebenszyklus. Auf Kostenseite ergibt sich durch ‚learning by doing‘ ein typischer dynamischer Effekt, der nur durch eine intertemporale Analyse adäquat berücksichtigt werden kann. Diese Faktoren bewirken ein Abweichen der optimalen Preispolitik von der klassischen Preisregel „Grenzkosten = Grenzerlös".

Kernidee des folgenden Marketingmodells ist die Tatsache, daß der heutige Verkaufspreis und Absatz eines Produktes Auswirkungen auf dessen künftigen Absatz besitzen.

11.2.1. Optimale Preispolitik bei dynamischer Nachfrage und Kostenfunktion (Kalish)

Als *Carryover-Effekte* bezeichnet man generell alle vom Absatz in einer Periode auf den Verkauf in einer zukünftigen Periode ausgehenden Wirkungen. *Simon* (1982b) nennt hierfür einige Ursachen, welche für derartige Effekte verantwortlich sind: Erfahrungen mit einem Produkt werden weitergegeben (*Mundwerbung*); das Wiederkaufsverhalten hängt von den Erfahrungen mit früheren Käufen ab; Demostrationseffekt (Eigenwerbung); jede heute verkaufte Einheit reduziert die noch in Zukunft absetzbare Menge (*Sättigungseffekt* bei dauerhaften Gütern, z.B. bei Telefonanschlüssen).

Schlüsselvariable der vorliegenden Modellklasse ist die bis zu einem Zeitpunkt t produzierte Menge (der *kumulierte Absatz*), welche die Nachfrage in der Periode t beeinflußt (daneben hängt diese auch noch vom Verkaufspreis in t ab). Im Laufe des Lebenszyklus eines Produktes zeigen sich folgende Effekte:

Positiver Carryover-Effekt (Diffusionseffekt): Der Verkauf des Produktes *steigt* mit seinem bisherigen Absatz an. Bei (kurzlebigen) Verbrauchsgütern wird dieser Effekt vor allem durch das Wiederkaufsverhalten aufgrund positiver Erfahrungen sowie durch Mundwerbung hervorgerufen. Bei (langlebigen) Gebrauchsgütern spielt neben dem Demonstrationseffekt wieder die Mundpropaganda eine Rolle.

Negativer Carryover-Effekt (Sättigungseffekt): Der Absatz des Produktes fällt mit der bisher produzierten Menge. Bei Verbrauchsgütern geht i.a. die Fähigkeit eines Produktes, neue Käufer anzuziehen bzw. bisherige zu halten, nach einer gewissen Zeitspanne zurück. Bei dauerhaften Gütern ist das zukünftige Absatzpotential umso geringer, je mehr Einheiten bereits verkauft wurden.

Mit zunehmendem Output können effizientere Produktionsverfahren eingesetzt werden. Neben diesen „economies of scale" (die ein statisches Phänomen sind) tritt ein *dynamischer Kosteneffekt* auf: Produktions- und Marketingaktivitäten sind Lernvorgänge, die zu einem Zuwachs an Know How führen. Als Proxy-Variable für diese Erfahrung wird wieder die bisher produzierte Menge des Produktes, d.h. der kumulierte Absatz genommen (vgl. auch *Simon*, 1982b, p.195ff.). Der Zusammenhang zwischen dieser kumulierten Menge und den realen Stückkosten wird auch als *Lern- oder Erfahrungskurve* bezeichnet. Die Abnahme der Produktions-*Einheits*kosten mit der kumulierten Produktion gehört zu den empirisch am besten belegten Tatsachen der Betriebswirtschaftslehre und hat die strategische Unternehmensplanung beeinflußt. Vor allem Firmen der Elektronikbranche (z.B. Taschenrechner)

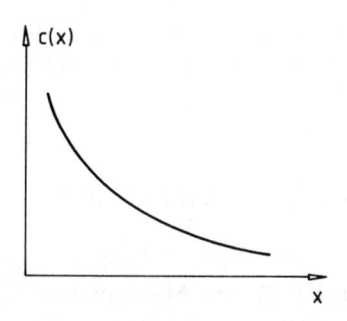

Abb. 11.5 Lern- bzw. Erfahrungskurve

haben ihre Preisstrategie nach den Lernkosten erfolgreich bestimmt. Abb. 11.5 illustriert eine Erfahrungskurve.

Die *Boston Consulting Group* (1972) hat festgestellt, daß die totalen Einheitskosten in konstanten Dollars in der Größenordnung von etwa 10 bis 30 Prozent pro Verdoppelung des Produktionsvolumens sinken. Häufig wird eine exponentiell fallende Kostenfunktion $c(x) = c_0(x_0/x)^\gamma$ verwendet, wobei c_0 die anfänglichen Einheitskosten und x_0 den ursprünglichen kumulierten Output bedeuten. Dann sinken bei Verdoppelung des Outputs die Produktionseinheitskosten *um* $100(1-2^{-\gamma})$ Prozent mit $0.1 \leq \gamma \leq 0.5$.

Bevor wir ein allgemeines, auf *Spremann* (1975a) zurückgehendes und von *Kalish* (1983) behandeltes Modell formulieren, welches die Interaktion der drei genannten Effekte zu erfassen in der Lage ist, sei noch auf Einschränkungen hingewiesen, unter denen die folgenden Überlegungen gültig sind. Die Firma kann ihre Preispolitik autark gestalten, d. h. sie ist ohne Konkurrenz. Es handelt sich also um den Fall eines *Monopolisten*, der seine Preispolitik auch unabhängig vom Markteintritt potentieller Konkurrenten gestaltet, etwa aufgrund von Patentschutz. Das Verhalten der Käufer soll sich durch die Bildung von Preiserwartungen, d. h. durch Annahmen über die künftige Preisentwicklung, nicht ändern. Es wird angenommen, daß die Kunden nur auf die laufende Preisentwicklung reagieren.

Es sei $x(t)$ die bis zum Zeitpunkt t produzierte Menge (der *kumulierte Absatz*) und $p(t)$ der Verkaufspreis. Der Absatz $s(t) = \dot{x}(t)$ zur Zeit t soll von der bisherigen Erfahrung $x(t)$ und vom Preis $p(t)$ abhängen, d. h.

$$\dot{x} = f(x, p). \tag{11.60}$$

Über die Abhängigkeit der dynamischen Nachfragefunktion f vom Preis nehmen wir an (vgl. (11.8) sowie Übungsbeispiel 11.1):

$$f_p < 0 \text{ (a)}, \quad f_{pp} < 2f_p^2/f \text{ (b)}. \tag{11.61}$$

Die Wirkung des kumulierten Absatzes auf die Nachfrage ist nicht eindeutig. Der Diffusionseffekt (positiver Carryover-Effekt) drückt sich durch die Annahme

$$f_x > 0 \tag{11.62a}$$

aus, während sich der Sättigungseffekt (negativer Carryover-Effekt) durch

$$f_x < 0 \tag{11.62b}$$

11.2. Strategisches Preismanagement

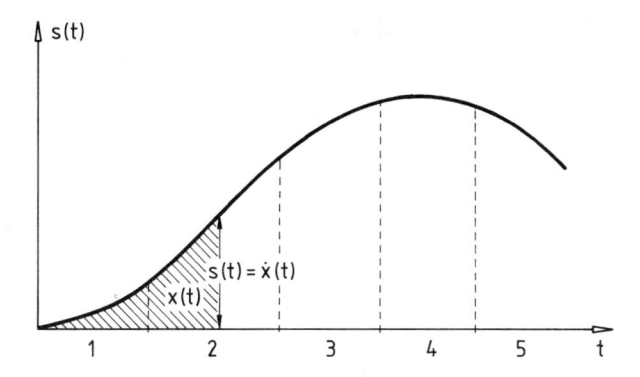

Abb. 11.6 Produktlebenszyklus. Phasen: 1 (Einführung), 2 (Wachstum), 3 (Reife), 4 (Sättigung), 5 (Schrumpfung)

beschreiben läßt. Ein „normaler" Produktlebenszyklus läuft so ab, daß in einer Expansionsphase der Absatz mit den bisher verkauften Stücken steigt, in einer Schrumpfungsphase hingegen fällt (siehe Abb. 11.6).

Die Produktionsstückkosten $\bar{c}$ hängen ebenfalls von x ab: $\bar{c} = \bar{c}(x)$ mit $\bar{c}'(x) < 0$ (siehe Abb. 11.5).

Ziel des Monopolisten ist es, den Gegenwartswert des Profitstromes zu maximieren:

$$\max_{p} \int_0^T e^{-rt}[p - \bar{c}(x)]\dot{x}\,dt. \tag{11.63}$$

Dabei ist r eine nichtnegative Diskontrate und T ein gegebener Planungshorizont. Als Systemdynamik fungiert die dynamische Nachfragerelation (11.60); der kumulierte Output x ist die Zustandsvariable, die Preispolitik die Steuerung; der Anfangszustand $x(0) = x_0$ sei gegeben.

Bevor wir dieses Kontrollproblem, mit dem die monopolistische Firma konfrontiert ist, lösen, überlegen wir uns, in welcher Weise die *drei Faktoren* (Erfahrungskurve, positiver Diffusionseffekt, negativer Sättigungseffekt) im Verein mit der Diskontrate bei der Bestimmung des optimalen Preispfades *interagieren*. Um die Produktionskosten zu senken, wird man trachten, möglichst viel zu produzieren. Ein positiver Diffusionseffekt wird sich ähnlich auswirken und gibt somit Anlaß zu einem Preis, der *unter* dem myopischen (d. h. den augenblicklichen Profit maximierenden) Preis liegt. Umgekehrt wird man im Falle des Sättigungseffektes die Produktion eher drosseln, was durch einen höheren Preis erreicht wird. Das intertemporale Entscheidungsproblem besteht gerade im Ausbalancieren zwischen laufenden und künftigen Gewinnen. Ziel ist es erstens, den dynamisch optimalen Preis mit dem myopischen Preis zu vergleichen, und zweitens das Zeitprofil des Preises festzustellen. Das Maximumprinzip ermöglicht qualitative Einsichten in beide Problemkreise.

Die Hamiltonfunktion lautet

$$H = [p - \bar{c}(x) + \lambda]f(x, p).$$

Da Randlösungen durch geeignete Spezifikationen der Nachfragefunktion f ausge-

338 Marketing Mix: Preis, Werbung und Produktqualität

schlossen werden können, liefert die Maximumbedingung $H_p = 0$ für die optimale Preispolitik

$$p = \bar{c} - \lambda - f/f_p \tag{11.64a}$$

Dies ergibt

$$p = \frac{\eta}{\eta - 1}[\bar{c}(x) - \lambda] \tag{11.64b}$$

(11.64b) stellt eine Erweiterung der klassischen statischen Preisregel des Monopolisten dar, die besagt, daß die optimale Gewinnspanne in bestimmter Weise von der Preiselastizität η abhängt (Amoroso-Robinson-Beziehung; vgl. (11.2)). Die dynamische Erweiterung geschieht durch Subtraktion des Schattenpreises λ. Wenn eine zusätzliche Einheit an kumuliertem Output einen positiven Wert besitzt – dies ist bei positivem Carryovereffekt und aufgrund des Lernkosteneffektes der Fall – so liegt der optimale Preis gemäß (11.64b) *unterhalb* des statisch optimalen Preises. Ist hingegen $\lambda < 0$, d. h. ist zusätzliche Produktion nachteilig – im Falle der Marktsättigung bei dauerhaften Gütern – so ist es optimal, einen *höheren* als den myopischen Preis zu fordern, der dann die Nachfrage reduziert. Das Vorzeichen von λ bestimmt also, ob der optimale Preis unter oder über dem myopischen Preis (der den statischen Profit maximiert) liegt.

Aufgrund der Annahme (11.61b) gilt $H_{pp} < 0$ für $H_p = 0$, d. h. durch die Bedingung erster Ordnung wird tatsächlich ein Maximum geliefert.

Die adjungierte Gleichung ist

$$\dot{\lambda} = r\lambda + \bar{c}'f - (p - \bar{c} + \lambda)f_x = r\lambda - f_x p/\eta + \bar{c}'f. \tag{11.65}$$

Mit $\lambda(T) = 0$ liefert dies

$$\lambda(t) = \int_t^T (f_x p/\eta - \bar{c}'f) e^{-r(\tau - t)} d\tau. \tag{11.66}$$

(11.66) liefert auch eine Untermauerung der Überlegungen im Anschluß an (11.64b). Man erkennt direkt, daß gilt:

Aus $f_x > 0$ folgt $\lambda > 0$ (11.67)

Aus $f_x < 0$ und $\bar{c}' = 0$ folgt $\lambda < 0$. (11.68)

Um Aussagen über die Gestalt des optimalen Preispfades zu gewinnen, geht man wie üblich vor: man differenziert die Maximierungsbedingung (11.64a) nach der Zeit, setzt das Resultat in die adjungierte Gleichung (11.65) ein und erhält so unter Beachtung von (11.64a)

$$\dot{p}(2 - ff_{pp}/f_p^2) = -r\lambda - 2f_x f/f_p + f^2 f_{xp}/f_p^2. \tag{11.69}$$

Der Klammerausdruck auf der linken Seite von (11.69) ist aufgrund der Annahme (11.61b) positiv.

Aus (11.69) erkennt man, daß $\dot{p}$ für $r = 0$ nur von der Nachfrage, hingegen nicht von den Kosten abhängt. Insbesondere ist für $\text{sgn} f_x = \text{sgn} f_{xp}$ die optimale Preispolitik *monoton*. Wenn etwa $f_x > 0, f_{xp} > 0$ gilt, d.h. wenn die Nachfrage mit zunehmender Marktdurchdringung steigt und die Steigerung mit dem Preis wächst, so steigt auch der Preis.

Um die Auswirkungen dynamischer Nachfrage und Produktionskosten zu verstehen, untersuchen wir die Effekte isoliert für sich. Zunächst fassen wir den Fall ins Auge, daß der Absatz nur vom Preis abhängt, d.h. wir interessieren uns ausschließlich für die Wirkungen der Erfahrungskostenkurve auf die Struktur der optimalen Politik.

Satz 11.5. *Für statische Nachfrage, d.h. $f_x = 0$, gilt im*
<u>*Fall $r = 0$:*</u> $\dot{p}(t) = 0$, $\lambda(t) = \bar{c}(x(t)) - \bar{c}(x(T))$
und im
<u>*Fall $r > 0$:*</u> $\dot{p}(t) < 0$, *d.h. der optimale Preispfad fällt monoton, $p(t) < p_m$, d.h. der optimale Preis liegt unter dem statisch optimalen Preis p_m, $e^{-rt}\lambda(t)$ fällt monoton.*

Beweis. Die notwendigen Optimalitätsbedingungen reduzieren sich nun zu

$$\dot{x} = f(p), \quad x(0) = x_0 \tag{11.70a}$$

$$\dot{\lambda} = r\lambda + \bar{c}'(x)f, \quad \lambda(T) = 0 \tag{11.70b}$$

$$p = \frac{\eta}{\eta - 1}[\bar{c}(x) - \lambda] \tag{11.70c}$$

$$\dot{p}(2 - ff''/f'^2) = -r\lambda, \quad p(T) = [\eta/(\eta - 1)]\bar{c}(x(T)). \tag{11.70d}$$

Für $r = 0$ folgt aus (11.70d) $p(t) = \text{const.} = [\eta/(\eta-1)]\bar{c}(x(T))$. In diesem Fall reduziert sich das Problem zu einem statischen Entscheidungsproblem: der Preis wird für die ganze Periode (konstant) gesetzt, so daß am Periodenende der Grenzerlös gleich den Grenzkosten ist: $p(T) + f(p(T))/f_p(p(T)) = \bar{c}(x(T))$. Aus (11.70b) folgt $\lambda(t) = \bar{c}(x(t)) - \bar{c}(x(T))$. Im Falle $r = 0$ ist der Schattenpreis also gerade gleich der Differenz der marginalen Produktionskosten zu den Zeitpunkten t und T. Mit anderen Worten, wenn man zur Zeit t eine Einheit mehr produziert und absetzt, so wird die Produktion aller folgenden Einheiten billiger, und $\lambda(t)$ gibt an um wieviel. Man sieht, daß λ für $r = 0$ monoton fällt.

Aus $\bar{c}'(x) < 0$ und (11.66) folgt $\lambda(t) > 0$ für alle $t \in [0, T)$. Gemeinsam mit (11.70d) ergibt dies $\dot{p} < 0$. Daß der dynamische optimale Preis unterhalb des myopischen Preises liegt, sieht man – wie bereits oben erwähnt – unmittelbar aus (11.70c).

Das monotone Fallen des Gegenwartswertes des Schattenpreises, $e^{-rt}\lambda(t)$, folgt sofort aus (11.66). □

Separable Nachfrage

Der folgende Spezialfall erlaubt es, das Zusammenspiel zwischen Preis und kumulierter Nachfrage zu durchleuchten. Es handelt sich um die Klasse multiplikativ-separabler Nachfragefunktionen, welche insofern von praktischer Bedeutung sind, als sich eine Reihe existierender (und teilweise auch empirisch getesteter) Marketingmodelle darunter einordnen lassen.

Satz 11.6. *Für separable Nachfrage $f(x,p) = g(x)h(p)$ und $r = 0$ ist der optimale Preis steigend (bzw. fallend) genau dann, wenn $g'(x) > 0$ (bzw. < 0) ist.*

Beweis. In diesem Fall gilt

$$\dot{\lambda} = \bar{c}'(x)gh + g'h^2/h', \quad \lambda(T) = 0 \tag{11.71a}$$

$$p = \bar{c} - \lambda - h/h' \tag{11.71b}$$

$$\dot{p}(2 - hh''/h'^2) = -g'h^2/h'. \tag{11.71c}$$

Da $h'(p) < 0$, so ist wegen (11.61b) $\operatorname{sgn}\dot{p} = \operatorname{sgn} g'(x)$; vgl. Übungsbeispiel 11.13b. □

Dieses bemerkenswerte Resultat besagt, daß sich die optimale Preispolitik nach dem Produktlebenszyklus richtet. Betrachten wir etwa den Lebenszyklus eines dauerhaften Gebrauchsgutes. Solange der Absatz steigt, soll auch der Preis zunehmen. Anfänglich ist der Preis niedrig, um Kunden anzulocken, welche wegen des positiven Carryovers die Nachfrage stimulieren. Der Preis steigt während der Expansionsphase monoton bis zum Zeitpunkt, wo die Wirkung der Mundpropaganda verschwindet. In der Marketingpraxis spricht man von einer *Penetrationspolitik*. In der Sättigungsphase, in welcher sich der Absatz negativ auf die zukünftige Nachfrage auswirkt, geht der Preis zurück. Zu Beginn dieser Schrumpfungsphase ist der Preis hoch – die Firma „sahnt den Markt ab" (sogen. *Skimming-Preispolitik*). Durch den darauf folgenden sukzessiven Preisnachlaß wird versucht, den Verfall der Produktnachfrage zu bremsen. Interessant ist dabei, daß sich diese Penetrations-Skimming-Politik *produktionsglättend* auswirkt: der Preisanstieg im Vorgriff auf die ansteigende Nachfrage mildert den Absatzboom und trägt so zur Stabilisierung des Produktlebenszyklus bei.

Man beachte, daß die beiden Theoreme gültig bleiben, wenn die dynamische Nachfrage folgendermaßen explizit von der Zeit abhängt: $f = g(x,p)k(t)$ und $k > 0$.

Beispiel 11.1. (*Robinson* und *Lakhani*, 1975, *Dolan* und *Jeuland*, 1981).

Ein praktisch bedeutsames Beispiel einer separablen Dynamik bildet die mit einem Preisterm versehene Bass-Dynamik (11.50)

$$\dot{x} = (\alpha + \beta x)(m - x)e^{-dp}, \tag{11.72}$$

in welcher $g(x) = (\alpha + \beta x)(m - x)$ und $h(p) = e^{-dp}$ gilt. Für dauerhafte Güter (bzw. Erstkäufe) kann $x(t)$ als Marktanteil interpretiert werden. Man verifiziert leicht, daß $g'(x) > 0$ sobald $x/m < \frac{1}{2}(1 - \alpha/(\beta m))$. D.h., falls $\alpha < \beta m$ (dies ist bei empirischen Daten gewöhnlich erfüllt), so ist gemäß Satz 11.6 eine Penetrations-Preispolitik bis zum oben ausgezeichneten Schwellwert von x optimal, während danach der Preis wieder abnehmend ist (vgl. Übungsbeispiel 11.14).

Eine höhere Diskontierung bedeutet, daß frühere Gewinne wertvoller sind als spätere. Je höher also r ist, desto mehr nähert sich der optimale Preis dem myopischen Monopolpreis. Im Fall positiver Diskontierung verkompliziert sich die Analyse allerdings, und i.a. sind aufgrund der Gegenläufigkeiten der Faktoren *keine* eindeutigen Aussagen mehr möglich.

Preisabhängiges Marktpotential

Bei einem dauerhaften Gebrauchsgut ist die Marktgröße durch die Anzahl der Personen beschränkt, welche das Gut zu einem bestimmten Preis noch kaufen. Es bezeichne $m(p)$ die Anzahl der Kunden welche bereit sind, das Produkt zum Preis p (oder zu einem darunterliegenden) zu kaufen. Je höher p, desto geringer wird das Marktpotential $m(p)$ sein, d. h. $m'(p) < 0$. Identifiziert man der Einfachheit halber den Absatz (eines dauerhaften Gutes) mit der Kundenzahl, dann besitzt die Systemdynamik im vorliegenden Fall die Gestalt

$$\dot{x} = \alpha[m(p) - x]. \tag{11.73}$$

Für den Anfangszustand setzen wir $x(0) = 0$ voraus.

Satz 11.7. *Für die Diffusionsdynamik* (11.73) *mit preisabhängigem Marktpotential ist eine Skimming-Preispolitik optimal.*

Beweis. Die notwendigen Optimalitätsbedingungen lauten nun: (11.73), $x(0) = 0$,

$$\dot{\lambda} = r\lambda + \dot{x}[\bar{c}'(x) - 1/m'(p)], \quad \lambda(T) = 0 \tag{11.74a}$$

$$p = [\bar{c} - \lambda - (m - x)/m'] \tag{11.74b}$$

$$\dot{p}[2 - (m - x)m''/m'^2] = -r\lambda + 2\alpha(m - x)/m'. \tag{11.74c}$$

Für $r = 0$ folgert man $\dot{p} < 0$ unmittelbar aus (11.74c) im Verein mit Annahme (11.61b). Für $r > 0$ substituiert man λ aus (11.74b) in (11.74c), leitet nach der Zeit ab und erhält für $\dot{p} = 0$:

$$\ddot{p}[2 - (m - x)m''/m'^2] = -\dot{x}[r(\bar{c}'(x) + 1/m' + 2\alpha/m']. \tag{11.75}$$

Da alle Terme in der eckigen Klammer auf der rechten Seite von (11.75) negativ sind, gilt $\ddot{p}|_{\dot{p}=0} > 0$. Da ferner gemäß (11.74c) und der Transversalitätsbedingung $\dot{p}(T) < 0$ gilt, so kann $\dot{p}(t)$ nicht das Vorzeichen wechseln. Somit gilt für die optimale Preispolitik $\dot{p} < 0$. □

Vermitteln diese Resultate – unter Beachtung der jeweiligen simplifizierenden Modellannahmen – dem Manager Hinweise zur Gestaltung der optimalen Preispolitik?

Fassen wir zusammen:

- Lernkosten und positiver Diffusionseffekt bewirken Preise, welche *unterhalb* des statisch optimalen (myopischen) Preises liegen.
- Die Erfahrungskurve allein, d. h. ohne dynamischen Nachfrageeffekt, bewirkt einen Preisrückgang im Zeitablauf.
- Unter gewissen Annahmen (separable Nachfrage, kleine Diskontrate) folgt die Preispolitik dem Absatz im Produktlebenszyklus.

Werden derartige Preismuster auch in der Marketing-Praxis festgestellt? Für Güter des täglichen Gebrauches (Wiederholungskäufe) beobachtet man oft niedrige Einführungspreise. Bei dauerhaften Gütern ist häufig ein anfänglich hoher Preis mit anschließenden Verfall festzustellen (Elektrogeräte, Photoapparate). Dominiert der Erfahrungskosteneffekt, wie es etwa bei Taschenrechnern der Fall war, so kommt es ebenfalls zu einem Preisverfall. Als vorläufiges Ergebnis läßt sich somit eine gewisse Konsistenz des *empirisch beobachteten* mit dem von den Modellannahmen implizierten *optimalen* Verhalten feststellen.

11.2.2. Preispolitik bei drohendem Markteintritt von Konkurrenten (Gaskins)

Wir betrachten eine Firma, die mit einem Produkt den Markt beherrscht. Der von diesem Unternehmen erzielte Preis übt Signalwirkung auf potentielle Konkurrenten aus, welche in den Produktmarkt des Monopolisten einzutreten beabsichtigen. Die Nachfrage des dominierenden Unternehmens hängt einerseits vom Preis ab, den dieses setzen kann, aber auch vom Absatz der bereits in den Markt eingedrungenen Rivalen. Diese Abhängigkeit des künftigen Marktanteils der beherrschenden Firma vom gegenwärtigen Verkaufspreis hat zur Folge, daß die optimale Preisstrategie des Monopolisten nur im intertemporalen Rahmen bestimmt werden kann. A priori ist folgendes extreme Verhalten möglich: der Monopolist wählt den Preis so, daß sein augenblicklicher Gewinn maximiert wird, ohne dabei den dadurch induzierten Markteintritt eines Konkurrenten ins Kalkül zu ziehen. Oder aber die Firma setzt ihren Preis niedrig genug, um potentielle Rivalen am Markteintritt zu hindern. Tatsächlich wird die optimale Preisstrategie zwischen diesen beiden Extremen abwägen und einen Mittelweg zwischen momentaner Profitrate und künftigem Marktanteil einschlagen. Mit anderen Worten, die marktbeherrschende Firma opfert heutige Gewinne, um den Eintritt ihrer Konkurrenten zu verhindern, welche durch hohe Preise angelockt werden.

Angenommen, der Absatz des Monopolisten werde durch eine Nachfragefunktion $d(p)$ in Abhängigkeit vom Verkaufspreis p beschrieben, falls sich die Firma allein am Markt befindet. Folgende Annahmen für d erweisen sich in diesem Zusammenhang als sinnvoll

$$d(p) \geqq 0 \text{ (a)}, \quad d'(p) < 0 \text{ (b)}, \quad 0 \leqq d''(p) < 2d'^{2}(p)/d(p) \text{ (c)}. \tag{11.76}$$

(11.76c) besagt dabei, daß die Grenznachfrage verschwindet (lineare Nachfragefunktion) oder zumindest nicht zu stark zunimmt (vgl. dazu (11.8) und die dortige Interpretation).

Es bezeichne $x(t)$ die Verkäufe der in der Periode t bereits am Markt befindlichen, Konkurrenten[1]. Dann ist $d(p) - x$ der tatsächlich verkaufte Output der Firma. Mit $c = c(d(p) - x)$ bezeichnen wir die totalen Produktionskosten, die von der tatsächlich abgesetzten Menge konvex abhängen sollen:

$$c > 0, \; c' > 0, \; c'' \geqq 0 \quad \text{für} \quad d(p) - x > 0. \tag{11.77}$$

Der augenblickliche Profit ist dann gegeben durch

$$\Pi(p, x) = p[d(p) - x] - c(d(p) - x). \tag{11.78}$$

---

[1] Man beachte, daß im Unterschied zu den vorhergehenden Abschnitten die Zustandsvariable x die Verkäufe und nicht den kumulierten Output oder den Marktanteil der Firma bezeichnet.

11.2. Strategisches Preismanagement

Ziel der Firma ist die Maximierung des Gegenwartswertes des Profitstromes

$$J = \int_0^\infty e^{-rt}\{p[d(p)-x] - c(d(p)-x)\}\,dt. \tag{11.79}$$

Die Eintrittsrate potentieller Konkurrenten wird als lineare Funktion des laufenden Verkaufspreises angesetzt, den die Rivalen als stellvertretend für die künftige Preisentwicklung am Markt ansehen:

$$\dot{x}(t) = k[p(t) - \bar{p}]. \tag{11.80}$$

Dabei ist $k > 0$ eine Konstante, welche die Eintrittsgeschwindigkeit mißt und der Grenzpreis $\bar{p}$ jenes Preisniveau, für welches weder Eintritt noch Austritt von Rivalen in den bzw. aus dem Produktmarkt erfolgen. Falls $p > \bar{p}$, so herrscht eine positive Eintrittsneigung, für $p < \bar{p}$ verlassen hingegen Konkurrenten den Markt.

Bei vorgegebenem anfänglichen Output der Rivalen, $x(0) = x_0$, liegt ein Kontrollproblem mit der Systemdynamik (11.80) und dem Zielfunktional (11.79) vor. Der Absatz der Konkurrenten $x(t)$ fungiert dabei als Zustandsvariable, der Verkaufspreis $p(t)$ als Steuerung, welche durch die gemischte Nebenbedingung $d(p) \geqq x$ verknüpft sind.

Für die Ableitungen der Profitfunktion (11.78) gilt:

$$\Pi_p = d - x + (p-c')d' \tag{11.81}$$

$$\Pi_{pp} = 2d' + (p-c')d'' - c''d'^2 < 0 \quad \text{für} \quad p - c' < -d/d'. \tag{11.82}$$

Das Vorzeichen in (11.82) folgt dabei aus Annahme (11.76c).

Die übliche Vorgangsweise mittels des Maximumprinzips liefert:

$$\begin{aligned}
H &= \Pi(p,x) + \lambda k(p-\bar{p}) = p[d(p)-x] - c(d(p)-x) + \lambda k(p-\bar{p}) \\
L &= H + \mu[d(p) - x] \\
L_p &= \Pi_p + \lambda k + \mu d' = 0
\end{aligned} \tag{11.83}$$

$$\dot{\lambda} = r\lambda - L_x = r\lambda + p - c' + \mu \tag{11.84}$$

$$\mu \geqq 0, \quad \mu(d-x) = 0. \tag{11.85}$$

(11.83) läßt sich schreiben als

$$\lambda = -(\Pi_p + \mu d')/k = [x - d - (p - c' + \mu)d']/k. \tag{11.86}$$

Auf lange Sicht, d.h. im Gleichgewicht, herrscht der Grenzpreis, bei dem weder Markteintritte noch -austritte von Rivalen stattfinden: $\hat{p} = \bar{p}$.

Um zu zeigen, daß der stationäre Schattenpreis $\hat{\lambda} \leqq 0$ ist, setzt man $\dot{\lambda} = 0$ in (11.84) ein:

$$\hat{\lambda} = -[\hat{p} - c'(d(\hat{p}) - \hat{x}) + \hat{\mu}]/r.$$

Gemeinsam mit (11.86) ergibt dies

344 Marketing Mix: Preis, Werbung und Produktqualität

$$[\hat{p} - c'(d(\hat{p}) - \hat{x}) + \hat{\mu}][k - rd'(\hat{p})] = [d(\hat{p}) - \hat{x}]r.$$

Somit erhält man

$$\hat{\lambda} = -[d(\hat{p}) - \hat{x}]/[k - rd'(\hat{p})] \leqq 0. \tag{11.87}$$

Im Falle $d(\hat{p}) > \hat{x}$ gilt sogar $\hat{\lambda} < 0$, und wegen $\hat{\mu} = 0$ liegt der Gleichgewichtspreis über den Grenzkosten:

$$\hat{p} > c'(d(\hat{p}) - \hat{x}).$$

Da λ als Schattenpreis des Absatzes der Konkurrenz zu interpretieren ist, wird stets $\lambda(t) < 0$ gelten: bei einer Reduktion von x kann ein höherer Preis p gewählt werden, so daß $d(p) - x$ gleich bleibt und die Zielfunktion (11.79) steigt. Formal erhält man das Vorzeichen von λ, indem man $p - c' + \mu$ in (11.84) mittels (11.86) eliminiert:

$$\dot{\lambda} = (r - k/d')\lambda - (d - x)/d'.$$

Da sowohl der konstante Term in dieser linearen Differentialgleichung nichtnegativ ist, als auch der Koeffizient von λ größer als r ist, würde aus $\lambda > 0$ folgen, daß λ stärker als mit der Rate r gegen $+\infty$ divergiert. Damit also λ gegen den nichtpositiven Gleichgewichtswert (11.87) konvergieren kann, muß gelten:

$$\lambda(t) \leqq 0 \quad \text{für alle } t.$$

Aus $\lambda \leqq 0$ und (11.83) folgt

$$p - c' = -[\lambda k + (d - x)]/d' - \mu < -d/d' \tag{11.88}$$

und somit gemäß (11.82)

$$\Pi_{pp} < 0 \quad \text{bzw.} \quad H_{pp} < 0$$

entlang des optimalen Pfades.

In diesem Zusammenhang sei darauf hingewiesen, daß die maximierte Hamiltonfunktion H^0 (gemäß des Hauptminoren-Kriteriums) nicht konkav in (x, p) ist ($H_{xx}H_{pp} - H_{xp}^2$ besitzt das „falsche" Vorzeichen; vgl. Bemerkung 2.4); d. h. die hinreichenden Optimalitätsbedingungen sind nicht erfüllt.

Für $\mu = 0$ erhält man als weitere Gleichgewichtsbedingung

$$\frac{\partial}{\partial p} \Pi(\hat{p}, \hat{x}) = -\frac{\partial}{\partial x} \Pi(\hat{p}, \hat{x}) \frac{k}{r}. \tag{11.89}$$

Auf der linken Seite von (11.89) steht der marginale Gewinn bei einer infinitesimalen Preiserhöhung im Gleichgewicht, der positiv ist. Diese Preiserhöhung lockt aber Konkurrenten an, was zu einer Gewinneinbuße des Monopolisten führt, deren Gegenwartswert auf der rechten Seite von (11.89) steht. Im Gleichgewicht halten sich beide Effekte die Waage.

Neben den Resultaten über den stationären Zustand bzw. Preis ist das Zeitprofil der optimalen Preispolitik in Abhängigkeit von der Anfangskonkurrenz von Interesse. Ferner stellen wir uns die Frage, in welcher Beziehung das optimale Preisniveau

11.2. Strategisches Preismanagement

zum myopischen Preis p_m liegt, welcher die augenblickliche Profitrate maximiert. Der statisch optimale Preis genügt der Gleichung

$$\Pi_p\big|_{p=p_m} = d(p_m) - x + d'(p_m)[p_m - c'(d(p_m) - x)] = 0. \tag{11.90}$$

Andererseits gilt entlang des optimalen Pfades gemäß (11.83).

$$\Pi_p = d - x + d'(p - c') = -k\lambda - \mu d' > 0.$$

Vergleicht man dies mit (11.90), so erhält man

$$p(t) < p_m \quad \text{für} \quad t \in [0, \infty). \tag{11.91}$$

Dabei ist zu beachten, daß die Profitfunktion Π wegen (11.82) und (11.88) eine eingipfelige Funktion in p ist. Insbesondere gilt auch $\hat{p} < p_m$.

Im folgenden skizzieren wir die Phasenporträtanalyse der optimalen Lösung im Bereich $d(p) > x$.

Zur Ermittlung des optimalen Preispfades differenziert man wie gewohnt (11.86) für $\mu = 0$ nach der Zeit und setzt das Resultat gemeinsam mit (11.86) in die Kozustandsgleichung (11.84) ein. Gemeinsam mit der Systemdynamik liefert dies ein nichtlineares Differentialgleichungssystem in x und p. Durch Rückgriff auf das Modell (4.9a), (4.10) können wir uns eine explizite Durchführung der Phasendiagramm-Analyse in der (x, p)-Ebene ersparen. Die Annahmen (4.11), (4.12) sind nämlich erfüllt, mit Ausnahme von $F_{xx} = \Pi_{xx} = -c'' < 0$ und $F_u = \Pi_p > 0$. Da die Vorzeichen dieser partiellen Ableitungen jedoch nicht in die Auswertung der Funktionaldeterminante (4.21) eingehen, so gilt gemäß (4.22) und Satz 4.3, daß der stationäre Punkt ein *Sattelpunkt* ist mit *monoton fallendem* stabilen Pfad. (Der Leser führe in Übungsbeispiel 11.16 den Beweis explizit durch.)

In Abb. 11.7 ist das Phasenporträt skizziert.

Die Isokline $\dot{x} = 0$ ist waagrecht, während $\dot{p} = 0$ monoton fällt (zumindest in einer Umgebung des Gleichgewichtes).

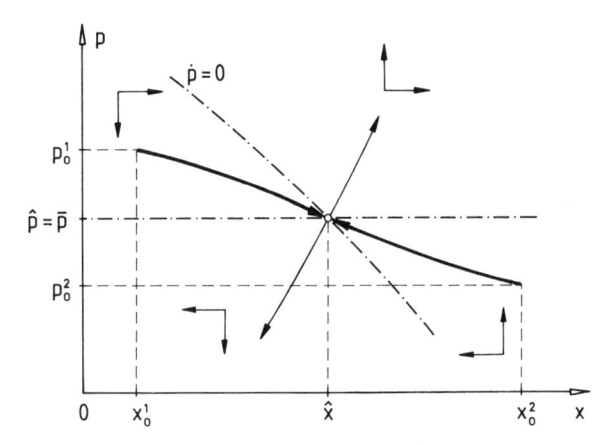

Abb. 11.7 Optimale Preispolitik im (x, p)-Phasenporträt des Gaskis-Modells

Die optimale Preisstrategie hängt vom Ausgangsoutput $x(0)$ der Rivalen ab. Für $x(0) = x_0^1 < \hat{x}$ hat die Firma den am Sattelpunktspfad liegenden zugehörigen Verkaufspreis $p(0) = p_0^1 > \hat{p}$ zu wählen. Da er langfristig zu hoch, d.h. für das Konkurrentenpotential zu attraktiv ist, wird er sukzessive abgesenkt. Dadurch treten schrittweise weniger Rivalen in den Markt ein, und deren Absatz nähert sich allmählich dem Gleichgewichtsniveau $\hat{x}$. Falls umgekehrt $x(0) = x_0^2 > \hat{x}$, so wird der Monopolist durch Wahl eines Preises, der niedriger ist als der langfristig optimale Gleichgewichtspreis, überzählige Konkurrenten vertreiben. Ist dieser Prozeß in Gang gesetzt, so kann die Firma den Preis graduell anheben um so (von „Südosten" her kommend), die optimale Preis/Mengen-Kombination zu erreichen.

Als Hauptresultat ergibt sich somit die Existenz eines kritischen Verkaufsniveaus $\hat{x}$ der Konkurrenz. Die Form des optimalen Preispfades hängt davon ab, ob der laufende Zustand $x(t)$ kleiner oder größer als $\hat{x}$ ist. Im ersten Fall senkt der Monopolist seinen Preis monoton gegen den Grenzpreis $\bar{p}$ ab; im anderen Fall ist der optimale Preis stets kleiner als $\bar{p}$, wächst aber im Laufe gegen diesen Grenzwert an.

Eine komparativ dynamische Analyse liefert – zumindest für lineare Kosten –

$$\frac{\partial p}{\partial r} > 0, \ \frac{\partial p}{\partial x_0} < 0, \ \frac{\partial p}{\partial \bar{p}} < 0, \ \frac{\partial p}{\partial c} > 0 \ \text{für} \ d''(p) \approx 0. \tag{11.92}$$

Zum Beweis sei auf Übungsbeispiel 11.18 verwiesen.

11.3. Interaktion von Preis und Werbung

Die in den vorangegangenen beiden Abschnitten behandelten Modelle stellen gewissermaßen Bausteine zur Analyse und Optimierung des Marketingverhaltens von Firmen dar. I.a. verfügt die Unternehmensleitung nämlich über eine Palette von *Marketinginstrumenten* (Preis, Produktqualität, Werbung, Vertrieb), um den Absatz ihrer Produkte optimal zu beeinflussen. In diesem Abschnitt soll die *Interaktion* der Marketingvariablen untersucht werden.

11.3.1. Optimales Marketing-Mix bei atomistischer Marktstruktur (Phelps und Winter, Luptacik, Feichtinger)

Ziel des folgenden Modells ist es, einen Einblick zu erhalten, in welcher Weise sich Preis und Werbung gegenseitig beeinflussen, d.h. die optimale Kombination dieser beiden Instrumente zu ermitteln. Soll eine Firma steigende Preise mit zunehmenden Werbeausgaben kompensieren, damit sie nicht weiter an Kunden verliert, oder ist es besser, auch die Werbung zu senken?

Wir betrachten einen Industriezweig, der aus einer großen Anzahl kleinerer Firmen besteht (atomistische Marktstruktur). Der Marktanteil einer ins Auge gefaßten

11.3. Interaktion von Preis und Werbung

Firma ist also relativ klein. Der durchschnittliche Verkaufspreis des Gutes am Markt sei $\bar{p}$. Falls die betrachtete Firma einen höheren Preis verlangt, so wird sie, cet. par., Kunden verlieren, bei $p < \bar{p}$ strömen ihr Kunden zu. Für die Intensität $\delta(p)$ dieses Zu- bzw. Abströmens nehmen wir an, daß

$$\delta'(p) < 0, \; \delta''(p) \leqq 0 \tag{11.93a}$$

$$\delta(\bar{p}) = 0, \; \lim_{p \to \tilde{p}} \delta(p) = -\infty \tag{11.93b}$$

gelten soll. Es wird also angenommen, daß ein prohibitiver Preis $\tilde{p}$ existieren soll, der hoch genug ist, um alle Kunden augenblicklich vom Kauf abzuschrecken. Konkret kommt der Kundenfluß von Firmen mit höherem zu jenen mit niedrigerem Preis zustande, wenn sich zwei Kunden treffen und ihre Rechnungen vergleichen.

Falls x die Anzahl der Kunden der betrachteten Firma bezeichnet, so kann man erwarten, daß die Anzahl der Kunden, die sich pro Zeiteinheit mit Kunden der Konkurrenz treffen proportional zu $x(m-x)$ ist (m = Marktgröße). Insgesamt werden also $\delta(p)x(m-x)/m$ Kunden die betreffende Firma wechseln, falls man δ geeignet skaliert. Da aber im Falle atomistischer Konkurrenz der Kundenstock der Firma wesentlich kleiner ist als $m-x$, kann $x(m-x)$ näherungsweise durch mx ersetzt werden. Somit erhält man folgende Dynamik des Kundenflusses:

$$\dot{x} = \delta(p)x + f(a). \tag{11.94}$$

Dabei wurde zusätzlich unterstellt, daß dem Kundenschwund durch Werbeaufwendungen a begegnet werden kann, welche mit abnehmender Grenzeffizienz f' ins Gewicht fallen:

$$f(0) = 0, \; f'(a) > 0, \; f''(a) < 0. \tag{11.95}$$

Um das Zielfunktional zu formulieren ziehen wir die durchschnittliche Nachfrage *pro Kunden* ins Kalkül: $n = n(p)$. Für die Nachfragefunktion wird folgendes angenommen (vgl. (11.61))

$$\begin{array}{ll} n'(p) < 0 & \text{(a)}, \quad 0 \leqq n''(p) < 2n'^2(p)/n(p) \;\; \text{(b)} \\ \lim_{p \to \infty} n(p) = 0 \;\; \text{(c)}, & \lim_{p \to 0} n(p) = \infty \quad\quad\quad\quad\;\; \text{(d)}. \end{array} \tag{11.96}$$

Mit den konstanten Produktions-Einheitskosten $\bar{c}$ ist dann der diskontierte Profitstrom gegeben durch

$$J = \int_0^\infty e^{-rt}[(p-\bar{c})n(p)x - a]dt.$$

Das Kontrollproblem der Firma besteht im optimalen Einsatz der Marketinginstrumente $a(t) \geqq 0, p(t) \geqq 0$ im unendlichen Planungsintervall, wobei der Anfangskundenstock bekannt sein soll: $x(0) = x_0 \geqq 0$.

Zunächst erkennt man, daß wegen $f(a) \geq 0$ und $x_0 \geq 0$ stets $x(t) \geq 0$ gilt. Wir interessieren uns in der Folge für innere Lösungen

$$a(t) > 0 \quad \text{(a)}, \quad p(t) > 0 \quad \text{(b)}. \tag{11.97}$$

(11.97a) wird etwa durch die zusätzliche Annahme $f'(0) = \infty$ impliziert; wegen (11.96d) kann $p = 0$ als suboptimal ausgeschlossen werden.

Die Hamiltonfunktion ist

$$H = H(x, a, p, \lambda) = (p - \bar{c})n(p)x - a + \lambda[\delta(p)x + f(a)],$$

wobei λ den Schattenpreis eines zusätzlichen Kunden bedeutet, also den marginalen Beitrag zum totalen Firmengewinn entlang des optimalen Pfades mißt.

Die Maximierungsbedingungen für H bezüglich a und p im Inneren des zulässigen Bereiches lauten

$$H_a = 0 \quad \Rightarrow \quad \lambda = 1/f'(a) \tag{11.98}$$

$$H_p = 0 \quad \Rightarrow \quad \lambda = -[n(p) + (p - \bar{c})n'(p)]/\delta'(p), \tag{11.99}$$

λ erfüllt die adjungierte Gleichung

$$\dot{\lambda} = [r - \delta(p)]\lambda - (p - \bar{c})n(p). \tag{11.100}$$

Aus (11.98) folgt

$$\lambda(t) > 0. \tag{11.101}$$

Gemäß Annahme (11.95) und wegen (11.101) gilt $H_{aa} < 0$. Um auch $H_{pp} < 0$ und damit die Bedingung (11.99) für ein Maximum zu rechtfertigen, gehen wir wie folgt vor.

Zunächst folgt aus (11.98) und (11.99)

$$-\delta'/f' = n + (p - \bar{c})n' > 0 \quad \text{bzw.} \quad p - \bar{c} < -n/n'. \tag{11.102}$$

(11.102) liefert gemeinsam mit (11.96b)

$$(p - \bar{c})n'' < -2n'. \tag{11.103}$$

Dies ergibt wegen (11.93a)

$$H_{pp} = [2n' + (p - \bar{c})n'' + \lambda\delta'']x < 0 \quad \text{für} \quad H_p = 0.$$

Zum Nachweis des Erfülltseins der hinreichenden Optimalitätsbedingungen verwenden wir Satz 2.4 und Bemerkung 2.4. Die Matrix

$$D^2 H = \begin{pmatrix} H_{xx} & H_{ax} & H_{px} \\ H_{ax} & H_{aa} & H_{ap} \\ H_{px} & H_{ap} & H_{pp} \end{pmatrix}$$

11.3. Interaktion von Preis und Werbung

ist nach dem Hauptminorenkriterium negativ semidefinit. Denn es gilt

$$H_{xx} = 0, \quad H_{aa} < 0; \quad H_{pp} < 0 \quad \text{für} \quad H_p = 0.$$

Wegen

$$H_{ax} = H_{ap} = 0; \quad H_{px} = 0 \quad \text{für} \quad H_p = 0$$

sind auch die Hauptminoren zweiter Ordnung nichtnegativ:

$$H_{xx}H_{aa} - H_{ax}^2 = 0, \quad H_{xx}H_{pp} - H_{px}^2 = 0, \quad H_{aa}H_{pp} - H_{ap}^2 > 0.$$

Schließlich gilt noch

$$\det D^2 H = 0. \tag{11.104}$$

Im Gleichgewicht $(\hat{x}, \hat{\lambda}, \hat{a}, \hat{p})$ gilt

$$-\delta(\hat{p})\hat{x} = f(\hat{a}) \quad \text{(a)}, \quad \hat{\lambda}[r - \delta(\hat{p})] = (\hat{p} - \bar{c})n(\hat{p}) \quad \text{(b)}. \tag{11.105}$$

Aus (11.105a) sieht man, daß $\delta(\hat{p}) < 0$, d. h. $\hat{p} > \bar{p}$. Gemäß (11.105b) und (11.101) ist also $\hat{p} - \bar{c} > 0$ in einer Umgebung des Gleichgewichtes. (11.105a) läßt sich wie folgt deuten: Im Gleichgewicht wird die Abnahme des Kundenstocks aufgrund der Preispolitik gerade durch den Zustrom aufgrund der Werbung egalisiert. Anstatt (11.105b) direkt zu interpretieren, setzen wir diese Beziehung in (11.98) ein und erhalten

$$1 = [(\hat{p} - \bar{c})n(\hat{p})f'(\hat{a})]/[r - \delta(\hat{p})]. \tag{11.105c}$$

Im Gleichgewicht sind die *augenblicklichen* Kosten einer zusätzlich in die Werbung gesteckten Geldeinheit gleich dem Gegenwartswert des *künftigen* totalen Profits, der durch den dadurch hervorgerufenen Kundenzuwachs erzielt wird. Der Leser ist aufgefordert, in Übungsbeispiel 11.20 die Gleichgewichtsbeziehung zu deuten, welche man erhält, wenn man (11.105b) mit (11.99) kombiniert.

Bevor wir uns einer Stabilitätsanalyse des Gleichgewichtes zuwenden, betrachten wir noch den Zusammenhang zwischen Preis und Werbung entlang des optimalen Pfades. Aus (11.98) und (11.99) folgt mit

$$\delta'(p) + f'(a)[n(p) + (p - \bar{c})n'(p)] = 0$$

eine implizite Beziehung für $p = p(a)$; für deren Ableitung gilt

$$\frac{dp}{da} = \frac{f''[n + (p - \bar{c})n']}{\delta'' + f'[2n' + (p - \bar{c})n'']} < 0. \tag{11.106}$$

Je höher die optimale Werberate ist, desto niedriger ist der optimale Preis und umgekehrt. Die beiden Instrumente beeinflussen den Kundenstock *in dieselbe Richtung*. Eine intensivere Werbung läßt x stärker anwachsen, und dieser Effekt wird durch einen niedrigeren Preis *unterstützt*. Es ist somit *nicht* optimal, die Marketinginstrumente kompensatorisch einzusetzen. Vielmehr sollen sie so gewählt werden, daß sie die Zustandsvariable *gleichläufig* beeinflussen. In diesem Sinne kann von einem *synergistischen Verhalten* bei optimalem Einsatz der Steuerinstrumente gesprochen werden.

Bei der Ermittlung der optimalen Marketing-Mix-Politiken können wir uns kurz fassen, da das Modell aufgrund der gemachten Annahmen genau in den Rahmen (4.40, 41) von Abschnitt 4.3 paßt, zumindest was eine Umgebung des Gleichgewichtes anlangt.

Aufgrund Satz 4.5 – es gilt ja gemäß (11.104) det $D^2 H = 0$ – ist die $\dot{\lambda} = 0$ Isokline und der damit zusammenfallende Sattelpunktspfad im (x, λ)-Diagramm horizontal. Entsprechend ist auch $\dot{a} = 0$ im (x, a)-Diagramm und der Sattelpunktspfad horizontal. Man vgl. Satz 4.7 oder direkt (11.98) sowie Abb. 4.5b, welche die Situation beschreibt. Gemäß Satz 4.7 ist auch der stabile Pfad im (x, p)-Porträt waagrecht; vgl. auch Satz 4.7 und Abb. 10.1. Da die hinreichenden Bedingungen erfüllt sind, erhält man somit *konstanten* optimalen Einsatz der beiden Marketinginstrumente Werbung und Preis: $a(t) = \hat{a}$, $p(t) = \hat{p}$ für alle $t \in [0, \infty)$.

11.3.2. Optimale Preis- und Werbestrategien für langlebige Konsumgüter

In diesem Abschnitt wird das Preismodell von Abschnitt 11.2.1 durch Hinzunahme der Werbung als zweite Steuervariable erweitert. Dabei ist wieder der Einfluß der kumulierten Produktion (bzw. des Marktanteiles bei dauerhaften Gütern) auf die Erfahrungskurve sowie auf positive Diffusions- bzw. Sättigungseffekte von Bedeutung. Das präsentierte Modell ist allgemein genug, um viele bekannte Preis- und Werbemodelle als Spezialfall zu enthalten. In Beispiel 11.2. wird dies anhand einer Kombination der Modelle von Robinson und Lakhani (Abschnitt 11.2.1) und Horsky und Simon (Abschnitt 11.1.2) illustriert.

In Erweiterung zum Modell (11.60, 63) betrachten wir folgendes Kontrollproblem

$$\max_{p,a} \int_0^T e^{-rt}[(p - \bar{c}(x))\dot{x} - a]\,dt \qquad (11.107)$$

$$\dot{x} = f(x, p, a), \quad x(0) = x_0. \qquad (11.108)$$

Die auftretenden Größen wurden dabei bis auf a in Abschnitt 11.2.1 erklärt. Die Werberate a beeinflußt die dynamische Nachfragefunktion f folgendermaßen:

$$f_a > 0, \quad f_{aa} < 0. \qquad (11.109)$$

Die Abhängigkeit der Nachfrage von Preis und kumuliertem Absatz werde wieder durch (11.61, 62) beschrieben.

Anstatt uns mit dem generellen Fall (11.108) zu befassen, untersuchen wir spezielle Nachfragefunktionen der Form

$$f(x, p, a) = g(x, a)h(p). \qquad (11.110)$$

Die Annahmen (11.62), (11.109) bzw. (11.61) übertragen sich auf die Funktionen g bzw. h.

Mit der Hamiltonfunktion

$$H = [p - \bar{c}(x) + \lambda]g(x, a)h(p) - a$$

11.3. Interaktion von Preis und Werbung

lauten die notwendigen Optimalitätsbedingungen:

$$H_p = 0 \Rightarrow p - \bar{c}(x) + \lambda = -h(p)/h'(p) \tag{11.111}$$

$$H_a = 0 \Rightarrow p - \bar{c}(x) + \lambda = 1/[g_a(x,a)h(p)] \tag{11.112}$$

$$\dot{\lambda} = r\lambda - [p - \bar{c}(x) + \lambda]g_x(x,a)h(p) + \bar{c}'(x)f(x,p,a) \tag{11.113}$$

$$\lambda(T) = 0. \tag{11.114}$$

Unter Verwendung der Preiselastizität $\eta = -h'p/h$ läßt sich (11.111) auch in der Form (11.64b) schreiben. Aus (11.111) und (11.112) folgt die Beziehung

$$f_a(x,p,a)p = g_a(x,a)h(p)p = \eta, \tag{11.115}$$

die aussagt, daß der Grenzertrag der Werbung gleich der Preiselastizität der Nachfrage ist. Multipliziert man (11.115) mit a/f, so erhält man eine dynamische Variante des Dorfman-Steiner Theorems (11.3), welches also auch in diesem allgemeinen Modell gültig ist.

Differenziert man (11.111) und (11.112) nach der Zeit, setzt für $\dot{\lambda}$ aus der adjungierten Gleichung (11.113) ein und beachtet (11.115), so erhält man

$$\dot{p}(2 - hh''/h'^2) = -r\lambda - g_x h^2/h' \tag{11.116}$$

$$\dot{a}g_{aa}/g_a^2 h = -r\lambda + g_x/g_a - gg_{xa}/g_a^2. \tag{11.117}$$

Mit diesen Beziehungen ist es leicht, folgendes Resultat herzuleiten:

Satz 11.8. *Ist die Nachfragefunktion separabel im Sinne von* (11.110), *so gilt im Falle* $r = 0$:

$$\dot{p}(t) \gtreqless 0 \quad \text{genau dann, wenn} \quad g_x \gtreqless 0 \tag{11.118}$$

$$\dot{a}(t) \gtreqless 0 \quad \text{genau dann, wenn} \quad gg_{xa} - g_x g_a \gtreqless 0. \tag{11.119}$$

Beweis. Die Aussage folgt unmittelbar aus den Beziehungen (11.116) und (11.117), da gemäß (11.61) $h' < 0$, $2 - hh''/h'^2 > 0$ gilt und aufgrund von Annahme (11.109) $g_{aa} < 0$ ist. □

Beziehung (11.118) sagt aus, daß sich die optimale Preispolitik nach dem Produktlebenszyklus zu richten hat, d.h. diesem folgt (vgl. auch Satz 11.6).

(11.119) läßt sich auch mittels Elastizitäten schreiben als

$$\dot{a} \gtreqless 0 \quad \text{genau dann, wenn} \quad \frac{g_{xa} x}{g_a} \gtreqless \frac{g_x x}{g}.$$

Wenn also die Elastizität der Werbeeffizienz g_a bezüglich der kumulierten Nachfrage x groß ist im Vergleich zur Elastizität von g im Hinblick auf x, dann sind steigende Werbeausgaben optimal. Andernfalls sollen sie abnehmen.

Beispiel 11.2. (*Dockner, Feichtinger* und *Sorger*, 1985). Ein Beispiel für ein separables Modell der Form (11.110) bildet die Kombination des Robinson-Lakhani-Modells (vgl. Beispiel 11.1) mit dem Horsky-Simon-Modell (Abschnitt 11.1.2). Für diese Modellerweiterung gilt

$$g(x,a) = (\alpha_1 + \alpha_2 \ln a + \beta x)(m - x), \quad h(p) = e^{-dp}.$$

In (11.119) gilt stets das Kleinerzeichen:

$$gg_{xa} - g_x g_a = -g\alpha_2/a - [\alpha_2(m-x)/a][\beta(m-x) - g/(m-x)]$$
$$= -[\alpha_2 \beta/a](m-x)^2 < 0.$$

Daher gilt für $r = 0$ stets $\dot a(t) < 0$.

Das folgende Korollar behandelt einen weiteren Spezialfall des Ansatzes (11.110).

Korollar 11.1. *Besitzt die dynamische Nachfragefunktion $\dot x = f$ die Gestalt*

$$f(x, p, a) = [m(a) - x] h(p), \tag{11.120}$$

so gilt für $r = 0$

$$\dot p(t) < 0 \quad \text{für} \quad t \in [0, T]$$
$$\dot a(t) > 0 \quad \text{für} \quad t \in [0, T].$$

Beweis. Setzt man $g(x, a) = m(a) - x$, so ist (11.109) eine sinnvolle Annahme für den Einfluß des Marktpotentials durch die Werbung. Da ferner $g_x = -1$ und $g_{xa} = 0$ gilt, so folgt die Behauptung aus (11.118, 119). □

Bei einem von der Werbung abhängigen Marktpotential läßt sich also (allerdings nur für die Diskontrate Null) folgende Interaktion zwischen optimalem Preis und Werbung feststellen: Der Preis fällt zur Stimulierung der Nachfrage und dies wird durch zunehmenden Werbeinsatz flankierend begleitet.

Das folgende Resultat liefert eine Korrelation zwischen optimaler Preispolitik und Effizienz der Werbeausgaben. Während Satz 11.8 und Korollar 11.1 nur für $r = 0$ gültig waren, bezieht sich der folgende Satz auf nicht-negative Diskontierung.

Satz 11.9. *Für Nachfragefunktionen der Gestalt* (11.110) *gilt*

$$\text{sgn}\,\dot p = \text{sgn}\,\dot g_a. \tag{11.121}$$

Beweis. Setzt man (11.111) und (11.112) einander gleich, also $-h^2(p)/h'(p) = 1/g_a(x, a)$ und differenziert dies nach der Zeit, so ergibt sich

$$[2 - hh''/(h')^2]h\dot p = \dot g_a/g_a^2.$$

Wegen (11.61) erhält man daraus (11.121). □

Aus (11.121) kann der Marketingmanager Ratschläge zur Gestaltung seiner Preispolitik ableiten. Werden die Werbeausgaben also immer effektiver eingesetzt (d.h. $\dot g_a > 0$), so braucht die Nachfrage nicht durch Preisnachlässe angekurbelt werden, sondern der Preis kann erhöht werden. Erst wenn die Werbung weniger effizient wird, so ist eine Preisreduktion zur Erhöhung des Absatzes profitabel.

11.4. Produktqualität

Ähnlich wie Abschnitt 11.1 mit einem statischen Modell eingeleitet wurde, beginnen wir die Ausführungen über Produktqualität mit dem – um die Qualität als zusätzliche Entscheidungsvariable erweiterten – *statischen* Dorfman-Steiner-Modell.

Dazu nehmen wir an, die Verkäufe hängen neben Preis und Werbung auch noch von der *Produktqualität* q ab: $s = s(p, a, q)$. Die vom Absatz und von der Qualität abhängigen Produktionseinheitskosten bezeichnen wir mit $\bar{c}(s, q)$. Dann ist der Gewinn gegeben durch

$$\Pi = [p - \bar{c}(s, q)] s(p, a, q) - a.$$

Es gilt also im Optimum

$$\Pi_p = s + s_p(p - \bar{c}) - s\bar{c}_s s_p = 0 \qquad (11.122)$$

$$\Pi_q = s_q(p - \bar{c}) - \bar{c}_q s - \bar{c}_s s_q s = 0. \qquad (11.123)$$

Setzt man (11.122) in (11.123) ein, so erhält man

$$s_q/\eta = s\bar{c}_q/p, \qquad (11.124)$$

wobei wieder $\eta = -s_p p/s$ die Preiselastizität ist. Die Qualitätselastizität der Nachfrage ζ ist

$$\zeta = \frac{s_q \bar{c}}{s \bar{c}_q}. \qquad (11.125)$$

Da die Stückkosten $\bar{c}$ als Maß für die Qualität dienen können, so gibt ζ die prozentmäßige Veränderung der Nachfrage bei einer (kleinen) relativen Qualitätsänderung an. Man beachte, daß ζ als Quotient zweier Elastizitäten darstellbar ist:

$$\zeta = \frac{q s_q}{s} \bigg/ \frac{q \bar{c}_q}{\bar{c}}.$$

Aus (11.124, 125) folgt

$$\frac{\bar{c}}{p} = \frac{\zeta}{\eta}. \qquad (11.126)$$

Dieses ebenfalls von *Dorfman* und *Steiner* (1954) stammende Resultat sagt dem Monopolisten, wie er sein Preis-Kostenverhältnis in Abhängigkeit von den Elastizitäten optimal gestalten soll.

In der Literatur existieren mehrere Ansätze, die Produktqualität in ein dynamisches Marketingmodell einzubauen. Aus Platzgründen wird im folgenden nur das Modell von *Kotowitz* und *Mathewson* (1979ab) beschrieben; weitere wichtige Modellansätze werden in den weiterführenden Bemerkungen erwähnt.

Das Modell von Kotowitz und Mathewson

In vielen Fällen stellen Produzenten Güter her, deren Qualität von den Konsumenten – zumindest teilweise – erst nach dem Kauf erkennbar ist. Beispiele für derartige Produkte – sogenannte *Erfahrungsgüter* (experience goods) – welche unter asymmetrischer Information erworben werden, sind neu am Markt erschienene dauerhafte Konsumgüter oder viele Dienstleistungen, etwa medizinischer Art, Reparaturen, Mahlzeiten in Restaurants etc. Produziert der Hersteller Güter oder Dienstleistungen von hoher Qualität, so wird er dies durch Wahl der Marketinginstrumente unterstützen, etwa durch höhere Preise und/oder verstärkte Werbung. Der Kunde schätzt die Qualität aufgrund der Marketingstrategien ein, welche seine Kaufentscheidung beeinflussen. Liegt die tatsächliche (dem Preis entsprechende) Qualität unter der erwarteten Qualitätsvorstellung, so verliert der Produzent an Goodwill, im gegenteiligen Fall gewinnt er an Renommee.

Das folgende, von *Kotowitz* und *Mathewson* (1979ab) stammende Modell beschreibt die Gestalt optimaler simultaner Qualitäts-, Werbe- und Verkaufsprogramme.

Wir betrachten folgendes optimale Kontrollproblem eines monopolistischen Produzenten:

$$\max_{q,a,s} \int_0^\infty e^{-rt}[E(s,Q) - s\bar{c}(q) - a]\,dt \qquad (11.127)$$

$$\dot{Q} = k(q-Q) + f(a), \quad Q(0) = Q_0. \qquad (11.128)$$

Dabei bezeichnen s die produzierte Menge, q die *tatsächliche* Qualität des Produktes und a die Werberate. Q ist die *erwartete* Qualität, d.h. die durchschnittliche Einschätzung des Produktes durch die Konsumenten *vor* dem Kauf (Q kann auch als eine Art Goodwillstock aufgefaßt werden). $E(s, Q)$ ist der von der abgesetzten Menge und der erwarteten Qualität abhängige Erlös. $\bar{c}(q)$ sind die von der (tatsächlichen) Produktqualität abhängigen Stückkosten.

Die Systemdynamik (11.128) beschreibt die – bereits eingangs erwähnte – Akkumulation der erwarteten Qualität in Abhängigkeit von der Differenz von tatsächlicher zu eingeschätzter Qualität. Die Konstante $k > 0$ mißt die Geschwindigkeit der Qualitätsanpassung. Goodwill kann ferner noch durch Werbung erworben werden, wobei f die Effizienz des Werbeaufwandes beschreibt.

Aufgabe der Firma ist es, den diskontierten Nettoprofitstrom, der sich aus Erlös abzüglich Produktions- und Werbekosten zusammensetzt, zu maximieren. Der Produzent hat drei Kontrollinstrumente zur Verfügung: die Produktqualität q, die Werbeausgaben a und die produzierte Menge s. Zustandsvariable ist die von den Kunden erwartete Qualität Q.

Folgende Annahmen über die Funktionen $\bar{c}$, f und E werden benötigt, um eine Sattelpunktanalyse durchführen zu können:

Konvexe Produktionseinheitskosten: $\bar{c} > 0$, $\bar{c}' > 0$, $\bar{c}'' > 0$ \qquad (11.129)

Konkave Werbeeffizienz: $f > 0$, $f' > 0$, $f'' < 0$. \qquad (11.130)

$E(s, Q)$ ist streng konkav in (s, Q):

$$E_s > 0,\ E_Q > 0$$
$$E_{ss} < 0,\ E_{QQ} < 0,\ E_{sQ} \geqq 0,\ E_{ss}E_{QQ} - E_{sQ}^2 > 0. \qquad (11.131)$$

Der Profit vor Abzug der Werbung, $R(s, Q, q) = E(s, Q) - s\bar{c}(q)$ sei für jedes feste Q streng konkav in (s, q), d.h. insbesondere gelte zusätzlich zu (11.129) und (11.131)

$$D = R_{ss}R_{qq} - R_{sq}^2 = -E_{ss}s\bar{c}'' - \bar{c}'^2 > 0. \tag{11.132}$$

Um Monotonieaussagen für die Sattelpunktspfade zu erhalten, müssen wir ferner noch annehmen, daß R gemeinsam konkav in (s, q, Q) ist, d.h. daß

$$\frac{s}{E_{QQ}}(E_{ss}E_{QQ} - E_{sQ}^2) < -\frac{\bar{c}'^2}{\bar{c}''} \tag{11.133}$$

gilt. Die etwas unhandliche Annahme (11.133), welche die zwei Funktionen E und $\bar{c}$ miteinander verknüpft, folgt beispielsweise aus (11.132), falls zusätzlich $E_{sQ} = 0$ vorausgesetzt wird.

Mit der Hamiltonfunktion

$$H = E(s, Q) - s\bar{c}(q) - a + \lambda[k(q - Q) + f(a)]$$

lauten die notwendigen Optimalitätsbedingungen des Kontrollproblems (11.127, 128) folgendermaßen:

$$H_q = -s\bar{c}'(q) + \lambda k = 0 \tag{11.134a}$$

$$H_a = -1 + \lambda f'(a) = 0 \tag{11.134b}$$

$$H_s = E_s(s, Q) - \bar{c}(q) = 0 \tag{11.134c}$$

$$\dot{\lambda} = (r + k)\lambda - E_Q(s, Q). \tag{11.135}$$

Dabei ist λ der Schattenpreis, mit dem der Produzent die Qualitätserwartung des Kunden bewertet.

Infolge der in (11.129–133) getroffenen Konkavitätsannahmen kann gezeigt werden, daß die maximierte Hamiltonfunktion konkav in Q ist (Übungsbeispiel 11.23). Die notwendigen Optimalitätsbedingungen (11.134, 135) sind daher gemeinsam mit der üblichen Grenztransversalitätsbedingung auch hinreichend für die Optimalität.

Die Maximumbedingungen (11.134) gestatten die geläufigen Interpretationen. Insbesondere besitzt (11.134a) folgende Deutung: Die tatsächliche Qualität ist solange zu erhöhen, bis die marginalen Kosten zur Erzeugung einer Einheit an erwarteter Qualität mittels des Lernprozesses (11.128) $[s\bar{c}'/k]$ gleich sind dem Wert der erwarteten Qualität $[\lambda]$.

Die bisher behandelten Modelle wiesen maximal zwei Kontrollvariablen auf. Im folgenden führen wir für das vorliegende Modell, das *drei* Steuerungen enthält, eine Phasendiagrammanalyse durch (vgl. dazu den Beginn von Abschnitt 4.4).

Um das Aussehen des (Q, a)-Phasenporträts zu ermitteln, setzen wir $\lambda = 1/f'(a)$ aus (11.134b) in (11.134a) ein und erhalten

$$-s\bar{c}'(q) + k/f'(a) = 0. \tag{11.136}$$

Durch (11.134c) und (11.136) sind die Funktionen $s = s(a, Q)$ und $q = q(a, Q)$ bestimmt. Ihre Ableitungen lassen sich aufgrund des Satzes über implizite Funktionen und unter Verwendung der Cramerschen Regel schreiben als:

$$\frac{\partial s}{\partial a} = \frac{f'' k \bar{c}'}{f'^2 D} < 0 \quad (a), \qquad \frac{\partial s}{\partial Q} = \frac{E_{sQ} s \bar{c}''}{D} \geqq 0 \quad (b) \tag{11.137}$$

$$\frac{\partial q}{\partial a} = \frac{E_{ss} f'' k}{f'^2 D} > 0 \quad (a), \qquad \frac{\partial q}{\partial Q} = -\frac{E_{sQ} \bar{c}'}{D} \leqq 0 \quad (b). \tag{11.138}$$

mit D aus (11.132). Die Vorzeichen von (11.137) und (11.138) ergeben sich aus (11.129–132).

Die Vorzeichen der partiellen Ableitungen (11.137) und (11.138) lassen sich wie folgt ökonomisch interpretieren. (11.137b): Eine Erhöhung der erwarteten Qualität führt zu verstärktem Absatz. (11.138b): Je höher die erwartete Qualität ist, desto niedriger ist die tatsächliche Qualität anzusetzen und umgekehrt. (11.138a): Erhöhte Werbung hat Hand in Hand mit einer Qualitätssteigerung zu gehen. Daraus folgt wegen der erhöhten Stückkosten (vgl. (11.129)), daß der Absatz s zu senken ist, d.h. das Vorzeichen in (11.137a) ist plausibel.

Aus (11.134b) und (11.135) ergibt sich durch Differentiation nach der Zeit

$$\dot{a} f''/f' = -(r+k) + E_Q f'. \tag{11.139}$$

Berücksichtigt man die Funktionen $s = s(a, Q)$ und $q = q(a, Q)$ in (11.128) und (11.139), so erhält man das Differentialgleichungssystem

$$\dot{Q} = k[q(a, Q) - Q] + f(a) \tag{11.140a}$$

$$\dot{a} = [f'(a)/f''(a)] [-(r+k) + E_Q(s(a, Q), Q) f'(a)]. \tag{11.140b}$$

In Verbindung mit (11.138) folgt zunächst aus (11.140a)

$$\frac{\partial \dot{Q}}{\partial Q} = k \left(\frac{\partial q}{\partial Q} - 1 \right) < 0, \qquad \frac{\partial \dot{Q}}{\partial a} = k \frac{\partial q}{\partial a} + f' > 0$$

und somit für die Steigung der $\dot{Q} = 0$ Isokline:

$$\left. \frac{da}{dQ} \right|_{\dot{Q}=0} > 0. \tag{11.141}$$

Aus (11.140b) folgt unter Verwendung von (11.137b)

$$\frac{\partial}{\partial Q} (\dot{a} f''/f') = f' \left[E_{QQ} + E_{sQ} \frac{\partial s}{\partial Q} \right]$$

$$= -\frac{f'}{D} [s \bar{c}'' (E_{QQ} E_{ss} - E_{sQ}^2) + \bar{c}'^2 E_{QQ}] < 0. \tag{11.142}$$

Das Vorzeichen von (11.142) ergibt sich dabei aus (11.133). Ferner erhält man aus

(11.140b) unter Verwendung von $E_Q = (r+k)/f'$ entlang der Isokline $\dot a = 0$

$$\frac{\partial}{\partial a}\left(\frac{\dot a f''}{f'}\right)\bigg|_{\dot a = 0} = E_{Qs}\frac{\partial s}{\partial a}f' + E_Q f''$$

$$= E_{Qs}\frac{\partial s}{\partial a}f' + \frac{(r+k)}{f'}f'' < 0. \tag{11.143}$$

Da $f' > 0$ und $f'' < 0$ ist, so gilt entlang der $\dot a = 0$ Kurve $\partial \dot a/\partial Q > 0$, $\partial \dot a/\partial a > 0$.
Somit ist die Jacobideterminante negativ und das Gleichgewicht ein Sattelpunkt.
Dies liefert auch die Steigung von $\dot a = 0$:

$$\frac{da}{dQ}\bigg|_{\dot a = 0} = -\frac{\partial \dot a/\partial Q}{\partial \dot a/\partial a} < 0. \tag{11.144}$$

Aus der Lage der Isoklinen $\dot Q = 0$ und $\dot a = 0$ sieht man, daß der Sattelpunktspfad *monoton fallend* ist (vgl. z. B. Abb. 4.5a).

Mittels der Beziehungen (11.137) bzw. (11.138) kann daraus sofort auch das Monotonieverhalten des Gleichgewichtspfades im (Q, s)- bzw. (Q, q)-Phasendiagramm gefolgert werden. Beispielsweise erhält man durch totale Differentiation von $q = q(a, Q)$ nach der Zeit:

$$\frac{\dot q}{\dot Q} = \frac{\partial q}{\partial a}\frac{\dot a}{\dot Q} + \frac{\partial q}{\partial Q} < 0.$$

Man beachte, daß $\dot a/\dot Q$ bzw. $\dot q/\dot Q$ die Steigung des Gleichgewichtspfades im (Q, a)- bzw. (Q, q)-Diagramm angibt. Es liegt im (Q, s)-Porträt ein *steigender*, im (Q, q)-Diagramm hingegen ein *fallender Sattelpunktspfad* vor.

Die so ermittelten optimalen Pfade beschreiben ein ökonomisch plausibles Verhalten. Ist das erwartete ursprüngliche Qualitätsniveau Q klein ($< \hat Q$) – etwa bei Einführung eines neuen Produktes, dessen Goodwill anfänglich gering ist – so wird am Anfang intensiv geworben und mit hoher Qualität produziert, die Werbung und die Produktqualität im Laufe der Zeit aber schrittweise zurückgenommen. Hingegen wird die Firma anfänglich trachten, relativ wenig zu verkaufen, und ihren Absatz erst sukzessive erhöhen, wenn ihr Qualitätsimage steigt. Für $Q_0 > \hat Q$ ist das optimale Verhalten der Firma gerade umgekehrt. Beachtenswert ist die gegenläufige Bewegung von *wahrer* und *eingeschätzter* Qualität: ist diese klein, so sollte jene groß sein und umgekehrt. Ein derartiges optimales Verhalten wird durch den Anpassungsmechanismus (11.128) nahegelegt.

Kotowitz und *Mathewson* (1979ab) wenden sich noch der interessanten Frage zu, in welcher Weise die Werbung die Produktqualität beeinflußt. Sie zeigen, daß zumindest im Gleichgewicht (und folglich in einer Umgebung davon) Werbung eine Erniedrigung der tatsächlichen Qualität gestattet (Übungsbeispiel 11.24).

358   Marketing Mix: Preis, Werbung und Produktqualität

Übungsbeispiele zu Kapitel 11

11.1. Es bezeichne s die von einem Monopolisten zum Verkaufspreis p verkaufte Menge, $s = s(p)$ die Nachfragefunktion und $p = p(s)$ die Preis-Absatzfunktion (inverse Nachfragefunktion). Der Umsatz (Erlös) läßt sich schreiben als

$$R = ps(p) = p(s)s.$$

Man zeige, daß für eine fallende Nachfragefunktion ($s' < 0$) die Bedingung

$$2 - \frac{s(p)s''(p)}{s'(p)^2} > 0 \tag{11.8}$$

äquivalent ist zu einer der vier folgenden Aussagen:

(A) Der Umsatz R ist streng konkav in der Menge s.

(B) Der Grenzerlös R_s in bezug auf die Menge s ist eine steigende Funktion des Preises.

(C) Der Umsatz R ist eine streng konkave Funktion in p in einer Umgebung des optimalen Preises, d.h. $R_{pp} < 0$ für $R_p = 0$.

(D) Der Grenzerlös R_p bezüglich des Preises ist in einer Umgebung der optimalen Menge eine steigende Funktion der Menge.

(Hinweis: Man differenziere R zweimal nach s bzw. p und benütze $p' = 1/s'$.)

11.2. a) Man leite die Nerlove-Arrow Formel (11.10) her und verifiziere, daß sie mit Beziehung $\pi'(\hat{A}) = r + \delta$ aus (11.13) äquivalent ist.

b) Man berechne den Umschaltzeitpunkt zwischen Rand- und singulärem Lösungsstück für $A_0 \lesseqgtr \hat{A}$ im Nerlove-Arrow-Werbemodell.

11.3. Man bestimme die optimale Werbepolitik des Nerlove-Arrow-Modells bei endlichem Planungshorizont (Hinweis: Man verwende Korollar 3.1 für festen Endzustand. Bei freiem Endzustand gehe man wie in Abschnitt 3.2 vor).

11.4. Man zeige, daß die nichtlineare Version (11.4,17) des Nerlove-Arrow-Modells zu folgendem Kontrollmodell äquivalent ist:

$$\max_{u} \int_0^{\infty} e^{-rt}[\pi(A) - u]\,dt$$
$$\dot{A} = g(u) - \delta A, \quad A(0) = A_0.$$

Dabei tritt anstelle der konvexen laufenden Werbekosten $w(a)$ eine *konkave* Effizienzfunktion $g(u)$ mit:

$$g(0) = 0, \quad g'(u) > 0, \quad g''(u) < 0.$$

(Hinweis: Man setze $w(a) = u$ bzw. $a = g(u)$).

11.5. Man diskutiere das nichtlineare Nerlove-Arrow-Modell (11.17, 4), dessen Goodwill eine konstante marginale Profitabilität aufweist. Welche Gestalt besitzt der Sattelpunktspfad?

11.6. a) Man führe eine Sensitivitätsanalyse des Gleichgewichtes $(\hat{A}, \hat{a})$ des Nerlove-Arrow-Modells bezüglich der Parameter r und δ durch.

b) Man führe eine dynamische Sensitivitätsanalyse der Zustands- und Kontrolltrajektorien durch. Welche Resultate gelten allgemein bzw. nur im linearen Fall von Übungsbeispiel 11.5?

11.7. Man analysiere das nichtlineare Nerlove-Arrow-Modell von Gould für beschränkte Werbeausgaben $0 \leq a \leq \bar{a}$ (Hinweis: vgl. Beispiel 8.5.).

11.8. Man leite die konkave (eingipfelige) Gestalt der Funktion g aus (11.24) im Hinblick auf a durch Einführung einer Reaktionsfunktion $\phi(a)$ ab. Die Werbeausgaben der Konkurrenz, $\phi(a)$, beeinflussen den Absatz gemäß

$$s = s(p, a, A, \phi(a)) = h(p)g(a, A, \phi(a)).$$

(Hinweis: Die Funktion g muß gemeinsam konkav in a und ϕ sein, ϕ hingegen linear oder konvex in a.)

11.9. Man führe eine komplette Analyse des Jacquemin-Modells (11.4, 20) durch.

11.10. Man führe eine Sattelpunktsanalyse für das Schmalensee-Modell im Zustands-Kozustands-Raum durch. Unter welchen Voraussetzungen sind die hinreichenden Optimalitätsbedingungen erfüllt?

11.11. Man führe die Phasendiagrammanalyse des 1. Diffusionsmodells von Gould in der (x, a) Ebene durch.

11.12. Man zeige, daß im zweiten Gouldschen Diffusionsmodell der stationäre Punkt mit den größeren Koordinaten, $(\hat{x}, \hat{a})$ ein Sattelpunkt ist. Hinweis: Man zeige, daß genau dann ein Sattelpunkt vorliegt, wenn die $\dot{x} = 0$ Kurve steiler ist als die $\dot{a} = 0$ Isokline. Beachte, daß $\left.\dfrac{da}{dx}\right|_{\dot{x}=0} = -\dfrac{\partial \dot{x}/\partial x}{\partial \dot{x}/\partial a}$.

11.13. a) Man ermittle die optimale Preispolitik für die statische Nachfragefunktion $\dot{x} = f(p) = ke^{-dp}$. Was passiert für $r = 0$?

b) Man ermittle die adjungierte Gleichung (11.71a) für die dynamische multiplikative Nachfragefunktion $\dot{x} = g(x)h(p)$ mit $h(p) = e^{-dp}$. Wie sieht die optimale Preispolitik aus?

11.14. Man diskutiere das Preismodell (11.63, 72) von *Robinson* und *Lakhani* (1975) bzw. *Dolan* und *Jeuland* (1981). Man berechne $\lambda(t)$ und $p(t)$ explizit. Welche Formen der optimalen Preispolitik sind möglich?

11.15. Man zeige für separable Nachfrage $f(x, p) = g(x)h(p)$ und konstante marginale Produktionskosten, daß für $g''(x) \leq 0$ für alle $t \in [0, T]$ die optimale Preisstrategie wie folgt charakterisiert ist:
a) Aus $g'(x(T)) > 0$ folgt $\dot{p} > 0$.
b) Aus $g'(x_0) > 0$, $g'(x(T)) < 0$ folgt: p ist zuerst steigend und dann fallend.
c) Aus $g'(x(T)) < 0$ folgt: p ist monoton abnehmend oder zuerst zunehmend und dann fallend.

11.16. Man untersuche das Phasenporträt für Zustand und Kozustand des Markteintrittsmodells von Abschnitt 11.2.2.

11.17. Man diskutiere die optimale Preisstrategie für das Markteintritts-Modell (Abschnitt 11.2.2) bei endlichem Zeithorizont:

$$\max_p \int_0^T e^{-rt}\{p[d(p) - x] - c(d(p) - x)\}dt + e^{-rT}Sx(T).$$

Dabei ist S die Endbewertung, mit welcher der Monopolist eine Einheit an Output der Rivalen einschätzt, $S < 0$. Wie ändert sich die Gestalt der Lösungstrajektorien in Abhängigkeit von S? (Hinweis: Die Endpunkte aller Trajektorien $(x(T), p(T))$ im (x, p)-Diagramm liegen auf einer monoton fallenden Kurve, welche für abnehmende Werte von S nach „Südwesten" des ersten Quadranten der (x, p)-Ebene zieht.)

360 Marketing Mix: Preis, Werbung und Produktqualität

11.18. Man führe eine dynamische Sensitivitätsanalyse für das Gaskins-Modell (Abschnitt 11.2.2) durch.

11.19. Man löse folgendes Markteintrittsproblem (*Kamien* und *Schwartz*, 1971b; vgl. auch das Instandhaltungsmodell in Abschnitt 10.1):

$$\max_p \int_0^\infty e^{-rt}[R_1(p)(1-F) + R_2 F]dt$$

$$\dot{F} = h(p)(1-F), \quad F(0) = 0$$

mit $R_1' > 0, R_1'' < 0; \quad R_2 < \max_p R_1(p); \quad h' > 0, h'' > 0.$

Dabei ist p der Preis eines von einer profitmaximierenden monopolistischen Firma hergestellten Produktes. $F(t)$ ist die Eintrittsrate am Markt, welche über die Funktion h in konvexer Weise durch die Preisgestaltung beeinflußt wird (je höher der Verkaufspreis, desto profitabler finden potentielle Konkurrenten den Markt und desto mehr neigen sie zum Markteintritt). Der erzielte Profit nach Markteintritt des Rivalen soll unterhalb des Monopolgewinnes liegen.

Man zeige, daß die optimale Preispolitik in der Wahl eines konstanten Preises besteht. Ferner überprüfe man die hinreichenden Bedingungen (Konkavität der maximierten Hamiltonfunktion).

11.20. Man deute im Modell von Luptacik (Abschnitt 11.3.1) die Gleichgewichtsrelation, die aus (11.99) und (11.105b) entsteht.

11.21. Man untersuche das Marketing-Mixmodell für atomistische Marktstruktur (Abschnitt 11.3.1) in bezug auf Randlösungen $a = 0$. Unter welchen Bedingungen ist es optimal, nicht zu werben?

11.22. Man diskutiere das Modell von Abschnitt 11.3.1 mit konvexen Produktionskosten $c(n(p)x)$. Welchen Verkauf besitzen die Sattelpunktspfade im (x, p)- und im (x, a)-Phasendiagramm?

11.23. Man zeige, daß die maximierte Hamiltonfunktion des Kotowitz-Mathewson-Modells konkav im Zustand Q ist.

11.24. Man zeige für das Kotowitz-Mathewson-Modell, daß im Gleichgewicht Werbung zu einer Erniedrigung der tatsächlichen Qualität, hingegen zu einer Erhöhung der erwarteten Qualität führt (Hinweis: Man führe die statische Sensitivitätsanalyse unter Benützung des impliziten Funktionentheorems durch, indem man ein Modell ohne Werbung ($a = 0$) mit dem Kotowitz-Mathewson-Modell mit Werbung vergleicht; vgl. auch Abschnitt 4.3 für die Methodik).

11.25. Man löse folgendes Diffusionsmodell mit preisabhängigem Marktpotential:

$$\max_p \int_0^\infty e^{-rt}(p - \bar{c})x dt$$

$$\dot{x} = (\alpha + \beta x)[m(p) - x], \quad x(0) = x_0,$$

wobei $\bar{c}$ konstante Produktionseinheitskosten sind und das Marktpotential $m(p) = k_1 - k_2 p$ ($k_1, k_2 > 0$) linear vom Preis abhängt (Hinweis: Man verwende das RMAP-Theorem [Satz 3.2]; vgl. *Jørgensen*, 1983, sowie *Feichtinger*, 1982h, für eine nichtlineare Version).

12.26. Man löse folgende, von Ph. Michel vorgeschlagene Variante des Horsky-Simon-Modells: max (11.53) unter den dynamischen Nebenbedingungen

$$\dot{x} = [\alpha \ln(1 + a) + \beta x](m - x), \quad x(0) = x_0$$

für $a \geq 0$. In diesem Modell wird die künstlich wirkende Beschränkung (11.52) durch die Nichtnegativitätsbedingung für die Werberate ersetzt.

Weiterführende Bemerkungen und Literatur zu Kapitel 11

Das grundlegende Resultat über das Verhältnis von optimalem Werbeeinsatz und Umsatz wurde von *Dorfman* und *Steiner* (1954) „bewiesen". *Jørgensen* (1981) hat darauf hingewiesen, daß dieses „Theorem" bereits auf die Dreißigerjahre zurückgeht.

Die Annahme (11.8) über die zweite Ableitung der Nachfragefunktion, die in Übungsbeispiel 11.1 interpretiert wurde, tritt auch bei *Phelps* und *Winter* (1970) auf; vgl. auch (11.61b), (11.76c) bzw. (11.96b).

Die Annahme (11.16) überproportional zunehmender Werbekosten wurde von *Schmalensee* (1972, p. 24) kritisiert.

Die folgende Tabelle gibt Auskunft über den Zusammenhang einiger Werbekapitalmodelle mit Diffusionsmodellen (dabei wird der Goodwill anstatt mit A einheitlich mit x bezeichnet).

		Werbekosten	
		linear	nichtlinear
Systemdynamik	Abschnitt	Profitfunktion	
		$\pi(x) - a$	$\pi(x) - w(a)$
$\dot{x} = a - \delta x$	11.1.1	Nerlove und Arrow (1962)	Gould (1970)
$\dot{x} = a(1-x) - \delta x$	11.1.2	Vidale und Wolfe (1957)	Gould (1970)
		Sethi (1973b) für $\pi(x) = \pi x$	(1. Diffusionsmodell)
$\dot{x} = ax(1-x) - \delta x$	11.1.2	Sethi (1979c) für $\pi(x) = \pi x$	Gould (1970)
			(2. Diffusionsmodell)

Bultez und *Naert* (1979) haben den Einfluß der Lag-Struktur in der Werbe-Absatz-Beziehung auf den Profitstrom empirisch untersucht. Ihre Arbeit liefert einen Beitrag zur adäquaten Modellspezifikation der Werbedynamik und damit zur empirischen Überprüfbarkeit des Goodwill-Konzepts. Eine lesenswerte Übersicht über Goodwill und Marktstruktur gibt *Simon* (1985).

Vidale und *Wolfe* (1957) haben erstmals eine sales-response-Dynamik auf empirischer Basis betrachtet, die auch als Diffusionsvorgang interpretiert werden kann. Der Optimierungsansatz stammt von *Sethi* (1973b, 1974b). Einen Einblick in rezente Entwicklungen über Diffusionsmodelle liefert *Mahajan* und *Peterson* (1984); vgl. auch *Kalish* und *Sen* (1986).

Das Modell von *Horsky* und *Simon* (1983) wurde ausgewählt, weil es ein anhand empirischer Daten validiertes Modell ist (telephone-banking, das ist die telefonische Abwicklung von Bankgeschäften), dessen optimale Politik intuitiv plausibel erscheint.

Simon und *Sebastian* (1984) untersuchen die empirische Evidenz der Werbeabhängigkeit des Innovations- und Imitationskoeffizienten bzw. des Marktpotentials. Darauf aufbauend haben *Dockner* und *Jørgensen* (1985b) optimale Werbepolitiken ermittelt.

Während in den bisher besprochenen Werbemodellen die optimale Werberate zumeist abnehmend war, spielen in der Praxis *pulsierende* (*zyklische*) Werbepolitiken eine Rolle (vgl. *Rao*, 1970, *Sasieni*, 1971, *Little*, 1979). Im Rahmen eines diskreten Modells wurde eine *pulsierende* Werbepolitik von *Simon* (1982a) abgeleitet. Im stetigen Fall benötigt man mindestens zwei Zustände, um zyklische Politiken zu garantieren (vgl. *Luhmer* et al., 1986).

Ferner sei darauf hingewiesen, daß alle Werbemodelle durch die Einbeziehung einer Budgetnebenbedingung erweitert werden können (vgl. *Sethi* und *Lee* (1981), *Hartl* (1982c) sowie Abschnitt 5.1 und 5.2).

362 Marketing Mix: Preis, Werbung und Produktqualität

Der erste Aufsatz zur dynamischen Preispolitik stammt von *Evans* (1924). Dort wird mittels Variationsrechnung ein Modell untersucht, in dem die Absatzgeschwindigkeit nicht nur vom momentanen Preis, sondern auch von dessen Änderung abhängt, wie es seinerzeit für Spekulationsgüter (z. B. Gold) als adäquat angesehen wurde. Die bahnbrechende Arbeit, in welcher der Absatz nicht nur vom Preis und vom Werbegoodwill, sondern auch von einem Index der vergangenen Verkäufe abhängt, ist *Spremann* (1975a).

Das in Abschnitt 11.2.1 behandelte, von *Kalish* (1983) stammende Modell stellt eine Erweiterung der Preismodelle von *Robinson* und *Lakhani* (1975), *Dolan* und *Jeuland* (1981) und *Spremann* (1975a, 1981) dar. Für die Lern- oder Erfahrungskurve gibt es zahlreiche empirische Beispiele, etwa im Flugzeugbau und in der Elektronikindustrie. In den letzten Jahren wurde der Erfahrungskurveneffekt verstärkt als strategische Planungshilfe verwendet (vgl. etwa *Lilien* und *Kotler*, 1983, *Simon*, 1982b).

Empirische Arbeiten zur optimalen Preispolitik findet man bei *Bass* und *Bultez* (1982) und *Bass* (1980); vgl. auch die Monographie von *Simon* (1982b).

Gaskins (1971), *Kamien* und *Schwartz* (1971b), *Bourguignon* und *Sethi* (1981) u.a. haben sich mit dem Problem der Ermittlung der optimalen Preispolitik einer dominierenden Firma beschäftigt, welche sich einem oder mehreren potentiellen Konkurrenten gegenübersieht, der (die) in den Produktmarkt des Unternehmens eintreten möchte(n). Wesentliche Annahme dieser Modellkategorie ist die Abhängigkeit der Eintrittsrate bzw. -wahrscheinlichkeit vom Verkaufspreis. Das in Abschnitt 11.2.2 behandelte Modell ist eine Verallgemeinerung des Gaskins-Modells (vgl. *Feichtinger*, 1983c). Die Firma sieht sich dabei durch eine Anzahl kleiner Konkurrenten bedroht, deren Eintrittsrate mit dem Produktpreis wächst. *Kamien* und *Schwartz* (1971b) haben den Fall des stochastischen Eintritts *einer* großen Firma in den Markt betrachtet. Sie nehmen dabei an, daß die Eintrittsrate, d.h. die bedingte Wahrscheinlichkeit des Markteintritts zum Zeitpunkt t unter der Annahme, daß der Eintritt bis t noch nicht erfolgt ist, eine mit dem Preis wachsende (konvexe) Funktion ist. Es wird gezeigt, daß es für die dominierende Firma optimal ist, den Verkaufspreis auf einem geeigneten Niveau konstant zu halten (Übungsbeispiel 11.19). Die hier erwähnten Modelle gehören zum Gebiet „Barrieren zum Markteintritt" (‚barriers to entry'); einen lesenswerten Einblick liefert *von Weizsäcker* (1980).

Man beachte, daß schon in Abschnitt 9.2 der Verkaufspreis (dort simultan mit der Produktionsentscheidung) als Entscheidungsvariable auftrat.

Ziel des vorliegenden Kapitels war es, Interaktionen von Marketing-Mix-Instrumenten zu untersuchen. In den ersten beiden Abschnitten wurden zunächst die Effekte von Preis und Werbung separat betrachtet. Gemeinsame Effekte von Marketinginstrumenten sind in der Literatur erst vergleichsweise wenig systematisch untersucht worden.

Das im Abschnitt 11.3.1 behandelte Modell geht auf *Phelps* und *Winter* (1970) zurück. *Luptacik* (1982) hat die Werberate als zweites Instrument eingeführt; vgl. auch *Feichtinger* (1982c). Die in Abschnitt 11.3.2 hergeleiteten Resultate über die Interaktion von Preis und Werbung stammen von *Dockner*, *Feichtinger* und *Sorger* (1985); vgl. auch *Teng* und *Thompson* (1985), *Thompson* und *Teng* (1984), *Erickson* (1982). Interaktionsmodelle, bei denen die Nachfrage neben dem Preis vom Werbekapital abhängt, wurden von *Spremann* (1975a), *Opitz* und *Spremann* (1978) und *Spremann* (1981) behandelt. Das Phänomen der Interaktion von Marketing-Instrumenten wird in der Literatur nicht exakt definiert (vgl. jedoch *Lilien* und *Kotler*, 1983, Chap. 18). In Abschnitt 11.3 wurde Interaktion von Preis und Werbung ganz allgemein als Zusammenspiel dieser beiden Instrumente aufgefaßt. Wirklichkeitsnäher scheint eine spezielle Interpretation des Interaktionsmechanismus, etwa in dem Sinne, wie eine gegebene Änderung der Preis-(Werbe-)Elastizität die optimale Werbe-(Preis-)Politik beeinflußt (vgl. *Lilien* und *Kotler*, 1983, p. 6, *Sorger* 1985b).

Eine ausführliche Darstellung der Werbepolitik des Modells von Kotowitz und Mathewson (vgl. Abschnitt 11.4) findet sich im Überblicksartikel von *Sethi* (1977d). *Conrad* (1985a) hat ebenfalls ein Modell unvollständig informierter Kunden betrachtet, die sich aufgrund gemachter Erfahrungen ein Qualitätsimage aufbauen. Er kommt zum Teil zu gegensätzlichen Resultaten als *Kotowitz* und *Mathewson* (1979ab). *Ringbeck* (1985) analysiert ein Modell zur Ermittlung optimaler Produktqualität und Werbung. Produktqualität wird den Kunden durch Werbung signalisiert. Im Unterschied zur Systemdynamik bei Kotowitz und Mathewson und Conrad betrachtet Ringbeck eine Diffusionsdynamik, wobei Qualität und Werbung den Kundenstrom steuern. Ferner werden qualitätsabhängige Produktionskosten angenommen.

Spremann (1985) nimmt an, daß potentielle Kunden durch die Erfahrung bisheriger Käufer über das Preis-Qualitätsverhältnis der Firma informiert werden. Aufgrund derselben sowie der Werbung kann sich die Firma einen „Kapitalstock" (Reputation) erwerben, welcher seinerseits den Absatz beeinflußt. Im Gegensatz zu den bisher genannten Modellen nimmt Spremann an, daß die Akkumulation der Reputation nicht vom Preis-Leistungsverhältnis der Firma, sondern auch von ihren Absatz abhängt. *Feichtinger*, *Luhmer* und *Sorger* (1985) behandeln ein verwandtes „Preisimage"-Modell, wobei die Veränderung des Preisimages nicht nur durch die Käufer, sondern durch alle Besucher des Geschäftes beeinflußt wird (enttäuschte Kunden verlassen das Geschäft ohne zu kaufen, sind aber für die Reputation der Firma abträglich).

Eine interessante Problemstellung, die hier aus Platzgründen ebenfalls nicht behandelt wird, entsteht, wenn die Verteilung von Gütern zwischen einem Hersteller und einem (oder mehreren) Zwischenhändler(n) betrachtet wird; vgl. *Eliashberg* und *Steinberg* (1984) sowie *Jørgensen* (1984a).

Die Anzahl empirischer Studien, die auf kontrolltheoretischen Modellen beruhen, hält sich in Grenzen. Einen Einblick gibt *Sethi* (1977d, 5); vgl. die dort zitierte Literatur sowie auch *Little* (1979).

Kapitel 12: Unternehmenswachstum: Investition, Finanzierung und Beschäftigung

Eine wesentliche Determinante des Wirtschaftswachstums ist die Entwicklung der einzelnen Unternehmen. Die Untersuchung des Wachstums von Firmen hat sich in den vergangenen Jahren zu einem Schwerpunkt der betriebswirtschaftlichen Forschung entwickelt. Dabei hat sich herausgestellt, daß die Unternehmensdynamik ein Parade-Anwendungsfeld des Pontrjaginschen Maximumprinzips darstellt, durch dessen Verwendung Einsichten in die „dynamics of the firm" gewonnen werden können, die sonst kaum erzielbar wären.

Ziel derartiger Modelle ist es, Phänomene der Unternehmensentwicklung mikroökonomisch zu studieren. Hierbei stehen oft die Finanzierung des Firmenwachstums bei Kapitalknappheit und die Investitionsentscheidungen des Unternehmens im Vordergrund. In Abschnitt 12.1 wird ein rein güterwirtschaftliches Modell (ohne Berücksichtigung des Finanzierungssektors) betrachtet. In Abschnitt 12.2 wird dagegen die Finanzierung des Kapitalstockes durch Eigen- und Fremdkapital explizit eingezogen. Ein weiterer wichtiger Bestandteil in Firmenwachstumsmodellen ist der Produktionsfaktor Arbeit. Dabei tauchen Fragen der Substitution von Arbeit durch Kapital sowie der optimalen Beschäftigungspolitik auf.

In Abschnitt 12.3 wird der Einfluß einer Gewinnbeschränkung auf den Kapitalstock einer profitmaximierenden Firma untersucht (Averch-Johnson-Effekt).

Schließlich sei noch auf den Problemkreis der Unternehmensentwicklung im Zusammenhang mit Auflagen bezüglich der Umweltbelastung hingewiesen (siehe Abschnitt 15.3).

Als erstes betrachten wir das schon in Beispiel 1.4 formulierte klassische Investitionsmodell von *Jorgenson* (1963, 1967). Dieses Modell ist einfach genug, um mittels des Greenschen Theorems (Satz 3.2) gelöst zu werden. Daran anschließend wird ein von *Lesourne* und *Leban* (1978) stammendes Modell des Firmenwachstums behandelt. Anhand dieses Modells wird das in der Firmendynamik wichtige *Syntheseproblem* (Verknüpfung von Pfaden) illustriert.

12.1. Das Modell von Jorgenson

Das in Beispiel 1.4 eingeführte Investitionsmodell lautet[1]

$$\max_{I,L} \left\{ J = \int_0^\infty e^{-rt} [pF(K,L) - cI - wL] \, dt \right. \tag{12.1}$$

---

[1] In der Originalarbeit von Jorgenson wird die Investitionsbeschränkung (12.3) nicht betrachtet. Hier wird sie eingeführt, um Impulskontrollen auszuschließen.

$$\dot{K} = I - \delta K, \quad K(0) = K_0 \tag{12.2}$$

$$\underline{I} \leqq I \leqq \overline{I}. \tag{12.3}$$

Dabei ist $K(t)$ der Kapitalstock zur Zeit t, $L(t)$ das Beschäftigungsniveau zu diesem Zeitpunkt und $I(t)$ die (Brutto-)Investitionsrate. Die Untergrenze $\underline{I}$ der Investitionsrate kann auch negativ sein, falls die Möglichkeit von Desinvestitionen zugelassen wird. Der Verkaufspreis p, die Investitionseinheitskosten c, die Lohnrate w und die Abschreibungsrate δ werden als konstant angenommen. Die Produktionsfunktion $F(K, L)$ wird als konkav in (K, L) unterstellt:

$$F_K > 0, \; F_L > 0, \; F_{KK} < 0, \; F_{LL} < 0, \; F_{KK} F_{LL} - F_{KL}^2 > 0. \tag{12.4}$$

Da die Kontrollvariable L nicht in der Systemdynamik (12.2) vorkommt, kann die Zielfunktion (12.1) statisch bezüglich L maximiert werden. Bezeichnet man dieses Maximum mit

$$\pi(K) = \max_{L} \, [pF(K, L) - wL], \tag{12.5}$$

so gilt nach dem Enveloppentheorem (Lemma 2.1)

$$\pi'(K) = pF_K > 0. \tag{12.6}$$

Weiters folgt aus der Konkavität (12.4) von F jene von π, d.h.

$$\pi''(K) < 0. \tag{12.7}$$

Durch (12.5) ist eine Funktion $L = L(K)$ definiert. Unterstellt man sinnvollerweise $pF_L(K, 0) > w$, so liefert (12.5) die Bedingung

$$pF_L(K, L) = w, \tag{12.8}$$

d.h. der Grenzertrag der Arbeit ist gleich der Lohnrate.

Setzt man die Zustandsgleichung (12.2) in (12.1) ein, so erhält man

$$J = \int_0^\infty e^{-rt} [\pi(K) - c\delta K - c\dot{K}] \, dt$$

mit $\pi(K)$ aus (12.5). Somit liegt ein Kontrollproblem der Gestalt (3.38) vor mit

$$M(K) = \pi(K) - c\delta K, \quad N(K) = -c.$$

Um das Problem mit Hilfe des Greenschen Theorems bzw. Satz 3.2 zu lösen, bildet man die Funktion

$$rN + M' = \pi'(K) - c(r + \delta).$$

Diese ist wegen (12.7) streng monoton fallend. Wegen (12.6) ist ihre Nullstelle, also die singuläre Lösung $\hat{K}$, $\hat{L} = L(\hat{K})$ durch (12.8) und die Beziehung

12.1. Das Modell von Jorgenson 367

$$pF_K(\hat{K}, \hat{L}) = c(r + \delta).\tag{12.9}$$

bestimmt.

Die Beziehung (12.9) sagt aus, daß die marginalen Investitionskosten einer zusätzlichen Kapitaleinheit gerade aufgewogen werden durch den Grenzertrag dieser Kapitaleinheit, der durch die Diskont- und die Abschreibungsrate zu korrigieren ist (vgl. die Interpretation von (4.36)). Dividiert man (12.9) durch c, so besagt die entstehende Beziehung, daß der Grenzerlös einer investierten Geldeinheit gleich ist der Summe aus Diskont- und Abschreibungsrate.

Somit ist aufgrund von Satz 3.2 die raschestmögliche Annäherung an das Gleichgewichtsniveau $\hat{K}$ optimal. (Man beachte, daß wegen (12.2) und (12.3) jede zulässige Zustandstrajektorie beschränkt und somit (3.41) erfüllt ist.) Dies liefert folgende optimale *Investitionspolitik*

$$I(t) = \begin{Bmatrix} \overline{I} \\ \hat{I} = \delta \hat{K} \\ \underline{I} \end{Bmatrix} \quad \text{falls} \quad K(t) \begin{Bmatrix} < \\ = \\ > \end{Bmatrix} \hat{K}. \tag{12.10}$$

Das optimale *Beschäftigungsniveau* $L = L(K)$ ist zu jedem Zeitpunkt durch die Bedingung (12.8) bestimmt. Wegen $L'(K) = -F_{KL}/F_{LL}$ steigt die Beschäftigung mit dem Kapitalstock, falls man neben (12.4) noch $F_{KL} > 0$ annimmt (diese Annahme ist beispielsweise für Cobb-Douglas-Produktionsfunktionen erfüllt). Somit folgt

$$L(t) \begin{Bmatrix} < \\ = \\ > \end{Bmatrix} \hat{L} \quad \text{falls} \quad K(t) \begin{Bmatrix} < \\ = \\ > \end{Bmatrix} \hat{K}. \tag{12.11}$$

Gilt hingegen $F_{KL} < 0$, so dreht sich die Vorzeichenaussage (12.11) um.

Zur Existenz eines positiven stationären Kapitalstocks $\hat{K}$ hat man gemäß (12.9) vorauszusetzen, daß

$$\pi'(0) = pF_K(0, L(0)) > c(r + \delta)$$

gilt. Falls das nicht der Fall ist, d.h. wenn die Grenzproduktivität der ersten Kapitaleinheit im Vergleich zu den Kosten zu gering ist, so ist $rN(K) + M'(K) < 0$ für alle $K \geq 0$. Somit ist gemäß Satz 3.2 die raschest mögliche Annäherung an $K = 0$ optimal. In diesem Fall ist offenbar die Politik

$$I(t) = \begin{cases} \underline{I} \\ 0 \end{cases} \quad \text{für} \quad K(t) \begin{cases} > 0 \\ = 0 \end{cases}$$

optimal.

Der Leser ist in Übungsbeispiel 12.1a aufgefordert, die optimale Politik mittels der „Methode der Verknüpfung von Pfaden" herzuleiten, welche im nächsten Abschnitt beschrieben wird. Man beachte, daß im vorliegenden Fall das Greensche Theorem wesentlich einfacher anzuwenden ist, diese Vorgangsweise aber bei komplizierteren Modellen (mit mehr als einer Zustandsvariablen) nicht mehr möglich ist.

Das Jorgenson-Modell kann auch durch konvexe Investitionskosten $c(I)$ – anstelle der linearen in (12.1) – verallgemeinert werden; siehe Übungsbeispiel 12.1b.

12.2. Das Modell von Lesourne und Leban

Im Jorgenson-Modell wird nicht berücksichtigt, ob die Firma ihren stationären Kapitalstock K überhaupt finanzieren kann. Im folgenden werden anstelle von Kapitalgütern Finanzierungsmittel (Eigen- und Fremdkapital) betrachtet. Als Leistungsmaß dient nun der diskontierte Strom an Dividendenzahlungen.

Es sei $X(t)$ das Eigenkapital und $Y(t)$ das aufgenommene Fremdkapital im Zeitpunkt t. Für den Gesamtkapitalstock K gilt dann

$$X + Y = K. \qquad (12.12)$$

K entwickelt sich wieder gemäß (12.2). Um die zeitliche Veränderung des Eigenkapitals X zu beschreiben, definieren wir mit τ den Körperschaftssteuersatz, und mit ϱ den Fremdkapitalzinssatz; w und δ besitzen dieselbe Bedeutung wie zuvor.

Für die Produktionsfunktion $Q = F(K, L)$ setzen wir die Konkavität in (K, L) voraus:

$$F_K > 0, F_L > 0, F_{KK} < 0, F_{LL} < 0, F_{KK}F_{LL} - F_{KL}^2 > 0. \qquad (12.13)$$

Der Erlös der Produktion Q werde mit $R(Q) = p(Q)Q$ bezeichnet und soll folgenden Voraussetzungen genügen.

$$R' > 0, R'' < 0. \qquad (12.14)$$

Insgesamt ergibt sich somit eine konkave Erlösfunktion $E(K, L) = R(F(K, L))$, für die gilt

$$E_K > 0, E_L > 0, E_{KK} < 0, E_{LL} < 0, E_{KK}E_{LL} - E_{KL}^2 > 0. \qquad (12.15)$$

Der Profit nach Steuerabzug kann zur Erhöhung des Eigenkapitals verwendet werden, oder in Form von Dividenden $D(t) \geq 0$ ausgeschüttet werden:

$$(1 - \tau)[E(K, L) - wL - \delta K - \varrho Y] = \dot{X} + D.$$

Das Fremdkapital soll einen Anteil κ des Eigenkapitals nicht übersteigen dürfen, d.h. $0 \leq Y \leq \kappa X$.

Eliminiert man das Fremdkapital Y mittels (12.12), so entsteht folgendes Kontrollmodell der Firma

$$\max_{D, I, L} \{J = \int_0^\infty e^{-rt} D \, dt\} \qquad (12.16a)$$

$$\dot{X} = (1-\tau)[E(K,L) - wL - (\varrho+\delta)K + \varrho X] - D, X(0) = X_0 \qquad (12.16b)$$

$$\dot{K} = I - \delta K, \quad K(0) = K_0 \qquad (12.16c)$$

$$X \leq K \leq \sigma X \quad \text{mit} \quad \sigma = 1 + \kappa > 1 \qquad (12.16d)$$

$$0 \leq D \leq \bar{D} \qquad (12.16e)$$

$$\underline{I} \leq I \leq \bar{I} \qquad (12.16f)$$

Durch die (künstlichen) Nebenbedingungen (12.16f) werden Impulsinvestitionen ausgeschlossen. Berücksichtigt man diese Steuerbeschränkung *nicht*, so kann das Kontrollproblem (12.16) in zwei Stufen mittels des Greenschen Theorems gelöst werden (Abschnitt 12.2.1). In Abschnitt 12.2.2 wird unter Berücksichtigung der Obergrenze $\bar{I}$ für die Investitionsrate I das Problem mittels der Methode der Verknüpfung von Pfaden gelöst.

12.2.1. Lösung mittels des Greenschen Theorems

Vorgelegt sei also das Steuerungsproblem (12.16) ohne die Beschränkung (12.16f). Da die Kontrolle I nun ausschließlich in (12.16c) vorkommt und K wegen der Unbeschränktheit von I auch in unstetiger Weise variieren kann, so ist es naheliegend, die Variable I zu unterdrücken und die (Zustands-)Variable K als *neue Steuervariable* aufzufassen. Diese Betrachtungsweise zeigt, daß das Kontrollproblem (12.16a–e) in folgendes *zweistufige* Optimierungsproblem zerfällt:

Stufe I: Man löse für jedes feste $X \geq 0$ das nichtlineare Optimierungsproblem

$$\pi(X) = \max_{K,L} \{E(K,L) - wL - (\varrho + \delta)K\}, \tag{12.17a}$$

wobei die Maximierung bezüglich K über den Bereich

$$X \leq K \leq \sigma X \tag{12.17b}$$

zu erstrecken ist.

Stufe II: Mit der so erhaltenen Funktion $\pi(X)$ löse man das Kontrollproblem

$$\max_{D} \int_0^\infty e^{-rt} D \, dt \tag{12.18a}$$

$$\dot{X} = (1-\tau)[\pi(X) + \varrho X] - D, \quad X(0) = X_0 \tag{12.18b}$$

$$0 \leq D \leq \bar{D} \tag{12.18c}$$

$$X \geq 0. \tag{12.18d}$$

Wenden wir uns zunächst der Lösung von (12.17) zu. Da die Regularitätsbedingung für die Beschränkung (12.17b) erfüllt ist, kann das Kuhn-Tucker-Theorem (Beginn von Kapitel 6) angewendet werden. Dazu bilden wir die Lagrangefunktion

$$\mathscr{L}^s = E(K,L) - wL - (\varrho + \delta)K + \mu_1^s(K-X) + \mu_2^s[\sigma X - K]. \tag{12.19}$$

Das Superskript s soll dabei andeuten, daß es sich um ein statisches Optimierungsproblem handelt. Die Kuhn-Tucker-Bedingungen lauten

$$\mathscr{L}_K^s = E_K - (\varrho + \delta) + \mu_1^s - \mu_2^s = 0 \tag{12.20a}$$

$$\mathscr{L}_L^s = E_L - w = 0 \tag{12.20b}$$

$$\mu_i^s \geq 0; \quad \mu_1^s(K-X) = \mu_2^s[\sigma X - K] = 0. \tag{12.20c}$$

Aufgrund von (12.15) ist E und somit die Zielfunktion in (12.17a) konkav in (K, L). Da die Nebenbedingungen (12.17b) linear in K sind, sind die KT-Bedingungen (12.17b) und (12.20) auch hinreichend für die Optimalität von K und L.

Wir betrachten zunächst eine *innere Lösung*, wo also (12.17b) nicht aktiv ist. Dann ist $\mu_1^s = \mu_2^s = 0$ und (K, L) ist durch das unbeschränkte Maximum (K^*, L^*) gegeben, das folgenderweise bestimmt ist:

$$E_K(K^*, L^*) = \varrho + \delta \quad \text{(a)}, \qquad E_L(K^*, L^*) = w \quad \text{(b)}. \qquad (12.21)$$

K^* muß voraussetzungsgemäß im Inneren des Bereiches (12.17b) liegen, so daß dieser Fall genau dann auftritt, wenn gilt

$$K^*/\sigma < X < K^*. \qquad (12.22)$$

Bevor wir uns den Randlösungen zuwenden, schließen wir aus (12.20b), daß der optimale Beschäftigungsstand als Funktion $L(K)$ des optimalen Kapitaleinsatzes aufgefaßt werden kann. Für deren Ableitung gilt

$$L'(K) = - E_{KL}/E_{LL}. \qquad (12.23)$$

Die Funktion $E_K(K, L(K))$ fällt streng monoton, da wegen (12.15) und (12.23)

$$\frac{d}{dK} E_K(K, L(K)) = E_{KK} + E_{KL} L' = (E_{KK} E_{LL} - E_{KL}^2)/E_{LL} < 0 \qquad (12.24)$$

gilt.

An der *unteren Grenze* $K = X$ gilt $\mu_2^s = 0$ und somit wegen (12.20a)

$$E_K = \varrho + \delta - \mu_1^s \leq \varrho + \delta, \quad \text{d.h.} \quad K \geq K^*.$$

Dabei wurde (12.24) verwendet.

Der Fall, daß K an der unteren Grenze liegt, tritt also auf, wenn $X \geq K^*$ ist.

An der *oberen Grenze* $K = \sigma X$ gilt $\mu_1^s = 0$, d.h. gemäß (12.20a)

$$E_K = \varrho + \delta + \mu_2^s \geq \varrho + \delta, \quad \text{d.h.} \quad K \leq K^*.$$

Der Fall, daß K an der oberen Grenze liegt, tritt somit für $X \leq K^*/\sigma$ auf.

Zusammenfassend ergibt sich als optimale Lösung der *Stufe I*:

$$K = \begin{cases} \sigma X \\ K^* \\ X \end{cases} \quad \text{und} \quad \pi(X) = \begin{cases} E(\sigma X, L(\sigma X)) - wL(\sigma X) - (\varrho + \delta)\sigma X \\ E(K^*, L^*) - wL^* - (\varrho + \delta)K^* \\ E(X, L(X)) - wL(X) - (\varrho + \delta)X \end{cases}$$

$$\text{für} \quad \begin{cases} X \leq K^*/\sigma \\ K^*/\sigma < X < K^* \\ X \geq K^*. \end{cases} \qquad (12.25)$$

12.2. Das Modell von Lesourne und Leban

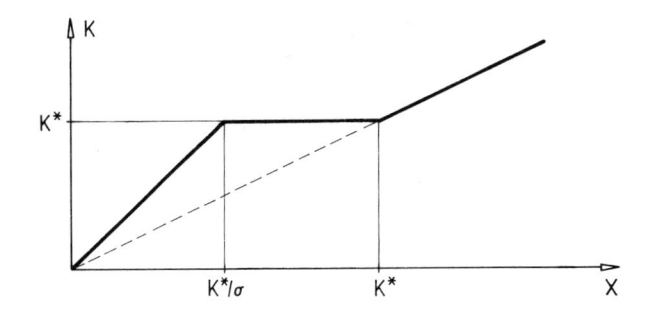

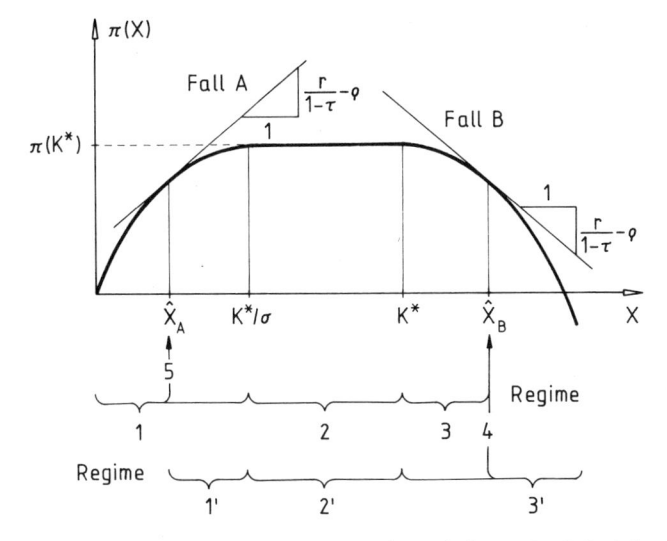

Abb. 12.1 Optimaler Kapitalstock und maximierte „Profitfunktion" in Abhängigkeit vom Eigenkapital. Die geschlungenen Klammern geben an, in welchen Bereichen die einzelnen Regime auftreten können. Dabei tritt Pfad 1 im Falle A für $X < \hat{X}_A$ auf, im Falle B hingegen für $X < K^*/\sigma$

Der optimale Wert K und die maximierte „Profitfunktion" $\pi(X)$ sind in Abhängigkeit von X in Abb. 12.1 veranschaulicht.

Die Gestalt von $\pi(X)$ ergibt sich dabei wie folgt: Außerhalb des Intervalls $[K^*/\sigma, K^*]$ ist $\pi(X) < \pi(K^*)$, da in diesem Fall das unbeschränkte Maximum unzulässig ist und die Restriktionen (12.17b) die Zielfunktion verkleinern.

Wir zeigen nun, daß die rechtsseitige Ableitung $\pi'(K^{*+}) = 0$ ist und daß $\pi''(X) < 0$ für $X > K^*$ gilt. Gemäß (12.25) und (12.20b) gilt für die Ableitung

$$\pi'(X) = E_K(X, L(X)) + E_L(X, L(X))L'(X) - wL'(X) - (\varrho + \delta)$$
$$= E_K - (\varrho + \delta). \tag{12.26}$$

Im Punkt $K = K^*$ gilt $L(K^*) = L^*$, und wegen (12.21) ist somit $\pi'(K^{*+}) = 0$, d.h. π ist stetig differenzierbar an der Stelle $X = K^*$. Für die zweite Ableitung gilt

$$\pi''(X) = \frac{d}{dK} E_K(K, L(K))\bigg|_{K=X} < 0 \text{ für } X > K^*. \tag{12.27}$$

Dabei wurde von (12.24) Gebrauch gemacht.

Auf analoge Weise zeigt man für $X \leq K^*/\sigma$

$$\pi'(X) = \sigma[E_K + E_L L' - wL' - (\varrho + \delta)] = \sigma[E_K - (\varrho + \delta)].$$

mit $K = \sigma X$ und $L = L(\sigma X)$. Daher ist $\pi(X)$ auch an der Stelle $X = K^*/\sigma$ stetig differenzierbar und im Bereich $X \leq K^*/\sigma$ streng konkav (Übungsbeispiel 12.3). Zusätzlich überlegt man sich leicht, daß $\pi(0) \begin{Bmatrix} > \\ = \end{Bmatrix} 0$, wenn $L(0) \begin{Bmatrix} > \\ = \end{Bmatrix} 0$ gilt.

Damit ist Stufe I vorläufig erledigt. Die Abhängigkeit $L = L(K)$ wird später durch zusätzliche Annahmen präzisiert.

In *Stufe II* ist das Kontrollproblem (12.18) mit einer Zustandsvariablen X und einer Steuerung D zu lösen. Da die Kontrolle nur in linearer Weise eingeht und das Kontrollproblem die Form (3.37) aufweist, kann es mittels des Greenschen Theorems gelöst werden (Abschnitt 3.3). Problem (12.18) ist äquivalent mit

$$\max_{\dot{X}} \int_0^\infty e^{-rt} [M(X) + N(X)\dot{X}] dt$$
$$M(X) = (1 - \tau)[\pi(X) + \varrho X], \quad N(x) = -1$$
$$\Omega(x) = [(1 - \tau)\{\pi(X) + \varrho X\} - \bar{D}, (1 - \tau)\{\pi(X) + \varrho X\}].$$

Der Gleichgewichtswert $\hat{X}$ ist somit gemäß (3.39) gegeben durch $rN(\hat{X}) + M'(\hat{X}) = 0$, d.h.

$$\pi'(\hat{X}) = r/(1 - \tau) - \varrho. \tag{12.28}$$

Scheidet man den Fall $r = (1 - \tau)\varrho$ aus [1] – was wir in der Folge tun wollen – so verbleiben die beiden Fälle

Fall A: $\quad r > (1 - \tau)\varrho, \quad$ d.h. $\quad \pi'(\hat{X}) > 0 \quad \Rightarrow \quad \hat{X}_A < K^*/\sigma \tag{12.29a}$

Fall B: $\quad r < (1 - \tau)\varrho, \quad$ d.h. $\quad \pi'(\hat{X}) < 0 \quad \Rightarrow \quad \hat{X}_B > K^*. \tag{12.29b}$

Der durch (12.28) definierte Gleichgewichtswert $\hat{X}$ wird in Abbildung 12.1 für die

---

[1] Dabei werden getrennte Märkte für Eigen- und Fremdkapital unterstellt (vgl. *van Loon*, 1983, p. 48, für eine Begründung). Im Falle eines vollkommenen Kapitalmarktes gilt $r = (1 - \tau)\varrho$, d.h. $\pi'(\hat{X}) = 0$ und jedes $\hat{X} \in [K^*/\sigma, K^*]$ wäre ein optimales Gleichgewicht. In diesem Fall ist der optimale Verschuldungsgrad nicht eindeutig (Modigliani-Miller-Theorem).

12.2. Das Modell von Lesourne und Leban

beiden Fälle A und B erhalten, indem jener Punkt von $\pi(X)$ ermittelt wird, in dem der Anstieg gleich $r/(1-\tau) - \varrho$ ist.

Wenn also der Kalkulationszinsfuß r der Anteilseigner größer ist als der um die Besteuerung korrigierte Fremdkapitalzinssatz $(1-\tau)\varrho$, dann ist der Gleichgewichtswert $\hat{X}$ des Eigenkapitals vergleichsweise klein. Andernfalls, wenn nämlich den Anteilseignern zukünftige Dividenden wichtig sind, ergibt sich ein „großer" stationärer Eigenkapitalstock, was auch ökonomisch einleuchtend ist.

In beiden Fällen ist (3.40) erfüllt, da generell $(rN + M')' = (1-\tau)\pi''(X) \leqq 0$ und $\pi''(\hat{X}) < 0$ gilt.

Gemäß Bemerkung 3.1 ist (3.41) erfüllt, und aufgrund von Satz 3.2 ist die raschestmögliche Annäherung an die stationäre Eigenkapitalausstattung $\hat{X}$ optimal, mit anderen Worten

$$D = \begin{Bmatrix} 0 \\ \hat{D} = (1-\tau)\left[\pi(\hat{X}) + \varrho\hat{X}\right] \\ \bar{D} \end{Bmatrix} \quad \text{für} \quad X \begin{Bmatrix} < \\ = \\ > \end{Bmatrix} \hat{X}. \tag{12.30}$$

Wenn die Eigenkapitalausstattung unter dem Gleichgewichtswert $\hat{X}$ liegt, ist es also optimal, keine Dividenden auszuschütten. Ist das Gleichgewicht erreicht, so wird genau der Nettoprofit nach Steuerabzug ausgeschüttet. Für eine im Wachstum befindliche Firma, d.h. mit einer Anfangsausstattung an Eigenkapital $X_0 < \hat{X}$, tritt somit der Fall maximaler Dividendenausschüttung $D = \bar{D}$ nie auf.

Die durch (12.30) beschriebene optimale Politik gilt allerdings nur dann, wenn die Beziehung (12.28) eine positive Lösung $\hat{X}$ besitzt, d.h. wenn $\pi'(0) > r/(1-\tau) - \varrho$ gilt. Andernfalls ist $rN + M' < 0$ für $X \geqq 0$, und gemäß Bemerkung 3.2 ist die raschestmögliche Annäherung an $X = 0$ optimal. Auf die Behandlung dieses wenig interessanten Falles sei in der Folge verzichtet.

Betrachtet man den durch (12.28) vermittelten Gleichgewichtswert $\hat{X}$ in Abhängigkeit von der Diskontrate, so ergibt sich die in Abb. 12.2 skizzierte Gestalt.

Man beachte, daß sich wegen (12.29) der stationäre Wert $\hat{X}$ sprunghaft ändert, wenn r den Schwellwert $(1-\tau)\varrho$ passiert. Falls $\pi'(0)$ endlich ist, so verschwindet für hinreichend große Diskontraten der langfristig optimale Eigenkapitalstock.

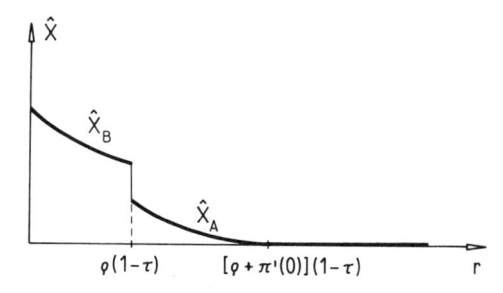

Abb. 12.2 Abhängigkeit des langfristig optimalen Eigenkapitalstocks $\hat{X}$ von der Diskontrate r. Im Fall einer „sehr großen" Diskontrate wäre es optimal, die Firma zu schließen

Nachdem nun auch Stufe II gelöst ist, können wir die durch (12.25) und (12.28–30) charakterisierte optimale Lösung für das Problem (12.16a–e) angeben.

Folgende *fünf* Regime (Pfade) können für eine wachsende Firma (d.h. für $X(0) < \hat{X}$) auftreten:

Regime 1: Keine Dividendenzahlung bei maximaler Verschuldung.

Regime 2: Keine Dividendenausschüttung, Verwendung des Nettoprofits zur Rückzahlung des Fremdkapitals.

Regime 3: Keine Dividenden bei reiner Eigenfinanzierung.

Regime 4: Verwendung des Nettoprofits zur Dividendenausschüttung bei reiner Eigenfinanzierung.

Regime 5: Dividendenzahlung bei maximaler Verschuldung.

In den Regimen 1 und 3 wächst das Gesamtkapital K, während es in den Regimen 2, 4 und 5 konstant ist.

Die beschriebenen fünf Pfade können in folgender Weise zu optimalen Strategien kombiniert werden. Im *Fall B* (vgl. (12.29b)) besteht die optimale Strategie aus den Regimen $1 \to 2 \to 3 \to 4$, $2 \to 3 \to 4$ oder $3 \to 4$, je nachdem wie groß die Anfangsausstattung an Eigenkapital $X(0)$ ist. Aus Abb. 12.1 erkennt man nämlich, daß die einzelnen Pfade in folgenden Bereichen auftreten

Regime 1 für $X \leqq K^*/\sigma$

Regime 2 für $K^*/\sigma < X < K^*$

Regime 3 für $K^* \leqq X < \hat{X}_B$

Regime 4 für $X = \hat{X}_B$.

Im *Falle A* (vgl. (12.29a)) ist das Gleichgewichtsniveau $\hat{X}$ klein, und es kann nur die Pfadkombination $1 \to 5$ auftreten. Dabei herrscht

Regime 1 für $X < \hat{X}_A$,

Regime 5 für $X = \hat{X}_A$.

Bemerkung 12.1. Der Vollständigkeit halber gehen wir noch kurz auf den Fall einer schrumpfenden Firma $X(0) > \hat{X}$ ein. Nun können die Pfade 1, 2 und 3 nicht mehr vorkommen; neben den Gleichgewichtspfaden 4 und 5 können zusätzlich drei transitorische Regime auftreten:

Regime 1': Maximale Dividendenausschüttung bei maximaler Verschuldung.

Regime 2': Maximale Dividendenzahlung aus Nettoprofit und Fremdkapitalaufnahme.

Regime 3': Maximale Dividenden bei reiner Eigenkapitalfinanzierung.

Im Falle A können die Pfadkombinationen $3' \to 2' \to 1' \to 5$, $2' \to 1' \to 5$ bzw. $1' \to 5$ auftreten, im Falle B lediglich $3' \to 4$. Man überlege sich anhand von Abb. 12.1, in welchen Bereichen des Eigenkapitals die einzelnen Regime herrschen (Übungsbeispiel 12.2).

12.2. Das Modell von Lesourne und Leban

Substitution zwischen Kapital und Arbeit im Laufe des Firmenwachstums

Damit ist das Modell von Lesourne-Leban bis auf das Verhalten des Beschäftigungsniveaus L gelöst. Anknüpfend an die aus (12.20b) folgende Beziehung $L = L(K)$ mit der Ableitung (12.23), interessieren wir uns nun dafür, wie sich der Beschäftigungsstand $L(t)$ bei wachsendem Kapitalstück ändert.

Um das Vorzeichen von $L'(K)$ zu ermitteln, benützen wir (12.13) und (12.14) und erhalten:

$$E_{LL} = R'' F_L^2 + R' F_{LL} < 0 \tag{12.31a}$$

$$E_{KL} = R'' F_K F_L + R' F_{KL}. \tag{12.31b}$$

Um das Vorzeichen von (12.31b) zu erhalten, nehmen wir zunächst eine Cobb-Douglas-Produktionsfunktion an:

$$Q = F(K, L) = K^\alpha L^\beta \quad \text{mit} \quad 0 < \alpha < 1, \ 0 < \beta < 1, \ \alpha + \beta \leqq 1. \tag{12.32}$$

Dann gilt $F_K F_L = Q F_{KL}$ und somit

$$E_{KL} = (R'' Q + R') F_{KL}. \tag{12.31c}$$

Wegen $F_{KL} > 0$ kommt es auf das Vorzeichen von

$$\Delta(Q) = \frac{d}{dQ} [Q R'(Q)] = R'' Q + R' \tag{12.33}$$

an. Dazu treffen wir zusätzlich zu (12.14) folgende Voraussetzungen für die Erlösfunktion.

$$R(Q) \text{ beschränkt, daher } \lim_{Q \to \infty} Q R'(Q) = 0, \tag{12.34}$$

$$\lim_{Q \to 0} Q R'(Q) = 0. \tag{12.35}$$

Da $Q R'$ für $Q > 0$ stets positiv ist, besitzt diese Funktion mindestens ein lokales Maximum $\bar{Q}$. In der Folge nehmen wir an, daß dieses *eindeutig* bestimmt ist. Äquivalent damit ist, daß $\bar{Q}$ die einzige Nullstelle der Ableitung $\Delta(Q)$ von $Q R'$ ist:

$$\Delta \gtreqless 0 \quad \text{für} \quad Q \lesseqgtr \bar{Q}. \tag{12.36}$$

(vgl. Abb. 12.3).

Für die Cobb-Douglas-Produktionsfunktion (12.32) steigt die Produktion mit dem Kapitalstock, falls die Arbeitskräfte gemäß (12.20b) optimal gewählt sind:

$$Q'(K) = \frac{d}{dK} F(K, L(K)) = F_K + F_L L' = F_K - F_L \frac{F_{KL}}{F_{LL}} > 0, \tag{12.37}$$

da $F_{KL} > 0$ ist.

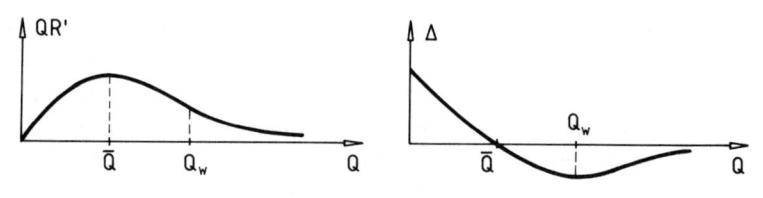

Abb. 12.3 Verlauf der Funktionen $QR'(Q)$ und $\Delta(Q) = (d/dQ)[QR'(Q)]$

Wegen (12.36) und (12.37) existiert somit ein eindeutiger, der Produktion Q entsprechender Kapitalstock $\bar{K}$, so daß gilt $\bar{Q} = Q(\bar{K})$ und

$$L'(K) = -F_{KL}\Delta(Q(K))/E_{LL} \gtreqless 0 \quad \text{für} \quad K \lesseqgtr \bar{K}. \tag{12.38}$$

In dieser Schlußkette wurde wieder auf (12.23), (12.31) und (12.33) zurückgegriffen. Dieser Sachverhalt ist in den beiden rechten unterenDiagrammen von Abb. 12.4 veranschaulicht. Als Resultat ergibt sich, daß während des Firmenwachstums (d. h. mit steigendem Kapitalstock K) Arbeit und Kapital zunächst beide steigen, während sie für $K > \bar{K}$ *substitutiv* einzusetzen sind.

Aus (12.38) erkennt man, daß für $\hat{K} < \bar{K}$ für die Produktionsfaktoren einer wachsenden Firma immer $\dot{K} \geq 0$ und $\dot{L} \geq 0$ gilt, während für $\hat{K} > \bar{K}$ diese Phase endet, wenn der Kapitalstock den Wert $\bar{K}$ erreicht. Danach ist $\dot{K} \geq 0$ und $\dot{L} \leq 0$; in dieser Substitutionsphase werden also Arbeitskräfte schrittweise durch Kapital ersetzt.

Aus dem (X, K)-Diagramm in Abb. 12.1 läßt sich im Zusammenspiel mit (12.38) sofort die optimale Beschäftigung L in Abhängigkeit vom Eigenkapital X darstellen. In Abb. 12.4 sind zwei Fälle illustriert:

Fall a: $\bar{K} > K^*$ (12.39a)

Fall b: $\bar{K} < K^*$. (12.39b)

Kombiniert man die beiden Fälle A und B aus (12.29) mit a und b aus (12.39) so erhält man insgesamt sechs Fälle, je nachdem wie unbeschränktes Maximum K^*, Gleichgewicht $\hat{K}$ und Schwellwert $\bar{K}$ zueinander liegen. Die Gestalt der resultierenden Zeitpfade von L ist in Abb. 12.5 skizziert. Dabei sollen die Indizes A, B bzw. a, b beim Kapitalstock K andeuten, welcher der jeweiligen Fälle auftritt. Diese Diagramme ergeben sich unmittelbar aus Abb. 12.4, da nur eine wachsende Firma ($\dot{X} > 0$) in Betracht gezogen wird.

Die Diagramme in Abb. 12.5 sind für kleinen Anfangskapitalstock $K(0) < \min(K^*, \hat{K}, \bar{K})$ gezeichnet. Für größere Kapitalwerte sind die Zeitpfade entsprechend linksseitig zu kappen.

Greifen wir zur Illustration etwa den Fall ε heraus, in welchem die Diskontrate r „klein" ist und wobei die substitutive Phase erst bei einem „großen" Kapitalstock beginnt. In dieser Situation steigt der Beschäftigungsstand $L(t)$ zunächst (Regime 1) und bleibt danach während der Rückzahlungsphase konstant (Regime 2). Am Beginn von Regime 3 steigt $L(t)$ abermals, um danach zu fallen, da die

12.2. Das Modell von Lesourne und Leban

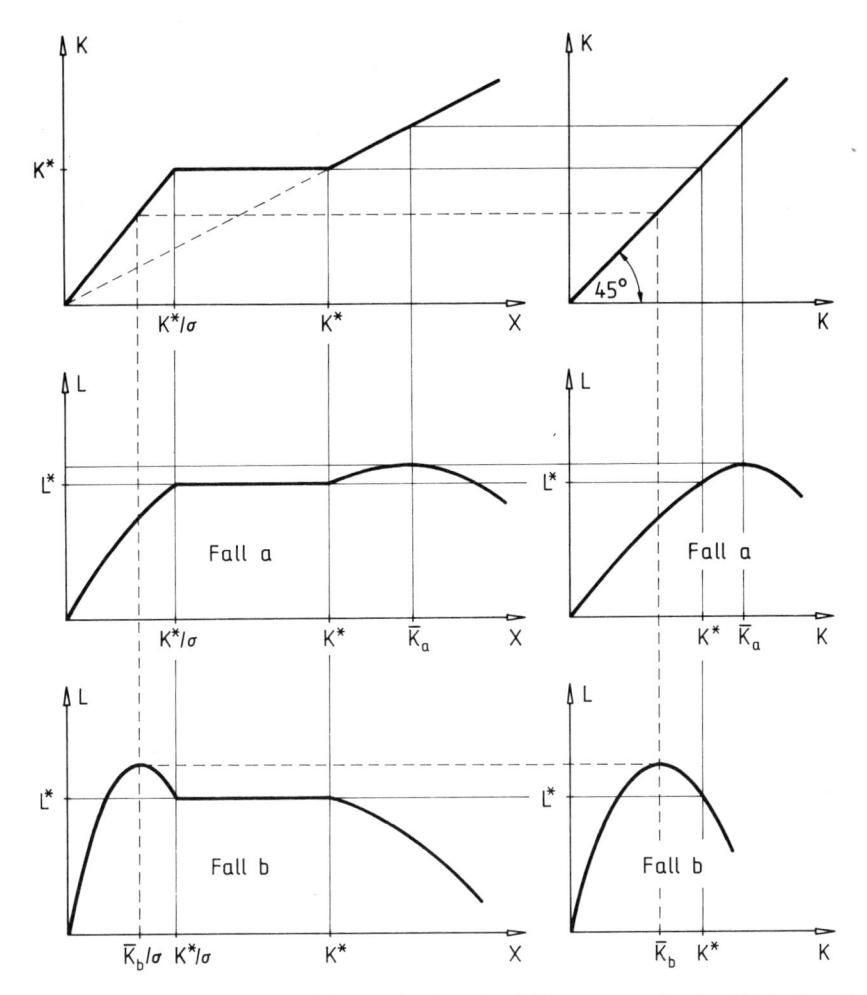

Abb. 12.4 Verlauf des optimalen Beschäftigungsstandes in Abhängigkeit von Gesamt- und Eigenkapital

Arbeitskräfte (für $K > \bar{K}$) schrittweise durch Kapital substituiert werden. Ist der Gleichgewichtskapitalstock ($\hat{K}$) erreicht, so wird schließlich der Beschäftigungsstand konstant auf dem Wert $L = L(\hat{K})$ gehalten (Regime 4).

Man interpretiere das Zustandekommen der anderen in Abb. 12.5 skizzierten Fälle auf analoge Weise (Übungsbeispiel 12.5).

Bemerkung 12.2. Die Entwicklung der Arbeitskräfte im Falle einer schrumpfenden Firma (siehe Bemerkung 12.1) kann in Verbindung mit den Pfaden 1', 2', 3', 4, 5 analog analysiert werden (vgl. Übungsbeispiel 12.6).

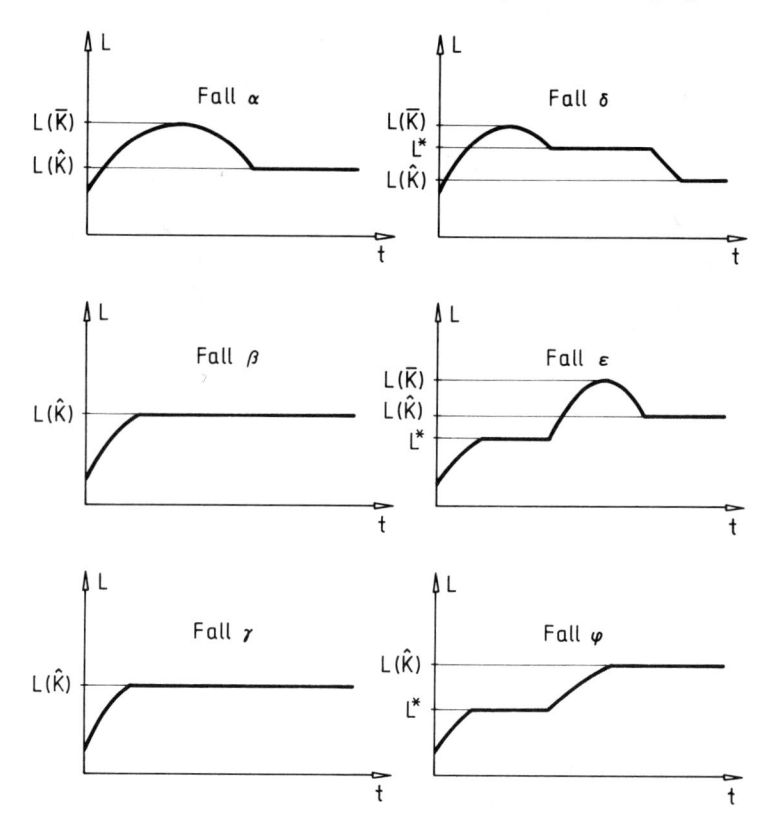

Abb. 12.5 Gestalt der Zeitpfade von L in Abhängigkeit von der Lage von K^*, $\hat{K}$ und $\bar{K}$. Fall α: $\bar{K}_b < \hat{K}_A < K^*$, Fall β: $\hat{K}_A < \bar{K}_b < K^*$, Fall γ: $\hat{K}_A < K^* < \bar{K}_a$, Fall δ: $\bar{K}_b < K^* < \hat{K}_B$, Fall ε: $K^* < \bar{K}_a < \hat{K}_B$, Fall ϕ: $K^* < \hat{K}_B < \bar{K}_a$

Bemerkung 12.3. Die Lösung des Kontrollproblems (12.16) mittels des Greenschen Theorems wurde durch die Annahme ermöglicht, daß der Investitionsrate I keine Beschränkungen der Form (12.16f) auferlegt werden. Dadurch konnte der ursprünglich als Zustandsvariable fungierende Gesamtkapitalstock K als *Steuerung* aufgefaßt werden. Die Analyse hat gezeigt, daß sich K in stetiger Weise ändert und für eine wachsende Firma (d. h. X_0 klein) monoton steigt. Die Investitionsrate I ergibt sich somit gemäß (12.16c) als positive und beschränkte Funktion der Zeit. Falls also $\underline{I} = 0$ und $\bar{I}$ hinreichend groß ist, so wäre (12.16f) für $t > 0$ inaktiv. Allerdings stimmt der gemäß (12.25) optimal bestimmte Anfangskapitalstock $K(X_0)$ i.a. nicht mit der gegebenen Ausgangskapitalausstattung K_0 überein. Für $t = 0$ besteht die optimale Investitionsrate also aus einem Impuls der Höhe $K(X_0) - K_0$ (vgl. Anhang A. 6; insbesondere Bemerkung A. 6.1). Ist etwa X_0 klein und ist die Firma ursprünglich nicht verschuldet, d. h. $K_0 = X_0$, dann wird sprunghaft Fremdkapital in der Höhe von κX_0 aufgenommen.

Im folgenden Abschnitt wird das Kontrollproblem (12.16) mit einer Investitionsobergrenze $\bar{I}$ behandelt. Diese wird nach obigen Überlegungen zumindest am Anfang des Planungshorizontes angenommen. Dies hat zur Folge, daß neben dem Eigenkapital X auch das Gesamtkapital K explizit als Zustand und die Investition I als Steuerung betrachtet werden muß.

12.2.2. Lösung mittels Pfadverknüpfung

Wir betrachten das Kontrollmodell (12.16a–d) unter den Kontrollbeschränkungen

$$D \geq 0 \quad \text{(a)}, \qquad I \leq \bar{I} \quad \text{(b)}. \tag{12.40}$$

Eine obere Schranke für die Investitionen wird in der Literatur unter der Bezeichnung „Koordinationsbedingung" begründet (vgl. *Albach*, 1965, p. 56).

Wir beschränken uns auf eine wachsende Firma, d.h. X_0 klein. Eine eventuell vorliegende Obergrenze $\bar{D}$ wird gemäß Abschnitt 12.2.1 nicht aktiv, falls sie groß genug gewählt wird; vgl. jedoch Bemerkung 12.4.

Um das Kontrollproblem (12.16a–d) mit zwei Zustandsvariablen (X, K) und drei Kontrollen (D, I, L) zu lösen, bilden wir die Hamiltonfunktion

$$\mathcal{H} = D + \lambda_1 [(1-\tau)(E - wL - (\varrho+\delta)K + \varrho X) - D] + \lambda_2 (I - \delta K).$$

Die reinen Zustandsnebenbedingungen (12.16d) und die Steuerbeschränkungen (12.40) erfordern die Lagrangefunktion

$$\mathcal{L} = \mathcal{H} + \mu_1 D + \mu_2 (\bar{I} - I) + \nu_1 (K - X) + \nu_2 [\sigma X - K].$$

Dabei wurde der direkte Ansatz von Satz 6.2 (bzw. Satz 7.4 und 7.5) verwendet. Die notwendigen Optimalitätsbedingungen lauten:

$$\mathcal{L}_D = 1 - \lambda_1 + \mu_1 = 0 \tag{12.41}$$

$$\mathcal{L}_I = \lambda_2 - \mu_2 = 0 \tag{12.42}$$

$$\mathcal{L}_L = \lambda_1 (1-\tau)(E_L - w) = 0 \tag{12.43}$$

$$\dot{\lambda}_1 = r\lambda_1 - \mathcal{L}_X = [r - (1-\tau)\varrho]\lambda_1 + \nu_1 - \nu_2 \sigma$$
$$= \theta \lambda_1 + \nu_1 - \nu_2 \sigma \tag{12.44}$$

$$\dot{\lambda}_2 = r\lambda_2 - \mathcal{L}_K = [\varrho + \delta - E_K](1-\tau)\lambda_1 + (r+\delta)\lambda_2 - \nu_1 + \nu_2$$
$$= -\varepsilon'(K)\lambda_1 + (r+\delta)\lambda_2 - \nu_1 + \nu_2 \tag{12.45}$$

$$\mu_i \geq 0; \quad \mu_1 D = \mu_2 (\bar{I} - I) = 0 \tag{12.46a}$$

$$\nu_i \geq 0; \quad \nu_1 (K - X) = \nu_2 (\sigma X - K) = 0. \tag{12.46b}$$

Da nur nichtnegative Schattenpreise ökonomisch sinnvoll sind, was auch aus (12.41, 42) folgt, sind die Bedingungen (12.41–46) auch hinreichend, falls zusätzlich die Grenztransversalitätsbedingungen

$$\lim_{t \to \infty} e^{-rt}\lambda_1(t)X(t) = 0, \quad \lim_{t \to \infty} e^{-rt}\lambda_2(t)K(t) = 0 \tag{12.47}$$

gelten. Man beachte, daß die Hamiltonfunktion gemeinsam konkav in allen Argumenten ist.

In (12.44) wurde $\theta = r - (1-\tau)\varrho$ gesetzt, wobei wie schon im vorigen Abschnitt der Grenzfall $\theta = 0$ ausgeschieden wird (vgl. dazu die Fußnote zu (12.29) auf p. 372). In (12.45) wurde von der Definition

$$\varepsilon(K) = (1-\tau)[E(K, L(K)) - wL(K) - (\varrho+\delta)K] \tag{12.48a}$$

Gebrauch gemacht. Dabei ist $L(K)$ die gemäß (12.43) bzw. (12.20b), also $E_L = w$, definierte Funktion $L = L(K)$. Dann gilt

$$\varepsilon'(K) = (1-\tau)[E_K - (\varrho+\delta)] \tag{12.48b}$$

$$\varepsilon''(K) = (1-\tau)(E_{KK} - E_{KL}L') < 0. \tag{12.48c}$$

Dabei wurde (12.48c) schon unter (12.24) gezeigt. Man beachte, daß zwischen der Funktion $\varepsilon(K)$ und der in (12.17a) definierten Funktion $\pi(X)$ gemäß (12.25) folgender Zusammenhang besteht:

$$(1-\tau)\pi(X) = \max_{X \leq K \leq \sigma X} \varepsilon(K) = \begin{Bmatrix} \varepsilon(\sigma X) \\ \varepsilon(K^*) \\ \varepsilon(X) \end{Bmatrix} \text{ für } \begin{cases} X \leq K^*/\sigma \\ K^*/\sigma < X < K^* \\ X \geq K^*. \end{cases}$$

Das gemäß (12.21) definierte unbeschränkte Maximum K^*, L^* der Erlösfunktion $E(K, L) - wL - (\varrho+\delta)K$ liefert gemäß (12.48b) natürlich auch den unbeschränkten Maximanden K^* von $\varepsilon(K)$. $\varepsilon(K)$ ist somit eine streng konkave Funktion, die im Ursprung startet, für $K = K^*$ ihr Maximum annimmt und ab einem Wert $K = \tilde{K} > K^*$ negativ wird.

Im Rest dieses Abschnittes wollen wir zunächst alle möglichen Pfade (Regime) ermitteln und diese dann zu optimalen Strategien kombinieren.

Ermittlung der zulässigen Pfade

Aus den komplementären Schlupfbedingungen (12.46) ergeben sich zunächst zwölf[1] mögliche Fälle für die Wahl von K, D und I. Vier davon erweisen sich als unzulässig, fünf entsprechen den Pfaden 1-5 aus Abschnitt 12.2.1 und drei Pfade (6-8) kommen neu hinzu. Die folgende Tabelle gibt eine Übersicht über das Vorzeichen der Multiplikatoren in den einzelnen Fällen.

---

[1] Dabei wurden von den insgesamt sechzehn Fällen vorab gleich jene vier ausgeschieden, bei denen gleichzeitig v_1 und v_2 positiv sind, d.h. wo sowohl Ober- als auch Untergrenze der Restriktion (12.16d) aktiv sind. Dieser Fall kann aber nur für $K = X = 0$ auftreten. Da dieser Fall ökonomisch uninteressant ist, schließen wir ihn aus.

12.2. Das Modell von Lesourne und Leban

Tabelle 12.1: Identifikation der Pfade anhand der Multiplikatoren v_i und μ_i

Beschränkung	Pfad	I	II	III	IV	V	VI	VII	VIII	IX	X	XI	XII
$K \geqq X$	v_1	0	0	0	0	0	0	0	0	+	+	+	+
$K \leqq \sigma X$	v_2	0	0	0	0	+	+	+	+	0	0	0	0
$D \geqq 0$	μ_1	0	0	+	+	0	0	+	+	0	0	+	+
$I \leqq \bar{I}$	μ_2	0	+	0	+	0	+	0	+	0	+	0	+
Pfad		✕	✕	2	6	5	7	1	✕	4	8	3	✕

Pfade I, II

$$(12.41) \Rightarrow \lambda_1 = 1 \qquad (12.49)$$

$(12.44), (12.49) \Rightarrow \theta = 0$ im Widerspruch zur Annahme $r \neq (1-\tau)\varrho$.

Im Falle eines vollkommenen Kapitalmarktes, d. h. für $\theta = 0$ würden diese beiden Pfade zulässig bleiben und die Dividende wäre unbestimmt (vgl. Fußnote auf p. 372).

Pfad III

$$(12.41), (12.42) \Rightarrow \lambda_1 = 1 + \mu_1 \geqq 1, \quad \lambda_2 = 0 \qquad (12.50)$$

$(12.45), (12.50) \Rightarrow \varepsilon'(K) = 0,$ d.h. $K = K^*, L = L^*.$

Kontrollen: $D = 0, I = \delta K^*$.

Dieser Fall kann nur auftreten, wenn (12.16d) und $I \leqq \bar{I}$ nicht verletzt sind, d.h.

$$K^*/\sigma \leqq X \leqq K^*, \quad \delta K^* \leqq \bar{I}. \qquad (12.51)$$

Pfad III kann kein Endpfad sein, da X in endlicher Zeit den in (12.51) angegebenen Bereich verläßt. Denn es gilt:

$$(12.16b), (12.48a) \Rightarrow \dot{X} = (1-\tau)[\varepsilon(K^*) + \varrho X] \Rightarrow X \to \infty. \qquad (12.52)$$

Damit ist Pfad III mit *Pfad 2* aus Abschnitt 12.2.1 identifiziert.

Pfad IV

Kontrollen: $D = 0, I = \bar{I}$

$$\dot{\lambda}_1 = \theta \lambda_1 \qquad (12.53)$$

$$\dot{\lambda}_2 = -\varepsilon'(K)\lambda_1 + (r+\delta)\lambda_2. \qquad (12.54)$$

Dieser Fall kann ebenfalls als Endpfad ausgeschlossen werden, was man am einfachsten dadurch einsieht, daß es langfristig nicht optimal sein kann, keine

Dividenden auszuschütten. Pfad IV trat in den Überlegungen von Abschnitt 12.2.1 nicht auf; er wird nun als *Pfad 6* bezeichnet.

Pfad V

$$(12.41), (12.42) \Rightarrow \lambda_1 = 1, \lambda_2 = 0$$

$$(12.44) \Rightarrow v_2 = \theta/\sigma \geq 0. \tag{12.55}$$

Wegen $\theta \neq 0$ kann dieser Pfad also nur im Fall A (siehe (12.29a)) auftreten.

$$(12.45), (12.55) \Rightarrow \varepsilon'(K) = v_2 = \theta/\sigma > 0. \tag{12.56}$$

Daher ist $K = \hat{K}_A$ konstant. Man beachte, daß (12.56) äquivalent ist mit der Gleichgewichtsbedingung (12.28). Wegen (12.56) gilt auch $\hat{K}_A < K^*$.

Pfad V entspricht als möglicher Endpfad dem *Gleichgewichtspfad 5* aus Abschnitt 12.2.1. Er kann auftreten für

$$X = \hat{K}_A/\sigma < K^*/\sigma, \tag{12.57}$$

allerdings nur dann, wenn

$$\bar{I} \geq \delta \hat{K}_A \tag{12.58}$$

gilt. Andernfalls kann der Gleichgewichtskapitalstock $\hat{K}_A$ mit einer zulässigen Investitionsrate $I \leq \bar{I}$ nicht aufrecht erhalten werden.

Pfad VI

$$(12.41), (12.42), (12.44) \Rightarrow \lambda_1 = 1, \lambda_2 \geq 0, v_2 = \theta/\sigma \geq 0, \tag{12.59}$$

d.h. dieser Pfad ist nur im Fall A zulässig.

Wegen $I = \bar{I}$ gilt $K \to \bar{I}/\delta$, so daß dieser Fall nur dann als Endpfad in Frage kommt, wenn

$$\bar{I} < \delta \hat{K}_A \tag{12.60}$$

gilt. Denn falls $\bar{I}/\delta \geq \hat{K}_A$, so gilt $\varepsilon'(K(t)) \leq \theta/\sigma$ für hinreichend große t. (12.45) lautet dann

$$\dot{\lambda}_2 = [\theta/\sigma - \varepsilon'(K)] + (r+\delta)\lambda_2, \tag{12.60a}$$

und λ_2 würde exponentiell mit der Rate $r + \delta$ gegen $+\infty$ divergieren, im Widerspruch zur Transversalitätsbedingung (12.47). Wegen $K = \sigma X$ kann dieser Pfad für eine wachsende Firma ($\dot{X} = \dot{K}/\sigma > 0$) nur auftreten, wenn $K < \bar{I}/\delta$ und somit kleiner als $\hat{K}_A < K^*$ ist. Daher muß auch

$$X < \bar{I}/(\delta\sigma) < K^*/\sigma \tag{12.61}$$

sein. Pfad VI, der in Abschnitt 12.2.1 nicht auftrat, wird als neuer *Pfad 7* bezeichnet.

Pfad VII

$$(12.41), (12.42) \Rightarrow \lambda_1 = 1 + \mu_1 \geq 1, \ \lambda_2 = 0 \qquad (12.62)$$

$$(12.45) \Rightarrow \dot{\lambda}_2 = -\varepsilon'(K)\lambda_1 + v_2 = 0.$$

Daraus folgt $\varepsilon'(K) > 0$ und somit $K < K^*$. D. h. dieser Fall kann wegen $K = \sigma X$ nur für

$$X < K^*/\sigma \qquad (12.63)$$

auftreten. Ferner kommt er als Endpfad nicht in Frage, da $D = 0$ ist. Pfad VII entspricht *Pfad 1* von Abschnitt 12.2.1.

Pfad VIII

Wegen $I = \overline{I}$, $D = 0$ und $K = \sigma X$ lauten die beiden Zustandsgleichungen (12.16bc)

$$\dot{K} = \overline{I} - \delta K$$
$$\sigma \dot{X} = \dot{K} = \sigma \varepsilon(K) + (1 - \tau)\varrho K.$$

Somit wäre K konstant und müßte den beiden Gleichungen

$$\sigma \varepsilon(K) + (1 - \tau)\varrho K = 0, \quad \overline{I} - \delta K = 0. \qquad (12.64)$$

genügen. Für allgemeines $\overline{I}$ ist dies unmöglich. Der Fall kann daher nicht auftreten.

Pfad IX

$$(12.41), (12.42) \Rightarrow \lambda_1 = 1, \ \lambda_2 = 0$$
$$(12.44) \Rightarrow v_1 = -\theta \geq 0. \qquad (12.65)$$

Wegen $\theta \neq 0$ kann dieser Pfad also nur im Fall B auftreten.

$$(12.45), (12.65) \Rightarrow \varepsilon'(K) = -v_1 = \theta \leq 0. \qquad (12.66)$$

Daher ist $K = \hat{K}_B$ konstant und $\hat{K}_B > K^*$. Man beachte, daß (12.66) äquivalent ist mit der Gleichgewichtsbedingung (12.28). Pfad IX entspricht als ursprünglicher Endpfad dem *Gleichgewichtspfad 4* aus Abschnitt 12.2.1. Er kann auftreten für

$$X = \hat{K}_B > K^*, \qquad (12.67)$$

allerdings nur dann, wenn

$$\overline{I} \geq \delta \hat{K}_B \qquad (12.68)$$

gilt; vgl. Pfad (12.58).

384 Unternehmenswachstum: Investition, Finanzierung und Beschäftigung

Pfad X

$$(12.41), (12.42), (12.44) \Rightarrow \lambda_1 = 1, \lambda_2 \geqq 0, \nu_1 = -\theta \geqq 0, \qquad (12.69)$$

d.h. dieser Pfad ist nur im Fall B zulässig.

Wegen $I = \bar{I}$ gilt $K \to \bar{I}/\delta$, so daß dieser Fall nur dann als Endpfad in Frage kommt, wenn

$$\bar{I} < \delta \hat{K}_B \qquad (12.70)$$

gilt. Denn falls $\bar{I}/\delta \geqq \hat{K}_B$, so gilt $\varepsilon'(K(t)) \leqq \theta$ für hinreichend große t. (12.45) lautet dann

$$\dot{\lambda}_2 = [\theta - \varepsilon'(K)] + (r + \delta)\lambda_2.$$

λ_2 würde somit exponentiell gegen $+\infty$ divergieren und (12.47) verletzen.
Wie im verwandten Pfad VI gilt für eine wachsende Firma

$$K = X < \bar{I}/\delta < \hat{K}_B; \qquad (12.71)$$

allerdings kann nun über die Lage von X zu K^* nichts ausgesagt werden.
Pfad X, der in Abschnitt 12.2.1 nicht auftrat, wird nun als *Pfad 8* bezeichnet.

Pfad XI

$$(12.41), (12.42) \Rightarrow \lambda_1 \geqq 1, \lambda_2 = 0 \qquad (12.72)$$

$$(12.45) \Rightarrow \dot{\lambda}_2 = -\varepsilon'(K)\lambda_1 - \nu_1 = 0.$$

Daher ist $\varepsilon'(K) < 0$ und somit $K > K^*$. D.h. dieser Fall kann wegen $K = X$ nur für

$$X > K^* \qquad (12.73)$$

auftreten. Wie der verwandte Pfad VII kommt er als Endpfad nicht in Frage, da $D = 0$ ist. Pfad XI entspricht *Pfad 3* von Abschnitt 12.2.1.
Dieser Fall kann nur für hinreichend große Investitionsobergrenzen $\bar{I}$ auftreten:

$$\bar{I} \geqq \varepsilon(X) + [(1-\tau)\varrho + \delta]X. \qquad (12.74)$$

Denn aus $K = X$, (12.16bc) und (12.48a) folgt

$$I = \dot{K} + \delta K = \varepsilon(X) + (1-\tau)\varrho X + \delta K.$$

Pfad XII

Analog zu Pfad VIII erkennt man, daß dieser Pfad für allgemeines $\bar{I}$ unzulässig ist.

In der Folge verwenden wir aus Gründen der Kompatibilität mit Abschnitt 12.2.1 die Bezeichnung der Pfade mit arabischen Ziffern.

12.2. Das Modell von Lesourne und Leban

Durch Einführung der Schranke $\bar{I}$ für die Investitionsrate ergeben sich zusätzlich zu den Regimen 1-5, bei denen diese Obergrenze nicht aktiv ist, drei neue Pfade

Pfad 6: Keine Dividendenausschüttung; Schuldenaufnahme bei maximaler Investition.

Pfad 7: Verschuldung und Investition maximal, Liquiditätsüberschuß wird ausgeschüttet.

Pfad 8: Reine Eigenkapitalfinanzierung, Investition maximal, Liquiditätsüberschuß wird ausgeschüttet.

Bevor wir die so erhaltenen acht Regime zu optimalen Politiken verketten, ist es angebracht, die optimale Investitionsrate $I = I(X)$ für den Fall $I < \bar{I}$ und $D = 0$ in Abhängigkeit von Eigenkapital X zu untersuchen. Man erhält:

$$I(X) = \begin{cases} \sigma\{\varepsilon(\sigma X) + [\varrho(1-\tau) + \delta]X\} & \text{für } X < K^*/\sigma \\ \delta K^* & \text{für } K^*/\sigma \leqq X \leqq K^* \\ \varepsilon(X) + [\varrho(1-\tau) + \delta]X & \text{für } X > K^* \end{cases} \quad (12.75)$$

Stellvertretend zeigen wir (12.75) für $X < K^*/\sigma$. In diesem Bereich repräsentiert Pfad 1 den Fall $I < \bar{I}, D = 0$, d.h. $K = \sigma X$. Daraus folgt $\dot{K} = \sigma \dot{X}$, und aus (12.16bc) mit $D = 0$ ergibt sich sofort die obige Darstellung. Der Verlauf von (12.75) ist in Abb. 12.6 skizziert. Die Sprünge der Investitionsrate $I(X)$ bei K^*/σ und K^* entsprechen den Knicken von $K = K(X)$ in Abb. 12.1.

Nach diesen Vorbereitungen wenden wir uns der Verkettung möglicher Pfade zu.

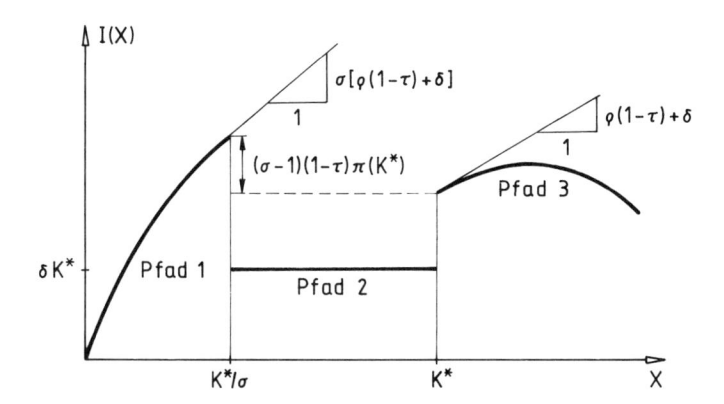

Abb. 12.6 Optimale Investitionsrate in Abhängigkeit vom Eigenkapital für $I < \bar{I}$ und $D = 0$

Lösung des Syntheseproblems: Verknüpfung der zulässigen Pfade zu optimalen Strategien

Die *erste Stufe* des Lösungsverfahrens bestand im Auffinden zulässiger Pfade durch Auswertung der komplementären Schlupfbedingungen (12.46) unter Verwendung der restlichen notwendigen Bedingungen (12.41–45).

Auf der *zweiten Stufe* müssen nun die Pfade (Regime) zu optimalen Strategien aneinandergereiht werden. Diese Prozedur startet durch Feststellung möglicher *Endpfade*. Mittels der Stetigkeit der Zustandsvariablen an den Verknüpfungspunkten überlegt man sich für jeden Endpfad, welche Regime er als Vorgänger besitzen kann.

Ist die Stetigkeit der Kozustandsvariablen erfüllt, so ist sie bei der Koppelung der Pfade ebenfalls zu berücksichtigen[1].

Für jede so erhaltene Pfadkombination werden wieder alle möglichen Vorgänger-Regime gesucht, die in zulässiger Weise verknüpfbar sind. Diese *Rückwärtsrekursion* endet, sobald es zu jeder Kette von Pfaden keinen möglichen Vorgängerpfad mehr gibt.

Die *möglichen Endpfade* hatten wir bereits bei der Ermittlung der zulässigen Pfade identifiziert.

Tabelle 12.2: Zulässige Endpfade in Abhängigkeit von θ und $\bar{I}$

Endpfad	Fall	Investitionsobergrenze
4	B ($\theta < 0$)	$\bar{I} \geq \delta \hat{K}_B$
8		$\bar{I} < \delta \hat{K}_B$
5	A ($\theta > 0$)	$\bar{I} \geq \delta \hat{K}_A$
7		$\bar{I} < \delta \hat{K}_A$

Fall A.
Für die hier möglichen Endpfade 5 bzw. 7 gilt gemäß (12.57) und (12.61) $X(t) < K^*/\sigma$. Wegen (12.51) und (12.73) können somit die Pfade 2 und 3 nicht vor diesen Endpfaden auftreten. Die Pfade 4 und 8 sind nur im Fall B möglich und können daher hier ebenso ausgeschlossen werden. Im Falle A bleiben somit die Regime 1, 5, 6 und 7.

---

[1] Die Stetigkeit von (λ_1, λ_2) ist gemäß Korollar 6.3b bei nichttangentialem Ein- bzw. Austritt gegeben. Ferner sind die adjungierten Variablen stets dann stetig, wenn keine Zustandsbeschränkung aktiv ist. Im Inneren eines Randlösungsintervalls können hingegen Sprünge des Kozustandes auftreten, insbesondere dann, wenn eine Steuerbeschränkung aktiv bzw. inaktiv wird.

12.2. Das Modell von Lesourne und Leban

Wir zeigen nun, daß die Pfade nur in folgender Reihenfolge auftreten können, wobei die möglichen Endpfade 5 und 7 eingekreist sind:

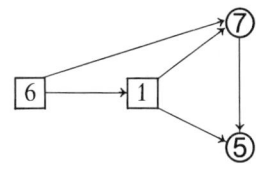

D. h., daß für eine wachsende Firma ($X(0)$ klein) folgende Pfadfolgen möglich sind:

(i) $6 \to 1 \to 5$
(ii) $6 \to 1 \to 7 \to 5$
(iii) $6 \to 7 \to 5$
(iv) $6 \to 1 \to 7$
(v) $6 \to 7$.

Die optimale Investitionsrate $I(X)$ ist für diese fünf, mit (i)–(v) durchnumerierten Fälle in Abb. 12.7 dargestellt. Die Anordnung der Fälle entspricht dabei einer sinkenden Investitionsobergrenze $\bar{I}$.

Bevor wir diese fünf möglichen Pfadfolgen herleiten, wollen wir ihr Zustandekommen ökonomisch begründen. Wir gehen aus von einer kleinen, nicht voll verschuldeten Firma, d. h. $X(0)$ klein und $K(0) < \sigma X(0)$. In diesem Fall wird zunächst Pfad 6 optimal sein, d. h. es wird solange mit der Rate $\bar{I}$ investiert und es werden Schulden aufgenommen, bis $K = \sigma X$ erreicht ist.

Falls $\bar{I}$ „groß" ist (*Fall (i)*), so wird die aus Abschnitt 12.2.1 bekannte Pfadfolge $1 \to 5$, bei welcher $\bar{I}$ nicht aktiv wird, an Regime 6 angeschlossen. Aus Abb. 12.7 (i) erkennt man, daß diese Wahl nur für $\bar{I} \geq I(\hat{K}_A/\sigma)$ zulässig ist mit $I(X)$ aus (12.75). Ist $\bar{I} < I(\hat{K}_A/\sigma)$, so existiert ein Wert $X_{17} < \hat{K}_A/\sigma$ als Lösung von

$$I(X_{17}) = \bar{I}, \tag{12.76}$$

so daß Pfad 1 nur für $X \leq X_{17}$ zulässig ist. Danach würde er die Investitionsobergrenze verletzen und muß durch Pfad 7 ersetzt werden (*Fall (ii)*).

Ist $\bar{I}$ kleiner oder X_0 größer, so kann es sein, daß die volle Verschuldung $K = \sigma X$ nicht für ein Eigenkapital $X_{61} < X_{17}$ erreicht wird, sondern erst bei einem Eigenkapitalstock $X_{67} = X_{17}$ (vgl. Abb. 12.7 (ii) und (iii)). In diesem Fall entfällt somit Pfad 1, und es ergibt sich die Pfadkombination $6 \to 7 \to 5$ (*Fall (iii)*).

In den drei Fällen (i)–(iii) tritt Pfad 5 als Endregime auf.

Reicht $\bar{I}$ nicht aus, um den stationären Kapitalstock $\hat{K}_A$ langfristig aufrecht zu erhalten, d. h. $\bar{I} < \delta \hat{K}_A$, so kann Pfad 5 nicht erreicht werden, und Pfad 7 ist das Endregime (siehe Tabelle 12.2). Wird dabei die volle Verschuldung bei einem Eigenkapitalstock $X_{61} < X_{17}$, erreicht, so ist die optimale Pfadfolge $6 \to 1 \to 7$

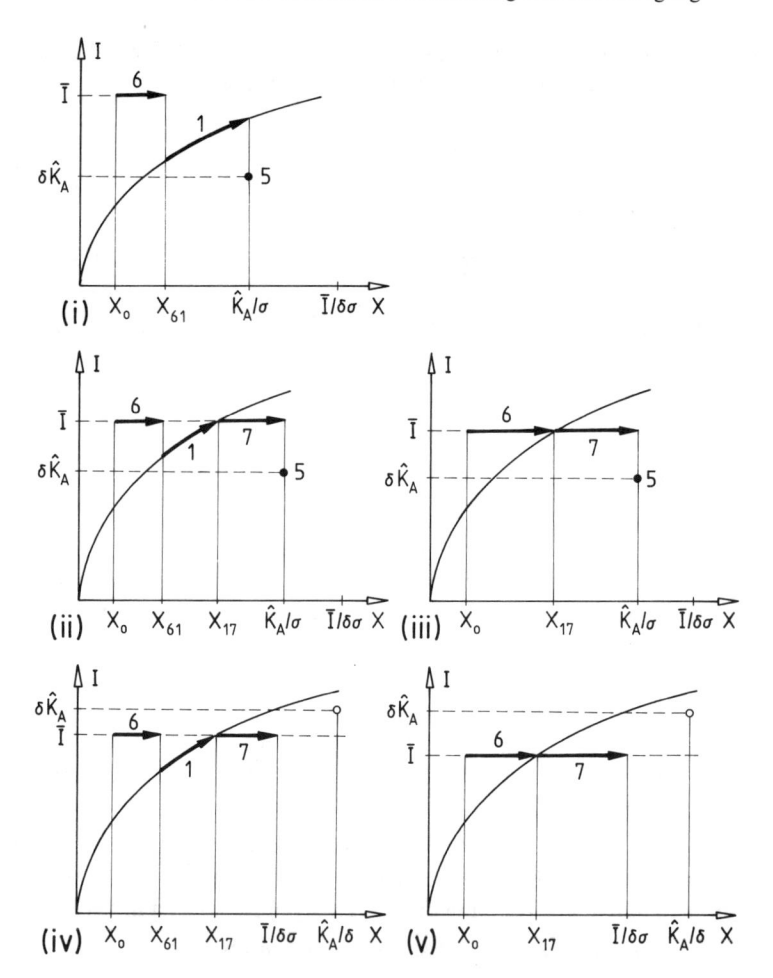

Abb. 12.7 Optimale Investitionsrate $I \leq \bar{I}$ in Abhängigkeit vom Eigenkapital in den Fällen (i) – (v) als Unterfälle von Fall A

(Fall (iv)). Andernfalls wird bei $X_{67} = X_{17}$ von Pfad 6 direkt auf Pfad 7 umgeschaltet *(Fall (v))*.

Die Pfadfolgen (i)–(v) können ökonomisch plausibel interpretiert werden. Im Fall (ii) startet man z. B. mit $I = \bar{I}$ und $D = 0$, um möglichst rasch die volle Verschuldung $K = \sigma X$ zu erreichen *(Pfad 6)*. Sobald man bei dieser angelangt ist, investiert man gerade soviel, um sie beizubehalten. Dabei werden keine Dividenden ausgeschüttet, um die Firma wachsen zu lassen *(Pfad 1)*. Bei Verfolgung einer derartigen Politik stößt man jedoch früher oder später an die Investitionsobergrenze an und kann ab diesem Zeitpunkt nur mehr $\bar{I}$ wählen. Die Differenz $(1 - \tau)[I(X) - \bar{I}]$ wird als Dividende verteilt *(Pfad 7)*. Ist der Gleichgewichtskapitalstock $X = \hat{K}_A/\sigma$ erreicht,

12.2. Das Modell von Lesourne und Leban

so ist es optimal, diesen beizubehalten, anstatt die Firma weiter wachsen zu lassen. D. h. wegen $\delta \hat{K}_A < \bar{I}$ springt die optimale Investitionsrate nach unten, nämlich von $\bar{I}$ auf $\delta \hat{K}_A$, während die Dividenden sprunghaft ansteigen (*Pfad 5*).

In Fortsetzung der Rückwärtsrekursion der Verknüpfungsprozedur betrachten wir alle möglichen *Pfadfolgen der Länge zwei*, und zwar zunächst für Endregime 5 und danach für 7.

1 → 5: Aus Abschnitt 12.2.1 wissen wir, daß diese Pfadfolge auftreten kann, wenn $\bar{I}$ hinreichend groß ist. Gemäß Tabelle 12.2 muß $\bar{I} \geq \delta \hat{K}_A$ sein. Da gemäß (12.57) von Regime 1 auf 5 nur für $X = \hat{K}_A/\sigma$ umgeschaltet werden kann und entlang Pfad 1 $I = I(x)$ gilt, muß $\bar{I} \geq I(\hat{K}_A/\sigma)$ sein. Wegen $I(\hat{K}_A/\sigma) > \delta \hat{K}_A$, ist somit gezeigt, daß für $\bar{I} \geq I(\hat{K}_A/\sigma)$ die Zustandsvariablen X bzw. K stetig verknüpft werden können. Dies ist auch für die Kozustandsvariablen λ_1, λ_2 der Fall. Für Pfad 5 gilt nämlich $\lambda_1 = 1, \lambda_2 = 0$, während für Pfad 1 gemäß (11.62) $\lambda_1 \geq 1, \lambda_2 = 0$ gilt. Das stetige Verknüpfen von λ_1 beim Umschalten von Pfad 1 auf 5 im Zeitpunkt τ ist daher wegen

$$\dot{\lambda}_1 = \theta \lambda_1 - v_2 \sigma = \lambda_1 [\theta - \varepsilon'(K)\sigma] \leq 0 \text{ für } t = \tau - \varepsilon, \varepsilon > 0 \quad (12.77)$$

möglich. Das Vorzeichen von (12.77) folgt aus $K < \hat{K}_A$ und somit $\varepsilon'(K) > \varepsilon'(\hat{K}_A) = \theta/\sigma$.

6 → 5: Diese zweistufige Pfadfolge kann ausgeschlossen werden. Da entlang Pfad 6 $\lambda_1 \geq 1$, $\dot{\lambda}_1 = \theta \lambda_1 > 0$ gilt, kann nämlich Regime 5, wo $\lambda_1 = 1$ ist, nicht stetig angeschlossen werden[1].

7 → 5: Da hier $K = \sigma X$ gilt, so hat man in Regime 7

$$\dot{K} - \sigma \dot{X} = \bar{I} - \delta K - \sigma [\varepsilon(K) + (1 - \tau)\varrho X - D] = \bar{I} - I(X) + \sigma D = 0. \quad (12.78)$$

Da die Pfade 7 und 5 im Punkt $X = \hat{K}_A/\sigma$ verknüpft werden, folgt aus (12.78) und $D \geq 0$, daß die Pfadfolge nur für $\bar{I} < I(\hat{K}_A/\sigma)$ auftreten kann. (Für $\bar{I} = I(\hat{K}_A/\sigma)$ würde sich vor dem Verknüpfungspunkt ein Widerspruch zu $D \geq 0$ ergeben.) Die adjungierten Variablen lassen sich (hier) stetig verknüpfen, da in beiden Regimen $\lambda_1 = 1$ ist. Im Verknüpfungszeitpunkt τ gilt im Falle der Stetigkeit $\lambda_2(\tau) = 0$ (Regime 5) und gemäß (12.60)

$$\dot{\lambda}_2(\tau^-) = \theta/\sigma - \varepsilon'(\hat{K}_A/\sigma) = 0, \quad \ddot{\lambda}_2(\tau^-) = -\varepsilon'' \dot{K} > 0.$$

Somit ist stetiges Verknüpfen von $\lambda_2 > 0$ für $t = \tau - \varepsilon$ ($\varepsilon > 0$, klein) (Regime 7) mit $\lambda_2 = 0$ (Pfad 5) möglich.

1 → 7: In beiden Regimen gilt $K = \sigma X$. Die Zustandsvariable X ist stetig verknüpfbar, wobei für den Verknüpfungspunkt $X(\tau) = X_{17}$ gemäß (12.76) gelten muß. Um dies zu zeigen, erhalten wir zunächst $I(X_{17}) \leq \bar{I}$, da sonst Pfad 1 für $t = \tau - \varepsilon$ unzulässig wäre. Andererseits

---

[1] Dabei wurde die Stetigkeit der adjungierten Variablen λ_1 benutzt, welche dann gegeben ist, wenn das Auftreffen auf die Zustandsbeschränkung $K \leq \sigma X$ in nichttangentialer Weise erfolgt (vgl. die Fußnote auf S. 386 bzw. Korollar 6.3b). In der Notation von (6.15, 16) gilt $h = \sigma X - K, k = \dot{h} = \sigma \dot{X} - \dot{K} = I(\hat{K}_A/\sigma) - \bar{I}$. Dabei wurden (12.16bc) und (12.75) für Pfad 6 benutzt. Somit kann der tangentiale Fall, in dem λ_1 unstetig sein kann, nur für $\bar{I} = I(\hat{K}_A/\sigma)$ auftreten. Diesen Grenzfall schließen wir der Einfachheit halber aus, da er ökonomisch keine Bedeutung besitzt.

erhält man $I(X_{17}) \geq \bar{I}$, da sonst für $t = \tau + \varepsilon$ aus (12.78) $D < 0$ folgen würde. Damit haben wir abgeleitet, daß Pfad 7 im Punkt X_{17} an Regime 1 angeschlossen werden kann[1].

5 → 7: Gemäß (11.60, 61) und Tabelle 12.2 gilt $X < \bar{I}/(\delta\sigma) < \hat{K}_A/\sigma$. Hingegen erhält man für Pfad 5 aus (12.57) $X = \hat{K}_A/\sigma$. Wegen der Stetigkeit der Zustandsvariablen X kann also Pfad 7 *nicht* auf Regime 5 folgen.

6 → 7: Für Endpfad 7 gilt $\bar{I} < \delta \hat{K}_A$. Der Übergang von Regime 6 auf 7, der bei einem Eigenkapital $X(\tau) = X_{67}$ erfolgt, ist dadurch charakterisiert, daß die volle Verschuldung $K = \sigma X$ erreicht wird, was bei Regime 6 noch nicht der Fall ist. Daher gilt

$$0 \leq \dot{K}(\tau^-) - \sigma\dot{X}(\tau^-)$$
$$= \bar{I} - \delta\sigma X_{67} - \sigma[\varepsilon(\sigma X_{67}) + (1-\tau)\varrho X_{67}] = \bar{I} - I(X_{67}), \tag{12.79}$$

wegen $I = \bar{I}$, $D = 0$ für Regime 6. Somit hat man $I(X_{67}) \leq \bar{I}$. Da aber gemäß (12.78) entlang Pfad 7 $\sigma D = I(X) - \bar{I} \geq 0$ ist, so gilt $I(X_{67}) \geq \bar{I}$. Dies liefert gemäß (12.76) für den Verknüpfungspunkt

$$X_{67} = X_{17}. \tag{12.80}$$

Da man im Anschlußpunkt in tangentialer Weise auf die Zustandsbeschränkung $K = \sigma X$ auftrifft (dies folgt aus der Stetigkeit der beiden Steuervariablen), dürfen die adjungierten Variablen springen, was tatsächlich auch der Fall ist. Denn für Pfad 6 gilt $\lambda_1 \geq 1$, $\dot{\lambda}_1 = \theta\lambda_1 > 0$; für Pfad 7 hingegen $\lambda_1 = 1$.

Nach Auffinden aller zulässigen zweistufigen Pfadfolgen wenden wir uns den *Strategien der Länge drei* zu.

5 → 1 → 5: Wegen $X = \hat{K}_A/\sigma$ in Regime 5 und $\dot{X} > 0$ entlang Pfad 1 ist diese Pfadkombination unzulässig.

6 → 1 → 5: Die Möglichkeit des Vorschaltens von 6 vor 1 → 5 kann analog zu (12.79, 80) gezeigt werden. Die Verknüpfung ist nur an einer Stelle X_{61} mit $X_{61} \leq X_{17}$ möglich. Ferner muß $X_{61} < \hat{K}_A/\sigma$ sein. Dabei können die adjungierten Variablen λ_1 und λ_2 stetig verknüpft werden.

7 → 1 → 5: Analog zu (12.78) folgt aus $K = \sigma X$, daß für die aktuelle Investitionsrate I gilt:

---

[1] Versucht man λ_1 und λ_2 in stetiger Weise zu verknüpfen, so erhält man im Verknüpfungszeitpunkt τ

$$\lambda_1(\tau) = 1, \quad \lambda_2(\tau) = 0 \qquad (*)$$

(wegen $\lambda_1 \geq 1$, $\lambda_2 = 0$ für Pfad 1 und $\lambda_1 = 1$, $\lambda_2 \geq 0$ für Pfad 7). Gemäß (12.60) und (12.61) ist $K(\tau) < \hat{K}_A$ und somit $\varepsilon'(K) > \theta/\sigma$. Unter Berücksichtigung von (*) erhält man aus (12.60a) $\dot{\lambda}_2(\tau) = \theta/\sigma - \varepsilon'(K) < 0$, d.h. $\lambda_2(t) < 0$ für $t = \tau + \varepsilon$, im Widerspruch zu $\lambda_2 \geq 0$ für Pfad 7. Mit dieser Argumentation scheint die Pfadfolge 1 → 7 unzulässig. Rein ökonomisch betrachtet scheint sie aber durchaus realisierbar (vgl. Abb. 12.7 (ii, iv)). Tatsächlich springt aber die adjungierte Variable λ_2 im Verknüpfungspunkt τ, da hier die Zustandsbeschränkung $K = \sigma X$ aktiv ist, und die aktive Steuerrestriktion $D \geq 0$ durch $I \leq \bar{I}$ abgelöst wird. Aus der Theorie folgt die Stetigkeit von λ_2 auf Randlösungsintervallen nur dann, wenn die Steuervariablen stetig sind und die constraint qualification (6.17) erfüllt ist. Letztere ist allerdings im Punkt τ verletzt (vgl. Fußnote auf S. 386).

12.2. Das Modell von Lesourne und Leban

$$I + \sigma D = I(X). \tag{12.81}$$

Da 7 und 1 Wachstumsregime sind, wächst die rechte Seite von (12.81) im strengen Sinn, während die linke Seite abnimmt (Übergang von $D \geqq 0$ zu $D = 0$ sowie $I = \bar{I}$ zu $I \leqq \bar{I}$). Aus diesem Widerspruch ergibt sich die Unzulässigkeit der vorliegenden Pfadkombinationen.

1 → 7 → 5: Das Ankoppeln von 1 an 7 → 5 ist beim Eigenkapital X_{17} möglich, wie wir uns schon bei der Zulässigkeit der Pfadfolge 1 → 7 überlegt hatten.

5 → 7 → 5: Unzulässig mit derselben Begründung wie bei 5 → 1 → 5.

6 → 7 → 5: Die Verknüpfung von 6 mit 7 → 5 tritt bei $X = X_{67} = X_{17}$ auf, was völlig analog zur Pfadfolge 6 → 7 überprüft wird.

5 → 1 → 7: Unzulässig wegen $X \leqq \bar{I}/\delta\sigma$ bei Pfadfolge 1 → 7 und $X = \hat{K}_A/\sigma > \bar{I}/\delta\sigma$ für Pfad 5.

6 → 1 → 7: Wie bei Folge 6 → 1 → 5 zeigt man, daß diese Ankoppelung bei einem Wert $X_{61} \leqq X_{17}$ vorgenommen werden kann.

7 → 1 → 7: Unzulässig analog 7 → 1 → 5.

1 → 6 → 7: Beim Übergang von Regime 1 auf 6 zum Zeitpunkt τ verläßt man die volle Verschuldung $K = \sigma X$. D.h. analog (12.79) muß gelten

$$0 \geqq \dot{K}(\tau^+) - \sigma \dot{X}(\tau^+) = \bar{I} - I(X_{16}). \tag{12.82}$$

Wegen der Zulässigkeit von Pfad 1 für $X = X_{16}$ gilt aber andererseits auch $I(X_{16}) \leqq \bar{I}$. Mit (12.82, 76) erhalten wir

$$X_{16} = X_{17}. \tag{12.83}$$

Gemeinsam mit (12.80) hat man somit $X_{16} = X_{67}$. Pfad 6 tritt also höchstens „punktweise" auf, d.h. 1 → 6 → 7 degeneriert zur Pfadfolge 1 → 7.

5 → 6 → 7: Unzulässig analog 5 → 1 → 7.

7 → 6 → 7: Unzulässig analog 1 → 6 → 7. Aus (12.82) folgt nämlich $I(X_{76}) \geqq \bar{I}$ für den Verknüpfungspunkt X_{76} und somit $X_{76} \geqq X_{17}$ (vgl. (12.76)). Dies ist ein Widerspruch zu $X < X_{17}$ entlang Pfad 6.

Um schließlich die zulässigen *vierstufigen Strategien* zu identifizieren, bemerken wir zunächst, daß es nicht optimal sein kann, Pfad 1, 5 oder 7 vor die Pfadfolge 6 → 1 → 5, 6 → 7 → 5 bzw. 6 → 1 → 7 zu schalten; vgl. die entsprechenden Argumente bei 1 → 6 → 7, 5 → 6 → 7 bzw. 7 → 6 → 7. Es verbleibt die Untersuchung eventueller Vorgänger der Pfadfolge 1 → 7 → 5.

5 → 1 → 7 → 5: Unzulässig analog 5 → 1 → 5.

6 → 1 → 7 → 5: Wie bei 6 → 1 → 5 ist leicht einzusehen, daß Regime 6 auch vor die Pfadfolge 1 → 7 → 5 bei einem Punkt $X_{61} \leqq X_{17}$ plaziert werden kann.

7 → 1 → 7 → 5: Unzulässig analog 7 → 1 → 5.

Da Regime 6 keinen Vorgänger besitzen kann, existieren keine Pfadfolgen der Länge größer oder gleich fünf, und alle möglichen optimalen Strategien sind somit gefunden.

Geht man (im Fall A) von einer anfänglich noch nicht voll verschuldeten Firma aus, d.h. $K_0 < \sigma X_0$, so ist *Regime 6* der einzig mögliche Anfangspfad. Aus den oben ermittelten zulässigen Pfadfolgen ergeben sich somit für eine wachsende Firma genau die optimalen Strategien (i)–(v) (vgl. Abb. 12.7).

Bemerkung 12.4. Bei einer wachsenden Firma ist die anfängliche Eigenkapitalausstattung „klein", d.h. $X_0 < \hat{K}_A/\sigma$. Ausgehend von X_0 wird zunächst Regime 6 gewählt, d.h. es wird voll investiert und nicht ausgeschüttet. Wird die volle Verschuldung $K = \sigma X$ bei einem Eigenkapitalstock $X_{6.} < X_{17}$ erreicht (vgl. (12.76) bzw. Abb. 12.7), so ist die Pfadfolge (i), (ii) oder (iv) zu wählen. Falls $X_{6.} = X_{17}$ ist, so tritt die Strategie (iii) oder (v) auf.

Ist hingegen $X_{6.} > X_{17}$, so ist *keine* der bisherigen Pfadfolgen zulässig. Dies ist ein Indiz dafür, daß die Firma mit Wachstums- bzw. Gleichgewichtsregimen *nicht* das Auslangen findet. Vielmehr treten in diesem Fall zu Beginn *Schrumpfungsphasen* auf (vergleichbar zum Pfad 1' in Abschnitt 12.2.1), bei denen Dividenden mit maximal möglicher Rate ausgeschüttet werden (Impulskontrollen falls keine Beschränkung $D \leq \bar{D}$ vorliegt).

Fall B.

Die hier möglichen Endpfade sind 4 und 8 (vgl. Tabelle 12.2). Da im Fall B die Pfade 5 und 7 nicht zulässig sind, verbleiben 1, 2, 3, 4, 6 und 8 als mögliche Regime.

Für eine hinreichend große Investitionsobergrenze wissen wir aus Abschnitt 12.2.1, daß bei kleinem X_0 die Pfadfolge $1 \to 2 \to 3 \to 4$ auftritt. Soferne die Firma anfänglich noch nicht voll verschuldet ist, ist nun noch zusätzlich der Pfad 6

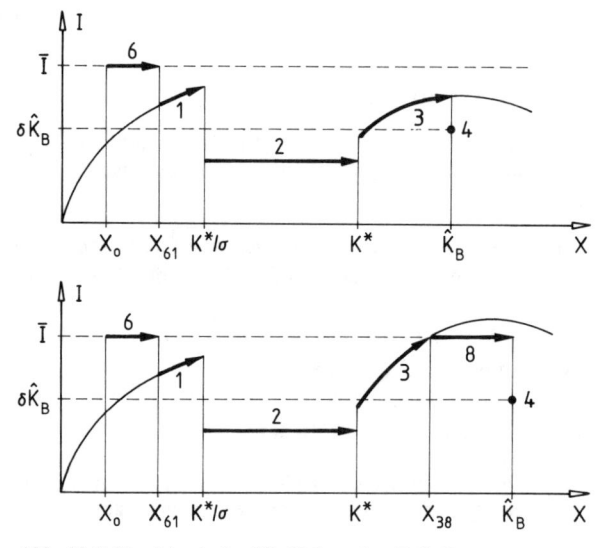

Abb. 12.8 Zwei typische Pfadfolgen im Fall *B*

vorzuschalten (vgl. Abb. 12.8 (i)). Ist $\bar{I}$ kleiner, so kommt auch das Regime 8 ins Spiel, bei dem die Investitionsbeschränkung aktiv ist (vgl. Abb. 12.8 (ii)). Obwohl dieser Fall ökonomisch von Interesse ist, muß aus Platzgründen auf seine detaillierte Behandlung hier verzichtet werden.

Der interessierte Leser möge – in Analogie zu den Strategien (i)–(v) im Falle A – die möglichen optimalen Pfadfolgen ermitteln (Übungsbeispiel 12.7).

Ähnlich wie im Fall A findet man unter Umständen mit den Wachstumspfaden 1-8 nicht das Auslangen, und es treten Schrumpfungspfade 1'-3' auf (vgl. Bemerkung 12.1).

12.2.3. Eine nichtlineare Version

Ein möglicherweise wenig realistischer Zug des Lesourne-Leban-Modells ist die Bang-Bang-Struktur der optimalen Dividenden. Angesichts positiver und steigender Profite dürfte es für das Management einer Firma schwierig sein, auf längere Zeit Dividenden $D = 0$ zu rechtfertigen. Ein möglicher Ausweg besteht in der Heranziehung einer konkaven Nutzenfunktion $U(D)$, mittels welcher das Unternehmen die ausbezahlten Dividenden bewertet[1].

$$U(0) = 0, \quad U'(D) > 0, \quad U''(D) < 0. \tag{12.84}$$

Dies führt auf folgendes Kontrollproblem:

$$\max_{D} \{ J = \int_0^\infty e^{-rt} U(D) dt \} \tag{12.85a}$$

$$\dot{X} = (1 - \tau)[\pi(X) + \varrho X] - D, \quad X(0) = X_0 \tag{12.85b}$$

$$D \geq 0, \quad X \geq 0. \tag{12.85c}$$

Dabei ist $\pi(X)$ wieder das Ergebnis der Maximierung von Stufe I gemäß (12.17). Ferner werde wie in Abschnitt 12.2.1 angenommen, daß keine Investitionsbeschränkungen vorliegen.

Wie üblich leitet man aus den notwendigen und hinreichenden Optimalitätsbedingungen folgende Differentialgleichung für die Steuerung D ab:

$$\dot{D} = [U'(D)/U''(D)]\{r - (1 - \tau)[\varrho + \pi'(X)]\}. \tag{12.86}$$

Die Phasenporträtanalyse des Systems (12.85b) und (12.86) liefert das in Abb. 12.9 skizzierte Verhalten der optimalen dynamischen Dividendenausschüttung (Übungsbeispiel 12.8).

---

[1] Ein erklärtes Ziel vieler Unternehmen ist das Streben nach Dividendenkonstanz. Ein solches Ziel kann man mit einer quadratischen Anpassungskostenfunktion für Abweichungen vom gewünschten langfristig stabilen Dividendenniveau formal wiedergeben. Für diesen Hinweis sind wir H. Albach zu Dank verpflichtet.

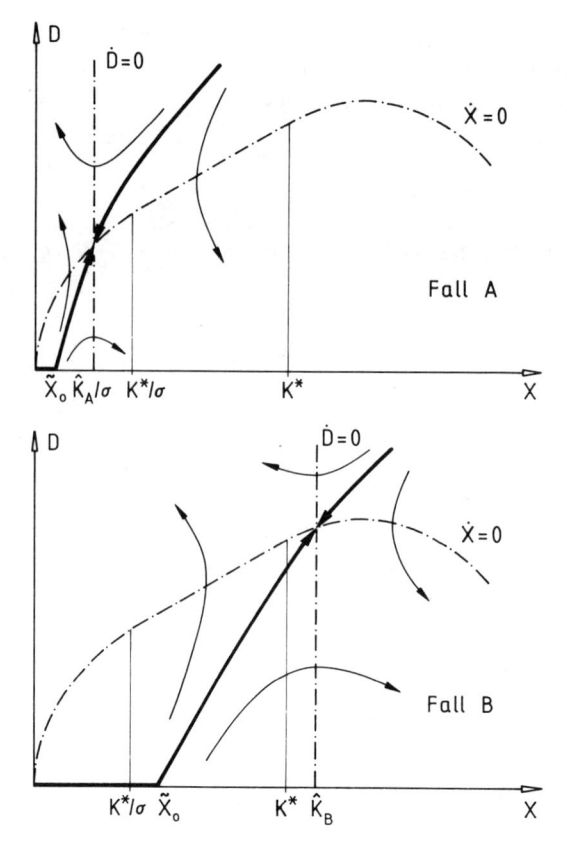

Abb. 12.9 Sattelpunktsdiagramm für das Modell von Abschnitt 12.2.3

Man beachte, daß die $\dot{D} = 0$ Isokline bzw. auch das Gleichgewicht durch $\hat{X}_A = \hat{K}_A/\sigma$ bzw. $\hat{X}_B = \hat{K}_B$ gegeben ist (vgl. (12.28, 29)). Es zeigt sich, daß für $U'(0) < \infty$ bei „sehr kleiner" Anfangskapitalausstattung keine Dividenden ausbezahlt werden. Ist der Eigenkapitalstock größer als der Schwellwert $\tilde{X}_0$ (vgl. Abb. 12.9), so werden positive Dividenden D ausgeschüttet, die umso größer zu wählen sind, je mehr man sich dem Gleichgewicht nähert.

12.3. Profitbeschränkung einer monopolistischen Firma: Der Averch-Johnson-Effekt

Averch und *Johnson* (1962) haben die Auswirkungen einer Gewinnbeschränkung auf den optimalen Faktoreinsatz eines Monopolisten untersucht. Hauptresultat ihres statischen Modells ist eine Erhöhung des Kapitalstocks im Vergleich zum unregulierten Fall (Überkapitalisierung, AJ-Effekt). Diese Situation wird einleitend in Unterabschnitt 12.3.1 erläutert. Eine

12.3. Profitbeschränkung einer monopolistischen Firma: Der Averch-Johnson-Effekt

Reihe von Autoren haben versucht, den AJ-Effekt im intertemporalen Kontext nachzuweisen bzw. zu widerlegen. Obwohl sie im wesentlichen denselben Modellansatz verwenden, kommen sie zu entgegengesetzten Resultaten. In Unterabschnitt 12.3.2 wird gezeigt, unter welchen Bedingungen der AJ-Effekt auftritt: unterliegt die Profitrate pro Kapitaleinheit einer maßvollen Beschränkung, so erweist sich die Überkapitalisierung als optimal. Erst bei einschneidenderen Beschränkungen dreht sich der Effekt um. Im Unterabschnitt 12.3.3 werden einige Modellerweiterungen diskutiert.

12.3.1. Der statische AJ-Effekt

Ausgangspunkt ist eine monopolistische Einprodukt-Firma. Sie stellt mittels der Produktionsfaktoren Kapital K und Arbeit L den Output $Q = F(K, L)$ her, wobei die Produktionsfunktion den Konkavitätsannahmen (12.13) genügen soll. Für den Erlös $R(Q) = p(Q)Q$ gelte wieder (12.14); die Erlösfunktion $E(K, L) = R(F(K, L))$ erfüllt dann (12.15). Ferner nehmen wir an, daß die Lohnrate w und die Kapitalkosten δ konstant sind. Zu maximieren ist der Gewinn

$$\Pi(K, L) = E(K, L) - wL - \delta K. \tag{12.87}$$

Dem Monopolisten sei folgende Profitbeschränkung auferlegt

$$[E(K, L) - wL]/K \leqq \varrho, \tag{12.88a}$$

die auch in der Form

$$\Pi(K, L) \leqq (\varrho - \delta)K. \tag{12.88b}$$

geschrieben werden kann. D. h. der Gewinn vor Abzug der Kapitalkosten darf pro Kapitaleinheit die Schranke ϱ nicht überschreiten. Klarerweise ist $\varrho > \delta$ anzusetzen, da sonst $K = 0$ optimal wäre und die Firma nie produzieren würde. Um Randlösungen $K = 0$ bzw. $L = 0$ auszuschließen, nehmen wir der Einfachheit halber an, daß $E_K(0, L) = E_L(K, 0) = \infty$ ist.
Löst man das nichtlineare Optimierungsproblem (12.87, 88) mit Hilfe des Kuhn-Tucker-Theorems von Kapitel 6, so erhält man mit der Lagrangefunktion

$$\mathscr{L}^s = E(K, L) - wL - \delta K + \mu[\varrho K + wL - E(K, L)]$$

die notwendigen Optimalitäts-(KT-)Bedingungen

$$\mathscr{L}^s_K = (E_K - \delta) + \mu(\varrho - E_K) = 0 \tag{12.89a}$$

$$\mathscr{L}^s_L = (E_L - w)(1 - \mu) = 0 \tag{12.89b}$$

$$\mu \geqq 0, \quad \mu(\varrho K + wL - E) = 0. \tag{12.89c}$$

Wertet man nun die KT-Bedingungen aus, so erkennt man zunächst, daß

$$E_L(K, L) = w \tag{12.90}$$

sein muß. Denn aus (12.89b) würde andernfalls $\mu = 1$ folgen, was im Verein mit (12.89a) einen Widerspruch zu $\varrho > \delta$ liefert.

(12.90) vermittelt eine implizite Funktion $L = L(K)$, für deren Ableitung

$$L'(K) = -E_{KL}/E_{LL} \tag{12.91}$$

gilt. Durch diese Elimination von L ist der *Gewinn des (unregulierten) Monopolisten*, $\pi_m(K)$, nur noch in Abhängigkeit von der Kapitalausstattung K darstellbar:

$$\pi_m(K) = \max_L \Pi(K, L) = \Pi(K, L(K)). \tag{12.92}$$

Die Ableitungen dieser Profitfunktion sind gegeben durch (vgl. Lemma 2.1):

$$\pi'_m(K) = \Pi_K(K, L) = E_K - \delta \tag{12.93a}$$

$$\pi''_m(K) = E_{KK} + E_{KL}L' = (E_{KK}E_{LL} - E_{KL}^2)/E_{LL} < 0. \tag{12.93b}$$

Somit ist π_m streng konkav in K; vgl. Abb. 12.10a.

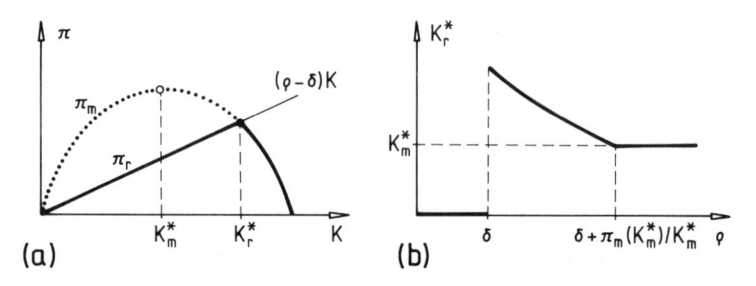

Abb. 12.10 (a) Die Profitfunktion des statischen Monopolisten ohne (...) bzw. mit (–) Profitbeschränkung; (b) Optimaler Kapitalstock K_r^* des regulierten Monopolisten

Die entsprechende Profitfunktion des *regulierten Monopolisten* ist

$$\pi_r(K) = \max_L \{\Pi(K, L) | \Pi(K, L) \leq (\varrho - \delta)K\}$$

$$= \min\{\pi_m(K), (\varrho - \delta)K\}. \tag{12.94}$$

Wir bezeichnen mit K_m^* bzw. K_r^* den optimalen Kapitalstock des unregulierten bzw. des regulierten Monopolisten, d.h.

$$K_m^* = \arg\max_K \pi_m(K), \quad K_r^* = \arg\max_K \pi_r(K).$$

Aus Abb. 12.10 ist ersichtlich, daß

$$K_r^* > K_m^*$$

gilt (Überkapitalisierung), sofern $\varrho - \delta < \pi_m(K_m^*)/K_m^*$ ist. Aus Abb. 12.10 sieht man auch, daß $K_r^* = 0$ für $\varrho \leq \delta$ optimal ist, da in diesem Fall gemäß (12.88a) der Bruttoprofit $E - wL$ nicht einmal die Abschreibungen decken könnte.

Aus (12.91) läßt sich auch die Auswirkung der Profitregulierung auf den Beschäftigtenstand der Firma ablesen. Ist $E_{KL} > 0$, so wird bei Gewinnbeschränkung simultan mit der Überkapitalisierung auch die optimale Zahl der Beschäftigten größer als im unregulierten Fall. Für $E_{KL} < 0$ gilt das Umgekehrte.

Der Vollständigkeit halber sei noch erwähnt, daß die KT-Bedingungen (12.89) nur notwendig, aber nicht hinreichend sind, da der durch (12.88) definierte Bereich nicht konvex ist. Allerdings wird für sehr große Werte von K und/oder L der Gewinn (12.87) negativ, wobei nur jene Punkte (K, L) als optimal in Frage kommen, die $K \geq 0, L \geq 0, \Pi(K, L) \geq 0$ erfüllen. Somit ist die stetige Funktion (12.87) auf einem kompakten Bereich zu maximieren und besitzt daher (mindestens) ein Maximum. Die oben bestimmte Lösung $(K_r^*, L(K_r^*))$ genügt als einzige den notwendigen Bedingungen (12.89) und stellt somit das eindeutig bestimmte Optimum dar.

12.3.2. Ein dynamisches Monopol bei Gewinnrestriktion

Wir betrachten eine intertemporale Erweiterung des AJ-Modells mit dem Kapital K als Stockgröße (Zustandsvariable), welche über die Investitionsrate I beeinflußt werden kann. Die Investitionskosten $c(I)$, welche Anpassungs- und Installationskosten enthalten, werden als konvex angenommen:

$$c(0) = 0, \quad c'(0) = 0, \quad c'(I) > 0 \text{ für } I > 0, \quad c''(I) > 0. \tag{12.95}$$

Der Einfachheit halber unterstellen wir einen perfekten Arbeitsmarkt, d. h. L kann jederzeit frei gewählt werden und verursacht Lohnkosten wL.

Ziel der Firma ist die Maximierung des Barwertes des Profitstromes,

$$\max_{L,I} \int_0^\infty e^{-rt}[E(K, L) - wL - c(I)]\,dt \tag{12.96a}$$

$$\dot{K} = I - \delta K, \quad K(0) = K_0 \tag{12.96b}$$

$$E(K, L) - wL \leq \varrho K. \tag{12.96c}$$

Für die Erlösfunktion E werden wieder die Annahmen (12.15) getroffen. Anstelle der Kapitalkosten δK im statischen Zielfunktional (12.87) treten nun die Abschreibungen in der Bruttoinvestitionsgleichung (12.96b).

Zunächst erkennt man, daß die Steuervariable L nur im Zielfunktional und in der Ungleichungsnebenbedingung (12.96c), hingegen nicht in der Systemdynamik (12.96b) vorkommt. Das Problem kann somit wie die Modelle in Abschnitt 12.1 und 12.2.1 wieder in *zwei Stufen* gelöst werden.

Stufe I: Man löse für jedes feste K das statische Problem

$$\pi_r(K) = \max_L \{E(K, L) - wL \mid E(K, L) - wL \leq \varrho K\} \tag{12.97}$$

Wie im Unterabschnitt 12.3.1 (mit $\delta = 0$) erhält man folgende Lösung

$$\pi_r(K) = \min\{\pi_m(K), \varrho K\}, \quad (12.98\text{a})$$

wobei

$$\pi_m(K) = E(K, L(K)) - wL(K) \quad (12.98\text{b})$$

die Bruttoprofitfunktion (ohne Abschreibungen bzw. Investitionskosten) des unregulierten Monopolisten ist. π_m ist gemäß (12.93b) streng konkav. Die Funktionen π_m, π_r besitzen die in Abb. 12.11a skizzierte Gestalt. Der rechte Schnittpunkt der Geraden ϱK mit π_m werde in der Folge mit $\bar{K}_r$ bezeichnet.

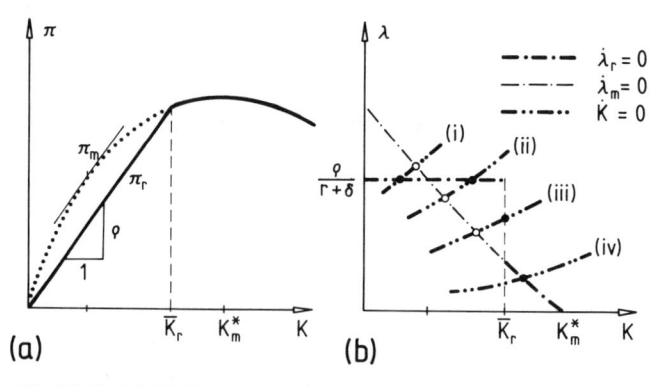

Abb. 12.11 (a) Die Profitrate π_m bzw. π_r im unregulierten bzw. regulierten Fall; (b) Vier mögliche Fälle im Zustands-Kozustands Sattelpunktdiagramm

Stufe II: Mit der so erhaltenen Funktion $\pi_r(K)$ löse man das Kontrollproblem

$$\max_I \int_0^\infty e^{-rt}[\pi_r(K) - c(I)]dt \quad (12.99\text{a})$$

$$\dot{K} = I - \delta K, \quad K(0) = K_0. \quad (12.99\text{b})$$

Die notwendigen Optimalitätsbedingungen von Satz 2.3 für das Problem (12.99) lauten mit der Hamiltonfunktion

$$H = \pi_r(K) - c(I) + \lambda(I - \delta K)$$

$$H_I = -c'(I) + \lambda = 0 \quad (12.100)$$

$$\dot{\lambda} = r\lambda - H_K = (r + \delta)\lambda - \pi_r'(K). \quad (12.101)$$

Da π_r konkav in K ist, sind die Bedingungen (12.100, 101) zusammen mit der Grenztransversalitätsbedingung (2.68) auch hinreichend für die Optimalität von (K, I).

12.3. Profitbeschränkung einer monopolistischen Firma: Der Averch-Johnson-Effekt

Man beachte, daß sich Satz 2.3 nur auf im Zustand differenzierbare Hamiltonfunktionen bezieht, während $\pi_r(K)$ im Punkt $K = \bar{K}_r$ einen Knick aufweist. Im Anhang A.3 wird jedoch erläutert, daß das Maximumprinzip unverändert gültig bleibt, sofern der Zustandspfad $K(t)$ nur an endlich vielen Punkten die Knickstelle $\bar{K}_r$ passiert.

Wir analysieren nun das autonome kanonische System (12.99b, 101) unter Berücksichtigung von (12.100) in der (K, λ)-Phasenebene. Die $\dot{K} = 0$ Isokline ist die steigende Kurve $\lambda = c'(\delta K)$, während $\dot{\lambda} = 0$ durch $\lambda = \pi_r'(K)/(r + \delta)$ gegeben ist. Diese Isokline besteht somit gemäß (12.98a) aus zwei Teilen: der waagrechten Geraden $\lambda = \varrho/(r + \delta)$ für $K < \bar{K}_r$ und der fallenden Kurve $\lambda = \pi_m'(K)/(r + \delta)$ für $K > \bar{K}_r$. In Abb. 12.11b sind die beiden Isoklinen $\dot{K} = 0$ und $\dot{\lambda} = 0$ skizziert. Dabei bezeichnet $\dot{\lambda}_r = 0$ die oben beschriebene Isokline im beschränkten Fall, während $\dot{\lambda}_m = 0$ die durch $\lambda = \pi_m'/(r + \delta)$ gegebene Isokline im unbeschränkten Fall bedeutet.

In beiden Fällen besitzen die Isoklinen $\dot{K} = 0$, $\dot{\lambda} = 0$ im ersten Quadranten genau einen Schnittpunkt, soferne $\varrho > c'(0)(r + \delta)$ ist. Im beschränkten Fall führt dabei die $\dot{K} = 0$ Kurve unter Umständen durch die Sprungstelle von $\dot{\lambda}_r = 0$ bei $\bar{K}_r$; vgl. Abb. 12.11b, Fall (iii).

Die einzelnen Phasendiagramme für die in Abb. 12.11b je nach Lage des Schnittpunktes unterschiedenen Fälle sind in Abb. 12.12 (i)–(iv) skizziert. Gemäß Satz 4.1 ist der stationäre Punkt ein Sattelpunkt mit monoton fallendem stabilen Pfad. Liegt das Gleichgewicht $(\hat{K}_r, \hat{\lambda}_r)$ im waagrechten Teil der $\dot{\lambda}_r = 0$ Isokline, so ist (4.23) mit Gleichheit erfüllt, und der Sattelpunktspfad ist waagrecht (für $K < \bar{K}_r$).

Während der stark punktierte Sattelpunktspfad die optimale Lösung für den unregulierten Monopolisten darstellt, repräsentiert die fett ausgezogene Trajektorie die Lösung im regulierten Fall. Die entsprechenden Gleichgewichte sind mit einem Ring (○) bzw. mit einem ausgefüllten Ring (●) markiert.

Wir wollen nun das Auftreten der Fälle (i)–(iv) in Abhängigkeit von der maximal erlaubten Profitrate ϱ charakterisieren.

Fall (i) ist durch einen „sehr kleinen" Wert von ϱ beschrieben. Nur in diesem Fall gilt $\hat{\lambda}_m = \pi_m'(\hat{K}_m)/(r + \delta) > \varrho/(r + \delta) = \hat{\lambda}_r$, d. h.

$$\varrho < \pi_m'(\hat{K}_m); \tag{12.102}$$

vgl. Abb. 12.12 (i). In diesem Fall tritt das Gegenteil des AJ-Effektes ein: bei sehr einschneidender Profitbeschränkung sinkt der langfristig optimale Kapitalstock im Vergleich zum unbeschränkten Monopolfall[1]:

$$\hat{K}_r < \hat{K}_m. \tag{12.103}$$

Steigt die maximale Profitrate ϱ etwas an, so liegt *Fall (ii)* vor, in welchem $\hat{\lambda}_m < \hat{\lambda}_r$ und somit das Gegenteil von (12.102) gilt; vgl. Abb. 12.12 (ii). In diesem Fall tritt

---

[1] Ist ϱ „extrem klein", nämlich $\varrho < c'(0)(r + \delta)$, so liegt der Schnittpunkt der Isoklinen $\dot{K} = 0$ und $\dot{\lambda}_r = 0$ links von der Ordinatenachse. In diesem Fall ist also $\hat{K}_r = 0$ langfristig optimal. Dieser Sachverhalt läßt sich ökonomisch interpretieren.

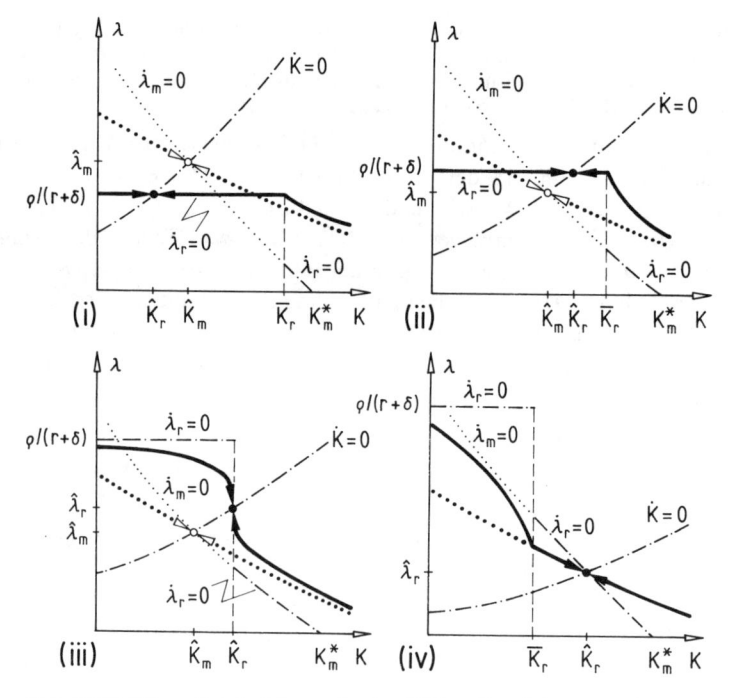

Abb. 12.12 Die optimale Lösung in den Fällen (i) – (iv): unregulierter Fall (...) bzw. regulierter Fall (–)

der AJ-Effekt der Überkapitalisierung auf:

$$\hat{K}_r > \hat{K}_m. \tag{12.104}$$

Bei weiterem Ansteigen von ϱ wandert der waagrechte Teil $\lambda = \varrho/(r+\delta)$ der $\dot{\lambda} = 0$ Isokline nach oben und die Sprungstelle $\bar{K}_r$ nach links. Der *Fall (iii)* tritt dann auf, wenn ϱ so weit angestiegen ist, daß

$$c'(\delta \bar{K}_r) \lessgtr \varrho/(r+\delta) \tag{12.105}$$

gilt (Abb. 12.12 (iii)). In diesem Fall tritt der AJ-Effekt (12.104) wieder auf.

Für „große" Werte von ϱ unterschreitet $\bar{K}_r$ den im unbeschränkten Fall optimalen stationären Kapitalstock $\hat{K}_m$ des Monopolisten. Für

$$\varrho \geq \pi_m(\hat{K}_m)/\hat{K}_m \tag{12.106}$$

ist nämlich im Gleichgewicht $(\hat{K}_m, \hat{\lambda}_m)$ die Profitbeschränkung (12.96c) nicht verletzt. Es liegt also Fall (iv) vor (vgl. Abb. 12.12 (iv)).

Bemerkung 12.5. In Abb. 12.11b hatten wir aus Gründen der Übersichtlichkeit die $\dot{\lambda} = 0$ Isokline festgehalten und die $\dot{K} = 0$ Kurve bzw. δ variieren lassen. Hingegen wurden bei der

12.3. Profitbeschränkung einer monopolistischen Firma: Der Averch-Johnson-Effekt 401

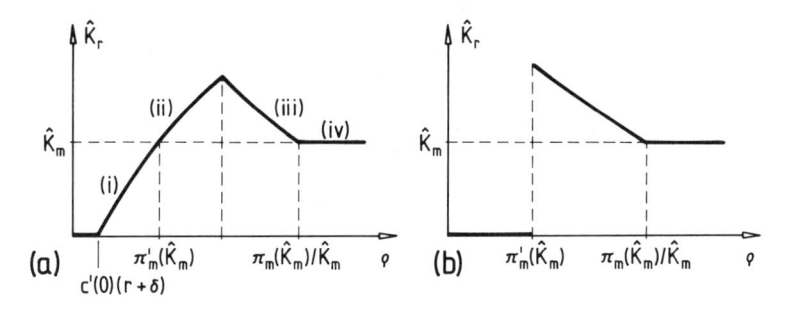

Abb. 12.13 Das Auftreten des AJ-Effektes in Abhängigkeit von der maximalen Profitrate ϱ. Im Falle (a) nichtlinearer Investitionskosten $c(I)$ variiert $\hat{K}_r$ stetig mit ϱ. Im Falle (b) linearer Investitionskosten $c(I) = I$ ist die Funktion $\hat{K}_r(\varrho)$ unstetig.

In beiden Fällen tritt der AJ-Effekt auf, wenn ϱ zwischen marginalem und durchschnittlichem Profit des Kapitals im unbeschränkt langfristig optimalen Gleichgewicht $\hat{K}_m$ ist. Für sehr kleines ϱ verschwindet $\hat{K}_r$ in beiden Fällen

obigen Diskussion die vier Fälle (i)–(iv) durch wachsende Werte des Parameters ϱ beschrieben, da dies ökonomisch interessanter scheint. Offensichtlich hat ein Ansteigen der Profitbeschränkung ϱ auf die optimale Lösung denselben Effekt wie ein Absinken der Abschreibungsrate δ.

Die Resultate dieses Unterabschnittes sind in Satz 12.1 zusammengefaßt und in Abb. 12.13a illustriert.

Satz 12.1. *Für das Investitionsmodell* (12.96) *tritt der Averch-Johnson-Effekt (Überkapitalisierung) auf, falls der Bruttoprofit (ohne Abschreibungen und Kapitalkosten) pro Kapitaleinheit durch eine Rate ϱ beschränkt wird, welche zwischen marginalem und durchschnittlichem Bruttoprofit des im unbeschränkten Monopolfall langfristig optimalen Gleichgewichtskapitals $\hat{K}_m$ liegt:*

$$\pi'_m(\hat{K}_m) < \varrho < \pi_m(\hat{K}_m)/\hat{K}_m. \tag{12.107}$$

Ist die Profitbeschränkung einschneidender, so tritt das Gegenteil des AJ-Effektes auf, also Unterkapitalisierung. Ist ϱ sogar kleiner als $c'(0)(r + \delta)$, so ist es langfristig optimal, die Firma zu schließen.

Ist hingegen ϱ größer als $\pi_m(\hat{K}_m)/\hat{K}_m$, so hat (12.96c) *keinen Einfluß auf den Gleichgewichtskapitalstock.*

Da ϱ sowohl gleich dem marginalen als auch durchschnittlichen Bruttoprofit des Kapitals ist, falls die Beschränkung (12.96c) aktiv ist, so läßt sich (12.107) wie folgt interpretieren: $\pi'_m < \varrho$ bedeutet, daß der Grenzgewinn im beschränkten Fall größer ist als im unbeschränkten; $\varrho < \pi_m/K$ heißt, daß der Durchschnittsgewinn im unbeschränkten Fall größer ist als im beschränkten.

Bemerkung 12.6. Im Fall (iii) wird der stationäre Punkt $(\hat{K}_r, \hat{\lambda}_r)$ in *endlicher* Zeit (mit senkrechter Tangente) erreicht, siehe Abb. 12.12 (iii). Im Gleichgewicht $\hat{K}_r$, das hier mit $\bar{K}_r$

zusammenfällt, ist π_r und somit auch die Hamiltonfunktion *nicht differenzierbar*, so daß ab dem Auftreffzeitpunkt die adjungierte Gleichung (12.101) ihren Sinn verliert. In diesem Fall muß (12.101) gemäß Anhang A.3 durch eine differentielle Inklusion ersetzt werden:

$$\dot\lambda \in r\lambda - \partial_K H^\circ = [(r+\delta)\lambda - \varrho, (r+\delta)\lambda - \pi'_m(\bar K_r)]. \tag{12.108}$$

Da $\hat\lambda_r$ im Intervall $(\pi'_m(\bar K_r)/(r+\delta), \varrho/(r+\delta))$ liegt (die $\dot K = 0$ Kurve führt ja durch die Sprungstelle der $\dot\lambda_r = 0$ Isokline), erfüllt die konstante Lösung $\lambda = \hat\lambda_r$ die Beziehung (12.108).

12.3.3. Verschiedene Modellvarianten

Lineare Investitionskosten

Wir betrachten nun noch den Fall, daß anstelle der konvexen Investitionskosten (12.95) lineare treten, nämlich $c(I) = I$, wobei $0 \leq I \leq \bar I$ gelten soll mit $\bar I$ „groß".

Das Modell des unregulierten Monopolisten (12.96ab) läßt sich dann in der Form (3.38) schreiben, wobei

$$M(K) = \pi_m(K) - \delta, \; N(K) = -1, \; \Omega(K) = [-\delta K, \bar I - \delta K] \tag{12.109}$$

gilt. Da $\pi_m(K)$ streng konkav ist, fällt die Funktion $rN + M'$ in K und besitzt für $K = \hat K_m$ die durch

$$\pi'_m(\hat K_m) = r + \delta \tag{12.110}$$

gegebene Nullstelle.

In Abb. 12.11a ist also jener Punkt $\hat K_m$ zu suchen, wo der Anstieg der konkaven Funktion π_m gleich $r + \delta$ ist.

Gemäß Satz 3.2 ist somit die *raschestmögliche Annäherung* an die singuläre Lösung $K = \hat K_m$ optimal, d. h.

$$I = \begin{Bmatrix} 0 \\ \delta \hat K_m \\ \bar I \end{Bmatrix} \quad \text{für} \quad K \begin{Bmatrix} > \\ = \\ < \end{Bmatrix} \hat K_m. \tag{12.111}$$

Betrachten wir nun den regulierten Fall. Um das Problem (12.96) in der Gestalt (3.38) zu schreiben, setzen wir

$$M(K) = \pi_r(K) - \delta, \; N(K) = -1, \tag{12.112}$$

wobei Ω wie in (12.109) ist. Zwar ist $M(K)$ für $K = \bar K_r$ nicht differenzierbar (vgl. Abb. 12.11a), so daß (3.39) unter Umständen keine Lösung besitzt. Allerdings läßt sich zeigen, daß Satz 3.2 auch gültig bleibt, wenn M endlich viele Knickstellen aufweist. In diesem Fall ist das Gleichgewicht nicht durch (3.39) sondern durch (3.40) definiert (wobei diese Beziehung an den Knickstellen nicht zu gelten braucht).

12.3. Profitbeschränkung einer monopolistischen Firma: Der Averch-Johnson-Effekt

Dies bewirkt, daß das regulierte Gleichgewicht $\hat{K}_r$ dadurch bestimmt ist, daß man eine Stützgerade mit dem Anstieg $r + \delta$ an die π_r-Kurve von Abb. 12.11a legt.

Das Ergebnis läßt sich in folgendem Satz formulieren, der in Abb. 12.13b illustriert ist.

Satz 12.2. *Für das Modell* (12.96) *mit linearen Investitionskosten tritt der AJ-Effekt auf, falls ϱ im Bereich* (12.107) *liegt. Die Untergrenze dieses Intervalls ist gemäß* (12.110) *durch $r + \delta$ gegeben.*

Ist die Beschränkung einschneidender, so ist es optimal, die Firma zu schließen, also $\hat{K}_r = 0$ zu wählen.

Ist ϱ größer, so hat die Profitbeschränkung (12.96c) *keine Auswirkungen auf $\hat{K}$.*

Der Fall nicht voll ausgenützter Produktionsfaktoren

Wir betrachten nun den Fall, daß die produzierte Menge Q auch unterhalb der durch die Produktionsfunktion gegebenen (maximalen) Ausbringung $F(K, L)$ gewählt werden kann. Mit der (zusätzlichen) Entscheidungsvariablen Q ergibt sich somit folgendes Kontrollproblem:

$$\max_{Q,L,I} \int_0^\infty e^{-rt}[R(Q) - wL - c(I)]\,dt \quad (12.113a)$$

$$\dot{K} = I - \delta K, \quad K(0) = K_0 \quad (12.113b)$$

$$Q \leq F(K, L) \quad (12.113c)$$

$$R(Q) - wL \leq \varrho K, \quad (12.113d)$$

wobei sinnvollerweise auch $Q, K, L \geq 0$ sein soll.

Wie in Abschnitt 12.3.2 zerlegen wir das Problem in zwei Stufen. Zunächst maximieren wir statisch bezüglich der Variablen Q und L, die nicht in der Systemdynamik (12.113b) vorkommen:

Stufe I:

$$\pi_m(K) = \max_{Q,L}\{R(Q) - wL \mid Q \leq F(K, L)\} \quad (12.114)$$

$$\pi_r(K) = \max_{Q,L}\{R(Q) - wL \mid Q \leq F(K, L),\ R(Q) - wL \leq \varrho K\}. \quad (12.115)$$

In Übungsbeispiel 12.13 ist zu zeigen, daß die durch (12.114) und (12.115) definierten Funktionen π_m und π_r mit (12.98b) bzw. (12.98a) aus dem Modell mit $Q = F(K, L)$ zusammenfallen. Die Lösung von Stufe II, nämlich (12.99), ändert sich deshalb nicht, und die optimalen Lösungen von Abschnitt 12.3.2 bleiben auch für diese Modellvariante gültig.

Konvex-konkave Produktionsfunktion

Zum Abschluß erwähnen wir noch den Fall einer konvex-konkaven Produktionsfunktion (vgl. Abschnitt 13.1.5, sowie *Dechert*, 1984). In diesem Fall treten bei der Analyse im Zustands-Kozustandsraum i.a. zwei stationäre Punkte auf. Der größere, $(\hat{K}, \hat{\lambda})$, erweist sich dabei wieder als *Sattelpunkt*, während der kleinere, $(\tilde{K}, \tilde{\lambda})$, ein instabiler *Strudelpunkt* ist. Mittels der Resultate von Abschnitt 4.5.2 läßt sich die Existenz eines Schwellwertes K_S etablieren, so daß für $K_0 < K_S$ der Kapitalstock langfristig verschwindet, während für $K_0 > K_S$ die Sattelpunktsstrategie $K \to \hat{K}$ optimal ist.

Für das Gleichgewicht $\hat{K}$ gelten wieder dieselben AJ-Resultate wie in Satz 12.1 (vgl. Abb. 12.13a). Ob die Kapitalschwelle K_S im regulierten oder unregulierten Fall größer ist, hängt von der Lage der Modellparameter ab. In Übungsbeispiel 12.14 möge der ambitionierte Leser das Modell mit konvex-konkaver Produktionsfunktion genauer analysieren.

Übungsbeispiele zu Kapitel 12

12.1. a) Man leite die optimale Politik des Jorgenson-Modells (Abschnitt 12.1) mittels der Methode der Pfadverknüpfung ab (Hinweis: Man gehe wie in Abschnitt 12.2.2 vor).

b) Man löse das Jorgensonmodell mit konvexen Investitionskosten $c(I)$ anstelle von cI mittels Phasendiagrammanalyse (vgl. *Kort* (1986); Hinweis: siehe Beispiel 8.5).

12.2. Man beweise, daß für die durch (12.21) definierten unbeschränkten Maximanden K^*, L^* gilt $E(K^*, L^*) - wL^* - (\varrho + \delta)K^* > 0$ (Hinweis: Man benutze $E(0, 0) = 0$ und die Konkavität der Erlösfunktion E).

12.3. Man zeige die strenge Konkavität der Funktion $\pi(X)$ aus (12.25) im Bereich $X \leq K^*/\sigma$. Ferner untersuche man $\pi(0)$ in Abhängigkeit von $L(0)$.

12.4. Man zeige, daß aus (12.14) und der Beschränktheit von $R(Q)$ folgt:

$$\lim_{Q \to \infty} Q R'(Q) = 0.$$

12.5. Man interpretiere das Zustandekommen der in Abb. 12.5 skizzierten Fälle in Verbindung mit den Regimen 1–5.

12.6. Man betrachte den Fall einer *schrumpfenden* Firma $X(0) > \hat{X}$ und zeichne die 6 möglichen Zeitpfade von $L(t)$ analog zu Abb. 12.5. Weiters interpretiere man diese im Zusammenhang mit Regime 1'–3', 4 und 5.

12.7. Man ermittle die möglichen optimalen Strategien (Pfadfolgen) im Falle B ($\theta < 0$).

12.8. Man führe die Sattelpunktsanalyse in der (X, D)-Phasenebene der konkaven Variante des Modells von Leban und Lesourne (Abschnitt 12.2.3) durch.

12.9. a) Man löse das Modell (12.18), wobei (12.18b) ersetzt wird durch

$$\dot{X} = [\pi(X) + \varrho X] - T(\pi(x) + \varrho X) - D.$$

Dabei wird statt einer konstanten Steuerrate τ eine progressive Steuer betrachtet: $T' > 0$, $T'' > 0$.

b) Man führe dieselbe Modifikation im nichtlinearen Modell von Abschnitt 12.2.3 durch.

Die folgenden drei Beispiele sind keine gewöhnlichen Übungsbeispiele, sie stellen vielmehr eigene unternehmensdynamische Modelle der, welche aus der Literatur bekannt sind. Ihre *vollständige* Analyse verursacht einen nicht zu unterschätzenden Aufwand.

12.10. Die Dynamik der Arbeitskräfte L einer Firma werde durch die Differentialgleichung

$$\dot{L} = u - \sigma(w)L$$

beschrieben. Dabei bedeutet $u > 0$ die vom Personalbüro gesteuerte Anstellungsrate und $u < 0$ die Entlassungsrate, während $\sigma(w)$ die Abgangsrate ist, welche von der Lohnrate folgenderweise abhängen soll:

$$\sigma'(w) < 0, \ \sigma''(w) > 0.$$

Das von der Firma produzierte Gut, dessen Menge durch die Produktionsfunktion $F(L)$ bestimmt ist, werde zu einem konstanten Preis p abgesetzt. Der Firma entstehen Lohnkosten wL, sowie Einschulungs- und Entlassungskosten $k(u)$, welche sinnvollerweise als konvex angenommen werden:

$$k(0) = k'(0) = 0, \ k''(u) > 0.$$

Die profitmaximierende Firma trachtet, den Barwert des Gewinnstromes zu maximieren:

$$\max_{u,w} \int_0^\infty e^{-rt}[pF(L) - wL - k(u)]dt.$$

Man ermittle die optimale „hiring bzw. firing" Rate sowie die Lohnpolitik der Firma (*Salop*, 1973) (Hinweis: Man ermittle das (L, u)- und das (L, w)-Phasendiagramm). Welchen Einfluß besitzt die Forderung einer minimalen Lohnrate $\bar{w} > 0$? Eine weitere Nebenbedingung erhält man durch die Forderung, daß die Zahl der Bewerber durch eine lohnabhängige Funktion $A(w)$ beschränkt sei: $u \leq A(w)$ mit $A' > 0$, $A'' \leq 0$.

12.11. Man diskutiere folgendes Kontrollmodell (*Leban*, 1982a):

$$\max_{u,w} \int_0^\infty e^{-rt}[pd(t) - wL - k(u)]dt$$
$$\dot{L} = u - \sigma(w)L$$
$$F(L) \geq d(t)$$
$$A(w) - u \geq 0$$
$$L(0) = f^{-1}[d(0)] \quad \text{gegeben}.$$

In Erweiterung zur Notation von Beispiel 12.10. bedeutet dabei $d(t)$ eine exogen vorgegebene Nachfrageentwicklung, welche es durch die laufende Produktion stets zu erfüllen gilt. Man untersuche insbesondere die optimale Lohn- und Beschäftigungspolitik, falls sich die Firma folgender Nachfrageentwicklung ausgesetzt sieht (Rezession im Zeitintervall $[t_0, t_1]$):

$$d(t) = \begin{cases} d_0 \exp(\gamma t) & \text{für } t \in [0, t_0) \\ d_0 \exp(\gamma t) \exp\{-\mu(t-t_0)\} & \text{für } t \in [t_0, t_1) \\ d_0 \exp(\gamma t) \exp\{-\mu(t_1-t_0)\} & \text{für } t \in [t_1, \infty). \end{cases}$$

mit $\gamma, \mu - \gamma > 0, \gamma < r$.

12.12. *Van Loon* (1982) hat die Beschäftigungspolitik eines Monopolisten unter der Annahme der Selbstfinanzierung und zweier Produktions-Aktivitäten untersucht. Angenommen, die Firma kann zwischen zwei linearen Produktionsaktivitäten wählen:

$$Q = Q_1 + Q_2 = q_1 K_1 + q_2 K_2, \quad L = l_1 K_1 + l_2 K_2.$$

Dabei ist K_i das in die Aktivität $i = 1, 2$ eingesetzte Kapital, L der Arbeitskräftestock, Q_i der mittels der Aktivität i produzierte Output, q_i die konstante Grenzproduktivität des Kapitals bei Aktivität i und l_i das Arbeits-Kapitalverhältnis bezüglich i.

Die beiden Aktivitäten seien effizient. Aktivität 1 sei die kapitalintensivere, d.h.

$$\left. \begin{array}{l} Q_1/K_1 < Q_2/K_2 \Rightarrow q_1 < q_2 \\ Q_1/L_1 > Q_2/L_2 \Rightarrow q_1/l_1 > q_2/l_2 \end{array} \right\} \Rightarrow l_1 < l_2.$$

Es sei $X(t)$ der der Firma zur Verfügung stehende (Eigen-) Kapitalstock, d.h. es gelte

$$K_1 + K_2 \leqq X.$$

Ferner sei $p = p(Q)$ die Preis-Absatzfunktion der Firma. Wir nehmen an, daß der produzierte Output auch abgesetzt werden kann und daß der erzielte Erlös konkav sei:

$$p'(Q) < 0, \quad p''(Q) > 0; \quad d(pQ)/dQ \geqq 0, \quad d^2(pQ)/dQ^2 \leqq 0.$$

Schließlich bezeichne δ die Kapitalkosten, w die Arbeitskosten (Lohnrate), τ die Körperschaftssteuerrate und $D(t)$ die Dividendenauszahlung in der Periode t. Ziel der Firma ist es, ausgehend von einer Anfangskapitalausstattung $X(0) = X_0 \geqq 0$, durch optimalen Einsatz der Kapitalgüter ihren Wert für die Anteilseigner zu maximieren:

$$\max_{K_1, K_2} \{\int_0^T e^{-rt} D(t) dt + e^{-rT} X(T)\}$$
$$\dot{X} = (1-\tau)[pQ - wL - \delta(K_1 + K_2)] - D,$$
$$K_1 + K_2 \leqq X, \quad K_1 \geqq 0, \quad K_2 \geqq 0.$$

Man ermittle die zulässigen Pfade und verknüpfe sie zu optimalen Kapitaleinsatz-Strategien.

12.13. Man zeige, daß die Brutto-Profitfunktionen (12.114, 115) bzw. (12.97, 98) übereinstimmen. Für festes K betrachte man das (Q, L)-Diagramm. Im Fall, daß die Profitbeschränkung (12.113d) aktiv ist, zeige man, daß das Maximum von (12.97) bzw. (12.98a) bei nur zwei Kombinationen von Q und L angenommen wird. Hingegen wird das Maximum von (12.115) für unendlich viele Werte von Q und L erreicht, für welche (mit Ausnahme der beiden obigen Randpunkte) $Q < F(K, L)$ gilt.

12.14. Man analysiere das Modell (12.96) mit konvex-konkaver Produktionsfunktion $F(K, L)$. D.h. F sei für kleine Werte von L konvex und erst für große Werte von L konkav; analoges gelte für den zweiten Produktionsfaktor (Hinweis: vgl. *Dechert*, 1984).

Weiterführende Bemerkungen und Literatur zu Kapitel 12

Während das gesamtwirtschaftliche Wachstum ein traditionelles Untersuchungsobjekt der Nationalökonomie darstellt, ist die Beschäftigung mit mikroökonomischen Wachstumsproblemen jüngeren Datums (vgl. die Diskussion bei *Ekman* (1978) und *Ludwig* (1978)). Die ersten Wachstumsmodelle für Firmen waren stationäre Modelle, in denen alle relevanten Variablen im Zeitablauf mit derselben konstanten Rate wuchsen. Ungleichgewichtiges Wachstum bzw. Wachstumsschübe, wie sie typischerweise in Anfangsphasen der Firmenentwicklung auftreten, wurden dabei nicht untersucht. Erst die Anwendung des Maximumprinzips (bzw. der dynamischen Programmierung) ermöglichte einen echten Fortschritt über die statische Betrachtungsweise hinaus.

Die Idee, Probleme des Firmenwachstums mit kontrolltheoretischen Methoden anzugehen, stammt von *Lesourne* (1973) und *Näslund* (vgl. *Bensoussan* et al., 1974, Chap. 4). Die Modelle von *Jorgenson* (1967) und *Lesourne* und *Leban* (1978) wurden in der vorliegenden Darstellung aus historischen und didaktischen Gründen gewählt. Es ist bemerkenswert, daß sich beide Modelle, ebenso wie das dynamische Aktivitätsanalyse-Modell von *van Loon* (1982), mittels des Greenschen Theorems auf übersichtliche Weise analysieren lassen; vgl. Übungsbeispiel 12.12. *Hartl* (1985a) hat eine Mindestbeschäftigungsbeschränkung $L \geq \sigma(K_1 + K_2)$, d.h. $K_2 \geq \gamma K_1$ in dieses Modell eingebaut (vgl. auch Abschnitt 15.3).

Andere wichtige Modelle der Unternehmensdynamik, wie *Ludwig* (1978), *van Loon* (1983) konnten wir hier aus Platzgründen nicht berücksichtigen, da ihre vollständige Analyse mittels Pfadverknüpfung recht aufwendig ist.

Die Verknüpfung von Pfaden dürfte auf *Lesourne* (1973) zurückgehen. *Van Loon* (1983, Appendix 2) hat ein allgemeines Lösungsverfahren für die Pfadverknüpfung angegeben, das in Abschnitt 12.2.2 benutzt wurde.

Neben der Profitmaximierung werden in der Literatur auch „selbstverwaltete Unternehmen" (das sogenannte jugoslawische Modell) betrachtet, bei denen der Barwert des pro Beschäftigten erzielten Gewinnes maximiert wird (vgl. *Ekman*, 1978, *Sapir*, 1980, sowie auch *Leland*, 1980, und *Feichtinger* 1984a).

Der interessierte Leser sei noch auf folgende einschlägige Arbeiten hingewiesen: *Nickell* (1974), *Lesourne* (1976), *Lesourne* und *Leban* (1977, 1982), *Leban* und *Lesourne* (1980, 1983), *Leban* (1982ab), *Verheyen* (1985), *van Loon* (1985), *van Schijndel* (1985ab, 1986).

Finanzierungsprobleme werden bei *Davis* und *Elzinga* (1971) und *Sethi* (1978c) untersucht. Eine realistischere Behandlung erfordert stochastische Ansätze (vgl. Anhang A.8).

Der (statische) AJ-Effekt geht auf *Averch* und *Johnson* (1962) zurück; vgl. *Takayama* (1969). *El-Hodiri* und *Takayama* (1981) haben eine dynamische Modellversion behandelt. In der Literatur herrscht – sowohl in theoretischer als auch in empirischer Hinsicht – Uneinigkeit über das Auftreten des AJ-Effektes (vgl. etwa *El-Hodiri* und *Takayama*, 1981, *Dechert*, 1984). Unsere Analyse zu Abschnitt 12.3 liefert eine Klarstellung vom theoretischen Standpunkt.

Kapitel 13: Kapitalakkumulation

Das folgende Kapitel behandelt ein neoklassisches Wachstumsmodell einer Volkswirtschaft. Ohne Übertreibung kann man sagen, daß es sich dabei um eines der zentralen dynamischen ökonomischen Modelle handelt, welches auch historisch einen frühen Brückenkopf der Kontrolltheorie (Variationsrechnung) in der Ökonomie darstellt.

Einige Varianten des Modells wurden schon an mehreren Stellen des Buches behandelt: Beispiele 1.3, 8.4, 8.5, 8.8. Im Abschnitt 13.1.1–13.1.4 werden zunächst einige Varianten des Ramsey-Modells mit konkaver Produktionsfunktion behandelt. Abschnitt 13.1.5 untersucht die Auswirkungen einer konvex-konkaven Produktionsfunktion. In Abschnitt 13.2 werden zusätzlich die Umweltverschmutzung bzw. eine nichterneuerbare Ressource als Produktionsfaktor einbezogen. Der abschließende Abschnitt 13.3 beschäftigt sich mit der optimalen Akkumulation von Humankapital, d. h. von Kenntnissen bzw. Fertigkeiten.

Kapitalakkumulationsmodelle spielen auch in verschiedenen anderen Anwendungsbereichen eine Rolle (vgl. Werbekapitalmodelle [Abschnitt 11.1], erneuerbare Ressourcen [Abschnitt 14.2]).

13.1. Das Ramsey-Modell

In einer (zentral gesteuerten) Volkswirtschaft stellt sich das Problem, das in einer Periode erwirtschaftete Einkommen entweder zu konsumieren oder zu investieren. Während der heutige Konsum einen unmittelbaren Nutzen stiftet, führt die Investition zu einer Erhöhung des Kapitalstocks, was ein höheres zukünftiges Einkommen und damit einen höheren möglichen Konsum bewirkt.

13.1.1. Das neoklassische Wachstumsmodell

Wir betrachten eine geschlossene Volkswirtschaft, in welcher mittels der Produktionsfaktoren Kapital K und Arbeit L ein homogenes Gut produziert wird. Da von Exporten und Importen abgesehen wird, wird das erwirtschaftete Einkommen Y entweder konsumiert oder investiert. In jeder Periode gilt also

$$Y(t) = C(t) + I(t). \qquad (13.1)$$

Dabei bezeichnen $C(t)$ die Konsumrate und $I(t)$ die Bruttoinvestitionen. Unterstellt man eine konstante Kapitalabschreibungsrate α, so sind die Nettoinvestitionen gegeben durch

$$\dot{K}(t) = I(t) - \alpha K(t). \tag{13.2}$$

Der Output sei durch die Produktionsfunktion

$$Y = F(K, L)$$

gegeben. Sie wird als streng konkav in beiden Produktionsfaktoren angenommen:

$$F_K > 0, \ F_L > 0; \quad F_{KK} < 0, F_{LL} < 0. \tag{13.3}$$

Ferner werden konstante Skalenerträge unterstellt (linear homogene Produktionsfunktion):

$$F(\zeta K, \zeta L) = \zeta F(K, L) = \zeta Y \quad \text{für} \quad \zeta \geq 0. \tag{13.4}$$

Schließlich nehmen wir an, daß sich der Bestand an Arbeitskräften mit einer konstanten Rate ϱ entwickelt:

$$\dot{L}(t)/L(t) = \varrho. \tag{13.5}$$

Ziel des vorliegenden Modells ist es, den Pro-Kopf-Nutzenstrom zu maximieren, so daß die obigen Größen zunächst auf Pro-Kopf-Basis umgerechnet werden. Es bezeichne also

$$k = K/L, c = C/L, i = I/L, y = Y/L. \tag{13.6}$$

Aufgrund der linear homogenen Produktionsfunktion (13.4) erhält man durch die Wahl von $\zeta = 1/L$

$$y = Y/L = F(K/L, 1) = f(K/L) = f(k). \tag{13.7}$$

Dabei mißt $f(k)$ die Pro-Kopf-Produktion in Abhängigkeit vom Kapital pro Arbeiter. Aus den Annahmen (13.3) folgt

$$f'(k) > 0, \ f''(k) < 0 \quad \text{für} \quad k > 0. \tag{13.8}$$

Transformiert man (13.2) in Pro-Kopf-Größen, so erhält man

$$\dot{k} = \frac{d}{dt}\left(\frac{K}{L}\right) = \frac{\dot{K}}{L} - \frac{K}{L}\frac{\dot{L}}{L} = i - \alpha k - k\varrho. \tag{13.9}$$

Dabei wurden (13.2) und (13.5) verwendet. Aus (13.1) und (13.7) ergibt sich somit folgende fundamentale Kapitalakkumulationsgleichung für das neoklassische Wachstumsmodell:

$$\dot{k} = f(k) - (\alpha + \varrho)k - c. \tag{13.10}$$

Der Pro-Kopf-Konsum wird mit einer Nutzenfunktion $U(c)$ bewertet, über welche verschiedene Annahmen getroffen werden. Im Unterabschnitt 13.1.2 wird ein streng konkaver

Konsumnutzen unterstellt, während er in Abschnitt 13.1.3 linear ist. In 13.1.4 wird die Möglichkeit einer „chattering-Kontrolle" für (teilweise) konvexe Nutzenfunktionen gezeigt. Schließlich betrachten wir in Abschnitt 13.1.5 ein Wachstumsmodell mit konvex-konkaver Produktionsfunktion.

13.1.2. Konkave Nutzen- und Produktionsfunktion

Im folgenden wird der Konsumnutzen $U(c)$ als streng konkav angenommen:

$$U'(c) > 0, \quad U''(c) < 0. \tag{13.11}$$

Der zentralen Planungsbehörde stellt sich somit folgendes Kontrollproblem

$$\max_{c} \int_0^{\infty} e^{-rt} U(c) dt \tag{13.12a}$$

$$\dot{k} = f(k) - \delta k - c, \quad k(0) = k_0 \tag{13.12b}$$

$$0 \leq c \leq f(k). \tag{13.12c}$$

Dabei ist $\delta = \alpha + \varrho > 0$. Die gemischte Kontroll-Zustandsbeschränkung (13.12c) bedeutet, daß der Pro-Kopf-Konsum $c(t)$ und die Pro-Kopf-Bruttoinvestitionsrate $i(t)$ zu keinem Zeitpunkt t negativ werden dürfen.

Das Ramsey-Modell (13.12) wurde bereits in Beispiel 8.5 ausführlich analysiert, die optimale Lösung ist im Phasendiagramm Abb. 8.5b dargestellt. Die dort durch (8.42) charakterisierte stationäre Lösung $(\hat{k}, \hat{c})$ liefert einen *gleichgewichtigen Wachstumspfad* (balanced growth path) mit der Eigenschaft, daß sowohl der totale Konsum $C = cL$ als auch K und Y mit derselben Rate ϱ wachsen. Weicht die Anfangskapitalausstattung $k(0)$ vom Gleichgewichtsniveau $\hat{k}$ ab, so wählt man den Pro-Kopf-Konsum $c(0)$ auf dem Sattelpunktspfad. Für zunehmendes t strebt man dann asymptotisch gegen das Gleichgewicht $(\hat{k}, \hat{c})$. Dabei ist die optimale Konsumrate umso größer, je größer der Kapitalstock ist; vgl. Abb. 8.5b. Man beachte, daß es für $U'(0) < \infty$ im Falle kleiner Kapitalstöcke ($k \leq k_1$) optimal ist, nichts zu konsumieren, um k möglichst rasch anwachsen zu lassen. Der realistischere Fall eines positiven Minimalkonsums $\underline{c}$ läßt sich analog behandeln (Übungsbeispiel 13.1). Dabei ist für kleines $k(0)$ offenbar $c(t) = \underline{c}$ optimal. Andrerseits kann für „großen" Kapitalstock ($k \geq k_2$) der Pro-Kopf-Konsum gleich seiner Obergrenze $f(k)$ werden, d.h. es wird nichts investiert, um k raschestmöglich abzubauen (Abb. 8.5b).

Der Fall, daß ein Mindestkapitalstock $\underline{k}$ vorgeschrieben wird, wurde in Beispiel 8.8 detailliert behandelt; man vergleiche insbesondere Abb. 8.9. Man erkennt, daß durch Einführung dieser Kapitaluntergrenze die optimale Konsumrate zu jedem Zeitpunkt sinkt und der Kapitalstock steigt.

Wir wollen uns nun überlegen, daß für große Kapitalstöcke $k \geq \bar{k}$ tatsächlich $c = f(k)$ optimal ist. (Diese Tatsache wurde in der Literatur bisher immer übersehen.)

Im folgenden wird nur der Fall $r = 0$ in Kombination mit einem Mindestkapitalstock $\underline{k}$ betrachtet, bei dem man eine besonders einfache Bestimmungsgleichung für $\bar{k}$ erhält. Man beachte, daß für $r = 0$ das Zielfunktional (13.12a) divergiert und die Optimalität daher im Sinne von Definition 7.2 (Kriterium 2 oder 3) zu verstehen ist.

Gegeben sei also der Fall der in Abb. 8.9 fett eingezeichneten Lösungstrajektorie, für die ab einem gewissen Zeitpunkt τ folgendes Regime auftritt:

$$k = \underline{k}, \quad c = f(\underline{k}) - \delta\underline{k}, \quad H = U(c).$$

Da das Problem autonom ist, ist die Hamiltonfunktion gemäß (6.31) auf $[0, \infty)$ stetig und wegen (6.26) für $r = 0$ konstant. Setzt man also für $t < \tau$ das Regime

$$k > \underline{k}, \quad 0 < c < f(k), \quad \lambda = U'(c), \quad H = U(c) + \lambda[f(k) - \delta k - c]$$

an, so gilt[1]) für $t \leq \tau$:

$$U(c) + U'(c)[f(k) - \delta k - c] = U(f(\underline{k}) - \delta\underline{k}). \tag{13.13a}$$

Aus dieser Formel kann man für jedes $k \geq \underline{k}$ die zugehörige optimale Konsumrate $c(k)$ ermitteln.

Wir wollen nun zeigen, daß ein Wert $\bar{k} > \underline{k}$ existiert, so daß $c(k)$ für $k > \bar{k}$ die obere Schranke $f(k)$ überschreiten würde. Setzt man $c(\bar{k}) = f(\bar{k})$ an, so erhält man aus (13.13a) folgende Bestimmungsgleichung für $\bar{k}$:

$$U(f(\bar{k})) - \delta\bar{k}U'(f(\bar{k})) = U(f(\underline{k}) - \delta\underline{k}). \tag{13.13b}$$

Um zu erkennen, daß (13.13b) eine Lösung $\bar{k} \in (\underline{k}, \infty)$ besitzt, bemerken wir zunächst, daß in (13.13b) für $\bar{k} = \underline{k}$ das Größerzeichen gilt. Dies ersieht man aus der Taylorentwicklung von U um $f(\underline{k})$:

$$U(f(\underline{k}) - \delta\underline{k}) = U(f(\underline{k})) - \delta\underline{k}U'(f(\underline{k})) + \tfrac{1}{2}\delta^2 k^2\, U'(\tilde{f})$$

($\tilde{f}$ Zwischenstelle) und $U'' < 0$. Andererseits geht die linke Seite von (13.13b) für viele vernünftige Funktionen U und f für $\bar{k} \to \infty$ gegen $-\infty$. (Für Potenzfunktionen ist dies leicht zu verifizieren).

Zwar ist Formel (13.13b) nur für $r = 0$ und Mindestkapitalstock $\underline{k}$ gültig. Allerdings folgt die Existenz von $\bar{k}$ auch generell für $r > 0$ bzw. ohne Mindestkapitalbeschränkung. Für $r > 0$ wird man eher weniger in die Zukunft investieren, und daher bei gegebenem k mehr konsumieren als für $r = 0$. Da der optimale Konsumpfad für $r > 0$ immer oberhalb des entsprechenden Pfades für $r = 0$ liegt, ist $\bar{k}$ für $r > 0$ kleiner als für $r = 0$. Bei gegebenem r erkennt man aus Abb. 8.9, daß der Schnittpunkt des Sattelpunktspfades mit der Beschränkung $c = f(k)$ links von $\bar{k}$ bei Mindestkapitalbeschränkung liegt.

---

[1]) Für diesen Hinweis danken wir H. W. Knobloch.

13.1.3. Linearer Konsumnutzen

Im Falle konstanten Grenznutzens des Pro-Kopf-Konsums $U(c) = c$ erhält man folgendes lineare Kontrollmodell:

$$\max_c \int_0^\infty e^{-rt} c \, dt \tag{13.14a}$$

$$\dot{k} = f(k) - \delta k - c, \quad k(0) = k_0 \tag{13.14b}$$

$$\underline{c} \leq c \leq f(k). \tag{13.14c}$$

Dabei wurde in (13.14c) angenommen, daß ein Mindestkonsum gewährleistet sein muß.

Um die optimale Lösung zu bestimmen, könnte man mittels Satz 6.1 die Optimalitätsbedingungen auswerten (vgl. Abschnitt 3.2). Wir schlagen hier jedoch den kürzeren Weg über das RMAP-Theorem von Abschnitt 3.3 ein. Offensichtlich läßt sich das Problem in Gestalt (3.37, 38) schreiben mit

$$M(k) = f(k) - \delta k, \quad N(k) = -1 \tag{13.15a}$$

$$\Omega(k) = [-\delta k, f(k) - \delta k - \underline{c}], \quad k \geq 0. \tag{13.15b}$$

Die singuläre Lösung $\hat{k}$ ergibt sich als Lösung von (3.39)

$$rN(\hat{k}) + M'(\hat{k}) = f'(\hat{k}) - (r + \delta) = 0. \tag{13.15c}$$

Das Gleichgewicht im linearen Fall (die singuläre Lösung) stimmt also mit jenem im nichtlinearen Fall (8.42) überein. Um Satz 3.2 anzuwenden, stellen wir zunächst fest, daß (3.40) wegen (13.15c) und $f'' < 0$ erfüllt ist. Die Bedingung (3.41) gilt ebenfalls; vgl. Bemerkung 3.1.

Es bezeichne $\hat{c}$ die stationäre Konsumrate, $\hat{c} = f(\hat{k}) - \delta \hat{k}$. Für $\underline{c} \leq \hat{c}$, was sinnvollerweise vorausgesetzt wird, ist $0 \in \Omega(\hat{k})$, d.h. das Gleichgewicht kann mit Hilfe einer zulässigen Steuerung c beibehalten werden. Satz 3.2 liefert somit die Optimalität der Politik der raschest möglichen Annäherung (RMAP):

$$c(t) = \begin{cases} \underline{c} \\ \hat{c} \\ f(k(t)) \end{cases} \text{für} \begin{cases} k \in [\underline{k}, \hat{k}) & (13.16a) \\ k = \hat{k} & (13.16b) \\ k > \hat{k} & (13.16c) \end{cases}$$

wobei $\underline{k}$ der Schnittpunkt der $\dot{k} = 0$ Kurve mit der Geraden $c = \underline{c}$ ist:

$$f(\underline{k}) - \delta \underline{k} = \underline{c}. \tag{13.17}$$

In (13.16a) wurde schon berücksichtigt, daß für $k < \underline{k}$ keine zulässige Lösung und damit auch kein RMAP existiert. Sogar durch Wahl der minimalen Konsumrate $\underline{c}$ wird nämlich der Kapitalstock in endlicher Zeit erschöpft, so daß danach über-

414　Kapitalakkumulation

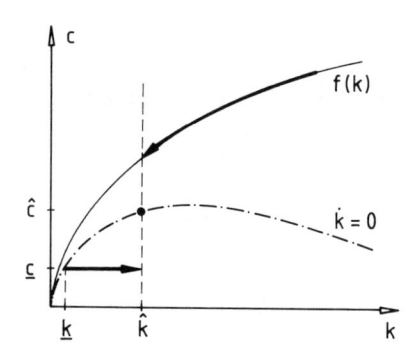

Abb. 13.1 Die optimale Konsumpolitik für das lineare Ramsey-Modell mit Mindest-Konsumbeschränkung

haupt nicht mehr konsumiert werden kann, was gemäß (13.14c) unzulässig ist. Die optimale Lösung ist in Abb. 13.1 illustriert.

Verglichen zum nichtlinearen Modell von Abschnitt 13.1.2 tritt zwar dasselbe Gleichgewicht auf; dieses wird aber nicht asymptotisch, sondern in *endlicher* Zeit raschestmöglich erreicht.

Zum Abschluß sei noch kurz auf Beispiel 8.4 verwiesen, in welchem für lineare Nutzen- und Produktionsfunktion gezeigt wird, daß *keine* singuläre Lösung auftreten kann. Man vergleiche dazu auch Lemma 3.1. Für endlichen Zeithorizont besteht die optimale Lösung in einer Phase vollen Investierens gefolgt von einer solchen mit Maximalkonsum. Im Falle unendlichen Zeithorizonts konvergiert diese Politik gegen jene, daß in $[0, \infty)$ nie konsumiert wird, was offensichtlich die schlechteste Lösung darstellt. Für $T = \infty$ existiert also keine optimale Lösung des doppelt linearen Ramseyproblems.

13.1.4. Konvexe und konvex-konkave Nutzenfunktion

Obwohl konvexe Nutzenfunktionen ökonomisch wenig relevant sind, betrachten wir der Vollständigkeit halber noch den Fall eines unersättlichen Konsumenten, für dessen Nutzenfunktion $U(c)$ gilt:

$$U(0) = 0, \quad U'(c) > 0, \quad U''(c) > 0. \tag{13.18}$$

Zunächst betrachten wir die linearisierte Nutzenfunktion

$$\tilde{U}(c, k) = U(\underline{c}) + (c - \underline{c}) \frac{U(f(k)) - U(\underline{c})}{f(k) - \underline{c}} \tag{13.19}$$

welche an der oberen und unteren Grenze des Intervalls (13.14c) mit $U(c)$ übereinstimmt, dazwischen aber wegen (13.18) oberhalb liegt:

$$\tilde{U}(c, k) \begin{Bmatrix} = \\ > \end{Bmatrix} U(c) \quad \text{für} \quad \begin{cases} c = \underline{c} \quad \text{oder} \quad f(k) \\ \underline{c} < c < f(k). \end{cases} \tag{13.20}$$

Das Problem (13.12ab, 14c) mit der linearisierten Nutzenfunktion (13.19) wird nun mit Hilfe des RMAP-Theorems (Satz 3.2) gelöst. Die Funktionen M und N in der Darstellung (3.38) lauten

$$M(k) = U(\underline{c}) + [f(k) - \delta k - \underline{c}][U(f(k)) - U(\underline{c})]/[f(k) - \underline{c}]$$
$$N(k) = -[U(f(k)) - U(\underline{c})]/[f(k) - \underline{c}],$$

wobei (13.15b) erhalten bleibt. Das Gleichgewicht $\hat{k}$ ist gemäß (3.39) die Lösung von

$$rN + M' = \frac{U(f) - U(\underline{c})}{f - \underline{c}}(f' - r - \delta)$$
$$+ (f - \delta k - \underline{c})\frac{f'}{f - \underline{c}}\left[U'(f) - \frac{U(f) - U(\underline{c})}{f - \underline{c}}\right] = 0. \quad (13.21)$$

Man verifiziert leicht (Übungsbeispiel 13.2), daß (3.40) und (3.41) erfüllt sind. Gemäß Satz 3.2 ist somit die Existenz und Eindeutigkeit der raschest möglichen Annäherung an den stationären Kapitalstock $\hat{k}$ etabliert.

Die optimale Konsumpolitik $\tilde{c}$ des linearisierten Problems ist also analog (3.16) gegeben durch

$$\tilde{c}(t) = \begin{cases} \underline{c} \\ \hat{\tilde{c}} = f(\hat{k}) - \delta\hat{k} \\ f(k(t)) \end{cases} \quad \text{für} \quad \begin{cases} k \in [\underline{k}, \hat{k}) & (13.22a) \\ k = \hat{k} & (13.22b) \\ k > \hat{k} & (13.22c) \end{cases}$$

mit $\underline{k}$ aus (3.17). Man vergleiche dazu auch Abb. 13.1, wobei $(\hat{k}, \hat{c})$ durch $(\hat{\hat{k}}, \hat{\hat{c}})$ zu ersetzen ist.

Die eindeutige optimale Lösung (13.22) des linearisierten Problems nimmt ab einem gewissen Zeitpunkt den Wert $\hat{\tilde{c}} \in (\underline{c}, f(\hat{k}))$ an, so daß gemäß (13.20) für jeden beliebigen zulässigen Konsumpfad $c(t)$ des konvexen Problems (13.18) folgende Relation erfüllt ist:

$$\int_0^\infty e^{-rt}U(c(t))dt \leq \int_0^\infty e^{-rt}\tilde{U}(c(t), f(k(t)))dt$$
$$\leq \int_0^\infty e^{-rt}\tilde{U}(\tilde{c}(t), f(\tilde{k}(t)))dt. \quad (13.23)$$

Die Ungleichung zwischen dem ersten und dem dritten Integral in (13.23) gilt dabei gemäß (13.22b) und (13.20) strikt.

Wie in Abschnitt 3.5 erläutert (vgl. Satz 3.4) kann das Supremum der Zielfunktionalswerte erstreckt über alle zulässigen Konsumpolitiken $c(t)$ nicht erreicht werden. Allerdings kann man sich diesem Wert durch die Wahl einer geeigneten chattering-Kontrolle (anstelle des singulären Lösungsstückes (13.22b)) beliebig nähern. Man wird also so rasch wie möglich zwischen Minimalkonsum $\underline{c}$ und maximal möglichem Konsum $f(\hat{k})$ hin- und herschalten, um möglichst nahe beim langfristig optimalen Kapitalstock $\hat{k}$ zu bleiben (vgl. auch Abb. 3.7).

Vergleicht man den Gleichgewichtskapitalstock $\bar{k}$ für den Fall linearer bzw. konkaver Nutzenfunktion mit dem Wert $\hat{k}$ für konvexes U, so erhält man

$$\hat{k} > \bar{k}. \tag{13.24}$$

Aus der Konvexität von U und (13.21) folgt nämlich $f'(\hat{k}) - (r + \delta) < 0$, wobei wie im vorigen Unterabschnitt sinnvollerweise $\underline{c} < f(\hat{k}) - \delta\hat{k}$ angenommen wird. Aus (13.15) und $f'' < 0$ ergibt sich dann sofort (13.24). Man erkennt also, daß die Konvexität des Nutzens einen – im Vergleich zu linearem U – höheren langfristig optimalen Kapitalstock impliziert. Der Grund hierfür ist, daß der durchschnittliche Nutzen $\tilde{U}(c, k)$ der „Rattersteuerung" mit k steigt.

Wir sind nun in der Lage, die Resultate über konvexe und konkave Nutzenfunktionen zu kombinieren. Der Einfachheit halber setzen wir dabei $\underline{c} = 0$. Betrachten wir also den Fall *konvex-konkaven Konsumnutzens* $U(c)$:

$$U(0) = 0, \ U' > 0, \ U'' \gtrless 0 \quad \text{für} \quad c \lessgtr c_w. \tag{13.25}$$

Die übliche Annahme fallenden Grenznutzens gelte also erst ab einer Konsumrate c_w; unterhalb davon unterstellen wir steigenden maximalen Konsumnutzen. Während der Wendepunkt c_w in der Analyse keine Rolle spielt, ist jener Konsum $\bar{c}$ von Bedeutung, für den der Grenznutzen gleich dem Durchschnittsnutzen ist: $U'(\bar{c}) = U(\bar{c})/\bar{c}$; vgl. Abb. 13.2a.

Die Hamiltonfunktion ist gegeben durch

$$H = U(c) + \lambda[f(k) - \delta k - c].$$

Die Maximierung von H bezüglich c auf dem Bereich (13.12c) liefert:

$$c(t) = \begin{Bmatrix} 0 \\ 0 \text{ oder } \bar{c} \\ \min\{(U')^{-1}(\lambda), f(k)\} \end{Bmatrix} \text{ falls } U'(\bar{c}) \begin{Bmatrix} < \\ = \\ > \end{Bmatrix} \lambda, \tag{13.26}$$

sofern $f(k) \geq \bar{c}$ ist. Ist hingegen $f(k) < \bar{c}$, so gilt anstelle von (13.26)

$$c(t) = \begin{Bmatrix} 0 \\ 0 \text{ oder } f(k) \\ f(k) \end{Bmatrix} \text{ falls } U(f(k)) \begin{Bmatrix} < \\ = \\ > \end{Bmatrix} \lambda f(k). \tag{13.27}$$

Der Fall (13.26) ist in Abb. 13.2a skizziert; der Leser möge sich aber auch (13.27) veranschaulichen.

Die weitere Vorgangsweise kombiniert nun die Analyse des konkaven Modells von Abschnitt 13.1.2 und des konvexen Modells vom Beginn des vorliegenden Unterabschnittes. Im wesentlichen bleibt im (k, c)-Diagramm *oberhalb* von $c = \bar{c}$ das

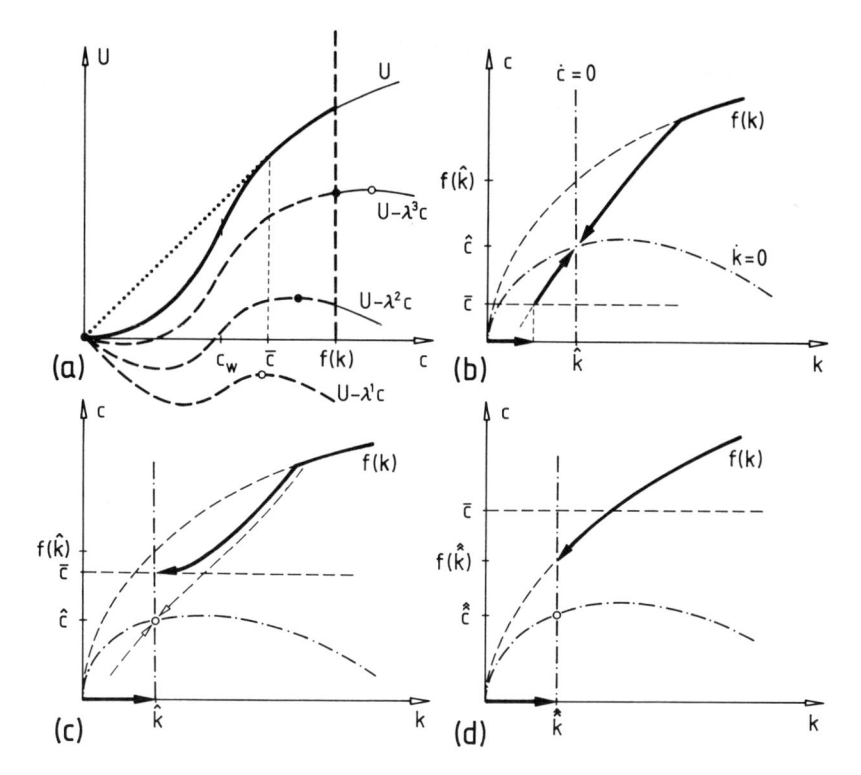

Abb. 13.2 Illustration zum Ramsey-Modell mit konvex-konkaver Nutzenfunktion. (a): Maximierung der Hamiltonfunktion $H = U - \lambda c + \text{const.}$ im Intervall $[0, f(k)]$; (b), (c), (d): Optimale Konsumpolitik in den Fällen (i), (ii) und (iii); in (c) und (d) bezeichnet der kleine Kreis bei $(\hat{k}, \hat{c})$ bzw. $(\hat{\hat{k}}, \hat{\hat{c}})$ eine „chattering"-Kontrolle

nichtlineare Phasenporträt (Abb. 8.5b) gültig, während *darunter* Abb. 13.1 (eventuell für $\hat{\hat{k}}$ anstelle von $\hat{k}$) relevant ist. Dabei können drei Fälle auftreten:

(i) $\bar{c} < \hat{c} \leq f(\hat{k})$

(ii) $\hat{c} < \bar{c} < f(\hat{k})$

(iii) $\hat{c} \leq f(\hat{k}) < \bar{c}$,

welche in Abb. 13.2bcd dargestellt sind. Im Fall (ii) und (iii) tritt wieder eine chattering-Kontrolle auf. Während im Fall (i) und (ii) der langfristig optimale Kapitalstock durch $\hat{k}$ aus (13.15c) gegeben ist, ist er im Falle (iii) größer; für hinreichend großes $\bar{c}$ fällt er mit $\hat{\hat{k}}$ aus (13.21) zusammen. Der Leser ist in Übungsbeispiel 13.3 zu einer genaueren Analyse aufgefordert.

Die bisherigen Ausführungen dieses Kapitels beschäftigten sich mit verschiedenen Formen von Nutzenfunktionen bei einer konkaven Produktionsfunktion. Man beachte, daß in all diesen Fällen die hinreichenden Optimalitätsbedingungen von Satz 7.5 bzw. 7.1 erfüllt sind

(Übungsbeispiel 13.4). Der nächste Unterabschnitt ist der Frage gewidmet, in welcher Weise sich eine konvex-konkave Produktionsfunktion auf die optimale Konsumpolitik im Ramsey-Modell auswirkt.

13.1.5. Konvex-konkave Produktionsfunktion

Wir betrachten nun das Wachstumsmodell (13.12) mit konkaver Nutzenfunktion $U(c)$ und konvex-konkaver Produktionsfunktion $f(k)$. D. h. für kleine Kapitalstöcke sollen zunehmende Skalenerträge vorliegen, während für größere Werte von k die Skalenerträge abnehmen sollen.

Die Hamilton- bzw. Lagrangefunktion lautet

$$H = U(c) + \lambda[f(k) - \delta k - c]$$
$$L = H + \mu_1 c + \mu_2[f(k) - c].$$

Die notwendigen Bedingungen (vgl. Satz 6.1 bzw. 7.4) sind formal identisch mit (8.36-39):

$$L_c = U'(c) - \lambda + \mu_1 - \mu_2 = 0 \tag{13.28}$$

$$\dot\lambda = r\lambda - L_k = [r + \delta - f'(k)]\lambda - \mu_2 f'(k) \tag{13.29}$$

$$\mu_i \geqq 0, \quad \mu_1 c = \mu_2[f(k) - c] = 0. \tag{13.30}$$

Gemäß Satz 2.3a und Bemerkung 7.5 muß zusätzlich folgende Grenztransversalitätsbedingung erfüllt sein[1]:

$$\lim_{t \to \infty} e^{-rt}\lambda(t) = 0. \tag{13.31}$$

Um das (k, c)-Phasendiagramm zu erhalten, geht man wie in Beispiel 8.5 vor. Kontrolltrajektorien, die im Inneren des Bereiches (13.12c) liegen, genügen wieder der Differentialgleichung (8.41). Zunächst ist die $\dot k = 0$ Isokline wieder durch $c = f(k) - \delta k$ gegeben; im Gegensatz zum konkaven Fall von Beispiel 8.5 hat sie nun allerdings einen konvex-konkaven Verlauf (siehe Abb. 13.3).

Die senkrechte $\dot c = 0$ Isokline ist nicht eindeutig bestimmt, da die Gleichung (8.42a), also $f'(k) = r + \delta$, i. a. zwei Lösungen, nämlich $\tilde k$ und $\hat k$ besitzt.

Man beachte, daß wie in Beispiel 8.5 die Jacobideterminante gegeben ist durch $\det J = -f''U'/U''$. Da $f'' < 0$ für $(\hat k, \hat c)$, so handelt es sich dabei wieder um einen *Sattelpunkt*. Wegen $f'' > 0$ in $(\tilde k, \tilde c)$ ist dieser Punkt total instabil. Da die Eigenwerte konjungiert komplex mit positivem Realteil $(r/2)$ sind, so handelt es sich dabei um einen *instabilen Strudelpunkt*. Die zulässigen Trajektorien sind Spiralen, die sich aus

---

[1] Für nichtnegative Nutzenfunktionen U ist die Annahme $F \geqq 0$ von Satz 2.3a erfüllt. Die Menge der möglichen Geschwindigkeiten $E(k) = [-\delta k, f(k) - \delta k]$ enthält 0, soferne $f'(0) \geqq \delta$ ist.

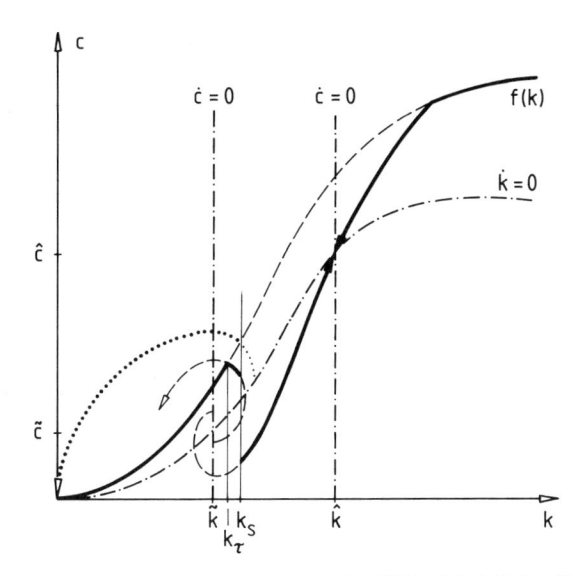

Abb. 13.3 Die optimale Lösung des Skiba-Modells im (k,c)-Phasendiagramm

dem stationären Punkt $(\tilde{k}, \tilde{c})$ herauswinden. In der Nähe von $(\hat{k}, \hat{c})$ verhalten sie sich – mit Ausnahme der Sattelpunktspfade nach $(\hat{k}, \hat{c})$ – „hyperbelartig".

Von den in Abb. 13.3 nach „rechts" führenden Trajektorien ist der fett eingezeichnete Sattelpunktspfad der einzige, der die Transversalitätsbedingung (13.31) erfüllt. Würde man die Konsumobergrenze $c \leqq f(k)$ nicht berücksichtigen, sondern statt dessen die Nichtnegativität des Kapitals $k \geqq 0$, so würde wie in Beispiel 8.8 (Abb. 8.9) die in Abb. 13.3 punktiert hervorgehobene Trajektorie ein weiterer Kandidat für die optimale Lösung sein. Alle anderen Pfade würden entweder in unzulässige Bereiche führen oder (13.31) verletzen. Man beachte, daß diese Trajektorie senkrecht (in endlicher Zeit) in den Punkt (0, 0) mündet und die Konsumrate c daher $f(k)$ überschreitet. Diese Trajektorie wird von *Skiba* (1978) irrtümlich als ein Ast der optimalen Lösung angegeben. Tatsächlich ist aber als „linker" Ast der optimalen Lösung eine Trajektorie zu wählen, die sich aus dem Strudelpunkt $(\tilde{k}, \tilde{c})$ herauswindet, im Punkt $(k_\tau, c_\tau = f(k_\tau))$ auf die Obergrenze $c = f(k)$ auftrifft und dann entlang dieser Beschränkung gegen den Ursprung konvergiert.

Dabei ist der Auftreffpunkt k_τ durch die Transversalitätsbedingung (13.31) bestimmt. Im Auftreffzeitpunkt τ gilt nämlich (aus Stetigkeitsgründen)

$$\lambda(\tau) = U'(c(\tau)) = U'(f(k_\tau)), \ k(\tau) = k_\tau. \tag{13.32}$$

Eliminiert man μ_2 in (13.29) mittels (13.28) unter Beachtung von $\mu_1 = 0$, so ergibt sich für $t \geqq \tau$

$$\dot{\lambda} = (r+\delta)\lambda - U'(f(k))f'(k). \tag{13.33}$$

Wegen $c = f(k)$ und $\dot{k} = -\delta k$ für $t \geq \tau$ ist in (13.33) jeweils

$$k(t) = k_\tau \exp\{-\delta(t-\tau)\} \tag{13.34}$$

einzusetzen.

In Übungsbeispiel 13.7 überlege man sich, daß die Lösung der linearen inhomogenen Differentialgleichung (13.33) mit Anfangsbedingung (13.32) für genau ein $k_\tau > \tilde{k}$ *beschränkt* bleibt, falls angenommen wird, daß $U(f(k))$ eine konkave Funktion in k ist.

Denn für „*großes*" k_τ ist $U'f' \cong 0$, so daß λ exponentiell mit der Rate $r + \delta$ gegen $+\infty$ divergiert. Für $k_\tau \leq \tilde{k}$ ist $\dot{\lambda}(\tau) = [r + \delta - f'(k_\tau)]U'(f(k_\tau)) \leq 0$. Da andererseits der zweite Summand von (13.33), nämlich $U'(f)f'$ mit abnehmendem k zunimmt, so sinkt λ monoton und divergiert exponentiell mit der Rate $r + \delta$ gegen $-\infty$.

Damit haben wir *zwei* die Transversalitätsbedingung (13.31) erfüllende Äste als Kandidaten für die optimale Lösung identifiziert, welche sich allerdings in einer Umgebung des Strudelpunktes überlappen (vgl. Abb. 13.3). Gemäß Satz 4.14 von Abschnitt 4.5.2 existiert somit ein eindeutig bestimmter Schwellwert (Skiba-Punkt) k_S, so daß für $k_0 > k_S$ der gegen $(\hat{k}, \hat{c})$ konvergierende Sattelpunktspfad optimal ist. Hingegen ist es für $k_0 < k_S$ optimal, ab einem Zeitpunkt $\tau \geq 0$ die maximale Konsumrate $c = f(k)$ zu wählen und bis zum Schluß keine Investitionen zu tätigen, so daß der Kapitalstock mit der Abschreibungsrate δ exponentiell abgebaut wird.

13.2. Erweiterungen des Ramsey-Modells

13.2.1. Kapitalakkumulation und Umweltverschmutzung

Ein wesentliches Argument der Gegner einer unbeschränkten Wachstumsideologie ist der Vorwurf, daß gesteigerte Produktion zu zunehmender Verschmutzung der Umwelt führt. Die folgende Erweiterung des Ramsey-Modells berücksichtigt dies, sowie die Tatsache, daß die Beseitigung von Umweltschäden Kosten verursacht. Der Einfachheit halber gehen wir dabei von einer konstanten Arbeitsbevölkerung aus. Der Output F kann also nur als Funktion des Kapitalstocks K ausgedrückt werden: $F = F(K)$ mit $F' > 0$, $F'' < 0$.

Der produzierte Output kann zu Konsum C, Investition I und zur Umweltreinigung A verwendet werden:

$$F(K) = C + I + A. \tag{13.35}$$

Der Kapitalstock entwickelt sich – in Abhängigkeit von der gewählten Investitionsrate I – gemäß (13.2).

Kapital produziert nicht nur Output, sondern auch Umweltverschmutzung P (z. B. in Form von Schadstoffemissionen). Durch Einsatz von Säuberungsaktivitäten A („abatement") kann das Verschmutzungsniveau gesenkt werden: $P = P(K, A)$ mit

$$P_K > 0,\ P_{KK} > 0;\ P_A < 0,\ P_{AA} > 0. \tag{13.36}$$

13.2. Erweiterungen des Ramsey-Modells

Eine zusätzliche Kapitaleinheit führt also zu überproportionalem Anstieg der Verschmutzung, während die Säuberungsaktivitäten abnehmende marginale Wirksamkeit besitzen sollen.

Der Nutzen hängt nun nicht nur vom Konsum, sondern auch von der Verschmutzung ab: $U = U(C, P)$ mit

$$U_C > 0, \ U_{CC} < 0; \quad U_P < 0, \ U_{PP} < 0; \quad U_{CP} = 0. \tag{13.37}$$

Dies liefert folgendes Kontrollproblem:

$$\max_{C,A} \int_0^\infty e^{-rt} U(C, P(K, A)) \, dt \tag{13.38a}$$

$$\dot{K} = F(K) - \delta K - C - A \tag{13.38b}$$

$$C \geqq 0, \ A \geqq 0, \ F(K) - C - A \geqq 0. \tag{13.38c}$$

Zur Lösung des Problems (13.38) formulieren wir Hamilton- und Lagrangefunktion

$$H = U(C, P(K, A)) + \lambda [F(K) - \delta K - C - A]$$
$$L = H + \mu_1 C + \mu_2 A + \mu_3 [F(K) - C - A].$$

Die notwendigen – und wegen der Konkavität auch hinreichenden – Optimalitätsbedingungen (vgl. Satz 7.4 und 7.5) lauten:

$$L_C = U_C - \lambda + \mu_1 - \mu_3 = 0 \tag{13.39}$$

$$L_A = U_P P_A - \lambda + \mu_2 - \mu_3 = 0 \tag{13.40}$$

$$\dot{\lambda} = r\lambda - L_K = [r + \delta - F'(K)]\lambda - U_P P_K - \mu_3 F'(K) \tag{13.41}$$

$$\mu_i \geqq 0, \quad \mu_1 C = \mu_2 A = \mu_3 [F(K) - C - A] = 0. \tag{13.42}$$

Bei den hinreichenden Bedingungen muß noch folgende Grenztransversalitätsbedingung gelten:

$$\lim_{t \to \infty} e^{-rt} \lambda(t) = 0. \tag{13.43}$$

Wir beschränken uns zunächst auf innere Steuerungen, wo (13.38c) inaktiv ist und gemäß (13.42) $\mu_1 = \mu_2 = \mu_3 = 0$ gilt.

Zur Ermittlung des (K, C)-Phasenporträts differenziert man (13.39) nach t und erhält unter Verwendung von (13.39–41)

$$\dot{C} = \frac{U_C}{U_{CC}} (r + \delta - F' - P_K/P_A). \tag{13.44}$$

Man erkennt, daß in (13.44) gegenüber (8.41) der negative Summand $-U_C P_K/(U_{CC} P_A)$ dazukommt. Dies bewirkt, daß die $\dot{C} = 0$ Kurve nun *links* von

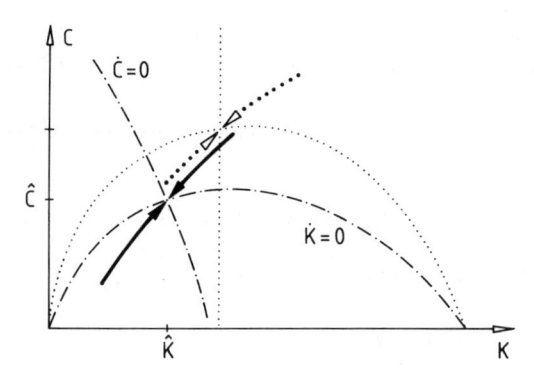

Abb. 13.4 Das Kapital-Konsum Phasendiagramm für das Ramsey-Modell mit Umweltschutz; die punktierten Kurven entsprechen dem Modell ohne Umweltkomponente (Abb. 8.5b)

der entsprechenden Isokline im ursprünglichen Ramseymodell liegt; vergleiche dazu Abb. 13.4. Ferner kann man zeigen, daß $\dot{C} = 0$ streng monoton fällt (Übungsbeispiel 13.8).

Ein Vergleich von (13.38b) mit (8.32) bzw. (13.12b) zeigt, daß die neue $\dot{K} = 0$ Isokline dieselbe Gestalt wie $\dot{K} = 0$ im ursprünglichen Ramsey-Modell besitzt, jedoch *unterhalb* jener von Abb. 8.5b liegt. Die Isoklinen schneiden sich wieder in einem eindeutig bestimmten Gleichgewicht $(\hat{K}, \hat{C})$, das ein Sattelpunkt ist. Abb. 13.4 zeigt, daß die langfristig optimalen Werte von Kapital und Konsum durch Einbeziehung der Umwelt *sinken*.

Während im Gleichgewicht die Nebenbedingung (13.38c) immer erfüllt ist, muß dies im transienten Fall nicht immer automatisch gelten. Der Leser ist aufgefordert, sich dies in Übungsbeispiel 13.8 zu überlegen.

Das folgende Modell diskutiert eine andere Variante des Ramsey-Modells, in welchem neben dem Kapital eine erschöpfbare Ressource als zweiter Produktionsfaktor auftritt.

13.2.2. Kapitalakkumulation und Ressourcenabbau

Wir betrachten folgendes Modell:

$$\max_{C,R} \int_0^T e^{-rt} U(C) dt + e^{-rT} \Sigma K(T) \tag{13.45a}$$

$$\dot{K} = F(K, R) - \delta K - C, \quad K(0) = K_0 \tag{13.45b}$$

$$\dot{S} = -R, \quad S(0) = S_0, \ S(T) = 0. \tag{13.45c}$$

Dabei bezeichnet K den Kapitalstock und S den Stock einer (nichterneuerbaren) Ressource, welche abgebaut und als Produktionsfaktor verwendet wird. R ist die Abbaurate, $F(K, R)$ die Produktionsfunktion und C die Konsumrate. (13.45)

13.2. Erweiterungen des Ramsey-Modells

beschreibt ein nichtlineares Kontrollmodell mit zwei Zustandsvariablen, K, S, und zwei Steuerungen, C, R. Mit Σ bezeichnen wir die Endbewertung einer Kapitaleinheit.

Für die Nutzenfunktion U treffen wir wieder die Konkavitätsannahmen (13.11); darüber hinaus soll die Elastizität des Grenznutzens konstant sein:

$$\eta = -\frac{U''(C)}{U'(C)} C = \text{const.} \tag{13.46}$$

Dies ist für $U = \beta C^{1-\eta}$ mit $0 < \eta < 1$ bzw. $U = \beta \ln C$ mit $\eta = 1$ erfüllt. F wird als Cobb-Douglas-Funktion angesetzt.

$$F(K, R) = K^\alpha R^{1-\alpha} \tag{13.47}$$

mit $0 < \alpha < 1$.

Der Einfachheit halber schließen wir negative Investitionsraten $I = F(K, R) - \delta K - C$ nicht aus, d.h. für C wird keine Obergrenze gesetzt.

Zur Lösung des Problems (13.45) setzen wir die Hamiltonfunktion an:

$$H = U(C) + \lambda_1 [F(K, R) - \delta K - C] - \lambda_2 R.$$

Die notwendigen und hinreichenden Optimalitätsbedingungen lauten:

$$H_C = U'(C) - \lambda_1 = 0 \tag{13.48}$$

$$H_R = \lambda_1 F_R - \lambda_2 = 0 \tag{13.49}$$

$$\dot{\lambda}_1 = r\lambda_1 - H_K = (r + \delta - F_K)\lambda_1 \tag{13.50}$$

$$\dot{\lambda}_2 = r\lambda_2 - H_S = r\lambda_2 \tag{13.51}$$

$$\lambda_1(T) = \Sigma. \tag{13.52}$$

Da der Endwert $S(T)$ vorgeschrieben ist, gibt es für $\lambda_2(T)$ keine Transversalitätsbedingung.

Differenziert man (13.49) nach t und verwendet (13.50) sowie (13.51), so erhält man

$$\frac{d}{dt} F_R = (F_K - \delta) F_R. \tag{13.53}$$

Leitet man (13.48) nach t ab und benützt (13.50) so erhält man

$$\dot{C} = -\frac{U'}{U''}[F_K - (r + \delta)] = \frac{C}{\eta}[F_K - (r + \delta)] \tag{13.54}$$

(vgl. auch (8.41)).

Um das System (13.45bc), (13.53) und (13.54) lösen zu können, bringen wir die

Cobb-Douglas-Produktionsfunktion (13.46) ins Spiel und definieren eine neue Variable, den Kapitaleinsatz pro abgebauter Einheit:

$$x = K/R.$$

Es gilt dann

$$F_K = \alpha x^{\alpha-1}, \quad F_R = (1-\alpha)x^\alpha. \tag{13.55}$$

Leitet man F_R in (13.55) total nach t ab und setzt das Ergebnis in (13.53) ein, so ergibt sich

$$\dot{x} = x^\alpha - (\delta/\alpha)x. \tag{13.56}$$

Diese Bernoullische Differentialgleichung läßt sich durch den Ansatz $y = x^{1-\alpha}$ auf eine lineare Differentialgleichung in y transformieren. Dies liefert

$$x = \left[\frac{\alpha}{\delta} + \left(x_0^{1-\alpha} - \frac{\alpha}{\delta}\right)\exp\left\{-\frac{\delta(1-\alpha)}{\alpha}t\right\}\right]^{\frac{1}{1-\alpha}}, \tag{13.57}$$

wobei die Konstante $x_0 = K_0/R_0$ noch zu bestimmen ist.

Setzt man (13.55) in (13.54) ein, so ergibt sich gemäß (13.56)

$$\frac{\dot{C}}{C} = \frac{1}{\eta}[\alpha x^{\alpha-1} - (r+\delta)] = \frac{\alpha}{\eta}\frac{\dot{x}}{x} - \frac{r}{\eta}. \tag{13.58}$$

Durch Integration erhält man dann

$$\ln C = \frac{\alpha}{\eta}\ln x - \frac{r}{\eta}t + \ln B, \quad \text{d.h.}$$
$$C = Bx^{\alpha/\eta}e^{-rt/\eta}.$$

Diese Lösung läßt sich auch in Abhängigkeit vom gewählten Anfangskonsum $C(0) = C_0$ darstellen, wobei wir auch gleich (13.57) für x einsetzen:

$$C = C_0\left(\frac{x}{x_0}\right)^{\alpha/\eta} e^{-rt/\eta}$$
$$= C_0 e^{-rt/\eta}\left[\frac{\alpha}{\delta}x_0^{\alpha-1} + \left(1 - \frac{\alpha}{\delta}x_0^{\alpha-1}\right)e^{-\delta\frac{1-\alpha}{\alpha}t}\right]^{\frac{\alpha}{\eta(1-\alpha)}}. \tag{13.59}$$

Um die zweite Steuerung, R, zu ermitteln, differenzieren wir $x = K/R$ nach t und setzen (13.45b) und (13.56) für $\dot{K}$ und $\dot{x}$ ein:

$$x^\alpha - \frac{\delta}{\alpha}x = \dot{x} = \frac{\dot{K}}{R} - \frac{K\dot{R}}{RR} = \frac{F - \delta K - C}{R} - x\frac{\dot{R}}{R}$$
$$= x^\alpha - \delta x - \frac{C}{R} - x\frac{\dot{R}}{R}.$$

Dies liefert

$$\dot R = -\frac{C}{x} + \delta R \frac{1-\alpha}{\alpha}. \tag{13.60}$$

Durch Elimination von x und C mittels (13.57) und (13.59) erhält man eine lineare Differentialgleichung, deren Inhomogenität allerdings so kompliziert ist, daß sich die Lösung nicht mehr geschlossen darstellen läßt. (13.60) kann man i. a. nur mehr numerisch lösen. Die Zustandstrajektorien erhält man dann sofort aus $K = xR$ und durch Integration von $\dot S = -R$. Es bleiben nun noch die Anfangswerte der Kontrollen, nämlich R_0 (das in $x_0 = K_0/R_0$ eingeht) und C_0 zu bestimmen.

Falls der Endwert des Kapitalstocks, K_T, gegeben ist, so sind C_0 und R_0 so zu wählen, daß $K(T) = K_T$ und $S(T) = 0$ gilt.

Ist hingegen, wie in (13.45) angenommen, der Endkapitalstock $K(T)$ frei wählbar, so ergibt (13.52) und (13.48), daß neben $S(T) = 0$ die Endbedingung $U'(C(T)) = \Sigma$ zur Bestimmung von C_0 und R_0 zur Verfügung steht.

Die Formeln (13.57) und (13.59) verlieren für $\delta = 0$ ihre Gültigkeit. Der Leser ist eingeladen, in Übungsbeispiel 13.9 für $\delta = 0$ die entsprechenden Formeln herzuleiten.

13.3. Humankapital

In Abschnitt 3.2 hatten wir uns mit der optimalen Akkumulation des Wissensstandes im Lebenszyklus beschäftigt. Im vorliegenden Modell wird der Leiter einer Schule oder Universität betrachtet, der über ein Budget zur Ausbildung von Studenten verfügt. Sein Ziel ist die Maximierung des Wissensstandes über einen gegebenen Planungshorizont. Der Stand an Wissen bzw. Fertigkeiten („Humankapital") wird durch Investitionen aus dem Budget gesteigert.

Wir betrachten folgendes Modell:

$$\max_{u \geq 0} k(T)e^{-rT} \tag{13.61a}$$

$$\dot k = f(k, u) - \delta k, \quad k(0) = k_0 \tag{13.61b}$$

$$\dot y = ry - u, \quad y(0) = y_0 \tag{13.61c}$$

$$y(T) \geq 0. \tag{13.61d}$$

Dabei bezeichnen $k(t)$ den Stock an Humankapital zum Zeitpunkt t und $u(t)$ die Investitionen in diesen Kapitalstock (Ausbildungsintensität). Diese in Geldeinheiten gemessenen Aktivitäten produzieren in Abhängigkeit vom vorhandenen Wissensstand k einen Wissenszuwachs $f(k, u)$, während sich k mit der Vergessensrate δ entwertet. Die Ausbildungsinvestitionen stammen aus dem Budget y, das sich mit der Rate r verzinst. Man beachte, daß zwar am Ende das Budget nichtnegativ sein muß, für $t < T$ hingegen Verschuldung zugelassen wird.

Der Einfachheit halber spezifizieren wir die Produktionsfunktion f wie folgt:

$$f(k, u) = g(u)h(k)$$

mit den Annahmen

$$g' > 0, g'' < 0, h' > 0, h'' < 0. \tag{13.62}$$

Mit der Hamiltonfunktion

$$H = \lambda_1 [f(k, u) - \delta k] + \lambda_2 (ry - u)$$

ergeben sich gemäß Korollar 2.1 folgende notwendige Bedingungen

$$H_u = 0, \quad \text{d.h.} \quad \lambda_1 f_u = \lambda_2 \tag{13.63}$$

$$\dot{\lambda}_1 = r\lambda_1 - H_k = (r + \delta - f_k)\lambda_1 \tag{13.64}$$

$$\dot{\lambda}_2 = r\lambda_2 - H_y = 0, \quad \text{d.h.} \quad \lambda_2 = \text{const.} \tag{13.65}$$

$$\lambda_1(T) = 1. \tag{13.66}$$

Man beachte, daß (13.61c) eine Budgetbeschränkung im Sinne von Abschnitt 5.1 darstellt, was die Konstanz des Kozustandes λ_2 zur Folge hat.

Da klarerweise das Budget am Ende aufgebraucht sein wird, $y(T) = 0$, liefert (2.23c) nur die Aussage

$$\lambda_2(T) \geqq 0. \tag{13.67}$$

Differentiation von (13.63) nach t und Benützung von (13.64) liefert

$$\dot{u} = -\frac{\lambda_2}{\lambda_1 g'' h} \{r + \delta [1 - \sigma(k)]\}, \tag{13.68}$$

wobei $\sigma(k) = h'k/h$ die Elastizität der Produktion im Hinblick auf k ist. Ist diese Elastizität nicht zu groß, d.h.

$$\sigma(k) < 1 + r/\delta, \tag{13.69}$$

so folgt aus (13.68), daß die optimale *Ausbildungsintensität u monoton steigt*.
Unterstellt man speziell eine Cobb-Douglas-Produktionsfunktion für das human capital,

$$f(k, u) = bk^\alpha u^\beta, \quad \alpha + \beta \leqq 1, \quad 0 < \alpha < 1, \quad 0 < \beta < 1, \tag{13.70}$$

so ist (13.69) automatisch erfüllt. In diesem Fall kann das (k, λ_1)-Phasendiagramm leicht ermittelt werden. Unter Verwendung von (13.63) und (13.70) erhält man nämlich

$$\dot{k} = -\delta k + b^{1/(1-\beta)} \left(\frac{\beta}{\lambda_2}\right)^{\beta/(1-\beta)} k^{\alpha/(1-\beta)} \lambda_1^{\beta/(1-\beta)} \qquad (13.71)$$

$$\dot{\lambda}_1 = (r+\delta)\lambda_1 - \alpha b^{1/(1-\beta)} \left(\frac{\beta}{\lambda_2}\right)^{\beta/(1-\beta)} k^{(\alpha+\beta-1)/(1-\beta)} \lambda_1^{1/(1-\beta)}. \qquad (13.72)$$

Die Analyse des Systems (13.71, 72) ist in Abb. 13.5 illustriert.

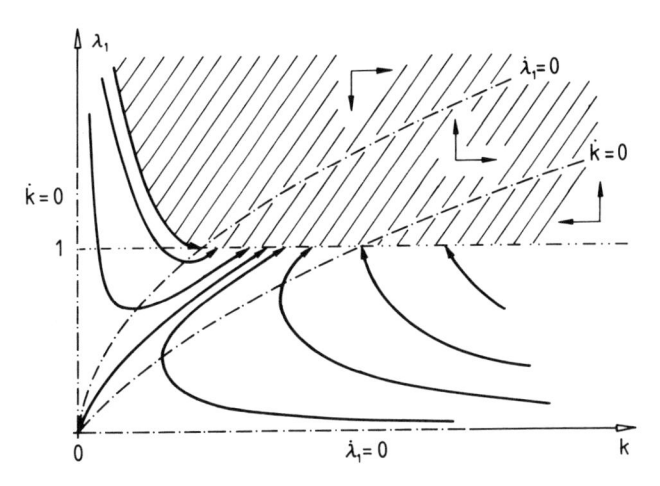

Abb. 13.5 Das (k, λ_1)-Phasendiagramm für das Humankapital-Modell

Aus der Transversalitätsbedingung (13.66) erkennt man, daß jede optimale Trajektorie auf der Geraden $\lambda_1 = 1$ endet. Dadurch ist der schraffierte Bereich als unzulässig identifiziert. Obwohl u streng monoton steigt, weist der Schattenpreis $\lambda_1(t)$ für kleines k_0 eine Trendänderung auf: während er für kleine Werte von k zunächst fällt, steigt er später wieder an.

In Übungsbeispiel 13.10 ist der Leser aufgefordert, eine dynamische Sensitivitätsanalyse von $u(t)$ bezüglich der Parameter α, β, δ und r durchzuführen. Dabei zeigt sich, daß die optimalen Ausbildungsinvestitionen umsomehr gegen Ende des Planungshorizontes zu konzentrieren sind, je unelastischer die Produktionsfunktion bezüglich k ist (d. h. je kleiner α ist). Derselbe Effekt wird auch durch die Erhöhung von β, δ und r erzielt. Dieses Verhalten ist ökonomisch sinnvoll.

Übungsbeispiele zu Kapitel 13

13.1. Man löse das Ramsey-Modell (13.12) unter der zusätzlichen Annahme eines Minimalkonsums $c \geqq \underline{c}$ wobei $\underline{c} > 0$ und konstant ist.

13.2. Man verifiziere, daß für das Ramsey-Modell mit konvexer Nutzenfunktion (Abschnitt 13.1.4) das zugehörige linearisierte Modell (13.19) die Bedingungen (3.40) und (3.41) des RMAP Theorems (Satz 3.2) erfüllt.

13.3. Man analysiere das Ramsey-Modell mit konvex-konkaver Nutzenfunktion. Insbesondere leite man die Optimalität der in Abb. 13.2bcd skizzierten Konsumpolitik ab (methodisch kann man wie in *Hartl* und *Mehlmann*, 1983, vorgehen).

13.4. Man zeige, daß für alle Modellvarianten des Ramsey-Modells mit konkaver Produktionsfunktion (Abschnitte 13.1.1 bis 13.1.4) die hinreichenden Optimalitätsbedingungen von Satz 7.1 bzw. 7.5 erfüllt sind.

13.5. Gegeben sei folgendes Kontrollproblem

$$\max_c \int_0^\infty e^{-rt} U(c) dt$$
$$\dot{x} = (\gamma - c)x - c, \quad x(0) = 0$$
$$0 \le c \le \bar{c},$$

das die Situation von Übungsbeispiel 1.11 illustriert. Dabei bezeichnet $c(t)$ die Konsumrate pro Vampir, $x(t)$ die Anzahl der Menschen pro Vampir und γ die Summe aus Geburtenrate der menschlichen Bevölkerung und Sterberate der Vampirpopulation. Man löse dieses Modell für den Fall (a) konkaver, (b) linearer, (c) konvexer und (d) konvex-konkaver Nutzenfunktion (Hinweis: zu (a), (b) und (c) vergleiche man *Hartl* und *Mehlmann* (1982), zu (d) *Hartl* und *Mehlmann* (1983). Zur Analyse von Fall (b) bzw. (c) lassen sich auch die Sätze 3.2 bzw. 3.4 anwenden).

13.6. Ein Mann besitzt ein bestimmtes Ausgangskapital k_0 und soll davon und von den Zinsen bis zu seinem Tode seinen Lebensunterhalt bestreiten. Es sei c seine Konsumrate, die mit der Nutzenfunktion $U(c) = \sqrt{c}$ bewertet werde. Mit der Diskontrate r, der Verzinsungsrate ϱ und der erwarteten Lebensdauer T lautet also das Problem

$$\max_c \{J = \int_0^T e^{-rt} U(c) dt\}$$
$$\dot{k} = \varrho k - c, \quad k(0) = k_0, \quad k(T) \ge 0$$
$$c \ge 0.$$

Wie ändert sich die optimale Lösung, wenn eine Konsumobergrenze $c \le \bar{c}$ eingeführt wird.

13.7. Man zeige, daß die Lösung der linearen inhomogenen Differentialgleichung (13.33) mit der Anfangsbedingung (13.32) für genau ein $k_\tau > \tilde{k}$ beschränkt bleibt.

13.8. a) Man führe die Phasendiagrammanalyse für das Modell von Abschnitt 13.2.1 im Detail durch und berücksichtige auch die Nebenbedingungen (13.38c).

b) Man führe die Analyse im (K, A)-Diagramm durch.

13.9. a) Man löse das Modell von Abschnitt 13.2.2 für $\delta = 0$.

b) Im Spezialfall $\alpha = \eta$ löse man die Differentialgleichung (13.60) für die Extraktionsrate R.

13.10. Man führe eine dynamische Sensitivitätsanalyse von $u(t)$ für das Humankapital-Modell bezüglich der Parameter α, β, δ und r durch. (Hinweis: vgl. *Hartl* (1983a)).

Weiterführende Bemerkungen und Literatur zu Kapitel 13

Das in Abschnitt 13.1 behandelte neoklassische Wachstumsmodell wurde von *Ramsey* (1928) analysiert. *Cass* (1965, 1966), *Kurz* (1965), *Arrow* (1968), *Hadley* und *Kemp* (1971) haben das Modell bzw. Varianten und Erweiterungen davon kontrolltheoretisch behandelt. Unsere Darstellung schließt sich an *Intriligator* (1971) an, wobei verschiedene Unstimmigkeiten berichtigt wurden, so etwa die Behandlung der gemischten Nebenbedingung (13.12c).

Aus Platzgründen mußte die Analyse des Ramseymodells mit konvexer bzw. konvex-konkaver Nutzenfunktion in Abschnitt 13.1.4 knapp ausfallen. In *Hartl* und *Mehlmann* (1982) wurden in einem formal ähnlichen, inhaltlich aber eher ungewöhnlichen Modell (siehe Übungsbeispiel 13.5) konkave, lineare und konvexe Nutzenfunktionen im Hinblick auf die optimale Konsumpolitik miteinander verglichen. Für die Analyse des konvex-konkaven Falles siehe *Hartl* und *Mehlmann* (1983).

Das Modell von Abschnitt 13.1.5 mit konvex-konkaver Produktionsfunktion stammt von *Skiba* (1978). Dort findet sich die Analyse des Modells ohne Konsumobergrenze $c \leq f(k)$ im Zustand-Kozustand Phasendiagramm.

Das um die Umweltkomponente erweiterte Ramsey-Modell (Abschnitt 13.2.1) stammt von *Forster* (1973b).

Zum Ressourcenausbeutungsproblem von Abschnitt 13.2.2 vergleiche man *Dasgupta* und *Heal* (1974) sowie *Burghes* und *Graham* (1980, Abschnitt 12.3).

Das Humankapital-Modell von Abschnitt 13.3 geht auf *Ritzen* und *Winkler* (1979) zurück. *Hartl* (1983a) hat einige Fehler verbessert und auch eine Erweiterung betrachtet, bei der Studenten in Abhängigkeit von ihrem Ausbildungsstand im Lehr- und Forschungsbetrieb mitarbeiten können und so zur Auffüllung des Budgets beitragen. Dies, sowie andere Formen der Produktionsfunktion, kann zu einer Umkehrung des Monotonieverhaltens der Ausbildungsintensität führen.

Weitere optimale Kontrollmodelle in der Erziehungsplanung sind *Tu* (1969) und *Southwick* und *Zionts* (1974).

Kapitel 14: Ressourcenmanagement

Seitdem der Club of Rome die Grenzen des Wachstums propagiert hat (*Meadows* et al., 1972) und seit der Erdölkrise 1973 beanspruchen Probleme der optimalen Ausbeutung erschöpfbarer Ressourcen weites Interesse. Die Tatsache, daß Ressourcen nur in beschränktem Ausmaß vorhanden sind (so wie der Treibstoff in einem Raumschiff) hat – ebenso wie die Umweltproblematik (siehe Kap. 15) – zum Schlagwort „Raumschiff Erde" geführt (vgl. *Boulding*, 1966). Natürliche Ressourcen sind von der Natur bereitgestellte Produktionsmittel (Energie, Rohstoffe, Erdöl, Erze etc.) und Konsumgüter (Agrarprodukte, Fische). Nach der Produktionsweise in der Natur sind *erneuerbare* und *nicht erneuerbare* Ressourcen zu unterscheiden. Während erstere biologischen Wachstumsprozessen unterliegen (Fische, Holz), spielen bei den anderen natürliche Entstehungsprozesse für menschliche Planungshorizonte keine Rolle (Erdöl, Kohle). Neben Rohstoffen und bestimmten Tierpopulationen zählen auch noch „Boden" sowie öffentliche Güter wie die Erdatmosphäre, „Schönheit" der Landschaft, Zustand der Umwelt zu den natürlichen Ressourcen (vgl. *Siebert*, 1983, p. 3).

Da vollständiges „Recycling" entweder aufgrund steigender Kosten praktisch unmöglich ist, oder die Ressource durch ihre Verwendung vernichtet bzw. so verändert wird, daß sie kein zweitesmal genutzt werden kann, ist die *Erschöpfbarkeit von Ressourcen* ökonomisch bedeutsam. Bei einer endlichen Menge einer erschöpfbaren Ressource reduziert nämlich jede heute geförderte Einheit die zukünftige Ressourcennutzung. Dieser „Bestandseffekt" beweist, daß die laufenden Förder- bzw. Abbauentscheidungen ein *intertemporales* Allokationsproblem bilden, in dessen Rahmen es das zeitliche Abbauprofil eines gegebenen Bestandes an Ressourcen zu bestimmen gilt. Bei einer nicht erneuerbaren Ressource schließt die Nutzung heute eine Verwendung in der Zukunft aus. Erneuerbare Ressourcen können sich regenerieren, wobei das Wachstum vom Ressourcenbestand abhängt[1]. Das heutige Entnahmeverhalten wirkt sich somit ebenfalls auf die künftigen Chancen aus. Übertriebene Ausbeutung führt (im Falle erneuerbarer Ressourcen) zu verminderter Regeneration und somit zu beeinträchtigter zukünftiger Verfügbarkeit bzw. sogar zur Ausrottung.

Zurück zum *optimalen Zeitprofil* der Ressourcennutzung. Grundlegend dafür ist die Ermittlung des intertemporalen Angebotsverhaltens eines Ressourcenbesitzers, der seinen Gewinn über einen Zeitraum maximieren möchte. Das Maximumprinzip liefert dazu ein „par excellence"-Instrumentarium. Der Schattenpreis einer zusätzlichen Ressourceneinheit gibt die Bewertung der Ressource für die zukünftige(n) Generation(en). Analog kann man fragen, um wieviel sich der zukünftige Nutzen verringert, wenn eine Einheit des Ressourcenstocks extrahiert wird. Die heutige Nutzung bedeutet entgangene Nutzung in der Zukunft und verursacht deshalb

---

[1] Man vergleiche die Analogie zur Kapitalakkumulation. Tatsächlich handelt es sich ja beim Wachstum einer erneuerbaren Ressource um die Anhäufung eines Kapitalstocks.

Opportunitäts- oder Nutzungskosten. Daher stammt die in der Literatur übliche Bezeichnung „marginal user cost" für den Schattenpreis.

Der Aufbau des vorliegenden Kapitels ist wie folgt. In Abschnitt 14.1 wird zunächst die Extraktion *nicht erneuerbarer* Ressourcen behandelt. Dabei wird das intertemporale Grundkalkül eines Ressourcenanbieters bei vollständiger Konkurrenz, im Falle eines Angebotsmonopols und im sozial optimalen Fall entwickelt. Abschnitt 14.2 behandelt einige wichtige Modelle zur Ausbeutung *erneuerbarer* Ressourcen.

14.1. Nicht erneuerbare Ressourcen

Zur Einführung in die Problematik der optimalen Ausbeutung erschöpfbarer Ressourcen vergleichen wir zunächst – unter Vernachlässigung der Extraktionskosten – den Fall eines gegebenen Preispfades, vollständige Konkurrenz, den Monopolfall sowie den sozial optimalen Fall miteinander (Abschnitt 14.1.1). In Abschnitt 14.1.2 betrachten wir den Fall bestandsabhängiger Abbaukosten, wobei aus Platzgründen nur der Monopolfall detailliert behandelt wird.

14.1.1. Verschiedene Marktformen bei vernachlässigbaren Extraktionskosten

Es bezeichne $z(t)$ den Bestand einer nicht erneuerbaren Ressource zum Zeitpunkt t, $q(t)$ die (nichtnegative) Abbaurate (mit Kapazitätsgrenze $\bar{q}$), $p(t)$ den Verkaufspreis und r die Diskontrate. Das Ressourcenausbeutungsproblem lautet dann:

$$\max_q \int_0^\infty e^{-rt} p(t) q(t) dt \tag{14.1a}$$

$$\dot{z}(t) = -q(t), \; z(0) = z_0 > 0 \tag{14.1b}$$

$$0 \leq q(t) \leq \bar{q} \tag{14.1c}$$

$$\lim_{t \to \infty} z(t) \geq 0. \tag{14.1d}$$

Man beachte, daß wegen $q \geq 0$ die Endbedingung (14.1d) äquivalent mit der reinen Zustandsnebenbedingung $z(t) \geq 0$ ist.

In der Folge wird der Preispfad je nach Marktform spezifiziert.

Gegebene Preistrajektorie

Angenommen, die Preisentwicklung sei exogen vorgegeben. Aus (14.1a) erkennt man, daß q mit dem Faktor $p\exp(-rt)$ behaftet ist. Im Fall, daß $\bar{q} = \infty$ ist, ist es offensichtlich optimal, zu jenem Zeitpunkt t^*, in dem $p\exp(-rt)$ maximal ist, den gesamten Ressourcenstock z_0 (impulsmäßig; vgl. Anhang A.6, insbesondere Bei-

14.1. Nicht erneuerbare Ressourcen 433

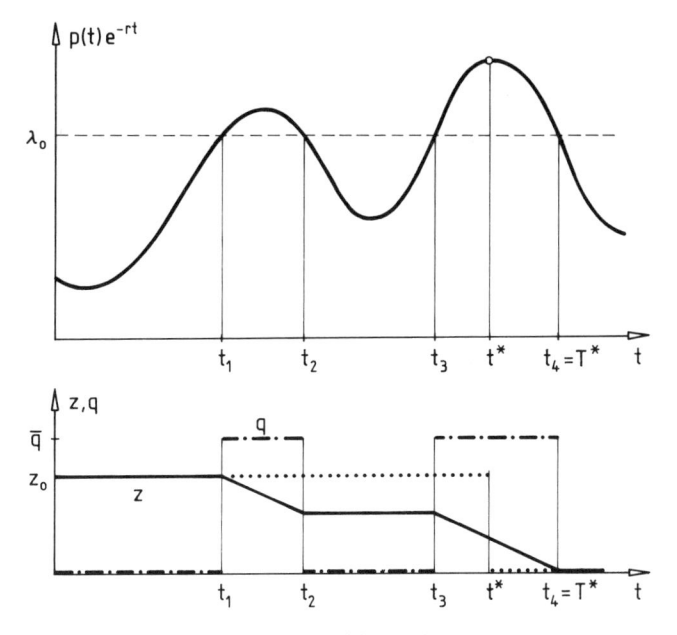

Abb. 14.1 Optimaler Ressourcenabbau bei vorgegebenem Preispfad: Die punktierte z-Trajektorie entspricht dem Fall einer Impulskontrolle bei $t = t^*$ für $\bar{q} = \infty$, der durchzogene Pfad dem Fall $\bar{q} < \infty$

spiel A.6.1) abzubauen und auf dem Markt anzubieten. Dies ist in Abb. 14.1 illustriert, wobei der noch vorhandene Ressourcenstand $z(t)$ punktiert eingezeichnet ist.

Im (realistischeren) Fall $q \leqq \bar{q} < \infty$ kann nicht der gesamte Ressourcenstock auf einmal abgebaut werden; das optimale Abbauprofil läßt sich wie folgt als Bang-Bang-Lösung bestimmen:

$$H = (p - \lambda)q$$

$$q = \begin{Bmatrix} 0 \\ \text{unbestimmt} \\ \bar{q} \end{Bmatrix} \text{ für } \lambda \begin{Bmatrix} > \\ = \\ < \end{Bmatrix} p \tag{14.2}$$

$$\dot{\lambda} = r\lambda. \tag{14.3}$$

Diese wegen Satz 2.3 notwendigen Optimalitätsbedingungen sind gemäß Satz 2.4 auch hinreichend, da neben der Konkavität der maximierten Hamiltonfunktion in z auch die Grenztransversalitätsbedingung

$$\lim_{t \to \infty} e^{-rt}\lambda(t)z(t) = 0 \tag{14.4}$$

erfüllt ist (vgl. Bemerkung 2.10). Man beachte, daß wegen der Nichtnegativität des Schattenpreises λ und jeder zulässigen Ressourcenentwicklung z die Beziehung (2.68) aus (14.4) folgt.

Aus (14.3) ergibt sich

$$\lambda(t) = \lambda_0 e^{rt}, \tag{14.5}$$

wobei λ_0 eine noch zu bestimmende Konstante ist[1].

Setzt man (14.5) in (14.2) ein, so hat man

$$q = \begin{Bmatrix} 0 \\ \text{unbestimmt} \\ \bar{q} \end{Bmatrix} \quad \text{für} \quad e^{-rt}p \begin{Bmatrix} < \\ = \\ > \end{Bmatrix} \lambda_0. \tag{14.6}$$

Wegen $\int_0^\infty q(t)\,dt = z_0$ ist also jenes $\lambda_0 > 0$ zu suchen, für das die Summe der Längen aller Teilintervalle von $[0, \infty)$, wo $e^{-rt}p(t) > \lambda_0$ ist, gleich $z_0/\bar{q}$ ist. In Abb. 14.1 muß also $(t_2 - t_1) + (t_4 - t_3) = z_0/\bar{q}$ sein.

Bemerkung 14.1. Im Erschöpfungszeitpunkt T^*, in dem erstmals $z(t) = 0$ gilt, ist $q(T^* - \varepsilon) > 0$ und $q(T^* + \varepsilon) = 0$ für kleine $\varepsilon > 0$. Infolge (14.2) gilt also aus Stetigkeitsgründen $\lambda(T^*) = p(T^*)$ und somit $H(T^*) = 0$.

In diesem Zusammenhang ist es interessant zu bemerken, daß das Problem (14.1) äquivalent mit dem entsprechenden Modell für endlichen, aber freien Endzeitpunkt T ist. Auch in diesem Fall erhält man gemäß (2.70) für den optimalen Erschöpfungszeitpunkt T^* die Aussage, daß die Hamiltonfunktion dort verschwindet: $H(T^*) = 0$. Wir haben aus Gründen der „Eleganz" die Formulierung mit unendlichem Planungshorizont gewählt, da unter Umständen (bei stark fluktuierender Preistrajektorie) gar kein endlicher Erschöpfungszeitpunkt existiert.

Vollständige Konkurrenz

Betrachten wir nun den Fall vieler kleiner Ressourcenanbieter, von denen jeder ein Kontrollproblem (14.1) angesichts einer vorgegebenen Preistrajektorie zu lösen hat. Für den Fall einer wie in Abb. 14.1 fluktuierenden Preistrajektorie haben wir zuvor gesehen, daß dann alle Ressourceneigner in den „Wellentälern" von $p(t)$ nichts anbieten würden, während sie bei den „Gipfeln" von $p(t)$ alle gleichzeitig mit maximaler Rate abbauen und damit den Markt überfluten würden.

Einerseits würde ein derartiges Überangebot den Preis hinunterdrücken, während andererseits ein geringes Angebot die Preise erhöht. Die Marktgleichgewichtskräfte führen also zu jenem Preis, bei dem die Ressourcenanbieter indifferent zwischen minimaler und maximaler Abbaurate sind, so daß gerade genug produziert wird, um die Marktnachfrage zu erfüllen. Gemäß (14.2) bzw. (14.6) ist also die *singuläre* Abbaurate zu wählen, was bedeutet, daß die Preistrajektorie mit der Diskontrate steigt:

---

[1] Man beachte, daß λ_0 den Anfangswert von $\lambda(t)$ und nicht die Normalitätskonstante (hier mit $\bar{\lambda}_0$ bezeichnet) aus (2.59) von Satz 2.3 ist. Da die hinreichenden Bedingungen erfüllt sind, ist es gerechtfertigt, nur den normalen Fall $\bar{\lambda}_0 = 1$ zu betrachten.

$$\dot{p}(t)/p(t) = r. \tag{14.7}$$

Dieses in der Theorie erschöpfbarer Ressourcen fundamentale Resultat heißt nach seinem Entdecker *Hotelling-Regel* (*Hotelling*, 1931).

Der Monopolfall

Angenommen, der Ressourceneigner ist ein Monopolist, dessen Nachfrage durch eine Preis-Absatzfunktion $p = p(q)$ charakterisiert ist. Dabei nehmen wir an, daß

$$p' < 0, \quad p'' < -2p'/q \tag{14.8a}$$

gilt. Annahme (14.8a) impliziert, daß der Grenzerlös (marginal revenue)

$$MR(q) = \frac{d}{dq}(qp(q)) = p + qp'$$

eine fallende Funktion von q ist (vgl. (11.8a)).

Ferner existiere ein Sättigungsniveau $\bar{q}$ der Nachfrage, welches auch durch beliebig kleine, positive Preise nicht überschritten werden kann, d. h.

$$p(\bar{q}) = 0. \tag{14.8b}$$

Andererseits kann das Preisniveau auch durch beliebig kleine Mengen nicht über den Backstoppreis $\bar{p}$ getrieben werden, d. h.

$$p(0) = \bar{p}. \tag{14.8c}$$

Dann lautet das Zielfunktional des Monopolisten

$$J = \int_0^\infty e^{-rt} qp(q) dt, \tag{14.9}$$

das unter den Nebenbedingungen (14.1b–d) zu maximieren ist, wobei die Beschränkung $q \leq \bar{q}$ weggelassen wird.

Die notwendigen und hinreichenden Optimalitätsbedingungen sind

$$\begin{aligned} H &= [p(q) - \lambda]q \\ q &= \arg\max_{q \geq 0} H, \quad \text{d.h.} \quad \begin{cases} q = 0 & \text{falls } \lambda \geq \bar{p} \\ qp' + p - \lambda = 0 & \text{falls } \lambda < \bar{p} \end{cases} \end{aligned} \tag{14.10}$$

sowie die adjungierte Gleichung (14.3) und die Transversalitätsbedingung (14.4).

Annahme (14.8a) stellt sicher, daß $H_{qq} < 0$ ist, so daß (14.10) ein globales Maximum von H liefert. (14.10) bedeutet, daß genau dann zu extrahieren ist ($q > 0$), wenn der Wert λ der Ressource kleiner als der Backstoppreis ist.

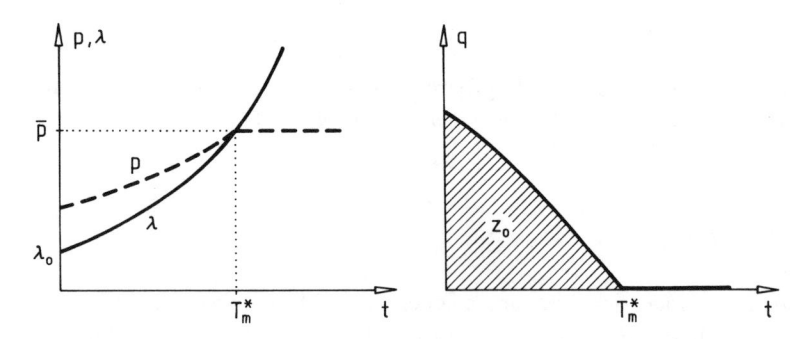

Abb. 14.2 Optimale Ressourcenabbau- und Preispolitik im Monopolfall bei vernachlässigbaren Extraktionskosten

Zur Lösung bemerkt man zunächst, daß wieder (14.5) gilt, d. h. λ steigt exponentiell mit der Rate r (vgl. Abb. 14.2).

Gemäß (14.10) und Annahme (14.8a) gilt $\dot{q} = \dot{\lambda}(dq/d\lambda) = \dot{\lambda}/H_{qq} < 0$. Somit ist die Abbaurate q für $\lambda < \bar{p}$ eine streng monoton fallende Zeitfunktion. Ab dem Erschöpfungszeitpunkt T_m^*, der durch

$$\lambda(T_m^*) = \bar{p} \tag{14.11}$$

charakterisiert ist, gilt $q = 0$. Der Anfangswert λ_0 ist dabei so zu wählen, daß die gesamte extrahierte Menge, d.h. die Fläche unter dem Zeitpfad $q(t)$, gleich dem Anfangsbestand z_0 ist.

Man beachte, daß die Maximumbedingung (14.10) für $\lambda < \bar{p}$ geschrieben werden kann als

$$MR(q) = \lambda = \lambda_0 e^{rt}. \tag{14.12}$$

Die Beziehung (14.12) ist das monopolistische Analogon zur r-Prozent (Hotelling-) Regel. Sie besagt, daß im Monopolfall nicht der Preis (wie bei vollständiger Konkurrenz), sondern der Grenzerlös $MR(q)$ mit der Rate r steigt.

Für den Preis erhält man aus (14.10), daß

$$p(t) > \lambda(t) \quad \text{für} \quad t \in [0, T_m^*). \tag{14.13}$$

Wegen (14.11), $q(T_m^*) = 0$ und Annahme (14.8c) gilt $p(T_m^*) = \lambda(T_m^*) = \bar{p}$. Somit ist $p(T) < p(0)\exp(rt)$, d.h. der Preis steigt „langfristig" weniger als mit der Rate r. (In Abb. 14.2 ist der Preispfad strichliert eingezeichnet.) Ob $p(t)$ zu jedem Zeitpunkt um weniger als r Prozent wächst, hängt vom Verlauf der Elastizität entlang der Nachfragekurve ab. Im Fall einer linearen Nachfragefunktion ist dieses Resultat gewährleistet (Übungsbeispiel 14.2). Dieses Ergebnis, nämlich daß in kartellierten Ressourcenmärkten der Preis anfangs höher als in Konkurrenzmärkten ist, aber dafür langsamer wächst, wurde von Solow – überspitzt – folgendermaßen formuliert: *„Das Monopol ist der beste Freund der Ressource bzw. konservativer Extraktion".*

Bemerkung 14.2. Wie in Bemerkung 14.1 bei gegebenem Preispfad ausgeführt, verschwindet auch im Monopolfall die Hamiltonfunktion im optimalen Erschöpfungszeitpunkt: $H(T_m^*) = 0$. In diesem Fall verschwinden nämlich sogar beide Faktoren $p - \lambda$ und q der Hamiltonfunktion für $T = T_m^*$. Dies ist wieder äquivalent mit der Transversalitätsbedingung (2.70) für endlichen freien Endzeitpunkt.

Soziales Optimum

Während im Monopolfall nur der in Abb. 14.3 mit $R = qp(q)$ bezeichnete Umsatz auftrat, wollen wir nun auch die Konsumentenrente CS (consumer surplus) ins Kalkül ziehen.

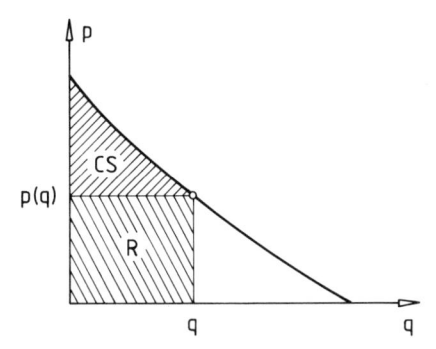

Abb. 14.3 Erlös R, Konsumentenrente CS und soziale Nutzenfunktion $U = R + CS$

Darunter versteht man den zusätzlichen Nutzen, der den Konsumenten dadurch erwächst, daß sie das Gut zu einem niedrigeren Preis erhalten, als sie bereit wären dafür zu bezahlen. Der totale Nutzen $U(q) = R + CS$ ist gegeben durch

$$U(q) = \int_0^q p(\varrho)d\varrho, \quad U'(q) = p(q). \tag{14.14}$$

Die sozial optimale Ressourcenextraktion besteht in der Lösung des folgenden Optimierungsproblems:

$$\max_q \int_0^\infty e^{-rt} U(q) dt \tag{14.15}$$

unter den Nebenbedingungen (14.1b–d), wobei in (14.1c) die Obergrenze $q \leq \bar{q}$ wieder wegzulassen ist.

Die notwendigen und hinreichenden Optimalitätsbedingungen sind

$$H = U(q) - \lambda q$$

$$q = \underset{q \geq 0}{\arg\max} H, \quad \text{d.h.} \quad \begin{cases} q = 0 & \text{falls } \lambda \geq \bar{p} \\ p - \lambda = 0 & \text{falls } \lambda < \bar{p} \end{cases} \qquad (14.16)$$

sowie die adjungierte Gleichung (14.3) und die Grenztransversalitätsbedingung (14.4).

Wegen (14.16) und (14.3) steigt der Preis wie bei vollständiger Konkurrenz pro Zeiteinheit um r Prozent und die optimale Extraktionsrate $q(t)$ ist eine monoton fallende stetige Funktion. Während q für $\lambda = p = \lambda_0 \exp\{rt\} < \bar{p}$ streng monoton fällt, gilt ab dem Erschöpfungszeitpunkt T_s^*, der durch

$$\lambda(T_s^*) = \bar{p} \qquad (14.17)$$

gegeben ist, $q(t) = 0$ (vgl. Abb. 14.4). Der Anfangswert λ_0 ist wieder so zu wählen, daß die gesamte geförderte Menge, d.h. die Fläche unter dem Abbauprofil $q(t)$, gleich dem anfänglichen Ressourcenstock z_0 ist.

Wir vergleichen nun das soziale Optimum mit dem Monopolfall und zeigen, daß im sozial optimalen Fall die Ressource stets *früher* erschöpft ist, als bei einem monopolistischen Minenbesitzer. Dies wird anhand von Abb. 14.4 illustriert.

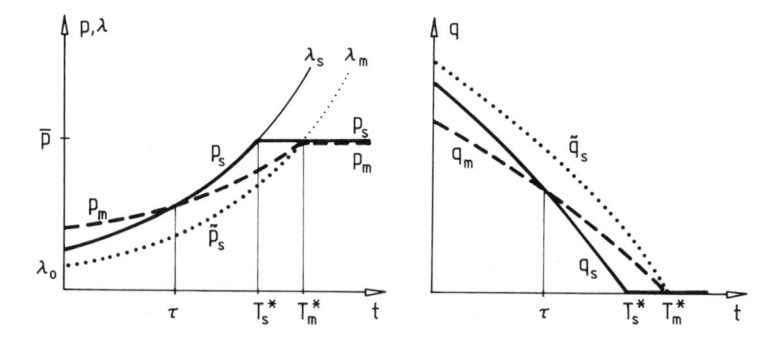

Abb. 14.4 Optimale Preis- und Abbaupolitik im sozial optimalen Fall (–); die Extraktionsdauer T_s^* ist kürzer als T_m^* im Monopolfall (---)

Der Extraktionspfad $q_m(t)$ und die Preistrajektorie $p_m(t)$ des Monopolisten sind dort strichliert eingezeichnet. Würde nun im sozial optimalen Fall dasselbe λ_0 wie im Monopolfall gelten, so würde die entsprechende Preistrajektorie $\tilde{p}_s$ mit dem punktiert eingezeichneten λ_m-Pfad zusammenfallen und somit wegen (14.10) stets unterhalb von p_m liegen. Die zugehörige Abbaurate $\tilde{q}_s$ (in Abb. 14.4 punktiert eingezeichnet) wäre dann immer größer als q_m. Somit würde bis zum Zeitpunkt T_m^* mehr extrahiert werden, als an Ressourcenbestand vorhanden ist. Um diesen Widerspruch zu beheben, muß $p_0 = \lambda_0$ solange angehoben werden, bis die Fläche unter der q_s-Trajektorie (die nun unterhalb von $\tilde{q}_s$ liegt) gleich z_0 ist.

Somit ist gezeigt, daß für die optimalen Erschöpfungszeitpunkte T_m^* bzw. T_s^* im Monopolfall bzw. im sozialen Optimum

$$T_s^* < T_m^* \qquad (14.18)$$

gilt. Falls stets $\dot{p}_m/p_m < r$ gilt – dies ist etwa für lineare Preis-Absatzfunktionen $p(q)$ der Fall (vgl. Übungsbeispiel 14.2) – existiert ferner ein Zeitpunkt τ so daß

$$q_m(t) \lesseqgtr q_s(t) \quad \text{und} \quad p_m(t) \gtreqless p_s(t) \quad \text{für} \quad t \lesseqgtr \tau \tag{14.19}$$

(vgl. Abb. 14.4).

Abschließend sei nochmals darauf hingewiesen, daß sowohl im sozialen Optimum als auch bei vollständiger Konkurrenz der Preis exponentiell mit der Rate r steigt. Vergleicht man also diese beiden Fälle und unterstellt den gleichen Anfangsressourcenbestand und identische Nachfragestruktur am Gesamtmarkt, so stimmen die optimalen Lösungen bei vollständiger Konkurrenz und im Falle des sozialen Optimums überein.

Ferner kann man zeigen (Übungsbeispiel 14.3), daß die optimale Abbaurate des Monopolisten im Falle isoelastischer Nachfrage auch sozial optimal ist. Dies stellt keinen Widerspruch zu (14.18) dar, da isoelastische Nachfragefunktionen die Annahmen (14.8bc) nicht erfüllen.

Im folgenden wird auch die Kostenstruktur einbezogen, wobei wir uns aus Platzgründen auf den Monopolfall beschränken.

14.1.2. Monopolistische Ressourcenextraktion bei bestandsabhängigen Abbaukosten

Wir betrachten folgendes Problem eines monopolistischen Minenbesitzers

$$\max_{q \geq 0} \int_0^\infty e^{-rt}[p(q,t) - c(z)]q\,dt \tag{14.20a}$$

$$\dot{z} = -q, \quad z(0) = z_0 \tag{14.20b}$$

$$\lim_{t \to \infty} z(t) \geq 0. \tag{14.20c}$$

Die Preisabsatzfunktion $p = p(q, t)$ kann nun explizit von der Zeit abhängen, um Nachfragetrends und saisonale Schwankungen modellierbar zu machen. Die Annahmen (14.8) übertragen sich sinngemäß wie folgt

$$p_q < 0, \quad p_{qq} < -2p_q/q \tag{14.21a}$$

$$p(\bar{q}(t), t) = 0 \tag{14.21b}$$

$$p(0, t) = \bar{p}(t). \tag{14.21c}$$

Die Produktionskosten pro geförderter Einheit wachsen mit der kumulativen Ausbeutung, d.h.

$$c'(z) \leq 0. \tag{14.22}$$

Diese Annahme ist intuitiv plausibel, da die Extraktion von billigen zu teureren Lagerstätten fortschreitet[1].

---

[1] Die Optimalität einer derartigen Ausbeutungsreihenfolge wurde von *Herfindahl* (1967) bewiesen.

Ferner wird angenommen, daß der Backstoppreis $\bar{p}(t)$ stets größer als die Extraktionseinheitskosten sei:

$$\bar{p}(t) \geq c(0) \geq c(z). \tag{14.23}$$

Andernfalls würde die Ressource nie vollständig ausgebeutet werden.

Die notwendigen und hinreichenden Optimalitätsbedingungen lauten

$$H = [p(q, t) - c(z) - \lambda] q$$
$$q = \arg\max_q H, \quad \text{d.h.}$$

$$q = 0 \qquad \text{falls} \quad \lambda(t) \geq \bar{p}(t) - c(z(t)) \tag{14.24a}$$

$$p + qp_q - c(z) = \lambda \quad \text{falls} \quad \lambda(t) < \bar{p}(t) - c(z(t)). \tag{14.24b}$$

(14.24) besagt, daß genau dann gefördert wird, wenn der Profit $\bar{p} - c$ der ersten (ausgehend von $q = 0$) geförderten Einheit den Wert (Schattenpreis) dieser Ressourceneinheit im Boden überschreitet. In diesem Fall ist die optimale Abbaurate so zu wählen, daß der Grenzerlös $MR(q, t) = p + qp_q$ abzüglich der Einheitskosten $c(z)$ gleich dem Schattenpreis λ ist.

Der Schattenpreis genügt der adjungierten Gleichung

$$\dot{\lambda} = r\lambda - H_z = r\lambda + c'(z)q \tag{14.25}$$

sowie der Grenztransversalitätsbedingung (14.4).

Aus (14.25) erkennt man, daß der Schattenpreis λ stets nichtnegativ und für $q > 0$ sogar positiv ist:

Dies ist ökonomisch einleuchtend und kann formal wie folgt eingesehen werden. Wäre $\lambda(\tau) < 0$ für ein $\tau \geq 0$, so würde λ gemäß (14.25) und (14.22) stärker als mit der Rate r gegen $-\infty$ divergieren. Wegen (14.24b) würde $MR(q, t)$ gegen $-\infty$ streben falls $t \to \infty$. Da gemäß (14.21) der Grenzerlös MR eine fallende Funktion in q ist, so würde wegen Annahme (14.21b) ab einem gewissen Zeitpunkt für die Extraktionsrate stets $q(t) \geq \bar{q}(t)$ gelten. Dies stellt offenkundig einen Widerspruch zu (14.20c) dar.

Daraus folgt sofort, daß der Grenzerlös $MR(q, t)$ bei Vorliegen von Extraktionskosten um weniger als mit der Diskontrate r wächst:

Entlang positiver Extraktion $q > 0$ gilt wegen (14.24b)

$$MR(q, t) = c(z) + \lambda \geq c(z), \tag{14.26}$$

d.h. der Grenzerlös ist nie geringer als die Extraktionseinheitskosten und somit positiv.

Leitet man (14.24b) nach t ab und eliminiert $\dot{\lambda}$ mittels (14.25) sowie λ mittels (14.24b), so erhält man die Beziehung

$$\frac{(MR)^{\cdot}}{MR} = r\left[1 - \frac{c(z)}{MR}\right].$$

Somit ist für positive Abbauraten gezeigt, daß

$$(MR)^{\cdot}/MR < r \tag{14.27}$$

ist. Für $q = 0$ gilt $MR(0, t) = \bar{p}(t)$. Fluktuiert der Backstoppreis weniger als mit der Rate r, so ist (14.27) automatisch erfüllt.

Die optimale Abbaurate $q(t)$ ist gemäß Lemma 4.1 stetig, da H_{qq} wegen Annahme (14.21 a) negativ ist. Um eine Monotonieaussage für die Extraktionsrate zu erhalten, müssen Zusatzannahmen getroffen werden.

Wird die Nachfragesituation mit der Zeit schlechter (z. B. infolge von Einsparungsmaßnahmen bzw. Technologieänderungen der Abnehmer), d. h.

$$p_t(q, t) \leqq 0, \quad p_{qt}(q, t) \leqq 0, \tag{14.28}$$

so *sinkt die optimale Abbaurate* im Laufe der Zeit.

Um dies zu beweisen, differenzieren wir (14.26) nach t und eliminieren $\dot\lambda$ mittels (14.25). Dies liefert

$$(MR)^{\cdot} = [\partial(MR)/\partial q]\dot{q} + \partial(MR)/\partial t = -c'\dot{q} + \dot\lambda = r\lambda > 0. \tag{14.29}$$

Wegen (14.21a) ist $\partial(MR)/\partial q < 0$, und wegen (14.28) ist $\partial(MR)/\partial t = p_t + qp_{qt} \leqq 0$. Aus (14.29) folgt somit $\dot{q} < 0$.

Um auch über die Form der optimalen Preispolitik eine Aussage treffen zu können, setzen wir voraus, daß in (14.28) $p_t = p_{qt} = 0$ gilt, d. h., daß es sich um ein autonomes Problem handelt. Wegen $p_q < 0$ und $\dot{q} < 0$ gilt $\dot{p} = p_q \dot{q} > 0$. Somit steigt der optimale Preis monoton an, um im Erschöpfungszeitpunkt T^* den Backstoppreis zu erreichen.

Für den optimalen Endzeitpunkt T^* überträgt sich Bemerkung 14.2.

14.2. Erneuerbare Ressourcen

Erneuerbare Ressourcen unterscheiden sich von nicht erneuerbaren dadurch, daß sich der Ressourcenbestand aufgrund natürlicher Prozesse (Nachwuchs- und Absterben) regeneriert.

Die Ausbeutung bzw. allgemeiner die Bewirtschaftung erneuerbarer Ressourcen hängt sowohl von *ökonomischen* als auch von *biologischen* Gegebenheiten ab. Ein zentrales Problem der Bioökonomie ist dabei jenes der Bewahrung erneuerbarer Ressourcen angesichts der Gefahr ihrer Überausbeutung bzw. Ausrottung.

Die natürlichen Veränderungen von Ressourcenbeständen hängen von einer Vielzahl von Faktoren ab, etwa vom Altersaufbau der Ressourceneinheiten, von deren Umgebung etc. Im folgenden beschränken wir uns auf die Abhängigkeit der Wachstumsrate vom Bestand der Ressource (vgl. auch Beispiel 3.2).

14.2.1. Bioökonomische Grundbegriffe und das Gordon-Schaefer-Modell

Es sei $z(t)$ der Bestand einer erneuerbaren Ressource (Biomasse), etwa einer Fischpopulation, zum Zeitpunkt t. Bezeichnet man mit $G(z)$ den (infinitesimalen) Populationszuwachs

$$\dot z = G(z) \tag{14.30}$$

so ist $\varrho(z) = G(z)/z$ die natürliche Wachstumsrate. Sie ergibt sich als Differenz der (rohen) Geburten- und Sterberate.

Falls das Wachstum einer (nicht ausgebeuteten) biologischen Population nicht durch Raum- oder Nahrungsbeschränkungen behindert wird, zeigt sich vielfach näherungsweise exponentielles Wachstum: $\varrho(z) = \varrho$. Da exponentielles Wachstum in einer endlichen Welt klarerweise nicht unbegrenzt weitergehen kann, wird die Wachstumsfunktion $G(z)$ ab einem gewissen Bestand (z_{MSY}) wieder zu sinken beginnen[1]. Infolge von Subsistenzbeschränkungen kann eine biologische Population i.a. nämlich nur bis zu einem gewissen *Sättigungsniveau* (carrying capacity) $\tilde z$ wachsen, während darüber die Sterberate die Geburtenrate übertrifft.

Ein typisches derartiges Wachstumsgesetz ist das *logistische* Wachstum

$$G(z) = \varrho z (1 - z/\tilde z), \tag{14.31}$$

dessen parabolische Form in Abb. 14.5a1 illustriert ist.

Die zugehörige natürliche Wachstumsrate $\varrho(z) = \varrho(1 - z/\tilde z)$ ist in z monoton fallend (vgl. Abb. 14.5a2). Diese Eigenschaft wird in der Literatur allgemein als (reine) *Kompensation* bezeichnet.

Falls $\varrho(z)$ zunächst steigt und erst ab einem Niveau $\tilde z$ fällt, so spricht man vom *Depensationsfall* (vgl. Abb. 14.5b2, c2). Die zugehörigen Wachstumsfunktionen sind in Abb. 14.5b1 bzw. 14.5c1 skizziert. Im Fall c (sogen. *kritische Depensation*) gibt es ein Populationsniveau $\underline z$, welches den kleinsten lebensfähigen Bestand repräsentiert; darunter ist $G(z)$ (und $\varrho(z)$) negativ.

In den Fällen a und b strebt die (unausgebeutete) Population (14.30) unabhängig vom Anfangsbestand $z(0)$ asymptotisch gegen $\tilde z$, während im kritischen Depensationsfall c dies nur für $z(0) > \underline z$ gilt. Für $z(0) < \underline z$ stirbt die Population früher oder später (asymptotisch) aus.

Bezeichnet man mit $q(t)$ die Fangrate im Zeitpunkt t, so entwickelt sich die ausgebeutete Population gemäß

$$\dot z = G(z) - q. \tag{14.32}$$

Der *maximal* (langfristig) *erzielbare Ertrag* (maximum sustainable yield MSY), der

---

[1] Die Bezeichnung MSY wird in (14.33) erklärt.

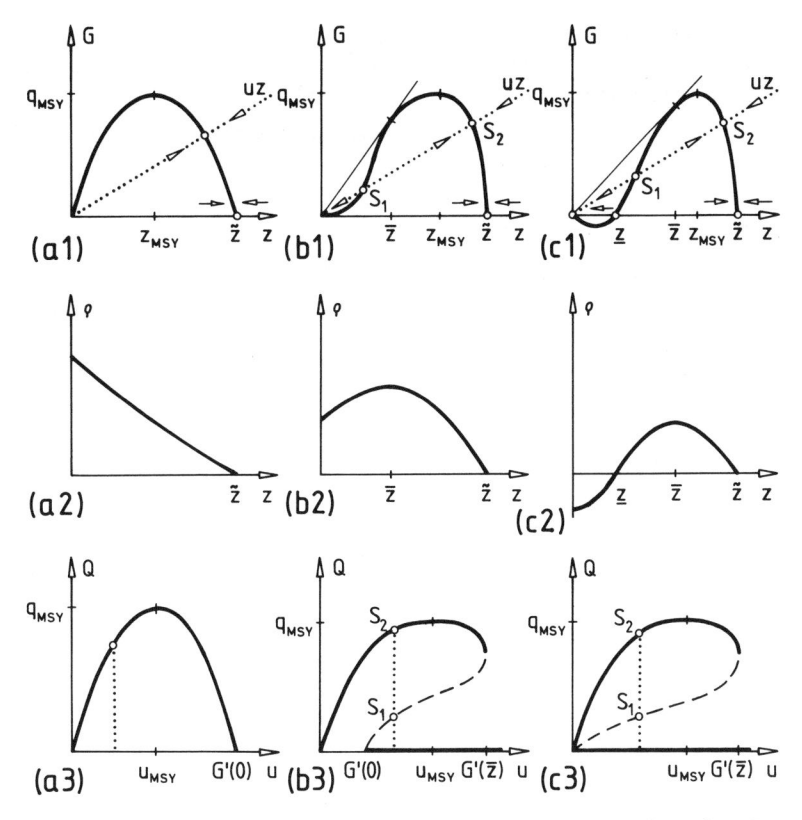

Abb. 14.5 Wachstumsfunktion (1), Wachstumsrate (2) und Ernteintensitäts-Ertragskurve (*YE*-Kurve, 3) im Falle von Kompensation (a), Depensation (b) und kritischer Depensation (c)

mit q_{MSY} bezeichnet wird, ist durch den maximalen Wert der Wachstumsfunktion gekennzeichnet:

$$q_{MSY} = G(z_{MSY}) = \max_z G(z). \tag{14.33}$$

Da der Ernteertrag q_{MSY} nur für ein Niveau $z \geqq z_{MSY}$ aufrecht erhalten werden kann, wird im Fall $z < z_{MSY}$ von einer *biologisch überausgebeuteten Population* gesprochen (*Clark*, 1976, §1).

Im Schaefer-Modell wird die abgeschöpfte Menge q in Abhängigkeit von der *Fangintensität u* und vom Populationsbestand z betrachtet:

$$q = uz. \tag{14.34}$$

Dabei kann u durch die Anzahl der Netze, Fangboote und dgl. gemessen werden.

Erntet man mit konstanter Intensität, so kann man den langfristig erzielbaren Ertrag q als Funktion von u betrachten: $q = Q(u)$ (*Fangintensität-Ertragskurve*, *yield-effort* (*YE*) Kurve; vgl. Abb. 14.5a3, b3, c3).

Im logistischen Fall (14.31) ist die *YE*-Kurve eine Parabel:

$$Q(u) = \tilde{z}u(1 - u/\varrho) \tag{14.35}$$

(Übungsbeispiel 14.6). Allgemein erhält man die *YE*-Kurve, indem man die $G(z)$-Kurve mit der Geraden uz schneidet (in Abb. 14.5a1, b1, c1 punktiert eingezeichnet). Der Ordinatenwert des Schnittpunktes ist der zur Ausbeutungsintensität u gehörige langfristige Ertrag $Q(u)$. Im Falle reiner Kompensation (Abb. 14.5a1 bzw. a3) ergibt sich für jeden u-Wert zwischen 0 und $G'(0)$ ein eindeutiger Ertrag $Q(u)$. Im Depensationsfall gibt es für $G'(0) < u < G'(\bar{z})$ zwei Schnittpunkte S_1, S_2. Jener mit dem größeren q-Wert (S_2) entspricht dem langfristig erzielten Ertrag, falls $z(0)$ größer ist als die Abszisse von S_1. Für kleinere Anfangsbestände $z(0)$ stirbt die Population asymptotisch aus. Der Punkt S_1 ist ein instabiles Gleichgewicht, dessen Q-Wert in Abb. 14.5b3, c3 durch die strichlierte Kurve repräsentiert ist. Jene Fangintensität, mit welcher der maximal erzielbare Ertrag q_{MSY} aufrecht erhalten werden kann, werde mit u_{MSY} bezeichnet: $Q(u_{MSY}) = q_{MSY}$.

Der Fall freien Zuganges (*open-access fishery*)

In der Folge bezeichnet p den Verkaufspreis eines Fisches (genauer: einer Einheit an Biomasse) und c die Einheitskosten der Fangintensität u. Diese beinhalten auch die Opportunitätskosten des Fischers, der durch seine Fischereitätigkeit gehindert ist, in einem anderen Beruf Geld zu verdienen. Der Ausbeutungsintensität u entspricht der langfristig erzielbare Gewinn

$$\Pi(u) = pQ(u) - cu, \tag{14.36}$$

wobei $Q(u)$ der langfristig aufrechterhaltbare Ertrag ist (*YE*-Kurve). In Abb. 14.6a ergibt sich der (totale) Profit Π als Differenz zwischen Erlös pQ und Kosten cu.

Das Hauptresultat über die Ausbeutung erneuerbarer Ressourcen ohne Zugangsbeschränkung besagt, daß sich die optimale Ausbeutungsintensität bei einem Niveau u^* einpendelt, bei welchem kein Gewinn erzielt wird: $\Pi(u^*) = 0$.

Dies läßt sich wie folgt indirekt begründen: Wäre die Fangintensität $u < u^*$, so würde der positive Profit $\Pi(u)$ zusätzliche Fischer anlocken, wodurch sich u vergrößern würde. Andererseits würde $u > u^*$ bewirken, daß die Kosten den Erlös übersteigen. Dadurch würden einige der Konkurrenten den Markt verlassen, d. h. die Ausbeutungsintensität u würde sinken (vgl. Abb. 14.6a). Der zu u^* gehörige Gleichgewichtsbestand $z^* = \varrho^{-1}(u^*)$ wird auch als *bionomisches* Gleichgewicht bezeichnet, da er durch biologische und ökonomische Parameter bestimmt ist.

Positive Erntekosten c bewirken, daß die Population nicht ausstirbt. Je größer c, desto geringer die langfristige Ernteintensität u^* und desto größer der gleichgewichtige Ressourcenbestand z^*. Biologische Überausbeutung ($z^* < z_{MSY}$ bzw. $u^* > u_{MSY}$) tritt genau dann auf, wenn $c < pq_{MSY}/u_{MSY}$ gilt, während sie bei hinreichend hohen Kosten ausgeschlossen ist. Im Falle „sehr hoher" Fangkosten, nämlich für $c > pQ'(0)$, wird überhaupt nicht ausgebeutet, d. h. $u^* = 0$.

14.2. Erneuerbare Ressourcen   445

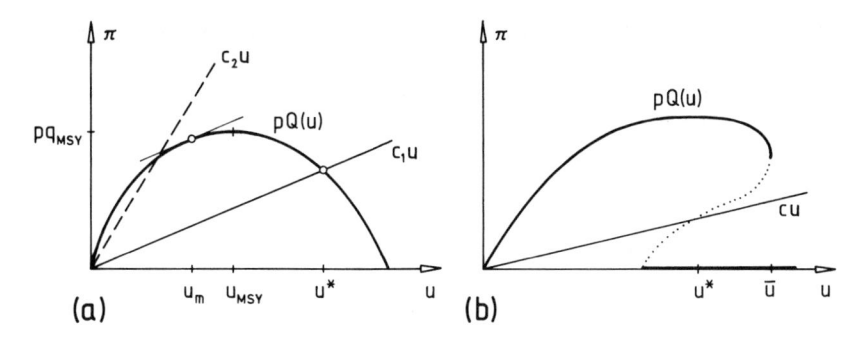

Abb. 14.6 Das bionomische Gleichgewicht u^* im Kompensationsfall (a); bei geringen Erntekosten c_1 (–) tritt biologische Überausbeutung auf, bei hohen Kosten c_2 (---) nicht. Im Depensationsfall (b) ist u^* nicht notwendigerweise ein stabiles Gleichgewicht

In der nicht zugangsbeschränkten Fischerei erfreut sich keiner der Fischer eines positiven Gewinnes, weshalb man in diesem Zusammenhang auch von *ökonomischer Überausbeutung* spricht.

Da das bionomische Gleichgewicht in diesem Sinne ineffizient ist, fragen wir uns nun nach der optimalen Fangrate u_m, bei der sich der maximal langfristig erzielbare Profit $\Pi(u)$ ergibt. Diesen erhält man in Abb. 14.6a, indem man jenen Punkt auf der Erlöskurve $pQ(u)$ bestimmt, in welchem die Tangente parallel zur Kostengeraden cu ist.

Bevor wir den Kompensationsfall anhand des logistischen Wachstumsgesetzes illustrieren, gehen wir noch kurz auf den Depensationsfall ein (Abb. 14.6b). Falls die Kostengerade cu die Erlöskurve $pQ(u)$ im punktierten Bereich schneidet, so ist der Schnittpunkt bei u^* nicht notwendigerweise ein Gleichgewicht. Befindet man sich nämlich auf dem oberen Ast der Erlöskurve, so führen die positiven Profite dazu, daß immer mehr neue Fischer in den Markt eindringen, bis die Ernteintensität $\bar{u}$ überschritten wird. Sobald sich dies ereignet, sinkt das Populationsniveau „sehr rasch" ab, wodurch die Erlöse unter die Kosten fallen. In Abhängigkeit von Verhaltenshypothesen über den Markteinstieg- und austritt der Fischer in Abhängigkeit vom erzielten Gewinn kann sich eine *zyklische* Ausbeutungspolitik ergeben (vgl. Clark, 1976, p. 204).

Beispiel 14.1.

Im logistischen Fall (14.31) erhält man für das bionomische Gleichgewicht der Open-Access-Fischerei:

$$u^* = \varrho\left(1 - \frac{c}{p\tilde{z}}\right), \quad z^* = c/p. \tag{14.37}$$

Für $c > p\tilde{z}$ wird nicht ausgebeutet. Setzt man u^* aus (14.37) in die YE-Kurve (14.35) ein, so erhält man

$$Q = \frac{\varrho c}{p}\left(1 - \frac{c}{p\tilde{z}}\right). \tag{14.38}$$

Faßt man Q als Funktion von p auf, $Q = Q(u^*(p))$, so erhält man die Angebotskurve des Schaefer-Modells (siehe Abb. 14.7). Für $p = 2c/\bar{z}$ erreicht das Angebot Q das Maximum, während für $p \leq c/\bar{z}$ nichts angeboten wird. Für $p > 2c/\bar{z}$ sinkt das Angebot infolge der biologischen Überausbeutung.

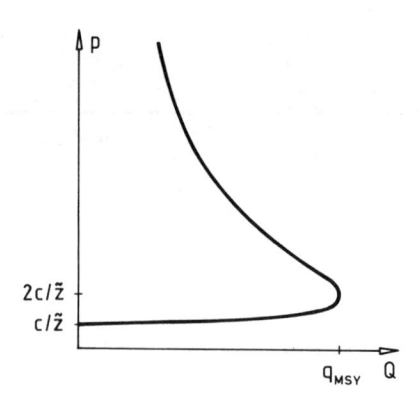

Abb. 14.7 Die Angebotskurve des Schaefer-Modells

14.2.2. Optimale Fangpolitiken bei verschiedenen Marktformen

Im Gegensatz zur Open-Access-Fischerei betrachten wir nun den Fall der Ausbeutung einer erneuerbaren Ressource durch einen einzigen Eigner. Dabei werden verschiedene Marktformen unterstellt, d.h. wir vergleichen die optimale Fangpolitik bei gegebenem Preispfad, für einen monopolistischen Ressourcenbesitzer und im Falle des sozialen Optimums.

Gegebene Preistrajektorie

Das Ernteproblem lautet bei gegebener Preistrajektorie $p(t)$:

$$\max \int_0^\infty e^{-rt}[p - c(z)]q\,dt \tag{14.39a}$$

$$\dot{z} = G(z) - q, \quad z(0) = z_0 \tag{14.39b}$$

$$0 \leq q \leq \bar{q} \tag{14.39c}$$

$$z \geq 0. \tag{14.39d}$$

Für die bestandsabhängigen Fangeinheitskosten wird angenommen, daß

$$c'(z) \leq 0, \quad c''(z) \geq -2c'(z)/z \tag{14.40}$$

gilt. Diese Annahme ist beispielsweise für Potenzfunktionen $c(z) = \alpha z^{-\beta}$ mit $\alpha > 0$, $\beta \geq 1$ erfüllt.

Zur Lösung des linearen Kontrollproblems (14.39) verwenden wir das RMAP-Theorem (Satz 3.2). Dazu nehmen wir an, daß anfänglich der Ressourcenstock $z(0)$ so groß sei, daß $p(0) > c(z(0))$ ist. Sinnvollerweise beschränken wir uns auf den Bereich $z \in [c^{-1}(p), \tilde{z}]$, in welchem die Fangkosten den Preis nicht überschreiten. Ferner beschränken wir uns auf den Kompensationsfall, wobei zusätzlich $G''(z) < 0$ angenommen wird.

Entsprechend Bemerkung 3.3 gilt

$$M(z, t) = G(z)[p(t) - c(z)]$$
$$N(z, t) = -[p(t) - c(z)]$$
$$rN - N_t + M_z = (G' - r)(p - c) - Gc' + \dot{p}. \quad (14.41)$$

Der singuläre Bestand $\hat{z}(t)$ ist somit gegeben durch

$$G'(z) - \frac{G(z)c'(z) - \dot{p}(t)}{p(t) - c(z)} = r. \quad (14.42)$$

Um zu zeigen, daß die (nichtautonome Version von) Beziehung (3.40) erfüllt ist, differenziert man (14.41) nach z. Wegen (14.40) ist die Ableitung der Funktion $rN - N_t + M_z$ negativ. Somit existiert *höchstens* ein singuläres Niveau $z^*(t)$, welches Lösung von (14.42) ist. Für $z \to c^{-1}(p)$ strebt die linke Seite von (14.42) gegen $+\infty$, während sie für $z = \tilde{z}$ – zumindest für konstanten Preis – negativ ist. Somit existiert die singuläre Lösung $\hat{z}$.

Die optimale Ausbeutungspolitik ist dann gegeben durch

$$q(t) = \begin{Bmatrix} 0 \\ G(\hat{z}(t)) - \dot{\hat{z}}(t) \\ \bar{q} \end{Bmatrix} \text{ falls } z(t) \begin{Bmatrix} < \\ = \\ > \end{Bmatrix} \hat{z}(t) \quad (14.43)$$

In Übungsbeispiel 14.7 ist der Leser aufgefordert, das singuläre Niveau $\hat{z}$ für $p(t)$ = const., $c(z) = c/z$ und logistisches Wachstum zu ermitteln.

Für $r \to \infty$ folgt aus (14.42) $p = c(\hat{z})$, d.h. es wird in kurzsichtiger Weise solange mit maximaler Rate ausgebeutet, bis der Bestand auf ein Niveau gesunken ist, bei welchem kein Profit gemacht wird. Der Fall unendlich hoher Diskontierung entspricht somit der Open-Access-Fischerei.

Unterstellt man in (14.42) konstanten Preis und beachtet die Beziehung $G(\hat{z})c'(\hat{z})/[p - c(\hat{z})] < 0$, so erkennt man aus $G'(\hat{z}) < r$, daß das Gleichgewichtsniveau $\hat{z}$ *größer* ist als der Bestand $\hat{\hat{z}}$, bei dem die Grenzproduktivität gleich der Diskontrate ist: $G'(\hat{\hat{z}}) = r$. Interpretiert man $G(z)$ als Produktionsfunktion und sieht von Kosten $c(z)$ ab, so erhält man das lineare Ramseymodell von Abschnitt 13.1.3; dabei entspricht $\hat{\hat{z}}$ der Lösung von (13.15c).

Für $c(z) = 0$ reduziert sich (14.42) zu

$$G'(z) = r - \dot{p}/p.$$

Man beachte, daß sich für $G(z) = 0$, also im nichterneuerbaren Fall, die Hotelling-Regel (14.7) ergibt.

Während wir uns hier auf den Kompensationsfall beschränkt haben, wurde in Beispiel 3.2 der Depensationsfall bei vernachlässigbaren Erntekosten gelöst.

Das folgende Resultat gibt Bedingungen an, unter denen die Population ausstirbt.

Satz 14.1. *Angenommen die Wachstumsfunktion $G(z)$ erfülle $G''(z) < 0$, für die Erntekosten gelte* (14.40) *und der Preis p sei konstant. Dann ist es genau dann optimal, die Population bis zur Ausrottung auszubeuten, wenn*

$$p > c(0) \quad \text{und} \quad r \geqq G'(0). \tag{14.44}$$

Beweis. Der Beweis ergibt sich aus der Gestalt der linken Seite von (14.42); vgl. Abb. 14.8. Abb. 14.8a entspricht dem oben behandelten Fall $p \leqq c(0)$, bei dem die Funktion $G' - Gc'/(p - c)$ eine Polstelle bei $z = c^{-1}(p)$ besitzt. Dies garantiert einen positiven Gleichgewichtsbestand $\hat{z}$. Im Falle $p > c(0)$ sind in Abb. 14.8b die beiden Möglichkeiten „keine Extinktion" ($r_1 < G'(0)$) und „Ausrottung" ($r_2 > G'(0)$) skizziert. □

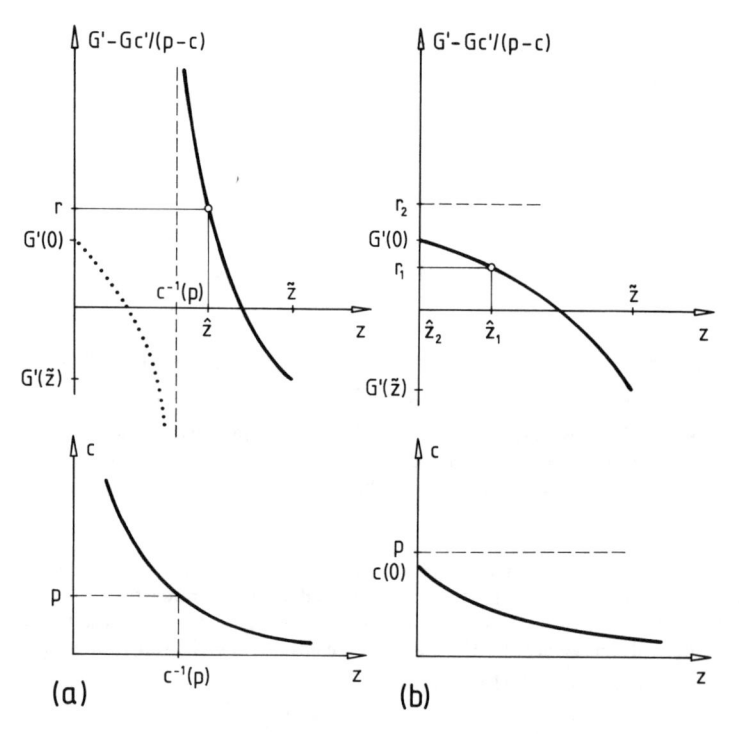

Abb. 14.8 Falls $c(0) \geqq p$ ist (a), so ergibt sich ein positiver Gleichgewichtsbestand $\hat{z}$. Anderenfalls (b) kann für große Diskontraten, d.h. für $r = r_2 \geqq G'(0)$, Ausrottung optimal sein

Der Monopolfall

Im Falle, daß der Besitzer der erneuerbaren Ressource Monopolist ist mit der inversen Nachfragefunktion $p = p(q)$, besteht das Problem in der Maximierung von

$$J = \int_0^\infty e^{-rt}[p(q) - c(z)]q\,dt \tag{14.45a}$$

$$\dot{z} = G(z) - q, \quad z(0) = z_0 \tag{14.45b}$$

$$q \geqq 0, \quad z \geqq 0. \tag{14.45c}$$

Für $G(z)$ und $c(z)$ setzen wir wieder $G'' < 0$ und (14.40) voraus, während die Preis-Absatz-Funktion

$$p'(q) < 0, \quad p''(q) < -2p'(q)/q \tag{14.46}$$

erfülle (vgl. (14.8a) bzw. (14.21a)). Dies hat zur Folge, daß der Erlös $p(q)q$ eine konkave Funktion von q ist.

Mit der Hamilton- und Lagrangefunktion

$$H = [p(q) - c(z) - \lambda]q + \lambda G(z)$$
$$L = H + \mu q + \nu z$$

lauten die notwendigen Optimalitätsbedingungen gemäß Satz 6.2 bzw. 7.4: (14.24), also

$$q = 0 \qquad \text{falls} \quad \lambda(t) \begin{Bmatrix} \geqq \\ < \end{Bmatrix} p(0) - c(z(t)) \tag{14.47a}$$
$$p + qp'(q) - c(z) = \lambda \quad \text{falls} \tag{14.47b}$$

$$\dot{\lambda} = r\lambda - L_z = r\lambda + c'(z)q - \lambda G'(z) - \nu \tag{14.48}$$

$$\mu \geqq 0, \quad \mu q = 0; \quad \nu \geqq 0, \quad \nu z = 0. \tag{14.49}$$

Wir führen nun im Bereich $z > 0$, $q > 0$ eine Phasendiagrammanalyse durch. Dazu leitet man (14.47b) nach t ab und erhält unter Berücksichtigung von (14.48, 45b) und (14.47b)

$$\dot{q} = \frac{G(z)c'(z) + [r - G'(z)][p(q) - c(z) + qp'(q)]}{2p'(q) + qp''(q)}. \tag{14.50}$$

Um das Differentialgleichungssystem (14.45b, 50) zu analysieren, stellen wir zunächst fest, daß die $\dot{q} = 0$ Isokline monoton steigt. Für den Fall eines unendlichen Backstoppreises $p(0) = \infty$, auf den wir uns hier beschränken, schneidet die $\dot{q} = 0$ Kurve die Abszisse im Punkt $\hat{z}$ mit $G'(\hat{z}) = r$; vgl. Abb. 14.9 (wo die Isokline des Monopolisten mit $\dot{q}_m = 0$ bezeichnet ist) und Übungsbeispiel 14.8.

Die $\dot{z} = 0$ Isokline ist die Wachstumsfunktion $q = G(z)$.

450 Ressourcenmanagement

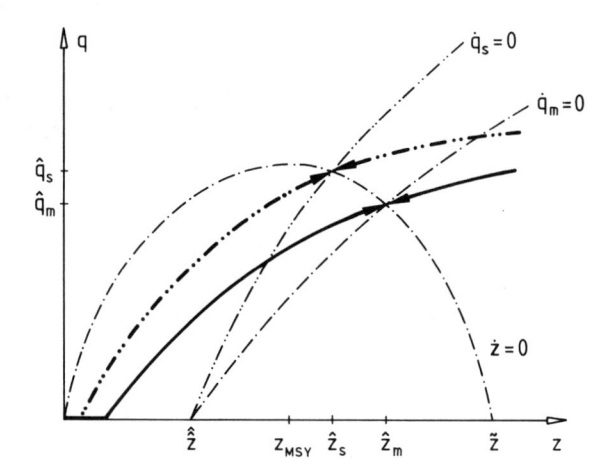

Abb. 14.9 Die optimale Extraktionspolitik des Monopolisten (–) bzw. im sozial optimalen Fall (-·····-)

Das Gleichgewicht $(\hat{z}, \hat{q})$ ist ein Sattelpunkt mit steigendem Gleichgewichtspfad. Die optimale Erntepolitik ist also so beschaffen, daß bei relativ großem (bzw. geringem) Bestand z auch die Ernterate hoch (bzw. niedrig) ist. Für hinreichend kleine Werte von z ist es optimal, zunächst nichts zu ernten.

Soziales Optimum

Analog zu Abschnitt 14.1.1 behandeln wir nun noch den Fall der sozial optimalen Ausbeutung einer erneuerbaren Ressource. Wir betrachten also das Problem (14.45), wobei das Zielfunktional (14.45a) durch

$$J = \int_0^\infty e^{-rt}[U(q) - c(z)q]\,dt \tag{14.51}$$

zu ersetzen ist. Dabei ist $U(q)$ aus (14.14), d.h. es gilt $U'(q) = p(q)$.

Die notwendigen Optimalitätsbedingungen (14.47–49) des Monopolfalles bleiben erhalten, wobei in (14.47b) der Ausdruck $qp'(q)$ wegfällt. Dies hat zur Folge, daß sich die Differentialgleichung (14.50) für q vereinfacht zu

$$\dot{q} = \{G(z)c'(z) + [r - G'(z)][p(q) - c(z)]\}/p'(q). \tag{14.52}$$

Im Phasendiagramm (Abb. 14.9) bleibt die $\dot{z} = 0$ Isokline unverändert, während die $\dot{q}_s = 0$ Kurve *links* von der entsprechenden Isokline im Monopolfall liegt; der Schnittpunkt mit der Abszisse, $\hat{\hat{z}}$, stimmt in beiden Fällen überein (Übungsbeispiel 14.9; vgl. dazu Abb. 14.9).

Diese Eigenschaft ermöglicht folgenden *Vergleich der optimalen Ausbeutungspolitiken* im Monopolfall und im sozialen Optimum.

14.2. Erneuerbare Ressourcen

Im sozial optimalen Fall ist (zumindest) langfristig der Ressourcenbestand geringer als im Monopolfall. Mit anderen Worten, im vorliegenden Modell erweist sich der Monopolist wieder als umweltschonend. Bezüglich der Fangrate existieren zwei Möglichkeiten, die in Abb. 14.10 skizziert sind.

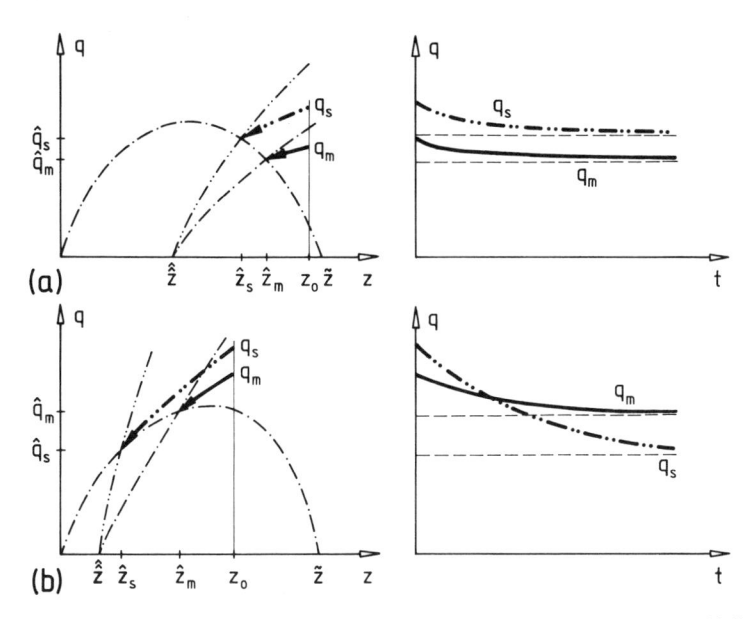

Abb. 14.10 Vergleich der optimalen Ausbeutungspolitiken im Monopolfall (–) bzw. im sozialen Optimum (-·····-) bei großen langfristigen Beständen $\hat{z}_m$ und $\hat{z}_s$ (a) und bei biologischer Überausbeutung (b)

Im *Fall a* (der auch Abb. 14.9 entspricht) mit „großen" stationären Ressourcenbeständen liegt die sozial optimale Ernterate zu jedem Zeitpunkt *über* der Abschöpfung im Monopolfall. D.h. der Monopolist produziert stets weniger und erzielt dadurch einen höheren Preis.

Im *Fall b*, in welchem die Population biologisch überausgebeutet wird, bietet der Monopolist langfristig mehr an, was einen niedrigeren Preis zur Folge hat. Zu Beginn wird im Monopolfall allerdings weniger geerntet als im sozialen Optimum. (Man vgl. dazu auch den zweiten Teil der Abb. 14.4 für nichterneuerbare Ressourcen).

Man beachte, daß sowohl Monopolfall als auch sozial optimaler Fall für $c(z) = 0$ in das neoklassische Wachstums-(Ramsey-)Modell übergehen (vgl. Beispiel 8.5). In diesem Fall ist die $\dot{q} = 0$ Isokline senkrecht: $\hat{z} = \hat{\hat{z}}$.

14.2.3. Das Beverton-Holt-Modell

Zum Abschluß des Kapitels über die optimale Ausbeutung erschöpfbarer Ressourcen behandeln wir noch ein auf *Beverton* und *Holt* (1957) zurückgehendes Modell. Es beschreibt die „Abschöpfung" einer *Kohorte* (jeweils gleichaltriger Individuen) in einer Fischpopulation, deren Biomasse sich im Zeit-(Alters-)ablauf verändert.

Es sei $z(0)$ ein gegebener Ausgangsbestand an nulljährigen Individuen (Fischen) und t das Alter der Fische. Der Bestand $z(t)$ zur Zeit (im Alter) t entwickle sich gemäß der Differentialgleichung

$$\dot{z}(t) = -[\delta(t) + u(t)]z(t). \tag{14.53}$$

Dabei bezeichnet $\delta(t)$ die (altersabhängige) *natürliche* Sterbeintensität der Fische und $u(t)$ die Fangintensität („*künstliche*" Mortalität). Sinnvollerweise wird man

$$0 \leq u \leq \bar{u} \tag{14.54}$$

annehmen.

Als Zielfunktional dient der Barwert des durch die Ernte erzielten Gewinnstromes:

$$J = \int_0^\infty e^{-rt}[pz(t)w(t) - c]u(t)\,dt. \tag{14.55}$$

Dabei bezeichnet $w(t)$ das Gewicht eines t-jährigen Fisches, das so beschaffen sei, daß die Funktion $\dot{w}/w - \delta$ in t monoton fällt und daß Zeitpunkte $0 < t_r \leq t_0$ existieren, so daß

$$\dot{w}(t_r)/w(t_r) - \delta(t_r) = r, \quad \dot{w}(t_0)/w(t_0) - \delta(t_0) = 0. \tag{14.56}$$

p bzw. c sind der als konstant unterstellte Verkaufspreis bzw. die Ernteeinheitskosten.

Die Frage, die sich stellt, ist folgende: Mit welcher Intensität u soll die Kohorte angesichts der Gewichtszu- und -abnahme $w(t)$ sowie der natürlichen Mortalität $\delta(t)$ ausgebeutet werden?

Um das nichtautonome lineare Kontrollproblem zu lösen, formulieren wir die Hamiltonfunktion

$$H = (pzw - c)u - \lambda(\delta + u)z.$$

Die notwendigen Optimalitätsbedingungen lauten

$$u = \begin{cases} 0 \\ \text{unbestimmt} \\ \bar{u} \end{cases} \text{ falls } \lambda \begin{cases} > \\ = \\ < \end{cases} pw - \frac{c}{z} \quad \begin{matrix}(14.57a)\\(14.57b)\\(14.57c)\end{matrix}$$

$$\dot{\lambda} = r\lambda - H_z = (r + \delta + u)\lambda - pw. \tag{14.58}$$

Als singuläre Lösung erhält man gemäß (3.3)

14.2. Erneuerbare Ressourcen

$$\hat{z}(t) = \frac{cr}{pw(t)[r + \delta(t) - \dot{w}(t)/w(t)]}. \tag{14.59}$$

Unsere Aufgabe besteht nun in der Lösung des Syntheseproblems, d.h. in der Kombination der Bang-Bang- und singulären Lösungsstücke zu einer optimalen Erntepolitik.

Da der singuläre Bestand $\hat{z}(t)$ gemäß (14.56) und (14.59) erst ab dem Zeitpunkt t_r existiert (davor wäre $\hat{z} < 0$), wird man in einem Anfangsintervall $u = 0$ wählen. Bei geringerem Anfangsgewicht der Fische ist die dritte Alternative $u = \bar{u}$ nämlich nicht sinnvoll. Dies sieht man auch gemäß (14.57) ein, da der Schattenpreis λ eines Fisches klarerweise nichtnegativ ist.

Dies motiviert folgende Lösung

$$u(t) = \begin{cases} 0 \\ \hat{u}(t) = -\delta(t) - \dot{\hat{z}}(t)/\hat{z}(t) \end{cases}$$

$$z(t) = \begin{cases} z_0 \exp\{-\int_0^t \delta(s)\,ds\} & \text{für } 0 \leq t \leq \tau \\ \hat{z}(t) & \text{für } \tau < t < \infty \end{cases}. \tag{14.60}$$

Der Zeitpunkt τ ist dabei als jenes Alter definiert, in welchem die nicht ausgebeutete Population den Wert $\hat{z}(t)$ erreicht. In Abb. 14.11 ist dies für die Biomasse $x(t) = z(t)w(t)$ skizziert.

Der singuläre Schattenpreis eines Fisches ist gegeben durch

$$\hat{\lambda}(t) = pw(t)[\dot{w}(t)/w(t) - \delta(t)]/r. \tag{14.61}$$

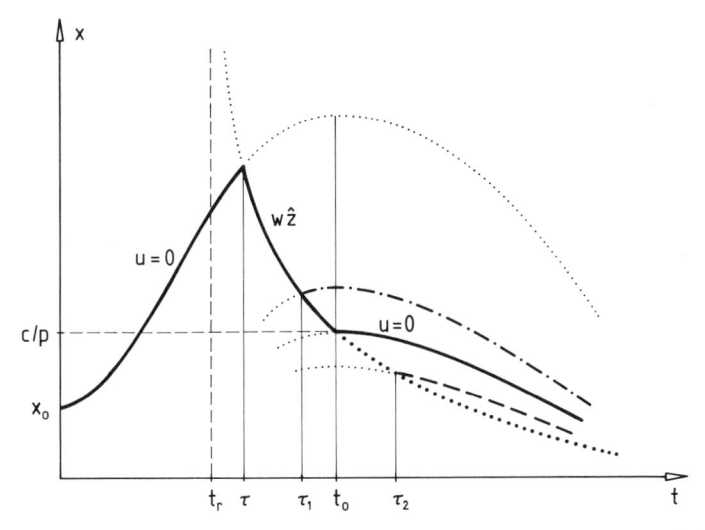

Abb. 14.11 Die optimale Entwicklung der Biomasse im Beverton-Holt Modell

Man zeigt leicht, daß – ausgehend von $\hat{\lambda}(\tau)$ – die Rückwärtslösung von λ gemäß (14.58) die Beziehung (14.57a) erfüllt. Damit sind alle notwendigen Optimalitätsbedingungen erfüllt. Zumindest für konstante natürliche Mortalitätsintensität $\delta(t) = \delta$ ist auch die Grenztransversalitätsbedingung (2.63) erfüllt.

Allerdings sind die hinreichenden Optimalitätsbedingungen (Konkavität von H) nicht erfüllt, so daß die Optimalität der Lösung (14.60) nicht gewährleistet ist. Tatsächlich wird sich in der Folge herausstellen, daß (14.60) *nicht* die optimale Lösung ist.

Betrachtet man nämlich den singulären Schattenpreis (14.61), so erkennt man, daß ab dem durch (14.56) definierten Zeitpunkt t_0 der Kozustand $\hat{\lambda}(t)$ negativ wird, was ökonomisch sinnlos ist. Durch diese Tatsache alarmiert, betrachten wir das Zielfunktional (14.55). Der Integrand entlang der singulären Lösung (14.59) wird ab dem Zeitpunkt t_0 negativ, da die singuläre Biomasse $\hat{x} = \hat{z}w$ unter das Kosten-Preis-Verhältnis c/p fällt (vgl. Abb. 14.11). Ab t_0 ist es daher offensichtlich besser, wieder $u = 0$ zu wählen, anstatt die unrentable Ausbeutung weiter zu verfolgen. Auch diese Lösung erfüllt alle notwendigen Optimalitätsbedingungen, und so ist die *optimale Fangpolitik* gegeben durch

$$u(t) = \begin{cases} 0 & \text{für } 0 \leq t \leq \tau \\ \hat{u}(t) & \text{für } \tau < t \leq t_0 \\ 0 & \text{für } t_0 < t < \infty. \end{cases} \quad (14.62)$$

Bemerkenswerterweise erfüllt im vorliegenden Problem eine unendliche Schar von Abschöpfungsstrategien die notwendigen Bedingungen, nämlich die Erntepolitik (14.62), wobei t_0 durch $\tau_1 = t_0 - \varepsilon$ bzw. $\tau_2 = t_0 + \varepsilon$ ($\varepsilon > 0$) ersetzt wird. Während man im ersten Fall im Vergleich zu (14.62) im Intervall $[\tau_1, t_0)$ einen positiven Gewinn verschenkt, wird im anderen Fall in $(t_0, \tau_2]$ unnötigerweise ein Verlust hingenommen. Dabei ist die Politik (14.60) der Grenzfall $\tau_2 = \infty$.

Bemerkung 14.3. Versucht man das Beverton-Holt-Modell mittels der RMAP-Theorie (Satz 3.2 bzw. Bemerkung 3.3) zu lösen, so erhält man die *suboptimale* Politik (14.60), sofern man nur (3.40) berücksichtigt. Allerdings ist für große t die Bedingung $\hat{\dot{z}} \in \Omega(\hat{z}, t)$ verletzt, und auch (3.41) ist im vorliegenden Fall nicht erfüllt. Siehe Übungsbeispiel 14.11.

Übungsbeispiele zu Kapitel 14

14.1. Man überlege sich den Zusammenhang zwischen der Annahme (11.8a) über die Nachfragefunktion bzw. (14.8a) über die inverse Nachfragefunktion (vgl. auch Übungsbeispiel 11.1).

14.2. Man zeige für eine lineare Preis-Absatzfunktion $p(q) = \bar{p} - bq$ mit $\bar{p} > 0$, $b > 0$, daß die Annahmen (14.8) erfüllt sind und ermittle das optimale Abbauprofil des Monopolisten sowie die zugehörige Preisentwicklung. Insbesondere zeige man $\dot{p}/p < r$.

14.3. Man zeige, daß für isoelastische Preis-Absatzfunktionen $p(q) = \beta q^\alpha$ die optimale Abbaurate des Monopolisten auch sozial optimal ist bzw. mit der kompetitiven Ressourcenextraktion (Fall vollständiger Konkurrenz) zusammenfällt.

14.4. Man zeige für den Monopolisten mit Extraktionskosten (Abschnitt 14.1.2) folgendes naheliegende Sensitivitätsresultat: Größere Reserven z_0 verlängern den optimalen Erschöpfungszeitpunkt T^*.

14.5. Man analysiere das Modell von Abschnitt 14.1.2 unter der Annahme einer linearen (inversen) Nachfragefunktion

$$p(q, t) = \bar{p}(t) - bq, \quad b > 0$$

und bei bestandsunabhängigen Extraktionskosten $c(z) = c$:

a) Man zeige insbesondere, daß für die optimale Abbaurate gilt

$$q(t) = [\bar{p}(t) - c - \lambda]/(2b).$$

Dies impliziert, daß die optimale Extraktionsrate (konjunkturbedingten) Schwankungen des Backstoppreises $\bar{p}(t)$ folgt.

b) Für $\bar{p}(t) = a + \gamma t, a > 0, \gamma \geqq 0$ berechne man explizite Ausdrücke für λ, q, p und z. Man beachte, daß in diesem Fall die optimale Förderrate $q(t)$ konkav in t ist und für $\gamma > 0$ ein Produktionsmaximum besitzen kann. (Wie im Anschluß an (14.28) gezeigt, fällt hingegen q monoton, wenn $\gamma \leqq 0$ ist).

14.6. Man zeigt, daß die YE-Kurve im Falle logistischen Wachstums die parabolische Gestalt (14.35) besitzt (Hinweis: man setze $\dot{z} = 0$ und benutze (14.34)).

14.7. Man zeige, daß im logistischen Fall bei konstanter Preistrajektorie und $c(z) = c/z$ der singuläre Bestand $\hat{z}$ des Modells (14.39) durch

$$\hat{z} = \frac{\bar{z}}{4}\left[\left(\frac{c}{p\bar{z}} + 1 - \frac{r}{\varrho}\right) + \sqrt{\left(\frac{c}{p\bar{z}} + 1 - \frac{r}{\varrho}\right)^2 + \frac{8cr}{p\bar{z}\varrho}}\right]$$

gegeben ist.

14.8. Man führe die Phasendiagrammanalyse für das System (14.45b, 50) im Monopolfall vollständig durch.

14.9. Man beweise, daß bei der Ausbeutung einer erneuerbaren Ressource die $\dot{q} = 0$ Isokline im Falle des sozialen Optimums stets oberhalb der entsprechenden Isokline im Monopolfall liegt.

14.10. Man löse folgendes Erntemodell (vgl. *Luenberger*, 1979, p. 432):

$$\max_{q \geq 0} \left\{ J = \int_0^T [pq(t) - cu(t)] dt \right.$$
$$\dot{z}(t) = \varrho z(t) - q(t), \quad z(0) = z_0,$$

wobei ϱ eine exponentielle Wachstumsrate ist und die Ernterate q mittels einer Cobb-Douglas-Funktion von Ernteintensität u und Bestand z abhängt:

$$q = \beta u^\alpha z^{1-\alpha} \quad \text{mit} \quad \beta > 0, \quad 0 < \alpha < 1.$$

14.11. Man versuche das Beverton-Holt-Modell mittels des RMAP Theorems (Satz 3.2 bzw. Bemerkung 3.3) zu lösen und verifiziere, daß (3.41) und $\hat{\dot{z}} \in \Omega(\hat{z}, t)$ verletzt sind.

Weiterführende Bemerkungen und Literatur zu Kapitel 14

Obwohl – wie erwähnt – die verstärkte Beschäftigung der Ökonomen mit dem Ressourcenmanagement erst auf die rezenten Energie- und Umweltkrisen zurückgeht, ist das Thema nicht neu; vgl. dazu die historischen Hinweise bei *Peterson* und *Fisher* (1977). Die Pionierleistung in der Ökonomie erschöpfbarer Ressourcen stammt von *Hotelling* (1931), der in einer fundamentalen Arbeit unter Benutzung der Variationsrechnung intertemporale Extraktionsprofile ermittelt hat. Seine Ideen wurden erst mehr als eine Generation später von *Gordon* (1967) weiterverfolgt.

Einen Einblick in den Stand der Debatte in den frühen Siebzigerjahren gibt das Symposiumsheft „On the Economics of Exhaustible Resources", der Zeitschrift *Review of Economic Studies* (1974). Das am häufigsten in der Literatur zitierte Buch über erschöpfbare Ressourcen stammt von *Dasgupta* und *Heal* (1979).

Die Arbeiten von *Schaefer* (1957) über die Ausbeutung von Fischpopulationen leiten die Beschäftigung mit Modellen für erneuerbare Ressourcen ein. Die nicht-zugangsbeschränkte Fischerei wurde im statischen Kontext erstmals von *Gordon* (1954) untersucht. Das Open-access (common-property) Fischereimodell wird auch als Gordon-Schaefer-Modell bezeichnet. *Clark* (1976, 1985) liefert einen guten Literaturüberblick.

Das Paradigma erschöpfbarer Ressourcen weist formal eine gewisse Ähnlichkeit mit dem Lagerhaltungs/Produktionsmodell auf. Während dort der Input gesteuert wird und die Nachfrage i.a. exogen bestimmt ist, wird bei Erntemodellen der Output kontrolliert und der Input – soferne existent – ist endogen bestimmt.

Mit fortschreitender Erschöpfung einer Ressource steigende Extraktionseinheitskosten spielen in den Anwendungen eine wichtige Rolle (Ölsand, „überausgebeutete" Fischpopulation). Man vergleiche den – gegenläufigen – Lernkosteneffekt (Abschnitt 11.2.1), d.h. sinkende Produktionsstückkosten mit steigendem kumulierten Output. Die Implikationen für Preise und produzierte Mengen werden bei *Fershtman* und *Spiegel* (1983) diskutiert. *Heal* (1976) untersucht den Fall, wo die Extraktionskosten mit fortschreitender Ausbeutung zunächst steigen, um sich dann bei einem gewissen Niveau einzupendeln (Ölbohrungen auf Bohrinseln).

Literaturhinweise zu Abschnitt 14.1 sind: *Clark* (1976, § 5.2), *Gottwald* (1981), *Siebert* (1983). Bestandsunabhängige, dafür aber in der Abbaurate nichtlineare Kosten werden bei *Clark* (1976, p.143–147) untersucht. Das Modell von Abschnitt 14.1.2 findet sich bei *Marshalla* (1979), der hauptsächlich das kompetitive Verhalten bei der Ressourcenausbeutung behandelt; vgl. auch *Wirl* (1982). Beide Autoren benutzen die äquivalente Formulierung mit dem Preis als Steuervariable und der bisher geförderten Menge als Zustand.

Für den Fall einer Cobb-Douglas Technologie zeigen *Solow* und *Wan* (1976), daß Änderungen der Ressourcenausstattung zu vergleichsweise geringen Änderungen des langfristig aufrechterhaltbaren Konsums führt.

Der Abbau nicht erneuerbarer Ressourcen im Zusammenhang mit Problemen des ökonomischen Wachstums wird bei *Kemp* und *Long* (1980) behandelt (vgl. etwa auch *Krelle* (1984, 1985)). In Verbindung damit sei auch auf Ressourcenausbeutungsmodelle unter Einbeziehung von Forschung und Entwicklung hingewiesen. *Dasgupta* et al. (1977) beschäftigen sich mit der Substitution einer erschöpfbaren Ressource durch eine auf F & E basierende Erfindung.

Die Standardreferenz über das Management erneuerbarer Ressoucen ist sicherlich *Clark* (1976), dessen Buch wir in Abschnitt 14.2 ausgiebig ausgebeutet haben. Allerdings haben wir den Vergleich zwischen Monopolfall und sozialem Optimum (Abb. 14.10) über die Phasendiagrammanalyse geführt, während *Clark* (1976) mit der diskontierten Angebotsfunktion operiert. Auf den Zusammenhang mit der Kapitaltheorie haben *Clark* und *Munro* (1975) hingewiesen. Zu der in Satz 14.1 angesprochenen Extinktionsproblematik vergleiche man auch *Clark* (1973b). Der Einfluß der Marktform auf die Ausrottung einer Population wird von *Clemhout* und *Wan* (1985a) behandelt.

Das Modell von *Beverton* und *Holt* (1957) behandelt die optimale Ausbeutung *einer* Kohorte. Es bildet damit den Ausgangspunkt für eine Analyse einer altersstrukturierten (Fisch-) Population (multicohort models; vgl. *Clark*, 1976, § 8.6 und 8.8). In diesem Zusammenhang ist auch das Auftreten bimodaler Fangpolitiken von Interesse (vgl. *Feichtinger*, 1982e). Eine vollständige Behandlung altersgegliederter Erntemodelle ist noch ausständig; ihre adäquate Modellierung hat als System mit verteilten Parametern zu erfolgen (vgl. Anhang A.5).

Weitere Literaturhinweise sind *Goh* (1980), *Mirman* und *Spulber* (1982), sowie *Clark* (1985). Einen guten Einblick in die Fischereiproblematik liefert *Andersen* (1982). Interessante Anwendungen der Theorie erneuerbarer Ressourcen existieren in der Forstwirtschaft: Faustmann-Modell über die optimale „Rotation" von Wäldern (vgl. *Clark*, 1976, § 8.1, sowie *Heaps*, 1984), optimales „Ausforsten" (thinning) (*Kilkki* und *Vaisanen*, 1969, *Näslund*, 1969).

Das hier behandelte Ressourcenausbeutungsproblem weist stark idealisierte Züge auf: Es wird angenommen, daß der Ressourceneigner seinen Ressourcenbestand und die Nachfrageentwicklung genau kennt. Fragen der *Exploration*, wo es um die Feststellung der Ressourcen geht, werden hier nicht in Betracht gezogen; vgl. jedoch diesbezügliche Erweiterungen von *Uhler* (1979), *Arrow* und *Chang* (1980), *Derzko* und *Sethi* (1981ab). Falls Extraktions- bzw. Explorationskosten stark steigen, wird die Möglichkeit von Recycling interessant. Diesbezügliche Anwendungen der Kontrolltheorie existieren kaum.

Einen guten Überblick über stochastische Modelle nichterneuerbarer Ressourcen (verschiedener Arten der Ungewißheit) liefert *Crabbé* (1982).

Kontrollmodelle für erschöpfbare Ressourcen spielen in der Praxis eine große Rolle. Stellvertretend dafür seien folgende wichtige empirische Arbeiten zitiert: *Cremer* und *Weitzmann* (1976), *Pindyck* (1978ab), *Pakravan* (1981), *Salant* (1982), *Wirl* (1985a).

Das kompetitive Verhalten einer endlichen Anzahl von Ressourcenausbeutern läßt sich adäquat mittels der Theorie der Differentialspiele analysieren (vgl. Anhang A.7).

Kapitel 15: Umweltschutz

Wir wenden uns nun der Umweltproblematik zu, welche im vergangenen Jahrzehnt eine steigende Bedeutung erlangt hat. In Abschnitt 13.2.1 hatten wir uns mit der Umweltverschmutzung im Zusammenhang mit Kapitalakkumulation beschäftigt. Während dort die Verschmutzung eine durch die Produktion bestimmte Flußgröße war, wird nun der Gesichtspunkt der Akkumulation von Schadstoffen zur Stockgröße „Umweltverschmutzung" berücksichtigt. In Abschnitt 15.1 wird dabei von einer konstanten Produktion ausgegangen, während in Abschnitt 15.2 ein Modell mit *zwei* Zustandsvariablen, nämlich Umweltverschmutzung und Kapital, untersucht wird. Abschnitt 15.3 beschäftigt sich mit dem mikroökonomischen Problem der optimalen Technologieauswahl unter Umweltgesichtspunkten.

15.1. Das Modell von Forster

Um den Tradeoff zwischen Konsum und Umweltreinigung zu studieren, betrachtet *Forster* (1977) in jeder Periode einen konstanten Output $\bar{Q}$, welcher zwischen Konsum C und Ausgaben für Umweltreinigung A aufzuteilen ist:

$$\bar{Q} = C + A. \tag{15.1}$$

Während der Konsum mit der Rate $E(C)$ zur Umweltverschmutzung beiträgt, wird diese durch Umweltreinigung im Ausmaß von $G(A)$ reduziert. Unterstellt man E als konvex und G als konkav, so ist die Netto-Verschmutzungs/Reinigungsrate

$$Z(C) = E(C) - G(\bar{Q} - C)$$

konvex im Konsum C mit

$$Z'(C) > 0, \quad Z''(C) > 0. \tag{15.2}$$

Niedriger Konsum wirkt sich in doppelter Hinsicht umweltfördernd aus: es wird nicht nur weniger verschmutzt, sondern es stehen auch reichlich Mittel zur Säuberung zur Verfügung. Für große Werte von C ist die Verschmutzungsrate hoch und es kann kaum gesäubert werden. Es existiert daher ein C_0 mit $0 < C_0 < \bar{Q}$ mit

$$Z(C) \lesseqgtr 0 \quad \text{für} \quad C \lesseqgtr C_0. \tag{15.3}$$

Die Nettoverschmutzungsrate $Z(C)$ akkumuliere sich zur nichtnegativen Stockgröße „Umweltverschmutzung" P, welche mit der Rate α abnimmt (Selbstreinigungskraft der Natur).

Die soziale Wohlfahrt werde durch eine Nutzenfunktion gemessen, welche aus

Konsumnutzen U und Disnutzen $-D$ durch Verschmutzung besteht. Der Einfachheit halber nehmen wir die Nutzenfunktion als separabel (additiv) an. D.h. wir betrachten die streng konkave Nutzenfunktion $U(C) + D(P)$ mit:

$$U' > 0, \quad U'' < 0 \tag{15.4a}$$

$$D' < 0, \quad D'' < 0. \tag{15.4b}$$

Um auch künftigen Generationen eine saubere Umwelt zu ermöglichen, wird ein unendlicher Planungshorizont unterstellt. Dabei wird zukünftiger Nutzen mit der Rate r diskontiert.

Dies liefert folgendes Kontrollproblem mit der Umweltverschmutzung P als Zustand und der Konsumrate C als Steuerung:

$$\max_C \int_0^\infty e^{-rt}[U(C) + D(P)]dt \tag{15.5a}$$

$$\dot{P} = Z(C) - \alpha P, \quad P(0) = P_0 \tag{15.5b}$$

$$0 \leq C \leq \bar{Q} \tag{15.5c}$$

$$P \geq 0. \tag{15.5d}$$

Zur Analyse des Problems formulieren wir Hamilton- und Lagrangefunktion

$$H = U(C) + D(P) + \lambda[Z(C) - \alpha P]$$
$$L = H + \mu_1 C + \mu_2(\bar{Q} - C) + vP.$$

Die notwendigen – und wegen der Annahmen (15.2) und (15.4) auch hinreichenden – Optimalitätsbedingungen lauten (vgl. Satz 7.4 und 7.5)

$$L_C = U' + \lambda Z' + \mu_1 - \mu_2 = 0 \tag{15.6}$$

$$\dot{\lambda} = r\lambda - L_P = (r + \alpha)\lambda - D' - v \tag{15.7}$$

$$\mu_i \geq 0, \quad \mu_1 C = \mu_2(\bar{Q} - C) = 0 \tag{15.8}$$

$$v \geq 0, \quad vP = 0. \tag{15.9}$$

Zu den hinreichenden Optimalitätsbedingungen gehört noch die Grenztransversalitätsbedingung

$$\lim_{t \to \infty} e^{-rt}\lambda(t) = 0. \tag{15.10}$$

Der Kozustand λ ist als Schattenpreis der (unerwünschten) Umweltverschmutzung klarerweise negativ.

Soferne nicht gleichzeitig eine der Steuerbeschränkungen (15.5c) und die reine Zustandsbeschränkung (15.5d) aktiv werden, besitzt die Matrix

15.1. Das Modell von Forster

$$\begin{pmatrix} 1 & C & 0 & 0 \\ -1 & 0 & \bar{Q} - C & 0 \\ Z' & 0 & 0 & P \end{pmatrix} \qquad (15.11)$$

den Rang 3, d. h. die constraint qualification (6.17) ist erfüllt.

Wegen Korollar 6.3a – die Hamiltonfunktion ist regulär – ist der *Schattenpreis* λ (auch an Verbindungsstellen) *stetig*.

Zunächst betrachten wir solche Lösungen, für welche die Bedingung (15.5c) nicht aktiv ist und daher $\mu_1 = \mu_2 = 0$ ist. Um eine Phasenporträtanalyse in der (P, C)-Ebene durchzuführen, differenzieren wir (15.6) nach t und eliminieren $\dot{\lambda}$ und λ mittels (15.7) und (15.6). Dies liefert

$$\dot{C} = Z'[(r + \alpha)U'/Z' + D' + \nu]/(U'' - U'Z''/Z'). \qquad (15.12)$$

Führt man für $P > 0$, d. h. $\nu = 0$, die Phasendiagrammanalyse des Systems (15.5b), (15.12) wie in Abschnitt 4.2.2 durch (Übungsbeispiel 15.1), so erhält man Abb. 15.1a.

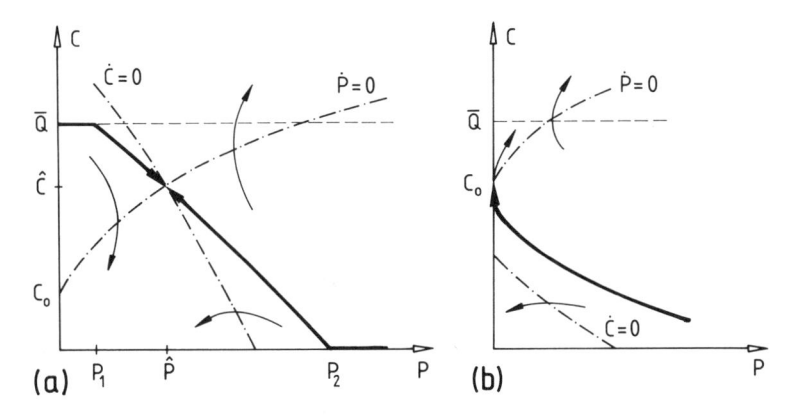

Abb. 15.1 Phasendiagramme für das Forster-Modell:
(a) bei langfristig verschmutzter Umwelt $\hat{P}$;
(b) im Falle langfristig reiner Umwelt

Aus Abb. 15.1a ist ersichtlich, daß der *fallende* Sattelpunktspfad für (im Vergleich zum stationären Verschmutzungsniveau) „sehr kleine" bzw. „sehr große" Werte von P den zulässigen Steuerbereich $[0, \bar{Q}]$ verlassen kann. In diesem Fall ist es optimal, für $P \leq P_1$ die maximale Konsumrate $C = \bar{Q}$ bzw. für $P \geq P_2$ den Minimalkonsum $C = 0$ zu wählen. Falls zusätzlich zu (15.4a) noch $U'(0) = \infty$ angenommen wird, ist hingegen immer $C > 0$ und $P_2 = \infty$.

Die optimale Konsumpolitik besitzt folgende Gestalt: Langfristig wird ein Gleichgewichtskonsum $\hat{C}$ gewählt, der oberhalb des „verschmutzungsneutralen" Konsumniveaus C_0 liegt. Die Anpassung an dieses Gleichgewicht erfolgt in der Weise, daß bei sauberer Umwelt ein hohes Konsumniveau, bei stark belasteter Umwelt hingegen eine niedrige Konsumrate zu wählen ist. Man beachte, daß im Falle von Abb. 15.1a langfristig eine im Ausmaß von $\hat{P}$ verschmutzte Umwelt optimal ist. Dabei haben wir stillschweigend vorausgesetzt, daß die beiden Isoklinen $\dot{P} = 0$, $\dot{C} = 0$ einen Schnittpunkt $\hat{P} > 0$ besitzen. Aus (15.5b) und (15.12) erkennt man jedoch, daß dies genau für

$$U'(C_0) > \frac{Z'(C_0)D'(0)}{r+\alpha} \tag{15.13}$$

der Fall ist. Geht man nämlich – im Zustand völlig sauberer Umwelt $P = 0$ – vom „verschmutzungsneutralen" Konsumniveau C_0 aus und ist der marginale Konsumnutzen größer als der „Barwert" des durch die zusätzlich konsumierte Einheit bewirkten Disnutzenstromes $Z'(C_0)D'(0)$, so ist es langfristig optimal, eine Konsumrate $\hat{C} > C_0$ zu wählen. Dies führt zu $\hat{P} = Z(\hat{C})/\alpha > 0$. Man vergleiche dazu auch die Interpretation von (4.36).

Ist hingegen die Beziehung (15.13) nicht erfüllt, so besitzen die beiden Isoklinen im ersten Quadranten der (P, C)-Ebene keinen Schnittpunkt, d.h. der stationäre Punkt würde im unzulässigen Bereich $P < 0$ liegen. Um die optimale Lösung auch im vorliegenden Fall zu ermitteln, gehen wir wie in Beispiel 8.8 vor. Dazu ermitteln wir den Schnittpunkt $(0, C_0)$ der $\dot{P} = 0$ Isokline mit der Beschränkung $P = 0$ und betrachten den in diesen Punkt mündenden Pfad (vgl. Abb. 15.1b). Die optimale Lösung ist durch diese Trajektorie gegeben, wobei nach Erreichen des Punktes $(0, C_0)$ in endlicher Zeit die reine Umwelt $P = 0$ durch fortwährende Wahl des Konsums $C = C_0$ aufrechterhalten wird. In Übungsbeispiel 15.3 ist zu zeigen, daß diese Lösung die notwendigen und hinreichenden Optimalitätsbedingungen erfüllt. Man beachte, daß – anders als im Fall (15.13) – die optimale Konsumrate nun *stets* unterhalb des „verschmutzungsneutralen" Konsums liegt, der in diesem Fall langfristig optimal ist.

Als Resümee können wir feststellen, daß eine (im Ausmaß von $\hat{P}$) verschmutzte bzw. eine völlig reine Umwelt langfristig optimal ist, je nachdem ob der Tradeoff (15.13) zwischen Konsum und Verschmutzung gilt oder nicht.

15.2. Das Modell von Luptacik und Schubert

Luptacik und *Schubert* (1979, 1982b) haben das Forstersche Modell durch die Hinzunahme von Kapitalakkumulation erweitert. Ihr Modell mit zwei Zuständen und zwei Steuerungen stellt somit eine Kombination der Modelle der Abschnitte 13.2.1 und 15.1 dar:

$$\max_{C,A} \int_0^\infty e^{-rt} U(C,P) dt \tag{15.14a}$$

$$\dot{K} = F(K) - \delta K - C - A, \qquad K(0) = K_0 \tag{15.14b}$$

$$\dot{P} = \varepsilon_1 F(K) + \varepsilon_2 C + \varepsilon_3 K - G(A) - \alpha P, \quad P(0) = P_0 \tag{15.14c}$$

$$A \geqq 0 \tag{15.14d}$$

$$P \geqq 0. \tag{15.14e}$$

15.2. Das Modell von Luptacik und Schubert

Dabei ist $U(C, P)$ eine streng konkave Nutzenfunktion der beiden Wohlfahrtsindikatoren Konsum und Umweltverschmutzung mit

$$U_C > 0, \ U_{CC} < 0; \ U_P < 0, \ U_{PP} < 0 \tag{15.15a}$$

$$U_{CP} \leqq 0, \ U_{CC} U_{PP} - U_{CP}^2 \geqq 0. \tag{15.15b}$$

Durch die Annahme

$$U_C(0, P) = \infty \tag{15.15c}$$

wird $C = 0$ als suboptimal ausgeschlossen. Die Annahme $U_{CP} \leqq 0$ wird von *Forster* (1977) folgendermaßen interpretiert: Der Genuß eines zusätzlichen Sandwiches bei einem Picknick wird durch zusätzliche Umweltverschmutzung gemindert.

Die Kapitalakkumulationsgleichung (15.14b) ist identisch mit (13.38b) und bedarf daher keiner weiteren Erläuterung.

Die Dynamik der Schadstoffakkumulation (15.14c) unterscheidet sich von (15.5b) insoferne, als $Z(C)$ durch den Ausdruck $\varepsilon_1 F(K) + \varepsilon_2 C + \varepsilon_3 K - G(A)$ ersetzt wird. Dabei wird angenommen, daß die Schadstoffemissionen des produktiven Sektors proportional zu $F(K)$ sind (Emissionsrate ε_1), während der Konsum der Haushalte Emissionen mit der Rate ε_2 erzeugt. Schließlich verursache der abgeschriebene Kapitalstock, der durch Recycling nicht zur Gänze erneuert werden kann, Emissionen mit der Rate ε_3.

Für die Wirksamkeit der Säuberungsaktivitäten A nehmen wir

$$G'(A) > 0, \ G''(A) < 0, \ G(0) = 0 \tag{15.16}$$

an.

Der Einfachheit halber wird die Irreversibilität der Investition, $I \geqq 0$, nicht unterstellt.

Hamilton- und Lagrangefunktion lauten:

$$H = U(C, P) + \lambda_1 [F(K) - \delta K - C - A]$$
$$\quad + \lambda_2 [\varepsilon_1 F(K) + \varepsilon_2 C + \varepsilon_3 K - G(A) - \alpha P]$$
$$L = H + \mu A + \nu P.$$

Die notwendigen – und hinreichenden – Optimalitätsbedingungen sind dann

$$L_C = U_C - \lambda_1 + \lambda_2 \varepsilon_2 = 0 \tag{15.17}$$

$$L_A = -\lambda_1 - \lambda_2 G'(A) + \mu = 0 \tag{15.18}$$

$$\dot{\lambda}_1 = r\lambda_1 - L_K = [r + \delta - F'(K)]\lambda_1 - [\varepsilon_1 F'(K) + \varepsilon_3]\lambda_2 \tag{15.19}$$

$$\dot{\lambda}_2 = r\lambda_2 - L_P = (r + \alpha)\lambda_2 - U_P - \nu \tag{15.20}$$

$$\mu \geqq 0, \ \mu A = 0; \ \nu \geqq 0, \ \nu P = 0.$$

Bei den hinreichenden Bedingungen müssen zusätzlich die Grenztransversalitätsbedingungen (7.27) erfüllt sein. Differenziert man die Maximierungsbedingungen (15.17, 18) nach der Zeit und setzt die Kozustandsgleichungen (15.19, 20) ein, so erhält man Differentialgleichungen für C und A. *Luptacik* und *Schubert* (1982b) gewinnen daraus Einsichten über das Monotonieverhalten der beiden Kontrollinstrumente und deren Interaktion.

Eine Stabilitätsanalyse des Modells (15.14) im Sinne von Abschnitt 5.3 ist prinzipiell möglich, aber aufwendig. Um Einsichten in das qualitative Verhalten der optimalen Lösungen zu erzielen, wenden wir uns einem *numerischen Beispiel* zu. Dazu werden die Modellfunktionen und -parameter wie folgt spezifiziert:

$$U(C, P) = C^{0.75} - 1.5 P^{1.2}, \quad G(A) = A^{0.4}, \quad F(K) = 1.73 K^{0.75}$$
$$r = 0.08, \quad \delta = 0.05, \quad \alpha = 0.4$$
$$\varepsilon_1 = 0.0026, \quad \varepsilon_2 = 0.0158, \quad \varepsilon_3 = 0.00015.$$

Für diese Parameterwerte existiert ein eindeutig bestimmter stationärer Punkt

$$\hat{K} = 3862, \quad \hat{P} = 4.187, \quad \hat{\lambda}_1 = 0.0834, \quad \lambda_2 = -4.9937.$$

Dabei handelt es sich zwar nicht um empirische Daten im strengen Sinn; sie wurden allerdings aufgrund verfügbarer österreichischer Daten gewonnen. Der Kapitalstock ist dabei in Milliarden Schilling angegeben, während die Umweltverschmutzung in Millionen Tonnen gemessen wird.

Es zeigt sich, daß die Jacobimatrix zwei positive und zwei negative Eigenwerte besitzt, so daß der in Satz 5.4 beschriebene „Normalfall" auftritt. Die Berechnungen sowie Illustrationen aller möglichen Zeitpfade können bei *Steindl* (1984) eingesehen werden. Zur Veranschaulichung greifen wir einige illustrative Abbildungen heraus.

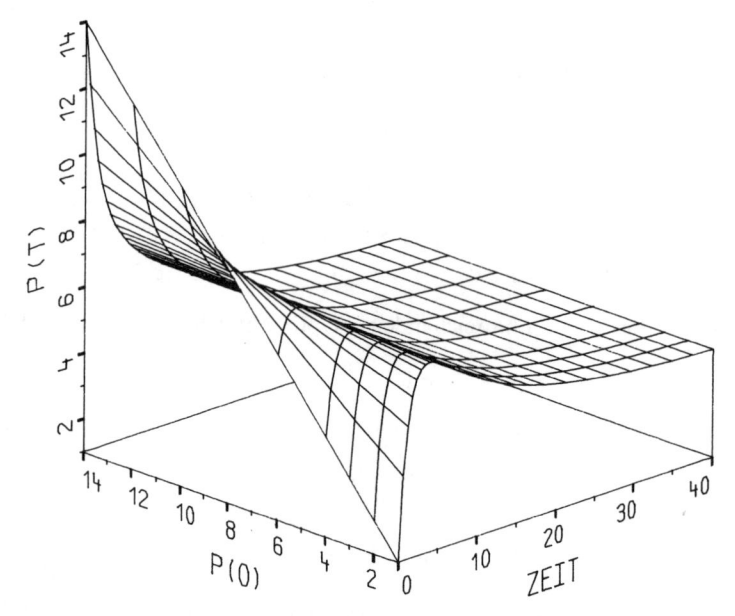

Abb. 15.2 Zeitpfad der Umweltverschmutzung in Abhängigkeit von der ursprünglichen Umweltqualität

15.2. Das Modell von Luptacik und Schubert

Abb. 15.2 zeigt für $K_0 = 6000$, wie sich ausgehend von verschiedenen Anfangswerten $P_0 \in [1, 14]$ die Umweltverschmutzung auf das stationäre Niveau $\hat{P}$ einpendelt. Für kleine Werte von P_0 weist $P(t)$ eine Trendumkehr auf.

Um die optimale Annäherung an das Gleichgewicht $(\hat{K}, \hat{P})$ zu veranschaulichen, sind in Abb. 15.3 und 15.4 die Projektion der zweidimensionalen stabilen Mannigfaltigkeit des (K, P, C, A) Raumes in den (K, P, C) bzw. (K, P, A) Raum ausgeplottet. Ein plausibles Resultat, das man aus Abb. 15.3 ablesen kann, ist, daß die Konsumrate C umso größer ist, je größer K und je kleiner P ist. Ebenso ist aus Abb. 15.4 ersichtlich, daß die Umweltausgaben A sowohl mit K als auch mit P steigen.

Für jeden Anfangswert (K_0, P_0) kann aus Abb. 15.3 bzw. 15.4 der Anfangskonsum $C(0)$ bzw. die Anfangsreinigungsrate $A(0)$ abgelesen werden, und die strichlierten Kurven zeigen den Verlauf der optimalen Trajektorien, insbesondere ihre Konvergenz gegen das Gleichgewicht. Es ist ersichtlich, daß die Zeitpfade von $K(t)$ als auch von $P(t)$ eine Trendumkehr aufweisen können.

Gehen wir z.B. von einem niedrigen Kapitalstock und hoher Umweltverschmutzung aus, einer Situation, wie sie in manchen Entwicklungsländern vorliegt. In diesem Fall sinkt die Umweltverschmutzung zunächst, da die Selbstreinigungskräfte der Natur die vergleichsweise

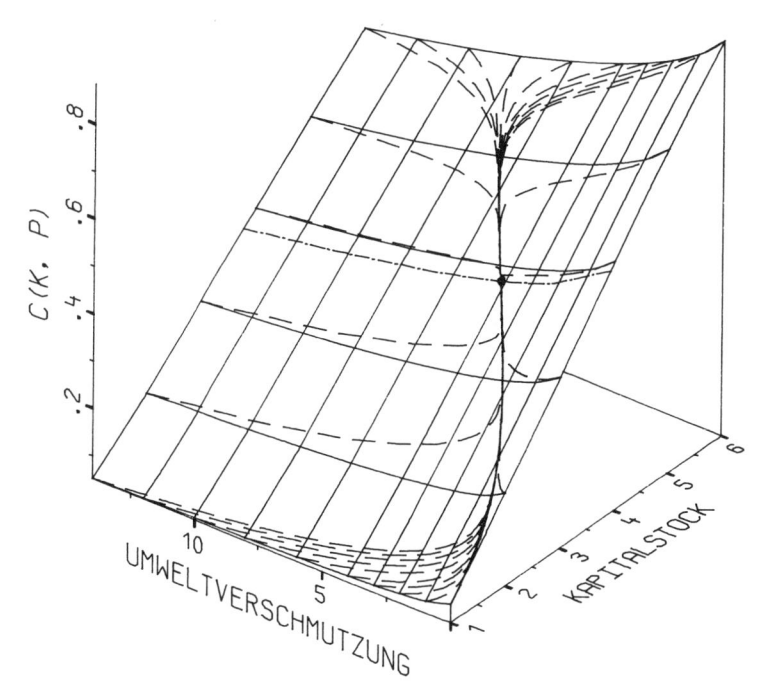

Abb. 15.3 Optimaler Konsum C in Abhängigkeit von Kapital K und Umweltverschmutzung P (Projektion der stabilen Mannigfaltigkeit in den (K, P, C)-Raum)

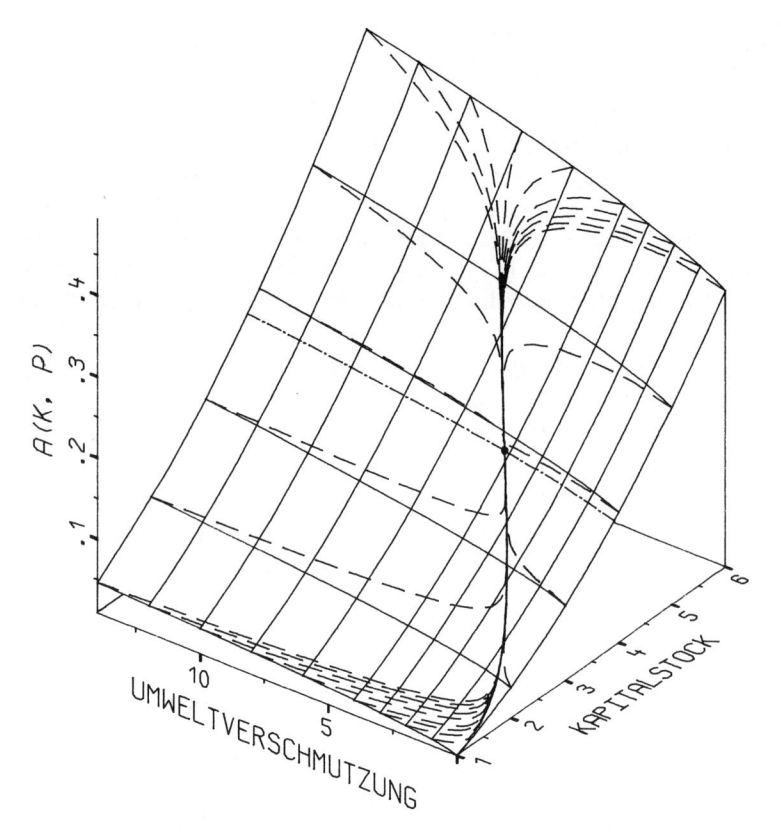

Abb. 15.4 Optimale Ausgaben A zur Umweltreinigung in Abhängigkeit von Kapital K und Umweltverschmutzung P (Projektion der stabilen Mannigfaltigkeit in den (K, P, A)-Raum)

geringen Emissionen durch kleinen Konsum und Kapitalstock wettmachen. Erst wenn der Kapitalstock und damit auch die optimale Konsumrate auf ein gewisses Niveau gestiegen sind, steigt die Umweltverschmutzung wieder bis zum Gleichgewichtswert an.

Durch Projektion der Abbildungen Abb. 15.3 bzw. 15.4 auf die (K, P)-Ebene erhält man das Phasenporträt des in (5.39, 43) allgemein beschriebenen Systems.

15.3. Das Modell von Hartl und Luptacik

Während im vorigen Modell volkswirtschaftliche Aspekte der Entstehung und Beseitigung der Umweltverschmutzung untersucht wurde, wenden wir uns zum Abschluß dieses Kapitels dem Umweltproblem auf Firmenniveau zu. Dabei nehmen wir an, daß die Firma zwischen zwei möglichen Technologien (linear-limitationalen Produktionsprozessen) wählen kann. Während der eine Prozeß effizienter ist, ist der andere weniger umweltbelastend.

15.3. Das Modell von Hartl und Luptacik

Es sei K_i der Kapitaleinsatz und L_i der Arbeitseinsatz bei der i-ten Aktivität ($i = 1, 2$). Ferner bezeichne $l_i = L_i/K_i$ das jeweilige Faktoreinsatzverhältnis, so daß

$$L = l_1 K_1 + l_2 K_2 \tag{15.21}$$

den gesamten Arbeitseinsatz bedeutet. Die Produktivität von K_i werde mit q_i bezeichnet. Für die gesamte Ausbringung Q gilt dann

$$Q = q_1 K_1 + q_2 K_2. \tag{15.22}$$

Durch den Produktionsprozeß i auf dem Niveau K_i werden Schadstoffe im Ausmaß $e_i K_i$ emittiert, so daß der gesamte Schadstoffausstoß durch

$$E = e_1 K_1 + e_2 K_2 \tag{15.23}$$

gegeben ist.

Die Erlösfunktion des monopolistischen Unternehmens sei $R(Q) = p(Q)Q$. Die Preis-Absatz-Funktion $p(Q)$ sei dabei so beschaffen, daß gilt

$$R'(Q) > 0, \quad R''(Q) < 0. \tag{15.24}$$

Wir unterstellen eine konstante Lohnrate w und konstante Kapitalkosten δ_i bei Aktivität i.

Im Gegensatz zum makroökonomischen Modell von Luptacik-Schubert ist es auf Firmenebene wenig sinnvoll, die Umweltverschmutzung als Zustandsvariable zu modellieren, da diese i. a. den Emittenten nicht eindeutig zugeordnet werden kann. Wir nehmen stattdessen an, daß das Unternehmen von der Umweltbehörde pro Emissionseinheit mit Strafkosten s belegt wird.

Der Gewinn des Unternehmens beträgt somit

$$\begin{aligned}\Pi(K_1, K_2) &= R(Q) - wL - \delta_1 K_1 - \delta_2 K_2 - sE \\ &= R(q_1 K_1 + q_2 K_2) - c_1 q_1 K_1 - c_2 q_2 K_2\end{aligned} \tag{15.25}$$

wobei

$$c_i = (wl_i + \delta_i + se_i)/q_i \quad (i = 1, 2) \tag{15.26}$$

die gesamten Produktionskosten (unter Berücksichtigung des Umweltpönales) pro Outputeinheit bei Aktivität i bezeichnet.

Wir nehmen nun an, daß die Aktivität 1 produktiver ist, in dem Sinne, daß pro Kapitaleinheit mit Aktivität 2 mehr produziert werden kann:

$$q_1 < q_2. \tag{15.27a}$$

Um nichttriviale Resultate zu erzielen, nehmen wir zusätzlich an, daß die Kosten pro Outputeinheit bei Aktivität 1 geringer sind:

$$c_1 < c_2. \tag{15.27b}$$

Dies ergibt sich cet. par. etwa dadurch, daß die weniger kapitalintensive Technologie mehr Verschmutzung und damit Strafkosten verursacht. In der Folge wird deshalb Aktivität 2 kurz als die „schmutzige", Technologie 1 hingegen als „sauber" bezeichnet. Diese Begriffsbildung wird unten zusätzlich gerechtfertigt, vgl. (15.44).

Bezeichnet man mit X den – zunächst als konstant unterstellten – Eigenkapitalstock, so stellt sich die Frage, in welcher Weise die Firma in Abhängigkeit von X die Technologieauswahl zu treffen hat.

Im folgenden Unterabschnitt beantworten wir diese Frage zunächst in statischem Kontext.

15.3.1. Statische Aktivitätsanalyse

Aufgrund der bisherigen Ausführungen stellt sich das Problem

$$\pi(X) = \max_{K_1, K_2} \Pi(K_1, K_2) \tag{15.28a}$$

$$K_1 \geqq 0, \quad K_2 \geqq 0 \tag{15.28b}$$

$$K_1 + K_2 \leqq X \tag{15.28c}$$

mit Π aus (15.25). Dabei besagt (15.28c), daß nicht mehr Kapital eingesetzt werden kann, als vorhanden ist.

Um das nichtlineare Optimierungsproblem (15.28) zu lösen, verwenden wir das Kuhn-Tucker-Theorem von Kapitel 6. Wegen (15.24) und der Linearität der Nebenbedingungen (15.28bc) sind die folgenden KT-Bedingungen notwendig und hinreichend für die Optimalität von (K_1, K_2):

$$\mathscr{L}^s = \Pi(K_1, K_2) + \mu_1^s K_1 + \mu_2^s K_2 + \mu_3^s (X - K_1 - K_2)$$

$$\mathscr{L}^s_{K_1} = q_1 [R'(q_1 K_1 + q_2 K_2) - c_1] + \mu_1^s - \mu_3^s = 0 \tag{15.29a}$$

$$\mathscr{L}^s_{K_2} = q_2 [R'(q_1 K_1 + q_2 K_2) - c_2] + \mu_2^s - \mu_3^s = 0 \tag{15.29b}$$

$$\mu_i^s \geqq 0, \quad \mu_1^s K_1 = \mu_2^s K_2 = \mu_3^s (X - K_1 - K_2) = 0. \tag{15.29c}$$

Dabei weist Superskript s auf den statischen Charakter des Modells hin. Um die Optimalitätsbedingungen auszuwerten, definieren wir das kritische Produktionsniveau Q^* mittels

$$R'(Q^*) = (c_2 q_2 - c_1 q_1)/(q_2 - q_1). \tag{15.30}$$

Wegen Voraussetzung (15.24) ist Q^* eindeutig bestimmt; es ist jenes Outputniveau, bei dem die Grenzprofite pro Kapitaleinheit bei beiden Aktivitäten übereinstimmen: $\partial \Pi(K_1, K_2)/\partial K_1 = \partial \Pi(K_1, K_2)/\partial K_2$. Weiters definieren wir noch für jede Aktivität ein Produktniveau Q_i^* bei welchem der Grenzprofit verschwindet:

$$R'(Q_i^*) = c_i, \quad i = 1, 2. \tag{15.31}$$

15.3. Das Modell von Hartl und Luptacik

Wegen (15.24) sind auch die Q_i^* eindeutig bestimmt, und wegen $c_1 < c_2 < (c_2 q_2 - c_1 q_1)/(q_2 - q_1)$ gilt:

$$Q^* < Q_2^* < Q_1^*. \tag{15.32}$$

Das optimale Paar (K_1, K_2) kann an den Eckpunkten, auf den Kanten oder im Inneren des durch (15.28bc) definierten zulässigen Dreiecksbereiches liegen. Es können also *sieben verschiedene Regime* auftreten, wie in Abb. 15.5 illustriert.

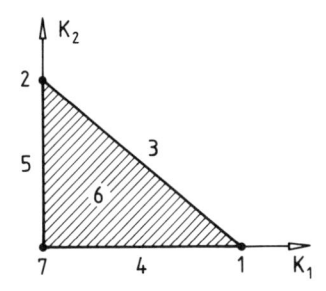

Abb. 15.5 Der Bereich der zulässigen Lösungen: $K_i \geqq 0$, $K_1 + K_2 \leqq X$

In der Folge werden diese einzeln untersucht.

Regime 1: $K_1 = X$, $K_2 = 0$.
Aus (15.29c) folgt $\mu_1^s = 0$ und somit gemäß (15.29a):

$$\mu_3^s = q_1[R'(q_1 X) - c_1] \geq 0 \quad \text{d.h.} \quad q_1 X \leqq Q_1^*. \tag{15.33}$$

Eliminiert man μ_3^s in (15.29b) mittels (15.29a), so erhält man

$$\mu_2^s = (c_2 q_2 - c_1 q_1) - (q_2 - q_1) R'(q_1 X) \geq 0, \quad \text{d.h.} \quad q_1 X \geqq Q^*. \tag{15.34}$$

Insgesamt ist also durch (15.33) und (15.34) gezeigt, daß Regime 1, also $K_1 = X$, $K_2 = 0$, genau für

$$Q^*/q_1 \leqq X \leqq Q_1^*/q_1 \tag{15.35}$$

den Bedingungen (15.29) genügt.

Regime 2: $K_1 = 0$, $K_2 = X$.
Aus (15.29c) folgt $\mu_2^s = 0$, und die zu (15.33) und (15.34) analogen Formeln lauten:

$$\mu_3^s = q_2[R'(q_2 X) - c_2] \geq 0 \qquad \text{d.h.} \quad q_2 X \leqq Q_2^* \tag{15.36}$$

$$\mu_1^s = (q_2 - q_1) R'(q_2 X) - (c_2 q_2 - c_1 q_1) \geq 0 \qquad \text{d.h.} \quad q_2 X \leqq Q^*. \tag{15.37}$$

Wegen (15.32) ist $\min\{Q_2^*, Q^*\} = Q^*$, und Regime 2 ist genau für

$$X \leqq Q^*/q_2 \tag{15.38}$$

optimal.

Regime 3: $K_1 + K_2 = X$, $0 < K_1 < X$, $0 < K_2 < X$.

Aus (15.29c) folgt nun $\mu_1^s = \mu_2^s = 0$. Eliminiert man μ_3^s in (15.29a) mittels (15.29b), so erhält man

$$(q_2 - q_1) R'(q_1 K_1 + q_2 K_2) = c_2 q_2 - c_1 q_1,$$

also, gemäß (15.30):

$$q_1 K_1 + q_2 K_2 = Q^*. \tag{15.39}$$

Zusammen mit $K_1 + K_2 = X$ ermöglicht dies die Berechnung der K_i:

$$K_1 = (q_2 X - Q^*)/(q_2 - q_1), \quad K_2 = (Q^* - q_1 X)/(q_2 - q_1). \tag{15.40}$$

Die Nichtnegativitätsbedingungen für K_i liefern dann den zulässigen Bereich für den Eigenkapitalstock:

$$Q^*/q_2 < X < Q^*/q_1. \tag{15.41}$$

Man überprüft leicht, daß $\mu_3^s \geqq 0$ erfüllt ist, so daß Regime 3 im Bereich (15.41) optimal ist.

Regime 4: $0 < K_1 < X$, $K_2 = 0$.

Wegen (15.29c) ist $\mu_1^s = \mu_3^s = 0$, und aus (15.29a) und (15.31) folgt

$$q_1 K_1 = Q_1^*, \quad \text{d.h.} \quad K_1 = Q_1^*/q_1. \tag{15.42}$$

Kombiniert man (15.42) mit $K_1 < X$, so erkennt man, daß Regime 4 nur im Bereich

$$X > Q_1^*/q_1 \tag{15.43}$$

optimal sein kann. Da man aus (15.29b) und (15.32) sofort $\mu_2^s \geqq 0$ verifiziert, ist die Optimalität im Bereich (15.43) tatsächlich gegeben.

Regime 5: $K_1 = 0$, $0 < K_2 < X$.

Hier würde $\mu_2^3 = \mu_3^s = 0$ gelten, also $q_2 K_2 = Q_2^*$ gemäß (15.29b). Setzt man dies in (15.29a) ein, so ergibt sich mit

$$\mu_1^s = -q_1(c_2 - c_1) < 0$$

ein Widerspruch. Somit kann Regime 5 nie auftreten.

Regime 6: $K_1 > 0$, $K_2 > 0$, $K_1 + K_2 < X$.

In diesem Fall wäre $\mu_1^s = \mu_2^s = \mu_3^s = 0$, und aus (15.29ab) würde $c_1 = c_2$ folgen im Widerspruch zu Annahme (15.27b).

Regime 7: $K_1 = K_2 = 0$, $K_1 + K_2 < X$.

Hier ergibt sich sofort ein Widerspruch aus $\mu_3^s = 0$ und (15.29a), nämlich

$$\mu_1^s = -q_1[R'(0) - c_1] < 0.$$

Damit haben wir genau charakterisiert, welche Regime unter welchen Bedingungen auftreten können.

Die optimale Technologieauswahl (K_1, K_2) sowie der resultierende Gewinn $\pi(X)$ ist in Abhängigkeit vom Gesamtkapital X in Tabelle 14.1 zusammengefaßt:

15.3. Das Modell von Hartl und Luptacik

Intervall für X	$[0, Q^*/q_2]$	$(Q^*/q_2, Q^*/q_1)$	$[Q^*/q_1, Q_1^*/q_1]$	$[Q_1^*/q_1, \infty)$
Regime	2	3	1	4
Aktivitäten	2	1 & 2	1	1
K_1	0	$\dfrac{q_2 X - Q^*}{q_2 - q_1}$	X	Q_1^*/q_1
K_2	X	$\dfrac{Q^* - q_1 X}{q_2 - q_1}$	0	0
$\pi(X)$	$R(q_2 X) - c_2 q_2 X$	$R(Q^*) - \dfrac{c_2 q_2 - c_1 q_1}{q_2 - q_1} Q^* + q_1 q_2 \dfrac{c_2 - c_1}{q_2 - q_1} X$	$R(q_1 X) - c_1 q_1 X$	$R(Q_1^*) - c_1 Q_1^*$
$\pi'(X)$	$q_2 [R'(q_2 X) - c_2]$	$q_1 q_2 \dfrac{c_2 - c_1}{q_2 - q_1}$	$q_1 [R'(q_1 X) - c_1]$	0

Tabelle 14.1: Die optimale Lösung im statischen Fall

Für eine Firma mit nur wenig Eigenkapitalausstattung ($X \leq Q^*/q_2$) erweist es sich also als sinnvoll, nur die effizientere Aktivität 2 zu verwenden und dadurch die Umwelt zu belasten. Angesichts der Kapitalknappheit spielen die höheren Kosten aufgrund des Umweltpönales somit keine Rolle. Ein Unternehmen mit hinreichend viel Eigenkapital ($X \geq Q^*/q_1$) kann sich die weniger effiziente dafür aber umweltfreundlichere Technologie 1 leisten. Bei „mittlerer" Kapitalausstattung werden beide Aktivitäten gleichzeitig verwendet. Ist der Kapitalstock sehr hoch ($X > Q_1^*/q_1$), dann produziert die Firma nur die Menge Q_1^* (mit der sauberen Technologie) und setzt nicht den gesamten Kapitalstock ein.

Die Profitfunktion $\pi(X)$ ist in Abb. 15.6 dargestellt. Man überprüft leicht, daß sie konkav und auch an den Stellen Q^*/q_2, Q^*/q_1 bzw. Q_1^*/q_1 stetig differenzierbar ist.

Im zweiten Teil von Abb. 15.6 sind die durch die optimale Technologieauswahl induzierten Emissionen E dargestellt. Gemäß (15.23) und der linearen Abhängigkeit von K_i von X in jedem der vier Intervalle hängt E in jedem dieser Intervalle linear von X ab. Unter der Bedingung, daß bei der „sauberen" Aktivität 1 die Umwelt pro Outputeinheit weniger belastet wird als bei der „schmutzigen" Technologie 2, d. h.

$$e_1/q_1 < e_2/q_2 \qquad (15.44)$$

sinken im Regime 3 die Emissionen E mit steigendem Kapitel X. Die Beziehung (15.44) folgt aus (15.27ab) im Falle daß $\delta_1 + w l_1 \geq \delta_2 + w l_2$ gilt.

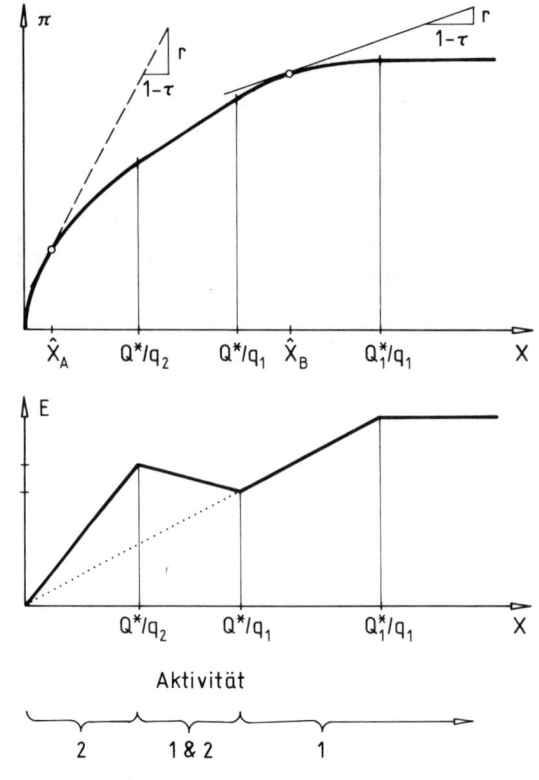

Abb. 15.6 Profit π und Emissionen E bei optimaler Technologieauswahl in Abhängigkeit vom Eigenkapital X. Für großes $r/(1-\tau)$ ergibt sich ein kleiner langfristig optimaler Kapitalstock $\hat{X}_A$; kleine Werte von $r/(1-\tau)$ führen zu einem großen Gleichgewichtskapitalstock $\hat{X}_B$

15.3.2. Dynamische Aktivitätsanalyse

Während bisher der Eigenkapitalstock des Unternehmens als konstant vorausgesetzt wurde, nehmen wir nun an, daß der Gewinn (nach Steuerabzug) zur Erhöhung des Kapitals oder zur Dividendenausschüttung verwendet werden kann.

Bezeichnet man mit $D(t)$ die im Zeitpunkt t ausgezahlten Dividenden (Obergrenze $\bar{D}$), mit τ die (konstante) Steuerrate ($0 < \tau < 1$) und mit r die Diskontrate, so erhält man das folgende Kontrollproblem

$$\max_{D, K_1, K_2} \int_0^\infty e^{-rt} D \, dt \tag{15.45a}$$

$$\dot{X} = (1-\tau)\Pi(K_1, K_2) - D, \quad X(0) = X_0 \tag{15.45b}$$

$$0 \leq D \leq \bar{D} \tag{15.45c}$$

$$K_1 \geq 0, \ K_2 \geq 0, \ K_1 + K_2 \leq X \tag{15.45d}$$

$$X \geq 0. \tag{15.45e}$$

Formal weist dieses Modell starke Ähnlichkeit mit einem Firmenmodell von *van Loon* (1982) auf; vgl. Übungsbeispiel 12.12. Allerdings wird es hier auf anderem Weg gelöst. Offensichtlich ist es optimal, den Profit $\Pi(K_1, K_2)$ unter den Nebenbedingungen (15.45d) zu jedem Zeitpunkt *statisch* zu maximieren. Da dies bereits in Abschnitt 15.3.1 geschehen ist, können wir uns der Lösung des folgenden *dynamischen* Dividendenausschüttungsproblems zuwenden:

$$\max_{D} \int_0^\infty e^{-rt} D \, dt \tag{15.46a}$$

$$\dot{X} = (1 - \tau)\pi(X) - D, \ X(0) = X_0 \tag{15.46b}$$

$$0 \leq D \leq \bar{D} \tag{15.46c}$$

$$X \geq 0. \tag{15.46d}$$

Wie bereits mehrmals vorgeführt, läßt sich ein derartiges lineares Kontrollproblem mittels der RMAP-Theorie von Abschnitt 3.3 lösen. Setzt man

$$M(X) = (1 - \tau)\pi(X), \ N(X) = -1$$
$$\Omega(X) = [(1 - \tau)\pi(X) - \bar{D}, \ (1 - \tau)\pi(X)],$$

so läßt sich das Problem (15.46) in der Gestalt (3.38) darstellen.
Gemäß Satz 3.2 ist das Gleichgewichtskapital $\hat{X}$ gegeben durch

$$rN(\hat{X}) + M'(\hat{X}) = 0, \ \text{d.h.} \quad \pi'(\hat{X}) = r/(1 - \tau), \tag{15.47}$$

da die Funktion $rN + M'$ wegen $\pi'' \leq 0$ monoton fällt. Somit ist die optimale Dividendenausschüttung gegeben durch

$$D = \begin{Bmatrix} 0 \\ \hat{D} = (1-\tau)\pi(\hat{X}) \\ \bar{D} \end{Bmatrix} \ \text{falls} \ X \begin{Bmatrix} < \\ = \\ > \end{Bmatrix} \hat{X} \tag{15.48}$$

Man sucht also gemäß (15.47) jenen Punkt der Profitkurve $\pi(X)$, wo deren Anstieg gleich $r/(1 - \tau)$ ist. Dieses Gleichgewicht ist gemäß (15.48) raschestmöglich zu erreichen und sodann durch Ausschüttung des gesamten versteuerten Profits beizubehalten.
Der Gleichgewichtskapitalstock $\hat{X}$ ist umso größer, je kleiner die Diskontrate r und die Steuerrate τ ist, was ökonomisch einleuchtend ist.
Infolge des linearen Mittelstückes von $\pi(X)$ können nur die folgenden beiden Fälle auftreten:

$$\begin{aligned}&\text{Fall A:}\\&\text{Fall B:}\end{aligned} \quad \frac{r}{1-\tau} \begin{Bmatrix} > \\ < \end{Bmatrix} q_1 q_2 \frac{c_2 - c_1}{q_2 - q_1}. \tag{15.49}$$

Dabei wird vom Grenzfall des Gleichheitszeichens in (15.49) abgesehen, bei dem *jede* Dividendenausschüttungspolitik, die den Kapitalstock im Intervall $[Q^*/q_2, Q^*/q_1]$ beläßt, optimal ist.

Im *Falle A* ergibt sich ein kleines Gleichgewichtskapital $\hat{X}_A < Q^*/q_2$. Bei hoher Diskontrate und/oder hohem Steuersatz ist es somit optimal, nur die schmutzige Technologie zu verwenden.

Im *Falle B* gilt die Beziehung $Q^*/q_1 < \hat{X}_B < Q_1^*/q_1$. Bei niedrigen Werten von r und/oder τ ist im Optimum nur die saubere Aktivität 1 zu wählen.

Ein gleichzeitiges Verwenden *beider* Technologien ist langfristig nur im Grenzfall optimal. Außerdem wird langfristig immer der gesamte Kapitalstock X verwendet.

Betrachten wir nun noch einen typischen Fall der Annäherung an das langfristige Gleichgewicht. Nehmen wir an, daß das Ausgangskapital der Firma klein sei ($X_0 < Q^*/q_2$), daß sie vorausschauend plant und daß ihre Steuerlast relativ gering sei, d. h. daß Fall B vorliegt. Dann wird das Unternehmen zunächst durch Technologie 2 die Umwelt verschmutzen und keine Dividenden ausschütten. Dadurch erhöht sich der Kapitalstock der Firma, bis das Niveau Q^*/q_2 erreicht ist. Ab diesem Zeitpunkt wird Technologie 2 sukzessive durch die saubere Aktivität 1 ersetzt. Während dieses *Umschichtungsprozesses* sinken die Emissionen E, obwohl das Kapital X steigt. Sobald X das Niveau Q^*/q_1 erreicht hat, wird nur mehr Technologie 1 verwendet. Während des gesamten Zeitraumes bis zum Erreichen des langfristig optimalen Kapitalstocks $\hat{X}_B$ werden keine Dividenden ausbezahlt. Erst danach wird genau der versteuerte Gewinn ausgeschüttet.

15.3.3. Modellvarianten

Mit derselben Begründung wie in Abschnitt 12.2.3 ist es sinnvoll eine *streng konkave* Nutzenfunktion $U(D)$ mit der Annahme (12.84) anzunehmen. Das Zielfunktional in (15.46a) wird also durch (12.85a) ersetzt. In diesem Fall kann eine Phasendiagrammanalyse für das nun nichtlineare Kontrollproblem durchgeführt werden (Übungsbeispiel 15.5). Dabei zeigt sich, daß der Gleichgewichtskapitalstock wieder durch (15.47) gegeben ist und daß die beiden Fälle (15.49) auftreten können. Allerdings wird nun dieses Gleichgewicht nicht mehr raschestmöglich erreicht, da infolge des konkaven Nutzens von D ab einem gewissen Mindestkapitalstock stets positive Dividenden ausgeschüttet werden, und zwar umso mehr, je größer X ist.

Eine weitere Modellmodifikation, die sowohl im linearen als auch im nichtlinearen Fall vorgenommen werden kann, wäre die Analyse einer nichtlinearen Steuerfunktion $\tau(\pi(X))$ anstelle von $\tau\pi(X)$ mit

$$0 \leq \tau(\pi) < \pi, \quad \tau'(\pi) > 0, \quad \tau''(\pi) > 0. \tag{15.50}$$

Qualitativ bleiben die oben beschriebenen optimalen Politiken (Aktivitätsauswahl und Dividendenausschüttung) erhalten mit folgender Ausnahme: Das durch $\pi'(\hat{X})[1 - \tau'(\pi(\hat{X}))] = r$ gegebene Gleichgewicht kann nun auch im Bereich mittlerer Kapitalausstattung $[Q^*/q_2, Q^*/q_1]$ liegen, da die Funktion $\pi(X) - \tau(\pi(X))$ nun auch in diesem Bereich streng konkav ist. Der Leser ist in Übungsbeispiel 15.6 aufgefordert, die Analyse dieses Modells durchzuführen.

Übungsbeispiele zu Kapitel 15

15.1. Man führe für das Forstermodell von Abschnitt 15.1 die Phasendiagrammanalyse im (P, C)-Diagramm im Detail durch. Insbesondere berücksichtige man den Fall, daß für die optimale Lösung die Steuerbeschränkungen (15.5c) aktiv werden.

15.2. a) Im Forstermodell führe man eine Sensitivitätsanalyse des Gleichgewichtes bezüglich der Parameter r, α und $\bar{Q}$ durch. Man zeige

$$\frac{\partial \hat{C}}{\partial r} > 0, \quad \frac{\partial \hat{P}}{\partial r} > 0, \quad \frac{\partial \hat{C}}{\partial \alpha} > 0, \quad \frac{\partial \hat{C}}{\partial \bar{Q}} > 0.$$

Man überlege sich, daß eine Erhöhung der Produktion $\bar{Q}$ nicht notwendigerweise zu einer Erhöhung der Verschmutzung $\hat{P}$ führt.

b) Man führe eine dynamische Sensitivitätsanalyse bezüglich r durch (Hinweis: Abschnitt 4.4.1).

15.3. Man analysiere den Fall, wo im Forstermodell langfristig eine saubere Umwelt $P = 0$ optimal ist (wenn (15.13) nicht erfüllt ist). Insbesondere ermittle man den Multiplikator v nach dem Auftreffen auf die Beschränkung $P = 0$.

15.4. Man betrachte den Spezialfall des Luptacik-Schubert Modells (15.14) mit linearer Produktionsfunktion $F(K) = \pi K$ und der separablen Nutzenfunktion $U(C, P) = U(C) - \beta P$. Man verifiziere, daß das Modell ohne die Restriktionen (15.14de) zustandsseparabel im Sinne von Abschnitt 5.2 ist und führe eine Phasendiagrammanalyse im (λ_1, λ_2)-Raum bzw. im (C, A)-Raum durch.

15.5. Man löse das Modell (15.45) mit der nichtlinearen Nutzenfunktion (12.84).

15.6. Man löse das Aktivitätsanalysemodell (15.45) angesichts einer nichtlinearen Steuerfunktion $\tau(\pi)$, die (15.50) erfüllt.

a) für lineares Zielfunktional (15.45a)

b) für nichtlineares Nutzenfunktional (12.85a).

Weiterführende Bemerkungen und Literatur zu Kapitel 15

In Abschnitt 13.2.1 wurde ein Umweltverschmutzungsmodell im Zusammenhang mit Kapitalakkumulation behandelt (vgl. *Forster*, 1973b). Das gleiche Modell, in welchem die Umweltverschmutzung als Flußgröße betrachtet wird, wurde von *Katayama* und *Nabetani* (1981) auch numerisch analysiert.

Das in Abschnitt 15.1 behandelte Modell wurde von *Forster* (1977) ohne die Konsumbeschränkung $C \geq 0$ gelöst. Die Beschränkung $C \leq \bar{Q}$ ist dort durch die Zweckannahme $Z'(\bar{Q}) = \infty$ automatisch gewährleistet. Forster legt eine allgemeine konkave Nutzenfunktion $U(C, P)$ zugrunde und analysiert die Lösung im (P, λ)-Diagramm.

Luptacik und *Schubert* (1982a) haben das Modell von Abschnitt 15.2 durch Einbeziehung eines dritten Zustandes (Kapitalstock zur Umweltreinigung, z. B. Kläranlage) erweitert. Die numerischen Berechnungen dieses Abschnittes gehen auf *Steindl* (1984) zurück. Dabei wurde das Programmpaket COLSYS zur Lösung der auftretenden Randwertprobleme benützt (vgl. Anhang A.1.7).

Das Modell von *Hartl* und *Luptacik* (1985) stellt eine Erweiterung eines Modells von van *Loon* (1982) durch Einbeziehung der Umweltkomponente dar. Gegenüber dem in Abschnitt 15.3

dargestellten Modell enthält die Erweiterung eine Umweltreinigungsmaßnahme als dritte Aktivität.

Ein anderes Firmenmodell, bei dem die Wasserqualität eines Sees als Zustand fungiert, stammt von *Sethi* (1977b). Ähnlich wie dort geht es im Modell von *Wright* (1974) um die optimalen Ausgaben für Umweltreinigung. *Sethi* und *Thompson* (1981a, §10.3) behandeln ein einfaches, auf *Keeler*, *Spence* und *Zeckhauser* (1971) zurückgehendes Umweltverschmutzungsmodell, bei dem der Produktionsfaktor Arbeit optimal zwischen Nahrungsmittel- und DDT-Produktion aufzuteilen ist. Einfache Umweltmodelle enthält auch §8 in *Bensoussan* et al. (1974). *Feichtinger* und *Luptacik* (1984) behandeln ein Modell zur Analyse der optimalen Umweltreinigung und Beschäftigungspolitik.

Kapitel 16: Sonstige Kontrollmodelle

Im Zuge unserer Darstellung haben wir eine Reihe wichtiger Anwendungen der Steuerungstheorie in Ökonomie und Operations Research vorgeführt. Bevor wir zum Abschluß einige weitere Anwendungen erwähnen, scheint es angebracht, jene Gebiete zu erwähnen, welche im vorliegenden Text allein schon aus Platzgründen *nicht* behandelt werden können.

Dazu sei zunächst auf ökonometrische Modelle hingewiesen, in denen bei *linearer* Systemdynamik die Summe der *quadratischen* Abweichungen von vorgegebenen idealen Pfaden minimiert werden soll (vgl. das linear-quadratische „Tracking-Problem" von Abschnitt 5.4). In der Ingenieurliteratur spielen *linear-quadratische* Steuerungsprobleme eine große Rolle. In der Ökonomie tauchen derartige Modelle auf natürliche Weise im Zusammenhang mit dem Stabilisierungsproblem auf. Ziel *ökonomischer* Stabilisierungspolitiken ist es, ein wirtschaftliches System so nahe wie möglich an ein durch die Wirtschaftspolitik gegebenes Ziel anzupassen. Im Gegensatz zu den meisten technisch-naturwissenschaftlichen Modellen werden derartige ökonomische Probleme oft *diskret* modelliert. Mittels des Trennungsansatzes (5.62) über Riccatigleichungen können sie *numerisch* gelöst werden. Eine solche Vorgangsweise liefert allerdings kaum Einsichten in die qualitative Struktur (z. B. Monotonie) der optimalen Politik; man vgl. dazu die Darstellungen von *Pindyck* (1973), *Chow* (1975), *Aoki* (1981) sowie *Preston* und *Pagan* (1982). Einen guten Einblick in linear-quadratische Stabilisierungsmodelle verschafft man sich durch die Essays von Preston und Turnovsky im 2. Teil des Sammelbandes von *Pitchford* und *Turnovsky* (1977); vgl. insbesondere *Turnovsky* (1977). Weitere lesenswerte makroökonomische Anwendungen der Steuerungstheorie findet man bei *Burmeister* und *Dobell* (1970) und *Stöppler* (1980).

Probleme der Mechanik (Luft- und Raumfahrt) standen an der Wiege der Theorie der Optimalsteuerung (vgl. etwa *Leitmann*, 1962, *Bryson* und *Ho*, 1975). Eine Darstellung derartiger Probleme würde aber den Rahmen sprengen. Deshalb wurde im vorliegenden Buch von der Behandlung naturwissenschaftlich-technischer Anwendungen abgesehen.

Wie bereits oben erwähnt, haben wir in diesem Kapitel eine Reihe kontrolltheoretischer Anwendungen gesammelt, welche sich nicht zwangslos in einen der vorigen Abschnitte einordnen lassen. Nach einem Einstieg in Innovationsmodelle (Forschung und Entwicklung) erwähnen wir einige Anwendungen in der Warteschlangentheorie. In Abschnitt 16.3 präsentieren wir einige sequentielle Entscheidungsmodelle im Zusammenhang mit geographischen bzw. raumplanerischen Aspekten. Abschnitt 16.4 befaßt sich mit biomedizinischen Problemen. Der folgende Abschnitt gibt einen Einblick in militärische Anwendungen. In Abschnitt 16.6 sind weitere Anwendungen in so verschiedenen Gebieten wie Außenhandel, Versicherungswirtschaft, Feuerbekämpfung, Transportplanung, Energiewirtschaft, Medizin, Personalplanung, Physiologie und Sport kurz erwähnt.

16.1. Forschung und Entwicklung

Lucas (1971) betrachtet ein Forschungsprojekt, dessen Abwicklung im Planungsintervall $[0, T]$ Kosten verursacht, dessen Fertigstellung im Zeitpunkt T dann aber einen festen, d.h. von der Höhe der zuvor erfolgten Investitionen unabhängigen Erlös abwirft. T kann dabei fix vorgegeben oder aber eine Zufallsgröße mit bekannter Verteilung sein. Betrachtet man die Projektkosten pro Zeiteinheit als variabel, so erhebt sich die Frage, wie sie im Planungsintervall zu verteilen sind, damit der (diskontierte) Gesamtgewinn maximal wird. Sinnvollerweise wird dabei konkave Effizienz der Ausgaben für F & E unterstellt. Abnehmende Grenzeffizienz der Entwicklungsausgaben läßt sich etwa durch Heranziehung weniger produktiver Faktoren oder durch Überstundenzahlungen begründen. Im Falle einer zufälligen Fertigstellungsdauer dient als Zielfunktional der erwartete diskontierte Profit des Projektes. Lucas berechnet für eine Reihe von Beispielen explizit das Zeitprofil der Forschungsausgaben. Generell zeigt sich dabei, daß die optimalen Ausgaben mit zunehmender Fortdauer des Projektes zunehmen (genauer: nicht abnehmen). Ferner wird diskutiert, ob ein Projekt überhaupt gestartet werden soll und in welcher Weise die Ungewißheit der Fertigstellungsdauer die Entwicklungsausgaben beeinflußt. Man vergleiche auch *Kamien* und *Schwartz* (1981, p. 68/9). Diese Autoren haben sich in einer Reihe von Erweiterungen mit dem innovativen Verhalten von Firmen beschäftigt; vgl. *Kamien* und *Schwartz* (1971c, 1972ab, 1974, 1978bc). Ihre Ergebnisse haben sie in Buchform zusammengefaßt (*Kamien* und *Schwartz*, 1982).

Sampson (1976) analysiert ein Ressourcenproblem, in welchem die Effizienz der eingesetzten Abbauenergie vom „Stand der Technik" abhängt, der seinerseits durch Forschungsaktivitäten „akkumuliert" werden kann.

16.2. Bedienungstheorie

Die Anwendungen des deterministischen Maximumprinzips in der Warteschlagentheorie sind vergleichsweise eher spärlich. Eine lesenswerte Einführung in die Problematik bietet *Agnew* (1976). Andere einschlägige Arbeiten stammen von *Nelson* (1966) und *Chakravarthy* (1983).

Man (1973) betrachtet ein über die Ankunftsrate $\lambda(t)$ gesteuertes Warteschlangensystem mit s Servicestellen und exponential-verteilten Servicezeiten mit begrenztem Warteraum. Er verwendet als Zielfunktion den Erwartungswert der quadratischen Abweichung zwischen den Kunden im System und der Zahl der Servicestellen, dessen Integral über ein vorgegebenes Zeitintervall minimiert werden soll. Es handelt sich um ein in λ lineares Kontrollproblem, dessen Bang-Bang Lösung ermittelt wird.

In einer Arbeit und einer Entgegnung behandeln *Scott* und *Jefferson* (1976, 1978) ein einfaches Wartesystem mit begrenztem Warteraum als optimales Kontrollproblem. Als Kontrollvariable dient dabei die Serviceintensität, welche lineare Kosten verursacht. Im Zielfunktional gehen ferner die Opportunitätskosten für verlorene Kunden ein, welche den Warteraum besetzt vorfinden. Die Autoren geben für lineare Kosten eine Kombination aus Bang-Bang und singulären Lösungen an, wobei allerdings nur der Fall eines Warteraumes des Umfanges 1 behandelt wird. *Klein* und *Gruver* (1978) haben die Modellösung kritisiert.

Keil (1978) hat ebenfalls das Maximumprinzip zur optimalen Steuerung der Serviceintensität von Wartesystemen angewendet. *Parlar* (1984) hat die zeitabhängige optimale Servicerate eines $M/M/s$ Bedienungssystems mit beschränktem Warteraum ermittelt und anhand eines numerischen Beispiels illustriert.

Filipiak (1982) analysiert ein Kontrollmodell für ein Netzwerk von Bedienungskanälen unter der Annahme, daß der Fluß entlang einer Kante eine monoton steigende, konkave Funktion der Anzahl der dort wartenden Kunden ist. Als Leistungsmaß dient der Erlös des gesamten Durchsatzes an Kunden abzüglich der Kosten für Verzögerungen infolge der im Netzwerk wartenden Kunden. Der Autor leitet aus den notwendigen Optimalitätsbedingungen des Maximumprinzips analytische und numerische Stau- und Flußstrategien in Abhängigkeit von der geforderten Nachfrage ab.

16.3. Anwendungen in der Raumplanung

In einer Reihe wichtiger Anwendungen der dynamischen Optimierung, so z. B. beim Rucksackproblem oder allgemeiner bei Allokationsproblemen, bedeutet der Stufenindex nicht notwendigerweise einen Zeitparameter. In anderen Problemen (so beispielsweise bei Verschnittproblemen) übernimmt eine räumliche Koordinate die Rolle der Zeitvariablen. Derartige Modelle illustrieren auch die Anwendbarkeit der Kontrolltheorie auf Probleme der Raumplanung und Geographie.

Solow und *Vickery* (1971) haben sich mit der optimalen Dimensionierung einer Verkehrsverbindung in einer Industrieregion beschäftigt. Dabei wird angenommen, daß jede Flächeneinheit an Industriebetrieben ein bestimmtes Verkehrsaufkommen erzeugt, welches durch die Anlage von Straßen bewältigt werden muß.

Die Transporteinheitskosten wachsen mit der Verkehrsdichte, welche ihrerseits gleich dem Verkehrsvolumen dividiert durch Straßenbreite ist. Ziel ist die Bestimmung der Straßenbreite, so daß die gesamten Transportkosten minimal sind. Wesentlich für die Traktabilität des Problems ist dabei die Annahme einer „langen, schmalen Stadt": durch die Beschränkung auf eine schmale, rechteckige Region, in welcher die Transportkosten „in der Breite" vernachlässigbar sind, wird das Problem auf ein eindimensionales Modell reduziert, in welchem die Länge die Rolle der Zeit übernimmt. Andere verwandte Untersuchungen stammen von *Legey* et al. (1973).

Loury (1978) hat sich mit dem Problem der räumlichen Gestalt von Ghettos beschäftigt, wobei die gemeinsame Grenze zwischen Minorität und Majorität minimale Länge besitzen soll. Mittels der Variationsrechnung läßt sich zeigen, daß in einer kreisförmigen Stadt die Minorität am Stadtrand innerhalb einer linsenförmigen Fläche angesiedelt wird. Der zweite begrenzende Kreisbogen steht dabei auf dem Stadtrand senkrecht; vgl. auch *Kamien* und *Schwartz* (1981, p. 63–65). In diesem Buch (§ 13) findet man auch eine interessante Anwendung im Straßenbau. Zu einem gegebenen Profil ist eine Straße durch Abtragungen auf Aufschüttungen so zu errichten, daß die totalen Kosten, gemessen an der quadratischen Abweichung des Profils vom Straßenniveau, minimal sind. Varianten dieses Modells bzw. Anwendungen auf die optimale Fortbewegung im Gelände sind denkbar.

Eine weitere Anwendung der Kontrolltheorie auf die Raumplanung stammt von *Mehra* (1975). Den vermutlich besten Überblick über Anwendungen der Kontrolltheorie auf die Steuerung räumlicher Systeme verschafft man sich durch Lektüre des Buches von *Tan* und *Bennett* (1984); vgl. auch *Nijkamp* (1976).

Abschnitt 16.4 beschäftigt sich mit biomedizinischen Anwendungen, insbesondere mit der Kontrolle[1]) der Ausbreitung epidemischer Erkrankungen.

16.4. Biomedizinische Anwendungen

Kermack und McKendrick haben schon in den Zwanzigerjahren mathematische Modelle zur Ausbreitung von Epidemien untersucht; zur Übersicht vgl. man *Bailey* (1975) sowie *Nöbauer* und *Timischl* (1979, § 4).

Das Maximumprinzip hat sich als geeignetes Werkzeug zur Analyse der Bekämpfung epidemischer Prozesse erwiesen. *Sethi* (1974c, 1978b), *Sethi* und *Staats* (1978) hat neben der Intensität der medizinischen Versorgung bereits infizierter Personen die Isolation befallener sowie die Impfung noch nicht angesteckter Personen als Steuervariablen betrachtet. Als Zustandsvariablen fungieren die Anzahl der erkrankten Individuen und jene der anfälligen Personen. Ziel des Gesundheitsprogrammes ist die Minimierung des Gegenwartswertes der totalen Kosten. Diese setzen sich aus den sozioökonomischen Kosten der Infizierten, sowie aus den Kosten der ärztlichen Versorgung, zusammen. Unter der Annahme, daß die entstehenden Kontrollmodelle linear in den Steuervariablen sind, gelingt es Sethi, die optimale Gesundheitspolitik zu charakterisieren. Für Modelle mit einem Zustand erweist sich das Greensche Theorem (bzw. die RMAP-Theorie von Abschnitt 3.3) als wertvolles Analysemittel.

Einen informativen Einblick in den Stand der Forschung bis 1977 liefert *Wickwire* (1977). Neben der Übertragung durch nicht erkrankte Keimträger werden dort

---

[1]) In diesem Zusammenhang paßt die Bezeichnung „Kontrolle" tatsächlich besser als „Steuerung"; vgl. dazu die entsprechende Bemerkung in der Einleitung.

auch stochastische Varianten und Erweiterungen betrachtet. Im Zusammenhang mit der Anwendungsrelevanz epidemischer Modelle scheint uns folgendes Zitat von *Wickwire* (1977, p. 183) maßgebend:

„... many of the recent applications of control or optimization theory to population and disease control may seem to serve the purposes of professional expediency more than those of the public health and good, and in some cases such suspicions are probably well founded. However, it can be argued that the solutions of easy (and sometimes even trivial or apparently useless) problems must usually be found and disseminated before the more important ones can be faced".

Neben den Anwendungen epidemiologischer Optimierungsmodelle auf die Kontrolle ansteckender Krankheiten existieren auch solche im Bereich der Ökologie und der Bekämpfung bestimmter Pflanzenerkrankungen (pest control). *Goh* et al. (1974) analysieren in diesem Zusammenhang die optimale Steuerung eines Räuber-Beute-Modells. Einen rezenten Überblick über biomedizinische Anwendungen liefert *Swan* (1984).

Hartl und *Mehlmann* (1986) gehen der Frage nach, welches Entlohnungsschema für Ärzte gesundheitspolitisch vorzuziehen sei: jenes im alten China (in welchem ein Arzt umso weniger Geld bekam, je mehr Leute krank waren), das babylonische (in welchem der Arzt für Heilungserfolge belohnt, bei Versagen hingegen bestraft wurde) oder das heute meist vorherrschende Gesundheitssystem (in dem die Ärzte pro Patient bezahlt werden, mehr oder weniger ohne Rücksicht auf Heilungserfolge). Als Zustandsvariable fungiert der Anteil der Kranken, welche für den Arzt eine Art erneuerbare Ressource darstellen. Die Analyse zeigt, daß eher die Belohnung des Heilerfolges ausschlaggebend für die Gesundheitssituation der Bevölkerung ist als das Honorar für den Arztbesuch. Ferner erkennt man, daß es für einen profitmaximierenden Arzt i. a. optimal wäre, einen positiven stationären Stock an Erkrankten zu haben.

16.5. Militärische Anwendungen

Der Ansatz von *Richardson* (1960) geht davon aus, daß militärische Auseinandersetzungen durch gegenseitiges Aufschaukeln der Furcht der Gegner voreinander entstehen. Er bildet die Basis von Modellen zum Rüstungswettlauf (vgl. dazu *Rapoport*, 1980). *Gillespie* und *Zinnes* (1975; zitiert nach *Rapoport*, 1980, p. 68–71) haben die *Richardson-Dynamik* als Basis für ein Kontrollmodell gewählt. Ziel ist dabei die Minimierung der totalen Abweichung zwischen einem bestimmten, von der gegnerischen Aufrüstung abhängigen Rüstungsniveau und der kombinierten Rüstung. Die optimale Rüstungskontrolle läßt sich explizit ermitteln und kann in Abhängigkeit von den Modellparametern diskutiert werden. Insbesondere ist dabei die Stabilität bzw. Instabilität der „Rüstungsspirale" von Interesse. Die Annahme, daß nur ein Gegner das System steuert, ist unrealistisch; einen adäquateren Modellierungsrahmen vermitteln Differentialspiele. Man vergleiche dazu *Rapoport* (1980, p. 71/2) sowie *Simaan* und *Cruz* (1975).

Deger und *Sen* (1984) haben sich mit der optimalen Aufteilung des Nationaleinkommens von Entwicklungsländern zwischen Konsum und Militärausgaben beschäftigt.

Ein anderes Differentialgleichungssystem, das in militärischen Anwendungen eine zentrale Rolle spielt, ist die *Lanchester-Dynamik*. Die Zustandsvariablen messen dabei den Umfang der gegnerischen Waffensysteme. Die Vernichtungsrate einer Macht wird dabei (im einfachsten Fall) als proportional zum gegnerischen Rüstungsniveau angenommen.

Taylor (1974, 1979) hat Lanchester-Modelle der Kriegsführung mittels des Maximumprinzips analysiert. Im einfachsten Fall geht es dabei um die optimale Allokation der Feuerkraft einer Armee, wobei die Zahl ihrer Überlebenden und die Verluste des Gegners zu maximieren sind.

Intriligator (1975, 1977) hat in einem Modell mit vier Zustandsvariablen (eigenes Waffenarsenal und jenes des Gegners, eigene und gegnerische Verluste) den Ablauf eines (Raketen) Krieges beschrieben. Raketen können gegen gegnerische Raketen(stellungen) gerichtet werden, aber auch gegen Städte der Gegner. Als Steuerinstrumente stehen der kriegsführenden Nation die Intensität ihres Raketeneinsatzes sowie die Zielentscheidung zur Verfügung. *Brito* und *Intriligator* (1974) haben sich im Rahmen eines Ressourcenallokationsmodells mit dem Problem des Rüstungswettlaufes beschäftigt. Ziel kann dabei die Minimierung der eigenen Verluste sein.

16.6. Verschiedene weitere Anwendungen des Maximumprinzips

Kemp und *Long* (1980, Teil III) haben sich im Zusammenhang mit Ressourcenextraktion mit Außenhandelsmodellen beschäftigt.

Rausser und *Hochman* (1979) haben eine Monographie über Anwendungen der Kontrolltheorie in der Landwirtschaft geschrieben.

Raviv (1979) wendet das Maximumprinzip auf die Planung einer optimalen Versicherungspolizze an; vgl. auch *Yaari* (1965).

Parlar (1983) analysiert ein Modell zur optimalen Verstärkung von Feuerwehren bei der Bekämpfung von Waldbränden. Das resultierende Kontrollmodell, bei welchem der Brandschaden als Zustand und die Änderung der Stärke der Feuerwehrmannschaft als Steuerung auftritt, wird mittels des Maximumprinzips gelöst. Die optimale Änderungsrate des Feuerwehreinsatzes besitzt dabei Bang-Bang-Gestalt mit höchstens zwei Umschaltzeitpunkten bis zum (freien) Endzeitpunkt.

16.6 Verschiedene weitere Anwendungen des Maximumprinzips

Bookbinder und *Sethi* (1980) geben einen Überblick über das dynamische Transportproblem. Dabei geht es darum, zu jedem Zeitpunkt in einem Netzwerk den optimalen Fluß von Waren von verschiedenen Quellen zu Senken zu ermitteln, so daß die totalen Transport- (und Lager-)kosten unter gegebenen Angebots-, Bedarfs- und Kapazitätsbeschränkungen minimiert werden. Neben Methoden der Steuerungstheorie werden auch Lösungsalgorithmen aus der mathematischen Programmierung vorgeführt.

Osayimwese (1974) betrachtet ein Migrationsmodell, wobei die Zeit zu minimieren ist, in welcher die urbane Arbeitslosenrate – ausgehend von einem Anfangswert – einen vorgegebenen Endwert erreicht. Die Änderung der städtischen Arbeitslosenrate wird dabei vom urban-ruralen Lohngefälle und von dessen Änderung beeinflußt.

Das Maximumprinzip wurde in der Energiewirtschaft zur Betriebsplanung von Verbundsystemen benützt (vgl. *Langer*, 1976, *Gfrerer*, 1984).

Stepan (1977a) hat die optimale Gestalt von Rohren bei übertiefen Bohrungen mit Hilfe des diskreten Maximumprinzips anhand empirischer Daten ermittelt.

Motiviert durch das Parkinsonsche Gesetz haben *Hartl* und *Jørgensen* (1985) ein dynamisches Modell eines bürokratischen Apparates untersucht. Die Büroleitung hat, ausgehend von einem Anfangsbudget, zu jedem Zeitpunkt zu entscheiden, wieviel Leute eingestellt bzw. entlassen werden sollen. Es wird angenommen, daß das Budget durch Lohnzahlungen abgebaut wird, durch produktive Arbeit hingegen aufgefüllt werden kann. Angesichts quadratischer Anpassungskosten besteht das Ziel darin, den Personalstand zu einem fixen Endzeitpunkt zu maximieren.

Oğuztöreli und *Stein* (1983) haben das Maximumprinzip auf ein physiologisches Problem angewendet. Es handelt sich dabei um die optimale Steuerung von Muskelsystemen, wobei die Zeit bis zur Vollendung einer Bewegung, die Oszillationen um den Endzustand oder die Energiekosten der Bewegung zu minimieren sind.

Ziółko und *Kozłowski* (1983) haben ein dynamisches Modell zur optimalen Entwicklung der Körpergröße eines Organismus untersucht. Unter physiologischen Restriktionen und einer bioenergetischen Systemdynamik ist dabei während der gesamten Lebensspanne eine optimale Allokation der Energie zwischen Wachstum und Reproduktion gesucht.

Keller (1974) untersucht die Frage, wie sich ein Läufer seine Kräfte einteilen soll, um eine gegebene Distanz in kürzester Zeit zu laufen. Als optimal erweist es sich, zunächst voll zu beschleunigen, und dann mit konstanter Geschwindigkeit zu laufen. Am Ende wird kein Endspurt eingelegt, sondern es werden die Kräfte schon knapp vor dem Ziel verausgabt, so daß der Läufer gerade noch das Ziel erreicht. Die Modellparameter werden dabei anhand von Statistiken über Weltrekordzeiten geschätzt.

Sorger (1985a) beschäftigt sich mit der optimalen Sicherung einer Zweierseilschaft auf einer Klettertour. Die Rolle des Zeitparameters übernimmt dabei die Seillänge zwischen dem Führer und seinem Partner am jeweiligen Standplatz. Falls der

Kletterer ins Seil stürzt, so beträgt dabei die Fallhöhe zweimal die Distanz zur letzten Zwischensicherung. Durch das Einschlagen von Sicherungshaken wird das Klettervergnügen getrübt. Ferner wird unterstellt, daß die Furcht des Kletterers mit steigender erwarteter Fallhöhe und Schwierigkeit der Wand zunimmt. Ziel des Alpinisten ist die Minimierung seines totalen Disnutzens durch Sicherung und Furcht. Als Resultat zeigt sich, daß es optimal ist, in Passagen mit steigendem Schwierigkeitsgrad intensiver zu sichern als an Stellen gleicher, aber fallender Schwierigkeit.

Zum Abschluß weisen wir noch auf einige Anwendungen des Maximumprinzips zur Analyse eher ungewöhnlicher dynamischer Entscheidungsprobleme hin. Es handelt sich dabei um Anwendungen in der Theologie, Literatur, Soziologie, Geschichte, Kriminologie und Vampirologie. Obwohl sich die meisten dieser Modelle auf ausgefallene Situationen beziehen bzw. sogar Scherzcharakter besitzen, ist ihre Behandlung nicht ohne Interesse. Ein Grund hierfür ist die Tatsache, daß viele dieser Modelle Paradigmen für wichtige realistische Entscheidungsprobleme abgeben. Einen Überblick über derartige dynamische Nicht-Standardprobleme findet man bei *Feichtinger* und *Mehlmann* (1985).

Teil V: Anhänge

Im letzten Teil behandeln wir einige ergänzende Themen:

A.1	Numerische Methoden
A.2	Das diskrete Maximumprinzip
A.3	Nichtdifferenzierbare Erweiterungen
A.4	Systeme mit Verzögerungen
A.5	Systeme mit verteilten Parametern
A.6	Impulskontrollen und Sprünge in den Zustandsvariablen
A.7	Differentialspiele
A.8	Stochastische Kontrolltheorie
A.9	Dezentrale hierarchische Kontrolle

A.1. Numerische Methoden

Bisher haben wir uns mit Steuerungsproblemen befaßt, die einfach genug sind, daß sie entweder eine *analytische* Lösung gestatten oder zumindest *qualitative* Aussagen über die Lösungsstruktur zulassen. Bei Problemen mit mehreren Zustandsvariablen ist dies allerdings nur in Ausnahmefällen möglich, und die optimale Lösung kann meist nur *numerisch* ermittelt werden.

Die notwendigen Optimalitätsbedingungen des Maximumprinzips führen auf ein i.a. *nichtlineares Randwertproblem* in den $2n$ Variablen x und λ (vgl. Bemerkung 2.1b). Im Standardproblem sind dabei für x die Anfangswerte und für λ die Endwerte vorgegeben. Die Lösungsverfahren dieses Randwertproblems stellen eine Kombination der Lösung von Anfangswertproblemen sowie von Nullstellenverfahren bzw. von Verfahren der statischen freien (unbeschränkten) Optimierung dar. Deshalb skizzieren wir zunächst im Abschnitt A.1.1 einige statische Optimierungs- bzw. Nullstellenverfahren. Erst in den darauffolgenden Abschnitten beschäftigen wir uns mit der Lösung des Randwertproblems für das kanonische Differentialgleichungssystem. Dabei wird auch auf existierende Software hingewiesen.

A.1.1. Nullstellenverfahren und statische Optimierung

Zunächst wollen wir im *eindimensionalen* Fall an einige einfache Verfahren zur Bestimmung einer Nullstelle $\bar{z}$ einer stetigen Funktion $\phi(z)$ erinnern.

Um die Konvergenzgeschwindigkeit der einzelnen Verfahren quantifizieren zu können, definiert man die Konvergenzordnung. Ein Verfahren konvergiert linear, falls $e^{k+1} \sim ce^k$ mit $|c| < 1$; die Konvergenz ist von der Ordnung $p > 1$, falls $e^{k+1} \sim c[e^k]^p$. Dabei ist $e^k = z^k - \bar{z}$ der Fehler im k-ten Iterationsschritt.

Einfache Fixpunktiteration

Um eine Nullstelle von $\phi(z)$ zu erhalten, starte man mit einer Näherungslösung z^0 und setze $k = 0$. Man berechne $z^{k+1} = z^k + \phi(z^k)$. Falls z^k und z^{k+1} nicht hinreichend nahe beisammen liegen, ersetzen wir k durch $k+1$ und beginnen von vorne. Dieses einfache Verfahren konvergiert linear, soferne $|c| = |1 + \phi'(z)| < 1$ gilt.

Bisektion

Angenommen, es existieren zwei Punkte z^1, z^2 mit $\phi(z^1) < 0$ und $\phi(z^2) > 0$. Somit besitzt $\phi(z)$ im Intervall (z^1, z^2) bzw. (z^2, z^1) eine Nullstelle. Wir berechnen den

Funktionswert $\phi(z^*)$ in der Intervallmitte $z^* = \frac{1}{2}(z^1 + z^2)$. Ist $\phi(z^*) < 0$, so ersetze man z^1 durch z^*; ist hingegen $\phi(z^*) > 0$, so tritt z^* an die Stelle von z^2. Auf gleiche Weise halbiert man das neue Intervall solange, bis die Intervallänge $|z^2 - z^1|$ hinreichend klein ist. Dieses Verfahren konvergiert immer, die Konvergenzordnung ist jedoch linear.

Sekantenverfahren (Regula Falsi)

Gegeben seien zwei Näherungslösungen z^1 und z^2. Man setze $k = 1$. Der neue Schätzwert z^{k+1} wird wie folgt bestimmt

$$z^{k+1} = z^k - \frac{(z^{k-1} - z^k)\phi(z^k)}{\phi(z^{k-1}) - \phi(z^k)}.$$

z^{k+1} ist der Schnittpunkt der Sekante zwischen den Punkten $(z^k, \phi(z^k))$ und $(z^{k-1}, \phi(z^{k-1}))$ mit der z-Achse. Dieses Verfahren, das schon zum nachfolgend beschriebenen Newton-Verfahren überleitet, konvergiert überlinear mit $p = 1{,}618$.

Eine Variante des Sekantenverfahrens ist die *Regula Falsi*, bei der wie bei der Bisektion vorgegangen wird, wobei die Intervallmitte z^* durch den oben beschriebenen Schnittpunkt der Sekante zu ersetzen ist. Im Gegensatz zum Sekantenverfahren konvergiert die Regula Falsi immer, allerdings nur linear.

Das folgende Verfahren stellt einen leistungsfähigen Algorithmus zur Bestimmung der Nullstellen $\tilde{z}$ einer differenzierbaren Funktion $\phi: \mathbb{R}^k \to \mathbb{R}^k$ dar.

Newtonverfahren

Ausgehend von einem Näherungswert z^k der Nullstelle $\tilde{z}$ von $\phi(z)$ berechnet man einen verbesserten Näherungswert z^{k+1} gemäß

$$z^{k+1} = z^k - \left[\frac{\partial \phi(z^k)}{\partial z}\right]^{-1} \phi(z^k). \tag{A.1.1}$$

Formel (A.1.1) erhält man, indem man ϕ in der Umgebung von z^k linearisiert:

$$\phi(z) \approx \phi(z^k) + \frac{\partial \phi(z^k)}{\partial z}(z - z^k)$$

und die Nullstelle z^{k+1} der linearen Approximation berechnet. Im eindimensionalen Fall ist z^{k+1} der Schnittpunkt der Tangente im Punkt z^k mit der z-Achse.

Falls $\|\phi(z^{k+1})\|$ nicht hinreichend klein ist, so ersetze man k durch $k + 1$ und wiederhole die Iteration.

Das Newtonverfahren konvergiert für hinreichend gute Startwerte sehr rasch (quadratisch, soferne $\partial\phi(\tilde{z})/\partial z$ nicht singulär ist).

A.1.1. Nullstellenverfahren und statische Optimierung

Falls die Startwerte nicht nahe genug bei der Nullstelle z^k liegen, treten üblicherweise Konvergenzschwierigkeiten[1] auf. Vor allem bei höherdimensionalen Problemen sind für den Einsatz des Newton-Verfahrens genaue Approximationen des Startwertes nötig. Falls diese a priori nicht vorhanden sind, sind mehrere Auswege möglich:

Homotopie-Verfahren (siehe Ende des Abschnittes A.1.1).

Relaxations-Verfahren: Anstatt gemäß (A.1.1) den vollen Newton-Schritt $s = -(\partial \phi / \partial z)^{-1} \phi$ durchzuführen, geht man zwar in diese Richtung, wählt aber eine kürzere Schrittweite. Beispielsweise könnte man (A.1.1) durch folgende Iterationsvorschrift ersetzen:

$$z^{k+1} = z^k + 2^{-i} s^k, \qquad (A.1.2)$$

wobei $s^k = -(\partial \phi(z^k)/\partial z)^{-1} \phi(z^k)$ die Newton-Richtung angibt und i die kleinste ganze Zahl ist, so daß $\|\phi(z^{k+1})\| < \|\phi(z^k)\|$. Man überprüft also immer, ob sich die Abweichung $\|\phi\|$ vom Ursprung nicht vergrößert und halbiert nötigenfalls die Schrittweite.

Verfeinerte Versionen dieses Algorithmus werden *modifizierte Newton-Verfahren* genannt, vgl. dazu *Stoer* (1972, p. 208).

Neben Verfahren zur Bestimmung von Nullstellen benötigen wir auch solche zur Minimierung einer differenzierbaren Funktion $\psi: \mathbb{R}^k \to \mathbb{R}$.

Gradientenverfahren

Dieses Verfahren wird auch als *Methode des steilsten Abstieges* bezeichnet, da man in Richtung der Fallinie von ψ nach unten geht. Ausgehend von einer Anfangsnäherung z^0 setzt man $k = 0$ und bewegt sich in Richtung des Gradienten:

$$z^{k+1} = z^k + \sigma s^k, \quad s^k = [-\partial \psi(z^k)/\partial z]'. \qquad (A.1.3)$$

Dabei ist die Schrittweite σ so zu wählen, daß

$$\psi(z^k + \sigma s^k) = \min_{\xi \geq 0} \psi(z^k + \xi s^k). \qquad (A.1.4)$$

Geometrisch bedeutet dies, daß man von z^k soweit in die Richtung s^k geht, bis das

---

[1] Für die Funktion $\phi(z) = \arctan z$ konvergiert das Newtonverfahren gegen $\tilde{z} = 0$ nur für Anfangswerte von z mit $\arctan|z| \geq 2|z|/(1 + z^2)$.

Minimum von ψ entlang des Strahles erreicht wird. Falls $\|s^k\|$ nicht hinreichend klein ist, ersetzt man k durch $k+1$ und beginnt wieder mit der Iteration (A.1.3).

Die lineare Suche (A.1.4) stellt ein eigenes, nichttriviales Optimierungsproblem dar, das i.a. nur näherungsweise gelöst werden kann. Eine einfache diesbezügliche Methode besteht – ähnlich wie bei (A.1.2) – darin, ausgehend von einer geeignet gewählten (großen) Anfangsschrittweite ξ, diese sukzessive zu halbieren, bis erstmals $\psi(z^k + \xi s^k) < \psi(z^k)$ ist. Man vergleiche dazu *Stoer* (1972, p.205).

Es existieren verschiedene Varianten des Gradientenverfahrens, in denen die Richtung s^k nicht mit dem negativen Gradienten $-\partial\psi/\partial z$ zusammenfällt, sondern nur in einem Kegel um diesen liegt. Dieser ist für $\gamma \in (0,1)$ definiert durch

$$K(z,\gamma) = \left\{ s \in \mathbb{R}^n \;\middle|\; \|s\| = 1 \text{ und } -\frac{\partial\psi}{\partial z}s \geq \gamma \left\|\frac{\partial\psi}{\partial z}\right\| \right\}. \tag{A.1.5}$$

Für $\gamma = 1$ liegt nur der negative Gradient in $K(z,1)$, während für $\gamma = 0$ das Innere von $K(z,0)$ alle jene Richtungen enthält, in denen sich ψ (zumindest für kleine Schrittweiten) verbessert. Das modifizierte Newtonverfahren (A.1.2) kann als derartige Variante des Gradientenverfahrens für $\psi = \|\phi\|^2$ angesehen werden, da die normierte Newton-Richtung $s/\|s\|$ in $K(z,\gamma)$ liegt mit $\gamma = 1/\|(\partial\phi/\partial z)^{-1}\| \|\partial\phi/\partial z\|$ (vgl. Stoer, 1972, p.208).

Es zeigt sich, daß die Wahl des Gradienten zur Minimierung einer Funktion oft ungünstig ist, da sie zu einer langsamen Konvergenz führt. Das folgende Verfahren, bei dem eine andere Richtung aus $K(z^k, 0)$ gewählt wird, weist raschere Konvergenz auf.

Methode der konjugierten Gradienten

Im folgenden beschreiben wir die Fletcher-Reeves Variante der konjugierten Gradienten-Methode (vgl. *Luenberger*, 1973, p.182).

Initialisierung: Ausgehend von einem Startwert z^0 berechnet man zunächst einen Gradientenschritt, d.h. den entsprechenden Gradienten $g^0 = [\partial\psi(z^0)/\partial z]'$ sowie die Richtung $s^0 = -g^0$. Wir setzen $k = 0$

Iteration: Wir setzen

$$z^{k+1} = z^k + \sigma s^k; \tag{A.1.6}$$

dabei ist die Schrittweite σ wie in (A.1.4) durch eine lineare Suche zu ermitteln:

$$\sigma = \arg\min_{\xi \geq 0} \psi(z^k + \xi s^k). \tag{A.1.7}$$

Wir berechnen nun den neuen Gradienten

$$g^{k+1} = [\partial\psi(z^{k+1})/\partial z]'. \tag{A.1.8}$$

Soferne $\|g^{k+1}\|$ nicht hinreichend klein ist, berechnet man sich die neue Richtung

$$s^{k+1} = -g^{k+1} + \beta s^k, \tag{A.1.9}$$

A.1.1. Nullstellenverfahren und statische Optimierung 491

wobei

$$\beta = \|g^{k+1}\|^2 / \|g^k\|^2$$

angibt, wie stark die Richtung des negativen Gradienten, $-g^{k+1}$, von der vorherigen Richtung, s^k, korrigiert wird (vgl. Abb. A.1.1).

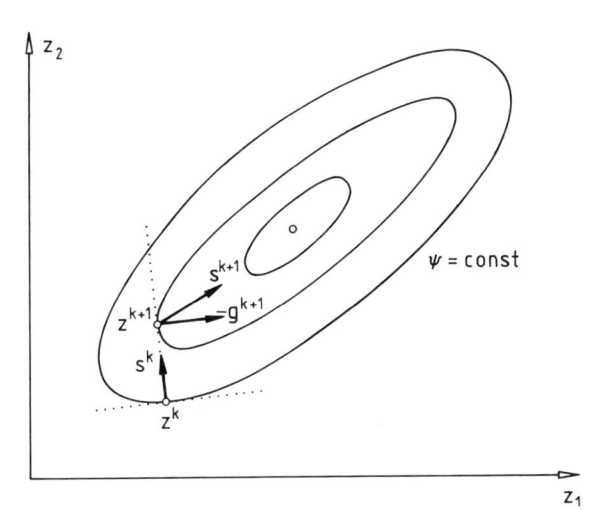

Abb. A.1.1 Konjugiertes Gradientenverfahren: Gradient g^{k+1}, konjugierte Gradientenrichtung s^{k+1}

Nun ersetzen wir k durch $k+1$ und beginnen den Iterationsschritt von vorne.

Wenn das Gradientenverfahren sehr rasch konvergiert, so weist der Fletcher-Reeves-Algorithmus nur „geringfügige Korrekturen" gegenüber der Gradientenmethode auf[1]. Konvergiert das Gradientenverfahren hingegen langsam, so werden bei der konjungierten Gradientenmethode andere Richtungsvektoren ausgewählt, was das Verfahren beschleunigt.

Der beschriebene Fletcher-Reeves-Algorithmus stellt eine Modifikation des allgemeinen konjugierten Gradientenverfahrens dar. Dabei wird die Zielfunktion durch einen quadratischen Ausdruck (Ellipsoid) approximiert, dessen Minimum gesucht wird. Die vom Algorithmus ausgewählte Richtung weist auf dieses Minimum hin. Während zur Durchführung des allgemeinen konjugierten Gradientenverfahrens die Berechnung der Hesseschen Matrix $\partial^2 \psi / \partial z^2$ erforderlich ist – was i.a. aufwendig ist – stellt das Fletcher-Reeves Verfahren einen Kompromiß zwischen Rechenaufwand und Konvergenzgeschwindigkeit dar.

---

[1] Ist die neue Lösung z^{k+1} viel besser als z^k, d.h. $\|g^{k+1}\| \ll \|g^k\|$, dann ist $s^{k+1} \approx -g^{k+1}$. Falls also die alte Information fast irrelevant ist, so geht man praktisch nur in Richtung von $-g^{k+1}$. Ist hingegen z^{k+1} nicht viel besser als z^k, d.h. $\|g^{k+1}\| \approx \|g^k\|$, so bewegt man sich in Richtung von $s^k - g^{k+1}$.

Homotopieverfahren

Die Konvergenz der oben beschriebenen Verfahren hängt von der Wahl der Startlösung z^0 ab. Falls kein hinreichend guter Startwert bekannt ist, stellen Homotopiemethoden einen brauchbaren Ausweg dar.

Angenommen, es sei die Nullstelle $\tilde{z} = \tilde{z}(\alpha)$ einer Funktion $\phi(z, \alpha)$ zu ermitteln, die neben z auch noch von einem Parametervektor α abhängt. Es sei für $\alpha = \alpha_0$ die Nullstelle $\tilde{z}(\alpha_0)$ bekannt, während für ein gewünschtes $\alpha = \tilde{\alpha}$ nicht einmal eine brauchbare Näherungslösung für $\tilde{z}(\tilde{\alpha})$ verfügbar sei, um etwa das Newtonverfahren zu starten.

Nun verwendet man die Tatsache, daß die Nullstelle $\tilde{z}(\alpha)$ in stetig differenzierbarer Weise von α abhängt, soferne ϕ stetig differenzierbar ist und $\partial \phi / \partial z$ nichtsingulär ist (Satz über implizite Funktionen). Man unterteilt etwa die Verbindungsstrecke zwischen α_0 und $\tilde{\alpha}$ in n gleiche Teile und ermittelt die Parametervektoren

$$\alpha_i = \alpha_0 + (i/n)(\tilde{\alpha} - \alpha_0), \quad i = 1, \ldots, n. \tag{A.1.10}$$

Sodann wendet man für $i = 1, \ldots, n$ das Newtonverfahren auf das Problem

$$\phi(z, \alpha_i) = 0$$

an, wobei als Anfangsnäherung für die Nullstelle $\tilde{z}(\alpha_i)$ der bekannte Vektor $\tilde{z}(\alpha_{i-1})$ gewählt wird. Falls n hinreichend groß gewählt wurde, sind diese Näherungswerte i. a. gut genug, daß das Newton-Verfahren konvergiert. $\tilde{z}(\alpha_n)$ ist dann wegen $\alpha_n = \tilde{\alpha}$ die gesuchte Nullstelle von $\phi(z, \tilde{\alpha})$. Allerdings ist nicht ausgeschlossen, daß die Nullstelle $\tilde{z}(\alpha)$ auf der Verbindungsstrecke zwischen α_0 und $\tilde{\alpha}$ Umkehrpunkte besitzt, bzw. nicht eindeutig bestimmt ist. In diesem Fall könnte man versuchen, entlang einer anderen Kurve von α_0 zu $\tilde{\alpha}$ zu gelangen. Falls bei der äquidistanten Wahl (A.1.10) der Punkte α_i für ein i das Newtonverfahren versagt, so wird man die Schrittweite für dieses i halbieren.

A.1.2. Dynamische Fixpunktiteration (sukzessive Approximation)

Eine naheliegende Methode zur Lösung des Standard-Steuerungsproblems (2.3) besteht in folgendem Verfahren:

Initialisierung: Man wähle eine Anfangsnäherung $u^0(t) \in \Omega$, $t \in [0, T]$ für die Steuerung und setze $k = 0$.

Iteration: Man löse die Zustandsgleichung (2.3b) mit dem Anfangswert (2.3c). Sodann löse man die adjungierte Gleichung (2.6) *rückwärts* in der Zeit ausgehend vom Endwert (2.7). Für die so erhaltenen Näherungstrajektorien $x^k(t)$,

$\lambda^k(t)$, $t \in [0, T]$ bestimme man zu jedem Zeitpunkt t die neue Steuerung $\boldsymbol{u}^{k+1}(t)$ als Lösung der Maximierungsbedingung (2.5).

Soferne die neue und die alte Steuerung nicht hinreichend nahe beisammen liegen (im Sinne des Maximums der Norm der Abweichungen), so ersetzt man k durch $k + 1$ und beginnt den Iterationsschritt wieder von vorne.

Diese Vorgangsweise ist auf das Standardproblem zugeschnitten. Falls das Verfahren konvergiert, ist die Konvergenz linear.

Konvergenz kann nur erwartet werden, wenn die Differentialgleichung für x „nicht stark" von λ abhängt und ihre Lösung abklingt sowie die adjungierte Gleichung „nicht stark" von x abhängt und aufklingendes Verhalten zeigt. (Dies entspricht der Bedingung $|1 + \phi'(z)| < 1$ bei der einfachen Fixpunktiteration in Anhang A.1.1). Bei nichtlinearen Problemen ist zusätzlich noch eine gute Startnäherung nötig.

Trotz seiner Nachteile wurde das Verfahren in der ökonomischen Literatur wegen seiner bestechenden Einfachheit verwendet (*Deal* et al., 1979).

A.1.3. Einfaches Schießverfahren

Wir beschreiben nun das einfache Schießverfahren für das Standardkontrollproblem (2.3).

Falls die Maximierungsbedingung (2.5) eindeutig lösbar ist: $u = u^*(x, \lambda, t)$, so kann man u^* in das kanonische Differentialgleichungssystem (2.2, 6) einsetzen und erhält:

$$\dot{x} = f(x, u^*(x, \lambda, t), t) = f_1(x, \lambda, t)$$
$$\dot{\lambda} = r\lambda - H_x(x, u^*(x, \lambda, t), \lambda, t) = f_2(x, \lambda, t).$$
(A.1.11)

Während der Anfangszustand $x(0)$ gegeben ist, ist der Anfangswert des Kozustandes $\lambda(0)$ unbekannt.

Beim einfachen Schießverfahren wird ein Startwert z für $\lambda(0)$ gewählt und das zugehörige Anfangswertproblem (A.1.11) gelöst. Bezeichnet man diese Lösung mit $x(t, z)$, $\lambda(t, z)$, so wird i.a. die Transversalitätsbedingung (2.7) von $x(T, z)$, $\lambda(T, z)$ nicht erfüllt (vgl. Abb. A.1.2).

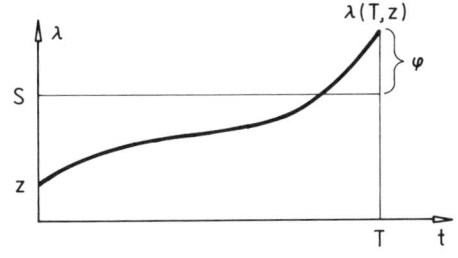

Abb. A.1.2. Einfaches Schießverfahren bei linearer Restwertfunktion ($S_x = S = $ const.)

Um eine Nullstelle der Funktion

$$\phi(z) = \lambda(T, z) - S_x(x(T, z), T) \tag{A.1.12}$$

bezüglich $z = \lambda(0)$ zu finden, kann irgend eines der in Abschnitt A.1.1 beschriebenen Verfahren angewendet werden; im eindimensionalen Fall etwa das Bisektionsverfahren. Da die Auswertung der Funktion ϕ in (A.1.12) in jedem Iterationsschritt die Lösung eines Anfangswertproblemes erfordert, ist aber auf rasche Konvergenz des Nullstellenverfahrens besonderer Wert zu legen. Es ist daher schon im eindimensionalen Fall empfehlenswert, das Newton-Verfahren anzuwenden.

Die Bestimmung der dazu benötigten Jacobi-Matrix $\partial \phi / \partial z$ wird gleich allgemein für ein *beliebiges Randwertproblem* formuliert. Gegeben sei also auf $[0, T]$ das Randwertproblem

$$\dot{y}(t) = g(y(t), t) \tag{A.1.13a}$$

$$R(y(0), y(T)) = 0. \tag{A.1.13b}$$

Die Randbedingung (A.1.13b) schließt auch Probleme mit (teilweise) freiem Anfangszustand bzw. mit (teilweise) beschränktem Endzustand ein (vgl. die Korollare 2.1 und 7.1). Die Lösung des Anfangswertproblems (A.1.13a) zur Anfangsbedingung $y(0) = y_0$ wird mit $y(t, y_0)$ bezeichnet.

Wir wollen nun für das Newton-Verfahren die Jacobi-Matrix der Abweichungsfunktion

$$\phi(y_0) = R(y_0, y(T, y_0)) \tag{A.1.14}$$

ermitteln.

Dazu definieren wir die Matrix

$$Y(t) = \partial y(t, y_0) / \partial y_0. \tag{A.1.15}$$

Da y stetig differenzierbar von y_0 abhängt, ist Y die Lösung des folgenden Anfangswertproblemes, das formal durch Differentiation von (A.1.13a) erhalten wird:

$$\dot{Y}(t) = \frac{\partial g(y(t, y_0), t)}{\partial y} Y(t) \tag{A.1.16a}$$

$$Y(0) = I \tag{A.1.16b}$$

(vgl. auch Lemma 4.4). Die Matrix $Y(t)$ hängt natürlich auch von y_0 ab.

Die gesuchte Jacobi-Matrix von $\phi(y_0)$ besitzt unter Beachtung von (A.1.14) und (A.1.15) folgende Gestalt

$$\frac{\partial \phi(y_0)}{\partial y_0} = \frac{\partial R(y_0, y(T, y_0))}{\partial y(0)} + \frac{\partial R(y_0, y(T, y_0))}{\partial y(T)} Y(T). \tag{A.1.17}$$

Damit ist man in der Lage, gemäß (A.1.1) das Newton-Verfahren zur Ermittlung einer Nullstelle von ϕ anzuwenden.

Bei diskontierten Problemen $(r > 0)$ und langen Planungsintervallen zeigt sich allerdings, daß das einfache Schießverfahren infolge der Instabilität der Lösung $y(t, y_0)$ von (A.1.13a) wenig geeignet ist. Dies ist im folgenden Beispiel illustriert.

Beispiel A.1.1. Wir betrachten das quadratische Instandhaltungsproblem von Abschnitt 4.1. Die allgemeine Lösung des kanonischen Differentialgleichungssystems wurde unter (4.8) bestimmt. Die Konstanten c_1 und c_2 lassen sich aus dem gegebenen Anfangszustand $x(0) = x_0$ und dem anfänglichen Kozustand $\lambda(0)$ bestimmen:

$$c_1 = x_0 - \frac{1}{\delta(r+\delta)} - c_2, \quad c_2 = \frac{\lambda(0) - 1/(r+\delta)}{r + 2\delta}.$$

Da für großes t der erste Summand in (4.8) verschwindend klein wird, so gilt näherungsweise

$$\begin{pmatrix} \dfrac{\partial x(t)}{\partial \lambda(0)} \\ \dfrac{\partial \lambda(t)}{\partial \lambda(0)} \end{pmatrix} \approx \begin{pmatrix} \dfrac{1}{r+2\delta} \\ 1 \end{pmatrix} e^{(r+\delta)t}. \tag{A.1.18}$$

Man erkennt somit, daß der Einfluß fehlerhafter Anfangsdaten $\lambda(0)$ exponentiell mit t wächst. Somit gilt etwa für $r = \delta = 0.1$ und $T = 100$, daß $\partial \lambda(T)/\partial \lambda(0) = 5*10^8$, d.h. $\lambda(T)$ ist extrem sensitiv bezüglich Änderungen von $\lambda(0)$, und es ist wohl kaum möglich, einen geeigneten Startwert für $\lambda(0)$ zu finden.

Für eine allgemeine Diskussion der Schwierigkeiten bei der Durchführung des einfachen Schießverfahrens vergleiche man *Stoer* und *Bulirsch* (1978, p. 177).

Aus (A.1.18) sieht man, daß der Einfluß ungenauer Anfangsdaten durch Verkleinerung des Intervalls beliebig klein gemacht werden kann. Dadurch wird die Zerlegung des Planungsintervalls $[0, T]$ in Teilintervalle und die Lösung je eines Anfangswertproblems auf jedem dieser Teilintervalle motiviert. Dies führt zu dem im folgenden behandelten Mehrfach-Schießverfahren.

A.1.4. Mehrzielmethode

Bei der Mehrzielmethode wird das Intervall $[0, T]$ in N Teilintervalle

$$[0, t_1), [t_1, t_2), \ldots, [t_{N-1}, T] \quad \text{mit}$$
$$t_0 = 0 < t_1 < \ldots t_{N-1} < t_N = T$$

zerlegt. Die Werte $z_i = y(t_i)$, $i = 0, \ldots, N$, der exakten Lösung $y(t)$ des Randwertproblems (A.1.13) werden an den Stellen t_i *gleichzeitig* iterativ berechnet. Es bezeichne $y(t, t_i, z_i)$ für $t \in [t_i, t_{i+1})$ die Lösung des Anfangswertproblems

$$\dot{y} = g(y, t), \quad y(t_i) = z_i.$$

In Abb. A.1.3 sind die Funktionen $y(t, t_i, z_i)$ im eindimensionalen Fall illustriert.

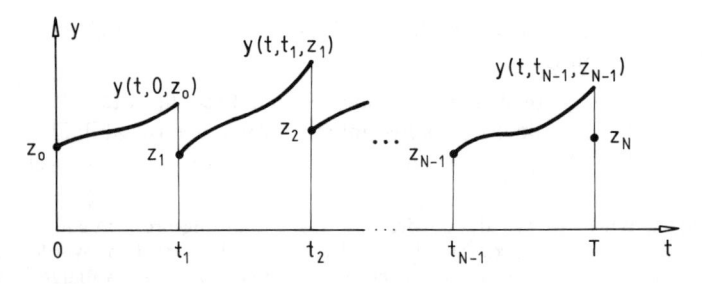

Abb. A.1.3 Mehrzielmethode

Ziel ist es, die $N+1$ Startvektoren z_i so zu ermitteln, daß die zusammengesetzte Funktion

$$y(t) = y(t, t_i, z_i) \quad \text{für} \quad t \in [t_i, t_{i+1}), \, y(T) = z_N$$

stetig ist und die Randbedingung (A.1.13b) erfüllt. Insgesamt hat man somit $(N+1)\dim(y)$ Bedingungen

$$y(t_{i+1}, t_i, z_i) = z_{i+1} \quad \text{für} \quad i = 0, 1, \ldots, N-1 \tag{A.1.19a}$$

$$R(z_0, z_N) = 0. \tag{A.1.19b}$$

Das Gleichungssystem (A.1.19) kann mittels des Newton-Verfahrens gelöst werden, wobei zur Berechnung der Jacobi-Matrix N Anfangswertprobleme der Gestalt (A.1.16) zu lösen sind. Für Details vergleiche man *Stoer* und *Bulirsch* (1978, p.184). Da die Berechnungen i.a. sehr rechenintensiv sind, wird man die Differentialquotienten beim Newton-Verfahren durch Differenzenquotienten approximieren. Damit das Verfahren auch bei ungünstiger Wahl der Startwerte z_i konvergiert, verwendet man das modifizierte Newton-Verfahren (vgl. (A.1.2)). Die Konvergenz des Algorithmus hängt auch von der Wahl der Gitterpunkte ab.

Die Mehrzielmethode stellt eine in der Praxis häufig verwendete, leistungsfähige Methode zur Lösung nichtlinearer Randwertprobleme dar. Varianten dieser Methode finden auch in der Raumfahrt Verwendung. Programmpakete, die auch Pfadnebenbedingungen bzw. Sprünge in den Kozustandsvariablen bewältigen können, sind OPTSOL und BOUNDSOL (vgl. *Bulirsch*, 1971, *Maurer* und *Gillessen*, 1975, *Deuflhard*, 1975) sowie BOUNDSCO (vgl. *Oberle*, 1979, 1983, 1986, *Oberle* et al., 1985). Diese Programmpakete werden auch in der Luft- und Raumfahrt (DFVLR und NASA) angewendet.

A.1.5. Quasilinearisierung

Bei dieser Methode wird das Randwertproblem (A.1.13) in jedem Iterationsschnitt in einer Umgebung der jeweiligen Näherungslösung linearisiert. Die Lösung des linearisierten Problems wird dann als neue Näherungslösung für (A.1.13) verwendet.

Es sei also $\bar{y}(t)$ eine Näherungslösung von (A.1.13) auf $[0, T]$. Durch Vernachlässigung der Terme höherer Ordnung bei der Taylorentwicklung von g und R erhält man folgendes linearisierte Randwertproblem für y[1]:

$$\dot{y}(t) = g(\bar{y}(t), t) + \frac{\partial g(\bar{y}(t), t)}{\partial y}[y(t) - \bar{y}(t)]$$

$$R(\bar{y}(0), \bar{y}(T)) + \frac{\partial R(\bar{y}(0), \bar{y}(T))}{\partial y(0)}[y(0) - \bar{y}(0)] \qquad (A.1.20)$$

$$+ \frac{\partial R(\bar{y}(0), \bar{y}(T))}{\partial y(T)}[y(T) - \bar{y}(T)] = 0.$$

Wären g und R lineare Funktionen in y, so wäre die Lösung von (A.1.20) schon die Lösung von (A.1.13). Im allgemeinen nichtlinearen Fall ist zu erwarten, daß die Lösung y von (A.1.20) besser als die ursprüngliche Näherungslösung $\bar{y}$ ist.

Das Quasilinearisierungsverfahren (allgemeines Newton-Verfahren) besteht nun darin, die Ausgangslösung $\bar{y}$ durch die erhaltene Lösung y von (A.1.20) zu ersetzen und dieses Verfahren solange fortzusetzen, bis $\|y - \bar{y}\|$ hinreichend klein ist.

Es kann gezeigt werden (*Collatz*, 1968, *Stoer* und *Bulirsch*, 1978), daß die Quasilinearisierung den Grenzfall der Mehrzielmethode (Anhang A.1.4) für unendlich feine Intervallteilung $N \to \infty$ darstellt. Trotz der einfachen Herleitung ist diese Methode wenig praktikabel, wenn sie direkt in der obigen Form verwendet wird. Dies rührt auch daher, daß g und $\partial g / \partial y$ explizit analytisch berechnet werden müssen. *Polak* (1971) behandelt auch den Fall, daß das kanonische System g nicht in analytischer Form angegeben werden kann, wenn die Steuerung aus (2.5) nur mittels eines Unterprogrammes ermittelt werden kann. Generell sind aber andere Methoden (Anhang A.1.4 und A.1.7) vorzuziehen. Manchmal ist es allerdings möglich bzw. sogar unumgänglich, die Formeln (A.1.20) als Basis für einen Algorithmus zu verwenden.

A.1.6. Methode der konjugierten Gradienten

Wir wollen nun eine dynamische Version des konjugierten Gradientenverfahrens von Anhang A.1.1 erläutern. Dazu betrachten wir wieder das Standardproblem (2.3). Die Vorgangsweise ist ähnlich zur dynamischen Fixpunktiteration (Anhang A.1.2); der Unterschied besteht in der Ermittlung der neuen Kontrolltrajektorie in jedem Schritt.

Initialisierung: Man wählt zunächst eine Ausgangssteuerung $u^0(t)$, $t \in [0, T]$, und löst die Zustandsgleichung (2.2) mit $x(0) = x_0$. Der so erhaltene Zustandspfad wird mit $x^0(t)$ bezeichnet. Sodann löst man die adjungierte Gleichung (2.6) mit der Transversalitätsbedingung (2.7) rückwärts und erhält eine Kozustandstrajektorie $\lambda^0(t)$. Nun setzt man Gradient und Richtung für den ersten Schritt wie folgt fest:

$$g^0(t) = s^0(t) = H_u(x^0(t), u^0(t), \lambda^0(t), t).$$

---
[1] Generell (für alle Iterationsverfahren) gilt, daß die Konvergenz zur Lösung des Randwertproblems (A.1.13) nur dann erwartet werden kann, wenn das linearisierte System (A.1.20) mit homogenen Randbedingungen nur die triviale Lösung besitzt. Dies entspricht der Regularität der Matrix $\partial \phi(\bar{z}) / \partial z$ beim statischen Newtonverfahren (vgl. Anhang A.1.1).

Man setze $k = 0$.

Iteration: Man setze

$$u^{k+1}(t) = u^k(t) + \sigma s^k(t). \qquad (A.1.21)$$

Dabei ist die Schrittweite σ wie in (A.1.7) durch folgende lineare Suche zu ermitteln:

$$\sigma = \arg\max_{\xi \geq 0} J(u^k + \xi s^k). \qquad (A.1.22)$$

$J(u)$ bedeutet hier den Wert des Zielfunktionals, wenn die Kontrolltrajektorie u und die zugehörige Zustandstrajektorie eingesetzt werden.

Mit dem so erhaltenen u^{k+1} ermittelt man gemäß (2.2) den zugehörigen Zustandspfad x^{k+1} und – wieder rückwärts schreitend – den Kozustand λ^{k+1} aus (2.7) und (2.6).

Da u^{k+1} i.a. die Hamiltonfunktion $H(x^{k+1}, u, \lambda^{k+1}, t)$ nicht maximiert, berechnet man den (neuen) Gradienten, der die Richtung der größten Verbesserung der Hamiltonfunktion angibt:

$$g^{k+1}(t) = H_u(x^{k+1}(t), u^{k+1}(t), \lambda^{k+1}(t), t).$$

Ist $\|g^{k+1}\|$ genügend klein, so hat man die optimale Lösung hinreichend approximiert und das Verfahren endet. Andernfalls geht man analog zu (A.1.9) in Richtung eines gewichteten Mittels zwischen neuem Gradienten g^{k+1} und alter Richtung s^k:

$$s^{k+1}(t) = g^{k+1}(t) + \beta s^k(t), \qquad (A.1.23)$$

wobei

$$\beta = \|g^{k+1}\|^2 / \|g^k\|^2$$

gilt.

Nun ersetzt man k durch $k + 1$ und beginnt die Iteration von vorne.

Vergleicht man dieses Verfahren mit der dynamischen Fixpunktiteration von Anhang A.1.2, so erkennt man, daß die Maximierung von H durch eine Maximierung von J in Richtung des Gradienten H_u ersetzt wird, wobei diese Richtung im Sinne des konjugierten Gradientenverfahrens korrigiert wird.

Die Verbesserungsregel (A.1.21) für die Steuerung kann anstelle mittels konjugierter Gradienten auch anders erfolgen:

$$u^{k+1} = u^k + G^k H_u(x^k, u^k, \lambda^k, t)$$

Die Verbesserungsmatrix G^k (gain matrix) kann auf verschiedene Arten gewählt werden, etwa $G^k = -H_{uu}^{-1}$ (Newton-Verfahren) oder $G^k = Diagonalmatrix$ (verallgemeinertes Gradientenverfahren); vergleiche *Mukundan* und *Elsner* (1975).

A.1.7. Kollokationsverfahren

Vorgegeben sei das Randwertproblem (A.1.13) auf [0, T]. Die Idee des Kollokationsverfahrens besteht – ähnlich wie bei Spline-Interpolation – darin, das Intervall [0, T] in Teilintervalle zu unterteilen und die Lösung des Randwertproblems auf jedem Teilintervall durch Polynomfunktionen zu approximieren.
Sei also

$$[0, t_1), [t_1, t_2), \ldots, [t_N, T]$$

eine Zerlegung von [0, T] in $N + 1$ Teilintervalle mit $t_0 = 0 < t_1 < \ldots < t_N < t_{N+1} = T$. Die gesuchte Lösung $y(t)$ wird in jedem Teilintervall durch Polynomfunktionen $p_i(t)$ approximiert:

$$y(t) \approx p_i(t) \quad \text{für} \quad t \in [t_i, t_{i+1}), \quad i = 0, 1, \ldots, N. \tag{A.1.24}$$

Die Funktionen $p_i(t)$ sollen dabei so gewählt werden, daß die zusammengesetzte Funktion

$$p(t) = p_i(t) \quad \text{für} \quad t \in [t_i, t_{i+1}), \quad i = 0, 1, \ldots, N$$

an den Gitterpunkten t_i stetig ist. Ferner erfülle $p(t)$ an den Kollokationspunkten

$$t_{ij} = t_i + \varrho_j(t_{i+1} - t_i), \quad \varrho_j \in [0, 1], \quad j = 1, \ldots, M$$

die Differentialgleichung (A.1.13a). Die Positionen der Punkte t_{ij} innerhalb der Intervalle (t_i, t_{i+1}) sind durch die ϱ_j fest vorgegeben.
Es müssen also folgende Bedingungen gelten:

$$p_{i-1}(t_i) = p_i(t_i) \quad \text{für} \quad i = 1, \ldots, N \text{ (Stetigkeit)} \tag{A.1.25a}$$

$$\dot{p}_i(t_{ij}) = g(p(t_{ij}), t_{ij}) \quad \text{für} \quad i = 0, \ldots, N, \quad j = 1, \ldots, M \tag{A.1.25b}$$
(Kollokationsgleichungen).

Ferner muß die Bedingung gelten

$$R(p_0(0), p_N(T)) = 0. \tag{A.1.25c}$$

Damit die Koeffizienten der Polynome p_i durch (A.1.25) gerade bestimmt sind, wählt man als Grad der Polynome die Anzahl M der Kollokationspunkte.
Bei der praktischen Durchführung werden die Funktionen $p_i(t)$ als Summe ausgewählter Basispolynome $B_l(t)$ dargestellt:

$$p_i(t) = \sum_l \alpha_l B_l(t). \tag{A.1.26}$$

wobei α_l hier einen Spaltenvektor von Gewichten darstellt.
Im einfachsten Fall könnte $B_l = t^l$ gewählt werden, was aber nicht die günstigste

Wahl darstellt. Damit die Stetigkeitsbedingungen automatisch erfüllt sind, wählt man Basispolynome, die auf mehreren Intervallen definiert sind und an beiden Enden dieser Teilintervallgruppe verschwinden. Wird B_l auf jeden Teilintervall, wo es einen nichttrivialen Beitrag leistet, mit demselben Faktor α_l gewichtet, so ist die gemäß (A.1.26) zusammengesetzte Funktion automatisch stetig.

Beispiel A.1.2. Dies wird im eindimensionalen Fall anhand des einfachsten Falles illustriert, bei dem nur Polynome ersten Grades berücksichtigt werden. Die Basispolynome B_l sind dann die sogenannten Hutfunktionen:

$$B_l(t) = \begin{cases} (t - t_{l-1})/(t_l - t_{l-1}) & \text{für} \quad t_{l-1} \leq t \leq t_l \\ (t_{l+1} - t)/(t_{l+1} - t_l) & \text{für} \quad t_l \leq t \leq t_{l+1} \\ 0 & \text{sonst} \end{cases} \quad (A.1.27)$$

für $l = 0, 1, \ldots, N+1$ (vgl. Abb. A.1.4).

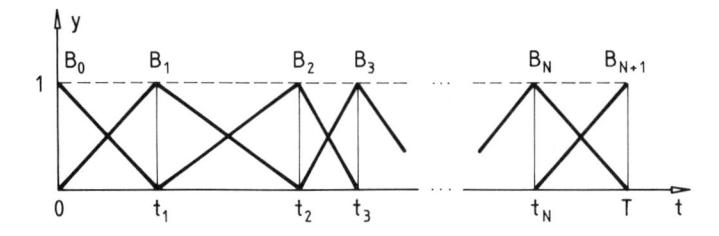

Abb. A.1.4 Hutfunktionen B_i als Beispiel für Basispolynome beim Kollokationsverfahren

Das zusammengesetzte Polynom $p = \Sigma \alpha_l B_l$ besitzt somit folgende Darstellung:

$$p(t) = \alpha_i B_i(t) + \alpha_{i+1} B_{i+1}(t) \quad \text{für} \quad t \in [t_i, t_{i+1}]. \quad (A.1.28)$$

Somit ist die Ableitung der approximierenden Funktion $p(t)$ gegeben durch

$$\dot{p}(t) = (\alpha_{i+1} - \alpha_i)/(t_{i+1} - t_i) \quad \text{für} \quad t \in (t_i, t_{i+1}). \quad (A.1.29)$$

Wählt man als Kollokationspunkte die Teilintervallmitten ($M = 1$, $\varrho_1 = 1/2$), also

$$t_{i1} = \tfrac{1}{2}(t_i + t_{i+1}),$$

so erhält man gemäß (A.1.29) und (A.1.28) die Kollokationsgleichungen ($i = 0, \ldots, N$)

$$\alpha_{i+1} - \alpha_i = (t_{i+1} - t_i) g(\tfrac{1}{2}(\alpha_i + \alpha_{i+1}), \tfrac{1}{2}(t_i + t_{i+1})). \quad (A.1.30)$$

Dabei wurde berücksichtigt, daß beide Basispolynome B_i und B_{i+1} am Kollokationspunkt t_{i1} den Wert $1/2$ besitzen. Für die $N+2$ Koeffizienten α_l, $l = 0, \ldots, N+1$ stehen die $N+1$ Kollokationsgleichungen (A.1.30) sowie die Randbedingung

$$R(\alpha_0, \alpha_{N+1}) = 0 \quad (A.1.31)$$

zur Verfügung.

Die Bedingungen (A.1.30, 31) bzw. allgemein (A.1.25) stellen ein nichtlineares Gleichungssystem für die Koeffizienten α_l dar. Es kann durch ein Newton-Verfahren (mit Schrittweitendämpfung) gelöst werden.

Kollokationsverfahren lassen sich auch bequem mit Algorithmen zur Fehlerschätzung verbinden: Hat das Newtonverfahren eine Lösung gefunden, werden die Intervalle halbiert und für das neue Gitter eine weitere Lösung berechnet. Aus der Differenz der beiden Lösungen wird der Fehler der zweiten Lösung geschätzt. Wenn dieser hinreichend klein ist, kann die Suche abgebrochen werden. Andernfalls wird ein neues Gitter berechnet. Die Gitterstruktur wird dabei an das Lösungsverhalten angepaßt: Wenn die Lösung in einem Bereich des Integrationsintervalls stark variiert, wird dort das Gitter möglichst fein gewählt. In Bereichen, in denen sich die Lösung „sehr glatt" verhält, werden nur wenige Gitterpunkte berechnet.

Das Programmpaket COLSYS, das eine derartige Gitterselektions-/Fehlerschätzungs-Strategie implementiert, wählt anstelle der Hutfunktionen Polynome bis zum Grad sieben; vergleiche *Ascher* et al. (1978), *Steindl* (1981). COLSYS wurde zur Lösung des zweiten Diffusionsmodelles von Gould (Abschnitt 11.1.2, Abb. 11.4acd) und des Umweltmodells von Luptacik-Schubert (Abschnitt 15.2, Abb. 15.2-4) benützt. Bei Vorliegen von langen Planungsintervallen und Diskontierung hat sich in mehreren Beispielen das Kollokationsverfahren als robuster als die Mehrzielmethode erwiesen.

Eine verwandte Lösungsmethode stellen *Differenzenverfahren* dar. Ihre Grundidee besteht darin, die Differentialquotienten durch geeignete Differenzquotienten zu ersetzen (vgl. *Stoer* und *Bulirsch*, 1978, p. 203).

Es kann gezeigt werden, daß eine große Klasse von Differenzenverfahren äquivalent zu Kollokationsverfahren ist; vgl. *Weiß* (1974). So ist etwa das in Beispiel A.1.2 illustrierte einfache Kollokationsverfahren (A.1.30, 31) äquivalent zum sogenannten Box-Verfahren, wenn man die α_i als $y(t_i)$ uminterpretiert.

Ein leistungsfähiges Programm, das auf Differenzenverfahren basiert und auch für lange Integrationsintervalle geeignet ist, ist PASVAR; vgl. *Lentini* und *Pereyra* (1977).

A.1.8. Variationen zweiter Ordnung

Um ein numerisches Verfahren der Ordnung $p = 2$ zu erhalten, kann man sich der sogenannten „Methode der zweiten Variation" bedienen. Ausgehend von einer Näherung u^k für die optimale Steuerung des Standardproblems (2.3) mit $\Omega = \mathbb{R}^m$ berechnet man sich aus (2.3bc) die Zustandstrajektorie x^k und aus (2.6, 7) den Kozustand λ^k. Anders als bei der Fixpunktiteration (Anhang A.1.2) bzw. bei der konjugierten Gradientenmethode (Anhang A.1.6) wird nun u^{k+1} unter Verwendung der zweiten Ableitungen der Hamiltonfunktion ermittelt.

An der Näherungslösung (x^k, u^k, λ^k) wird (2.3) durch das folgende *linear-quadratische Problem* approximiert:

$$\max_{\delta u} \left\{ \tfrac{1}{2} \int_0^T e^{-rt} (\delta x', \delta u') \begin{pmatrix} Q & M \\ M' & R \end{pmatrix} \begin{pmatrix} \delta x \\ \delta u \end{pmatrix} dt + \tfrac{1}{2} e^{-rT} \delta x'(T) S \delta x(T) \right\}$$

(A.1.32a)

$$(\delta x)^{\cdot} = A \delta x + B \delta u, \quad \delta x(0) = \delta x_0,$$ (A.1.32b)

wobei

$$Q = H_{xx}, \quad M = H_{xu}, \quad R = H_{uu}, \quad A = f_x, \quad B = f_u \qquad (A.1.33)$$

an der Stelle $(x^k(t), u^k(t), \lambda^k(t))$ auszuwerten sind und $S = S_{xx}(x^k(T))$ ist. Zur Konstruktion des Problems (A.1.32), das in der Literatur als *Zusatzproblem* (accessory problem) bezeichnet wird, vergleiche man etwa *Sage* und *White* (1977, p. 327). Dieses Problem ist bis auf den gemischten Term $\delta x' M \delta u$ ein Problem der Gestalt (5.56, 57) und kann ähnlich wie in Abschnitt 5.4 mittels des Trennungsansatzes über Riccatigleichungen gelöst werden; vgl. auch *Bryson* und *Ho* (1975). Wegen $x^k(0) = x_0$ ist dabei von $\delta x_0 = 0$ auszugehen.

Die neue Lösung wird dann angesetzt als $u^{k+1} = u^k + \delta u^k$.

Das dargestellte Verfahren besitzt quadratische Konvergenz, wobei allerdings eine „sehr gute" Startlösung benötigt wird. In der Praxis wird man daher zunächst einige Schritte der sukzessiven Approximation oder des konjungierten Gradientenverfahrens durchführen und erst dann zur Methode der zweiten Variation übergehen. Mittels einer Riccati-Transformation des Zusatzproblems (A.1.32) kann ein kombiniertes Gradienten-2. Variations-Verfahren entwickelt werden (vgl. *Sage* und *White*, 1977, p. 340).

A.1.9. Abschließende Bemerkungen zur Verwendung existierender Software

Alle oben beschriebenen Verfahren zur Lösung von Randwertproblemen (mit Ausnahme der Kollokations- und Differenzenverfahren) lösen in jedem Iterationsschritt ein bzw. mehrere Anfangswertprobleme. Damit das anschließende Nullstellenverfahren konvergiert, ist auf eine möglichst schnelle und *genaue Lösung des Anfangswertproblemes* Wert zu legen. Man wird also einen guten Anfangswertlöser aus einer Programmbibliothek wählen.

Alle angegebenen Verfahren benötigen zur Lösung des Randwertproblems eine *Startnäherung*. Soferne diese nicht gut genug ist, konvergiert das Verfahren nicht. Es ist daher oft sinnvoll, wie beim Newton-Verfahren, *Homotopie-Methoden* zu verwenden (vgl. (A.1.10)). Zwei typische einschlägige Beispiele seien erwähnt:

a) Für das kanonische Differentialgleichungssystem sei eine *stationäre Lösung* $(\hat{x}, \hat{\lambda})$ bekannt; hingegen sind die Anfangs- bzw. Endwerte $x(0)$, $\lambda(T)$ „weit" von der stationären Lösung entfernt. Analog zu (A.1.10) wird man – ausgehend von den Randwerten $(\hat{x}, \hat{\lambda})$, für

A.1.9. Abschließende Bemerkungen zur Verwendung existierender Software

welche die (stationäre) Lösung bekannt ist – schrittweise in Richtung der tatsächlichen Randwerte $x(0)$, $\lambda(T)$ gehen.

b) Falls *Pfadnebenbedingungen* der Gestalt (6.1c, 15) vorliegen, so ist es häufig sinnvoll, zunächst das unbeschränkte Problem zu lösen und dann die Beschränkungen „langsam" (schrittweise) einzuführen bzw. zu verschärfen.

Existierende Software zur Lösung von Randwertproblemen legt üblicherweise ein festes Integrationsintervall zugrunde. Bei *freiem Endzeitpunkt* T ist daher eine Transformation nötig. Dazu wird eine neue Zeitvariable $\tau = t/T$ eingeführt, so daß $\tau \in [0, 1]$ ist. Für die neue Variable

$$\boldsymbol{\eta}(\tau) = \boldsymbol{y}(T\tau) \tag{A.1.34}$$

lautet dann das transformierte Randwertproblem (A.1.13)

$$\dot{\boldsymbol{\eta}}(\tau) = \boldsymbol{g}(\boldsymbol{\eta}(\tau), T\tau) T \tag{A.1.35a}$$

$$\boldsymbol{R}(\boldsymbol{\eta}(0), \boldsymbol{\eta}(1)) = \boldsymbol{0}. \tag{A.1.35b}$$

Führt man nun den Endzeitpunkt $T(\tau)$ als freien Parameter (konstanten Zustand) ein, d.h.

$$\dot{T}(\tau) = 0 \quad \text{mit} \quad T(0) \text{ und } T(1) \text{ frei},$$

so erhält man aus der Transversalitätsbedingung (2.70) die zusätzliche Randbedingung zur Bestimmung des Endzeitpunktes T.

Bei Vorliegen von *Pfadnebenbedingungen* (bzw. auch schon bei linearen Kontrollproblemen) besteht die optimale Lösung in $[0, T]$ i.a. aus verschiedenen Regimen. Die Umschaltzeitpunkte sind dabei zunächst unbekannt. Falls die verwendete Software Schaltpunkte nur an fest vorgegebenen Stellen zuläßt, so wendet man in den Zeitintervallen zwischen den Schaltpunkten eine zu (A.1.34) analoge Zeittransformationen an.

Manche existierende Software (wie BOUNDSCO und OPTSOL) läßt die Behandlung von Sprüngen in den Kozuständen bzw. in Zuständen direkt zu, während bei anderen eine passende Transformation erforderlich ist.

In vielen Fällen ist es auch sinnvoll, Ungleichungsnebenbedingungen durch Strafkostenfunktionen zu ersetzen (vgl. *Russell*, 1965). Da diese „penalty"-Funktionen aber „künstlich geglättete" geknickte Funktionen darstellen, verhalten sich diese bei der numerischen Behandlung wie geknickte Funktionen, was zu Schwierigkeiten führen kann.

Abschließend soll noch die Möglichkeit erwähnt werden, Modelle in diskreter Zeit mit Hilfe des diskreten Maximumprinzips (vgl. Anhang A.2) oder mittels dynamischer Programmierung zu lösen (vgl. *Bellman*, 1957, *Chow*, 1975).

A.2. Das diskrete Maximumprinzip

Stetige Modelle sind oft nur eine idealisierte Darstellung der Realität, wo Entscheidungen zumeist zu *diskreten* Zeitpunkten anfallen.

Viele Probleme der Anwendungen lassen sich adäquater mittels diskreter Modelle abbilden. Ökonomische Entscheidungen, wie Preisfestsetzung, Wahl der Werbung, Dividendenausschüttung, Lagerhaltung/Produktion bei wöchentlicher Nachfrage, werden in der Regel täglich, wöchentlich etc. getroffen.

Eine andere Motivation für die Betrachtung diskreter Modelle liegt darin, daß man zur numerischen Lösung mittels Digitalrechnern stetige Kontrollprobleme diskretisieren muß.

Wir betrachten die Zeitpunkte $t = 0, 1, \ldots, T$ und gehen von einem fixen Anfangszustand x_0 aus. Zu jedem Zeitpunkt $t = 1, \ldots, T$ ist eine Entscheidung u_t zu treffen, durch welche der Zustand x_{t-1} in einen Nachfolgezustand $x_t = f(x_{t-1}, u_t, t)$ transformiert wird. Beim Übergang von x_{t-1} nach x_t vermöge u_t wird ein Gewinn bzw. Nutzen $F(x_{t-1}, u_t, t)$ erzielt. Das Kontrollproblem besteht in der Maximierung des mit r diskontierten Gewinnstromes

$$\max_{\{u_t\}} \{J = \sum_{t=1}^{T} (1+r)^{-t} F(x_{t-1}, u_t, t) + (1+r)^{-T} S(x_T)\} \quad \text{(A.2.1a)}$$

unter den Nebenbedingungen (für $t = 1, \ldots, T$)

$$x_t = f(x_{t-1}, u_t, t), \quad x_0 \text{ gegeben} \quad \text{(A.2.1b)}$$

$$u_t \in \Omega_t \subseteq \mathbb{R}^m. \quad \text{(A.2.1c)}$$

Die Funktionen F, f und S seien dabei stetig differenzierbar in x bzw. u.

Um die notwendigen Optimalitätsbedingungen zu motivieren, nehmen wir zunächst $\Omega_t = \mathbb{R}^m$ für alle t an und erkennen, daß dann die constraint qualification erfüllt ist, d.h. daß das Kuhn-Tucker-Theorem von Kapitel 6 anwendbar ist. Um (A.2.1) zu lösen, bilden wir die Lagrangefunktion

$$\tilde{L} = \sum_{t=1}^{T} \{(1+r)^{-t} F(x_{t-1}, u_t, t) + \tilde{\lambda}_t [f(x_{t-1}, u_t, t) - x_t]\} + (1+r)^{-T} S(x_T),$$

differenzieren sie nach u_t und x_{t-1} und erhalten für $t = 1, \ldots, T$:

$$\tilde{L}_{u_t} = (1+r)^{-t} F_u(x_{t-1}, u_t, t) + \tilde{\lambda}_t f_u(x_{t-1}, u_t, t) = 0 \quad \text{(A.2.2)}$$

$$\tilde{L}_{x_{t-1}} = (1+r)^{-t} F_x(x_{t-1}, u_t, t) + \tilde{\lambda}_t f_x(x_{t-1}, u_t, t) - \tilde{\lambda}_{t-1} = 0. \quad \text{(A.2.3)}$$

Zusätzlich gilt

$$\tilde{L}_{x_T} = (1+r)^{-T} S_x(x_T) - \tilde{\lambda}_T = 0. \quad \text{(A.2.4)}$$

Transformiert man den Gegenwartswert-Multiplikator $\tilde{\lambda}_t$ auf Momentanwertnotation (vgl. (2.12) Bemerkung 2.2) mittels

$$\lambda_t = (1 + r)^t \tilde{\lambda}_t \qquad (A.2.5)$$

und definiert die Hamiltonfunktion

$$H(x, u, \lambda, t) = F(x, u, t) + \lambda f(x, u, t), \qquad (A.2.6)$$

so können die Bedingungen (A.2.2–4) in folgender Form geschrieben werden

$$H_u(x_{t-1}, u_t, \lambda_t, t) = 0 \qquad (A.2.7a)$$

$$\lambda_{t-1} = H_x(x_{t-1}, u_t, \lambda_t, t)/(1 + r) \qquad (A.2.7b)$$

$$\lambda_T = S_x(x_T). \qquad (A.2.7c)$$

Damit hat man ein diskretes Analogon zum Maximumprinzip von Satz 2.1 erhalten. Voraussetzung war allerdings, daß keine Beschränkungen für die Steuervariablen vorliegen.

Man könnte nun in Analogie zum stetigen Fall vermuten, daß bei Vorliegen von Steuerbeschränkungen (A.2.7a) durch die Maximierungsbedingung

$$u_t = \arg\max_{u \in \Omega_t} H(x_{t-1}, u, \lambda_t, t) \qquad (A.2.8)$$

ersetzt werden kann. Das folgende eindimensionale Beispiel (*Boltjanski*, 1976) zeigt, daß dies *nicht* der Fall sein muß.

Beispiel A.2.1.

$$\max_{u_t} \{ J = \sum_{t=1}^{T} (u_t^2 - 2x_{t-1}^2) \}$$
$$x_t = u_t, \quad x_0 = 0$$
$$u_t \in \Omega_t = [-1, 1].$$

Setzt man die Systemdynamik ins Zielfunktional J ein, so ergibt sich

$$J = u_T^2 - \sum_{t=1}^{T-1} u_t^2 - 2x_0^2.$$

Die optimale Lösung lautet daher $u_t = x_t = 0$ für $t = 1, \ldots, T-1$ und $u_T = x_T = 1$ oder -1. Wendet man die Optimalitätsbedingung (A.2.8) an, so sieht man, daß das Maximum der in u streng konvexen Hamiltonfunktion nur an den Intervallgrenzen 1 bzw. -1 angenommen werden kann. Somit erfüllt die optimale Lösung $u_t = 0$ für $t < T$ nicht die Bedingung (A.2.8).

Der folgende Satz enthält die notwendigen Optimalitätsbedingungen im diskreten Fall, wobei die Aussage (A.2.8) durch eine schwächere Bedingung ersetzt wird.

Satz A.2.1 (Diskretes Maximumprinzip)
Es sei $\{u_t^*\}$ eine optimale Entscheidungsfolge und $\{x_t^*\}$ die zugehörige Zustandsfolge des Kontrollproblems (A.2.1). Dann existiert eine Kozustandsfolge $\{\lambda_t\}$, so daß gilt

$$\left.\begin{array}{l} H_u(x_{t-1}^*, u_t^*, \lambda_t, t)v \leq 0 \quad \text{für alle } v \\ \text{mit} \quad u_t^* + \varepsilon v \in \Omega_t \quad \text{für kleine} \quad \varepsilon > 0 \end{array}\right\} \tag{A.2.9}$$

$$\lambda_{t-1} = H_x(x_{t-1}^*, u_t^*, \lambda_t, t)/(1+r) \tag{A.2.10}$$

$$\lambda_T = S_x(x_T^*). \tag{A.2.11}$$

(A.2.9) bedeutet, daß die Richtungsableitung der Hamiltonfunktion für alle Richtungen v, die ins Innere des Steuerbereiches Ω_t weisen, nichtpositiv ist. Liegt u_t im Inneren von Ω_t, so ist (A.2.9) äquivalent mit (A.2.7a).

Einen einfachen Beweis findet man bei *Hartl* (1979), wo der Beweisversuch von *Fan* und *Wang* (1968), die Maximierungsbedingung (A.2.8) zu etablieren, richtiggestellt wird. Allgemeinere Probleme mit Pfadrestriktionen und Endpunktbeschränkungen werden in *Boltjanski* (1976) behandelt.

Falls die Hamiltonfunktion konkav in u ist, so ist (A.2.9) äquivalent mit der Maximierungsbedingung (A.2.8). *Canon* et al. (1970) haben dieses Resultat auch auf Richtungskonvexität gewisser Mengen verallgemeinert. Andere Literaturhinweise sind *Jordan* und *Polak* (1964), *Halkin* (1966a), *Holtzman* (1966), *Burdet* und *Sethi* (1976). Eine gute Übersicht über die historische Entwicklung[1] findet man bei *Nahorski* et al. (1984), wo auch ein verallgemeinertes Maximumprinzip behandelt wird, bei dem die Maximumbedingung global gilt. Dies wird dadurch erkauft, daß eine nichtlineare Hamiltonfunktion angesetzt wird, bei der der Kozustand kein multiplikativer Faktor sondern eine nichtlineare Funktion von $f(x, u, t)$ ist.

Gilt zusätzlich zu (A.2.9–11), daß H konkav in (x, u), S konkav in x und die Mengen Ω_t konvex sind, so ist (x^*, u^*) ein optimales Paar. Der Beweis dieser *hinreichenden Bedingungen* erfolgt analog zu Satz 2.2.

Zur Illustration lösen wir noch ein sequentielles ökonomisches Entscheidungsproblem (optimale Allokation von Konsum und Investition).

Beispiel A.2.2.

Ausgehend von einem Anfangskapital von x_0 Geldeinheiten ist zu jedem Zeitpunkt $t = 1, \ldots, T$ zu entscheiden, welcher Anteil u_t des vorhandenen Kapitalstocks konsumiert wird. Dabei ist zu berücksichtigen, daß das Kapital in einer Periode mit dem Faktor $\varrho > 1$ verzinst wird. Ziel ist die Maximierung des diskontierten Konsumnutzens:

$$\max_{\{u_t\}} \left\{ J = \sum_{t=1}^{T} (1+r)^{-t} U(\varrho u_t x_{t-1}, t) \right\} \tag{A.2.12a}$$

$$x_t = \varrho(1-u_t)x_{t-1}, \quad x_0 \text{ gegeben} \tag{A.2.12b}$$

$$0 \leq u_t \leq 1. \tag{A.2.12c}$$

---

[1] Neben dem Maximumprinzip existiert auch der Ansatz der dynamischen Programmierung, der zur Lösung diskreter Probleme häufig verwendet wird; vgl. *Bellman* (1957), *Gessner* und *Wacker* (1972) sowie *Dreyfus* und *Law* (1977).

Dabei bezeichnet x_t den aktuellen Kapitalstock zum Zeitpunkt t *nach* der Konsumausschüttung u_t. Die entsprechende Konsumrate, die auch als Argument von U auftritt, ist $c_t = \varrho u_t x_{t-1}$. Die Steuerbeschränkung (A.2.12c) besagt, daß nicht mehr konsumiert werden kann als vorhanden ist.

Im Falle einer *linearen Nutzenfunktion* $U(c_t, t) = c_t$ ergibt sich folgende optimale Politik:

Fall a: $\quad 1 + r < \varrho$

$$u_t = 0, \; x_t = x_0 \varrho^t, \; t = 1, \ldots, T-1$$
$$u_T = 1, \; x_T = 0.$$

Fall b: $\quad 1 + r > \varrho$

$$u_1 = 1, \; x_1 = 0$$
$$u_t = 0, \; x_t = 0, \; t = 2, \ldots, T.$$

Übertrifft die Diskontierung die Kapitalverzinsung, so ist es optimal, sofort alles zu konsumieren; anderenfalls wird das Kapital ständig akkumuliert und erst am Ende verzehrt. Im Grenzfall $1 + r = \varrho$ ist jede Konsumpolitik mit $x_T = 0$ optimal. Man prüft leicht nach, daß diese (ökonomisch plausiblen) Konsum- bzw. Investitionspolitiken aus den notwendigen Optimalitätsbedingungen von Satz A.2.1 ableitbar sind. Man beachte, daß infolge der Linearität von H in u_t die stärkere Beziehung (A.2.8) verwendet werden kann.

Um nichttriviale Resultate zu erzielen, spezifizieren wir die Nutzenfunktion konkav als *Wurzelnutzen*: $U(c_t, t) = 2\sqrt{c_t}$. Die Hamiltonfunktion lautet dann

$$H = 2\sqrt{\varrho u_t x_{t-1}} + \lambda_t \varrho (1 - u_t) x_{t-1}.$$

Da H konkav in u_t ist, kann wieder (A.2.8) angewendet werden.

Die Optimalitätsbedingungen lauten also:

$$u_t = \arg\max_u H \qquad (A.2.13)$$

$$\lambda_{t-1} = H_{x_{t-1}}/(1+r) = [\sqrt{\varrho u_t / x_{t-1}} + \varrho \lambda_t (1 - u_t)]/(1+r) \qquad (A.2.14)$$

$$\lambda_T = 0. \qquad (A.2.15)$$

Aus (A.2.15) und (A.2.13) für $t = T$ erhalten wir zunächst $u_T = 1$, d.h. am Ende wird natürlich alles konsumiert. Infolge von $U'(0) = \infty$ wird es aber für $t < T$ nie optimal sein, $u_t = 0$ oder $u_t = 1$ zu wählen. Es kann somit für $1 \leq t < T$ die Maximierungsbedingung (A.2.13) geschrieben werden als

$$H_{u_t} = \sqrt{\varrho x_{t-1}/u_t} - \varrho \lambda_t x_{t-1} = 0. \qquad (A.2.16)$$

Eliminiert man x_{t-1} in (A.2.14) mittels (A.2.16), so fallen auch alle Terme in u_t weg und es ergibt sich die Differenzengleichung

$$\lambda_{t-1} = \varrho \lambda_t / (1+r)$$

für $1 \leq t \leq T-1$. Ihre Lösung ist

$$\lambda_t = \lambda_0 \left(\frac{1+r}{\varrho}\right)^t, \quad \text{für} \quad 0 \leq t \leq T-1 \qquad (A.2.17)$$

wobei λ_0 noch zu bestimmen ist. Aus (A.2.16) und (A.2.17) erhält man dann folgenden Ausdruck für die Konsumrate zum Zeitpunkt $t = 1, \ldots, T-1$:

$$\varrho u_t x_{t-1} = \lambda_t^{-2} = \lambda_0^{-2} \left(\frac{\varrho}{1+r} \right)^{2t}. \tag{A.2.18}$$

Übersteigt die Verzinsung ϱ des Kapitals die Konsumrate $1+r$, so ist die optimale Konsumpolitik monoton steigend, d.h. es wird zunächst mehr investiert und weniger konsumiert, um später einen höheren Konsum zu ermöglichen. Anderenfalls (für $\varrho < 1+r$) wird zu Beginn am meisten konsumiert und wenig investiert, was zu einer fallenden Konsumpolitik führt.

Um die zeitliche Entwicklung des Kapitalstocks zu ermitteln, setzen wir (A.2.18) in die Zustandsgleichung (A.2.12b) ein und erhalten eine lineare inhomogene Differenzengleichung für x_t:

$$x_t = \varrho x_{t-1} - \lambda_0^{-2} \xi^t; \quad t = 1, \ldots, T-1, \quad \text{wobei} \quad \xi = \varrho^2/(1+r)^2. \tag{A.2.19}$$

Die allgemeine Lösung von (A.2.19) lautet

$$x_t = c\varrho^t + \xi^t/[\lambda_0^2(\varrho/\xi - 1)], \quad t = 0, \ldots, T-1, \tag{A.2.20}$$

wobei wir den Grenzfall (Resonanzfall) $\varrho = \xi$ ausschließen. Zur Bestimmung der zwei Konstanten λ_0 und c steht zunächst die Anfangsbedingung zur Verfügung:

$$x_0 = c + 1/[\lambda_0^2(\varrho/\xi - 1)]. \tag{A.2.21}$$

Um eine zweite Bestimmungsgleichung herzuleiten, bemerken wir zunächst, daß (A.2.17–20) nur für $t < T$ gelten, während für $t = T$ die Transversalitätsbedingung (A.2.15) vorliegt. Mittels (A.2.14) und $u_T = 1$ erhält man die Gleichung

$$\lambda_{T-1} = \sqrt{\varrho/x_{T-1}}/(1+r),$$

in die man (A.2.17) und (A.2.20) für $t = T - 1$ einsetzen kann. So erhält man

$$\lambda_0^2 c(\varrho/\xi)^T = -1/(\varrho/\xi - 1). \tag{A.2.22}$$

Aus (A.2.21, 22) lassen sich nun die Konstanten c und λ_0 ermitteln:

$$c = \frac{x_0}{1 - (\varrho/\xi)^T}, \quad \lambda_0^2 = \frac{1 - (\xi/\varrho)^T}{x_0(\varrho/\xi - 1)}. \tag{A.2.23}$$

In den obigen Formeln wurde $\varrho \neq \xi$, also $\varrho \neq (1+r)^2$ angenommen. Je nachdem welche Relationen zwischen ϱ und $1+r$ bestehen, zeigt x_t verschiedenes Monotonieverhalten. Im Falle $1 < \varrho < (1+r)$ ist die Zustandsfolge x_t monoton fallend. Ansonsten kann der Kapitalstock anfänglich auch steigen, während er am Ende fällt. Zum Abschluß betrachten wir noch zwei Spezialfälle, bei denen die Ausdrücke etwas einfacher werden.

Der Fall ohne Diskontierung: $r = 0$

Hier ergeben sich folgende Ausdrücke für Kapitalstock und Konsum (vgl. *Hartl*, 1979, p. 75–77):

$$x_t = \frac{x_0}{\varrho^T - 1}(\varrho^{t+T} - \varrho^{2t}), \quad t = 0, \ldots, T$$

$$\varrho x_{t-1} u_t = x_0 \frac{\varrho - 1}{\varrho^T - 1} \varrho^{2t-1}, \quad t = 1, \ldots, T$$

Gesamtnutzen $J = 2\sqrt{x_0 \varrho \dfrac{\varrho^T - 1}{\varrho - 1}}$.

Der Fall, in dem Verzinsung = Diskontierung: $\varrho = 1 + r$

In diesem Fall ist λ gemäß (A.2.17) konstant und ebenso die Konsumrate gemäß (A.2.18):

$$\lambda_t = \lambda_0, \quad \varrho u_t x_{t-1} = \lambda_0^{-2}.$$

Die lineare Differenzengleichung (A.2.19) ist nun wegen $\xi = 1$ inhomogen mit konstanten Koeffizienten und besitzt die allgemeine Lösung

$$x_t = c\varrho^t + 1/[\lambda_0^2(\varrho - 1)].$$

Aus der Anfangsbedingung x_0 und $x_T = 0$ ergibt sich dann

$$x_t = \frac{x_0}{\varrho^T - 1}(\varrho^T - \varrho^t)$$

$$\varrho x_{t-1} u_t = \frac{x_0 \varrho^T(\varrho - 1)}{\varrho^T - 1}.$$

Der Kapitalstock fällt also monoton während die Konsumrate konstant bleibt, was auch wegen $1 + r = \varrho$ plausibel ist.

A.3. Nichtdifferenzierbare Erweiterungen

In vielen ökonomischen Problemen treten nichtdifferenzierbare Funktionen auf. Beispiele hierfür sind sprunghaft steigende Lohneinheitskosten bei Überstunden sowie ein Kostenknick bei Übergang von positivem Lager zu Fehlmengen. Falls derartige Funktionen im Zustand nichtdifferenzierbar sind, ist das in den vorangegangenen Kapiteln behandelte Standard-Maximumprinzip nicht anwendbar, da dort die stetige Differenzierbarkeit aller auftretenden Funktionen bezüglich der Zustandsvariablen vorausgesetzt wurde.

Zur Bewältigung dieser Schwierigkeit stehen prinzipiell *vier Methoden* zur Verfügung:

1) Approximation geknickter Funktionen durch glatte Funktionen.
2) Erweiterung des Zustandsraumes durch Definition neuer Zustandsvariablen in allen Bereichen, in denen die Funktion differenzierbar ist.
3) Ersetzen der geknickten Funktion durch eine Steuervariable, die durch zustandsabhängige Nebenbedingungen beschränkt ist.
4) Entwicklung eines verallgemeinerten Maximumprinzips.

Während die ersten drei Methoden auf den Fall beschränkt sind, daß die Funktion endlich viele Knicke aufweist, ist die elegantere Methode 4 auf eine allgemeine Klasse nichtdifferenzierbarer Funktionen anwendbar. Bevor wir uns dieser Methode zuwenden, illustrieren wir die ersten drei Verfahren anhand eines Beispiels aus der Lagerhaltungstheorie.

Beispiel A.3.1 *(Lagerhaltung bei linearen Produktionskosten und geknickt-linearen Lager- bzw. Fehlmengenkosten)*. Wir betrachten folgende nichtdifferenzierbare Variante des Modells von Abschnitt 9.1.7:

$$\max_{v} \{ -\int_0^T [cv + h(z)]dt + Sz(T) \} \qquad (A.3.1a)$$

$$\dot{z} = v - d, \quad z(0) = z_0 \qquad (A.3.1b)$$

$$0 \leq v \leq \bar{v}. \qquad (A.3.1c)$$

Dabei besitzen die Lagerhaltungskosten h folgende Gestalt

$$h(z) = \begin{cases} h_1 z & z \geq 0 \\ -h_2 z & z < 0. \end{cases} \qquad (A.3.2)$$

Die Konstanten h_1 bzw. h_2 bezeichnen die Lagereinheitskosten bzw. die Fehlmengenkosten pro Einheit ($h_1 > 0, h_2 > 0$).

Methode 1: Die geknickte Funktion (A.3.2) ist z.B. durch folgende glatte Funktion approximierbar:

$$h_\varepsilon(z) = \begin{cases} h_1[\varepsilon(e^{-z/\varepsilon} - 1) + z] & \text{für } z \geq 0 \\ h_2[\varepsilon(e^{z/\varepsilon} - 1) - z] & \text{für } z < 0. \end{cases} \qquad (A.3.3)$$

Für $\varepsilon \to 0$ konvergiert $h_\varepsilon(z)$ gleichmäßig gegen $h(z)$.

Methode 2: Die Zustandsvariable z wird in den positiven Lagerbestand $z_1 \geq 0$ und den Fehlmengenbestand $z_2 \geq 0$ aufgespalten:

$$z = z_1 - z_2. \tag{A.3.4}$$

In dieser Notation läßt sich das Steuerungsproblem wie folgt schreiben:

$$\max_{v,w} \{-\int_0^T [cv + h_1 z_1 + h_2 z_2] dt + S[z_1(T) - z_2(T)]\}. \tag{A.3.5a}$$

$$\dot{z}_1 = w + v - d \tag{A.3.5b}$$

$$\dot{z}_2 = w \tag{A.3.5c}$$

$$z_1(0) - z_2(0) = z_0 \tag{A.3.5d}$$

$$0 \leq v \leq \bar{v}, \quad w \in \mathbb{R} \tag{A.3.5e}$$

$$z_1 \geq 0, \quad z_2 \geq 0. \tag{A.3.5f}$$

Dabei wurde die künstliche Kontrollvariable w eingeführt, um die Bewegungsgleichung $\dot{z}_1 - \dot{z}_2 = v - d$ in Form von zwei Differentialgleichungen (A.3.5bc) darstellen zu können. Das transformierte Problem (A.3.5) läßt sich mittels Korollar 7.1 bzw. Satz 7.8 lösen. Diese Tatsache wurde allerdings durch eine Aufblähung sowohl des Zustands- als auch des Kontrollraumes (um je eine Dimension) erkauft. Ferner wurde aus dem gegebenen Anfangszustand $z(0)$ die Anfangsbedingung (A.3.5d). Zusätzlich sind zwei (reine) Zustandsbeschränkungen (A.3.5f) zu beachten. Die Beziehung $z_1 z_2 = 0$ ist automatisch erfüllt.

Methode 3: Die Funktion $h(z)$ läßt sich durch eine neue Steuervariable k modellieren:

$$\max_{v,k} \{-\int_0^T [cv + k] dt + Sz(T)\} \tag{A.3.6a}$$

unter den Nebenbedingungen (A.3.1bc) und den zusätzlichen gemischten Nebenbedingungen:

$$k \geq h_1 z, \quad k \geq -h_2 z. \tag{A.3.6b}$$

Da alle drei genannten Methoden nicht nur offensichtliche Nachteile aufweisen, sondern auch auf den Fall endlich vieler Knickstellen beschränkt sind, scheint die Entwicklung einer verallgemeinerten Theorie gerechtfertigt. Eine solche kann für *lokal Lipschitz-stetige* Funktionen entwickelt werden.

Definition A.3.1. *Eine Funktion* $f: \mathbb{R}^n \to \mathbb{R}$ *heißt lokal Lipschitz-stetig, wenn für jeden Punkt* $x \in \mathbb{R}^n$ *eine Umgebung U von x und eine Konstante K existieren, so daß für alle* $y_1, y_2 \in U$

$$|f(y_1) - f(y_2)| \leq K \|y_1 - y_2\|$$

gilt.

Es läßt sich zeigen, daß derartige Funktionen fast überall differenzierbar sind; vgl. *Clarke* (1983). Dies motiviert folgende Definition[1].

Definition A.3.2. *Der verallgemeinerte Gradient $\partial f(x)$ von f an der Stelle x ist die konvexe Hülle der Menge der Grenzwerte*

$$\lim_{l \to \infty} \partial f(x_l)/\partial x,$$

für alle Folgen $\{x_l\} \to x$, so daß die Punkte x_l Differenzierbarkeitsstellen von f sind und die Folge $\{\partial f(x_l)/\partial x\}$ konvergiert.

Falls $f(x, y)$ neben x auch von anderen Variablen y abhängt und der verallgemeinerte Gradient nur bezüglich x gebildet wird, so wird er mit $\partial_x f(x, y)$ bezeichnet.

Einige Eigenschaften und Rechenregeln des gewöhnlichen Gradienten übertragen sich auch auf den verallgemeinerten Gradienten. Insbesondere gilt:

a) $\partial f(x)$ ist nichtleer, konvex und abgeschlossen.

b) Ist f differenzierbar an der Stelle $\bar{x}$, dann gilt $\partial f(\bar{x}) = \{\partial f(\bar{x})/\partial x\}$.

c) Ist f *konkav*, dann ist $f(x)$ die Menge aller *Supergradienten* von f in x (üblicherweise auch als *Superdifferential* von f bezeichnet).

Ist f *konvex*, so fällt $\partial f(x)$ mit dem *Subdifferential* zusammen, das ist die Menge aller *Subgradienten* von f (vgl. Lemma 7.4).

Einige Eigenschaften der Gradienten übertragen sich *nicht* auf den verallgemeinerten Gradienten, so etwa das Additions- und das Enveloppentheorem.

Beispiel A.3.2. Zur Illustration wollen wir nun den verallgemeinerten Gradienten der geknickten Funktion (A.3.2) ermitteln. Es gilt nämlich

$$\partial h(z) = \begin{Bmatrix} \{h_1\} \\ [-h_2, h_1] \\ \{-h_2\} \end{Bmatrix} \text{ für } \begin{cases} z > 0 \\ z = 0 \\ z < 0 \end{cases} \qquad (A.3.7)$$

Für $z \neq 0$ ergibt sich (A.3.7) aus der Tatsache, daß h dort differenzierbar ist und der oben zitierten Eigenschaft (*b*). Im Punkt $z = 0$ können wir Eigenschaft (*c*) verwenden, da der Subgradient von h für $z = 0$ das Intervall $[-h_2, h_1]$ ist. Man kann aber auch die Definition von $\partial h(0)$ direkt anwenden: für jede Folge $\{z_i\} \to 0$ gilt $h'(z_i) = h_1$ oder $h'(z_i) = -h_2$, so daß als Grenzwert der entsprechenden konvergenten Folgen $\{h(z_i)\}$ nur h_1 oder $-h_2$ auftreten kann. Die konvexe Hülle dieser zwei Zahlen ist genau $[-h_2, h_1]$.

Nach diesen Vorbereitungen formulieren wir folgendes (im Zustand) nichtdifferenzierbare Steuerungsproblem:

---

[1] Neben dem hier erwähnten existieren noch andere Ansätze, das Konzept des Gradienten auf den nichtdifferenzierbaren Fall zu verallgemeinern; vgl. dazu etwa die Arbeiten in *Demyanov* und *Pallaschke* (1985).

$$\max_{u \in \Omega} \{\int_0^T e^{-rt} F(x, u, t) dt + e^{-rT} S(x(T))\} \tag{A.3.8a}$$

$$\dot{x} = f(x, u, t), \quad x(0) = x_0. \tag{A.3.8b}$$

Dabei sind f, F und S – anders als im Standardproblem von Abschnitt 2.2 – lokal Lipschitz-stetig in x und stetig in u und t. Als Klasse der Steuerungen betrachten wir meßbare Funktionen; die Zustandstrajektorien sind absolut stetig.

Zur Formulierung der Optimalitätsbedingungen definieren wir die normale und die maximierte Hamiltonfunktion

$$H = \lambda_0 F + \lambda f, \quad H^0 = \max_{u \in \Omega} H.$$

Dann gelten folgende notwendige Optimalitätsbedingungen

Satz A.3.1 (Maximumprinzip für nichtdifferenzierbare Probleme)
Es sei (u^*, x^*) ein optimales Paar für das Kontrollproblem $(A.3.8)$. Dann existiert eine Konstante $\lambda_0 \geqq 0$ und eine absolut stetige Kozustandstrajektorie $\lambda(t)$, so daß fast überall gilt

$$H(x^*(t), u^*(t), \lambda_0, \lambda(t), t) = H^0(x^*(t), \lambda_0, \lambda(t), t) \tag{A.3.9}$$

$$(r\lambda(t) - \dot{\lambda}(t), \dot{x}^*(t)') \in \partial_{(x', \lambda)'} H^0(x^*(t), \lambda_0, \lambda(t), t) \tag{A.3.10}$$

$$\lambda(T) \in \lambda_0 \partial S(x(T)). \tag{A.3.11}$$

Einen Beweis findet man etwa bei *Clarke* (1976). Bedingung (A.3.10) ist nun keine Differentialgleichung mehr, sondern eine *differentielle Inklusion*; vgl. dazu *Aubin* und *Cellina* (1984).
Im folgenden Satz sind hinreichende Bedingungen formuliert.

Satz A.3.2. *Gegeben sei eine Kontroll-, Zustands- und Kozustandstrajektorie (u^*, x^*, λ), so daß mit $\lambda_0 = 1$ die Optimalitätsbedingungen (A.3.9–11) erfüllt sind. Ist die maximierte Hamiltonfunktion H^0 konkav in x für jedes $(\lambda(t), t)$ und $S(x)$ konkav in x, so ist (u^*, x^*) ein optimales Paar.*

Einen Beweis, welcher der Idee von Satz 2.2 folgt, findet man bei *Hartl* und *Sethi* (1984b). Über den konkaven Fall, bei dem der verallgemeinerte Gradient durch das Superdifferential ersetzt wird, existiert eine ausgedehnte Literatur; vgl. *Rockafellar* (1970).

Bemerkung A.3.1. Neben der Tatsache, daß die adjungierte „Gleichung" keine Differentialgleichung, sondern eine differentielle Inklusion ist, liegt der wesentliche Unterschied zum Standard-Maximumprinzip (Satz 2.1) darin, daß (A.3.10) mittels H^0 anstelle von H formuliert ist. Bei den notwendigen Bedingungen von Satz A.3.1 kann (A.3.10) durch die einfachere Beziehung

$$(r\lambda - \dot{\lambda}, \dot{x}^{*'}) \in \partial_{(x', \lambda)'} H(x^*, u^*, \lambda_0, \lambda, t) \tag{A.3.12}$$

ersetzt werden. Da aber i. a. ∂H eine umfangreichere Menge als ∂H^0 ist, so geht bei der Formulierung mittels (A.3.12) Information gegenüber (A.3.10) verloren. Dies wurde in *Feichtinger* und *Hartl* (1985b) anhand eines Produktions-/Beschäftigungsbeispiels illustriert.

Bei den hinreichenden Bedingungen darf (A.3.10) nur in Spezialfällen durch (A.3.12) ersetzt werden, so etwa wenn die Hamiltonfunktion in x differenzierbar ist oder separabel im Sinne von

$$H(x, u, \lambda_0, \lambda, t) = H^1(x, \lambda_0, \lambda, t) + H^2(u, \lambda_0, \lambda, t).$$ (A.3.13)

In beiden Fällen gilt nämlich $\partial H = \partial H^0$. Ein Gegenbeispiel, daß die Ersetzung von (A.3.10) durch (A.3.12) i.a. keine hinreichenden Bedingungen mehr liefert, findet man bei *Hartl* (1984d).

Bemerkung A.3.2. Im Falle, daß die optimale Lösung (u^*, x^*) nur zu endlich vielen Zeitpunkten eine Knickstelle von H passiert, bleibt das Standard-Maximumprinzip (Satz 2.1 und Satz 2.2) unverändert gültig. Dies folgt unmittelbar aus der Tatsache, daß die Kozustandsgleichung nur fast überall gelten muß; an jeder Differenzierbarkeitsstelle von H bezüglich x gilt $\partial_x H^0 = \partial_x H = \{H_x^K\}$.

In Beispiel A.3.1 ist diese Eigenschaft nicht erfüllt, da dort auf Intervallen nichtverschwindender Länge die Zustandstrajektorie auf der Knickstelle $z = 0$ der Funktion (A.3.2) verweilt. Dies wollen wir uns nun überlegen.

Beispiel A.3.3. Wir lösen nun das Lagerhaltungsbeispiel A.3.1 mittels der Sätze A.3.1 und A.3.2.

Da die Hamiltonfunktion[1]

$$H = -cv - h(z) + \lambda(v - d)$$

separabel im Sinne von (A.3.13) ist, können die Optimalitätsbedingungen in der Form (A.3.9, 12, 11) angeschrieben werden:

$$v = \left\{\begin{array}{c} 0 \\ \text{unbestimmt} \\ \bar{v} \end{array}\right\} \text{ für } \lambda \left\{\begin{array}{c} < \\ = \\ > \end{array}\right\} c \qquad \text{(A.3.14)}$$

$$-\dot{\lambda} \in \partial_z H = -\partial h(z) = \left\{\begin{array}{c} -h_1 \\ [-h_1, h_2] \\ h_2 \end{array}\right\} \text{ für } z \left\{\begin{array}{c} > \\ = \\ < \end{array}\right\} 0 \qquad \text{(A.3.15)}$$

$$\lambda(T) = S. \qquad \text{(A.3.16)}$$

Da H ebenso wie die maximierte Hamiltonfunktion H^0 konkav in z ist, sind die Bedingungen (A.3.14–16) auch hinreichend für die Optimalität einer zulässigen Lösung.

---

[1] Da der Endzustand $z(T)$ frei ist, so kann $\lambda_0 = 1$ gesetzt werden.

Nichtdifferenzierbare Erweiterungen 515

Gemäß der Transversalitätsbedingung (A.3.16) und (A.3.15) existiert für $S > c$ ein Endintervall, das mindestens die Länge $(S - c)/h_1$ besitzt, in dem $\lambda > c$ gilt. Wegen der Maximierungsbedingung (A.3.14) gilt dort $v = \bar{v}$. Analog existiert im Falle $S < c$ ein Endintervall der Länge $\geq (c - S)/h_2$, in dem $\lambda < c$ gilt und somit $v = 0$ optimal ist.

Auch in dieser nichtdifferenzierbaren Variante des Lagerhaltungsmodells von Abschnitt 9.1.7 kann eine singuläre Lösung auftreten. Aus (A.3.14) folgt $\hat{\lambda} = c$ und aus (A.3.15) die Beziehung $\hat{z} = 0$. (A.3.1b) liefert dann $\hat{v} = d$. Somit ist die singuläre Lösung wieder durch (9.60) gegeben.

Aus Platzgründen beschränken wir uns auf die in Abb. 9.9 skizzierte Situation einer fluktuierenden Nachfragerate d, die in (t_1, t_2) die maximale Produktion $\bar{v}$ überschreitet, so daß blockierte Intervalle auftreten.

In Abb. A.3.1 ist die optimale Lösung illustriert.

Während die Zeitpfade von v und z ähnlich zu Abb. 9.9 verlaufen (die Zeitpunkte t_4 und t_5 sind etwas verschoben), besitzt die Kozustandsvariable eine „eckigere" Gestalt.

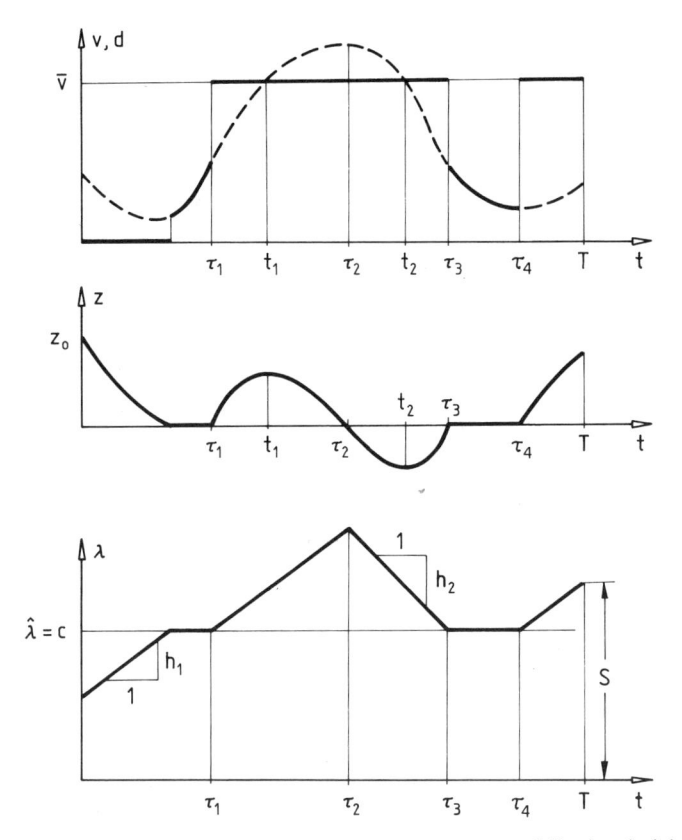

Abb. A.3.1 Blockierte Intervalle im Lagerhaltungsmodell mit geknickten Lager- bzw. Fehlmengenkosten

516 Nichtdifferenzierbare Erweiterungen

Ausgehend von $z_0 > 0$ wählt man zunächst $v = 0$, um den singulären Lagerbestand $\hat{z} = 0$ möglichst rasch zu erreichen. Mit demselben Argument wie in Abschnitt 9.1.7 überlegt man sich, daß es nicht optimal ist, die singuläre Lösung $\hat{v} = d$, $\hat{z} = 0$ bis $t = t_1$ fortzusetzen. Statt dessen wird man schon zu einem Zeitpunkt $\tau_1 < t_1$ (der dieselbe Funktion wie t_4 in Abb. 9.9 hat) auf die maximale Produktionsrate $v = \bar{v}$ umschalten.

Sodann wird ein positives Lager aufgebaut, welches in t_1 seinen Maximalbestand erreicht und zum Zeitpunkt τ_2 wieder erschöpft ist.

Danach entsteht eine Fehlmenge, die in $t = t_2$ maximal wird und erst im Zeitpunkt τ_3 abgebaut ist. Man beachte, daß aus der Linearität des Kozustandes (mit Anstieg h_1 bzw. $-h_2$) folgende Beziehung resultiert:

$$h_1(\tau_2 - \tau_1) = h_2(\tau_3 - \tau_2).$$

Daraufhin wird wieder die singuläre Lösung gewählt, um zum Zeitpunkt $\tau_4 = T - (S - c)/h_1$ auf die maximale Produktionsrate $v = \bar{v}$ umzuschalten.

Man verifiziert leicht, daß diese – in Abb. A.3.1 skizzierte – Lösung die notwendigen und hinreichenden Bedingungen erfüllt.

Für eine ausführlichere Behandlung sowie eine nichtlineare Variante vergleiche man *Hartl* und *Sethi* (1984b).

Eine autonome Version des oben analysierten Lagerhaltungsmodells wird von *McMasters* (1970) behandelt, der sich die Funktion (A.3.2) im Ursprung geglättet denkt und das Standard-Maximumprinzip auf das Problem (A.3.1) anwendet. Diese Vorgangsweise ist gemäß Bemerkung A.3.2 gerechtfertigt, soferne keine singuläre Lösung auftritt. *Lieber* (1973) betrachtet eine Variante mit konvexen Produktionskosten und löst sie mit der oben angeführten Methode 2. *Bhaskaran* und *Sethi* (1981) weisen für das Spekulationsmodell von Abschnitt 9.3.1 nach, daß starke Entscheidungs- und Prognosehorizonte auftreten können, wenn neben einer Zustandsbeschränkung für das Lager auch ein Knick in den Lagerhaltungskosten auftritt. Eine nichtdifferenzierbare Variante des Modells von Abschnitt 9.3.2 findet sich bei *Feichtinger* und *Hartl* (1985a). *Feichtinger* und *Luptacik* (1983) betrachten ein Beschäftigungsmodell, wobei die Fehlmengen- bzw. Vernichtungskosten eine Knickstelle aufweisen. *Outrata* (1985) hat einige der genannten Modelle numerisch mittels der ‚bundle method' von Lemaréchal gelöst.

Neben dem Maximumprinzip können die notwendigen und hinreichenden Bedingungen auch in Form der Hamilton-Jacobi-Bellman-Gleichung formuliert werden; vergleiche dazu *Clarke* und *Vinter* (1983).

Bemerkung A.3.3. Da die adjungierte Gleichung (A.3.10) eine differentielle Inklusion und keine gewöhnliche Differentialgleichung ist, wäre es formal keine zusätzliche Komplikation, auch die Zustandsgleichung (A.3.8b) als Inklusion zu formulieren. Ein wichtiger Spezialfall ist dann das folgende Problem, bei dem keine explizite Kontrollvariable auftritt:

$$\max S(x(T)) \quad \text{(A.3.17a)}$$

$$\dot{x}(t) \in E(x(t), t) \quad \text{(A.3.17b)}$$

$$x(0) = x_0 \quad \text{(A.3.17c)}$$

wobei $E(x, t)$ eine lokal Lipschitz-stetige Multifunktion ist. Das Problem (A.3.8) läßt sich durch Transformation auf Mayer-Gestalt und die Definition $E(x, t) = \{f(x, u, t) | u \in \Omega\}$ in der Gestalt (A.3.17) darstellen. Ein Maximumprinzip für das Problem (A.3.17) findet man z.B. bei *Clarke* (1976, 1983) bzw. *Hartl* (1984d). Dort werden auch Erweiterungen z.B. durch Zustandsbeschränkungen behandelt.

A.4. Systeme mit Verzögerungen

In allen bisher behandelten Modellen wurde angenommen, daß der Zustand des Systems *unmittelbar* auf die Steuervariable reagiert. Bei praktischen Problemen ist bei dieser Beeinflussung aber häufig eine Zeitverzögerung zu beobachten. Betrachtet man etwa das Nerlove-Arrow-Modell von Abschnitt 11.1.1, so besteht ein wenig realistischer Zug dieses Werbemodells darin, daß sich jede Werbebotschaft *sofort zur Gänze* auf den Goodwillstock und somit den Absatz auswirkt. Wirklichkeitsnäher ist die Annahme einer *zeitlichen Verzögerung* der Auswirkung der Werbung auf den Goodwill. Diese Verzögerung kann dabei eine feste Zeitspanne betragen (*delay*) oder sich gemäß einer Dichtefunktion auf ein ganzes Intervall verteilen (*distributed lags*). Wir beschränken uns hier auf die Behandlung des zweiten Falles. Dazu betrachten wir folgendes *Kontrollmodell mit stetigen Verzögerungen*:

$$\max\{J = \int_0^T F(x(t), u(t), t)\,dt + S(x(T))\} \tag{A.4.1a}$$

$$\dot{x}(t) = f(x(t), u(t), t) + \int_{-\infty}^{t} g(x(\tau), u(\tau), \tau, t)\,d\tau \tag{A.4.1b}$$

$$x(t) = \tilde{x}(t), \quad u(t) = \tilde{u}(t), \quad t \in (-\infty, 0] \tag{A.4.1c}$$

$$u(t) \in \Omega \subseteq \mathbb{R}^m. \tag{A.4.1d}$$

Dabei sind alle auftretenden Funktionen als stetig differenzierbar vorausgesetzt. Gemäß der Integrodifferentialgleichung (A.4.1b) hängt die Änderungsrate des Zustandes nicht nur vom aktuellen Zustand und Kontrolleinsatz über f ab, sondern auch von allen vergangenen Zuständen und Steuerungen. Daher genügt es nicht, einen Anfangszustand vorzugeben, sondern gemäß (A.4.1c) müssen Zustands- und Steuertrajektorien im Intervall $(-\infty, 0]$ bekannt sein.

Es ist sinnvoll, die Hamiltonfunktion wie folgt zu definieren:

$$H(x, u, \lambda(\cdot), t) = F(x, u, t) + \lambda(t) f(x, u, t) + \int_t^T \lambda(\tau) g(x, u, t, \tau)\,d\tau. \tag{A.4.2}$$

Dabei hängt H neben x, u, t auch von der Funktion $\lambda(\tau)$, $\tau \in [t, T]$ ab. Dann gelten folgende notwendige und hinreichende Optimalitätsbedingungen.

Satz A.4.1 (Maximumprinzip für Systeme mit stetigen Verzögerungen)
Sei $(x^*(t), u^*(t))$ ein optimales Paar für das Problem (A.4.1). *Dann existiert eine stetige und stückweise stetig differenzierbare Kozustandstrajektorie $\lambda(t)$, $0 \leq t \leq T$, so daß gilt*

$$u^*(t) = \arg\max_{u \in \Omega} H(x^*(t), u, \lambda(\cdot), t) \tag{A.4.3}$$

$$\dot{\lambda}(t) = -H_x(x^*(t), u^*(t), \lambda(\cdot), t) \tag{A.4.4}$$

$$\lambda(T) = S_x(x(T)). \tag{A.4.5}$$

Zum Beweis vgl. man *Bate* (1969). *Sethi* (1974a) hat gezeigt, daß die Optimalitätsbedingungen (A.4.3–5) auch *hinreichend* sind, wenn die maximierte Hamiltonfunktion konkav in x ist.

Über den dynamischen Programmierungsansatz kann gezeigt werden, daß die adjungierte Variable $\lambda(t)$ auch im vorliegenden Fall als *Schattenpreis* interpretierbar ist (vgl. *Hartl* und *Sethi*, 1984a). Somit mißt gemäß (A.4.2) die Hamiltonfunktion H den direkten Gewinn F vermehrt um die bewertete unmittelbare Zustandsänderung λf plus die Bewertung aller zukünftig (für $t \leq \tau \leq T$) auftretenden Zustandsänderungen g. In diesem Sinne kann H als *Gesamtprofitrate* bezeichnet werden.

Mit dieser Deutung ausgerüstet, erlauben die Optimalitätsbedingungen (A.4.3–5) dieselbe plausible ökonomische Interpretation wie im Standardproblem von Abschnitt 2.3.

Zur Illustration von Satz A.4.1 betrachten wir folgendes, an die Werbekapitalmodelle (Abschnitt 11.1.1) anknüpfendes Modell.

Beispiel A.4.1 (*Hartl*, 1984c)

Die Zufallsgröße Ξ bezeichne die Zeitdauer, in der sich ein Kunde an ein Produkt erinnert. Es sei $l(t) = P\{\Xi > t\}$ die Überlebensfunktion und $\phi(t) = -\dot{l}(t)$ die Dichtefunktion von Ξ. Werbeaufwendungen im Ausmaß u erhöhen den Kundenstock x um $f(u)$. Die Werbeeffizienzfunktion erfülle dabei folgende Konkavitätsannahme

$$f(0) = 0, \ f'(u) > 0, \ f''(u) < 0. \tag{A.4.6}$$

Berücksichtigt man die Überlebensfunktion, so läßt sich der Gesamtkundenstock zum Zeitpunkt t folgendermaßen als Funktion des vergangenen Werbeaufwandes ausdrücken:

$$x(t) = \int_{-\infty}^{t} f(u(\tau)) l(t - \tau) d\tau. \tag{A.4.7}$$

Um die Systemdynamik (A.4.7) auf die Form (A.4.1b) zu bringen, differenzieren wir sie nach der Zeit und erhalten

$$\dot{x}(t) = f(u(t)) - \int_{-\infty}^{t} f(u(\tau)) \phi(t - \tau) d\tau. \tag{A.4.8}$$

Für den Spezialfall exponentialverteilter Lebensdauer Ξ mit $l(t) = \exp(-\delta t)$, $\phi(t) = \delta \exp(-\delta t)$ erhält man aus (A.4.7) und (A.4.8)

$$\dot{x}(t) = -\delta x(t) + f(u(t)), \tag{A.4.9}$$

d. h. die Nerlove-Arrow-Dynamik in der Gouldschen Erweiterung (vgl. Übungsbeispiel 11.4).

Als Zielfunktional dient folgender Barwert des Profitstromes

$$J = \int_0^T e^{-rt}[\pi x(t) - u(t)]dt + e^{-rT}Sx(T), \qquad (A.4.10)$$

wobei $\pi > rS$. Spezifiziert man noch den Anfangspfad (A.4.1c), so erhält man ein Modell (A.4.1) mit Verzögerungen, das mit Satz A.4.1 gelöst werden kann. Die hinreichenden Optimalitätsbedingungen sind wegen (A.4.6) erfüllt.

Die Hamiltonfunktion (in Gegenwartswert-Notation) lautet

$$H = e^{-rt}(\pi x - u) + f(u)[\lambda(t) - \int_t^T \lambda(\tau)\phi(\tau - t)d\tau]. \qquad (A.4.11)$$

Die adjungierte Gleichung

$$\dot{\lambda} = -H_x = -\pi e^{-rt}$$

besitzt unter Berücksichtigung der Transversalitätsbedingung $\lambda(T) = e^{-rT}S$ die Lösung

$$\lambda(t) = \left(S - \frac{\pi}{r}\right)e^{-rT} + \frac{\pi}{r}e^{-rt}. \qquad (A.4.12)$$

Somit fällt λ exponentiell gegen den Restwert Se^{-rT}.

Definiert man κ wie folgt:

$$\kappa(t) = e^{rt}[\lambda(t) - \int_t^T \lambda(\tau)\phi(\tau - t)d\tau]$$

und verwendet (A.4.12), so erhält man nach einigen Umformungen

$$\kappa(t) = e^{-r(T-t)}Sl(T-t) + \pi\int_0^{T-t} e^{-r\tau}l(\tau)d\tau. \qquad (A.4.13)$$

Die Maximierungsbedingung (A.4.3) besagt somit, daß

$$\left.\begin{array}{l} u = 0 \\ 1/f'(u) = \kappa(t) \end{array}\right\} \text{ falls } \kappa(t)\left\{\begin{array}{l} \leq \\ > \end{array}\right\} 1/f'(0). \qquad \begin{array}{l}(A.4.14a)\\(A.4.14b)\end{array}$$

Um die Beschaffenheit der optimalen Werbepolitik zu spezifizieren, treffen wir folgende Voraussetzung:

$$\phi(T-t)/l(T-t) < \pi/S - r. \qquad (A.4.15)$$

Sie besagt, daß die Ausfallrate der Lebensdauer Ξ „nicht zu groß" ist. (A.4.15) ist z. B. erfüllt, wenn der Restwert S klein ist.

Differenziert man κ aus (A.4.13) nach t, so erhält man nach einigen Umformungen

$$\dot{\kappa}(t) = S\exp\{-r(T-t)\}[(r - \pi/S)l(T-t) + \phi(T-t)]. \qquad (A.4.16)$$

Aus Annahme (A.4.15) folgt die Negativität von $\dot{\kappa}$.

Gemeinsam mit (A.4.14b) und Voraussetzung (A.4.6) liefert dies einen monoton fallenden optimalen Werbeeinsatz: $\dot{u}(t) < 0$, soferne überhaupt geworben wird.

(A.4.14) liefert somit folgende optimale Werbepolitik:

$$u(t) = \begin{cases} (1/f')^{-1}(\kappa(t)), & \dot{u}(t) < 0 \quad \text{für} \quad 0 \leq t < \tau \\ 0 & \text{für} \quad \tau \leq t \leq T. \end{cases} \qquad (A.4.17)$$

Dabei ist der Zeitpunkt τ, ab welchem nicht mehr geworben wird, bestimmt durch $\kappa(\tau) = 1/f'(0)$. Falls

$$\kappa(T) = S < 1/f'(0),$$

so existiert ein Umschaltzeitpunkt $0 \leq \tau < T$. Anderenfalls, z. B. für $f'(0) = \infty$ und $S > 0$, ist es optimal, bis zum Ende des Planungshorizontes zu werben.

Zum Abschluß dieses Beispieles gehen wir noch kurz auf den Fall ein, daß (A.4.15) nicht erfüllt ist. Dabei betrachten wir eine Lebensdauer mit *steigender* Ausfallsrate ϕ/l, so daß (A.4.15) für $0 \leq t < t_1$ verletzt ist. Aus (A.4.16) und (A.4.14b) folgt dann, daß in diesem Zeitintervall $\kappa(t)$ und $u(t)$ *monoton steigen*. Dies führt zu einer nichttrivialen, glockenförmigen Werbestrategie:

$$\dot{u}(t) \begin{cases} > 0 & \text{für} \quad 0 \leq t < t_1 \\ < 0 & \text{für} \quad t_1 < t < \tau \\ = 0 & \text{für} \quad \tau \leq t \leq T. \end{cases} \qquad (A.4.18)$$

In obigem Beispiel kann (A.4.7) als Spezialfall einer Integralgleichung aufgefaßt werden:

$$x(t) = \int_{-\infty}^{t} f(x(\tau), u(\tau), \tau, t) d\tau. \qquad (A.4.19)$$

Für das Problem (A.4.1) mit der Systemdynamik (A.4.19) anstelle von (A.4.1b) existiert eine andere, von *Vinokurov* (1969) stammende Version des Maximumprinzips (vgl. auch *Neustadt* und *Warga*, 1970).

Differenziert man (A.4.19) nach t, so ergibt sich

$$\dot{x}(t) = f(x(t), u(t), t, t) + \int_{-\infty}^{t} f_t(x(\tau), u(\tau), \tau, t) d\tau. \qquad (A.4.20)$$

Wendet man auf das so transformierte Problem Satz A.4.1 an und transformiert den Schattenpreis gemäß

$$\psi(t) = -\dot{\lambda}(t), \qquad (A.4.21)$$

so erhält man folgendes Maximumprinzip in Integralgleichungsform.

Satz A.4.2. *Es sei* $(x^*(t), u^*(t))$ *eine optimale Lösung des Problems* (A.4.1acd), (A.4.19). *Dann existiert eine stückweise stetige Kozustandsfunktion* $\psi(t)$, *so daß die Hamiltonfunktion*

$$\mathcal{H}(x^*(t), u, \psi(\cdot), t) = F(x^*(t), u, t) + \int_t^T \psi(\tau) f(x^*(t), u, t, \tau) d\tau$$
$$+ S_x(x^*(T)) f(x^*(t), u, t, T)$$

durch $u^*(t)$ maximiert wird und daß folgende Integralgleichung (Kozustandsgleichung) gilt:

$$\psi(t) = \mathcal{H}_x(x^*(t), u^*(t), \psi(\cdot), t). \tag{A.4.22}$$

Der Beweis ergibt sich unmittelbar aus der Transformation (A.4.21). Beispiel A.4.1 hätte auch mit dem Maximumprinzip in Integralgleichungsform gerechnet werden können.

Weitere theoretische Literaturzitate über verzögerte Systeme sind *Friedman* (1964), *Warga* (1970), sowie *Bakke* (1974). Von den existierenden Anwendungen seien folgende erwähnt: Arbeitskräfteplanung (*Sethi* und *McGuire*, 1977), Demoökonomie (*Arthur* und *McNicoll*, 1977), Werbung (*Mann*, 1975, *Pauwels*, 1977). Eine Übersicht über verschiedene andere Anwendungen bis Anfang der Siebzigerjahre liefern *Banks* und *Manitius* (1974).

Zum Abschluß erwähnen wir noch einige Literaturzitate über Systeme, bei denen die Verzögerung eine *fixe* Zeitspanne beträgt: *Halanay* (1968), *El-Hodiri* et al. (1972), *Teo* und *Moore* (1977); vgl. auch §19 in *Kamien* und *Schwartz* (1981) und *Timm* (1986).

A.5. Systeme mit verteilten Parametern

Bisher haben wir uns – mit Ausnahme von Anhang A.4. – mit der Steuerung von Systemen beschäftigt, welche durch *gewöhnliche* Differentialgleichungen beschrieben werden (Differenzengleichungen in Anhang A.2). Nun wollen wir kurz auf den Fall eingehen, daß die Systemdynamik eine *partielle* Differentialgleichung ist *(Systeme mit verteilten Parametern)*. Ökonomische Anwendungen für derartige Systeme findet man im Überfluß. Bei der Lagerung verderblicher Güter benötigt man etwa zu jedem Zeitpunkt die Information, wie alt jede gelagerte Einheit ist. In Jahrgangsmodellen der Kapitaltheorie (Vintage-Modellen) hängt die Produktivität vom Alter des eingesetzten Kapitals ab.

Da es kaum möglich ist, ein allgemeines Kontrollproblem mit verteilten Parametern für den ökonomischen Anwender auf kurzem Raum verständlich darzustellen, betrachten wir in der Folge ein *Standardproblem* mit verteilter und Rand-Kontrolle, welches viele ökonomische Anwendungen einschließt.

Es sei $x(t, \tau)$ die Zustandsvariable, die für $(t, \tau) \in [0, T] \times [0, \omega]$ definiert ist. Dies sei etwa der Bestand an τ-jährigen Individuen (Objekten) zum Zeitpunkt t. Die Steuervariable sei $u(t, \tau)$, die über eine Effizienzfunktion $f(x, u, t, \tau)$ die Änderungsrate von x folgenderweise beeinflußt:

$$x(t - \Delta, \tau + \Delta) = x(t, \tau) + f(x(t, \tau), u(t, \tau), t, \tau)\Delta + o(\Delta).$$

Durch den Grenzübergang $\Delta \to 0$ ergibt sich folgende partielle Differentialgleichung[1]

$$\frac{\partial x(t, \tau)}{\partial t} + \frac{\partial x(t, \tau)}{\partial \tau} = f(x(t, \tau), u(t, \tau), t, \tau) \qquad \text{(A.5.1)}$$

Diese Systemdynamik wird durch folgende Randbedingungen ergänzt:

$$x(0, \tau) = x_0(\tau) \quad \text{für} \quad \tau \in [0, \omega] \qquad \text{(A.5.2a)}$$

$$x(t, 0) = v(t) \quad \text{für} \quad t \in [0, T]. \qquad \text{(A.5.2b)}$$

Dabei ist $x_0(\tau)$ ein zum Zeitpunkt $t = 0$ vorgegebener altersstrukturierter Bestand(svektor) und $v(t)$ der in t erfolgende Zufluß an 0-jährigen Individuen (Rekrutierung), der vom Entscheidungsträger gesteuert werden kann (Randkontrolle). Aus Konsistenzgründen soll $x(0, 0) = x_0(0) = v(0)$ gelten.

---

[1] Falls f nicht steuerbar ist, sondern die natürliche Mortalität $-\delta(t, \tau)x(t, \tau)$ beschreibt, entspricht (A.5.1) der *von Foersterschen* partiellen Differentialgleichung, welche in der Populationsdynamik eine zentrale Rolle spielt, vgl. etwa *Keyfitz* (1977, p. 140).

Als Zielfunktion fungiert

$$J = \int_0^T \int_0^\omega F(x(t,\tau), u(t,\tau), t, \tau) d\tau dt + \int_0^\omega S(x(T,\tau), \tau) d\tau$$
$$+ \int_0^T R(v(t), t) dt + \int_0^T U(x(t,\omega), t) dt. \tag{A.5.3}$$

Dabei ist $F(x, u, t, \tau)$ die Profitrate im Punkt (t, τ), $S(x, \tau)$ der Restwert im Endzeitpunkt T, falls x Stück τ-jährige Individuen vorhanden sind. $R(v, t)$ bezeichnet den negativen Wert der Rekrutierungskosten, während $U(x, t)$ zur Zeit t den Wert der x Objekte im Endalter ω angibt. Alle auftretenden Funktionen seien stetig differenzierbar.

Das Steuerungsproblem besteht in der Maximierung von J unter den Nebenbedingungen (A.5.1, 2), wobei $u(t, \tau) \in \Omega$ und $v(t) \in \bar{\Omega}$ sein sollen. Um die Optimalitätsbedingungen zu formulieren, definieren wir eine *innere Hamiltonfunktion*

$$H = F(x, u, t, \tau) + \lambda(t, \tau) f(x, u, t, \tau) \tag{A.5.4}$$

sowie eine *Rand-Hamiltonfunktion*

$$\mathscr{H} = R(v, t) + \lambda(t, 0) v. \tag{A.5.5}$$

Dabei bedeutet $\lambda(t, \tau)$ den Wert eines τ-jährigen Individuums zum Zeitpunkt t. Die Hamiltonfunktion H repräsentiert die Gesamtprofitrate, die sich zusammensetzt aus dem direkten Gewinn F vermehrt um den Wert λf der bewirkten Zustandsänderung. Die Randhamiltonfunktion $\mathscr{H}$ mißt den Wert $\lambda(t, 0) v$ der Neuzugänge abzüglich der Rekrutierungskosten $-R$.

Mit diesen Definitionen gelten folgende notwendige Optimalitätsbedingungen:

Satz A.5.1. *Es sei* $(x^*(t, \tau), u^*(t, \tau), v^*(t))$ *ein optimales Tripel für das Steuerungsproblem* (A.5.1–3). *Dann existiert eine stetige Kozustandsfunktion* $\lambda(t, \tau)$ *auf* $[0, T] \times [0, \omega]$, *so daß folgende Aussagen für fast alle* $t \in [0, T]$ *und* $\tau \in [0, \omega]$ *gelten*

$$u^*(t, \tau) = \arg\max_{u \in \Omega} H(x^*(t, \tau), u, \lambda(t, \tau), t, \tau) \tag{A.5.6}$$

$$v^*(t) = \arg\max_{v \in \bar{\Omega}} \mathscr{H}(v, \lambda(t, 0), t) \tag{A.5.7}$$

$$\frac{\partial \lambda(t, \tau)}{\partial t} + \frac{\partial \lambda(t, \tau)}{\partial \tau} = -H_x(x^*(t, \tau), u^*(t, \tau), \lambda(t, \tau), t, \tau) \tag{A.5.8}$$

$$\lambda(T, \tau) = S_x(x^*(T, \tau), \tau), \tag{A.5.9}$$

$$\lambda(t, \omega) = U_x(x^*(t, \omega), t). \tag{A.5.10}$$

Damit die Transversalitätsbedingungen (A.5.9, 10) erfüllt sein können, muß $U_x(x^*(T, \omega), T) = S_x(x^*(T, \omega), \omega)$ gelten.

Falls die Beschränkungen Ω und $\bar{\Omega}$ für u und v wegfallen, läßt sich Satz A.5.1 mit Argumenten der Variationsrechnung relativ einfach gewinnen (vgl. Abschnitt 2.4). Für allgemeinere Resultate vergleiche man *Lions* (1971).

Falls die maximierte innere Hamiltonfunktion $\max_u H$ für jedes $(\lambda(t,\tau), t, \tau)$ konkav in x ist, so sind die Bedingungen (A.5.6-10) auch hinreichend für die Optimalität von x^*, u^*, v^*. Einen Beweis für diese Tatsache, welche der Idee von Abschnitt 2.5 folgt, findet man bei *Haurie* et al. (1984).

Bemerkung A.5.1. Kann die innere Kontrolle u aufgrund exogener Restriktionen nicht von τ abhängig gemacht werden, d.h. $u(t,\tau) = u(t)$, so gelten die notwendigen und hinreichenden Bedingungen weiterhin, wobei die Maximierungsbedingung (A.5.6) zu ersetzen ist durch die Beziehung

$$u^*(t) = \arg\max_{u \in \Omega} \int_0^\omega H(x^*(t,\tau), u, \lambda(t,\tau), t, \tau)d\tau.$$

Beispiel A.5.1. Um die Anwendung von Satz A.5.1 zu illustrieren, gehen wir kurz auf ein von *Derzko* et al. (1980) stammendes Beispiel zur *optimalen Bewirtschaftung einer Rinderherde* ein *Muzicant* (1980) hat dieses Modell durch Einbeziehung einer Randsteuerung (Zukauf neugeborener Rinder) erweitert: Es bezeichne $x(t,\tau)$ den Bestand an τ-jährigen Rindern zur Zeit t, $u(t,\tau)$ die Anzahl der in t ge- bzw. verkauften τ-jährigen Tiere und $v(t')$ den Zugang an neugeborenen Kälbern. Im Alter ω sollen die Rinder geschlachtet werden.

Die partielle Differentialgleichung (A.5.1) besitzt nun die Form

$$\frac{\partial x(t,\tau)}{\partial t} + \frac{\partial x(t,\tau)}{\partial \tau} = u(t,\tau). \tag{A.5.11}$$

Von der natürlichen Mortalität wurde dabei der Einfachheit halber abgesehen (ansonsten würde die rechte Seite von (A.5.11) lauten: $u - \delta(\tau)x$).

Die Profitrate habe die Gestalt

$$F = -C_1(\tau)x(t,\tau) - P(t,\tau)u(t,\tau) - C_2[u(t,\tau) - \tilde{u}(t,\tau)]^2.$$

Dabei bezeichnet $C_1(\tau)$ die altersabhängigen Fütterungskosten, $P(t,\tau)$ den An/Verkaufspreis und $C_2(u - \tilde{u})^2$ die Strafkosten für die Abweichung von einer gewünschten Verkaufspolitik $\tilde{u}(t,\tau)$. Der Restwert

$$S = \bar{S}(\tau)x(T,\tau)$$

mißt den Wert der τ-jährigen Tiere im Endzeitpunkt T, während

$$U = \bar{U}(t)x(t,\omega)$$

den in t durch das Schlachten der ω-jährigen Rinder erzielten Erlös bedeutet. Schließlich gibt

$$-R = P(t,0)v(t) + C_3[v(t) - \tilde{v}(t)]^2$$

die Ankaufskosten neugeborener Rinder an vermehrt um quadratische Abweichungskosten von einer angestrebten Einkaufspolitik $\tilde{v}(t)$.

Um das Problem zu lösen, formulieren wir die Hamiltonfunktionen gemäß (A.5.4, 5):

$$H = -C_1 x - Pu - C_2(u - \tilde{u})^2 + \lambda u$$
$$\mathcal{H} = -P(t,0)v - C_3(v - \tilde{v})^2 + \lambda(t,0)v.$$

Beschränkt man sich der Einfachheit halber auf innere Lösungen, so erhält man aus den Maximierungsbedingungen (A.5.6, 7)

$$u^*(t, \tau) = \tilde{u}(t, \tau) + \frac{1}{2C_2} [\lambda(t, \tau) - P(t, \tau)] \quad \text{(A.5.12)}$$

$$v^*(t) = \tilde{v}(t) + \frac{1}{2C_3} [\lambda(t, 0) - P(t, 0)]. \quad \text{(A.5.13)}$$

Die adjungierte Gleichung (A.5.8) lautet

$$\frac{\partial \lambda}{\partial t} + \frac{\partial \lambda}{\partial \tau} = C_1(\tau). \quad \text{(A.5.14)}$$

Die Transversalitätsbedingungen (A.5.9) und (A.5.10) haben die Gestalt

$$\lambda(t, \tau) = \begin{cases} \bar{S}(\tau) & \text{für } t = T \\ \bar{U}(t) & \text{für } \tau = \omega \end{cases}. \quad \begin{array}{l} \text{(A.5.15a)} \\ \text{(A.5.15b)} \end{array}$$

Da die rechte Seite der partiellen Differentialgleichung (A.5.14) nicht von x abhängt, kann ihre Lösung zur Randbedingung (A.5.15) sofort angegeben werden:

$$\lambda(t, \tau) = \begin{cases} \bar{U}(\omega + t - \tau) - \int_\tau^\omega C_1(\sigma) d\sigma & \text{für } t - \tau \leq T - \omega \\ \bar{S}(T + \tau - t) - \int_\tau^{T+\tau-t} C_1(\sigma) d\sigma & \text{für } t - \tau > T - \omega. \end{cases} \quad \begin{array}{l} \text{(A.5.16a)} \\ \text{(A.5.16b)} \end{array}$$

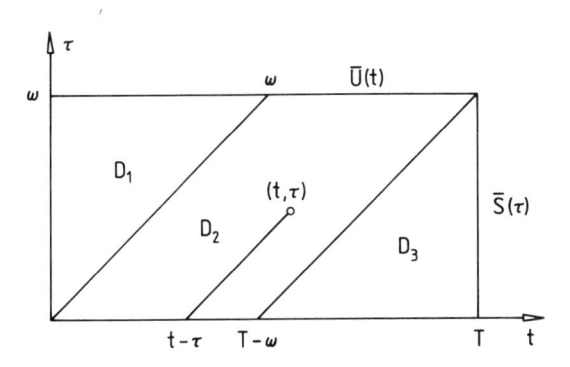

Abb. A.5.1 Partition des Parameterbereiches $[0,T] \times [0,\omega]$ für das Rinder-Bewirtschaftungsproblem

In Abb. A.5.1 sind für $\omega < T$ die Regionen

$$D_1 = \{(t,\tau) | 0 \leq t \leq \tau \leq \omega\}$$
$$D_2 = \{(t,\tau) | 0 \leq \tau \leq \omega, \tau < t < T - \omega + \tau\}$$
$$D_3 = \{(t,\tau) | 0 \leq \tau \leq \omega, T - \omega + \tau \leq t \leq T\}$$

markiert. Während (A.5.16a) in den Regionen D_1 und D_2 gilt, ist in D_3 Formel (A.5.16b) anzuwenden. Mit der Kenntnis des Kozustandes λ aus (A.5.16) ist gemäß (A.5.12) bzw. (A.5.13) die optimale An- bzw. Verkaufspolitik u^* bzw. Randsteuerung v^* gegeben.

Aus (A.5.12, 13) und (A.5.11) erhält man die optimale Zustandsentwicklung

$$x(t,\tau) = \begin{cases} x_0(\tau - t) + \int_0^t u^*(s, \tau - t + s) ds & \text{für } (t,\tau) \in D_1 \quad (\text{A.5.17a}) \\ v^*(t - \tau) + \int_0^\tau u^*(t - \tau + s, s) ds & \text{für } (t,\tau) \in D_2 \cup D_3. \quad (\text{A.5.17b}) \end{cases}$$

Die optimale Lösung läßt sich wie folgt interpretieren: Gemäß (A.5.12) ist die optimale An/Verkaufspolitik durch die angestrebte Rate $\tilde{u}$ und einen zu $\lambda - P$ proportionalen Korrekturterm charakterisiert. Je größer die Differenz zwischen interner Bewertung λ und Preis P eines Rindes ist, desto mehr wird die optimale die gewünschte Ankaufstate übersteigen. Die Gestalt (A.5.13) der Randsteuerung besitzt eine entsprechende Interpretation.

Formel (A.5.16a) der adjungierten Variablen besagt, daß der Wert eines Rindes gleich dem durch Schlachtung im Alter ω erzielten Gewinn ist, abzüglich der Fütterungskosten. (A.5.16b) läßt sich analog ökonomisch deuten. Formel (A.5.17) besagt, daß der Bestand einer Kohorte in einem bestimmten Alter gleich ist dem Anfangsbestand zuzüglich den kumulierten An- bzw. Verkäufen.

Zum Abschluß sei noch auf Verallgemeinerungen bzw. Anwendungen des beschriebenen Systems mit verteilten Parametern hingewiesen. Anstelle der Systemdynamik (A.5.1) können Zustandsgleichungen der Art

$$\frac{\partial x(t,\tau)}{\partial t} = f(x(t,\tau), u(t,\tau), \frac{\partial x(t,\tau)}{\partial \tau}, t, \tau)$$

treten. Die Optimalitätsbedingungen, insbesondere die Kozustandsgleichung (A.5.8), ändern sich dann. Darüber hinaus können auch partiellen Differentialgleichungen höherer Ordnung die Entwicklung des Systems beschreiben. Als Lektüre hierzu seien empfohlen: *Sage* (1968, §7), *Butkovskiy* (1969), *Derzko* et al. (1984). Eine allgemeine theoretische, aber nicht leicht lesbare Darstellung findet man bei *Lions* (1971).

Wang (1964) und *Brogan* (1968) haben die dynamische Programmierung zur Ableitung des Maximumprinzips für Systeme mit verteilten Parametern verwendet, was die Schattenpreisinterpretation dieser Bedingungen ermöglicht.

Gopalsamy (1976) untersucht altersstrukturierte populationsdynamische Modelle mit der Geburtentrajektorie als Randsteuerung; vgl. auch *Muzicant* (1980). Ist die Rekrutierungstrajektorie nicht wählbar, sondern durch den Altersaufbau der Bevölkerung determiniert, so wird das System – neben einer partiellen Differentialgleichung – auch durch eine Integralgleichung beschrieben. *Brokate* (1985) hat in einem derartigen Modell eine Anwendung auf altersspezifische Erntemodelle und Geburtenkontrolle vorgeschlagen. Man vergleiche dazu auch *Haurie* et al. (1984), wo auch eine Anwendung im Manpower Planning und im Gesundheitswesen gegeben wird. *Gaimon* und *Thompson* (1981) haben ebenfalls ein Personalplanungsmodell betrachtet und numerisch gelöst (der Parameter τ wird dabei als Verweildauer auf einer Organisationsstufe interpretiert).

Bensoussan et al. (1975) haben ein Lagerhaltungsmodell untersucht, wobei der Parameter τ als Qualität interpretiert wird, welche mit dem Alter eines gelagerten Gutes fallen bzw. steigen kann (Beispiele: Blutkonserve bzw. Qualitätswein). Wegen der linear-quadratischen Form des Modells kann es mittels eines Trennungsansatzes (ähnlich wie in Abschnitt 5.4) gelöst werden. *Tzafestas* (1982) hat weitere Anwendungen der Steuerungstheorie mit verteilten Parametern in der Produktions/Lagerhaltungstheorie gegeben. Dort findet man auch Literaturhinweise zu den vielfältigen Arbeiten und Sammelbänden dieses Autors.

Robson (1978, 1985) hat ein Modell zur optimalen Bewirtschaftung eines altersstrukturierten Bestandes an Häusern analysiert. Ähnliche Jahrgangsmodelle für Kapitalstöcke dürften interessante Anwendungen von Systemen mit verteilten Parametern liefern.

A.6. Impulskontrollen und Sprünge in den Zustandsvariablen

In den bisherigen Modellen beeinflußte die Steuerung nur die Ableitung der Zustandsvariablen x, so daß x eine stetige Zeitfunktion war. In manchen ökonomischen Problemstellungen ist es jedoch realistischer, Sprünge in den Zuständen zuzulassen. Beispiele hierfür sind Bestellungen bzw. Lieferungen zu diskreten Zeitpunkten, die Instandhaltung bzw. Überholung von Produktionsanlagen zu gewissen Zeiten, sowie die Investition auf Firmenebene durch Kauf einer Maschine. In all diesen Fällen verändert sich der Systemzustand „impulsmäßig", d.h. unstetig.

In Erweiterung des Standardproblems (2.3) betrachten wir folgendes Steuerungsproblem

$$\max_{u,k,\tau_i,v^i} \{J = \int_0^t e^{-rt} F(x(t), u(t), t) dt$$
$$+ \sum_{i=1}^k e^{-r\tau_i} G(x(\tau_i^-), v^i, \tau_i) + e^{-rT} S(x(T^+))\} \quad \text{(A.6.1a)}$$

$$\dot{x}(t) = f(x(t), u(t), t), \quad x(0^-) = x_0 \quad \text{(A.6.1b)}$$

$$x(\tau_i^+) - x(\tau_i^-) = g(x(\tau_i^-), v^i, \tau_i) \quad \text{(A.6.1c)}$$

$$u \in \Omega, \quad v^i \in \Xi. \quad \text{(A.6.1d)}$$

Dabei ist k die Anzahl der Sprungstellen τ_i der Zustandsvariablen x, $v^i \in \Xi$ ein *Kontrollparameter*, der die Sprunghöhe $x(\tau_i^+) - x(\tau_i^-)$ zum Zeitpunkt τ_i bestimmt. Sowohl die Anzahl der Sprungstellen, als auch ihre Lage und Höhe ist optimal zu bestimmen. Zusätzlich zu den Annahmen des Standardproblems nehmen wir an, daß der (Impuls-)Steuerbereich Ξ konvex sei und daß g und G stetig in τ und stetig differenzierbar in x und v^i sind. Für $v^i = 0$ soll kein Sprung auftreten, d.h. für alle x und t gelte

$$g(x, 0, t) = 0.$$

Unter Verwendung der Diracschen Deltafunktion[1] läßt sich die Systemdynamik (A.6.1bc) zusammenfassend schreiben als

$$\dot{x}(t) = f(x(t), u(t), t) + \sum_{i=1}^k \delta(t - \tau_i) g(x(\tau_i^-), v^i, \tau_i).$$

---

[1] Die Delta-Funktion $\delta(t)$ ist bekanntlich die distributionelle Ableitung der Heavisidefunktion

$$h(t) = \begin{cases} 1 & \text{für } t \geq 0 \\ 0 & \text{für } t < 0. \end{cases}$$

Der folgende Satz enthält notwendige Optimalitätsbedingungen zur Lösung des Impulskontrollproblems (A.6.1). Dazu definiert man die (gewöhnliche) Hamiltonfunktion $H = F + \lambda f$ und die Impuls-Hamiltonfunktion

$$\mathscr{H}(x, v, \lambda, t) = G(x, v, t) + \lambda g(x, v, t).$$

Der Einfachheit halber setzen wir für alle (x, t) die Konkavität von $\mathscr{H}$ in v voraus.

Satz A.6.1 (Impulsmaximumprinzip)
Sei $(x^*(t), u^*(t), k, \tau_1^*, \ldots, \tau_k^*, v^{1*}, \ldots, v^{k*})$ eine optimale Lösung des Kontrollproblems (A.6.1). Dann existiert eine stückweise stetig differenzierbare Kozustandsfunktion $\lambda(t)$, so daß folgende Aussagen fast überall gelten:

$$u^*(t) = \arg\max_{u \in \Omega} H(x^*(t), u, \lambda(t), t) \tag{A.6.2}$$

$$\dot{\lambda} = r\lambda - H_x(x^*(t), u^*(t), \lambda(t), t). \tag{A.6.3}$$

Ferner gilt an den Sprungstellen τ_i

$$v^{i*} = \arg\max_{v^i \in \Xi} \mathscr{H}(x^*(\tau_i^{*-}), v^i, \lambda(\tau_i^{*+}), \tau_i^*) \tag{A.6.4}$$

$$\lambda(\tau_i^{*+}) - \lambda(\tau_i^{*-}) = -\mathscr{H}_x(x^*(\tau_i^{*-}), v^{i*}, \lambda(\tau_i^{*+}), \tau_i^*) \tag{A.6.5}$$

$$H(x^*(\tau_i^{*+}), u^*(\tau_i^{*+}), \lambda(\tau_i^{*+}), \tau_i^*) - H(x^*(\tau_i^{*-}), u^*(\tau_i^{*-}), \lambda(\tau_i^{*-}), \tau_i^*)$$

$$\left.\begin{array}{l} > \\ = \\ < \end{array}\right\} [\mathscr{H}_t - r\mathscr{H}](x^*(\tau_i^{*-}), v^{i*}, \lambda(\tau_i^{*+}), \tau_i^*) \quad \text{für} \quad \tau_i^* \left\{\begin{array}{l} \in (0, T) \\ = 0 \\ = T. \end{array}\right. \tag{A.6.6}$$

An allen Stetigkeitsstellen $t \neq \tau_i$ ($i = 1, \ldots, k$) von x gilt

$$0 = \arg\max_{v^i \in \Xi} \mathscr{H}(x^*(t), v^i, \lambda(t), t). \tag{A.6.7}$$

Im Endzeitpunkt gilt die Transversalitätsbedingung

$$\lambda(T^+) = S_x(x^*(T^+)). \tag{A.6.8}$$

Zum Beweis vergleiche man *Blaquière* (1979, 1985), wobei allerdings die Bedingung (A.6.7) nicht auftritt und die Konkavität von $\mathscr{H}$ in v nicht benötigt wird. *Seierstad* (1981) hat das Impulsmaximumprinzip von Satz A.6.1 ebenfalls ohne die Konkavitätsannahme für $\mathscr{H}$ abgeleitet, wobei die Optimalitätsbedingungen (A.6.4) und (A.6.7) zu ersetzen sind durch:

$$\mathscr{H}_v(x^*(\tau_i^{*-}), v^{i*}, \lambda(\tau_i^{*+}), \tau_i^*)(v - v^{i*}) \leqq 0 \quad \text{für alle} \quad v \in \Xi \tag{A.6.9}$$

$$\mathscr{H}_v(x^*(t), 0, \lambda(t), t) v \leqq 0 \quad \text{für alle} \quad v \in \Xi. \tag{A.6.10}$$

Im Falle, daß $\mathscr{H}$ konkav in v ist, sind die Bedingungen (A.6.9, 10) zu (A.6.4, 7) äquivalent. Die genannten Arbeiten beziehen sich auf das undiskontierte Problem.
Bei *Seierstad* (1981) findet man folgende hinreichende Bedingungen:

Satz A.6.2. *Gegeben sei eine zulässige Lösung des Impulskontrollproblems* (A.6.1) *und eine stückweise stetige Kozustandstrajektorie* $\lambda(t)$, *so daß alle Bedingungen von Satz* A.6.1 *erfüllt sind.* ((A.6.6) *wird nicht benötigt). Ist die maximierte Hamiltonfunktion* $H^0 = \max_u H(x, u, \lambda, t)$ *konkav in* x *für alle* $(\lambda(t), t)$, $\mathcal{H}$ *konkav in* (x, v) *für jedes* t *und* $S(x)$ *konkav in* x, *dann ist diese zulässige Lösung optimal.*

Bemerkung A.6.1. Aufbauend auf *Vind* (1967), *Arrow* und *Kurz* (1970) betrachten wir folgenden Spezialfall: $S = 0$, $g = v$, $G = \gamma(t)v$, wobei γ eine geeignete Zeitfunktion ist. Falls zusätzlich H^0 *streng konkav* in x ist (die hinreichenden Bedingungen von Satz A.6.2 sind in diesem Fall erfüllt), so tritt ein Sprung höchstens im Anfangszeitpunkt $\tau = 0$ auf.

Seierstad und *Sydsaeter* (1986) bringen eine Reihe von *Varianten* des Problems (A.6.1). Hier sei nur der wichtige Spezialfall erwähnt, in welchem die Sprungstellen τ_i fest vorgegeben sind nur nur die Sprunghöhe zu wählen ist. In diesem Fall bleiben die notwendigen und hinreichenden Bedingungen von Satz A.6.1 und A.6.2 erhalten bis auf (A.6.6) und (A.6.7), die wegzulassen sind. Wählt man $k = T$, $\tau_i = i$ und $F = 0, f = 0$, so beschreibt (A.6.1) genau das diskrete Steuerungsproblem (A.2.1). Die Optimalitätsbedingungen von Satz A.6.1 – unter Ausnahme von (A.6.6), (A.6.7) – reduzieren sich dann zu jenen von Satz A.2.1. Der einperiodige Diskontfaktor $(1 + r)^{-1}$ wird dabei durch $\exp(-r)$ ersetzt.

Bemerkung A.6.2. Im Falle, daß der Endzustand nicht frei ist, sondern durch (2.22) beschränkt ist, gilt Satz A.6.1 weiterhin, wobei die Transversalitätsbedingung (A.6.8) durch (2.23) zu ersetzen ist. Ferner sind die Hamiltonfunktionen mit einer nichtnegativen Konstanten λ_0 zu formulieren:

$$H = \lambda_0 F + \lambda f, \quad \mathcal{H} = \lambda_0 G + \lambda g,$$

wobei $(\lambda_0, \lambda(t)) \neq 0$ für alle $t \in [0, T]$ gilt. Bei freiem Endzustand folgt aus dieser Nichttrivialitätsbedingung sofort $\lambda_0 = 1$ (vgl. Bemerkung 6.1 und Korollar 6.1).

Bemerkung A.6.3. Für unendlichen Zeithorizont $T = \infty$ bleiben die notwendigen und hinreichenden Optimalitätsbedingungen gültig, wobei die Transversalitätsbedingung (A.6.8) bei den notwendigen Bedingungen wegfällt und bei den hinreichenden Bedingungen durch (2.68) zu ersetzen ist. Ferner sind H und $\mathcal{H}$ wie in Bemerkung A.6.2 mit λ_0 zu formulieren.

Zur Illustration des Impulsmaximumprinzips lösen wir noch zwei Beispiele.

Beispiel A.6.1 *(Ressourcenextraktion).* Wir betrachten wieder das Problem der Ressourcenextraktion (14.1) ohne Abbaukosten bei vorgegebener Preistrajektorie für $\bar{q} = \infty$. In der Impulsformulierung lautet es:

$$\max_{q,k,\tau_i,v^i} \int_0^\infty e^{-rt} p(t) q(t) dt + \sum_{i=1}^k e^{-r\tau_i} p(\tau_i) v^i \qquad (A.6.11a)$$

$$\dot{z}(t) = -q(t), \quad z(0^-) = z_0 \qquad (A.6.11b)$$

$$z(\tau_i^+) - z(\tau_i^-) = -v^i \qquad (A.6.11c)$$

$$q \in \Omega = [0, \infty), \quad v^i \in \Xi = [0, \infty) \tag{A.6.11d}$$

$$\lim_{t \to \infty} z(t) \geq 0. \tag{A.6.11e}$$

Um Satz A.6.1 anzuwenden, formulieren wir die gewöhnliche und die Impuls-Hamiltonfunktion

$$H = (\bar{\lambda}_0 p - \lambda) q$$
$$\mathcal{H} = [\bar{\lambda}_0 p(\tau_i) - \lambda] v^i.$$

Aus der Maximumbedingung (A.6.2) folgt gemäß (A.6.11d)

$$H_q \leq 0, \quad \text{d.h.} \quad \bar{\lambda}_0 p(t) \leq \lambda(t). \tag{A.6.12}$$

Beziehung (A.6.12) folgt auch aus (A.6.7) an allen Stetigkeitsstellen von z. (Bedingung (A.6.7) liefert hier also keine zusätzliche Information).
Andererseits folgt an allen Sprungstellen τ_i aus (A.6.4) und $v^i > 0$:

$$H_v = 0, \quad \text{d.h.} \quad \bar{\lambda}_0 p(\tau_i) = \lambda(\tau_i). \tag{A.6.13}$$

Die adjungierte Gleichung (A.6.3) lautet $\dot{\lambda} = r\lambda$, d.h. es gilt wieder (14.5):

$$\lambda(t) = \lambda_0 e^{rt}. \tag{A.6.14}$$

(A.6.14) gilt für alle $t \in [0, \infty)$, da λ stetig ist, was man aus der Sprungbedingung (A.6.5) erkennt:

$$\lambda(\tau_i^+) - \lambda(\tau_i^-) = -\mathcal{H}_z = 0. \tag{A.6.15}$$

Wir schließen zunächst den abnormalen Fall $\bar{\lambda}_0 = 0$ aus. Wäre $\bar{\lambda}_0 = 0$, so würde sich aus (A.6.12) und der Nichttrivialitätsbedingung $(\bar{\lambda}_0, \lambda) \neq \mathbf{0}$ ergeben, daß $\lambda > 0$. Aus den Maximierungsbedingungen für H und $\mathcal{H}$ folgt dann, daß nie ausgebeutet werden würde: $q = 0$, und es existiert keine Sprungstelle τ_i. Somit führt $\bar{\lambda}_0 = 0$ zur offensichtlich schlechtesten Lösung, und es kann $\bar{\lambda}_0 = 1$ gesetzt werden.

Da in der optimalen Lösung früher oder später extrahiert wird (keine Abbaukosten!), so muß (A.6.12) für mindestens ein t mit dem Gleichheitszeichen gelten; vergleiche auch (A.6.13). Unter Beachtung von (A.6.14) liefert dies

$$\lambda_0 = \max_{t \in [0, \infty)} e^{-rt} p(t). \tag{A.6.16}$$

Der Einfachheit halber nehmen wir – wie in Abb. 14.1 illustriert – an, daß das Maximum in (A.6.16) an einer einzigen Stelle t^* angenommen wird.
Für $t \neq t^*$ gilt somit in (A.6.12) das Kleinerzeichen, so daß $q(t) = 0$ optimal ist. In $t = t^*$ wird also der Ressourcenstock mit $v^1 = z_0$ impulsmäßig abgebaut.
Die hinreichenden Bedingungen sind erfüllt, da H und $\mathcal{H}$ konkav sind.

Beispiel A.6.2 (*Nerlove-Arrow-Modell*). Wir betrachten das einfache Werbekapitalmodell (11.4, 6, 12) ohne obere Schranke $\bar{a}$ für die Werbeausgaben:

$$\max_{a,k,\tau_i,v^i} \int_0^\infty e^{-rt}[\pi(A) - a]\,dt - \sum_{i=1}^k e^{-r\tau_i} v^i \tag{A.6.17a}$$

$$\dot{A} = a - \delta A, \quad A(0^-) = A_0 \tag{A.6.17b}$$

$$A(\tau_i^+) - A(\tau_i^-) = v^i \tag{A.6.17c}$$

$$a \in \Omega = [0, \infty), \quad v^i \in \Xi = [0, \infty). \tag{A.6.17d}$$

Dabei bezeichnet v^i den impulsmäßigen Werbeeinsatz zum Zeitpunkt τ_i.
Da die Hamiltonfunktion

$$H = \pi(A) - a + \lambda(a - \delta A),$$

ebenso wie die maximierte, H^0, gemäß (11.15) streng konkav im Zustand A ist, so kommt Bemerkung A.6.1 zum Tragen. Es kann somit höchstens ein Sprung zum Zeitpunkt $\tau_1 = 0$ auftreten. Als Grenzfall von (11.14a) für $\bar{a} \to \infty$ vermuten wir daher, daß für $A_0 < \hat{A}$ folgende Lösung optimal ist:

$$\tau_1 = 0, \quad v^1 = \hat{A} - A_0 \tag{A.6.18a}$$

$$a(t) = \hat{a} = \delta \hat{A}, \quad A(t) = \hat{A} \quad \text{für} \quad t > 0. \tag{A.6.18b}$$

Um dies nachzuweisen, wenden wir Satz A.6.2 an. Die Impuls-Hamiltonfunktion ist gegeben durch

$$\mathcal{H} = v^1(\lambda - 1).$$

Die Optimalitätsbedingungen (A.6.2–5) und (A.6.7) lauten

$$a = \begin{Bmatrix} 0 \\ \text{unbestimmt} \end{Bmatrix} \quad \text{wenn} \quad \lambda \begin{Bmatrix} < \\ = \end{Bmatrix} 1 \tag{A.6.19}$$

$$\dot{\lambda} = (r + \delta)\lambda - \pi'(A) \tag{A.6.20}$$

$$\lambda(0^+) \geq 1 \tag{A.6.21}$$

$$\lambda(0^+) - \lambda(0^-) = 0 \tag{A.6.22}$$

$$\lambda(t) \leq 1 \quad \text{für} \quad t > 0. \tag{A.6.23}$$

Man beachte, daß (A.6.23) schon aus (A.6.19) folgt. Anstelle von (A.6.8) tritt nun die Transversalitätsbedingung (2.68).

Die in (A.6.18) angesetzte Lösung erfüllt mit $\lambda(t) = 1$ für $t \in [0, \infty)$ alle Optimalitätsbedingungen (A.6.19–23) sowie (2.68). Da H und $\mathcal{H}$ konkav sind, sind die hinreichenden Bedingungen von Satz A.6.2 erfüllt. Diese Lösung ist somit tatsächlich optimal.

Wichtige einschlägige Literaturhinweise sind *Rishel* (1965), *Vind* (1967), *Arrow* und *Kurz* (1970), *Bensoussan* und *Lions* (1973, 1975). Folgende Anwendungsbeispiele seien erwähnt: Lagerhaltung bei Bestellung zu diskreten Zeitpunkten (*Bensoussan* et al. 1974, *Bensoussan*, 1979), Instandhaltung bzw. Reparatur von Maschinen (*Blaquière*, 1979, *Gaimon* und *Thompson*, 1984) Ausbeutung von Ölquellen (*Sethi* und *Thompson*, 1981a), Wirtschaftswachstum bei impulsförmigem Ankauf von Kapital (*Seierstad* und *Sydsaeter*, 1986).

A.7. Differentialspiele

In vielen ökonomischen und sozialen Problemstellungen sind mehrere Entscheidungsträger involviert, deren Interessen nicht (völlig) übereinstimmen. Intertemporale kompetitive Situationen sind das Thema der Theorie der *Differentialspiele*. Sie ist in den frühen Fünfzigerjahren als Schöpfung von R. Isaacs entstanden. Die damaligen Anwendungen beschränkten sich auf Nullsummen-Spiele und deren militärische Anwendungen (Verfolgungsprobleme). Erst nach Veröffentlichung der Monographie von *Isaacs* (1965) wurde man sich der Verbindung zwischen dynamischen Spielen und Steuerungstheorie bewußt (vgl. auch Ho, 1970). Historisch gesehen erfolgte die Entwicklung der Differentialspiele allerdings unabhängig vom Pontrjaginschen Maximumprinzip. Vielfach werden Differentialspiele als Verallgemeinerung von Kontrollproblemen angesehen, in denen anstatt eines Entscheidungsträgers mehrere agieren. Andererseits ist die Theorie dynamischer Spiele auch als Teilgebiet der Spieltheorie aufzufassen. Die eigentliche Schwierigkeit bei einer Behandlung von Differentialspielen rührt nämlich häufig von der Tatsache mehrerer Entscheidungsträger her und nicht vom dynamischen Charakter des Problems. So existiert – im Gegensatz zur deterministischen Steuerungstheorie – kein eindeutiges Lösungskonzept mehr, und es ist a priori unklar, welche der verschiedenen Lösungstypen (z. B. Nash, Stackelberg oder Pareto-optimale Lösungen) anzustreben sind. Theorie und Anwendungen der Differentialspiele sind voll von begrifflichen Schwierigkeiten, was diesem Gebiet an der Schnittstelle von Spiel- und Kontrolltheorie ein eigenartiges Flair verleiht. Sicherlich sind diese – neben den analytischen – Schwierigkeiten bei der Lösung dynamischer Spiele verantwortlich für die erst relativ bescheidenen Anwendungen auf wirtschaftliche Entscheidungsprobleme. J. Lesourne hat dies plastisch so beschrieben, daß wir bei sozio-ökonomischen Anwendungen von Differentialspielen erst die Küsten eines gewaltigen Ozeans befahren, während die offene See noch weithin unbekannt sei.

Im vorliegenden, notwendigerweise knapp gehaltenen Einstieg in das Gebiet interaktiver ökonomischer Entscheidungsprozesse behandeln wir in kontinuierlicher Form Nichtnullsummen-Spiele. Nullsummen-Spiele werden nur gestreift, während Spiele in diskreter Zeit (Differenzenspiele) und stochastische Spiele hier unberücksichtigt bleiben.

Wir geben nun eine – für diese Einführung ausreichend allgemeine – Definition eines Differentialspieles. Jeder von N Spielern ($N \geq 2$) hat zu jedem Zeitpunkt t einen Vektor $\boldsymbol{u}^i(t) \in \Omega^i \subseteq \mathbb{R}^{m_i}$ zulässiger Kontrollvariablen zur Verfügung ($i = 1, \ldots, N$), mit dem er ein dynamisches (deterministisches) System gemäß der Zustandstransformationsgleichung

$$\dot{x} = f(x, \boldsymbol{u}^1, \ldots, \boldsymbol{u}^N, t), \quad x(0) = x_0 \qquad (A.7.1)$$

steuern kann. Dabei ist $x \in \mathbb{R}^n$ ($n \geq 1$) der Zustandsvektor, welcher den Zustand des

Systems zum Zeitpunkt t beschreibt. Bei einer (zunächst) festen und für jeden Spieler gleichen Spieldauer T sei für jeden Spieler $i = 1, \ldots, N$ ein Zielfunktional

$$J^i(u^1, \ldots, u^N) = \int_0^T F^i(x, u^1, \ldots, u^N, t) \, dt + S^i(x(T)) \tag{A.7.2}$$

definiert, welches die gesamte Auszahlung des i-ten Spielers angibt, falls die Strategienwahl $(u^1(t), \ldots, u^N(t))$, $u^i(t) \in \Omega^i$, $t \in [0, T]$ getroffen wird.

In manchen Anwendungen wird anstelle eines fixen Planungshorizontes ein freier Endzeitpunkt T betrachtet. Das Spiel endet dann, wenn eine Zielmenge, die z. B. durch eine Beziehung $G(x(T)) = 0$ beschrieben wird, erstmals errreicht wird. Ein zulässiges N-Tupel von Steuerungen $(u^1, \ldots, u^N)$ heißt dann *spielbar*, wenn es vermöge der Systemdynamik (A.7.1) eine Zustandstrajektorie x erzeugt, welche die Randbedingungen $x(0) = x_0$, $G(x(T)) = 0$ erfüllt.

Eine wesentliche Erweiterung im Vergleich zur (deterministischen) Steuerungstheorie stellt das Konzept der *Informationsstruktur* eines Differentialspieles dar (vgl. Başar und Olsder, 1982). Für die Wahl ihrer Strategien u^i stehen den Spielern mehrere Möglichkeiten offen, je nach der zur Verfügung stehenden Information über den Spielverlauf. Wir beschränken uns hier auf die drei wichtigsten Informationsstrukturen und die für sie definierten Strategieformen:

1. Strategien in *offener Schleife (open-loop)*. Darunter versteht man Steuerungen, welche von der Zeit t und vom Anfangszustand x_0 abhängig sind: $u^i = u^i(t, x_0)$.

2. Strategien in *geschlossener Schleife (closed-loop)*. Das sind Strategien, die von der Zeit, vom Anfangs- und vom gegenwärtigen Zustand abhängen: $u^i = u^i(x(t), t, x_0)$.

3. *Rückkoppelungsstrategien (feedback)*, bei denen die Steuerung vom jeweiligen Zustand $x(t)$, von t, hingegen *nicht* vom Anfangszustand x_0 abhängt: $u^i = u^i(x(t), t)$.

Falls man an die rechte Seite der Systemdynamik geeignete Forderungen stellt (z. B. Differenzierbarkeit von f bezüglich x und u) und die Strategien u^i durch Differenzierbarkeit bezüglich x und stückweise Stetigkeit bezüglich t als *zulässig* definiert, so gestattet die Differentialgleichung (A.7.1) eine eindeutige stetige Lösung x.

Bei der Informationsstruktur „offene Schleife" legen sich die Spieler vor Spielbeginn auf die Wahl eines N-Tupels von Zeitfunktionen $u^i(t)$, $t \in [0, T]$, fest, während bei Closed-loop und Feedback-Lösungen vor dem Start nur das „Steuerungsgesetz" festliegt. Die Bestimmung des Wertes der Steuervariablen geschieht in diesen Fällen zu jedem Zeitpunkt t in Abhängigkeit vom jeweils angenommenen Systemzustand $x(t)$.

Man beachte, daß sich ein Spieler durch das Spielen in geschlossener Schleife oder einer Feedback-Strategie durch Beobachten des Zustandes ein Bild über die Aktionen seiner Mitspieler machen kann, da deren Strategien den Zustand beeinflussen.

Wie bereits eingangs erwähnt, kann in der Spieltheorie nicht von einem eindeutigen *Lösungskonzept* ausgegangen werden. Wenn die Spieler nicht kooperieren, dann stellt sich jedem Entscheidungsträger das Problem, was er über die gegnerische Strategienwahl annehmen kann.

A.7.1. Nash-Gleichgewicht

Eine *Nash-Gleichgewichtslösung ist* dadurch gekennzeichnet, daß sich keiner der Spieler durch *einseitiges* Abweichen von dieser Strategie verbessern kann. Das heißt, falls seine Gegenspieler im Nash-Gleichgewicht verharren, profitiert kein Spieler durch einen Strategienwechsel.

Wir bezeichnen nun mit Γ^i die Menge aller zulässigen Stratgien $\boldsymbol{u}^i$ von Spieler i, wobei für $\boldsymbol{u}^i$ die drei oben angeführten Informationsstrukturen betrachtet werden können.

Definition A.7.1. *Ein Nash-Gleichgewicht* $(\boldsymbol{u}^{1*}, \ldots, \boldsymbol{u}^{N*})$ *ist eine Menge von N spielbaren Strategien, für welche*

$$J^i(\boldsymbol{u}^{1*}, \ldots, \boldsymbol{u}^{i*}, \ldots, \boldsymbol{u}^{N*}) \geqq J^i(\boldsymbol{u}^{1*}, \ldots, \boldsymbol{u}^{i-1*}, \boldsymbol{u}^i, \boldsymbol{u}^{i+1*}, \ldots, \boldsymbol{u}^{N*}) \quad (A.7.3)$$

gilt für alle $\boldsymbol{u}^i \in \Gamma^i$, *so daß* $(\boldsymbol{u}^{1*}, \ldots, \boldsymbol{u}^{i-1*}, \boldsymbol{u}^i, \boldsymbol{u}^{i+1*}, \ldots, \boldsymbol{u}^{N*})$ *spielbar ist, und alle i = 1, ..., N*.

In Abb. A.7.1 sind für den Fall eines *statischen* Zweipersonenspieles mit je einer skalaren Steuerungsmöglichkeit u^i die Schichtenlinien (Iso-Gewinnlinien) der beiden Auszahlungsfunktionale J^i ($i = 1, 2$) skizziert. Der Einfachheit halber nehmen wir an, daß die Flächen $J^i(u^1, u^2)$ geeignete konkave glatte (paraboloidförmige) Gestalt aufweisen.

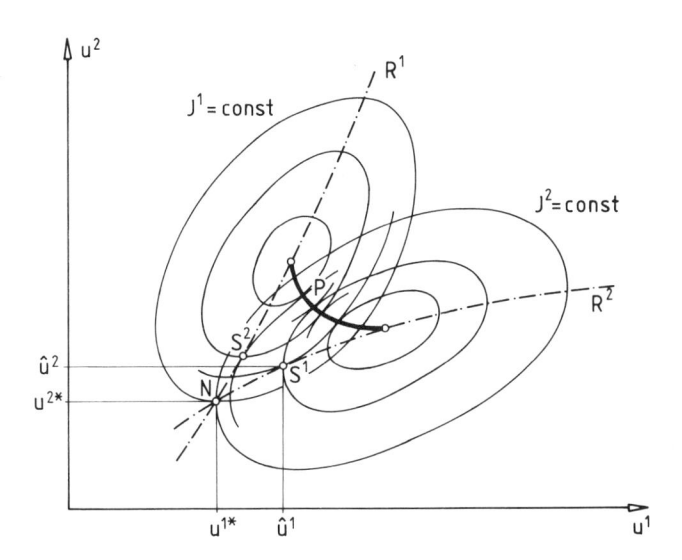

Abb. A.7.1 Isogewinnlinien für J^1 und J^2 eines statischen Zwei-Personen-Nichtnullsummenspieles, Reaktionsfunktionen R^1 und R^2, Nash-Lösung N, Stackelberg-Lösung S^1 (Spieler 1 Leader, Spieler 2 Nachfolger) bzw. S^2, Pareto-Lösungen P

Die Nash-Lösung (u^{1*}, u^{2*}) ist als Schnittpunkt N der beiden Kurven R^1 und R^2 dargestellt. Dabei ist R^i der geometrische Ort aller Punkte (u_1, u_2), so daß J^i für jedes u_j mit $j \neq i$ nach u_i maximiert wird $(i, j = 1, 2)$. Infolge der speziellen konkaven Gestalt von J^i sind die Kurven R^i eindeutig bestimmt. Geometrisch läßt sich R^1 (bzw. R^2) als Menge aller Punkte ermitteln, in denen die Tangenten an die Iso-Gewinnlinien von J^1 (bzw. J^2) horizontal (bzw. vertikal) sind. Falls sich R^1 und R^2 nicht schneiden, so existiert keine Nash-Lösung.

Der folgende Satz stellt notwendige Optimalitätsbedingungen vom Pontrjagin-Typ für Nash-Lösungen bereit. Dazu definieren wir die Hamiltonfunktion H^i des i-ten Spielers als

$$H^i = H^i(x, u^1, \ldots, u^N, \lambda^i, t)$$
$$= F^i(x, u^1, \ldots, u^N, t) + \lambda^i f(x, u^1, \ldots, u^N, t).$$

Satz A.7.1. *Es sei ein N-Personen Differentialspiel (A.7.1, 2) mit festem Endzeitpunkt gegeben, wobei die Funktionen f, F^i und S^i stetig differenzierbar in ihren Argumenten seien. Falls $(u^{1*}, \ldots, u^{N*})$ eine stetig differenzierbare Nash-Gleichgewichtslösung und x^* der zulässige (eindeutige) Zustand ist, so existieren N Kozustandsvektoren $\lambda^i = (\lambda^i_j)$, so daß für alle $i = 1, \ldots, N$ folgende Bedingungen gelten*

$$u^{i*} = \arg\max_{u^i \in \Omega^i} H^i(x^*, u^{1*}, \ldots, u^{i-1*}, u^i, u^{i+1*}, \ldots, u^{N*}, \lambda^i, t) \quad (A.7.4)$$

$$\dot{\lambda}^i = -\frac{\partial H^i}{\partial x} - \sum_{\substack{k=1 \\ k \neq i}}^{N} \frac{\partial H^i}{\partial u^k} \frac{\partial u^k(x^*, t, x_0)}{\partial x}, \quad (A.7.5)$$

wobei sämtliche Funktionen in (A.7.5) an der Stelle $x^*, u^{1*}, \ldots, u^{N*}, \lambda^1, \ldots, \lambda^N, t$ auszuwerten sind, sowie

$$\lambda^i(T) = \frac{\partial}{\partial x} S^i(x^*(T)). \quad (A.7.6)$$

Ist auch der Endzeitpunkt optimal zu bestimmen, so gilt gemäß (2.70) zusätzlich die Transversalitätsbedingung $H^i[T] = 0$ für jeden Spieler $i = 1, 2$. Falls zusätzlich eine Zielmenge bzw. Endbedingungen vorgegeben sind, so ist (A.7.6) durch (6.10) zu ersetzen.

Der Beweis folgt aus dem Maximumprinzip für das Standard-Kontrollproblem (Satz 2.1). Die adjungierte Variable λ^i_j ($i = 1, \ldots, N; j = 1, \ldots, n$) ist der Schattenpreis, mit dem der Spieler i die j-te Komponente x_j des Zustandsvektors bewertet. Man beachte, daß das Nash-Problem für jeden Spieler ein (gewöhnliches) Steuerungsproblem darstellt, unter der Annahme, daß die Strategien der Gegenspieler vorgegeben sind.

Für Strategien in geschlossener Schleife und Feedbackstrategien, in denen u^i vom Zustand x abhängt, bildet der Summenterm in der Kozustandsgleichung (A.7.5) ein wesentliches Hindernis für eine Ermittlung von Nash-Gleichgewichten. Eine (infinitesimale) Änderung von x veranlaßt die Gegenspieler des Spielers i, ihre Steuerungen u^k im Ausmaß von $\partial u^k/\partial x$ zu ändern ($k \neq i$). Da $\partial H^i/\partial u^k \neq 0$ für $k \neq i$ gilt, so beeinflussen diese Reaktionen der Gegenspieler des Spielers *i* dessen Auszahlung und damit auch seine Bewertung λ^i des Zustandsvektors *x*. Die gemischten Terme in (A.7.5) informieren den *i*-ten Spieler über die Art und Weise, wie seine Gegenspieler auf eine Änderung des Zustandes x_j reagieren. Man beachte, daß für Steuerungsprobleme mit nur einem Entscheidungsträger die Summe in der adjungierten Gleichung (A.7.5) verschwindet und somit die drei Informationsstrukturen zu identischen Lösungen führen.

Bei Lösungen in offener Schleife fällt – ebenso wie bei gewöhnlichen Steuerungsproblemen als auch bei Nullsummenspielen – der unangenehme Term $\sum_k H^i_{u^k} u^k_x$ weg. Die adjungierten Gleichungen (A.7.5) sind in diesen Fällen keine partiellen, sondern gewöhnliche Differentialgleichungen. Aus diesem Grund begnügt man sich in den Anwendungen oft mit der Berechnung von Open-loop-Lösungen. In manchen Fällen besitzen Differentialspiele aber eine so einfache Struktur, daß auch Closed-loop bzw. Feedback-Nash-Lösungen ermittelt werden können. Dies ist bei linear-quadratischen und trilinearen Spielen der Fall (vgl. *Clemhout* und *Wan*, 1979, sowie *Dockner, Feichtinger* und *Jørgensen*, 1985, und *Reinganum*, 1982). Eine andere Möglichkeit, zu Closed-loop Gleichgewichten zu gelangen, besteht darin, die Methode der Zustandstransformation (*Mehlmann*, 1985b, 1986) anzuwenden. Dadurch erhält man nämlich der Gestalt und (wegen der gemischten Terme im Maximumprinzip) den Kontrollwerten nach verschiedene Kandidaten, die durch das Auflösen gewöhnlicher Differentialgleichungen bestimmt werden.

Um zu zeigen, daß die in Satz A.7.1 ermittelten Kandidaten für eine Nash-Lösung auch tatsächlich optimal sind, kann man die Konkavität von H^i in (x, u^i) für alle (λ^i, t) bzw. jene von $\max_{u^i} H^i$ in *x* für alle (λ^i, t) nachprüfen. Andere hinreichende Bedingungen stammen von *Stalford* und *Leitmann* (1973); vgl.dazu auch Satz 7.2).

A.7.2. Stackelberg-Gleichgewicht

Ein anderes interessantes Lösungskonzept kommt zustande, falls einem Spieler ein Informationsvorsprung eingeräumt wird. Zur Erklärung des *Stackelberg Gleichgewichts-Konzepts* beschränken wir uns auf zwei Spieler. Einer der Spieler, der *Leader*, teilt seinem Gegenspieler mit, welche Strategie er wählen wird. Der zweite Spieler, der *Nachfolger*, zieht diese Ankündigung zur Maximierung seines Zielfunktionals J^2 heran. Diese Reaktion des Nachfolgers wird von Spieler 1 seinerseits zur Auswahl der ihm genehmen Entscheidung verwendet.

Falls Spieler 1 die Strategie $u^1 \in \Gamma^1$ ankündigt, so wird ein sich rational verhaltender Gegner (Spieler 2) seine Strategie $u^2 \in \Gamma^2$ so wählen, daß er seine Auszahlung $J^2(u^1, u^2)$ maximiert.

Für $u^1 \in \Gamma^1$ bezeichnen wir nun mit $\Gamma^2(u^1) \subseteq \Gamma^2$ die Menge aller zulässigen Strategien u^2 des Spielers 2, so daß das Paar (u^1, u^2) spielbar ist.

Definition A.7.2. *Angenommen, in einen Zweipersonen-Nichtnullsummen-Differentialspiel werde das Maximum von $J^2(u^1, u^2)$ bezüglich $u^2 \in \Gamma^2(u^1)$ für jedes $u^1 \in \Gamma^1$ erreicht. Dann heißt die Menge*

$$R^2(u^1) = \{\xi \in \Gamma^2(u^1) | J^2(u^1, \xi) \geq J^2(u^1, u^2) \ \forall \ u^2 \in \Gamma^2(u^1)\} \subseteq \Gamma^2(u^1)$$
(A.7.7)

rationale Reaktionsmenge des Spielers 2. Durch Vertauschen der Indizes erhält man die analog definierte rationale Reaktionsmenge $R^1(u^2)$ des ersten Spielers. Falls die Mengen $R^2(u^1)$ bzw. $R^1(u^2)$ für jedes u^1 bzw. u^2 aus jeweils nur einem Element bestehen, spricht man von (rationalen) Reaktionsfunktionen des Spielers 2 bzw. 1. Dies wird im folgenden vorausgesetzt.

In Abb. A.7.1 sind die Reaktionsfunktionen R^i der beiden Spieler im Falle eines statischen Spieles eingezeichnet. Ihr Schnittpunkt ist – wie erwähnt – die Nash-Lösung.

Unter Benutzung der rationalen Reaktionsmengen ist es leicht, das Stackelberg-Lösungskonzept zu erklären.

Definition A.7.3. *Ein Strategienpaar $(\hat{u}^1, \hat{u}^2)$ heißt Stackelberg-Gleichgewicht mit Spieler 1 als Leader und Spieler 2 als Nachfolger, falls*

$$J^1(\hat{u}^1, \hat{u}^2) \geq J^1(u^1, R^2(u^1)) \tag{A.7.8a}$$

für alle $u^1 \in \Gamma^1$ gilt. Dabei gilt aufgrund von Definition (A.7.7) der Reaktionsmenge $R^2(u^1)$

$$J^2(u^1, R^2(u^1)) = \max_{u^2 \in \Gamma^2(u^1)} J^2(u^1, u^2) \tag{A.7.8b}$$

sowie $\hat{u}^2 = R^2(\hat{u}^1)$.

Ein Stackelberg-Gleichgewicht mit Spieler 2 als Leader und dem ersten Spieler als Nachfolger ist symmetrisch dazu definiert.

In Abb. A.7.1 ist die statische Stackelberg-Lösung als Punkt S_1 markiert. Man erhält ihn als Berührungspunkt der Reaktionsfunktion R^2 mit einer geeigneten Schichtenlinie von J^1. Dabei ist angenommen, daß Spieler 1 Leader und Spieler 2 Nachfolger ist. In Abb. A.7.1 ist mit S_2 jenes Stackelberg-Gleichgewicht bezeichnet, bei welchem der erste Spieler Nachfolger und sein Gegenspieler Leader ist.

Falls die Reaktionsmenge $R^2(u^1)$ eine eindeutige Funktion in u^1 ist, so zieht der Leader (Spieler 1) ein „Stackelberg-Spiel" vor, da er bei jeder Nash-Lösung höchstens gleich gut abschneidet. In Abb. A.7.1 ist der Fall gezeichnet, daß nicht nur der Führer, sondern auch der Nachfolger vom Stackelberg-Konzept profitiert, da dann *beide* Spieler eine höhere Auszahlung erreichen als im Nash-Gleichgewicht. Ob der Nachfolger es vorzieht, Stackelberg oder Nash zu spielen, hängt vom jeweiligen Spiel ab. Im skizzierten Fall ist es für beide Spieler profitabel, als Nachfolger zu agieren. Neben dieser Pattsituation können noch die Fälle auftreten, daß beide Spieler Leader sein wollen oder aber, daß beide Spieler vorziehen, daß ein bestimmter Spieler Diktator ist (man vgl. dazu *Başar* und *Olsder*, 1982, p. 181–183).

Wir zeigen nun, wie Stackelberg-Gleichgewichte mittels des Maximumprinzips ermittelt werden können. Dabei beschränken wir uns der Einfachheit halber auf Open-loop-Lösungen für den Zwei-Personen-Fall, da Stackelberg-Lösungen in geschlossener Schleife auf Probleme der nichtklassischen Kontrolltheorie führen.

Die Lösung des Stackelberg-Spiels mittels des Pontrjaginschen Maximumprinzips erfolgt in *zwei Stufen*. Auf *Stufe* 1 wird für eine als feststehend angenommene Strategie u^1 des Leaders, die wir uns in der Folge als in offener Schleife angegeben vorstellen, das optimale Steuerungsproblem des Nachfolgers gelöst:

A.7.2. Stackelberg-Gleichgewicht

$$\max_{u^2} J^2(u^1, u^2) \tag{A.7.9a}$$

$$\dot{x} = f(x, u^1, u^2, t), \quad x(0) = x_0. \tag{A.7.9b}$$

Mit der Hamiltonfunktion H^2 des Spielers 2

$$H^2(x, u^1, u^2, \lambda^2, t) = F^2(x, u^1, u^2, t) + \lambda^2 f(x, u^1, u^2, t)$$

lauten dessen notwendige Optimalitätsbedingungen für eine Stackelberg-Lösung $(\hat{u}^1, \hat{u}^2)$ und deren Zustand $\hat{x}$

$$\hat{u}^2 = \arg\max_{u^2 \in \Omega^2} H^2(\hat{x}, \hat{u}^1, u^2, \lambda^2, t) \tag{A.7.10}$$

$$\dot{\lambda}^2 = -\frac{\partial}{\partial x} H^2(\hat{x}, \hat{u}^1, \hat{u}^2, \lambda^2, t) \tag{A.7.11}$$

$$\lambda^2(T) = \frac{\partial}{\partial x} S^2(\hat{x}(T)). \tag{A.7.12}$$

Unter geeigneten Differenzierbarkeits- und Stetigkeitsvoraussetzungen stellt die aus den Bedingungen (A.7.10–12) resultierende Entscheidungsregel

$$u^2 = \hat{u}^2(x, u^1, \lambda^2, t) \tag{A.7.13}$$

einen Optimalitätskandidaten für das Problem des Nachfolgers dar. Ist dieser Kandidat tatsächlich optimal, so erfolgt im zweiten Schritt die Lösung des Kontrollproblems des Leaders:

$$\max_{u^1} J^1(u^1, \hat{u}^2(x, u^1, \lambda^2, t)) \tag{A.7.14a}$$

$$\dot{x} = f(x, u^1, \hat{u}^2(x, u^1, \lambda^2, t), t) \tag{A.7.14b}$$

$$x_0(0) = x_0 \tag{A.7.14c}$$

$$\dot{\lambda}^2 = -\frac{\partial}{\partial x} H^2(x, u^1, \hat{u}^2(x, u^1, \lambda^2, t), \lambda^2, t) \tag{A.7.14d}$$

$$\lambda^2(T) = \frac{\partial}{\partial x} S^2(x(T)). \tag{A.7.14e}$$

Wesentlich dabei ist, daß die Kozustandsvariable λ^2 des Nachfolgers im Problem des Leaders die Rolle einer (neben x) *zusätzlichen Zustandsvariablen* ausübt. Spieler 1 benötigt λ^2, um die Reaktion $\hat{u}^2$ des Nachfolgers abschätzen zu können. Die Hamiltonfunktion von Spieler 1 lautet dann:

$$H^1(x, \lambda^2, u^1, \hat{u}^2, \lambda^1, \mu^1, t) = F^1(x, u^1, \hat{u}^2, t) + \lambda^2 f(x, u^1, \hat{u}^2, t)$$
$$+ \mu^1 \left(-\frac{\partial}{\partial x} H^2(x, u^1, \hat{u}^2, \lambda^2, t) \right).$$

Dabei ist für $\hat{u}^2$ gemäß (A.7.13) die Abhängigkeit von x, u^1, λ^2 und t zu beachten. Spieler 1 bewertet den Zustand x mit dem Schattenpreis λ^1 und den neuen Zustand λ^2 mit μ^1.

Als notwendige Optimalitätsbedingungen erhält man dann aus dem Maximumprinzip

$$\hat{u}^1 = \arg\max_{u^1 \in \Omega^1} H^1(\hat{x}, \lambda^2, u^1, \hat{u}^2, \lambda^1, \mu^1, t) \qquad (A.7.15)$$

$$\dot{\lambda}^1 = -\frac{\partial}{\partial x} H^1(\hat{x}, \lambda^2, \hat{u}^1, \hat{u}^2, \lambda^1, \mu^1, t), \qquad (A.7.16)$$

$$\lambda^1(T) = \frac{\partial}{\partial x} S^1(\hat{x}(T)) - \mu^1(T) \frac{\partial^2}{(\partial x)^2} S^2(\hat{x}(T)) \qquad (A.7.17)$$

$$\dot{\mu}^1 = -\frac{\partial}{\partial \lambda^2} H^1(\hat{x}, \lambda^2, \hat{u}^1, \hat{u}^2, \lambda^1, \mu^1, t) \qquad (A.7.18)$$

$$\mu^1(0) = 0 \qquad (A.7.19)$$

mit $\hat{u}^2$ aus (A.7.10) bzw. (A.7.13).

Die Endbedingung (A.7.17) resultiert aus der Gleichheitsendbedingung (A.7.14e), während (A.7.19) auf den freien Anfangszustand $\lambda^2(0)$ verweist.

Das Open-loop Stackelberg-Gleichgewicht ist i.a. *zeitlich inkonsistent* (vgl. dazu Bemerkung A.7.2 am Ende dieses Anhanges).

Die obigen Überlegungen fassen wir wie folgt zusammen:

Satz A.7.2. *Es sei ein Zwei-Personen-Differentialspiel mit festem Endzeitpunkt gegeben, wobei alle auftretenden Funktionen ausreichend oft stetig differenzierbar sind. Falls* $(\hat{u}^1, \hat{u}^2)$ *ein Stackelberg-Gleichgewicht in offener Schleife ist und $\hat{x}$ der zugehörige Zustand, so existieren drei Kozustandsvektoren* λ^1, λ^2 *und* μ^1, *so daß die Optimalitätsbedingungen (A.7.10–19) erfüllt sind.*

Da das Stackelbergproblem aus zwei hierarchisch verknüpften Steuerungsproblemen besteht, können die üblichen hinreichenden Bedingungen der Kontrolltheorie angewendet werden.

A.7.3. Nullsummenspiele

Bei *Nullsummenspielen* trachtet im *Zweipersonenfall* Spieler 1 sein Zielfunktional $J^1 = J$ zu maximieren während Spieler 2 die Auszahlungsfunktion $J^2 = -J$ möglichst groß machen möchte. Dies führt zum Begriff des Sattelpunktsgleichgewichtes.

Definition A.7.4. *Unter einer Minimax- bzw. Sattelpunktslösung des beschriebenen Zwei-Personen-Nullsummenspiels versteht man ein Strategienpaar* $(\bar{u}^1, \bar{u}^2)$, *für welches*

$$J(\bar{u}^1, u^2) \geqq J(\bar{u}^1, \bar{u}^2) \geqq J(u^1, \bar{u}^2) \qquad (A.7.20)$$

für alle $u^1 \in \Gamma^1(\bar{u}^2)$, $u^2 \in \Gamma^2(\bar{u}^1)$. *Dabei ist* $\Gamma^i(u^j)$ *die Menge der spielbaren Strategien von Spieler i, wenn Spieler j die Strategie* u^j *wählt* $(i \neq j)$.

Es zeigt sich, daß im Nullsummenfall der Begriff des Nash- und des Stackelberg-Gleichgewichtes mit dem Sattelpunktskonzept zusammenfällt. Notwendige und hinreichende Optimalitätsbedingungen für Minimax-Lösungen resultieren aus dem Pontrjagin-Ansatz bzw. aus der Hamilton-Jacobi-Bellman-Gleichung. Bei ersterem geht die Bedingung (A.7.20) in eine entsprechende Sattelpunktsbedingung für die Hamiltonfunktion des Problems über. Interessante Anwendungen existieren im Bereich der Verfolgungsspiele (pursuit-evader games); vgl. etwa *Başar* und *Olsder* (1982, Chap. 8) bzw. *Isaacs* (1965).

A.7.4. Kooperative Lösungen

Während die bisher angeführten Lösungskonzepte *nicht-kooperativ* waren in dem Sinne, daß jeder Spieler nach einem möglichst hohen Gewinn trachtet, ohne Rücksicht auf die Konsequenzen für seine Gegner, seien nun noch kurz Möglichkeiten zur *Kooperation* der Gegenspieler erwähnt. Zunächst ist eine Pareto-Lösung dadurch charakterisiert, daß sich kein Spieler verbessern kann, ohne daß sich die Auszahlung eines anderen Spielers verringert.

Pareto-Gleichgewicht

Definition A.7.5. *Ein spielbares N-Tupel* $(\tilde{u}^1, \ldots, \tilde{u}^N)$ *ist Pareto-optimal, wenn für alle anderen spielbaren N-tupel* $(u^1, \ldots, u^N)$ *entweder*

$$J^i(u^1, \ldots, u^N) = J^i(\tilde{u}^1, \ldots, \tilde{u}^N)$$

für alle $i = 1, \ldots, N$ *gilt, oder zumindest ein* $j \in \{1, \ldots, N\}$ *existiert, so daß*

$$J^j(u^1, \ldots, u^N) < J^j(\tilde{u}^1, \ldots, \tilde{u}^N)$$

gilt.

Mit anderen Worten: Gilt für irgendein spielbares $(u^1, \ldots, u^N)$ mit $u^i \in \Gamma^i$

$$J^i(u^1, \ldots, u^N) \geqq J^i(\tilde{u}^1, \ldots, \tilde{u}^N) \qquad (A.7.21)$$

für alle $i = 1, \ldots, N$, so folgt, daß in (A.7.21) für jedes i das Gleichheitszeichen gilt.

In Abb. A.7.1 ist für den *statischen* Fall die Menge der Pareto-optimalen Lösungen fett eingezeichnet. Sie ist die Menge der Berührungspunkte zwischen den Iso-Gewinnkurven eines statischen Zweipersonenspieles.

Wir können uns auf Pareto-Lösungen in *offener Schleife* beschränken, da sich das Problem i. a. auf eine Aufgabe der Optimalsteuerung mit nur einem Zielfunktional zurückführen läßt und da für solche Probleme unterschiedliche Informationsstrukturen zu identischen Lösungen führen.

Falls nämlich ein Vektor $\boldsymbol{\alpha} = (\alpha^1, \ldots, \alpha^N) \in \mathbb{R}^N$ mit $\alpha^i > 0$ für $i = 1, \ldots N$ und $\sum_{i=1}^{N} \alpha^i = 1$ existiert, so daß mit

$$J(\boldsymbol{u}^1, \ldots, \boldsymbol{u}^N) = \sum_{i=1}^{N} \alpha^i J^i(\boldsymbol{u}^1, \ldots, \boldsymbol{u}^N)$$

gilt, daß

$$J(\boldsymbol{u}^1, \ldots, \boldsymbol{u}^N) \leq J(\tilde{\boldsymbol{u}}^1, \ldots, \tilde{\boldsymbol{u}}^N) \qquad (A.7.22)$$

für alle spielbaren $(\boldsymbol{u}^1, \ldots, \boldsymbol{u}^N)$ mit $\boldsymbol{u}^i \in \Gamma^i$, dann ist das Strategien-N-Tupel $(\tilde{\boldsymbol{u}}^1, \ldots, \tilde{\boldsymbol{u}}^N)$ Pareto-optimal. Falls die $\alpha_i \geq 0$ sind und in (A.7.22) für alle spielbaren $(\boldsymbol{u}^1, \ldots, \boldsymbol{u}^N) \neq (\tilde{\boldsymbol{u}}^1, \ldots, \tilde{\boldsymbol{u}}^N)$ die strikte Ungleichung gilt, so ist $(\tilde{\boldsymbol{u}}_1, \ldots, \tilde{\boldsymbol{u}}^N)$ ebenfalls Pareto-optimal.

Die Pareto-Lösungen lassen sich durch Variation der zulässigen Gewichte α^i angeben. Im Zweipersonen-Spiel läßt sich der gemeinsame Zielfunktionalswert schreiben als

$$J(\boldsymbol{u}^1, \boldsymbol{u}^2) = J^1(\boldsymbol{u}^1, \boldsymbol{u}^2) + \mu J^2(\boldsymbol{u}^1, \boldsymbol{u}^2)$$

mit zulässigem $\mu = (1 - \alpha)/\alpha$ für $0 < \alpha < 1$. Welche aus der Menge der Pareto-Lösungen ausgewählt wird, hängt vom Resultat der Verhandlungen zwischen den Spielern ab. Das Gewicht μ mißt dabei die Verhandlungsstärke des zweiten Spielers im Vergleich zum ersten. Hierbei wird unterstellt, daß die Spieler bindende Übereinkünfte machen können, deren Einhaltung etwa durch einen Schiedsrichter beaufsichtigt wird. Das Resultat dieser Verhandlungen hängt von den durch Kooperation erzielten beiderseitigen Gewinnen ab, sowie von der Möglichkeit, dem Gegner zu drohen. Eine Übersicht über die Theorie der Verhandlungsspiele im statischen Fall gibt *Jones* (1980, § 5).

Drohstrategien

Wir überlegen uns nun, auf welchen Wert von μ sich die beiden Spieler bei einer kooperativen Lösung einigen werden.

Zunächst kündigt jeder Spieler unabhängig vom anderen eine *Drohstrategie* $\boldsymbol{v}^1$ bzw. $\boldsymbol{v}^2$ an. Darunter ist eine zulässige Strategie zu verstehen, die ein Spieler anzuwenden droht, wenn keine Übereinstimmung über die Auswahl der Gewichtung μ erzielt werden kann. Wenn das Drohstrategienpaar $(\boldsymbol{v}^1, \boldsymbol{v}^2)$ gewählt wird, erhält der Spieler i die Auszahlung $J^i(\boldsymbol{v}^1, \boldsymbol{v}^2)$ ($i = 1, 2$).

Um eine Einigung zu erzielen, verabreden die Spieler die *kooperative Nash-Lösung* zu spielen, d. h. – ausgehend von der Drohung $(\boldsymbol{v}^1, \boldsymbol{v}^2)$ – das Produkt

$$[J^1 - J^1(v^1, v^2)] [J^2 - J^2(v^1, v^2)]$$

zu maximieren. Die (gemeinsame) Maximierung ist dabei über alle zulässigen Strategienpaare zu erstrecken, für die $J^i \geqq J^i(v^1, v^2)$ für $i = 1, 2$ gilt. Es bezeichne (u^1, u^2) das so ausgehandelte (schiedsrichterlich festgelegte) Strategienpaar. Klarerweise werden sowohl (u^1, u^2) als auch die zugehörigen (Pareto-optimalen) Auszahlungen $J^i(u^1, u^2)$ ($i = 1, 2$) von der Wahl der Drohstrategien abhängen. Somit können die schiedsrichterlich fixierten Auszahlungen als Funktionen der Drohstrategien (v^1, v^2) geschrieben werden

$$J^1(u^1, u^2) = I^1(v^1, v^2), \quad J^2(u^1, u^2) = I^2(v^1, v^2).$$

Im letzten Schritt bestimmen die sich rational verhaltenden Spieler ihre *Drohstrategien* optimal: $v^i = v^{i*}$ ($i = 1, 2$). Die Bedingungen für ein *nichtkooperatives Nash-Gleichgewicht* (v^{1*}, v^{2*}) der Drohstrategien lauten

$$I^1(v^{1*}, v^{2*}) \geqq I^1(v^1, v^{2*}), \quad I^2(v^{1*}, v^{2*}) \geqq I^2(v^{1*}, v^2)$$

für alle zulässigen Paare (v^1, v^2).

Der folgende, bei *Liu* (1973 b) bewiesene Satz gibt hinreichende Bedingungen für die *Optimalität von Drohstrategien* an.

Satz A.7.3. *Es existiere eine Konstante* $0 < \mu < \infty$ *und zwei zulässige Strategienpaare* (v^{1*}, v^{2*}), $(\tilde{u}^1, \tilde{u}^2)$, *so daß folgende Bedingungen gelten*

$$J^1(\tilde{u}^1, \tilde{u}^2) + \mu J^2(\tilde{u}^1, \tilde{u}^2) = \max_{u^1, u^2}(J^1 + \mu J^2) \tag{A.7.23}$$

$$\begin{aligned} J^1(v^{1*}, v^{2*}) - \mu J^2(v^{1*}, v^{2*}) &= \min_{u^2} \max_{u^1}(J^1 - \mu J^2) \\ &= \max_{u^1} \min_{u^2}(J^1 - \mu J^2) \end{aligned} \tag{A.7.24}$$

$$J^1(\tilde{u}^1, \tilde{u}^2) - \mu J^2(\tilde{u}^1, \tilde{u}^2) = J^1(v^{1*}, v^{2*}) - \mu J^2(v^{1*}, v^{2*}), \tag{A.7.25}$$

wobei (u^1, u^2) *alle zulässigen Strategien durchläuft. Dann sind* (v^{1*}, v^{2*}) *ein optimales Paar von Drohstrategien,* $(\tilde{u}^1, \tilde{u}^2)$ *eine zugehörige kooperative Nash-Lösung und* $J^i(\tilde{u}^1, \tilde{u}^2)$ ($i = 1, 2$) *die optimal festgelegten Auszahlungen.*

Gemäß Bedingung (A.7.24) ist (v^{1*}, v^{2*}) ein Sattelpunkt von $J^1 - \mu J^2$. Das heißt die optimalen Drohstrategien sind so zu wählen, daß der Spieler seine eigene Auszahlung zu maximieren und gleichzeitig jene seines Gegners zu minimieren trachtet: Je kleiner μ ist, desto mehr konzentriert sich Spieler 1 bei der Wahl seiner Drohstrategie auf die Maximierung von J^1. In diesem Fall ist Spieler 2 vorwiegend auf die Minimierung von J^1 konzentriert.

Zur Illustration der Lösungskonzepte bringen wir nun zwei Beispiele, welche sich auf den Konflikt zwischen Arbeitnehmern und -gebern beziehen.

A.7.5. Kapitalismusspiel

Lancaster (1973) hat ein Differentialspiel zwischen Arbeitern, die ihren Konsum steuern, und Kapitalisten, die investieren (und den Rest des Outputs konsumieren) können, betrachtet. Für die *Arbeiter* stellt sich dabei das Problem, inwieweit sie den produzierten Output konsumieren oder den Unternehmern überlassen sollen, wobei sie keine Garantie haben, daß diese auch tatsächlich hinreichend investieren. Die *Kapitalisten* sehen sich dem Dilemma gegenüber, ob sie den ihnen verbleibenden Output konsumieren oder aber für Investitionen zur Kapitalakkumulation verwenden wollen. Wesentlich für eine Spielsituation ist, daß der Gewinn der Arbeiter als auch der Kapitalisten sowohl von der eigenen Entscheidung als auch von jener des Gegners abhängt.

Obwohl klar ist, daß das folgende Modell keineswegs ein realistisches Bild einer kapitalistischen Volkswirtschaft zeichnet, so liefert es doch ein interessantes Paradigma, welches wesentliche Züge des Klassenkampfes zwischen Kapitalisten und Arbeitern aufweist.

Wir betrachten eine Ein-Sektoren-Wirtschaft für ein einziges Gut, wobei der Kapitalstock K der einzige Produktionsfaktor sei. Es bezeichne $u^1(t)$ den Anteil des gesamten, zur Zeit t produzierten Output, der von den Arbeitern konsumiert wird. Ferner sei $u^2(t)$ der Anteil des danach verbleibenden Outputs, welcher von den Kapitalisten investiert wird. Während die Steuervariable des Spielers 2 (der Kapitalisten) sich frei im Intervall

$$0 \leq u^2 \leq 1 \qquad (A.7.26\,a)$$

bewegen kann, soll die Konsumstrategie der Arbeiter aus institutionellen Gründen nur Werte innerhalb des Intervalls

$$0 < c \leq u^1 \leq b < 1 \qquad (A.7.26\,b)$$

annehmen können. Ferner wird

$$b > 1/2 \qquad (A.7.27)$$

vorausgesetzt, was besagt, daß die Arbeiter mehr als die Hälfte des Outputs konsumieren können.

Bezeichnet man mit a das – als fest unterstellte – Output-Kapitalverhältnis, dann ist $aK(t)$ der gesamte Output zur Zeit t, und die Zustandsgleichung lautet

$$\dot{K} = aK(1-u^1)u^2, \quad K(0) = K_0 > 0. \qquad (A.7.28)$$

Dabei ist K_0 eine gegebene Anfangskapitalausstattung; von der Kapitalabschreibung wird der Einfachheit halber abgesehen.

Ziel der Arbeiter ist die Maximierung des Konsums:

$$\max_{u^1} \{J^1 = \int_0^T aKu^1\,dt\}, \qquad (A.7.29)$$

während die Kapitalisten ihrerseits ihren Konsumstrom möglichst groß machen wollen:

$$\max_{u^2} \{J^2 = \int_0^T aK(1-u^1)(1-u^2)dt\}. \tag{A.7.30}$$

T ist dabei die Dauer des Spieles, K die Zustandsvariable und u^1 bzw. u^2 die Stategie der Arbeiterklasse (Spieler 1) bzw. der Kapitalisten (Spieler 2).

Die Bedeutung des beschriebenen Spieles liegt darin, daß es einerseits charakteristische Züge des Verteilungskampfes erfaßt, andererseits aber einfach genug ist, um eine analytische Lösung zu gestatten. In der Folge skizzieren wir die Ermittlung der Nash-, Stackelberg- und Pareto-Lösung, wobei wir uns der Einfachheit halber auf Lösungen in *offener Schleife* beschränken.

Nash-Gleichgewicht (Lancaster)

Die Hamiltonfunktion der Arbeiter ist gegeben durch

$$H^1 = aKu^1 + \lambda^1 aK(1-u^1)u^2,$$

wobei λ^1 die Kozustandsvariable ist, mit welcher Spieler 1 einen marginalen Zuwachs des Kapitalstocks K bewertet. Die Optimalitätsbedingungen (A.7.4–6) lauten

$$u^1 = \begin{Bmatrix} c \\ \text{unbestimmt} \\ b \end{Bmatrix} \text{ falls } \lambda^1 u^2 \begin{Bmatrix} > \\ = \\ < \end{Bmatrix} 1 \tag{A.7.31}$$

$$\dot{\lambda}^1 = -H_K^1 = -a[u^1 + \lambda^1(1-u^1)u^2] \tag{A.7.32}$$

$$\lambda^1(T) = 0. \tag{A.7.33}$$

Die Hamiltonfunktion der Unternehmer lautet

$$H^2 = aK(1-u^1)(1-u^2) + \lambda^2 aK(1-u^1)u^2.$$

Die adjungierte Variable λ^2 mißt dabei den Schattenpreis des Kapitals, wie er vom zweiten Spieler eingeschätzt wird. Die notwendigen Optimalitätsbedingungen sind gegben durch:

$$u^2 = \begin{Bmatrix} 0 \\ \text{unbestimmt} \\ 1 \end{Bmatrix} \text{ falls } \lambda^2 \begin{Bmatrix} < \\ = \\ > \end{Bmatrix} 1 \tag{A.7.34}$$

$$\dot{\lambda}^2 = -H_K^2 = -a(1-u^1)[1+(\lambda^2-1)u^2] \tag{A.7.35}$$

$$\lambda^2(T) = 0. \tag{A.7.36}$$

(A.7.34) besagt, daß Spieler 2 solange maximal investiert, als seine Schattenpreisbewertung des Kapitals größer als eine Geldeinheit ist.

Wie überlegen uns zunächst, daß weder für u^1 noch für u^2 singuläre Lösungsstücke auftreten können: Wäre u^2 singulär, so gälte $\lambda^2 = 1$ gemäß (A.7.34). Daraus würde $\dot\lambda^2 = 0$ folgen im Widerspruch zu (A.7.35):

$$\dot\lambda^2 = -a(1-u^1) < 0.$$

Wäre andererseits u^1 singulär, so würde $\lambda^1 u^2 = 1$ aus (A.7.31) folgen. Da u^2 somit nicht verschwinden, aber auch nicht singulär sein kann, müßte also $u^2 = 1$ und $\lambda^1 = 1$ gelten. Die resultierende Beziehung $\dot\lambda^1 = 0$ stünde dann im Widerspruch zu (A.7.32):

$$\dot\lambda^1 = -a < 0.$$

Aus (A.7.31) und (A.7.34) erkennt man, daß nur vier Kombinationen der Bang-Bang-Lösungen für u^1 und u^2 in Frage kommen. Da die Möglichkeit

$$u^1 = c, u^2 = 0 \quad \text{falls} \quad \lambda^1 u^2 > 1 \quad \text{und} \quad \lambda^2 < 1$$

wegen $u^2 = 0$ und $\lambda^1 u^2 > 1$ nicht auftreten kann, verbleiben folgende drei Kandidaten

Regime 1: $u^1 = b, u^2 = 0$ falls $\lambda^1 u^2 < 1$ und $\lambda^2 < 1$
Regime 2: $u^1 = c, u^2 = 1$ falls $\lambda^1 u^2 > 1$ und $\lambda^2 > 1$
Regime 3: $u^1 = b, u^2 = 1$ falls $\lambda^1 u^2 < 1$ und $\lambda^2 > 1$.

Wegen (A.7.36) und der Stetigkeit von λ^2 gilt

$$\lambda^2(t) < 1 \quad \text{in einem Endintervall} \quad t \in [\bar{t}, T]. \tag{A.7.37}$$

Falls $\lambda^2 < 1$ für alle $t \in [0, T]$, so setzen wir $\bar{t} = 0$. Wegen (A.7.37) muß in diesem Endintervall Regime 1 herrschen. Setzt man dieses Regime in die Differentialgleichungen (A.7.28, 32) und (A.7.35) ein, so erhält man für $t \in [\bar{t}, T]$

$$\dot{K} = 0 \qquad K(t) = K(\bar{t})$$
$$\dot\lambda^1 = -ab \qquad \lambda^1(t) = ab(T-t)$$
$$\dot\lambda^2 = -a(1-b) \qquad \lambda^2(t) = a(1-b)(T-t),$$

wobei $\lambda^1(T) = \lambda^2(T) = 0$ verwendet wurde. Da somit $\lambda^2(t)$ im Endintervall $[\bar{t}, T]$ linear fällt, so kann der Umschaltzeitpunkt $\bar{t}$ aus der Bedingung $\lambda^2(\bar{t}) = 1$ ermittelt werden. Man beachte, daß in Regime 1 stets $\lambda^1 u^2 = 0 < 1$ gilt. Dies liefert

$$\bar{t} = T - 1/[a(1-b)]. \tag{A.7.38}$$

Falls $T \leq 1/[a(1-b)]$, so ist $\bar{t} = 0$ zu setzen.

Unmittelbar vor $\bar{t}$ gilt $\lambda^2 > 1$, so daß dort entweder Regime 2 oder 3 vorherrscht. Da dann $u^2 = 1$ und somit $\lambda^1 u^2 = \lambda^1$ gilt, hängt gemäß (A.7.31) die Steuerung u^1 nur davon ab, ob $\lambda^1 > 1$ oder $\lambda^1 < 1$ ist. Aus $\lambda^1(T) = 0$ folgt

$$\lambda^1(\bar{t}) = b/(1-b). \tag{A.7.39}$$

Nun kommt die entscheidende Annahme (A.7.27) ins Spiel. Sie impliziert $b/(1-b) > 1$ und somit $\lambda^1(\bar{t}) > 1$. Somit herrscht vor dem Zeitpunkt $\bar{t}$ Regime 2. Setzt man die betreffenden Strategien ($u^1 = c, u^2 = 1$) in die Kozustandsgleichungen (A.7.32) und (A.7.35) ein, so zeigt sich, daß $\lambda^1 > 1$, $\lambda^2 > 1$ für alle $t < \bar{t}$. Somit kann weder Phase 3 noch Phase 1 dem Regime 2 vorausgehen, und die Lösung besteht aus der Regimefolge $2 \to 1$.

Die erhaltene Nash-Lösung ist in folgender Tabelle zusammengefaßt:

	$t \in [0, \bar{t})$	$t \in [\bar{t}, T]$
$u^{1*}(t)$	c	b
$u^{2*}(t)$	1	0
$K^*(t)$	$K_0 \exp\{a(1-c)t\}$	$K_0 \exp\{a(1-c)\bar{t}\}$

Das heißt, im Nash-Gleichgewicht konsumieren die Arbeiter zunächst minimal und die Kapitalisten investieren voll, während nach dem durch (A.7.38) gegebenen Umschaltpunkt beide Gegner maximal konsumieren.

Die Gestalt dieser Lösung bei rationalem Verhalten ist nicht überraschend. Bemerkenswert ist jedoch ein anderes Resultat von Lancaster, in dem er die „Suboptimalität des Kapitalismus" zeigt. Dazu vergleicht man nämlich die eben hergeleitete Nash-Lösung des Differentialspieles mit dem Optimum der *Kollusionslösung*, in welchen das Zielfunktional

$$J = J^1 + J^2 = \int_0^T aK[1 - (1-u^1)u^2]dt \qquad (A.7.40)$$

unter denselben Nebenbedingungen (A.7.26–28) zu maximieren ist. Dies liefert ein gewöhnliches Steuerungsproblem mit einer einzigen Kontrollvariablen $v = (1-u^1)u^2$, welche den Anteil der Investitionen am Output mißt. Sie muß die Beziehung $0 \leq v \leq 1 - c$ erfüllen. Man überlegt sich leicht, daß die Bang-Bang-Lösung $v = 1 - c$ (maximale Investition) gefolgt von $v = 0$ (maximaler Konsum) optimal ist, wobei der Umschaltzeitpunkt gegeben ist durch

$$t_s = T - 1/a.$$

Wegen

$$t_s - \bar{t} = b/[a(1-b)] > 0$$

schaltet der Kapitalist aufgrund des kompetitiven Charakters *zu früh* von Investition auf Konsum um, und die Arbeiter von Minimal- auf Maximalkonsum. Dies bewirkt, daß im Nash-Kapitalismusspiel die Summe $J^1 + J^2$ des Konsums der Arbeiter und der Kapitalisten *geringer* ist als im sozialen Optimum. Der Grund hierfür liegt in der Trennung der Konsum- und Investitionsentscheidung: Spieler 1 steuert zwar seinen eigenen Konsum, nicht hingegen die Kapitalakkumulation.

Worauf ist die Nutzeneinbuße im Verteilungsspiel zurückzuführen? Der Schattenpreis λ^2 einer Kapitaleinheit bei Bewertung durch den Unternehmer liegt im Intervall $(\bar{t}, t_s]$ unterhalb des Wertes 1, so daß hier nicht investiert wird. Andererseits fällt der Kozustand λ des Kontrollproblems (A.7.40) und (A.7.28) erst zum Zeitpunkt t_s unter den Wert 1, so daß im sozialen Optimum in $[\bar{t}, t_s]$ noch (voll) investiert wird. Ursache hierfür ist, daß der Kapitalist nur den Anteil $1 - b$ des Outputs bekommt, während die Gesellschaft den gesamten Output aK erhält. Somit ist $\lambda^2 < \lambda$, und der Kapitalist verzichtet im Vergleich zum sozialen Optimum zu früh aufs Investieren.

Es sei nochmals darauf hingewiesen, daß der Grund, weshalb die Arbeiter bis zum Zeitpunkt $\bar{t}$

die Investition der Kapitalisten höher als den eigenen Konsum bewerten, in der unteren Schranke für *b* liegt, die ihnen mehr als die Hälfte des zukünftigen Outputs gewährt. Allerdings ist es nicht optimal für die Arbeiter zu sparen, wenn die Unternehmer die Investitionen stoppen. Die Arbeiter können die Kapitalisten nicht gegen deren Interesse zur Kapitalakkumulation zwingen.

Natürlich kann man aus der erhaltenen optimalen Nash-Lösung neben der zugehörigen Kapitalentwicklung $K^*(t)$ auch die Spielwerte J^{i*} explizit ermitteln. Wir verzichten aber auf deren Angabe. Infolge seiner einfachen Struktur ist das Verteilungsspiel relativ leicht zu lösen. Da es zustandsseparabel ist, ist das ermittelte Open-loop Gleichgewicht zugleich auch Feedback-Lösung.

Das erzielte Nash-Gleichgewicht stellt eine vernünftige nichtkooperative Lösung des Verteilungsspieles dar, solange die Rollen der Spieler symmetrisch sind. Falls einer der Spieler in der Lage ist, seine Strategie dem Gegner aufzuzwingen, ist das Stackelberg-Konzept adäquat. Aus Platzgründen fassen wir uns in der Folge kurz, d.h. die meisten Berechnungen werden unterdrückt (vgl. dazu *Pohjola* (1983), *Wishart* und *Olsder* (1979)).

Stackelberg-Gleichgewicht (*Pohjola*)

Angenommen, die Arbeiter (Spieler 1) seien in der dominierenden Position, während die Kapitalisten (Spieler 2) Nachfolger seien. Mit der Hamiltonfunktion des Nachfolgers

$$H^2 = aK(1 - u^1)(1 - u^2) + \lambda^2 aK(1 - u^1)u^2$$

sind die notwendigen Optimalitätsbedingungen für dessen Kontrollproblem gegeben durch (A.7.34–36).

Die Stackelbergstrategie u^1 der Arbeiter maximiert J^1 unter der Systemdynamik (A.7.28) *und* der rationalen Reaktion der Kapitalisten, welche durch die adjungierte Gleichung (A.7.35), die Maximierungsbedingung (A.7.34) und die Transversalitätsbedingung (A.7.36) bestimmt ist. Somit weist das Steuerungsproblem des Leaders die beiden Zustandsvariablen K und λ^2 auf, und seine Hamiltonfunktion lautet

$$H^1 = aKu^1 + \lambda^1 aK(1 - u^1)u^2 - \mu^1 a(1 - u^1)[1 + (\lambda^2 - 1)u^2].$$

Dabei ist λ^1 bzw. μ^1 Kozustand zu K bzw. λ^2.

Die notwendigen Optimalitätsbedingungen lauten:

$$u^1 = \left\{\begin{array}{c} c \\ \text{unbestimmt} \\ b \end{array}\right\} \text{ falls}$$

$$\hat{K} - \lambda^1 \hat{K}\hat{u}^2 + \mu^1[1 - (\lambda^2 - 1)\hat{u}^2] \left\{\begin{array}{c} < \\ = \\ > \end{array}\right\} 0 \qquad (A.7.41)$$

$$\dot{\lambda}^1 = -H^1_K = -a[\hat{u}^1 + \lambda^1(1 - \hat{u}^1)\hat{u}^2] \qquad (A.7.42)$$

A.7.5. Kapitalismusspiel

$$\lambda^1(T) = 0 \tag{A.7.43}$$

$$\dot{\mu}^1 = -H^1_{\lambda^2} = a(1-\hat{u}^1)\left\{\mu^1\hat{u}^2 - [\lambda^1\hat{K} + (1-\lambda^2)\mu^1]\frac{d\hat{u}^2}{d\lambda^2}\right\} \tag{A.7.44}$$

$$\mu^1(0) = 0. \tag{A.7.45}$$

Die notwendigen Optimalitätsbedingungen für das Stackelberg-Gleichgewicht des Leaders umfassen somit die beiden Zustandsgleichungen (A.7.28, 35) mit den Randbedingungen $K(0) = K_0$ und $\lambda^2(T) = 0$, die beiden Kozustandsgleichungen (A.7.42, 44) mit den Randbedingungen (A.7.43, 45), sowie die Maximierungsbedingung (A.7.41). Man kann leicht nachprüfen, daß die folgende Lösung alle notwendigen Bedingungen erfüllt:

	$t \in [0, \hat{t}_2)$	$t \in [\hat{t}_2, \hat{t}_1)$	$t \in [\hat{t}_1, T]$
$\hat{u}^1(t)$	c	c	b
$\hat{u}^2(t)$	1	0	0
$\hat{K}(t)$	$K_0 \exp\{a(1-c)t\}$	$K_0 \exp\{a(1-c)\hat{t}_2\}$	$K_0 \exp\{a(1-c)\hat{t}_2\}$

Die Kozustandsvariablen wurden dabei aus Platzgründen weggelassen. Für Details vergleiche man *Pohjola* (1983), wo auch die Umschaltzeitpunkte $\hat{t}_1, \hat{t}_2$ angegeben sind. Da die maximierten Hamiltonfunktionen beider Spieler linear in K sind, so sind die notwendigen Optimalitätsbedingungen auch hinreichend.

Das erhaltene Stackelberg-Gleichgewicht besteht nun aus *drei* Phasen: In der *ersten Phase* konsumieren beide Gegner minimal, d. h. es wird mit maximaler Rate investiert. Im darauffolgenden *zweiten Regime* leisten sich die Arbeiter weiter nur den Minimalkonsum, während die Kapitalisten nicht mehr investieren. In der Endphase konsumieren beide sozialen Klassen mit maximaler Rate.

Man kann zeigen, daß für die Kozustandsvariablen $\lambda^1(t) \geq \lambda^2(t)$ für alle $t \in [0, T]$ gilt, d.h., die Arbeiter bewerten den Kapitalstock und damit das Investieren mindestens so hoch wie die Kapitalisten. Die Arbeiter bieten im Intervall $[\hat{t}_2, \hat{t}_1)$ den Kapitalisten ihre Ersparnisse, d.i. der Anteil $b-c$ des totalen Outputs, als Kompensation dafür an, daß diese ihre Investitionstätigkeit von $\bar{t}$ bis $\hat{t}_2 > \bar{t}$ ausdehnen. Mit anderen Worten: Die das Spiel diktierenden Arbeiter kennen die Reaktion der Kapitalisten auf jede von ihnen angekündigte Politik. Durch ihre Ankündigung, bis zum Zeitpunkt $\hat{t}_1$ maximal zu investieren, bringen sie die Kapitalisten dazu, bis zum Zeitpunkt $\hat{t}_2$ Kapital zu akkumulieren. Dabei gilt $\bar{t} < \hat{t}_2 < \hat{t}_1$. Als Resultat wird mehr Kapital als im Nash-Spiel angehäuft.

Pohjola (1983) ermittelt ferner die Stackelberg-Lösung, falls Spieler 2 Leader ist. Dabei stellt sich daraus, daß auch in diesem Spiel ein höherer Kapitalstock akkumuliert wird als im Nash-Fall. Ferner wird dort gezeigt, daß beide Spieler jedes der beiden Stackelberg-Spiele gegenüber dem Nash-Spiel vorzieht. Schließlich kann man sich überlegen, daß es im Stackelberg-Fall zu einer Pattsituation in dem Sinne kommt, daß *keiner* der Spieler als Leader agieren will, falls er sich dies aussuchen kann, da er als Nachfolger jeweils einen höheren Gewinn erzielen kann.

Zum Abschluß skizzieren wir noch die Pareto-Lösung des Kapitalismusspiels sowie optimale Drohstrategien bei Verhandlungen zwischen Arbeitnehmern und -gebern.

Pareto-Lösung (Hoel, Pohjola)

Pareto-optimale Strategien werden durch Maximierung des gewichteten Funktionals

$$J^1(u^1, u^2) + \mu J^2(u^1, u^2), \quad 0 < \mu < \infty$$

abgeleitet. Das Gewicht μ, welches die Wichtigkeit- bzw. Verhandlungsstärke der Kapitalisten im Vergleich zu den Arbeitern mißt, sei zunächst exogen gegeben. Wir geben aus Platzgründen Pareto-optimale Strategien in Abhängigkeit von μ nur ohne Herleitung an. Man erhält sie mittels des Maximumprinzips für ein (gewöhnliches, lineares) Steuerungsproblem.

	$0 < \mu < 1$			$\mu = 1$		$\mu > 1$	
	$t \in [0, t')$	$t \in [t', t'')$	$t \in [t'', T]$	$t \in [0, t'')$	$t \in [t'', T]$	$t \in [0, t'')$	$t \in [t'', T]$
$\tilde{u}^1(t)$	c	b	b	c	d	c	c
$\tilde{u}^2(t)$	1	1	0	1	0	1	0

Dabei sind t', t'' eindeutig bestimmte Zeitpinkte und d beliebig aus $[c, b]$. Die Gestalt der Pareto-optimalen Lösungen in Abhängigkeit von der Verhandlungsstärke μ ist ökonomisch plausibel. Für $\mu = 1$ erhält man die unter (A.7.40) behandelte Kollusionslösung ($t'' = t_s$). Die Ermittlung eines optimalen Paares von Drohstrategien erfolgt mittels Satz A.7.3. Zunächst wurde die Maximierungsbedingung (A.7.23) bei Bestimmung der Pareto-Lösungen bereits erfüllt. Um auch (A.7.24) für $\mu \in (0, \infty)$ auszuwerten, hat man einen Sattelpunkt der Funktion $J^1 - \mu J^2$ zu ermitteln. Die optimalen Drohstrategien sind in Abhängigkeit von μ in folgender Tabelle zusammengefaßt (für Details siehe *Hoel*, 1978b, *Pohjola*, 1984a).

	$0 < \mu \leq bT/[(1-b)T - 1]$	$\mu > bT/[(1-b)T - 1]$	
	$t \in [0, T]$	$t \in [0, t_1)$	$t \in [t_1, T]$
$v^{1*}(t)$	b	b	b
$v^{2*}(t)$	0	1	0

Die Drohung der Arbeiterklasse besteht in maximalem Konsum, d.h. in der Weigerung zu investieren. Falls die Kapitalisten geringe Verhandlungsstärke besitzen, so drohen sie, ebenfalls ständig nichts zu investieren. Ist μ hingegen größer als der angegebene, parameterabhängiger Schwellwert, so besteht die Drohung des Investitionsstopps erst ab einem gewissen Zeitpunkt t_1.

Um schließlich μ zu ermitteln, benützt man die Beziehung (A.7.25). Man kann zeigen (vgl. *Pohjola*, 1984a), daß – obwohl sowohl die rechte als auch die linke Seite von (A.7.25) als Funktion von μ fällt – genau ein $\mu = \mu^* \geq 1$ existiert, so daß (A.7.25) gilt.

Somit ist die Verhandlungsposition der Kapitalisten zumindest so stark wie jene der Arbeiter. Die Drohung der Kapitalisten, auf Investitionen zu verzichten, bringt sie in eine relativ starke Verhandlungsposition, da sie die Kapitalakkumulation direkt steuern, während die Arbeiter dies nur innerhalb gegebener institutioneller Grenzen (A.7.26b) tun können. Je weiter diese sind, desto größer ist die relative Verhandlungsstärke der Arbeiterklasse.

Zum Verteilungsspiel von Lancaster sind neben den oben erwähnten eine ganze Reihe von Erweiterungen in verschiedenen Richtungen erschienen. *Pohjola* (1986) erwähnt in seiner Übersicht allein etwa ein Dutzend Folgeaufsätze zu *Lancaster* (1973).

Während im Kapitalismusspiel die Open-loop-Lösung auch eine (degenerierte) Feedback-Lösung ist, läßt sich im folgenden Differentialspiel ein explizit vom Zustand abhängiges Feedback-Gleichgewicht finden.

A.7.6. Verhandlungsspiel

Leitmann (1974) modelliert die Verhandlungen zwischen Unternehmern und Gewerkschaft während eines Streiks. Angenommen, die Unternehmer (Spieler 1) machen das Angebot $x(t)$ (etwa Höhe des Lohns), während die Gewerkschaft (Spieler 2) $y(t)$ fordert. Die anfänglichen Verhandlungspositionen seien durch $x(0) = x_0 < y(0) = y_0$ gegeben. Die Konzessionsraten $u^i(t)$ der Spieler $i = 1, 2$ bestimmen die Dynamik von Forderung und Angebot gemäß $\dot{x} = u^1(y - x)$, sowie $\dot{y} = -u^2(y - x)$. Die Gewerkschaft akzeptiert das Angebot der Unternehmer, falls die Differenz $z = y - x$ hinreichend klein ist, d.h. falls

$$z(T) = y(T) - x(T) = m \tag{A.7.46}$$

ist, wobei $m > 0$ vorgegeben ist und T der erste Zeitpunkt ist, für welchen (A.7.46) gilt.

Die Systemdynamik läßt sich somit schreiben als

$$\dot{z} = -(u^1 + u^2)z \tag{A.7.47}$$

mit der Anfangsbedingung

$$z(0) = z_0 = y_0 - x_0 > m. \tag{A.7.48}$$

Die Zielmenge ist beschrieben durch

$$G(z(T)) = z(T) - m = 0. \tag{A.7.49}$$

Die Unternehmer möchten ihr Endangebot minimieren, während die Gewerkschaft nach einer maximalen Forderung bei Verhandlungsende trachtet. Beide Spieler wünschen ein möglichst frühes Streikende, da für Spieler i Kosten k^i pro Zeiteinheit anfallen. Dies liefert die Zielfunktionale

552 Differentialspiele

$$J^1 = -x(T) - k^1 T = -\int_0^T [u^1(t)z(t) + k^1]\,dt - x_0 \tag{A.7.50}$$

$$J^2 = y(T) - k^2 T = -\int_0^T [u^2(t)z(t) + k^2]\,dt + y_0 \tag{A.7.51}$$

wobei $\dot{x} = u^1 z$ und $\dot{y} = -u^2 z$ verwendet wurde.

Durch (A.7.47–51) ist ein Differentialspiel definiert, dessen Spieldauer durch die Endbedingung (A.7.49) bestimmt ist.

Wir werden nun die Existenz eines Feedback-Gleichgewichtes beweisen, indem wir eine Closed-loop-Lösung berechnen, die vom Anfangszustand unabhängig ist.

Dazu formulieren wir die Hamiltonfunktion von Spieler 1:

$$H^1 = -u^1 z - k^1 - \lambda^1(u^1 + u^2)z.$$

Um zu zeigen, daß eine (singuläre) Lösung existiert, für welche die Schaltfunktion $H_{u^1} = -z(1 + \lambda^1)$ identisch verschwindet, setzen wir

$$\lambda^1 = -1. \tag{A.7.52}$$

Aus der adjungierten Gleichung

$$\dot{\lambda}^1 = -H_z^1 - H_{u^2}^1 u_z^2 = u^1 + \lambda^1(u^1 + u^2 + u_z^2 z)$$

und (A.7.52) ergibt sich folgende partielle Differentialgleichung für u^2:

$$u^2 + u_z^2 z = 0. \tag{A.7.53}$$

Die allgemeine Lösung von (A.7.53) lautet

$$u^2(z,t) = c^1(t)/z, \tag{A.7.54}$$

wobei $c^1(t)$ eine beliebige stetige Funktion auf $[0, T]$ ist. Die Transversalitätsbedingung für den optimalen Endzeitpunkt ist:

$$H^1[T] = -k^1 + c^1(T) = 0. \tag{A.7.55}$$

Aus den Optimalitätsbedingungen für Spieler 2 läßt sich analog dazu folgende Strategie ableiten:

$$u^1(z,t) = c^2(t)/z \quad \text{mit} \quad c^2(T) = k^2. \tag{A.7.56}$$

Jedes Funktionenpaar (c^1, c^2), welches (A.7.54–56) erfüllt und das zu einen Endzustand führt, der (A.7.49) erfüllt, erzeugt ein Gleichgewicht in geschlossener Schleife. Damit haben wir eine überabzählbare Menge von Closed-loop-Lösungen erhalten.

Wegen der Endbedingung (A.7.49) wird ein gegebenes Paar (c^1, c^2) bei einer Änderung des Anfangszustandes z_0 i.a. kein Gleichgewicht ergeben. Man beachte, daß die Lösung (A.7.54–56) daher i.a. nicht Teilspiel-perfekt ist (vgl. Bemerkung A.7.2 unten).

Der Spezialfall konstanter Funktionen $c^i(t) = k^i$, also das Paar

$$u^1(z) = k^2/z, \quad u^2(z) = k^1/z \tag{A.7.57}$$

ist für alle Anfangszustände eine Gleichgewichts- und somit eine *Feedback-Lösung*.

Am erhaltenen Feedback-Nash-Gleichgewicht ist bemerkenswert, daß jeder Spieler umso konzessionsbereiter ist, je negativer sein Kontrahent die Fortdauer des Spieles bewertet. In der Praxis scheint die Konzessionsbereitschaft allerdings umso mehr zu schwinden, je stärker der Gegenspieler unter der Streiksituation leitet.

A.7.7. Ergänzende Bemerkungen

Bemerkung A.7.1. In letzter Zeit wird in der Theorie der Differentialspiele ein allgemeineres Lösungskonzept diskutiert, das in der statischen Spieltheorie eher umstritten ist. Es handelt sich dabei um den Begriff „conjectural variations equilibrium", den man mit „mutmaßlichem Gleichgewicht" bzw. mit „Gleichgewicht bei Vermutungen über gegnerische Reaktionen" übersetzen könnte. Dabei hängt die Strategie eines Spielers nicht nur von t (bzw. x und/oder x_0), sondern auch von den Aktionen seiner Gegenspieler ab. Diese Beziehung wird in der Reaktionsfunktion des Spielers wiedergegeben, welche dessen optimale Strategie in Abhängigkeit von den Aktionen der Kontrahenten wiedergibt. Jeder Spieler kennt zwar die Reaktionsfunktionen seiner Gegner nicht, stellt aber Vermutungen darüber an. Die vermuteten Anstiege der Reaktionfunktionen werden als „*conjectural variations*" bezeichnet. Bei der Maximierung seiner Hamiltonfunktion hat der Spieler deshalb zusätzliche (Kreuz-) Terme zu berücksichtigen, welche die Reaktion aller Gegner auf seine eigene Strategie beschreiben.

Als Spezialfälle dieses Konzeptes ergeben sich Nash- und Stackelberg-Gleichgewichte. *Fershtman* und *Kamien* (1985a) illustrierten dieses Lösungskonzept anhand eines Beispiels über Preisträgheit (sticky prices, vgl. auch *Fershtman* und *Kamien*, 1985b). *Başar* (1986b) bringt eine darüber hinausgehende, nichtlineare Darstellung der conjectural variations.

Bemerkung A.7.2. Unabhängig von Lösungskonzept und Informationsstruktur definieren wir nun zwei wichtige Eigenschaften dynamischer Gleichgewichte. Ein Strategien N-tupel mit zugehöriger Zustandstrajektorie x^* führt zu einer *zeitkonsistenten Lösung* eines Differentialspieles auf $[0, T]$, falls dessen Einschränkung auf das Teilintervall $[t, T]$ für $0 < t < T$ eine Lösung für das gleiche, auf $[t, T]$ definierte Spiel mit dem Anfangszustand $x^*(t)$ darstellt. Stellt diese eingeschränkte Strategie für jeden beliebigen Anfangszustand $x(t)$ eine Gleichgewichtsstrategie dar, so spricht man von einer *Teilspiel-perfekten Lösung* (subgame perfectness; vgl. *Selten* (1965, 1975)). Die Teilspiel-Perfektheit ist somit eine stärkere Forderung als die Zeitkonsistenz. Man beachte, daß der Begriff der Zeitkonsistenz äquivalent zum Bellmanschen Optimalitätsprinzip der dynamischen Programmierung (vgl. Abschnitt 2.2) ist.

Nash-Gleichgewichte in offener und geschlossener Schleife sind automatisch zeitkonsistent, aber i. a. keine Teilspiel-perfekten-Lösungen, da sie vom Anfangszustand abhängen. Im Nash-Fall fällt der Begriff der Teilspiel-Perfektheit mit dem des Feedback zusammen. Eine Open-loop Lösung kann somit nur dann Teilspiel-perfekt sein, wenn sie ein degeneriertes Feedback-Gleichgewicht ist.

Beispiele für *zeitlich inkonsistente* Lösungen eines Differentialspiels sind i. a. Open-loop Stackelberg-Lösungen. Denn gemäß (A.7.14) hat der Leader ein Kontrollproblem mit $2n$ Zustandsvariablen x und λ^2 zu lösen, wobei der Anfangszustand $\lambda^2(0)$ für Spieler 1 frei ist. Da wegen (A.7.19) der Anfangswert des Kozustandes $\mu^1(0) = 0$ ist, kann diese Lösung nur dann zeitlich konsistent sein, wenn μ^1 identisch verschwindet (vgl. *Papavassilopoulos* und *Cruz*,

554 Differentialspiele

1979). Dies ist aber gemäß (A. 7.18) i. a. nicht der Fall. Es wäre somit für den Leader, der eine zeitinkonsistente Open-loop Stackelberglösung spielt, besser, wenn er seine angekündigte Strategie zu jedem Zeitpunkt revidieren würde. Eine Open-loop Stackelberglösung ist daher nur dann praktizierbar, wenn am Beginn eine *verbindliche* Vereinbarung über die Strategienwahl getroffen wird.

Ein weiteres Beispiel für eine zeitliche Inkonsistenz stellen i. a. Nash-Verhandlungslösungen dar (Ausnahme: z. B. Kapitalismusspiel von Abschnitt A.7.5).

In diesem Zusammenhang sei auf das Konzept *rationaler Erwartungen* hingewiesen. In diesem Ansatz bildet sich eine optimierende Firma Erwartungen über das Verhalten ihrer Gegenspieler (Regierung bzw. konkurrierende Firmen). *Kydland* und *Prescott* (1977) schließen in Verbindung mit obigen Überlegungen auf die logische Unmöglichkeit der optimalen Steuerung einer Marktwirtschaft. Der Grund hierfür ist die zeitliche Inkonsistenz einer makroökonomischen Wirtschaftspolitik. Ein optimales Programm in einer Folgeperiode ist *nicht* die Fortsetzung einer optimalen Strategie für die erste Periode.

Bemerkung A.7.3. Gegen die von uns gewählte, in der Literatur über Differentialspiele übliche Darstellung im Hinblick auf Lösungskonzepte und Informationsstruktur existieren seitens der klassischen Spieltheorie gewisse Einwände. Gemäß *Selten* (1986) müßte man von der *extensiven Form* eines Spieles ausgehen, die genaue Angaben enthält, wann ein Spieler wieviel über den bisherigen Spielverlauf erfährt und wieweit er sich im voraus festlegen kann oder muß. Das extensive Spiel beschreibt die Situation und modelliert die institutionellen Bedingungen, denen die Spieler bei ihren Entscheidungen unterworfen werden. Die Lösung betrifft das rationale Verhalten innerhalb dieser Grenzen.

Unter diesem Gesichtspunkt wäre die Informationsstruktur Bestandteil einer extensiven Form des Spiels. Dabei würden Open-loop bzw. Stackelberg-Gleichgewichte Lösungen verschiedener extensiver (Open-loop bzw. Stackelberg-)Spiele sein.

Eine vollständige extensive Beschreibung von Differentialspielen scheint uns allerdings nicht operabel zu sein (vgl. auch *Shubik* (1982), *Friedman* (1986)).

Eine detaillierte Darstellung dynamischer Konfliktsituationen würde ein eigenes Buch erfordern, das allerdings noch nicht geschrieben wurde. Wir beschränken und hier auf einige wenige Literaturangaben, die entweder historisch bedeutsam sind oder aber selbst eine Übersicht über existierende Literatur darstellen:

Starr und *Ho* (1969) untersuchen erstmals systematisch dynamische Nichtnullsummenspiele.
Simaan und *Cruz* (1973) betrachten erstmals das Stackelberg-Feedback-Lösungskonzept.
Ho (1970) gibt eine allgemeine Kreuzklassifikation intertemporaler Optimierungsprobleme nach Anzahl der Entscheidungsträger, Anzahl der Zielfunktionale etc.
Salukvadze (1979) behandelt Steuerungsprobleme bei Mehrfachzielsetzung (Vektoroptimierung).
Clemhout und *Wan* (1979) liefern eine Übersicht über diverse ökonomische Anwendungen von Differentialspielen. An einschlägigen Monographien seien genannt: *Leitmann* (1974), *Case* (1979), *Basar* und *Olsder* (1982) sowie *Mehlmann* (1985a). *Jørgensen* (1982a, 1986b) liefert eine Übersicht über die Anwendung von Differentialspielmodellen in der Werbung bzw. Preispolitik. *Feichtinger* und *Jørgensen* (1983) fassen die Anwendungen dynamischer Spielsituationen in Operations Research und Management Science zusammen. *Pohjola* (1986) beschreibt den Anwendungsstand in der Makroökonomie, *Kaitala* (1985, 1986) gibt einen Überblick über Differentialspiele für die Ausbeutung erneuerbarer Ressourcen.

Literaturhinweise zum Verhandlungsspiel zwischen Arbeitgebern und Gewerkschaft sind *Liu* (1973a), *Leitmann* (1973), *Leitmann* und *Liu* (1974), *Chen* und *Leitmann* (1980), *Ray* und *Blaquière* (1981). Dabei wurde das Modell durch die Einbeziehung von Streikdrohungen erweitert.

A.8. Stochastische Kontrolltheorie

In vielen ökonomischen Anwendungen ist die Annahme rein deterministischer Modelle unrealistisch. Unsicherheit kann durch äußere zufällige Einflüsse auftreten, infolge von ungenügender Kenntnis über die Funktionsweise des Systems bzw. nur teilweiser Beobachtbarkeit der Variablen. Beispiele hierfür sind Ungewißheiten bei Nachfrage- und Preisentwicklungen.

Um diese stochastischen Einflüsse zu berücksichtigen, kann man die Systemdynamik (1.1) durch folgende Itôsche *stochastische Differentialgleichung* ersetzen:

$$dx = f(x, u, t)dt + \sigma(x, u, t)dw, \quad x(0) = x_0. \tag{A.8.1}$$

Dabei beschränken wir uns der Einfachheit halber auf den eindimensionalen Fall. f ist die erwartete Änderungsrate des Zustandes x, u die Steuerung und σdw ein Störterm, wobei dw „weißes Rauschen" bedeutet, d.i. formal die Ableitung eines *Wienerprozesses* (Brownsche Bewegung). Ein Standard-Wienerprozeß $w(t)$ ist ein stochastischer Prozeß mit stationären unabhängigen Zuwächsen (d. h. für beliebige Zeitpunkte $t_0 < t_1 < t_2 < \ldots$ sind die Zufallsgrößen $w(t_1) - w(t_0)$, $w(t_2) - w(t_1), \ldots$ stochastisch unabhängig und normalverteilt mit Erwartungswert 0 und Varianz $t_1 - t_0$, $t_2 - t_1, \ldots$

Die stochastische Differentialgleichung (A.8.1) stellt eine formale Abkürzung der Itôschen Integralgleichung

$$x(t) = \int_0^t f(x(s), u(s), s)ds + \int_0^t \sigma(x(s), u(s), s)dw(s) + x_0$$

dar. Zu ihrer strengen mathematischen Behandlung ist ein eigener Kalkül nötig, der z. B. bei *Arnold* (1973), *Fleming* und *Rishel* (1975), *Jazwinski* (1970) oder *Åström* (1970) dargestellt ist.

Aufgabe des Entscheidungsträgers ist die Maximierung des erwarteten Gewinnstromes

$$\max_u E[\int_0^T F(x, u, t)dt + S(x(T), T)] \tag{A.8.2}$$

mit der stochastischen Differentialgleichung (A.8.1) als Systemdynamik.

Im stochastischen Fall erweist sich die *Hamilton-Jacobi-Bellman-Gleichung* der dynamischen Programmierung als geeignete Lösungsmethode. Dazu definieren wir die Wertfunktion $V(x, t)$ als den optimalen Wert von (A.8.2), falls x den Anfangszustand zum Zeitpunkt t darstellt und anstelle von $[0, T]$ nur das Planungsintervall $[t, T]$ betrachtet wird.

Wie in (2.25) gilt gemäß dem Optimalitätsprinzip

$$V(x, t) = \max_u E[F(x, u, t)dt + V(x + dx, t + dt) + o(dt)]. \quad (A.8.3)$$

Dabei bezeichnet $o(dt)$ Terme höherer Ordnung. Unter der Annahme, daß die Wertfunktion zweimal stetig differenzierbar ist, können wir V um (x, t) in eine Taylorreihe entwickeln und erhalten

$$V(x + dx, t + dt) = V(x, t) + V_x(x, t)dx + V_t(x, t)dt +$$
$$+ \tfrac{1}{2}V_{xx}(x, t)(dx)^2 + \tfrac{1}{2}V_{tt}(x, t)(dt)^2$$
$$+ V_{xt}(x, t)(dx)(dt)$$
$$+ \text{Terme von mindestens 3. Ordnung.} \quad (A.8.4)$$

Unter Berücksichtigung von (A.8.1) erhalten wir rein formal

$$(dx)^2 = f^2(dt)^2 + \sigma^2(dw)^2 + 2f\sigma(dt)(dw) \quad (A.8.5a)$$

$$(dx)(dt) = f(dt)^2 + \sigma(dw)(dt). \quad (A.8.5b)$$

Die exakte Bedeutung dieser Ausdrücke ist aus der Theorie der Itôschen Differentialgleichungen zu entnehmen, für den Anwender aber zunächst nicht von essentieller Bedeutung (vgl. *Arnold*, 1973, für eine exakte Begründung). Der Itô-Kalkül liefert folgende Multiplikationsregel

$$(dw)^2 = dt, \quad (dw)(dt) = 0, \quad (dt)^2 = 0. \quad (A.8.6)$$

Setzt man (A.8.4) in (A.8.3) ein und berücksichtigt (A.8.5, 6), so erhält man

$$V(x, t) = \max_u E[Fdt + V + V_t dt + V_x f dt + V_x \sigma dw$$
$$+ \tfrac{1}{2}V_{xx}\sigma^2 dt + o(dt)]. \quad (A.8.7)$$

Da der Erwartungswert von dw verschwindet, so erhält man aus (A.8.7) nach Division durch dt und anschließendem Grenzübergang $dt \to 0$ formal folgende Beziehung

$$-V_t(x, t) = \max_u [F(x, u, t) + V_x(x, t)f(x, u, t)$$
$$+ \tfrac{1}{2}V_{xx}(x, t)\sigma^2(x, u, t)]. \quad (A.8.8)$$

(A.8.8) ist die *Hamilton-Jacobi-Bellman-Gleichung* für das stochastische Kontrollproblem (A.8.1, 2). Sie unterscheidet sich von der deterministischen Version (2.32) um den Term $\tfrac{1}{2}V_{xx}\sigma^2$ und bildet im Verein mit der Randbedingung

$$V(x, T) = S(x, T) \quad (A.8.9)$$

(vgl. (2.28)) die zentrale Gleichung zur Lösung stochastischer optimaler Steuerungsprobleme.

Im Falle autonomer, diskontierter stochastischer Kontrollprobleme mit unendlichem Zeithorizont:

$$\max_u E[\int_0^\infty e^{-rt} F(x,u) dt] \tag{A.8.10a}$$

$$dx = f(x,u) dt + \sigma(x,u) dw, \quad x(0) = x_0 \tag{A.8.10b}$$

ist die (Barwert-)Wertfunktion $V(x)$ unabhängig von t und erfüllt die HJB-Gleichung

$$rV(x) = \max_u [F(x,u) + V'(x)f(x,u) + \tfrac{1}{2} V''(x) \sigma^2(x,u)]. \tag{A.8.11}$$

Für den mehrdimensionalen Fall läßt sich die HJB-Gleichung (A.8.8) bzw. (A.8.11) auf analoge Weise herleiten, wobei V' durch den Gradienten V_x und $\sigma^2 V''$ durch $\sigma' V_{xx} \sigma$ zu ersetzen ist.

Zur Illustration skizzieren wir zwei Beispiele.

Beispiel A.8.1. *Sethi* (1983) behandelt folgende stochastische Modifikation des Vidale-Wolfe-Modells (vgl. auch Abschnitt 11.1.2)

$$\max_u E[\int_0^\infty e^{-rt} (\pi x - u^2) dt] \tag{A.8.12a}$$

$$dx = (\alpha u \sqrt{1-x} - \delta x) dt + \sigma(x) dw \tag{A.8.12b}$$

$$x(0) = x_0 \in (0,1). \tag{A.8.12c}$$

Damit der Zustandsprozeß x das Intervall $(0,1)$ fast sicher nicht verläßt, verlangen wir, daß σ stetig in x ist und daß gilt

$$\sigma(0) = \sigma(1) = 0, \quad \sigma(x) \geqq 0 \quad \text{für} \quad x \in (0,1). \tag{A.8.13}$$

Die Existenz der Lösung des Problems (A.8.12) folgt aus Sätzen, welche bei *Bensoussan* (1982) und *Fleming* und *Rishel* (1975) bewiesen werden.

Die Lösung der *deterministischen Version* mit $\sigma(x) = 0$ für $x \in [0,1]$ kann leicht mittels des Maximumprinzips erhalten werden. Die optimale Werbepolitik u^* besitzt *Feedback-Gestalt*

$$u^*(x) = \tfrac{1}{2} \lambda \alpha \sqrt{1-x}. \tag{A.8.14}$$

Dabei ist λ die Kozustandsvariable, welche der Gleichung

$$\dot\lambda = (r+\delta)\lambda - \pi + \tfrac{1}{4} \lambda^2 \alpha^2 \tag{A.8.15}$$

genügt. Die einzige beschränkte Lösung von (A.8.15) ist offensichtlich

$$\lambda = \hat\lambda = 2[\sqrt{(r+\delta)^2 + \alpha^2 \pi} - (r+\delta)]/\alpha^2. \tag{A.8.16}$$

Setzt man $\lambda = \hat\lambda$ in (A.8.14) ein, so erhält man die konstante optimale Steuerung $u^*(x) = \hat u$. Setzt man schließlich diese in die Zustandsgleichung (A.8.12b) für $\sigma = 0$ ein, so ergibt sich

$$x^* = x_0 \exp\left[-\left(\frac{\alpha^2 \hat{\lambda}}{2} + \delta\right)t\right] + \hat{x}\left\{1 - \exp\left[-\left(\frac{\alpha^2 \hat{\lambda}}{2} + \delta\right)t\right]\right\} \quad (A.8.17)$$

mit

$$\hat{x} = \frac{\alpha^2 \hat{\lambda}}{\alpha^2 \hat{\lambda} + 2\delta}.$$

Setzt man x^* und u^* in das Zielfunktional (A.8.12a) ein, so erhält man nach einigen Umformungen die Wertfunktion

$$V(x) = \hat{\lambda}x + \frac{\hat{\lambda}^2 \alpha^2}{4r}. \quad (A.8.18)$$

Nach dieser Skizzierung der Lösung des deterministischen Spezialfalles, können wir uns dem stochastischen Problem (A.8.12) zuwenden.

Die HJB-Gleichung lautet

$$rV = \max_u [\pi x - u^2 + V'(\alpha u\sqrt{1-x} - \delta x) + \tfrac{1}{2}V'' \sigma^2(x)]. \quad (A.8.19)$$

Da die Wertfunktion des deterministischen Problems (A.8.18) für $\sigma = 0$ der HJB-Gleichung (A.8.19) genügt und da $V(x)$ *linear* in x ist, erfüllt V aus (A.8.18) auch die HJB-Gleichung (A.8.19) des stochastischen Problems (mit $\sigma \neq 0$).

Führt man die Maximierung bezüglich u in (A.8.19) durch, so erhält man $u = \tfrac{1}{2}\alpha V'\sqrt{1-x}$. Setzt man $V' = \hat{\lambda}$ (vgl. (A.8.18)), so erhält man folgende optimale Werbepolitik in Feedbackform für das stochastische Problem:

$$u^*(x) = \tfrac{1}{2}\hat{\lambda}\alpha\sqrt{1-x}. \quad (A.8.20)$$

Vergleicht man dies mit (A.8.14), so erkennt man, daß im deterministischen und stochastischen Fall *dieselbe Feedbackregel* optimal ist. Diese ist unabhängig vom Störterm σ. Der Grund für diese Tatsache ist die Linearität der Wertfunktion in x. Im folgenden Beispiel ist diese Eigenschaft nicht mehr gewährleistet.

Beispiel A.8.2. *Kamien* und *Schwartz* (1981) rechnen ein auf *Merton* (1969) basierendes Modell, in welchem die optimale Aufteilung eines Vermögens auf eine risikobehaftete und eine festverzinsliche Anlage behandelt wird. Es bezeichne x das Gesamtvermögen, u den Anteil, der in die riskante Anlage investiert wird, $\varrho_1 - 1$ die Ertragsrate des sicher veranlagten Kapitals, $\varrho_2 - 1$ den erwarteten Ertrag aus dem Risikokapital, wobei $\varrho_2 > \varrho_1$ sei. Ferner sei σ^2 die Varianz des Risikoertrages pro Kapital- und Zeiteinheit, c die Konsumrate und $U = c^\beta/\beta$ die Nutzenfunktion ($\beta < 1$).

Ziel des Kapitalanlegers ist die Maximierung des erwarteten diskontierten Nutzenstromes

$$E\left[\frac{1}{\beta}\int_0^\infty e^{-rt} c^\beta \, dt\right], \quad (A.8.21a)$$

wobei die Vermögensänderung durch die stochastische Differentialgleichung

$$dx = [\varrho_1(1-u)x + \varrho_2 ux - c]dt + ux\sigma dw \tag{A.8.21b}$$

beschrieben ist und das Anfangsvermögen $x(0) = x_0$ vorgegeben ist. Dieses Modell besitzt eine Zustandsvariable x und zwei Steuerungen c und u.
Die HJB Gleichung (A.8.11) lautet

$$rV(x) = \max_{c,u} \{c^\beta/\beta + V'(x)[\varrho_1(1-u)x + \varrho_2 ux - c]$$
$$+ \tfrac{1}{2}u^2 x^2 \sigma^2 V''(x)\}. \tag{A.8.22}$$

Die Werte von c und u, welche den Ausdruck in der geschlungenen Klammer (A.8.22) maximieren, sind

$$c = V'(x)^{1/(\beta-1)}, \quad u = V'(x)(\varrho_1 - \varrho_2)/[\sigma^2 x V''(x)], \tag{A.8.23}$$

soferne $V'' < 0$ ist. Setzt man (A.8.23) in (A.8.22) ein, so ergibt sich nach Umformungen

$$rV(x) = V'^{\beta/(\beta-1)}(1-\beta)/\beta + \varrho_1 x V'$$
$$- (\varrho_1 - \varrho_2)^2 (V')^2 /(2\sigma^2 V''). \tag{A.8.24}$$

Um diese nichtlineare gewöhnliche Differentialgleichung 2. Ordnung zu lösen, setzt man an

$$V(x) = \alpha x^\beta/\beta, \tag{A.8.25}$$

wobei $\alpha > 0$ zu bestimmen ist. Setzt man (A.8.25) in (A.8.24) ein, so erhält man

$$\alpha = \left\{\left[r - \varrho_1 \beta - \frac{(\varrho_1 - \varrho_2)^2 \beta}{2\sigma^2(1-\beta)}\right] \Big/ (1-\beta)\right\}^{\beta-1}. \tag{A.8.26}$$

Mit diesem Wert für die Konstante α sind auch die optimalen Feedbacksteuerungen bestimmt:

$$c = \alpha^{1/(\beta-1)} x, \quad u = (\varrho_2 - \varrho_1)/[(1-\beta)\sigma^2]. \tag{A.8.27}$$

Es ist somit optimal, immer einen konstanten Anteil des Vermögens zu konsumieren, und zwar umso mehr, je größer die Diskontrate r ist und je kleiner die Varianz σ^2 ist. Das optimale Verhältnis zwischen sicherem und risikobehaftetem Kapital ist unabhängig vom Gesamtvermögensstand. Der Anteil des Risikokapitals ist umso größer, je mehr sein erwarteter Ertrag ϱ_2 über dem sicheren Ertrag ϱ_1 liegt und je kleiner die Varianz σ^2 ist.

In (A.8.27) ist nicht gesichert, daß $u \leq 1$ ist. Wäre $u > 1$ in diesem Ausdruck, so ist es optimal, $u = 1$ zu setzen, d. h. nur die risikobehaftete Anlageform zu wählen.
Stochastische Maximumprinzipien werden bei *Kushner* (1965, 1971) und *Bensoussan* et al. (1974, Appendix B) erläutert; vgl. auch *Bismut* (1978), *Christopeit* (1978). Da in diesem Fall

auch die adjungierte Variable einen Zufallsprozeß darstellt, ist i.a. die Lösung der HJB-Gleichung leichter als jene der notwendigen Optimalitätsbedingungen des stochastischen Maximumprinzips. Ausnahmen hierzu findet man bei *Bismut* (1975) und *Haussmann* (1981). Monographien zur stochastischen Kontrolltheorie sind *Fleming* und *Rishel* (1975) sowie *Bensoussan* (1982).

Ein klassischer stochastischer Ansatz zur optimalen Gestaltung eines Wertpapier-Portefeuilles stammt von *Merton* (1969, 1971); vgl. auch *Wolff* (1975) und *Sethi* et al. (1979), wo ein diskretes Modell behandelt wird, sowie *Lehoczky* et al. (1983). Einen guten Überblick in Beispiel A.8.2 gibt *Merton* (1982).

Bensoussan und *Lesourne* (1980, 1981) haben das Wachstum eines Unternehmens mit Eigenfinanzierung in einer stochastischen Umwelt untersucht (Risiko eines Firmenbankrotts).

Ein wichtiges Anwendungsfeld der nicht-deterministischen Kontrolltheorie ist die stochastische Finanzplanung. In diesem Zusammenhang sei auf folgende beiden interessanten Bücher hingewiesen: *Ziemba* und *Vickson* (1975), *Malliaris* und *Brock* (1982).

Sethi und *Thompson* (1980) haben das HMMS-Modell (vgl. Abschnitt 9.1.1) durch Einbeziehung zufälliger Lageränderungen (als Wienerprozeß modelliert) erweitert. In *Bensoussan* et al. (1984) wurde in dieses Modell die Nichtnegativitätsbeschränkung für die Produktion eingebaut.

Constantinides und *Richard* (1978) haben ein Kassenhaltungsproblem behandelt, welches formal verwandt zu Lagerhaltungsproblemen ist.

Aufbauend auf *Arrow* und *Chang* (1980) lösen *Derzko* und *Sethi* (1981b) ein Ressourcenextraktionsproblem, wobei das Auffinden neuer Lagerstätten durch einen Poissonprozeß beschrieben wird.

Rausser und *Hochman* (1979) bringen eine Reihe von Anwendungen der stochastischen Steuerungstheorie auf landwirtschaftliche Probleme.

Tapiero (1975) untersucht eine stochastische Version des Vidale-Wolfe-Modells (vgl. Abschnitt 11.1.2). Die optimale adaptive Werbepolitik wird dabei mittels Kalman-Bucy-Filter ermittelt. Einen Einblick in adaptive Steuerungsmodelle für diskrete Zeit liefern *Pekelman* und *Rausser* (1978). Die Theorie der Kalman- und Kalman-Bucy-Filter spielt z.B. in ökonometrischen Anwendungen eine wichtige Rolle (*Kalman*, 1960a b, *Kalman* und *Bucy*, 1961).

Übersichtsaufsätze über die Anwendung stochastischer Kontrollmodelle im Operations Research und in der Betriebswirtschaft sind *Kleindorfer* (1978) und *Neck* (1984).

Eine interessante Darstellung stochastischer Steuerungsprobleme gibt *Whittle* (1982/3).

Auf Literatur zu den im vorliegenden Buch nicht behandelten, linear-quadratischen, ökonometrischen Modellen sei nochmals hingewiesen:

Chow (1975), *Pitchford* und *Turnovsky* (1977, Part II), *Kendrick* (1981a) sowie *Chow* (1981).

A.9. Dezentrale hierarchische Kontrolle

Um „große" Kontrollprobleme (large-scale systems) zu lösen, kann man sich vom *Dekompositionsprinzip* der linearen Programmierung leiten lassen. Häufig sind Organisationen in Funktionsbereiche gegliedert, so daß sich eine Aufteilung eines Systems in Subsysteme inhaltlich anbietet. Dabei hat jedes Teilsystem ein eigenes Zielfunktional. Um das Gesamtsystem zu optimieren, sind die Aktivitäten der Subsysteme in geeigneter Weise zu koordinieren. Bei hierarchisch strukturierten Organisationen erfolgt dies in der Weise, daß ein Koordinator den Subsystemen die zur optimalen Entscheidung benötigten Informationen bekanntgibt. Wesentlich ist dabei, daß die einzelnen Teilbereiche nicht alle Informationen brauchen. In manchen Organisationen lassen sich die Abteilungen auch „nicht gerne in die Karten sehen". Sie ermitteln – unter Benützung der vom Koordinator gegebenen Informationen – die optimale Lösung ihres Subsystems und teilen nur diese mit, hingegen nicht ihr ganzes Optimierungsmodell.

Ausgangspunkt ist ein „großes" Gesamtmodell (d.h. ein Modell mit „vielen" Zustandsvariablen) in Standardform:

$$\max_{u} \{\int_0^T e^{-rt} F(x, u, t)\,dt + e^{-rT} S(x(T))\} \tag{A.9.1a}$$

$$\dot{x} = f(x, u, t), \quad x(0) = x_0. \tag{A.9.1b}$$

Das System zerfalle in $N \geq 2$ Subsysteme, die voneinander nicht unabhängig sind. Jedes Teilsystem $i = 1, \ldots, N$ wird von einem Entscheidungsträger kontrolliert, der mit Hilfe der Steuerung u_i den Zustand x_i beeinflußt. Die Zustands- und Kontrollvariablen des Gesamtsystems seien also (nach eventueller Umordnung der Komponenten) wie folgt strukturiert:

$$x = (x_1', \ldots, x_N')', \quad u = (u_1', \ldots, u_N')'.$$

Die für die Entscheidung im i-ten Teilbereich benötigten Informationen über die Variablen $x_j(t), u_j(t)$ für $j \neq i$ seien im Vektor $y_i(t)$ zusammengefaßt. Die Teilsysteme sind also durch die Koppelungsbedingungen

$$y_i = \sum_{j \neq i} g_{ij}(x_j, u_j, t) \tag{A.9.2}$$

($i = 1, \ldots, N$) verknüpft, wobei die g_{ij} stetig differenzierbare Funktionen sind. Dies gibt Anlaß zu folgender Darstellung der Funktionen F, S und f des Gesamtmodells:

$$F(x, u, t) = \sum_{i=1}^{N} F_i(x_i, u_i, y_i, t) \tag{A.9.3a}$$

$$S(x(T)) = \sum_{i=1}^{N} S_i(x_i(T), y_i(T)) \tag{A.9.3b}$$

$$f(x, u, t) = \begin{pmatrix} f_1(x_1, u_1, y_1, t) \\ \vdots \\ f_N(x_N, u_N, y_N, t) \end{pmatrix} \tag{A.9.3c}$$

wobei (A.9.2) für y_i einzusetzen ist.

Das System (A.9.1) läßt sich somit folgenderweise in separierter Form schreiben:

$$J = \sum_{i=1}^{N} J_i = \sum_{i=1}^{N} [\int_0^T e^{-rt} F_i(x_i, u_i, y_i, t) dt + e^{-rT} S_i(x_i(T), y_i(T))] \tag{A.9.4a}$$

$$\dot{x}_i = f_i(x_i, u_i, y_i, t), \quad x_i(0) = x_{i0}, \quad i = 1, \ldots, N \tag{A.9.4b}$$

sowie (A.9.2) für $i = 1, \ldots, N$.

Zwar läßt sich (A.9.1) stets in der Form (A.9.4) darstellen; es ist aber sinnvoll, die Strukturierung in Subsysteme in der Weise vorzunehmen, daß sie durch möglichst wenige bzw. einfache Koppelungsbedingungen (A.9.2) verbunden sind.

Zur Lösung des Problems (A.9.4, 2) wenden wir Satz 6.1 an, wobei der Hinweis zur Behandlung der Nebenbedingungen (A.9.2) in Gleichungsform in Bemerkung 6.5 zu beachten ist.

Die Lagrangefunktion lautet:

$$L = \sum_{i=1}^{N} \{F_i(x_i, u_i, y_i, t) + \lambda_i f_i(x_i, u_i, y_i, t) + \mu_i [y_i - \sum_{j \neq i} g_{ij}(x_j, u_j, t)]\}.$$

Dabei bedeutet λ_i die adjungierte Variable zu x_i und μ_i den Multiplikator zur Nebenbedingung (A.9.2).

Durch Vertauschen der Summationsreihenfolge erhält man

$$L = \sum_{i=1}^{N} L_i(x_i, u_i, y_i, \lambda_i, \mu, t),$$

wobei

$$L_i = F_i(x_i, u_i, y_i, t) + \lambda_i f_i(x_i, u_i, y_i, t) + \mu_i y_i - \sum_{j \neq i} \mu_j g_{ji}(x_i, u_i, t) \tag{A.9.5}$$

und $\mu = (\mu_1, \ldots, \mu_N)$. Man beachte, daß die Teil-Lagrangefunktion L_i nur von den (lokalen) Variablen $x_i, u_i, y_i, \lambda_i, t$ des i-ten Subsystems sowie von μ abhängt.

Mit den Lagrangefunktionen L bzw. L_i ergeben sich folgende notwendige Optimalitätsbedingungen für $i = 1, \ldots, N$

$$\partial L / \partial u_i = \partial L_i / \partial u_i = 0 \tag{A.9.6}$$

$\partial L/\partial y_i = \partial L_i/\partial y_i = 0$, d.h. $\mu_i = -(\partial/\partial y_i)(F_i + \lambda_i f_i)$ (A.9.7)

$\dot{\lambda}_i = r\lambda_i - \partial L/\partial x_i = r\lambda_i - \partial L_i/\partial x_i$ (A.9.8)

$$\lambda_i(T) = \frac{\partial S(x(T))}{\partial x_i} = \frac{\partial S_i(x_i(T), y_i(T))}{\partial x_i}$$
$$+ \sum_{j \neq i} \frac{\partial S_j(x_j(T), y_j(T))}{\partial y_j} \frac{\partial g_{ji}(x_i(T), u_i(T))}{\partial x_i}. \quad (A.9.9)$$

Man beachte, daß hier neben u_i auch y_i für $i = 1, \ldots, N$ als Kontrollvariable fungiert.

Man erkennt, daß die Bedingungen (A.9.6–8) – abgesehen von μ – nur von den Variablen des i-ten Teilsystems abhängen. Die Transversalitätsbedingung (A.9.9) hängt allerdings i.a. auch von den Variablen $x_j(T)$, $y_j(T)$, $j \neq i$, der anderen Teilsysteme ab. Um dies auszuschließen, nehmen wir in der Folge an, daß alle Restwertfunktionen nur von der „eigenen" Zustandsvariablen abhängen:

$$S_i(x_i(T), y_i(T)) = S_i(x_i(T)) \quad \text{für} \quad i = 1, \ldots, N. \quad (A.9.10)$$

Die Endbedingung (A.9.9) besitzt dann die einfache Gestalt:

$$\lambda_i(T) = \partial S_i(x_i(T))/\partial x_i. \quad (A.9.11)$$

Wegen der – bis auf λ – separablen Optimalitätsbedingungen (A.9.6–8), (A.9.11) kann das Problem (A.9.1) folgendermaßen auf *dezentrale Weise* gelöst werden: Jeder Entscheidungsträger löst das Problem

$$\max \int_0^T e^{-rt}[F_i(x_i, u_i, y_i, t) + \mu_i y_i - \sum_{j \neq i} \mu_j g_{ji}(x_i, u_i, t)]dt + e^{-rT} S_i(x_i(T))$$
(A.9.12a)

$$\dot{x}_i = f_i(x_i, u_i, y_i, t), \quad x_i(0) = x_{i0}. \quad (A.9.12b)$$

Dazu ist es nötig, daß dem i-ten Entscheidungsträger der Multiplikator (Transferpreis) μ bekannt ist. Er wird von einem Koordinator vorgegeben.

Je nachdem, ob zusätzlich auch y_i vorgegeben ist oder dem i-ten Entscheidungsträger zur Optimierung überlassen ist, unterscheidet man zwischen Interaktions-, Schätzungs- bzw. Interaktions-Ausgleichs-Verfahren.

Nach Lösen des i-ten Teilproblems ($i = 1, \ldots, N$) berechnet der Koordinator aus den einzelnen Lösungen neue Werte von μ und $y = (y'_1, \ldots, y'_N)'$ bzw. nur von μ. In Abb. A.9.1 ist der Informationsfluß für beide Möglichkeiten skizziert.

Wir wenden uns nun der genaueren Spezifikation der *infimalen Probleme* (A.9.12) sowie der Festlegung des Koordinationsmechanismus (*supremales Problem*) zu. Dabei unterscheiden wir die oben genannten Verfahren.

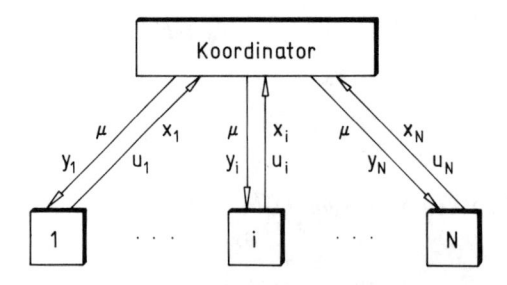

Abb. A.9.1a Informationsfluß bei Interaktions-Schätzung

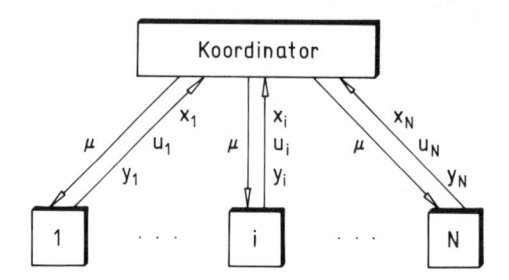

Abb. A.9.1b Informationsfluß bei Interaktions-Ausgleich

Interaktions-Schätzung (interaction prediction principle)

Jeder der N Entscheidungsträger löst das infimale Problem (A.9.12) durch Wahl von u_i unter der Voraussetzung, daß ihm der Koordinator μ und y_i mitteilt. Aufgabe des Koordinators ist es, μ und y_i so zu bestimmen, daß die Koppelungsbedingung (A.9.2) und die Maximierungsbedingung (A.9.7) erfüllt ist[1]. Dies führt auf folgenden Algorithmus:

Initialisierung: Festlegung von Anfangsschätzungen μ^0, y^0. Man setze $k = 0$.

Iteration:

Stufe 1. Berechnung der Lösungen $(x_i^k, u_i^k, \lambda_i^k)$ der infimalen Probleme (A.9.12) für die aktuellen Werte von μ^k, y_i^k ($i = 1, \ldots, N$).

Stufe 2. Bestimmung der neuen Schätzungen gemäß

$$y_i^{k+1} = \sum_{j \neq i} g_{ij}(x_j^k, u_j^k, t) \tag{A.9.13}$$

---

[1] Während (A.9.6, 8, 11) von den notwendigen Bedingungen des i-ten Entscheidungsträgers abgedeckt werden, ist (A.9.7) vom Koordinator zu berücksichtigen. Diesem obliegt auch die Einhaltung von (A.9.2).

$$\mu_i^{k+1} = -\frac{\partial}{\partial y_i}[F_i(x_i^k, u_i^k, y_i^{k+1}, t) + \lambda_i^k f_i(x_i^k, u_i^k, y_i^{k+1}, t)], \qquad \text{(A.9.14)}$$

d.h. durch sukzessive Approximation von (A.9.2) und (A.9.7).
Falls
$$\|y_i^{k+1} - y_i^k\| < \varepsilon, \qquad \text{(A.9.15)}$$

so endet das Verfahren. Ansonsten ersetze man k durch $k+1$ und gehe nach Stufe 1.

Interaktions-Ausgleich (interaction balance, goal coordination)

Jeder der N Entscheidungsträger löst sein infimales Problem (A.9.12) durch Wahl von u_i und y_i unter der Voraussetzung, daß ihm der Koordinator μ mitteilt[1]).
Der Koordinator löst das duale Problem

$$\mu = \arg\min_\mu \Phi(\mu), \qquad \text{(A.9.16)}$$

wobei Φ die Dualfunktion ist (vgl. etwa *Rockafellar*, 1971):

$$\Phi(\mu) = \max_{x,u,y,\lambda} \{\int_0^T e^{-rt}[F + \lambda(f - \dot{x}) + \sum_{i=1}^N \mu_i(y_i - \sum_{j \neq i} g_{ij}(x_j, u_j, t))]dt$$
$$+ e^{-rT} S(x(T))\}. \qquad \text{(A.9.17)}$$

Dazu bietet sich ein Gradientenverfahren an, da der Gradient $\partial \Phi / \partial \mu$ durch den Interaktionsfehler $e = (e_1', \ldots, e_N')'$ mit

$$e_i = y_i - \sum_{j \neq i} g_{ij}(x_j, u_j, t) \qquad \text{(A.9.18)}$$

gegeben ist.
Der Algorithmus lautet:
Initialisierung: Festlegung von μ^0. Man setze $k = 0$.
Iteration:
Stufe 1. Berechnung der Lösungen $(x_i^k, u_i^k, y_i^k, \lambda_i^k)$ der infimalen Probleme (A.9.12) für den aktuellen Wert von μ^k ($i = 1, \ldots, N$).
Stufe 2. Bestimmung von μ^{k+1} mittels

$$\mu^{k+1} = \mu^k + \sigma^k d^k \qquad \text{(A.9.19)}$$

---

[1]) Im Unterschied zum Interaktions-Schätzungsprinzip wird nun y_i im infimalen Problem optimal bestimmt. Die Einhaltung der Optimalitätsbedingung (A.9.7) muß daher nicht vom Koordinator überwacht werden, da sie zu den notwendigen Bedingungen des i-ten Entscheidungsträgers zählt.

mit geeigneter Schrittweite σ^k. Die Richtung d^k kann entweder mittels des Gradientenverfahrens bestimmt werden:

$$d^k = e^k \quad \text{mit} \quad e_i^k = y_i^k - \sum_{j \neq i} g_{ij}(x_j^k, u_j^k, t), \tag{A.9.20}$$

oder mit Hilfe der Methode der konjugierten Gradienten (vgl. Anhang A.1.1):

$$d^k = e^k + \beta^k d^{k-1}, \tag{A.9.21}$$

wobei

$$\beta^k = \|e^k\|^2 / \|e^{k-1}\|^2.$$

Falls

$$\|e^k\| < \varepsilon,$$

so endet das Verfahren. Anderenfalls setzt man k gleich $k+1$ und springt nach Stufe 1.

Die Schrittweite σ^k in (A.9.19) kann wie in (A.1.7) durch eine lineare Suche ermittelt werden, was aber i. a. aufwendig ist, da $\Phi(\mu)$ in jedem Schritt auszuwerten ist.

Falls L_i linear in y_i ist, so ergeben sich bei der Lösung Schwierigkeiten (vgl. dazu *Jamshidi*, 1983, p. 127).

Für linear-quadratische Probleme ist die Konvergenz der beiden Iterationsverfahren gewährleistet (vgl. *Singh* und *Hassan*, 1976).

Die inhaltliche Begründung der Dekomposition „großer" Probleme wurde oben angegeben. Numerisch bringt die dezentrale Lösung hierarchisch strukturierter Probleme zumindest Speicherplatzeinsparungen. Oft ergeben sich auch Einsparungen an Rechenzeit (vgl. *Singh*, 1980, § 1), dies insbesondere bei paralleler Lösung der Teilprobleme.

Einfacher zu behandeln sind serielle hierarchische Kontrollprobleme. Dies wird anhand des folgenden Beispiels illustriert.

Beispiel A.9.1. Wir betrachten eine aus den beiden Funktionsbereichen „Marketing" und „Produktion" bestehende Firma. Dazu kombinieren wir das Preismodell bei dynamischer Nachfragefunktion von Abschnitt 11.2.1 mit dem Lagerhaltungs-/Produktionsmodell von Abschnitt 9.2.3.

Es bezeichne x den kumulierten Absatz, p den Preis, z das Lager, v die Produktionsrate. Ferner seien $f(x, p)$ die (dynamische) Nachfragefunktion (vgl. (11.61, 62)), $c(v, x)$ die Produktions- und $h(z)$ die konvexen Lagerhaltungskosten (vgl. (9.92)). Für die Produktionskosten wird der Lernkosteneffekt $c_x < 0$ unterstellt[1]; ferner gelte $c_v > 0$, $c_{vv} > 0$ (vgl. (9.91)).

---

[1] Im vorliegenden Modell wird unterstellt, daß die Produktionskosten vom kumulierten Absatz abhängen. Realistischer wäre es, die Kosten von der kumulierten Produktion $x + z - x_0 - z_0$ abhängig zu machen. Da das vorliegende Modell illustrativen Zwecken dient, wurde der Einfachheit halber davon abgesehen.

Das Gesamtmodell lautet:

$$\max_{p,v} \int_0^T e^{-rt}[pf(x,p) - c(v,x) - h(z)]\,dt \quad \text{(A.9.22a)}$$

$$\dot{x} = f(x,p), \quad x(0) = x_0 \quad \text{(A.9.22b)}$$

$$\dot{z} = v - f(x,p), \quad z(0) = z_0. \quad \text{(A.9.22c)}$$

Die Marketingabteilung (M) steuert mittels ihrer Preispolitik p den Absatz $\dot{x} = f$. Die Produktionsabteilung verwendet die so generierte Nachfrage f als Input und wählt eine kostenminimale Produktionspolitik v.

Spezifiziert man das strukturierte Gesamtmodell (A.9.4) durch

$$u_1 = p, \quad x_1 = x, \quad u_2 = v, \quad x_2 = z,$$

so erhält man gemäß (A.9.12) die beiden Teilprobleme

$$\max_p \int_0^T e^{-rt}[(p - \mu_{21})f(x,p) - \mu_{22}x]\,dt \quad \text{(A.9.23a)}$$

$$\dot{x} = f(x,p), \quad x(0) = x_0 \quad \text{(A.9.23b)}$$

für (M), sowie für (P):

$$\max_u \int_0^T e^{-rt}[-c(v,y_{22}) - h(z) + \mu_{21}y_{21} + \mu_{22}y_{22}]\,dt, \quad \text{(A.9.24a)}$$

$$\dot{z} = v - y_{21}, \quad z(0) = z_0. \quad \text{(A.9.24b)}$$

Die Produktionsabteilung wird mittels der Koppelungsbedingung

$$y_{21} = f(x,p), \quad y_{22} = x \quad \text{(A.9.25)}$$

über die laufende bzw. kumulierte Nachfrage informiert. Es ist also $y_2 = (y_{21}, y_{22})'$, während es keine Inputvariable y_1 für die Marketingabteilung gibt. In diesem Sinn ist das Problem *seriell*.

Damit (M) und (P) ihre infimalen Probleme (A.9.23) bzw. (A.9.24) lösen können, muß ihnen der Koordinator die Transferpreise $\boldsymbol{\mu}_2 = (\mu_{21}, \mu_{22})$ mitteilen.

(M) hat keine vollständige Information über die Kostenstruktur des Gesamtsystems, d.h. die Produktions- und Lagerhaltungskosten sind der Marketing-Abteilung unbekannt. Er bekommt vom Koordinator mittels μ_{21} die Kosten einer Einheit des Gutes mitgeteilt und mittels μ_{22} die Bewertung des kumulierten Outputs, der wegen des Lerneffektes in den Produktionskosten eine Rolle spielt.

Die Marketingabteilung erzielt den Umsatz pf, es werden ihr aber Kosten im Umfang von $\mu_{21}f + \mu_{22}x$ auferlegt. Diesen Geldbetrag weist der Koordinator in der Form[1] $\mu_{21}y_{21}$

---

[1] Dieser Term spielt nur beim Interaktions-Ausgleichsprinzip eine Rolle, während er bei der Interaktionsschätzung für (P) eine Konstante darstellt.

$+ \mu_{22} y_{22}$ der Produktionsabteilung (P) als Produktionsanreiz zu, da sie die Kosten $c + h$ zu tragen hat.

Wir formulieren nun für dieses Problem das Interaktions-Schätzungs-Prinzip.

Initialisierung: $k = 0$. Der Koordinator wählt $\boldsymbol{\mu}^0 = \boldsymbol{\mu}_2^0 = (\mu_{21}^0, \mu_{22}^0)$ und $\mathbf{y}^0 = \mathbf{y}_2^0 = (y_{21}^0, y_{22}^0)$.

Iteration:

Stufe 1. Lösung der Teilprobleme (A.9.23) bzw. (A.9.24) für (M) bzw. (P).

Stufe 2. Aus den Lösungen (x^k, p^k, λ_1^k) bzw. (z^k, v^k, λ_2^k) ermittelt man neue Schätzwerte für die Koppelungsvariable $\mathbf{y}_2$ gemäß (A.9.13):

$$y_{21}^{k+1} = f(x^k, p^k), \quad y_{22}^{k+1} = x^k. \tag{A.9.26}$$

Aus (A.9.14) berechnet der Koordinator die neuen Schätzungen für die Transferpreise μ:

$$\mu_{21}^{k+1} = \lambda_2^k, \quad \mu_{22}^{k+1} = c_x(v^k, y_{22}^{k+1}). \tag{A.9.27}$$

Soferne die Approximation gemäß (A.9.15) nicht gut genug ist, wiederhole man die Iteration mit $k = k + 1$.

Wie bereits erwähnt, besitzt das Modell eine spezielle, nämlich *serielle* Struktur. Dadurch kann der obige Algorithmus verbessert werden. (M) benötigt nämlich keine Inputvariable $\mathbf{y}_1$, d.h. der Koordinator muß nur $\boldsymbol{\mu}$ bekanntgeben. Nach Lösung von (A.9.23) kann er (P) gemeinsam mit $\boldsymbol{\mu}$ das „richtige" $\mathbf{y}_2$ mitteilen, das er gemäß (A.9.25) aus x und p ermittelt hat (vgl. Abb. A.9.2).

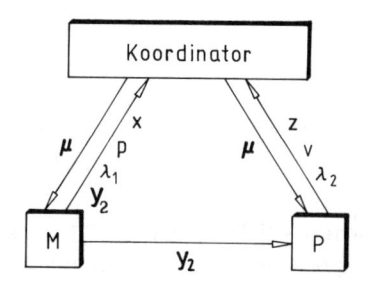

Abb. A.9.2 Interaktions-Schätzung bei serieller Koppelung

Der so *modifizierte Algorithmus* lautet:

Initialisierung: $k = 0$. Wahl von $\boldsymbol{\mu}^0$.

Iteration:

Stufe 1. (M) löst (A.9.23). Aus (x^k, p^k, λ_1^k) ermittelt der Koordinator die Schätzwerte

$$y_{21}^k = f(x^k, p^k), \quad y_{22}^k = x^k \tag{A.9.28}$$

und teilt sie im Verein mit $\boldsymbol{\mu}^k$ dem Produzenten mit[1]. (P) löst daraufhin (A.9.24).

Stufe 2. Der Koordinator berechnet neue Transferpreise gemäß

$$\mu_{21}^{k+1} = \lambda_2^k, \quad \mu_{22}^{k+1} = c_x(v^k, y_{22}^k). \tag{A.9.29}$$

Soferne die Lösung noch nicht hinreichend gut ist (vgl. (A.9.15)), setze man $k = k+1$ und gehe nach Stufe 1.

Die Formeln (A.9.27) bzw. (A.9.29) besitzen folgende einleuchtende ökonomische Interpretation: Der Transferpreis einer abgesetzten Einheit ist gleich dem Schattenpreis einer gelagerten Einheit des Gutes. Die Bewertung des kumulierten Absatzes ist durch den Lernkosteneffekt bestimmt.

Die Anwendung des Interaktions-Schätzungs-Prinzips (modifizierter Algorithmus) (A.9.28, 29) wird anhand des Marketing-Produktions-Modells (A.9.22) illustriert. Dabei werden folgende Parameter bzw. Funktionen unterstellt:

$$T = 20, \quad r = 0.05,$$
$$f(x, p) = e^{-p}(x + 0.1)(1 - x), \quad c(v, x) = \tfrac{1}{2} e^{-x} v^2, \quad h(z) = \tfrac{1}{2} z^2$$
$$x(0) = 0, \quad z(0) = 0.$$

Um am Ende keine Fehlmengen zu erhalten, setzt man $z(T) = 0$, d.h. der Kozustand $\lambda_2(T)$ ist frei.

In Abb. A.9.3 sind die Zeitpfade aller relevanten Funktionen dargestellt. Dabei entsprechen die strichlierten Kurven den Iterationsschritten des Algorithmus (A.9.28, 29) jeweils nach Lösung von (M) und (P). Es zeigt sich, daß nach drei Iterationsschritten die Lösung bis auf Zeichengenauigkeit mit der Lösung des zentralisierten Modelles (durchgezogene Kurven) übereinstimmt. Diese Lösungen wurden mittels COLSYS (vgl. Anhang A.1.7) ermittelt. Dabei zeigte sich, daß die dezentrale Lösung in diesem einfachen Beispiel etwa gleich viel Rechenzeit erfordert wie die zentralisierte.

Wir wollen nun noch die Gestalt der optimalen Zeitpfade kurz interpretieren. Aus Abb. A.9.3b erkennt man, daß der Absatz – dem Produktlebenszyklus entsprechend – zunächst steigt und dann fällt. Das anfänglich vergleichsweise hohe Niveau beruht auf dem Lernkosteneffekt und der relativ hohen Diskontrate. Dementsprechend muß der Absatz zu Beginn durch niedrigen Preis angekurbelt werden. Solange der Markt noch weit von der Sättigung entfernt ist, steigt der Preis. In dem Maße, in dem man sich der Sättigung nähert, flacht sich der Anstieg ab und schließlich sinkt der Preis (Abb. A.9.3c).

Die Produktionsrate (Abb. A.9.3e) folgt im wesentlichen dem Absatz. Infolge der konvexen Produktionskosten wird die Verkaufsspitze „geglättet", d.h. anfänglich wird weniger und gegen Ende mehr als die Nachfrage produziert.

---

[1] Da der Koordinator die Information y_2^k unverändert weitergibt, kann sie (M) auch direkt an (P) weiterleiten.

570   Dezentrale hierarchische Kontrolle

KUMULIERTER ABSATZ

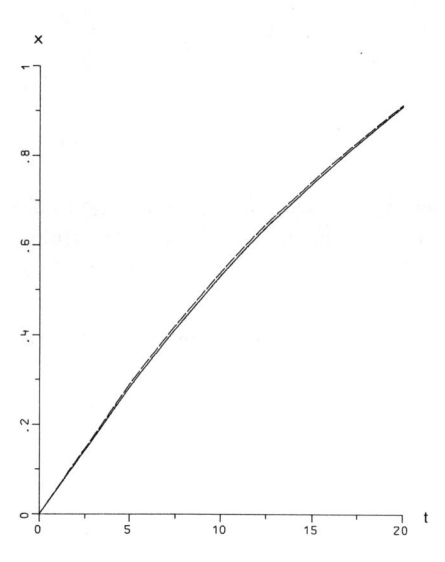

a) Kumulierter Absatz $x(t)$

ABSATZ

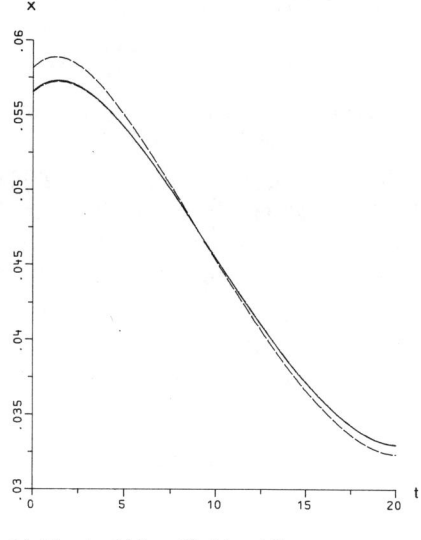

b) Absatz $\dot{x}(t) = f(x(t), p(t))$

VERKAUFSPREIS

c) Verkaufspreis $p(t)$

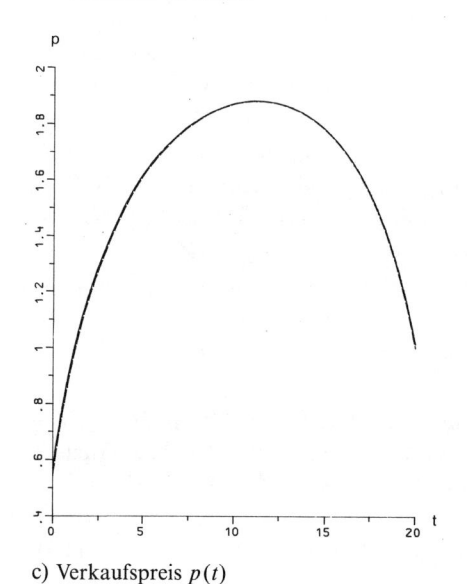

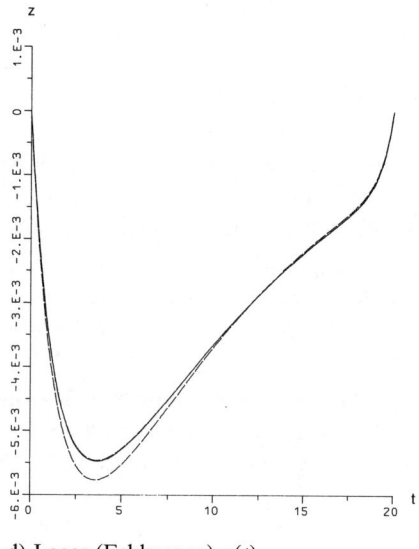

LAGER/FEHLMENGE

d) Lager (Fehlmenge) $z(t)$

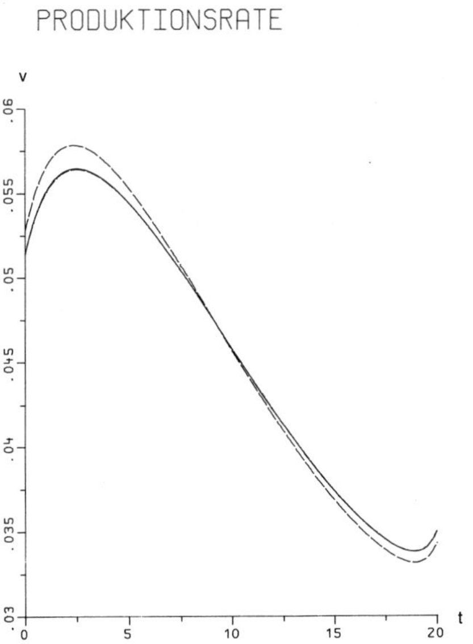

PRODUKTIONSRATE

KOZUSTAND ZU Z

e) Produktionsrate $v(t)$

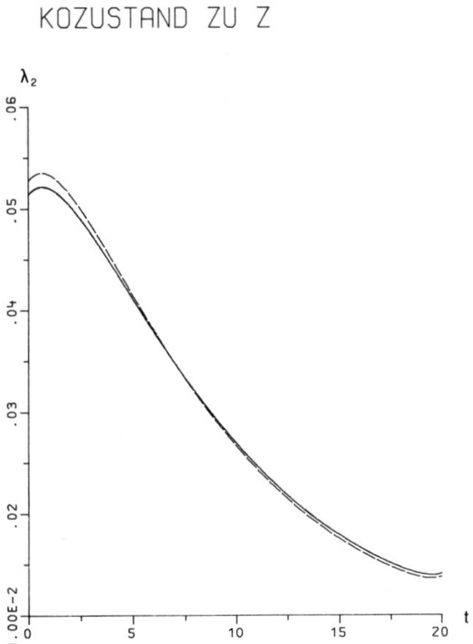

f) Kozustand $\lambda_2(t)$ von $z(t)$ bzw.
Transferpreis $\mu_{21}(t)$ für $\dot{x}(t)$

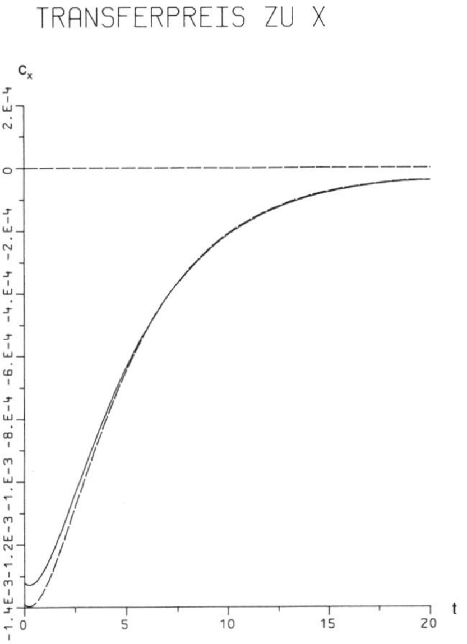

TRANSFERPREIS ZU X

KOZUSTAND ZU X

g) Transferpreis $\mu_{22}(t) = c_x$ zu $x(t)$

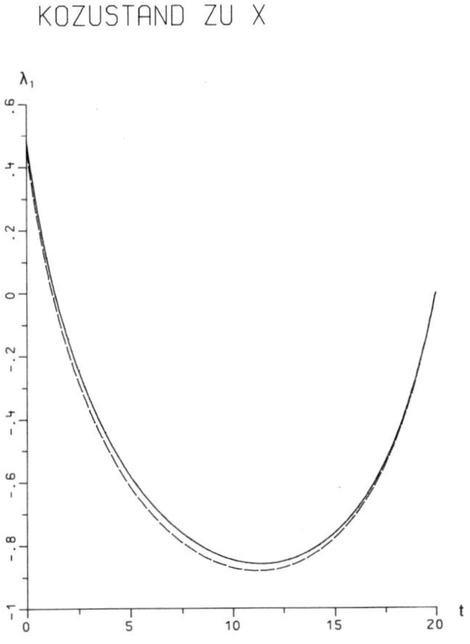

h) Kozustand $\lambda_1(t)$ zu $x(t)$

Abb. A.9.3 Zeitpfade für die optimalen Lösungen des Marketing-Produktions-Modells: Iterationsschritte des Interaktions-Schätzungs-Algorithmus (---), optimale Zeitpfade (–)

Dies bewirkt, daß zunächst eine Fehlmenge aufgebaut wird, die dann gegen Ende wegen $z(20) = 0$ befriedigt wird (Abb. A. 9.3d).

Der Kozustand λ_2 von z folgt in etwa der Produktionsrate v (Abb. A. 9.3f). Die Form des Kozustandes λ_1 von x steht im Zusammenhang mit dem Zeitpfad von p (Abb. A. 9.3h).

Abschließend sei auf den Bezug der dezentralen Kontrolltheorie zur Teamtheorie hingewiesen. Dort versuchen die Mitglieder eines Teams, die eventuell über einen verschiedenen Informationsstand bezüglich der Problemstruktur verfügen, ein gemeinsames Zielfunktional zu optimieren. Für einen Überblick über dynamische dezentralisierte Kontrollmodelle vergleiche man *Neck* (1982), *Singh* et al. (1985).

Literatur

Liste der verwendeten Abkürzungen

AER	American Economic Review
Appl. Math. Mod.	Applied Mathematical Modelling
EER	European Economic Review
EJOR	European Journal of Operational Research
IER	International Economic Review
INFOR	Canadian Journal of Operational Research and Information Processing
JEDC	Journal of Economic Dynamics and Control
JET	Journal of Economic Theory
J. Opl. Res. Soc.	Journal of the Operational Research Society
JOTA	Journal of Optimization Theory and Applications
JPE	Journal of Political Economy
Man. Sci.	Management Science
MOR	Mathematics of Operations Research
OCAM	Optimal Control Applications & Methods
RAIRO	Révue Française d'Automatique, Informatique et de Recherche Operationelle
RES	Review of Economic Studies
ZAMM	Zeitschrift für angewandte Mathematik und Mechanik
ZfB	Zeitschrift für Betriebswirtschaft
ZfN	Zeitschrift für Nationalökonomie
ZOR	Zeitschrift für Operations Research

Abad, P. L.: Approach to decentralized marketing-production planning. *Int. J. Systems Sci.* 13, 227–235, 1982.

Abad, P. L.: A hierarchical optimal control model for coordination of functional decisions in a firm, Working paper, McMaster University, Hamilton, 1985, erscheint in *EJOR*, 1986.

Abad, P. L., Sweeney, D. J.: Decentralized planning with an interdependent marketing-production system, *Omega* 10, 353–359, 1982.

Abe, F.: The optimum R and D policy of the firm under uncertainty: a comparative dynamic analysis, Working paper 4, Dept. of Economics, Univ. of Kagawa, Japan, October 1982.

Adiri, I., Ben-Israel, A.: An extension and solution of Arrow Karlin-type production models by Pontryagin's maximum principle, *Cahiers du Centre d'Études de Recherche Operationelle* 8, 147–158, 1966.

Advani, R., Mukundan, R.: Optimal control methods applied to economic systems, *Int. J. Systems Sci.* 1, 153–172, 1970.

Agnew, C. E.: Dynamic modeling and control of congestion–prone systems, *Oper. Res.* 24, 400–419, 1976.

Alam, M., Sarma, V. V. S.: Optimal maintenance policy for an equipment subject to deterioration and random failure, *IEEE Trans. Syst. Man. Cybern.* SMC-4, 72–75, 1974.

Albach, H.: Zur Theorie des wachsenden Unternehmens, in: W. Krelle (Ed.) *Theorien des einzelwirtschaftlichen und des gesamtwirtschaftlichen Wachstums*, Schriften d. Vereins f. Socialpolitik, N. F. Bd. 34, Dunker & Humblot, Berlin, 9–97, 1965.

Albach, H.: Investment forecasts for German industrial corporations, in: M. J. Beckmann, W. Eichhorn, W. Krelle (Eds.): *Mathematische Systeme in der Ökonomie: Rudolf Henn zum 60ten Geburtstag*, Athenäum, Königstein/Ts., 27–40, 1983a.

Albach, H.: The rate of return in German manufacturing industry: measurement and policy implications, Working paper, Bonn Univ., February 1983b.
Albouy, M., Breton, A.: Interpretation économique du principe du maximum, *RIRO* 14, 37–68, 1968.
Amit, R. H.: Petroleum reservoir exploitation switching from primary to secondary recovery, Discussion Paper No. 587R, Northwestern Univ., Evanston, June 1985, erscheint in *Oper. Res.*, 1986.
Andersen, P.: Trends in fisheries economics: the case of single species fishery, Doctoral Thesis, Inst. of Economics, Univ. Aarhus, Denmark, November 1982.
Andersen, P., Sutinen, J. G.: Stochastic bioeconomics: a review of basic methods and results, *Marine Resource Economics* 1, 117–136, 1984.
Aoki, M.: *Optimization of Stochastic Systems*, Academic Press, New York, 1967.
Aoki, M.: *Optimal Control and System Theory in Dynamic Economic Analysis*, North-Holland, New York, 1976.
Aoki, M.: *Dynamic Analysis of Open Economies*, Academic Press, New York, 1981.
Aoki, M.: Note an comparative dynamic analysis, *Econometrica* 48, 1319–1325, 1980.
Arnold, L.: *Stochastische Differentialgleichungen: Theorie und Anwendungen*, Oldenbourg, München, 1973.
Arnol'd, V. I.: *Gewöhnliche Differentialgleichungen*, Springer, Berlin, 1980.
Aronson, J. E., Thompson, G. L.: A survey on forward methods in mathematical programming, *J. Large Scale Syst.* 7, 1–16, 1984.
Arora, B. R., Lele, P. T.: A note on optimal maintenance policy and sale date of a machine, *Man. Sci.* 17, 170–173, 1970.
Arrow, K. J.: Applications of control theory to economic growth, in: G. B. Dantzig, A. F. Veinott (Eds.) *Mathematics of the Decision Sciences*, Amer. Math. Soc., Providence, 85–119, 1968.
Arrow, K. J., Chang, S. S. L.: Optimal pricing, use, and exploration of uncertain natural resource stocks, in: P.-T. Liu (Ed.) *Dynamic Optimization and Mathematical Economics*, Plenum Press, New York, 105–116, 1980.
Arrow, K. J., Karlin, S.: Production over time with increasing marginal costs, in: K. J. Arrow, S. Karlin, H. Scarf (Eds.) *Studies in the Mathematical Theory of Inventory and Production*, Stanford Univ. Press, Stanford, 61–69, 1958.
Arrow, K. J., Kurz, M.: *Public Investment, the Rate of Return, and Optimal Fiscal Policy*, The Johns Hopkins Press, Baltimore, 1970.
Arthur, W. B., McNicoll, G.: Optimal time paths with age dependence: a theory of population policy, *RES* 44, 111–123, 1977.
Ascher, U., Christiansen, J., Russell, R. D.: A collocation solver for mixed order systems of boundary value problems, *Math. Comp.* 33, 659–679, 1978.
Åström, K. J.: *Introduction to Stochastic Control Theory*, Academic Press, New York, 1970.
Athans, M., Falb, P. L.: *Optimal Control: An Introduction to the Theory and its Applications*, McGraw-Hill, New York, 1966.
Athans, M., Kendrick, D.: Control theory and economics: a survey, forecast, and speculations, *IEEE Trans. Aut. Contr.* AC-19, 518–524, 1974.
Aubin, J.-P., Cellina, A.: *Differential Inclusions: Set-Valued Maps and Viability Theory*, Springer, Berlin, 1984.
Aubin, J.-P., Saari, D., Sigmund, K. (Eds.): *Dynamics of Macrosystems*, Lecture Notes in Economics and Mathematical Systems, Vol. 257, Springer, Berlin, 1985.
Auslender, A., Oettli, W., Stoer, J.: *Optimization and Optimal Control*, Springer, Berlin, 1981.
D'Autume, A., Michel, P.: Évaluation du capital en présence de contraintes anticipées sur les achats de biens d'investissement, *Annales de l'INSEE* 54, 101–115, 1984.
D'Autume, A., Michel, P.: Épargne, investissement et monnaie dans une perspective intertemporelle, *Révue Économique* 2, 243–290, 1985a.
D'Autume, A., Michel, P.: Future investment constraints reduce present investment, *Econometrica* 53, 203–206, 1985b.

Averch, H., Johnson, L. O.: Behavior of the firm under regulatory constraint, *AER* 52, 1053–1069, 1962.
Axsäter, S.: Control theory concepts in production and inventory control, *Int. J. Systems Sci.* 16, 161–169, 1985.
Aziz, A. K., Wingate, J. W., Balas, M. J.: *Control Theory of Systems Governed by Partial Differential Equations*, Academic Press, New York, 1977.

Baetge, J.: *Betriebswirtschaftliche Systemtheorie: Regelungstheoretische Planungs-Überwachungsmodelle für Produktion, Lagerung und Absatz*, Westdeutscher Verlag, Opladen, 1974.
Baetge, J., Fischer, T.: Stochastic control methods for simultaneous synchronization of the short-term production-, stock-, and price-policies when the seasonal demand is unknown, in: G. Feichtinger (Ed.) *Optimal Control Theory and Economic Analysis*, North-Holland, Amsterdam, 21–42, 1982.
Bagchi, A.: *Stackelberg Differential Games in Economic Models*, Lecture Notes in Control and Information Sciences, Vol. 64, Springer, Berlin, 1984.
Bailey, N. T. J.: *The Mathematical Theory of Infectious Diseases*, Griffin, London, 1975.
Bakke, V. L.: A maximum principle for an optimal control problem with integral constraints, *JOTA* 13, 32–55, 1974.
Balakrishnan, A. V. (Ed.): *Control Theory and the Calculus of Variations*, Academic Press, New York, 1969.
Balakrishnan, A. V., Neustadt, L. W. (Eds): *Mathematical Theory of Control*, Academic Press, New York, 1967.
Banks, H. T., Manitius, A.: Application of abstract variational theory to hereditary systems – a survey, *IEEE Trans. Aut. Contr.* AC-19, 524–533, 1974.
Barnett, S.: *Introduction to Mathematical Control Theory*, Clarendon Press, Oxford, 1975.
Bartlett, W.: Optimal employment and investment policies in self-financed producer cooperatives, EUI Working paper No. 85/162, Europ. Univ. Inst., Florence, 1985.
Başar, T. (Ed.): *Dynamic Games and Applications in Economics*, Lecture Notes in Economics and Mathematical Systems, Vol. 265, Springer, Berlin, 1986a.
Başar, T.: A tutorial on dynamic and differential games, in: T. Başar (Ed.) *Dynamic Games and Applications in Economics*, Springer, Berlin, 1–25, 1986b.
Başar, T., Olsder, G. J.: *Dynamic Noncooperative Game Theory*, Academic Press, London, 1982.
Bass, F. M.: A new product growth model for consumer durables, *Man. Sci.* 15, 215–227, 1969.
Bass, F. M.: The relationship between diffusion rates, experience curves, and demand elasticities for consumer durable technological innovations, *J. Business* 53, S51–S67, 1980.
Bass, F. M., Bultez, A. V.: A note on optimal strategic pricing of technological innovations, *Marketing Sci.* 1, 371–378, 1982.
Bate, R. R.: Optimal control of systems with transport lags, in: C. T. Leondes (Ed.) *Advances in Control Systems*, Vol. 7, Academic Press, New York, 165–224, 1969.
Bauer, H., Neumann, K.: *Berechnungen optimaler Steuerungen: Maximumprinzip und dynamische Optimierung*, Lecture Notes in Operations Research and Math. Syst., Vol. 17, Springer, Berlin, 1969.
Baum, D. F.: Existence theorems for Lagrange control problems with unbounded time domain, *JOTA* 19, 89–116, 1976.
Beckmann, M. J.: *Dynamic Programming of Economic Decisions*, Springer, New York, 1968.
Bell. D. J., Jacobson, D. H.: *Singular Optimal Control Problems*, Academic Press, New York, 1975.
Bellman, R.: *Dynamic Programming*, Princeton University Press, Princeton, 1957.
Bellmann, R.: *Adaptive Control Processes: A Guided Tour*, Princeton Univ. Press, Princeton, 1961.
Bellman, R., Dreyfus, S. E.: *Applied Dynamic Programming*, Princeton Univ. Press, Princeton, 1962.

Bellman, R., Glicksberg, I., Gross, O.: On the "bang-bang" control problem, *Quarterly Appl. Math.* 14, 11–18, 1956.
Bellman, R., Kalaba, R. A.: *Quasilinearization and Boundary Value Problems*, American Elsevier, New York, 1965a.
Bellman, R., Kalaba, R. A.: *Dynamic Programming and Modern Control Theory*, Academic Press, New York, 1965b.
Bellman, R., Wing, G. M.: *An Introduction to Invariant Imbedding*, Wiley, New York, 1975.
Benhabib, J., Nishimura, K.: The Hopf bifurcation and the existence and stability of closed orbits in multisector models of optimal economic growth, *JET* 21, 421–444, 1979.
Ben-Porath, Y.: The production of human capital and the life cycle of earnings, *JPE* 75, 352–365, 1967.
Bensoussan, A.: La théorie du contrôle et ses applications dans les sciences de gestion, Publ. de recherche 79–7, Institut Européen de Recherche et d'Études supérieures en Management, Bruxelles, Mars 1979.
Bensoussan, A.: *Stochastic Control by Functional Analysis Methods*, North-Holland, Amsterdam 1982.
Bensoussan, A., Crouhy, M., Proth, J.-M.: *Mathematical Theory of Production Planning*, North-Holland, Amsterdam, 1983.
Bensoussan, A., Hurst, E. G., Jr., Näslund, B.: *Management Applications of Modern Control Theory*, North-Holland, Amsterdam, 1974.
Bensoussan, A., Kleindorfer, P., Tapiero, C. S. (Eds.): *Applied Optimal Control*, TIMS Studies in Management Sciences, Vol. 9, North-Holland, Amsterdam, 1978.
Bensoussan, A., Kleindorfer, P., Tapiero, C. S. (Eds.): *Applied Stochastic Control in Econometrics and Management Science*, North-Holland, Amsterdam, 1980.
Bensoussan, A., Lesourne, J.: Optimal growth of a self-financing firm in an uncertain environment, in: A. Bensoussan et al. (Eds.) *Applied Stochastic Control in Econometrics and Management Science*, North-Holland, Amsterdam, 235–269, 1980.
Bensoussan, A., Lesourne, J.: Growth of firms: a stochastic control theory approach, in: K. Brockhoff, W. Krelle (Eds.) *Unternehmensplanung*, Springer, Berlin, 101–116, 1981.
Bensoussan, A., Lions, J. L.: Nouvelles formulation de problèmes de contrôle impulsionnel et applications, *Comptes Rendus de l'Academie des Sciences de Paris* 276, série A, 1189–1192, 1973.
Bensoussan, A., Lions, J. L.: Nouvelles méthodes en contrôle impulsionnel, *Appl. Math. & Opt.* 1, 289–312, 1975.
Bensoussan, A., Lions, J. L. (Ed.): *Analysis and Optimization of Systems*, Lecture Notes in Control and Information Sciences, Vol. 28, Springer, Berlin, 1980.
Bensoussan, A., Lions, J. L. (Ed.): *Analysis and Optimization of Systems*, Lecture Notes in Control and Information Sciences, Vol. 62 & 63, Springer, Berlin, 1984.
Bensoussan, A., Nissen, G., Tapiero, C. S.: Optimum inventory and product quality control with deterministic and stochastic deterioration – an application of distributed parameter control systems, *IEEE Trans. Aut. Contr.* AC-20, 407–412, 1975.
Bensoussan, A., Sethi, S. P., Vickson, R., Derzko, N. A.: Stochastic production planning with production constraints, *SIAM J. Control Optimiz.* 920–935, 1984.
Benveniste, L. M., Scheinkman, J. A.: On the differentiability of the value function in dynamic models of economics, *Econometrica* 47, 727–732, 1979.
Berkovitz, L. D.: Variational methods in problems of control and programming, *J. Math. Analysis & Appl.* 3, 145–169, 1961.
Berkovitz, L. D.: On control problems with bounded state variables, *J. Math. Analysis & Appl.* 5, 488–498, 1962.
Berkovitz, L. D.: *Optimal Control Theory*, Springer, New York, 1974.
Berkovitz, L. D.: Optimal control theory, *Amer. Math. Monthly* 83, 225–239, 1976.
Berkovitz, L. D., Dreyfus, S. E.: The equivalence of some necessary conditions for optimal control in problems with bounded state variables, *J. Math. Analysis & Appl.* 10, 275–283, 1965.

Bertsekas, D. P.: *Dynamic Programming and Stochastic Control,* Academic Press, New York, 1976.
Bertsekas, D. P., Shreve, S. E.: *Stochastic Optimal Control: The Discrete Time Case,* Academic Press, New York, 1978.
Beverton, R. J. H., Holt, S. J.: On the dynamics of exploited fish populations, Ministry of Agriculture, Fisheries and Food (London), Fisheries Investigations, Series 2, 19, 1–533, 1957.
Bhaskaran, S., Sethi, S. P.: Planning horizons for the wheat trading model, in: *Proceedings of the AMSE 1981 Conference,* Vol. 5, Life, Men and Societies, 197–201, 1981.
Bismut, J.-M.: Growth and optimal intertemporal allocation of risks, *JET* 10, 239–257, 1975.
Bismut, J.-M.: An introductory approach to duality in optimal stochastic control, *SIAM Rev.* 20, 62–78, 1978.
Blagodatskikh, V. I.: Sufficient conditions for optimality in problems with state constraints, *Appl. Math. & Optimiz.* 7, 149–157, 1981.
Blaquière, A. (Ed.): *Topics in Differential Games,* North-Holland, Amsterdam, 1973.
Blaquière, A.: Necessary and sufficiency conditions for optimal strategies in impulsive control, in: P.-T. Liu, E. Roxin (Eds.) *Differential Games and Control Theory III,* Part A, M. Dekker, New York, 1–28, 1979.
Blaquière, A.: Impulsive optimal control with finite or infinite time horizon, *JOTA* 46, 431–439, 1985.
Blaquière, A., Leitmann, G.: On the geometry of optimal processes, in: G. Leitmann (Ed.) *Topics in Optimization,* Academic Press, New York, 265–371, 1967.
Blinder, A. S., Weiss, Y.: Human capital and labor supply: a synthesis, *JPE* 84, 449–472, 1976.
Blum, E., Oettli, W.: *Mathematische Optimierung,* Springer, Berlin, 1975.
Bock, H. G.: Zur numerischen Behandlung zustandsbeschränkter Steuerungsprobleme mit Mehrzielmethode und Homotopieverfahren, *ZAMM* 57, T 266–T 268, 1977.
Boiteux, M.: Réflexious sur la concurrence du rail et de la route, le déclassement des lignes non rentables et le déficit du chemin de fer, *L'Économie Électrique* 2, 1955.
Bolenz, G.: *Sequentielle Investitions- und Finanzierungsentscheidungen: Ein kontrolltheoretischer Beitrag,* Drucker & Humblot, Berlin, 1978.
Boltyanskii, V. G.: Sufficient conditions for optimality and the justification of the dynamic programming method, *SIAM J. Control Optimiz.* 4, 326–361, 1966.
Boltjanski, W. G.: *Mathematische Methoden der optimalen Steuerung,* Akademische Verlagsges., Leipzig, 1971.
Boltjanski, W. G.: *Optimale Steuerung diskreter Systeme,* Akademische Verlagsges., Leipzig, 1976.
Bondt, R. R., de: On the effects of retarded entry, *EER* 9, 361–371, 1977.
Bookbinder, J. H., Sethi, S. P.: The dynamic transportation problem: a survey, *Naval Res. Logistics Quartely* 27, 65–87, 1980.
Boston Consulting Group: Perspectives on Experience, The Boston Consulting Group, Boston, 1972.
Boulding, K. E.: The economics of the coming Spaceship Earth, in: H. Jarrett (Ed.) *Environmental Quality in a Growing Economy,* Johns Hopkins Press, Baltimore, 3–14, 1966.
Bourguignon, F., Sethi, S. P.: Dynamic optimal pricing and (possibly) advertising in the face of various kinds of potential entrants, *JEDC* 3, 119–140, 1981.
Breitenecker, F.: On the solution of the linear-quadratic optimal control problem by extended invariant imbedding, *OCAM* 4, 129–138, 1983.
Brito, D. L., Intriligator, M. D.: Uncertainty and the stability of the armaments race, *Am. Economic Soc. Meas.* 3, 279–292, 1974.
Brito, D. L., Oakland, W. H.: Some properties of the optimal income tax, *IER* 18, 407–423, 1977.
Brock, W. A.: The global asymptotic stability of optimal control: a survey of recent results, in: M. D. Intriligator (Ed.) *Frontiers in Quantitative Economics,* Vol. III B, North-Holland, Amsterdam, 207–237, 1977.

Brock, W. A.: Dechert, W. D.: The generalized maximum principle, Social Syst. Res. Inst., Workshop Series 8316, Univ. of Wisconsin, Madison, December 1983.

Brock, W. A., Evans, D. S.: Optimal regulatory design with heterogeneous firms and administrative costs, Social Syst. Res. Inst., Workshop Series 8317, Univ. of Wisconsin, Madison, December 1983.

Brock, W. A., Haurie, A.: On existence of overtaking optimal trajectories over an infinite time horizon, *MOR* 1, 337–346, 1976.

Brock, W. A., Scheinkman, J. A.: Global asymptotic stability of optimal control systems with applications to the theory of economic growth, *JET* 12, 164–190, 1976.

Brock, W. A.: Scheinkman, J. A.: The global asymptotic stability of optimal control with applications to dynamic economic theory, in: J. D. Pitchford, S. J. Turnovsky (Eds.) *Applications of Control Theory to Economic Analysis*, North-Holland, New York, 173–208, 1977.

Brogan, W. L.: Optimal control theory applied to system described by partial differential equations, in: C. T. Leondes (Ed.) *Advances in Control Systems 6*, Academic Press, New York, 221–313, 1968.

Brokate, M.: Pontryagin's principle for control problems in age-dependent population dynamics, Preprint Nr. 61, Math. Inst., Univ. Augsburg, 1985.

Bryant, G. F., Mayne, D. Q.: The maximum principle, *Int. J. Control* 20, 1021–1054, 1974.

Bryson, A. E., Jr., Ho, Y.-C.: *Applied Optimal Control: Optimization, Estimation and Control*, Wiley, New York, 1975.

Bryson, A. E., Jr., Denham, W. F., Dreyfus, S. E.: Optimal programming problems with inequality constraints I: necessary conditions for extremal solutions, *AIAA J.* 1, 2544–2550, 1963.

Buhl, H. U.: *Dynamic Programming Solutions for Economic Models Requiring Little Information about the Future*, Athenäum/Hain, Königstein/Ts., 1983.

Bulirsch, R.: Die Mehrzielmethode zur numerischen Lösung von nichtlinearen Randwertproblemen und Aufgaben der optimalen Steuerung, Report der Carl-Cranz-Gesellschaft, Oberpfaffenhofen, 1971.

Bulirsch, R., Oettli, W., Stoer, J. (Eds.): *Optimization and Optimal Control*, Lecture Notes in Mathematics, Vol. 477, Springer, Berlin, 1975.

Burdet, C. A., Sethi, S. P.: On the maximum principle for a class of discrete dynamical systems with lags, *JOTA* 19, 445–454, 1976.

Burghes, D., Graham, A.: *Introduction to Control Theory Including Optimal Control*, E. Horwood, Wiley, Chichester, 1980.

Burmeister, E.: Uniqueness of rest points for optimal control models in economics, *Automatica* 14, 157–160, 1978.

Burmeister, E.: *Capital Theory and Dynamics*, Cambridge Univ. Press, Cambridge, 1980.

Burmeister, E., Caton, C., Dobell, A. R., Ross, S.: The 'saddlepoint property' and the structure of dynamic heterogeneous capital good models, *Econometrica* 41, 79–95, 1973.

Burmeister, E., Dobell, A. R.: *Mathematical Theories of Economic Growth*, MacMillan, London, 1970.

Bushaw, D.: Optimal discontinuous forcing terms, in: S. Lefschetz (Ed.) *Contributions to the Theory of Nonlinear Oscillations IV*, Ann. Math. Studies 41, Princeton Univ. Press, Princeton, 29–52, 1958.

Butkovskiy, A. G.: *Distributed Control Systems*, American Elsevier, New York, 1969.

Canon, M. D., Cullum, C. D., Polak, E.: *Theory of Optimal Control and Mathematical Programming*, McGraw-Hill, New York, 1970.

Case, J. H.: *Economics and the Competitive Process*. New York University Press, New York, 1979.

Cass, D.: Optimum growth in an aggregative model of capital accumulation, *RES* 32, 233–240, 1965.

Cass, D.: Optimum growth in an aggregative model of capital accumulation: a turnpike theorem, *Econometrica* 34, 833–850, 1966.

Cass. D., Shell, K.: *The Hamiltonian Approach to Dynamic Economics*, Academic Press, New York, 1976a.
Cass, D., Shell, K.: The structure and stability of competitive dynamical systems, *JET* 12, 31–70, 1976b.
Casti, J. L.: *Dynamical Systems and Their Applications: Linear Theory*, Academic Press, New York, 1977.
Casti, J. L.: *Nonlinear Systems Theory*, Academic Press, New York, 1985.
Cesari, L.: Existence theorems for optimal solutions in Pontryagin and Lagrange problems, *SIAM J. Control* A 3, 475–498, 1966.
Cesari, L.: *Optimization – Theory and Applications: Problems with Ordinary Differential Equations*, Springer, New York, 1983.
Chakravarthy, S.: Optimal savings with finite planning horizon, *IER* 3, 338–355, 1962.
Chakravarthy, S.: *Capital and Development Planning*, M.I.T. Press, Cambridge, 1969.
Chakravarthy, S.: On the optimal control problem of a single server queueing system, *JOTA* 41, 317–325, 1983.
Chakravarthy, S., Manne, A. S.: Optimal growth when the instantaneous utility function depends upon the rate of change in consumption, *AER* 58, 1351–1354, 1968.
Chang, S. S. L.: Optimal control in bounded phase space, *Automatica* 1, 55–67, 1962.
Chang, S. S. L.: Mathematical optimization and economic behavior, in: P.-T. Liu (Ed.) *Dynamic Optimization and Mathematical Economics*, Plenum Press, New York, 51–69, 1980.
Chen, S. F., Leitmann, G.: Labour-management bargaining modelled as a dynamic game, *OCAM* 1, 11–25, 1980.
Chiarella, C., Kemp, M. C., Long, N. V., Okuguchi, K.: On the economics of international fisheries, *IER* 25, 85–92, 1984.
Chichilinsky, G.: Existence and characterization of optimal growth paths including models with non-convexities in utilities and technologies, *RES* 48, 51–61, 1981.
Chow, G. C.: *Analysis and Control of Dynamic Economic Systems*, Wiley, New York, 1975.
Chow, G. C.: Optimum control of stochastic differential equation systems, *JEDC* 1, 143–175, 1979.
Chow, G. C.: *Econometric Analysis by Control Methods*, Wiley, New York, 1981.
Christopeit, N.: A stochastic control model with chance constraints, *SIAM J. Control Optimiz.* 16, 702–714, 1978.
Citron, S. J.: *Elements of Optimal Control*, Holt, Rinehart & Winston, New York, 1969.
Clark, C. W.: The economics of overexploitation, *Science* 181, 630–634, 1973a.
Clark, C. W.: Profit maximization and the extinction of animal species, *JPE* 81, 950–961, 1973b.
Clark, C. W.: *Mathematical Bioeconomics: The Optimal Management of Renewable Resources*, Wiley, New York, 1976.
Clark, C. W.: Mathematical models in the economics of renewable resources, *SIAM Rev.* 21, 81–99, 1979.
Clark, C. W.: Towards a predictive model for the economic regulation of commercial fisheries, *Canadian J. Fisheries & Aquatic Sci.* 37, 1111–1129, 1980.
Clark, C. W.: *Bioeconomic Modelling and Fisheries Management*, Wiley, New York, 1985.
Clark, C. W., Clarke, F. H., Munro, G. R.: The optimal exploitation of renewable resource stocks: problems of irreversible investment, *Econometrica* 47, 25–47, 1979.
Clark, C. W., Kirkwood, G. P.: On uncertain renewable resource stock surveys, erscheint in *J. Envir. Economics & Mgmt.* 1986.
Clark, C. W., Lamberson, R.: An economic history and analysis of pelagic whaling, *Marine Policy* 3, 103–120, 1982.
Clark, C. W., Munro, G. R.: The economics of fishing and modern capital theory: a simplified approach, *J. Envir. Economics & Mgmt.* 2, 92–106, 1975.
Clarke, F. H.: The maximum principle under minimal hypotheses, *Siam J. Control Optimiz.* 14, 1078–1091, 1976.

Clarke, F. H.: Necessary conditions for a general control problem, in: D. Russel (Ed.) *Calculus of Variations and Control Theory*, Academic Press, New York, 259–278, 1976.
Clarke, F. H.: *Optimization and Nonsmooth Analysis*, Wiley-Interscience, New York, 1983.
Clarke, F. H., Darrough, M. N., Heineke, J. M.: Optimal pricing policy in the presence of experience effects, *J. Business* 55, 517–530, 1982.
Clarke, F. H., Loewen, P. D.: Sensitivity analysis in optimal control, Proc. of 23rd IEEE Conf. on Decision & Control, Las Vegas, 1649–1654, December 1984.
Clarke, F. H., Vinter, R. B.: Local optimality conditions and Lipschitzian solutions to the Hamilton-Jacobi equation, *SIAM J. Control Optimiz.* 21, 856–870, 1983.
Clemhout, S., Wan, H. Y., Jr.: Interactive economic dynamics and differential games, *JOTA* 27, 7–30, 1979.
Clemhout, S., Wan, H. Y., Jr.: Cartelization conserves endangered species? in: G. Feichtinger (Ed.) *Optimal Control Theory and Economic Analysis 2*, North-Holland, Amsterdam, 549–568, 1985a.
Clemhout, S., Wan, H. Y., Jr.: Dynamic common property resources and environmental problems, *JOTA* 46, 471–481, 1985b.
Clemhout, S., Wan, H. Y., Jr.: Common-property exploitation under risks of resource extinctions, in: T. Başar (Ed.) *Dynamic Games and Applications in Economics*, Springer, Berlin, 267–288, 1986.
Cliff, E. M., Vincent, T. L.: An optimal policy for a fish harvest, *JOTA* 12, 485–496, 1973.
Coddington, E. A., Levinson, N.: *Theory of Ordinary Differential Equations*, McGraw-Hill, New York, 1955.
Collatz, L.: *Funktionalanalysis und Numerische Mathematik*, Springer, Berlin, 1968.
Connors, M. M., Teichroew, D.: *Optimal Control of Dynamic Operations Research Models*, International Textbook Co., Scranton, 1967.
Conrad, K.: Advertising, quality and informationally consistent prices, *Z. f. ges. Staatswiss.* 138, 680–694, 1982.
Conrad, K.: Quality, advertising and the formation of goodwill under dynamic conditions, in: G. Feichtinger (Ed.) *Optimal Control Theory and Economic Analysis 2*, North-Holland, Amsterdam, 215–234, 1985a.
Conrad, K.: An incentive scheme for optimal pricing and environmental protection, Working paper, Univ. of Mannheim, 1985b.
Constantinides, G. M., Richard, S. F.: Existence of optimal simple policies for discounted cost inventory and cash management in continuous time, *Oper. Res.* 26, 620–636, 1978.
Coreless, M., Leitmann, G.: Adaptive control for uncertain dynamical systems, in: A. Blaquière, G. Leitmann (Eds.) *Dynamical Systems and Microphysics: Control Theory and Mechanics*, Academic Press, Orlando, 91–158, 1984.
Crabbé, P. J.: Sources and types of uncertainty, information and control in stochastic economic models of non-renewable resources, in: G. Feichtinger (Ed.) *Optimal Control Theory and Economic Analysis*, North-Holland, Amsterdam, 185–208, 1982.
Cremer, J., Weitzmann, M. L.: OPEC & the monopoly price of world oil. *EER* 8, 155–164, 1976.
Cruz, J. B., Jr.: Survey of Nash and Stackelberg equilibrium strategies in dynamic games, *Ann. of Economic & Soc. Meas.* 4, 339–344, 1975.

Dantzig, G. B.: Linear control processes and mathematical programming, *SIAM J. Control* 4, 56–60, 1960.
Dantzig, G. B., Sethi, S. P.: Linear optimal control problems and generalized linear programs, *J. Opl. Res. Soc.* 32, 467–476, 1981.
Dasgupta, P. S., Heal, G. M.: The optimal depletion of exhaustible resources, *RES-Symposium* 3–29, 1974.
Dasgupta, P. S., Heal, G. M.: Economic Theory and Exhaustible Resources, J. Nisbett, Welwyn, Cambridge Univ. Press, 1979.

Dasgupta, P. S., Heal, G. M., Majumdar, M.: Resource depletion and research and development, in: M. D. Intriligator (Ed.) *Frontiers of Quantitative Economics*, Vol. III B, North-Holland, Amsterdam, 483–505, 1977.
Davis, B. E., Elzinga, D. J.: The solution of an optimal control problem in financial modeling, *Oper. Res.* 19, 1419–1433, 1971.
Davison, R.: Optimal depletion of an exhaustible resource with research and development towards an alternative technology, *RES* 45, 355–367, 1978.
Deal, K. R.: Optimizing advertising expenditures in a dynamic duopoly, *Oper. Res.* 27, 682–692, 1979.
Deal, K. R., Sethi, S. P., Thompson, G. L.: A bilinear-quadratic differential game in advertising, in: P.-T. Liu, J. G. Sutinen (Eds.) *Control Theory in Mathematical Economics*, M. Dekker, New York, 91–109, 1979.
Dechert, W. D.: Has the Averch-Johnson effect been theoretically justified? *JEDC* 8, 1–17, 1984.
Deger, S., Sen, S.: Optimal control and differential game models of military expenditure in less developed countries, *JEDC* 7, 153–169, 1984.
Deissenberg, C.: Optimal stabilization policy with control lags and imperfect state observations, *ZfN* 41, 329–352, 1981.
Demyanov, V. F., Pallaschke, D. (Eds.): *Nondifferentiable Optimization: Motivations and Applications*, Lecture Notes in Economics and Mathematical Systems, Vol. 255, Springer, Berlin, 1985.
Derzko, N. A., Sethi, S. P.: Optimal exploration and consumption of a natural resource: deterministic case, *OCAM* 2, 1–21, 1981a.
Derzko, N. A., Sethi, S. P.: Optimal exploration and consumption of a natural resource: stochastic case, *Int. J. Policy Analysis*, 5, 185–200, 1981b.
Derzko, N. A., Sethi, S. P., Thompson, G. L.: Distributed parameter systems approach to the optimal cattle ranching problem, *OCAM* 1, 3–10, 1980.
Derzko, N. A., Sethi, S. P., Thompson, G. L.: Necessary and sufficient conditions for optimal control of quasilinear partial differential systems, *JOTA* 43, 89–101, 1984.
Deuflhard, P.: A relaxation strategy for the modified Newton method, in: R. Bulirsch et al. (Eds.) *Optimization and Optimal Control*, Lecture Notes in Mathematics, Vol. 477, Springer, Berlin, 1975.
Dhyrmes, P. J.: On optimal advertising capital and research expenditures under dynamic conditions, *Economica* 39, 275–279, 1962.
Dirickx, Y. M. I., Kok, M.: Resource depletion and R & D-programs, in: G. Feichtinger (Ed.) *Optimal Control Theory and Economic Analysis*, North-Holland, Amsterdam, 269–286, 1982.
Dixit, A. K.: *Optimization in Economic Theory*, Oxford Univ. Press, Oxford, 1976.
Dixon, L. C. W., Szegö, G. P. (Eds.): *Numerical Optimization of Dynamic Systems*, North-Holland, Amsterdam, 1980.
Dobell, A. R., Ho, Y.-C.: Optimal investment policy: an example of a control problem in economic theory, *IEEE Trans. Aut. Contr.* AC-12, 4–14, 1967.
Dobell, A. R., Ho, Y.-C.: Optimal investment policy, in: H. W. Kuhn, G. P. Szegö (Eds.) *Mathematical Systems Theory and Economics I*, Springer, Berlin, 143–187, 1969.
Dockner, E.: Stabilitätsuntersuchungen in nichtlinearen Kontrollmodellen mit zwei Zuständen. Diss., Inst. f. Ökonometrie & Oper. Res., Techn. Univ. Wien, 1984a.
Dockner, E.: Optimal pricing of a monopoly against a competitive producer, *OCAM* 5, 345–351, 1984b.
Dockner, E.: Optimale Preisbildung unter dynamischer Nachfrage: Die Nash Lösung eines Differentialspieles, in: H. Steckhan et al. (Eds.) *Operations Research Proceedings 1983*, Springer, Berlin, 592–598, 1984c.
Dockner, E.: Optimale Preisstrategien für neue Produkte: Theoretische Resultate und eine empirische Studie, in: W. Kabelka, M. Chloupek (Eds.) *Wirtschaftliche Aspekte neuer Informationstechnologien: Aktuelle Entwicklungen und Anwendungen*, Linde, Wien, 31–44, 1985.

Dockner, E., Feichtinger, G., Jørgensen, S.: Tractable classes of nonzero-sum open-loop Nash differential games: theory and examples, *JOTA* 45, 179–197, 1985.

Dockner, E., Feichtinger, G., Mehlmann, A.: Noncooperative solutions for a differential game model of fishery, Forschungsbericht Nr. 65, Inst. f. Ökonometrie & Oper. Res., Techn. Univ. Wien, Juni 1984.

Dockner, E., Feichtinger, G., Mehlmann, A.: On the value of information in dynamic games of R & D, Forschungsbericht Nr. 85, Inst. f. Ökonometrie & Oper. Res., Techn. Univ. Wien, Januar 1986.

Dockner, E., Feichtinger, G., Sorger, G.: Interaction of pricing and advertising under dynamic conditions, Working paper, Techn. Univ. Vienna, 1985.

Dockner, E., Jørgensen, S.: Cooperative and non-cooperative differential game solutions to an investment and pricing problem, *J. Opl. Res. Soc.* 35, 731–739, 1984.

Dockner, E., Jørgensen, S.: Optimal pricing strategies for new products in dynamic oligopolies, Working paper, Univ. of Economics, Vienna, 1985a.

Dockner, E., Jørgensen, S.: Optimal advertising policies for general diffusion models, Working paper, Univ. of Economics, Vienna, 1985b, erscheint in *Man Sci.*

Dolan, R. J., Jeuland, A. P.: Experience curves and dynamic demand models: implications of optimal pricing strategies, *J. Marketing* 45, 52–73, 1981.

Dorfman, R.: An economic interpretation of optimal control theory, *AER* 59, 817–831, 1969.

Douglas, A. J., Goldman, S. M.: Monopolistic behavior in a market for durable goods, *JPE* 77, 49–59, 1969.

Dreyfus, S. E.: Variational problems with inequality constraints, *J. Math. Analysis & Appl.* 4, 297–308, 1962.

Dreyfus, S. E.: *Dynamic Programming and the Calculus of Variations*, Academic Press, New York, 1965.

Dreyfus, S. E., Law, A. M.: *The Art and Theory of Dynamic Programming*, Academic Press, New York, 1977.

Ekman, E. V.: *Some Dynamic Models of the Firm: A Microeconomic Analysis With Emphasis on Firms That Maximize Other Goals Than Profit Alone*, The Economic Research Institute, Stockholm School of Economics, Stockholm, 1978.

El-Hodiri, M., Loehman, E., Whinston, A.: An optimal growth model with time lags, *Econometrica* 40, 1137–1146, 1972.

El-Hodiri, M., Takayama, A.: Behavior of the firm under regulatory constraints: clarifications, *AER* 63, 235–237, 1973.

El-Hodiri, M., Takayama, A.: Dynamic behavior of the firm with adjustment costs under regulatory constraint, *JEDC* 3, 29–41, 1981.

Eliashberg, J., Steinberg, R.: Marketing-production decisions in industrial channels of distribution, Working paper, Univ. of Pennsylvania/Columbia Univ., 1984.

Elton, E., Gruber, M.: *Finance as a Dynamic Process*, Prentice-Hall, Englewood Cliffs, 1975.

Erickson, G. M.: Optimal price-advertising interaction for new consumer durables, Working paper, Univ. of Washington, 1982.

Eswaran, M., Lewis, T. R., Heaps, T.: On the nonexistence of market equilibria in exhaustible resource markets with decreasing costs, *JPE* 91, 154–167, 1983.

Evans, G. C.: The dynamics of monopoly, *American Math. Monthly* 31, 77–83, 1924.

Evans, G. C.: *Mathematical Introduction to Economics*, McGraw-Hill, New York, 1930.

Ewing, G. M.: Sufficient conditions for global extrema in the calculus of variations, *J. Astronautical Sci.* 12, 102–105, 1965.

Fan, L.-T., Wang, C.-S.: An application of the discrete maximum principle to a transportation problem, *J. Math. & Physics* 43, 255–260, 1964.

Fan, L.-T., Wang, C.-S.: *Das diskrete Maximum-Prinzip: Studie zur Optimierung mehrstufiger Prozesse*, Oldenbourg, München, 1968.

Feichtinger, G.: Optimale intertemporale Allokationen mittels des Maximumprinzips, in: J. Schwarze et al. (Eds.) *Proceedings in Operations Research 9*, Physica, Würzburg, 484–489, 1980.

Feichtinger, G.: Optimale Allokation von Ausbildung und Berufsausbildung in einem nichtlinearen Kontrollmodell, *ZOR* 25, 25–34, 1981.

Feichtinger, G. (Ed.): *Optimal Control Theory and Economic Analysis*, First Viennese Workshop on Economic Applications of Control Theory, Vienna, October 28–30, 1981, North-Holland, Amsterdam, 1982a.

Feichtinger, G.: Anwendungen des Maximumprinzips im Operations Research, Teil 1 und 2, *OR-Spektrum* 6, 171–190 und 195–212, 1982b.

Feichtinger, G.: Saddle-point analysis in a price-advertising model, *JEDC* 4, 319–340, 1982c.

Feichtinger, G.: Optimal repair policy for a machine service problem, *OCAM* 3, 15–22, 1982d.

Feichtinger, G.: Optimal bimodal harvest policies in age-specific bioeconomic models, in: G. Feichtinger, P. Kall (Eds.) *Operations Research in Progress*, Reidel, Dordrecht, 285–299, 1982e.

Feichtinger, G.: The Nash solution of a maintenance-production differential game, *EJOR* 10, 165–172, 1982f.

Feichtinger, G.: Ein Differentialspiel für den Markteintritt einer Firma, in: B. Fleischmann et al. (Eds.) *Operations Research Proceedings 1981*, Springer, Berlin, 636–644, 1982g.

Feichtinger, G.: Optimal pricing in a diffusion model with concave price – dependent market potential, *O.R. Letters* 1, 236–240, 1982h.

Feichtinger, G.: The Nash solution of an advertising differential game: generalization of a model by Leitmann and Schmitendorf, *IEEE Trans. Aut. Contr.* AC-28, 1044–1048, 1983a.

Feichtinger, G.: A differential games solution to a model of competition between a thief and the police, *Man. Sci.* 29, 686–699, 1983b.

Feichtinger, G.: Optimale dynamische Preispolitik bei drohender Konkurrenz, *ZfB* 52, 156–171, 1983c.

Feichtinger, G.: Optimal employment strategies of profit-maximizing and labour-managed firms, *OCAM* 5, 235–253, 1984a.

Feichtinger, G.: On the synergistic influence of two control variables on the state of nonlinear optimal control models, *J. Opl. Res. Soc.* 35, 907–914, 1984b.

Feichtinger, G. (Ed.): *Optimal Control Theory and Economic Analysis 2*, Second Viennese Workshop on Economic Applications of Control Theory, Vienna, May 16–18, 1984, North-Holland, Amsterdam, 1985a.

Feichtinger, G.: Optimal modification of machine reliability by maintenance and production, *OR-Spektrum* 7, 43–50, 1985b.

Feichtinger, G.: Intertemporal optimization of wine consumption at a party: an unusual optimal control model, in: G. Gandolfo, F. Marzano (Eds.) *Essays in Memory of Vittorio Marrama*, Giuffre, Milano, 1986.

Feichtinger, G., Dockner, E.: A note to Jørgensen's logarithmic advertising differential game, *ZOR* 28, B 133–B 153, 1984.

Feichtinger, G., Dockner, E.: Optimal pricing in a duopoly: a noncooperative differential games solution, *JOTA* 45, 199–218, 1985.

Feichtinger, G., Hartl, R.F.: Ein nichtlineares Kontrollproblem der Instandhaltung, *OR-Spektrum* 3, 49–58, 1981.

Feichtinger, G., Hartl, R.F.: Optimal pricing and production in an inventory model, *EJOR* 19, 45–56, 1985a.

Feichtinger, G., Hartl, R.F.: On the use of Hamiltonian and maximized Hamiltonian in non-differentiable control theory, *JOTA* 46, 493–504, 1985b.

Feichtinger, G., Jørgensen, S.: Differential game models in management science, *EJOR* 14, 137–155, 1983.

Feichtinger, G., Luhmer, A., Sorger, G.: Price image strategy in retailing, Forschungsbericht Nr. 74, Inst. f. Ökonometrie & Oper. Res., Techn. Univ. Wien, Sept. 1985.

Feichtinger, G., Luptacik, M.: Optimal employment and wage policies of a monopolistic firm, Forschungsbericht Nr. 62, Inst. f. Ökonometrie & Oper. Res., Techn. Univ. Wien, Mai 1983, erscheint in *JOTA* 53, April 1987.

Feichtinger, G., Luptacik, M.: Optimal production and abatement policies of a firm, Forschungsbericht Nr. 67, Inst. f. Ökonometrie & Oper. Res., Techn. Univ. Wien, Juni 1984, erscheint in *EJOR*, 1986.

Feichtinger, G., Mehlmann, A.: Planning the unusual: applications of control theory to nonstandard problems. Forschungsbericht Nr. 86, Inst. f. Ökonometrie & Oper. Res., Techn. Univ. Wien, Juni 1985, erscheint in *Acta Appl. Math.* 7, 79–102, 1986.

Feichtinger, G., Sorger, G.: Über ein dynamisches Mischungsproblem, Forschungsbericht Nr. 79, Inst. f. Ökonometrie & Oper. Res., Techn. Univ. Wien, März 1985.

Feichtinger, G., Sorger, G.: Optimal oscillations in control models: how can constant demand lead to cyclical production? Forschungsbericht Nr. 93, Inst. f. Ökonometrie & Oper. Res., Techn. Univ. Wien, Mai 1986, erscheint in *O.R. Letters*.

Feichtinger, G., Steindl, A.: Lagerhaltungs- und Beschäftigungsstrategien einer Firma, *OR-Spektrum* 6, 93–107, 1984.

Feinstein, C.D., Oren, S.S.: Local stability properties of the modified Hamiltonian dynamic systems, *JEDC* 6, 386–394, 1983.

Fel'dbaum, A.A.: *Optimal Control Systems*, Academic Press, New York, 1965.

Fershtman, C.: Goodwill and market shares in oligopoly, *Economica* 51, 271–282, 1984.

Fershtman, C., Kamien, M.I.: Price adjustment speed and dynamic duopolistic competitors, Working paper, Northwestern University, Evanston, August 1984.

Fershtman, C., Kamien, M.I.: Conjectural equilibrium and strategy spaces in differential games, in: G. Feichtinger (Ed.) *Optimal Control Theory and Economic Analysis 2*, North-Holland, Amsterdam, 569–580, 1985a.

Fershtman, C., Kamien, M.I.: Turnpike properties in a dynamic duopoly with sticky prices, Working paper, Hebrew Univ., Jerusalem, August 1985b.

Fershtman, C., Muller, E.: Capital accumulation with infinite duration, *JET* 33, 322–339, 1984.

Fershtman, C., Muller, E.: Turnpike properties of capital accumulation games, Discussion Paper No. 604, 1985.

Fershtman, C., Spiegel, U.: Monopoly versus competition: the learning by doing case, *EER* 23, 217–222, 1983.

Filipiak, J.: Optimal control of store-and-forward networks, *OCAM* 3, 155–176, 1982.

Fischer, T.: *Kontrolltheoretische Entscheidungsmodelle: Ein Beitrag zur Abstimmung von Produktion und Lagerhaltung auf unsichere Nachfrage*, Duncker & Humblot, Berlin, 1982.

Fischer, T.: Hierarchical optimization methods for the coordination of decentralized management planning, in G. Feichtinger (Ed.) *Optimal Control Theory and Economic Analysis 2*, North-Holland, Amsterdam, 395–413, 1985.

Fisher, I.: The Nature of Capital and Income, 1906 (reprinted by a. M. Kelley, New York, 1965).

Fleming, W.H., Rishel, R.W.: *Deterministic and Stochastic Optimal Control*, Springer, New York, 1975.

Föllinger, O.: *Optimierung dynamischer Systeme: Eine Einführung für Ingenieure*, Oldenbourg, München, 1985.

Forster, B.A.: Optimal consumption planning in a polluted environment, *Economic Record* 49, 534–545, 1973a.

Forster, B.A.: Optimal capital accumulation in a polluted environment, *Southern Economic J.* 39, 544–547, 1973b.

Forster, B.A.: Optimal pollution control with a nonconstant exponential rate of decay, *J. Envir. Economics & Mgmt.* 2, 1–6, 1975.

Forster, B.A.: On a one state variable optimal control problem: consumption-pollution trade-offs, in: J.D. Pitchford, S.J. Turnovsky (Eds.) *Applications of Control Theory to Economic Analysis*, North-Holland, Amsterdam, 35–56, 1977.

Fourgeaud, C., Lenclud, B., Michel, P.: Technological renewal of natural resource stocks, *JEDC* 4, 1–36, 1982.

Frank, W.: *Mathematische Grundlagen der Optimierung: Variationsrechnung — Dynamische Programmierung — Maximumprinzip*, Oldenbourg, München, 1969.

Frankena, J. F.: Optimal control problems with delay, the maximum principle and necessary conditions, *J. Eng. Math.* 9, 53–64, 1975.

Friedman, A.: Optimal control for hereditary processes, *Archive Rational Mechanics Analysis* 15, 396–416, 1964.

Friedman, A.: *Differential Games*, Wiley, New York, 1971.

Friedman, J. W.: *Oligopoly and the Theory of Games*, North-Holland, Amsterdam, 1977.

Friedman, J. W.: *Game Theory with Applications to Economics*, Oxford Univ. Press, New York, 1986.

Frisch, H.: *Theories of Inflation*, Cambridge Univ. Press, Cambridge, 1983.

Funk, J. E., Gilbert, E. G.: Some sufficient conditions for optimality in control problems with state space constraints, *SIAM J. Contr.* 8, 498–504, 1970.

Funke, U. H.: *Mathematical Models in Marketing: A Collection of Abstracts*, Lecture Notes in Economics and Mathematical Systems, Vol. 132, Springer, Berlin, 1976.

Gaimon, C., Thompson, G. L.: A distributed parameter cohort personnel planning model, Working paper, No. 43-80-81, Carnegie-Mellon Univ., March 1981.

Gaimon, C., Thompson, G. L.: Optimal preventive and repair maintenance of a machine subject to failure, *OCAM* 5, 57–67, 1984.

Gale, D.: On optimal development in a multi-sector economy, *RES* 34, 1–18, 1967.

Gale, D., Nikaido, H.: The Jacobian matrix and global univalence of mappings, *Math. Ann.* 159, 8–93, 1965.

Gamkrelidze, R. V.: Time-optimal processes with bounded phase coordinates. *Dokl. Akad. Nauk. SSSR* 125, 475–478, 1959.

Gamkrelidze, R. V.: *Principles of Optimal Control Theory*, Plenum Press, New York, 1978.

Gandolfo, G.: *Economic Dynamics: Methods and Models*, North-Holland, Amsterdam, 1980.

Gantmacher, F. R.: *Matrizenrechnung I*, VEB dt. Verlag d. Wissenschaften, Berlin, 1958.

Gaskins, D. W., Jr.: Dynamic limit pricing: optimal pricing under threat of entry, *JET* 3, 306–322, 1971.

Gaugusch, J.: The non-cooperative solution of a differential game: advertising versus pricing, *OCAM* 5, 353–360, 1984.

Geerts, A. H. W.: Optimality conditions for solutions of singular and state constrained optimal control problems in economics, Master's thesis, Eindhoven Univ. of Technology, May 1985.

Gerchak, Y., Parlar, M.: Optimal control analysis of a simple criminal prosecution model, *OCAM* 6, 305–312, 1985.

Gessner, P., Wacker, H.: *Dynamische Optimierung: Einführung – Modelle – Computerprogramme*, Hanser, München, 1972.

Gfrerer, H.: Optimization of hydro energy storage plant problems by variational methods, *ZOR* 28, B87–B101, 1984.

Gihman, I. I., Skorohod, A. V.: *Stochastic Differential Equations*, Springer, New York, 1972.

Gilbert, R. J.: Optimal depletion of an uncertain stock, *RES* 46, 47–57, 1979.

Gillespie, J. V., Zinnes, D. A.: Progression in mathematical models of international conflict, *Synthese* 31, 289–321, 1975.

Girsanov, I. V.: *Lectures on Mathematical Theory of Extremum Problems*, Lecture Notes in Economics and Mathematical Systems, Vol. 67, Springer, Berlin, 1972.

Goh, B.-S.: *Management and Analysis of Biological Populations*, Elsevier, Amsterdam, 1980.

Goh, B.-S., Leitmann, G., Vincent, T. L.: Optimal control of a prey-predator systems, *Math. Biosci.* 19, 263–286, 1974.

Goldstine, H. H.: *A History of the Calculus of Variations from the 17th through the 19th Century*, Springer, New York, 1980.

Goodwin, R. M., Krüger, M., Vercelli, A. (Eds.): *Nonlinear Models of Fluctuating Growth*, Lecture Notes in Economics and Mathematical Systems, Vol. 228, Springer, Berlin, 1984.

Gopalsamy, K.: Optimal control of age-dependent populations, *Math. Biosci.* 32, 155–163, 1976.

Gordon, H. S.: Economic theory of a common-property resource: the fishery, *JPE* 62, 124–142, 1954.

Gordon, R. L.: A reinterpretation of the pure theory of exhaustion, *JPE* 75, 274–286, 1967.

Gottwald, D.: *Die dynamische Theorie der Allokation erschöpfbarer Ressourcen*, Vandenhoeck & Ruprecht, Göttingen, 1981.

Gould, J. P.: Diffusion processes and optimal advertising policy, in: E. S. Phelps et al. (Eds.) *Microeconomic Foundations of Employment and Inflation Theory*, Macmillan, London; Norton, New York, 338–368, 1970.

Grimm, W., Well, K. H., Oberle, H. J.: Periodic control for minimum-fuel aircraft trajectories, *J. Guidance* 9, 169–174, 1986.

Gromball, P., Becker, C.: Bilineare Systeme zur Bestimmung optimaler Werbestrategien, *ZOR* 23, 117–126, 1979.

Gross, M., Lieber, Z.: Competitive monopolistic and efficient utilization of an exhaustible resource in the presence of habit-formation effects and stock dependent costs, *Econ. Letters* 14, 383–388, 1984.

Guinn, T.: The problem of bounded space coordinates as a problem of Hestenes, *SIAM J. Control* 3, 181–190, 1965.

Hadley, G., Kemp, M. C.: *Variational Methods in Economics*, North-Holland, Amsterdam 1971.

Hahn, W.: *Stability of Motion*, Springer, Berlin, 1967.

Halanay, A.: Optimal controls for systems with time lag, *SIAM J. Control* 6, 215–234, 1968.

Hale, J. K.: *Ordinary Differential Equations*, Wiley-Interscience, New York, 1969.

Hale, J. K.: *Functional Differential Equations*, Springer, Berlin, 1971.

Halkin, H.: On the necessary condition for optimal control of nonlinear systems, *J. Anal. Math.* 12, 1–82, 1964.

Halkin, H.: A maximum principle of the Pontryagin type for systems described by nonlinear difference equations, *SIAM J. Control* 4, 90–111, 1966a.

Halkin, H.: An abstract framework for the theory of process optimization, *Bull. Amer. Math. Soc.* 72, 677–678, 1966b.

Halkin, H.: Mathematical foundations of system optimization, in G. Leitmann (Ed.) *Topics in Optimization*, Academic Press, New York, 197–262, 1967.

Halkin, H.: Necessary conditions for optimal control problems with infinite horizons, *Econometrica* 42, 267–272, 1974.

Hämäläinen, R. P.: On the cheating problem in Stackelberg games, *Int. J. Systems Sci.* 12, 753–770, 1981.

Hämäläinen, R. P., Kaitala, V., Haurie, A.: Bargaining on whales: a differential game model with Pareto optimal equilibria, *O. R. Letters* 3, 5–11, 1984.

Hämäläinen, R. P., Haurie, A., Kaitala, V.: Equilibria and threats in a fishery management game. *OCAM* 6, 315–333, 1985.

Hartberger, R. J.: A proof of the Pontryagin maximum principle for initial-value problems, *JOTA* 11, 139–145, 1973.

Hartl, R. F.: Das Pontrjaginsche Maximumprinzip, Diplomarbeit, Inst. f. Unternehmensforschung, Techn. Univ. Wien, Jänner 1979.

Hartl, R. F.: Optimale mehrdimensionale Steuerung ökonomischer Modelle mit konkaver Effizienz- und Nutzenfunktion, Diss., Inst. f. Unternehmensforschung, Techn. Univ. Wien, Mai 1980.

Hartl, R. F.: Optimal control of concave economic models with two control instruments, in: G. Feichtinger, P. Kall (Eds.) *Operations Research in Progress*, Reidel, Dordrecht, 227–245, 1982a.

Hartl, R. F.: A mixed linear/nonlinear optimization model of production and maintenance for a machine, in: G. Feichtinger (Ed.) *Optimal Control Theory and Economic Analysis*, North-Holland, Amsterdam, 43–58, 1982b.

Hartl, R. F.: Optimal control of non-linear advertising models with replenishable budget, *OCAM* 3, 53–65, 1982c.

Hartl, R. F.: Optimal allocation of resources in the production of human capital, *J. Opl. Res. Soc.* 34, 599–606, 1983a.

Hartl, R. F.: Optimal maintenance and production rates for a machine: a nonlinear economic control problem, *JEDC* 6, 281–306, 1983b.

Hartl, R. F.: Eine Übersicht über das Maximumprinzip für optimale Kontrollprobleme mit Zustandsnebenbedingungen, in: H. Steckhan et al. (Eds.) *Operations Research Proceedings 1983*, Springer, Berlin, 599–613, 1984a.

Hartl, R. F.: A survey of the optimality conditions for optimal control problems with state variable inequality constraints, in: J. P. Brans (Ed.) *Operational Research '84*, North-Holland, Amsterdam, 423-433, 1984b.

Hartl, R. F.: Optimal dynamic advertising policies for hereditary processes, *JOTA* 43, 51–72, 1984c.

Hartl, R. F.: Arrow-type sufficient optimality conditions for nondifferentiable optimal control problems with state constraints, Forschungsbericht Nr. 73, Inst. f. Ökonometrie & Oper. Res., Techn. Univ. Wien, März 1984d, erscheint in *Appl. Math. & Optimiz.* 14, 1986.

Hartl, R. F.: A dynamic activity analysis for a monopolistic firm, Forschungsbericht Nr. 80, Inst. f. ökonometrie & Oper. Res., Techn. Univ. Wien, April 1985a.

Hartl, R. F.: A forward algorithm for a generalized wheat trading model, Forschungsbericht Nr. 81, Inst. f. Ökonometrie & Oper. Res., Techn. Univ. Wien, April 1985b, erscheint in *ZOR* 30, A 135–A 144, 1986.

Hartl, R. F.: A simple proof of the monotonicity of the state trajectories in autonomous control problems, Forschungsbericht Nr. 88, Inst. f. Ökonometrie & Oper. Res., Techn. Univ. Wien, Mai 1985c, erscheint in *JET* 40, 1987.

Hartl, R. F., Jørgensen, S.: Optimal manpower policies in a dynamic staff-maximizing bureau, *OCAM* 6, 57–64, 1985.

Hartl, R. F., Luptacik, M.: Environmental constraints and choice of technology, Forschungsbericht Nr. 82, Inst. f. Ökonometrie & Oper. Res., Techn. Univ. Wien, April 1985.

Hartl, R. F., Mehlmann, A.: The Transylvanian problem of renewable resources, *RAIRO – OR* 16, 379–390, 1982.

Hartl, R. F., Mehlmann, A.: Convex-concave utility function: optimal blood-consumption for vampires, *Appl. Math. Mod.* 7, 83–88, 1983.

Hartl, R. F., Mehlmann, A.: Optimal seducing policies for dynamic continuous lovers under risk of being killed by a rival, *Cybernetics & Systems: An Intern. J.* 15, 119–126, 1984.

Hartl, R. F., Mehlmann, A.: On remuneration patterns for medical services, *OCAM* 7, 185–193, 1986.

Hartl, R. F., Sethi, S. P.: A note on the free terminal time transversality condition, *ZOR* 27, A 203–A 208, 1983.

Hartl, R. F., Sethi, S. P.: Optimal control of a class of systems with continuous lags: a dynamic programming approach and economic interpretations, *JOTA* 43, 73–88, 1984a.

Hartl, R. F., Sethi, S. P.: Optimal control problems with differential inclusions: sufficiency conditions and an application to a production-inventory model, *OCAM* 5, 289–307, 1984b.

Hartl, R. F., Sethi, S. P.: Solution of generalized linear optimal control problems using a simplex-like method in continuous time, I: theory, in: G. Feichtinger (Ed.) *Optimal Control Theory and Economic Analysis 2*, North-Holland, Amsterdam, 45–62, 1985a.

Hartl, R. F., Sethi, S. P.: Solution of generalized linear optimal control problems using a simplex-like method in continuous time, II: examples, in: G. Feichtinger (Ed.) *Optimal Control Theory and Economic Analysis 2*, North-Holland, Amsterdam, 63–87, 1985b.

Hartl, R. F., Sorger, G.: A note on chattering control and the calculation of sliding modes, Forschungsbericht Nr. 90, Inst. f. Ökonometrie & Oper. Res., Techn. Univ. Wien, Dezember 1985.
Hartman, P.: *Ordinary Differential Equations*, Birkhäuser, Boston, 1982.
Haurie, A.: Optimal control on an infinite time horizon: the turnpike approach, *J. Math. Economics* 3, 81–102, 1976.
Haurie, A.: Optimal control of an infinite time horizon with applications to a class of economic systems, in: M. Aoki, A. Marzello (Eds.) *New Trends in Dynamic System Theory and Economics*, Academic Press, 1979.
Haurie, A.: Existence and global asymptotic stability of optimal trajectories for a class of infinite-horizon, nonconvex systems, *JOTA* 31, 515–533, 1980.
Haurie, A.: Stability and optimal exploitation over an infinite time horizon of interacting populations, *OCAM* 3, 241–256, 1982.
Haurie, A., Hung, N. M.: Further aspects of turnpike theory in continuous time with applications, *J. Dyn. Syst., Measurement, and Control* 98, 85–90, 1976.
Haurie, A., Hung, N. M.: Turnpike properties for the optimal use of a natural resource, *RES* 44, 329–336, 1977.
Haurie, A., Hung, N. M.: Optimal decentralized management of a vertically integrated firm with reference to the extractive metallurgy, in: M. Singh, A. Titli (Eds.) *Large Scale Systems Engineering Applications*, North-Holland, Amsterdam, 206–217, 1979.
Haurie, A., Leitmann, G.: On the global asymptotic stability of equilibrium solutions for open-loop differential games, *Large Scale Syst.* 6, 107–122, 1984.
Haurie, A., Sethi, S. P.: Decision and forecast horizons, agreeable plans, and the maximum principle for infinite horizon problems, *O. R. Letters* 3, 261–265, 1984.
Haurie, A., Sethi, S. P., Hartl, R. F.: Optimal control of an age-structured population model with applications to social services planning, *Large Scale Syst.* 6, 133–158, 1984.
Haussmann, U. G.: Some examples of optimal stochastic controls or: the stochastic maximum principle at work, *SIAM Rev.* 23, 292–307, 1981.
Heal, G. M.: The relationship between price and extraction cost for a resource with a backstop technology, *Bell J. Economics* 7, 371–378, 1976.
Heaps, T.: The forestry maximum principle, *JEDC* 7, 131–151, 1984.
Heckman, J.: A life cycle model of earnings, learning, and consumption, *JPE* 84, 511–544, 1976.
Hénin, P.-Y., Michel, P.: Harrodian and neoclassical paths in a constrained growth model, *Economic Letters* 10, 237–242, 1982.
Herfindahl, O. C.: Depletion and economic theory, in: M. H. Gaffney (Ed.) *Extractive Resources and Taxation*, Univ. of Wisconsin Press, Madison, 63–69, 1967.
Hestenes, M. R.: A general problem in the calculus of variations with applications to paths of least time, RAND Corporation RM-100, 1950.
Hestenes, M. R.: On variational theory and optimal control theory, *J. SIAM Control* A 3, 23–48, 1965.
Hestenes, M. R.: *Calculus of Variations and Optimal Control* Theory, Wiley, New York, 1966.
Hiltmann, P.: Numerische Behandlung optimaler Steuerprozesse mit Zustandsbeschränkungen mittels der Mehrzielmethode, Diplomarbeit, Techn. Univ. München, 1983.
Hippe, P.: Zeitoptimale Steuerung eines Erzentladers, *Regelungstechnik & Prozeß-Datenverarbeitung* 18, 346–350, 1970.
Hirsch, M. W., Smale, S.: *Differential Equations, Dynamic Systems, and Linear Algebra*, Academic Press, New York, 1974.
Ho, Y.-C.: Differential games, dynamic optimization, and generalized control theory, *JOTA* 6, 179–209, 1970.
Ho, Y.-C., Olsder, G. J.: Differential games, concepts and applications, in: M. Shubik (Ed.) *Mathematics of Conflict*, North-Holland, Amsterdam, 127–186, 1983.
Hoel, M.: *Resource extraction under some alternative market structures*, Hain, Meisenheim, 1978a.

Hoel, M.: Distribution and growth as a differential game between workers and capitalists, *IER* 19, 335–350, 1978b.
Hoel, M.: Monopoly resource extractions under the presence of predetermined substitute production, *JET* 30, 201–212, 1983.
Hoel, M.: Future conditions and present extraction: a useful method in natural resource economic, *Resources & Energy* 5, 303–311, 1983a.
Hoel, M.: Resource extraction when there is a limit on the level of investment in substitute capacity, Memorandum, Inst. of Economics, Univ. of Oslo, June 1983b.
Hofbauer, J., Sigmund, K.: *Evolutionstheorie und dynamische Systeme: Mathematische Aspekte der Selektion*, Parey, Berlin, 1984.
Hoffmann, K.-H., Krabs, W.: *Optimal Control of Partial Differential Equations*, Birkhäuser, Basel, 1984.
Holly, S., Rüstem, B., Zarrop, M. B. (Eds.): *Optimal Control for Econometric Models. An Approach to Economic Policy Formulation*, Macmillan, London, 1979.
Holt, C. C., Modigliani, F., Muth, J. F., Simon, H. A.: *Planning Production, Inventories and Work Force*, Prentice-Hall, Englewood Cliffs, 1960.
Holtzman, J. M.: On the maximum principle for nonlinear discrete-time systems, *IEEE Trans. Aut. Contr.* AC-11, 273–274, 1966.
Horsky, D., Simon, L. S.: Advertising and the diffusion of new products, *Marketing Sci.* 2, 1–17, 1983.
Hotelling, H.: A general mathematical theory of depreciation, *J. Amer. Statist. Assoc.* 20, 340–353, 1925.
Hotelling, H.: The economics of exhaustible resources, *JPE* 39, 137–175, 1931.
Hsu, J. C., Meyer, A. U.: *Modern Control Principles and Applications*, McGraw-Hill, New York, 1968.
Hwang, C. L., Fan, L. T., Erickson, L. E.: Optimum production planning by the maximum principle, *Man. Sci.* 13, 751–755, 1967.

Ijiri, Y., Thompson, G. L.: Applications of mathematical control theory to accounting and budgeting (The continuous wheat trading model), *Accounting Rev.* 45, 246–258, 1970.
Intriligator, M. D.: *Mathematical Optimization and Economic Theory*, Prentice-Hall, Englewood Cliffs, 1971.
Intriligator, M. D.: Strategic considerations in the Richardson model of arms races, *JPE* 83, 339–353, 1975.
Intriligator, M. D.: Economic systems, in: C. T. Leondes (Ed.) *Control and Dynamic Systems*, Vol. 13, Academic Press, New York, 135–160, 1977a.
Intriligator, M. D. (Ed.): *Frontiers of Quantitative Economics*, 2 Volumes: III A & B, North-Holland, Amsterdam, 1977b.
Intriligator, M. D.: Applications of control theory to economics, in: A. Bensoussan, J. L. Lions (Eds.) *Analysis and Optimization of Systems*, Lecture Notes in Control and Information Sciences, Vol. 28, Springer, Berlin, 607–626, 1980.
Intriligator, M. D., Smith, B. L. R.: Some aspects of the allocation of scientific effort between teaching and research, *AER* 61, 494–507, 1966.
Ioffe, A. D., Tihomirov, V. M.: *Theory of Extremal Problems*, North-Holland, Amsterdam, 1979.
Isaacs, R.: *Differential Games*, Wiley, New York, 1965.
Isaacs, R.: Differential games: their scope, nature, and future, *JOTA* 3, 283–295, 1969.

Jacobs, O. L. R.: *Introduction to Control Theory*, Clarendon Press, Oxford, 1974.
Jacobson, D. H., Lele, M. M., Speyer, J. L.: New necessary conditions of optimality for control problems with state variable inequality constraints. *J. Math. Analysis & Appl.* 35, 255–284, 1971.
Jacquemin, A. P.: Optimal control and advertising policy, *Metro-Economica* 25, 200–207, 1973.

Jacquemin, A. P., Thisse, J.: Strategy of the firm and market structure: an application of optimal control theory, in: K. Cowling (Ed.) *Market Structure and Corporate Behavior*, Gray-Mills, London, 61–84, 1972.

Jammernegg, W.: On the optimality of generalized (s,t)-policies in production-inventory systems, *Methods of Oper. Res.* 41, 361–364, 1981.

Jamshidi, M.: *Large-Scale Systems: Modelling and Control*, North-Holland, New York, 1983.

Jazwinski, A. H.: *Stochastic Processes and Filtering Theory*, Academic Press, New York, 1970.

Jeuland, A. P., Dolan, R. J.: An aspect of new product planning: dynamic pricing, in: A. A. Zoltners (Ed.) *Market Planning Models*, TIMS Studies in the Management Sciences, Vol. 18, North-Holland, Amsterdam, 1–21, 1982.

Jones, A. J.: *Game Theory: Mathematical Models of Conflict*, Ellis Horwood, Chichester, 1980.

Jordan, B. W., Polak, E.: Theory of a class of discrete optimal control systems, *J. Electronics & Contr.* 17, 697–711, 1964.

Jørgensen, S.: Optimal price and advertising policies for a new product, Working paper, Inst. of Theor. Statistics, Copenhagen School of Economics and Business Administration, November 1978.

Jørgensen, S.: En note on Dorfman-Steiner teoremet, *Nationaløkonomisk Tidsskrift* 119, 409–413, 1981.

Jørgensen, S.: A survey of some differential games in advertising, *JEDC* 4, 341–369, 1982a.

Jørgensen, S.: Labor-managed vs profit-maximizing firms: a differential games solution to a problem of determining optimal labor forces, in: G. Feichtinger (Ed.) *Optimal Control Theory and Economic Analysis*, North-Holland, Amsterdam, 353–372, 1982b.

Jørgensen, S.: Optimal control of a diffusion model of new product acceptance with price-dependent total market potential, *OCAM* 4, 269–276, 1983.

Jørgensen, S.: Optimal cooperative advertising in a dynamic vertical marketing system: a differential games approach, Working paper presented at TIMS XXVI Int. Meeting, Copenhagen, June 18–20, 1984a.

Jørgensen, S.: A Pareto-optimal solution of a maintenance-production differential game, *EJOR* 18, 76–80, 1984b.

Jørgensen, S.: An exponential differential game which admits a simple Nash solution, *JOTA* 45, 383–396, 1985.

Jørgensen, S.: Optimal production, purchasing and pricing: a differential games approach, *EJOR* 24, 64–76, 1986a.

Jørgensen, S.: Optimal dynamic pricing in an oligopolistic market: a survey, in: T. Başar (Ed.) *Dynamic Games and Applications in Economics*, Springer, Berlin, 179–237, 1986b.

Jørgensen, S., Dockner, E.: Optimal consumption and replenishment policies for a renewable resource, in: G. Feichtinger (Ed.) *Optimal Control Theory and Economic Analysis 2*, North-Holland, Amsterdam, 647–664, 1985.

Jorgenson, D. W.: Capital theory and investment behaviour, *AER* 52, 247–259, 1963.

Jorgenson, D. W.: The theory of investment behavior, in: R. Ferber (Ed.) *Determinants of Investment Behavior*, Columbia Univ. Press, New York, 129–155, 1967.

Joseph, P. D., Tou, J. T.: On linear control theory, *Trans. AIEE* 80, 193–196, 1961.

Kaitala, V. T.: Game theory models of dynamic bargaining and contracting in fisheries management, Doctoral Thesis, Univ. of Techn., Helsinki, January 1985.

Kaitala, V. T.: Game theory models of fisheries management – a survey, in: T. Başar (Ed.) *Dynamic Games and Applications in Economics*, Springer, Berlin, 252–266, 1986.

Kalish, S.: Monopolist pricing with dynamic demand and production cost, *Marketing Sci.* 2, 135–159, 1983.

Kalish, S., Sen, K. S.: Diffusion models and the marketing mix for single products, in: V. Mahajan, J. Wind (Eds.) *Series in Econometrics and Management Science, Vol. V: Innovation Diffusion Models of New Products Acceptance,* Bollinger, Cambridge, MA, 87–116, 1986.

Kalman, R. E.: Contributions to the theory of optimal control, *Bol. de Soc. Math. Mexicana*, 102–119, 1960a.
Kalman, R. E.: A new approach to linear filtering and prediction problems, *Trans. ASME Ser. D. J. Basic Eng.* 82, 35–45, 1960b.
Kalman, R. E.: Mathematical description of linear dynamical systems, *J. SIAM Control*, A 1, 152–192, 1963.
Kalman, R. E., Bucy, R.: New results in linear filtering and prediction theory, *Trans. ASME Ser. D. J. Basic Eng.* 83, 95–108, 1961.
Kamien, M. I., Muller, E.: Optimal control with integral state equations, *RES* 43, 469–473, 1976.
Kamien, M. I., Schwartz, N. L.: Optimal maintenance and sale age for a machine subject to failure, *Man. Sci.* 17, 427–449, 1971a.
Kamien, M. I., Schwartz, N. L.: Limit pricing and uncertain entry, *Econometrica* 39, 441–454, 1971b.
Kamien, M. I., Schwartz, N. L.: Expenditure patterns for risky R & D projects, *J. Appl. Prob.* 8, 60–73, 1971c.
Kamien, M. I., Schwartz, N. L.: Sufficient conditions in optimal control theory, *JET* 3, 207–214, 1971d.
Kamien, M. I., Schwartz, N. L.: Timing of innovations under rivalry, *Econometrica* 40, 43–60, 1972a.
Kamien, M. I., Schwartz, N. L.: Market structure, rivals' response, and the firm's rate of product improvement, *J. Industrial Econ.* 20, 159–172, 1972b.
Kamien, M. I., Schwartz, N. L.: Patent life and R & D rivalry, *AER* 64, 183–187, 1974.
Kamien, M. I., Schwartz, N. L.: A note on resource usage and market structure, *JET* 15, 394–397, 1977a.
Kamien, M. I., Schwartz, N. L.: Optimal capital accumulation and durable goods production, *ZfN* 37, 25–43, 1977b.
Kamien, M. I., Schwartz, N. L.: Optimal exhaustible resource depletion with endogenous technical change, *RES* 45, 179–196, 1978a.
Kamien, M. I., Schwartz, N. L.: Self-financing of an R & D project, *AER* 68, 252–261, 1978b.
Kamien, M. I., Schwartz, N. L.: Potential rivalry, monopoly profits, and the pace of inventive activity, *RES* 45, 547–557, 1978c.
Kamien, M. I., Schwartz, N. L.: *Dynamic Optimization: The Calculus of Variations and Optimal Control in Economics and Management*, North-Holland, New York, 1981.
Kamien, M. I., Schwartz, N. L.: *Market Structure and Innovation*, Cambridge Univ. Press, Cambridge, 1982.
Kamien, M. I., Schwartz, N. L.: The role of common property resources in optimal planning models with exhaustible resources, in: V. K. Smith, J. V. Krutilla (Eds.) *Explorations in Natural Resource Economics*, Johns Hopkins Univ. Press, Baltimore, 47–71, 1982.
Kaplan, W.: *Ordinary Differential Equations*, Addison-Wesley, Reading, 1958.
Kappel, F., Kunisch, K., Schappacher, W.: *Control Theory for Distributed Parameter Systems and Applications*, Lecture Notes in Control and Information Sciences, Vol. 54, Springer, Berlin, 1983.
Karatzas, I., Lehoczky, J. P., Sethi, S. P., Shreve, S. E.: Explicit Solution of a general consumption/investment problem, *MOR* 11, 261–294, 1986.
Katayama, T., Nabetani, T.: Optimal resource allocation policy for pollution control in a macroeconomic system, in: *Control Science and Technology for the Progress of Society*, Vol. 21, IFAC 8th Triennial World Congress, Japan, 1981.
Keeler, E., Spence, M., Zeckhauser, R.: The optimal control of pollution, *JET* 4, 19–34, 1971.
Keil, K.-H.: Optimale Kontrolle der Service-Intensität eines Wartesystems: Martingalmethoden, Minimumprinzipien, Diss., Univ. München, 1978.
Keller, J. B.: Optimal velocity in a race, *Amer. Math. Monthly* 81, 474–480, 1974.
Kemp, M. C., Long, N. V.: Optimal control problems with integrands discontinuous with respect to time, *Economic Record* 53, 405–420, 1977.

Kemp, M.C., Long, N.V. (Eds.): *Exhaustible Resources, Optimality, and Trade*, North-Holland, Amsterdam, 1980.
Kemp, M.C., Wan, H.Y., Jr.: Hysteresis of long-run equilibrium from realistic adjustment costs, in: G. Horwich, P.A. Samuelson (Eds.) *Trade, Stability and Macroeconomics, Essays in Honor of Lloyd A. Metzler*, Academic Press, New York, 221–242, 1974.
Kendrick, D.A.: Applications of control theory to macro-economics, in: M.D. Intriligator (Ed.) *Frontiers of Quantitative Economics*, Vol. III A, North-Holland, Amsterdam, 239–261, 1977.
Kendrick, D.A.: *Stochastic Control for Economic Models*, McGraw-Hill, New York, 1981a.
Kendrick, D.A.: Control theory with applications to economics, in: K.J. Arrow, M.D. Intriligator (Ed.) *Handbook of Mathematical Economics I*, North-Holland, Amsterdam, 111–158, 1981b.
Kendrick, D.A., Taylor, L.: Numerical solution of nonlinear planning models, *Econometrica* 38, 453–467, 1970.
Keyfitz, N.: *Applied Mathematical Demography*, Wiley-Interscience, New York, 1977.
Kilkki, P., Vaisanen, U.: Determination of optimal policy for forest stands by means of dynamic programming, *Acta Forestalia Fennica* 102, 100–112, 1969.
Kirby, B.J. (Ed.): *Optimal Control Theory and its Applications*, Lecture Notes in Economics and Mathematical Systems, Part I & II, Vols. 105 & 106, Springer, Berlin, 1974.
Kirk, D.E.: *Optimal Control Theory: An Introduction*, Prentice-Hall, Englewood Cliffs, 1970.
Klein, C.F., Gruver, W.A.: On the optimal control of a single-server queueing system: comment, *JOTA* 26, 457–462, 1978.
Kleindorfer, P.R.: Stochastic control models in management science: theory and computation, in: A. Bensoussan et al. (Eds.) *Applied Optimal Control*, North-Holland, Amsterdam, 69–88, 1978.
Kleindorfer, P.R., Kriebel, C.H., Thompson, G.L., Kleindorfer, G.B.: Discrete optimal control of production plans, *Man. Sci.* 22, 261–273, 1975.
Kleindorfer, P.R., Lieber, Z.: Algorithms and planning horizon results for production planning problems with separable costs, *Oper. Res.* 27, 874–887, 1979.
Klötzler, R.: Starke Dualität in der Steuerungstheorie, *Math. Nachr.* 95, 253–263, 1980.
Klötzler, R.: Globale Optimierung in der Steuerungstheorie, *ZAMM* 63, T305–T312, 1983.
Knobloch, H.W.: Das Pontryaginsche Maximumprinzip für Probleme mit Zustandsbeschränkung I, II, *ZAMM* 55, 545–556, 621–634, 1975.
Knobloch, H.W.: *Higher Order Necessary Conditions in Optimal Control Theory*, Lecture Notes in Control and Information Sciences, Vol. 34, Springer, Berlin, 1981.
Knobloch, H.W., Kappel, F.: *Gewöhnliche Differentialgleichungen*, Teubner, Stuttgart, 1974.
Knobloch, H.W., Kwakernaak, H.: *Lineare Kontrolltheorie*, Springer, Berlin, 1985.
Knowles, G.: *An Introduction to Applied Optimal Control*, Academic Press, New York, 1981.
Kort, P.M.: Adjustment costs in a dynamic model of the firm, in: L. Streitferdt et al. (Eds.) *Operations Research Proceedings 1985*, Springer, Berlin, 487–505, 1986.
Kotowitz, Y., Mathewson, F.: Informative advertising and welfare, *AER* 69, 284–294, 1979a.
Kotowitz, Y., Mathewson, F.: Advertising, consumer information, and product quality, *Bell J. Economics* 10, 566–588, 1979b.
Krabs, W.: *Einführung in die Kontrolltheorie*, Wiss. Buchgesellschaft, Darmstadt, 1978.
Krämer-Eis, P.: Ein Mehrzielverfahren zur numerischen Berechnung optimaler Feedback-Steuerungen bei beschränkten nichtlinearen Steuerungsproblemen, Bonner Mathematische Schriften Nr. 164, 1985.
Krämer-Eis, P., Bock, H.G.: Numerical treatment of state and control constraints in the computation of feedback laws for nonlinear control problems, Preprint no. 762, Sonderforschungsbereich 72, Dezember 1985.
Kreindler, E.: Additional necessary conditions for optimal control with state-variable inequality constraints, *JOTA* 38, 241–250, 1982.
Krelle, W.: Economic growth with exhaustible resources and environmental protection, *Z. f. ges. Staatswiss.* 140, 399–429, 1984.

Krelle, W.: *Theorie des wirtschaftlichen Wachstums*, Springer, Berlin, 1985.
Kuhn, H. W., Szegö, G. P. (Eds.): *Mathematical Systems Theory and Economics I*, Lecture Notes in Operations Research and Mathematical Economics, Vol. 11, Springer, Berlin, 1969.
Kunreuther, H. C., Morton, T. E.: General planning horizons for the production smoothing problem with deterministic demands: I. All demand met from regular production, *Man. Sci.* 20, 110–125, 1973, II. Extensions to overtime, undertime and backlogging, *Man. Sci.* 20, 1037–1046, 1974.
Kurz, M.: Optimal paths of capital accumulation under the minimum time objective, *Econometrica* 33, 42–66, 1965.
Kurz, M.: The general instability of a class of competitive growth processes, *RES* 35, 1955–1974, 1968.
Kushner, H. J.: On the stochastic maximum principle: fixed time of control, *J. Math. Analysis & Appl.* 11, 78–92, 1965.
Kushner, H. J.: *Introduction to Stochastic Control*, Holt, Rinehart & Winston, New York, 1971.
Kwakernaak, H., Sivan, R.: *Linear Optimal Control Systems*, Wiley-Interscience, New York, 1972.
Kydland, F. E., Prescott, E. C.: Rules rather than discretion: the inconsistency of optimal plans, *JPE* 85, 473–493, 1977.

Lagunov, V. N.: *Introduction to Differential Games and Control Theory*, Hildermann, Berlin, 1985.
Lancaster, K.: The dynamic inefficiency of capitalism, *JPE* 81, 1092–1109, 1973.
Langer, U.: Kurzfristige Betriebsplanung im Verbundsystem mittels des Maximum-Prinzips von Pontrjagin, *Elektrizitätswirtschaft* 75, 945–947, 1976.
LaSalle, J. P.: The time optimal control problem, in: S. Lefschetz (Ed.) *Contributions to the Theory of Nonlinear Oscillations V*, Princeton Univ. Press, Princeton, 1–24, 1960.
LaSalle, J. P., Lefschetz, S.: *Die Stabilitätstheorie von Ljapunov*, BI, Mannheim, 1967.
Lasdon, L. S., Mitter, S. K., Warren, A. D.: The conjugate gradient method for optimal control problems, *IEEE Trans. Aut. Contr.* AC-12, 132–138, 1967.
Latham, R. W., Peel, D. A.: Adjustment costs and short-run returns to labour. *Rev. Economics & Stat.* 56, 393–396, 1974.
Leban, R.: Employment and wage strategies of the firm through a business cycle, *JEDC* 4, 371–394, 1982a.
Leban, R.: Wage rigidity and employment policy of the firm, in: G. Feichtinger (Ed.) *Optimal Control Theory and Economic Analysis*, North-Holland, Amsterdam, 125–141, 1982b.
Leban, R.: Corporate tax structure and growth strategies of the firm; some consequences of widening the tax base, in: G. Feichtinger (Ed.) *Optimal Control Theory and Economic Analysis 2*, North-Holland, Amsterdam, 363–376, 1985.
Leban, R., Lesourne, J.: The firm's investment and employment policy through a business cycle, *EER* 13, 43–80, 1980.
Leban, R., Lesourne, J.: Adaptive strategies of the firm through a business cycle, *JEDC* 5, 201–234, 1983.
Lee, E. B., Markus, L.: *Foundations of Optimal Control Theory*, Wiley, New York, 1967.
Legey, L., Ripper, M., Varaiya, P.: Effects of congestion on the shape of the city, *JET* 6, 162–179, 1973.
Lehoczky, J. P., Sethi, S. P., Shreve, S. E.: Optimal consumption and investment policies allowing consumption constraints, bankruptcy and welfare, *MOR* 8, 613–636, 1983.
Leitmann, G.: On a class of variational problems in rocket flight, *J. Aero and Space Sciences* 26, 586–591, 1959.
Leitmann, G. (Ed.): *Optimization Techniques with Applications to Aerospace Systems*, Academic Press, New York, 1962.

Leitmann, G.: *An Introduction to Optimal Control*, McGraw-Hill, New York, 1966 (Deutsche Übersetzung: *Einführung in die Theorie optimaler Steuerung und der Differentialspiele: Eine geometrische Darstellung*, Oldenbourg, München, 1974).
Leitmann, G. (Ed.): *Topics in Optimization*, Academic Press, New York, 1967.
Leitmann, G.: Sufficiency theorems for optimal control, *JOTA* 2, 285–292, 1968.
Leitmann, G.: Collective bargaining: a differential game, *JOTA* 11, 405–412, 1973.
Leitmann, G.: *Cooperative and Non-Cooperative Many Players Differential Games*, Springer, Wien, 1974.
Leitmann, G. (Ed.): *Multicriteria Decision Making and Differential Games*, Plenum Press, New York, 1976.
Leitmann, G.: On generalized Stackelberg strategies, *JOTA* 26, 637–643, 1978.
Leitmann, G.: *The Calculus of Variations and Optimal Control*, Plenum Press, New York, 1981.
Leitmann, G., Liu, P.-T.: A differential game model of labor-management negotiation during a strike, *JOTA* 13, 427–444, 1974.
Leitmann, G., Stalford, H.: A sufficiency theorem for optimal control, *JOTA* 8, 169–174, 1971.
Leland, H. E.: The dynamics of a revenue maximizing firm, *IER* 13, 376–385, 1972.
Leland, H. E.: Alternative long-run goals and the theory of the firm: why profit maximization may be a better assumption than you think, in: P.-T. Liu (Ed.) *Dynamic Optimization and Mathematical Economics*, Plenum Press, New York, 31–50, 1980.
Lele, M. M., Jacobson, D. H., McCabe, J. L.: Qualitative application of a result in control theory to problems of economic growth, *IER* 12, 209–226, 1971.
Lempio, F., Maurer, H.: Differential stability in infinite-dimensional nonlinear programming, *Appl. Math. & Optimiz.* 6, 139–152, 1980.
Lentini, M., Pereyra, V.: An adaptive finite difference solver for nonlinear two-point boundary problems with mild boundary layers, *SIAM J. Numer. Analysis* 14, 91–111, 1977.
Lesourne, J.: *Croissance Optimale des Entreprises*, Dunod, Paris, 1973.
Lesourne, J.: The optimal growth of the firm in a growing environment, *JET* 13, 118–137, 1976.
Lesourne, J., Dominguez, A.: Employment policy of a self-financing firm facing a risk of bankruptcy, *JEDC* 5, 325–358, 1983.
Lesourne, J., Leban, R.: Business strategies in inflationary economies, *RES* 44, 265–285, 1977.
Lesourne, J., Leban, R.: La substitution capital-travail au cours de la croissance de l'entreprise, *Rev. d'Economie Politique* 4, 540–564, 1978.
Lesourne, J., Leban, R.: Control theory and the dynamics of the firm: a survey, *OR*-Spektrum 4, 1–14, 1982.
Levhari, D., Liviatan, N.: On stability in the saddlepoint sense, *JET* 4, 88–93, 1972.
Levhari, D., Liviatan, N.: Notes on Hotelling's economics of exhaustible resources, *Canadian J. Economics* 10, 177–192, 1977.
Levine, J., Thépot, J.: Open loop and closed loop equilibria in a dynamic duopoly, in: G. Feichtinger (Ed.) *Optimal Control Theory and Economic Analysis*, North-Holland, Amsterdam, 143–156, 1982.
Lewis, T. R., Schmalensee, R.: Non-convexity and optimal exhaustion of renewable resources, *IER* 18, 535–552, 1977.
Lewis, T. R., Schmalensee, R.: Non-convexity and optimal harvesting strategies for renewable resources, *Canadian J. of Economics* 12, 677–691, 1979.
Lewis, T. R., Schmalensee, R.: Optimal use of renewable resources with nonconvexities in production, in: L. J. Mirman, P. F. Spulber (Eds.) *Essays in the Economics of Renewable Resources*, North-Holland, Amsterdam, 95–111, 1982.
Lieber, Z.: An extension to Modigliani and Hohn's planning horizon results, *Man. Sci.* 20, 319–330, 1973.

Lieber, Z., Barnea, A.: Dynamic optimal pricing to deter entry under constrained supply, *Oper. Res.* 25, 696–705, 1977.
Lilien, G. L., Kotler, P.: *Marketing Decision Making: A Model-Building Approach*, Harper & Row, New York, 1983.
Lin, W. T., Adjustment costs and the theory of optimal investment and financing of the firm, *OCAM* 2, 59–74, 1981.
Lions, J. L.: *Optimal Control of Systems Governed by Partial Differential Equations*, Springer, New York, 1971.
Litt, F. X.: Commande optimale avec contraintes d'état, *RAIRO* 3, 3–17, 1973.
Litt, F. X., Leitmann, G.: Some remarks on state-constrained optimal control problems, *Int. J. Control* 17, 81–96, 1973.
Little, J. D. C.: Aggregate advertising models: the state of the art, *Oper. Res.* 27, 629–667, 1979.
Litz, L.: *Dezentrale Regelung*, Oldenbourg, München, 1983.
Liu, P.-T.: Nonzero-sum differential games with bargaining solutions, *JOTA* 11, 284–292, 1973a.
Liu, P.-T.: Optimal threat strategies in differential games, *J. Math. Analysis & Appl.* 43, 161–169, 1973b.
Liu, P.-T.: *Dynamic Optimization and Mathematical Economics*, Plenum Press, New York, 1980.
Liu, P.-T., Roxin, E. (Eds.): *Differential Games and Control Theory III*, Proc. Third Kingston Conf., Part A, M. Dekker, New York, 1979.
Liu, P.-T., Sutinen, J. G. (Eds.): *Control Theory in Mathematical Economics*, Proc. Third Kingston Conf., Part B, M. Dekker, New York, 1979.
Lobry, C.: Cycles limites et boucles de retroaction, in: A. Bensoussan, J. L. Lions (Eds.) *Analysis and Optimization of* Systems, Lecture Notes in Control and Information Sciences, Vol. 28, Springer, Berlin, 578–593, 1980.
Long, N. V., Siebert, H.: Lay-off restraints, employment subsides, and the demand for labour, in: G. Feichtinger (Ed.) *Optimal Control Theory and Economic Analysis 2*, North-Holland, Amsterdam, 293–312, 1985.
Long, N. V., Vousden, N.: Optimal control theorems, in: J. D. Pitchford, S. J. Turnovsky (Eds.) *Applications of Control Theory to Economic Analysis*, North-Holland, Amsterdam, 11–34, 1977.
Loon, P. J. J. M., van: Employment in a monopolistic firm, *EER* 19, 305–327, 1982.
Loon, P. J. J. M., van: *A Dynamic Theory of the Firm: Production, Finance and Investment*, Lecture Notes in Economics and Mathematical Systems, Vol. 218, Springer, Berlin, 1983.
Loon, P. J. J. M., van: Investment grants and alternatives to stimulate industry and employment, in: G. Feichtinger (Ed.) *Optimal Control Theory and Economic Analysis 2*, North-Holland, Amsterdam, 331–340, 1985.
Lucas, R. E., Jr.: Optimal investment policy and the flexible accelerator, *IER* 8, 78–85, 1967.
Lucas, R. E., Jr.: Optimal management of a research and development project, *Man. Sci.* 17, 679–697, 1971.
Lucas, R. E., Jr.: An equilibrium model of the business cycle, *JPE* 83, 1113–1144, 1975.
Lucas, R. E., Jr.: Optimal investment with rational expectations, in: R. E. Lucas, Jr., T. J. Sargent (Eds.) *Rational Expectations and Economic Practice*, G. Allen & Unwin, London, 55–66, 1981.
Ludwig, T.: *Optimale Expansionspfade der Unternehmung*, Gabler, Wiesbaden, 1978.
Luenberger, D. G.: *Optimization by Vector Space Methods*, Wiley, New York, 1969.
Luenberger, D. G.: Mathematical programming and control theory: trends of interplay, in: A. M. Geoffrion (Ed.) *Perspectives on Optimization*, Addison-Wesley, Reading, 102–133, 1972.
Luenberger, D. G.: *Introduction to Linear and Nonlinear Programming*, Addison-Wesley, Reading, 1973.

Luenberger, D. G.: A nonlinear economic control problem with a linear feedback solution, *IEEE Trans. Aut. Contr.* AC-20, 184–191, 1975.

Luenberger, D. G.: *Introduction to Dynamic Systems: Theory, Models, and Applications*, Wiley, New York, 1979.

Luhmer, A.: *Maschinelle Produktionsprozesse: Ein Ansatz dynamischer Produktions- und Kostentheorie*, Beiträge zur betriebswirtschaftlichen Forschung, Band 43, Westdeutscher Verlag, Opladen, 1975.

Luhmer, A.: Pricing products under time-limited demand, in: G. Feichtinger (Ed.) *Optimal Control Theory and Economic Analysis*, North-Holland, Amsterdam, 59–78, 1982a.

Luhmer, A.: Optimal control with switching dynamics, in: G. Feichtinger, P. Kall (Eds.) *Operations Research in Progress*, Reidel, Dordrecht, 247–260, 1982b.

Luhmer, A.: A continuous time, deterministic, nonstationary model of economic ordering, *EJOR* 24, 123–135, 1986.

Luhmer, A., Steindl, A., Feichtinger, G., Hartl, R., Sorger, G.: ADPULS in continuous time, Forschungsbericht Nr. 91, Inst. f. Ökonometrie & Oper. Res., Techn. Univ. Wien, April 1986.

Luptacik, M.: *Nichtlineare Programmierung mit ökonomischen Anwendungen*, Athenäum, Königstein, 1981.

Luptacik, M.: Optimal price and advertising policy under atomistic competition, *JEDC* 4, 57–71, 1982.

Luptacik, M., Schubert, U.: Optimale Investitionspolitik unter Berücksichtigung der Umwelt: Eine Anwendung der Kontrolltheorie, in: W. Oettli, F. Steffens (Eds.) *Operations Research Verfahren*, Vol. 35, Athenäum/Hain, Meisenheim, 271–282, 1979.

Luptacik, M., Schubert, U.: Optimal investment policy in productive capacity and pollution abatement processes in a growing economy, in: G. Feichtinger (Ed.) *Optimal Control Theory and Economic Analysis*, North-Holland, Amsterdam, 231–243, 1982a.

Luptacik, M., Schubert, U.: Optimal economic growth and the environment, in: W. Eichhorn et al. (Eds.) *Economic Theory of Natural Resources*, Physica, Würzburg, 455–468, 1982b.

Macki, J., Strauss, A.: *Introduction to Optimal Control Theory*, Springer, New York, 1982.

Magill, M. J. P.: *On a General Economic Theory of Motion*, Springer, New York, 1970.

Magill, M. J. P.: Some new results on the local stability of the process of capital accumulation, *JET* 15, 174–210, 1977.

Magill, M. J. P.: The origin of cyclical motion in dynamic economic models, *JEDC* 1, 199–218, 1979.

Mahajan, V., Muller, E.: Innovation diffusion and new product growth models in marketing, *J. Marketing* 43, 55–68, 1979.

Mahajan, V., Peterson, R. A.: Innovation diffusion in a dynamic potential adopter population, *Man. Sci.* 24, 1589–1597, 1978.

Mahajan, V., Peterson, R. A.: Innovation diffusion: models and applications, Working paper, Southern Methodist Univ. Dallas, 1984.

Majumdar, M., Mitra, T.: Dynamic optimization with a non-convex technology: the case of a linear objective function, *RES* 50, 143–151, 1983.

Malliaris, A. G., Brock, W. A.: *Stochastic Methods in Economics and Finance*, North-Holland, Amsterdam, 1982.

Man, F. T.: Optimal control of time-varying queueing systems, *Man. Sci.* 11, 1249–1256, 1973.

Mangasarian, O. L.: Sufficient conditions for the optimal control of non-linear systems, *J. SIAM Control* 4, 139–152, 1966.

Mangasarian, O. L.: *Nonlinear Programming*, McGraw-Hill, New York, 1969.

Mangel, M.: Optimal search for and mining of underwater mineral resources, *SIAM J. Appl. Math.* 43, 99–106, 1983.

Mann, D. H.: Optimal theoretic advertising stock models, *Man. Sci.* 21, 823–832, 1975.

Marshalla, R. A.: *An Analysis of Cartelized Market Structures for Non-renewable Resources*, Garland Publ., New York, 1979.

Martirena-Mantel, A. M.: Optimal inventory and capital policy under certainty, *JET* 3, 241–253, 1971.
Massé, P.: *Optimal Investment Decisions*, Prentice-Hall, Englewood Cliffs, 1962.
Maurer, H.: On optimal control problems with bounded state variables and control appearing linearly, *SIAM J. Control Optimiz.* 15, 345–362, 1977.
Maurer, H.: Differential stability in optimal control problems, *Appl. Math. & Optimiz.* 5, 283–295, 1979a.
Maurer, H.: On the minimum principle for optimal control problems with state constraints, Schriftenreihe des Rechenzentrums, Nr. 41, Univ. Münster, Münster, 1979b.
Maurer, H.: First order sensitivity of the optimal value function in mathematical programming and optimal control, Working paper, Inst. f. Num. & Instrument. Math., Univ. Münster, 1984.
Maurer, H., Gillessen, W.: Application of multiple shooting to the numerical solution of optimal control problems with bounded state variables, *Computing* 15, 105–126, 1975.
Maurer, H., Heidemann, U.: Optimale Steuerprozesse mit Zustandsbeschränkungen, in: R. Bulirsch et al. (Eds.) *Optimization and Optimal Control*, Lecture Notes in Mathematics, Vol. 477, Springer, Berlin, 244–260, 1975.
McConnell, K. E., Sutinen, J. G.: Bioeconomic models of marine recreational fishing, *J. Envir. Economics & Mgmt.* 6, 127–139, 1979.
McIntyre, J., Paiewonsky, B.: On optimal control with bounded state variables, in: C. T. Leondes (Ed.) *Advances in Control Systems*, Vol. 5, Academic Press, New York, 389–419, 1967.
McKenzie, L. W.: Turnpike theory, *Econometrica* 44, 841–865, 1976.
McMasters, A. W.: Optimal control in deterministic inventory models, Report No. NPS-55MG0031A, US Naval Postgraduate School, Monterey, 1970.
McShane, E. J.: On multipliers for Lagrange problems, *Amer. J. Math.* 61, 809–819, 1939.
Meadows, D. L., et al.: *The Limits to Growth*, Universe Books, New York, 1972.
Medio, A.: Oscillations in optimal growth models, Working paper, Department of Economics, Univ. of Venice, January 1986.
Mehlmann, A.: *Differentialspiele: Die Analyse dynamischer Konfliktsituationen*, Hain bei Athenäum, Königstein/Ts., 1985a.
Mehlmann, A.: State transformations and the derivation of Nash closed-loop equilibria for non-zero-sum differential games, *Appl. Math. Mod.* 9, 353–357, 1985b.
Mehlmann, A.: Diffeomorphisms and differential games, *EJOR* 24, 85–90, 1986.
Mehlmann, A., Willing, R.: On nonunique closed-loop Nash equilibria for a class of differential games with a unique and degenerated feedback solution, *JOTA* 41, 463–472, 1983a.
Mehlmann, A., Willing, R.: Eine klassische Anwendung der Theorie der Differentialspiele, *Quartalshefte d. Girozentrale* 18, 49–58, 1983b.
Mehlmann, A., Willing, R.: Eine spieltheoretische Analyse des Faustmotives, *Mathem. Operationsforschung & Statistik – Optimization* 15, 243–252, 1984.
Mehra, R. K.: An optimal control approach to national settlement system planning, Working paper, RM-75-58, Int. Inst. Appl. Syst. Analysis, Laxenburg, Austria, Nov. 1975.
Mehrez, A.: A note on the comparison of two different formulations of a risky R & D model, *O. R. Letters* 2, 249–251, 1983.
Melese, F., Michel, P.: Optimal resource management with uncertain entry: a change in market structure resulting from the deployment of substitutes, CORE Discussion paper No. 8136, Center for Oper. Res. & Econometrics, Universite Catholique de Louvain, Louvain-la-Neuve, December 1981.
Merton, R. C.: Lifetime portfolio selection under uncertainty: the continuous-time case, *Rev. Economics & Statistics* 51, 247–257, 1969.
Merton, R. C.: Optimum consumption and portfolio rules in a continuous-time model, *JET* 3, 373–413, 1971.
Merton, R. C.: An intertemporal capital asset pricing model, *Econometrica* 5, 867–888, 1973.

Merton, R.C.: On the microeconomic theory of investment under uncertainty, in: K.J. Arrow, M.D. Intriligator (Eds.) *Handbook of Mathematical Economics*, Vol. II, North-Holland, Amsterdam, 601–669, 1982.

Michel, P.: Une démonstration élémentaire du principe du maximum de Pontriaguine, *Bull. de Math. Economiques* 14, 9–23, 1977.

Michel, P.: Necessary conditions for optimality of elliptic systems with positivity constraints on the state, *SIAM J. Control* 18, 91–97, 1980.

Michel, P.: Choice of projects and their starting dates: an extension of Pontryagin's maximum principle to a case which allows choice among different possible evolution equations, *JEDC* 3, 97–118, 1981.

Michel, P.: On the transversality condition in infinite horizon optimal problems, *Econometrica* 50, 975–985, 1982.

Michel, P.: Application of optimal control theory to disequilibrium analysis, in: G. Feichtinger (Ed.) *Optimal Control Theory and Economic Analysis 2*, North-Holland, Amsterdam, 417–427, 1985.

Michel, P., Padoa-Schioppa, F.: A dynamic macroeconomic model with monopolistic behavior in the labor market, *EER* 22, 331–350, 1983.

Miele, A.: Extremization of linear integrals by Green's theorem, in: G. Leitmann (Ed.) *Optimization Techniques with Applications to Aerospace Systems*, Academic Press, New York, 69–98, 1962.

Miller, R.E.: *Dynamic Optimization and Economic Applications*, McGraw-Hill, New York, 1979.

Mirman, L.J., Spulber, D.F. (Eds.): *Essays in the Economics of Renewable Resources*, North-Holland, Amsterdam, 1982.

Mirrlees, J.: Optimum growth when technology is changing, *RES* 34, 95–124, 1967.

Mirrlees, J.A.: An exploration in the theory of optimum income taxation, *RES* 38, 175–208, 1971.

Mirrlees, J.A.: The optimum town, *Swedish J. Economics* 74, 114–135, 1972.

Modigliani, F., Hohn, F.: Production planning over time and the nature of the expectation and planning horizon, *Econometrica* 23, 46–66, 1955.

Mond, B., Hanson, M.: Duality for control problems, *SIAM J. Control* 6, 114–120, 1968.

Monroe, K.B., Della Bitta, A.J.: Models for pricing decisions, *J. Marketing Res.* 15, 413–428, 1978.

Mukundan, R., Elsner, W.B.: Linear feedback strategies in non-zero-sum differential games, *Int. J. Syst. Sci.* 6, 513–532, 1975.

Muller, E.: Trial/awareness advertising decisions: a control problem with phase diagrams with non-stationary boundaries, *JEDC* 6, 333–350, 1983.

Murata, Y.: *Mathematics for Stability and Optimization of Economic Systems*, Academic Press, New York, 1977.

Murata, Y.: *Optimal Control Methods for Linear Discrete-Time Economic Systems*, Springer, New York, 1982.

Murphy, R.E., Jr.: *Adaptive Processes in Economic Systems*, Academic Press, New York, 1965.

Muzicant, J.: Systeme mit verteilten Parametern in der Bioökonomie: Ein Maximumprinzip zur Kontrolle altersstrukturierter Modelle, Diss., Inst. f. Unternehmensforschung, Techn. Univ. Wien, 1980.

Nagatani, K.: Notes on comparative dynamics, Discussion paper No. 79–14, Univ. of British Columbia, April 1979.

Nagatani, K.: *Macroeconomic Dynamics*, Cambridge Univ. Press, Cambridge, 1981.

Nahorski, Z., Ravn, H.F., Vidal, R.V.V.: *Optimization of Discrete Time Systems: The Upper Boundary Approach*, Lecture Notes in Control and Information Sciences, Vol. 51, Springer, Berlin, 1983.

Nahorski, Z., Ravn, H. F., Vidal, R. V. V.: The discrete-time maximum principle: a survey and some new results, *Int. J. Control* 40, 533–554, 1984.
Näslund, B.: Simultaneous determination of optimal repair policy and service life, *Swedish J. Economics* 68, 63–73, 1966.
Näslund, B.: Optimal rotation and thinning, *Forest Sci.* 15, 446–451, 1969.
Näslund, B.: Consumer behavior and optimal advertising, *J. Opl. Res. Soc.* 20, 237–243, 1979.
Neck, R.: Ein Beitrag kontrolltheoretischer Methoden zur Analyse der Stabilisationspolitik, *ZfN* 36, 121–151, 1976.
Neck, R.: Stochastische Kontrolltheorie und ihre Anwendungen in der Unternehmensforschung, in: G. Fandel et al. (Eds.) *Operations Research Proceedings 1980*, Springer, Berlin, 564–588, 1981.
Neck, R.: Dynamic systems with several decision-makers, in: G. Feichtinger, P. Kall (Eds.) *Operations Research in Progress*, Reidel, Dordrecht, 261–284, 1982.
Neck, R.: Stochastic control theory and operational research, *EJOR* 17, 283–301, 1984.
Neck, R., Posch, U.: On the ‚optimality‘ of macroeconomic policies: an application to Austria, in: G. Feichtinger (Ed.) *Optimal Control Theory and Economic Analysis*, North-Holland, Amsterdam, 209–230, 1982.
Nelson, P.: Information and consumer behaviour, *JPE* 78, 311–329, 1970.
Nelson, P.: Advertising as information, *JPE* 81, 729–754, 1974.
Nelson, R. T.: Labor assigment as a dynamic control problem, *Oper. Res.* 14, 369–376, 1966.
Nerlove, M., Arrow, K. J.: Optimal advertising policy under dynamic conditions, *Economica* 29, 129–142, 1962.
Neustadt, L. W.: An abstract variational theory with applications to a broad class of optimization problems: I. General Theory, II. Applications, *SIAM J. Control* 4, 505–527, 1966; 5, 90–137, 1967.
Neustadt, L. W.: A general theory of extremals, *J. Comput. System Sci.* 3, 57–92, 1969.
Neustadt, L. W.: *Optimization: A Theory of Necessary Conditions*, Princeton Univ. Press, Princeton, 1976.
Neustadt, L. W., Warga, J.: Comments on the paper „Optimal control of processes described by integral equations I" by V. R. Vinokurov, *SIAM J. Control* 8, 572, 1970.
Nickell, S. J.: On expectations, government policy and the rate of investment, *Economica* 41, 241–255, 1974.
Nickell, S. J.: A closer look at replacement investment, *JET* 10, 54–88, 1975.
Nickell, S.: Fixed costs, employment and labour demand over the cycle, *Economica* 45, 329–345, 1978.
Nijkamp, P. (Ed.): *Environmental Economics, Vol. 2: Methods*, M. Nijhoff, Leiden, 1976.
Nöbauer, W., Timischl, W.: *Mathematische Modelle in der Biologie*, Vieweg, Braunschweig, 1979.
Norman, G., Nichols, N. K.: Dynamic market strategy under threat of competitive entry, *J. Industrial Econ.* 31, 153–174, 1982.
Norris, D. O.: Nonlinear programming applied to state constrained optimization problems, *J. Math. Analysis & Appl.* 43, 261–272, 1973.
Norström, C. J.: The continuous wheat trading model reconsidered: an application of mathematical control theory with a state constraint, Working paper 58-77-78, GSIA, Carnegie-Mellon Univ., Pittsburgh, 1978.

Oberle, H. J.: Numerische Behandlung singulärer Steuerungen mit der Mehrzielmethode am Beispiel der Klimatisierung von Sonnenhäusern, TUM-MATH-08-77-34-0250/1-FBMA, Techn. Univ. München, 1977.
Oberle, H. J.: Numerical computation of singular control problems with application to optimal heating and cooling by solar energy, *Appl. Math. & Optimiz.* 5, 297–314, 1979.
Oberle, H. J.: Numerische Berechnung optimaler Steuerungen von Heizung und Kühlung für ein realistisches Sonnenhausmodell, Habilitationsschrift, Techn. Univ. München, Rep. No. M 8310, 1983.

Oberle, H. J.: Numerical solution of minimax optimal control problems by multiple shooting technique, *JOTA* 50, 331–357, 1986.
Oberle, H. J., Grimm, W., Berger, E.: BNDSCO, Rechenprogramm zur Lösung beschränkter optimaler Steuerungsprobleme, Benutzeranleitung, Techn. Univ. München, Rep. No. M 8509, 1985.
Oğuztöreli, M. N., Stein, R. B.: Optimal control of antagonistic muscles, *Biol. Cybern.* 48, 91–99, 1983.
Olsder, G. J.: Some thoughts about simple advertising models as differential games and the structure of coalitions, in: Y.-C. Ho, S. K. Mitter (Eds.) *Directions in Large-Scale Systems, Many-Person Optimization and Decentralized Control*, Plenum Press, New York, 187–205, 1976.
Oniki, H.: Comparative dynamics (sensitivity analysis) in optimal control theory, *JET* 6, 265–283, 1973.
Opitz, O., Spremann, K.: Optimale Steuerung von Kaufverhaltensprozessen, in: E. Topritzhofer (Ed.) *Marketing: Neue Ergebnisse aus Forschung und Praxis*, Gabler, Wiesbaden, 285–325, 1978.
Order, R. van: A model of optimal growth and stabilization, *IER* 16, 369–380, 1975.
Oren, S. S., Powell, S. G.: Optimal supply of a depletable resource with a backstop technology, *Oper. Res.* 33, 277–292, 1985.
Osayimwese, I.: Rural-urban migration and control theory, *Geographical Analysis* 4, 147–161, 1974.
Outrata, J. V.: On a class of nonsmooth optimal control problems, *Appl. Math. & Optimiz.* 10, 287–306, 1983.
Outrata, J. V.: On numerical solution of optimal control problems with nonsmooth objectives: applications to economic problems, Working paper, Inst. of Information Theory & Automation, Czechoslovak Acad. Sci., 1985.

Pakravan, K.: Exhaustible resource models & predictions of crude oil prices – some preliminary results, *Energy Economics* 3, 169–177, 1981.
Papavassilopoulos, G. P., Cruz, J. B.: Nonclassical control problems and Stackelberg games, *IEEE Trans. Aut. Contr.* AC-24, 155–165, 1979.
Parlar, M.: Optimal forest fire control with limited reinforcements, *OCAM* 4, 185–191, 1983.
Parlar, M.: Optimal dynamic service rate control in time dependent M/M/S/N queues, *Int. J. Systems Sci.* 15, 107–118, 1984.
Parlar, M., Vickson, R. G.: An optimal control problem with piecewise quadratic cost functional containing a 'dead zone', *OCAM* 1, 361–372, 1980.
Parlar, M., Vickson, R. G.: Optimal forest fire control: an extension of Park's model, *Forest Sci.* 28, 345–355, 1982.
Pau, L. F.: Research on optimal control adapted to macro- and microeconomics: a survey, *JEDC* 1, 243–269, 1979.
Pauwels, W.: Optimal dynamic advertising policies in the presence of continuously distributed time lags, *JOTA* 22, 79–89, 1977.
Pekelman, D.: Simultaneous price-production decision, *Oper. Res.* 22, 788–794, 1974.
Pekelman, D.: Production smoothing with fluctuating price, *Man. Sci.* 21, 576–590, 1975.
Pekelman, D.: On optimal utilization of production processes, *Oper. Res.* 27, 260–278, 1979.
Pekelman, D., Rausser, G. C.: Adaptive control: survey of methods and applications, in: A. Bensoussan et al. (Eds.) *Applied Optimal Control*, North-Holland, Amsterdam, 89–120, 1978.
Pekelman, D., Sethi, S. P.: Advertising budgeting, wearout and copy replacement, *J. Opl. Res. Soc.* 29, 651–659, 1978.
Peterson, D. W.: The economic significance of auxiliary functions in optimal control, *IER* 14, 234–252, 1973.
Peterson, D. W., Zalkin, J. H.: A review of direct sufficent conditions in optimal control theory, *Int. J. Control* 28, 589–610, 1978.

Peterson, F. M., Fisher, A. C.: The exploitation of extractive resources: a survey, *Economic J.* 87, 681–721, 1977.
Petrov, Iu. P.: *Variational Methods in Optimum Control Theory,* Academic Press, New York, 1968.
Phelps, E. S., Winter, S. G., Jr.: Optimal price policy under atomistic competition, in: E. S. Phelps et al. (Eds.) *Microeconomics Foundations of Employment and Inflation Theory,* Macmillan, London; Norton, New York, 309–337, 1970.
Pierskalla, W. P., Voelker, J. A.: A survey of maintenance models: the control and surveillance of deteriorating systems, *Naval Res. Logistics Quarterly* 23, 353–388, 1976.
Pindyck, R. S.: *Optimal Planing for Stabilization,* North Holland, Amsterdam, 1973.
Pindyck, R. S.: The optimal exploration and production of non-renewable resources, *JPE* 86, 841–861, 1978 a.
Pindyck, R. S.: Gains to producers from the cartelization of exhaustible resources, *Rev. Economics & Statistics* 60, 238–251, 1978 b.
Pitchford, J. D., Turnovsky, S. J. (Eds.): *Applications of Control Theory to Economic Analysis,* North-Holland, Amsterdam 1977.
Pohjola, M.: Nash and Stackelberg solutions in a differential game model of capitalism, *JEDC* 6, 173–186, 1983.
Pohjola, M.: Threats and bargaining in capitalism: a differential game view, *JEDC* 8, 291–302, 1984 a.
Pohjola, M.: Union rivalry and economic growth: a differential game approach, *Scand. J. Economics* 86, 365–370, 1984 b.
Pohjola, M.: Applications of dynamic game theory to macroeconomics, in: T. Başar (Ed.) *Dynamic Games and Applications in Economics,* Springer, Berlin, 103–133, 1986.
Polak, E.: *Computational Methods in Optimization,* Academic Press, New York, 1971.
Polak, E.: A historical survey of computational methods in optimal control, *SIAM Rev.* 15, 553–584, 1973.
Pontryagin, L. S.: *Ordinary Differential Equations,* Addison-Wesley, Reading, 1962.
Pontryagin, L. S., Boltyanskii, V. G., Gamkrelidze, R. V., Mishchenko, E. F.: *The Mathematical Theory of Optimal Processes,* Wiley-Interscience, New York, 1962. (Russ. Ausg.: Fizmatgiz, Moskau, 1961. Deutsche Übersetzung: *Die mathematische Theorie optimaler Prozesse,* Oldenbourg, München, 1964).
Preinreich, G. A. D.: The economic life of industrial equipment, *Econometrica* 8, 12–44, 1940.
Preston, A. J., Pagan, A. R.: *The Theory of Economic Policy: Statics and Dynamics,* Cambridge Univ. Press, Cambridge, 1982.

Ramsey, F. P.: A mathematical theory of saving, *Economic J.* 38, 543–559, 1928.
Rao, A. G.: *Quantitative Theories in Advertising,* Wiley, New York, 1970.
Rapp, B.: *Models for Optimal Investment and Maintenance Decisions,* Almqvist & Wiksell, Stockholm; Wiley, New York, 1974.
Rausser, G. C., Hochman, E.: *Dynamic Agricultural Systems: Economic Prediction and Control,* North-Holland, New York, 1979.
Raviv, A.: The design of an optimal insurance policy, *AER* 69, 84–96, 1979.
Ray, A., Blaquière, A.: Sufficient conditions for optimality of threat strategies in a differential game, *JOTA* 33, 99–109, 1981.
Reinganum, J. F.: Dynamic games of innovation, *JET* 25, 21–41, 1981.
Reinganum, J. F.: A dynamic game of R & D: patent protection and competitive behavior, *Econometrica* 50, 671–688, 1982.
Rempala, R.: On the multicommodity Arrow-Karlin inventory model, in: *Proc. First Internat. Symposium on Inventories,* Hungarian Akad. of Science, Budapest, 1980.
Rempala, R.: On the multicommodity Arrow-Karlin model, part II: horizon and horizontal solution, in: *Proc. Second Internat. Symposium on Inventories,* Hungarian Akad. of Science, Budapest, 1982.

Review of Economic Studies: *On the Economics of Exhaustible Resources*, RES-Symposium, 1974.
Richardson, L. F.: *Arms and Insecurity*, Boxwood, Pittsburgh, 1960.
Ringbeck, J.: Mixed quality and advertising strategies under asymmetric information, in: G. Feichtinger (Ed.) *Optimal Control Theory and Economic Analysis* 2, North-Holland, Amsterdam, 197–214, 1985.
Rishel, R. W.: An extended Pontryagin principle for control systems whose control laws contain measures, *J. Soc. Industrial & Appl. Math. Control* 3, 191–205, 1965.
Ritzen, J. R., Winkler, D. R.: On the optimal allocation of resources in the production of human capital, *J. Opl. Res. Soc.* 30, 33–41, 1979.
Roberts, S. M., Shipman, J. S.: *Two-Point Boundary Value Problems: Shooting Methods*, American Elsevier, New York, 1972.
Robinson, B., Lakhani, C.: Dynamic price models for new-product planning, *Man. Sci.* 21, 1113–1122, 1975.
Robson, A. J.: A dynamic model of a consumer durable with an age/quality structure: filtering of housing, Working paper 68, Univ. of Western Ontario, 1978.
Robson, A. J.: Costly innovation and natural resources, *IER* 21, 17–30, 1980.
Robson, A. J.: Sufficiency of the Pontryagin conditions for optimal control when the time horizon is free, *JET* 24, 438–445, 1981.
Robson, A. J.: Optimal control of systems governed by partial differential equations: economic applications, in: G. Feichtinger (Ed.) *Optimal Control Theory and Economic Analysis* 2, North-Holland, Amsterdam, 105–118, 1985.
Rockafellar, R. T.: *Convex Analysis*, Princeton Univ. Press, Princeton, 1970.
Rockafellar, R. T.: Existence and duality theorems for convex problems of Bolza, *Trans. Amer. Math. Soc.* 159, 1–40, 1971.
Rockafellar, R. T.: State constraints in convex control problems of Bolza, *SIAM J. Control & Optimiz.* 19, 691–715, 1972.
Rockafellar, R. T.: Saddle points of Hamiltonian systems in convex Lagrange problems having a nonzero discount rate, *JET* 12, 71–113, 1976.
Rose, H.: On the non-linear theory of the employment cycle, *RES* 34, 153–173, 1967.
Rosenmüller, J.: *The Theory of Games and Markets*, North-Holland, Amsterdam, 1981.
Roski, R.: *Einsatz von Aggregaten – Modellierung und Planung*, Duncker & Humblot, Berlin, 1986.
Roski, R., Wohltmann, H.-W.: Statische und dynamische Steuerbarkeit betrieblicher Systeme. Ein Beitrag zur Ziel-Mittel Analyse, *ZfB* 53, 1148–1169, 1983.
Roxin, E. O., Liu, P.-T., Sternberg, R. L. (Eds.): *Differential Games and Control Theory*, Proc. First Kingston Conf., M. Dekker, New York, 1974.
Roxin, E. O., Liu, P.-T., Sternberg, R. L. (Eds.): *Differential Games and Control Theory II*, Proc. Second Kingston Conf., M. Dekker, New York, 1977.
Russak, B. I.: On general problems with bounded state variables, *JOTA* 6, 424–451, 1970.
Russak, B. I.: Relations among the multipliers for problems with bounded state constraints, *SIAM J. Control Optimiz.* 14, 1151–1155, 1976.
Russell, D. L.: Penalty functions and bounded phase coordinates, *SIAM J. Control* 2, 409–422, 1965.
Ryder, H. E., Jr., Heal, G. M.: Optimal growth with intertemporally dependent preferences, *RES* 121, 1–31, 1973.
Ryder, H. E., Stafford, F. P., Stephan, P. E.: Labour, leisure and training over the life cycle, *IER* 17, 651–674, 1976.

Sage, A. P.: *Optimum Systems Control*, Prentice Hall, Englewood-Cliffs, 1968.
Sage, A. P., White, C. C., III: *Optimum Systems Control*, Prentice-Hall, Englewood-Cliffs, 1977.
Salant, S. W.: Exhaustible resources and industrial structure: a Nash-Cournot approach to the world oil market, *JPE* 86, 1079–1093, 1976.

Salant, S. W.: Imperfect competition in the international energy market: a computerized Nash-Cournot model, *Oper. Res.* 30, 252–280, 1982.
Salant, S. W., Eswaran, M., Lewis, T.: The length of optimal extraction programs when depletion affects extraction costs, *JET* 31, 364–374, 1983.
Salop, S. C.: Wage differentials in a dynamic theory of the firm, *JET* 6, 321–344, 1973.
Salukvadze, M. E.: *Vector-Valued Optimization Problems in Control Theory,* Academic Press, New York, 1979.
Sampson, A. A.: A model of optimal depletion of renewable resources, *JET* 12, 315–324, 1976.
Samuelson, P. A.: A catenary turnpike theorem involving consumption and the golden rule, *AER* 55, 486–496, 1965.
Samuelson, P. A.: The general saddle point property of optimal-control motions, *JET* 5, 102–120, 1972.
Sapir, A.: A growth model of a tenured-labor-managed firm, *Quarterly J. Economics* 95, 387–402, 1980.
Sarma, V. V. S., Alam, M.: Optimal maintenance policies for machines subject to deterioration and intermittent break-downs, *IEEE Trans. Syst. Man Cybern.* SMC-5, 396–398, 1975.
Sasieni, M. W.: Optimal advertising expenditure, *Man, Sci.* 18, 64–72, 1971.
Sato, R., Davis, E. G.: Optimal savings policy when labor grows endogenously, *Econometrica* 39, 877–897, 1971.
Saunders, K. V., Leitmann, G.: Problèmes avec contraintes sur les variables d'état, in: J. Carpentier, H. Garelly (Eds.) *Identification, Optimization et Stabilité des Systèmes Automatiques,* Dunod, Paris, 16–28, 1965.
Scalzo, R. C.: N person linear quadratic differential games with constraints, *SIAM J. Control* 12, 419–425, 1974.
Schaefer, M. B.: Some considerations of population dynamics and economics in relation to the management of marine fisheries, *J. Fisheries Res. Board of Canada* 14, 669–681, 1957.
Schichtel, U.: Optimale Instandhaltung und wirtschaftliche Nutzungsdauer bei exponentialverteiltem Ausfall von Anlagen, *ZfB* 50, 268–282, 1980.
Schijndel, G.-J. C. Th., van: Dynamic tax induced return clienteles, in: G. Feichtinger (Ed.) *Optimal Control Theory and Economic Analysis 2,* North-Holland, Amsterdam, 341–361, 1985a.
Schijndel, G.-J. C. Th., van: Dynamic behaviour of a value maximizing firm under personal taxation, Working paper, Tilburg Univ., April 1985b, erscheint in *EER,* 30, 1043–1062, 1986.
Schijndel, G.-J. C. Th., van: Dynamic results of financial leverage clienteles, *EJOR* 25, 90–97, 1986a.
Schijndel, G.-J. C. Th., van: Dynamic shareholder behaviour under personal taxation: a note, in L. Streitferdt et al. (Eds.) *Operations Research Proceedings 1985,* Springer, Berlin, 488–495, 1986b..
Schijndel, G.-J. C. Th., van: Dynamic firm behaviour and progressive personal taxation, Ph. D. Thesis, Tilburg University, erscheint 1986c.
Schilling, K.: On optimization principles in plant ecology, in: J.-P. Aubin et al. (Eds.) *Dynamics of Macrosystems,* Lecture Notes in Economics and Mathematical Systems, Vol. 257, Springer, Berlin, 63–71, 1985.
Schilling, K.: On the computation of optimal trajectories by simplicial fixed point algorithms, in: M. J. Beckmann et al. (Eds.) *Methods of Operations Research 54,* Hain, Meisenheim, 159–161, 1986.
Schmalensee, R.: *The Economics of Advertising,* North-Holland, Amsterdam, 1972.
Schneeweiss, C.: *Regelungstechnische stochastische Optimierungsverfahren,* Lecture Notes in Operations Research and Math. Syst., Vol. 49, Springer, Berlin, 1971.
Scott, C. H., Jefferson, T. R.: Optimal regulation of the service rate for a queue with finite waiting space, *JOTA* 20, 245–250, 1976.
Scott, C. H., Jefferson, T. R.: On the optimal control of a single-server queueing system: reply, *JOTA* 26, 463–464, 1978.

Seierstad, A.: Transversality conditions for control problems with infinite horizons, Memorandum, Inst. of Economics, Univ. of Oslo, 1977.
Seierstad, A.: Necessary conditions and sufficient conditions for optimal control with jumps in the state variables, Memorandum, Inst. of Economics, Univ. of Oslo, June 1981.
Seierstad, A.: Differentiability properties of the optimal value function in control theory, *JEDC* 4, 303–310, 1982.
Seierstad, A.: Sufficient conditions in free final time optimal control problems: a comment, *JET* 32, 367–370, 1984.
Seierstad, A.: Existence of an optimal control with sparse jumps in the state variable, *JOTA* 45, 265–293, 1985.
Seierstad, A.: Sufficient conditions in free final time optimal control problems: a comment, *JET* 32, 367–370, 1984.
Seierstad, A., Sydsaeter, K.: Sufficient conditions in optimal control theory, *IER* 18, 367–391, 1977.
Seierstad, A., Sydsaeter, K.: Sufficient conditions applied to an optimal control problem of resource management, *JET* 31, 375–382, 1983.
Seierstad, A., Sydsaeter, K.: *Optimal Control Theory with Economic Applications,* North-Holland, Amsterdam, 1986.
Selten, R.: Spieltheoretische Behandlung eines Oligopolmodelles mit Nachfrageträgheit, *Z. f. ges. Staatswiss.* 121, 301–324, 667–689, 1965.
Selten, R.: Reexamination of the perfectness concept for equilibrium points in extensive games, *Int. J. of Game Theory* 4, 25–55, 1975.
Selten, R.: Persönliche Mitteilung, Brief vom 5. Juni 1986.
Sethi, S. P.: Simultaneous optimization of preventive maintenance and replacement policy for machines: a modern control theory approach, *AIIE Trans.* 5, 156–163, 1973a.
Sethi, S. P.: Optimal control of the Vidale-Wolfe advertising models, *Oper. Res.* 21, 998–1013, 1973b.
Sethi, S. P.: Sufficient conditions for the optimal control of a class of systems with continuous lags, *JOTA* 13, 545–552, 1974a (Errata Corrige, *JOTA* 38, 153–154, 1982).
Sethi, S. P.: Some explanatory remarks on optimal control for the Vidale-Wolfe advertising model, *Oper. Res.* 22, 1119–1120, 1974b.
Sethi, S. P.: Quantitative guidelines for communicable disease control program: a complete synthesis, *Biometrics* 30, 681–691, 1974c.
Sethi, S. P.: Optimal control of a logarithmic advertising model, *Opl. Res. Quarterly* 26, 317–319, 1975.
Sethi, S. P.: Nearest feasible paths in optimal control problems: theory, examples, and counter-examples, *JOTA* 23, 563–579, 1977a.
Sethi, S. P.: A linear bang-bang model of firm behavior and water quality, *IEEE Trans. Aut. Contr.* AC-22, 706–714, 1977b.
Sethi, S. P.: Optimal advertising for the Nerlove-Arrow model under a budget constraint, *Opl. Res. Quarterly* 28, 683–693, 1977c.
Sethi, S. P.: Dynamic optimal control models in advertising: a survey, *SIAM Rev.* 19, 685–725, 1977d.
Sethi, S. P.: A survey of management science applications of the deterministic maximum principle, in: A. Bensoussan et al. (Eds.) *Applied Optimal Control,* TIMS Studies in the Management Sciences, Vol. 9, North-Holland, Amsterdam, 33–68, 1978a.
Sethi, S. P.: Optimal quarantine programs for controlling an epidemic spread, *J. Opl. Res. Soc.* 29, 265–268, 1978b.
Sethi, S. P.: Optimal equity financing model of Krouse and Lee: corrections and extensions, *J. Financial & Quant. Analysis* 13, 487–505, 1978c.
Sethi, S. P.: Optimal depletion of exhaustible resources, *Appl. Math. Mod.* 3, 367–378, 1979a.
Sethi, S. P.: Optimal pilfering policies for dynamic continuous thieves, *Man. Sci.* 25, 535–542, 1979b (Erratum, *Man. Sci.* 26, 342, 1980).
Sethi, S. P.: Optimal advertising policy with the contagion model, *JOTA* 29, 615–627, 1979c.

Sethi, S. P.: A note on the Nerlove-Arrow model under uncertainty, *Oper. Res.* 27, 839–842, 1979 d (Erratum, *Oper. Res.* 28, 1026–1027, 1980).
Sethi, S. P.: Deterministic and stochastic optimization of a dynamic advertising model, *OCAM* 4, 179–184, 1983.
Sethi, S. P., Chand, S.: Planning horizon procedures in machine replacement models, *Man. Sci.* 25, 140–151, 1979 (Erratum, *Man. Sci.* 26, 342, 1980).
Sethi, S. P., Drews, W. P., Segers, R. G.: A unified framework for linear control problems with state-variable inequality constraints, *JOTA* 36, 93–109, 1982.
Sethi, S. P., Gordon, M. J., Ingham, B.: Optimal dynamic consumption and portfolio planning in a welfare state, *TIMS Studies in the Management Sciences*, Vol. 11, 179–196, 1979.
Sethi, S. P., Lee, S. C.: Optimal advertising for the Nerlove-Arrow model under a replenishable budget, *OCAM* 2, 165–173, 1981.
Sethi, S. P., McGuire, T. W.: Optimal skill mix: an application of the maximum principle for systems with retarded controls, *JOTA* 23, 245–275, 1977.
Sethi, S. P., Morton, T. E.: A mixed optimization technique for the generalized machine replacement problem, *Naval Res. Logistics Quarterly* 19, 471–481, 1972.
Sethi, S. P., Staats, P. W.: Optimal control of some simple deterministic epidemic models, *J. Opl. Res. Soc.* 29, 129–136, 1978.
Sethi, S. P., Thompson, G. L.: Applications of mathematical control theory to finance: modeling simple dynamic cash balance problems, *J. Financial & Quant. Analysis* 5, 381–394, 1970.
Sethi, S. P., Thompson, G. L.: Simple models in stochastic production planning, in: A. Bensoussan et al. (Eds.) *Applied Stochastic Control in Econometrics and Management Science*, North-Holland, Amsterdam, 295–304, 1980.
Sethi, S. P., Thompson, G. L.: *Optimal Control Theory: Applications to Management Science*, M. Nijhoff, Boston, 1981 a.
Sethi, S. P., Thompson, G. L.: A tutorial on optimal control theory, *INFOR* 19, 279–291, 1981 b.
Sethi, S. P., Thompson, G. L.: Planning and forecast horizons in a simple wheat trading model, in G. Feichtinger, P. Kall (Eds.) *Operations Research in Progress*, Reidel, Dordrecht, 203–214, 1982.
Shapiro, C.: Consumer information, product quality, and seller reputation, *Bell J. Economics* 13, 20–25, 1982.
Shell, K.: Optimal program of capital accumulation for an economy in which there is exogenous technical change, in: K. Shell (Ed.) *Essays on the Theory of Optimal Economic Growth*, M. I. T. Press, Cambridge, 1–30, 1967.
Shell, K.: Applications of Pontryagin's maximum principle to economics, in: H. W. Kuhn, G. P. Szegö (Eds.) *Mathematical Systems Theory and Economics I*, Springer, Berlin, 241–292, 1969.
Sheshinski, E.: On the individual's lifetime allocation between education and work, *Metroeconomica* 20, 42–49, 1968.
Shubik, M.: *Game Theory in the Social Sciences: Concepts and Solutions*, MIT-Press, Cambridge, MA, 1982.
Siebert, H.: *Economics of the Environment*, Heath, London, 1981.
Siebert, H.: A resource-extracting firm with set-up costs, Discussion paper No 226/82, Inst. f. VWL & Statistik, Univ. Mannheim, 1982 a.
Siebert, H.: Resource extraction with closing costs of a mine, Discussion paper No 204/82, Inst. f. VWL & Statistik, Univ. Mannheim, 1982 b.
Siebert, H.: *Ökonomische Theorie natürlicher Ressourcen*. Mohr, Tübingen, 1983.
Siebert, H.: Das intertemporale Angebotsverhalten eines ressourcenexportierenden Landes, in: H. Siebert (Ed.) *Intertemporale Allokation*, Lang, Frankfurt, 329–365, 1984.
Siebert, H.: *Economics of the Resource-Exporting Country: Intertemporal Theory of Supply and Trade*, JAI-Press, Greenwich, Conn., 1985.

Simaan, M., Cruz, J. B., Jr.: On the Stackelberg strategy in non-zero-sum games, *JOTA* 11, 533–555, 1973.
Simaan, M., Cruz, J. B., Jr.: Formulation of Richardson's model of arms race from a differential game viewpoint, *RES* 42, 67–77, 1975.
Simon, H.: ADPULS: an advertising model with wearout and pulsation, *J. Marketing Res.* 19, 352–363, 1982 a.
Simon, H.: *Preismanagement*, Gabler, Wiesbaden, 1982 b.
Simon, H.: *Goodwill und Marketingstrategie*, Gabler, Wiesbaden, 1985.
Simon, H., Sebastian, K.-H.: Diffusion and advertising: the German telephone campaign, Working paper, Univ. of Bielefeld, February 1984.
Simon, H. A.: Dynamic programming under uncertainty with a quadratic criterion function, *Econometria* 24, 74–81, 1956.
Singh, M. G.: *Dynamical Hierarchical Control*, North-Holland, Amsterdam, 1980.
Singh, M. G., Hassan, M.: A comparison of two hierarchical optimization methods, *Int. J. Systems Sci.* 7, 603–611, 1976.
Singh, M. G., Titli, A., Malinowski, K.: Decentralised control design: an overview, *Large Scale Systems* 9, 215–230, 1985.
Skiba, A. K.: Optimal growth with a convex-concave production function, *Econometrica* 46, 527–539, 1978.
Smith, V. L.: Dynamics of waste accumulation: disposal versus recycling, *Quarterly J. Economics* 86, 600–616, 1972.
Snower, D. J.: Environmental policy and the effect of pollution on production, Research Memorandum No. 148, Institute for Advanced Studies, Vienna, March 1980.
Snower, D. J.: Stabilization policy versus intertemporal policy reversals, Forschungsbericht Nr. 161, Inst. f. Höhere Studien, Wien, März 1981.
Snower, D. J.: Macroeconomic policy and the optimal destruction of vampires, *JPE* 90, 647–655, 1982.
Solow, R. M.: The economics of resources and the resources of economics, *AER*, Papers and Proc. 64, 1–14, 1974.
Solow, R. M., Vickery, W. S.: Land use in a long narrow city, *JET* 3, 430–477, 1971.
Solow, R. M., Wan, F. Y.: Extraction costs in the theory of exhaustible resources, *Bell J. Economics* 7, 359–370, 1976.
Sorger, G.: Optimal belaying strategies for rock climbing, Forschungsbericht Nr. 87, Inst. f. Ökonometrie & Oper. Res., Techn. Univ. Wien, Mai 1985 a, erscheint in *OCAM*.
Sorger, G.: Special promotions and product price image, Forschungsbericht Nr. 89, Inst. f. Ökonometrie & Oper. Res., Techn. Univ. Vienna, November 1985 b.
Sorger, G.: Referenzpreisbildung und optimale Marketingstrategien: eine kontrolltheoretische Untersuchung, Diss., Inst. f. Ökonometrie & Oper. Res., Techn. Univ. Wien, April 1986 a.
Sorger, G.: Two-dimensional autonomous optimal control problems with a 0-1 state, Forschungsbericht Nr. 94, Inst. f. Ökonometrie & Oper. Res., Techn. Univ. Wien, April 1986 b.
Sorger, G., Feichtinger, G.: Intertemporal sharecropping, Forschungsbericht Nr. 92, Inst. f. Ökonometrie & Oper. Res., Techn. Univ. Wien, März 1986, erscheint in: G. Bamberg, K. Spremann (Eds.) *Agency Theory*, Springer, Berlin, 1987.
Southwick, L., Zionts, S.: An optimal-control-theory approach to the education-investment decision, *Oper. Res.* 22, 1156–1174, 1974.
Spence, M.: Investment strategy and growth in new markets, *Bell J. Economics* 10, 5–19, 1979.
Spence, M.: The learning curve and competition, *Bell J. Economics* 12, 49–70, 1981.
Spence, M., Starrett, D.: Most rapid approach paths in accumulation problems, *IER* 16, 388–403, 1975.
Spremann, K.: Optimale Preispolitik bei dynamischen deterministischen Absatzmodellen, *ZfN* 35, 63–76, 1975 a.
Spremann, K.: Eine dynamische Version der Formel von Amoroso-Robinson, in: R. Henn et al. (Eds.) *Methods of Operations Research*, Vol. 21, 205–221, 1975 b.

Spremann, K.: Hybrid product life cycles and the Nerlove-Arrow model, Working paper, Univ. Ulm, July 1981.
Spremann, K.: The signaling of quality by reputation, in: G. Feichtinger (Ed.) *Optimal Control Theory and Economic Analysis* 2, North-Holland, Amsterdam, 235–252, 1985.
Sprzeuzkouski, A. Y.: A problem in optimal stock management, *JOTA* 1, 232–241, 1967.
Stalford, H., Leitmann, G.: Sufficiency conditions for Nash equilibria in N-person differential games, in: A. Blaquière (Ed.) *Topics in Differential Games*, North-Holland, Amsterdam, 345–376, 1973.
Starr, A. W., Ho, Y.-C.: Nonzero-sum differential games, *JOTA* 3, 184–206, 1969.
Steindl, A.: Numerische Behandlung von Randwertproblemen auf unendlichen Intervallen, Dissertation, Techn. Univ. Wien, 1984.
Steindl, A., Feichtinger, G., Hartl, R., Sorger, G.: On the optimality of cyclical employment policies: a numerical investigation, Forschungsbericht Nr. 84, Inst. f. Ökonometrie & Oper. Res., Techn. Univ. Wien, Juni 1985, erscheint in *JDEC* 10, 1986.
Steinmann, G.: *Bevölkerungswachstum und Wirtschaftsentwicklung: Neoklassische Wachstumsmodelle mit endogenem Bevölkerungswachstum*, Duncker & Humblot, Berlin, 1974.
Stepan, A.: An application of the discrete maximum principle to designing ultradeep drills – the casing optimization, *Int. J. Production Res.* 15, 315–327, 1977 a.
Stepan, A.: *Die Anwendung der Kontrolltheorie auf betriebswirtschaftliche Problemstellungen mit einer Einführung in die Kontrolltheorie*, Hain, Meisenheim, 1977 b.
Stepan, A.: *Produktionsfaktor Maschine*, Physica, Wien, 1981.
Stepan, A., Swoboda, P.: Kontrolltheorie und Kapitalstruktur, *ZfB* 52, 681–703, 1982.
Stern, L. E.: Criteria of optimality in the infinite-time optimal control problem, *JOTA* 44, 497–508, 1984.
Stiglitz, J. E., Dasgupta, P.: Market structure and the resource depletion: a contribution to the theory of intertemporal monopolistic competition, *JET* 28, 128–164, 1982.
Stoer, J.: *Einführung in die Numerische Mathematik I*, Heidelberger Taschenbücher 105, Springer, Berlin, 1972.
Stoer, J., Bulirsch, R.: *Einführung in die Numerische Mathematik II*, Heidelberger Taschenbücher 114, Springer, Berlin, 1978.
Stöppler, S.: *Dynamische Produktionstheorie*, Westdeutscher Verlag, Opladen, 1975.
Stöppler, S. (Ed.): *Dynamische ökonomische Systeme: Analyse und Steuerung*, Gabler, Wiesbaden, 1979, 2. Auflage 1980.
Stöppler, S.: Der Einfluß der Lagerkosten auf die Produktionsanpassung bei zyklischem Absatz – Eine kontrolltheoretische Analyse, *OR-Spektrum* 7, 129–142, 1985.
Stoleru, L. G.: An optimal policy for economic growth, *Economica* 33, 321–348, 1965.
Stauss, A.: *An Introduction to Optimal Control Theory*, Lecture Notes in Operations Research and Math. Economics, Vol. 3, Springer, Berlin, 1968.
Striebel, C.: Sufficient statistics in the optimum control of stochastic systems, *J. Math. Analysis & Appl.* 12, 576–592, 1965.
Stringens, E.: Endogenes Bevölkerungswachstum und optimale Kapitalakkumulation, *Jahrb. f. Sozialwiss.* 27, 132–149, 1976.
Ströbele, W.: Growth models with restrictions concerning energy resources: an attempt to identify critical parameters and structural features, in: W. Eichhorn et al. (Eds.) *Economic Theory of Natural Resources*, Physica, Würzburg, 389–405, 1982.
Ströbele, W.: An economist's definition of the energy problem: on the optimal intertemporal allocation of energy, in: W. van Gool, J. Bruggink (Eds.) *Energy and Time in Economic and Physical Sciences*, 61–78, 1985.
Sydsaeter, K.: Optimal control theory and economics: some critical remarks on the literature, *Scand. J. Economics* 80, 113–117, 1978.
Sydsaeter, K.: *Topics in Mathematical Analysis for Economists*, Academic Press, London, 1981.
Swan, G. W.: *Applications of Optimal Control Theory in Biomedicine*, M. Dekker, New York, 1984.

Sweeney, D.J., Abad, P., Dornoff, R.J.: Finding an optimal dynamic advertising policy, *Int. J. Systems Sci.* 5, 987–994, 1974.
Takayama, A.: Behavior of the firm under regulatory constraint, *AER* 59, 255–260, 1969.
Takayama, A.: *Mathematical Economics*, The Dryden Press, Hinsdale, 1974.
Takayama, A.: Optimal technical progress with exhaustible resources, in: M.C. Kemp, N.V. Long (Eds.) *Exhaustible Resources, Optimality, and Trade*, North-Holland, 95–110, 1979.
Tan, K.C., Bennett, R.J.: *Optimal Control of Spatial Systems*, George Allen & Unwin, London, 1984.
Tapiero, C.S.: Optimum price switching, *Int. J. Systems Sci.* 5, 83–96, 1974.
Tapiero, C.S.: On-line adaptive optimum advertising control by a diffusion approximation, *Oper. Res.* 23, 890–907, 1975.
Tapiero, C.S.: *Managerial Planning: An Optimum and Stochastic Control Approach*, Vol. 1 and 2, Gordon Breach, New York, 1977.
Tapiero, C.S.: Optimum advertising and goodwill under uncertainty, *Oper. Res.* 26, 450–463, 1978.
Tapiero, C.S.: Stochastic diffusion models with advertising and word-of-mouth effects, *EJOR* 12, 348–356, 1983.
Tapiero, C.S., Soliman, M.A.: Multi-commodities transportation schedules over time, *Networks* 2, 311–327, 1972.
Tapiero, C.S., Venezia, I.: A mean variance approach to the optimal machine maintenance and replacement problem, *J. Opl. Res. Soc.* 30, 457–466, 1979.
Tapiero, C.S., Zuckermann, D.: Optimal investment policy of an insurance firm, *Insurance: Mathematics & Economics* 2, 103–112, 1983.
Taylor, J.G.: Lanchester-type model of warfare and optimal control, *Naval Res. Logistics Quarterly* 21, 79–106, 1974.
Taylor, J.G.: Recent developments in the Lanchester theory of combat, in: K.B. Halay (Ed.) *Operational Research '78*, North-Holland, Amsterdam, 773–806, 1979.
Teng, J.-T., Thompson, G.L.: Optimal strategies for general price-advertising models, in: G. Feichtinger (Ed.) *Optimal Control Theory and Economic Analysis* 2, North-Holland, Amsterdam, 183–195, 1985.
Teng, J.-T., Thompson, G.L., Sethi, S.P.: Strong decision and forecast horizons in a convex production planning problem, *OCAM* 5, 319–330, 1984.
Teo, K.L., Moore, E.J.: Necessary conditions for optimality for control problems with time delays appearing in both state and control variables, *JOTA* 23, 413–427, 1977.
Terborgh, G.: *Dynamic Equipment Policy*, McGraw-Hill, New York, 1949.
Thépot, J.: Politiques de prix et d'investissement d'un duopole en croissance, EIASM WP 79-42, Bruxelles, 1979.
Thépot, J.: Marketing and investment policies of duopolists in a growing industry, *JEDC* 5, 387–404, 1983.
Thisse, J.F.: Un modèle dynamique de la firme avec differenciation du produit, *Recherches Économiques de Louvain* 1, 3–16, 1972.
Thompson, G.L.: Optimal maintenance policy and sale date of a machine, *Man. Sci.* 14, 543–550, 1968.
Thompson, G.L., Sethi, S.P.: Turnpike horizons for production planning, *Man. Sci.* 26, 229–241, 1980.
Thompson, G.L., Sethi, S.P., Teng, J.-T.: Strong planning and forecast horizons for a model with simultaneous price and production decisions, *EJOR* 16, 378–388, 1984.
Thompson, G.L., Teng, J.-T.: Optimal pricing and advertising policies for new product oligopoly models, *Marketing Sci.* 3, 148–168, 1984.
Thompson, R.G., George, M.D.: Optimal operations & investment of the firm, *Man. Sci.* 15, 49–56, 1968.
Thompson, R.G., George, M.D., Brown, P.L., Proctor, M.S.: Optimal production, investment, and output price controls for a monopoly firm of the Evan's type, *Econometrica* 39, 119–129, 1971.

Thompson, R.G., Proctor, M.S.: Optimal production, investment, advertising, and price controls for the dynamic monopoly firm, *Man. Sci.* 16, 211–220, 1969.
Timm, J.: Wachstumsmodelle der Unternehmung unter Berücksichtigung unterschiedlicher Abschreibungsverläufe, Dissertation, Seminar f. Allgem. Betriebswirtschaftslehre und Verkehrsbetriebslehre, Univ. Hamburg, 1986.
Tintner, G.: Monopoly over time, *Econometrica* 5, 160–170, 1937.
Tintner, G., Sengupta, J.K.: *Stochastic Economics: Stochastic Processes, Control, and Programming*, Academic Press, New York, 1972.
Tomovic, R.: *Sensitivity Analysis of Dynamic Systems*, McGraw-Hill, New York, 1963.
Toussaint, S.: Notwendige Optimalitätsbedingungen in der Kontrolltheorie, in: H. Siebert (Ed.) *Intertemporale Allokation*, Lang, Frankfurt, 651–686, 1984.
Toussaint, S.: The transversality condition at infinity applied to a problem of optimal resource depletion, in: G. Feichtinger (Ed.) *Optimal Control Theory and Economic Analysis* 2, North-Holland, Amsterdam, 429–440, 1985.
Tracz, G.S.: A selected bibliography on the application of optimal control theory to economic and business systems, management science and operations research, *Oper. Res.* 16, 174–186, 1968.
Treadway, A.B.: Adjustment costs and variable inputs in the theory of the competive firm, *JET* 2, 329–347, 1970.
Treadway, A.B.: On the rational multivariate flexible accelerator, *Economica* 39, 845–855, 1971.
Troch, I. (Ed.): *Simulation of Control Systems with Special Emphasis on Modelling and Redundancy*, Proceedings of the IMACS Symposium, North-Holland, Amsterdam, 1978.
Tsurumi, H., Tsurumi, Y.: Simultaneous determination of market share and advertising expenditure under dynamic conditions: the case of a firm within the Japanese pharmaceutical industry, *Economic Studies Quarterly* 22, 1–23, 1971.
Tu, P.N.V.: Optimal educational investment program in an economic planning model, *Canadian J. Economics* 2, 52–64, 1969.
Tu, P.N.V.: *Introductory Optimization Dynamics*, Springer, Berlin, 1984.
Turnovsky, S.J.: Optimal control of linear systems with stochastic coefficients and additive disturbances, in: J.D. Pitchford, S.J. Turnovsky (Eds.) *Applications of Control Theory to Economic Analysis*, North-Holland, Amsterdam, 293–335, 1977.
Turnovsky, S.J.: The optimal intertemporal choice of inflation and unemployment, *JEDC* 3, 357–384, 1981.
Tzafestas, S.G.: Optimal distributed-parameter control using classical variational theory, *Int. J. Control* 12, 593–608, 1970.
Tzafestas, S.G.: Optimal and modal control of production-inventory systems, in: S.G. Tzafestas (Ed.) *Optimization and Control of Dynamic Operational Research Models*, North-Holland, Amsterdam, 1–71, 1982.

Uhler, R.S.: The rate of petroleum exploration and extraction, in: R.S. Pindyck (Ed.) *Advances in the Economics of Energy and Resources*, Vol. 2, JAI Press, Greenwich, 93–118, 1979.
Uzawa, H.: Optimal growth in a two-sector model of capital accumulation, *RES* 31, 1–24, 1964.

Valentine, F.A.: The problem of Lagrange with differential inequalities as added side conditions, in: *Contributions to the Theory of the Calculus of Variations, 1933–1937*, Univ. Chicago Press, Chicago, 1937.
Verheyen, P.A.: A dynamic theory of the firm and the reaction on govermental policy, in: G. Feichtinger (Ed.) *Optimal Control Theory and Economic Analysis* 2, North-Holland, Amsterdam, 313–329, 1985.
Vickson, R.G.: Schedule control for randomly drifting production sequences, *INFOR* 19, 330–346, 1981.

Vickson, R. G.: Optimal control of production sequences: A continuous parameter analysis, *Oper. Res.* 30, 659–679, 1982.
Vickson, R. G.: Optimal conversion to a new production technique under learning, *IIE Transact.* 17, 175–181, 1985.
Vickson, R. G.: A single product cycling problem under Brownian motion demand, erscheint in *Man. Sci.* 1986/7.
Vidale, M. L., Wolfe, H. B.: An operations research study of sales response to advertising, *Oper. Res.* 5, 370–381, 1957.
Vind, K.: Control systems with jumps in the state variables, *Econometrica* 35, 273–277, 1967.
Vinokurov, V. R.: Optimal control of processes described by integral equations I, *SIAM J. Control* 7, 324–336, 1969.
Vinter, R. B.: New global optimality conditions in optimal control theory. *SIAM J. Control Optimiz.* 21, 235–245, 1983.
Vislie, J.: A note on the intertemporal cost function for a producer of a large project, Memorandum, Inst. of Economics, Univ. of Oslo, November 1981.
Vislie, J.: On learning by doing and the production of large projects, Memorandum, Inst. of Economics, Univ. of Oslo, February 1982a.
Vislie, J.: On the optimal period of production of a long-term project for a specific payment schedule, Memorandum, Inst. of Economics, Univ. of Oslo, March 1982b.
Vislie, J.: Bilateral monopoly and exhaustible resources: the constrained Nash bargaining solution, Memorandum, Dept. of Economics, Univ. of Oslo, March 1985.

Wagner, H., Whitin, T.: Dynamic version of the economic lot size model, *Man. Sci.* 5, 89–96, 1958.
Wang, P. K. C.: Control of distributed parameter systems, in: C. T. Leondes (Ed.) *Advances in Control Systems* 1, Academic Press, New York, 75–170, 1964.
Warga, J.: Unilateral and minimax control problems defined by integral equations, *SIAM. J. Control* 8, 372–382, 1970.
Warga, J.: *Optimal Control of Differential and Functional Equations*, Academic Press, New York, 1972.
Warschat, J.: Optimal control of a production-inventory system with state constraints and a quadratic cost criterion, *RAIRO-OR* 19, 275–292, 1985a.
Warschat, J.: Optimal production planning for cascaded production inventory systems, in: H.-J. Bullinger, H. J. Warnecke (Eds.) *Toward the Factory of the Future*, Springer, Berlin, 669–674, 1985b.
Warschat, J., Wunderlich, H. J.: Time-optimal control policies for cascaded production-inventory systems with control and state constraints, *Int. J. Systems Sci.* 15, 513–524, 1984.
Weinstein, M. C., Zeckhauser, R. J.: The optimal consumption of depletable natural resources, *Quarterly J. of Economics* 89, 371–392, 1975.
Weiß, R.: The application of implicit Runge-Kutta and collocation methods to boundary-value problems, *Math. Comp.* 28, 449–464, 1974.
Weizsäcker, C. C. von: Existence of optimal programs of accumulation for an infinite time horizon, *RES* 32, 85–104, 1965.
Weizsäcker, C. C. von: Training policies under conditions of technical progress: a theoretical treatment, in: *Mathematical Models in Educational Planning*, OECD, Paris, 1967.
Weizsäcker, C. C. von: *Barriers to Entry: A Theoretical Treatment*, Lecture Notes in Economics and Mathematical Systems, Vol. 185, Springer, Berlin, 1980.
Whittle, P.: *Optimization over Time: Dynamic Programming and Stochastic Control*, Vol. I and II, Wiley, Chichester, 1982/3.
Wickwire, K.: Mathematical models for the control of pests and infectious diseases: a survey, *Theor. Pop. Biol.* 11, 182–238, 1977.
Wilde, D. J., Beightler, C. S.: *Foundations of Optimization*, Prentice-Hall, Englewood Cliffs, 1967.

Wirl, F.: Optimale Ressourcenförderung und der Weltölmarkt: Eine Anwendung, Dissertation, Techn. Univ. Wien, 1982.
Wirl, F.: Sensitivity analysis of OPEC pricing policies, *OPEC Rev.* 8, 321–331, 1984.
Wirl, F.: Are oil prices going to remain volatile? *ZOR* 29, B41–B63, 1985a.
Wirl, F.: Stable and volatile prices: an explanation by dynamic demand, in: G. Feichtinger (Ed.) *Optimal Control Theory and Economic Analysis 2*, North-Holland, Amsterdam, 263–277, 1985b.
Wirl, F.: Energy conservation under rational expectations of the energy price evolution, *J. Energy and Resources* 8, 1986.
Witsenhausen, H. S.: Separation of estimation and control for discrete time systems, *Proc. of the IEEE* 59, 1557–1566, 1971.
Wohltmann, H.-W.: *Dynamische Entscheidungsprobleme in der quantitativen Theorie der Wirtschaftspolitik: Zur formalen Darstellung und Lösung dynamischer wirtschaftspolitischer Probleme auf der Basis von Funktionaldifferentialgleichungen*, O. Schwartz, Göttingen, 1982.
Wolff, M. R.: Kontrolltheoretische Lösung des kontinuierlich-dynamischen Portfeuille-Selektions- und Kassenhaltungsproblems, Inst. f. Gesellschafts- u. Wirtschaftswiss., Betriebsw. Abt., Univ. Bonn, 1975.
Wonham, W. M.: Random differential equations in control theory, in: A. T. Bharucha-Reid (Ed.) *Probabilistic Methods in Applied Mathematics*, Vol. 2, Academic Press, New York, 1970.
Wright, C.: Some political aspects of pollution control, *J. Envir. Economics Mgment.* 1, 173–186, 1974.

Yaari, M. E.: On the consumer's lifetime allocation process, *IER* 5, 304–317, 1964.
Yaari, M. E.: Uncertain life time, life insurance, and the theory of the consumer, *RES* 32, 137–150, 1965.
Young, L. C.: *Lectures on the Calculus of Variations and Optimal Control Theory*, Saunders, Philadelphia, 1969.

Zeeuw, A. J. de: Difference Games and Linked Econometric Policy Models, Doctoral Thesis, Katholieke Hogeschool Tilburg, 1984.
Zeidan, V.: Extended Jacobi sufficiency criterion for optimal control, *SIAM J. Control Optimiz.* 22, 294–301, 1984a.
Zeidan, V.: A modified Hamilton-Jacobi approach in the generalized problem of Bolza, *Appl. Math. & Optimiz.* 11, 97–109, 1984b.
Ziemba, W. T., Vickson, R. G. (Eds.): *Stochastic Optimization Models in Finance*, Academic Press, New York, 1975.
Zióŀko, M., Kozlowski, J.: Evolution of body size: An optimal control model, *Math. Biosci.* 64, 127–143, 1983.
Zoltners, A. A. (Ed.): *Marketing Planning Models*, TIMS Studies in the Management Sciences, Vol. 18, North-Holland, Amsterdam, 1982.

Nachtrag

Arrow, K. J.: Optimal capital policy, the cost of capital, and myopic decision rules, *Annals of the Institute of Statistical Mathematics* 16, 21–30, 1964.
Bultez, A. V., Naert, P. A.: Does lag structure really matter in optimizing advertising spending, *Man. Sci.* 25, 454–465, 1979.
Carlson, D., Haurie, A.: *Optimization with Unbounded Time Interval for a Class of Non Linear Systems*, Springer, Berlin, 1987.

Dorfman, R., Steiner, P. O.: Optimal advertising and optimal quality, *AER* 44, 826–836, 1954.
Dubovitskii, A. Y., Milyutin, A. A.: Extremum problems with constraints, *Soviet Math. Dokl.* 4, 452–455, 1963.
Feichtinger, G.: Optimale intertemporale Allokationen mittels des Maximumprinzips, in: J. Schwarze et al. (Eds.) *Proceedings in Operations Research 9*, Physica, Würzburg, 484–489, 1980.
Goldstine, H. H.: A multiplier rule in abstract spaces, *Bull. Amer. Math. Soc.* 44, 388–394, 1938.
Ijiri, Y., Thompson, G. L.: Mathematical control theory solution of an interactive accounting flows model, *Naval Res. Logistics Quarterly* 19, 411–422, 1972.
Loury, G. C.: The minimum border length hypothesis does not explain the shape of black ghettos, *J. Urban Econ.* 5, 147–153, 1978.
Oberle, H. J.: Numerical solution of minimax optimal control problems by multiple shooting technique, *JOTA* 50, 331–358, 1986.
Rapoport, A.: *Mathematische Methoden in den Sozialwissenschaften*, Physica-Verlag, Würzburg, 1980.
Steindl, A.: ‚COLSYS': Ein Kollokationsverfahren zur Lösung von Randwertproblemen bei Systemen gewöhnlicher Differentialgleichungen, Diplomarbeit, Techn. Univ. Wien, November 1981.
Teng, J. T., Thompson, G. L.: Oligopoly models for optimal advertising when production costs obey a learning curve, *Man. Sci.* 29, 1087–1101, 1983.
Wishart, D. M. G., Olsder, G. J.: Discontinuous Stackelberg solutions, *Int. J. Systems Sci.* 10, 1359–1368, 1979.

Personenverzeichnis

Adiri, I. 281
Agnew, C.E. 478
Alam, M. 311
Albach, H. 379, 393
Andersen, P. 457
Aoki, M. 477
Arnold, L. 555, 556
Aronson, J.E. 282
Arora, B.R. 291, 311
Arrow, K.J. 12, 15, 51, 52, 178, 236, 242, 281, 282, 314, 361, 429, 457, 532, 560
Arthur, W.B. 521
Ascher, U. 501
Åström, K.J. 555
Athans, M. 12, 15, 83, 145, 156
Aubin, J.-P. 513
Averch, H. 394, 407

Bailey, N.T.J. 480
Bakke, V.L. 521
Banks, H.T. 521
Başar, T. 534, 538, 541, 553, 554
Bass, F.M. 332, 362
Bate, R.R. 518
Baum, D.F. 192
Bell, D.J. 83
Bellman, R. 11, 15, 144, 503, 506
Benhabib, J. 155
Ben-Israel, A. 281
Bennett, R.J. 480
Ben-Porath, Y. 15, 83
Bensoussan, A. 12, 15, 52, 83, 121, 156, 178, 281, 282, 311, 407, 476, 527, 532, 557, 559, 560
Berger, E. 496
Berkovitz, L.D. 79, 178
Bernoulli, J.I. 11
Beverton, R.J.H. 452, 457
Bhaskaran, S. 282, 516
Bismut, J.-M. 559, 560
Blaquière, A. 529, 532, 554
Blinder, A.S. 83
Blum, E. 160
Boiteux, M. 311
Boltjanski, W.G. 11, 14, 34, 51, 83, 178, 505, 506

Bookbinder, J.H. 15, 482
Boulding, K.E. 431
Boston Consulting Group 336
Bourguignon, F. 362
Breitenecker, F. 156
Brito, D.L. 482
Brock, W.A. 121, 148, 152, 153, 156, 560
Brogan, W.L. 526
Brokate, M. 526
Bryson, A.E. 15, 51, 156, 178, 477, 502
Bucy, R. 560
Bulirsch, R. 495, 496, 497, 501
Bultez, A.V. 361, 362
Burdet, C.A. 506
Burghes, D. 156, 429
Burmeister, E. 12, 477
Bushaw, D. 11
Butkovskiy, A.G. 526

Canon, M.D. 506
Case, J.H. 554
Cass, D. 12, 15, 150, 151, 156, 236, 429
Cellina, A. 513
Cesari, L. 12, 34, 192, 194
Chakravarthy, S. 478
Chang, S.S.L. 178, 457, 560
Chen, S.F. 554
Chow, G.C. 12, 477, 503, 560
Christiansen, J. 501
Christopeit, N. 559
Clark, C.W. 12, 51, 83, 282, 445, 456, 457
Clarke, F.H. 512, 513, 516
Clemhout, S. 457, 537, 554
Coddington, E.A. 91, 155
Collatz, L. 497
Connors, M.M. 12
Conrad, K. 362
Constantinides, G.M. 560
Crabbé, P.J. 457
Cremer, J. 457
Crouhy, M. 15, 282
Cruz, J.B. jr. 481, 553, 554
Cullum, C.D. 506

Dasgupta, P.S. 15, 429, 456

Davis, B. E. 407
Deal, K. R. 493
Dechert, W. D. 117, 121, 404, 406, 407
Deger, S. 482
Demyanov, V. F. 512
Denham, W. F. 178
Derzko, N. A. 35, 51, 457, 524, 526, 560
Deuflhard, P. 496
Dobell, A. R. 12, 477
Dockner, E. 155, 351, 361, 362, 537
Dolan, R. J. 340, 359, 362
Dorfman, R. 51, 353, 361
Dreyfus, S. E. 178, 506

Ekman, E. V. 12, 121, 407
El-Hodiri, M. 407, 521
Eliashberg, J. 363
Elsner, W. B. 498
Elzinga, D. J. 407
Erickson, L. E. 281, 362
Euler, L. 11
Evans, G. C. 11, 362

Falb, P. L. 15, 83, 145, 156
Fan, L. T. 506
Feichtinger, G. 15, 83, 121, 155, 282, 311, 351, 360, 361, 362, 363, 407, 457, 476, 484, 514, 516, 537, 554
Fel'dbaum, A. A. 11, 51
Fermat, P. 11
Fershtman, C. 456, 553
Filipiak, J. 479
Fisher, A. C. 456
Fleming, W. H. 15, 555, 557, 560
Forster, B. A. 121, 429, 459, 463, 475
Frank, W. 83
Friedman, A. 521
Friedman, J. W. 554
Frisch, H. 155
Funk, J. E. 193

Gaimon, C. 527, 532
Gale, D. 97, 102, 186, 193
Gamkrelidze, R. V. 11, 14, 51, 83, 178
Gantmacher, F. R. 37
Gaskins, D. W. jr. 121, 362
Gessner, P. 506
Gfrerer, H. 483
Gilbert, E. G. 193
Gillespie, J. V. 481
Gillessen, K. 496
Girsanov, I. V. 51, 178
Goh, B.-S. 457, 481
Goldstine, H. H. 11, 15

Gopalsamy, K. 526
Gordon, H. S. 456
Gordon, M. J. 560
Gordon, R. L. 456
Gottwald, D. 456
Gould, J. P. 15, 318, 361
Graham, A. 156, 429
Grimm, W. 496
Gruver, W. A. 479
Guinn, T. 178, 193

Hadley, G. 12, 15, 429
Hahn, W. 147
Halanay, A. 521
Halkin, H. 51, 186, 193, 506
Hamilton, W. R. 11
Hartl, R. F. 15, 51, 83, 104, 106, 119, 121, 155, 178, 191, 236, 282, 311, 361, 407, 428, 429, 475, 481, 483, 506, 508, 513, 514, 516, 518
Hartman, P. 115, 121, 147, 150
Hassan, M. 566
Haurie, A. 153, 156, 193, 524, 527
Haussmann, U. G. 560
Heal, G. M. 15, 155, 429, 456
Heaps, T. 457
Heckman, J. 83
Herfindahl, O. C. 439
Hestenes, M. R. 11, 15, 155, 178
Ho, Y.-C. 12, 15, 51, 156, 477, 502, 554
Hochman, E. 482, 560
Hoel, M. 550
Hohn, F. 281
Holt, C. C. 15, 156, 236, 240, 281
Holt, S. J. 452, 457
Holtzman, J. M. 506
Horsky, D. 332, 361
Hotelling, H. 11, 311, 435, 456
Hurst, E. G. jr. 12, 15, 52, 83, 121, 156, 178, 281, 282, 311, 407, 476, 532, 559
Hwang, C. L. 281

Ijiri, Y. 282
Ingham, B. 560
Intriligator, M. D. 12, 51, 236, 429, 482
Ioffe, A. D. 51, 178
Isaacs, R. 12, 15, 533, 541

Jacobi, C. G. J. 11
Jacobson, D. H. 83, 178
Jamshidi, M. 566
Jazwinski, A. H. 555
Jefferson, R. T. 478
Jeuland, A. P. 340, 359, 362

Johnson, L.O. 394, 407
Jones, A.J. 542
Jordan, B.W. 506
Jørgensen, S. 155, 360, 361, 363, 483, 537, 554
Jorgenson, D.W. 15, 365, 407

Kaitala, V.T. 554
Kalish, S. 15, 336, 361, 362
Kalman, R.E. 145, 156, 560
Kamien, M.I. 12, 15, 51, 119, 121, 236, 283, 311, 360, 362, 478, 480, 521, 553, 558
Kappel, F. 51, 121, 144
Karlin, S. 236, 242, 281
Katayama, T. 475
Keeler, E. 476
Keil, K.-H. 479
Keller, J.B. 483
Kemp, M.C. 12, 15, 155, 429, 456, 482
Kendrick, D.A. 12, 560
Keyfitz, N. 522
Kilkki, P. 457
Klein, C.F. 479
Kleindorfer, P.R. 15, 560
Knobloch, H.W. 51, 121, 144, 156
Kort, P.M. 404
Kotler, P. 362
Kotowitz, Y. 353, 354, 357, 363
Kozłowski, J. 483
Kreindler, E. 178
Krelle, W. 456
Kunreuther, H.C. 282
Kurz, M. 12, 51, 52, 155, 178, 236, 429, 532
Kushner, H.J. 559
Kwakernaak, H. 156
Kydland, F.E. 554

Lagrange, J.-L. 11
Lakhani, C. 15, 340, 359, 362
Lancaster, K. 544, 545, 547, 551
Langer, U. 483
LaSalle, J.P. 147, 150
Law, A.M. 506
Leban, R. 365, 405, 407
Lee, E.B. 15, 40, 51, 155, 361
Lefschetz, S. 147, 150
Legey, L. 479
Lehoczky, J.P. 560
Leitmann, G. 34, 50, 51, 178, 181, 193, 477, 481, 524, 527, 537, 551, 554
Leland, H.E. 407
Lele, M.M. 178, 291, 311

Lentini, M. 501
Lesourne, J. 365, 407, 533, 560
Levhari, D. 155
Levinson, N. 91, 155
Lewis, T.R. 83
Lieber, Z. 282, 516
Lilien, G.L. 362
Lions, J.L. 524, 526, 527, 532
Litt, F.X. 178
Little, J.D.C. 361, 363
Liu, P.-T. 543, 554
Liviatan, N. 155
Lobry, C. 155
Loehman, E. 521
Long, N.V. 15, 51, 155, 456, 482
Loon, P.J.J. van 12, 178, 372, 406, 407, 473, 475
Loury, G.C. 480
Ludwig, T. 12, 51, 407
Luenberger, D.G. 51, 147, 160, 455, 490
Luhmer, A. 155, 311, 361, 363
Luptacik, M. 160, 362, 462, 464, 475, 476, 516

Magill, M.J.P. 11, 150, 153, 155, 156
Mahajan, V. 361
Majumdar, M. 456
Malinowski, K. 572
Malliaris, A.G. 560
Man, F.T. 478
Mangasarian, O.L. 51, 160
Manitius, A. 521
Mann, D.H. 521
Markus, L. 15, 40, 51
Marshalla, R.A. 15, 456
Massé, P. 311
Mathewson, F. 353, 354, 357, 363
Maurer, H. 176, 178, 496
McGuire, T.W. 521
McIntyre, J. 178
McMasters, A.W. 516
McNicoll, G. 521
McShane, E.J. 11, 15, 178
Meadows, D.L. 431
Medio, A. 155
Mehlmann, A. 15, 83, 155, 311, 428, 429, 481, 484, 537, 554
Mehra, R.K. 480
Merton, R.C. 558, 560
Michel, P. 42, 51, 187, 194
Miele, A. 83
Miller, M.H. 372
Miller, R.E. 12
Mirman, L.J. 15, 457

Mischenko, E. F. 11, 14, 51, 83, 178
Modigliani, F. 15, 156, 236, 240, 281, 372
Moore, E. J. 521
Morton, T. E. 282
Mukundan, R. 498
Munro, G. R. 456
Muth, J. F. 15, 156, 236, 240, 281
Muzicant, J. 524, 526

Nabetani, T. 475
Naert, P. A. 361
Nahorski, Z. 506
Näslund, B. 12, 14, 15, 51, 52, 83, 121, 156, 178, 281, 282, 311, 407, 457, 476, 532, 559
Neck, R. 560, 572
Nelson, R. T. 478
Nerlove, M. 15, 314, 361
Neustadt, L. W. 175, 178, 193, 520
Newton, I. 11
Nickell, S. J. 407
Nijkamp, P. 480
Nikaido, H. 97, 102
Nishimura, K. 155
Nöbauer, W. 480
Norris, D. O. 178
Norström, C. J. 282

Oberle, H. J. 496
Oettli, W. 160
Oğuztöreli, M. N. 483
Olsder, G. J. 534, 538, 541, 548, 554
Oniki, H. 121
Opitz, O. 362
Osayimwese, I. 483
Outrata, J. V. 516

Pagan, A. R. 12, 477
Paiewonsky, B. 178
Pakravan, K. 457
Pallaschke, D. 512
Papavassilopoulos, G. P. 553
Parlar, M. 479, 482
Pauwels, W. 521
Pekelman, D. 279, 282, 560
Pereyra, V. 501
Peterson, D. W. 51, 193
Peterson, F. M. 456
Peterson, R. A. 361
Phelps, E. S. 361, 362
Pierskalla, W. P. 311
Pindyck, R. S. 12, 457, 477
Pitchford, J. D. 12, 15, 477, 560
Pohjola, M. 548, 549, 550, 551, 554

Polak, E. 497, 506
Pontrjagin, L. S. 11, 14, 51, 83, 178
Preinreich, G. A. D. 52, 311
Prescott, E. C. 554
Preston, A. J. 12, 477
Proth, J.-M. 15, 282

Ramsey, F. P. 11, 15, 236, 429
Rao, A. G. 83, 361
Rapoport, A. 481
Rapp, B. 311
Rausser, G. C. 482, 560
Raviv, A. 482
Ravn, H. F. 506
Ray, A. 554
Reinganum, J. F. 537
Rempala, R. 281
Review of Economic Studies 456
Richard, S. F. 560
Richardson, L. F. 481
Ringbeck, J. 363
Ripper, M. 479
Rishel, R. W. 15, 532, 555, 557, 560
Ritzen, J. R. 429
Robinson, B. 15, 340, 359, 362
Robson, A. J. 193, 527
Rockafellar, R. T. 183, 513, 565
Russak, B. I. 178, 193
Russell, D. L. 503
Russell, R. D. 501
Ryder, H. E. 83, 155

Sage, A. P. 15, 51, 502, 526
Salant, S. W. 457
Salukvadze, M. E. 554
Sampson, A. A. 478
Sapir, A. 407
Sarma, V. V. S. 311
Sasieni, M. W. 361
Schaefer, M. B. 456
Scheinkman, J. A. 148, 152, 153, 156
Schichtel, U. 311
Schijndel, G.-J. Th. van 407
Schmalensee, R. 83, 321, 361
Schubert, U. 462, 464, 475
Schwartz, N. L. 12, 15, 51, 119, 121, 236, 283, 311, 360, 362, 478, 480, 521, 558
Scott, C. H. 478
Sebastian, K.-H. 332, 361
Seierstad, A. 12, 15, 31, 46, 51, 83, 116, 162, 175, 178, 187, 192, 193, 236, 529, 530, 532
Selten, R. 553, 554
Sen, K. S. 361

Sen, S. 482
Sethi, S.P. 12, 15, 35, 51, 83, 155, 193, 236, 281, 282, 311, 361, 362, 363, 407, 457, 476, 480, 482, 493, 506, 513, 516, 518, 521, 524, 526, 532, 557, 560
Shell, K. 12, 15, 150, 151, 156
Sheshinski, E. 83
Shreve, S.E. 560
Shubik, M. 554
Siebert, H. 236, 431, 456
Simaan, M. 481, 554
Simon, H.A. 15, 156, 236, 240, 281, 332, 334, 335, 361, 362
Simon, L.S. 332, 361
Singh, M.G. 566, 572
Sivan, R. 156
Skiba, A.K. 117, 419, 429
Solow, R.M. 456, 479
Sorger, G. 155, 351, 361, 362, 363, 483
Southwick, L. 429
Spence, M. 83, 476
Spiegel, U. 456
Spremann, K. 336, 362, 363
Speyer, J.L. 178
Sprzeuzkouski, A.Y. 281
Spulber, D.F. 15, 457
Staats, P.W. 480
Stalford, H. 51, 83, 181, 193, 537
Starr, A.W. 554
Starrett, D. 83
Stein, R.B. 483
Steinberg, R. 363
Steindl, A. 15, 155, 282, 361, 464, 475, 501
Steiner 353, 361
Stepan, A. 12, 51, 311, 483
Stephan, P.E. 83
Stern, L.E. 193
Stoer, J. 489, 490, 495, 496, 497, 501
Stöppler, S. 12, 258, 282, 477
Swan, G.W. 481
Sydsaeter, K. 12, 15, 46, 51, 83, 116, 162, 175, 178, 187, 192, 193, 236, 530, 532

Takayama, A. 12, 407
Tan, K.C. 480
Tapiero, C.S. 12, 15, 51, 311, 560
Taylor, J.G. 482
Teichroew, D. 12
Teng, J.-T. 282, 362
Teo, K.L. 521
Terborgh, G. 311
Thompson, G.L. 12, 14, 15, 35, 51, 83, 236, 281, 282, 283, 311, 362, 476, 493, 524, 526, 527, 532, 560

Tihomirov, V.M. 51, 178
Timischl, W. 480
Timm, J. 521
Titli, A. 572
Tomovic, R. 121
Treadway, A.B. 155
Tu, P.N.V. 12, 429
Turnovsky, S.J. 12, 15, 136, 140, 155, 477, 560
Tzafestas, S.G. 15, 527

Uhler, R.S. 457

Vaisanen, U. 457
Valentine, F.A. 11, 15, 178
Varaiya, P. 479
Venezia, I. 51, 311
Verheyen, P.A. 407
Vickery, W.S. 479
Vickson, R.G. 560
Vidal, R.V.V. 506
Vidale, M.L. 323, 361
Vincent, T.L. 481
Vind, K. 532
Vinokurov, V.R. 520
Vinter, R.B. 516
Voelker, J.A. 311
Vousden, N. 51

Wacker, H.-J. 506
Wagner, H. 282
Wan, H.Y. jr. 457, 537, 554
Wan, F.Y. 456
Wang, P.K.C. 526
Wang, C.-S. 506
Warga, J. 520, 521
Weierstrass, K. 11
Weiß, R. 501
Weiss, Y. 83
Weitzmann, M.L. 457
Weizsäcker, C.C. von 12, 15, 71, 83, 186, 193, 234, 362
Whinston, A. 521
White, C.C. 15, 51, 502
Whitin, T. 282
Whittle, P. 15, 560
Wickwire, K. 15, 480
Wing, G.M. 144
Winkler, D.R. 429
Winter, S.G. jr. 361, 362
Wirl, F. 456, 457
Wishart, D.M.G. 548
Wolfe, H.B. 323, 361
Wolff, M.R. 560

Yaari, M. E. 482

Zalkin, J. H. 193
Zeckhauser, R. 476

Ziemba, W. T. 560
Zinnes, D. A. 481
Ziólko, M. 483
Zionts, S. 429

Sachverzeichnis

Abbaukosten s. Extraktionskosten
Abbaurate s. Extraktionsrate
Abgangsrate 405
–, freiwillige 155
abnormaler Fall 24, 42, 50, 162, 177
Abnützung s. Verschleiß
Absatz 13, 314, 320, 335 ff., 363, 567, 570
–, Dynamik 337, 334 ff.
–, kumulierter 13, 336 ff., 566, 569, 570
Abschöpfung 452 ff.
Abschreibungsrate 8, 10, 98, 108, 366, 400, 401, 420 ff.
Absprungpunkt s. Austritts(zeit)punkt
adaptive Steuerung 560
adjungierte Gleichung 18, 20, 27, 128, 129, 141, 161, 163, 166, 170, 174
– –, ökonomische Interpretation 30, 163
adjungierte Variable s. Kozustandsvariable
Aktivitätsanalyse 407
–, dynamische 406, 472 ff., 475
–, statische 468
akzeptable Trajektorie s. Extrapolation
Allokation, optimale 13
α-Konvexität 153
Alpinismus 484
Alter 452, 457, 522 ff.
Altersaufbau der Bevölkerung 526
Amoroso-Robinson-Relation 314, 316, 338
Anfangszustand 4, 18, 19, 504
–, freier 189 ff., 231, 278
Angebot 551
Anhänge 485 ff.
Ankunftsrate 478
Anlage s. Kapitalanlage
Anpassungsdynamik 137, 321
Anpassungskosten 154, 393
Anstellungsrate 405
Approximation 568
Arbeiter 544 ff., 554
Arbeitseinkommen 60
Arbeitskräfte 154, 400, 405, 406, 521
Arbeitslosenrate 136 ff., 155, 483
Arbeitszeit 60
Arrow-Karlin-Modell 242 ff., 262, 265, 267, 275, 280 ff.
Arztmodell 481

atomistische Marktstruktur 346 ff., 360
Auftreffpunkt s. Eintritts(zeit)punkt
Ausbeutung einer erschöpfbaren Ressource s. Ressourcenausbeutung
Ausbildung 12, 13, 59 ff., 71, 81, 83, 425 ff.
Ausbringung s. Output
Ausfallsrate, altersabhängige 291
–, natürliche 287 ff., 290
–, tatsächliche 287 ff.
Ausforsten 457
Ausrottung 431, 441 ff., 448, 456
–, asymptotische 442
Austritt, nichttangentialer 168, 169
–, tangentialer 222 ff., 235, 236, 246
Austritts(zeit)punkt 165 ff., 213
Auszahlungsfunktional 535
Averch-Johnson-Effekt 365, 394 ff., 407
–, dynamischer 397 ff.
–, statischer 395 ff., 402

Backstopp-Preis s. Prohibitivpreis
Bang-Bang-Lösung 20, 55, 293, 300, 433, 546, 547
Bankrott einer Firma 560
Barrieren zum Markteintritt s. Markteintritt
Barwert des Profitstromes 4 ff., 17, 47, 57, 60, 73, 519
Basispolynom 499 ff.
Bass-Dynamik 332, 340
Bedienungstheorie s. Warteschlangentheorie
Bedingung der allgemeinen Lage 74
Bellmansches Optimalitätsprinzip 25, 553, 555
Berühr(zeit)punkt 165 ff., 227
Berufsausübung 13, 60, 63
Beschäftigung 9, 13, 136 ff., 365 ff., 367, 405, 514
Beschränkung höherer Ordnung s. Zustandsbeschränkung höherer Ordnung
Bestand, altersstrukturierter 522
Bestellkosten s. Produktionskosten
Bestellrate s. Produktionsrate
Besteuerung 368, 373, 405, 472, 474
β-Konkavität 153
Betriebserlös s. Erlösfunktion

Betriebsintensität s. Produktionsrate
Betriebsperiode s. Nutzungsdauer
Beverton-Holt-Modell 452 ff., 455
Bewegungsgleichung 4, 6, 7, 17, 19, 85, 140 ff., 533
Bilanzgleichung 242
binomisches Gleichgewicht 444, 445
Biomasse 442 ff., 452
Biomedizin 480
Bisektion 488
blockiertes Intervall 74, 260, 282, 515
Boiteux-Problem 311
Bolza-Problem 17, 49
Bolzano-Weierstraß, Satz von 40
BOUNDSCO 496, 503
BOUNDSOL 496
Box-Verfahren 501
Brachistochrone 11
Brock-Scheinkman-Ansatz 152, 153
Brownsche Bewegung s. Wienerprozeß
Bruttoinvestition s. Investition
Budgetmodell 122 ff., 154, 155, 309, 361, 425, 426
Budgetüberschuß 125
Bürokratie 483
bundle-method 516

Carryover Effekt 313, 335 ff.
–, negativer (Sättigungseffekt) 335 ff., 350 ff.
–, positiver (Diffusionseffekt) 335 ff., 350 ff.
Cass-Shell-Ansatz 150, 151
catching up criterion 186
charakteristische Gleichung 105, 129, 134
chattering control 78 ff., 83, 191, 411, 415 ff.
chattering-Lemma 79
closed-loop-Lösung 534, 536 ff., 552
Club of Rome 431
Cobb-Douglas-Produktionsfunktion 136 ff., 367, 375, 423, 426, 455, 456
COLSYS 325, 326, 464 ff., 475, 501, 569
common-property s. open-access-Fischerei
conjectural variations equilibrium 553
constraint qualification 51, 159 ff., 164, 166, 169, 174, 180, 184, 187, 190, 193, 195 ff., 211 ff., 214, 223, 228, 243, 245, 251, 256, 369, 390, 461, 504
current-value s. Momentanwert-Schreibweise

decision horizon s. Entscheidungshorizont
Definitheit, negative 84, 149, 152, 153
–, positive 140, 141, 153
Dekompositionsprinzip 561, 566
delay s. Verzögerung

Deltafunktion s. Diracsche D.
Demoökonomie 521
Depensation 442, 443
–, kritische 442, 443
Desinvestition 9, 366
dezentrale Kontrolle 561 ff., 572
Dieb 9, 10, 15
Differentialspiel 10, 12, 457, 533 ff.
–, linear-quadratisches 537
–, trilineares 537
differentielle Inklusion 513, 516
Differenzenspiel 533
Differenzenverfahren 501
Diffusionsdynamik 332, 341, 363
Diffusionsmodell 322 ff., 360, 361
Diffusionsmodell von Gould, erstes 325, 326, 361
– – –, zweites 116, 119, 325 ff., 361, 501
Diktator s. Leader
Diracsche Deltafunktion 528
direct adjoining approach s. direkte Methode
„direkte" hinreichende Bedingungen 181 ff., 193
direkte Methode 165 ff., 178, 213, 218, 223, 228, 243, 273
Diseffizienz, konvexe 296 ff., 301, 306
Diskontrate 4, 12, 17, 30, 46, 60, 85, 98, 106, 107, 110, 111, 123, 153, 155, 337 ff., 376, 434, 435, 569
Diskontfaktor 504, 530
diskretes Maximumprinzip 503, 504 ff.
– –, verallgemeinertes 506
distributed lags s. Verzögerung
Distribution 528
Dividende 368, 373, 374, 385, 393, 394, 406, 472 ff., 504
Dorfman-Steiner-Modell 313, 314, 353
Dorfman-Steiner-Theorem 314, 316, 320, 322, 351, 361
Drohstrategie 542, 543, 550, 551
Dualfunktion 565
dynamics of the firm 15, 365 ff., 407
dynamische Programmierung 11, 12, 24 ff., 178, 407, 503, 506, 518, 526, 553, 555
dynamisches Spiel s. Differentialspiel

Effizienzeinheit 318
Effizienzfunktion 5, 89, 100, 522
–, konkave 34, 92, 478
–, konvexe 80
Eigenfinanzierung 560
Eigenkapital 365, 368 ff., 374, 385, 387, 394, 406, 468 ff.

Eigenvektor 87, 91, 129, 130, 133 ff.
Eigenwerbung 335
Eigenwert 75, 87, 91, 105, 128 ff., 133 ff., 153, 155
Eindeutigkeit der optimalen Lösung 36, 185, 279
Einhüllende einer Kurvenschar s. Enveloppe
Ein-Sektoren-Wirtschaft 544
Einstellungs(rate) 9, 13, 154, 522
Eintritt, nichttangential 168, 169, 386, 389
–, tangential 235, 236, 246
Eintrittsgeschwindigkeit 343
Eintritts(zeit)punkt 165 ff., 213, 419
Elastizität 286
s. auch Qualitäts-, Preis-, Werbeelastizität
Elektronikbranche 335
Emissionsrate 155, 459 ff., 467 ff., 471 ff.
Endbedingung 19, 24, 43, 50, 142, 159 ff., 180 ff., 197 ff., 432, 453, 552, 563
Endpfad 381, 386, 387, 392
Endzeitpunkt 9, 19, 167, 177
–, fester 540, 552
–, optimaler (freier) 18, 44 ff., 57, 59, 188 ff., 190, 231, 284, 290, 294, 299, 301, 304, 434, 441, 503
Endzustand, freier 162, 202, 234
Endzustandsbeschränkung 7, 24, 160 ff., 188 ff., 198, 506, 530
Energiekrise 456
Energiewirtschaft 483
Entlassungsrate 9, 13, 154, 405
Entscheidungsfolge 504 ff.
Entscheidungshorizont 253 ff.
–, schwacher 255, 258, 269, 277
–, starker 255, 257, 277, 279, 281, 516
Entscheidungsprozeß, intertemporaler (dynamischer) 3 ff., 12
Entscheidungsvariable s. Kontrollvariable
Enveloppe 35
Enveloppentheorem 34, 35, 51, 149, 150, 193, 366, 512
Epidemie 322, 480
Erdöl 82, 431, 456
Erfahrungsgut 354
Erfahrungskurve s. Lernkurve
Erlös(funktion) 6, 288, 316, 323, 380, 404, 467
–, lineare 329
Ernteertrag 73
Ernteintensität s. Fangintensität
Ernteintensitäts-Ertragskurve (yield-effort [YE]-Kurve) 443, 455
Erntekosten 444, 446

Erntemodell 82, 83, 99, 441 ff., 455, 457, 526
Ersatzzeitpunkt 283 ff., 286, 291, 294, 299, 309 ff.
Erschöpfungszeitpunkt 233, 434, 436, 437, 455
Erwartungswert 556
Erziehungsplanung 429
Eulersche Gleichung 32, 50
Existenz einer optimalen Lösung 34, 66, 75, 191, 192
Exploration 457, 560
extensive Form eines Spieles 554
Extinktion s. Ausrottung
Extraktionskosten 14, 46, 432 ff., 455, 456
–, bestandsabhängige 446 ff., 455
Extraktionsrate 46, 422, 428, 431 ff., 455
Extrapolation 279, 282
Extremale 34

Faktoreinsatzverhältnis 467
Fangintensität 442 ff., 446 ff., 450, 454, 455
–, bimodale 457
–, zyklische 445
Fangkosten s. Erntekosten
Feedback-Steuerung (Lösung) 140 ff., 534, 536 ff, 548, 552 ff., 557, 558
–, degenerierte 551, 556
Fehlerschätzung 501
Fehlmenge 13, 145, 510, 570, 572
Fehlmengenkosten 240, 259, 270
Festnahmerate 9, 10
Feuerbekämpfung 482
Filippov-Cesari-Theorem 192
Finanzplanung 560
Fischereimodell s. Erntemodell
Fischpopulation 73, 442 ff., 452, 456
–, altersstrukturierte 457
Finanzierung 365 ff., 407, 560
Fixpunktiteration, dynamische 492, 497, 501, 502, 565
–, einfache 487
Fletcher-Reeves Verfahren 490
Förderkapazität 231 ff.
forecast horizon s. Prognosehorizont
Forschung und Entwicklung 15, 456, 478
Forster-Modell 459 ff., 475
Forstwirtschaft 457
freier Zugang s. open-access-Fischerei
Fremdkapital 365, 368 ff., 373, 374, 378
Fundamentalmatrix 144, 154
Funktionsbereich 561
Fütterungskosten, altersabhängige 524

Gale-Nikaido-Theorem 97, 102

Gaskins-Modell 342 ff., 362
Gebrauchsgut, langlebiges 331 ff., 335, 350 ff.
Geburtenrate 526
Gegenwartswert s. Barwert
Gegenwartswert-Schreibweise 19, 20, 49, 123, 505
Gesamtkapital 377, 379
Geschichte der Kontrolltheorie 11, 12
Gesundheitswesen 480, 527
Gewerkschaft 551, 554
Gewicht 452
Gewinn 5, 6, 9, 11, 17, 85, 504
Gewinnbeschränkung s. Profitbeschränkung
Gitterselektion 496, 501
Glättung von geknickten Funktionen 510
Gleichgewicht 39, 43, 44, 56, 66, 87 ff., 102 ff., 128, 133, 146 ff., 284, 296, 300, 327, 344, 349, 360, 367, 372, 373, 377, 411, 413, 415, 416, 422, 464, 473, 502
–, asymptotisch stabiles 146, 147
–, Eindeutigkeit des 97, 206
–, Existenz eines 90, 96, 154, 325
–, global asymptotisch stabiles 147
–, mehrfaches 72, 73, 83
–, stabiles 146
Gleichgewichtsbedingung, ökonomische 30, 98, 99
Gleichgewichtsbestand 448, 450
Gleichgewichtskapitalstock 401
Gleichgewichtsnachfrage 321
Gleichgewichtspfad s. Sattelpunktspfad
Gleichgewichtspunkt s. Gleichgewicht
Gleichheitsnebenbedingung s. Nebenbedingung in Gleichheitsform
Goodwill 13, 89 ff., 125, 126, 131, 314 ff., 354, 361, 362
Goodwillelastizität 320
Gordon-Schaefer-Modell 442 ff.
Gould-Modell 318 ff., 324 ff.
Gradient 159 ff.
–, verallgemeinerter 512 ff.
Gradientenverfahren 489 ff., 565, 566
Greensches Theorem (Integralsatz) 66 ff., 83, 323, 365, 367, 369 ff., 372, 378, 407
Grenzen des Wachstums 431
Grenzertrag(-erlös) 318, 334, 351, 358, 367, 440
–, abnehmender 323
Grenzkosten 328, 329, 334, 344
Grenztransversalitätsbedingung 40, 42, 92, 93, 103, 116, 124, 128, 150, 151, 187, 209, 270, 319, 327, 329, 418, 460, 463

Grenzzyklus 155

Häuserbewirtschaftung 527
Hamiltonfunktion 18, 24, 27, 33, 39, 117, 118, 141, 161, 166, 169, 174, 505, 517, 529
–, Impuls- 529
–, innere 523 ff.
–, konkave 20, 22, 36 ff., 84 ff., 101, 118, 319, 537
–, lineare 56 ff.
–, maximierte 35 ff., 50, 66, 119, 148, 150, 180, 212, 329 ff., 344, 355, 360, 433, 513, 530, 536
–, nicht-differenzierbare 402
–, ökonomische Interpretation der 29
–, Rand- 523 ff.
–, reguläre 167, 232, 243, 461
–, Sattelpunktsbedingung für die 541
–, separable 514
–, streng kovexe 78 ff.
Hamilton-Jacobi-Bellman-Gleichung 12, 26, 27, 34, 142, 516, 541, 555 ff.
Hamiltonsches System 11
– –, modifiziertes 150, 152
Hauptminoren(kriterium) 37, 91, 134, 344, 349
Heavisidefunktion 528
Hessesche Matrix 27, 84, 92
Hestenes-Russak-Methode 174, 175, 178, 193, 215, 216, 222, 225
hierarchische Kontrolle 561 ff.
hinreichende Bedingungen s. Optimalitätsbedingungen
HMMS-Modell 240 ff., 279 ff., 560
Homotopie-Verfahren 489, 492, 502
Horsky-Simon-Modell 331 ff., 350, 351, 360
Hotelling-Regel 435 ff., 447
Humankapital 83, 425 ff.
Hutfunktion 499

Imitator 332, 333, 361
Impfung 480
implizite Funktionen, Satz über 90, 97, 101, 106, 107
Impulskontrolle 55, 274, 317, 365, 369, 392, 432, 433, 528 ff.
Impulsmaximumprinzip 529
Inanspruchnahmeintensität s. Produktionsrate
indirekte Methode 169 ff., 178, 215, 221, 224

infimales Problem 563
Inflation 136 ff., 155
Informationsstand 561, 563, 567, 572
Informationsstruktur (eines Differentialspieles) 534 ff., 553, 554
Informationsvorsprung 537
innere Lösung 243 ff., 248 ff., 264, 268, 276
Innovator 332, 333, 361
instabile Mannigfaltigkeit 88
instabiler Knoten 104, 105, 128 ff.
Instandhaltung 5, 12, 14, 44, 47, 56 ff., 80,
   81, 83, 85 ff., 100 ff., 120, 121, 234, 235,
   283 ff., 287, 291, 296, 299, 306, 310 ff.,
   495, 528, 532
Instandhaltungseffizienz, konkave 294 ff.,
   296 ff.
–, lineare 291 ff., 299
Instandhaltungskosten, konvexe 288, 310
Instandhaltungsmodell 360, 383 ff.
–, lineares 56 ff.
–, quadratisches 85 ff.
institutionelle Grenzen 551
Intaktwahrscheinlichkeit s. Zuverlässigkeit
Integralgleichung 520, 526
Integralnebenbedingung s. isoperimetrische
   Beschränkung
Integrodifferentialgleichung 517, 518
Interaktion von Preis und Werbung 346 ff.,
   362
Interaktions-Ausgleichs-Verfahren 563 ff.
Interaktionsfehler 565
Interaktions-Schätzungs-Verfahren 563 ff.,
   567 ff.
Investition 8, 9, 12, 15, 16, 17, 30, 310,
   365 ff., 400, 409, 506, 528, 544 ff.
–, Irreversibilität der 9, 463
Investitionskette 47 ff., 52, 59, 81, 287, 308,
   311
Investitionskosten 9, 367, 397
–, lineare 401, 402
–, nichtlineare 401
Investitionsobergrenze 9, 369, 379, 384, 392
Investitionsrate 366, 367
Investitionsuntergrenze 366
Isogewinn-Linie 535, 536
Isokline 88, 91, 92, 116, 120, 129, 207, 271,
   296, 301, 326, 327, 356, 357, 399, 418,
   422, 449, 451, 455, 462
isoperimetrische Beschränkung 11, 122 ff.,
   155
Iteration 569, 571
Itô-Kalkül 556
Itôsche Differentialgleichung 555
–, Integralgleichung 555

Jacobi-Determinante (Matrix) 87 ff., 102 ff.,
   110, 128 ff., 133 ff., 139, 154, 207, 271,
   357, 418, 464
Jacquemin-Modell 320, 321, 359
Jahrgangsmodell 522, 527
Jorgenson-Modell 365 ff., 404
jugoslawisches Modell s. selbstverwaltetes
   Unternehmen
junction point s. Verbindungs(zeit)punkt

Kalish-Modell 335 ff., 362
Kalman-Bucy-Filter 560
Kamien-Schwartz-Modell 287 ff., 309
kanonisches (Differentialgleichungs-)
   System 19, 20, 87, 90, 101, 102, 109 ff.,
   126, 133 ff., 141, 146 ff., 155, 399
Kapazitätsgrenze 7, 432
Kapitalabschreibung s. Abschreibungsrate
Kapitalakkumulation 8, 11, 12, 15, 29,
   155, 205 ff., 236, 409 ff., 462, 475, 547 ff.
Kapitalanlage 558, 559
–, festverzinsliche 558
–, risikobehaftete 558
Kapitalismusspiel 544 ff.
Kapitalkosten 397, 401, 467
Kapitalstock 8, 9, 16, 17, 29, 30, 205, 409,
   506, 544 ff.
Kassenhaltungsproblem 560
Kette v. Maschinen s. Investitionskette
Klassenkampf 544
Kletterer 483
Knappheit des Budgets 124
Knoten, instabiler 104, 128, 129
–, stabiler 104
Kohorte 452, 457
Kollokationsverfahren 499 ff.
Kollusionslösung 547
Kolmogoroffsche Differentialgleichungen
   309
komparativ dynamische Analyse s. Sensiti-
   vitätsanalyse
komparativ statische Analyse s. Sensitivi-
   tätsanalyse
Kompensation 442, 447, 448
komplementäre Schlupfbedingung 159 ff.,
   161, 162, 166, 167, 170, 174, 206
Konkavität 34, 50, 160, 180
– der Hamiltonfunktion 34 ff., 84 ff., 93
– der maximierten Hamiltonfunktion
   34 ff., 51, 152, 153, 181
– der Zielfunktion 34
Konkurrent 342 ff.
Konsum 8, 205, 409 ff., 422 ff., 428, 429,
   460 ff., 506, 544 ff.

Konsumentenrente 437
Konsumnutzen 8, 11, 411
–, linearer 413, 414
–, konvex-konkaver 416
Konsumobergrenze 205, 419
Kontaktkoeffizient 325
Kontaktpunkt s. Berühr(zeit)punkt
Kontrollbereich s. Steuerbereich
Kontrollbeschränkung 21, 85, 161
Kontrolle 4, 17
–, gegenläufige 100 ff.
–, künstliche 511
–, meßbare 192
–, optimale 18, 161
–, zulässige 18
Kontrollierbarkeit 75
Kontrollinstrumente s. Kontrolle
Kontrollparameter 528
Kontrollproblem 3 ff.
–, autonomes 18, 20, 39, 51, 55, 67, 74, 84 ff., 119, 128, 133, 148
–, eindimensionales 67, 119
–, konkaves 84 ff.
–, lineares 6, 20, 43, 44, 55 ff., 74, 79
–, linear-quadratisches 140 ff.,156, 477, 560, 566
–, nichtautonomes 74, 284, 298, 304
–, nichtdifferenzierbares 510 ff.
–, nichtlineares 20, 44, 84 ff., 122 ff., 310
–, optimales 4
–, separables 55
–, zeitoptimales 74 ff., 83
– mit einer Steuervariablen 88 ff.
– mit einer Zustandsvariablen 84 ff.
– mit Impulskontrollen 528 ff.
– mit mehr als einem Zustand 122 ff., 154, 155
– mit mehr als zwei Steuerungen 108 ff.
– mit unendlichem Zeithorizont 5, 9, 39 ff., 51, 89, 125, 189 ff.
– mit Verzögerungen 517 ff.
– mit zwei (gegenläufigen) Steuerungen 100 ff.
Kontrollvariable s. Kontrolle
Kontrolltrajektorie s. Kontrolle
Kovergenzordnung 487
Konvergenzschwierigkeiten 489, 492, 495
Konvexität 34
Konzessionsbereitschaft 553
Konzessionsrate 551
kooperative Lösung (eines Differentialspiels) 541 ff.
Koordinationsbedingung 379
Koordinator 561 ff., 567 ff.

Koppelungsbedingung 561, 564, 567, 568
Kosteneffekt, dynamischer 335 ff., 456, 566, 567, 569
Kostenknick 510
Kotowitz-Mathewson-Modell 353 ff., 360, 362, 363
Kozustandsfolge 506
Kozustandsgleichung s. adjungierte Gleichung
Kozustandsraum 128 ff.
Kozustandstrajektorie s. Kozustandsvariable
Kozustandsvariable 18, 24, 26, 33, 89, 123, 175, 176, 179, 513, 517, 529, 536, 539, 540
–, ökonomischer Interpretation 28, 29, 92, 175, 199 ff., 217, 226, 518, 523
–, Stetigkeit 168
„Kreuz"-Terme 536, 537, 553
Kriminologie 9, 10, 15, 484
Krümmungsmatrix 152 ff.
Kuhn-Tucker-Bedingungen 12, 159, 160, 173, 184, 212, 369, 395 ff., 468, 504

Läufer 483
Lagerbestand 7, 145, 239 ff.
Lager(haltungs)kosten 7, 234, 239 ff., 274, 566, 567
–, konvexe 258, 269
–, lineare 241 ff., 255, 262 ff.
–, linear-geknickte 282, 510, 515
–, quadratische 240
Lagerhaltungsproblem 7, 13, 81, 234 ff., 239 ff., 504, 510, 514, 527, 532, 560, 566 ff., 570
–, linear-quadratisches 145, 146, 154, 156, 240
Lagerobergrenze 255, 277, 282
Lagrange-Funktion 32, 118, 159 ff., 166, 169, 174, 504, 562
Lagrange-Multiplikator 12, 32, 160, 166, 184, 380 ff., 563
–, ökonomische Interpretation 160, 162, 163, 179, 195, 197
Lagrange-Problem 17, 49
Landwirtschaft 482, 560
large-scale-System 561
laufende Bewertung s. Momentanwert-Schreibweise
Leader 537, 538, 548, 554
Learning by doing 14, 324 ff.
Lebensdauer 287
Lebenszyklus 13, 59 ff., 83, 425
Lernkurve (s. auch Kosteneffekt, dynamischer) 335 ff., 339, 350 ff., 362

Lesourne-Leban-Modell 365, 368 ff.
–, nichtlineare Version 393, 394
Liebhaber 308, 311
Lieferfähigkeit 241, 261, 273, 281
lineare Suche 489 ff., 498
lineare Unabhängigkeit 160
linearisiertes System 91, 133 ff., 155
linear-konkaves Modell 298 ff., 310 ff.
linear-limitationaler Produktionsprozeß 466
linear-quadratisches Modell s. Kontrollproblem, linear-quadratisches
Lipschitz s. lokal Lipschitz-stetig
Literatur 484
Ljapunov-Funktion 147 ff.
Ljapunov-Theorem 147, 150
Ljapunov-Theorie 146 ff.
Lösungskonzept 11
Lösungskonzept (eines Spielers) 534, 553
Lohneinheitskosten, Sprünge in den 510
Lohninflation s. Inflation
Lohn(rate) 9, 13, 155, 366, 405, 467, 551
lokal Lipschitz-stetig 511 ff., 516
Losgrößenformel 282
Luftfahrt 12

Makroökonomie 477, 554
Manpower Planning 527
MAPI 311
Marketing 566 ff.
Marketingabteilung 567 ff.
Marketinginstrumente 313
Marketing-Mix 155, 346 ff., 350
Markoffeigenschaft 25
Markoffgraph 309
Markoffprozeß 309
Marktanteil 127, 314, 323 ff., 330, 331, 342, 350
Marktdurchdringung 339
Markteintritt 15, 336, 342 ff., 359, 360, 362
Marktform 432 ff., 446 ff.
Marktpotential 323, 341, 347, 360, 361
Marktsättigung 13, 335 ff.
Maschinenbedienungsproblem 309
Maschinenersatzproblem s. Investitionskette
Maschinenwartung s. Instandhaltung
Maschinenzustand 56 ff., 85 ff., 100 ff., 284, 292 ff., 295 ff.
maximal aufrechterhaltbarer Ertrag s. MSY
Maximalkonsum 414, 428
Maximumbedingung 18, 19, 21, 28, 33, 87, 141, 161, 166, 170, 173, 174, 505

–, ökonomische Interpretation 29, 175, 176
Maximumprinzip 3, 11, 12, 16 ff., 28, 32, 34, 557
–, „Beweis" des 24 ff.
–, diskretes 504 ff.
–, ökonomische Deutung 25, 28, 51, 162, 163
–, stochastisches 559, 560
– für das Standardproblem 18, 19, 24
– für nichtdifferenzierbare Probleme 513
– für Probleme mit Verzögerungen 517
– für unendlichen Zeithorizont 39 ff., 186 ff.
Mayer-Problem 17, 49, 516
Mechanik 11, 14, 153, 477
Mehrfachzielsetzung 554
Mehrzielmethode 495 ff., 501
Menge möglicher Geschwindigkeiten 42, 418
Methode der konjugierten Gradienten
–, dynamische 497 ff., 501, 502
–, statische 490
Methode des steilsten Abstieges s. Gradientenverfahren
Migration 483
militärische Anwendungen 481, 533
Mindestbeschäftigung 407
Mindestkapitalstock 411, 412
Mindestkonsum 413, 427, 461
Mine 14
Minimalzeitproblem 11
Minimax-Lösung s. Sattelpunktslösung
Modigliani-Miller-Theorem 372
Momentanausfall 283, 287 ff.
Momentanwert-Schreibweise 19, 20, 49, 89, 123, 505
Monopolist 11, 14, 262, 269, 313 ff., 336 ff., 342 ff., 358, 394 ff., 435 ff., 446, 449, 451, 454 ff., 467
–, regulierter 396, 399, 406
–, unregulierter 396, 398, 399, 402
Monotonie des Zustandspfades 119
Mortalität 452
–, natürliche 522, 524
MSY (maximum sustainable yield) 206, 442 ff.
multicohort model s. Fischpopulation, altersstrukturierte
Multifunktion 516
Multiplikationsregel 556
Multiplikator(-funktion) s. Lagrange-Multiplikator
Mundwerbung 322, 325, 332, 335, 340

Nachfolger (follower) 537, 538, 548
Nachfolgezustand 504
Nachfrage (funktion) 7, 239 ff., 261, 314 ff., 320, 342, 350, 358, 361, 405, 449, 454, 567, 569
–, akkumulierte 241 ff., 250, 567, 569
–, dynamische 336, 339, 350 ff., 566
–, isoelastische 269, 316, 439
–, konstante 252
–, lineare 261, 269
–, separable 339 ff., 350 ff., 359
–, statische 339
–, zyklische 258, 279, 515
Nachfrageelastizität 316, 320
Nachfragespitzen 246, 255, 260
„Nach mir die Sintflut" 29
Nash-Lösung (Gleichgewicht) 533, 535 ff.
–, kooperative 542, 543
–, nichtkooperative 543, 545, 553
Nebenbedingung, dynamische s. Bewegungsgleichung
–, gemischte (zustandsabhängige) 5, 13, 160 ff., 178, 201 ff., 236, 411, 511
– für den Zustandspfad s. Zustandsnebenbedingung, reine
– in Gleichheitsform 164, 194
neoklassisches Makromodell 136
Nerlove-Arrow-Modell 82, 314 ff., 320 ff., 358, 359, 519, 532
Nettoerlös s. Erlös
Nettoinvestition s. Investition
Nettoprofit s. Gewinn
Newtonsches Gesetz, zweites 14
Newtonverfahren 488 ff., 492, 494, 496, 501
–, modifiziertes 489, 496
Nichtdegeneriertheitsannahme s. constraint qualification
nichtdifferenzierbare Probleme 510 ff.
nichtlineare Programmierung 159, 160, 183, 195 ff., 234
Nichtnullsummen-Differentialspiel 537
Nichttrivialitätsbedingung 24, 40, 161, 162, 166, 170, 174, 530, 531
normaler Fall 24, 77, 162, 167, 202, 434
notwendige Bedingungen s. Optimalitätsbedingungen, notwendige
Nullstellenverfahren 487 ff., 494, 502
Nullsummenspiel 12, 533, 537, 540 ff.
numerisches Beispiel 326, 464, 487 ff., 501
Nutzen 8, 205
–, Wurzel- 507
Nutzenfunktion 205, 209, 460, 474
–, konkave 411, 413
–, konvexe 414 ff., 427

–, konvex-konkave 414 ff.
–, lineare 414 ff., 507
Nutzenstrom 4, 8, 410
Nutzungsdauer 5
–, wirtschaftliche (optimale) 44 ff., 58, 59, 86, 87
(s. auch End- bzw. Ersatzzeitpunkt)
Nutzungsintensität s. Produktionsrate
Nutzungskosten s. Opportunitätskosten

Obsoleszenz, technische 5
Ökologie 481
Ökonometrie 12, 477, 560
Ölquellen 532
Ölsand 456
open-access-Fischerei 444 ff., 456
Open-loop-Lösung 534, 536 ff., 540, 545 ff.
Operations Research 3, 12, 16, 239
Opportunitätskosten 46, 250, 432, 479
Optimalitätsbedingungen, hinreichende 34 ff., 42, 51, 116, 124, 180 ff., 187, 189, 191, 193, 201, 203, 209, 211, 214, 219, 226, 331, 506, 513, 514, 516, 518, 524, 530
–, hinreichende, für eine Nash-Lösung 537
–, notwendige 12, 16 ff., 21, 28, 34, 39, 40, 44, 45, 77, 89, 123, 161, 162, 166, 187, 189, 170, 174, 188, 190, 198, 202, 206, 213, 218, 223, 228, 231, 504, 506, 513, 516, 520, 523, 529, 562, 563
–, notwendige, für eine Nash-Lösung 536
–, notwendige, für eine Stackelberg-Lösung 539, 540
Optimalitätskriterien bei unendlichem Zeithorizont 186 ff., 193
Optimalitätsprinzip s. Bellmansches Optimalitätsprinzip
Optimierungsproblem, dynamisches 159
–, statisches 159, 162, 487
OPTSOL 496, 503
Ordnung einer reinen Zustandsbeschränkung 164
Organismus 483
Orientierung der Trajektorien 92, 111, 113
Output 8, 136, 410, 420, 544 ff., 567
Output-Kapitalverhältnis 544
overtaking criterion 186

Pareto-Lösung (Gleichgewicht) 533, 541, 550, 551
Parkinsonsches Gesetz 483
partielle Differentialgleichung 522, 523, 526
– – von Foerstersche 522
– – höherer Ordnung 526

PASVAR 501
Pattsituation 549
Pekelman-Modell 261 ff., 269, 276, 282
Penetrationspolitik 340
Personalplanung 527
Pfadnebenbedingung(-restriktion) 5, 7, 118, 159 ff., 234, 253, 496, 503, 506
Pfadverknüpfung s. Syntheseproblem
Phasendiagrammanalyse 85 ff., 111, 121, 123 ff., 128 ff., 133 ff., 139, 154, 206 ff., 219 ff., 234, 269 ff., 296 ff., 301, 306 ff., 310, 325 ff., 359, 360, 394, 398, 399, 404, 417 ff., 421 ff., 428, 429, 455, 461, 474 ff.
Phillipskurve 137, 155
Physiologie 483
Planung, dezentrale 561 ff.
–, zentrale 8, 411
Planungshorizont, endlicher 4, 7, 8, 16, 18, 59, 63, 72, 88, 92, 103, 112 ff., 122, 201, 209 ff., 212, 220, 222, 231, 234, 239, 261, 296, 308, 414
–, freier (s. Endzeitpunkt)
–, unendlicher 5, 9, 39 ff., 51, 89, 92, 124 ff., 155, 186 ff., 203, 205, 218, 272, 279, 296, 414, 460, 530
Polizei 9, 10
Pontrjaginsches Maximumprinzip s. Maximumprinzip
Population 73
Populationsdynamik 522, 526
Portefeuille s. Wertpapierportefeuille
Preis s. Verkaufspreis
Preis-Absatz-Funktion 358, 454
Preiselastizität 314, 316, 320 ff., 351, 353, 362
Preisimage 363
Preisinflationsrate s. Inflation
Preismanagement 324 ff.
Preispolitik 11, 137, 261 ff., 362
Preisschild 277
Preisträgheit 553
Preistrajektorie, gegebene 277, 432 ff., 530
present-value s. Gegenwartswert-Schreibweise
Produktionsabteilung 567 ff.
Produktionsanlage, maschinelle 5, 6, 44, 47, 57, 100, 283 ff.
Produktionsanpassungskosten 277 ff.
Produktionseinheitskosten, Abnahme der 347, 360
Produktionsfaktor 8, 403, 406, 409, 410, 422
Produktionsfunktion 8, 136, 154, 205, 209, 366, 368 ff., 403, 405, 422, 426, 427

–, konkave 411, 417, 428
–, konvex-konkave 404, 406, 411, 418 ff., 428, 429
–, lineare 414
–, linear-homogene 410
Produktionsglättung 241, 246, 255, 267, 277 ff., 282, 340, 360, 569
Produktionskosten 7, 100, 145, 239 ff., 313 ff., 321, 337, 353 ff., 363, 566, 567
–, konvexe 234, 242 ff., 255, 262 ff., 269, 277
–, lineare 241, 258, 510
–, quadratische 240, 246, 252, 258, 266
Produktions-/Lagerhaltungstheorie, grundlegendes Theorem 256
Produktionsplanung 5, 145, 146, 234 ff., 239
Produktionsrate 6, 7, 44, 47, 101, 145, 146, 239 ff., 270, 283, 291, 295 ff., 306 ff., 310, 466, 566, 567, 569, 571, 572
–, hypothetische 250
Produktivität 467
Produktlebenszyklus 13, 332, 334 ff., 337 ff.
Produktqualität 332, 334 ff., 337 ff., 353 ff., 363
Profit s. Gewinn
Profitbeschränkung 365, 394 ff., 401
Profitmaximierung 314, 365 ff., 405
Profitrate 29, 30, 89, 523
Prognosehorizont 253 ff., 269, 277, 279, 281, 516
Prohibitivpreis 269, 435, 441, 449, 455
Pro-Kopf-Größen 410
PROPLOT 325
pursuit-evader game s. Verfolgungsspiel

Qualität s. Produktqualität
–, altersabhängige 527
Qualitätselastizität 353
Quasi-Konkavität 180 ff., 191
Quasi-Konvexität 180
Quasilinearisierung 496 ff.
Quotientenbildung s. Reduktion des Zustandsraumes

Räuber-Beute-Modell 481
Raketenwagen 14, 75 ff.
Ramsey-Modell 205 ff., 236, 409 ff., 427, 429, 451
–, Erweiterungen 420 ff.
–, lineares 191, 201 ff., 236, 413, 414
– mit Mindestkapitalstock 218
Randbedingung 19, 26, 27, 87, 193, 522, 556

–, separierte 190
Randgleichgewicht 73, 461
Randkontrolle 522
Randlösungsstück 166, 171, 176, 213, 219, 224, 243 ff., 248 ff., 263, 268, 276, 386
Randsteuerung 84, 524
Randwertproblem 19, 108, 109, 123, 126, 144, 487 ff., 502
–, linearisiertes 497
Rang einer Matrix s. Zeilenrang
raschestmögliche Annäherung s. RMAP
rationale Erwartungen 554
Rattersteuerung s. chattering control
Raumfahrt 12, 477, 496
Raumplanung 479
„Raumschiff Erde" 431
Reaktionsfunktion 535, 553
Reaktionsmenge, rationale 537, 538
Rechenzeit 566, 569
Recycling 431, 457, 463
Reduktion des Zustandsraumes 155
Regime 371 ff., 380 ff., 469 ff., 549
Regula Falsi 488
Regularitätsbedingung s. constraint qualification
Reife 337
reine Zustandsnebenbedingung s. Zustandsnebenbedingung, reine
Rekrutierung s. Einstellung
Relaxationsverfahren 489
Reparatur 532
Reparaturintensität 309
Reproduktion 483
Reputation s. Preisimage
Resonanzfall 508
Ressource 420 ff., 429, 431 ff., 478, 554, 560
–, erneuerbare 14, 73, 74, 206, 409, 421 ff.
–, nichterneuerbare 82, 231, 422 ff., 432 ff.
Ressourcenausbeutung 11, 14, 46, 47, 50, 122, 231 ff., 482, 530
Restwert(-funktion) 4, 46, 49, 85, 128, 252, 284, 288 ff., 292, 296, 306, 524, 563
Riccati-Gleichung 141 ff., 153, 156, 502
Richtungsableitung 506
Richtungskonvexität 506
Rinderbewirtschaftung 524
Risiko 558
RMAP 43, 44, 66 ff., 82, 83, 317, 324, 360, 367, 402, 413, 415, 427, 447, 454, 455, 473 ff.
Robinson-Lakhani-Modell 340 ff., 350, 351, 359
Rotation (von Wäldern) 457
Rückkoppelung s. Feedback-Steuerung

Rückwärtsrekursion 386
Rückzahlungsphase 376
Rüstkosten 282
R & D s. Forschung und Entwicklung

Sägezahn 79
Sättigung (s. auch Marktpotential) 323, 332, 335 ff., 350, 569
Sättigungsniveau (carrying capacity) 442
Säuberungsaktivitäten s. Umweltreinigung
saisonale Schwankungen 246, 282
Sattelpunkt 88, 91, 102 ff., 116, 129, 139, 271, 327, 345, 418
Sattelpunktsdiagramm s. Phasendiagrammanalyse
Sattelpunktslösung eines Spiels 540, 541, 550
Sattelpunktspfad 87 ff., 133 ff., 207 ff., 319, 327, 331, 383, 411, 419, 420
–, fallender 92, 95, 102 ff., 106, 125, 307, 319, 321, 322, 325, 345, 357, 461
–, globale Existenz des 115, 116, 120
–, steigender 93, 104, 106
–, waagrechter 93, 95, 102, 111, 126, 128, 296 ff.
Sattelpunktstheorem, globales 116, 120
Schadstoffakkumulation 459 ff., 462
Schadstoffausstoß 420, 459 ff., 467 ff., 471
Schaltfunktion 23, 55, 57, 61, 552
Schattenpreis s. auch Kozustand, ökonomische Interpretation 11, 28 ff., 31, 85, 89, 92, 101, 162, 175, 176, 244, 264, 273, 284 ff., 292, 296, 334, 338, 339, 343, 344, 431, 440, 453, 460, 518, 526, 545, 569
–, hypothetischer 276
Schießverfahren, einfaches 493 ff.
–, Mehrfach- s. Mehrzielmethode
Schlachtung 524
Schmalensee-Modell 321, 322, 359
Schrittweite 489, 566
Schrottwert(funktion) s. Restwertfunktion
Schrumpfung 337, 340
Schrumpfungsphase 392, 393, 404
Sekantenverfahren 488
Selbstfinanzierung 406
Selbstreinigungskraft der Natur 155, 459 ff., 462
selbstverwaltetes Unternehmen 407
Semidefinitheit, negative 28, 37, 50, 84, 91, 92, 103
–, positive 140, 141, 145
Sensitivitätsanalyse, dynamische 108 ff., 120, 121, 346, 358, 360, 427, 455, 475
–, statische 97 ff., 106 ff., 120, 124, 154, 309, 310, 358, 475

serielles (hierarchisches) Kontrollproblem 566 ff.
Servicestelle 478
Set-up-Kosten s. Rüstkosten
singuläre Lösung 43, 55, 70, 75, 83, 275, 317, 318, 323, 324, 366, 367, 402, 413, 447, 452 ff., 455, 515, 546, 552
– –, Nichtauftreten einer 55 ff., 75, 293, 300
– –, zeitabhängige 56, 74, 259
Skalenerträge, abnehmende 418
–, konstante 298, 410
Skiba-Punkt 117, 120, 331, 404, 419
Skimming-Politik 340, 341
Software 497, 502
soziales Optimum 437 ff., 450, 455, 456, 547
Soziologie 484
Speicherplatz 566
Spekulationsmodell 274 ff., 282, 516
Spiel, dynamisches s. Differentialspiel
Spielbarkeit (spielbare Steuerung) 534, 535, 541
Spieldauer 534, 552
Spieler 534
Spirale, explodierende s. Strudelpunkt
Spline-Interpolation 499
sporadically catching up criterion 186
Sprung im Kozustand 166 ff., 177, 178, 181
– in der Zustandsvariablen 528 ff.
Sprungbedingung 166 ff., 170, 176, 181, 222, 224, 528
Sprunghöhe s. Sprungbedingung
Sprungstelle 75, 529
stabile Mannigfaltigkeit, eindimensionale s. Sattelpunktspfad
– –, mehrdimensionale 133 ff., 465
stabiler Knoten 129, 136
Stabilisierungspolitik 477
Stabilität, asymptotische 146 ff., 149, 153
–, globale asymptotische 146 ff., 156
–, lokale asymptotische 146 ff., 153
Stabilitätsanalyse, globale 146 ff.
– bei einer Zustandsvariablen s. Phasendiagrammanalyse
– bei mehreren Zustandsvariablen (lokale) 133 ff.
Stackelberg-Lösung (Gleichgewicht) 533, 535, 537 ff., 548, 549, 554
Standardmodell 16 ff., 24, 28, 36, 50, 51, 85, 159, 487, 528
stationärer Punkt s. Gleichgewicht
Stehlintensität 9
„Steilheitsannahme" 150, 151
Steuer s. Besteuerung

Steuerbereich 4, 18, 21, 67, 161 ff., 169, 191, 192
–, Inneres des 84
–, rechteckiger 35, 74
Steuerbeschränkung 73, 84, 160 ff., 169
Steuerung, Stetigkeit der 84, 167
Steuervariable s. Kontrolle
stochastische Differentialgleichung 555 ff.
stochastische Kontrolltheorie 555 ff.
stochastischer Prozeß mit unabhängigen Zuwächsen 555
stochastisches Spiel 533
Strafkosten 84, 503
Straßenbau 480
Strategie in geschlossener Schleife s. Closed-loop Lösung
– in offener Schleife s. Open-loop Lösung
Streik 551 ff., 554
Strudelpunkt 104, 105, 116, 117, 121, 129, 327, 331, 404, 418 ff.
Strukturanalyse 53 ff.
Subgradient 183, 512
Substitution zwischen Kapital und Arbeit 375 ff.
Subsystem 561 ff., 567
Suchverfahren, lineares 566
Sukzessive Approximation s. Fixpunktiteration
Sukzessivverschleiß s. Verschleiß
Superdifferential 513
Supergradient 176, 183, 512
supremales Problem 563
Synergismus 298, 311, 349
Syntheseproblem 62, 281, 365, 367, 379 ff., 386 ff., 404, 407
System mit verteilten Parametern 457, 522 ff.
– mit Verzögerungen s. Verzögerungen
Systemdynamik s. Bewegungsgleichung

tangentialer Austritt s. Austritt
tangentialer Eintritt s. Eintritt
Teamtheorie 572
technische Obsoleszenz 291 ff.
technischer Fortschritt 60, 71, 83, 291, 295, 310
Technologie 466
Teil-Lagrangefunktion 562, 563
Teilspiel-Perfektheit 552, 553
Teilsystem s. Subsystem
Telefonanschluß 332, 335
Theologie 484
„thinning" s. Ausforsten
Thompsonmodell 291 ff., 308

„Tracking Problem" 143, 154
–, autonomes 144, 145
trade-off 11
Transferpreis 563, 567 ff., 571
Transformation 503, 511
Transportproblem 482
Transsylvanien 14
Transversalitätsbedingung 19, 27, 32, 40, 44 ff., 93, 103, 127, 128, 141, 143, 162 ff., 166, 167, 170, 174, 177, 181, 187, 188, 191, 193, 198, 209, 221, 224, 228, 231, 245, 253, 259, 277, 278, 287, 300, 306, 493, 523, 529, 563
–, ökonomische Interpretation der 30, 31
– für den optimalen Endzeitpunkt 44 ff., 51, 232, 286, 290, 294, 298, 301, 305
Treibstoffverbrauch 14
Trendumkehr 465
Trennungsansatz 141, 144, 477, 502, 527
Tribologie 311
turnpike 241

Überausbeutung 441 ff.
–, biologische 445, 446, 451, 456
–, ökonomische 445
Überkapitalisierung 394, 395, 397
Umsatz 314, 322, 358, 567
Umschaltfunktion s. Schaltfunktion
Umschaltkurve 76
Umschaltzeitpunkt 58, 62 ff., 75, 77, 233, 293, 306, 309, 318, 503, 520
Umweltpönale 467 ff., 471
Umweltreinigung(sausgaben) 459 ff., 463
Umweltschutz 9, 13, 154, 155, 365, 420 ff., 429, 456, 459 ff., 501
Umweltverschmutzung s. Umweltschutz
Unterkapitalisierung 401
Unternehmen 551
Unternehmenswachstum 365 ff.

Vampirproblem 14, 50, 428, 484
Varianz 555 ff.
Variation zweiter Ordnung 501
Variationsgleichung 109
Variationsproblem 32 ff., 67 ff.
Variationsrechnung 11, 12, 15, 32 ff., 51, 178, 281, 282, 314, 362, 524
verallgemeinerter Gradient s. Gradient
Verbindungs(zeit)punkt 165 ff., 178
Verbrauchsgut 331, 335
verderbliches Gut 522
Vereinbarung 554
Verfolgungsspiel 533, 541
Vergessensrate 60, 323, 325, 332

Verhandlungsspiel 542, 551, 552 ff.
Verhandlungsstärke (eines Spielers) 542, 550
Verkaufspreis 13, 313, 336, 342 ff., 362, 544, 566 ff., 569, 570
–, myopischer 337 ff., 345
Verkaufswert 5, 6, 44, 103, 288, 291 ff., 295 ff., 306 ff., 309
Verkaufszeitpunkt, optimaler s. Endzeitpunkt, optimaler
Verkehrsplanung 479
Verknüpfung von Pfaden s. Syntheseproblem
Verknüpfungszeitpunkt 389
Vernichtungskosten 240
Verschleiß 5, 6, 57, 85, 283, 291 ff., 295 ff.
Verschleißforschung s. Tribologie
Verschmutzung s. Umweltschutz
Verschuldung 372, 374, 385, 392, 425
Versicherung 482
verteilte Parameter s. Systeme mit v. P.
Verteilungsfunktion 9
Verteilungskampf 545, 548
Verzinsung 29
Verzögerung 517 ff., 521
Vidale-Wolfe Modell 82, 323 ff., 557 ff.
Vintage-Modell 522
Volkswirtschaft 409
vollständige Konkurrenz 434, 435, 454
Vorwärtsalgorithmus 282
– für das Arrow Karlin Modell 247 ff., 251, 280 ff.
– für das Pekelman Modell 266 ff., 268
– für das Spekulationsmodell 276 ff., 282
Vorwärts-Branch & Bound-Algorithmus 279, 282

Wachstum, exponentielles 442, 455
–, logistisches 442, 444, 455
Wachstumsbeschränkung 116, 187
Wachstumsfunktion 73, 74, 442 ff., 448
Wachstumsmodell, neoklassisches 12, 15, 116, 409 ff., 429, 456
Wachstumspfad, gleichgewichtiges 411
Wachstumsrate 442
Wachstumsregime 391, 392
Warteschlagentheorie 309, 310, 478
Wartung 383 ff.
Wasserqualität 476
weiche Landung 228, 235
Weierstraß-Erdmann-Bedingungen 32
weißes Rauschen 555
Weizenhandelsmodell s. Spekulationsmodell

Werbe-Absatz-Verhältnis (advertising-sales ratio) 314, 322
Werbeausgaben s. Werbung
Werbebudget 126
Werbeeffizienz 351 ff., 518
Werbeelastizität 320 ff., 362
Werbekapitalmodell 314, 319, 322, 323, 361, 362, 409, 518
Werbekosten 313, 318 ff., 323 ff., 358, 361
Werbemodell, lineares 314 ff., 361
–, nichtlineares 318 ff., 358, 361
Werbeniveau, singuläres 316, 317
Werberesponsefunktion 318
Werbung 13, 82, 83, 89 ff., 122, 125 ff., 130 ff., 234, 313 ff., 350 ff., 504, 517, 518, 554, 557 ff.
–, pulsierende 361
–, glockenförmige 520
Wertfunktion 25 ff., 31, 34, 142, 143, 148 ff., 154, 155, 199 ff., 217 ff., 226, 555 ff.
Wertpapier-Portfeuille 560
wheat trading s. Spekulationsmodell
Wiederholungskauf 331, 335, 341
Wiederverkaufswert einer Maschine s. Verkaufswert
Wienerprozeß 555
Wirtschaftspolitik 554
Wirtschaftswachstum 532
Wissensakkumulation 13, 59 ff.
Wissensstand 59, 425

Zeilenrang 109, 149, 159 ff.
Zeithorizont s. Planungshorizont
Zeitkonsistenz 553, 554
zeitliche Inkonsistenz 540, 553, 554
zeitoptimales Problem s. Kontrollproblem

Zeitpfad, optimaler 21
Zielfunktional 4, 17, 51, 534
–, quadratisches 140 ff.
Zielmannigfaltigkeit 50
Zielmenge 534, 536, 551, 552
Zinssatz 12, 13
zulässige Strategie 534, 537, 543
Zulässigkeit der Lösung 18, 72, 74, 161
Zusatzproblem 502
Zustandsbereich 67, 72
Zustandsbeschränkung s. Zustandsnebenbedingung
Zustandsfolge 504 ff.
Zustandsgleichung s. Bewegungsgleichung
– in reduzierter Form 148, 150
Zustands-Kontroll-Phasenporträt 94 ff., 105, 106
Zustands-Kozustands-Phasenporträt 90 ff., 101 ff.
Zustandsnebenbedingungen (s. auch direkte Methode, indirekte Methode, Methode von Hestenes-Russak)
–, höhere Ordnung 164, 176, 227
–, reine 5, 7, 74, 161, 164 ff., 212 ff., 236, 254, 386, 432, 460 ff., 475, 511, 516
Zustandspfad s. Zustandsvariable
Zustands-Separabilität 108, 120, 127 ff., 154, 155, 284, 289, 475, 548
Zustandstrajektorie s. Zustandsvariable
Zustandstransformation 39, 50, 537
Zustandstransformationsgleichung s. Bewegungsgleichung
Zustandsvariable 3, 6, 7, 16, 18, 84 ff., 122 ff., 522, 533
–, Monotonie der 119
Zweipersonen-Spiel 537 ff., 540, 542

**Mathematische Propädeutik
für Wirtschaftswissenschaftler**
Von *W. Wetzel · H. Skarabis · P. Naeve · H. Büning*
4. Auflage
1981. 289 Seiten. Kartoniert DM 32,80   ISBN 3 11 008502 X

Entscheidungsmodelle
Von *W. Dinkelbach*
1982. XVI, 285 Seiten. Gebunden DM 62,-   ISBN 3 11 008931 9
Kartoniert DM 32,-   ISBN 3 11 004206 1

**Betriebswirtschaftliche Planungs- und
Entscheidungstechniken**
Von *T. Gal · H. Gehring*
1981. X, 228 Seiten. Kartoniert DM 48,-   ISBN 3 11 008315 9

Grundausbildung in Ökonometrie
Von *J. Frohn*
1980. X, 303 Seiten. Kartoniert DM 39,50   ISBN 3 11 006746 3

**Simulation und Analyse dynamischer Systeme
in den Wirtschafts- und Sozialwissenschaften**
Von *E. Zwicker*
1981. 618 Seiten. Gebunden DM 128,-   ISBN 3 11 007450 8

Grundlagen der quantitativen Wirtschaftspolitik
Von *P. Kuhbier*
1981. 229 Seiten. Gebunden DM 68,-   ISBN 3 11 008420 1

Preisänderungen vorbehalten

Walter de Gruyter · Berlin · New York

Multivariate statistische Verfahren

Herausgegeben von *Ludwig Fahrmeir* und *Alfred Hamerle*

Unter Mitarbeit von *Walter Häußler, Heinz Kaufmann, Peter Kemény, Christian Kredler, Friedemann Ost, Heinz Pape, Gerhard Tutz*

15,5 x 23 cm. XIV, 796 Seiten. Mit 81 Abbildungen. 1984. Gebunden DM 198,– ISBN 3 11 008509 7

Das lehrbuchartig aufgebaute Nachschlagewerk enthält die wichtigsten Teilgebiete der multivariaten Statistik. Neben den klassischen Verfahren – vorwiegend für metrische Variablen geeignet – wurde besonderer Wert auf die Darstellung von Verfahren zur Analyse qualitativer bzw. gemischt qualitativ/metrischer Daten gelegt. Zahlreiche reale Beispiele aus verschiedenen Bereichen zeigen die Anwendungsmöglichkeiten der behandelten Methoden. Dem Zusammenhang der Teilgebiete entsprechend sind Form und Inhalt der Kapitel im Stil eines Lehrbuches aufeinander abgestimmt.

Aus dem Inhalt:

Einführung · Mehrdimensionale Zufallsvariablen und Verteilungen · Grundlegende multivariate Schätz- und Testprobleme · Regressionsanalyse · Varianz- und Kovarianzanalyse · Kategoriale Regression · Verallgemeinerte lineare Modelle · Diskriminanzanalyse · Clusteranalyse · Zusammenhangsanalysen in mehrdimensionalen Kontingenztabellen – Das loglineare Modell · Faktorenanalyse · Grundlagen der mehrdimensionalen Skalierung · Anhang A: Grundbegriffe der Matrix-Algebra · Anhang B: Tabellen · Anhang C: Kredit-Scoring-Daten / Literatur / Einige wichtige Programmpakete.

Preisänderung vorbehalten

Walter de Gruyter · Berlin · New York